JN320188

素粒子物理学
ハンドブック

山田作衞

相原博昭

岡田安弘

坂井典佑

西川公一郎

［編集］

朝倉書店

編集者

山田 作衞(やまだ さくえ)
東京大学名誉教授
高エネルギー加速器研究機構名誉教授

相原 博昭(あいはら ひろあき)
東京大学大学院理学系研究科教授

岡田 安弘(おかだ やすひろ)
高エネルギー加速器研究機構教授

坂井 典佑(さかい のりすけ)
東京女子大学現代教養学部教授

西川 公一郎(にしかわ こういちろう)
高エネルギー加速器研究機構
素粒子原子核研究所所長

序

「素粒子」を一言で言い換えるなら,「森羅万象の根元にあるもの」といえる. 物質の最小単位である分子や原子をさらに細かく調べて, もうこれ以上は小さくならない最小の構成要素として到達したのが素粒子だが, それは素粒子の全体像ではない. 物質が様々な構造を持ち, あるいはいろいろな反応を引き起こす力の源も, 素粒子である. 関わる素粒子によって, 引き起こされる力や反応は, まったく違う姿を見せる. マクロの宇宙からミクロの物質構造に及ぶ, 物質の様々な階層の基盤にあるのが素粒子だ.

ある階層の現象を解明しようとするとき, しばしばもう一つ下の階層の判明や理解によって, 新しい展開がもたらされた. 終着の基本粒子は, 時代とともに変わってきたが, 現在では, クォークとレプトン, さらに力の源の粒子が素粒子と呼ばれ, 最も根底にあるとみなされている. 素粒子を理解することが万物の理解の根幹にある. もちろん素粒子の性質や素粒子反応の特性が分かれば, それを基に他のことはすべて判明するというわけではないが, 上の階層のより深い理解を助ける.

もっとも大きな階層の宇宙と物質の根元に位置する素粒子が, 深く関わっていることが明らかになっている. 宇宙誕生の直後, 未だ物質が作られる以前の世界には, 素粒子だけがあった. その時の宇宙は, 現在では望遠鏡でも見えない遙か彼方に遠ざかっているから, 観測はできない. 電波で調べる最も遠い宇宙の研究からは, 現在の素粒子の知見で説明できない, 新しい謎も浮かび上がっている.

素粒子の研究には, 理論的な考察と最先端の手法を用いた実験や観測が車の両輪のように並行して進んでいる. 数学の発展, いわゆる巨大科学と呼ばれる側面やハイテクの開発も多い. そこから生まれる知識や技術には, 身近に応用されているものもまれではない.

近年, 素粒子に関連したニュースに時々接する. ノーベル物理学賞をはじめとして, 我が国が舞台だったり, 我が国の研究者が活躍した結果であったり, 身近に感ずることも多い. しかし, ほとんどの人にとって, 日常なじみ深い話題ではないだろう. この事典は, 素粒子に関して見慣れない言葉や, 説明に接したときに, 誰でも要点を把握できるようにと願って作られた. 幅広くテーマを選び, それぞ

れ専門の執筆者に解説をお願いした．辞典ではないから，単なる言葉の説明ではなく，各話題について全体像が解説されている．それぞれの項目は独立して読めるので，目次あるいは索引を手がかりに，知りたいところを見ていただける．教科書ではないから，最初から読む必要はないし，なるべく数式も避けた．基礎知識がなくとも読んでいただける一方，定量的な厳密さを目指していないので，さらに系統的な詳細が必要な場合には，例えば，各項に参考書として挙げられている専門書や教科書を参考にしていただきたい．

項目と執筆者の選定は，編集委員全員の判断による．素粒子研究の歴史をはじめとして，過去の研究で得られた知見の全貌，最前線で研究されている問題の紹介，実験的研究に必要とされる加速器や検出器の手法，あるいはスピンオフに至るまで，想定できるテーマはすべて盛り込んである．同じテーマについて，理論的な側面と実験的な側面の両方があれば，それぞれの観点から別途書かれている．素粒子研究は，今も発展途上にあり，標準理論と呼ばれるこれまでの研究の集大成ではまだ理解が不十分である．それを打開すべく，新しい発展の方向がいくつも提案され，実験的な挑戦も多数試みられているが，確たる手がかりは今後の研究に待たねばならない．さらに新しい謎も加わって，多方面の研究が絡み合いながら，しのぎを削っている．盛り込まれた事項は，このようにまだ流動的な現状も反映している．本書で取り上げたすべての項目に精通した研究者はいないだろう．それだけ，素粒子研究が，多岐にわたって大きく発展したこともわかるし，本書が，案外専門家にも役立つのではなかろうかと，密かに期待している．

各テーマの著者はそれぞれの分野の第一線で活躍中，あるいはかつて活躍された方々である．考えられるすべての話題を網羅できたことから，我が国の研究者の層の厚さや活動の規模を改めて実感できる．多忙な研究の合間に執筆をお願いしたこともあり，時間を要したが，ようやく出版にこぎ着けたことは喜ばしい．折しも，史上最高エネルギーの加速器 LHC で実験が始まり，近い内に新しい発見が話題になるかもしれない．本事典では可能性の一つとして取り上げられた事項のいずれかが，現実のものとなり，かつ新たな発展の開始となる日を待ち望んでいる．

2010 年 8 月

編集委員を代表して　山 田 作 衛

編　集　者

山田作衛　東京大学名誉教授	
相原博昭　東京大学	坂井典佑　東京女子大学
岡田安弘　高エネルギー加速器研究機構	西川公一郎　高エネルギー加速器研究機構

執筆者 (五十音順)

相原博昭　東京大学	高田義久　筑波大学
青木健一郎　慶應義塾大学	高柳雄一　多摩六都科学館
阿部和雄　東京大学	武田廣　神戸大学
伊藤領介　高エネルギー加速器研究機構	田中礼三郎　LAL オルセー研究所
岩崎博行　高エネルギー加速器研究機構	谷井義彰　埼玉大学
岩田正義　高エネルギー加速器研究機構 名誉教授	谷森達　京都大学
宇川彰　筑波大学	筒井泉　高エネルギー加速器研究機構
生出勝宣　高エネルギー加速器研究機構	徳宿克夫　高エネルギー加速器研究機構
太田信義　近畿大学	長島順清　大阪大学名誉教授
大貫義郎　名古屋大学名誉教授	中畑雅行　東京大学
尾崎典彦　(株) 技術経済研究所 元代表取締役	中家剛　京都大学
梶田隆章　東京大学	野尻美保子　高エネルギー加速器研究機構
金行健治　元 東京大学	羽澄昌史　高エネルギー加速器研究機構
岸本忠史　大阪大学	原康夫　筑波大学名誉教授
木原元央　高エネルギー加速器研究機構 名誉教授	原田恒司　九州大学
木舟正　東京大学名誉教授	日笠健一　東北大学
久野良孝　大阪大学	平松成範　高エネルギー加速器研究機構 名誉教授
坂井典佑　東京女子大学	藤井保憲　東京大学名誉教授
三田一郎　神奈川大学	船久保公一　佐賀大学
杉山直　名古屋大学	増田康博　高エネルギー加速器研究機構
住吉孝行　首都大学東京	森俊則　東京大学
高杉英一　大阪大学	森田洋平　高エネルギー加速器研究機構
高田耕治　高エネルギー加速器研究機構 名誉教授	森山茂栄　東京大学

執 筆 者 一 覧

諸井 健夫　東北大学
安田 修　首都大学東京
山下 了　東京大学
山下 貴司　浜松ホトニクス株式会社
山田 作衛　東京大学名誉教授

山中 卓　大阪大学
山本 明　高エネルギー加速器研究機構
林 青司　神戸大学
渡邊 靖志　神奈川大学

目　　次

1. 素粒子物理学の概観
　　　　－自然の階層構造と素粒子研究の歴史－

1.1　古代から核子の発見まで……………………………………（原　康夫）…1
　　a. 電子の発見………………………………………………………………………1
　　b. 放射能の発見……………………………………………………………………4
　　c. 原子核と核子の発見……………………………………………………………5
　　d. 量子論と相対性理論…………………………………………………………10
1.2　素粒子物理学の誕生から標準模型に至る道………………………………11
　　a. 粒子と反粒子…………………………………………………………………12
　　b. ベータ崩壊とニュートリノ…………………………………………………13
　　c. 核力の中間子論………………………………………………………………15
　　d. 相対論的な場の量子論の発展………………………………………………17
　　e. パリティ非保存………………………………………………………………19
　　f. 奇妙な粒子と奇妙さの発見…………………………………………………21
　　g. ハドロンのクォーク模型……………………………………………………22
　　h. 量子色力学……………………………………………………………………25
　　i. 電弱統一理論…………………………………………………………………25
　　j. 小林-益川模型…………………………………………………………………27
　　k. 標 準 模 型……………………………………………………………………28
1.3　標準模型を超える統一理論へ………………………………（坂井典佑）…29
　　a. ニュートリノ振動と最小標準模型の修正…………………………………29
　　b. 標準模型の不満足な点………………………………………………………29
　　c. ゲージ階層性問題とその3つの解…………………………………………30
　　d. 宇宙物理学と素粒子物理学の相互発展……………………………………30

2. 素 粒 子 理 論

2.1　量子力学の基本と特殊相対論の概要……………………（大貫義郎）…33

  a. 量子力学 33
  b. 特殊相対論 49
 2.2 相対論的波動方程式 56
  a. ディラック方程式 56
  b. 相対論的波動方程式と場 61
 2.3 対称性と量子数 ....(筒井　泉)... 67
  a. 対称変換と保存則 67
  b. 離散的変換 72
  c. 連続的対称性とさまざまな量子数 82
  d. カイラル対称性と量子異常 86
 2.4 粒子の生成・消滅と場の量子論 ....(原田恒司)... 90
  a. 粒子の相互作用と場の理論の必要性 90
  b. 正準量子化 95
  c. 発散の「困難」とくりこみ理論 101
  d. くりこみ群と有効結合定数 105
 2.5 ゲージ理論 ....(青木健一郎)... 109
  a. ゲージ理論とは 109
  b. 電磁気学と U(1) ゲージ理論 110
  c. 非可換ゲージ理論 115
  d. 自発的対称性の破れとヒッグス機構 120
  e. 非可換ゲージ理論の物理的性質 124
  f. より一般的なゲージ理論 133
 2.6 超対称性と超重力理論 ....(谷井義彰)... 138
  a. 超ポアンカレ代数とその表現 138
  b. 超対称な場の理論 140
  c. 超対称性の自発的破れ 142
  d. 超重力理論 144
 2.7 量子色力学 ....(宇川　彰)... 145
  a. 概　　要 145
  b. ハドロンのフレーバー量子数とクォーク 147
  c. カラー量子数と漸近自由性 149
  d. 強い相互作用におけるカイラル対称性とその自発的破れ ... 155
  e. 高エネルギーハドロン散乱と摂動論的 QCD 157
  f. 格子上の量子色力学 160
  g. クォーク・グルオン・プラズマ 165
  h. 電弱相互作用と量子色力学 168
  i. 今後の方向 169

- 2.8 電弱統一理論 ………………………………………………（日笠健一）… 170
  - a. 低エネルギーの弱い相互作用 ……………………………………………… 170
  - b. 非可換ゲージ理論と電弱統一 ……………………………………………… 171
  - c. $SU(2)_L \times U(1)_Y$ 対称性の自発的破れ ……………………………… 173
  - d. ゲージボソンの質量 ………………………………………………………… 175
  - e. ゲージボソンと一般の粒子との結合 ……………………………………… 176
  - f. クォーク・レプトンの表現 ………………………………………………… 177
  - g. クォーク・レプトンのゲージ相互作用 …………………………………… 177
  - h. $SU(2)_L \times U(1)_Y$ の破れ方に対する実験的情報 …………………… 179
  - i. クォーク・レプトンの質量 ………………………………………………… 180
  - j. 世代の構造 …………………………………………………………………… 181
  - k. FCNC ………………………………………………………………………… 184
  - l. ゲージアノマリーとクォーク・レプトンの関係 ………………………… 185
  - m. 大域的対称性 ………………………………………………………………… 186
  - n. ヒグス粒子 …………………………………………………………………… 186
  - o. 等 価 定 理 …………………………………………………………………… 188
  - p. 高 次 補 正 …………………………………………………………………… 188
  - q. 3ボソン結合 ………………………………………………………………… 189
  - r. ニュートリノの質量 ………………………………………………………… 190
- 2.9 CP 非保存とフレーバー物理 ……………………………………（三田一郎）… 191
  - a. CP 非保存とフレーバー物理とは ………………………………………… 191
  - b. K^0-$\bar{K}^0$ 混合 ……………………………………………………… 193
  - c. CP の 破 れ ………………………………………………………………… 194
  - d. B と K の関係 ……………………………………………………………… 196
  - e. B 中間子崩壊における巨大な CP の破れ ……………………………… 197
  - f. 今後の展望 …………………………………………………………………… 199
- 2.10 ニュートリノ質量 ……………………………………………（安田　修）… 200
  - a. ディラック質量とマヨラナ質量 …………………………………………… 200
  - b. ニュートリノの質量固有状態とフレーバー固有状態 …………………… 201
  - c. ニュートリノ振動 …………………………………………………………… 202
  - d. ニュートリノ質量の模型 …………………………………………………… 206
- 2.11 標準模型を越える統一理論 …………………………………（林　青司）… 208
  - a. 標準模型の問題点 …………………………………………………………… 208
  - b. 大統一理論 …………………………………………………………………… 211
  - c. 階層性問題 …………………………………………………………………… 219
  - d. ヒグスの複合模型 …………………………………………………………… 221
  - e. 超対称理論 …………………………………………………………………… 222

f. 余剰次元……………………………………………………………229
2.12 超弦理論………………………………………………(太田信義)…234
　　a. 素粒子の相互作用と超弦理論……………………………………234
　　b. 摂動論的な超弦理論………………………………………………236
　　c. いろいろな超弦理論………………………………………………241
　　d. なぜ紫外発散がないと信じられているか………………………244
　　e. パラメーターのない究極理論……………………………………247
　　f. ディラトンの真空期待値と非摂動効果…………………………248
　　g. アノマリー相殺機構と矛盾のない超弦理論……………………249
　　h. Calabi-Yau コンパクト化を例とする「現実的な模型」の可能性………251
　　i. T デュアリティと D ブレイン……………………………………254
　　j. D ブレインを用いた弦理論の理解………………………………257
　　k. 超弦理論と宇宙論…………………………………………………259
　　l. 双 対 性……………………………………………………………260
　　m. 超弦理論の強結合極限と M 理論………………………………261

3. 素粒子の諸現象

3.1 素粒子の世代…………………………………………(長島順清)…265
　　a. 世代とは……………………………………………………………265
　　b. ミューオン…………………………………………………………267
　　c. ストレンジ粒子……………………………………………………268
　　d. 2 種類のニュートリノ……………………………………………270
　　e. 世代混合……………………………………………………………271
　　f. GIM 機 構…………………………………………………………272
　　g. チャームの発見……………………………………………………274
　　h. 小林-益川理論……………………………………………………275
　　i. 世代数は 3 か？……………………………………………………277
　　j. ニュートリノ振動…………………………………………………278
　　k. ミューオンの電子転換と超対称性………………………………280
　　l. レプトン-クォーク対応と量子異常………………………………281
　　m. 世代の謎……………………………………………………………283
3.2 量子電磁力学の検証……………………………………(武田　廣)…284
　　a. 電子・陽電子衝突実験における QED の検証…………………285
　　b. 電子とミュー粒子の $g-2$ の測定………………………………288
3.3 ハドロン物理………………………………………………………292
　　a. ハドロン反応……………………………………(阿部和雄)…292

b. クォークモデルによるハドロンの分類……………………………………………300
　　c. 量子色力学の検証……………………………………(徳宿克夫)…305
3.4 弱い相互作用………………………………………………………………329
　　a. 弱い相互作用とレプトン……………………………(高杉英一)…329
　　b. K 中間子……………………………………………(山中　卓)…343
　　c. 重い中間子…………………………………………(相原博昭)…354
3.5 標準模型の検証……………………………………………………………365
　　a. Z, W 粒子と標準模型の精密検証…………………(森　俊則)…365
　　b. ヒグス粒子の探索と将来…………………………(山下　了)…377
3.6 ニュートリノ質量…………………………………………………………390
　　a. ニュートリノ振動と直接測定……………………(中畑雅行)…390
　　b. 二重ベータ崩壊……………………………………(岸本忠史)…414
3.7 標準模型を超える物理現象…………………………………………………419
　　a. 陽子崩壊……………………………………………(梶田隆章)…419
　　b. 荷電レプトンのフレーバーの破れ………………(久野良孝)…425
　　c. 電気双極子能率……………………………………(増田康博)…430
　　d. 超対称粒子…………………………………………(田中礼三郎)…435
　　e. アクシオンと暗黒物質……………………………(森山茂栄)…443
3.8 宇宙からの素粒子…………………………………………(木舟　正)…452
　　a. 素粒子像を必要とする天体現象…………………………………452
　　b. 宇宙線………………………………………………………………456
　　c. 宇宙線の検出と観測………………………………………………458

4. 粒子検出器

4.1 シンチレーター……………………………………………(中家　剛)…465
　　a. 有機シンチレーター………………………………………………465
　　b. 無機シンチレーター………………………………………………466
　　c. 光検出器……………………………………………………………467
　　d. 光収集方法…………………………………………………………469
　　e. シンチレーター活用法……………………………………………470
4.2 チェレンコフ検出器………………………………………………………472
　　a. チェレンコフ検出器………………………………(住吉孝行)…472
　　b. 水チェレンコフ・ニュートリノ検出器…………(金行健治)…478
4.3 飛跡検出器…………………………………………………(岩田正義)…485
　　a. 発展の歴史…………………………………………………………486
　　b. ガスカウンターの基礎……………………………………………488

c. 平面ワイヤーチェンバー	491
d. 大容積ドリフトチェンバー	494

4.4 シリコン半導体検出器 ……………………………………(羽澄昌史)… 498
4.5 カロリメーター ……………………………………………(渡邊靖志)… 503
    a. カロリメーターの役割，期待される性能 … 504
    b. シャワー過程 … 506
    c. エネルギー測定手段 … 510
    d. カロリメーターの実際例 … 511
    e. 今後の進展 … 515
4.6 粒子検出器用超伝導磁石 ………………………………(山本　明)… 516
    a. 粒子検出器における磁場 … 516
    b. 粒子検出器用超伝導磁石技術の進展 … 518
    c. CERN-LHC 計画における超伝導磁石 … 518
    d. 物質的に薄肉な磁石 … 521
    e. これからの展望 … 522
4.7 ビーム衝突型加速器用大型汎用測定器 ………………(岩崎博行)… 524
    a. 大型汎用測定器の概観 … 524
    b. 運動量測定 … 528
    c. 粒子識別 … 529
    d. 電子・光子の識別 … 530
    e. ミューオン識別 … 532
    f. ジェットとニュートリノ識別 … 533
    g. 電子・陽電子衝突型加速器実験と陽子・陽子衝突型加速器実験における大型汎用測定器の比較 … 534
4.8 データ収集システム ……………………………………(伊藤領介)… 536
    a. トリガーシステム … 537
    b. ディジタイザー … 538
    c. 読み出し制御システム … 541
    d. イベントビルダー … 541
    e. 高次トリガー … 543
    f. データ記録システム … 544

5. 粒子加速器

5.1 線形加速器 ………………………………………………(髙田耕治)… 547
    a. 加速器の構成 … 548
    b. 進行波型加速管 … 549

c.	定在波型加速管	554
d.	加速器要素技術	557

5.2 シンクロトロン……………………………………（木原元央）…561
   a. 円形加速器の誕生 …………………………………………………561
   b. 位相安定性の原理の発見とシンクロトロンの誕生 ………………562
   c. 位相安定性の原理 …………………………………………………563
   d. ビームの集束とベータトロン振動 ………………………………564
   e. 強集束の原理 ………………………………………………………566
   f. 高周波加速空洞 ……………………………………………………569

5.3 衝突型加速器………………………………………（生出勝宣）…570
   a. 重心系でのエネルギーと衝突型加速器 …………………………570
   b. ルミノシティ ………………………………………………………571
   c. 衝突型加速器の諸形態 ……………………………………………572
   d. ルミノシティの限界 ………………………………………………574
   e. 将来の衝突型加速器 ………………………………………………576

5.4 世界のビーム衝突型加速器一覧………………………（相原博昭）…577

6. 素粒子と宇宙

6.1 ビッグバン宇宙 …………………………………………（杉山　直）…579
   a. 相対論的宇宙論 ……………………………………………………580
   b. 膨張宇宙 ……………………………………………………………582
   c. ビッグバン …………………………………………………………586
   d. 宇宙の構成要素 ……………………………………………………593
   e. 精密宇宙論 …………………………………………………………599

6.2 暗黒物質…………………………………………（野尻美保子）…603
   a. 暗黒物質候補の一般的性質 ………………………………………603
   b. 模型 …………………………………………………………………604
   c. 暗黒物質の直接探索 ………………………………………………604
   d. 暗黒物質と初期宇宙 ………………………………………………605
   e. 暗黒物質の非熱的生成 ……………………………………………607
   f. 暗黒物質の間接的な探索 …………………………………………608

6.3 インフレーション宇宙 ………………………………（諸井健夫）…608

6.4 バリオン数生成 …………………………………（船久保公一）…614
   a. 宇宙のバリオン数 …………………………………………………614
   b. バリオン数生成の条件 ……………………………………………614
   c. 大統一理論によるバリオン数生成 ………………………………615

d. アフレック-ダイン機構 ……………………………………………… 616
   e. スファレロン過程 …………………………………………………… 616
   f. レプトン数生成 ……………………………………………………… 617
   g. 電弱バリオン数生成 ………………………………………………… 618
6.5 暗黒エネルギー ………………………………………………(藤井保憲)… 619

7. 素粒子物理の周辺

7.1 他分野への応用 ………………………………………………………… 623
   a. 自由電子レーザー …………………………………………(平松成範)… 623
7.2 医 学 利 用 …………………………………………………………… 630
   a. ポジトロンCT(PET) ……………………………………(山下貴司)… 630
   b. 加速器によるがん治療 ……………………………………(高田義久)… 635
   c. 高感度放射線検出器 ………………………………………(谷森 達)… 638
7.3 産 業 応 用 ………………………………………………(尾﨑典彦)… 644
   a. 電子線照射の環境汚染対策への応用 ……………………………… 645
   b. ナノテクノロジーにおけるイオンビーム応用 …………………… 647
   c. 電子線の高分子化学工業への応用 ………………………………… 649
   d. 電子線, γ線およびイオン照射の生物・農業への応用 ………… 651
7.4 情報化社会への波及(ネットワーク・グリッドを含む) ………(森田洋平)… 653
   a. 素粒子実験と計算機技術 …………………………………………… 653
   b. 専用ネットワーク網の歴史 ………………………………………… 654
   c. WWWの発明とインターネットの普及 …………………………… 655
   d. プレプリントと電子論文 …………………………………………… 656
   e. ソフトウェア技術 …………………………………………………… 657
   f. グリッドと分散処理技術 …………………………………………… 657
7.5 素粒子研究における国際協力 ………………………………(山田作衛)… 658
   a. 国際協力推進の枠組 ………………………………………………… 659
   b. 国際共同実験 ………………………………………………………… 660
   c. 加速器建設における国際協力 ……………………………………… 661
7.6 マスメディア・文化の中の素粒子と現代社会 ……………(高柳雄一)… 663
   a. 世界物理年と素粒子 ………………………………………………… 663
   b. マスメディアと素粒子 ……………………………………………… 664
   c. 文化の中の素粒子 …………………………………………………… 665
   d. 素粒子の科学と現代社会 …………………………………………… 666

索　　引 ……………………………………………………………………… 669

1
素粒子物理学の概観

―― 自然の階層構造と素粒子研究の歴史 ――

1.1 古代から核子の発見まで

a. 電子の発見
（1） 古代ギリシャの原子論

　自然を構成する物質は連続であるように思われる．つまり，物質を分割していくと，いくらでも細かく分割できるように思われる．しかし，紀元前5世紀に，ギリシャの哲学者レウキッポス（Leukippos）は，「万物は原子から成る」とする原子論を提唱し，弟子のデモクリトス（Demokritos）がそれを発展させた．デモクリトスは，物質は分割できない究極の粒子から構成されていると考え，実験的根拠はなしに，「物質は形，大きさ，重さなどをもつが，見ることはできない小さな，数種類の硬い粒子の組合せによって構成されている」と主張し，究極の粒子をアトモスと呼んだ．アトモスとは「分割できない」という意味のギリシャ語である．原子と原子の間は，何も存在しない空虚な真空で，原子は真空中を運動すると考えた．古代ギリシャの原子論がどのようなものかは，古代ローマの詩人ルクレチウス（Lucretius）の長い詩『物の本質について』を通じてうかがい知ることができる．

（2） 原子論の復活

　近代になって原子論を復活させ，発展させたのは，おもにイギリスの科学者たちであった．たとえば，気体の体積は圧力に反比例することを発見した17世紀の科学者ボイル（Boyle）は，古代ギリシャの原子論の影響を受け，「空気が圧縮できるという事実は，空虚な空間を原子が飛びまわっていると考えると理解できる．そして，水蒸気が凝結した液体の水は，密につまった原子からできていると考えればよい」と主張した．

　ニュートン（Newton）も原子論を信じた．かれの原子論は著書『光学』に「疑問」という形でまとめられている．「はじめに神は，硬く，重く，入り込めず，動きやすい粒子という形で物質をつくったということは，私にはもっともらしく思われる…．物質のこの最小粒子は非常に強い引力で凝集しあって，もう少し大きいが力の弱い粒子をつ

くる…」.

ニュートンは、物質の最小粒子は1種類で、最小粒子が集まって、金や鉄などの最小単位をつくると考えた．ただ、どのような力が最小粒子を凝集させて金や銀の最小単位をつくるのかが明らかではなかったので、最小粒子説はそれ以上には進まなかった．

（3） ドルトンの原子論

近代的な原子論を提案したのは化学者のドルトン（Dalton）であった．18世紀末までに化学者たちによって、物質にはこれ以上には分解できない元素および元素が結合してつくられる化合物があること、また、化学変化の前後で物質の総質量は変化しないこと（質量不変の法則）、さらに、元素が化合物をつくるときには成分元素の質量比はつねに一定であること（定比例の法則）などが発見された．

ドルトンは実験をして定比例の法則を確かめ、さらに、倍数比例の法則を発見し、それらの説明のために原子論を思い出した．1803年に、ドルトンは、「すべての元素には固有の原子がある．ある元素のすべての原子はすべての点で正確に同じで、同じ質量をもつ．異なる元素の原子は異なる性質をもち、異なる質量をもつ．元素と異なり、化合物は分子から成っていて、分子は成分元素の原子からつくられている」という、現在でもほぼそのまま通用する原子論を提案した．ドルトンはデモクリトスにちなんで、元素の構成粒子をアトム（原子）と名付けた．

ドルトンの原子論からは、定比例の法則、倍数比例の法則などが導かれるので、原子論は化学反応の説明にきわめて有用であった．また、「どのような気体でも、同温度で同圧力の同体積中には同数の分子が存在する」というアボガドロ（Avogadro）の仮説に基づく気体分子運動論が発展し、1865年にはそれに基づいて、ロシュミット（Loschmidt）がアボガドロ数 N_A を実験的に求めたので、原子の質量や大きさが推定できるようになった．

（4） 原子論への疑問

しかし、ドルトンの原子論は簡単には受け入れられなかった．原子論に反対する人々の反対理由にはいくつかあった．第一は、「存在することが証明できない原子のような仮想的存在を導入せず、原子があるとして導かれた定比例の法則や倍数比例の法則のような観測結果の関係を追求する方が科学の進歩につながる」という理由であった．

第二の反対理由は、「究極粒子（原子）が数十種類も存在するのは多すぎる．自然は数種類の究極粒子からできているはずだ」という理由であった．ボルタ電池を使って、19世紀の初めにナトリウム、カリウム、カルシウムなど6つの元素を電気分解によって発見した化学者デービー（Davy）は、ドルトンの原子論に反対して、「すべての物質は2,3種類の最小粒子の組合せでできていて、これらを組み合わせる力は電気的な力であろう．そして元素は、電池よりも強力な道具で真の元素に分解できるだろう」と言っている．

デービーが予想したように，原子は分割不可能ではなく，構造をもつと考えさせる事実がいくつか発見された．1815年にプラウト（Prout）は「すべての元素の原子量は水素の原子量の整数倍なので，すべての原子は水素原子の集合体である」と主張した．1869年にメンデレーエフ（Mendeleev）は，「元素を原子量の順に配列すると，似た性質をもつ元素が規則的な間隔で現れる」という元素の周期律を発見した．原子に構造がなければこのようなことが起こるはずはない．

また，1833年にファラデー（Faraday）は「電気分解によって，電極に析出する物質の質量は通電した電気量に比例し，化学当量（1モル/原子価）の物質を析出するのに要する電気量 F は物質の種類に関係なく一定である」という電気分解の法則を発見した．この法則と原子論を結びつけると，電気素量 F/N_A が存在し，電気を帯びていない原子のほかに，電気素量の原子価倍の電荷を帯びたイオンが存在することになる．ファラデーは「原子論を採用すれば，ふつうの化学反応において等価である物質原子は電気の等価量をもつことになる」ことを認識したが，自分が命名した陽イオンと陰イオンが，電気素量の原子価倍の正と負の電荷を帯びた原子だとは主張しなかった．かれは，「正直のところ，私は原子という言葉を警戒している．原子について語るのはやさしいとしても，とくに化合物を考える場合には，原子の本質について，明確な考えを抱くのは難しいからだ」と書いている．

気体分子運動論を発展させたマクスウェル（Maxwell）は1873年になっても電荷の最小単位説で電気分解を理解することに否定的であった．ファラデーとマクスウェルの関心は電荷よりも，そのまわりの空間，つまり，電気力線と磁力線という形でその存在が認められる電場と磁場に向けられていた．1861年にマクスウェルは，電場と磁場の振動が空間を波動として伝わる電磁波の存在を理論的に導き，光が電磁波であることを示した．

（5） 放電管による研究の開始

ファラデーは「物体を熱すると固体から液体になり，気体になる．それにつれて物質の物理的性質は簡単になっていき，たがいに区別しにくくなる．物質には気体の次に第四の状態があり，第四の状態では個々の物質の物理的性質の違いは消え，おそらく3種類の物質しか存在しなくなるだろう」と予想していた．1835年にファラデーは両端に金属の極板を入れて密閉したガラス管をつくり，真空ポンプで中の空気を低圧にし，極板の間に高い電圧をかけた．いわゆる放電管である．その頃は強力な真空ポンプがなかったので，ファラデーは目的を遂げられなかったが，気体放電研究の創始者になった．

その後，性能のよい真空ポンプが発明され，各地で放電管の研究が行われ，陰極から出て陽極に向かう陰極線が発見された．そして，陰極線は陽極のうしろのガラス壁に衝突すると黄緑色の蛍光を発することが発見された．しかし，放電管（陰極線管）内の残留気体のために，陰極線の実体が荷電粒子のビームなのか電磁波なのかは解明されなかった．

（6） X線の発見

1895年に，レントゲン（Röntgen）がX線を発見した．かれは，陰極線が壁に衝突して蛍光を発する部分から，透過力がきわめて強く，空気を導電性にし，写真乾板を感光させる何ものかが発生することを発見し，X線と名付けた．X線は磁場によって曲げられないので，荷電粒子の流れではないことがわかった．1912年にラウエ（Laue）たちによるX線の結晶による回折現象の発見によって，X線は波長の短い電磁波であることがわかった．

（7） 電子の発見

陰極線は負電荷を帯びた荷電粒子の流れであることを示したのは，真空度の高い陰極線管を使って研究を行ったトムソン（J. J. Thomson）であった．1897年にトムソンは，陰極線に電場と磁場を作用させ，その中で陰極線が曲がる様子から，陰極線は負電荷を帯びた粒子の流れであることを確かめ，電荷eと質量mの比である比電荷e/mを測定した．陰極板の材料として鉄，アルミ，プラチナの3種類を使い，陰極線管中の気体を空気から水素や二酸化炭素に変えてみたが，比電荷の値が金属や気体の種類によって大きく異なるという徴候はみられなかった．比電荷の測定値は，水の電気分解で得られた水素イオンの比電荷の約千倍であった．また，紫外線で照射した金属から光電効果によって放出される負電荷を帯びた粒子の比電荷を測定し，陰極線粒子の比電荷と同じであることを確かめた．このようにして，トムソンは物質に共通な普遍的な構成要素である電子を発見した．

比電荷が大きいのは，電荷が大きいためだろうか，質量が小さいためだろうか．トムソンは，過飽和水蒸気を膨張させたときに，光電子を核にして形成される帯電水滴の電荷を測定し，その大きさは水素イオンの電荷とほぼ同じことを1900年頃までに確かめた．したがって，電子の比電荷が大きいのは，電子の質量が小さいためであることがわかった．

1909〜12年に，ミリカン（Millikan）は，水滴の代わりに油滴を使い，油滴をX線照射で帯電させたときに個々の油滴の帯びる電気量は最小単位（電気素量）の整数倍であることを発見し，電気素量の正確な値eを測定した．このeの値とトムソンの実験で決まるe/mの実験値から電子の質量mが正確に決められた．

b. 放射能の発見
（1） 放射能の発見

「陰極線が陰極線管のガラス壁に衝突して蛍光を発する場所の付近からX線が発生する」という報告を聞いたベクレル（Becquerel）は，蛍光を出すウラン化合物も可視光の他にX線を放射するのではないかという疑問をもち，実験を行い，ウラン化合物は，写真乾板を感光させ，空気をイオン化して導電性にする，X線ではない未知の放射線を放射することを発見した（1896年）．また，放射線の作用の強さは，化合物中のウランの量

だけで決まり，ウランの化学的結合状態には無関係であること，そして，ウランは，日光にさらされなくても，放射線を絶えず放射する能力（放射能）をもつことを発見した．

この発見に注目したマリー・キュリー（Marie Curie）は，夫のピエール・キュリー（Pierre Curie）の発明した圧電気を利用した感度のよい電位計を使って，ウラン以外の物質の放射能を調べ，トリウムも放射能をもつことを発見し，ウランの鉱石ピッチブレンドの放射能はウランよりも強いことを発見した．そこでピエールも研究に参加し，ピッチブレンドを化学分析で成分に分けていき，1898年に，未知の2つの放射性元素を発見し，ポロニウム，ラジウムと名付けた．精製したラジウムの放射能は，同じ質量のウランの百万倍以上もあった．

（2） 放射線の実体

放射性元素の放射する放射線は，正電荷をもち，磁場で曲がりにくく，数cmの空気しか透過できないアルファ線，負電荷をもち，磁場によってかなり曲がり，数mmのアルミニウムを透過できるベータ線，磁場で曲がらない，透過力の強いガンマ線の3成分から成ることが発見された．アルファ線は，アルファ粒子と呼ばれるヘリウム原子の陽イオンHe^{2+}の流れであり，ベータ線は高速電子の流れで，ガンマ線は波長の短い電磁波であることが判明した．放射性元素の原子が電荷を帯びた放射線を放出すると，原子は変化して，化学的性質の異なる別の元素の原子に変換するという原子の放射性変換を，1903年にラザフォード（Rutherford）とソディ（Soddy）が提唱し，原子の不変性を否定した．

c. 原子核と核子の発見
（1） 長岡の原子模型とトムソンの原子模型

負電荷を帯びた軽い電子が物質中に存在することがわかった．正電荷を帯びた物質は，原子の中にどのような形で存在するのであろうか．

1903年に，長岡は，原子は中心にある正電荷を帯びた重い原子核とそのまわりを（土星の環のように）環状になって回っている多くの電子から構成されていて，電子の環はいろいろな振動を行い，その1つ1つの振動の仕方に対応して決まった振動数の光が出るという，「土星模型」と呼ばれる原子模型を提案した．

同じ年にトムソンは，正電荷は約10^{-10} mの半径をもつ原子の内部に一様に分布し，電子はその中に点々と存在するという「プラム・プディング模型」と呼ばれる原子模型を提案した．こう考えた理由は，原子が一定の大きさをもつ事実を説明するためであったようである．トムソンは原子中の電子の配列と原子の安定性についても考察した．

（2） ラザフォードの原子模型

原子の内部を探る実験を行い，その結果に基づいた原子模型を提唱したのが，ラザフォードであった．1909年に，ラザフォードの研究室で，ガイガー（Geiger）とマー

スデン（Marsden）は，ラドンが放射するアルファ粒子のビームを厚さ 4×10^{-7} m の薄い金箔に衝突させる実験を行ったところ，多くのアルファ線は金箔を素通りしたが，2万個中に1個が約90度方向を変えるという結果が得られた．この報告を聞いたラザフォードは，「直径が40センチもある砲弾をティッシュペーパーに向けて打ったら，砲弾がティッシュペーパーで跳ね返されて私に命中したようなものだ」と驚いたそうである．

ラザフォードは，この実験結果に基づいて，「原子の中心には，原子の質量の大部分と電気素量 e の整数倍の正電荷 Ze をもち，半径が 3×10^{-14} m 以下の小さな原子核が存在する．そして，そのまわりには負電荷 $-e$ を帯びた Z 個の電子が分布している」という原子模型（太陽系模型）を提案した．ラザフォードは，このような構造をもつ原子によって散乱されるアルファ粒子の角分布をニュートン力学に基づいて計算し，計算結果がガイガーとマースデンの実験結果とよく一致することを示したのであった．金の原子核が作用する強い電気反発力によってアルファ粒子が逆向きに跳ね返されるためには，金の原子核の半径は 3×10^{-14} m 以下でなければならないのであった．

しかし，電子が原子核のまわりを回転しているという原子の太陽系模型には，電気を帯びている電子が原子核のまわりを高速で回転していると，電磁波を放出し続けてエネルギーをどんどん失い，あっという間に電子は原子核にくっついてしまうという不安定性の問題がある．ラザフォードはこの不安定性の困難は十分に承知した上で，アルファ粒子の大角度の散乱を説明する模型として太陽系模型を提案したのであった．ラザフォードは論文の中で「1903年に長岡が提案した原子の土星模型では，引力が十分に強ければ原子は安定であるということは興味深い」と書いている．

（3） 光の二重性

原子は安定で，一定の大きさをもつのに，古典物理学はその理由を説明できない．しかし，古典物理学には限界があることが，1900年のプランク（Planck）による「振動数 ν の光のエネルギーはとびとびの値 $nh\nu$（n は整数，h はプランク定数）しかとれない」という理論的発見で明らかになった．また，1905年にアインシュタイン（Einstein）は，「振動数 ν の光が物質によって放射，吸収されるときには，エネルギー $h\nu$ をもつ光子として放射，吸収される」と仮定すると，紫色光で金属を照射すると電子が飛び出す光電効果や蛍光現象がうまく説明できることを指摘した．このようにして，光は波動と粒子の二重性をもつことになった．

（4） ボーアの原子模型

ラザフォードの原子模型の古典物理学での困難の解決への糸口は，1913年にボーア（Bohr）が提唱したボーアの原子模型によって与えられた．ボーアは，(1) 原子内の電子の軌道やエネルギーは古典力学で計算できるが，「角運動量が $\hbar(=h/2\pi)$ の整数倍に等しい」という量子条件を満たすとびとびの軌道（定常状態の軌道）だけが可能であ

る．(2) 電子が1つの軌道から別の軌道へ移るときは，それらの定常状態のエネルギーの差に等しいエネルギー $h\nu$ をもつ振動数 ν の光子が放出，吸収される，という2つの仮定を行い，この2仮定を水素原子のラザフォード模型に適用して，水素原子の安定性と大きさ（半径）および水素原子の放射する光のスペクトルが見事に説明できることを示した．

(5) 原子番号

原子核の帯びている正電荷 Ze の整数 Z の物理的な意味は何なのであろうか．ガイガーとマースデンは，金以外の金属箔を標的にした実験も行い，原子量がアルミの原子量よりも大きな物質では，整数 Z は原子量の半分とみて十分に正確であることを発見した．

整数 Z が，元素の周期律での元素の順番を表す原子番号 Z に等しいことを示したのはモーズレー（Moseley）であった．1913年にモーズレーは，多くの元素の放射する特性X線の波長を測定して，特性X線の波長の平方根は「原子番号 Z−定数」に反比例することを見出し，この関係の正しさをボーアの原子模型で裏づけた．

(6) 同位体と原子量

それでは原子量の物理的な意味は何なのであろうか．放電管の内部には，気体放電でつくられた陽イオンが陰極に向かう放射線が存在する．1912年にトムソンは，この正電荷を帯びた放射線粒子の比電荷の研究によって，原子量が20.2のネオンには，化学的性質は同じであるが，比電荷が異なり，原子量が20と22の同位体（アイソトープ）が存在することを発見した．かれの弟子のアストン（Aston）は陽イオンの比電荷を精密に測定できる質量分析器を発明し，これを使って，すべての元素には化学的性質は同じであるが，質量の異なる同位体が存在し，すべての同位体の原子量は水素の原子量のほぼ整数倍であることを発見した．原子核の質量を指定する整数 A を質量数という．このようにして，原子核は原子番号 Z と質量数 A という2つの整数で指定されることになった．

なお，同位体とは，ウランなどの放射性元素が放射性崩壊をくり返す際に，化学的性質は同一だが，半減期や原子量などが異なる元素が現れるので，これらの元素あるいはその原子を区別するために，1910年にソディによって導入された言葉である（同位は元素の周期表の同じ位置を意味する）．

(7) 陽　　　子

放射性原子がアルファ粒子（ヘリウム原子核）や電子の放出に伴って別の原子に変換する事実は，原子核の変換が起こること，すなわち，原子核が構造をもつことを意味する．

さて，原子核は，質量数 A と原子番号 Z という2つの整数によって指定されることがわかった．原子核の質量が水素原子核の質量のほぼ整数倍であり，原子核の電荷が水

素原子核の電荷の整数倍であるという事実は，水素原子核がすべての原子核の構成要素であることを示唆している．また，1919 年にラザフォードは，アルファ粒子を窒素原子核に衝突させると，窒素原子核が人工的に酸素原子核に転換するとともに水素原子核が放出される，$^4_2$He $+ \, ^{14}_7$N $\to \, ^1_1$H $+ \, ^{17}_8$O という反応が起こることを発見した．そこで 1920 年にラザフォードは，水素原子核を原子核の構成要素として公式に認め，第一を意味するギリシャ語のプロトスにちなんで，プロトン（陽子）と呼ぶことをイギリス科学協会に提案した．

(8) 中 性 子

原子番号 Z の原子核の中には Z 個の陽子が含まれていて，電荷 Ze と陽子の質量の Z 倍の大きさの質量を担うと考えられる．それでは，質量の残りの部分（陽子の質量の $(A-Z)$ 倍）は何が担うのだろうか．陽子と電子のペアは，質量数が 1 で，電荷が 0 なので，陽子の質量の $(A-Z)$ 倍の部分は $A-Z$ 個の陽子と $A-Z$ 個の電子から構成されているという陽子-電子仮説が提出されたこともあった．しかし，この仮説には，窒素原子核 $^{14}_7$N のスピンを説明できないという大きな困難があり，この仮説は放棄された．

1920 年にラザフォードは，核内では陽子が電子としっかり結合し，中性の粒子をつくっているという考えを提出し，中性子という名前まで考えた．ところが，中性子の検出は難しかった．荷電粒子は，物質をイオン化するので，検電器やウィルソン（Wilson）が 1911 年に発明した霧箱，ガイガーとミュラー（Mueller）が 1928 年に発明した G-M 計数管などを用いて，容易に検出できるが，電荷を帯びていない粒子を検出するには物質中で荷電粒子をたたき出させて，それを検出するという間接的方法しかないからである．陽子とほぼ同じ質量をもち，電気を帯びていない中性子がチャドウィック（Chadwick）によって $^4_2$He $+ \, ^9_4$Be $\to \, ^1_0$n $+ \, ^{12}_6$C という反応で発見されたのは，1932 年のことであった．

(9) 原子核物理学の誕生

中性子が発見されると直ちに，ハイゼンベルク（Heisenberg）は，原子核は陽子と中性子から構成されていて，量子力学で説明されるという考えに基づいた原子核模型を提案した．また，陽子と中性子は，核子と呼ばれる同一の粒子の陽子状態と中性子状態と見なしたほうがよいと主張した（荷電 2 重項）．そして，原子核の結合エネルギーが質量数にほぼ比例する事実（飽和性）を説明するために，核力と呼ばれる陽子と中性子の間に働く力は 2 核子の位置を入れ替える作用をもつ交換力であると提唱した．

1930 年前後に，コッククロフト（Cockcroft）とウォルトン（Walton）やバン・デ・グラーフ（Van de Graaf）によって静電高圧加速器が発明され，ローレンス（Lawrence）によって円形加速器サイクロトロンが発明された．加速されたイオンのビームによって，原子核どうしの散乱や反応が引き起こされ，原子核の研究が進んだ．

（10） 自然の階層構造

ドルトンの原子論は，200年後の現在でも高校化学の教科書に，化学反応の基礎理論として位置づけられている．デービーやファラデーは分割不可能な究極粒子としての原子という考えに反対した．確かに，原子は原子核と電子から構成され，原子核は陽子と中性子から構成されていることが判明したので，彼らの反対理由は正しかった．元素の化学的性質は原子核の帯びている電荷によって決まるので，原子分子の世界を真の意味で理解するには，原子核の理解は不可欠である．しかし，分子間での原子の組み換え反応である化学反応では原子核は変化しないので，化学反応の定比例の法則や倍数比例の法則などの理解に原子核の知識は不要である．それがドルトンの原子論の成功の原因である．したがって，自然界には原子分子の階層と原子核の階層が存在するということができる．

化学反応で分子や原子の結合状態が変化するのに，原子核が変化しない理由は，分子，原子，原子核などの取りうるエネルギーの値はとびとびであり，原子核の取りうるエネルギー値の間隔は，分子や原子の取りうるエネルギー値の間隔よりはるかに大きいからである．つまり，原子核を変化させるには外からエネルギーを与えなければならないが，このエネルギーは，分子や原子が変化する際に出入りするエネルギーより桁違いに大きいからである．

さて，自然の階層構造を最初に指摘した物理学者は坂田であろう．1947年に坂田は「現代の科学は自然のなかに質的に異なったいろいろな「段階」（運動形態）があることを見出している．たとえば素粒子-原子核-原子-分子-物体-天体-星雲といった「段階」である．これらは一般的な物質のいろいろな質的な存在様式を制約する結節点であって，上で述べたような直線的な関係にのみあるのではない．分子-コロイド粒子-細胞-器官-個体-社会といった方向へもつながっていく．比喩的にいえば，立体的な網の目のような構造をしているともいえようし，また，玉葱のような累層的構造をしているといったほうがよいかもしれない．これらの「段階」は，けっして，互いに孤立し独立したものではなく，互いに関連し，依存し，絶えず移行し合っている」と書いている．

1.2節で学ぶように，原子核を構成している陽子や中性子は「ハドロン」と総称される一群の粒子の仲間である．したがって，「原子核」の次の階層は「ハドロン」であり，「ハドロン」は「クォーク」から構成されているので，その次の階層は「クォーク」だと考えられる．しかし，水素原子核は「ハドロン」である陽子なので，階層としての原子核と「ハドロン」の区別は明確ではない．広い意味では原子核も「クォーク」から構成されていると見なして，「分子・原子」→「原子核・ハドロン」→「クォーク・レプトン」という階層構造を考えることもできる．なお，物質の基本的構成要素の電子は「レプトン」と呼ばれるグループのメンバーであり，素粒子の標準模型では，「レプトン」は「クォーク」とともに物質構造の基本的構成要素なので，「クォーク」ではなく「クォーク・レプトン」と記した．

坂田とともに自然科学の方法論について積極的な発言を行った物理学者に武谷がい

る．武谷は，物理学における自然認識は現象論→実体論→本質論という3段階で進むという三段階論を提唱した．原子の理解に三段階論を適用すると，ドルトンの原子論は現象論，電子の発見と原子核の発見に基づくラザフォードの原子模型は実体論で，量子力学に基づく原子の理論は本質論と見なせる．三段階論と自然の階層構造論の2つの見方で，この節で記述した歴史を見直すのは興味深い．

d. 量子論と相対性理論
(1) 電子の二重性と量子力学

これまでは，電子，陽子，中性子などを，決まった質量と電荷をもつ微小な粒子のように見なして記述してきた．しかし，光が波動性のほかに粒子性をもつように，電子も粒子性のほかに波動性をもつとド・ブロイ（de Broglie）は考え，エネルギー E，運動量 p の電子に付随する，振動数 $\nu=E/h$，波長 $\lambda=h/p$ をもつ物質波という概念を1923年に提唱した．

粒子と波動の二重性を示す電子の従う力学が量子力学である．1925年にハイゼンベルクによって物理量が行列で表される形式の量子力学（行列力学）が発見され，1926年にシュレーディンガー（Schrödinger）によって電子が波動方程式に従う波動関数で表される形式の量子力学（波動力学）が発見されたが，すぐに両者は同等であることが示された．1926年にボルン（Born）が波動関数の確率的解釈を提唱し，非相対論的な（光速に比べて遅い）電子の従う量子力学ができ上がった．

1927,28年にデビッソン（Davisson）とガーマー（Germer），トムソン（G.P. Thomson），菊池などが電子の波動性を実験で示し，光と同じように電子も粒子と波動の二重性をもち，電子が波動性を示すときの波長はド・ブロイ波長 $\lambda=h/p$ であることが確かめられた．

量子力学では，観測にかかるすべての物理量は演算子である．たとえば，粒子の位置 x と運動量 p は，$xp-px=i\hbar$ という交換関係に従う．ボーアの原子模型におけるとびとびのエネルギー準位と定常状態は，量子力学では，古典力学のエネルギーの表式を演算子としての x と p で表したハミルトン演算子 H の固有値方程式 $H\Psi=E\Psi$ の固有値 E と固有状態 Ψ に対応する．

なお，古典力学から量子力学を導く第三の方法である経路積分法が約20年後にファインマン（Feynman）によって発見され，素粒子物理学の理論的研究で大いに活用された．

(2) スピン，フェルミオンとボソン

1925,26年頃に，原子スペクトルの研究を通じて，電子は単なる点電荷ではなく，一定の大きさの磁気モーメントをもつスピン1/2の素粒子であり，同一の量子力学的状態を1個しか占有できないフェルミオンと呼ばれる種類の素粒子であることがわかった．1927年には，水素分子 H_2 の比熱の研究によって，陽子もスピン1/2のフェルミオンで

あることがわかった．1932 年に発見された中性子も，同じ年に発見された重水素を利用して，スピン 1/2 のフェルミオンであることが 1934 年に確かめられた．光子はスピン 1 で，同一の量子力学的状態を何個でも占有できるボソンである．

（3） 特殊相対性理論

音波は空気の力学的な振動の伝搬なので，音波は空気に対して一定の速さで伝わる．アインシュタインは，物質が存在しない真空中を伝わる光波の場合にはどうなるかを考え抜いて，1905 年にすべての慣性系において真空中の光の速さは一定であるという結論に到達した．そして，(1) すべての慣性系において真空中の光速は一定である（光速不変の原理），(2) すべての慣性系において物理学の基本法則は同じ形をしている（相対性原理），という 2 つの原理に基づく特殊相対性理論を提唱した．

光速不変の原理は，古典力学の速度変換則と矛盾する．アインシュタインは，互いに等速直線運動している観測者の経験する時間が異なることを認識することによって，この矛盾を解決した．アインシュタインは，時間と空間が不可分のものであり，時空を 4 次元だと捉えることが大切だと認識したのである．

特殊相対性理論では，質量はエネルギーの一形態である．また，古典力学での自由粒子のエネルギー $E = p^2/2m$ は，特殊相対性理論では $E = \sqrt{(mc^2)^2 + (pc)^2}$ というアインシュタインの関係で置き換わる．

（4） 相対論的な量子力学と陽電子

発見者にちなんでシュレーディンガー方程式と呼ばれる量子力学の波動方程式は，陽子のまわりのクーロンポテンシャルの中に束縛されている電子のエネルギー準位を説明した．しかし，この方程式は光速に比べて遅い電子に対する非相対論的な波動方程式で，相対性原理を満たしていない．相対性原理を満たす電子の波動方程式は，1928 年にディラック（Dirac）によって導かれた．

ディラック方程式は，電子のスピン，固有磁気モーメント，水素原子のエネルギー準位の微細構造を正しく与えるという大きな成功を収めたばかりでなく，電子と同じ大きさの質量と正電荷 e をもつ陽電子の存在を予言した（1931 年）．陽電子は 1932 年にアンダーソン（Anderson）によって宇宙線の中に発見された．

1.2 素粒子物理学の誕生から標準模型に至る道

物質は原子から，原子は原子核と電子から，そして，原子核は陽子と中性子から構成されていることがわかった．したがって，すべての物質は電子と陽子と中性子から構成されているので，1930 年代から電子と陽子と中性子を，物質の素（もと）になる基本的な粒子という意味で，素粒子と呼ぶようになった．光子も素粒子の仲間だし，ほかにも素粒子の仲間がある．たとえば，その存在が予言された後で発見された素粒子として

代表的なものに，陽電子，ニュートリノ，パイオンなどがある．このほかに，予言されることなく，発見された素粒子も多い．パイオンが崩壊してできるミューオンはその例である．素粒子を研究する物理学の分野が素粒子物理学である．

素粒子は，素粒子の種類ごとに決まっている大きさの質量と電荷とスピンをもつ．また，後で説明する空間反転（P変換）で符号を変えないか，変えるかによって，プラスかマイナスのパリティがある．素粒子の表には，$0^+, 0^-, 1^-$ などの記号でスピンとパリティが記されている．0^+ はスカラー，0^- は擬スカラー，1^- はベクトルと呼ばれる．

1930年代に始まった素粒子物理学が最初に取り組んだ大きな問題に，① 原子核のベータ崩壊の解明，② 陽子と中性子を結びつけて原子核を構成する核力の理論的解明，③ 相対論的な場の量子論の建設，の3つがあり，これらの問題の研究を通じて，素粒子の世界の理解が深まってきた．たとえば，素粒子には反粒子が存在すること，素粒子は一定不変ではなく，相互に変換し合うこと，素粒子の間に作用する力は素粒子の交換によって仲立ちされることなどがわかった．なお，素粒子物理学では力の代わりに相互作用という言葉を使うことが多い．たとえば，荷電粒子は電場と磁場から電気力と磁気力を作用されるが，逆に，電荷や電流の周囲には電場や磁場ができる．この作用を電気力，磁気力と呼ぶのは不適切なので，電磁相互作用という言葉を使う．

a. 粒子と反粒子

量子論と相対性理論を統一した理論を相対論的場の量子論という．素粒子は粒子性と波動性をもち，素粒子Aの波動性は素粒子Aの場の量 ϕ_A によって表される．場の量 ϕ_A は波動方程式に従うが，波動方程式の解には振動数が正の解と負の解が存在する．

ところで，量子論ではすべての物理量は交換関係あるいは反交換関係に従う演算子である．その結果，場の量 ϕ_A の振動数が正の部分は素粒子Aを消滅させ，振動数が負の部分は素粒子Aの反粒子 $\bar{A}$ を生成させる演算子になる．ここで素粒子Aの反粒子 $\bar{A}$ とは，素粒子Aと同じ質量とスピンをもち，逆符号の電荷と磁気モーメントをもつ素粒子である．そして ϕ_A の複素共役な場の量 $\phi_A^\dagger$ の振動数が正の部分は反粒子 $\bar{A}$ を消滅させ，振動数が負の部分は素粒子Aを生成させる演算子になる．このようにして，相対論的場の量子論によれば，すべての素粒子には反粒子が存在し，この理論は素粒子の生成消滅を記述する理論形式であることがわかった．

電子の反粒子は陽電子である．陽子の反粒子は反陽子と呼ばれ，中性子の反粒子は反中性子と呼ばれる．反陽子は1954年，反中性子は1956年に発見された．なお，$\phi_A^\dagger = \phi_A$ の場合には，$A = \bar{A}$，つまり，素粒子Aの反粒子は自分自身である．したがって，実数の電磁場が粒子性を示すときに現れる光子の反粒子は自分自身である．

陽子と中性子は，質量数を一般化したバリオン数と呼ばれる新しいタイプの量（荷電）を1だけ帯びている．反陽子と反中性子の帯びているバリオン数は -1 である．したがって，中性子と反中性子は同じ質量をもつ電気的に中性の粒子であるが，バリオン数が異なるので別の種類の素粒子である．なお，電子と光子のバリオン数は0である．バリオ

ン数は，電荷と同じように，その和が素粒子反応によって変化しない量，すなわち保存量である．

電子と陽電子，陽子と反陽子，中性子と反中性子のような粒子と反粒子のペアが衝突すると，ペアは消滅してその質量はエネルギーに転化する．このエネルギーは新しい粒子とその反粒子のペアの生成によって再び質量という形態のエネルギーになったり，いくつかの光子のエネルギーになったりする．

素粒子の中には中性子のように不安定な素粒子がある．不安定な素粒子がいつ崩壊するのかを予言することはできない．しかし，崩壊は一定の確率で起こるので，不安定な素粒子には固有の平均寿命が存在する．不安定な素粒子の平均寿命とその反粒子の平均寿命は正確に等しいことが相対論的な場の量子論から導かれる．

すべての同一種類の素粒子が完全に同一である事実，反粒子の存在，スピンが整数の素粒子はボソンで，スピンが半奇数の素粒子はフェルミオンであるというスピンと統計の関係なども，相対論的場の量子論から導かれる重要な性質である．

b. ベータ崩壊とニュートリノ

原子核 N_1 が電子 e^- を放出して別の原子核 N_2 にベータ崩壊する現象は，素粒子物理学の大きな問題であった．質量はエネルギーの一形態なので，原子核 N_1 の質量 m_1 が原子核 N_2 の質量 m_2 と電子の質量 m_e の和より大きければ（$m_1 > m_2 + m_e$ ならば），高い坂の上のボールが，坂を転がり落ちて，重力による位置エネルギーが運動エネルギーに変わるように，原子核 N_1 はベータ崩壊して，質量の差に対応するエネルギー $(m_1 - m_2 - m_e)c^2$ は崩壊生成物の運動エネルギーになる．電子の質量はきわめて小さいので，ほとんどのエネルギーは，電子の運動エネルギーになるはずである．したがって，ベータ崩壊で放出される電子の運動エネルギー K は，エネルギー保存則によって，$K = (m_1 - m_2 - m_e)c^2$ になると予想された．そこで，ベータ崩壊で飛び出してくる電子のエネル

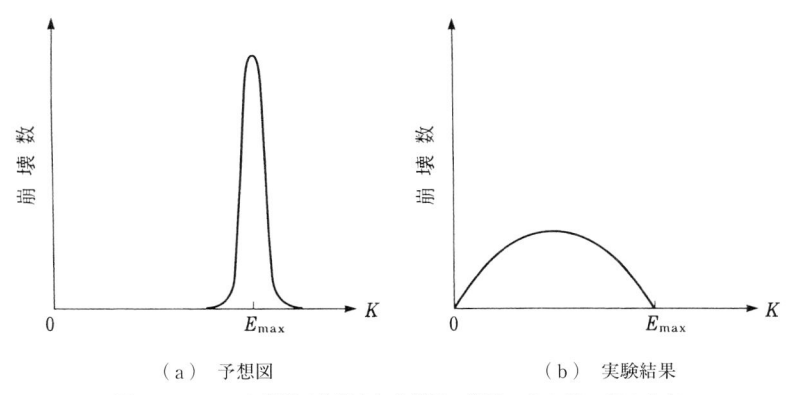

(a) 予想図 (b) 実験結果

図 1.2.1 ベータ崩壊で放出される電子の運動エネルギー K の分布
$E_{\max} = (m_1 - m_2 - m_e)c^2$.

ギースペクトルは図 1.2.1(a) に示す線スペクトルだと予想された.

ところが実験によれば，線スペクトルではなく，連続スペクトルで，電子の運動エネルギーは最大値 $E_{max} = (m_1 - m_2 - m_e)c^2$ と 0 の間に，図 1.2.1(b) のように分布している. $^{210}_{83}$Bi のベータ崩壊では，ガンマ線が放射されていないことが確認された．したがって，N_1 原子核のベータ崩壊が $N_1 \to N_2 + e^-$ であれば，ベータ崩壊でエネルギーが保存しないことになる．この実験結果から，ボーアは原子核の中では量子力学は成り立たず，エネルギーも保存しないと考えた．しかし，エネルギー保存則がミクロな世界で成り立たなければ，マクロな世界で成り立つのは不自然である．

(1) ニュートリノ仮説

1931 年にパウリ (Pauli) は，ベータ崩壊でエネルギー保存則を成り立たせるには，電荷を帯びていない未知の素粒子が，電子といっしょに，放出されると仮定すればよいと主張した．ベータ崩壊で放出される電子の運動エネルギーの最大値がほぼ $(m_1 - m_2 - m_e)c^2$ なので，この未知の素粒子の質量は 0 か非常に小さいと考える必要がある．そこで，この素粒子は中性の小さな粒子という意味のニュートリノという名前で呼ばれるようになった（記号は ν）．ニュートリノを仮定すると，ベータ崩壊は $N_1 \to N_2 + e^- + \nu$ という 3 個の素粒子への崩壊になる．

ベータ崩壊で原子核から飛び出してくる電子やニュートリノは，原子核の中にどのような形で存在していたのであろうか．フェルミ (Fermi) は，ベータ崩壊が起こる瞬間に，核内の中性子が消滅し，それと同時に，陽子と電子とニュートリノが発生し，電子とニュートリノは原子核の外に飛び出していくと考え，放出される電子のエネルギースペクトルを計算し，実験結果を見事に説明した (1934 年).

化学反応では原子が消滅したり発生したりすることはないが，素粒子は発生し消滅するという著しい性質をもつ.

1948 年に原子炉で発生した中性子のベータ崩壊が観測された．現在，この崩壊は $n \to p + e^- + \bar{\nu}_e$ と記されている．$\bar{\nu}_e$ は反電子ニュートリノを意味し，電子といっしょに生成・消滅するので電子ニュートリノ（記号 ν_e）と呼ばれる種類のニュートリノの反粒子である.

ニュートリノの存在を確かめるには，ニュートリノを検出器で検出する必要がある．ニュートリノと物質の相互作用はきわめて弱いので，ニュートリノの検出は難しかった．ニュートリノ仮説が提出されてから 20 年以上が経過した 1950 年代になって，ライネス (Reines) とコーワン (Cowan) が，原子炉中でのウランの核分裂で生じた中性子過剰核のベータ崩壊で大量に発生する反電子ニュートリノを，大量の水の中に入射して，$\bar{\nu}_e + p \to n + e^+$ という反応の起こることを検証する実験を行い，ニュートリノの存在を確かめた．

c. 核力の中間子論
（1） 核力の中間子論

核子の間に作用して原子核を構成する力を核力という．核力の到達距離はきわめて短く，約 2×10^{-15} m である．しかし，核の内部のような短距離では，核力は陽子間のクーロン反発力に比べるとはるかに強い力である．

原子核理論が誕生したころは，現象論的な核力ポテンシャルで核子の散乱が分析されていた．1934 年に，フェルミのベータ崩壊の理論を応用して，電子とニュートリノのペアを陽子と中性子がやりとりすることを通じて核力（交換力）が生じるというアイディアが提出されたが，核力の到達距離が長すぎ，核力の強さが弱すぎるという困難があった．

1935 年に湯川は，電子とニュートリノのペアの代わりに，電荷を帯びた未知の素粒子の存在を仮定し，「陽子と中性子は，電荷を帯びた未知の素粒子である中間子を交換することによって引力を及ぼし合う」という核力の中間子論を提唱した（以下では湯川中間子をパイオンと呼び，記号 π で表す）．陽子 p が正電荷を帯びたパイオン π^+ を放出して中性子 n に変化し，近くにいる中性子がこのパイオンを吸収して陽子になるという，パイオンの交換によって陽子と中性子の間の核力が仲立ちされるという仮説である（図 1.2.2(a) 参照）．

荷電粒子の間に働くクーロン力は，場の量子論では質量が 0 の光子の交換によって仲立ちされ，クーロンポテンシャルは距離 r に反比例するが，質量 m のパイオンによって仲立ちされる核力ポテンシャルは $e^{-r/R}/r$ に比例する．ここで，$R = h/2\pi mc$ は核力の到達距離で，実験値は約 2×10^{-15} m である．この事実を利用して湯川はパイオンの質量を電子の質量の約 200 倍と予言し，この粒子が宇宙線の中に見つかるかもしれないと論文に書いた．

その後，陽子-陽子間および中性子-中性子間の核力を説明するために，正電荷と負電

（a） （b）

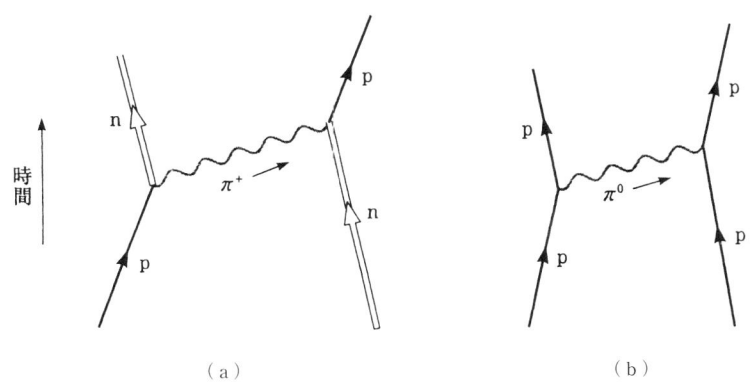

図 1.2.2　核力はパイオンの交換によって生じる．

荷のパイオンとともに荷電3重項を構成する，中性のパイオンπ^0が提唱された（図1.2.2(b)）．

(2) ミューオンの発見

1937年に，アンダーソンとネッダーマイヤー（Neddermeyer）は磁場中の霧箱を通過する宇宙線粒子の飛跡の中に，質量が電子より重く，陽子より軽い粒子の飛跡を発見した．同じ年に仁科，竹内，一宮は，この粒子の質量を測定し（図1.2.3），電子の質量の180 ± 20倍，スティート（Steet）とスティーブンソン（Stevenson）は130 ± 30倍と報告した（現在の値は207倍）．湯川の予想した質量をもつこの粒子は，発見当初はパイオンかと思われた．しかし，この粒子をパイオンとすると，原子核との相互作用が弱すぎるという困難があった．

そこで，1942年に坂田と谷川は，この粒子はパイオンとは別の素粒子のミューオン（記号μ）で，パイオンの$\pi \to \mu + \nu$という崩壊で発生するという二中間子論を提唱した．

(3) パイオンの発見

1947年にパウエル（Powell）と共同研究者たちによって，湯川の予言値とほぼ等しい質量（電子の質量の約270倍）をもち，原子核と強く相互作用する正と負の荷電粒子のパイオンπ^+とπ^-が，写真乳剤中の宇宙線の飛跡として発見され，さらにパイオンはミューオンに崩壊することが確かめられた．ミューオンは不安定で，電子に崩壊するので，写真乳剤には$\pi^+ \to \mu^+ \to e^+$あるいは$\pi^- \to \mu^- \to e^-$という一連の飛跡が記録される（図1.2.4）．なお，パイオンとミューオンという名前は，かなり後から使われるようになった呼び名である．

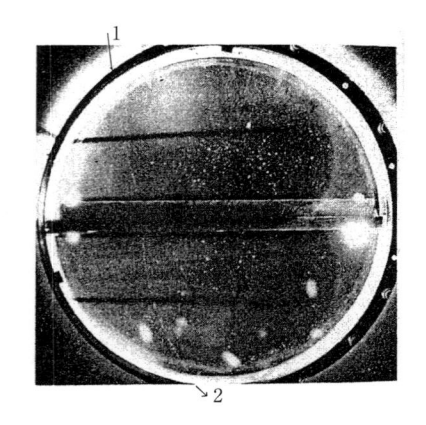

図1.2.3 1937年に仁科，竹内，一宮が撮影した霧箱中のミューオンの飛跡（1→2）
（仁科芳雄，科学，7巻，408，1937）

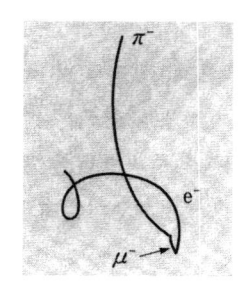

図1.2.4 磁場中の$\pi^- \to \mu^- \to e^-$崩壊の写真の模写
中性粒子のニュートリノは写真に写らない．

1962年に，レーダーマン（Lederman），シュウォーツ（Schwarz）とスタインバーガー（Steinberger）の行った実験によって，ニュートリノには電子といっしょに現れる電子ニュートリノのほかにミューオンといっしょに現れるミューニュートリノ（記号 ν_μ）が存在することが発見され，パイオンとミューオンは，$\pi^+ \to \mu^+ + \nu_\mu$, $\mu^+ \to e^+ + \nu_e + \bar{\nu}_\mu$, $\pi^- \to \mu^- + \bar{\nu}_\mu$, $\mu^- \to e^- + \bar{\nu}_e + \nu_\mu$ という連鎖的な崩壊を行うことがわかった．

このように，湯川の核力の中間子論は，素粒子物理学の進歩に大きく貢献した．現在では，核力ばかりでなく，素粒子のすべての相互作用は素粒子の交換を仲立ちにして行われることがわかっている．

（4） 強い相互作用と弱い相互作用，ハドロンとレプトン

パイオン，ミューオン，ニュートリノなどの関与する現象の研究を通じて，素粒子の相互作用には，19世紀から知られていた電磁相互作用と重力相互作用のほかに，核子によるパイオンの放出と吸収を引き起こす強い相互作用およびベータ崩壊を引き起こす弱い相互作用の存在が明らかになった．そして，素粒子は相互作用によって分類されるようになった．

現在までに行われた実験によって，電磁相互作用と弱い相互作用だけを行う荷電粒子には，電子 e^- と陽電子 e^+，ミューオン μ^- と μ^+，それにタウ τ^- と τ^+ の3種類が存在し，弱い相互作用だけを行う中性粒子には $\nu_e, \bar{\nu}_e, \nu_\mu, \bar{\nu}_\mu, \nu_\tau, \bar{\nu}_\tau$ の3種類のニュートリノが存在することがわかった．弱い相互作用を行うが強い相互作用を行わないこれらの粒子をレプトンと総称する．レプトンとは軽い粒子という意味である．

これに対して核子やパイオンのような強い相互作用を行う素粒子をハドロンといい，パイオンのようなボソンのハドロンをメソン（あるいは中間子），核子のようなフェルミオンのハドロンをバリオン（あるいは重粒子）という．ハドロンは硬い粒子という意味である．

d. 相対論的な場の量子論の発展

電子と光子からなる体系を記述する相対論的な量子論を量子電磁気学という（QEDと略記）．電子と光子は電子場と電磁場で表されるので，QEDは相対論的な場の量子論である．QEDは，非相対論的な量子力学を手本にして，1929年にハイゼンベルクとパウリによって建設された．光子，電子，陽電子の散乱，対消滅，対生成などの研究にはQEDが不可欠である．

力学では粒子を表す力学変数は位置座標 x, y, z であるが，場の理論では x, y, z は空間の場所を表すパラメーターであり，力学変数は場の量 $\phi(x, y, z)$ である．ハイゼンベルク-パウリの理論（H-P理論）では，系の状態を記述する確率振幅は，すべての場所における場の量とすべての場所で共通な時間変数 t の関数である．

H-P理論には2つの大きな問題があった．(1) 摂動論の最低次の計算結果は電子と光子の散乱などの実験結果の再現に成功したが，摂動論の高次の項を計算すると，無限

大という答えが出てくる．(2) 内容的には相対論的に不変であるが，すべての場所で共通な時間という形式は，空間と時間を対等な立場で扱う相対性理論の立場からは不満足である．

これらの問題を解決する目的で，朝永は場の量子論の相対論的に共変な定式化に取り組み，すべての点に共通な時刻ではなく，4次元時空の空間的な超曲面上での体系全体の状態を記述する確率振幅を考え，1943年に相対論的に共変な場の量子論の定式化に成功した．超曲面上の各点では時刻が異なるので，超多時間理論という．なお，世界大戦のために情報交換が途絶していた米国で，超多時間理論はシュウィンガー（Schwinger）によって約5年後に再発見された．

超多時間理論はユニタリ変換でH-P理論に移り変わるので，H-P理論と同じ計算結果が得られる．したがって，答えが無限大になるという困難は残った．しかし，相対論的に共変な形式であるために，H-P理論よりも見通しよく計算できるようになった．この特徴が威力を発揮したのは，無限大の困難を取り除く，くりこみ理論の研究においてであった．

荷電粒子の周囲には電磁場が生じ，それに伴ってエネルギーが生じる．このために荷電粒子の質量には付加項 δm が加わることは，19世紀の古典電磁気学の時代から知られていた．トムソンは電子の質量はこのようにして生じたと考えたようである．QEDでは電子は点状だと考えるので，摂動論の高次の項を計算すると無限大の付加項 δm が得られる．そこで，電磁場という着物を着ていないときの裸の質量 m_0 と δm の和である電子の質量の観測値 $m = m_0 + \delta m$ が無限大になる困難があると考えられた．

QEDでは，高次の項を計算すると，電子の電荷にも無限大の付加項 δe が加わるので，電子の電荷の観測値 $e = e_0 + \delta e$ にも無限大の問題が生じる．

1947年に，日本で伊藤，木庭，朝永，米国でシュウィンガーによって，クーロン場による電子散乱の摂動論の2次項に無限大は δm と δe という形だけで現れることが発見された．したがって，自由に決めることのできる裸の質量 m_0 と裸の電荷 e_0 も無限大で，$m_0 + \delta m$ と $e_0 + \delta e$ が有限になっていると考えることが可能である．任意の過程のQEDの高次項の計算でも，$m_0 + \delta m$ と $e_0 + \delta e$ として質量と電荷の観測値を使えば，計算結果に現れるすべての無限大を矛盾なく取り除くことができ，計算結果が有限になることはダイソン（Dyson）とサラム（Salam）によって示された．これがくりこみ理論である．

一般に，くりこみ理論では，摂動論の高次項にくりこみ操作を行ったあとに有限の大きさの項が残る．1947年にラビ（Rabi）が発見した電子の異常磁気能率と1947年にラム（Lamb）とレザフォード（Retherford）が発見した水素原子のラムシフトが，くりこみ理論で摂動論の高次の効果として見事に説明され，くりこみ理論の有効性が確かめられた．

その頃，ファインマンは，量子電磁気学の摂動計算を，まずファインマングラフと呼ばれる反応過程のトポロジカルなグラフを描き，ファインマンルールに従ってグラフから計算式を導いて計算するという簡明な方法を発明した．ファインマンの計算法と超多

時間理論の計算法は同等であることが示されたので，その後はファインマンの簡便な計算法が使用されるようになった．

くりこみ理論が発見されてからは，くりこみ可能性は理論の選択基準となった．フェルミの弱い相互作用の理論はくりこみ不可能なので，低エネルギー現象のみを記述する現象論だと考えられた．現在の素粒子論の標準模型における強い相互作用の理論である量子色力学と電磁相互作用と弱い相互作用の統一理論はいずれもくりこみ可能な理論である．

H-P 理論が出る前に行われた QED の最初の計算であったクライン-仁科の公式の導出に始まり，朝永の超多時間理論，朝永スクールのくりこみ理論の建設にいたる QED の研究，湯川の核力の中間子論の提唱にはじまり，坂田の二中間子論にいたる中間子論の研究，それに仁科，竹内，一宮のミューオンの発見をはじめとする宇宙線の研究などによって，1930 年代，40 年代の日本は素粒子物理学研究の世界的中心の 1 つであった．第二次世界大戦に敗れた後，占領軍によって原子核の実験的研究が禁止され，1943 年に完成した理研仁科研究室の直径 60 インチ，200 トンの大サイクロトロンが東京湾に沈められ，日本における素粒子物理学の実験的研究に 20 年以上の空白が生じたのは残念であった．

e. パリティ非保存
（1） パリティ非保存

パリティの非保存とは，自然法則が空間反転で不変ではないことを意味する．自然法則が空間反転で不変だということは，任意の現象を原点に関して空間反転（P 変換）した現象が同じように起こりうることを意味する．原点に関して空間反転するという操作は直観的に理解しにくいので，鏡に映す操作を考えることにする．鏡に映した現象を，鏡に垂直な軸のまわりに 180 度回転すれば，空間反転した現象になるからである．

力学や電磁気学で記述される現象を，鏡に写してみても，やはり力学や電磁気学で許される現象である．たとえば，右手でこまを回した場合は，左手でこまを逆向きに回したように見えるが，どちらも力学で説明される現象である．このような事実に基づいて，力学と電磁気学は空間反転（鏡映反転）で不変であるという．

強い相互作用や電磁相互作用と同じように，弱い相互作用も空間反転で不変だと考えられていたが，1954 年から 56 年の間に，正電荷のケイオン K^+ の研究が進み，K^+ の 2 つの崩壊モード $K^+ \to \pi^+ + \pi^+ + \pi^-$ と $K^+ \to \pi^+ + \pi^0$ の存在が明らかになったことによって，弱い相互作用の空間反転不変性への疑問が生じた（ケイオン K については次項参照）．崩壊で発生するパイオンの角度分布を調べた結果，パリティがマイナスのパイオンが 3 個存在する $\pi^+ + \pi^+ + \pi^-$ 状態のパリティはマイナスで，パイオンが 2 個存在する $\pi^+ + \pi^0$ 状態のパリティはプラスであることがわかったのである．弱い相互作用が空間反転で不変ならば，始状態と終状態のパリティは同じなので，この実験結果は弱い相互作用が空間反転で不変ではないことを意味する．ところが，この実験だけでは，質量も平

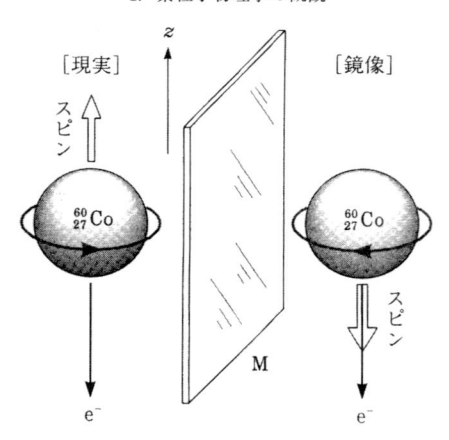

図 1.2.5 パリティの破れを示す実験

均寿命も同じ素粒子が2種類存在し，一方が $\pi^+ + \pi^+ + \pi^-$ に崩壊し，もう一方が $\pi^+ + \pi^0$ に崩壊している可能性を排除できない．

　1956年に，李（Lee）と楊（Yang）は，素粒子の弱い相互作用が空間反転で不変であることは実験的に確かめられていないことを指摘し，空間反転の破れを確実に検証できる可能性のあるいくつかの実験を提案した．この提案に基づいて，1957年に呉（Wu）と協同研究者たちによる次のような実験で，素粒子の弱い相互作用が空間反転で不変ではないことが示された．呉たちは，極低温に冷却した放射性アイソトープ ^{60}Co を磁場の中に置き，^{60}Co 原子核の磁気モーメント，したがって，自転軸を整列させ，ベータ崩壊 $^{60}\mathrm{Co} \to {}^{60}\mathrm{Ni} + e^- + \bar{\nu}_e$ で出てくる電子の角分布を測定した．その結果，電子は ^{60}Co のスピン角運動量の向きの逆方向に多く出ることがわかった（図1.2.5）．このベータ崩壊の様子を鏡に写してみると（こまが自転で回る向きは鏡の中では逆向きに見えるので），鏡の中では，電子はスピンの向きと同じ方向に多く出ることになる．したがって，ベータ崩壊は空間反転（鏡映反転）で不変でないことが発見された．この原因は，ベータ崩壊を引き起こす弱い相互作用の法則が空間反転（鏡映反転）で不変でないからである．この実験の直後に，$\pi \to \mu \to e$ 崩壊でも空間反転不変性が破れていることが発見された．

　素粒子の崩壊現象の実験的研究によって，ニュートリノの自転の向きはつねに進行方向に対して左巻きで，反ニュートリノの自転の向きはつねに進行方向に対して右巻きであることがわかった．鏡に左巻きのニュートリノを映すと，右巻きのニュートリノになる．しかし，右巻きのニュートリノは存在しないので，ニュートリノの関与するすべての反応は空間反転で不変でないことがわかった．

　左巻きのニュートリノをニュートリノより速い速度で追いかけると，右巻きに見えるはずである．したがって，観測されるニュートリノがつねに左巻きだという実験事実は，

ニュートリノが光速で運動しているので追い越せないこと，したがって，ニュートリノの質量が0であることを示唆する．そこで，弱い相互作用の理論は，ニュートリノの質量は0だとして建設された．

（2） 粒子反粒子変換での不変性の破れ（C非保存）

自然法則に現れるすべての素粒子をその反粒子で置き換えた結果が元の法則と同じ場合，自然法則は粒子反粒子変換（C変換）で不変であるという．自然法則がC変換で不変であれば，ある素粒子反応とその反応に現れるすべての素粒子を反粒子で置き換えた反応は同じ確率で起こる．左巻きのニュートリノをC変換すると，左巻きの反ニュートリノになるが，左巻きの反ニュートリノは存在しないので，ニュートリノの関与するすべての反応はC変換で不変でないことがわかった．

（3） CP非保存

弱い相互作用は，P変換でもC変換でも不変ではないが，左巻きのニュートリノをP変換すれば右巻きのニュートリノになり，それをさらにC変換すれば，自然界に存在する左巻きのニュートリノになるので，C変換とP変換を続けて行うCP変換に対して弱い相互作用は不変である可能性がある．しかし，自然法則はCP変換に対して不変ではないことが1964年にフィッチ（Fitch）とクローニン（Cronin）などによって発見された．

f. 奇妙な粒子と奇妙さの発見

1947年にロチェスター（Rochester）とバトラー（Butler）は，宇宙線の中に新しい素粒子を発見した．同じような素粒子は，その後，宇宙線や陽子加速器による実験で，次々に発見され，ケイオン K^+, K^0, $\bar{K}^0$, K^-, ラムダ粒子 Λ^0, シグマ粒子 Σ^+, Σ^0, Σ^-, グザイ粒子 Ξ^0, Ξ^- などと名づけられた．これらの素粒子は，つくられやすいのに壊れにくいという奇妙な性質をもつ素粒子だというので，奇妙な粒子（strange particles）と総称されている．

液体水素中に入射された負電荷のパイオン π^- が引き起こした，$\pi^- + p^+ \to K^0 + \Lambda^0$ という K^0 と Λ^0 の生成反応と，生成された K^0 と Λ^0 の $K^0 \to \pi^+ + \pi^-$, $\Lambda^0 \to p^+ + \pi^-$ という崩壊反応を考えよう（図1.2.6）．生成反応が起こる確率から，生成反応は約 10^{-21} 秒という極めて短い時間に起こると推測されるので，奇妙な粒子は強い相互作用によって生成されたハドロンである．

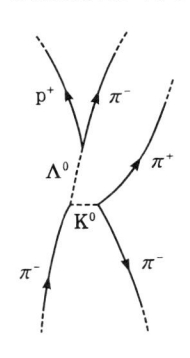

図1.2.6 水素泡箱中での奇妙な粒子 K^0 と Λ^0 の対生成と崩壊の写真の模写
静止している標的の陽子と中性粒子の K^0 と Λ^0 は写真に写らない．

ペアでつくられた K^0 と Λ^0 が崩壊するまでの時間を飛跡の長さから決めると, いずれも約 10^{-10} 秒である. この崩壊時間は生成時間の約 10^{11} 倍であり, 崩壊速度はきわめて遅い. K^0 と Λ^0 の崩壊過程には強い相互作用を行うハドロンだけが関与するのに, なぜゆっくり崩壊するのであろうか.

この謎は, 1953 年に中野と西島, ゲルマン (Gell-Mann) が独立に提案した「素粒子は電荷とバリオン数のほかに奇妙さ (strangeness) というもう 1 つの量 (荷電) を帯びていて, 奇妙さを保存する反応だけが強い相互作用と電磁相互作用によって引き起こされる. しかし, すべての相互作用で保存する電荷やバリオン数とは異なり, 弱い相互作用による反応では奇妙さは保存しない」という新しい保存量の奇妙さ (記号 S) を導入することによって解決された. 核子とパイオンは $S=0$ である. 奇妙な粒子の S は図 1.2.7 に示した. たとえば, 生成反応 $\pi^- + p^+ \to K^0 + \Lambda^0$ では, $S = 0 + 0 \to 1 + (-1)$ なので奇妙さ S は保存し, 崩壊過程 $K^0 \to \pi^+ + \pi^-$ では崩壊前の $S=1$ から崩壊後には $S = 0 + 0 = 0$ に変化する.

g. ハドロンのクォーク模型
(1) クォーク模型

加速器による実験で新しいハドロンが次々に発見され, 1963 年頃までに 50 種類以上のハドロンが発見された. これらのハドロンは, 質量, スピン, パリティ, 電荷 Q, バリオン数 B, 奇妙さ S などで分類される. 実験によると, $B=1$ のバリオンも $B=0$ のメソンも, スピンとパリティが同じで質量の大きさがそれほど違わない超多重項と呼ばれるグループに分類されることがわかった. 例として, 図 1.2.7 に質量のいちばん軽い超多重項である, 擬スカラーメソンの 8 重項とスピン 1/2 のバリオンの 8 重項を示す. その次に軽い超多重項は, ベクトルメソンの 9 重項とスピン 3/2 のバリオンの 10 重項である.

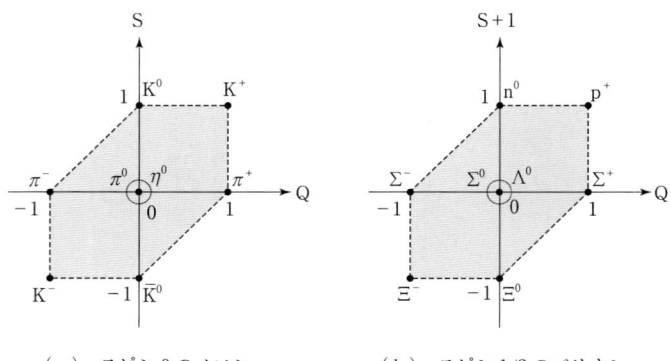

(a) スピン 0 のメソン　　　　(b) スピン 1/2 のバリオン

図 1.2.7 擬スカラーメソンの 8 重項 (a) とスピン 1/2 のバリオンの 8 重項 (b)

超多重項に分類されるハドロンのすべてが,物質の基本的な構成要素であるとは考えられない.そこでハドロンを構成する基本的な粒子が存在すると考えられるようになった.電荷(原子番号)Zと核子数(質量数)Aという2つの保存量で指定される原子核の構成要素が,陽子と中性子の2種類であったように,強い相互作用で保存される電荷Q,バリオン数B,奇妙さSという3つの保存量で指定されるハドロンの構成要素は3種類だと考えられる.1956年に坂田は,基本粒子として陽子,中性子,ラムダ粒子を選び,すべてのハドロンは3種類の基本粒子とその反粒子から構成されているとする坂田模型を提唱した.坂田模型はメソンの超多重項をうまく説明できたが,バリオンについては図1.2.7(b)の8重項のメンバーのうちの3つを基本粒子としたので,うまくいかなかった.

1964年にゲルマンとツバイク(Zweig)は,「ハドロンは
 アップクォーク u : $B=1/3$, $Q=(2/3)e$, $S=0$
 ダウンクォーク d : $B=1/3$, $Q=-(1/3)e$, $S=0$
 ストレンジクォーク s : $B=1/3$, $Q=-(1/3)e$, $S=-1$
という3種類の中途半端な電荷をもつスピン1/2のフェルミオンとその反粒子(反クォーク)から構成されている」という,ハドロンのクォーク模型を提唱した.クォーク模型では,陽子はuクォーク2個とdクォーク1個から構成された複合粒子で,中性子はuクォーク1個とdクォーク2個から構成された複合粒子である.クォーク(quark)はもともとは鳥の鳴き声を意味する単語で,ゲルマンが命名した.クォークには,uクォーク,dクォーク,sクォークなどの種類があることを,クォークにはフレーバーがあるという.

(2) クォークのカラー

クォーク模型でも擬スカラーメソンとベクトルメソンはクォークと反クォークのS状態の複合粒子として,坂田模型と同じように,うまく説明できる.しかし,バリオンについては,スピン1/2のバリオンの8重項とスピン3/2のバリオンの10重項だけが3個のクォークのS状態の複合粒子であるためには,「クォークにはカラー(色)と呼ばれるもう1つの自由度があり,3種類のフレーバーのクォークの各々は,赤,緑,青の3種類の色電荷のどれかを帯びているが,色つきクォークのS状態の複合粒子として現実に観測されるハドロンは白色のものに限られる」という色つきクォーク模型に修正する必要があった.そして,「色つきクォークが,8種類の色のついた素粒子のグルオンの交換を仲立ちにして作用し合えば,白色の状態だけが結合して現実に観測されるハドロンになる」ことがわかった.このようにして,質量が軽いハドロンに関する色つきクォーク模型の予想は実験結果と完全に一致することが定性的に理解された.

「色つきのクォークが,色つきのグルオンを交換することによってつくられる白色の複合粒子がハドロンである」という理論の基本的なアイディアは,1965年に南部によって提出された.このアイディアから発展したゲージ理論が,量子色力学である.なお,

カラーという呼び名はゲルマンが付けた．

（3） クォークは存在する

クォーク模型が成功すると，クォークを探す実験が始まった．クォークを探す最大の手がかりは，クォークのもつ $(2/3)e$，$-(1/3)e$ などの「半端な電荷」である．荷電粒子が物質を通過するときには物質をイオン化してエネルギーを失うが，エネルギーの損失量は通過する荷電粒子の電荷の2乗に比例する．この手がかりを使って「半端な電荷」をもつクォーク探しが精力的に行われたが，「半端な電荷」をもつ粒子は1個も発見されなかった．

しかし，ハドロンの中にクォークが存在することを示す実験結果は得られている．1970年頃，線形加速器で加速された電子を陽子や中性子にあてて，大きな角度で散乱させる実験が行われ，その結果，陽子や中性子の中には硬い点状の粒子が存在すること，そして，点状粒子の電荷の2乗の和は電気素量の2乗を単位にすると，陽子の場合はほぼ1で，中性子の場合はほぼ2/3であることがわかった．陽子の中のクォークの電荷の2乗の和は $(2/3)^2+(2/3)^2+(-1/3)^2=1$ で，中性子の場合は $(2/3)^2+(-1/3)^2+(-1/3)^2=2/3$ なので，クォーク模型に基づく予想は実験結果と見事に一致した．

電子-陽電子衝突型加速器を使って高エネルギーの電子と陽電子を正面衝突させる実験もクォークの研究に大いに役立った．「$e^-+e^+\to$ 光子 $\to$ クォーク＋反クォーク $\to$ ハドロン（複数）」というハドロンを多重発生させる実験では，発生後に正反対の方向に向かうクォークと反クォークが親になって発生したハドロンの2本のジェットが観測され，クォーク模型の証拠になったばかりでなく，反応断面積の大きさから，クォークは3色のカラーを帯びていることが確かめられた．

クォークばかりではなく，「$e^-+e^+\to$ 光子 $\to$ クォーク＋反クォーク＋グルオン $\to$ ハドロン（複数）」という過程で発生するハドロンの3本のジェットの発生も観測された．このようにして，クォークとグルオンの存在は実験によって間接的に確かめられた．

（4） 重いクォーク

強い相互作用で保存するフレーバー（保存量）として，最初は電荷，バリオン数と奇妙さに対応する3種類のフレーバーしか知られていなかったが，第4のフレーバー（チャーム）の存在が，4種類のレプトンとハドロンの基本粒子との対応に基づいて1963年に牧と原によって提唱され，第5のフレーバー（ボトム）と第6のフレーバー（トップ）が，CP非保存を説明するために1972年に小林と益川によって提案された．なお，第4のフレーバーを帯びたチャームクォークは，グラショウ（Glashow），イリオプーロス（Iliopoulos）とマイアニ（Maiani）によって1970年に提唱された．

これらのフレーバーを帯びた重いクォークは次々に発見された．チャームクォーク（cクォーク）と反チャームクォークから構成されたジェイプサイ粒子（記号 J/ϕ）が丁（Ting）とリヒタ（Richter）などのグループによって1974年に発見され，ボトムクォー

ク（b クォーク）と反ボトムクォークから構成されたウプシロン粒子（記号 Υ）がレーダーマン，山内などのグループによって 1977 年に発見された．第 6 のフレーバーを帯びたトップクォーク（t クォーク）の存在は，陽子-反陽子衝突型加速器を使用した近藤などの筑波大学グループを含む実験チームによって 1995 年に確認された．

h. 量子色力学

1.2.g 項で示した実験結果から，クォークはハドロンの内部に閉じ込められていて，外部には単独では出てこられないと考えられる．したがって，遠く離れると弱くなっていくクォーク間の電磁相互作用や重力相互作用とは異なり，クォーク間の強い相互作用は，クォークが遠く離れても弱くならないと考えられる．一方，これまで説明してきたようにクォーク模型がハドロンに関する実験結果を見事に説明できることは，クォーク間の強い相互作用は近距離になると比較的に弱くなることを示唆する．これを漸近的自由性という．クォークの閉じ込めと漸近的自由性を説明できる理論が，クォーク間の強い相互作用は，3 色の色つきクォークが 8 色の色つきグルオンを交換することによって生じるというゲージ理論の量子色力学である．量子色力学はくりこみ可能な理論である．

1973 年にグロス（Gross）とウィルチェック（Wilczeck）およびポリッツァー（Politzer）が量子色力学は漸近的自由性をもつことを示したので，量子色力学は強い相互作用の理論になった．

（1） 計算物理学と量子色力学

量子色力学が強い相互作用の理論であれば，ハドロンの質量やハドロンの反応断面積などが計算できて，理論値が実験値を再現できなければならない．弱い相互作用や電磁相互作用のように相互作用の強さが比較的弱い場合には，摂動論という簡単な計算方法が適用できる．これに対して，強い相互作用の関与する過程の多くに対しては摂動論を適用できない．

現在，量子色力学の最も有力な計算方法は，空間を格子と見なす格子量子色力学のスーパーコンピューターによるシミュレーションである．この方法でクォークの閉じ込めが証明され，クォークの質量を適切に選べば，ハドロンの質量の観測値が再現できることなどが示されている．この方法は核力ポテンシャルの計算に応用され，原子核の飽和性の説明に必要な，2 核子が近づいたときの強い反発力（核力の芯）の存在が示されている．

i. 電弱統一理論

17 世紀にニュートンが，すべての物質に作用する万有引力の法則を発見した．19 世紀前半にエルステッド（Oersted）やファラデーなどが，それまでは無関係だと考えられていた電気と磁気が，表裏一体の関係にあることを明らかにし，1960 年代にマクスウェルが電磁気学の基礎法則であるマクスウェルの法則を提唱した．

20世紀の前半に，素粒子の研究によって，強い相互作用と弱い相互作用の存在が明らかになったので，1960年頃には，自然界の基本的な相互作用として，強い相互作用，電磁相互作用，弱い相互作用，重力相互作用の4種類があると考えられていた．しかし，1960年代に始まった研究によって，電磁相互作用と弱い相互作用には密接な関係があって，まとめて電弱相互作用と呼ぶ方がふさわしいことが明らかになった．

電磁相互作用の理論である量子電磁気学（QED）がくりこみ可能なのは，ゲージ理論と呼ばれる場の理論の形式だからである．ゲージ理論の特徴は，ゲージ粒子と呼ばれる質量が0の特別な粒子が相互作用を仲立ちし，ゲージ粒子と他の粒子の相互作用はゲージ対称性と呼ばれる特別の対称性によってその形を決めることができ，その強さが粒子の帯びている保存量である荷電，たとえばQEDの場合の電荷，に比例することである．

QEDの場合，ゲージ粒子は質量が0の光子で，ゲージ粒子と荷電粒子の相互作用の強さは保存量である電荷に比例する．量子色力学もゲージ理論で，ゲージ粒子は，色電荷によって放出・吸収される質量が0のグルオンである．

フェルミが提唱した，「中性子が消滅すると同時に同じ場所に陽子と電子とニュートリノが発生する」という弱い相互作用の理論形式も，「弱い相互作用は電荷を帯びたベクトルボソン W^+ と W^- が仲立ちするが，その質量がきわめて大きいので到達距離を0と近似する」理論形式とみなせることが1960年頃にわかった．たとえば中性子のベータ崩壊は $n \to p + W^-$, $W^- \to e^- + \bar{\nu}_e$ という2段階で起こる（クォーク模型では，第一の過程の素過程はクォークの遷移 $d \to u + W^-$ である）．ミューオンの崩壊は $\mu^- \to \nu_\mu + W^-$, $W^- \to e^- + \bar{\nu}_e$ という2段階で起こる．

弱い相互作用を仲立ちするベクトルボソンをウィークボソンという．ウィークボソンを仲立ちにする弱い相互作用の理論が，くりこみ可能なゲージ理論であるためには2つの問題がある．1つは，ウィークボソンを放出・吸収する弱い荷電の問題である．参考になるのが，核子には電荷の異なる陽子と中性子という2重項があり，3種類のパイオン π^+, π^-, π^0 を放出・吸収している事実である．同じように，弱い荷電を帯びている u クォークと d クォーク，電子と電子ニュートリノなども，それぞれ弱い2重項になっていて，ウィークボソンを放出・吸収すると考えられる．しかし，この対応では，W^+ と W^- のほかに π^0 に対応する中性のウィークボソンが存在して，弱い2重項の間の新しいタイプの弱い相互作用を仲立ちする必要がある．このボソンはニュートリノによっても放出・吸収されるので，光子ではありえない．ところで，1973年に，ヨーロッパ原子核研究機関CERNでミューニュートリノと電子の弾性散乱が発見された．この散乱は W^+ や W^- の仲立ちでは起こらないので，中性で，質量のきわめて大きいウィークボソン Z^0 の存在が示唆された．

もう1つの問題は，QEDの場合の質量が0の光子とは異なり，ウィークボソンが大きな質量をもつことである．この困難は，「素粒子の基本法則に現れるすべてのクォーク，レプトン，ゲージ粒子などの質量は0であり，基本法則の中の電磁相互作用と弱い

相互作用の部分は電弱相互作用という形に統一されていて，電弱対称性と呼ばれるゲージ対称性を満たしている．しかし，電弱対称性は自発的に破れ，その結果，光子（とニュートリノ）以外の基本粒子は質量をもつ粒子として観測されるとともに，電弱相互作用は電磁相互作用と弱い相互作用に分離した」と考えることによって解決されることがわかった．電弱対称性の自発的な破れは，ヒッグス粒子が引き起こすと考えられるので，この自発的な対称性の破れの機構をヒッグス機構という．このような電弱統一理論は 1967, 68 年にワインバーグ（Weinberg）とサラムによって提唱された．電弱統一理論がくりこみ可能なことは，1970 年代の初めにト・フーフト（'t Hooft）とベルトマン（Veltman）によって証明された．陽子の質量の約 86 倍の質量をもつ W ボソンと陽子の質量の約 97 倍の質量をもつ Z ボソンは，いずれも 1983 年に CERN の陽子-反陽子衝突型加速器で発見され，電弱統一理論は確立した．

なお，自然法則が対称性をもっていても，現実の物理的世界がその対称性をもたない場合，対称性が自発的に破れているという．素粒子物理学における対称性の自発的破れの概念は，南部によって提唱された．

j. 小林-益川模型
（1）　世　　代

電弱統一理論によれば，電弱対称性が自発的に破れなければ，クォーク，レプトン，ゲージ粒子などの基本粒子の質量はすべて 0 であるが，対称性の自発的な破れに伴って，光子以外の基本粒子に質量が生じる．その結果，クォークと荷電レプトンは，質量の大きさによって，$(u, d, e), (c, s, \mu), (t, b, \tau)$ の 3 つのグループに分類できる．

この 3 つのグループに，W ボソンの仲立ちで，荷電レプトンとペアで現れるニュートリノをメンバーに追加して，基本粒子には，第 1 世代 (u, d, e, ν_e)，第 2 世代 (c, s, μ, ν_μ)，第 3 世代 (t, b, τ, ν_τ) の 3 世代があるという．

（2）　小林-益川模型

レプトンの 3 つのペア $(e, \nu_e), (\mu, \nu_\mu), (\tau, \nu_\tau)$ はウィークボソン W^+ の放出・吸収によって互いに移り変わる弱い荷電 2 重項である．しかし，奇妙さ S は弱い相互作用では保存せず，ケイオンやラムダ粒子の崩壊では変化する事実が示すように，u クォークといっしょに弱い荷電 2 重項を組む相手は d クォークではなく，混合角 θ を使って，d クォークと s クォークを重ね合わせた状態の $d' = d\cos\theta + s\sin\theta$ である．また，c クォークの弱い荷電 2 重項の相手は $s' = -d\sin\theta + s\cos\theta$ である．

ところで，$(u, d'), (c, s')$ を弱い荷電 2 重項とする電弱統一理論では，CP 非保存が説明できない．その原因は，(d', s') と (d, s) の関係を，2 行 2 列の行列 U を使って，$(d', s') = U \cdot (d, s)$ という式で表す場合に，上で示したように，変換行列 U のすべての行列要素を実数に選べるからである．これがクォークのフレーバーが u, d, s, c の 4 種類だと考えられていた，1972 年の状況であった．そこで，1972 年に小林と益川は，電弱統一

理論でCP非保存を説明するために，tクォークとbクォークを導入すれば，(d', s', b') と (d, s, b) の変換行列のすべての行列要素を実数に選ぶことはできず，一般に複素数が現れることを示した．これが小林-益川模型である．

高エネルギー加速器研究機構KEKの電子・陽電子衝突型加速器KEKBなどで得られたCP非保存現象の実験結果は，小林-益川模型の予想通りであることが確かめられている．

k. 標準模型

素粒子物理学の研究の結果，1970年代に素粒子の標準模型ができ上がった．この標準模型とは「これまでに知られていた素粒子現象を，特殊相対性理論と量子論に矛盾せずに，基本的な構成要素のレベルから原理的に記述できる模型」であり，最初は，これからの実験で試すための仮説という役割を果たしたが，その後の検証によって，自然はそのとおりになっていると考えられるようになった．

標準模型における基本的な構成要素は，

6種類のクォーク：u, d, c, s, t, b,

6種類のレプトン：電子 e，ミューオン μ，タウ τ，電子ニュートリノ ν_e，ミューニュートリノ ν_μ，タウニュートリノ ν_τ，

ゲージ粒子：光子 γ，ウィークボソン W, Z，グルオン g,

ヒッグス粒子：H

の4つのタイプに分類される17種類である．

光子，ウィークボソン，グルオンは，それぞれ電磁相互作用，弱い相互作用，強い相互作用のゲージ理論のゲージ粒子であり，ヒッグス粒子は質量の原因になる相互作用を仲立ちする粒子である．また，電磁相互作用と弱い相互作用は電弱統一理論の電弱対称性が自発的に破れて生じた相互作用である．

つまり，素粒子の標準模型とは，17種類の基本粒子が，ゲージ粒子が仲立ちするゲージ相互作用とヒッグス粒子の仲立ちする質量を生み出す相互作用を行う，という模型である．

現在までに発見されていない基本粒子はヒッグス粒子だけであるが，標準模型には，実験に合うように調節すべき多数のパラメーターとして，クォークやレプトンの質量と混合角が含まれているので，標準模型は自然の最終的な法則とは見なせない．

（原　　康夫）

参考文献

1) 江沢洋,「現代物理学」(朝倉書店, 1996).
2) 朝永振一郎,「スピンはめぐる」(みすず書房, 2008).
3) 仁科記念財団編,「現代物理学の創造―仁科記念講演録集　1, 2, 3」(シュプリンガー・ジャパン, 2006).
4) 原康夫,「素粒子物理学」(裳華房, 2003).

1.3 標準模型を超える統一理論へ

a. ニュートリノ振動と最小標準模型の修正

未発見のヒッグス粒子を除き，標準模型が予言するすべての粒子が発見され，標準模型での記述と現在までの実験事実は矛盾しない．そのうえ，結合定数のエネルギー依存性を始め，標準模型の量子効果が，精密実験によって徐々に検証されている．

ここで，登場した新しい実験事実がニュートリノ振動だ．現在までの実験で直接観測されているニュートリノはすべて左巻き，逆に反ニュートリノは右巻き粒子だけが見つかっている．また，ニュートリノの質量を直接観測する試みはまだ成功していない．そこで，ニュートリノには右巻き粒子がなく，反ニュートリノには左巻き粒子がなく，質量は 0 だと仮定して，標準模型は構成された．このように，最小限の粒子だけを含む標準模型を最小標準模型と呼ぶ．しかし，ニュートリノ実験の発展に伴って，電子，ミュー粒子，タウ粒子などに対応する異なる種類のニュートリノの間で振動が起こることがわかった．このような振動現象はニュートリノに質量があることを意味する．これに伴って，右巻きニュートリノを導入するなど，最小標準模型の修正は容易にできる．このように修正された模型も，標準模型と呼ばれる．

ニュートリノ振動以外に，積極的に最小標準模型の修正を必要とする実験事実は，今のところ発見されていない．しかし，標準模型には，概念的に不満足な点がいくつかある．そのため，以下に簡単にまとめるように，標準模型を超える統一理論への試みが精力的に行われており，現在の素粒子理論の中心的な課題となっている．そうした模型のうちのいくつかは，近い将来の実験によって，検証可能となると考えられる．

b. 標準模型の不満足な点

標準模型の不満足な点の第一は，重力相互作用が含まれていない点だ．標準模型は，強い力，弱い力，電磁気力をくりこみ可能なゲージ理論として記述する．しかし，重力はゲージ理論の性格をもってはいるが，くりこみ理論が適用不可能だ．この点を解決する最も有望な理論が超弦理論だ．

標準模型には，3 つの相互作用に対して 3 つの異なる結合定数があり，結合定数がまったく統一されていない点が，不満足な第二の点だ．ゲージ原理という原理だけ共通だが，実際の力は統一されていない．

さらに，自然界で見つかっている粒子はすべて電子の電荷の整数倍の電荷をもっている．この事実を電荷の量子化と呼ぶ．ところが，標準模型には U(1) という群が含まれるので，電荷を量子化する原理が備わっていない．これが第三の不満足な点だ．これら第二・第三の不満足な点に対する最も直接的な解が大統一理論だ．量子効果で結合定数はエネルギーとともに変化する．高いエネルギーに行くと，結合定数が一致し，単一のゲージ群の中に標準模型が埋め込まれて統一されると考えるのが，ジョージャイ（H.

Georgi) とグラショー (S. Glashow) によって提案された大統一理論だ.

これらのほかに，クォーク・レプトンの質量とそれらの混合角が実験で決定するほかないパラメーターであり，こうした多数のパラメーターを標準模型では理解したり，予言したりできないことが，第四の不満足な点だ．大統一理論の中には，工夫を加えることによって，パラメーターの間に関係をつけるなどの成功を収める模型もある．

c. ゲージ階層性問題とその3つの解

大統一理論や重力の量子論は標準模型の質量スケールに比して，たいへん大きなスケールを必要とする．こうした大きな質量スケールをもった基本理論から出発した場合，観測されたW・Z粒子などの質量が基本スケールと桁違いに小さい事実を説明する必要がある．これをゲージ階層性問題と呼ぶ．ゲージ階層性問題を解決することは，今日の標準模型を超える統一理論構築に大きな役割を果たしている．W・Z粒子の質量はヒグス場の真空期待値から得られるので，ゲージ階層性問題とは，「スカラー場（ヒグス場）の質量が基本スケールに比して，桁違いに小さい」という問題といってよい．

ゲージ階層性問題を解決するために提案されている解には，大きく分けて3つのタイプがある．第一のタイプは，ヒグス粒子が基本粒子でないとするので，ゲージ階層性問題を考える必要がない．この考えが成り立つためには，ヒグス場の役割を果たす場を複合粒子として得る必要がある．その意味で，複合ヒグス模型またはテクニカラー模型と呼ばれる．このタイプでは，正しいクォーク・レプトンの質量を与える現実的な模型を構成することが大きな課題だ．

第二のタイプは，スカラー粒子の質量が小さいことを保証する対称性を考える．スピン2分の1の粒子の質量が0になるのは，カイラル対称性で保証される．このスピン2分の1の粒子とスカラー粒子を同じ質量にする対称性を超対称性と呼ぶ．超対称性を用いると，摂動論の使える範囲で構成できる現実的な模型を与えることができる．最小標準模型を含む超対称理論は最小超対称標準模型と呼ばれる．また，大統一理論は高いエネルギーで結合定数が統一されることを予言する．LEPでの精密実験によって，超対称性を取り入れない模型では結合定数が一致しないが，超対称性を取り入れた模型では，見事に結合定数が統一されることがわかった．

第三のタイプは，われわれの4次元時空が高次元時空の中の壁状の部分空間（ブレーン）だと考える模型だ．これを余剰次元模型，またはブレーン・ワールド模型と呼ぶ．このとき，標準模型の粒子はブレーンに閉じ込められ，重力だけが高次元時空を伝播すると仮定する．こうすると，われわれの4次元時空上の観測者には重力が弱くなり，重力の基本スケールを標準模型のスケールと同程度にすることが可能になる．こうしてゲージ階層性問題そのものが存在しないと考えるのが，余剰次元模型だ．

d. 宇宙物理学と素粒子物理学の相互発展

宇宙観測の進歩が素粒子物理学に与えた影響は大きい．素粒子物理学が宇宙物理学へ

提供するものも大きく，両者の相互作用によって今後もより有意義な発展が期待できる．

　宇宙はビッグバンに始まり，現在も膨張を続けている．この最大の証拠は宇宙空間に満ちている電磁波，宇宙背景放射だ．これらの光子の数に比して，現在の宇宙で観測される陽子の数は9桁程度小さい．しかし，宇宙空間には光などの手段では観測できない暗黒物質がもっと大量に存在していることを宇宙の観測結果は示している．さらに詳しく解析することで，宇宙膨張を決定するエネルギーの大部分は物質という形ではなく，真空の（正の）エネルギー，すなわち（正の）宇宙項という形で存在することがわかった．宇宙観測や宇宙理論だけでは，これらの観測結果を説明することはできない．むしろ，素粒子物理学が答えを提供するべき大きな課題だ．

　宇宙のバリオン数を説明することは，大統一理論でバリオン数の非保存の可能性が指摘されて以後，素粒子物理学で活発に研究されている．このように，宇宙物理学では初期条件として設定する以外に方法がなかった問題に対して，宇宙の発展の帰結として理解する可能性を素粒子物理学が与えた．逆に，宇宙観測で得られた事実を説明することは，素粒子物理学の模型に対する大きな制限を与え，宇宙物理学は素粒子物理学が考慮すべき観測事実の1つとして，いよいよ重要性を増している．

　一方，暗黒物質の正体についても，標準模型を超える統一理論が興味深い可能性を与えている．たとえば，超対称理論では，Rパリティという量子数によって，超対称性に伴って現れる新しい粒子のうち最も軽い粒子（LSP）が安定となる．このLSPが暗黒物質の有力な候補だ．性質はある程度予言できるので，検証するための実験も精力的に行われている．

　最後に素粒子物理学にとっては，なぜ宇宙項があり，その符号が正で，たいへん小さな値であるかが，大きな未解決問題だ．これはおそらく量子重力の解決とも関わりがあると思われる．

〈坂 井 典 佑〉

2
素 粒 子 理 論

2.1 量子力学の基本と特殊相対論の概要

a. 量 子 力 学[1,2,3]

量子力学は原子・原子核・素粒子などの微視的な世界を理解するうえで不可欠の学問であって，1925〜26 年に誕生した．その内容には日常経験に基づく素朴な理解を妨げるものが少なくないが，しかし無数ともいえるこれまでの実験において量子力学に反する結果は 1 つも得られていない．

（1） 状態ベクトル空間

古典力学と量子力学の最も大きな違いの 1 つは，対象とする系の状態の記述である．一例として質点 1 個の系を考えよう．古典力学では，任意の時刻でこれの位置と運動量の値が与えられると，あとは運動方程式によってその振舞いは余すところなく指定され，系の状態は完全に決定される．しかし，量子力学的な対象になると話は異なり，その位置を正確に測定しようとすると測定器の及ぼす相互作用のために対象の運動量に変化が生じ，結局両者の測定値を任意の精度で同時に決定できないという事態が起こる．これは測定の方法や技術の問題でなく，微視的な対象の本質に由来するものと見なされ，したがって物理量の測定値のセットをもって測定直前の系の状態を推定することは一般に不可能になる．すなわち量子力学においては，物理量と状態は独立な概念として定義されねばならない．

微視的対象に対して，しばしば「粒子と波動の二重性」という言葉が使われるが，粒子のもつ波動としての性格は，実はこの状態の定義のなかに組み込まれている．われわれは，与えられた系のある時刻でのさまざまな状態を記号 $|\psi\rangle, |\chi\rangle, \cdots$ で表すことにする．ここで，$\psi, \chi, \cdots$ などの文字は状態の違いを示す．波動はその特性として波どうしの干渉すなわち波の重ね合わせを可能にするが，これに対応して量子力学では状態間に重ね合わせの原理を仮定し，任意の 2 つの状態 $|\psi\rangle$ と $|\psi'\rangle$ の重ね合わせはまた 1 つの状態を与えるとする．この状態を $|\psi''\rangle$ として，上の仮定を

$$|\psi''\rangle = |\psi\rangle + |\psi'\rangle \tag{2.1}$$

と書こう．ここで加法の演算の意味は次の要請に基づく．すなわち，「与えられた系において可能な状態の全体はヒルベルト（Hilbert）空間をつくる」．この空間は無限次元の複素ベクトル空間であって $\mathcal{H}$ と記す．通常の3次元ベクトルが3個の成分をもつように，$\mathcal{H}$ に属する状態は無限個の複素数を成分とするベクトルであって，式 (2.1) はそのようなベクトルの加法である．その意味で状態を状態ベクトル，その集合であるヒルベルト空間を状態ベクトル空間とも呼ぶ．量子力学をヒルベルト空間上の理論として基礎づけたのはフォン・ノイマン（J. von Neumann）[4]である．以下，複素数全体の集合を $\mathbb{C}$ と書く．

ヒルベルト空間は次の性質をもつ．ただし，これは公理論的な記述ではない．

（i）$\lambda \in \mathbb{C}, |\psi\rangle \in \mathcal{H}$ に対して $\lambda|\psi\rangle \equiv |\psi\rangle\lambda \in \mathcal{H}$ である．それゆえ $\lambda, \lambda' \in \mathbb{C}$ かつ $|\psi\rangle, |\psi'\rangle \in \mathcal{H}$ とするとき，式 (2.1) より $\lambda|\psi\rangle + \lambda'|\psi'\rangle \in \mathcal{H}$ を得る．

（ii）$|\psi\rangle \in \mathcal{H}$ に1対1に対応して，$\langle\psi|$ が存在する．後者を前者に双対（dual）な状態といい，またディラック（P. A. M. Dirac）[2]に従って，後者をブラ（bra）ベクトル，前者をケット（ket）ベクトルと呼ぶ．ブラベクトルの集合は $\mathcal{H}$ に双対な空間をつくり，それを $\tilde{\mathcal{H}}$ と記す．$\lambda, \lambda' \in \mathbb{C}$ のとき $\lambda|\psi\rangle + \lambda'|\psi'\rangle$ に双対な状態は $\lambda^*\langle\psi| + \lambda'^*\langle\psi'|$ である．ここに $\lambda^* (\in \mathbb{C})$ は λ の複素共役を表す．

（iii）$|\psi\rangle$ と $\langle\psi|$ の関係は，テンソル解析における反変ベクトルと共変ベクトルの関係に相当し，これらを用いて任意の2個の状態ベクトル $|\psi\rangle, |\psi'\rangle (\in \mathcal{H})$ の間に複素数値をとる内積 $\langle\psi|\psi'\rangle \equiv \langle\psi|\cdot|\psi'\rangle$ が与えられる．このとき内積の性質として

$$\langle\psi|\psi'\rangle^* = \langle\psi'|\psi\rangle \in \mathbb{C}, \quad \langle\psi|\psi\rangle \geq 0 \tag{2.2}$$

が仮定される．ここで第2式の等号は $|\psi\rangle = 0$ のときに限り成立する．また $|\psi\rangle, |\psi'\rangle \neq 0$ に対し $\langle\psi|\psi'\rangle = 0$ ならば $|\psi\rangle$ と $|\psi'\rangle$ は直交するという．さらに

$$\langle\chi|\cdot(\lambda|\psi\rangle + \lambda'|\psi'\rangle) = \lambda\langle\chi|\psi\rangle + \lambda'\langle\chi|\psi'\rangle, \quad (\lambda, \lambda' \in \mathbb{C}) \tag{2.3}$$

を要求する．$\||\psi\rangle\| \equiv \sqrt{\langle\psi|\psi\rangle}$ を $|\psi\rangle$ のノルム，$\||\chi\rangle - |\psi\rangle\|$ を $|\chi\rangle$ と $|\psi\rangle$ の距離という．また $\||\psi\rangle\| = 1$ のとき $|\psi\rangle$ は規格化されているという．任意の $|\psi\rangle \neq 0$ の規格化は $|\psi\rangle/\||\psi\rangle\|$ を改めて $|\psi\rangle$ とすることによって与えられる．

（iv）3次元空間には単位長さの互いに直交する3個のベクトル $\boldsymbol{e}_1, \boldsymbol{e}_2, \boldsymbol{e}_3$ が存在し，任意の3次元ベクトル $\boldsymbol{v}$ はこれを基底として $\boldsymbol{v} = \sum_{j=1,2,3} v_j \boldsymbol{e}_j$ と書かれることはよく知られている．ここに $v_j \equiv (\boldsymbol{e}_j, \boldsymbol{v})$ は $\boldsymbol{v}$ の第 j 成分．同様に，$\mathcal{H}$ においては無限可算個の規格直交状態 $|n\rangle (n = 1, 2, \cdots)$ が存在し，これを基底として任意の $|\psi\rangle \in \mathcal{H}$ に次のように展開される．すなわち

$$\langle n|m\rangle = \delta_{nm} \quad (n, m = 1, 2, \cdots), \tag{2.4}$$

$$|\psi\rangle = \sum_n \psi_n |n\rangle, \quad \psi_n \equiv \langle n|\psi\rangle. \tag{2.5}$$

ここで式 (2.5) の左式は $\lim_{N\to\infty} \||\psi\rangle - \sum_{n=1}^{N} \psi_n|n\rangle\| = 0$ の意味である．式 (2.4), (2.5) に従う $|n\rangle$ の全体を $\{|n\rangle\}$ と書くことにし，規格完全直交系という．

（ⅴ）$\mathcal{H}$ は完備である．すなわち状態ベクトルの無限列 $|\psi_n\rangle (n=1,2,\cdots)$ に対し任意に $\varepsilon(>0)$ を与え，これに応じて N を適当にとるときに，$n, m > N$ なるすべての n, m に対し $\||\psi_n\rangle - |\psi_m\rangle\| < \varepsilon$ が成立すれば $\lim_{n\to\infty}\||\psi\rangle - |\psi_n\rangle\| = 0$ を満たす $|\psi\rangle \in \mathcal{H}$ が存在する．以下これを $\lim_{n\to\infty}|\psi_n\rangle = |\psi\rangle$ と記す．

（2） 物理量と演算子

以上の状態ベクトルの記述には物理的な内容がまだ盛られていない．これを行うには少なくとも物理量との関連，測定などについて議論する必要がある．この項では物理量について述べよう．

量子力学での物理量は状態ベクトル空間 $\mathcal{H}$ 上で定義され，その値域が $\mathcal{H}$ にあるような線形演算子で記述される．以下では線形演算子を単に演算子と呼び，本節ではこれに記号 ̂ を付けて他の量と区別する．演算子 $\hat{A}$ を状態ベクトル $|\psi\rangle$ に作用させたものを $\hat{A}|\psi\rangle$ と書くが，$\hat{A}$ が与えられたとき，すべての $|\psi\rangle \in \mathcal{H}$ に対してこれが存在するとは限らない．例えば $\|\hat{A}|\psi\rangle\| = \infty$ となれば存在不能である．そこで

$$\hat{A}|\psi\rangle \in \mathcal{H} \tag{2.6}$$

を満たす $|\psi\rangle(\in\mathcal{H})$ の集合を取り出し $D(\hat{A})$ と書く．$D(\hat{A})$ は $\mathcal{H}$ の部分空間であって演算子 $\hat{A}$ の定義域と呼ぶ．とくに物理として重要なのは $D(\hat{A})$ が（ⅰ）$\mathcal{H}$ において稠密（dense），かつ（ⅱ）演算子 $\hat{A}$ が閉（closed）の場合である．ここで稠密とは任意の $|\psi\rangle \in \mathcal{H}, \varepsilon > 0$ に対し $\||\phi\rangle - |\psi\rangle\| < \varepsilon$ ならしめる $|\phi\rangle \in D(\hat{A})$ が存在すること，つまり任意の $|\psi\rangle \in \mathcal{H}$ に対しそのいくらでも近くに $|\phi\rangle \in D(\hat{A})$ が存在することである．また $\hat{A}$ が閉とは，$|\psi_n\rangle \in D(\hat{A})(n = 1, 2, \cdots)$ のとき $\lim_{n\to\infty}|\psi_n\rangle = |\phi\rangle$ かつ $\lim_{n\to\infty}\hat{A}|\psi_n\rangle = |\chi\rangle$ であるならば，$|\phi\rangle \in D(\hat{A})$ で $|\chi\rangle = \hat{A}|\phi\rangle$ が成り立つことで，$D(\hat{A})$ 上での $\hat{A}$ の連続性が定義できることを意味する．これらは物理としてはもっともな性質で，以下，量子力学における演算子はすべて（ⅰ）および（ⅱ）を満たすものとする．

さて内積 $\langle\chi|\cdot\hat{A}|\psi\rangle$ において $\langle\chi|\in\tilde{\mathcal{H}}$ を適当にとったとき，これに対応して

$$\langle\chi|\cdot\hat{A}|\psi\rangle = \langle\xi|\psi\rangle \tag{2.7}$$

ならしめる $\tilde{\mathcal{H}}$ の元 $\langle\xi|$ が存在したとしよう．このとき（ⅰ），（ⅱ）から，写像 $\langle\chi|\to\langle\xi|$ は一意であり，かつ線形であることが導かれる．これを

$$\langle\xi| \equiv \langle\chi|\hat{A} \tag{2.8}$$

と書こう．式 (2.8) の $\hat{A}$ は，$\mathcal{H}$ 上の $\hat{A}$ に対応して与えられた $\tilde{\mathcal{H}}$ 上の線形演算子でブラベクトルに右から作用する．$\langle\chi|\hat{A}$ に双対な $\mathcal{H}$ の元を $\hat{A}^\dagger|\chi\rangle$ と書く．それゆえ $\mathcal{H}$ において $\hat{A}^\dagger$ は $\hat{A}$ に対し一意に与えられ，その定義域 $D(\hat{A}^\dagger)$ は $\mathcal{H}$ において稠密かつ閉である．$\hat{A}^\dagger$ を $\hat{A}$ の共役演算子という．式 (2.7), (2.8) より $\langle\chi|\cdot\hat{A}|\psi\rangle = \langle\chi|\hat{A}\cdot|\psi\rangle$，それゆえ・記号を落として $|\psi\rangle \in D(\hat{A}), |\chi\rangle \in D(\hat{A}^\dagger)$ に対し

$$\langle\chi|\hat{A}|\psi\rangle \equiv \langle\chi|\cdot\hat{A}|\psi\rangle = \langle\chi|\hat{A}\cdot|\psi\rangle \tag{2.9}$$

と書くことができる．$D(\hat{A}^\dagger)$ は $\tilde{\mathcal{H}}$ において稠密，かつ $\hat{A}^\dagger$ は閉演算子とする．$D(\hat{A}) \subseteq D(\hat{A}^\dagger)$ でしかも $D(\hat{A})$ において $\hat{A}^\dagger = \hat{A}$ の場合，$\hat{A}$ をエルミート（Hermite）演算子また

は対称 (symmetric) 演算子という．とくに $\hat{A}$ がエルミート，かつ $D(\hat{A}) = D(\hat{A}^\dagger)$ の場合は，これを自己共役演算子 (selfadjoint operator) と呼び

$$\hat{A}^\dagger = \hat{A} \tag{2.10}$$

と書く．この種の演算子の重要性は「観測の対象となる物理量は自己共役演算子で記述される」という量子力学の要請による．ただし自己共役性は観測可能な物理量を規定するうえでの必要条件であるが，十分条件とはいえない．

規格化された状態 $|\phi\rangle$ を用いて演算子 $\hat{P}_\phi \equiv |\phi\rangle\langle\phi|$ を導入しよう．$\hat{P}_\phi$ は任意の $|\psi\rangle$ に対し $\hat{P}_\phi|\psi\rangle = |\phi\rangle\langle\phi|\psi\rangle$ を与え，状態 $|\phi\rangle$ への射影演算子と呼ばれる．定義より明らかなように $\hat{P}_\phi$ は $\mathcal{H}$ を定義域とする自己共役演算子で $\hat{P}_\phi^2 = \hat{P}_\phi$ を満たす．$|n\rangle (n = 1, 2, \cdots)$ が規格完全直交系をつくるとき式 (2.5) の両辺から $|\psi\rangle$ をはずして形式的に

$$\sum_n |n\rangle\langle n| = 1 \tag{2.11}$$

と書くことができる．ここで右辺の 1 は $\mathcal{H}$ 上の単位演算子である．単位演算子またはその複素数倍は，たとえ演算子であっても煩雑さを避けて記号 ^ を付けないことにする．式 (2.11) と (2.5) は同等であり，したがって $|n\rangle$ の規格完全直交性は式 (2.4) と (2.11) を用いて表してよい．

λ_n を実数とするとき演算子

$$\hat{B} = \sum_n \lambda_n |n\rangle\langle n| \tag{2.12}$$

は自己共役演算子となることが示される．右辺の級数は，$\hat{B}$ を $|\psi\rangle \in D(\hat{B})$ に作用させ，$\hat{B}|\psi\rangle = \sum_n \lambda_n |n\rangle\langle n|\psi\rangle$ としたときの右辺が収束することを意味する．

式 (2.4) および (2.12) より

$$\hat{B}|n\rangle = \lambda_n |n\rangle \tag{2.13}$$

を得る．この式は固有値方程式と呼ばれ，これを満たす実数 λ_n を $\hat{B}$ の固有値，そして $|n\rangle$ を固有値 λ_n に対応した $\hat{B}$ の固有状態 (または固有ベクトル) という．上のように固有値 λ_n が離散的な値をとるとき，その全体は離散スペクトルと呼ばれる．逆に与えられた自己共役演算子 $\hat{B}$ に対し，式 (2.13) の解が離散スペクトルをもつならば，$\hat{B}$ はつねに式 (2.12) のように書かれることが証明されている．同一固有値をもつ互いに直交する 2 個以上の固有状態があるとき，その固有値は縮退しているという．

しかし，自己共役演算子には式 (2.12) の形に書かれないものが存在する．それは固有値が離散的にならずに連続になる場合である．このような固有値は連続固有値または連続スペクトルと呼ばれ，ヒルベルト空間内でこれを論じるにはなお数学的な準備[4]を必要とするが，以下では，実用上の利点を考慮して一部ヒルベルト空間の枠を離れ，議論の細部を省略しディラックに従って定式化しよう．そのため離散スペクトル λ_n は，適当な番号付けのもとで，n とともに増加するものとし，各間隔 $\Delta\lambda_n \equiv \lambda_{n+1} - \lambda_n$ を十分小さくし，その極限として連続スペクトルを考えることにする．式 (2.13) の固有状態を書き換えて $|\lambda_n\rangle \equiv |n\rangle/\sqrt{\Delta\lambda_n}$ とするとき，式 (2.4) および (2.11) は，それぞれ

$\langle\lambda_n|\lambda_m\rangle = \delta_{nm}/\Delta\lambda_n$ および $\sum_n \Delta\lambda_n|\lambda_n\rangle\langle\lambda_n| = 1$ となる．したがって $\Delta\lambda_n \to 0$ で形式的に $|\lambda_n\rangle \to |\lambda\rangle$ と書くならば，これらは

$$\langle\lambda|\lambda'\rangle = \delta(\lambda-\lambda'). \tag{2.14}$$

$$\int d\lambda |\lambda\rangle\langle\lambda| = 1 \tag{2.15}$$

を導く．ただし $|\lambda\rangle$ はノルムの定義が不可能のために $\mathcal{H}$ に属しておらず，それゆえ物理的な状態ではない．しかし，その重ね合わせ $|f\rangle = \int d\lambda f(\lambda)|\lambda\rangle$ は，$\langle f|f\rangle = \int d\lambda |f(\lambda)|^2$ の右辺の積分が存在すれば，ノルムが定義できて $\mathcal{H}$ に属する状態ベクトルとなる．また式 (2.15) の積分範囲を任意領域 D としたときの $\hat{P}_\mathrm{D} = \int_\mathrm{D} d\lambda|\lambda\rangle\langle\lambda|$ は，その構成からわかるように，$\hat{P}_\mathrm{D}^2 = \hat{P}_\mathrm{D}$ を満たす $\mathcal{H}$ 上の射影演算子と見なしてよい．それゆえ式 (2.15) の左辺はこのような射影演算子の和に書かれて，式 (2.5) に対応し，任意の $|\psi\rangle \in \mathcal{H}$ は

$$|\psi\rangle = \int d\lambda\, c(\lambda)|\lambda\rangle, \quad c(\lambda) \equiv \langle\lambda|\psi\rangle \tag{2.16}$$

なる展開をもつ．なお，$\mathcal{H}$ を逸脱した $|\lambda\rangle$ の数学的扱いとしてはゲルファント (Gel'fand) の3つ組理論[5]がある．さらに式 (2.12), (2.13) に対応し連続スペクトルをもつ自己共役演算子 $\hat{B}$ は必ず次のように書かれることが示されている．

$$\hat{B} = \int d\lambda\, \lambda |\lambda\rangle\langle\lambda|, \tag{2.17}$$

$$\hat{B}|\lambda\rangle = \lambda|\lambda\rangle. \tag{2.18}$$

離散スペクトルと同様，連続スペクトルのときも式 (2.18) における λ を固有値，$|\lambda\rangle$ を固有ベクトルと呼ぶ．また，式 (2.14) と (2.15) を満たす $|\lambda\rangle$ の全体 $\{|\lambda\rangle\}$ を，連続スペクトルの場合の，規格完全直交系という．

上の議論では $\hat{B}$ の固有値が連続スペクトルをつくるとしたが，離散，連続のスペクトルの双方が固有値として共存するときは，式 (2.16), (2.17) の右辺において，前者および後者に対応する部分はそれぞれ和および積分で書かれることはいうまでもない．

以上をまとめると，観測量は自己共役演算子で記述されること，そして，その結果として固有値は実数に限られ，固有状態は規格完全直交系を与えることになる．

この意味で自己共役演算子はきわめて重要であるが，与えられたエルミート演算子が自己共役であることを確定するには，しばしば面倒な議論を必要とする．これにひきかえエルミート性の判定は容易なので，実際の計算では自己共役の吟味を行わずにエルミート性だけで話を進める場合が多い．しかし，エルミート性は自己共役を含むが，逆は必ずしも成り立たないことに留意すべきである．なお，演算子にはそれに固有の定義域が存在し，これを無視した計算ではパラドックスに陥ることがある．その際には演算子の基本に帰って再検討をしなければならない．なお，以下ではいちいち記さないが，$\hat{A}|\psi\rangle$ と書いた場合は $|\psi\rangle \in D(\hat{A})$ が前提とされている．

(3) 測　定

　状態 $|\psi\rangle$ は規格化されるものとし，この状態のもとで自己共役な観測可能量 $\hat{B}$ の測定を行うことを考えよう．ただし，さしあたり $\hat{B}$ の固有値 λ_n には縮退はないものとし，かつ離散的とする．このとき測定に関し次の規則が仮定される．(1) 統計公式：$\hat{B}$ の測定値として固有値のどれか1つ，たとえば λ_n が確率 $|\langle n|\psi\rangle|^2$ で得られる．ここで $|n\rangle$ は式 (2.13) を満たす規格化された $\hat{B}$ の固有状態である．(したがって，$\sum_n |\langle n|\psi\rangle|^2 = \|\psi\|^2$ より $|\psi\rangle$ の規格化は全確率の総和が1であることを意味する．) (2) 観測公理：λ_n が得られた測定の直後には系は固有状態 $|n\rangle$ にある．

　以上の観測に関する規則は量子力学に特有であって，古典力学とは著しく性格を異にする．実際，統計公式に現れる確率は，状態についてのわれわれの知識の不完全さによるものではなく，むしろ微視的世界のもつ本質的に非決定論的な構造に由来するものと考える．さらに観測公理によれば，状態 $|\psi\rangle$ は観測の過程を経てまったく非因果的に上記の確率で $|n\rangle$ のどれかに変身するのである．

　しかし，因果律の放棄を意味するこのような規則を不満とする意見は古くからあとを絶たず現在に至っている．そうして，これをめぐってさまざまな議論がなされ，ときには理論そのものを改変しようとする試みもなされてきた．それらを通して量子力学は鍛えられ内容は一段と深められたが，代わるべき新理論は見いだされていない．他方，これまでの実験では上の規則に明らかに反するものは見つかっておらず，むしろいずれもこれを支持している．それゆえ以下ではこの問題に深入りせずに，物理量の測定に関しては，規則 (1), (2) を頭から認めて話を進めることにしよう．

　規格化された状態 $|\psi\rangle$ を用意して，そこで $\hat{B}$ を測定するという操作を繰り返し行えば，さまざまな値が上の確率で得られるが，その平均値 $\bar{B}(\equiv \bar{\hat{B}})$ は

$$\bar{B} = \sum_n \lambda_n |\langle n|\psi\rangle|^2 = \langle \psi|\hat{B}|\psi\rangle \tag{2.19}$$

となる．右辺の表式を $|\psi\rangle$ による $\hat{B}$ の期待値という．また $|\psi\rangle$ における $\hat{B}$ の分散は

$$\Delta B \equiv \sqrt{\overline{(\hat{B}-\bar{B})^2}} = \sqrt{\langle \psi|\hat{B}^2|\psi\rangle - \langle \psi|\hat{B}|\psi\rangle^2} \tag{2.20}$$

となる．このとき $\Delta B=0$ となるのは $|\psi\rangle$ が $\hat{B}$ の固有状態のときに限られる．すなわち $|\psi\rangle$ が $\hat{B}$ の固有状態でなければ $|\psi\rangle$ における $\hat{B}$ の測定値は一意ではなく，測定ごとに得られる値にばらつきが生じる．

　$[\hat{B},\hat{C}] \equiv \hat{B}\hat{C}-\hat{C}\hat{B}$ とする．$[\hat{B},\hat{C}]=0$ のとき，演算子 $\hat{B}$ と $\hat{C}$ は可換であるという．自己共役演算子 $\hat{B},\hat{C}$ が可換であれば両者は共通の固有状態をもつ．とくに一方の固有値だけを見たときに縮退がある場合，$\hat{B},\hat{C}$ が独立 (一方が他方の関数でない) であれば

$$\hat{B}|n,l\rangle = \lambda_n|n,l\rangle, \quad \hat{C}|n,l\rangle = \xi_l|n,l\rangle \tag{2.21}$$

と書くことができる．このことは $\hat{B}$ と $\hat{C}$ が観測可能量であれば，これらが同時に測定できることを意味する．そのときの固有値のセット (λ_n, ξ_l) を用いれば，一方の測定値だけの場合に比して縮退の度合を軽減することができる．したがって，何個かの互いに

可換で独立な自己共役な観測量を用意すれば，それらは同時に測定できて測定直後の状態を一意に定めることができる．このような自己共役な観測量のセットは観測可能量の完全系（complete set of observables）と呼ばれる．与えられた系における観測可能量の完全系としてはさまざまなものが考えられる．目的に応じて都合のよいものを用いればよい．

$\hat{B}$ のスペクトルが連続 λ の場合は，測定に関する上の仮定 (1), (2) は若干書き換える必要がある．すなわち，式 (2.16) のすぐ上の射影演算子 $\hat{P}_\mathsf{D}$ を用いれば，(1)：$\hat{B}$ の測定値が領域 D に入る確率は $\|\hat{P}_\mathsf{D}|\psi\rangle\|^2$，そして (2)：$\|\hat{P}_\mathsf{D}|\psi\rangle\|\neq 0$ のとき，この測定によって状態 $|\psi\rangle$ は $\hat{P}_\mathsf{D}|\psi\rangle/\|\hat{P}_\mathsf{D}|\psi\rangle\|$ に遷移する，と書かれる．

以下，断りがない限り状態ベクトルは規格化されているものとする．

（4） 状態と演算子の表示

3次元ベクトル $\boldsymbol{v}$ がその3個の成分 $(e_j, \boldsymbol{v})$ $(j=1,2,3)$ によって指定されるように，状態ベクトル $|\psi\rangle$ は，これを規格完全直交系で展開した式 (2.5) の展開係数 $\psi_n = \langle n|\psi\rangle$ が与えられれば決定する．すなわち $|\psi\rangle$ を与えることは，複素数 ψ_n と規格完全直交系のセット $\{|n\rangle\}$ を与えることと同等である．ψ_n を $\{|n\rangle\}$ による状態 $|\psi\rangle$ の表示という．状態ベクトル $|\psi\rangle$ に演算子 $\hat{A}$ を作用させた $\hat{A}|\psi\rangle$ の $\{|n\rangle\}$ による表示は，$A_{nn'} \equiv \langle n|\hat{A}|n'\rangle$ とするとき

$$\langle n|\hat{A}|\psi\rangle = \sum_{n'} A_{nn'} \psi_{n'} \tag{2.22}$$

となり，$\hat{A}$ は n 行 n' 列の要素が $A_{nn'}$ の無限次の行列 $(A_{nn'})$ で表される．これを基底 $\{|n\rangle\}$ による $\hat{A}$ の行列表示または単に表現という．演算子 $\hat{A}$ および $\hat{B}$ の和および積の表現は，それぞれ $\langle n|(\hat{A}+\hat{B})|n'\rangle = A_{nn'} + B_{nn'}$ および $\langle n|(\hat{A}\hat{B})|n'\rangle = \sum_{n''} A_{nn''} B_{n''n'}$ となって行列の演算に従う．このように規格完全直交系が1つ与えられると状態ベクトルおよびすべての演算子を複素数で表すことができる．

基底となる規格完全直交系のとり方にはさまざまな可能性があり，たとえば $\{|\underline{n}\rangle\}$ を用いれば，別の表示 $\psi_{\underline{n}} = \langle \underline{n}|\psi\rangle$，$A_{\underline{nn'}} = \langle \underline{n}|\hat{A}|\underline{n'}\rangle$ が得られる．もちろん2つの表示 $\psi_{\underline{n}}$ と ψ_n あるいは $A_{nn'}$ と $A_{\underline{nn'}}$ は無関係でない．$U_{mn} \equiv \langle \underline{m}|n\rangle$ とすれば

$$\psi_{\underline{m}} = \sum_n U_{mn} \psi_n, \quad \psi_n = \sum_{\underline{m}} U_{mn}^* \psi_{\underline{m}} \tag{2.23}$$

となる．これより $\langle\psi|\psi\rangle$ を両表示で書くことによって

$$\sum_{\underline{m}} \psi_{\underline{m}}^* \psi_{\underline{m}} = \sum_n \psi_n^* \psi_n \tag{2.24}$$

および

$$\sum_{\underline{m}} U_{mn} U_{mn'}^* = \delta_{nn'}, \quad \sum_n U_{mn} U_{m'n}^* = \delta_{\underline{m}\,\underline{m'}} \tag{2.25}$$

が得られる．式 (2.24) は $\{\psi_{\underline{m}}\}, \{\psi_n\}$ を用いて書かれたノルムが変換 $\{\psi_{\underline{m}}\} \leftrightarrow \{\psi_n\}$ のもと

で変わらないことを示し，その意味で式 (2.23) はユニタリ変換を与える．同様に行列 $(A_{nn'})$ と $(A_{\underline{nn'}})$ は見かけは異なるが，それは基底のとり方の違いによるものであって，行列要素は

$$A_{\underline{m}\underline{m}'} = \sum_{n,n'} U_{\underline{m}n} U^*_{\underline{m}'n'} A_{nn'}, \quad A_{nn'} = \sum_{\underline{m},\underline{m}'} U^*_{\underline{m}n} U_{\underline{m}'n'} A_{\underline{m}\underline{m}'} \tag{2.26}$$

によって，相互に書き換えられる．すなわち状態および演算子に対し $\psi_n, A_{nn'}$ を用いて書いた理論と $\psi_{\underline{n}}, A_{\underline{nn'}}$ で書いた理論はまったく等価である．このとき，これら 2 つの記述形式はユニタリ同値であると呼ばれる．

なお，$\{n\}$ と $\{\underline{m}\}$ の一方，または双方が連続スペクトルをつくるときは，式 (2.22)〜(2.26) において，それについての和は積分に，また，クロネッカー (Kronecker) のデルタ記号はデルタ関数に書き換える必要がある．また，$\{n\}$ と $\{\underline{m}\}$ がともに離散スペクトルをつくり，両者の基底ベクトルの間に 1 対 1 の対応 $|n\rangle \leftrightarrow |\underline{n}\rangle$ があるときには

$$\hat{U} \equiv \sum_{\underline{m},n} U_{\underline{m}n} |\underline{m}\rangle\langle n| = \sum_{\underline{m}} |\underline{m}\rangle\langle \underline{m}| \tag{2.27}$$

は $\mathcal{H}$ 上のユニタリ演算子になり

$$\hat{U}^{\dagger}\hat{U} = \hat{U}\hat{U}^{\dagger} = 1 \tag{2.28}$$

を満たす．このとき対応 $|n\rangle \leftrightarrow |\underline{n}\rangle$ は，$\hat{U}|\underline{n}\rangle = |n\rangle$ および $\hat{U}^{\dagger}|n\rangle = |\underline{n}\rangle$ によって与えられる．それゆえ，表示に用いる基底の $|n\rangle \to |\underline{n}\rangle = \hat{U}^{\dagger}|n\rangle$ なる変換は，基底 $\{|n\rangle\}$ をそのままにして，すべての状態ベクトルおよびすべての演算子を，それぞれ $|\psi\rangle \to \hat{U}^{\dagger}|\psi\rangle$ および $\hat{U}^{\dagger}\hat{A}\hat{U}$ と変換したものと同等である．すなわち，ユニタリ演算子によって状態ベクトルおよび演算子がこのような変換を受けた理論は，変換前の理論とユニタリ同値ということができる．しかし，2 つの表示がユニタリ同値であっても，上のようなユニタリ演算子 $\hat{U}$ が存在するとはいえない．たとえば一方の表示の基底が連続スペクトルに，他方の表示の基底が離散スペクトルに属するならば両者の間に 1 対 1 の対応がつくれないからである．

（5） 正準交換関係

これまでは理論の大枠を述べただけであって，物理量を表す演算子たとえば系のエネルギーや粒子の運動量の演算子がどのような性質をもち，したがってそれらがどのような固有値を与えるかなどを議論することはできない．それを可能にするのがいくつかの基本的な物理量の性質である．

古典力学と同様に，量子力学においても系の記述に必要ないくつかの基本的物理量，したがってそれを表す演算子が存在する．それらは，各粒子の位置 $\hat{x}_j$ と運動量 $\hat{p}_j$ であって，物理量はこれらの関数として与えられる．ただし，自由度 f の系では $j=1,2,\cdots,f$ であって，さらに f は，たとえば，3 次元空間内を運動する N 体の系においては $f=3N$ となる．（あとで述べるようにこれ以外にもスピンと呼ばれる基本的な物理量がある．それは電子などにみられる粒子に固有の角運動量であって，古典的な対応物はない．

ここではさしあたりスピンを無視した系を考える.）そうして基本演算子 $\hat{x}_j$ と $\hat{p}_j$ は，任意の時刻において，次の関係を満たすことが要請される．

$$\begin{cases} [\hat{x}_j, \hat{p}_j] = i\hbar\delta_{jj'}, \\ [\hat{x}_j, \hat{x}_{j'}] = [\hat{p}_j, \hat{p}_{j'}] = 0 \end{cases} \quad (2.29)$$

ここで $\hbar$ はプランク（Planck）定数 $h(=6.626\times 10^{-34}\,\text{J·s})$ を 2π で割った量である．式（2.29）は正準交換関係と呼ばれ，量子力学における演算子の振舞いを決定するための基本的な関係である．このとき，「式（2.29）を満足する自己共役な演算子 $\hat{x}_j$, $\hat{p}_j(j=1,2,\cdots,f)$ の表現はユニタリ同値なものを除いて一意に与えられ，またそれぞれは $-\infty$ から ∞ にいたる連続スペクトルをもつ」ことが示される．フォン・ノイマンの定理と呼ばれるものである．

$\hat{x}_j$ $(j=1,2,\cdots,f)$ どうしは互いに可換であるから，それらは同時固有状態をもつ．それを $|x\rangle$，そこでの $\hat{x}_j$ の固有値を $x_j(\in\mathbb{R})$ とすれば $\hat{x}_j|x\rangle=x_j|x\rangle$ が成り立つ．ただし $\mathbb{R}$ は実数全体の集合．さらに，すでに述べたように $\hat{x}_j$ が自己共役であることから，規格化された固有状態 $|x\rangle$ は完全直交性

$$\int_{\mathbb{R}^f} d^f x\, |x\rangle\langle x| = 1, \quad \langle x|x'\rangle = \delta^f(x-x') \quad (2.30)$$

を満たしている．ここで積分は f 重積分で $d^f x \equiv dx_1 dx_2 \cdots dx_f$，また，積分範囲 $\mathbb{R}^f$ は f 次元ユークリッド空間の全域．さらに，$\delta^f(x-x')$ は f 次元デルタ関数で $\prod_{j=1}^{f}\delta(x_j-x_j')$ の略記である．さて $|x\rangle$ を基底として $\hat{x}_j, \hat{p}_j$ の表示を式（2.29），（2.30）より求めると

$$\langle x|\hat{x}_j|x'\rangle = x_j\delta^f(x-x'), \quad \langle x|\hat{p}_j|x'\rangle = -i\hbar\frac{\partial}{\partial x_j}\delta^f(x-x') \quad (2.31)$$

を得る．他の規格完全直交系を基底として求めた表示はフォン・ノイマンの定理により式（2.31）とユニタリ同値となるので，式（2.31）で十分に一般的であるが，目的に応じては別の表示が用いられることもある（g 項参照）．$|x\rangle$ を基底にとった表示はしばしば x 表示と呼ばれる．このとき，状態ベクトル $|\psi\rangle$ の表示は $\psi(x)\equiv\langle x|\psi\rangle$ と書かれ，波動関数と呼ばれている．そうしてこれに伴い $\hat{x}_j|\psi\rangle$, $\hat{p}_j|\psi\rangle$ の表示はそれぞれ

$$\langle x|\hat{x}_j|\psi\rangle = x_j\psi(x), \quad (2.32)$$

$$\begin{aligned}\langle x|\hat{p}_j|\psi\rangle &= \int_{\mathbb{R}^f} d^f x'\, \langle x|\hat{p}_j|x'\rangle\langle x'|\psi\rangle \\ &= -i\hbar\int_{\mathbb{R}^f} d^f x'\, \frac{\partial \delta^f(x-x')}{\partial x_j}\psi(x') \\ &= -i\hbar\frac{\partial \psi(x)}{\partial x_j}\end{aligned} \quad (2.33)$$

で与えられる．すなわち状態 $|\psi\rangle$ に $\hat{x}_j$ を作用させ，あるいは $\hat{p}_j$ を作用させることは，波動関数 $\psi(x)$ に実数 x_j を掛け，あるいは微分演算 $-i\hbar\dfrac{\partial}{\partial x_j}$ をほどこすことと同等である．言い換えれば

$$|\psi\rangle \to \psi(x), \quad \hat{x}_j \to x_j, \quad \hat{p}_j \to -i\hbar\frac{\partial}{\partial x_j} \qquad (2.34)$$

なる書き換えによって，x 表示の記述に到達する．このとき状態 $|\chi\rangle$ の x 表示 $\langle x|\chi\rangle$ を $\chi(x)$ と書けば $|\psi\rangle$ と $|\chi\rangle$ の内積は

$$\langle \chi|\psi\rangle = \int_{\mathbb{R}^f} d^f x \chi^*(x) \psi(x) \qquad (2.35)$$

となる．また状態 $|\psi\rangle$ において，演算子 $\hat{x}_1, \hat{x}_2, \cdots, \hat{x}_f$ を観測したときの測定値のセット $x_1, x_2, \cdots, x_f$ が配位空間 $\mathbb{R}^f$ の部分領域 D 内に見出される確率は，c 項の議論により，$\int_D d^f x |\psi(x)|^2$ となる．この意味で波動関数 $\psi(x)$ は，確率を与える振幅，すなわち確率振幅と呼ばれる．

ついでに，$\hat{p}_1, \hat{p}_2, \cdots, \hat{p}_f$ の固有状態 $|p\rangle$ を基底にした表示について触れておこう．このときの表示を p 表示または運動量表示という．$\hat{p}_j|\psi\rangle = p_j|\psi\rangle$ かつ $|p\rangle$ は連続スペクトルの完全直交系をつくり，ここでの $|\psi\rangle$ の p 表示を $\tilde{\psi}(p) \equiv \langle p|\psi\rangle$ とすれば，今度は式 (2.34) に対応して

$$|\psi\rangle \to \tilde{\psi}(p), \quad \hat{x}_j \to i\hbar\frac{\partial}{\partial p_j}, \quad \hat{p}_j \to p_j \qquad (2.36)$$

を得る．もちろん x 表示と p 表示はユニタリ変換でつながっており，$\langle x|p\rangle = (2\pi\hbar)^{-f/2} \times \exp[-(i/\hbar)(x\cdot p)]$ を考慮すれば

$$\tilde{\psi}(p) = \frac{1}{(2\pi\hbar)^{f/2}} \int_{\mathbb{R}^f} d^f x \exp[i\hbar^{-1}(x\cdot p)] \psi(x) \qquad (2.37)$$

と書かれる．ここで $(x\cdot p) \equiv \sum_{j=1}^{f} x_j p_j$. すなわち両者はフーリエ (Fourier) 変換で結ばれる．

式 (2.29) にみるように $\hat{x}_j$ と $\hat{p}_j$ は可換でないから，ある状態において観測を行ったときに，それぞれの測定値の分散 $\Delta x_j, \Delta p_j$ を，同時にいくらでも小さくできるという保証がない．実際，状態の如何に関係せず，不確定性関係 (uncertainty relation) と呼ばれる次式の成り立つことが式 (2.29) より示される．

$$\Delta x_j \Delta p_j \geq \frac{\hbar}{2} \quad (j=1, 2, \cdots, f) \qquad (2.38)$$

位置と運動量という物理量が存在するという意味で系は粒子的な属性をもつが，古典力学と異なり，分散を伴わずにそれらを同時に測定可能にするような状態は存在しない．他方を犠牲にし，一方のみを正確に与える状態が許されるにすぎないのである．

(6) シュレーディンガー方程式

観測を伴わないときの系の時間的な変化を議論するために時刻 t における状態を $|\psi(t)\rangle$ と書こう．状態は，時間の経過とともに連続的に変化し，しかも t に関して微分可能とする．この過程で系の全確率 1 は変わらないゆえ，時刻 0 における任意の状態 $|\psi(0)\rangle$ はそれの時刻 t での状態 $|\psi(t)\rangle$ と，$\||\psi(0)\rangle\| = \||\psi(t)\rangle\| = 1$ なる関係にある．

2.1 量子力学の基本と特殊相対論の概要

すなわち,ノルムの保存から両者を結びかつ ψ とは無関係なユニタリ演算子 $\hat{U}(t)$ が存在して

$$|\psi(t)\rangle = \hat{U}(t)|\psi(0)\rangle, \quad \hat{U}(0) = 1 \tag{2.39}$$

と書くことができる.このとき $\hat{U}(t)$ のユニタリ性から

$$\hat{H} \equiv i\hbar \frac{d\hat{U}(t)}{dt}\hat{U}^\dagger(t) \tag{2.40}$$

は自己共役演算子となり,(2.39)にこれを用いるならば状態 $|\psi(t)\rangle$ に対する方程式

$$i\hbar \frac{d|\psi(t)\rangle}{dt} = \hat{H}|\psi(t)\rangle \tag{2.41}$$

を得る.演算子 $\hat{H}$ は $\hat{x}_j, \hat{p}_j (j=1,2,\cdots,f)$ の関数でハミルトニアン (Hamiltonian) と呼ばれ,すぐあとでわかるように,古典力学との対応から系のエネルギーを与える.系が孤立系ではなく外部の影響を受けているときには,一般に $\hat{H}$ は t に陽に依存するが,以下では簡単のために孤立系のみを考え,$\hat{H} = H(\hat{x}, \hat{p})$ と書こう.このとき式 (2.40) を積分して

$$\hat{U}(t) = \exp[-it/\hbar \cdot H(\hat{x}, \hat{p})] \tag{2.42}$$

を得る.

方程式 (2.41) はシュレーディンガー方程式 (Schrödinger equation) と呼ばれ,系の時間発展はこれにより記述される.このとき,物理量を表す演算子は時間的には変化せず,その測定値の時間変化は期待値によって与えられる.すなわち演算子 $\hat{A} = A(\hat{x}, \hat{p})$ に対し,期待値の時間依存は

$$\langle\psi(t)|A(\hat{x},\hat{p})|\psi(t)\rangle = \langle\psi(0)|\hat{U}^\dagger(t)A(\hat{x},\hat{p})\hat{U}(t)|\psi(0)\rangle$$
$$= \langle\psi(0)|A(\hat{x}(t),\hat{p}(t))|\psi(0)\rangle \tag{2.43}$$

で与えられる.ただし

$$\hat{x}_j(t) = \hat{U}^\dagger(t)\hat{x}_j\hat{U}(t), \quad \hat{p}_j(t) = \hat{U}^\dagger(t)\hat{p}_j\hat{U}(t) \tag{2.44}$$

である.時間の経過に伴い,状態は $|\psi(0)\rangle \to |\psi(t)\rangle = \hat{U}(t)|\psi(0)\rangle$ と変わるが,演算子はどれも変化しないとする記述は,シュレーディンガー描像 (Schrödinger picture) と呼ばれる.

しかし,式 (2.44) からわかるように,状態は $|\psi(0)\rangle \to |\psi(0)\rangle$ で時間的に固定され,他方,演算子の変化が $\hat{A} \to \hat{U}^\dagger(t)\hat{A}\hat{U}(t)$ であると考えることも可能である.系の時間的変化に対するこのような見方はハイゼンベルク描像 (Heisenberg picture) と呼ばれる.この描像では物理量の時間的な変化が追いかけられるという点で,古典力学での運動方程式との対応が見やすくなる.たとえば,正準変数 $\hat{x}_j(t), \hat{p}_j(t)$ の時間変化を見るために式 (2.44) の両辺を時間微分してみよう.このとき式 (2.42),(2.44) を用いれば

$$\dot{\hat{x}}_j(t) = \frac{1}{i\hbar}[\hat{x}_j(t), H(\hat{x}(t), \hat{p}(t))], \quad \dot{\hat{p}}_j(t) = \frac{1}{i\hbar}[\hat{p}_j(t), H(\hat{x}(t), \hat{p}(t))] \tag{2.45}$$

を得る.これは,古典力学におけるハミルトンの方程式 $\dot{x}_j(t) = \{x_j(t), H(x(t), p(t))\}_{cl}$, $\dot{p}_j(t) = \{p_j(t), H(x(t), p(t))\}_{cl}$ に対応すると見なされる.ただし,$\{,\}_{cl}$ は古典論でのポア

ソン (Poisson) 括弧で，これが量子論の交換子 [,] に $-i/\hbar$ をかけたものに対応することは，$\{x_j, p_{j'}\}_{\rm cl} = \delta_{jj'}, \{x_j, x_{j'}\}_{\rm cl} = \{p_j, p_{j'}\}_{\rm cl} = 0$ と式 (2.29) の比較においてもみることができる．すなわち $H(\hat{x}(t), \hat{p}(t))$ は系のエネルギーを表す演算子と考えられる．ここで式 (2.42) を考慮すれば $H(\hat{x}(t), \hat{p}(t)) = \hat{U}^\dagger(t) H(\hat{x}, \hat{p}) \hat{U}(t) = H(\hat{x}, \hat{p})$ となって，演算子 $H(\hat{x}(t), \hat{p}(t))$ は時間に依存しないことがわかる．これは孤立系でのエネルギーの保存則に他ならない．一般に演算子 $\hat{A}(t) = A(\hat{x}(t), \hat{p}(t))$ が時間 t を陽に含まないときは，式 (2.45) より

$$i\hbar \dot{\hat{A}}(t) = [A(\hat{x}(t), \hat{p}(t)), H(\hat{x}(t), \hat{p}(t))] \tag{2.46}$$

よって，ハミルトニアンと可換な $A(\hat{x}(t), \hat{p}(t))$ は保存量である．

式 (2.45) およびそれを一般化した式 (2.46) はハイゼンベルクの方程式と呼ばれる．とくに式 (2.45) を満たす $\hat{x}_j(t), \hat{p}_j(t)$ は，式 (2.44) より明らかなように正準交換関係 (2.29) に従い，それゆえ分散 $\Delta x_j(t)$ と $\Delta p_j(t)$ を同時に十分小さくすることは許されない．そのためにハイゼンベルクの方程式は古典論でのハミルトンの方程式とよく似てはいるものの，その解に粒子の軌道という概念を付与することはできないのである．

シュレーディンガー描像にもどり，x 表示を採用して $\psi(x, t) = \langle x | \psi(t) \rangle$ とすると，方程式 (2.41) は

$$i\hbar \frac{\partial \psi(x, t)}{\partial t} = H(x, -i\hbar \partial) \psi(x, t) \tag{2.47}$$

となる．ただし $H(x, -i\hbar \partial)$ は，$H(\hat{x}, \hat{p})$ において式 (2.34) を用い，$\hat{x}_j \to x_j$ および $\hat{p}_j \to -i\hbar \cdot \partial/\partial x_j$ なる置き換えを行ったものである．式 (2.47) はシュレーディンガーの波動方程式と呼ばれる．$H(\hat{x}, \hat{p})$ の固有値方程式 $H(\hat{x}, \hat{p}) | \psi_n \rangle = E_n | \psi_n \rangle$ は，x 表示で

$$H(x, -i\hbar \partial) \psi_n(x) = E_n \psi_n(x) \tag{2.48}$$

と書かれる．ハミルトニアンの自己共役性から固有関数 $\psi_n(x) (= \langle x | \psi_n \rangle)$ は完全直交系をつくり

$$\int_{\mathbb{R}^f} d^f x \, \psi_n^*(x) \psi_{n'}(x) = \delta_{nn'}, \quad \sum_n \psi_n(x) \psi_n^*(x') = \delta^f(x - x') \tag{2.49}$$

を満たす．ただし，簡単のためにスペクトル E_n は離散的とした．$\psi(x, t)$ を $\psi_n(x)$ で展開して $\psi(x, t) = \sum_n c_n(t) \psi_n(x)$ とし，これを式 (2.47) に代入し式 (2.48) を用いると $i\hbar \dot{c}_n(t) = E_n c_n(t)$，よって $c_n(t) = c_n \exp(-iE_n t/\hbar)$ を得る．それゆえ式 (2.47) の一般解は

$$\psi(x, t) = \sum_n c_n \psi_n(x) \exp(-iE_n t/\hbar) \tag{2.50}$$

と書かれる．ただし c_n は任意に選ばれた定数．この式は，波動方程式 (2.47) を満たす $\psi(x, t)$ が，振動数 $E_n/2\pi\hbar$ をもつ "波動" $\psi_n(x) \exp(-iE_n t/\hbar)$ の任意の重ね合わせであることを示す．しかし，これは x 表示に基づいた f 次元の配位空間での波動描像であって，音波や海の波のような 3 次元空間に存在する，いわゆる実在波とは本質的

に異なるものである．x 表示は，式 (2.48) のように固有値方程式を微分方程式に書き換えるので，その利便性からしばしば用いられるが，しかし，どの表示を選ぶかは単に便宜上の問題であって本質ではない．実際，微視的対象の波動性とは，表示と無関係に状態 $|\psi(t)\rangle$ が波動性を示すこと，すなわち状態が重ね合わせの原理 (2.1) に従い，かつシュレーディンガーの方程式 (2.41) を満たすことにある．それゆえ量子力学での波動とは，基本的には，極めて抽象的なものといわざるを得ない．

ハミルトニアンの形は扱う系に応じてさまざまであるが，最も簡単なのは古典的な対応物がある場合で，たとえば質量 m の粒子が中心力ポテンシャル $V(r)$ のもとで運動するときには古典ハミルトニアンとの対応から $\hat{H}=\hat{\boldsymbol{p}}^2/2m+V(\hat{r})$ を用いればよい．ここで太文字は 3 次元ベクトル，また $\hat{r}=\sqrt{\hat{\boldsymbol{x}}^2}$ である．ゆえに x 表示では，$\hat{H}=-\hbar^2\nabla^2/2m+V(r)$ となる．ただし，固有値方程式 (2.48) は $\hat{H}$ が自己共役であるという条件のもとで解かねばならない．実際 $V(r)$ によっては $\hat{H}$ の自己共役性が失われ，固有値方程式に解のない場合も起こりうる．しかし，ここではこの問題に立ち入らず，場の量子論との関連で重要と思われる，調和振動子について述べることにする．

（7） 調和振動子

自由度 $f=1$ で，ハミルトニアンが

$$\hat{H}=\frac{\omega}{2\hbar}(\hat{p}^2+\hat{x}^2) \quad (\omega>0) \tag{2.51}$$

である系を調和振動子という．一般にハミルトニアンが $\hat{H}=\alpha\hat{p}^2+\beta\hat{x}^2\,(\alpha,\beta>0)$ ならば，正準交換関係を変えることなしに，変換 $\hat{p}\to\gamma\hat{p},\hat{x}\to\hat{x}/\gamma$ によって式 (2.51) が導かれる．ただし $\gamma=(\beta/\alpha)^{1/4},\omega=2\hbar(\alpha\beta)^{1/2}$ である．ところで，x 表示でのハミルトニアン (2.51) の固有値方程式

$$\frac{\omega}{2\hbar}\left(-\hbar^2\frac{d^2}{dx^2}+x^2\right)\psi_n(x)=E_n\psi_n(x) \tag{2.52}$$

の解は，次のようになることが知られている．

$$E_n=\omega\left(n+\frac{1}{2}\right), \quad \psi_n(x)=\frac{(\pi\hbar)^{1/4}}{\sqrt{n!}}\exp(-x^2/2\hbar)\cdot H_n(\sqrt{2/\hbar}x) \tag{2.53}$$

ここで n は非負の整数，$H_n(z)$ はエルミートの多項式（Hermite polynomial）である．最低エネルギー値 $E_0=\omega/2$ はゼロ点エネルギーと呼ばれ，これを起点としてその上に，エネルギーのスペクトルは幅 ω で等間隔に並ぶという特徴をもつ．

この結果はまた，x 表示によらずに，次のようにして導くことができる．

$$\hat{a}=\frac{1}{\sqrt{2\hbar}}(\hat{x}+i\hat{p}), \quad \hat{a}^\dagger=\frac{1}{\sqrt{2\hbar}}(\hat{x}-i\hat{p}) \tag{2.54}$$

とすると，正準交換関係 $[\hat{x},\hat{p}]=i\hbar$ と同等な式として

$$[\hat{a},\hat{a}^\dagger]=1 \tag{2.55}$$

が成り立つ．さらに，$\hat{N}\equiv\hat{a}^\dagger\hat{a}$ と書けばハミルトニアン (2.51) は

$$\hat{H} = \omega\left(\hat{N} + \frac{1}{2}\right) \tag{2.56}$$

となる．そこで演算子 $\hat{N}$ の固有値および固有状態を求めよう．$\hat{N}$ の固有値を N，対応する固有状態を $|N\rangle$ とする．すなわち $\hat{N}|N\rangle = N|N\rangle$．ところで式 (2.55) より $[\hat{N}, \hat{a}] = -\hat{a}$, $[\hat{N}, \hat{a}^\dagger] = \hat{a}^\dagger$ が成り立つので，これらをそれぞれ $|N\rangle$ に作用させれば

$$\hat{N}\hat{a}|N\rangle = (N-1)\hat{a}|N\rangle, \quad \hat{N}\hat{a}^\dagger|N\rangle = (N+1)\hat{a}^\dagger|N\rangle \tag{2.57}$$

を得る．他方，任意の $|\psi\rangle \in D(\hat{N})$ で $\hat{N}$ の期待値をとると，$\langle\psi|\hat{N}|\psi\rangle = \|\hat{a}|\psi\rangle\|^2 \geq 0$，よって $\hat{N}$ には最小の固有値 $N_0 \geq 0$ が存在し，式 (2.57) の第1式から $\hat{a}|N_0\rangle = 0$ でなければならない．実際，もし $\hat{a}|N_0\rangle \neq 0$ なら N_0 より小さい固有値 $N_0 - 1$ が存在することになるからである．$|N_0\rangle$ を規格化したものを $|0\rangle$ と書く．このとき $N_0 = \langle 0|\hat{N}|0\rangle = \|\hat{a}|0\rangle\|^2 = 0$，すなわち $\hat{N}$ の最低固有値は0である．次に状態 $|0\rangle$ に $\hat{a}^\dagger$ をつぎつぎに作用させよう．式 (2.57) の第2式によれば，このとき固有値は1つずつ増え，したがってこれを n 回繰り返せば固有値 n の状態 $\hat{a}^{\dagger n}|0\rangle$ が得られる．これを規格化して $|n\rangle \equiv \frac{1}{\sqrt{n!}} \hat{a}^{\dagger n}|0\rangle$ と書く．このとき n は非負の整数で $|n\rangle$ は全体で完全規格直交系をつくり，これ以外に $\hat{N}$ の固有状態は存在しないことが証明される．容易にわかるように，$|n\rangle$ への $\hat{a}, \hat{a}^\dagger$ の作用およびハミルトニアンの固有値問題は次のように書かれる．

$$\hat{a}|n\rangle = \sqrt{n}|n-1\rangle, \quad \hat{a}^\dagger|n\rangle = \sqrt{n+1}|n+1\rangle, \tag{2.58}$$

$$\hat{H}|n\rangle = \omega\left(\hat{N} + \frac{1}{2}\right)|n\rangle = \omega\left(n + \frac{1}{2}\right)|n\rangle \quad (n = 0, 1, 2, \cdots) \tag{2.59}$$

ここに見られるように演算子 $\hat{a}, \hat{a}^\dagger$ は，ω の値をもつエネルギーの塊（エネルギー量子）をそれぞれ1個消滅および生成させる働きをする．それゆえ $|n\rangle$ はそのようなエネルギー量子が n 個存在する状態と見なしてよい．n を固有値とする演算子 $\hat{N}$ はその意味で個数演算子と呼ばれる．この描像は消滅演算子 $\hat{a}$，生成演算子 $\hat{a}^\dagger$ を媒介にして初めて可能になるもので，場の量子論という無限自由度の系で粒子像を導き，ヒルベルト空間を構築する際に決定的な役割を演じる．そこでは先に述べた x 表示は有効ではない．ハイゼンベルグの方程式 (2.46) を用いれば，$\hat{a}$ の時間微分は式 (2.55), (2.56) より

$$\dot{\hat{a}} = -\frac{i}{\hbar}[\hat{a}, \hat{H}] = -\frac{i\omega}{\hbar}\hat{a} \tag{2.60}$$

となる．これは量子論において，振動数 $\omega/2\pi\hbar$ の調和振動子を記述する式である．

(8) 軌道角運動量とスピン

この項では簡単のために話を1体問題に限る．古典力学での角運動量 $\boldsymbol{L} \equiv \boldsymbol{x} \times \boldsymbol{p}$ に対応した量子力学での自己共役演算子 $\hat{\boldsymbol{L}} \equiv \hat{\boldsymbol{x}} \times \hat{\boldsymbol{p}}$ は，あとで述べるスピン角運動量と区別して，軌道角運動量と呼ぶ．正準交換関係により $\hat{\boldsymbol{L}} = (\hat{L}_1, \hat{L}_2, \hat{L}_3)$ の3個の成分間には次の関係が成り立つ．

$$[\hat{L}_1, \hat{L}_2] = i\hbar\hat{L}_3, \quad [\hat{L}_2, \hat{L}_3] = i\hbar\hat{L}_1, \quad [\hat{L}_3, \hat{L}_1] = i\hbar\hat{L}_2, \tag{2.61}$$

また，ハミルトニアンが運動エネルギーと中心力ポテンシャルからなるときは，$[\hat{L}_j, \hat{H}]= 0$ ($j = 1, 2, 3$) となるため，$\hat{\boldsymbol{L}}$ の 3 成分はいずれも保存量となるが，すべてが 0 でない限り，異なる成分どうしは非可換であるため，たとえば $\hat{L}_3$ と他の成分との同時固有状態をつくることはできない．そこで互いに可換な $\hat{L}_3, \hat{\boldsymbol{L}}^2$ および $\hat{H}$ を採用し，$\hat{H}$ の固有値 E が与えられたという条件のもとで前二者の振舞いを調べよう．軌道角運動量 $\hat{L}_j$ が自己共役であることを用いると，$\hat{\boldsymbol{L}}^2$ の固有値は l を非負の整数として $\hbar^2 l(l+1)$，また与えられた l に対して $\hat{L}_3$ の固有値は，$m = l, l-1, \cdots, -(l-1), -l$ として，$\hbar m$ となる．したがってこのときの $\hat{\boldsymbol{L}}^2, \hat{L}_3, \hat{H}$ の同時固有状態を $|l, m, E\rangle$ と書くならば

$$\hat{H}|l, m, E\rangle = E|l, m, E\rangle$$
$$\hat{\boldsymbol{L}}^2|l, m, E\rangle = \hbar^2 l(l+1)\,|l, m, E\rangle, \quad l = 0, 1, 2, \cdots \quad (2.62)$$
$$\hat{L}_3|l, m, E\rangle = \hbar m|l, m, E\rangle, \quad m = l, l-1, \cdots, -(l-1), -l$$

を得る．l を軌道角運動量の大きさという．

しかし，素粒子にはその運動状態と無関係な固有の角運動量が存在する．これはスピン演算子あるいはスピン角運動量と呼ばれ，粒子の運動量が 0 の静止状態においてもなお残っている角運動量であって，古典的な対応物はない．この量は空間回転のもとでベクトルとして振る舞う．それを $\hat{\boldsymbol{S}} = (\hat{S}_1, \hat{S}_2, \hat{S}_3)$ と記そう．$\hat{\boldsymbol{S}}$ の各成分は $\hat{x}_j, \hat{p}_j$ と可換，したがって軌道角運動量とも可換な自己共役演算子で，相互に式 (2.61) と同型の交換関係

$$[\hat{S}_1, \hat{S}_2] = i\hbar \hat{S}_3, \quad [\hat{S}_2, \hat{S}_3] = i\hbar \hat{S}_1, \quad [\hat{S}_3, \hat{S}_1] = i\hbar \hat{S}_2, \quad (2.63)$$

を満たす．スピンの固有状態は $\hat{\boldsymbol{S}}^2$ と $\hat{S}_3$ の同時固有状態として

$$\hat{\boldsymbol{S}}^2|S, S_z\rangle = \hbar^2 S(S+1)\,|S, S_z\rangle, \quad \hat{S}_3|S, S_z\rangle = \hbar S_z|S, S_z\rangle \quad (2.64)$$

に従う．ここで S は非負の整数または半整数，S_z は与えられた S に対して $(2S+1)$ 個の値，$S, S-1, \cdots, -(S-1), -S$ をとる．S は各粒子に固有の量であってスピンと呼ばれ，たとえばパイ中間子のスピンは 0，電子や陽子や中性子のスピンは 1/2 である．スピンが 0 の粒子では $\hat{\boldsymbol{S}} = 0$．また，スピンが 1/2 の粒子に対しては $\hat{\boldsymbol{S}} = \hbar \hat{\boldsymbol{\sigma}}/2$ とするとき，$\hat{\boldsymbol{\sigma}} = (\sigma_1, \sigma_2, \sigma_3)$ の各成分は $\left|\frac{1}{2}, \frac{1}{2}\right\rangle$ と $\left|\frac{1}{2}, -\frac{1}{2}\right\rangle$ を基底にした行列表示で

$$\sigma_1 = \begin{pmatrix} 0 & 1 \\ 1 & 0 \end{pmatrix}, \quad \sigma_2 = \begin{pmatrix} 0 & -i \\ i & 0 \end{pmatrix}, \quad \sigma_3 = \begin{pmatrix} 1 & 0 \\ 0 & -1 \end{pmatrix} \quad (2.65)$$

と表される．これらはパウリ (Pauli) 行列と呼ばれる．スピン S の粒子が電磁相互作用をもつときには，その粒子は $\hat{\boldsymbol{S}}$ に比例する磁気能率をもつ．

自己共役演算子 $\hat{\boldsymbol{J}} = (\hat{J}_1, \hat{J}_2, \hat{J}_3)$ がわれわれの住む 3 次元空間の中のベクトルで，その成分が式 (2.61) と同形の交換関係（角運動量型交換関係と呼ぶ）

$$[\hat{J}_1, \hat{J}_2] = i\hbar \hat{J}_3, \quad [\hat{J}_2, \hat{J}_3] = i\hbar \hat{J}_1, \quad [\hat{J}_3, \hat{J}_1] = i\hbar \hat{J}_2 \quad (2.66)$$

を満たす自己共役演算子のときに，$\hat{\boldsymbol{J}}$ は一般に角運動量と呼ばれる．軌道角運動量やスピン角運動量はこれの特殊ケースである．$\hat{\boldsymbol{J}}^2$ の固有値は，J を非負の整数または半整数として，$\hbar^2 J(J+1)$ となり，さらに与えられた J に対し $\hat{J}_3$ の固有値を $\hbar \mu$ とするとき μ

は $J, J-1, J-2, \cdots, -(J-1), -J$ の $2J+1$ 個の値をとる．このとき対応する固有状態によって張られる $2J+1$ 次元の空間を角運動量 J をもつ $\hat{\boldsymbol{J}}$ の固有空間と呼び $\mathfrak{H}_J$ と書くことにする．いま角運動量 $\hat{\boldsymbol{J}}' = (\hat{J}'_1, \hat{J}'_2, \hat{J}'_3)$ が $\hat{\boldsymbol{J}}$ と可換のとき，これらの合成 $\hat{\boldsymbol{J}} + \hat{\boldsymbol{J}}'$ は角運動量型の交換関係を満たし，したがってこれもまた角運動量を記述する．$\hat{\boldsymbol{J}}^2, \hat{J}_3, \hat{\boldsymbol{J}}'^2, \hat{J}'_3, (\hat{\boldsymbol{J}} + \hat{\boldsymbol{J}}')^2, \hat{J}_3 + \hat{J}'_3$ は互いに可換であるから，$\hat{\boldsymbol{J}}, \hat{\boldsymbol{J}}'$ のそれぞれの固有空間 $\mathfrak{H}_J$ および $\mathfrak{H}_{J'}$ を合成した空間 $\mathfrak{H}_J \otimes \mathfrak{H}_{J'}$ は $\hat{\boldsymbol{J}} + \hat{\boldsymbol{J}}'$ の固有空間で分割されるはずである．その規則は，$J \geq J'$ とするとき

$$\mathfrak{H}_J \otimes \mathfrak{H}_{J'} = \mathfrak{H}_{J+J'} \oplus \mathfrak{H}_{J+J'-1} \oplus \mathfrak{H}_{J+J'-2} \oplus \cdots \oplus \mathfrak{H}_{J-J'} \tag{2.67}$$

で与えられ，角運動量の合成則といわれる．

（9） ボース粒子とフェルミ粒子

運動とは無関係に粒子を指定するために必要な量，たとえば粒子の質量，電荷，スピンなどがともに等しい2個の粒子は，同種粒子と呼ばれ，それらには電子，陽子などという共通の名称が付けられている．ところで，量子力学においては「同種粒子どうしを観測によって識別することができない」ことが仮定される．手元の電子も月面上の電子も区別がないのである．いま n 個の同種粒子からなる系を考えよう．粒子に1から n までのラベルを付け第 s 番目の粒子を記述する変数をまとめて $\hat{\xi}_s$ と書くことにする．このとき系のハミルトニアンを始めすべての観測量 $A(\hat{\xi}_1, \hat{\xi}_2, \cdots, \hat{\xi}_n)$ は，同種粒子の識別不可能性から，ラベル $1, 2, \cdots, n$ を別の順列 $\sigma 1, \sigma 2, \cdots, \sigma n$ に置き換えても不変である．順列を指定する σ の全体は群をつくり，n 次の対称群 S_n という．このときヒルベルト空間上で $\sigma \in S_n$ に対応してユニタリ演算子 $\hat{\Pi}(\sigma)$ が存在し $\hat{\Pi}^\dagger(\sigma) \hat{\xi}_s \hat{\Pi}(\sigma) = \hat{\xi}_{\sigma s}$ となる．それゆえ任意の観測量に対し

$$\hat{\Pi}^\dagger(\sigma) A(\hat{\xi}_1, \hat{\xi}_2, \cdots, \hat{\xi}_n) \hat{\Pi}(\sigma) = A(\hat{\xi}_1, \hat{\xi}_2, \cdots, \hat{\xi}_n), \quad \sigma \in S_n \tag{2.68}$$

が成り立たねばならない．他方，同種粒子の識別不可能性は，状態ベクトルに対しても制限を加える．ラベル s の粒子の変数で書かれたヒルベルト空間を $\mathcal{H}_s$ とすれば，n 体系のヒルベルト空間 $\mathcal{H}$ はこれらの直積 $\mathcal{H}_1 \otimes \mathcal{H}_2 \otimes \cdots \otimes \mathcal{H}_n$ である．それゆえ，$\mathcal{H}_s$ を完全直交系 $|\psi_j\rangle_s (j=1,2,\cdots)$ を用いて記述すれば，任意の $|\psi\rangle \in \mathcal{H}$ は，適当な係数 $c_{j_1 j_2 j_3 \cdots j_n}$ を用いて $|\psi\rangle = \sum_{j_1, j_2, j_3, \cdots, j_n} c_{j_1 j_2 j_3 \cdots j_n} |\psi_{j_1}\rangle_1 |\psi_{j_2}\rangle_2 |\psi_{j_3}\rangle_3 \cdots |\psi_{j_n}\rangle_n$ と書かれる．ここで $\mathcal{H}_1$ と $\mathcal{H}_2$ の役割の入れ換えの変換 $\sigma = (1, 2) (\in S_n)$ を考えよう．このときこれに対応する演算子 $\hat{\Pi}(1, 2)$ を $|\psi\rangle$ に作用させると

$$\begin{aligned}\hat{\Pi}(1,2)|\psi\rangle &= \sum_{j_1, j_2, j_3, \cdots j_n} c_{j_1 j_2 j_3 \cdots j_n} \hat{\Pi}(1,2) |\psi_{j_1}\rangle_1 |\psi_{j_2}\rangle_2 |\psi_{j_3}\rangle_3 \cdots |\psi_{j_n}\rangle_n \\ &= \sum_{j_1, j_2, j_3, \cdots j_n} c_{j_1 j_2 j_3 \cdots j_n} |\psi_{j_2}\rangle_1 |\psi_{j_1}\rangle_2 |\psi_{j_3}\rangle_3 \cdots |\psi_{j_n}\rangle_n\end{aligned} \tag{2.69}$$

となる．粒子1と2の識別不可能性から $|\psi\rangle$ と上式の右辺は同一の物理的記述を与える状態である．同様のことは任意の置換 σ に対しても成り立って，$\hat{\Pi}(\sigma)$ で結ばれる2つの状態はいかなる観測量（それは式（2.68）に従う）を用いても識別することはできない．このことは次のように言うことができる．「ヒルベルト空間 $\mathcal{H}$ を群 S_n の既約表

現空間に分割したときに，同一既約表現空間内の2つの状態ベクトルは識別不可能である．また，それぞれが異なる既約表現に属する2つの状態ベクトルは，一方から他方への遷移が完全に禁止される．」

したがって，与えられた同種粒子の集団に対し，どのような既約表現を適用すべきかが問題となるが，これに関し量子力学においては，対称性仮説（symmetry postulate），すなわち「S_n の既約表現は1次元の表現に限られる」ことが要請される．ところで，S_n の1次元表現には，任意の2個のラベルの入れ換えに対して，不変なものとマイナス符号が付くものの2種類が存在することが知られており，それぞれの場合の状態ベクトル $|\psi_+\rangle$ および $|\psi_-\rangle$ は

$$|\psi_+\rangle = \sum_{j_1,j_2\cdots j_n} c^+_{j_1j_2\cdots j_n} \sum_{\sigma\in S_n} |\psi_{j_{\sigma 1}}\rangle_1 |\psi_{j_{\sigma 2}}\rangle_2 \cdots |\psi_{j_{\sigma n}}\rangle_n \qquad (2.70)$$

$$|\psi_-\rangle = \sum_{j_1,j_2\cdots j_n} c^-_{j_1j_2\cdots j_n} \sum_{\sigma\in S_n} \mathrm{sgn}(\sigma) |\psi_{j_{\sigma 1}}\rangle_1 |\psi_{j_{\sigma 2}}\rangle_2 \cdots |\psi_{j_{\sigma n}}\rangle_n \qquad (2.71)$$

と書かれる．ここで $\mathrm{sgn}(\sigma)$ は符号因子で σ が偶（奇）置換であれば $+$（$-$）である．また係数は任意の σ に対し $c^+_{j_{\sigma 1}j_{\sigma 2}\cdots j_{\sigma n}} = c^+_{j_1j_2\cdots j_n}$ および $c^-_{j_{\sigma 1}j_{\sigma 2}\cdots j_{\sigma n}} = \mathrm{sgn}(\sigma) c^-_{j_1j_2\cdots j_n}$ とすることができる．状態が式（2.70）によって記述される粒子はボース（Bose）粒子，またはボソン（boson）と呼ばれ，他方式（2.71）で記述される粒子は，フェルミ（Fermi）粒子またはフェルミオン（fermion）と呼ばれる．相対論的場の量子論によればボソンのスピンは整数，フェルミオンのスピンは半整数であることが示される．これをスピンと統計の関係[6]という．式（2.70），（2.71）によれば，同種のボソンは何個でも同一状態に入ることができる．しかし，同種のフェルミオンおいては2個以上が同一状態を占めることは許されない．フェルミオンに特有のこの規則は排他原理（exclusion principle）と呼ばれる．前者の集団はボース統計に，また後者の集団はフェルミ統計に従うことが知られている．

$\mathcal{H}_s$ における完全直交系を $|\eta_u\rangle_s$ とし，$\mathcal{H}$ の基底 $|\eta_1\rangle_1|\eta_2\rangle_2\cdots|\eta_n\rangle_n$ を用いて $|\psi_\pm\rangle$ の波動関数表示 $\psi_\pm(\eta_1,\eta_2,\cdots,\eta_n)$ を求めると

$$\psi_+(\eta_1,\eta_2,\cdots,\eta_n) = \sum_{j_1,j_2\cdots j_n} c^+_{j_1j_2\cdots j_n} \sum_{\sigma\in S_n} \prod_{u=1}^n \psi_{j_{\sigma u}}(\eta_u) \qquad (2.72)$$

$$\psi_-(\eta_1,\eta_2,\cdots,\eta_n) = \sum_{j_1,j_2\cdots j_n} c^-_{j_1j_2\cdots j_n} \sum_{\sigma\in S_n} \mathrm{sgn}(\sigma) \prod_{u=1}^n \psi_{j_{\sigma u}}(\eta_u) \qquad (2.73)$$

を得る．ただし $\psi_j(\eta_k) \equiv {}_s\langle\eta_k|\psi_j\rangle_s$ である．ここで $|\eta_k\rangle_s, |\psi_j\rangle_s \in \mathcal{H}_s$ であるが，同種粒子の識別不可能性のため左辺は s に依存しない．このとき若干の計算により，任意の $\tau\in S_n$ に対し

$$\psi_+(\eta_{\tau 1},\eta_{\tau 2},\cdots,\eta_{\tau n}) = \psi_+(\eta_1,\eta_2,\cdots,\eta_n), \qquad (2.74)$$

$$\psi_-(\eta_{\tau 1},\eta_{\tau 2},\cdots,\eta_{\tau n}) = \mathrm{sgn}(\tau)\psi_-(\eta_1,\eta_2,\cdots,\eta_n) \qquad (2.75)$$

が導かれる．

b. 特殊相対論

量子力学と並んで20世紀における物理学最大の革命は相対性理論（略して相対論）

によってもたらされた．1905年の特殊相対論，1916年の一般相対論である．これらはいずれもアインシュタイン（A. Einstein）によって創出され，特に後者においては重力理論が主役となる．ここでは，あとの議論との関連で前者について述べることにし，ひとまず量子力学を離れることにする．

（1）座 標 系

外力を受けていないとき，物体が等速直線運動をする座標系を慣性系という．その慣性系に対して等速直線運動をする座標系もまた慣性系である．アインシュタインは特殊相対論を建設するにあたり次の要請を行った．(i) 基本的物理法則はすべての慣性系で同一である．(ii) 真空中の光速（299792458 m/s，以下 c と記す）はどの慣性系からみても同じである．

このような慣性系が設定される空間・時間は一様（uniform）であり，空間は等方（isotropic）であることが前提とされている．そこでまず時空間の一様性について述べよう．3次元空間内に直交座標系 S（右手系とする）を設け，これから見た点 Q の位置座標を $\boldsymbol{x}=(x^1, x^2, x^3)$ と書く．また S での時間を t，あるいはこれを c 倍した $x^0 \equiv ct$ を用いることにする．このとき S から見て，座標軸の向きと目盛りを保ったまま原点の位置を $\boldsymbol{a}=(a^1, a^2, a^3)$ だけずらした座標系を S' とするならば，これより見た Q の座標は $\boldsymbol{x}'=\boldsymbol{x}-\boldsymbol{a}$，すなわち $x'^j=x^j-a^j (j=1,2,3)$ で与えられるとする．ここで a^j は任意の実数．同様に時刻 x^0 の原点の位置を任意に a^0 だけずらした時刻は，$x'^0=x^0-a^0$ であるとする．このように座標系 S と時刻 t の設定ができたとき，時空間は一様であるといい，変換 $x^\mu \to x'^\mu = x^\mu - a^\mu (\mu=0,1,2,3)$ は時空間における平行移動と呼ばれる．他方，S の原点および時間座標 x^0 の位置を保ったまま，座標軸の向きの異なる（右手の）座標系 S' を考えたとき，S から見た任意の $\boldsymbol{x}$ は S' の座標では，つねにその回転 $x'^j = \sum_{k=1,2,3} R_{jk} x^k$（以下，$\boldsymbol{x}'=R\boldsymbol{x}$ と略記）で与えられる．ここで R は3次元回転の行列，すなわち，3行3列の実行列で R^{T} を R の転置行列とするならば，$R^{\mathrm{T}} R=1$ かつ $\det R=1$ である．時空間の一様性，空間の等方性のために，慣性系 S が与えられたとき，これを時空間で平行移動し，あるいは回転をした座標系を S と同等なものとして任意に用いることができるのである．そうして時空間のこのような性質はそこに存在する物質あるいはその運動形態からはまったく影響を受けないものとする．

以上は S に対して相対的な時間変化をもたぬ静的な座標の設定であるが，動的な座標系 S' の設定を考えてみよう．すなわち，この系での時空間座標を $x'^\mu = f^\mu(x)$ とする．ここでギリシャ文字の添字は 0, 1, 2, 3 を表すものとし，0 添字は時間成分，1, 2, 3 の添字は空間成分を示すとする．また，右辺の x は x^0, x^1, x^2, x^3 をまとめて書いたものの略記である．以下この記法に従う．S において任意の時空点の x と y の差 $x^\mu - y^\mu$ は平行移動の変換で不変であり，また，逆に関数 $F(x, y)$ が平行移動で不変であれば，これは $F(x-y)$ と書かれる．さて変換後 S' においても S における一様性が保存されている場合には，x'^μ と y'^μ の差 $f^\mu(x) - f^\mu(y)$ は S での平行移動の変換で不変でなければならない．

2.1 量子力学の基本と特殊相対論の概要

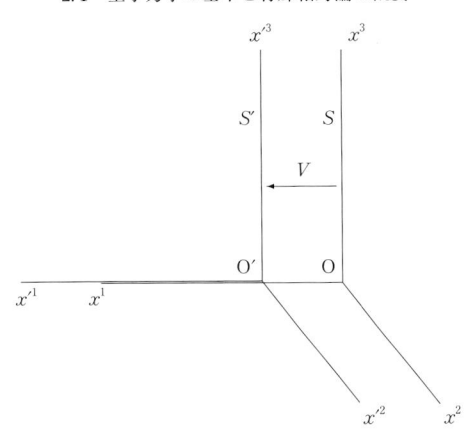

図 2.1.1

よって $f^\mu(x) - f^\mu(y) = F^\mu(x-y)$ となり，これの一般解として

$$x'^\mu = f^\mu(x) = a^\mu{}_\nu x^\nu + b^\mu \tag{2.76}$$

を得る．ここで $a^\mu{}_\nu, b^\mu$ は x とは無関係な実定数．また上式の ν のように1つの項において同じギリシャ添字が上下についた場合は，添字 $0, 1, 2, 3$ についてこの項の和をとることを意味し，記号 $\sum$ を省略する．以下この記法に従う．なお，S における記述と S' での記述は相互に移り行ける必要から，式 (2.76) は逆変換が存在せねばならない．したがって $\det(a^\mu{}_\nu) \neq 0$ が要求される．

S から見て等速直線運動をする物体を S' から見てもやはり等速直線運動であることは，式 (2.76) より直ちに導かれる．それゆえ S が慣性系であれば，時空間の一様性の条件のもとに S' もまた慣性系である．しかし，式 (2.76) は一般的すぎるので物理的条件をさらに課して具体化する必要がある．最も簡単な場合として，図 2.1.1 のように座標系 S' が S から見て速度 V で x^1 軸方向に運動する場合を考えよう．ただし，S における時刻 $t=0$ で，両座標系の原点および各座標軸，すなわち $j=1,2,3$ として x^j 軸は x'^j 軸とは完全に重なるようにし，かつこのときの S' の時刻 t' は 0 に合わせておく．もちろんこのようなことが可能なのは，時空間の一様等方性による．さて，この条件のもとでは S' 系の x'^1-x'^2 面は S 系の x^1-x^2 面と重なっており，$x^3 = 0$ であれば $x'^3 = 0$，したがって変換の線形性から $\kappa(V)$ を適当な定数として $x'^3 = \kappa(V) x^3$ が成り立たねばならない．他方 S' から見れば S は x'^1 軸の向きとは反対方向，つまり速度 $-V$ で運動する．すなわち $x^3 = \kappa(-V) x'^3$ となるが，空間の等方性より $\kappa(V) = \kappa(-V)$ でなければならない．よって $\kappa^2(V) = 1$ となり，$x'^3 = x^3$ を得る．同様にして，x'^3-x'^1 面は x^3-x^1 面に重なっているので，$x'^2 = x^2$ が成立する．すなわち図 2.1.1 の場合は

$$x'^2 = x^2, \quad x'^3 = x^3 \tag{2.77}$$

である.

ここで時間に関しニュートン (I. Newton) の絶対時間, つまり時間は空間的な場所や周囲の状況とは一切無関係に, 無限の過去から無限の未来に向かって一様に流れるものという考えを採用してみよう. このときには $t'=t$ であり, しかも $t=0$ では x^1 軸と x'^1 軸は原点を含めて完全に重なり, それゆえ式 (2.76) より $x'^1 = a^1_1(V) x^1 + a^1_0(V) x^0$. このとき S の座標原点は S' から見ると速度 $-V$ で x'^1 軸に沿って動くゆえ $a^1_0(V) = -V/c$ となる. それゆえ, $x'^1 = a^1_1(V) x^1 - Vt$ となるが, S から S' を見れば $x^1 = a^1_1(-V) x'^1 + Vt'$ が成り立つべきであり, したがって両式より, $a^1_1(V) = 1$ を得る. よって, 以上をまとめるとニュートンの時間においては, 式 (2.77) に加えて

$$t' = t, \quad x'^1 = x^1 - Vt \tag{2.78}$$

が成り立っている. 式 (2.77), (2.78) のセットはガリレイ変換と呼ばれる. いうまでもなくこの変換は式 (2.76) の特殊ケースにあたっており, かつニュートン力学に基づく基本方程式を不変にするが, 電磁気学のマクスウェル (Maxwell) 方程式が発見されるに及んで, これと両立し難いことが明らかになった. アインシュタインはマクスウェル方程式を優先させ, ニュートンの理論は物体の速度が光速に比べて十分小さい場合の近似理論と見なし, 本項のはじめに記した仮定 (i), (ii) を導入した. $t=t'=0$ において S, S' の空間座標の原点が重なっていたとし, このとき原点を発した光は, 仮定 (ii) により, それぞれの系において波面

$$(x^1)^2 + (x^2)^2 + (x^3)^2 - (x^0)^2 = 0,$$
$$(x'^1)^2 + (x'^2)^2 + (x'^3)^2 - (x'^0)^2 = 0 \tag{2.79}$$

をもって伝搬する. いま S から見て S' が等速度 V で移動する場合を考えよう. x'^μ と x^ν は (逆をもつ) 1 次変換で結ばれており, しかも式 (2.79) の 2 つの式は同時に成立せねばならぬゆえ, 任意 x^μ に対し

$$(x'^1)^2 + (x'^2)^2 + (x'^3)^2 - (x'^0)^2 = \rho(|\mathbf{V}|)((x^1)^2 + (x^2)^2 + (x^3)^2 - (x^0)^2)$$

とならねばならない. ただし $\rho(|\mathbf{V}|)$ は定数で, $\mathbf{V}$ でなくその大きさ $|\mathbf{V}|$ の関数となったのは空間の等方性による. 他方, S' から S を見れば, これは速度 $-\mathbf{V}$ で移動するゆえ

$$(x^1)^2 + (x^2)^2 + (x^3)^2 - (x^0)^2 = \rho(|\mathbf{V}|)((x'^1)^2 + (x'^2)^2 + (x'^3)^2 - (x'^0)^2)$$

よって $\rho^2(|\mathbf{V}|) = 1$. したがってこの場合

$$(x'^1)^2 + (x'^2)^2 + (x'^3)^2 - (x'^0)^2 = (x^1)^2 + (x^2)^2 + (x^3)^2 - (x^0)^2 \tag{2.80}$$

を得る. ここで式 (2.78) との比較のために $\mathbf{V} = (V, 0, 0)$ としよう. この場合, 式 (2.77) が成り立つので上式は $(x'^1)^2 - (x'^0)^2 = (x^1)^2 - (x^0)^2$ である. よって $(x^0, x^1) \to (x'^0, x'^1)$ が 1 次変換であることから $x'^0 = x^0 \cosh\xi + x^1 \sinh\xi$, $x'^1 = x^0 \sinh\xi + x^1 \cosh\xi$ と書かれる. この変換を x^1 軸方向への推進またはブースト (boost) という. 他方, 仮定により $dx'^1/dx'^0 = -V/c$, $dx^1/dx^0 = 0$. ゆえに $\tanh\xi = -V/c$ を得る. 以上の結果として式 (2.78) に対応し

$$t' = \frac{t - (V/c^2)x^1}{\sqrt{1-(V/c)^2}}, \quad x'^1 = \frac{x^1 - Vt}{\sqrt{1-(V/c)^2}} \tag{2.81}$$

が導かれる．ここで $|V|<c$ である． $V/c \approx 0$ のとき上式はガリレイ変換（2.78）に帰着する．

さしあたりわれわれは上記の変換を扱うので，変換を受けない x^2, x^3 座標を無視して与えられた時空点 P の S, S' における座標を，それぞれ (t, x^1), (t', x'^1) と書くことにする．ところで式（2.81）では，ニュートンの絶対時間の概念が失われることを意味し，S において空間的に隔たった同時刻の2点は，S' から見たときには同時刻にはない．その様子をみるために S において時刻 $t=0$ における長さ l の棒を考え，その一端 A は時空点 $(0,0)$ にあり，他端 B は $(0, l)$ にあるとする．これを S' で見ると式（2.81）により A は $(0,0)$ にあるが B の時刻は 0 ではない．棒の長さは，その両端が同時刻にあるときをもって定義されなければならないので，S' で見た棒の長さを l' とすれば，B 端の S' での座標は $(0, l')$ となる．この点の S での時刻を t とすればこの時空点の座標は (t, l) と書かれる．それゆえ式（2.81）で $t' = 0, x'^1 = l', x^1 = l$ とおけば，第1式より $t = (V/c^2)l$, よってこれを第2式に用いて

$$l' = l\sqrt{1-(V/c)^2} \tag{2.82}$$

を得る．すなわち速さ $|V|$ で動いている物体は，静止している者から見ると，その進行方向に因子 $\sqrt{1-(V/c)^2}$ だけ縮むことになる．相対論に特有のこの現象はローレンツ収縮（Lorentz contraction）と呼ばれる．

S, S' それぞれの原点に固定した時計の時刻は両座標の原点が重なったときを $t = t' = 0$ とする．S から見ると t において S' の原点は $x^1 = Vt$ にあるから，このときの t' は式（2.81）より

$$t' = \frac{t - (V/c^2)Vt}{\sqrt{1-(V/c)^2}} = t\sqrt{1-(V/c)^2} \tag{2.83}$$

となり，走っている時計の時刻 t' は静止している時計の時刻 t よりも遅れを示す．この現象は，不安定な素粒子が高速で走りつつ崩壊するときに平均寿命が延びるという現象にみられる．

（2） ローレンツ変換

前項では式（2.80）を満たす特別な変換を議論したが，ここでは一般の変換を考察する．そのために式（2.80）を

$$x'_\mu x'^\mu = x_\mu x^\mu \tag{2.84}$$

と書く．ここで $x_\mu \equiv \eta_{\mu\nu} x^\nu$ であって，$\eta_{\mu\nu}$ はメトリックと呼ばれ，$\eta_{\mu\nu} = 0 (\mu \neq \nu)$ かつ $-\eta_{00} = \eta_{11} = \eta_{22} = \eta_{33} = 1$ で定義される．$\eta_{\mu\nu}$ は上付きのギリシャ添字を下付きに移動させる．同様に $\eta^{\mu\nu} (= \eta_{\mu\nu})$ を用いて下付きを上付きに移行させることにする．

式（2.84）を満たす1次変換を

$$x'^\mu = \Lambda^\mu{}_\nu x^\nu \tag{2.85}$$

と書くと

$$x'_\mu = \Lambda_\mu{}^\nu x_\nu \quad (\Lambda_\mu{}^\nu = \eta_{\mu\lambda}\Lambda^\lambda{}_\rho \eta^{\rho\nu}) \tag{2.86}$$

となり，$\delta^\mu{}_\nu$ を $\mu=\nu$ ならば 1，$\mu\neq\nu$ ならば 0 とするとき，$\Lambda_\rho{}^\mu \Lambda^\rho{}_\nu = \delta^\mu{}_\nu$ の成り立つことが要求される．この式はまた

$$\Lambda^\lambda{}_\mu \eta_{\lambda\rho} \Lambda^\rho{}_\nu = \eta_{\mu\nu} \tag{2.87}$$

と書けるので，第 μ 行 ν 列の要素が $\Lambda^\mu{}_\nu, \eta_{\mu\nu}$ であるような行列をそれぞれ Λ および η と書くならば，Λ^T を Λ の転置行列として，式 (2.87) は $\Lambda^T \eta \Lambda = \eta$ と書ける．よって両辺の行列式をとれば，$\det\Lambda = \pm 1$ でなければならない．さらに式 (2.87) において $\mu=\nu=0$ とおけば $(\Lambda^0{}_0)^2 = 1 + \sum_{j=1,2,3}(\Lambda^j{}_0)^2 \geq 1$ が成り立つ．特に $\det\Lambda = 1$，かつ $\Lambda^0{}_0 \geq 1$ であるような Λ による変換を本義ローレンツ変換（proper Lorentz transformation）と呼ぶ．式 (2.84) を満たす変換としては，これ以外にも (1) 空間反転（space reflection）：$\boldsymbol{x} \to -\boldsymbol{x}, x^0 \to x^0$，(2) 時間反転（time reversal）：$\boldsymbol{x} \to \boldsymbol{x}, x^0 \to -x^0$，(3) 全反転（total reflection）：$x^\mu \to -x^\mu$，およびこれらと本義ローレンツ変換を組み合わせたものがあるが，この種の不連続変換は必要が出たら触れることにし，以下では本義ローレンツ変換を中心に議論をすすめることにする．また，簡単のため本義ローレンツ変換を単にローレンツ変換ということにする．ローレンツ変換の全体は群をつくっておりローレンツ群（Lorentz group）と呼ばれる．またローレンツ群と時空間における平行移動 $x^\mu \to x^\mu - a^\mu$ を併せた変換の全体は，非斉次ローレンツ群（inhomogeneous Lorentz group）あるいはポアンカレ群（Poincaré group）と呼ばれる．

前項で述べた空間回転 $x^0 \to x^0, \boldsymbol{x} \to R\boldsymbol{x}$ は時間 t を変えない特別なローレンツ変換でその行列を $\Lambda(R)$ と書く．また式 (2.77), (2.81) で与えられる x^1 軸方向のブーストを $\Lambda(V)$ とすれば，任意のローレンツ変換は適当な R, R', V を用いると $\Lambda(R)\Lambda(V)\Lambda(R')$ なる形に書かれることが証明できる．その結果，慣性系相互を結ぶ変換はローレンツ変換によって与えられる．それゆえ前項のはじめに述べた(i)は，「基本的物理法則はローレンツ変換のもとで形を変えない」と言い換えることができる．この性質はローレンツ不変性（Lorentz invariance）と呼ばれる．変換 (2.85) に従う $X^\mu (\mu=0,1,2,3)$ は 4 次元ベクトル（4-vector）または反変ベクトル（contravariant vector），他方 (2.86) に従う下付き添字をもつ X_μ は共変ベクトル（covariant vect）と呼ばれる．ローレンツ変換の対象になるのは数量で表されるものばかりではない．たとえば変数 x^μ を実反変ベクトルとするとき，dx^μ は反変ベクトル，$\partial_\mu \equiv \partial/\partial x^\mu$ および $\partial^\mu \equiv \partial/\partial x_\mu$ はそれぞれ共変および反変ベクトルとして振る舞う．また $d^4x \equiv dx^1 dx^2 dx^3 dx^0$ はローレンツ変換のもとで不変である．実 4 次元ベクトル X^μ は，$X_\mu X^\mu > 0$ であれば空間的（space-like），$X_\mu X^\mu < 0$ であれば時間的（time-like），また $X_\mu X^\mu = 0$ であれば光的（light-like）といい，この性質はローレンツ変換のもとで保たれる．いま 4 次元ベクトル $x^\mu(t)$ は，与えられた方程式に従う質点の時刻 $x^0 (=ct)$ における位置 $\boldsymbol{x}(t) = (x^1(t), x^2(t), x^3(t))$ を表すものとする．このとき速度 $\boldsymbol{v} = d\boldsymbol{x}/dt$ は反変，共変のいずれでもなく，ローレンツ変換のもとで非線形に振る舞い，物理法則の不変性を記述するうえで基本的な量とは見なし

がたい．そこで $\Delta x^\mu(t) \equiv x^\mu(t+\delta) - x^\mu(t)$ なる量を考えると，質点の速度は光速より小さいから，これは時間的なベクトルである．ゆえに $-c^2(\Delta \tau)^2 = \Delta x_\mu(t) \Delta x^\mu(t)$ とおけば，$\Delta x^\mu(t)/\Delta \tau$ も時間的な反変ベクトルとなる．よって $\delta \to 0$ の極限をとって時間的反変ベクトル

$$u^\mu = \frac{dx^\mu}{d\tau}, \quad (u_\mu u^\mu = -c^2) \tag{2.88}$$

を得る．$\Delta \tau$ の定義より $d\tau/dt = \sqrt{1-(v/c)^2}$ である．ゆえに u^μ の空間成分は $\boldsymbol{u} = \boldsymbol{v}/\sqrt{1-(v/c)^2}$，時間成分は $u^0 = c/\sqrt{1-(v/c)^2}$ と表される．ここで $(v/c)^2 \approx 0$ として非相対論的極限をとると $\boldsymbol{u} \approx \boldsymbol{v}$ となり，u^μ は $\boldsymbol{v}$ の相対論的な一般化として好ましい量になっている．u^μ は4次元速度（4-velocity）と呼ばれる．ローレンツ不変な変数 τ は，実は質点とともに運動する時計の読みであることが示される．この意味で τ を質点の固有時という．u^μ に質量 m をかけた反変ベクトル

$$p^\mu \equiv m u^\mu \tag{2.89}$$

を4次元運動量（4-momentum）またはエネルギー・運動量ベクトル（energy-momentum vector）という．その空間成分は $\boldsymbol{p} = m\boldsymbol{v}/\sqrt{1-(v/c)^2}$，また，時間成分は c をかけて

$$E \equiv cp^0 = \frac{mc^2}{\sqrt{1-(v/c)^2}} \tag{2.90}$$

と書ける．$(v/c)^2 \approx 0$ の非相対論的極限で $\boldsymbol{p}$ は質点の通常の運動量に帰着し，$E \approx mc^2 + \frac{m}{2}\boldsymbol{v}^2$ の第2項は質点の運動エネルギーとなる．この意味で式 (2.89) で与えられる $\boldsymbol{p}$, E は質点の相対論的な運動量およびエネルギーと見なすことができる．他の系との合成において，それぞれは運動量あるいはエネルギーとして保存則に従うことは実験で確認されている．$\boldsymbol{v} = 0$ でのエネルギー mc^2 は静止エネルギーと呼ばれ，質量がエネルギー保存則のもとに他のエネルギーに転化しうることを示している．

ここで真空中のマクスウェル方程式のローレンツ不変性について述べておこう．$\boldsymbol{B}(x)$, $\boldsymbol{E}(x)$, $\boldsymbol{j}(x)$, $\rho(x)$ をそれぞれ磁束密度，電場の強さ，電流密度，電荷密度とし，素粒子論で多く用いられる有理化ガウス単位系（有理化絶対単位系）を採用するとき，真空中のマクスウェル方程式は次式で与えられる．

$$\begin{aligned}
&\frac{\partial \boldsymbol{B}(x)}{\partial x^0} + \nabla \times \boldsymbol{E}(x) = 0, \\
&\nabla \times \boldsymbol{B}(x) - \frac{\partial \boldsymbol{E}(x)}{\partial x^0} = \frac{1}{c}\boldsymbol{j}(x), \\
&\nabla \boldsymbol{B}(x) = 0, \\
&\nabla \boldsymbol{E}(x) = \rho(x)
\end{aligned} \tag{2.91}$$

ただし，時間変数 t の代わりに $x^0 (=ct)$ を用いた．さて，$j^0(x) \equiv c\rho(x)$ と $\boldsymbol{j}(x) = (j^1(x), j^2(x), j^3(x))$ と一緒にして $j^\mu(x)$ と記す．さらに $F_{\mu\nu}(x) = -F_{\nu\mu}(x)$ は2階の反対称共変

テンソルつまりローレンツ変換のもとで $F'_{\mu\nu}(x') = \Lambda_\mu{}^\lambda \Lambda_\nu{}^\kappa F_{\lambda\kappa}(x)$ なる変換をするものとする．また，これに双対な 2 階の反対称反変テンソル $\tilde{F}^{\mu\nu}(x) = -\tilde{F}^{\nu\mu}(x)$ を $\tilde{F}^{\mu\nu}(x) \equiv \frac{1}{2}\varepsilon^{\mu\nu\lambda\kappa}F_{\lambda\kappa}(x)$ で定義する．ただし，$\varepsilon^{\mu\nu\lambda\kappa}$ は任意の 2 個の添字の入れ換えに対して反対称，かつ $\varepsilon^{0123} = 1$ である．実際ローレンツ変換のもとで，$F_{\mu\nu}(x)$ の変換性から $\tilde{F}'^{\mu\nu}(x') = \Lambda^\mu{}_\lambda \Lambda^\nu{}_\kappa \tilde{F}^{\lambda\kappa}(x)$ が導かれる．このとき $\boldsymbol{E}, \boldsymbol{B}$ は，$F^{\mu\nu} (= \eta^{\mu\lambda}\eta^{\nu\rho}F_{\lambda\rho})$ および $\tilde{F}^{\mu\nu}$ と次式により結ばれるものとする．

$$E^1 = F^{01} = -\tilde{F}^{23}, \quad E^2 = F^{02} = -\tilde{F}^{31}, \quad E^3 = F^{03} = -\tilde{F}^{12},$$
$$B^1 = F^{23} = \tilde{F}^{01}, \quad B^2 = F^{31} = \tilde{F}^{02}, \quad B^3 = F^{12} = \tilde{F}^{03} \tag{2.92}$$

ただし，変数 x の記入は省略した．これを用いると式 (2.91) の第1・第3式および第2・第4式はそれぞれ次のようにまとめられる．

$$\partial_\mu \tilde{F}^{\mu\nu}(x) = 0, \quad \partial_\mu F^{\mu\nu}(x) = -\frac{1}{c} j^\nu(x) \tag{2.93}$$

$F^{\mu\nu}, \tilde{F}^{\mu\nu}$ の変換性からこれがローレンツ不変であることは明らかである．すなわち真空中のマクスウェルの方程式は，どの慣性系から見ても同じ形に記述され，ニュートンの絶対時間，絶対空間の概念が適用できないことを示している．

ついでに触れておくと，量子力学における荷電粒子の電磁相互作用においてはゲージポテンシャル $A^\mu(x)$ が本質的な役割を演じる．電磁気学の言葉では，$\boldsymbol{A}(x) = (A^1(x), A^2(x), A^3(x))$ がベクトルポテンシャル，$A^0(x)$ がスカラーポテンシャルである．これらは電磁場と

$$F^{\mu\nu}(x) = \partial^\mu A^\nu(x) - \partial^\nu A^\mu(x) \tag{2.94}$$

なる関係で結ばれ，$F^{\mu\nu}(x)$ よりも基本的な量と見なされている．式 (2.94) は $A^\mu(x) \to A^\mu(x) + \partial^\mu \chi(x)$ なる変換（ゲージ変換）で不変である．この任意性を利用して $A^\mu(x)$ に $\partial_\mu A^\mu(x) = 0$ なる制限を課すことができる．これをローレンツ条件という．式 (2.94) とこの条件のもとにマクスウェルの方程式 (2.93) は

$$\Box A^\mu(x) = -\frac{1}{c} j^\mu(x), \quad (\Box \equiv \partial_\mu \partial^\mu) \tag{2.95}$$

なる形に帰着する．

ゲージポテンシャルの量子論的な扱いに関しては 2.5 節を参照されたい．

2.2 相対論的波動方程式

a. ディラック方程式

量子力学が出現した 1925〜26 年頃には，特殊相対論はすでに確立していた．それゆえこれら 2 つの物理をいかに融和するかは当然の課題となり，シュレーディンガーの波動方程式をローレンツ不変な形に書き換えることが要求された．他方，4 次元速度 u^μ は $u_\mu u^\mu = -c^2$ を満たしているゆえ，式 (2.89) より

2.2 相対論的波動方程式

$$p_\mu p^\mu + m^2 c^2 = 0 \tag{2.96}$$

が成立している．つまり相対論的な波動方程式はこの関係を保証するものでなければならない．ところで式 (2.34) によれば，運動量 $p^j (j=1,2,3)$ を固有値とする演算子は $-i\hbar \partial/\partial x_j$，またエネルギー $E(=cp^0)$ と結びつく演算子は式 (2.47) より $i\hbar\partial/\partial t = -ic\hbar\partial/\partial x_0$ である．それゆえ式 (2.96) の左辺を実現する相対論的に不変な演算子は $-\hbar^2 \Box + m^2 c^2$ となり，よって波動関数 $\varphi(x)$ は少なくとも方程式

$$\left(\Box - \frac{m^2 c^2}{\hbar^2}\right)\varphi(x) = 0 \tag{2.97}$$

を満たす必要がある．式 (2.97) はクライン-ゴルドン方程式（Klein-Gordon equation）と呼ばれる．しかし $\varphi(x)$ を確率振幅と見なすことはできない．まず，ノルム $\int d^3x |\varphi(x)|^2$ がローレンツ不変にならず，さらにこのノルムの保存も式 (2.97) から導けないという難点があった．もともと量子力学において，ノルムの保存には波動方程式が時間に関して 1 階微分であり，かつハミルトニアンの自己共役性が必要である．それゆえローレンツ不変に波動方程式が書かれるためには，空間微分も 1 階の必要がある．そこでディラックは波動関数 $\psi(x)$ はいくつかの成分をもつとして

$$i\hbar \frac{\partial \psi(x)}{\partial x^0} - (-i\hbar \boldsymbol{\alpha} \nabla + \beta mc)\psi(x) = 0 \tag{2.98}$$

を仮定した（1928 年）．ただし $\boldsymbol{\alpha} = (\alpha^1, \alpha^2, \alpha^3)$ および β は，$\psi(x)$ の成分と結ばれる定数行列で，その形は相対論の要求を満足するように決めることにする．ここで左辺第 2 項の括弧 $(\cdots)$ の c 倍がハミルトニアンである．この方程式に第 2 項全体の符号を変えた $i\hbar\partial/\partial_0 + (-i\hbar\boldsymbol{\alpha}\nabla + \beta mc)$ を作用させると 2 階微分の式になるが，このとき $\boldsymbol{\alpha}, \beta$ が

$$\alpha^j \alpha^\kappa + \alpha^\kappa \alpha^j = 2\delta_{j\kappa}, \quad \alpha^j \beta + \beta \alpha^j = 0, \quad (\beta)^2 = 1 \tag{2.99}$$

を満足するエルミート行列であれば，方程式はクライン-ゴルドン型となって (2.97) の要求は満たされ，かつハミルトニアン

$$\hat{H} = c(-i\hbar\boldsymbol{\alpha}\nabla + \beta mc) \tag{2.100}$$

のエルミート性も保証される．ところで式 (2.99) を満たす $\boldsymbol{\alpha}, \beta$ には次の 4 行 4 列の行列が存在する．

$$\alpha^j = \begin{pmatrix} 0 & \sigma_j \\ \sigma_j & 0 \end{pmatrix}, \quad \beta = \begin{pmatrix} \mathbf{1} & 0 \\ 0 & -\mathbf{1} \end{pmatrix} \tag{2.101}$$

ただし σ_j は式 (2.65) のパウリ行列，$\mathbf{0}$ および $\mathbf{1}$ はそれぞれ 2 行 2 列のゼロ行列および単位行列である．式 (2.98) はディラック方程式（Dirac equation）と呼ばれる．この方程式のローレンツ不変性を議論する前に，まず特別な場合として，空間回転 R のもとでの不変性を調べてみる．そこでこのときの波動関数の変換を $\psi(x) \to \psi'(x') = S(R)\psi(x)$ とする．ここで x' はその空間成分が $x' = Rx$，時間成分が $x'^0 = x^0$ である．また，$S(R)$ は R に対応した 4 行 4 列の回転群の表現，つまり任意の R, R' に対し $S(R)S(R') = S(RR')$ に従い，かつ必ずユニタリ行列で表されることが知られている．もし回転 R のもとで式 (2.98) が不変であれば，x^0 はそのままにして，これと同型な

$$i\hbar \frac{\partial \psi'(x')}{\partial x^0} - (-i\hbar \boldsymbol{\alpha} \nabla' + \beta mc)\psi'(x') = 0 \tag{2.102}$$

が成り立たねばならない．このとき $\nabla' = R\nabla$ を考慮するならば式 (2.102) と (2.98) が両立するためには

$$\sum_{j=1,2,3} S^{-1}(R)\alpha^j S(R) R_{jk} = \alpha^k, \quad S^{-1}(R)\beta S(R) = \beta \tag{2.103}$$

が必要となる．それゆえ式 (2.103) を満たす $S(R)$ は

$$S(R) = \begin{pmatrix} s(R) & 0 \\ 0 & s(R) \end{pmatrix}, \quad s(R)\sigma_k s^{-1}(R) = \sum_{j=1,2,3} \sigma_j R_{jk} \tag{2.104}$$

で与えられる．式 (2.104) の右式を満たす 2 行 2 列の $s(R)$ の集合は回転群のスピノル表現と呼ばれる．そうして空間回転 R に対応して $s(R)$ によって変換する 2 成分の量がスピノルである．スピノルはスピン 1/2 の粒子の波動関数の記述に用いられる．すなわちディラック方程式 (2.98) に従う $\psi(x)$ は，上の 2 成分と下の成分がそれぞれスピン 1/2 の粒子として振る舞う．この二重性は，式 (2.98) の正エネルギー解と負エネルギー解（後述）がともにスピン 1/2 をもつことによる．ディラックは式 (2.98) を電磁相互作用を無視したときの電子の相対論的波動方程式と考えた．

形式を整備するためにディラック方程式の $\boldsymbol{\alpha}, \beta$ を用いて次の γ^μ を導入する．

$$\gamma^0 = -i\beta, \quad \gamma^j = -i\beta\alpha^j \quad (j=1,2,3) \tag{2.105}$$

このとき $\gamma^\mu (\mu = 0, 1, 2, 3)$ は

$$\gamma^\mu \gamma^\nu + \gamma^\nu \gamma^\mu = 2\eta^{\mu\nu}, \quad \gamma^{0\dagger} = -\gamma^0, \quad \gamma^{j\dagger} = \gamma^j \tag{2.106}$$

を満たす．逆に「式 (2.106) を満たす既約な $\gamma^\mu (\mu = 0, 1, 2, 3)$ は 4 行 4 列の行列で表現され，ユニタリ同値なものを除いて一意である」[8] ことが証明される．言い換えれば，式 (2.106) を満たす任意の既約な γ^μ および γ'^μ のそれぞれに対し，$\gamma'^\mu = U\gamma^\mu U^\dagger (\mu = 0, 1, 2, 3)$ ならしめる 4 行 4 列のユニタリ行列 U が必ず存在する．このような U は表現の既約性から，これにかかる因子 $e^{i\phi}$（ϕ：実数）を除いて一意である．それゆえ，式 (2.10) のような特別な形を経ることなしに γ^μ は単に式 (2.106) を満たすものというだけの前提で議論を進めることができる．このとき $\alpha^j = \gamma^j\gamma^0, \beta = i\gamma^0$ とすれば，これらは式 (2.101) の α^j, β とユニタリ同値であり，したがって式 (2.98) にそのまま用いてよい．式 (2.106) を満たす γ^μ をガンマ行列（γ-matrix）という．ちなみに式 (2.101) の表示はディラック表示と呼ばれる．

ガンマ行列を使うと式 (2.98) は

$$(\gamma^\mu \partial_\mu + \kappa)\psi(x) = 0, \quad (\kappa \equiv mc/\hbar) \tag{2.107}$$

と書き換えられる．式 (2.98) と等価なこの式もまたディラック方程式と呼ばれる．

ローレンツ変換 Λ に対応した $\psi(x)$ の変換を 4 行 4 列の $S(\Lambda)$ を用いて $\psi'(x') = S(\Lambda)\psi(x)$ と書こう．式 (2.107) がこの変換で不変であるならば $(\gamma^\mu \partial'_\mu + \kappa)\psi'(x') = 0$ が成り立つ．ここで $\partial'_\mu = \Lambda_\mu^{\ \nu} \partial_\nu$．それゆえ変換後の方程式が変換前の式 (2.107) と両立するためには $S^{-1}(\Lambda)\gamma^\mu S(\Lambda)\Lambda_\mu^{\ \nu} = \gamma^\nu$．よって

2.2 相対論的波動方程式

$$S(\Lambda)\gamma^\nu S^{-1}(\Lambda) = \gamma^\mu \Lambda_\mu{}^\nu \tag{2.108}$$

を満たす $S(\Lambda)$ が存在する必要がある．そこで x^1 軸方向へのブースト，すなわち $x'^0 = x^0 \cosh \xi + x^1 \sinh \xi$, $x'^1 = x^0 \sinh \xi + x^1 \cosh \xi$, $x'^2 = x^2$, $x'^3 = x^3$ を考えよう．このときの Λ を $\Lambda(\xi)$ と記すと上式は

$$\begin{aligned} S(\Lambda(\xi))\gamma^0 S^{-1}(\Lambda(\xi)) &= \gamma^0 \cosh \xi - \gamma^1 \sinh \xi, \\ S(\Lambda(\xi))\gamma^1 S^{-1}(\Lambda(\xi)) &= -\gamma^0 \sinh \xi + \gamma^1 \cosh \xi, \\ S(\Lambda(\xi))\gamma^2 S^{-1}(\Lambda(\xi)) &= \gamma^2, \quad S(\Lambda(\xi))\gamma^3 S^{-1}(\Lambda(\xi)) = \gamma^3 \end{aligned} \tag{2.109}$$

となり，これより

$$S(\Lambda(\xi)) = \exp \frac{\gamma^1 \gamma^0 \xi}{2} \tag{2.110}$$

を得る．すなわちディラック方程式は x^1 軸方向のブーストで不変である．2.1節 a. (5)項で述べたように，任意のローレンツ変換は空間回転と x^1 軸方向のブーストを組み合わせてつくることができる．空間回転のもとでのディラック方程式の不変性はすでにみたところであり，したがって，上の議論の結果，任意のローレンツ変換のもとでディラック方程式の不変であることが示された．式 (2.108) を満たす $S(\Lambda)$ によって変換する4成分の量をディラックスピノルという．

この粒子の電荷を e としたときの電磁相互作用を考えよう．古典論では $p^\mu \to p^\mu - (e/c)A^\mu(x)$ なる置き換えで電磁相互作用が導入できることが知られている．これはゲージ不変性を保証するうえで必要な操作であるが，ディラック方程式においては p^μ に $-i\hbar\partial^\mu$ が対応するゆえ，$-i\hbar\partial^\mu \to -i\hbar\partial^\mu - (e/c)A^\mu(x)$ なる置き換え，すなわち $\partial_\mu \to \partial_\mu - i(e/c\hbar)A_\mu(x)$ なる置き換えを行えばよい．それゆえ式 (2.107) は電磁相互作用のもとでは

$$\left\{\gamma^\mu(\partial_\mu - i\frac{e}{c\hbar}A_\mu(x)) + \kappa\right\}\psi(x) = 0 \tag{2.111}$$

なる形をとる．$A_\mu(x)$ は共変ベクトルであって，そのローレンツ変換は ∂_μ と同様 $A'_\mu(x') = \Lambda_\mu{}^\nu A_\nu(x)$ であるから，$\psi(x)$ がディラックスピノルとして $\psi'(x') = S(\Lambda)\psi(x)$ なる変換をするときに，上の議論によって，式 (2.111) はローレンツ不変である．

ディラックスピノル $\psi(x)$ を4行1列の行列とみなし，$\bar\psi(x) \equiv i\psi^\dagger(x)\gamma^0$ とする．$\psi(x)$ が方程式 (2.111) を満たすとき1行4列の行列 $\bar\psi(x)$ に対する方程式は

$$\bar\psi(x)\left\{\gamma^\mu(\overleftarrow{\partial}_\mu + i\frac{e}{c\hbar}A_\mu(x)) - \kappa\right\} = 0 \tag{2.112}$$

で与えられる．ただし $f(x)\overleftarrow{\partial}_\mu \equiv \partial_\mu f(x)$ である．ここで $\bar\psi(x)$ のローレンツ変換に対する性質をみよう．空間回転 R に対して $S(R)$ はユニタリかつ γ^0 と可換，したがって $S^\dagger(R)\gamma^0 = \gamma^0 S^{-1}(R)$, また，ブースト $S(\Lambda(\xi))$ に対しては式 (2.110) と (2.106) より $S^\dagger(\Lambda(\xi))\gamma^0 = \gamma^0 S^{-1}(\Lambda(\xi))$ となる．したがって任意のローレンツ変換に対し $S^\dagger(\Lambda)\gamma^0 = \gamma^0 S^{-1}(\Lambda)$ が成り立つので，$\bar\psi(x)$ のローレンツ変換は $\bar\psi'(x') = \bar\psi(x)S^{-1}(\Lambda)$ と書かれる．それゆえ e を定数として

$$j^\mu(x) \equiv ie\bar\psi(x)\gamma^\mu\psi(x) \tag{2.113}$$

とすると，$j^\mu(x)$ のローレンツ変換は $j'^\mu(x') = i\bar\psi(x)S^{-1}(\Lambda)\gamma^\mu S(\Lambda)\psi(x) = \Lambda^\mu{}_\nu j^\nu(x)$ となって反変ベクトルの性質を示す．ここで式 (2.108) より得られる $S^{-1}(\Lambda)\gamma^\mu S(\Lambda) = \Lambda^\mu{}_\nu \gamma^\nu$ を用いた．式 (2.111), (2.112) によれば $j^\mu(x)$ は保存カレント，すなわち

$$\partial_\mu j^\mu(x) = 0 \tag{2.114}$$

を満たす．ところで「上式に従う任意の反変ベクトル $j^\mu(x)$ の第 0 成分を空間積分した $\int d^3x j^0(x)$ は，保存量つまり時間微分がゼロで，しかもローレンツ不変である」ことが証明できる．いまの場合 $j^0 = |\psi(x)|^2$ であるから，相対論的波動関数 $\psi(x)$ のノルムの保存とそのローレンツ不変性は，電磁相互作用がある場合を含めて保証されたことになる．式 (2.114) に従う $j^\mu(x)$ は一般に保存カレント (conserved current) と呼ばれる．

特別の場合として，$A(x) = 0$, $\partial A^0(x)/\partial x^0 = 0$, すなわち $A^0(x) = V(\boldsymbol{x})$ の場合を考えると，式 (2.111) よりハミルトニアンは

$$\hat H = -ic\hbar(\boldsymbol\alpha\nabla) + \beta mc^2 + eV(\boldsymbol{x}) \tag{2.115}$$

となる．水素原子の場合は陽子のつくるクーロンポテンシャルは $V(\boldsymbol{x}) = |e|/4\pi r$ ($r \equiv \sqrt{\boldsymbol{x}^2}$)，それゆえ電子の電荷が負であることを考慮すれば $eV(\boldsymbol{x}) = -e^2/4\pi r$ となる．これを式 (2.115) に用いて $\hat H$ の固有値問題を解き，そのうちの正の固有値を求めると，非相対論的量子力学ではその説明に人為的操作を要した水素原子スペクトルの微細構造が自然な帰結として導かれる．

しかし，ディラック方程式にはいわゆる "負エネルギー" の問題があった．まず容易にわかるように γ^μ が式 (2.106) を満たすとき，$\gamma'^\mu \equiv -\gamma^{\mu T}$ もまた式 (2.106) を満足する．したがって両者を結ぶユニタリ行列 C が存在し

$$-C\gamma^{\mu T}C^\dagger = \gamma^\mu, \quad (C^\dagger C = 1) \tag{2.116}$$

とすることができる．このとき $C^T = -C$ が成り立つことも，やや長い議論によって導かれる[8]．

$$\psi^C(x) \equiv C\bar\psi^T(x) \tag{2.117}$$

とすると，$C(\bar\psi(x)\gamma^\mu)^T = C\gamma^{\mu T}\bar\psi^T(x) = -\gamma^\mu \psi^C(x)$，したがって式 (2.112) を考慮すれば

$$\left\{\gamma^\mu\left(\partial_\mu + i\frac{e}{c\hbar}A_\mu(x)\right) + \kappa\right\}\psi^C(x) = 0 \tag{2.118}$$

となって，$\psi^C(x)$ は式 (2.111) で $e \to -e$ として電荷の符号を反転した方程式に従う．その意味で $\psi(x) \to \psi^C(x)$ を荷電共役変換 (charge conjugation)，C を荷電共役行列 (charge conjugation matrix) という．このとき $\{\psi^C\}^C(x) = \psi(x)$ が成り立つ．

特に $A^\mu(x) = 0$ の場合は，$\psi^C(x)$ は $\psi(x)$ と同一のディラック方程式 (2.107) を満たす．それゆえこの方程式のエネルギー E の解を $\exp[-iEt/\hbar]u(x)$ とするとき，これを荷電共役変換した $\exp[iEt/\hbar]u^C(x)$ も解でなければならない．すなわち (2.107) は $\pm E$ の正負両様の解をもつ．基本的には，これは式 (2.96) が $p^0 = \pm c\sqrt{\boldsymbol{p}^2 + m^2c^2}$ を意味することの反映であるが，最初ディラックは，理論は正エネルギーの状態だけで閉じており，負エネルギーの状態は無視できると考えたらしい．しかし，電磁相互作用に揺さぶられると正エネルギーの電子はエネルギーを放出して，いくらでも低い負エネルギーの状態

に陥ってしまうことが明らかにされ,電子の安定性に関して問題が生じた.これを克服するためにディラックは,いわゆる空孔理論 (hole theory) を提唱する (1931 年).すなわち真空は無限個の負エネルギーの電子によって完全に埋め尽くされており,排他原理によってそれ以上負エネルギーの電子が入りえない状態にあるとした.その結果,電子の安定性は保証されたが,今度は真空を構成する電子が外部からエネルギーを得て正エネルギー状態に遷移するということが起こる.このとき負エネルギー電子の抜けた跡(空孔)は,エネルギーが正で電荷が電子とは反対符号の粒子として観測されることが予想された.1932 年にこの粒子はアンダーソン (C. D. Anderson) による霧箱の実験で宇宙線中に発見され,陽電子 (positron) と名付けられて,ディラックの理論は画期的な成功を収めたのである.

b. 相対論的波動方程式と場

しかし,これでディラック方程式にまつわる問題が払拭されたわけではない.たとえば,次のような点がある.(i) ディラックは式 (2.98) の $\psi(x)$ を確率振幅と見なしたが,もしそうであるならば $c \to \infty$ として非相対論的な極限をとったとき,$\psi(x)$ はシュレーディンガー方程式に従う波動関数にならねばならない.しかし式 (2.100) のハミルトニアンは,付加定数を無視したとき,$c \to \infty$ で $-\hbar^2 \nabla^2/2m$ なる形に帰着できず,それゆえ $\psi(x)$ を相対論的な電子の確率振幅と見なすのは困難である.(ii) これと関連して,相対論的な電子の位置の演算子 $\hat{x}$ の問題がある.量子論においては波動関数 $\psi(x)$ の変数 x の空間成分 $\boldsymbol{x}$ は $\hat{\boldsymbol{x}}$ の固有値である.しかし,ディラック方程式の x^μ はローレンツ変換で $x'^\mu = \Lambda^\mu{}_\nu x^\nu$ となるゆえ,これと整合するためには同様の変換性をもつ 4 次元ベクトルの演算子 $\hat{x}^\mu$ が存在し,x^μ はその固有値でなければならない.その結果,時間 x^0 を固有値とする時間演算子ともいうべき $\hat{x}^0$ の存在が要求されるが,このような演算子の導入は,実はパラドックスに逢着することが知られている.運動量や位置などとは違って,時間は各粒子の固有の物理量ではない.したがって $\psi(x)$ の中の $\boldsymbol{x}$ を電子の空間的位置に対応させることは許されず,それゆえ $\int_D d^3x |\psi(x)|^2$ を,非相対論的量子力学の場合のように,電子が空間領域 D に存在する確率と解釈することはできない.(いずれにせよ,相対論的な粒子の位置の演算子は 4 次元ベクトルではありえない.その定義に関しては,たとえば文献[9]を参照されたい).(iii) 真空を埋めつくす無限個の負エネルギーの電子は互いに電磁相互作用をしており,正エネルギーの電子は,これらともまた電磁相互作用を行う.それゆえ,1 個の電子のシュレーディンガー方程式は無限多体系の方程式となり量子力学の枠から逸脱する.(iv) 空孔理論の適用には,粒子がフェルミ統計つまり排他原理に従うことが必要とされる.しかし,この原理が適用できないボーズ粒子に対しては,その相対論的なシュレーディンガー方程式をつくった場合,負エネルギー解のないことが保証されねばならない.すでに述べたように式 (2.96) が基本にある以上,これは期待できない.

これら全般について答える前に，ディラック方程式の非相対論的な極限について述べておこう．そのために $\psi(x)$ の空間座標変数についてフーリエ変換をして $\tilde{\psi}(\boldsymbol{p}, t) \equiv (2\pi\hbar)^{-3/2}\int d^3x\psi(x)\exp[-i\boldsymbol{x}\boldsymbol{p}/\hbar]$ とすれば，式 (2.98) は

$$i\hbar\frac{\partial\tilde{\psi}(\boldsymbol{p}, t)}{\partial t} = c(\boldsymbol{\alpha}\boldsymbol{p} + \beta mc)\tilde{\psi}(\boldsymbol{p}, t) \tag{2.119}$$

となる．ここで $\omega_p \equiv c\sqrt{\boldsymbol{p}^2 + m^2c^2}$ として，ユニタリ行列

$$U(\boldsymbol{p}) = (\omega_p + mc^2 + \beta(\boldsymbol{\alpha}\boldsymbol{p})c)/\sqrt{2\omega_p(\omega_p + mc^2)} \tag{2.120}$$

を用いると $U(\boldsymbol{p})c(\boldsymbol{\alpha}\boldsymbol{p} + \beta mc)U^{\dagger}(\boldsymbol{p}) = \beta\omega_p$．よって $\chi(\boldsymbol{p}, t) = U(\boldsymbol{p})\tilde{\psi}(\boldsymbol{p}, t)$ とすれば，式 (2.119) は

$$i\hbar\frac{\partial\chi(\boldsymbol{p}, t)}{\partial t} = \beta\omega_p\chi(\boldsymbol{p}, t) \tag{2.121}$$

と書かれる．β として式 (2.101) の表示を用いれば $\chi(\boldsymbol{p}, t)$ 4 成分のうち，上の（下の）2 成分が正（負）エネルギー $\omega_p(-\omega_p)$ を与える．$|\boldsymbol{p}|/mc \approx 0$ とすると $\omega_p \approx mc^2 + \boldsymbol{p}^2/2m$ となり，2 成分の正エネルギー振幅は，p 表示において，非相対論的な確率振幅との対応付けを，下に述べるド・ブロイ場を介して可能にする．ここで2成分は，スピンの上向き・下向きの自由度を表す．この議論において，主役は p 表示であって x 表示ではない．$U(\boldsymbol{p})$ による上記の変換はフォルディ変換（Foldy transformation）[10] と呼ばれる．

ディラック方程式では x^μ が 4 次元ベクトルとして変換し，しかも x^0 がパラメーターとして扱われる必要から，マクスウェル方程式におけるのと同様に，x の 4 個の成分は時空点を記述するためのパラメーターと見なされなければならない．その結果，x 表示の波動関数に基づく相対論的な粒子像はディラック方程式の表面から消える．$\psi(x)$ はもはやヒルベルト空間上で記述される抽象的な確率波ではなく，ディラック方程式を満たし因果律に従って，時空間を伝搬する実在波と見なす必要がある．このときの $\psi(x)$ はディラック場（Dirac field）と呼ばれる．

実は，これ以外にも相対論的粒子に対応して，さまざまな場（field）が存在する．たとえば光の粒子性を与える光子（photon）には電磁場が対応し，中間子には中間子場（meson field）が対応する．そうして電子場がディラック方程式を満たし，電磁場がマクスウェル方程式を満たすように，それぞれの場は，それに特有の相対論的波動方程式を満たし，実在波としての振舞いが規定される．そして，相互作用を無視したとき，いずれの場合も相対論的波動方程式の解は式 (2.97) を満たす必要がある．このとき，もちろん m は対応する粒子の質量である．式 (2.97) に従う場を自由場（free field）という．場は確率振幅ではないので，正エネルギーあるいは負エネルギーという言葉をこれに用いるのは適切ではない．それらに代えて以下では正振動（positive frequency）あるいは負振動（negative frequency）という言葉を用いる．場の理論では，エネルギーは空間に広がる場全体のエネルギーである．

有限質量の粒子に対応する相対論的波動方程式においては，そこで $c \to \infty$ としても非相対論での波動を記述する式にはならない．空間座標 x について一度フーリエ変換

を行い，これにフォルディ変換に相当する操作[11]を施して正・負の振動を分離したのち，$|\boldsymbol{p}|/mc \approx 0$ として初めて非相対論的極限を得ることができる．このとき正振動の振幅は，運動量表示でのシュレーディンガー方程式と同型の方程式を満たす．しかしこの振幅は確率振幅ではなく，非相対論的な場の振幅である．この場はド・ブロイ（de Broglie）場と呼ばれる．

粒子と対応する場の具体的な関係は場を古典的な対象ではなく，量子論的な物理量つまり演算子として扱うことによってもたらされる．この理論は場の量子論（quantum field theory）と呼ばれる．いわば量子化を媒介として場という描像の中に粒子像を定着させるわけで，素粒子の世界で不可欠の役割を演ずる．量子力学が質点系の量子論であるのに対し，場の量子論は場という連続体の量子論である．そして，非相対論的量子力学でシュレーディンガー方程式を満たす通常の確率振幅は，実は演算子としてのド・ブロイ場が作用するヒルベルト空間において，1体粒子の状態ベクトルによって与えられる．

本格的な場の量子論は次節以降で述べるので，以下この節ではそれへの準備をかね，場と粒子の関係についての入門的な議論を行う．まずクライン-ゴルドンの方程式(2.97)によって記述される場，$\varphi(x)$（クライン-ゴルドン場と呼ぶ）について述べる．以下，これを演算子と見なして $\hat{\varphi}(x)$ と書く．場 $\hat{\varphi}(x)$ の成分数は1とし，ローレンツ変換 $x'^\mu = \Lambda^\mu{}_\nu x^\nu$ のもとで

$$\hat{\varphi}'(x') = \hat{\varphi}(x) \tag{2.122}$$

とする．このときクライン-ゴルドンの方程式はローレンツ不変である．$\hat{\varphi}(x)$ は1成分のためスピンに相当する自由度をもたず，スピン0の粒子に対応する場である．それゆえ，場の振舞いをさらに規定するための（ディラック方程式のような）波動方程式を必要とせず，自由場としてはこれ自身がすべてである．このときディラック場における $\hat{j}^\mu(x)$ に対応する量は，全体にかかる定数の任意性を除けば

$$\hat{j}^\mu(x) = \frac{ic}{2} \hat{\varphi}^\dagger(x) \overleftrightarrow{\partial}^\mu \hat{\varphi}(x) \tag{2.123}$$

で与えられる．ただし，$\hat{A}(x) \overleftrightarrow{\partial}^\mu \hat{B}(x) \equiv \partial^\mu \hat{A}(x) \cdot \hat{B}(x) - \hat{A}(x) \cdot \partial^\mu \hat{B}(x)$．クライン-ゴルドンの方程式から $\hat{j}^\mu(x)$ は保存カレント，すなわち $\partial_\mu \hat{j}^\mu(x) = 0$ を満たすことが示される．ゆえに，$\int d^3x \hat{j}^0(x)$ は保存量かつローレンツ不変である．ただしこの量はディラック方程式のときと異なり，正定値にはならない．しかし，$\hat{\varphi}(x)$ は波動関数ではなく場の量なので，これをクライン-ゴルドン粒子のノルムに関係づける必要はない．

一般に，場を演算子でなく複素数値をとる古典量として扱うとき，対応する粒子のスピンが半整数（整数）であれば，保存カレント $j^\mu(x)$ に対し，ローレンツ不変な $\int d^3x j^0(x)$ は正定値（非正定値）であることが示される．場を量子化した場合，これは粒子の統計性，つまり半整数スピンの粒子はフェルミ統計，整数スピンの粒子はボース統計に従うことと関係する[6]．

さて，$\hat{\varphi}(x)$ が式 (2.97) を満たすことから

$$\hat{\varphi}(x) = \frac{1}{(2\pi\hbar)^{3/2}} \int \frac{d^3k}{\omega_k} \{\hat{a}_k e^{ik_\mu x^\mu/\hbar} + \hat{b}_k^\dagger e^{-ik_\mu x^\mu/\hbar}\}$$

$$= \frac{1}{(2\pi\hbar)^{3/2}} \int \frac{d^3k}{\omega_k} \{\hat{a}_k(t) e^{i\bm{k}\bm{x}/\hbar} + \hat{b}_k^\dagger(t) e^{-i\bm{k}\bm{x}/\hbar}\} \tag{2.124}$$

と書くことができる.ここで $\hat{a}_k(t)=\hat{a}_k e^{-i\omega_k t/\hbar}$, $\hat{b}_k(t)=\hat{b}_k e^{-i\omega_k t/\hbar}$. また4次元ベクトル k^μ は

$$k^\mu \equiv (\bm{k}, \omega_k/c) \tag{2.125}$$

である.このとき d^3k/ω_k はローレンツ不変,すなわち $k' = \Lambda k$ とするとき $d^3k'/\omega_{k'} = d^3k/\omega_k$ なる性質がある.また演算子 $\hat{a}_k(t), \hat{b}_k(t)$ の定義より,これらは方程式 $\dot{\hat{a}}_k(t) = -i(\omega_k/\hbar)\hat{a}_k(t), \dot{\hat{b}}_k(t) = -i(\omega_k/\hbar)\hat{b}_k(t)$ を満たす.したがって式 (2.60) によって,ともに振動数 $\omega_k/2\pi\hbar$ の調和振動子を与える.すなわち,自由場としてのクライン-ゴルドン場 $\hat{\varphi}(x)$ の量子論は,無限個の独立な調和振動子の量子論にほかならない.それゆえ,式 (2.55) を一般化して

$$[\hat{a}_k, \hat{a}_{k'}^\dagger] = [\hat{b}_k, \hat{b}_{k'}^\dagger] = \omega_k \delta^3(\bm{k}-\bm{k}'),$$
$$[\hat{a}_k, \hat{a}_{k'}] = [\hat{b}_k, \hat{b}_{k'}] = [\hat{a}_k, \hat{b}_{k'}] = [\hat{a}_k, \hat{b}_{k'}^\dagger] = 0 \tag{2.126}$$

となることが予想される.ここで上の第1式右辺の $\omega_k \delta^3(\bm{k}-\bm{k}')$ はローレンツ不変である.($\hat{a}_k \to \hat{a}_k \sqrt{\omega_k}, \hat{b}_k \to \hat{b}_k \sqrt{\omega_k}$ として $\hat{a}_k, \hat{b}_k$ を再定義し右辺の ω_k を落とした式が用いられることもある.) そうしてハミルトニアンは式 (2.56) の一般化として場のエネルギー・運動量の4次元ベクトル $\hat{P}^\mu$ は

$$\hat{P}^\mu = \int \frac{d^3k}{\omega_k} k^\mu (\hat{a}_k^\dagger \hat{a}_k + \hat{b}_k^\dagger \hat{b}_k) \tag{2.127}$$

と書いてよい.その結果,$[\hat{P}^\mu, \hat{a}_k] = -k^\mu \hat{a}_k$ および $[\hat{P}^\mu, \hat{b}_k] = -k^\mu \hat{b}_k$ が成立する.前節の a. (7) 項で述べたように,これらの関係は $\hat{a}_k(\hat{a}_k^\dagger)$ および $\hat{b}_k(\hat{b}_k^\dagger)$ がエネルギー・運動量が k^μ の量子を1個消滅(生成)する働きをする.$\hat{a}_k^\dagger$ および $\hat{b}_k^\dagger$ によって生成される量子を,それぞれスピンが0でエネルギー・運動量が k^μ の粒子および反粒子という.ここでは $\hat{\varphi}(x)$ を複素場 $\hat{\varphi}^\dagger(x) \neq \hat{\varphi}(x)$ としたが,実場 $\hat{\varphi}^\dagger(x) = \hat{\varphi}(x)$ では $\hat{a}_k = \hat{b}_k$ となって粒子と反粒子は同一になる.ハミルトニアン $\hat{H}(=c\hat{P}^0)$ の最低固有状態を真空と呼び $|0\rangle$ と記す.このとき,定義により $\hat{a}_k|0\rangle = \hat{b}_k|0\rangle = 0$ である.$|0\rangle$ に生成演算子を作用させ,さまざまな運動量の任意個数の粒子,反粒子の存在する状態が構成される.

しかし,上の議論だけでは完全ではない.場の量子論では物理量や基本的な関係式,たとえば正準交換関係 (2.29) に相当する式を,式 (2.124), (2.126) を用いて,場に対する交換関係として導出し,さらにエネルギー・運動量の密度演算子 $\hat{P}^\mu(x)$ を場の関数として書き下して,$\hat{P}^\mu = \int d^3x \hat{P}^\mu(x)$ が成り立つようにする.このとき重要なことは2点 x と y の隔たりが空間的,つまり $(x_\mu - y_\mu)(x^\mu - y^\mu) > 0$ であれば $[\hat{\varphi}(x), \hat{P}^\mu(y)] = 0$ が成り立つことを検証しなければならない.これは局所性条件 (locality condition) と呼ばれ,y に存在するエネルギーあるいは運動量の密度が光速を超えた速さで,点 x における場の振舞いに影響を与えることはないという要求である.実際,

クライン-ゴルドン場 $\hat{\varphi}(x)$ はこれらをすべて満足することを示すことができるが,それは次節以降の議論にゆずる.

　以上の議論からわかるように,量子化された場からの粒子像の抽出は,自由場に内在する調和振動子を媒介とする.結果的にはすべての自由場はクライン-ゴルドンの方程式を満たすので場 $\hat{\psi}_a(x)$ を空間座標 x についてフーリエ変換すると,そのフーリエ成分 $\hat{\chi}_a(t,\boldsymbol{p}) \equiv (2\pi\hbar)^{-3/2} \int d^3x \hat{\psi}_a(x) \exp[i\boldsymbol{p}\boldsymbol{x}/\hbar]$ は

$$-\ddot{\hat{\chi}}_a(t,\boldsymbol{p}) = (\omega_p/\hbar)^2 \hat{\chi}_a(t,\boldsymbol{p}) \tag{2.128}$$

を満たす.これは振動数 $\omega_p/2\pi\hbar$ の調和振動にほかならない.ここで下付き添字の a は場がいくつかの成分をもつとして,それを指定するためのものである.したがって相対論的波動方程式の解を用いて,波動 $\hat{\psi}_a(x)$ をノーマルモードで展開すれば

$$\hat{\psi}_a(x) = \frac{1}{2(\pi\hbar)^{3/2}} \sum_s \int \frac{d^3k}{\omega_k} \{\hat{a}_{k,s} e^{ik_\mu x^\mu/\hbar} u_a(\boldsymbol{k},s) + \hat{b}^\dagger_{k,s} e^{-ik_\mu x^\mu/\hbar} v_a(\boldsymbol{k},s)\} \tag{2.129}$$

と書かれる.ここで k^μ は式(2.125)で与えられる.また s はスピンの自由度を表し,$m \neq 0$ でスピンの大きさ S の粒子では $-S, -S+1, \cdots, S-1, S$ の $2S+1$ 個の値をとる.クライン-ゴルドン場の場合と同様の議論により,$\hat{a}^\dagger_{k,s}$ および $\hat{a}_{k,s}$ はエネルギー・運動量が k^μ でスピン値が s の粒子をそれぞれ生成および消滅する演算子,また,$\hat{b}^\dagger_{k,s}$ および $\hat{b}_{k,s}$ は同様の反粒子の生成および消滅の演算子である.このとき場のエネルギー・運動量は式(2.127)のそのままの拡張として

$$\hat{P}^\mu = \sum_s \int \frac{d^3k}{\omega_k} k^\mu \{\hat{a}^\dagger_{k,s} \hat{a}_{k,s} + \hat{b}^\dagger_{k,s} \hat{b}_{k,s}\} \tag{2.130}$$

となり,調和振動子を意味する

$$[\hat{P}^\mu, \hat{a}_{k,s}] = -k^\mu \hat{a}_{k,s} \tag{2.131}$$

が成立する必要がある.式(2.130)より明らかなように,系のエネルギー演算子 $\hat{H} = c\hat{P}^0$ は正定値となり,場の量子化以前に問題となった負エネルギーにまつわる問題は完全に解消する.

　ここで注意すべきは,式(2.131)と整合する生成・消滅演算子間の交換関係は一意ではなく,少なくとも次の2通りが存在することである.

$$\begin{aligned}[\hat{a}_{k,s}, \hat{a}^\dagger_{k',s'}]_\mp &= [\hat{b}_{k,s}, \hat{b}^\dagger_{k',s'}]_\mp = \omega_k \delta_{ss'} \delta^3(\boldsymbol{k}-\boldsymbol{k}'), \\ [\hat{a}_{k,s}, \hat{a}_{k',s'}]_\mp &= [\hat{b}_{k,s}, \hat{b}_{k',s'}]_\mp = [\hat{a}_{k,s}, \hat{b}_{k',s'}]_\mp = [\hat{a}_{k,s}, \hat{b}^\dagger_{k',s'}]_\mp = 0\end{aligned} \tag{2.132}$$

ただし,$[\hat{A}, \hat{B}]_\mp \equiv \hat{A}\hat{B} \mp \hat{B}\hat{A}$.マイナス型の交換関係はスピン0のクライン-ゴルドン場に対し式(2.126)で用いられたが,他の場に対してはプラス型の交換関係を必要とする場合がある.その理由はいろいろなかたちで表現されるが,これまでの議論との関連でいえば,時空点 y におけるエネルギー・運動量の密度 $\hat{P}^\mu(y)$ と場 $\hat{\psi}_a(x)$ の間に局所性の条件

$$[\hat{\psi}_a(x), \hat{P}^\mu(y)] = 0 \quad ((x_\mu - y_\mu)(x^\mu - y^\mu) > 0) \tag{2.133}$$

が要求されるからで,したがって式(2.132)の交換関係はこれを満たすものが選ばれなければならない.結果のみを記せば,スピンが整数の粒子を記述する場にはマイナス型

の交換関係を，また，スピン半整数の粒子を記述する場にはプラス型の交換関係を適用する場合に限り局所性の条件が満たされることが示される[11]．そうして粒子および反粒子像の集団は，$\hat{a}_{k,s}^\dagger$ および $\hat{b}_{k,s}^\dagger$ を真空 $|0\rangle$ にそれぞれ適当な回数作用させることにより記述される．反粒子の存在と同様に，プラス型交換関係という古典論には対応物のない関係式の出現は，基本的には相対論的場の量子論によってもたらされたものといえる．

最後に，量子力学における同種粒子の議論との対応をみるために粒子数が n，反粒子数が 0 の場合を考えよう．$\hat{a}_{k,s}^\dagger$ の添字 k, s をまとめて η と記せば，交換関係 (2.132) のマイナス型，プラス型いずれの場合も粒子 n 体の状態は $|\eta_1, \eta_2, \cdots, \eta_n\rangle \equiv \hat{a}_{\eta_1}^\dagger \hat{a}_{\eta_2}^\dagger \cdots \hat{a}_{\eta_n}^\dagger |0\rangle$ の1次結合で表される．ここでマイナス型交換関係に対しては，$\sigma \in S_n$ とするとき

$$|\eta_{\sigma 1}, \eta_{\sigma 2}, \cdots, \eta_{\sigma n}\rangle = |\eta_1, \eta_2, \cdots, \eta_n\rangle \tag{2.134}$$

となり $\eta_1, \eta_2, \cdots, \eta_n$ の入れ換えに対して状態 $|\eta_1, \eta_2, \cdots, \eta_n\rangle$ は完全対称，他方プラス型交換関係の場合は

$$|\eta_{\sigma 1}, \eta_{\sigma 2}, \cdots, \eta_{\sigma n}\rangle = \text{sgn}(\sigma) |\eta_1, \eta_2, \cdots, \eta_n\rangle \tag{2.135}$$

となって同様の入れ換えで完全反対称となる．この結果は，式 (2.74)，(2.75) にみられるボース粒子，フェルミ粒子の状態記述にほかならない．言い換えれば，マイナス型交換関係はボーズ統計に従う同種粒子を，そしてプラス型交換関係はフェルミ統計に従う同種粒子を導くことになる．

ここでは相対論的な量子論においては場の量子論が不可欠であること，そして自由場を中心として，場の波動性の中に粒子像がどのように組み込まれ，また負エネルギー問題がどのように解決されるかをみてきた．もちろん，現実に対応するためには，場の間に相互作用が導入され，それに関する考察がなされなければならない．それは次節以下の議論になるが，その結果としてきわめて豊富な内容の存在がさらに示されることになる．

（大 貫 義 郎）

参 考 文 献

1) 朝永振一郎,「量子力学 I, II」(みすず書房, 第2版, 1962, 1997).
2) P. A. M. Dirac, *The principles of Quantum Mechanics* (Oxford Univ. Press, 1957).
3) A. Messhiah, *Quantum Mechanics* (North Hilland, 1961).
4) J. von Neumann, *Mathematical Foundation of Quantum Mechanics* (Princeton Univ. Press, 1955).
5) ボゴリューボフ他,「場の量子論の数学的方法」(江沢洋・亀井理・関根克彦他訳, 東京図書, 1987) 25.
6) W. Pauli, Phys. Rev. **58** (1940) 716.
7) 内山龍雄,「相対性理論 (岩波全書)」(岩波書店, 1977).
8) W. Pauli, Inst. H. Poincaré. Ann. **6** (1936) 109.
9) T. D. Newton and E. P. Wigner, Rev. Mod. Phys. **21** (1949) 400.
10) L. L. Foldy and S. A. Wouthuysen, Phys. Rev. **78** (1950) 29.
11) 大貫義郎,「ポアンカレ群と波動方程式」(岩波書店, 1976).

2.3 対称性と量子数

a. 対称変換と保存則
（1） 対 称 変 換

量子系を測定する際に観測者の見方を変えても物理的な測定結果には影響しないが，このような変換を対称変換といい，以下のように定義される．量子力学では，系の状態はヒルベルト空間 $\mathcal{H}$ の規格化された（単位）ベクトル $|\psi\rangle\in\mathcal{H}$ によって記述され，位相の異なるベクトル $|\psi\rangle'$ を同一視することによって定められる（物理的に実現可能な）単位射線（unit ray）$\mathcal{R}=\{e^{i\xi}|\psi\rangle:\xi\in\mathbb{R}\}$ は純粋状態（pure state）を表す．対称変換（symmetry transformation）とは，このような単位射線間の 1 対 1 変換 $\mathcal{R}\to\mathcal{R}'$ で遷移確率を変えないものをいう．任意の 2 つの単位射線 $\mathcal{R}_1, \mathcal{R}_2$ に対応するベクトルを $|\psi_1\rangle\in\mathcal{R}_1, |\psi_2\rangle\in\mathcal{R}_2$，対称変換後のベクトルを $|\psi_1'\rangle\in\mathcal{R}_1', |\psi_2'\rangle\in\mathcal{R}_2'$ としたとき，対称変換のもとで内積の絶対値は不変

$$|\langle\psi_1'|\psi_2'\rangle|=|\langle\psi_1|\psi_2\rangle| \tag{2.136}$$

に保たれる．

対称変換は，状態ベクトルに対する変換としてはユニタリ変換（unitary transformation）か，さもなければ反ユニタリ変換（anti-unitary transformation）でなければならない．すなわち，

$$|\psi\rangle\to|\psi'\rangle=U|\psi\rangle \tag{2.137}$$

を対応するベクトルに対する変換とすれば，U はユニタリ演算子

$$\begin{aligned}\langle U\psi_1|U\psi_2\rangle&=\langle\psi_1|\psi_2\rangle\\ U(\alpha|\psi_1\rangle+\beta|\psi_2\rangle)&=\alpha U|\psi_1\rangle+\beta U|\psi_2\rangle\end{aligned} \tag{2.138}$$

であるか（$\alpha,\beta\in\mathbb{C}$），反ユニタリ演算子

$$\begin{aligned}\langle U\psi_1|U\psi_2\rangle&=\langle\psi_1|\psi_2\rangle^*\\ U(\alpha|\psi_1\rangle+\beta|\psi_2\rangle)&=\alpha^* U|\psi_1\rangle+\beta^* U|\psi_2\rangle\end{aligned} \tag{2.139}$$

のどちらかの場合に限られる（ウィグナーの定理（Wigner's theorem）[1]）．ここで式(2.139)の第 2 式は演算子 U が反線形（antilinear）であることを示すものである．対称変換は射線に対する変換であるから，ベクトルに対する変換としては一般に位相部分だけの不定性があり，U_1 と U_2 を同一の対称変換に対応する（反）ユニタリ演算子とすれば，$U_2=e^{i\phi}U_1, \phi\in\mathbb{R}$ と書くことができる．このとき位相 ϕ は作用するベクトル $|\psi\rangle$ には依存しない．

射線を変えない恒等変換や，任意の対称変換の逆変換は対称変換であり，また 2 つの対称変換の積も再び対称変換となるから，対称変換の全体は群としての構造をもつ．恒等変換に恒等演算子 $U=I$ を対応させれば，これはユニタリ変換であるから，対称変換群の中で恒等変換と連続的に繋がる任意の変換は，連続性によってユニタリ変換として実現されなければならないことになる．一般には，対称変換全体の中に部分群がいくつ

か定義され，実際上はその内で測定の可能な部分群に限定して対称変換を考察することが多い．そのような群 G の中で，特に連結リー群（connected Lie group）と呼ばれるものは，対称変換 $g \in G$ が実パラメーター $\theta^a, a=1,2,\cdots,\dim G$ を用いて $g=g(\theta)$ と指定され，応用上重要である．このとき，θ^a の原点を恒等変換 $g(\theta=0)=1$ となるように選び，対応するユニタリ演算子 $U(g(\theta))$ を恒等演算子 $U(g(0))=I$ のまわりに展開すれば

$$U(g(\theta)) = I + i\theta^a Q_a + \cdots \tag{2.140}$$

と書くことができる．ここで現れる Q_a は変換の生成子（generator）と呼ばれ，$U(g(\theta))$ のユニタリ性より，自己共役（self-adjoint）演算子であることがわかる．量子論では多くの場合，このような対称変換の生成子として，観測量（observable）を表す自己共役演算子が得られる．なお，（数学では区別される概念であるが）物理では'自己共役'の代わりに'エルミート'という用語を用いることが多い[2]．

（2）射影表現

（反）ユニタリ演算子 U は対称変換の群 G の構造を反映したものであるが，U は射線ではなくベクトル $|\psi\rangle$ への作用を規定するため，必ずしも群 G を表現するものとはならない．なぜなら，対称変換 $g_1, g_2 \in G$ に対する（反）ユニタリ演算子を $U(g_1), U(g_2)$ とすれば，これらを続けて行った変換 $U(g_2)U(g_1)|\psi\rangle$ と積 $g_2 g_1$ に対応する変換 $U(g_2 g_1)|\psi\rangle$ は射線としては同じであるが，ベクトルとしては位相分だけの不定性が許され，したがって一般には

$$U(g_2) U(g_1) = e^{i\omega(g_2, g_1)} U(g_2 g_1) \tag{2.141}$$

となるためである．ここで実位相 ω は作用するベクトル $|\psi\rangle$ には依存しない．$\omega=0$ のとき，あるいは演算子 U の位相の不定性 ϕ をうまく利用して $\omega=0$ とすることができる場合は，U は群 G の表現（representation）を与えることになる．$\omega=0$ とすることができない場合でも，もし ω が（2-cocycle 条件と呼ばれる）一定の条件を満足すれば，結合則

$$U(g_3)(U(g_2)U(g_1)) = (U(g_3)U(g_2))U(g_1) \tag{2.142}$$

が成立する．このとき，U は群 G の射影表現（projective representation）を与える．

群 G が連結リー群のとき，U の原点での展開（2.140）および ω の同様な展開式を代入して整理すると，生成子間の交換関係

$$[Q_a, Q_b] = i f_{ab}^c Q_c + i c_{ab} I \tag{2.143}$$

が得られる．ここで f_{ab}^c は群 G の単位元近傍の構造から決まる構造定数（structure constant）であり，c_{ab} は位相 ω の原点付近の展開から決まる定数である．関係式（2.143）は射影表現のリー代数（Lie algebra）としての表現式となっており，右辺第2項は位相 ω に対応して代数に中心（center）が存在していることを示す．リー代数が半単純（semi-simple）である場合には，生成子の再定義によって中心を除去することができる[3]．$\omega=0$ として U が群 G の表現を与えるためには，このように中心が除去できるこ

と（局所的条件）の上に，群 G が単連結（simply connected）でなければならないこと（大域的条件）が知られている[4]．

（3） 演算子の変換

状態ベクトル $|\psi\rangle$ に対する対称変換 (2.137) が与えられた場合，これを用いて任意の線形演算子 A に対する対称変換 $A \to A'$ を式 (2.136) にならって

$$|\langle\psi'_1|A'|\psi'_2\rangle| = |\langle\psi_1|A|\psi_2\rangle| \tag{2.144}$$

を満足するものとして定義する．この条件を満たす変換は位相の不定性を除けば

$$A' = UAU^\dagger \tag{2.145}$$

に限られる．ここで $U^\dagger$ は U の共役演算子で，U が反線形演算子の場合には一般に

$$\langle\psi_2|U^\dagger|\psi_1\rangle := \langle\psi_2|(U^\dagger|\psi_1\rangle) = \langle\psi_1|U|\psi_2\rangle \tag{2.146}$$

を満たすものとして定義される．したがって U が反ユニタリの場合でも，ユニタリの場合と同様に $U^{-1} = U^\dagger$ となる．

U がユニタリのときは，式 (2.145) は

$$\langle\psi'_1|A'|\psi'_2\rangle = \langle\psi_1|A|\psi_2\rangle \tag{2.147}$$

を意味し，反ユニタリのときは

$$\langle\psi'_1|A'|\psi'_2\rangle = \langle\psi_1|A|\psi_2\rangle^* \tag{2.148}$$

を意味する．もし A が自己共役であって観測量と見なせる場合には，式 (2.145) よりその対称変換 A' も観測量と見なせる．A と A' は（反）ユニタリ同値であって，同じスペクトルを共有する．

いま $\{A_i : i = 1, 2, \cdots\}$ を観測量既約系（irreducible set of observables），すなわち自己共役演算子 A_i の集合で，これらすべてと交換する演算子は恒等演算子（の定数倍）だけであるものだとすれば，仮定より $UA_iU^\dagger$ はこれらの観測量の関数 f_i として

$$UA_iU^\dagger = F_i(A_1, A_2, \cdots) \tag{2.149}$$

と表される．G が連結リー群の場合は，U の展開式 (2.140) より

$$[A_i, Q_a] = i\frac{\partial F_i}{\partial \theta^a}\bigg|_{\theta=0} \tag{2.150}$$

を得る．対称変換の生成子 Q_a は，これらの関係式から（定数の不定性を除いて）決めることができる．

（4） 不変性と保存則

線形演算子に対する対称変換式 (2.145) より，系のハミルトニアン H が群 G に属する対称変換のもとで不変である場合は

$$[H, U(g)] = 0, \quad g \in G \tag{2.151}$$

となる．G が連結リー群の場合には，これに展開式 (2.140) を代入することにより，観測量としての生成子 Q_a は H と交換する

$$[H, Q_a] = 0, \quad a = 1, \cdots, \dim G \tag{2.152}$$

ことがわかる．もし H が保存的（陽に時間によらない）ならば，観測量 Q_a の期待値 $\langle\psi|Q_a|\psi\rangle$ は保存量となる．実際，状態の時間発展を規定するシュレーディンガー方程式

$$i\hbar\frac{d}{dt}|\psi(t)\rangle = H|\psi(t)\rangle \tag{2.153}$$

を用いれば

$$\frac{d}{dt}\langle\psi|Q_a|\psi\rangle = \frac{1}{i\hbar}\langle\psi|[Q_a, H]|\psi\rangle = 0 \tag{2.154}$$

となるからである．また明らかに，Q_a の任意関数の期待値も保存量となる．なお，式 (2.152) より，エネルギー固有状態は対称群 G の既約表現を用いることによって分類できることがわかる．パリティなどの離散的な対称変換では，$U(g)$ 自身が自己共役であって観測量となることがあるが，その場合は，式 (2.151) より直ちに $U(g)$ の期待値の保存則が導かれる．

（陽に時間に依存する）一般的なハミルトニアン $H=H(t)$ に対しては，積分方程式

$$U(t, t_0) = I - \frac{i}{\hbar}\int_{t_0}^{t} dt' H(t') U(t', t_0) \tag{2.155}$$

の解 $U(t, t_0)$ を考察する．式 (2.153) を満たす $U(t, t_0)$ は状態を時間発展させる演算子

$$|\psi(t_0)\rangle \to |\psi(t)\rangle = U(t, t_0)|\psi(t_0)\rangle \tag{2.156}$$

であり，これはシュレーディンガー方程式の積分形を与える．もし $U(t, t_0)$ を解とすれば，不変性 (2.151) より $U(g)U(t, t_0)U^\dagger(g)$ も解となるが，初期条件 $U(t_0, t_0) = I$ を満たす上の積分方程式の解は一意であるから，これらは同じものでなければならない．これより

$$[U(t, t_0), U(g)] = 0, \qquad g \in G \tag{2.157}$$

が導かれる．いま時刻 t_0 で状態 $|\psi\rangle$ が時刻 $t > t_0$ で状態 $|\varphi\rangle$ に遷移する確率を測定したとする．式 (2.156) によれば，その結果は

$$|\langle\varphi|U(t, t_0)|\psi\rangle|^2 = |\langle\varphi|U^\dagger(g)U(t, t_0)U(g)|\psi\rangle|^2 \tag{2.158}$$

で与えられるが，これは不変性 (2.151) のために，$|\psi\rangle$ から $|\varphi\rangle$ への遷移確率と $U(g)|\psi\rangle$ から $U(g)|\varphi\rangle$ への遷移確率とが等しくなること，すなわち量子的な遷移確率が対称変換のもとで不変であることを示している．

(5) 超選択則

互いに交換する可換な観測量の集合 $\mathcal{A} = \{A_n : n = 1, 2, \cdots, [A_n, A_m] = 0\}$ で，過不足なく状態を指定できるもの，すなわち，これらの固有値 λ_n をもつ同時固有状態 $|\lambda_1, \lambda_2, \cdots\rangle$:

$$A_n|\lambda_1, \lambda_2, \cdots\rangle = \lambda_n|\lambda_1, \lambda_2, \cdots\rangle \tag{2.159}$$

が縮退なく（位相の不定性を除いて）一意に決まり，かつどの観測量 A_n を $\mathcal{A}$ からとり除いても，一意性が満たされなくなるものを共立観測量完全系（complete set of compatible observables）と呼ぶ[5]．任意の観測量 A から出発して，これと交換する観測量を同時固有状態が縮退しなくなるまで集めれば，1つの共立観測量完全系を得る．したがって，一般に共立観測量完全系は一意には定まらない．また，与えられた観測量の集合が共立観測量完全系かどうかは，測定する物理量の範囲によって決まる．

どの共立観測量完全系にも共通する観測量，すなわち任意の観測量 A と交換する観測量 S が存在するとき，これを超選択観測量（superselection observable）と呼ぶ．超選択観測量 S の異なる固有値をもつ状態を $|\psi_1\rangle, |\psi_2\rangle$，

$$S|\psi_i\rangle = s_i|\psi_i\rangle, \quad i=1,2, \quad s_1 \neq s_2 \tag{2.160}$$

とすると，任意の観測量 A に対して

$$0 = \langle\psi_2|[S,A]|\psi_1\rangle = (s_2-s_1)\langle\psi_2|A|\psi_1\rangle \tag{2.161}$$

より

$$\langle\psi_2|A|\psi_1\rangle = 0 \tag{2.162}$$

を得るが，これを超選択則（superselection rule）と呼ぶ．このとき，状態 $|\psi_1\rangle$ と $|\psi_2\rangle$ の重ね合わせ状態

$$|\psi\rangle = \alpha|\psi_1\rangle + \beta|\psi_2\rangle \tag{2.163}$$

（$|\alpha|^2 + |\beta|^2 = 1$）に対する任意の観測量 A の期待値は

$$\langle\psi|A|\psi\rangle = |\alpha|^2\langle\psi_1|A|\psi_1\rangle + |\beta|^2\langle\psi_2|A|\psi_2\rangle \tag{2.164}$$

となって重ね合わせの位相差 $\alpha^*\beta$ に依存しないので，どのような観測を行っても，2つの状態間の位相差から生ずる干渉効果が測定できないことになる．すなわち，式（2.163）で構成した状態 $|\psi\rangle$ と，密度行列

$$\rho = |\alpha|^2|\psi_1\rangle\langle\psi_1| + |\beta|^2|\psi_2\rangle\langle\psi_2| \tag{2.165}$$

で指定される混合状態（mixed state）が，つねに同じ期待値

$$\langle\psi|A|\psi\rangle = \mathrm{tr}(\rho A) \tag{2.166}$$

をもつことになり，このため，この両者が区別できない．

超選択観測量 S が存在する場合は，ヒルベルト空間 $\mathcal{H}$ を干渉効果の測定可能な（S の固有値 s_i のベクトルから張られる）部分空間である可干渉ヒルベルト空間（coherent Hilbert space）$\mathcal{H}_i^c$ の直和

$$\mathcal{H} = \oplus_i \mathcal{H}_i^c \tag{2.167}$$

に分解できる．各々の部分空間 $\mathcal{H}_i^c$ の中では重ね合わせの原理が成立し，任意の線形結合（2.163）によって物理的に実現可能な純粋状態をつくることが可能であるので，$\mathcal{H}_i^c$ の内部では単位射線は一意に物理的純粋状態に対応する．一方，異なる部分空間にまたがる重ね合わせ状態は，純粋状態ではなく混合状態に対応すると考えられる．その意味で，各 $\mathcal{H}_i^c$ は超選択セクター（superselection sector）とも呼ばれる．なお，対称変換は線形性を前提にしており，厳密には各部分空間 $\mathcal{H}_i^c$ に対して定義されるものであって，通常はその部分空間内で閉じた変換を考えるが，一般には異なる部分空間の間の変換となっていてもよい．超選択則の例としては，2π 空間回転に関するユニバレンス（univalence）超選択則や，電荷超選択則が知られている．これらはいずれも離散的な

固有値によるものであるが，その場合は時間発展の連続性より，状態の時間発展は各々の超選択セクター内で閉じている．

b. 離散的変換
(1) パリティ (空間反転)

パリティ変換 (parity transformation) は離散的な対称変換の1つで，座標系の原点に関する空間反転 (space inversion) $r \to -r$ に対応するものである．これは回転と鏡映の積に分解でき，回転対称性の存在のもとでは実質的に鏡映変換 (系を鏡に映した像，左右の入れ換え) に相当する．いま観測量既約系として粒子の座標 r，運動量 p およびスピン S をもつ粒子系を考えれば，パリティ変換のもとでは運動量は $p \to -p$，またスピンは角運動量 $L = r \times p$ の変換と同じだとして $S \to S$ となる．したがって，パリティ変換を引き起こす対称変換の演算子 U_P を規定する条件 (2.149) は

$$U_P r U_P^\dagger = -r$$
$$U_P p U_P^\dagger = -p \quad (2.168)$$
$$U_P S U_P^\dagger = S$$

となる．これらの関係式と r と p が満たす正準交換関係 (canonical commutation relations) との整合性から，U_P はユニタリでなければならないことがわかる．また，関係式 (2.168) より U_P^2 は観測量既約系のどの演算子とも交換するから恒等演算子の定数倍となり，ユニタリ性より $U_P^2 = e^{i\varphi} I$ でなければならない．位相を $\varphi = 0$ と選べば $U_P^2 = I$，すなわち $U_P^\dagger = U_P$ となり，U_P は観測量で，固有値 ± 1 をもつことになる．観測量としての U_P をパリティと呼ぶ．一般にパリティ変換のもとで $v \to v$ となるベクトル v を特に擬ベクトル (pseudovector)，$\omega \to -\omega$ となるスカラー ω を擬スカラー (pseudoscalar) と呼ぶ．S は擬ベクトルであり，$S \cdot r$ は擬スカラーである．

いまスピン s の粒子の，座標 r と1つの固定軸に関するスピン成分 σ で指定された固有状態を $|r, \sigma\rangle$ とする．パリティ変換の結果は，η を位相因子として

$$U_P |r, \sigma\rangle = \eta |-r, \sigma\rangle \quad (2.169)$$

と書くことができるから，状態 $|\psi\rangle$ に対応する波動関数 $\psi_\sigma(r) = \langle r, \sigma | \psi \rangle$ は

$$(U_P \psi)_\sigma (r) = \langle r, \sigma | U_P | \psi \rangle = \eta \psi_\sigma(-r) \quad (2.170)$$

と変換されることになる．$U_P^2 = I$ より位相因子は $\eta = \pm 1$ に限られる．η は粒子の種類に固有な量であるので固有パリティ (intrinsic parity) と呼ばれる．もし状態 $|\psi\rangle$ が $\psi_\sigma(-r) = \eta_\psi \psi_\sigma(r)$ を満たせば ($\eta_\psi = \pm 1$)，$|\psi\rangle$ は U_P の固有状態

$$(U_P \psi_\sigma)(r) = \eta \eta_\psi \psi_\sigma(r) \quad (2.171)$$

となる．このとき，固有値 $\eta_P = \eta \eta_\psi$ を状態 $|\psi\rangle$ のパリティ (偶奇性) と呼び，$\eta_P = +1$ のときのパリティを偶 (even)，$\eta_P = -1$ のときを奇 (odd) であるという．たとえば，$|\psi\rangle$ が軌道角運動量 l をもち，その波動関数が球面調和関数 Y_l^m を用いて $\psi_\sigma(r) = R_\sigma(r) Y_l^m(\theta, \phi)$ と書けるとき，パリティ変換のもとで

$$Y_l^m(\theta, \phi) \to Y_l^m(\pi - \theta, \phi + \pi) = (-1)^l Y_l^m(\theta, \phi) \quad (2.172)$$

となるので，$|\psi\rangle$ のパリティは $\eta_P = (-1)^l \eta$ で与えられることになる．

以上の事柄を多粒子系に拡張することは容易である．すなわち，粒子数 n の場合の波動関数のパリティ変換は

$$(U_P \psi)_{\sigma_1 \sigma_2 \cdots}(\boldsymbol{r}_1, \boldsymbol{r}_2, \cdots, \boldsymbol{r}_n) = \eta_1 \eta_2 \cdots \eta_n \psi_{\sigma_1 \sigma_2 \cdots}(-\boldsymbol{r}_1, -\boldsymbol{r}_2, \cdots, -\boldsymbol{r}_n) \tag{2.173}$$

となり，n 粒子系の固有パリティ η は各粒子の固有パリティの積 $\eta = \eta_1 \eta_2 \cdots \eta_n$ で与えられる．なお，複数の粒子の系を1つの複合粒子とみる場合には，パリティ変換によって引き起こされる内部の相対座標の変換を考慮して固有パリティを定義するのが便利である．たとえば，固有パリティ η_1, η_2 をもつ粒子 1, 2 からなる複合系において，その相対軌道角運動量を l とすれば，パリティ変換によって符号因子 $\eta = (-1)^l \eta_1 \eta_2$ を生ずるので，これを重心座標 $\boldsymbol{r}$ に位置する複合粒子の固有パリティとする．

パリティの概念は状態遷移の過程に対する制限（選択則）を得るのに有用である．たとえば，演算子 $\boldsymbol{r}$ はパリティ変換のもとで符号を変えるので，同じパリティをもつ固有状態 $|\psi_1\rangle$ と $|\psi_2\rangle$ の間では $\langle\psi_1|\boldsymbol{r}|\psi_2\rangle = 0$ となるが，これは「電気双極子遷移は異なるパリティをもつ状態間でのみ起きる」というラポルテの規則（Laporte's rule）にほかならない．また，もし系が保存的でパリティ不変 $[H, U_P] = 0$ ならば，縮退のないエネルギー固有状態は必ずパリティの固有状態となる．なぜなら，$|\psi\rangle$ と $U_P|\psi\rangle$ を H の同じ固有状態とするとき，非縮退の仮定より $e^{i\delta}$ を位相因子として $U_P|\psi\rangle = e^{i\delta}|\psi\rangle$ となるが，$|\psi\rangle = U_P^2|\psi\rangle = e^{2i\delta}|\psi\rangle$ より $e^{i\delta} = \pm 1$ となるからである．したがって，パリティ不変性のもとでは，非縮退状態 $|\psi\rangle$ はつねに $\langle\psi|\boldsymbol{r}|\psi\rangle = 0$ となって，電気双極子モーメントをもてない．

パリティ不変性のもとでは，遷移確率の不変性 (2.158) に対応して，粒子の反応過程に対するパリティ対称性が成立する．すなわち，反応に関与する粒子 $i (i = 1, \cdots)$ の運動量とスピンを $(\boldsymbol{p}_i, \boldsymbol{s}_i)$ とし，反応過程

$$X_1 + X_2 + \cdots \to X_1' + X_2' + \cdots \tag{2.174}$$

の遷移確率を $W(\boldsymbol{p}_1, \boldsymbol{s}_1, \cdots \to \boldsymbol{p}_1', \boldsymbol{s}_1', \cdots)$ とすれば，

$$W(\boldsymbol{p}_1, \boldsymbol{s}_1, \cdots \to \boldsymbol{p}_1', \boldsymbol{s}_1', \cdots) = W(-\boldsymbol{p}_1, \boldsymbol{s}_1, \cdots \to -\boldsymbol{p}_1', \boldsymbol{s}_1', \cdots) \tag{2.175}$$

となる．

粒子の生成や消滅，あるいは種類の変化に対応する反応過程を記述するためには，（相対論的）場の量子論を用いることが必要になる．その場合，基本的な力学変数が粒子の場になるので，これに合わせてパリティ変換の演算子も，その規定条件を置き換えることが必要になる．そのための基礎として1粒子状態の概念が用いられるが，これは場の運動量演算子を $\boldsymbol{P}$，角運動量演算子を $\boldsymbol{J}$ としたとき，粒子1個の状態をこれらの中の同時交換する組 $\{H, \boldsymbol{P}, J_3\}$ の固有値を使って記述するものである．すなわち，$H = P^0$ とおけば，

$$P^\mu |p, \sigma\rangle = p^\mu |p, \sigma\rangle, \quad J_3 |p, \sigma\rangle = \sigma |p, \sigma\rangle \tag{2.176}$$

$(\mu = 0, 1, 2, 3)$ となる状態 $|p, \sigma\rangle$ を1粒子状態（one-particle state）と呼び，場合によっては，電荷など他の量子数によってさらに細かく指定されるものとする．いま，（粒子

系のときの記号をそのまま使って）U_P を場の量子論におけるパリティ変換のユニタリ演算子とすれば，U_P は上記の空間反転を場の時空変数に行い，かつこれに対応して1粒子状態を

$$U_P|p,\sigma\rangle = \eta|p',\sigma\rangle, \quad p' = (p^0, -\boldsymbol{p}) \tag{2.177}$$

と変換することが要請される．ここで η は粒子の固有パリティである．これらの条件が実現されるように，粒子の場に対する U_P の変換を定義することができるが，これはたとえばスピン 1/2 のディラック場 $\psi(x)$ の場合，

$$U_P\psi(t,\boldsymbol{r})U_P^{-1} = \eta^*\gamma^0\psi(t,-\boldsymbol{r}) \tag{2.178}$$

（γ^μ は $\{\gamma^\mu,\gamma^\nu\} = 2\eta^{\mu\nu}$ を満たすディラック行列）であり，またスピン 1 のベクトル場 $A^\mu(x)$ の場合は

$$\begin{aligned}U_P A^0(t,\boldsymbol{r})U_P^{-1} &= -\eta^* A^0(t,-\boldsymbol{r}) \\ U_P \boldsymbol{A}(t,\boldsymbol{r})U_P^{-1} &= \eta^* \boldsymbol{A}(t,-\boldsymbol{r})\end{aligned} \tag{2.179}$$

で与えられる．これらの場に対する変換性から，多粒子状態に対するパリティ変換も定まる．

パリティ演算子 U_P は観測量であるから，もし $[H, U_P] = 0$ であればパリティは保存量となる．たとえば，ディラック場と実ベクトル場である電磁場との相互作用は電磁カレント $j_\mu = e\bar{\psi}\gamma_\mu\psi$ を用いて $j_\mu A^\mu$ という形で表され，パリティ変換のもとで $j_0 \to j_0$，$\boldsymbol{j} \to -\boldsymbol{j}$ となるので，同時に電磁場が $A^0 \to A^0$，$\boldsymbol{A} \to -\boldsymbol{A}$ と変換すれば対称性が保たれる．つまり，ディラック場の固有パリティの値とは独立に，電磁場の固有パリティを $\eta = -1$ と決めれば，電磁相互作用ではパリティを保存量とすることが可能になる．

状態が整数電荷 q をもつ場合，すなわち電荷演算子 Q の固有状態

$$Q|p,\sigma,q\rangle = q|p,\sigma,q\rangle \tag{2.180}$$

が整数値に規格化された固有値 q をもつときには，演算子 $U_P e^{i\pi Q}$ も U_P と同様に固有パリティ演算子の条件を満たす．したがって，状態の電荷が奇数の場合には，固有パリティは一意に定まらず，偶奇性を共有する電荷の粒子間でのみ意味をもつものになる．（さらにもし条件 $U_P^2 = I$ をゆるめて右辺に任意の位相因子を許せば，任意の $\alpha \in \mathbb{R}$ による $U_P e^{i\alpha Q}$ が許され，同じ電荷の粒子間でのみ固有パリティが意味をもつことになる．）この任意性を利用して，陽子 p（電荷 $q=1$）と中性子 n（$q=0$）の固有パリティを，ともに $\eta_p = \eta_n = +1$ と定めることができる．

パリティ保存則を用いて，反応過程で粒子の数や種類が変わる場合に，関与する粒子の固有パリティや遷移に対する禁止則を得ることができる．たとえば，パリティを保存する相互作用を通して 2 体の反応 $X_1 + X_2 \to X_1' + X_2'$ が起きる場合，反応の前後の各々の複合系の相対座標に関する軌道角運動量を l, l' とし，重心系の状態を無視すれば，パリティ保存則より

$$\eta_1\eta_2(-1)^l = \eta_{1'}\eta_{2'}(-1)^{l'} \tag{2.181}$$

を得る．この応用例として，π^- 中間子が角運動量 $l=0$ で重陽子 d に捕獲され，2 つの中性子になる反応 $\pi^- d \to 2n$ を考えよう．反応前の全角運動量は重陽子のスピン $s=1$ で

与えられるから，角運動量保存則と中性子の統計性より反応後の複合系のスピンは s' = 1，角運動量は $l'=1$ でなければならない．重陽子 d は陽子 p と中性子 n の軌道角運動量が偶数（主として0）の複合系なので，その固有パリティは $\eta_d = \eta_p \eta_n = +1$ である．これらを等式 (2.179) に代入すれば，π^- の固有パリティが $\eta_{\pi^-} = -1$ であることが導かれ，π^- 中間子が擬スカラー粒子であることがわかる．

（2） 時間反転

時間反転変換（time reversal）はパリティ変換と同様な離散的対称変換の1つで，状態の時間発展の向きを逆 $t \to -t$ にする運動反転（motion reversal）変換に対応する．すなわち，状態 $|\psi\rangle$ を時間反転演算子 U_T によって変換した状態を

$$|\tilde{\psi}\rangle = U_T |\psi\rangle \tag{2.182}$$

とすれば，式 (2.156) にある時間発展演算子 $U(t_2, t_1)$ による発展

$$|\psi(t_2)\rangle = U(t_2, t_1) |\psi(t_1)\rangle \tag{2.183}$$

に対して，同じ時間発展演算子のもとで

$$|\tilde{\psi}(t_1)\rangle = U(t_2, t_1) |\tilde{\psi}(t_2)\rangle \tag{2.184}$$

となることが要請される．これらの式より，

$$\langle \psi(t_2) | \psi(t_1) \rangle = \langle \tilde{\psi}(t_1) | \tilde{\psi}(t_2) \rangle \tag{2.185}$$

が得られるが，右辺の内積は $|\psi(t_1)\rangle$ について反線形であるから，左辺の $|\tilde{\psi}(t_1)\rangle$ は $|\psi(t_1)\rangle$ の反線形関数でなければならない．これより，時間反転演算子 U_T は反ユニタリであることが導かれる．

パリティ変換の場合と同様に，観測量既約系として座標 r，運動量 p およびスピン S をもつ粒子系を考えれば，時間反転変換のもとでは $r \to r, p \to -p, S \to -S$ と変換する（スピンは角運動量 $L = r \times p$ の変換に倣う）ので，対称変換として時間反転演算子 U_T を規定する条件 (2.149) は

$$\begin{aligned} U_T r U_T^\dagger &= r \\ U_T p U_T^\dagger &= -p \\ U_T S U_T^\dagger &= -S \end{aligned} \tag{2.186}$$

となる．U_T の反ユニタリ性は，これらの関係式と r と p が満たす正準交換関係の整合性からも確認できる．関係式 (2.186) より U_T^2 は観測量既約系のどの演算子とも交換し，また U_T^2 はユニタリであるから $|\alpha|=1$ である位相因子 α を用いて $U_T^2 = \alpha I$ と書ける．さらに

$$\alpha U_T = U_T^2 U_T = U_T U_T^2 = \alpha^* U_T \tag{2.187}$$

より $\alpha = \pm 1$ でなければならない．この符号は，以下のような U_T の具体的構成を考えることによって決めることができる．

スピン s の粒子の量子状態を可換観測量完全系 $\{r, S_3\}$ を対角化する表現を用いて記述することとし，これにスピン演算子の標準的な表現として S_1 と S_3 が実成分行列，S_2 が虚成分行列となるものを使う．K をこの表現での複素共役を施す反ユニタリ演算子と

すれば,
$$KrK=r, \quad KpK=-p, \quad KS_1K=S_1,$$
$$KS_2K=-S_2, \quad KS_3K=S_3 \tag{2.188}$$

であり,また$K^2=1, K=K^\dagger$となる.明らかに積$e^{-i\pi S_2/\hbar}K$は時間反転変換U_Tを規定する条件式 (2.186) のすべてを満足するから,U_Tを位相因子βを用いて

$$U_T = \beta e^{-i\pi S_2/\hbar} K \tag{2.189}$$

と書くことができる.いま,任意の状態$|\psi\rangle$を(rに関する依存性を陽にせず)スピンsの表現基底$|s\sigma\rangle$を用いて展開し,これにU_T^2を掛けると

$$U_T\left(U_T\sum_\sigma |s\sigma\rangle\langle s\sigma|\psi\rangle\right) = |\beta|^2 \sum_\sigma e^{-i2\pi S_2/\hbar}|s\sigma\rangle\langle s\sigma|\psi\rangle \tag{2.190}$$

が得られるが,ここで$|\beta|=1$および2π回転の性質

$$e^{-i\pi S_2/\hbar}|s\sigma\rangle = (-1)^{2s}|s\sigma\rangle \tag{2.191}$$

を使えば,$U_T^2|\psi\rangle = (-1)^{2s}|\psi\rangle$となる.状態$|\psi\rangle$は任意であるから,

$$U_T^2 = (-1)^{2s} \tag{2.192}$$

となり,したがって整数スピンの状態に対しては$U_T^2=1$,半整数スピンの状態に対しては$U_T^2=-1$であることがわかる.

位相因子βは物理的には意味のある因子ではないので,通常は簡単のため$\beta=1$とし,たとえば$s=1/2$の場合には$U_T=-i\sigma_2 K$(σ_2はパウリ行列)を時間反転変換の演算子として用いることが多い.また,$s=0$の場合は$U_T=K$となるので,時間反転状態の波動関数は$\tilde{\psi}(r) = \langle r|K|\psi\rangle$で与えられることになる.ここで,$|r\rangle$の位相を$K|r\rangle=|r\rangle$となるように選べば,式 (2.146) より

$$\langle r|K|\psi\rangle = \langle \psi|(K|r\rangle) = \langle \psi|r\rangle = \psi^*(r) \tag{2.193}$$

となり,スカラー粒子に対する時間反転変換は複素共役演算

$$\psi(r) \to \tilde{\psi}(r) = \psi^*(r) \tag{2.194}$$

にほかならないことがわかる.なお,一般にスピン$S_1,\cdots,S_n$をもつn粒子系の場合の時間反転変換の演算子は

$$U_T = e^{-i\pi[(S_1)_2+\cdots+(S_n)_2]/\hbar} K \tag{2.195}$$

で与えられる.

場の量子論での時間反転に対応する反ユニタリ演算子U_Tは,1粒子状態に対して

$$U_T|p,\sigma\rangle = \beta|p',-\sigma\rangle \tag{2.196}$$

となることが要請される.位相因子$\beta=\beta(\sigma)$のスピン依存性については,式 (2.196) の両辺に$U_T(J_1\pm iJ_2)$を掛けてU_Tの反線形性とJとの反交換性を用いることにより,$-\beta(\sigma)=\beta(\sigma\pm1)$,すなわち$\sigma$に依存しない位相因子$\zeta$を用いて$\beta(\sigma)=(-1)^{s-\sigma}\zeta$と書けることがわかる.以上の時間反転を実現するように粒子の場に対してU_Tの変換が定義され,たとえばディラック場$\psi(x)$の場合は

$$U_T\psi(t,r)U_T^{-1} = i\zeta^*\gamma^1\gamma^3\psi(-t,r) \tag{2.197}$$

また,ベクトル場$A^\mu(x)$の場合は

$$U_T A^0(t, \boldsymbol{r}) U_T^{-1} = -\zeta^* A^0(-t, \boldsymbol{r})$$
$$U_T \boldsymbol{A}(t, \boldsymbol{r}) U_T^{-1} = \zeta^* \boldsymbol{A}(-t, \boldsymbol{r})$$
(2.198)

で変換性が与えられる．

U_T は自己共役ではないので，仮に系が時間反転のもとで不変 $[H, U_T]=0$ であるとしても，これに伴う保存量は存在しない．しかし時間反転不変性のために特有の性質が現れることがあり，その一例が，半整数スピン状態の縮退である．すなわち，もし $|\psi\rangle$ が H の縮退のない固有状態であれば，$U_T|\psi\rangle$ も同じ固有値をもつ固有状態となるから，これらは位相因子 $e^{i\delta}$ だけ異なる同じ状態 $U_T|\psi\rangle = e^{i\delta}|\psi\rangle$ である．これより，$U_T^2|\psi\rangle = e^{-i\delta} U_T|\psi\rangle = |\psi\rangle$ を得るが，系の全スピン s が半整数の場合には，この結果は式 (2.192) と矛盾するので，その場合は固有状態が縮退していなければならない．以上の考察によって，外場としての電場 $\boldsymbol{E}$ 中の奇数個の電子系では，時間反転不変性 $[H, U_T]=0$ のために各エネルギー準位の縮退が導かれることになる．これはクラマース縮退(Kramers degeneracy) として知られている現象である．一方，これに磁場 $\boldsymbol{B}$ を加えると，$\boldsymbol{S}\cdot\boldsymbol{B}$ などの不変性を破る相互作用項のために，準位の縮退が解かれる．

時間反転不変性のより直接的な帰結は，遷移確率の不変性 (2.158) に対応して，反応過程 $X_1+X_2+\cdots \to X_1'+X_2'+\cdots$ と逆過程 $X_1'+X_2'+\cdots \to X_1+X_2+\cdots$ の遷移確率における等式

$$W(\boldsymbol{p}_1, \boldsymbol{s}_1, \cdots \to \boldsymbol{p}_1', \boldsymbol{s}_1', \cdots) = W(-\boldsymbol{p}_1', -\boldsymbol{s}_1', \cdots \to -\boldsymbol{p}_1, -\boldsymbol{s}_1, \cdots)$$
(2.199)

が成立することである．

特に，時間反転不変な 2 体系の反応過程 $X_1+X_2 \to X_1'+X_2'$ において，始状態の粒子の偏極がなく，かつ終状態の粒子の偏極を測定しないとき，重心系での反応の断面積と逆反応 $X_1'+X_2' \to X_1+X_2$ の断面積との間に

$$\frac{\frac{d\sigma}{d\Omega}(X_1 X_2 \to X_1' X_2')}{\frac{d\sigma}{d\Omega}(X_1' X_2' \to X_1 X_2)} = \frac{p'^2}{p^2} \cdot \frac{(2s_1'+1)(2s_2'+1)}{(2s_1+1)(2s_2+1)}$$
(2.200)

という関係が成立する．ここで s_i などは各々の粒子のスピンを，また p, p' は始状態，終状態の粒子の重心系での運動量の大きさを表す．関係式 (2.200) は相反定理 (reciprocity theorem) と呼ばれている．

（3） 荷 電 共 役

荷電共役変換（charge conjugation）は系の状態を特徴づける（一般的な意味での）電荷の符号を反転させる変換で，粒子↔反粒子の変換に対応する．この変換は通常，相対論的な（場の）量子論の枠組の中で定義され，1 粒子状態 $|p, \sigma, q\rangle$ が内部量子数として電荷 q をもつ場合，これを

$$U_C|p, \sigma, q\rangle = \xi|p, \sigma, -q\rangle$$
(2.201)

に変換するものである．荷電共役演算子 U_C はユニタリ変換であり，もし $U_C^2 = I$ とすれ

ば位相因子は $\xi = \pm 1$ となり，また U_C は観測量となる．条件 (2.201) を実現する場の変換は，ディラック場 $\psi(x)$ の場合，
$$U_C \psi(x) U_C^{-1} = i\xi^* \gamma^2 \psi^\dagger(x) \qquad (2.202)$$
($\psi^\dagger = \gamma^0 \bar{\psi}^T$ は ψ の各成分を共役にした場)，ベクトル場 $A^\mu(x)$ の場合は，
$$U_C A^\mu(x) U_C^{-1} = \xi^* A^{\mu\dagger}(x) \qquad (2.203)$$
で与えられる．

式 (2.202) の右辺で与えられる荷電共役な場を $\psi^c(x)$ とすれば，これにパリティ変換 (2.178) を施すと
$$U_P \psi^c(x) U_P^{-1} = -\eta \gamma^0 \psi^c(t, -\mathbf{r}), \qquad (2.204)$$
を得る．式 (2.178) と同様に $\psi^c(x)$ に対する固有パリティ η^c を定義すれば，式 (2.204) は $\eta^c = -\eta^*$ であることを示しており，このことからディラック場の粒子・反粒子からなる複合系の固有パリティ積は $\eta\eta^c = -1$ となり，また特に $\eta = \pm 1$ ならば粒子と反粒子で固有パリティは逆符号になることがわかる．同様に，もしディラック場 $\psi(x)$ がカイラリティ (chirality) $\lambda = \pm 1$ をもつ場合，すなわち
$$\gamma^5 \psi(x) = \lambda \psi(x) \qquad (2.205)$$
を満たすとき $(\gamma^5 = i\gamma^0\gamma^1\gamma^2\gamma^3)$，これに荷電共役な場は
$$\gamma^5 \psi^c(x) = -\lambda \psi^c(x) \qquad (2.206)$$
を満たす．したがって，粒子と反粒子ではカイラリティが逆符号になる．

系が荷電共役変換のもとで不変 $[H, U_C] = 0$ であれば，空間反転や時間反転のときと同様に，荷電共役変換に対応する遷移確率の不変性 (2.158) が成立する．また，このとき U_C は保存量になるから，U_C の固有値は遷移過程の選択則を得るうえで有用な指標になる．電荷 q には，通常の電磁気的な電荷のほか，バリオン数，レプトン数など，時空に関与しない内部自由度を特徴づける量子数が含まれる．したがって，荷電共役 U_C の固有状態は，これらすべての量子数がゼロ ($q = 0$) となっていることが必要となる．この条件が満たされる場合には，空間反転の場合に倣って ξ の値を粒子の荷電パリティ (charge parity) と呼ぶ．

たとえば，電磁相互作用 $j_\mu A^\mu$ における電磁カレント j_μ は荷電共役変換によって $j_\mu \to -j_\mu$ となるため，もし同時に電磁場が $A^\mu \to -A^\mu$ と変換すれば，荷電共役変換のもとでの対称性が保たれる．電磁場は実場なので $A^{\mu\dagger} = A^\mu$ であるから，この要請によって，電磁場の荷電パリティを $\xi = -1$ と決める．同様に π^0 中間子も U_C の固有状態になっており，その荷電パリティを $\xi = +1$ で与えれば，観測された崩壊過程 $\pi^0 \to 2\gamma$ における反応の前後の荷電パリティは $(+1)$ となって整合的になる．またその結果，荷電共役不変な過程による $\xi = -1$ への崩壊 $\pi^0 \to 3\gamma$ は，禁止されることになる．

荷電パリティに基づいた選択則のよく知られた例に，複合粒子系として荷電共役 U_C の固有状態になる電子・陽電子の束縛系 (ポジトロニウム) e^-e^+ の対消滅 (pair annihilation) がある．この束縛系の相対軌道角運動量を l，スピンを s (スピン合成系で 1 重項のとき $s = 0$, 3 重項のとき $s = 1$) とするとき，もし電子・陽電子を入れ替れ

ば，束縛系を記述する状態ベクトルに，空間座標の交換から $(-1)^l$ が，スピン座標の交換から $(-1)^{s+1}$ の符号因子が掛かる．さらにその上に，電子・陽電子の交換は荷電共役変換になっているので，その際に生じる荷電パリティ ξ が掛かる．一方，電子・陽電子ともにフェルミ粒子なので，粒子の統計性より交換によって生じる全体の符号因子は (-1) であるはずである．この両者を比較すれば $(-1)^{l+s+1}\xi=-1$ となり，これよりポジトロニウムの荷電パリティとして

$$\xi=(-1)^{l+s} \tag{2.207}$$

を得る．ポジトロニウムの n 光子への荷電共役不変な過程による崩壊を考えると，崩壊後の荷電パリティは $\xi=(-1)^n$ であるから，たとえば1重項の $l=0$ 状態からの2光子崩壊 $^1S_0 \to 2\gamma$ は許されるが，3光子崩壊 $^1S_0 \to 3\gamma$ は禁止されることになる．

（4） CPT 定理

電磁相互作用は，パリティ P，時間反転 T，荷電共役 C のいずれの変換のもとでも不変である．これはカレント相互作用項がベクトル型 $j_\mu A^\mu$ であることによるが，強い相互作用も同じベクトル型なので，電磁相互作用と同様にこれらの変換 P, T, C の各々に対して不変である．一方，弱い相互作用ではおもな相互作用に関与するカレントはカイラル型であり，これを構成するフェルミ粒子（クォークやレプトン）は特定のカイラリティ $\lambda=-1$ をもつ場である．カイラリティはパリティ P と荷電共役 C 変換のもとで反転するので，弱い相互作用はこれら個々の変換に対して不変ではない．しかし，荷電共役 C とパリティ P を続けて行う CP 変換のもとではカイラリティがもとに戻るため，カレント相互作用項に関する限り不変性は保たれる．

実験的には，中性 K 中間子崩壊（CP 変換の +1 固有状態である K_1 状態と -1 固有状態である K_2 状態の崩壊）において，微小ながら CP 非保存の現象が発見されており，これを説明するために，素粒子の標準模型（standard model）では，ヒッグス場との結合項において CP 不変性の破れが可能になるように設定されている．なお標準模型は，CP の上にさらに時間反転 T を行う CPT 変換のもとで不変になっており，CP 不変性の破れは時間反転 T 不変性の破れを意味する．T 不変性の破れは，詳細釣合の原理に基づく予測などを通して吟味されているが，その直接的検証は困難であり，現在のところ CP の破れに比べて十分に詳しい検証結果は得られていない．

CPT 変換に対する不変性は，実は局所相互作用に基づくローレンツ不変な場の量子論で一般的に成立することが示されており，CPT 定理（CPT theorem）と呼ばれる．より精細には，(1) 本義ローレンツ変換（proper orthochronous Lorentz transformation）のもとでの不変性，(2) 相互作用項が局所的であり，かつ場の演算子およびその有限階の微分から構成されていること，(3) 通常のスピンと統計性の関係（スピンと統計の定理），(4) 正規順序化（normal-ordered）した相互作用項（場の統計性に従って（反）対称化されていること），(5) 相互作用項の自己共役性，の5つの仮定が満たされれば，系は CPT 変換のもとで不変性であることが示される[6]．証明の概要

は以下のとおりである.

まず,一般のテンソル場を $\phi_{\mu_1\cdots\mu_n}(x)$ とし,C, P, T を続けて行う演算子を $U_{\mathrm{CPT}} = U_\mathrm{T} U_\mathrm{P} U_\mathrm{C}$ とすれば,ベクトル場 A_μ の変換性などから容易に確かめられるように,

$$U_{\mathrm{CPT}} \phi_{\mu_1\cdots\mu_n}(x) U_{\mathrm{CPT}}^{-1} = (-1)^n \zeta^* \xi^* \eta^* \phi_{\mu_1\cdots\mu_n}^\dagger(-x) \tag{2.208}$$

という形にまとめられる.ここで各位相の不定性を利用して,右辺の位相因子が $\zeta\xi\eta = 1$ となるように選ぶ.ディラック場のようなスピノルの場は,本義ローレンツ不変な相互作用項を構成するためには双 1 次型式の形を通して系のハミルトニアン H に現れなければならないが,そのような双 1 次型式を全体としてテンソル場とみれば,これに対しても式 (2.208) が成立することが示される.たとえばディラック場の双 1 次型式 $\bar{\psi}\Gamma\psi$ は $\Gamma=\gamma_\mu$ とすればベクトル項をなすが,このとき正規順序化した $[\bar{\psi}, \gamma_\mu\psi]/2$ と場の反交換性を用いれば上式 (2.208) を確かめることができる.同様に,場に微分が付随する場合も式 (2.208) が示せる.ローレンツ対称性のためには,相互作用項はこれらテンソル項の偶数個の積で構成されなければならないから,相互作用項全体としては式 (2.208) において符号と位相因子がいずれも +1 の変換性を示すことになる.最後に相互作用項の自己共役性を用いることにより(相互作用項以外の自由項は明らかに上の CPT 変換に対して不変なので),系の全ハミルトニアンが CPT 不変であること $[H, U_{\mathrm{CPT}}] = 0$ を導くことができる.

CPT 定理は,系のハミルトニアンを指定することを必要としない,より一般的な場の量子論の枠組でも証明が可能である.この場合,真空状態に対する条件や,演算子としての場の定義域や連続性およびローレンツ変換性などを仮定したうえで,(ワイトマン関数(Wightman function)と呼ばれる)場の演算子積の真空期待値の変換性を調べることにより,CPT 不変性と(弱い)局所因果律(microscopic causality)が等価であることが示される[7].

CPT 定理から,粒子と反粒子に関するさまざまな性質が導かれる.たとえば,系に連続対称性が存在する場合,これに付随する保存(テンソル)カレントを $j^\mu_{\mu_1\cdots\mu_n}(x)$ とすれば,CPT 変換の一般則 (2.208) より保存電荷 $Q_{\mu_1\cdots\mu_n} = \int d\bm{r}\, j^0_{\mu_1\cdots\mu_n}$ は

$$U_{\mathrm{CPT}} Q_{\mu_1\cdots\mu_n} U_{\mathrm{CPT}}^{-1} = (-1)^{n+1} Q_{\mu_1\cdots\mu_n} \tag{2.209}$$

と変換され,特にエネルギー運動量 P_μ と角運動量テンソル $J_{\mu\nu}$ の場合は

$$U_{\mathrm{CPT}} P_\mu U_{\mathrm{CPT}}^{-1} = P_\mu$$
$$U_{\mathrm{CPT}} J_{\mu\nu} U_{\mathrm{CPT}}^{-1} = -J_{\mu\nu} \tag{2.210}$$

となる.したがって,1 粒子状態 $|p, \sigma, q\rangle$ から CPT 変換した状態 $U_{\mathrm{CPT}}|p, \sigma, q\rangle$ をつくれば,式 (2.210) より CPT 変換した状態はもとの状態と同じ運動量と逆符号の角運動量をもつことがわかる.同様に任意のスカラー量の電荷 Q は CPT 変換のもとで符号を変えるので,その固有値も逆となる.粒子の質量 m は $p_\mu^2 = m^2$ で定まるから,結局,$U_{\mathrm{CPT}}|p, \sigma, q\rangle$ はもとの 1 粒子状態 $|p, \sigma, q\rangle$ と同じ質量で逆符号の電荷をもつ 1 粒子状態,つまり反粒子(antiparticle)の状態を表しており,このことより,粒子には必ず反粒子が伴うこと(両者が同じ場合もある)が示される.さらに,反粒子の磁気モーメント

は粒子と逆向きになり，また崩壊現象における粒子と反粒子の寿命は等しい．これらの結果は，系の荷電共役不変性の有無に関係なく成立するものである．

（5） スピンと統計の定理

n個の同種の粒子系の量子状態を記述する場合，同種性の表現によって各々の粒子の状態の交換に対して特定の条件が生じ，その結果，粒子の統計性が規定されることになる．いま各粒子 $i=1,\cdots,n$ の（位置やスピンなどの）状態を一括して表す変数を χ_i とし，全粒子の状態を表す波動関数を $\psi(\chi_1,\cdots,\chi_n)$ とする．粒子の任意の置換（permutation）を $i \to P(i)$ とするとき，これら置換の全体は対称群（symmetric group）S_n をなす．任意の置換 P は互換（2個だけの粒子の入れ替え）の積で表され，このとき必要な互換の数が偶数，奇数であるかにより，置換 P の偶奇性が定義される．$P \in S_n$ に対応するユニタリー演算子（置換と同じ記号を使う）は波動関数の粒子の入れ替えを引き起こす：

$$(P\psi)(\chi_1,\cdots,\chi_n) = \psi(\chi_{P(1)},\cdots,\chi_{P(n)}) \tag{2.211}$$

もし系の任意の観測量 A がすべての置換演算子と交換する

$$[P, A] = 0 \tag{2.212}$$

ならば，粒子の差異を観測することができない．このとき，n個の粒子は同種粒子（identical particles）であるという．系のハミルトニアン H は観測量であるから，同種粒子系のエネルギー固有状態は対称群 S_n の既約表現によって分類できることになる．S_n には1次元表現として対称表現

$$(P\psi_s)(\chi_1,\cdots,\chi_n) = \psi_s(\chi_1,\cdots,\chi_n) \tag{2.213}$$

および反対称表現

$$(P\psi_a)(\chi_1,\cdots,\chi_n) = \pm\psi_a(\chi_1,\cdots,\chi_n) \tag{2.214}$$

があり，一般にはさらに高次元の既約表現も存在する（たとえば S_3 にはこれらの1次元表現のほかに，2次元表現が1種類存在する）．反対称表現 (2.214) の右辺の符号は，置換 P の偶奇性によって偶ならば+，奇ならば-と決まる．

対称表現によって記述される同種粒子系は，ボース-アインシュタイン統計（Bose-Einstein statistics）に従うので，これらの粒子をボース粒子（boson）と呼ぶ．同様に，反対称表現によって記述される同種粒子系は，フェルミ-ディラック統計（Fermi-Dirac statistics）に従うので，これらの粒子をフェルミ粒子（fermion）と呼ぶ．一方，高次元表現によって記述される同種粒子系は，パラ統計（parastatistics）と呼ばれる統計性に従うが，自然界にこれに対応する粒子は発見されていない．なお，系に共立観測量完全系が存在すれば，高次元表現を排除することができる．なぜなら，$A_1, A_2, \cdots$ を共立観測量完全系とし，その固有値 $\lambda_1, \lambda_2, \cdots$ によって（位相を除いて）一意に指定される純粋状態を $|\lambda_1, \lambda_2, \cdots\rangle$ とすれば，S_n の高次元表現の場合には（δ を位相として）

$$P|\lambda_1, \lambda_2, \cdots\rangle \neq e^{i\delta}|\lambda_1, \lambda_2, \cdots\rangle \tag{2.215}$$

となる置換 P が必ず存在することになるが，一方，式 (2.212) より左辺は演算子 $A_1, A_2, \cdots$ に対して同じ固有値をもつ状態でなければならず，共立観測量完全系としての

固有状態の一意性と矛盾するからである．また，これとは別に，観測量の相関に関するクラスター分割性（cluster separability）を要請することによっても，高次元表現を排除することができる[8]．

4次元（時間1次元，空間3次元）の相対論的場の量子論において，もし粒子の統計性をボース-アインシュタイン統計とフェルミ-ディラック統計のどちらかに限定するならば，これらの統計性と粒子のスピンとの間に関係をつけることができる．相対論的場の量子論では，粒子の統計性は空間的に離れた2点での場の演算子の（反）可換性と対応し，可換性はボース粒子，反可換性はフェルミ粒子を意味する．すなわち，(1)（正定値計量ヒルベルト空間での）ローレンツ不変な真空（最低エネルギー）状態の存在，(2) 場の演算子のローレンツ共変性，(3) 局所因果律を要請すると，整数スピン粒子の場の反可換性，および半整数スピン粒子の場の可換性はいずれも矛盾を導くものであることが示される．したがって，上の2つの統計性の中での無矛盾性より，整数スピンの粒子はボース-アインシュタイン統計に従い，半整数スピンの粒子はフェルミ-ディラック統計に従うことになる．これをスピンと統計の定理（spin-statisitics theorem）と呼ぶ[7]．スピンと統計性の対応関係は，実質的にはローレンツ群の部分群である空間の3次元回転群 O(3) の不変スカラー積の（反）対称性に起因すると考えることができる．つまり，回転不変性を要請すると，系を規定するラグランジアン密度の自由項 $\mathcal{L}_0$ は O(3) を不変にするスカラー積を用いて場 ϕ_i の2次形式 $\mathcal{L}_0 = \phi_i \Lambda_{ij} \phi_j$ として構成される（行列 Λ は微分演算子を含む）が，スカラー積の（反）対称性と場のスピンの（半）整数性が対応するため，これからスピンと統計の定理の基本的な対応関係が導かれると解釈できる[9]．ローレンツ不変性や真空状態の存在の要請は，複数の場が許す例外的な組合せを排除するのに必要となる．

c. 連続的対称性とさまざまな量子数
（1） 大域的対称性

場の量子論において，連結群 G に基づく対称変換が定義され，場の変換が群 G の線形表現になる場合を考える．すなわち，群 G の元 $g = g(\theta)$ に対応する対称変換の演算子 $U(g)$ によって，演算子としての場 $\Phi_i(x)$ が線形に変換し，$V_{ij}(g), i,j = 1, \cdots, n$ を群 G の n 次元ユニタリ表現行列として，

$$U(g)\Phi_i(x)U^\dagger(g) = V_{ij}(g^{-1})\Phi_j(x) \tag{2.216}$$

となるものとする．$Q_a (a=1, \cdots, \dim G)$ を変換の生成子とし，$V(g) = e^{i\theta_a L_a}$ と置けば，無限小変換 (2.150) としては

$$[Q_a, \Phi_i(x)] = -L_{ij}^a \Phi_j(x) \tag{2.217}$$

となる．自己共役な生成子 Q_a に対応する表現行列 L^a はエルミートである．Q_a は群の代数 (2.143) を満足する（簡単のため $c_{ab} = 0$ とする）が，L^a も行列として同型の交換関係

$$[L^a, L^b] = if_{ab}^c L^c \tag{2.218}$$

を満たす．群 G のリー代数が半単純あるいは $u(1)$ の場合には，行列 L^a を $\mathrm{tr}(L^a L^b) = \frac{1}{2}\delta^{ab}$ となるように規格化できる．

量子系がこの対称変換のもとで不変 $[H, Q_a] = 0$ のとき，系は大域的対称性（global symmetry）をもつという．'大域的'という名称は，生成子 Q_a が時空座標 x によらない大域的な変換を場 $\Phi_i(x)$ に行うためであり，x に依存する'局所的'な変換のもとでの局所対称性（local symmetry）と区別される．一般に対称変換のもとでの系の不変性は，ハミルトニアン H を用いる代わりに系のラグランジアン密度 $\mathcal{L} = \mathcal{L}(\Phi, \partial_\mu \Phi)$ の不変性によって調べる方が便利であることが多い．この方法では，場に対する大域的な変換 $\Phi_i(x) \to \Phi_i(x) + \delta\Phi_i(x)$ のもとでラグランジアン密度が不変 $\delta\mathcal{L} = 0$ であるか，あるいはたかだか全微分項だけの変化 $\delta\mathcal{L} = \partial_\mu X^\mu$ のとき，系の作用 $I = \int d^4x \mathcal{L}$ は不変 $\delta I = 0$ となり，系に大域的対称性が存在することが示される．前者 $\delta\mathcal{L} = 0$ の場合は，ネーターの定理（Noether theorem）によって，$\mathcal{L}$ と Q_a が生成する変換（2.217）からネーターカレント（Noether current）と呼ばれるカレントを

$$j_a^\mu = -i \frac{\partial \mathcal{L}}{\partial(\partial_\mu \Phi_i)} L_{ij}^a \Phi_j \tag{2.219}$$

として構成すれば，場の運動方程式から

$$\partial_\mu j_a^\mu = 0 \tag{2.220}$$

となり，これより直接，保存量

$$Q_a = \int d\boldsymbol{r}\, j_a^0(x) \Rightarrow \frac{dQ_a}{dt} = 0 \tag{2.221}$$

を得ることができる．

大域的対称性の典型的な例として，フェルミ粒子の系における位相変換の群 $G = \mathrm{U}(1)$ の対称性がある．$\psi(x)$ を質量 m のディラック場とし，系を規定するラグランジアン密度 $\mathcal{L}$ が自由項（以下 $\hbar = 1$ とする）

$$\mathcal{L}_0 = \bar{\psi} i\gamma^\mu \partial_\mu \psi - m\bar{\psi}\psi \tag{2.222}$$

と $\psi(x)$ の微分を含まない相互作用項 $\mathcal{L}_{\mathrm{int}}$ の和で与えられるとき，場の位相変換

$$\psi(x) \to e^{-i\theta} \psi(x), \tag{2.223}$$

のもとで $\mathcal{L}$ は不変となる．このとき付随する保存量

$$Q = \int d\boldsymbol{r}\, \psi^\dagger \psi \tag{2.224}$$

はフェルミ粒子の粒子数（正確には'粒子数-反粒子数'）に対応する演算子になっている．そして対称性が破れない限り，その保存則から粒子の関与する反応過程に対する選択則を得ることができる．

（2）アイソスピン

陽子 p と中性子 n は，核力の性質が等しく，また質量も非常に近いので，（近似的に）

これらを同一の粒子の電荷が異なる状態とみることができる．すなわち，あたかもスピン 1/2 粒子のように，p と n は内部空間では同じスピンをもつ粒子であって，スピンの第 3 成分が $+1/2$ である場合を p，$-1/2$ の場合を n と見なすのである．この内部空間でのスピンのことを，アイソスピン（isospin）と呼ぶ．そして p-p, p-n, n-n 間の核力相互作用が等しい事実（荷電独立性（charge independence））は，このアイソスピン空間と呼ばれる内部空間での'回転'のもとで核力相互作用が不変である結果であると解釈する．この考えに基づいて，空間回転に倣ってアイソスピン対称性の群を $G=\mathrm{SU}(2)$（特殊ユニタリ群）とし，生成子 $Q_a, a=1,2,3$，はスピンと同じく $su(2)$ 代数

$$[Q_a, Q_b] = i\varepsilon_{abc} Q_c \tag{2.225}$$

を満たす（ε_{abc} は反対称テンソル $\varepsilon_{123}=1$）ものとする．アイソスピン $I=1/2$ 状態の核子の場を，p と n の場 $\psi_\mathrm{p}(x), \psi_\mathrm{n}(x)$ を組にして $\Phi(x)=(\psi_\mathrm{p}(x), \psi_\mathrm{n}(x))^T$ として構成すれば，式 (2.216) に対応する変換はアイソスピン空間での回転

$$\Phi(x) \to e^{-i\theta_a L^a} \Phi(x), \quad L^a = \frac{\sigma^a}{2} \tag{2.226}$$

となる．

核子と同様に，中間子 π^+, π^0, π^- も質量が類似しているので，これらをアイソスピン $I=1$ 状態の同一の粒子の 3 つの異なる状態であり，それぞれ $I_3=+1, 0, -1$ に対応するものとみることができる．アイソスピン不変性は電磁相互作用によって破られているが，その破れの（数パーセント）程度の近似ではよく成立している．アイソスピン保存則を用いて，たとえば $\pi^+ \mathrm{p} \to \pi^+ \mathrm{p}$ など全部で 6 通りの組合せが可能な π 中間子と核子との散乱の断面積を，アイソスピン対称変換によって互いに関連しない 2 通りの散乱のみから導くことができる．

一方，ストレンジネス（strangeness）と呼ばれる量子数 S をもつ K 中間子に関しては，$S=+1$ の K^+ と K^0 および $S=-1$ の $\bar{\mathrm{K}}^0$ と K^- をそれぞれ組にしてアイソスピン $I=1/2$ 状態と見なすことができ，さらに Λ^0 ハイペロン粒子をアイソカラー $I=0$ に対応させることが可能である．これらの対応のもとでは，粒子の（電磁相互作用の）電荷 Q，バリオン数 B，アイソスピンの第 3 成分 I_3 との間にゲルマン–西島の式（Gell-Mann-Nishijima formula）と呼ばれる関係式

$$Q = I_3 + \frac{B+S}{2} \tag{2.227}$$

が成立する．なお，ここで $Y=B+S$ はハイパーチャージ（hypercharge）と呼ばれる量子数であり，これを生成子としてアイソスピンに加え，対称群を $\mathrm{SU}(3)$ に拡大することによって，より一般的な不変性とその帰結を調べることが可能となる．標準模型の立場からは，これらアイソスピン $\mathrm{SU}(2)$ 対称性や $\mathrm{SU}(3)$ 対称性は，6 種のクォークのうち特に u, d あるいは s クォークの質量が，他のクォークに比べて格段に軽いことに起因する近似的対称性であると理解される．

(3) バリオン数とレプトン数

 素粒子の標準理論は，3つの世代（generation）のクォークとレプトン粒子の組と，ヒッグス粒子および相互作用を媒介するゲージ粒子からなる．クォークとレプトンはフェルミ粒子であり，その物理的性質を規定するラグランジアン密度 $\mathcal{L}$ は，これらの粒子の場に適当な U(1) 位相変換（2.223）を施しても不変になっている．このうちクォークについては，世代間の混合のため，世代共通の U(1) 位相変換（2.223）が $\mathcal{L}$ を不変にする．この大域的対称性に付随する保存量 B はクォークの総数（の 1/3）に対応するものであり，これをバリオン数（baryon number）と呼ぶ．バリオン（重粒子）（baryon）とは元来，陽子 p や中性子 n など強い相互作用をする粒子の中でスピンが半奇数のものの呼称であり，これら核子にはバリオン数 $B=1$ が付与される．核子は 3 個のクォークからなるから，クォークにはバリオン数 $B=1/3$ を，反クォークには $B=-1/3$ を割り当てる．これにより，クォークと反クォークの対からなる中間子 π や K のバリオン数は $B=0$ となる．バリオン数の保存則が成立すれば，（単体で存在する）$B=1$ バリオン中で最も軽い陽子は崩壊が禁止されるので，粒子としての安定性が保証される．

 レプトンもクォークと同様に，世代に共通な U(1) 位相変換のもとでラグランジアン密度 $\mathcal{L}$ が不変となる．この大域的対称性に付随する保存量 L はレプトンの総数に対応し，これをレプトン数（lepton number）と呼ぶ．もし各世代のニュートリノの質量が 0 であれば，レプトン粒子は世代ごとに相互作用が閉じた形で定義されるので，各世代での独立な U(1) 位相変換のもとでも大域的対称性が存在することになる．その結果，各世代でのレプトン粒子数の和に対応する保存量 L_e, L_μ, L_τ が存在することになり，これらをそれぞれ電子型，μ 粒子型，τ 粒子型レプトン数と呼ぶ．たとえば，電子 e^- と電子ニュートリノ ν_e の 1 粒子状態は $L_e=+1$ であり，またミュー粒子 μ^- とミューニュートリノ ν_μ は $L_\mu=+1$ であって，それぞれの反粒子 $e^+, \bar{\nu}_e, \mu^+, \bar{\nu}_\mu$ は粒子数の符号が逆になる．これら 3 種のレプトン数保存則によって，崩壊現象 $\gamma \to e^+ + e^-$ や $\mu^+ \to e^+ + \nu_e + \bar{\nu}_\mu$ は許されるが，$\mu^+ \to e^+ + \gamma$ は禁止される．実際にはニュートリノには微小ながら質量があって各世代のニュートリノが混合しているため，上の保存則はいずれも近似的なものであり，保存量は全レプトン数 $L=L_e+L_\mu+L_\tau$ のみとなる．

 ただし，標準理論はカイラルなゲージ理論であるために量子異常が存在し，このため厳密にはバリオン数 B，レプトン数 L ともに保存されない．しかしながら，これらの粒子数の量子異常が量的に等しい

$$\partial_\mu j_B^\mu = \partial_\mu j_L^\mu \neq 0 \tag{2.228}$$

ために，両者の粒子数の差 $B-L$ は量子論的にも保存量となっている．通常の状況下ではバリオン数やレプトン数保存の量子異常による破れの程度はきわめて小さく無視できる．しかし，宇宙初期などの高温状況下では非保存の過程が無視できない可能性もあり，その場合でもなお粒子数 $B-L$ は厳密に保存されるので，これを用いたバリオン数の生成のシナリオも考えられている．

d. カイラル対称性と量子異常

ディラック粒子の系において,もし粒子の質量がゼロ ($m=0$) ならば,ベクトル型 (vector) U(1) 位相変換 (2.223) に加え,さらに軸型 (axial) U(1) 位相変換

$$\psi(x) \to e^{-i\theta\gamma_5}\psi(x), \tag{2.229}$$

のもとでも $\mathcal{L}$ は不変となる.ディラック場から特定のカイラリティをもつワイル場 (Weyl field)

$$\psi_L = \frac{1}{2}(1-\gamma_5)\psi, \quad \psi_R = \frac{1}{2}(1+\gamma_5)\psi \tag{2.230}$$

を定義し,これらを系の記述に用いることとすれば,ベクトル型と軸型の位相変換 $U(1)_V \times U(1)_A$ 対称性は,これらのワイル場に対する位相変換 $U(1)_L \times U(1)_R$

$$\begin{aligned}\psi_L(x) &\to e^{-i\theta_L}\psi_L(x)\\ \psi_R(x) &\to e^{-i\theta_R}\psi_R(x)\end{aligned} \tag{2.231}$$

のもとでの大域的対称性を意味する.このように,一般にカイラルなフェルミ粒子の場 ψ_L, ψ_R に対する独立な変換をカイラル変換といい,その下での対称性をカイラル対称性 (chiral symmetry) と呼ぶ.上の系は $U(1)_L \times U(1)_R$ カイラル対称性をもつ.

いま,この系が電磁相互作用項 $\mathcal{L}_{\text{int}} = eA_\mu j^\mu$ をもつベクトル型 U(1) ゲージ理論

$$\mathcal{L} = \bar{\psi}i\gamma^\mu D_\mu\psi, \quad D_\mu = \partial_\mu - ieA_\mu \tag{2.232}$$

である場合を考え,量子化の段階でゲージ対称性が維持されているものとする.これは,ゲージ場 A_μ と結合する(大域的なベクトル型 $U(1)_V$ 変換のネーターカレントでもある)ベクトルカレント $j^\mu = \bar{\psi}\gamma^\mu\psi$ の保存

$$\partial_\mu j^\mu = 0 \tag{2.233}$$

を意味するが,このとき,位相 $U(1)_A$ 変換 (2.229) に付随するネーターカレントである軸性カレント $j_5^\mu = \bar{\psi}\gamma^\mu\gamma_5\psi$ は保存せず,$F_{\mu\nu} = \partial_\mu A_\nu - \partial_\nu A_\mu$ をゲージ場の曲率とすれば,

$$\partial_\mu j_5^\mu = -\frac{e^2}{16\pi^2}\varepsilon^{\mu\nu\rho\sigma}F_{\mu\nu}F_{\rho\sigma} \tag{2.234}$$

となることが知られている[10].この結果は式 (2.221) で与えられる軸型 U(1) 変換の生成子 $Q_5 = \int d\mathbf{r}\,\psi^\dagger\gamma_5\psi$ が,量子効果のために時間依存性をもつこと $dQ_5/dt \neq 0$ を示しており,したがって系の(古典論としての)大域的対称性は,量子論としては破れていることになる.このように,一般に古典論での対称性が,量子化に伴って破れる現象を量子異常 (quantum anomaly) と呼び,特にカイラル対称性の破れを引き起こす量子異常はカイラルアノマリー (chiral anomaly) と呼ばれる.

量子異常は,系を定義する際の古典論と量子論の規定の差異に起因するものである.すなわち,古典論としては力学変数としての場とその運動を規定するハミルトニアン(またはラグランジアン)を与えれば系は定義され,古典的対称性はこの規定の枠の中で定義される.一方,場の量子論としては,場の演算子の積が発散を含み数学的には意味をもたない可能性があり,その場合はこれを正則化 (regularization) する処方などを古典的な系の規定の上に加えることによって,初めて量子論的な定義がなされる.量子論

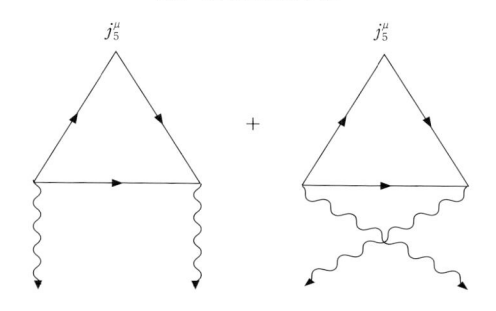

図 2.3.1 $U(1)_A$ カレントに対する量子異常（2.234）を生じるファインマン図形

的対称性は，この拡張された規定の枠の中で定義されるものであり，もし量子論として古典的保存量に対応する演算子とハミルトニアン演算子を，正則化の処方を含めて何らかの理由で（自己共役性を含めて）整合的に定義することができなければ，古典的な対称性を破ることになる．多くの場合，整合的に問題が生ずるのは複数の対称性の要請が共立しえない場合である．具体的には，たとえば遷移過程の計算に摂動論を用いた場合，図2.3.1のような特定のファインマン図形に対応する積分に発散が現れ，これをゲージ不変に正則化する際に質量の次元をもつ正則化パラメーターが必要となり，カイラル対称性などの古典的対称性を破る要因となる．また，経路積分によって系を量子化した場合には，積分測度を定義する（あるいは対称性変換のもとで測度の変換の性質を規定する）際に必要となる正則化が，ゲージ対称性を保ったままカイラル対称性のような古典論での対称性を保つように定義できないとき，量子異常が発生することになる[11]．

ベクトル型 $U(1)$ ゲージ理論における軸性 $U(1)_A$ カレントの量子異常（2.234）の存在は，π^0 中間子の崩壊過程 $\pi^0 \to 2\gamma$ によって実証されている．クォーク模型によれば π^0 中間子は u, d クォークからなる $U(1)_A$ カレントとして間接的に記述され，$U(1)_A$ カレントが2光子に変化する過程を求めることによって，π^0 中間子の実効理論の中で崩壊確率 $\Gamma(\pi^0 \to 2\gamma)$ を計算することができる．もし量子異常がなければ上記の崩壊が起こらず，観測事実と矛盾してしまう．一方，この計算を関与するクォークの電荷や強い相互作用における色 (color) の自由度3を考慮に入れて量子異常（2.234）に基づいて行うと，崩壊確率 $\Gamma^{\rm th}(\pi^0 \to 2\gamma) \simeq 1.11 \times 10^{16}\,{\rm s}^{-1}$ を得る．この結果は実測値 $\Gamma^{\rm exp}(\pi^0 \to 2\gamma) \simeq 1.19 \times 10^{16}\,{\rm s}^{-1}$ とよい近似で一致しており，色の自由度が3である根拠を量子異常が提出していることになる．

一般に n 個の質量0のディラック粒子系で，各粒子がベクトル型ゲージ相互作用を行う場合，（古典的な）大域的対称性として上に述べた $U(1)_L \times U(1)_R$ 対称性に加えて，$SU(n)_L \times SU(n)_R$ カイラル対称性が存在する．n 個のディラック場を組にして $\psi = (\psi_1, \cdots, \psi_n)^{\rm T}$ とし，ゲージ場を $A_\mu = -igA_\mu^a T^a$ とおけば（g は結合定数，T^a はゲージ群の代数の表現行列），このようなベクトル型ゲージ理論のラグランジアン密度は

$$\mathcal{L} = \bar{\psi} i \gamma^\mu D_\mu \psi, \quad D_\mu = \partial_\mu + A_\mu \tag{2.235}$$

で与えられる．ここで，ディラック場の代わりにワイル場 (2.230) を用いると，上式 (2.235) は

$$\mathcal{L} = \bar{\psi}_L i \gamma^\mu D_\mu \psi_L + \bar{\psi}_R i \gamma^\mu D_\mu \psi_R \tag{2.236}$$

と分離し，$SU(n)_L \times SU(n)_R$ カイラル変換

$$\begin{aligned}\psi_L(x) &\to e^{-i\theta_L^a L^a} \psi_L(x) \\ \psi_R(x) &\to e^{-i\theta_R^a L^a} \psi_R(x)\end{aligned} \tag{2.237}$$

のもとで大域的対称性をもつことが明白な表式になる．ここで L^a は $SU(n)$ のリー代数 $su(n)$ の表現行列であり，交換関係 (2.218) を満足する．カイラル対称な理論は，素粒子の模型として n 個（たとえば u, d, s クォークだけであれば $n=3$）の質量の軽いクォークが，カラー $SU(3)$ をゲージ群として強い相互作用をする系の（近似的）記述に用いられる．ここで $SU(n)_L \times SU(n)_R$ カイラル変換 (2.237) における変換パラメーターを等しく $\theta_L^a = \theta_R^a$ すれば，部分群 $SU(n)_V \subset SU(n)_L \times SU(n)_R$ によるベクトル変換になるが，これはこの模型におけるアイソスピン変換に対応するものである．特に $n=3$ の場合，位相 $U(1)_L \times U(1)_R = U(1)_V \times U(1)_A$ 部分も含めたカイラル対称性が自発的に

$$U(3)_L \times U(3)_R \to U(3)_V \tag{2.238}$$

という形に破れるとすれば，π, K および η 中間子を，これらの自発的対称性の破れ (spontaneous symmetry breaking) に伴って現れる質量 0 のスカラー粒子（南部-ゴールドストーンボソン (Nambu-Goldstone boson)）と見なすことができる．

なお，上の大域的対称性の中の $U(1)_A$ 対称性に関しては，その自発的対称性の破れに対応する軽い中間子が現実には見当たらないという問題があり，U(1) 問題 (U(1) problem) と呼ばれる．そこで付随するネーターカレントである $U(1)_A$ カレントに注目してその保存性を調べると，場の曲率

$$F_{\mu\nu} = \partial_\mu A_\nu - \partial_\nu A_\mu + [A_\mu, A_\nu] \tag{2.239}$$

を用いて

$$\begin{aligned}\partial_\mu j_5^\mu &= -\frac{n}{16\pi^2} \varepsilon^{\mu\nu\rho\sigma} \mathrm{tr}\, (F_{\mu\nu} F_{\rho\sigma}) \\ &= -\frac{n}{8\pi^2} \partial_\mu \varepsilon^{\mu\nu\rho\sigma} \mathrm{tr}\, \left(A_\nu \partial_\rho A_\sigma + \frac{2}{3} A_\nu A_\rho A_\sigma\right)\end{aligned} \tag{2.240}$$

となっており，カイラルアノマリーのために対称性が破れている．ここで右辺の全微分で表される量子異常項 (2.240) は，チャーン-ポントリャーギン密度 (Chern-Pontryagin density) と呼ばれる項（の $2n$ 倍）であり，ゲージ場がインスタントン (instanton) 配位などのトポロジー的に非自明な配位の場合には，その時空上の積分は有限な整数値をとることが知られている．このため，系の作用 $I = \int d^4x\, \mathcal{L}$ は $U(1)_A$ 変換のもとで不変性をもたないことになり，南部-ゴールドストーンボソン生成の前提が崩れることになる．なお，量子異常項 (2.240) が全微分であることから，これを $2n \partial_\mu C^\mu$ と書けば，被微分項をネーターカレントから差し引いて定義した新たなカレン

ト $\tilde{j}_5^\mu = j_5^\mu - 2nC^\mu$ は自動的に保存することになる $\partial_\mu \tilde{j}_5^\mu = 0$. しかし $\tilde{j}_5^\mu$ はゲージ不変ではないので，これを用いて物理的な保存量を定義することはできず，対応する南部-ゴールドストーンボソンを生成しない．このようにして，カイラルアノマリーによってU(1)問題が解決される．

ゲージ場と結合するカレントの共変的保存則に量子異常が発生する場合には，付随する局所対称性であるゲージ対称性（gauge symmetry）が破れる．その典型的な例はゲージ場が特定のカイラリティのフェルミ粒子と相互作用するカイラルゲージ理論（chiral gauge theory）であり，いまそのフェルミ粒子の場を ψ_L とし，ゲージ場を $A_\mu = -igA_\mu^a L^a$ とすれば，系のラグランジアン密度は

$$\mathcal{L} = \bar{\psi}_L i\gamma^\mu D_\mu \psi_L \tag{2.241}$$

で与えられる．ここで L^a は場 ψ_L の従うゲージ群 G のリー代数の表現行列である．ゲージ場と結合するゲージカレント（gauge current）は，

$$(J_L^\mu)^a = \frac{1}{g}\frac{\delta I}{\delta A_\mu^a} = \bar{\psi}_L \gamma^\mu L^a \psi_L \tag{2.242}$$

で定義され，作用 I のゲージ不変性は，ゲージカレント $J_L^\mu = (J_L^\mu)^a L^a$ の共変的保存

$$D_\mu J_L^\mu = \partial_\mu J_L^\mu + [A_\mu, J_L^\mu] = 0 \tag{2.243}$$

を意味する．ゲージ変換の特殊な場合として大域的変換

$$\begin{aligned}\psi_L(x) &\to e^{-i\theta^a L^a}\psi_L(x) \\ A_\mu(x) &\to e^{-i\theta^a L^a} A_\mu(x) e^{i\theta^a L^a}\end{aligned} \tag{2.244}$$

を考えれば，これに付随するネーターカレントは

$$j_L^\mu = J_L^\mu + [A_\nu, F^{\mu\nu}] \tag{2.245}$$

となり，その保存 $\partial_\mu j_L^\mu = 0$ はゲージカレントの共変的保存 $D_\mu J_L^\mu = 0$ に等価である．カイラルゲージ理論においては，量子化の過程で（粒子の正しい統計性のもとで）ゲージ対称性を維持したまま正則化を行うことは不可能であり，その結果，

$$(D_\mu J_L^\mu)^a = -\frac{1}{24\pi^2}\partial_\mu \varepsilon^{\mu\nu\rho\sigma}\mathrm{tr}\, L^a\left(A_\nu \partial_\rho A_\sigma + \frac{1}{2}A_\nu A_\rho A_\sigma\right) \tag{2.246}$$

を得る．すなわち，カイラルゲージ理論では，一般に量子異常によってゲージ対称性が破れてしまうのである．ゲージ対称性は，場の量子論におけるくりこみ可能性（renormalizability），ユニタリ性（unitarity），およびゲージ不変な物理状態の空間を指定する際の理論的整合性（consistency）を保証する重要な性質であるので，その破れは無矛盾な理論を構成するにあたり重大な障碍となると考えられている．

ただし，式（2.246）の右辺の量子異常は，フェルミ粒子の場の表現行列による因子

$$D_{abc} = \frac{1}{2}\mathrm{tr}\, L^a\{L^b, L^c\} \tag{2.247}$$

に比例しているので，もし $D_{abc} = 0$ であれば，量子異常が消えてゲージ対称性が維持されることになる．これが成立するのはいくつかの場合があり，たとえば，ゲージ群 G のリー代数の任意の既約表現が，適当な行列 S を用いて $(iL^a)^* = S(iL^a)S^{-1}$ と書けれ

ば，これより $D_{abc}=0$ となる．SU(2) や SO($2n+1$) はそのような例である．また，これ以外の場合でも $D_{abc}=0$ となる群が存在し，これらを合わせると，結局，$D_{abc}\neq 0$ となりうるのは，U(1) と SU(n)，$n\geq 3$ のみであることが知られている．後者の場合にゲージ対称性を保つためには，複数の異なる表現のフェルミ粒子の組合せによって，全体として $D_{abc}=0$ とすることが必要となる．このように，量子異常の消滅条件は整合的な理論構成にひとつの有力な指針を与えている．素粒子の標準理論はゲージ群 SU(3)×SU(2)×U(1) に基づくカイラルなゲージ理論によって構成されており，そこではちょうど $D_{abc}=0$ となるようにクォークとレプトンの表現（ψ_R の場合は，その反粒子を考えることによって基本的に ψ_L の場合に帰着させる）が組み込まれている．　　　（筒井　泉）

参考文献

1) E. P. Wigner, *Gruppentheorie und ihre Anwendung auf die Quantenmechanik der Atomspektren*, Braunschweig, 1931.
2) M. Reed and B. Simon, *Fourier Analysis, Self-Adjointness*, Academic Press, 1975；*Analysis of Operators*, Academic Press, 1978.
3) V. Bargmann, *Ann. Math.* **59**（1954）1.
4) S. Weinberg, *The Quantum Theory of Fields*, Vol. I, II, Cambridge Univ. Press, 1995.
5) A. Galindo and P. Pascual, *Quantum Mechanics*, Vol. I, II, Springer-Verlag, 1991.
6) J. J. Sakurai, *Invariance Principles and Elementary Particles*, Princeton Univ. Press, 1964.
7) R. F. Streater and A. S. Wightman, *PCT, Spin and Statistics, and All That*, Benjamin/Cummings Pub. Co., 1964.
8) A. Peres, *Quantum Theory：Concepts and Methods*, Kluwer Academic Publishers, 1995.
9) I. Duck and E.C.G. Sudarshan, *Pauli and the Spin-Statistics Theorem*, World Scientific, 1997.
10) R. Jackiw, Topological Investigations of Quantized Gauge Theories, Treiman（他編）, *Current Algebra and Anomalies*, World Scientific, 1985.
11) 藤川和男,「ゲージ場の理論」(岩波書店, 1993).

2.4　粒子の生成・消滅と場の量子論

この節では，粒子の生成・消滅を記述することができる理論的枠組である場の理論について概説する．場の理論は，量子力学の基本的な性質である「粒子」と「波動」の二重性を最もはっきりとした形で表した量子論の定式化である．特殊相対性理論の要請を量子論に持ち込むと，量子場の理論という枠組が自然であり一般的でもある．あまり技術的なことは述べず場の理論の必要性から始めて，正準量子化，くりこみ理論，くりこみ群について基本的な考え方を説明しよう．

以下では特に断らない限り $\hbar=c=1$ となる自然単位系を用いる．

a. 粒子の相互作用と場の理論の必要性

典型的な素粒子実験の1つに，電子と陽電子を加速して衝突させるものがある（5.3 節参照）．この反応では，初期状態には電子と陽電子しかなかったにもかかわらず，終

状態には電子・陽電子ばかりでなく，さまざまな種類の粒子が何百個と現れるのが観測される．つまり，素粒子が相互作用によって粒子の種類や数を変えるのは実験事実である．十分高いエネルギーが与えられると，重い粒子や数多くの粒子の生成が可能になるのは，特殊相対性理論の重要な帰結の1つであるエネルギーと質量との同等性のためである．

このような現象を理論的に理解し，記述するには，特殊相対性理論の要請を満たす量子論である場の量子論と呼ばれる枠組が必要である．実際，現在われわれは素粒子現象を記述するのに場の理論を用いて記述している．以下では粒子の相互作用を記述する理論的な枠組としてどのようなものが必要であり，場の理論がどのようにそれらの要求に応えるかを説明しよう．

（1） 特殊相対性理論と量子力学

素粒子物理学の対象となる微細な粒子は質量が小さく（あるいはゼロ），相互作用によって容易に光速度近くまで加速される．それゆえ，このような粒子を記述するためには特殊相対性理論に基づく必要がある．この要請に応えるのがディラック（Dirac）方程式であり，クライン-ゴルドン（Klein-Gordon）方程式であることは2.1, 2.2節で説明されている．ここでの問題は，これらの粒子がほかの粒子とどのように相互作用をするか，という点にある．

非相対論的な量子力学では，通常，粒子間の相互作用はポテンシャルによって記述される．たとえば粒子1と粒子2の相互作用を表すハミルトニアンは

$$H = H_0^{(1)}(\boldsymbol{p}_1) + H_0^{(2)}(\boldsymbol{p}_2) + V(\boldsymbol{x}_1, \boldsymbol{x}_2) \tag{2.248}$$

のように書かれる．ここで $H_0^{(k)}(\boldsymbol{p}_k)$ $(k=1,2)$ は自由ハミルトニアンを表し，$V(\boldsymbol{x}_1, \boldsymbol{x}_2)$ は2つの粒子の相互作用を表すポテンシャルである．相対性理論に基づく量子力学では，$H_0^{(k)}(\boldsymbol{p}_k)$ はディラックの，あるいはクライン-ゴルドンのハミルトニアンに置き換えられるだろう．では相互作用部分はどうすればよいだろうか．

$V(\boldsymbol{x}_1, \boldsymbol{x}_2)$ は同時刻における2つの空間的な位置に依存している．しかし，このようなものは相対論的に不変な概念ではない．ある慣性系における同時刻の2点は，ほかの慣性系では同時刻ではない．たとえ2粒子がある慣性系で静止していたとしても，その2粒子間の距離はほかの慣性系では違ってしまう．結局，このようなポテンシャルによる記述は，特殊相対性理論の要請を満足させるのが困難であることがわかる．

この困難を回避する最も簡単な方法は，2粒子（以上の粒子）が同時空点にあるときのみ，相互作用をするとすることである．このような相互作用を局所的であるという．相互作用が局所的であるという性質は，特殊相対性理論から要請される最も基本的な性質のひとつである．

特殊相対性理論によって要請されるもうひとつの重要な事柄として，反粒子の存在がある．以下のように反粒子の存在はきわめて一般的な議論から容易に導くことができる．いま，粒子の運動を摂動論によって記述することを考えよう．粒子は時空点 $1(t_1, \boldsymbol{x}_1)$ お

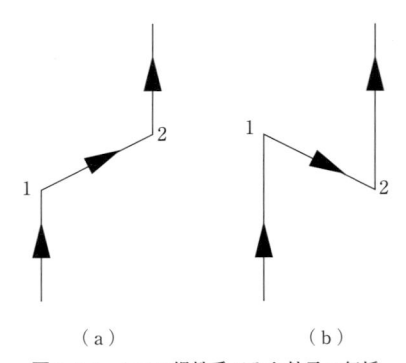

図 2.4.1 2つの慣性系でみた粒子の伝播
(a)では時空点2の時刻のほうが時空点1の時刻よりも後だが (b)では時空点2の方が時空点1の時刻よりも前である．(b)の慣性系では時空点2において対生成が，時空点1において対消滅が起こっている．

よび時空点 $2(t_2, \boldsymbol{x}_2)$ で (他の粒子, あるいは外場と) 相互作用するとする (図 2.4.1(a))．摂動論によれば時空点1から時空点2までは, 自由粒子として振る舞い, その伝播は次の関数で記述される.

$$\int \frac{d^3p}{(2\pi)^3 2E_p} e^{-ip(x_2-x_1)} \tag{2.249}$$

ただし指数 $p(x_2-x_1) = p^0(t_2-t_1) - \boldsymbol{p}\cdot(\boldsymbol{x}_2-\boldsymbol{x}_1)$ に現れる p^0 は $p^0 = E_p = \sqrt{\boldsymbol{p}^2+m^2}$ (m は粒子の質量) である．重要な点はこの関数が時空点1と時空点2が空間的であっても (時空間隔の指数関数として急激に減少はするが) ゼロにならないということである. 空間的な2つの時空点の時間順序は慣性系に依存する. ある慣性系で粒子が時空点1から後の時刻にある時空点2に伝播するとしても, ほかの慣性系では時空点2のほうが時空点1よりも前の時刻でありうる. このとき, 粒子は「時間を逆行」して伝わることになる. これはむしろ反粒子が時間を順行して時空点2から時空点1に伝わったと考えるべきである.

反粒子の存在は, 直ちに粒子・反粒子の対生成・対消滅という物理的な過程が不可避であることを導く. 図 2.4.1 を見ればわかるように, 中間状態に反粒子が現れる慣性系 (b) では, 粒子と反粒子の対生成, 対消滅が起こっている. 特殊相対論的不変性から, これは特定の慣性系のみに存在する相互作用ではなく, すべての慣性系に存在する. このような粒子数を変える過程の存在は, たとえ局所的なポテンシャルに限ったとしても, 式 (2.248) のようなハミルトニアンでは特殊相対性理論の要請を満足させることはできないということを表している.

(2) 力 と 場

前項で特殊相対論の要請から相互作用は局所的でなければならないことを述べた. し

かし，このことは粒子がつねに接触することによってのみ相互作用をするということを意味しない．離れている粒子は力を媒介する粒子を交換することによって，互いに力を及ぼし合うのである．この粒子の交換が，非相対論的なポテンシャルに代わるべき，相対論的な（局所的）相互作用の仕方である．ただし，そのためには力を媒介する粒子を生成し，また消滅させるような相互作用が必要である．最も身近な例である電磁相互作用を例にとって説明しよう．

古典電磁気学での電磁場の影響の伝播を復習しておこう．ローレンツ (Lorentz) ゲージ $\partial_\mu A^\mu = 0$ において，電磁場のベクトルポテンシャル $A_\mu(x)$ が満たす波動方程式は

$$\Box A^\mu(x) = j^\mu(x) \tag{2.250}$$

で与えられる．ただし $\Box = \partial_0^2 - \Delta$ はダランベルシアンである．この方程式の解は

$$\Box D_R(x) = \delta^4(x), \quad D_R(x) = 0 \text{ for } t < 0 \tag{2.251}$$

を満たす遅延グリーン関数 $D_R(x)$ を用いて

$$A^\mu(x) = A_{in}^\mu(x) + \int d^4 y D_R(x-y) j^\mu(y) \tag{2.252}$$

と与えられる．$A_{in}^\mu(x)$ は電流密度 $j^\mu(x)$ との相互作用によらないポテンシャルの部分を表す．遅延グリーン関数は

$$D_R(x) = -\int \frac{d^4 k}{(2\pi)^4} \frac{e^{-ikx}}{(k^0 + i\varepsilon)^2 - |\boldsymbol{k}|^2} = \frac{1}{4\pi |\boldsymbol{x}|} \delta(x^0 - |\boldsymbol{x}|) \tag{2.253}$$

である．ε は無限小の正数で，遅延条件に対応する積分経路を指定している．クーロン (Coulomb) ポテンシャル $1/(4\pi|\boldsymbol{x}|)$ と比べて，影響が光速で伝わる効果がデルタ関数に現れている．

量子論では，電磁場の効果の伝播は光子という粒子の伝播によって表される．図 2.4.2 は光子の交換によって電磁相互作用を及ぼす効果を摂動論の最低次で表したもので，このような図をファインマン (Feynman) ダイアグラムと呼ぶ．図 2.4.2 のダイアグラムは第 1 の頂点が時間的に第 2 の頂点より以前にあるとき第 1 の頂点から光子を放出し第 2 の頂点で吸収する過程と，第 1 の頂点が時間的に第 2 の頂点より以降にあるとき，

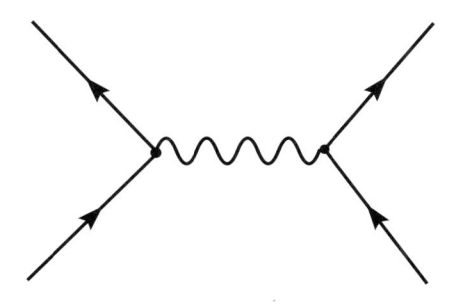

図 2.4.2 光子の交換による電磁相互作用を表すファインマンダイアグラム

第2の頂点から光子を放出し第1の頂点で吸収する過程の両方の和を表し，相対論的に不変な振幅を与える．振幅の光子の伝播の部分のみを書くと

$$\theta(x_1^0 - x_2^0)\int \frac{d^3k}{(2\pi)^3 2|\boldsymbol{k}|} e^{-ik(x_1-x_2)} + \theta(x_2^0 - x_1^0)\int \frac{d^3k}{(2\pi)^3 2|\boldsymbol{k}|} e^{-ik(x_2-x_1)}$$

$$= \int \frac{d^4k}{(2\pi)^4} \frac{i}{k^2+i\varepsilon} e^{-ik(x_1-x_2)} \tag{2.254}$$

となる．ただし，1行目では $k^0 = |\boldsymbol{k}|$ は光子のエネルギーを表す．式 (2.249) で与えた振幅と比べてほしい．(式 (2.249) と同様にこの関数も $(x_1-x_2)^2 < 0$ でゼロでない．遅延グリーン関数 (2.253) とのこの違いは，式 (2.254) が直接の観測量と結び付いてはいないことに関係している．)

光子の反粒子は光子自身なので，式 (2.254) の第1項と第2項は同じ粒子の伝播を表している．(これは実場の性質．) もし電子の伝播を考えるならば第2項は電子の反粒子である陽電子の伝播を表すはずである．そのために伝播を表す関数には粒子・反粒子を区別する余分な因子を含む．

「粒子を交換することによって相互作用をする」というのは，相対論的場の量子論の基本的な性格であり，素粒子物理学の基本的なパラダイムである．湯川は原子核を構成する粒子である陽子・中性子を結び付ける力（核力）を，その力を媒介する粒子によって説明した．湯川の予言した粒子は現在パイ中間子として知られている．

「力」の性質は，その力を媒介する「粒子」の性質にほかならない．電磁相互作用の場合，媒介する粒子である光子の質量がゼロであることは，電磁気力の到達距離が無限大であることを説明する．逆に，力の性質からその力を媒介する粒子の性質を推測することが可能である．湯川は核力が有限の到達距離をもつことから，核力を媒介する粒子の質量を予言した．

質量 m をもつ粒子が媒介する力の到達距離は，量子力学における不確定性関係から次のように理解することができる．(ここでは $\hbar$ と c を陽に書く．) 質量 m の粒子のもつエネルギー E は mc^2 程度である．エネルギーと時間とに関する不確定性関係 $\Delta E \Delta t \gtrsim \hbar$ から，この粒子を含む中間状態（つまり，ΔE がこの粒子のもつエネルギーであるような状態）はおよそ時間 $\Delta t \sim \hbar/mc^2$ 程度継続すると考えられる．この時間に光速度（に近い速度）の粒子が移動する距離は $\hbar/mc$ で与えられ，これが力の到達距離を与える．

同じことは質量 m の粒子の伝播を表す関数をみることによっても理解できる．光子に対する式 (2.254) のエネルギーの $|\boldsymbol{k}|$ を，$E_k = \sqrt{|\boldsymbol{k}|^2 + m^2}$ で置き換えることにより，質量 m の粒子の伝播を表す関数は

$$\int \frac{d^4k}{(2\pi)^4} \frac{i}{k^2 - m^2 + i\varepsilon} e^{-ik(x_1-x_2)} \tag{2.255}$$

であることがわかる．光子の場合，その（非相対論的）ポテンシャルが

$$\int \frac{d^4k}{(2\pi)^4} \frac{i}{k^2+i\varepsilon} e^{-ik(x_1-x_2)} \to \int \frac{d^3k}{(2\pi)^3} \frac{1}{|\boldsymbol{k}|^2} e^{i\boldsymbol{k}\cdot(\boldsymbol{x}_1-\boldsymbol{x}_2)} = \frac{1}{4\pi|\boldsymbol{x}_1-\boldsymbol{x}_2|} \tag{2.256}$$

で与えられたことを考えると，いまの場合

$$\int \frac{d^3k}{(2\pi)^3} \frac{1}{|\boldsymbol{k}|^2+m^2} e^{i\boldsymbol{k}\cdot(\boldsymbol{x}_1-\boldsymbol{x}_2)} = \frac{1}{4\pi|\boldsymbol{x}_1-\boldsymbol{x}_2|} e^{-m|x_1-x_2|} \tag{2.257}$$

という，到達距離が $\sim 1/m(=\hbar/mc)$ であるポテンシャルが対応することがわかる．このポテンシャルは湯川ポテンシャルと呼ばれる．

（3） 状態とハミルトニアン

非相対論的量子力学では，粒子が生成したり消滅したりすることはなく，ひとつの粒子の位置（演算子）および運動量（演算子）は時間の関数としてはっきりとした意味をもっている．それゆえ，n 粒子状態を記述するのに，これらの位置演算子の固有値（座標）$\boldsymbol{r}_i (i=1, \cdots, n)$（と時間 t）の関数である波動関数 $\psi(\boldsymbol{r}_1, \cdots, \boldsymbol{r}_n, t)$ を与えればよかったし，その状態の時間発展を記述するハミルトニアンもこれらの位置演算子と運動量演算子の関数として与えることができる．しかし，粒子の生成・消滅を記述しようとすると，このような方法はうまくいかない．相互作用によって粒子数および粒子の種類が変わるのであるから，ハミルトニアンは粒子数を変える演算子を含まなければならない．また，状態空間は任意の個数の粒子を含む状態を含まなければならず，粒子数の異なる状態の線形結合もまた1つの状態である．

状態 $|\Psi\rangle$ の時間発展は，量子力学の一般原理に従って，シュレーディンガー（Schrödinger）方程式によって与えられる．

$$i\frac{d}{dt}|\Psi(t)\rangle = H|\Psi(t)\rangle \tag{2.258}$$

状態 $|\Psi\rangle$ は粒子数の異なる状態の線形結合として，たとえば

$$|\Psi(t)\rangle = \psi_0(t)|0\rangle + \sum_{n=1}^{\infty} \sum_{\alpha_k} \int \prod_{k=1}^{n} d\boldsymbol{p}_k \, \psi_n((\boldsymbol{p}_1, \alpha_1), \cdots, (\boldsymbol{p}_n, \alpha_n), t)|(\boldsymbol{p}_1, \alpha_1), \cdots, (\boldsymbol{p}_n, \alpha_n)\rangle \tag{2.259}$$

のように表される．（ただしここでは摂動論的な見方をして，自由粒子の状態によって展開されているとした．そのために，座標によってではなく運動量によって粒子状態は指定されている．$|(\boldsymbol{p}_1, \alpha_1), \cdots, (\boldsymbol{p}_n, \alpha_n)\rangle$ は n 個の自由粒子からなる状態を表す．α_k は粒子の種類や運動量以外の状態を指定する添字．$|0\rangle$ はゼロ粒子状態である．）

ハミルトニアンは相互作用の局所性から，空間点の関数（ハミルトニアン密度）の積分で与えられる．

$$H = \int d\boldsymbol{x} \mathcal{H}(\boldsymbol{x}) \tag{2.260}$$

b. 正準量子化

（1） 場の演算子

量子力学の基本概念である「粒子と波動の二重性」を光子ばかりでなく，電子などに

もある普遍的な性質とみたド・ブロイ（de Broglie）は「物質波」の概念を提唱した．これは一方で配位空間の波動となり，変換理論によって確率振幅あるいは状態ベクトルに抽象化されていった．しかし，他方で実空間の波動である「物質波」は，電磁場の量子化を通じて再考され，場の理論として整備された．端的に言って，場の量子論はド・ブロイの「物質波」を量子化するものである．

非相対論的な理論においても，場の理論の形式をとることは可能であるが，相対論的な理論では必然である．シュレーディンガーの波動関数に基づく記述では，位置演算子の固有値である空間座標と単なるパラメーターである時間とは同等に扱われていない．一方，場の理論に現れる波動場 $\phi(\boldsymbol{x},t)$ の $\boldsymbol{x}$ は t と同等のパラメーターである．また，以下にみるように，粒子の生成・消滅を表すことができる．

通常の量子力学では，粒子の位置と運動量が力学変数であり，それらは量子化されることによって演算子となる．場の理論では，場それ自体が力学変数であり，これを量子化することによって場が演算子となる．一般に古典力学から量子力学への移行は，古典論の正準変数 q_k, p_k に対するポアソン（Poisson）括弧を，量子力学的交換子に置き換えることによって可能である．場の理論においては，場の解析力学によって同定される正準座標と正準運動量に対して同様な手続きによって量子論に移行することができる．この手続きを正準量子化と呼ぶ．

具体的な例として実スカラー場の理論を考えよう．局所性と矛盾しないためには，作用積分は時空点の関数（ラグランジアン密度）の積分で与えられなければならない．ローレンツ不変性および変換 $\phi(x) \to -\phi(x)$ のもとでの不変性と矛盾しない一般的なラグランジアン密度は

$$\mathcal{L} = \mathcal{L}_0 + \mathcal{L}_{int}, \quad \mathcal{L}_0 = \frac{1}{2}\partial_\mu \phi \partial^\mu \phi - \frac{1}{2}m^2 \phi^2 \tag{2.261}$$

という形をしている．相互作用項 $\mathcal{L}_{int}$ は ϕ の偶べきの多項式である．（ただし，このようなものすべてが許されるわけではない．量子論としてきちんと定義されるためにはエルミート（実）でなければならないし，以下で構成されるハミルトニアンが下限をもたなくてはならない．また，$\mathcal{L}_{int}$ が場の微分 $\partial \phi$ を含む，より一般的な場合も考えることができるが，議論が多少複雑になるので以下では考えないことにする．）

場 $\phi(\boldsymbol{x},t)$ は量子力学における波動関数（状態）ではないことに注意．$\phi(\boldsymbol{x},t)$ は「座標」であり，量子論においては演算子である．

空間の各点 $\boldsymbol{x}$ ごとにある自由度 $\phi(\boldsymbol{x},t)$ を正準座標と考え，$\boldsymbol{x}$ をその「座標」を指定する添字と見なそう．$\phi(\boldsymbol{x},t) \to q_x(t)$．そうすると，この正準座標に共役な正準運動量はラグランジアン $L(t) = \sum_x \mathcal{L}(\boldsymbol{x},t)$ から次のように求まる．

$$\pi(\boldsymbol{x},t) \equiv p_x(t) = \frac{\partial L(t)}{\partial \dot{q}_x(t)} = \dot{q}_x(t) = \dot{\phi}(\boldsymbol{x},t) \tag{2.262}$$

ただし，記号 $\sum_x$ は積分 $\int d^3x$ にほかならないが，積分が添字 $\boldsymbol{x}$ についての和を意味することを強調するために導入した．

2.4 粒子の生成・消滅と場の量子論

これらの正準変数の間に次のような正準交換関係を設定しよう．

$$[\phi(\boldsymbol{x},t),\phi(\boldsymbol{y},t)] = [\pi(\boldsymbol{x},t),\pi(\boldsymbol{y},t)] = 0, \quad [\phi(\boldsymbol{x},t),\pi(\boldsymbol{y},t)] = i\delta^3(\boldsymbol{x}-\boldsymbol{y}) \quad (2.263)$$

いまや，ϕ および π は状態空間に作用する場の演算子である．

ハミルトニアンも通常の手続きで得ることができる．

$$H = \sum_x p_x \dot{q}_x - L = \int d^3x \left[\frac{1}{2}\pi^2 + \frac{1}{2}(\nabla\phi)^2 + \frac{1}{2}m^2\phi^2 + \mathcal{H}_{int}(\phi)\right], \quad \mathcal{H}_{int}(\phi) = -\mathcal{L}_{int}(\phi) \quad (2.264)$$

この理論の物理的な内容を理解するためには，生成・消滅演算子と呼ばれるものを導入すると便利である．シュレーディンガー描像の場の演算子を

$$\phi(\boldsymbol{x}) = \int \frac{d^3k}{(2\pi)^3 2E_k}\left[a_k e^{ik\cdot x} + a_k^\dagger e^{-ik\cdot x}\right] \quad (2.265)$$

$$\pi(\boldsymbol{x}) = -\frac{i}{2}\int \frac{d^3k}{(2\pi)^3}\left[a_k e^{ik\cdot x} - a_k^\dagger e^{-ik\cdot x}\right] \quad (2.266)$$

とフーリエ変換すると，演算子 a_k および $a_k^\dagger$ が次の交換関係を満足することが容易に示せる．

$$[a_k, a_l] = [a_k^\dagger, a_l^\dagger] = 0, \quad [a_k, a_l^\dagger] = 2E_k(2\pi)^3\delta^3(\boldsymbol{k}-\boldsymbol{l}) \quad (2.267)$$

また，これらから次のようなエルミート演算子を定義する．

$$N \equiv \int \frac{d^3k}{(2\pi)^3 2E_k} a_k^\dagger a_k \quad (2.268)$$

この演算子は a_k および $a_k^\dagger$ と次のような交換関係をもつ．

$$[N, a_k^\dagger] = a_k^\dagger, \quad [N, a_k] = -a_k \quad (2.269)$$

それゆえ，演算子 N の固有状態 $|n\rangle$

$$N|n\rangle = n|n\rangle \quad (2.270)$$

に対して $a_k^\dagger |n\rangle$ は固有値 $n+1$ の固有状態になる．

$$N(a_k^\dagger |n\rangle) = (n+1)(a_k^\dagger |n\rangle) \quad (2.271)$$

一方，自由ハミルトニアンはこれらの演算子を用いて

$$H_0 \equiv \frac{1}{2}\int d^3x[\pi^2 + (\nabla\phi)^2 + m^2\phi^2] = \int \frac{d^3k}{(2\pi)^3 2E_k}\frac{E_k}{2}(a_k^\dagger a_k + a_k a_k^\dagger) \quad (2.272)$$

と表される．この形のまま用いるよりも，（無限大の）ゼロ点振動のエネルギーを差し引いて

$$H_0 = \int \frac{d^3k}{(2\pi)^3 2E_k} E_k a_k^\dagger a_k \quad (2.273)$$

と定義したほうが便利である．容易に示せるように，H_0 と N は交換するので，同時固有状態をとることができる．

$$H_0|n\rangle = E_n^{(0)}|n\rangle \quad (2.274)$$

さらに

$$[H_0, a_k^\dagger] = E_k a_k^\dagger \quad (2.275)$$

から
$$H_0(a_k^\dagger|n\rangle) = (E_n^{(0)} + E_k)\,(a_k^\dagger|n\rangle) \tag{2.276}$$
であることがわかる．すなわち，$a_k^\dagger$ を作用すると，エネルギーが E_k だけ増え，N の固有値も1だけ増える．このことは $a_k^\dagger$ がエネルギー E_k の粒子をつくる演算子であり，N が粒子数を数える演算子であると解釈することで理解できる．この解釈は次の運動量演算子 $\boldsymbol{P}$ を考えることでいっそう明確になる．
$$\boldsymbol{P} = \int \frac{d^3k}{(2\pi)^3 2E_k} \boldsymbol{k}\, a_k^\dagger a_k \tag{2.277}$$
この演算子は次のような交換関係を満足する．
$$[\boldsymbol{P}, a_k^\dagger] = \boldsymbol{k} a_k^\dagger, \quad [\boldsymbol{P}, a_k] = -\boldsymbol{k} a_k, \quad [\boldsymbol{P}, N] = [\boldsymbol{P}, H_0] = 0 \tag{2.278}$$
それゆえ H_0 と N と $\boldsymbol{P}$ は同時固有状態 $|n\rangle$ をもち，
$$\boldsymbol{P}|n\rangle = \boldsymbol{p}_n|n\rangle \tag{2.279}$$
であるとすると
$$\boldsymbol{P}(a_k^\dagger|n\rangle) = (\boldsymbol{p}_n + \boldsymbol{k})(a_k^\dagger|n\rangle) \tag{2.280}$$
を得る．すなわち，$a_k^\dagger$ は運動量 $\boldsymbol{k}$ の粒子を生成することがわかる．

同様の考察により，a_k は運動量 $\boldsymbol{k}$，エネルギー E_k の粒子を消す演算子であることがわかる．

（2） 粒子状態

粒子が存在しない状態を $|0\rangle$ と書くと，さらに粒子を消すことができないので，
$$a_k|0\rangle = 0, \quad N|0\rangle = 0 \tag{2.281}$$
でなければならない．$|0\rangle$ は H_0 の最低エネルギー状態で，ゼロ点エネルギーを引き去ったのち，その固有値はゼロである．
$$H_0|0\rangle = 0 \tag{2.282}$$
運動量 $\boldsymbol{k}$，エネルギー E_k をもった1粒子状態は
$$|\boldsymbol{k}\rangle = a_k^\dagger|0\rangle \tag{2.283}$$
で与えられる．一般の1粒子状態はこの状態の重ね合わせとして
$$|\psi(t)\rangle = \int \frac{d^3k}{(2\pi)^3\sqrt{2E_k}} \psi(\boldsymbol{k},t)|\boldsymbol{k}\rangle \tag{2.284}$$
のように表される．ただし，この状態は規格化されているとしよう．
$$\langle\psi(t)|\psi(t)\rangle = \int \frac{d^3k}{(2\pi)^3} |\psi(\boldsymbol{k},t)|^2 = 1 \tag{2.285}$$
相互作用がないとき，この状態が満足するシュレーディンガー方程式
$$i\frac{d}{dt}|\psi(t)\rangle = H_0|\psi(t)\rangle \tag{2.286}$$
は係数関数 $\psi(\boldsymbol{k},t)$ に対する方程式を与える．

$$i\frac{\partial}{\partial t}\psi(\boldsymbol{k},t) = E_k\psi(\boldsymbol{k},t) = \sqrt{|\boldsymbol{k}|^2 + m^2}\,\psi(\boldsymbol{k},t) \tag{2.287}$$

規格化条件と合わせて考えると，係数関数 $\psi(\boldsymbol{k},t)$ は，通常の（運動量表示での）1粒子波動関数であることがわかる．

2粒子状態も同様に

$$|\psi(t)\rangle = \frac{1}{2}\int\frac{d^3k}{(2\pi)^3\sqrt{2E_k}}\frac{d^3l}{(2\pi)^3\sqrt{2E_l}}\psi(\boldsymbol{k},\boldsymbol{l},t)|\boldsymbol{k},\boldsymbol{l}\rangle \tag{2.288}$$

と表すことができる．ただし，$[a_k^\dagger, a_l^\dagger] = 0$ であるから $|\boldsymbol{k},\boldsymbol{l}\rangle = a_k^\dagger a_l^\dagger|0\rangle = |\boldsymbol{l},\boldsymbol{k}\rangle$ である．すなわち，$a_k^\dagger$ によって生成されるのはボース（Bose）粒子である．このことから直接波動関数の対称性が導かれる．

$$\psi(\boldsymbol{k},\boldsymbol{l},t) = \psi(\boldsymbol{l},\boldsymbol{k},t) \tag{2.289}$$

この事情は，多粒子状態に対しても同様である．

フェルミ粒子に対しては

$$\psi(\boldsymbol{k},\boldsymbol{l},t) = -\psi(\boldsymbol{l},\boldsymbol{k},t) \tag{2.290}$$

が成り立たなくてはならない．そのためにフェルミ粒子の生成・消滅演算子に対しては式（2.267）のような交換関係ではなく，次のような反交換関係

$$\{a_k, a_l\} = \{a_k^\dagger, a_l^\dagger\} = 0, \quad \{a_k, a_l^\dagger\} = 2E_k(2\pi)^3\delta^3(\boldsymbol{k}-\boldsymbol{l}) \tag{2.291}$$

を用いて量子化しなくてはならない．

（3） ローレンツ不変な相互作用

相互作用もまた，粒子の生成・消滅演算子を用いて表すことができる．たとえば，相互作用ハミルトニアンは次のような項を含む．

$$V_X = \int\prod_{i=1}^{4}\frac{d^3k_i}{(2\pi)^3 2E_{k_i}}(2\pi)^3\delta^3(\boldsymbol{k}_1+\boldsymbol{k}_2-\boldsymbol{k}_3-\boldsymbol{k}_4)\frac{\lambda}{4}a_{k_1}^\dagger a_{k_2}^\dagger a_{k_3} a_{k_4} \tag{2.292}$$

この相互作用は，運動量 $\boldsymbol{k}_3, \boldsymbol{k}_4$ の粒子を消し，同時に運動量 $\boldsymbol{k}_1, \boldsymbol{k}_2$ の粒子を生成する．（デルタ関数は全運動量の保存則を表す．）すなわち，2粒子の散乱を表している（図2.4.3）．

図2.4.4(a) に，V_X の2次の摂動による3粒子間の相互作用を表す．2.4a(1) 項の議論と同様に，この過程を異なる慣性系でみると (b) のように表され，3粒子から1粒子になる相互作用と，1粒子から3粒子になる相互作用が現れてくる．ローレンツ不変な結果を得るためには，V_X の相互作用ばかりでなく，このような3粒子→1粒子，1粒子→3粒子の相互作用も同じ強さで存在しなければならないことがわかる．また，別の過程を考えると，4粒子→0粒子，0粒子→4粒子の相互作用も同じ強さで存在しなければならないことが示せる．

生成・消滅演算子を用いてハミルトニアンを直接構成するのではなく，場の演算子 $\phi(x)$ を用いると，ローレンツ不変な S 行列を与えるハミルトニアンを自動的に構成できる．ローレンツ不変な S 行列を得るためには

$$[\mathcal{H}_{int}(x), \mathcal{H}_{int}(y)] = 0 \quad \text{if } (x-y)^2 < 0 \tag{2.293}$$

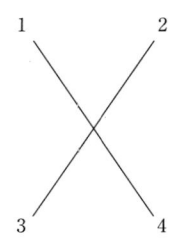

図 2.4.3 V_X は 2 粒子 → 2 粒子の散乱を表す.

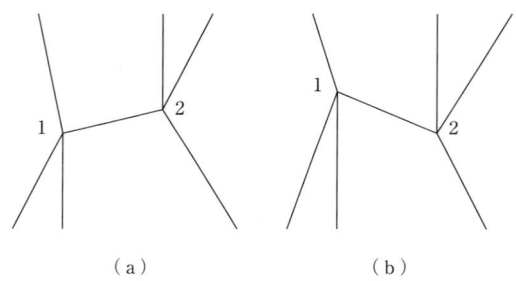

図 2.4.4 V_X の 2 次の摂動での 3 粒子から 3 粒子への相互作用 (a)の慣性系では 2 つの頂点で 2 粒子から 2 粒子の相互作用として見えるが, (b) の慣性系では 1 粒子から 3 粒子への相互作用と, 3 粒子から 1 粒子への相互作用が現れる.

であることが必要である. 生成・消滅演算子を用いて書かれたハミルトニアンに対してこの条件が成立するかをみるのは面倒であるが, $\mathcal{H}_{int}(x)$ が場の演算子 $\phi(x)$ の多項式で書かれているならば, この関係は式 (2.263) から直ちに導かれる. たとえば上で議論した V_X と, それに関係した相互作用は, $\mathcal{H}_{int}$ の中の $\lambda \phi^4 / 4!$ という形にまとめて表される.

どうして粒子の生成・消滅を表すのに場の理論が必要だったのだろうか. 正準量子化の「手続き」も天下り的でその必然性はあまり明確とはいえない. 粒子数を変える演算子の必要性は 2.4a(3) 項の議論から明らかであるから, むしろ議論の順序を逆にして, 粒子の生成・消滅演算子を先に導入し, それらを用いて場の演算子を導入するほうがわかりやすいかもしれない. 場の演算子を導入する理由は, 上述のようにローレンツ不変な S 行列を与える相互作用ハミルトニアンは, 場の演算子 ϕ を用いて表すと簡単に表すことができる点にある. また, 場のラグランジアン形式から出発すると, ローレンツ不変性や, その他の対称性が明白な形で表現できる. 正準量子化の長所は, 多少天下り的なところに目をつぶれば, こうしたことが自動的に行えるところにある.

c. 発散の「困難」とくりこみ理論
（1） 摂動論の高次補正と発散

通常の場の理論では，時空間の各点に場の自由度があり，それゆえに無限に短い波長の振動成分も理論に含まれる．場の短波長成分は，不確定性関係から高いエネルギーの粒子状態に対応している．このような高いエネルギーをもつ状態が無限に存在すること，そしてそのような状態が低エネルギー状態と同じように摂動論に基づく計算に寄与する（局所性のために高エネルギー状態との結合を抑制する形状因子がない）ことのために，しばしば高次補正には発散が現れる．

簡単のために，2.4b(1) 項の式 (2.261) で導入した実スカラー場の理論を用いて，本質的な部分を説明しよう．図 2.4.5 に示したのは $\lambda\phi^4/4!$ の 2 次の摂動による散乱振幅への寄与を表すファインマンダイアグラムである．このダイアグラムの第一の特徴は，ループ（閉線）を含むということである．相互作用のそれぞれの頂点は，4 元運動量の保存則が成り立つので，ループを含まないダイアグラム（ツリーダイアグラムと呼ばれる）ではすべての内線の 4 元運動量は外線の 4 元運動量によって決まっている．一方，ループを含むダイアグラムでは，内線の 4 元運動量は一意的には定まらず，内線の運動量に関する積分を含む．（これが「中間状態についての和」に対応する．）このダイアグラムのループ部分は

$$\frac{\lambda^2}{2}\int\frac{d^4k}{(2\pi)^4}\frac{1}{k^2-m^2+i\varepsilon}\frac{1}{(k+p)^2-m^2+i\varepsilon} \tag{2.294}$$

で与えられ，積分は対数的な発散をしている．ダイアグラムの 2 本の内線に対応して，質量 m の粒子の伝播を表す関数（のフーリエ変換）が 2 つ現れていることに注意．p^μ はループに流れ込む外線の 4 元運動量を表す．積分を発散させる大きな k の領域の積分は，大きな 4 元運動量をもつ粒子の伝播に対応している．

不確定性関係から，大きな 4 元運動量をもつ粒子の伝播は，時空間の微細な領域での伝播に対応している．積分を発散させるのは，無限に微細な領域での場，あるいは粒子の振舞いである．このような領域まで，現在考えている場の理論が適用可能かどうか疑

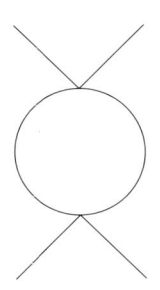

図 2.4.5　$\lambda\phi^4/4!$ の 2 次の摂動におけるループを含むファインマンダイアグラム

わしいので，この発散の「困難」をあまり深刻にとらえるのは物理的でない．高エネルギーになると，それまで生成されなかった重い粒子が現れたり，相互作用自体が異なった種類のものになる可能性がある．高エネルギーの実験を行うことによって，そのような可能性が実現していることを発見することができるかもしれないが，実験が行えないような高いエネルギーでの事柄については，われわれは基本的に無知である．

われわれの無知を認めて，理論の適用限界（切断と呼ばれる）を置いて考えよう．具体的には4元運動量の積分が有限になるよう，何らかの正則化を行う．たとえば，k^0の積分を虚軸に沿ったものにすることによってユークリッド化した運動量積分に対して，その動径方向の積分の上限を有限な値 Λ を考えるとか，$n<4$ 次元では運動量積分が有限になることから，積分を $n<4$ 次元で定義するという次元正則化という方法が用いられる．また，格子場の理論（2.7節参照）では，場の自由度を格子点，あるいは格子点を結ぶリンク上に置くことによって，場の波長成分が格子定数程度より短いものは現れなくなる．

以下では，直感的にわかりやすい，ユークリッド化した運動量積分の動径方向の上限に対する切断 Λ を考えて議論を進めることにしよう．

（2） くりこみ

切断は理論の適用限界と，われわれの無知を表すが，物理的な計算結果はこれに依存すべきではない．切断に依存しない結果を得る処方が，以下に説明するくりこみである．

再び不確定性関係が重要な役割を果たす．われわれが切断を導入して「見ない」ことにした高エネルギー領域というのは，不確定性から時空間の微細な領域に対応している．それゆえ，この微細な領域内の物理は，長波長で見れば局所的な相互作用として表されるはずである．局所的な相互作用は，何らかの場の局所的演算子（場とその微分についての多項式）によって表される．このように，切断によって「見ない」ことにした微細な領域の相互作用を，場の演算子の局所相互作用として表したものを（局所的）相殺項と呼ぶ．

以上のような考えに従い，切断 Λ がある理論では，はじめから考えていた相互作用 $\mathcal{L}_{int}$ のほかに，「見ない」ことにした微細な領域の物理を表す局所的相殺項 $\mathcal{L}_{ct}$ を導入する．（摂動論的）くりこみの本質は，この両方の相互作用を結合定数のべきで摂動展開して，計算した結果が切断 Λ に依存しなくなるように結合定数の次数ごとに局所的相殺項を決めることである．

図 2.4.6 に，外線を4本もち，ループをもつダイアグラムと，対応する相殺項を表すダイアグラムを示した．ループをもつ3つのダイアグラムの和は，外線の運動量が切断 Λ に比べて十分小さいとき

$$\frac{3i\lambda^2}{32\pi^2} \ln\left(\frac{\Lambda^2}{\mu^2}\right) + (\text{有限量}) \tag{2.295}$$

となる．ただし，μ は質量次元をもつ任意のパラメーターであり，以下でみるように外

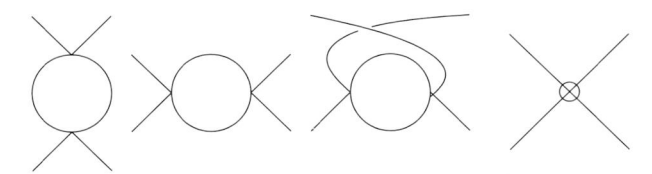

図 2.4.6 $\lambda\phi^4/4!$ の相互作用による，ループを含む3つのダイアグラムと相殺項に対応するダイアグラム

線の運動量と同程度の大きさをもつようにとると便利である．（有限量）とあるのは，切断 Λ を無限大にしたときに有限にとどまる量で，外線の4元運動量に依存する．この有限量には長波長での重要な物理が含まれている（式 (2.304) を見よ）．

もし $\mathcal{L}_{int}$ として $-\lambda\phi^4/4!$ のみを考えるのなら，相殺項 $\mathcal{L}_{ct}$ は $-\delta\lambda\phi^4/4!$ を含む．ただし，いま考えている $\mathcal{O}(\lambda^2)$ まででは

$$\delta\lambda = \frac{3\lambda^2}{32\pi^2}\ln\left(\frac{\Lambda^2}{\mu^2}\right) + (\text{有限量}) \qquad (2.296)$$

とすれば，振幅は切断 Λ に依存しないことがわかる．（有限量）とあるのは，切断 Λ を無限大にしたときに有限にとどまる量である．（普通，Λ に依存しないようにとる．）

高次補正と相殺項の存在を通じて，結合定数 λ の定義には曖昧さが生じてしまった．この曖昧さを排除し，相殺項の有限部分を決めるのがくりこみ条件である．たとえば外線の運動量がある条件を満足するときの散乱振幅（これには高次補正も相殺項の効果も含まれる）の大きさをもって λ を定義する．この条件を結合定数の各次数で満足させることによって，各次数での相殺項の有限部分を決めることができる．ここでは式 (2.296) の（有限量）をゼロと置くことによって，パラメーター μ を用いて曖昧さなく相殺項を決定しよう．

くりこみを通じて新しいスケールパラメーター μ が導入されたことは重要である．物理的な結果はこのパラメーターには依存しない．この単純な事実の帰結は 2.4d 項で議論することにしよう．

いままで，4本の外線をもつダイアグラムについて議論してきたが，ほかのダイアグラムについてはどうだろうか．あらゆる可能なファインマンダイアグラムを調べ，それらの発散の現れ方を調べると，次のようなことがわかる．

- $\mathcal{L}_{int}$ が理論の対称性によって許される質量次元が4未満であるすべての演算子を含む場合，発散するダイアグラムは有限個で，有限個の局所的相殺項によってすべての発散を取り除くことができる．このような理論は超くりこみ可能であるといわれる．
- $\mathcal{L}_{int}$ が理論の対称性によって許される質量次元が4以下であるすべての演算子を含む場合，発散するダイアグラムは無限個あるが，$\mathcal{L}_0 + \mathcal{L}_{int}$ に含まれる演算子と同じ形の有限個の局所相殺項によってすべての発散を取り除くことができる．このよう

な理論はくりこみ可能であるといわれる．
- $\mathcal{L}_{int}$ に現れる演算子に質量次元が 4 を越えるものがあるとき，発散するダイアグラムは無限個で，これをすべて取り除くためには無限個の局所的相殺項が必要になる．このような理論はくりこみ不可能であるといわれる．

ただし，演算子の質量次元を勘定する際に，微分も含めて勘定する．実スカラー場の場合，ϕ は質量次元 1，ϕ^4，$\partial_\mu \phi \partial^\mu \phi$ は質量次元 4 の演算子である．$\mathcal{L}_{int}$ に含まれる演算子がすべて質量次元で 4 以下であっても，対称性によって許される演算子がすべて含まれていない場合，ふつうは「(超)くりこみ可能」とは呼ばない．

いままで議論してきた実スカラー場の場合，$\mathcal{L}_{int} = -\lambda \phi^4/4!$ であるならばくりこみ可能である．このとき，すべての発散を除去するために必要な局所相殺項は

$$\mathcal{L}_{ct} = \frac{c_w}{2} \partial_\mu \phi \partial^\mu \phi - \frac{c_m}{2} \phi^2 - \frac{\delta \lambda}{4!} \phi^4 \tag{2.297}$$

という形をしている．ϕ の 1 次や 3 次の項が現れないのは，もともとの理論がもつ $\phi \to -\phi$ のもとでの対称性からである．$\mathcal{L}_{ct}$ が $\mathcal{L}_0 + \mathcal{L}_{int}$ と同じ形なので，これらをまとめて

$$\mathcal{L}_B = \mathcal{L}_0 + \mathcal{L}_{int} + \mathcal{L}_{ct} = \frac{1}{2} \partial_\mu \phi_B \partial^\mu \phi_B - \frac{m_B^2}{2} \phi_B^2 - \frac{\lambda_B}{4!} \phi_B^4 \tag{2.298}$$

と表すことができる．これはもともとのラグランジアン $\mathcal{L}$ と，場の定義，質量，結合定数の定義を除いて一致している．ただし

$$\phi_B = \sqrt{1+c_w}\,\phi, \quad m_B^2 = \frac{m^2+c_m}{1+c_w}, \quad \lambda_B = \frac{\lambda+\delta\lambda}{(1+c_w)^2} \tag{2.299}$$

を導入した．ϕ_B を裸の場，m_B を裸の質量，λ_B を裸の結合定数と呼ぶ．

くりこみ可能性は，場の理論の初期の段階では，非常に重要な性質だと考えられた．光子と電子の量子論的電磁気学である量子電気力学 (QED) はくりこみ可能であることが朝永，シュヴィンガー (Schwinger)，ファインマン，ダイソン (Dyson) らによって示され，電子の異常磁気能率 (3.2 節参照) の計算や，ラム (Lamb) シフトの説明で成功をおさめた．一方，くりこみ不可能な理論は，無限個の相殺項を必要とすることから予言能力のない理論と考えられた．しかし，くりこみ不可能な理論であっても必ずしも無意味な理論ではないということが次第に明らかになってきた．われわれは切断 Λ をもつ理論を考えているので，記述しようとする過程の典型的なエネルギー μ が Λ に対して十分小さいならば，質量次元の高い演算子からの寄与は (μ/Λ) のべきで抑制される．たとえば質量次元 $d_i > 4$ をもつ演算子 $\mathcal{O}_i$ からの寄与は，その係数（結合定数）c_i を含む．c_i は質量次元が $4-d_i < 0$ のパラメーターであり，切断 Λ に対して

$$c_i(\Lambda) \sim \frac{1}{\Lambda^{d_i-4}} \tag{2.300}$$

のように振る舞うはずである．次元解析から，この寄与には計算している過程の典型的なエネルギー μ のべきが伴い，$(\mu/\Lambda)^{d_i-4}$ の因子を与える．それゆえ，計算結果の精度を指定するべき n を決め，計算結果を $(\mu/\Lambda)^n$ のオーダーまでとすれば，$n \leq d_i - 4$ を

満足する局所的相殺項の数は有限なので，その精度までの計算は有限個の相殺項によって可能である．n を大きくとれば精度は向上するが，それだけ必要とする相殺項の数も増える．

一方，くりこみ可能な理論は $(\mu/\Lambda) \to 0$，すなわち切断 Λ を無限大にした場合に対応している．もし，ある相互作用がくりこみ可能な理論でよく記述されるならば，その理論は非常に高いエネルギーまで適用されうることを意味する．たとえば（くりこみ可能な）QED が自然をよく記述するということは，QED を超えた物理が現れるエネルギースケールがきわめて高いことを意味する．逆に，高エネルギーでどのような理論であるにせよ，十分低エネルギーではくりこみ可能な理論によって記述されることになる．

このように，現在のわれわれの理解を超えた「新しい物理」は，くりこみ不可能な相互作用の効果を探ることによって可能である．

d. くりこみ群と有効結合定数

この項でははじめにくりこみ可能な理論の有効結合定数について基本的なことを述べ，そのあとに，より一般的な枠組でのくりこみ群の考え方について説明しよう．

（1） 有効結合定数と漸近的自由性

2.4c 項で議論したくりこみ可能な理論 $\mathcal{L}_{int} = -\lambda \phi^4/4!$ の場合を考えよう．すでにみたように，裸の結合定数 λ_B は切断 Λ の関数である．$c_w \sim \mathcal{O}(\lambda^2)$ であるので式 (2.299) の $1+c_w$ は $\mathcal{O}(\lambda^2)$ までで 1 としてよく，裸の結合定数は

$$\lambda_B(\Lambda) = \lambda + \frac{3\lambda^2}{32\pi^2} \ln\left(\frac{\Lambda^2}{\mu^2}\right) \tag{2.301}$$

で与えられる．それゆえ

$$\Lambda \frac{d}{d\Lambda} \lambda_B = \frac{3}{16\pi^2} \lambda_B^2 \tag{2.302}$$

を得る．（λ と λ_B との差は λ あるいは λ_B の 2 次のオーダーなので，いまの近似では右辺にその差は現れない．）ここでは λ が Λ には依存しないということを用いた．あるいは，λ_B が μ には依存しないということを用いて

$$\mu \frac{d}{d\mu} \lambda \equiv \beta(\lambda) = \frac{3}{16\pi^2} \lambda^2 \tag{2.303}$$

を得る．これらは（結合定数に対する）くりこみ群方程式と呼ばれる．これら 2 つの方程式は本質的には同じ情報をもっている．いずれの式にもスケール Λ あるいは μ が陽に現れていないことは重要である．

式 (2.303) は，われわれが「結合定数」と呼ぶものが，実際は定数ではなく，任意に導入されたスケールパラメーター μ の関数であり，どのように μ に依存しているかを表している．物理量はこの任意に導入されたパラメーター μ に依存しないが，次のよ

うな理由でこの方程式によって決まる結合定数は物理的な意味をもつ．実は式 (2.295) に現れる（有限量）は

$$-\frac{i\lambda^2}{32\pi^2}\left[\ln\left(\frac{s}{\mu^2}\right)+\ln\left(\frac{t}{\mu^2}\right)+\ln\left(\frac{u}{\mu^2}\right)\right] \tag{2.304}$$

という項を含んでいる．ただし，s, t および u はマンデルスタム（Mandelstam）変数と呼ばれる外線の 4 元運動量の和あるいは差の 2 乗を表している．その具体的な表式はいま重要ではない．重要なのは外線の運動量が μ に比べて十分に大きく（あるいは小さく）なると，たとえ λ 自身が小さくてもこの摂動の 2 次の項は 1 次の項 $-i\lambda$ よりも大きくなってしまうということである．これは摂動論の破綻を意味する．

この大きな対数の問題は，μ を外線の運動量のオーダーに選ぶことによって回避することができる．このとき摂動論が機能し，2 次の項は 1 次の項より十分小さい．それゆえ，相互作用の大きさは，そのときの $\lambda(\mu)$ によってよく表されることになる．つまり，いま考えている物理的な過程に典型的なスケール μ に対する方程式 (2.303) の解 $\lambda(\mu)$ が，そのスケールでの相互作用の強さを与えるということになる．このように，スケールに依存して決まる結合定数を有効結合定数，あるいは走る結合定数と呼ぶ．

いままで議論してきた実スカラー場の例では，有効結合定数はスケール μ が増大するとともに増大する．同様に，QED の結合定数である微細構造定数 $\alpha \equiv e^2/4\pi\varepsilon_0\hbar c$（ただし，$\varepsilon_0$ は真空の誘電率，e は素電荷）は

$$\mu\frac{d}{d\mu}\alpha=\frac{2}{3\pi}\alpha^2+\mathcal{O}(\alpha^3) \tag{2.305}$$

という方程式を満足し，やはり μ が増大すると結合定数が増大する．特に QED の場合には，その振舞いを誘電体との類推で理解することが可能である．すなわち，電荷があると，そのまわりの真空は「偏極」し，電荷を遮蔽しようとする．そうすると低エネルギー（遠距離）でこの電荷をみると高エネルギー（近距離）でみるときよりも遮蔽の効果で小さく見える．

非可換ゲージ理論，特に量子色力学（2.7 節参照）では，その有効結合定数の振舞いが QED とは逆で，スケール μ が増大するとともに有効結合定数の大きさが小さくなる．この非常に重要な性質は漸近的自由性と呼ばれる．

（2） くりこみ群と「流れ」

2.4d(1) 項で議論したくりこみ群の考え方をより一般的な枠組で考えてみよう．

これまで，切断 Λ がある理論を考え，この場の理論が Λ に無関係な結果を与えるためには，（裸の）結合定数自身が Λ に依存しなければならないことをみた．Λ はわれわれが高エネルギーでの物理を十分知らないことを反映したパラメーターである．このような高エネルギーの物理は局所的な相互作用で表されており，一般に理論の対称性に矛盾しないあらゆる可能な相互作用で表されると考えるべきである．それゆえ，くりこみ可能な相互作用のみに限って考えるのは，Λ が非常に大きいような特殊な場合であって，

一般的には（無限個の）くりこみ不可能な相互作用すべてをもつ理論で記述される．このように，場の理論が適用限界をもち，何らかのより基本的な理論の低エネルギーでの実現であり，無限個の演算子をもっていると考えたとき，その場の理論を(低エネルギー)有効場理論と呼ぶ．

実スカラー場の有効場理論のラグランジアン密度を

$$\mathcal{L} = \frac{1}{2}\partial_\mu\phi\partial^\mu\phi - \sum_i c_i(\Lambda)\mathcal{O}_i \tag{2.306}$$

という形に書こう．$\mathcal{O}_i$ は（理論の対称性に矛盾しない）局所的な相互作用を表す場の演算子であり，和はそのような演算子の完全系についてとるものとする．係数（結合定数）$c_i(\Lambda)$ の切断依存性は，「(低エネルギーの) 物理量は Λ に依存しない」

$$\Lambda\frac{d}{d\Lambda}(\text{物理量}) = 0 \tag{2.307}$$

という条件によって定まる．条件 (2.307) から，これらの結合定数は次のような微分方程式を満足することが導かれる．

$$\Lambda\frac{d}{d\Lambda}g_i = \beta_i(g_1, g_2, \cdots) \tag{2.308}$$

ただし，質量次元 $4 - d_i$ の結合定数 c_i に対して，無次元の結合定数 g_i を

$$c_i = \frac{g_i}{\Lambda^{d_i - 4}} \tag{2.309}$$

によって導入した．結合定数をすべて与えると理論が決まるので，結合定数の空間はいわば（与えられた自由度と時空の次元と対称性のもとで）すべての可能な場の理論の空間であるといえる．式 (2.308) はその理論空間に「流れ」を定義する．1つの「流線」上の点は，すべて（低エネルギーで）同じ物理的帰結をもっていることに注意．異なる「流線」は，異なる物理をもつ別の世界を表している．

「流れ」を特徴づけるのは，次の式で定義される固定点 $\boldsymbol{g}^* \equiv (g_1^*, g_2^*, \cdots)$ である．

$$\beta_i(\boldsymbol{g}^*) = 0 \tag{2.310}$$

理論空間全体にわたる「流れ」の様子を調べ，固定点を求めることは，非摂動論的な計算を要求する困難な作業である．摂動論の範囲で調べることができるのはガウス (Gauss) 型固定点 $\boldsymbol{g}_G^* = (0, 0, \cdots)$ の近傍だけである．しかし，素粒子理論においては，ガウス型固定点は非常に重要である．ガウス型固定点（およびパラメーター空間の無限遠）以外の固定点は非自明な固定点と呼ばれる．

固定点近傍の「流れ」の様子は，結合定数 g_i を $g_i = g_i^* + \delta g_i$ のように固定点のまわりに展開して求めることができる．式 (2.308) から

$$\Lambda\frac{d}{d\Lambda}\delta g_i = \sum_j \left.\frac{\partial\beta_i}{\partial g_j}\right|_{\boldsymbol{g}^*}\delta g_j \equiv \sum_j M_{ij}\delta g_j \tag{2.311}$$

と表すことができる．行列 M_{ij} の（右）固有値が負のものに対応する固有ベクトル（結合定数）を relevant（有効，拡大的），正の固有値に対応するものを irrelevant（非有効，

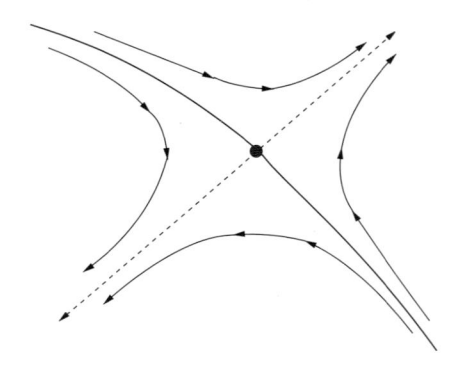

図 2.4.7 固定点近傍の「流れ」の模式図（矢印は Λ を減少させたときの流れの方向を表す.）
固定点から「湧き出す」(relevant) 方向と, 固定点に「流れ込む」(irrelevant) 方向とがある. 臨界面は「流れ」を 2 つの領域, 相に分けている.

非拡大的), ちょうどゼロであるものを marginal（中立的, 周辺的）と呼ぶ. 対応する演算子に対しても, たとえば「relevant な演算子」などという. relevant な演算子は通常 1 つか 2 つしかない. 「流れ」は Λ を小さくするにしたがって, relevant な方向には固定点から離れていき, irrelevant な方向からは固定点に近づく. 固定点に流れ込む irrelevant な方向からの「流れ」全体は臨界面を形成する.

図 2.4.7 に固定点近傍の「流れ」の模式図を示す. （実際の理論空間は無限次元であるが, ここでは 2 次元のように描かれている. 固定点は丸で, 臨界面は太い曲線で表されている.）臨界面は「流れ」を 2 つの領域に分割している. それぞれの領域は相をなし, 異なった相では異なった物理的な状況が実現している. たとえば, ある対称性が自発的に破れている相と, 破れていない相のように.

切断 Λ を小さくなるように動かすことは, 微細な構造を粗視化することであることに注意しよう. 前に述べたように, Λ はわれわれの「見ない」領域を決めているパラメーターである. Λ が小さいということは, 微細な構造を「見ない」で, いわば平均化していることになる.

固定点近傍の「流れ」の様子から, 十分臨界面に近い流れに対して, 普遍性と呼ばれる顕著な性質が現れることがわかる. すなわち, 「流線」の初期条件に関わりなく, 「流線」は固定点に近づき, そこに比較的長い間とどまり（固定点近傍では「流れ」は非常にゆっくりである）それから relevant 方向に流れ出す. このことは, ミクロな相互作用の詳細によらず, 粗視化されたマクロな物理には共通の振舞いがみられることを意味する.

固定点から relevant な方向に流れる「流線」は, くりこまれた軌道 (renormalized trajectory) と呼ばれる. くりこまれた軌道は, 場の理論のもつマクロな物理の振舞い

を与えている．

　同じ普遍的な性質をもつ理論全体は普遍性クラスをつくる．結局，場の理論のもつマクロな物理の内容は，ミクロな相互作用の詳細に依存せずに，固定点に対応した普遍性クラスと，そのくりこまれた軌道によって決まっているといってよい．

　このようなくりこみ群と普遍性クラスに基づく場の理論の理解によって，場の理論のもつ非常に一般的な性質が明らかになってきた．場の理論は素粒子物理学を記述する基本言語として，これからも重要であり続けるだろう．　　　　　　　　　　　（原 田 恒 司）

参 考 文 献

　量子力学の発展と場の理論の関係については，
- 朝永振一郎，「量子力学 II」（みすず書房，1952）．
- 高林武彦，「量子論の発展史」（ちくま学芸文庫，2002）．

が参考になる．

　場の理論の入門書として，
- A. Zee, *Quantum Field Theory in a Nutshell*（second ed. Princeton University Press, 2010）．
- 坂井典佑，「場の量子論」（裳華房，2002）．

が読みやすい．

　場の理論のもつ一般性を特に強調した教科書に，
- S. Weinberg, *The Quantum Theory of Fields I, II, III*（Cambridge University Press, 1995, 1996, 2000）．

がある．

　くりこみ群の考え方については，
- K. G. Wilson and J. B. Kogut, Phys. Rept. **12**（1974）75.
- K. G. Wilson, Rev. Mod. Phys. **47**（1975）773.
- K. G. Wilson, Rev. Mod. Phys. **55**（1983）583.

が基本的である．最後のものは Wilson のノーベル賞受賞講演である．

2.5　ゲ ー ジ 理 論

a. ゲージ理論とは

　時空間の座標に依存しない変換，大局的な変換（global transformation），を場に施したとき理論が不変であればその理論は大局的な対称性（global symmetry）をもつという（2.3節の対称性参照）．たとえば場 ψ に変換 U を施した場合が考えられる．

$$\psi(x) \mapsto U\psi(x), \quad x：時空間の座標 \tag{2.312}$$

理論が不変であることは作用が不変であることで確かめられる．

　これに対し，時空間の座標に依存する変換（局所変換，local transformation）のもとで理論が不変である場合は，その理論はゲージ対称性（gauge symmetry）をもつといい，変換をゲージ変換（gauge transformation）という．ゲージ対称性をもつ理論がゲージ理論である．ゲージ変換の例は下式の（2.313）であり，大局的な変換とは，変換が時空間の座標に依存するという差があるだけである．

$$\psi(x) \to U(x)\psi(x) \tag{2.313}$$

時空間のそれぞれの点での変換の集合は群構造をもち,それをゲージ群と呼ぶ.

通常,素粒子物理で「ゲージ理論」とはb, c項で説明する作用をもつ(3+1)次元時空間での理論を指すことが多い.((3+1)次元時空間とは,通常のわれわれの感じる空間である空間の次元が3で時間の次元が1の時空間を指す.)標準模型もこのようなゲージ理論により構成されている.以下では特記しない限り(3+1)次元時空間におけるゲージ理論を扱う.

非可換ゲージ理論は低エネルギーでは強結合のダイナミックスをもち,わからない面も多く,現在も盛んに研究されている分野である.特にカイラルなゲージ理論のダイナミックスについては未解決の問題は多い.ゲージ理論の解析的な手法による研究に加えて,格子ゲージ理論による数値的な解析も着実に進歩している.近年,ゲージ理論と弦理論との関係が解明されつつあり,活発に研究されている.また,ゲージ理論の考え方は数学へも確実に影響を及ぼし続けている.

この節の構成を手短に説明する.b項ではU(1)ゲージ理論を説明し,電磁気学をU(1)ゲージ理論として理解する.U(1)ゲージ理論と非可換ゲージ理論は定性的に異なり,c項で非可換ゲージ理論について説明する.実際の物理現象を理解するうえではゲージ対称性が破れている場合も重要であり,これについてはd項で説明する.さらに,非可換ゲージ理論の振舞いについて重要な側面をe項で取り上げる.物性理論,宇宙物理など他の分野でもゲージ理論は重要な役割を果たしている.さらに,数学とのつながりも深い.f項でゲージ理論のより一般的な適用について端的に説明する.なお本節2.5では,通常の慣習に従って自然単位系 $\hbar = c = 1$ を採用し,電磁気学の結合定数である電気素量 e についてはCGS単位系を使う.

b. 電磁気学とU(1)ゲージ理論

(1) U(1)ゲージ変換

電磁気学はU(1)ゲージ理論として理解できる.ここではまず,U(1)ゲージ対称性がどのようなものであるかを説明し,電磁気学との対応を明らかにする.U(1)ゲージ対称性は大局的なU(1)対称性をもつ理論の対称性を局所的な対称性に一般化することによって得られる.このような作用を「ゲージ化」と呼ぶ.

スピン1/2のスピノル場 ψ とスピン0のスカラー場 ϕ を物質の場として考える.大局的なU(1)変換は以下のように複素場 ψ, ϕ に作用する.(Λ, Λ' は実定数とする.)

$$\psi(x) \to \psi^{\Lambda} = e^{i\Lambda}\psi(x), \quad \phi(x) \to \phi^{\Lambda'} = e^{i\Lambda'}\phi(x) \tag{2.314}$$

そして,以下のようなラグランジアン密度をもつ理論は大局的なU(1)対称性をもっている.

$$\mathcal{L}_\psi = \bar{\psi}(i\slashed{\partial} - m)\psi, \quad \slashed{\partial} \equiv \gamma^\mu \partial_\mu \tag{2.315}$$

$$\mathcal{L}_\phi = [(\partial_\mu \phi)^\dagger \partial^\mu \phi - V(|\phi|^2)] \tag{2.316}$$

ここで m は ψ に対応する粒子の質量であり,$V(|\phi|^2)$ は $|\phi|^2$ の関数のポテンシャルで

ある．ϕ に対応する粒子の質量はポテンシャル V によって定まる．これらのラグランジアンより導かれる運動方程式は大局的な U(1) 変換のもとで共変であり，理論は大局的な U(1) 対称性をもつといえる．

物質場の U(1) ゲージ変換（gauge transformation）は以下の式となる．$\Lambda(x)$ は時空間の座標 x の任意の実関数である．大局的な変換（2.314）と比較すれば明らかなように，単に時空座標に依存する U(1) 変換である．

$$\psi(x) \mapsto \psi^{\Lambda}(x) = e^{iq_\psi \Lambda(x)} \psi(x), \quad \phi(x) \mapsto \phi^{\Lambda}(x) = e^{iq_\phi \Lambda(x)} \phi(x) \tag{2.317}$$

q_ψ, q_ϕ は実定数であり，q_ψ, q_ϕ をゲージ荷電という．（電磁気学では $q_\psi e, q_\phi e$ を電荷という．）e はゲージ理論の結合定数であり，電磁気学では素電荷と呼ばれる．ゲージ対称性の性質からは q_ψ, q_ϕ が有理数である必要性はなく，一般の実数が許される．ゲージ変換は特殊な場合として大局的な対称変換（2.314）を含む．大局的な対称性をもつラグランジアン密度 (2.315), (2.316) はこのゲージ変換のもとで不変ではない．Λ が x に依存するので通常の偏微分は斉次に変換しないからである．場と同様に変換するように共変微分 D_μ を導入する．

$$D_\mu \psi(x) = (\partial_\mu - iq_\psi e A_\mu(x))\psi(x), \quad D_\mu \phi(x) = (\partial_\mu - iq_\phi e A_\mu(x))\phi(x) \tag{2.318}$$

共変微分を定義するためにゲージ場 A_μ を導入した．共変微分した場は場同様に変換する．この性質を共変性という．

$$D_\mu \psi(x) \mapsto D_\mu^\Lambda \psi^\Lambda(x) = e^{iq_\psi \Lambda(x)} D_\mu \psi(x), \quad D_\mu \phi(x) \mapsto D_\mu^\Lambda \phi^\Lambda(x) = e^{iq_\phi \Lambda(x)} D_\mu \phi(x) \tag{2.319}$$

共変微分した場も共変な場であるので，共変微分を何回も施した場も場同様の共変な振舞いを示す．物質場のゲージ変換の性質 (2.319) より A_μ のゲージ変換は定まる．

$$A_\mu(x) \mapsto A_\mu^\Lambda(x) = A_\mu(x) + \frac{1}{e} \partial_\mu \Lambda(x) \tag{2.320}$$

（2） ラグランジアンと運動方程式

共変微分の性質を使えば，U(1) ゲージ対称性のある理論を構成することは容易である．偏微分を共変微分に取り替えればよいからである．

$$\mathcal{L}_\psi = \bar{\psi}(i\slashed{D} - m)\psi, \quad \slashed{D} \equiv \gamma^\mu D_\mu \tag{2.321}$$

$$\mathcal{L}_\phi = [(D_\mu \phi)^\dagger D^\mu \phi - V(|\phi|^2)] \tag{2.322}$$

上のラグランジアン密度が U(1) ゲージ変換のもとで変換されない，つまりゲージ不変であることは明らかである．必然的に大局的な U(1) 変換のもとでも不変である．運動方程式は下式となる．

$$i\slashed{D}\psi - m\psi = 0 \tag{2.323}$$

$$D_\mu D^\mu \phi(x) + \frac{\partial V(|\phi|^2)}{\partial \phi^\dagger(x)} = 0 \tag{2.324}$$

A_μ も場の自由度をもっているので，その運動項を含むラグランジアン密度が必要である．このためにゲージ場の強さ $F_{\mu\nu}$ を導入する．

$$F_{\mu\nu} = \partial_\mu A_\nu - \partial_\nu A_\mu \tag{2.325}$$

ゲージ場を量子化して得られる粒子をゲージボソン（gauge boson）という．ゲージ場の強さ $F_{\mu\nu}$ は共変微分の非可換性として特徴づけることができる．任意のゲージ荷電 q をもつ場に作用するとき，共変微分は以下のような性質をもつ．

$$[D_\mu, D_\nu] = -iqeF_{\mu\nu} \tag{2.326}$$

$F_{\mu\nu}$ はゲージ不変であり，後述するように電磁気学では電場，磁場の強さに対応する．ゲージ場のラグランジアン密度は下式で表される．

$$\mathcal{L}_A = -\frac{1}{4}F_{\mu\nu}F^{\mu\nu} \tag{2.327}$$

ゲージ場の強さで構成されたラグランジアン $\mathcal{L}_A$ のゲージ不変性は明らかである．ゲージ場のラグランジアンは古典的に存在していなくても，量子補正として生成されるので含める必要がある．ラグランジアン密度より A_μ の運動方程式は以下のように導ける．

$$\partial_\mu F^{\mu\nu} + ej^\nu_{\text{matter}} = 0 \tag{2.328}$$

j_μ はゲージカレントと呼ばれ，物質場の作用を変分することによって得られる．

$$\delta S_{\text{matter}} = e\int d^4x\, \delta A_\mu j^\mu_{\text{matter}}, \quad S_{\text{matter}} = \int \delta^4 x \mathcal{L}_{\text{matter}} \tag{2.329}$$

$F_{\mu\nu}$ がゲージ場で式（2.325）のように表されることから，以下のカレントの保存（「連続の方程式」ともいう）が満たされていることが必要である．

$$\partial_\mu j^\mu_{\text{matter}} = 0 \tag{2.330}$$

物質場の作用 S_{matter} は一般にさまざまなゲージ荷電をもち，ゲージ場と相互作用する物質場全体のラグランジアンより成り立つ．

$$\mathcal{L}_{\text{matter}} = \mathcal{L}_{\psi_1} + \mathcal{L}_{\psi_2} + \cdots + \mathcal{L}_{\phi_1} + \mathcal{L}_{\phi_2} + \cdots \tag{2.331}$$

ゲージ理論全体のラグランジアン密度は $\mathcal{L}_A + \mathcal{L}_{\text{matter}}$ である．1つ1つの物質場 ψ, ϕ よりのカレントへの寄与は以下のとおりである．

$$j_{\psi,\mu} = q_\psi \bar{\psi}\gamma_\mu\psi \tag{2.332}$$

$$j_{\phi,\mu} = iq_\phi[\phi^\dagger D_\mu \phi - (D_\mu\phi)^\dagger \phi] \tag{2.333}$$

（3） U(1) ゲージ理論と電磁気学

上のU(1)ゲージ理論と通常の電磁気学の方程式との対応を以下で明示する．電場，磁場の強さ $\vec{E}, \vec{B}$ はゲージ場の強さである．

$$F_{0k} = E_k, \quad F_{kl} = -\varepsilon_{klm}B_m, \quad k, l, m = 1, 2, 3 \tag{2.334}$$

電荷密度 ρ_e と電流密度 $\vec{j}_e$ は4次元のカレント j_μ で表され，ゲージ場 A_μ はスカラーポテンシャル Φ とベクトルポテンシャル $\vec{A}$ にほかならない．

$$-ej^\mu = (\rho_e, \vec{j}_e), \quad A_\mu = (\Phi, \vec{A}) \tag{2.335}$$

$F_{\mu\nu}$ と A_μ の関係式（2.325）は通常どおりの電場 $\vec{E}$ と磁場 $\vec{B}$ とポテンシャルとの関係となる．

$$\vec{E} = -\vec{\nabla}\Phi - \frac{\partial \vec{A}}{\partial t}, \quad \vec{B} = \nabla \times \vec{A} \tag{2.336}$$

2.5 ゲージ理論   113

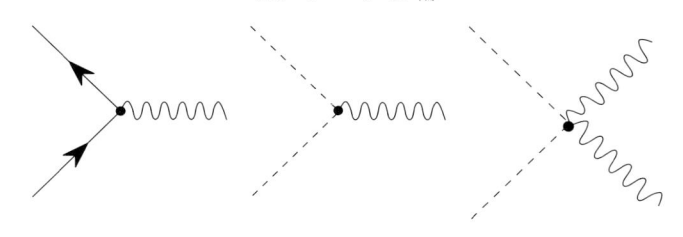

図 2.5.1 U(1) ゲージ理論の基本相互作用
ゲージ場を波線，フェルミ粒子を実線，スカラー粒子を破線で表す．

上の対応 (2.334), (2.335) を用いるとゲージ理論の運動方程式はマクスウェル方程式 (2.328) に帰着する．

$$\vec{\nabla}\cdot\vec{E} = \rho_{\rm e}, \quad \vec{\nabla}\times\vec{B} + \frac{\partial \vec{E}}{\partial t} = \vec{j}_{\rm e} \tag{2.337}$$

$F_{\mu\nu}$ とゲージ場の関係より，$\varepsilon^{\mu\nu\alpha\beta}\partial_\nu F_{\alpha\beta} = 0$ が成り立つ．これがマクスウェル方程式の以下の残りの 2 式となる．

$$\vec{\nabla}\times\vec{E} + \frac{\partial \vec{B}}{\partial t} = 0, \quad \vec{\nabla}\cdot\vec{B} = 0 \tag{2.338}$$

電場と磁場のラグランジアン密度とハミルトニアン密度も $\vec{E}, \vec{B}$ を用いて書き直せる．

$$\mathcal{L}_A = \frac{1}{2}(|\vec{E}|^2 - |\vec{B}|^2), \quad \mathcal{H}_A = \frac{1}{2}(|\vec{E}|^2 + |\vec{B}|^2) \tag{2.339}$$

(4) U(1) ゲージ理論の相互作用

ゲージ場 A_μ は (3+1) 次元時空間では 4 自由度あるように思える．しかし，運動方程式とゲージ対称性のために 1 自由度ずつ減ることを考慮すると，物理的自由度は 2 である．これは横波成分だけであり，電磁気学の光子の偏光の 2 自由度にほかならない．

ラグランジアン密度 (2.321), (2.322) より得られる U(1) ゲージ理論の基本的相互作用を図 2.5.1 に列挙する．一般には理論にはいろいろなゲージ荷電をもったスカラーとスピン 1/2 のフェルミ粒子が存在する．ゲージ場との相互作用はゲージ荷電 $q_{\psi,\phi}$ と，ゲージ場と相互作用する粒子すべてに共通な結合定数 e だけで決まる．

(5) 量子的効果

ゲージ理論で量子的な効果を含める場合には一般にゲージ固定を行わなければならない．また量子的に対称性が破れる可能性もある．これらの点を含めてゲージ理論での量子補正の求め方については，非可換ゲージ理論について説明する際に e 項で一括して扱う．

U(1) ゲージ理論で量子効果を取り入れると相互作用の強さがスケールによって変わる．この性質は有効結合定数 (effective coupling constant, running coupling constant,

2.4節の有効結合定数参照）を使って理解できる．荷電 Q をもつディラックフェルミオン（電子であれば $Q=1$）を含む理論の U(1) ゲージ理論の有効結合定数は摂動論の 1 ループ次で以下のように求まる．

$$e^2(M^2) = \frac{e^2(\mu^2)}{1 - \sum_Q Q^2 \frac{e^2(\mu^2)}{12\pi^2} \log \frac{M^2}{\mu^2}} \tag{2.340}$$

M^2 は系のエネルギースケールの 2 乗であり，$e^2(M^2), e^2(\mu^2)$ はそれぞれ考慮している物理過程のエネルギースケールが M, μ の場合の有効結合定数である．結合定数は無次元であり，古典的にはスケール依存性はないが，相互作用の強さは量子効果によりスケールに依存している．U(1) ゲージ理論の場合はエネルギースケールが大きくなると相互作用は強くなる．これは長さのスケールで考えると小さいスケールでは相互作用が強いことを意味する．この性質は以下の議論で直感的に理解できる．量子的には不確定性原理により，真空のどの点でも荷電粒子とその反粒子のペアの対生成が短時間は生じる可能性がある．＋と－が引き合うため，粒子-反粒子ペアは遠くから見ると電荷を小さく見せる遮蔽効果を引き起こす．これを真空の分極化（vacuum polarization）という（図 2.5.2 参照）．よって物質場が増えればそれだけ遮蔽効果は強くなり，有効結合定数の振舞い（2.340）の説明を与える．

量子効果は相互作用の強さのスケール依存性をもたらすだけではない．定性的に新しい効果ももたらす．たとえば，ゲージボソンはゲージ荷電をもたないのでゲージボソンどうしだけでは古典的には相互作用することはない．しかし，量子的にはゲージボソンどうしも散乱する．これは，不確定性原理により一時的に存在する荷電粒子が媒介するためと理解できる．1 ループ次では図 2.5.3 の過程である．荷電共役対称性がある場合は量子的効果を含めても奇数のゲージボソンの散乱振幅は 0 である．これをファリー（Furry）の定理という．

有効結合定数（2.340）はあるエネルギースケールで発散し，これをランダウポール（Landau pole）という．1 ループ近似ではそのエネルギースケールは $\mu \exp[6\pi^2/$

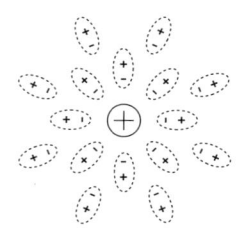

図 2.5.2 真空の分極化による中心の＋荷電の遮蔽効果
遠くから見れば見るほど中心の電荷が小さく見える．

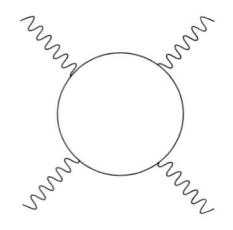

図 2.5.3 ゲージボソンどうしの散乱への 1 ループ次の寄与
古典理論では存在しない．

$(\sum_Q Q^2 e^2(\mu^2))]$ である．有効結合定数が大きくなると摂動論は信頼できないので，ランダウポールは結合定数が大きくなり摂動論が有効でないことを示す．非摂動論的な研究結果も考慮すると，U(1) ゲージ理論はランダウポールのエネルギースケールより上では適用できない限界のある理論である，と現在は考えられている．このような考え方をトリヴィアリティー（triviality）と呼ぶ．量子電磁気学ではトリヴィアリティーのスケールは量子重力のスケールより何桁も大きい．量子重力のダイナミックスはまだ理解されていないので，量子電磁気学でのトリヴィアリティー問題が標準模型の矛盾を引き起こすということはない．「3.2 節の量子電磁力学の検証」の項で詳しく説明するように，量子電磁気学は自然科学の中でも最も高い精度で検証されている理論といえる．

（6） 双対性と磁気単極子

電磁気学で電場と磁場は類似した性質をもっており，磁荷密度と磁荷の流れ（ρ_m, $\vec{j}_m$）を導入するとマクスウェルの方程式（2.337），（2.338）は下式のように書ける．

$$\vec{\nabla}\cdot\vec{E}=\rho_e, \quad \vec{\nabla}\times\vec{B}-\frac{\partial\vec{E}}{\partial t}=\vec{j}_e \tag{2.341}$$

$$\vec{\nabla}\cdot\vec{B}=\rho_m, \quad \vec{\nabla}\times\vec{E}+\frac{\partial\vec{B}}{\partial t}=-\vec{j}_m \tag{2.342}$$

この方程式は以下の変換のもとで不変であり，この対称性を双対性（duality）と呼ぶ．

$$\begin{pmatrix}\vec{E}\\\vec{B}\end{pmatrix}\mapsto R\begin{pmatrix}\vec{E}\\\vec{B}\end{pmatrix}, \begin{pmatrix}\vec{j}\\\vec{j}_m\end{pmatrix}\mapsto R\begin{pmatrix}\vec{j}\\\vec{j}_m\end{pmatrix}, \begin{pmatrix}\rho\\\rho_m\end{pmatrix}\mapsto R\begin{pmatrix}\rho\\\rho_m\end{pmatrix}, R\equiv\begin{pmatrix}\cos\theta & \sin\theta\\-\sin\theta & \cos\theta\end{pmatrix}$$

もしも磁荷密度 $\rho_m\neq 0$ であれば，荷電粒子が電荷をもつと同様に磁荷をもった磁気単極子（magnetic monopole）が存在する．われわれの世界に電荷をもつ粒子だけがあるというのは便宜上の問題であり，磁気単極子だけが存在する世界と考えてもよいことが双対性よりわかる．磁荷を g_m としたとき，以下のディラック（Dirac）の量子化条件を満たさなければ理論は不整合である．この条件は量子力学的な条件である．

$$2qg_m=0,\pm 1,\pm 2,\cdots \tag{2.343}$$

この場合の q は理論に存在する任意の電荷を表す．磁気単極子が存在するとゲージ場 A_μ は特異点をもつ．もし特異点なく定義できれば $\vec{\nabla}\vec{B}=\vec{\nabla}\cdot(\vec{\nabla}\times\vec{A})=0$ だからである．電磁気では q の有理数倍の電荷をもつ粒子しか知られていない．ディラックの量子化条件は，もしも磁気単極子が存在すれば，なぜあらゆる粒子の電荷が素電荷 e の有理数倍であるかを説明できることを意味する．磁気単極子が存在することはこういう意味で望ましいともいえる．しかし，探索が精力的に行われたにもかかわらず，磁気単極子はいまだに発見されていない．

c．非可換ゲージ理論
（1） ゲージ群とゲージ対称性

非可換ゲージ理論（non-abelian gauge theory, Yang-Mills theory）は U(1) ゲー

理論と同様に，局所的な群の変換についての対称性をもつ理論である．ゲージ群が非可換群であり，元が一般に可換ではない点で U(1) ゲージ理論とは異なる．非可換ゲージ理論も U(1) ゲージ理論と基本的な考え方は同じなので，理論の構成は同じように説明する．しかし，理論の物理的性質は，特に量子論的効果を含めた場合に，非可換ゲージ理論と U(1) ゲージ理論では定性的に異なる．

まず非可換群 G の性質についてまとめる．非可換群の典型的な例であり，素粒子物理で最もよく使われるリー群は $SU(N), SO(N)$ である．ここで $M_N(\mathbb{C}, \mathbb{R})$ は複素数，実数の $N \times N$ 行列を表すものとする．

$$\text{特殊ユニタリ群} \quad SU(N) = \{V \in M_N(\mathbb{C}) | V^\dagger V = 1\}$$
$$\text{直 交 群} \quad SO(N) = \{V \in M_N(\mathbb{R}) | V^T V = 1\}$$

この節ではゲージ群について行列で表される量は $\boldsymbol{A}_\mu, \boldsymbol{\psi}, \boldsymbol{\phi}, \boldsymbol{F}_{\mu\nu}$ のように場を含めて太字で表すことにする．その成分は太字では表さない．群の単位元 1 の近傍で群の元は以下のように展開できる．

$$\boldsymbol{U} = 1 + i\boldsymbol{\Lambda} + \mathcal{O}(\boldsymbol{\Lambda}^2), \quad \boldsymbol{\Lambda} \equiv \Lambda^a \boldsymbol{t}^a \tag{2.344}$$

$\{\boldsymbol{t}^a | a = 1, 2, \cdots, \dim G\}$ は群の生成子といい，以下の交換関係を満たす．

$$[\boldsymbol{t}^a, \boldsymbol{t}^b] = if^{abc}\boldsymbol{t}^c \tag{2.345}$$

f^{abc} は群の構造定数と呼ばれ，完全反対称にとることにする．群の元をベクトル空間上の線形変換と見なすと群の表現が得られる．素粒子物理で頻繁に使われるのは基本表現と随伴表現であり，基本表現は $SU(N), SO(N)$ では N 次元表現である．随伴表現は $\dim G$ 次元の表現であり，$(\boldsymbol{t}^a)^{随伴}_{bc} = -if^{abc}$ で表せる．一般の表現は以下のように直交化されており，基本表現で $C_2(R) = 1/2$ であるように規格化する．$C_2(R)$ を表現 R の2次のカシミールという．

$$\text{tr}_R(\boldsymbol{t}^a \boldsymbol{t}^b) = C_2(R) \delta^{ab} \tag{2.346}$$

(tr_R は表現 R でトレースを計算するという意味である．) リー群の典型的な例は角運動量のなす群 $SU(2)$ であり，その場合は構造定数は3次元完全反対称テンソルである．これに対し，U(1) ゲージ理論ではゲージ群が U(1) で可換群である．古典論の範囲では非可換ゲージ理論で $\boldsymbol{t}^a = 1/\sqrt{2}$ と読み替え，すべての表現が1次元であることを使えば形式的には非可換ゲージ理論より U(1) ゲージ理論を再現できる．

U(1) ゲージ理論の場合と同様に，スピン $1/2, 0$ の場 $\boldsymbol{\psi}, \boldsymbol{\phi}$ を考える．場 $\boldsymbol{\psi}$ のゲージ変換は以下の式のとおりであり，$\boldsymbol{\phi}$ についても同様である．$\boldsymbol{U}$ はゲージ群 G の元とする．場 $\boldsymbol{\psi}, \boldsymbol{\phi}$，ゲージ変換のパラメーター $\boldsymbol{U}$ などは時空間の座標に依存するが，それは以下では明示しない．

$$\boldsymbol{\psi} \to \boldsymbol{\psi}^U = \boldsymbol{U}\boldsymbol{\psi} \Leftrightarrow \psi^\alpha \to U^\alpha{}_\beta \psi^\beta \tag{2.347}$$

$\boldsymbol{\psi}$ の共変微分は下式のように定義される．$\boldsymbol{\phi}$ についても同様である．

$$\boldsymbol{D}_\mu \boldsymbol{\psi} = \partial_\mu \boldsymbol{\psi} - ig\boldsymbol{A}_\mu \boldsymbol{\psi} \Leftrightarrow (\boldsymbol{D}_\mu \boldsymbol{\psi})^\alpha = \partial_\mu \psi^\alpha - ig A_\mu^a (t^a)^\alpha{}_\beta \psi^\beta \tag{2.348}$$

共変微分した場は場 $\boldsymbol{\psi}, \boldsymbol{\phi}$ と同じ斉次の変換をし，共変である．

$$\boldsymbol{D}_\mu \boldsymbol{\psi} \to \boldsymbol{D}_\mu^U \boldsymbol{\psi}^U = \boldsymbol{U}\boldsymbol{D}_\mu \boldsymbol{\psi}, \quad \boldsymbol{D}_\mu \boldsymbol{\phi} \to \boldsymbol{D}_\mu^U \boldsymbol{\phi}^U = \boldsymbol{U}\boldsymbol{D}_\mu \boldsymbol{\phi} \tag{2.349}$$

これよりゲージ場の変換法則は以下のように定まる.

$$A_\mu \mapsto A_\mu^U = U A_\mu U^{-1} + \frac{i}{g} U \partial_\mu U^{-1} \tag{2.350}$$

ゲージ場の微小変換は以下のとおりである.

$$\delta A_\mu = D_\mu \Lambda \tag{2.351}$$

時空間の各点での Λ の値は群の生成子の張るベクトル空間（リー代数）の要素である.

非可換ゲージ理論で電磁気学の電荷に対応するゲージ荷電は場の群における表現である（2.3節の対称性参照）. 物質場 ϕ, ψ の表現にはユニタリ表現であるという物理的要請以外には制限なく, モデルを構築する際の自由度であるが, 基本表現を用いる場合が多い. 一方, ゲージ場の表現は常にゲージ群の次元 $\dim G$ の随伴表現である. これからもわかるように, ゲージ場のゲージ荷電がゼロでないことが非可換ゲージ理論の大きな特徴である. 電磁気で光子の電荷がゼロであるので本質的に異なる.

ゲージ場の強さ $F_{\mu\nu}$ は次式を通じて求められる.

$$[D_\mu, D_\nu] = ig F_{\mu\nu}, \quad F_{\mu\nu} \equiv F_{\mu\nu}^a t^a \tag{2.352}$$

$F_{\mu\nu}$ はゲージ場によって次のように表される.

$$F_{\mu\nu} = \partial_\mu A_\nu - \partial_\nu A_\mu - ig[A_\mu, A_\nu] \Leftrightarrow F_{\mu\nu}^a = \partial_\mu A_\nu^a - \partial_\nu A_\mu^a + g f^{abc} A_\mu^b A_\nu^c \tag{2.353}$$

ゲージ場は荷電をもつので, ゲージ変換のもとで $F_{\mu\nu}$ は不変でなく共変である.

$$F_{\mu\nu} \mapsto F_{\mu\nu}^U = U F_{\mu\nu} U^{-1} \tag{2.354}$$

共変微分はゲージ場の定義された空間での平行移動を生成すると幾何学的に意味づけることができる. 共変微分の非可換性である $F_{\mu\nu}$ はこの空間の曲率と見なせる.

（2） ゲージ理論の作用と運動方程式

ゲージ群 G をもつ非可換ゲージ理論におけるゲージ場 A_μ と物質場 ψ, ϕ のラグランジアンは以下のようになる.

$$\mathcal{L}_A = -\frac{1}{2} \mathrm{tr}(F_{\mu\nu} F^{\mu\nu}) = -\frac{1}{4} F_{\mu\nu}^a F^{\mu\nu a} \tag{2.355}$$

$$\mathcal{L}_\psi = \bar{\psi}(i \slashed{D} - m) \psi, \quad \slashed{D} \equiv \gamma^\mu D_\mu \tag{2.356}$$

$$\mathcal{L}_\phi = [(D_\mu \phi)^\dagger D^\mu \phi - V(|\phi|^2)] \tag{2.357}$$

上では ϕ, ψ が複素数の場であるとしたが, 実表現の場であれば通常運動項に 1/2 の係数を付けて正規化する. 上のゲージ変換の性質 (2.347), (2.349), (2.354) を用いるとラグランジアンのゲージ不変性は簡単に示せる. したがって運動方程式はゲージ変換のもとで共変である. 通常の非可換ゲージ理論はこれらを組み合わせることによって得られる. たとえば QCD（2.7 節の量子色力学参照）では ψ は u, d, … クォークの場に対応する. 物質場の表現によっては物質場どうしのゲージ不変な湯川相互作用の項を導入できる場合がある. 湯川相互作用とはラグランジアン密度における以下のような項である.

$$\mathcal{L}_{湯川} = y \bar{\psi}_1 \phi \psi_2 + \text{エルミート共役}, \quad (y: 複素数) \tag{2.358}$$

ゲージ対称性と両立するためには上の項はゲージ不変でなければならない. これは上の

相互作用で荷電が保存されていることと同値である．この節ではゲージ相互作用について説明し，湯川相互作用は扱わない．

物質場 ψ, ϕ の運動方程式は以下のとおりである．

$$i\slashed{D}\psi - m\psi = 0 \tag{2.359}$$

$$D_\mu D^\mu \phi + \frac{\partial V(|\phi|^2)}{\partial \phi^\dagger} = 0 \tag{2.360}$$

ゲージ場の運動方程式はラグランジアン密度より以下のように導かれる．

$$D_\mu F^{\mu\nu} + g j^\nu = 0 \Leftrightarrow (D_\mu F^{\mu\nu})^a + g j^{\nu,a} = 0 \tag{3.361}$$

この運動方程式よりカレント j は共変的に保存していることが要求される．

$$D^\mu j_\mu = 0 \Leftrightarrow \partial^\mu j_\mu^a + g f^{abc} A^{\mu,b} j_\mu^c = 0 \tag{3.362}$$

また，カレントがゲージ変換のもとで共変であることもわかる．

$$j_\mu \to j_\mu^U = U j_\mu U^{-1} \tag{3.363}$$

カレントは U(1) ゲージ理論の場合と同様に作用を変分することによって得られる．

$$\delta S_{\text{matter}} = g \int d^4 x \, \text{tr} \, (\delta A_\mu j_{\text{matter}}^\mu), \quad S_{\text{matter}} = \int d^4 x \mathcal{L}_{\text{matter}} \tag{3.364}$$

$\mathcal{L}_{\text{matter}}$ は一般にさまざまなゲージ荷電（ゲージ群の表現）をもつ場のラグランジアン密度（2.357），(2.358) の和である．カレント j への個々のスカラー場，フェルミ場よりの寄与は下式のように求められる．

$$j_{\psi,\mu} = j_{\psi,\mu}^a t^a, \quad j_{\psi,\mu}^a = \bar{\psi}\gamma_\mu t^a \psi \tag{2.365}$$

$$J_{\phi,\mu} = j_{\phi,\mu}^a t^a, \quad j_{\phi,\mu}^a = i[\phi^\dagger t^a D_\mu \phi - (D_\mu \phi)^\dagger t^a \phi] \tag{2.366}$$

非可換ゲージ理論では U(1) ゲージ理論の場合に存在した基本的相互作用に加えて以下のゲージボソンどうしの基本相互作用が存在する．

ゲージ理論全体が通常はどのように構成されているかを考えてみよう．ゲージ群は $G = G_1 \times G_2 \times G_3 \cdots$ と群の直積で構成されている．これらの群 G_i は単純な群か U(1) である．1 つ 1 つのゲージ群についてゲージ場が存在し，ゲージ群 G_i のゲージ理論の結合定数は g_i で互いに独立である．1 つ 1 つのフェルミオン，スカラーの物質場各々について，個々のゲージ群 G_i に関するゲージ荷電（群の表現）を独立に決められる．フェルミ場については後述するように全体としてカイラルアノマリーが相殺していなければならない．ゲージ場どうしの相互作用は結合定数，ゲージ場と物質の相互作用はゲージ荷電だけで決まる．ゲージ不変な物質場どうしの相互作用は許され，それについては独立な結合定数が存在する．

U(1) ゲージ理論，非可換ゲージ理論ともに，上で扱ってきたラグランジアン密度はくりこみ可能である（2.4 節のくりこみ理論参照）．くりこみ可能性を考慮しないのであればゲージ不変なラグランジアンの項は無限に種類があるので以下で説明する．自然単位系を用いているので，質量の次元を M とすると場の次元は以下のようになる．

$$[\psi] = M^{3/2}, \quad [\phi] = M, \quad [A_\mu] = M \tag{2.367}$$

ラグランジアンを積分して得られる作用の項はすべて次元 M^0 をもち，ゲージ結合定数

は無次元の量である．結合定数が M の正の次数の次元をもつことがくりこみ可能性の必要条件である．以下で扱う自発的対称性の破れがある場合を含め，ゲージ場の運動項 (2.355) と共変微分を通じた相互作用 (2.356), (2.357) だけを含むゲージ理論はくりこみ可能であることは示されている．一方，ローレンツ不変性とゲージ不変性の要求だけであればラグランジアン密度には今まで扱ってきたもの以外にも無限の種類の寄与がありうる．たとえば以下のような項はゲージ不変かつローレンツ不変であるが，次元 $M^d (d>4)$ をもち，くりこみ不可能である．

$$\bar{\psi} F_{\mu\nu}[\gamma^\mu, \gamma^\nu]\psi, (\bar{\psi}\psi)^m \quad (m=2,3,\cdots), (\phi^+\phi)^n \quad (n=3,4,\cdots),$$
$$(\bar{\psi}\gamma^\mu\psi)(\bar{\psi}\gamma_\mu\psi), (\phi^+\phi)\,\mathrm{tr}\left[F^{\mu\nu}F_{\mu\nu}\right], \mathrm{tr}\left[(F^{\mu\nu}F_{\mu\nu})^2\right], \cdots$$

標準模型のように，素粒子物理の基本的相互作用としてゲージ理論を考える場合には，くりこみ可能であることが必要である．その一方，有効理論として考えるのであれば，くりこみ不可能な項も取り入れるのが自然である．また，くりこみ可能であるスピン 0, 1/2 の物質場とスピン 1 のゲージ場を上で扱ってきた．くりこみ可能性を要求しなければもっとスピンの大きい場を取り入れることができる．実際，重力，超弦理論の低エネルギー極限などの理論ではそのような場が存在する．

（3） ゲージ固定

ゲージ理論ではゲージ場 $A_\mu(x)$ は一意的には定まらない．1つのゲージ場に対しゲージ変換した同値な場が無限に存在するからである．古典電磁気学では与えられた電荷分布から求まるポテンシャルは一意的には定まらないことがよく知られているが，これはゲージ変換の自由度の一部である．ゲージ場を求めるためにはゲージ条件を課して1つゲージ場の配位を選ぶ必要がある．このような操作をゲージ固定（gauge fixing）と呼ぶ．ゲージ固定したゲージ場の配位をゲージ変換して得られる場は物理的には同等である．

ゲージ理論で量子効果を求める際にはゲージ固定をすることが必要である．なぜならば，ゲージ固定をしないと，ゲージ対称性で結び付いた実質的に同じゲージ場を無限回たしあげることによる発散が生じるからである．量子的場の理論では，この発散はたとえばゲージ場の伝搬関数を求められないという形で現れる．伝搬関数はラグランジアンで場について2次の項の作用素の逆として求められるが，ラグランジアンのゲージ不変性のため作用素に0固有ベクトルが存在し，逆が求められないからである．発散は時空間すべての点でゲージ対称性が存在するため生じ，有限の格子での格子ゲージ理論ではゲージ固定をしなくても発散は生じない．

以下におもなゲージ固定の条件（ゲージ条件）を列挙する．
- ローレンツゲージ　　$\partial^\mu A_\mu = 0$
- クーロンゲージ　　　$\vec{\nabla} \cdot \vec{A} = 0$
- テンポラルゲージ　　$A_0 = 0$

なお場の理論では上のようなゲージ場に対する単純な条件としては書けないが，ゲージ

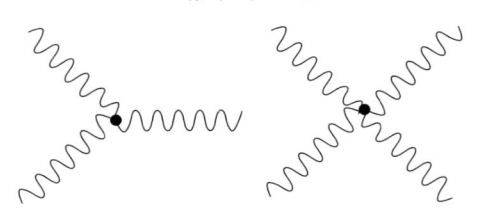

図 2.5.4 非可換ゲージ理論で存在するゲージ粒子どうしの基本相互作用 U(1) ゲージ理論では存在しない.

場の伝搬関数に対する条件としてゲージ条件を課すことが多い.たとえば,ランダウゲージ,ファインマンゲージ,R_ξ ゲージなどはこのようなゲージ条件の例である.

ゲージ理論において量子的に物理量(たとえば相関関数)を求める場合は,ゲージ固定をして,ゲージ場についての寄与をたしあげなければならない.ゲージ固定は必然的にゲージ共変ではないが,求められる物理量はゲージ対称性を保たねばならない.物理量のゲージ対称性を保ちつつゲージ固定した理論で計算するためには通常ゴースト(Fadeev-Popov ゴーストともいわれる)を導入する.ゴーストはスピン 0 の場でありながら,反交換関係をもち,通常のスピン統計に従わない場である.非可換ゲージ理論ではゴーストはゲージ群の随伴表現をもち,ゲージ場のみと直接相互作用する場である.ゲージ場との相互作用は普通の物質とは異なり,ゲージ固定の方法に依存する.U(1) ゲージ理論の場合には,ゲージ条件がゲージ場について線形であればゴースト場とゲージ場は相互作用しないので,通常はゴーストを考慮する必要がない.

非可換ゲージ理論において物理量への量子的な寄与を求める場合には,ゴースト場の寄与を通常の場と同様に含めなければならない.物理的なゴースト粒子は存在しないので,図 2.5.4 には含めなかったが,摂動計算のファインマン規則には含めなければならない.

ゴーストとゲージ場の相互作用を含めた全体の作用はゲージ不変ではない.この作用は BRST(Becchi-Rouet-Stora-Tyutin)変換と呼ばれる大局的な変換のもとで不変である.この対称性が量子的場の理論において物理量のゲージ共変性を保っている.ゲージ理論では最終的にはゲージ対称性が保たれているはずであり,たとえばゲージ不変な物理量を異なるゲージで計算しても物理的には同じ結果が得られるはずである.しかし,一般には対称性が破れた理論で量子的な場の理論を計算すると,対称性の破れがどのような寄与を受けるか保証できない.BRST 対称性が実質的にゲージ固定した理論のゲージ対称性を保証しているわけである.

d. 自発的対称性の破れとヒグス機構
(1) 大局的な対称性の破れ

ゲージ対称性の破れを説明する前に大局的な対称性の破れについてまとめる.大局的

な対称性の破れは本質的に異なる以下の2種類に分類できる.
1. 対称性のあからさまな破れ (explicitly broken symmetry)
2. 対称性の自発的な破れ (spontaneously broken symmetry)

「あからさまな破れ」とは対称性が近似的に成り立っていて厳密には成り立っていない場合である.日常生活であれば,ボールが球状で回転対称性をもつ例があげられる.どのようなボールであれ,完全に球状ではないので対称性はあからさまに破れているのだが,球状であるというのは大変有用な見方である.素粒子物理でも近似的な対称性はアイソスピンをはじめとして有用な概念である (2.3節の対称性と量子数参照).

「自発的な破れ」とは真空が対称性を破っているために対称性の存在が明らかでない場合である.対称性は以下で説明するように破れてはいなくて保たれているとも考えられる.標準模型にも関連する簡単な例をまず考える.2成分の複素スカラー場 ϕ で以下のような $SU(2) \times U(1)$ の大局的な変換のもとで対称な理論を考える.

$$\boldsymbol{\phi}(x) \mapsto e^{i\alpha} \boldsymbol{U} \boldsymbol{\phi}(x), \quad \alpha : 実数, \quad U \in SU(2) \tag{2.368}$$

ラグランジアン密度は下式のとおりである.

$$\mathcal{L}_\phi = \partial_\mu \phi^\dagger \partial_\mu \boldsymbol{\phi} - V, \quad V = a \boldsymbol{\phi}^\dagger \boldsymbol{\phi} + \lambda (\boldsymbol{\phi}^\dagger \boldsymbol{\phi})^2, \quad \lambda > 0 \tag{2.369}$$

ポテンシャルの振舞いを図2.5.5に示す.

$a>0$ の場合は真空では期待値は

$$\langle \boldsymbol{\phi}(x) \rangle = \begin{pmatrix} 0 \\ 0 \end{pmatrix} \tag{2.370}$$

であり,真空は対称性を破らない.$a<0$ の場合,上の (2.370) はポテンシャルの局所的最大で不安定であり,真空ではない.$SU(2) \times U(1)$ の対称性を用いてポテンシャルを最小にする真空期待値を以下のように選べる.

$$\langle \boldsymbol{\phi}(x) \rangle = \begin{pmatrix} 0 \\ v/\sqrt{2} \end{pmatrix}, \quad v \equiv \sqrt{-a/\lambda} \tag{2.371}$$

この真空は $SU(2) \times U(1)$ 変換で不変ではなく $U(1)$ に対称性を破る.(この $U(1)$ は $\boldsymbol{\phi}$ の第1成分だけに作用し,直積 $SU(2) \times U(1)$ の $U(1)$ とは異なる.) その一方,破れた

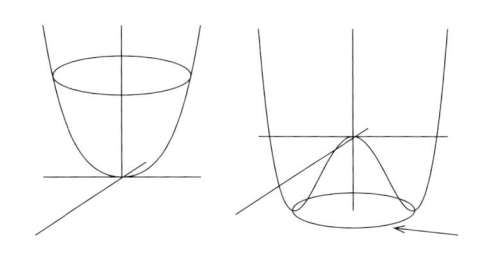

図 2.5.5 対称性が保たれる場合と自発的に破れる場合のポテンシャルの模式図
(左) $a>0$ で真空が対称性を保つ場合.
(右) $a<0$ で真空が対称性を破る場合.矢印は(縮退した)真空を指す.

対称性の変換 (2.368) をこの真空に施すと,ポテンシャルを同様に最小化する他の真空が得られるので,真空は必然的に縮退している.真空より対称変換で求められるどの真空を選んでも,この系の物理的振舞いは変わらないという意味で対称性は保たれている.

自発的な対称性の破れがある場合の重要な特色はスペクトルの違い,特に質量 0 の粒子の存在である.上の系では $a>0$ の場合は $\sqrt{a}$ の質量をもつ粒子が 4 種類存在した.$a<0$ の場合は,ポテンシャル (2.369) より以下のように書ける.

$$V = 定数 + 2\lambda v^2 (\mathrm{Re}\, \boldsymbol{\phi}_2')^2 + 相互作用の項, \quad \boldsymbol{\phi} \equiv \begin{pmatrix} \boldsymbol{\phi}_1 \\ v/\sqrt{2} + \boldsymbol{\phi}_2' \end{pmatrix} \quad (2.372)$$

よって質量 $\sqrt{2\lambda}v$ をもつ粒子 1 種と質量 0 の粒子が 3 種存在する.

上の結果を一般化してまとめる.系が G の大局的変換に関して対称性をもつ場合,真空が群 G の部分群 $H(\neq G)$ の対称性をもつ場合に自発的に対称性が破れているという.この場合 $\dim G/H$ 種の質量 0 の粒子が存在する.この質量 0 の粒子の存在する理屈をゴールドストーンの定理 (Goldstone's theorem),質量 0 の粒子を南部-ゴールドストーン粒子と呼ぶ.ゴールドストーンの定理は直感的に以下のように理解できる.1 つの真空は G/H の変換で見かけ上は異なる真空に変換される.しかし,系は G の対称性をもっているので,これらの真空でのポテンシャルの値も同じであり,物理的には同等である.無限小変換で考えた場合 G/H の無限小変換の方向についてポテンシャルは平らでなければならず,$\dim G/H$ 個の質量 0 の粒子が存在することになる.上で考慮した例では $G = \mathrm{SU}(2) \times \mathrm{U}(1), H = \mathrm{U}(1), \dim G/H = 3$ である.

(2) ゲージ対称性の「破れ」とヒッグス機構

相互作用のあるゲージ理論の場合は,対称性をたとえわずかであってもあからさまに破ると理論の整合性を保つことはできない.よって,たとえば $M_A^2 A_\mu A^\mu$ (M_A = 定数) のようなあからさまなゲージボソンの質量の項はラグランジアン密度に存在しない.ゲージ対称性の破れは理論の自発的対称性の破れのみによって生じる.その一方,大局的な対称性が厳密に成り立っている例は現実界には知られていない.(ただし,CPT 対称性は理論の整合性より要求されていて成り立っていると通常考える.)量子重力の補正が大局的な対称性を守る理由は明らかではないので,厳密に対称性が成り立っているのはゲージ対称性だけであると考えることが現在は多い.

以上の議論ではゲージ群は連続群であると暗に仮定してきた.実際は,$\mathbb{Z}_n$ といった離散群をゲージ群にもつゲージ理論も考えることができる.これについては詳しく言及しないが,ゲージ群が離散的な場合にはゲージボソンは存在せず,大局的な対称性と一見あまり異ならないように見える.しかし,ゲージ対称性は厳密に保たれるのが本質的な差である[1].

大局的な対称性の自発的な破れの例 (2.369) をゲージ対称性がある場合に拡張して説明する.これは微分を共変微分に置き換えることによって得られる.ここでは大局的

対称性 SU(2)×U(1) の一部の SU(2)のみをゲージ化し，共変微分は $D_\mu = \partial_\mu - igA_\mu^a \sigma^a/2$ とする．（$\sigma^a (a = 1, 2, 3)$ はパウリ行列．）

$$\mathcal{L} = \mathcal{L}_A + \mathcal{L}_\phi, \quad \mathcal{L}_\phi = D_\mu \boldsymbol{\phi}^\dagger D_\mu \boldsymbol{\phi} - V, \quad V = a\boldsymbol{\phi}^\dagger \boldsymbol{\phi} + \lambda(\boldsymbol{\phi}^\dagger \boldsymbol{\phi})^2 \tag{2.373}$$

$\mathcal{L}_A$ は式(2.355)で定義した．$a<0$ で対称性が自発的に破れている場合を考慮する．まず，ゲージ変換を用いて時空間全体で $\boldsymbol{\phi}$ を以下のように1成分の実数の場とすることができる．

$$\boldsymbol{\phi}(x) = \begin{pmatrix} 0 \\ (v + \phi'(x))/\sqrt{2} \end{pmatrix} \quad \phi'(x) : \text{実数の場} \tag{2.374}$$

このようなゲージをユニタリゲージという．ϕ' は真空のまわりに展開したスカラー場であり，真空期待値 $\langle \phi' \rangle = 0$ をもつ．上の式を用いると $\boldsymbol{\phi}$ のラグランジアン密度(2.373)は以下のように簡単に表せる．

$$\mathcal{L}_\phi = \frac{1}{2}(\partial_\mu \phi')^2 + \frac{g^2 v^2}{8} A_\mu^a A_\mu^a + \frac{g^2}{8} A_\mu^a A_\mu^a (2v\phi' + \phi'^2) - V(\boldsymbol{\phi}) \tag{2.375}$$

$$V(\boldsymbol{\phi}) = \lambda v^2 \phi'^2 + \lambda v \phi'^3 + \frac{\lambda}{4} \phi'^4 \tag{2.376}$$

場について3次以上の項は相互作用の項であり，2次以下の項から理論のスペクトルを読み取ることができる．$\mathcal{L}_\phi$ にゲージ場すべてに質量を与える項があることがわかる．この系では質量 $gv/2$ をもつゲージボソンが3つと，質量 $\sqrt{2\lambda}v$ をもつスカラー粒子1つが存在する．ゲージ対称性が自発的に破れることによってゲージボソンが質量をもつようになり，この現象をヒッグス機構（Higgs mechanism）という．スカラー粒子は通常ヒッグスボソンと呼ばれる．

自由度の数を確認する．対称性が破れていない場合は，$\boldsymbol{\phi}$ が実数場で数えて4つ，ゲージ場 A_μ が3つ，そしてゲージ場1つにつき横波成分が2つ存在した．対称性が破れている場合は，ゲージ場1つにつき自由度が2から3に増えていることに注意する．これは，質量が0のゲージボソンは横波成分しかもっていないのに対し，質量がある場合は追い抜くことができるので，ローレンツ系によって成分が混ざり合い，縦波成分も必然的に存在するからである．ゲージ場の自由度が1つずつ増えたのはゲージ対称性が見かけ上なくなったためとも理解できる．よってゲージ場の自由度は全体で3増えている．本来スカラー場は4つ存在した．しかし，対称性が破れると ϕ' 1つしかスカラー場は存在しない．この減った分がヒッグス機構で3つのゲージボソンの縦波成分として吸収されたのである．

厳密には上の議論では不十分であり，散乱振幅などの物理量を求め，因子化などを用いて粒子のスペクトルと相互作用を調べる必要があるが，結果は上で説明したとおりである．この議論ではユニタリゲージを用いたので見通しよく理解することができた．このように，実際に存在する粒子の場しか存在せず，粒子の質量も直接わかるのがユニタリゲージの特色である．しかし，結論はゲージ固定の仕方にはよらない．どのゲージで物理量を求めても同じ結果が得られる．またそれと同時に，ゲージ対称性が自発的に破

れているため,物理量は一般にはあからさまな共変性はもっていないが,共変性に対応する性質をもっている.このような意味で,ゲージ対称性は真空 (2.371) が破っているため隠れているだけで,保たれているともいえる.

より一般的な場合を考える.ゲージ群が G で真空が対称性を自発的に破り,G の部分群 H の対称性が残ったとしよう.H のゲージ群に対応するゲージボソンはゲージ対称性があからさまに保たれており,質量 0 をもつ.G/H に対応するゲージボソンは G/H の南部-ゴールドストーン粒子を吸収し,0 でない質量をもつゲージボソンとなる.上の例では $G = SU(2) \times U(1), H = U(1)$ であった.ゲージ対称性があからさまに保たれている場合には,質量 0 をもつゲージボソンが存在する必要がある.これは現象論的には厳しい制約であり,低エネルギースケールでは破れていないゲージ対称性がわかる.しかし,ゲージ対称性が破れている場合はその破れのスケール程度の質量をゲージボソンがもつ.ゲージ対称性の破れは標準模型の重要な要素である.また,超伝導現象もゲージ対称性の破れとして理解できる.

e. 非可換ゲージ理論の物理的性質

(1) 摂動論と有効結合定数

量子的場の理論で物理量を計算するには,まず運動方程式が線形な自由な理論を扱い,相互作用の効果を量子論的に取り入れるのが標準的である.理論の量子補正には大まかに分けて摂動論的効果と,それでは扱えない非摂動的効果がある.まずは摂動論的効果について扱う.量子的場の理論では,ある物理的過程を考えた場合,原理的には,それに対するあらゆる寄与を,非摂動的効果も含めてたしあげなければいけない.通常の場の理論ではこれは現実的に不可能であるので,ある種の近似が必要となる.

たとえば,図 2.5.6 のようにゲージ場とフェルミオンとの相互作用を考えてみる.摂動論ではこのような寄与を結合定数で展開して低次から寄与を加えていく.U(1) ゲージ理論での相互作用への寄与を 1 ループ次までで列挙すると以下の図 2.5.7 となる.これらの図で示される寄与をたしあげると相互作用の強さ,つまり式 (2.340) で示した結合定数を得る.摂動論を行う際はくりこみを行う必要がある.

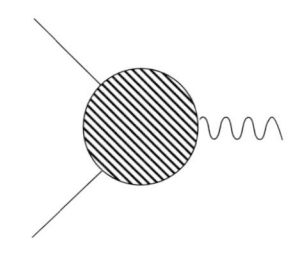

図 2.5.6 フェルミオンとゲージ場の相互作用
斜線の円はあらゆる寄与を含む.

2.5 ゲージ理論

非可換ゲージ理論ではゲージ場も荷電をもっていることが量子電磁気学と本質的に異なる特色である．摂動論の1ループでの有効結合定数への寄与をファインマン図で列挙すると，U(1)ゲージ理論の場合の図2.5.7に示された寄与に加え，図2.5.8に表される寄与が存在する．（厳密には計算法によっては他の寄与も生じるが，ここでは必要不可欠なファインマン図のみ列挙した．）物質場の量子的寄与は量子電磁気学の場合と同様荷電を遮蔽する．ゲージ場（ゴーストを含む）の寄与は遮蔽とは逆の効果をもつのが非可換ゲージ理論固有の重要な性質である．両方の寄与を取り込むと非可換ゲージ理論での1ループ次での有効結合定数は下式となる．

$$g^2(M^2) = \frac{g^2(\mu^2)}{1 - \frac{g^2(\mu^2)}{(4\pi)^2}\beta_1 \log \frac{M^2}{\mu^2}},$$

$$\beta_1 \equiv -\frac{11}{3}C_2(随伴) + \frac{4}{3}\sum_f C_2(R_f) + \frac{1}{3}\sum_b C_2(R_b) \tag{2.377}$$

上式で$C_2(R)$は式(2.346)で定義した2次のカシミールである．fはスピン1/2のディラックフェルミオン，bはスカラーを指し，$R_{f,b}$はそれぞれのゲージ群での表現である．μ, M

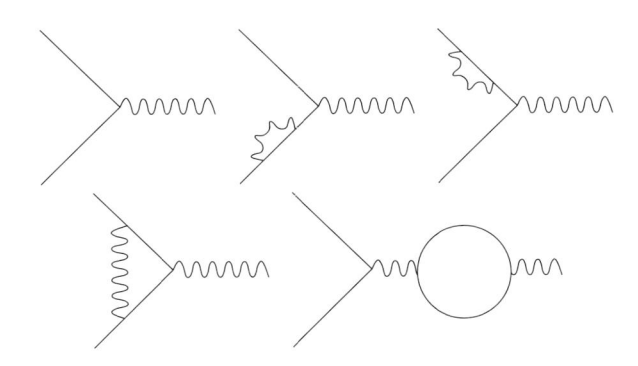

図2.5.7 U(1)ゲージ理論でのフェルミオンとゲージ場との相互作用への1ループ次までの寄与
直線がフェルミ場，波線がゲージ場を表す．

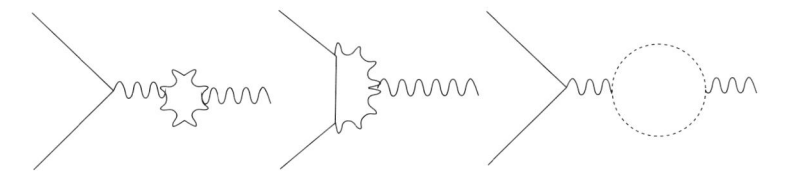

図2.5.8 U(1)ゲージ理論でのフェルミオンとゲージボソンとの相互作用への1ループ次までの寄与
直線がフェルミ場，波線がゲージ場，点線がゴースト場を表す．

はエネルギースケールを表し，$g^2(\mu), g^2(M)$ はそれぞれのスケールでの有効結合定数を表す．β_1 の 1 項目がゲージ場の寄与であり，上で説明したように他の物質場の寄与とは符合が逆であり遮蔽と逆の効果をもたらす．たとえば SU(N) でゲージ群の基本表現の n_f 個のディラックフェルミオンと n_b 個のスカラーが存在する系では β_1 は以下の式となる．

$$\beta_1 = -\frac{11}{3}N + \frac{2}{3}n_f + \frac{1}{6}n_b \tag{2.378}$$

ディラックフェルミオンとスカラーの寄与の比が 4 であるのは自由度の比と理解できる．ψ^a, ϕ^a を比べると自由度の数は実数の場で数えてそれぞれ 8, 1 であるが，フェルミオンは 1 次の運動方程式を満たすのに対し，スカラーは 2 次の運動方程式を満たすことを考慮すると自由度の比が 4 となる．有効結合定数に寄与するのは質量のスケールが考慮しているエネルギースケールより小さい粒子だけであることに留意する必要がある．

有効結合定数からわかるように非可換ゲージ理論では，より高エネルギー（あるいは短いスケール）では相互作用が弱い．この性質を漸近的自由 (asymptotic freedom) という．その一方，低エネルギー（長い距離スケール）では相互作用が強く，ゲージ荷電の「閉じ込め」(confinement) をもたらす．閉じ込めとは大きい距離のスケールで見るとゲージ荷電をもたない複合粒子しか存在しないことを意味する．これらの非可換ゲージ理論の性質は量子電磁気学とは逆である．このように，低エネルギーで相互作用が強く，高エネルギーで弱くなる性質をもつ理論は非可換ゲージ理論しかない．漸近的自由，閉じ込め，といった非可換ゲージ理論固有の性質は，ハドロンの振舞いを説明すると考えられている (2.7 節の量子色力学参照)．これらの性質は物質場が多い場合は失われる．上式 (2.377) でもフェルミオン，スカラーが多くなれば $\beta_1 > 0$ となり量子電磁気学と同様に荷電は長距離で遮蔽される．

物質場がそれほど多くなく，$\beta_1 < 0$ の場合は低い有限のエネルギースケールで 1 ループ近似の有効結合定数 (2.377) が発散する．結合定数が大きい場合は摂動論は信頼できず，非摂動的な効果を取り入れなければ物理的描像を得られないということを意味する．特に，低エネルギー，つまり長いスケールで見るとゲージ荷電をもたない複合粒子しか存在しない．これはゲージ相互作用が強いために生じる束縛状態である．複合粒子は理論の基本的な荷電粒子に基づいた摂動論では説明できない．

非可換ゲージ理論では摂動論も重要な役割を果たす．まず第一に，たとえ $\beta_1 < 0$ であったとしても，ゲージ相互作用が強いかどうかはスケールの問題であり，短いスケールではゲージ相互作用は弱い．よって短距離の相互作用には摂動論が有効であり，実際そのような考え方は現実の物理現象を考えるうえで大変有効である．さらに，自発的にゲージ対称性が破れる場合は，破れたゲージ対称性については低エネルギーでのゲージ相互作用は強くならない．なぜならば，ゲージ相互作用が強くなる原因はゲージボソンによる真空の分極にあったが，ゲージボソンが 0 でない質量をもつため，それより低エネルギーでの分極が押さえられるためである．このような場合は $\beta_1 < 0$ であっても低エ

ネルギーのゲージ相互作用は強くならず,摂動論が有効に使える.標準模型の電弱統一理論がそのよい例である(2.8節の電弱統一理論参照).

(2) **非摂動的効果とインスタントン**

非摂動的効果は摂動論の有限な次数では現れない効果である.これらの効果は摂動論的効果を無限次数たしあげることや,以下で説明するように真空ではないゲージ場の古典的配位の寄与を取り込むことによって得られる.前者の例といえるのは上述したランダウポールである.これは摂動論の適用できる範囲外に存在し,一見1ループ近似によって得られているが,厳密には量子補正(の一部)を無限次数までたしあげて $1+x+x^2+\cdots=1/(1-x)$ と見なしたから見えた効果である.後者の例はインスタントンであり,これについては後述する.また,連続理論ではなく時空間を格子化して計算する場合は,摂動論を使わずに直接シミュレーションを用いて物理量を求めることができる.低エネルギースケールでのゲージ理論のように強結合の理論では強力な手法であり,コンピュータの高速化により重要性が増してきている.

非摂動的効果の重要性には以下のようなものがある.

- 結合定数が強い場合には,摂動論は補正項が大きくなり近似として成り立たなくなる.よって,非摂動的な効果を取り入れることが必要になる.低エネルギースケールでの量子色力学のダイナミックスが典型的な例である.
- 結合定数の強弱にかかわらず,非摂動的な効果は摂動論で生じる効果と定性的に異なる効果をもたらす場合がある.たとえば,摂動論的には破れない対称性を破ったりする場合である.例としては,量子色力学における η の質量の説明(U(1) 問題とも呼ばれる),標準模型におけるバリオン数保存則の破れなどがあげられる.

非摂動的効果の重要かつ典型的な例としてインスタントンを取り上げる.量子的場の理論における物理量 $\mathcal{O}$ の計算は関数積分の観点からは以下のように見なせる.ここでは虚時間に解析接続した空間であるユークリッド空間で考える.

$$\langle \mathcal{O} \rangle = \frac{\int [dAd\boldsymbol{\psi}d\boldsymbol{\phi}\cdots]e^{-S[A,\boldsymbol{\psi},\boldsymbol{\phi},\cdots]}\mathcal{O}}{\int [dAd\boldsymbol{\psi}d\boldsymbol{\phi}\cdots]e^{-S[A,\boldsymbol{\psi},\boldsymbol{\phi},\cdots]}} \tag{2.379}$$

ここで $S[\cdots]$ は全体の作用であり,ゲージ固定の効果は関数積分の測度 $[dAd\boldsymbol{\psi}d\boldsymbol{\phi}\cdots]$ に取り入れられているとする.この関数積分を直接に計算できることはまずないので,通常は近似的に求める.1つの自然な近似法は鞍点法である.鞍点は場の理論の古典解であり,トリヴィアルな(すべての場の期待値が0)真空のまわりで展開するのが通常の摂動論にほかならない.関数積分的観点(2.379)よりわかるように,(虚時間に解説接続した空間で)有限な作用をもつ他の鞍点も有限な寄与をもたらす.このような場の配位がインスタントンである.物理的にはインスタントンの効果はトンネル効果と見なすことができる.(逆に量子力学のトンネル効果をインスタントンを用いて扱うことも

できる.）このような真空でない古典解を用いて，そのまわりに展開する手法を半古典近似ともいう．

具体的な例として SU(2) のゲージ理論を考える．インスタントンは有限な作用をもっているので空間的にも時間的にも局在している．よって無限遠方では真空であり，無限遠方では 0 のゲージ変換である（式（2.350）参照）．

$$gA_\mu(x) \xrightarrow{|x| \to \infty} iU^{-1}\partial_\mu U, \quad U \in SU(2) \tag{2.380}$$

無限遠方はトポロジー的には 3 次元球面と見なせるので，有限作用のゲージ場の配位は 3 次元球面から SU(2) への写像を定義する．この写像はトポロジー的に異なる類に分類でき，ホモトピー群を使って $\pi_3(SU(2)) = \mathbb{Z}$ と表せる．トポロジー的に違うゲージ場へは連続的に変形できないので，各トポロジー的量子数をもつ類内で極小化することにより古典解が得られる．これがインスタントンである．

インスタントン数はポントリャーギン指数（Pontryagin index）と呼ばれ，以下の積分で数えられる.

$$\mathcal{N} = \frac{g^2}{16\pi^2} \int d^4x \, \mathrm{tr}\,(\boldsymbol{F}^{\mu\nu}\tilde{\boldsymbol{F}}_{\mu\nu}), \qquad \tilde{\boldsymbol{F}}_{\mu\nu} \equiv \frac{1}{2}\varepsilon_{\mu\nu\rho\sigma}\boldsymbol{F}^{\rho\sigma} \tag{2.381}$$

この項は次元から判断するとくりこみ可能な項であり，ゲージ場の作用に適当な結合定数を含めて取り入れるべき項である．しかし，運動方程式には貢献しない．なぜならば局所的には下式のように完全微分で表されるからである．

$$\mathrm{tr}\,(\boldsymbol{F}^{\mu\nu}\tilde{\boldsymbol{F}}_{\mu\nu}) = \partial_\mu K^\mu, \quad K^\mu = 2\varepsilon^{\mu\nu\rho\sigma}\,\mathrm{tr}\,\left(\boldsymbol{A}_\nu \partial_\rho \boldsymbol{A}_\sigma + \frac{2}{3}\boldsymbol{A}_\nu \boldsymbol{A}_\rho \boldsymbol{A}_\sigma\right) \tag{2.382}$$

$\mathcal{N}$ は場の連続的な変形では変わらない位相不変量であるので，密度が表面項として表されるのは自然である．一般には $\theta\mathcal{N}$（θ は実数）をゲージ場の作用に取り入れる必要があり，そうすると θ 真空と呼ばれる真空を選びだすことになる（2.7 節の量子色力学参照）．

等式 $\mathrm{tr}\,(\boldsymbol{F}_{\mu\nu}\boldsymbol{F}^{\mu\nu}) = \mathrm{tr}\,(\tilde{\boldsymbol{F}}_{\mu\nu}\tilde{\boldsymbol{F}}^{\mu\nu})$ を使うとユークリッド空間では以下の不等式が成り立つ.

$$\mathrm{tr}\,[(\boldsymbol{F}_{\mu\nu} \mp \tilde{\boldsymbol{F}}_{\mu\nu})(\boldsymbol{F}^{\mu\nu} \mp \tilde{\boldsymbol{F}}^{\mu\nu})] \geq 0 \Longrightarrow \mathrm{tr}\,(\boldsymbol{F}_{\mu\nu}\boldsymbol{F}^{\mu\nu}) \geq \mathrm{tr}\,(\boldsymbol{F}_{\mu\nu}\tilde{\boldsymbol{F}}^{\mu\nu}) \tag{2.383}$$

以下の条件を満たせばユークリッド空間で作用を極小化するので古典解である．

$$\boldsymbol{F}_{\mu\nu} = \pm\tilde{\boldsymbol{F}}_{\mu\nu} \tag{2.384}$$

上の条件を満たすときゲージ場は自己共役（self-dual）あるいは反自己共役（antiself-dual）であるという．このような考え方を使うと 2 次の非線形偏微分方程式を解かずに 1 次の式から解が得られるので強力な考え方である．インスタントンは上の方程式を満たす自己共役な古典解である．

式（2.381），（2.383）よりインスタントンが 1 つの場合の物理量への寄与は以下のような形をしていることがわかる．

$$\langle \mathcal{O} \rangle_{\mathrm{inst}} = e^{-8\pi^2/g^2}(\cdots) \tag{2.385}$$

インスタントンとそのまわりの量子的ゆらぎからの寄与は，インスタントンが有限な作用をもつので指数関数の因子をもち，非摂動的効果特有の形をしている．（トンネル効果特有の形でもある．）通常の摂動展開は $g=0$ のまわりの展開であり，この寄与は展開のどの次数の項よりも $g\to 0$ で速く 0 に収束する項である．$g=0$ での微分値はどの次数でも 0 であるので摂動展開ではまったく現れない．インスタントンによる効果はU(1)問題の解決，標準模型におけるバリオン数保存則の破れなど重要な定性的な物理現象を説明する．以上で説明したインスタントンに関する内容は，一般のコンパクトな単純リー群にそのまま拡張できる．また，(3+1)次元空間でなく $(D+1)$ 次元時空間であればインスタントンは $\pi_D(\mathcal{M})$ となる．$\mathcal{M}$ は真空の空間であり，ゲージ理論以外でもトンネル効果があるような場合はインスタントンは存在する．

摂動論で得ることのできない効果一般が非摂動的効果であり，インスタントンの寄与はその典型的な例にすぎない．さらに，結合定数が大きい場合にはインスタントンのような古典解のまわりで展開する手法がよい近似であるかは疑問が残る．鞍点法として考えるならば，鞍点のまわりでの展開が有効なほど幅が狭いものとは考えにくいからである．このような場合にも，非摂動的な効果の性質を定性的に理解するのにインスタントンは有力な道具であるが，正確な計算をするためには，格子ゲージ理論などの他の手法がより適しているかもしれない．また摂動論，あるいはその一部をたしあげることとインスタントンのような古典解とは関係のある場合が多い．摂動展開は一般に収束が悪く，無限和を求められない．それをたしあげようとすると障害として特異点が現れる．その特異点と古典解とが関連づけられる場合がある．

（3） 磁気単極子と双対性

ゲージ場とスカラー場が相互作用している式（2.373）のような系を考える．ゲージ群 G として真空の対称性を H とする．一般には真空は一部の対称性を自発的に破る．スカラー場は真空ではエネルギー最低であるので，時空間に依存しない定数の期待値を取る．最低であるということは変分原理より古典的な場の運動方程式を満たしている．真空以外にも有限なエネルギーをもつ時間に依存しない運動方程式の解がある場合がある．このような物体をソリトン（soliton）という．有限なエネルギーをもつということは無限遠方で場の値は真空の期待値に一致している必要がある．

真空の対称性が H であるので，スカラー場 ϕ の真空は一般に縮退していて G/H である．無限遠方は2次元球面であり，そこで真空であり，連続的に真空に変形できないゲージ場の配位は，位相幾何学的には球面から G/H への写像の分類となる．これはホモトピー群 $\pi_2(G/H)$ である．よって，$\pi_2(G/H)$ がトリヴィアルでない（単位元だけでない）場合には，1つの位相不変量をもつゲージ場の配位の中でエネルギー最小化できるので，真空以外の時間に依存しない運動方程式の解が存在する．

ゲージ対称性で扱った系（2.373）を例にとってみよう．この系では，$G = \mathrm{SU}(2)$，$H = \mathrm{U}(1)$ であり，$\pi_2(\mathrm{SU}(2)/\mathrm{U}(1)) = \mathbb{Z}$ なので，真空ではない時間に依存しない古典解が

存在することが保証されている．この解はト・フーフト-ポリヤコフ単極子（'t Hooft-Polyakov monopole）ともいわれ，U(1)ゲージ理論を電磁気学と見なすと磁気単極子の性質をもつことがわかる．単極子はゲージボソン，スカラー粒子の質量の逆数程度の空間的広がりをもっており，それより大きいスケールで見ると粒子として見える．磁気単極子の質量は $4\pi v/g$ 程度であり，ゲージ結合定数が小さいほど重い．存在する磁気単極子はディラックの量子化条件を自動的に満たす[2]．

上の議論からゲージ対称性の破れ方によってはソリトン，電磁気学と見なせるゲージ場がある場合には磁気単極子が存在することがわかる．一般には 0 でない磁荷と電荷の両方をもつソリトンも考えられ，このような粒子はダイオン（dyon）と呼ばれる．ディラックの単極子と上で議論したソリトンの単極子を比較する．ディラックの単極子は導入する必然性はなかったが，理論に導入してもよく，単極子が存在する点は特異点であった．それに対し，上の単極子は対称性の破れ方によっては必然的に存在し，特異点は一切なかった．よって，ディラックの単極子では整合性の条件として量子化条件が得られるが，特異点のない上の単極子の場合は自動的に満たされている．非可換ゲージ理論でソリトンの単極子以外に，さらに特異点のあるディラック型の単極子を導入することも一般には可能である．その場合は，整合性と安定性は別途議論しなくてはならない．

また，上の議論は他の次元に自然に拡張される．$\pi_1(G/H)$ がトリヴィアルでない場合には位相幾何学的に安定な 1 次元の物体が理論に存在する．超伝導体の渦流，宇宙弦などがこの例としてあげられる．また，空間次元が D の場合には，$\pi_{D-1}(G/H)$ がトリヴィアルでない場合には単極子が存在する．

電磁気学の場合と同様に，非可換ゲージ理論でも電場，磁場に対応するような場を定義することができる．

$$\boldsymbol{F}_{0i}=\boldsymbol{E}_i=E_i^a t^a, \quad -\frac{1}{2}\varepsilon_{ijk}\boldsymbol{F}_{jk}=\boldsymbol{B}_i=B_i^a t^a \tag{2.386}$$

これを用いて，ゲージ場のラグランジアン密度とハミルトニアン密度は以下のように表される．

$$\mathcal{L}_A = \mathrm{tr}\,(\vec{\boldsymbol{E}}\cdot\vec{\boldsymbol{E}}-\vec{\boldsymbol{B}}\cdot\vec{\boldsymbol{B}}) = \frac{1}{2}(\vec{E}^a\vec{E}^a-\vec{B}^a\vec{B}^a) \tag{2.387}$$

$$\mathcal{H}_A = \int d^4x\,\mathrm{tr}\,(\vec{\boldsymbol{E}}\cdot\vec{\boldsymbol{E}}+\vec{\boldsymbol{B}}\cdot\vec{\boldsymbol{B}}) = \int d^4x\,\frac{1}{2}(\vec{E}^a\vec{E}^a+\vec{B}^a\vec{B}^a) \tag{2.388}$$

電磁気学の場合と同様に，物質場のない非可換ゲージ理論では E,B を入れ替える双対性の対称性が古典的には存在する．電荷をもつ物質場が存在する場合は双対性により磁荷をもつ物体が存在しなくてはならない．また，古典的に双対性が存在する場合も，量子的補正を考慮しても保たれるかどうかは明らかではない．しかし，双対性は相互作用の強さを入れ替えるという非常に興味深い性質をもっている．これは電荷どうしの相互作用が $\sim e^2$ で特徴づけられるのに対し，磁荷どうしの相互作用がディラックの量子化条件により $\sim 1/e^2$ で特徴づけられるからである．よって，双対性を使うことにより

解明するのが，通常は困難な強い相互作用のダイナミックスを弱い相互作用のダイナミックスを使って明らかにできるという期待がもてる．特に超対称性（2.6節の超対称性参照）がある場合には，双対性が量子的にも厳密に保たれている場合があると考えられている．このような状況では，強い相互作用の量子的な場の理論の性質の一部を双対性を用いて精密に解明できる．双対性は基本的な粒子とソリトンとを交換する対称性であり，さらに，量子的補正まで含めて厳密に成り立つのは不思議である[6]．

（4） カイラルアノマリー

量子化することにより，古典的に存在した対称性が破れることをアノマリー（anomaly）（2.3節のアノマリー参照）という．量子的場の理論の計算は一般に発散する．それを正則化して有限な量を計算し，くりこみを行う（2.4節の場の理論参照）．アノマリーは正則化によって古典的な対称性が保てないことによって生じる．ゲージ対称性とカイラル対称性を保つ正則化は一般に存在しない．よって，カイラル対称性が量子的に一般には破れる可能性があり，その破れがカイラルアノマリー（chiral anomaly）である．

カイラル対称性をもつ理論ではフェルミオンの質量項は存在しない．なぜならば，質量項は下式のように左右両方のカイラリティを結び付け，カイラル対称性を破るからである．

$$\mathcal{L}_{\psi, m} = m(\bar{\psi}_L \psi_R + \bar{\psi}_R \psi_L), \quad \psi_R \equiv \frac{1}{2}(1-\gamma_5)\psi \tag{2.389}$$

質量が0でなければ光速で運動していないので，追い抜くことができる．追い抜けば左巻きも右巻きに見えるので，左巻きだけでは存在しえないのは当然である．左右非対称な理論ではラグランジアン密度に質量項は存在しえないが，対称性が自発的に破れる場合には湯川相互作用によりフェルミオンの質量は一般的に0ではない．（2.8節の電弱統一理論参照）

ゲージ理論で左巻きのフェルミオン ψ_L 1つがゲージ場と相互作用する以下の具体例を考えてみよう．

$$\mathcal{L}_L = \bar{\psi}_L i \slashed{D} \psi_L, \quad \psi_L \equiv \frac{1}{2}(1+\gamma_5)\psi \tag{2.390}$$

古典的にはゲージ対称性をもつ理論である．しかし，この系だけでは量子的にカイラルアノマリーが生じ，ゲージ対称性が保てない．カイラルアノマリーが生じる場合はヒッグス機構で自発的に対称性が破れる場合と異なり，ゲージ対称性はない．スピン1の場をもつ整合性のある量子的場の理論がゲージ理論だけであるので，対称性を失うと理論は整合性も失う．よって，素粒子の理論ではすべてのカイラルな場からのカイラルアノマリーをたしあげると，相殺していなければならないという制限が課される．標準模型を含め，現実に適用できる理論はつねにそれを満たしている．

カイラルアノマリーが具体的にどのような量であるかを以下で説明する．カイラルアノマリーは図2.5.9の1ループのファインマン図の過程より生じる．図を見れば理由

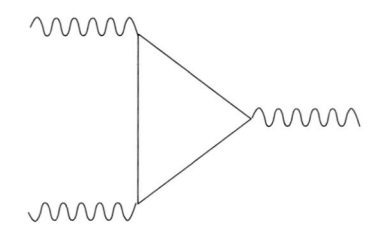

図 2.5.9 4次元でのカイラルアノマリーの生じるファインマン図（三角形図）波線はゲージ場，実線はフェルミ場を表す．

が明らかなように，この図は三角形図と呼ばれる．（厳密には以下で説明するSU(2)とSp(N)がゲージ群の場合の例外がある．）カイラルアノマリーの1つの特徴は実質的にこの過程だけで生じることであり，摂動論高次で新たな寄与が生じることはない．

ゲージ群 G は一般に $G = G_1 \times G_2 \times G_3 \times \cdots$ と書け，G_j は単純群か U(1) である．量子的場の理論で一般的に保たれるCPT対称性により，右巻きの粒子には必ず左巻きの反粒子が存在する．よって，一般性を失わず粒子はすべて左巻きのカイラリティをもつと仮定できるので以下ではそうする．たとえば，左右対称な理論はすべて左巻き粒子と見なすことができるが，右巻きの粒子をCPT変換して左巻きにする際にすべてのゲージ荷電が逆転しており，アノマリーは自動的に相殺する．よって，左右対称な理論にはカイラルアノマリー相殺からの制限はない．

アノマリーに寄与するゲージ場は以下の場合が考えられる．ここで，y_j はアノマリーを引き起こす図2.5.9のループにあるフェルミ場の G_j でのゲージ荷電とする．

- 3つとも G_1 のゲージ場である場合：$G_1 = $ U(1) の場合はアノマリーは以下の式に比例することが容易にわかる．

$$y_1^3 \tag{2.391}$$

それ以外の G_1 が単純群の場合には，フェルミ場の G_1 での表現を R_1 とするとアノマリーは以下の式に比例する．（ここで $\{,\}$ は反交換を示す．）

$$\mathrm{tr}_{R_1}(\boldsymbol{t}^a\{\boldsymbol{t}^b, \boldsymbol{t}^c\}) \tag{2.392}$$

厳密には，$G_1 = $ SU(2) の場合は，ゲージ三角形アノマリーの寄与は0であるが，フェルミオンの種類が偶数でなければカイラルアノマリーが生じる．同じ状況は他にゲージ群がSp(N)の場合にのみ生じる．

- 2つが G_1 ゲージ場で，1つが G_2 ゲージ場の場合：$G_2 = $ U(1) の場合以外はアノマリーは0である．その場合，G_1 もU(1) であればアノマリーは以下の式に比例するのがわかる．

$$y_1^2 y_2 \tag{2.393}$$

それ以外の G_1 が単純群である場合には以下の式となる．

$$\mathrm{tr}_{R1}(\boldsymbol{t}^a \boldsymbol{t}^b) y_2 = C_2(R_1)\delta^{ab} y_2 \tag{2.394}$$

- 3つがそれぞれ $G_{1,2,3}$ のゲージ場である場合：この場合は $G_{1,2,3}$ すべてがU(1) である場合以外はアノマリーは0であり，その場合にはアノマリーは以下の式となる．

$$y_1 y_2 y_3 \tag{2.395}$$

ゲージ場と相互作用するフェルミ場についてアノマリーは，上のすべての場合についてたしあげると0になっていない限り理論は矛盾をしている．

ゲージ場を外場として考えた（ダイナミックスをとりあえず考慮しない）場合，フェルミ場についての量子的な効果を取り入れたゲージ場の有効作用を求めることができる．（フェルミ場については運動方程式は線形であるから可能である．）この有効作用はウェス-ズミノ有効作用（Wess-Zumino effective action）と呼ばれ，この作用がゲージ不変でないというのがカイラルアノマリーの1つの見方である．

カイラルアノマリーに関しては別の重要な側面がある．ゲージ理論では低エネルギーでは相互作用が強く，ゲージ荷電をもつ粒子を「閉じ込め」る傾向がある（2.7節の量子色力学参照）．このような場合は摂動論が使えず，対称性がどのように破られ，複合粒子としてどのような粒子が現れるか明らかではない．このような場合に，フレーバーなどの大局的対称性が仮にゲージ対称性であったと仮定すると，基本的粒子から生じるカイラルアノマリーは複合粒子で考えた場合にも再現されねばならない．この性質は複合粒子のスペクトルと性質に厳しい条件を課すことになり，理論のダイナミックスの解明に貢献する．この手法はアノマリーマッチングと呼ばれ，トフーフトにより見つけられた[3]．複合粒子がカイラルフェルミオンである場合には，それらの粒子によりアノマリーが再現される．もしも再現されていなければ，カイラル対称性は自発的に破れており，質量0の南部-ゴールドストーン粒子が存在し，そのウェス-ズミノ有効作用によりアノマリーが再現される．アノマリーマッチングでは，カイラルアノマリーは大局的対称性をゲージ対称性と見なしただけであるのでアノマリーが相殺する必要はない．

一般の偶数 d 次元時空間ではカイラルアノマリーは $(d/2+1)$ 個のゲージボソンとフェルミオンが相互作用する，いわゆる $(d/2+1)$ 角形図より生じる（4次元では三角形図2.5.9）．奇数次元ではカイラルフェルミオンが存在しないのでカイラルアノマリーもない．カイラルアノマリーは，一般次元でエレガントに微分幾何学的な観点から理解をすることができる[4]．

f. より一般的なゲージ理論
（1） 他の次元におけるゲージ理論

上では (3+1) 次元時空間におけるゲージ理論を考慮してきた．基本的な素粒子のモデルとして扱うのであれば，これはわれわれの時空間が経験的に (3+1) 次元であるので自然である．しかし，他の次元におけるゲージ理論に関する研究も盛んに行われている．それには以下のようなさまざまな理由が考えられる．

- 物性理論では実質的に低次元の物質も扱うが，それらにもゲージ理論を適用する場

合がある.
- 高温の極限では,次元は実質1減ると考えられているので低次元のゲージ理論に興味がある.
- ゲージ理論で相互作用が強い場合はダイナミックスを解明するのは困難である. よって,より低次元で自由度の少ない場合を研究して理解の助けとする.
- 時空間は経験的には (3+1) 次元かもしれないが,ミクロのレベルではもっと高次元空間である可能性もある.

特に (1+1) 次元, (2+1) 次元のゲージ理論は研究され,ダイナミックスの理解に貢献している. (1+1)次元の場合については, $1/N$ 展開に関して以下で言及する. また, (2+1) 次元ではゲージ理論を用いると,ボース統計でもフェルミ統計でもない分数統計 (fractional statistics) の粒子が得られる. これは物性の分野で大きな役割を果たしている. また,高次元空間のゲージ理論は,超弦理論では時空間が (3+1) 次元より高い次元にあることが必要であることもあり,盛んに研究されている.

(2) ゲージ理論, $1/N$ 展開と弦理論

非可換ゲージ理論の低エネルギーのダイナミックスは,相互作用が強いために通常の摂動論では理解できない. 結合定数 g をもつ SU(1) ゲージ理論を考えてみよう. g^2N を固定して N が大きいと考え, $1/N$ で展開するという考え方を $1/N$ 展開と呼ぶ. 相互作用の強さ g^2N がオーダー1で通常の摂動展開ができない場合にも $1/N$ 展開で系統的に展開することにより,理論のダイナミックスの理解が得られる場合もある. $1/N$ 展開の第1項は N の大きい極限での理論であるが,それはすでに通常の摂動理論を越えている. $1/N$ 展開はゲージ理論に限らずさまざまな分野で使われる手法である.

$1/N$ 展開は (1+1) 次元の基本表現のゲージ荷電をもつフェルミ場を含むゲージ理論に適用され,展開最低次の解が得られている[5]. (1+1) 次元ではゲージ場が横波成分をもたないので,ゲージ場には場の自由度はない. 場の自由度をもつのはフェルミ場だけであるので理論のダイナミックスは (3+1) 次元に比べ大分単純である. $1/N$ 展開最低次の理論はフェルミオンの粒子-反粒子の束縛状態の中間子の理論となる. この束縛状態は QCD では中間子に対応する. 最低次とはいえ,通常の摂動論では得られない複合粒子の理論が導けるわけである.

ゲージ理論の一般のファインマン図を考える. それぞれの粒子の線が交差しないように図を描くと,ゲージ結合定数 g についていかに高次の図であっても, N の次数はオイラー数 $\xi=2-2h-b$ (h は穴の数, b は境界の数) と一致することが知られている. これは $1/N$ を弦理論の結合定数と見なすと弦理論の摂動論と同じ振舞いであり,ゲージ理論の $1/N$ 展開は弦理論の摂動展開と見なせると考えられている. 事実, (1+1) 次元の物質場のないゲージ理論の $1/N$ 展開は,弦理論の摂動展開として理解できることがわかっている. 一見関係のない粒子の理論と弦の理論の間に非摂動的な関係があるのは大変興味深い深遠な事実である. (1+1) 次元のゲージ場だけの理論は場の自由度のない,

比較的単純な理論であった．(3+1) 次元の通常のゲージ理論がどのような弦理論に対応するのかという問題は重要である．この関係は超対称性があるいくつかの系については明らかになりつつある[6]．強結合と弱結合を関連づける双対性も用いてゲージ理論のダイナミックスに新たなる理解を与えつつある．

ゲージ理論と弦理論との関係には2つ方向性があると思われる．1つは，上で説明したように，$1/N$ 展開を通じて非可換ゲージ理論の物理が弦理論の物理と見なせることである．現在，ハドロンの物理は非可換ゲージ理論である量子色力学で説明されると考えられている．よって，非可換ゲージ理論の物理的振舞いは弦理論としても理解できるはずである．このようなつながりは，弦理論が元来ハドロンの物理を説明するためにつくられた理論であることを考えると自然な成り行きである．

もう1つは，むしろ逆方向である．弦理論が低エネルギーの極限で通常のゲージ理論を含んでおり，ゲージ群が弦理論の内部空間の対称性により定まる（2.12節の超弦理論参照）．超弦理論が基本理論であると考える場合には，このような考え方が必要である．また，低エネルギー極限の弦理論をゲージ理論の計算の手段として用いることも実用的である．ゲージ理論の散乱振幅の摂動論的な結果は素粒子実験の解析などに重要である．計算は原理的には単純かもしれないが，実際に行うのは粒子数が増えると計算量が膨大であり困難である．これは，古典近似でも困難であるし，1ループではさらに大変であるが，弦理論を用いることにより計算が整理されより容易になる[7]．

（3） 重力とゲージ理論

重力の古典的理論，一般相対性理論は局所的な変換である一般座標変換のもとで対称であり，ゲージ理論と考えられる．通常のゲージ理論では場のとる値が実空間とは直接関係ない内部空間のものであるのに対し，一般相対性理論では場のとる値が実空間の性質を定めるという点で定性的に異なる．一般相対性理論をゲージ理論と見なした場合，ゲージ場は計量テンソル（metric）$g_{\mu\nu}$ に対応する．ゲージ場が0に対応するのが平坦な計量テンソル $\eta_{\mu\nu} \equiv \mathrm{diag}(-1,1,1,1)$ であり，そのまわりに $g_{\mu\nu} = \eta_{\mu\nu} + h_{\mu\nu}$ と展開する．平坦な空間に微小な一般座標変換を行って得られる計量は以下のとおりとなる．

$$x^\mu \to x^\mu + \varepsilon^\mu \Rightarrow h_{\mu\nu} = -\partial_\mu \varepsilon_\nu - \partial_\nu \varepsilon_\mu \tag{2.396}$$

これはゲージ変換の式 (2.317), (2.347) と基本的に同じである．ゲージ変換である一般座標変換では物理は変わらない．共変微分，テンソルの共変性といった概念はゲージ理論の場合と同じものである．重力場のアインシュタイン-ヒルベルト作用は曲率の1次式であり，ゲージ場の作用 (2.327), (2.355) と異なるが，展開すると以下のように通常の運動項が得られる．

$$S_{\text{重力}} = -\frac{1}{16\pi G_N} \int d^4x \sqrt{g} R = \int d^4x \, \partial h \partial h + \cdots \tag{2.397}$$

ここで G_N はニュートンの重力定数，R は時空間の曲率である．$h_{\mu\nu}$ の指数の縮約が多少煩雑なので上式では模式的に書いた．$g^{\mu\nu}$ は計量テンソルの逆行列であり，$h_{\mu\nu}$ で展開

するといくらでも高次の項が存在する．よって物質場がなくても，重力は任意の高次の相互作用の存在する非線形な理論である．

計量テンソルはスピン2をもつゲージ場である．一方，スピン2をもつ場の理論でローレンツ対称で負の確率を生じないユニタリな相互作用のある理論は重力に限られる．重力場を量子化するとゲージボソンとして重力子が得られる．重力場はトレースが0で横波の成分とすることが可能で自由度2つをもつ．重力の量子スケールは次元解析より $M_{\text{Planck}} = 1/\sqrt{G_N} \sim 10^{19}$ GeV であり，このスケールをプランクスケールという．しかし，通常の重力理論はくりこみ不可能である．これは次元からほぼ明らかである．物理量を摂動展開すると，模式的に下式のようになる．

$$\langle \mathcal{O} \rangle = \mathcal{O}_0 [1 + 係数 \times G_N \Lambda^2 + 係数 \times (G_N \Lambda^2)^2 + \cdots] \tag{2.398}$$

Λ は紫外カットオフであり，この理論はくりこみ不可能である．超対称性の対称性の高い場合には，発散が大幅に緩和されるが，それでも不十分であり，通常の場の理論では一般にはくりこみ不可能であると考えられている．現在は超弦理論の一部として考えれば発散の問題のない理論が得られることが知られている．(2.6節の超重力理論，2.12節の超弦理論参照).

重力がゲージ理論と見なせると初めて指摘したのは内山理論である．それは特殊相対性理論は大局的対称性にローレンツ群をもち，それをゲージ化することによって一般相対性理論が得られるという考え方であった．内山理論ではクリストッフェル記号 $\Gamma^\lambda_{\mu\nu}$ がゲージ場に対応する．テンソルの共変微分が $D_\mu V_\lambda = (\partial_\mu - \Gamma^\rho_{\mu\nu}) V_\rho$ と書けるので自然な対応である．また，曲率テンソル $R_{\mu\nu\rho}{}^\sigma$ と $\Gamma^\lambda_{\mu\nu}$ との関係も式 (2.353) と基本的に同じである．しかし，重力の作用 (2.397) は曲率について1次であり，ゲージ場の作用 (2.355) と単純には対応しない．

重力がゲージ理論であるのは，いわゆるカルーツァ-クライン理論 (Kaluza-Klein theory) でも顕著に現れる．カルーツァ-クライン理論では $(4+D)$ 次元時空間の高次元の重力理論において D 次元の時空間を小さなコンパクトな空間にして実質的に4次元の時空間の理論と見なす．この場合，内部空間の重力の対称性は4次元空間上の通常のゲージ対称性として現れる．このような考え方は1920年代にカルーツァとクラインによって提示され，これを拡張した考え方が現在の超弦理論に不可欠の要素である．

重力もゲージ理論であるのでゲージ場特有のカイラルアノマリー，重力アノマリー (gravitational anomaly) が一般には存在する[8]．しかし，重力だけの理論ではアノマリーは $4k+2(k=0,1,2,\cdots)$ 次元でしか存在しないので $(3+1)$ 次元時空間では存在しない．$(3+1)$ 次元時空間では三角形アノマリー図2.5.9で重力子2個とU(1)ゲージボソン1個が相互作用する場合にのみアノマリーが生じうる．この場合アノマリーはカイラルフェルミオンのU(1)ゲージ荷電に比例する．

(4) ゲージ理論と数学

ゲージ理論と数学のつながりは深く，近年はゲージ理論の手法を用いた多様体の幾何

学的性質の解析の発展が著しい[9]．ここで便利な見方として微分形式からの見方を導入する．微分形式は接続の1次形式と見なせる．

$$\boldsymbol{A} \equiv -ig\boldsymbol{A}_\mu dx^\mu \tag{2.399}$$

多少紛らわしいが，式の見やすさのために $-ig$ をかけている．ゲージ場の強さは曲率の2次形式である．

$$\boldsymbol{F} \equiv -\frac{1}{2} ig\boldsymbol{F}_{\mu\nu} dx^\nu \wedge dx^\mu = d\boldsymbol{A} + \boldsymbol{A} \wedge \boldsymbol{A} \tag{2.400}$$

$\wedge$ は外積を表す．たとえば，インスタントンの数 (2.381) はポントリャーギン指数と呼ばれる以下の式で表され，ゲージ場との関係 (2.382) は以下のようになる．

$$\mathcal{N} = \frac{1}{32\pi^2} \int \mathrm{tr}\, \boldsymbol{F} \wedge \boldsymbol{F}, \quad \mathrm{tr}\, \boldsymbol{F} \wedge \boldsymbol{F} = dK, \quad K = \mathrm{tr}\left(\boldsymbol{A} \wedge d\boldsymbol{A} + \frac{2}{3}\boldsymbol{A} \wedge \boldsymbol{A} \wedge \boldsymbol{A}\right)$$

K はチャーン-サイモンズ形式（Chern-Simons form）ともいわれる．

1つの応用は結び目理論である．結び目は位相的不変量であり，それ固有の多項式を関連づけることができる．このような多項式は以下のチャーン-サイモンズ形式を作用にもったゲージ理論で説明できる．

$$S = \frac{k}{4\pi} \int_\mathcal{M} \mathrm{tr}\left(\boldsymbol{A} \wedge d\boldsymbol{A} + \frac{2}{3}\boldsymbol{A} \wedge \boldsymbol{A} \wedge \boldsymbol{A}\right), \quad \mathcal{M}：3次元多様体, \ k：整数 \tag{2.401}$$

この作用は計量テンソルによらず，量子化すると位相的場の理論（topological quantum field theory）が得られる．これに対し，通常の非可換ゲージ理論のラグランジアン密度 (2.355) の定義には計量テンソルが必要であり，位相的場の理論ではない．縮約には，$\boldsymbol{F}_{\mu\nu}\boldsymbol{F}^{\mu\nu} = g^{\mu\mu'}g^{\nu\nu'}\boldsymbol{F}_{\mu\nu}\boldsymbol{F}_{\mu'\nu'}$ のように計量テンソルが必要であるからである．位相的場の理論で求められる相関関数などの物理量は位相的不変量である．この理論で時空間における荷電をもった粒子の閉じた軌跡（これをウィルソン線と呼ぶことが多い）の期待値を求めると結び目の多項式が得られる．たとえばジョーンズの多項式と呼ばれるものはゲージ群が $SU(2)$，$\mathcal{M}$ が3次元球の場合である．このようなゲージ理論としても結び目理論をみることにより，それまで存在していたさまざまな結び目を特徴づけていた多項式を系統的に理解することができ，さらに拡張することができる．また，共形場の理論などの他の分野とのつながりも物理的な観点から理解できる点も多い．結び目の理論以外の分野でも，たとえばインスタントン解，双対性で得られる情報などゲージ理論の場の理論的見方は，数学に影響を与え続けている．

（青木健一郎）

参考文献

1) L. M. Krauss, F. Wilczek, Phys. Rev. Lett. **62** (1989) 1221.
2) G. 't Hooft, Nucl. Phys. **B105** (1976) 538；A. M. Polyakov, JETP Lett. **20** (1974) 194 [Pisma Zh. Eksp. Teor. Fiz. **20** (1974) 430]；P. Goddard and D. I. Olive, Rept. Prog. Phys. **41** (1978) 1357.
3) G. 't Hooft, "Naturalness, Chiral Symmetry, And Spontaneous Chiral Symmetry Breaking", *Cargese Summer Inst., Cargese, France, Aug 26-Sep 8, 1979*.
4) W. A. Bardeen, B. Zumino, *Nucl. Phys.* **B244** (1984) 421.

5) G. 't Hooft, Nucl. Phys. **B72**, 461（1974）Nucl. Phys. **B72**（1974）461.
6) C. Montonen and D. I. Olive, Phys. Lett. **B72**（1977）117；N. Seiberg and E. Witten, **B430**（1994）485；O. Aharony, S. S. Gubser, J. M. Maldacena, H. Ooguri and Y. Oz, Phys. Rept. **323**（2000）183.
7) Z. Bern and D. A. Kosower, Phys. Rev. Lett. **66**（1991）1669；Z. Bern, L. J. Dixon and D. A. Kosower, Phys. Rev. Lett. **70**（1993）2677.
8) L. Alvarez-Gaumé, E. Witten, *Nucl. Phys.* **B234**（1983）269.
9) J. Donaldson, J. Diff. Geom, 18（1983）268；E. Witten, *Commun. Math. Phys.* **121**（1989）351.

2.6 超対称性と超重力理論

はじめに

超対称性（supersymmetry）は，ボソンとフェルミオンの間の対称性である．超対称性をもつ理論では，いくつかのボソンとフェルミオンが多重項をつくり，超対称性の変換によって結びついている．超対称性の変換は，ポアンカレ対称性などの時空対称性の変換とともに，ある代数（超代数）をつくる．この超代数には，時空対称性の種類や超対称性の生成子の個数などによって，いろいろな種類がある．ここでは，素粒子物理学に応用する場合に最も重要な，4次元時空における$\mathcal{N}=1$超ポアンカレ代数に基づいた理論について，その基礎的事項をまとめる．（超対称性についてのより詳しい議論については，教科書[1,2)]や総合報告[3)]，論文選集[4,5)]などを参照）

a. 超ポアンカレ代数とその表現

超ポアンカレ代数は，並進の生成子P_μとローレンツ変換の生成子$M_{\mu\nu}$からなるポアンカレ代数に，超対称性変換の生成子である超電荷（supercharge）Q_αを付け加えてできる代数である．以下では，4次元のベクトル添字として$\mu, \nu, \cdots = 0, 1, 2, 3$を，スピノル添字として$\alpha, \beta, \cdots = 1, 2, 3, 4$を使うことにする．マヨラナスピノルの超電荷を1個だけ含む場合を$\mathcal{N}=1$超ポアンカレ代数と呼び，その場合を考える．マヨラナスピノルは，マヨラナ条件$Q = C\bar{Q}^T$（$\bar{Q} = Q^\dagger i\gamma^0$，$C$は荷電共役行列）を満たすスピノルである．$\mathcal{N}=1$超ポアンカレ代数の（反）交換関係は，ポアンカレ代数の交換関係に加えて，

$$\{Q_\alpha, \bar{Q}^\beta\} = -2i(\gamma^\mu)_\alpha{}^\beta P_\mu, \tag{2.402}$$

$$[P_\mu, Q_\alpha] = 0, \tag{2.403}$$

$$[M_{\mu\nu}, Q_\alpha] = \frac{1}{2}i(\gamma_{\mu\nu})_\alpha{}^\beta Q_\beta \tag{2.404}$$

で与えられる．ここで，$\gamma^{\mu\nu} = \frac{1}{2}[\gamma^\mu, \gamma^\nu]$である．超電荷はフェルミオン的な生成子であるため，超電荷どうしに対しては反交換関係になっている．

超対称性をもつ理論では，いくつかの異なるスピンの粒子が集まって多重項をつくる．これを超多重項（supermultiplet）という．超ポアンカレ代数の1粒子状態に対する既約表現を求めることにより，どのような粒子が超多重項をつくるかを知ることができる．

まず，交換関係 (2.403) から，既約表現の中の1つの状態に Q_α を作用してできる状態はすべて P_μ の同じ固有値 p_μ をもつことがわかる．また，$P_\mu P^\mu$ はすべての生成子と交換するので，1つの既約表現の中のすべての状態の質量 $m^2 = -p_\mu p^\mu$ は等しい．既約表現をつくる状態を求めるために，ガンマ行列の具体的な表示として，

$$\gamma^0 = -i\begin{pmatrix} 0 & 1 \\ 1 & 0 \end{pmatrix}, \quad \gamma^i = -i\begin{pmatrix} 0 & \sigma^i \\ -\sigma^i & 0 \end{pmatrix} \quad (i=1,2,3) \tag{2.405}$$

を使う．ここで，$\sigma^i (i=1,2,3)$ は 2×2 パウリ行列である．この表示では，カイラリティ行列 $\gamma_5 = i\gamma^0\gamma^1\gamma^2\gamma^3$ は対角形である．また，荷電共役行列 C とマヨラナスピノル Q は

$$C = \begin{pmatrix} i\sigma_2 & 0 \\ 0 & -i\sigma_2 \end{pmatrix}, \quad Q = \begin{pmatrix} i\sigma_2 Q^{\dagger T} \\ Q \end{pmatrix} \tag{2.406}$$

という形になる．マヨラナスピノルの独立な成分は下の2成分 Q_3, Q_4 であり，上の2成分はそのエルミート共役で与えられている．

まず，質量がゼロの1粒子状態からなる既約表現を考える．この場合は，運動量固有値が $p^\mu = (E, 0, 0, E)$ となる慣性系が存在し，そこでは超電荷の反交換関係 (2.402) のうちゼロでないものは，

$$\{Q_3, (Q_3)^\dagger\} = 4E \tag{2.407}$$

となる．Q_4 は，自分自身を含めて Q のすべての成分と反交換するので，$Q_4 = 0$ と見なしてよい．$b^\dagger = (4E)^{-1/2} Q_3^\dagger$, $b = (4E)^{-1/2} Q_3$ と置くと，これらはフェルミオンの生成・消滅演算子と同じ反交換関係を満たしている．したがって，その表現の基底は，

$$|\lambda\rangle, \quad b^\dagger|\lambda\rangle \tag{2.408}$$

で与えられる．ここで，$|\lambda\rangle$ は $b|\lambda\rangle = 0$ を満たすヘリシティ λ をもつ状態を表す．交換関係 (2.404) から $b^\dagger$ はヘリシティ $1/2$ をもつことがわかるので，これらの状態はヘリシティ $\left(\lambda, \lambda+\frac{1}{2}\right)$ をもつ．場の理論の CPT 定理によると，ヘリシティが λ の状態が存在すれば $-\lambda$ の状態も存在するので，場の理論で実現される超多重項は，

$$\left(\lambda, \lambda+\frac{1}{2}\right) \oplus \left(-\lambda-\frac{1}{2}, -\lambda\right) \quad \left(\lambda = 0, \frac{1}{2}, 1, \cdots\right) \tag{2.409}$$

となる．素粒子のモデルでよく使われる超多重項には，カイラル多重項 $\left(0, \frac{1}{2}\right) \oplus \left(-\frac{1}{2}, 0\right)$，ベクトル多重項 $\left(\frac{1}{2}, 1\right) \oplus \left(-1, -\frac{1}{2}\right)$，超重力多重項 $\left(\frac{3}{2}, 2\right) \oplus \left(-2, -\frac{3}{2}\right)$ などがある．

質量 $m>0$ の1粒子状態の場合は，運動量固有値が $p^\mu = (m, 0, 0, 0)$ となる慣性系が存在し，そこでは，式 (2.402) の超電荷 $Q_\alpha (\alpha=3,4)$ に対する反交換関係は，

$$\{Q_\alpha, (Q_\beta)^\dagger\} = 2m\delta_{\alpha\beta} \tag{2.410}$$

となる．これは，$b_\alpha^\dagger = (2m)^{-1/2} Q_\alpha^\dagger$, $b_\alpha = (2m)^{-1/2} Q_\alpha$ が，2種類のフェルミオンの生成・消滅演算子と同じ反交換関係を満たすことを示している．したがって，その表現の基底は，

$$|s\rangle, \quad b_\alpha^\dagger|s\rangle \quad b_3^\dagger b_4^\dagger|s\rangle \tag{2.411}$$

で与えられる．$|s\rangle$ は $b_\alpha|s\rangle=0$ を満たすスピン s の $2s+1$ 個の状態を表す．交換関係 (2.404) から $b_\alpha^\dagger$ はスピン $1/2$ をもつことがわかるので，これらの状態のもつスピンは，

$$\left(s-\frac{1}{2}, s, s, s+\frac{1}{2}\right) \quad \left(s=0, \frac{1}{2}, 1, \cdots\right) \tag{2.412}$$

となる．ただし，$s=0$ の場合は $s-\frac{1}{2}$ の状態はない．素粒子のモデルでよく使われる超多重項には，カイラル多重項 $\left(0, 0, \frac{1}{2}\right)$，質量をもったベクトル多重項 $\left(0, \frac{1}{2}, \frac{1}{2}, 1\right)$ などがある．

b. 超対称な場の理論

超対称性をもつ場の理論を構成するには，超場 (superfield)[6] を使った方法が便利である．超場は，通常の座標 x^μ のほかに，グラスマン数のスピノル座標 θ_α を変数とする場 $\Phi(x, \theta)$ である．超場を θ について展開すると，

$$\Phi(x, \theta) = \phi(x) + \bar{\theta}\psi(x) + \frac{1}{2}i\bar{\theta}\gamma_5\gamma^\mu\theta V_\mu(x) + \cdots + \frac{1}{4}(\bar{\theta}\theta)^2 D(x) \tag{2.413}$$

のように，係数がスカラー場 $\phi(x)$，スピノル場 $\psi_\alpha(x)$，ベクトル場 $V_\mu(x)$ などいろいろなスピンをもった通常の場になり，それらをまとめて見通しよく扱うことができる．超場に対する超対称性変換は θ_α と x^μ についての微分演算子で表され，不変な作用を容易に構成することができる．ここでは，この方法の詳細[1,2]には立ち入らず，その結果得られる場の理論について述べる．

スピンが 1 以下の場だけを扱う理論では，2 種類の場の超多重項

$$\begin{aligned}&\text{ベクトル多重項}: (\lambda_\alpha^I, A_\mu^I, D^I) \quad (I=1, 2, \cdots, \dim G) \\ &\text{カイラル多重項}: (\phi_i, \psi_{Lai}, F_i) \quad (i=1, 2, \cdots, n)\end{aligned} \tag{2.414}$$

を使う．ベクトル多重項は，マヨラナスピノル場 $\lambda_\alpha^I(x)$，ゲージ場 $A_\mu^I(x)$，実スカラー場 $D^I(x)$ からなり，ゲージ群 G の随伴表現に属する．カイラル多重項は，複素スカラー場 $\phi_i(x)$，左巻きワイルスピノル場 $\psi_{Lai}(x)$，複素スカラー場 $F_i(x)$ からなり，G のある n 次元表現（生成子の表現行列を $(T^I)_{ij}$ とする）に属する．後にみるように，場 D^I と F_i は力学的自由度をもたない補助場であり，場の方程式を使うと他の場によって表される．

これらの超多重項に対するラグランジアンで，超対称性と G ゲージ対称性をもち，くりこみ可能な一般的なものは，

$$\begin{aligned}\mathcal{L} = &-\frac{1}{4}F_{\mu\nu}^I F^{I\mu\nu} - \frac{1}{2}\bar{\lambda}^I\gamma^\mu D_\mu\lambda^I + \frac{1}{2}D^I D^I - \xi^I D^I + \frac{g^2\theta}{64\pi^2}\varepsilon^{\mu\nu\rho\sigma}F_{\mu\nu}^I F_{\rho\sigma}^I \\ &- D_\mu\phi_i^* D^\mu\phi_i - \overline{\psi_{Li}}\gamma^\mu D_\mu\psi_{Li} + F_i^* F_i + \frac{\partial W(\phi)}{\partial\phi_i}F_i + \left(\frac{\partial W(\phi)}{\partial\phi_i}\right)^* F_i^*\end{aligned}$$

2.6 超対称性と超重力理論

$$-\frac{1}{2}\frac{\partial^2 W(\phi)}{\partial \phi_i \partial \phi_j}\overline{\psi_{Ri}}\psi_{Lj} - \frac{1}{2}\left(\frac{\partial^2 W(\phi)}{\partial \phi_i \partial \phi_j}\right)^*\overline{\psi_{Li}}\psi_{Rj} - gD^I\phi^\dagger T^I\phi$$
$$+\sqrt{2}ig\overline{\psi_L}T^I\phi\lambda^I - \sqrt{2}ig\bar{\lambda}^I\phi^\dagger T^I\psi_L \tag{2.415}$$

である．ここで，$\psi_{Ri} = C(\overline{\psi_{Li}})^T$ であり，D_μ はそれぞれの場に対する G 共変微分である．また，g, θ, ξ^I は実定数パラメーターである．ゲージ結合定数 g と真空角 θ は，簡単のため 1 つの記号で書いたが，ゲージ群 G がいくつかの単純群と U(1) 因子の積の形になっているときは，それぞれの因子ごとに異なる値をとることができる．ξ^I は G の U(1) 因子についてだけゼロでない値をもつ．$W(\phi)$ は，複素スカラー場 ϕ_i のゲージ不変で，正則な（ϕ_i^* に依存しない）関数であり，超ポテンシャル（superpotential）と呼ばれる．くりこみ可能性から $W(\phi)$ は ϕ_i の 3 次以下の多項式であることが要請される．

このラグランジアンからつくられる作用は，超対称性変換，

$$\delta_Q\lambda^I = -\frac{1}{2}F^I_{\mu\nu}\gamma^{\mu\nu}\varepsilon + iD^I\gamma_5\varepsilon, \quad \delta_Q A^I_\mu = \bar{\varepsilon}\gamma_\mu\lambda^I, \quad \delta_Q D^I = i\bar{\varepsilon}\gamma_5\gamma^\mu D_\mu\lambda^I,$$
$$\delta_Q\phi_i = \sqrt{2}\,\overline{\varepsilon_R}\psi_{Li}, \quad \delta_Q\psi_{Li} = \sqrt{2}D_\mu\phi_i\gamma^\mu\varepsilon_R + \sqrt{2}F_i\varepsilon_L,$$
$$\delta_Q F_i = \sqrt{2}\,\overline{\varepsilon_L}\gamma^\mu D_\mu\psi_{Li} - 2ig\,\overline{\varepsilon_L}\lambda^I(T^I\phi)_i \tag{2.416}$$

に対して不変である．ここで，ε は変換のパラメーターで，定数マヨラナスピノルである．変換のパラメーターが ε_1 と ε_2 の 2 つの変換の交換関係を計算すると，すべての場に対して閉じた交換関係，

$$[\delta_Q(\varepsilon_1), \delta_Q(\varepsilon_2)] = \delta_P(\xi) + \delta_{\text{gauge}}(\theta) \quad (\xi^\mu = 2\bar{\varepsilon}_2\gamma^\mu\varepsilon_1, \theta^I = g\xi^\mu A^I_\mu) \tag{2.417}$$

が得られる．ここで，δ_P は x^μ の並進を，δ_{gauge} は G ゲージ変換を表す．ゲージ変換は物理的状態を変えないことを考慮すると，この交換関係は超電荷の反交換関係（2.402）に対応していることがわかる．

ラグランジアン（2.415）から得られる補助場 F_i と D^I に対する場の方程式は代数的に解け，その解は

$$F_i = -\left(\frac{\partial W(\phi)}{\partial \phi_i}\right)^*, \quad D^I = \xi^I + g\phi^\dagger T^I\phi \tag{2.418}$$

で与えられる．これを式（2.415）に代入すると，式（2.415）の中の補助場に依存する項が

$$-V(\phi, \phi^*) = -\left|\frac{\partial W(\phi)}{\partial \phi_i}\right|^2 - \frac{1}{2}(\xi^I + g\phi^\dagger T^I\phi)^2 \tag{2.419}$$

に置き換えられたラグランジアンが得られる．$V(\phi, \phi^*)$ はスカラー場 ϕ_i に対するポテンシャルを表し，$V \geq 0$ であることがわかる．

簡単な例として，カイラル多重項を 1 種類だけ含み，$W(\phi) = \frac{1}{2}m\phi^2 + \frac{1}{6}\lambda\phi^3$（$m, \lambda$ は実定数）である場合[7]を考えてみる．式（2.418）によって補助場 F を消去したラグランジアンは，

$$\mathcal{L} = -\partial_\mu \phi^* \partial^\mu \phi - m^2 \phi^* \phi - \frac{1}{2}\bar{\psi}\gamma^\mu \partial_\mu \psi - \frac{1}{2}m\bar{\psi}\psi$$
$$- m\lambda(\phi^* \phi^2 + \phi \phi^{*2}) - \frac{1}{4}\lambda^2 |\phi|^4 - \frac{1}{2}\lambda(\phi\overline{\psi_R}\psi_L + \phi^* \overline{\psi_L}\psi_R) \quad (2.420)$$

となる. ここで, $\psi = \psi_L + \psi_R$ と置いた. 場 ϕ, ψ は, 同じ質量 m をもつ 2 個の実スカラー粒子とスピン 1/2 粒子を表し, 式 (2.412) のカイラル多重項 $\left(0, 0, \frac{1}{2}\right)$ をつくっている. また, いろいろな相互作用の結合定数が超対称性によって結びついている. たとえば, $|\phi|^4$ の結合定数と湯川結合 $\phi\overline{\psi_R}\psi_L$, $\phi^* \overline{\psi_L}\psi_R$ の結合定数は, 同じ λ で与えられている.

超対称な場の理論の特長の 1 つは, 摂動計算においてボソンとフェルミオンのループ寄与が相殺するため, 紫外発散の程度が低くなることである. たとえば, 1 種類のカイラル多重項からなる理論 (2.420) でスカラー場の 2 点関数を考えると, 1-ループのダイアグラムには, スカラー場のループを含むダイアグラムとスピノル場のループを含むダイアグラムがあり, それぞれは 2 次発散している. しかし, その 2 次発散は相殺し, 全体としては対数発散になっている.

さらに, ある種の相互作用項については, ループ補正の中の発散が相殺するだけではなく, 有限なくりこみも受けないことが示される. これは非くりこみ定理と呼ばれている. たとえば, 作用 (2.415) の中の W に依存する項は, 摂動論の任意の次数で, まったくくりこみを受けない. このような非くりこみ定理は, 始め超場を使った摂動論によって示され[8], 後に場についての正則性を使っても示された[9].

c. 超対称性の自発的破れ

超対称性をもつ場の理論で, 超対称性が破れていないならば, 各超多重項の中のボソンとフェルミオンは同じ質量をもつことになる. しかし, 現実の世界ではそのようなボソンとフェルミオンの対は存在していないので, 超対称性は何らかのメカニズムで破れていなければならない. ここでは, 超対称性の自発的破れについて考える. この場合, 真空状態は超対称性変換に対して不変ではなく, そのまわりの場のゆらぎによって表される粒子のスペクトルは, 必ずしも同じ質量のボソンとフェルミオンの対をつくらない.

超対称性が自発的に破れているかどうかを判定するためには, 真空状態のエネルギーをオーダーパラメーターとして使うことができる. 反交換関係 (2.402) から, ハミルトニアン $H = P^0$ は,

$$H = \frac{1}{8}\sum_{\alpha=1}^{4}(Q^{\dagger\alpha}Q_\alpha + Q_\alpha Q^{\dagger\alpha}) \quad (2.421)$$

と表される. この式から, すべての状態のエネルギーはゼロ以上であることがわかる. さらに, もしエネルギーがゼロの状態が存在すれば, それは最低エネルギーの状態なので真空状態 $|0\rangle$ であり,

$$Q_\alpha |0\rangle = 0 \quad (2.422)$$

2.6 超対称性と超重力理論

が成り立つ．これは，真空状態 $|0\rangle$ が超対称性変換に対して不変であることを示している．したがって，真空のエネルギーがゼロならば超対称性は破れておらず，正ならば破れている．

非くりこみ定理を使うと，超対称性が古典論的に破れていないならば，摂動論の任意の次数で破れないことを示すことができる．したがって，超対称性の自発的破れは，古典論的に起こるか，または，非摂動論的な量子効果によって起こるかのどちらかである．

真空状態では，ローレンツ不変性からスカラー場以外の場の値はゼロであり，スカラー場の値は座標によらない定数 ϕ_i である．古典論では，このときのエネルギーは式 (2.419) のポテンシャル $V(\phi,\phi^*)$ によって与えられ，超対称性が保たれているためには $V=0$ でなければならない．式 (2.418) からこの条件は，$F_i=0, D^I=0$ と表すこともできる．補助場に対するこの条件は，場の超対称性変換 (2.416) からも理解できる．超対称性が保たれているためには，真空での場の変換はゼロになっていなければならない．式 (2.416) でスカラー場以外の場をゼロと置き，スカラー場を定数とすると，右辺がゼロにならないのは $\delta_Q \lambda^I = i D^I \gamma_5 \varepsilon$, $\delta_Q \psi_{Li} = \sqrt{2} F_i \varepsilon_L$ だけである．これらもゼロになることを要求すると，$F_i=0, D^I=0$ が得られる．古典論的に超対称性の自発的破れが起こるメカニズムとしては，次の2種類が知られている．

(1) 方程式 $\frac{\partial W}{\partial \phi_i} = 0$ に解が存在しない場合[10]：たとえば，3種類のカイラル多重項を含み，超ポテンシャルが $W(\phi) = \lambda \phi_1(\phi_3^2 - M^2) + m\phi_2 \phi_3$ である理論では，
$$V = \lambda^2 |\phi_3^2 - M^2|^2 + m^2 |\phi_3|^2 + |2\lambda \phi_1 \phi_3 + m\phi_2|^2 > 0. \tag{2.423}$$

(2) U(1) ベクトル多重項を含み，式 (2.415) の ξ^I 項がある場合[11]：たとえば，U(1) ベクトル多重項と電荷が $+1$ と -1 の2種類のカイラル多重項を含み，超ポテンシャルが $W(\phi) = m\phi_1 \phi_2$ である理論では，
$$V = m^2 |\phi_1|^2 + m^2 |\phi_2|^2 + \frac{1}{2}(\xi + g^2 |\phi_1|^2 - g^2 |\phi_2|^2)^2 > 0. \tag{2.424}$$

古典論的に超対称性が保たれている場合に，非摂動論的な量子効果によって破れが起こっているかどうかを解析するのは容易ではないが，ウィッテン指数（Witten index）[12] という量を用いて判定できる場合がある．ウィッテン指数は，理論に含まれるパラメーターの値を連続的に変化させてもその値を変えず，一種の位相不変量になっている．このことを利用して，計算が容易になるようにパラメーターの値の適当な極限をとり，ウィッテン指数を求めることができる場合がある．

超対称性が自発的に破れている場合には，質量がゼロのスピン 1/2 フェルミオンが現れる．これを南部-ゴールドストーンフェルミオンと呼ぶ．次に述べる局所超対称性をもった超重力理論では，超対称性のゲージ場であるスピン 3/2 の場が，南部-ゴールドストーンフェルミオンを縦波成分として吸収し，質量を得る（超ヒッグス機構）．

d. 超重力理論

通常の内部対称性と同様に，変換パラメーター ε_α が座標 x^μ の任意関数であるような局所超対称性を考えることができる．このとき，ゲージ場としてベクトル添字とスピノル添字の両方をもったラリタ-シュビンガー（Rarita-Schwinger）場 $\psi_{\mu\alpha}(x)$ が必要である．さらに，超対称性変換の代数（2.402）は並進の演算子 P_μ を含むため，局所的な並進，すなわち一般座標変換に対する対称性も同時に考えなければならない．このためには，重力場も必要となる．スピノル場を含む理論で重力場を考えるためには，計量 $g_{\mu\nu}(x)$ ではなく，4脚場（vierbein または tetrad）$e_\mu{}^a(x)$（$a=0,1,2,3$）を使う．計量は，4脚場と平坦な計量 η_{ab} を使って $g_{\mu\nu}(x)=e_\mu^a(x)e_\nu^b(x)\eta_{ab}$ と表される．この2種類の場からなる超多重項，

$$\text{超重力多重項}：(e_\mu{}^a, \psi_{\mu\alpha}) \tag{2.425}$$

を使って，局所超対称性をもった理論を構成することができる．そのような理論を超重力理論（supergravity）[13]という．

超重力多重項だけを含む理論のラグランジアンは，

$$\mathcal{L}=\frac{1}{2\kappa^2}eR-\frac{1}{2}e\bar\psi_\mu\gamma^{\mu\nu\rho}D_\nu\psi_\rho, \tag{2.426}$$

である．ここで，$e=\det e_\mu{}^a=\sqrt{-\det g_{\mu\nu}}$ であり，$\gamma^{\mu\nu\rho}$ はガンマ行列の反対称積 $\gamma^{\mu\nu\rho}=\frac{1}{3!}$ ($\gamma^\mu\gamma^\nu\gamma^\rho\pm\mu\nu\rho$ の置換) である．また，定数 κ はニュートン定数 G を使って $\kappa=\sqrt{8\pi G}$ と与えられる．スカラー曲率 R と共変微分 D_μ は，スピン接続（$\omega_{\mu ab}^{(0)}$ は捩率（torsion）のない場合のスピン接続）

$$\omega_{\mu ab}=\omega_{\mu ab}^{(0)}+\frac{1}{4}\kappa^2(\bar\psi_a\gamma_\mu\psi_b+\bar\psi_\mu\gamma_a\psi_b-\bar\psi_\mu\gamma_b\psi_a) \tag{2.427}$$

を使って定義されたものである．ψ_μ について4次の項を除くと，ラグランジアン（2.426）の第1項は通常の一般相対論のアインシュタイン項であり，第2項はスピン3/2の場に対するラリタ-シュビンガー項である．

ラグランジアン（2.426）からつくられる作用は，重力場を含むので，一般座標変換 δ_G と局所ローレンツ変換 δ_L に対して不変である．さらに，局所超対称性変換

$$\delta_Q e_\mu{}^a=\kappa\bar\varepsilon\gamma^a\psi_\mu, \quad \delta_Q\psi_\mu=\frac{2}{\kappa}D_\mu\varepsilon \tag{2.428}$$

に対しても不変である．マヨラナスピノルの変換パラメーター $\varepsilon_\alpha(x)$ は，座標 x^μ の任意関数である．変換 $\delta_Q\psi_\mu$ の形は，ψ_μ が局所超対称性のゲージ場であることを示している．この局所超対称性変換は，交換関係

$$[\delta_Q(\varepsilon_1),\delta_Q(\varepsilon_2)]=\delta_G(\xi)+\delta_L(\xi\cdot\omega)+\delta_Q\left(-\frac{1}{2}\kappa\xi\cdot\psi\right) \quad (\xi^\mu=2\bar\varepsilon_2\gamma^\mu\varepsilon_1) \tag{2.429}$$

を満たす．この閉じた交換関係を得るには，ラグランジアン（2.426）から導かれる場の方程式を使う必要がある．この意味で，この交換関係はオン・シェルでのみ閉じている．

しかし，超多重項（2.414）のD^IやF_iのような力学的自由度をもたない補助場をいくつか導入することによって，オフ・シェルで閉じた交換関係を得ることもできる[14]．オフ・シェルで閉じた交換関係をもつ定式化は，ゲージ固定をして量子化を行う際や物質場との結合を考える際に便利である．

物質場としてカイラル多重項とゲージ多重項（2.414）が超重力多重項（2.425）に結合した理論を構成することができる．この場合のラグランジアンと場の超対称性変換の形を系統的に求める方法としては，超場を使った方法[1]やテンソル解析の方法[3,15]が知られている．

（谷井義彰）

参考文献

1) J. Wess and J. Bagger, *Supersymmetry and Supergravity* (Princeton University Press, 1992).
2) S. Weinberg, *The Quantum Theory of Fields, Vol. III : Supersymmetry* (Cambridge University Press, 2000).
3) P. van Nieuwenhuizen, Phys. Rept. **68** (1981) 189.
4) S. Ferrara (ed.), *Supersymmetry, Vols. 1, 2* (North-Holland/World Scientific, 1987).
5) A. Salam and E. Sezgin (eds.), *Supergravities in Diverse Dimensions, Vols. 1, 2* (North-Holland/World Scientific, 1989).
6) A. Salam and J. Strathdee, Nucl. Phys. **B76** (1974) 477.
7) J. Wess and B. Zumino, Phys. Lett. **B49** (1974) 52.
8) M. T. Grisaru, W. Siegel and M. Roček, Nucl. Phys. **B159** (1979) 429.
9) N. Seiberg, Phys. Lett. **B318** (1993) 469.
10) L. O'Raifeartaigh, Nucl. Phys. **B96** (1975) 331.
11) P. Fayet and J. Iliopoulos, Phys. Lett. **B51** (1974) 461.
12) E. Witten, Nucl. Phys. **B202** (1982) 253.
13) D. Z. Freedman, P. van Nieuwenhuizen and S. Ferrara, Phys. Rev. **D13** (1976) 3214 ; S. Deser and B. Zumino, Phys. Lett. **B62** (1976) 335.
14) S. Ferrara and P. van Nieuwenhuizen, Phys. Lett. **B74** (1978) 333 ; K. S. Stelle and P. C. West, Phys. Lett. **B74** (1978) 330.
15) T. Kugo and S. Uehara, Nucl. Phys. **B226** (1983) 49.

2.7 量子色力学

a. 概　　要

現在知られている自然界の最も基本的な粒子は，6種類のクォークと6種類のレプトンである．これらの粒子の間には，重力に加えて，強い相互作用，電磁相互作用，弱い相互作用の3種類の力が働いている．自然界のさまざまな物質や現象は，これらの粒子を構成単位として，それらの間に働く相互作用の結果生じていると考えられる．

量子色力学は，強い相互作用の基本法則を，クォークを基本粒子とし，"カラー（色）"の自由度を局所的なゲージ対称性としてもつ場の量子論により記述する理論である．すなわち，6種類のクォークはそれぞれ3種類のカラーの状態をもち，クォークの間には，カラーの組合せにより決まる8種類のグルオンが交換されて，これが強い相互作

用を媒介する力となっていると考える．英語名である Quantum Chromo Dynamics から，しばしば QCD と略称され，chromo は色を意味するギリシャ語 $\chi\rho\omega\mu\alpha$ に由来する．QCD により記述されるグルオンにより媒介される力は，1973 年に発見された"漸近自由性"というユニークな性質をもっており，強い相互作用の理論としての正しさは，これが決め手となっている．

　6 種類のクォークは，グルオンを媒介とする相互作用により，さまざまに結びつき合って"ハドロン"と呼ばれる多種類の粒子を形成する．ハドロンの代表例には，原子核の構成要素としてよく知られる陽子や中性子（両者を合わせてしばしば核子と呼ぶ）があり，また陽子・中性子の間に働く核力を媒介する粒子として 1934 年に湯川秀樹により予言された π 中間子などがある．

　ハドロンがクォークから構成されるとする描像は 1960 年代以来，実験・理論の両面から研究されてきたが，2 つの難点があった．第一の問題は，さまざまの実験的努力にもかかわらず，クォークが単独で観測されたことはなく，その存在を実証できなかったことである（"クォークの閉じ込め"）．第二の問題は，高エネルギー電子核子散乱で最初に発見されたスケーリングと呼ばれる現象である．この現象を理解するには，核子を構成するクォークは，高エネルギーではあたかも相互作用していない自由粒子のように振る舞うと考える必要があった．1973 年の漸近自由性の発見は，高エネルギーでは相互作用が弱く（したがってクォークは自由粒子のごとく振る舞い），逆に低エネルギー（量子力学の不確定性原理により遠距離に対応）では相互作用が強くなってクォークの閉じ込めをもたらすような力が実際に存在することを示し，強い相互作用の基礎理論としての QCD の位置づけが一気に高まった．

　これを契機として，強い相互作用の研究は QCD を軸として実験・理論の両面で大きく発展したが，その方向は 2 つに大別される．1 つは，高エネルギー散乱実験によって高いエネルギー領域でのハドロンの内部構造をクォーク・グルオンの観点から研究する方向であり，理論的には摂動展開とくりこみ群の方法を発展させて，実験との詳細な比較検討が行われている．もう 1 つは，低エネルギーでのさまざまの現象を解明しようとする方向である．クォークはなぜ閉じ込められているのか，陽子や中性子などのハドロンの性質は QCD に基づいて予言できるのか，またさらに，陽子・中性子がどのように組み合わさって，さまざまな原子核を構成するのか，などの疑問に対して，クォークとグルオンの第一原理である QCD から出発して答えようとする．低エネルギーでは漸近自由性の裏返しとして相互作用が強くなるので摂動展開は使うことができない．そこで，4 次元時空を離散な格子で置き換えて，この格子上に QCD を定式化し，スーパーコンピューターを用いた大規模な数値シミュレーションによって QCD の予言を引き出す方法が 1980 年頃から行われて大きな成果を挙げている．これを格子 QCD と呼ぶ．

　QCD の研究の重要性は，ハドロンと原子核の成り立ちを理解することだけにとどまらない．ビッグバンにより宇宙が創成した直後は超高温・超高密度の状態であったと考えられており，そこではクォークとグルオンはプラズマ状態であったと考えられる．こ

のような状態から出発して，陽子や中性子がどのように形成され，さらに各種の元素合成がどのように進行したのかは，宇宙と物質がどのように進化してきたかを理解することに直接関係する問題である．また，電弱相互作用の統一理論を含む素粒子標準模型の観点からは，CP非保存（物質・反物質の非対称性）の解明にQCDに基づく強い相互作用補正の研究は欠かせない要素となっている．

本節では，このような観点から，QCDの基礎となる概念と定式化，高エネルギー素粒子反応とQCD，時空格子上のQCDとスーパーコンピューターシミュレーションによるハドロンの性質の研究，高温・高密度のクォーク・グルオン・プラズマの研究などに関して解説する．

強い相互作用の研究は，1934年に発表された湯川秀樹の中間子仮説以来70年以上の歴史をもつ．この間，さまざまの概念が生み出され，現在のQCDはそれらを統合した内容をもっている．本節の参考文献には，これらの概念の発展の鍵となった論文をあげる．

b. ハドロンのフレーバー量子数とクォーク

強い相互作用をする粒子の代表は原子核を構成する陽子と中性子である．陽子はエルネスト・ラザフォード（E. Rutherford）により1918年に，中性子は1932年にジェームズ・チャドウィック（J. Chadwick）により発見された．1947年には，湯川秀樹により核力を媒介する粒子として1934年に予言された中間子がセシル・パウエル（C.F. Powell）により発見され，π中間子と命名された．その後1950年代から1960年代にかけては，加速器実験により強い相互作用をする粒子が続々と発見され，その数は現在では約200種類に上っている．これらの粒子をまとめてハドロンと呼ぶ．その詳細な性質は，Particle Data Groupという組織により整理されており，最新の表は，http://pdg.lbl.gov/ に見ることができる．ハドロンは，さまざまのスピン角運動量をもつ．整数スピンのハドロンをメソン，半整数スピンのハドロンをバリオンと呼ぶ．表2.7.1に代表的なメソンとバリオンを掲げる．メソンの代表はπ中間子，バリオンの代表は陽子，中性子である．

多数のハドロンをどのように分類すればよいかは，強い相互作用を理解するうえで長年にわたる課題であった．その研究の過程で，質量・スピン角運動量・電荷といった性質に加えて，アイソスピンやストレンジネスなどの内部量子数が必要であることが明らかとなった．現在これらの内部量子数はフレーバー量子数と呼ばれており，ハドロンを構成するクォークの種類を表すことが理解されている．

歴史的には，最初に発見されたフレーバーはアイソスピンである．ウェルナー・ハイゼンベルグ（W. Heisenberg）は，1932年に陽子と中性子は質量がほとんど同じであるが電荷が異なることに着目し，この2つの粒子を区別する量子数（アイソスピン）が存在すると考えた．この量子数は角運動量と同じ性質をもち，陽子と中性子はその2重項にあてはめられる．角運動量にならって，アイソスピンの大きさをI，第3成分の値を

表 2.7.1 代表的なハドロン

名称	スピン	質量	電荷 (単位 e)	フレーバー量子数
π	0	140 MeV	+1, 0, −1	$u\bar{d}, u\bar{u}-d\bar{d}, d\bar{u}$
$K, \bar{K}$	0	495 MeV	+1, 0, 0, −1	$u\bar{s}, d\bar{s}, s\bar{d}, s\bar{u}$
η	0	548 MeV	0	$u\bar{u}-d\bar{d}+s\bar{s}$
η'	0	958 MeV	0	$u\bar{u}+d\bar{d}+s\bar{s}$
ρ	1	776 MeV	+1, 0, −1	$u\bar{d}, u\bar{u}-d\bar{d}, d\bar{u}$
$K^*, \bar{K}^*$	1	892 MeV	+1, 0, 0, −1	$u\bar{s}, d\bar{s}, s\bar{d}, s\bar{u}$
ω	1	783 MeV	0	$u\bar{u}+d\bar{d}$
ϕ	1	1019 MeV	0	$s\bar{s}$
J/ψ	1	3097 MeV	0	$c\bar{c}$
Υ	1	9460 MeV	0	$b\bar{b}$
N	1/2	940 MeV	+1, 0	uud, udd
Σ	1/2	1190 MeV	+1, 0, −1	uus, uds, dds
Ξ	1/2	1320 MeV	0, −1	uss, dss
Δ	3/2	1232 MeV	+2, +1, 0, −1	uuu, uud, udd, ddd
Σ^*	3/2	1385 MeV	+1, 0, −1	uus, uds, dds
Ξ^*	3/2	1530 MeV	0, −1	uss, dss
Ω	3/2	1672 MeV	−1	sss

I_3 とすれば,陽子は $(I, I_3) = (1/2, +1/2)$,中性子は $(I, I_3) = (1/2, -1/2)$ の状態である.

1953 年に,マレイ・ゲルマン (M. Gell-Mann) と西島和彦らは,この考えを一歩進め,当時宇宙線の中に発見されて不可解な性質を示していた K 中間子は,新しいフレーバー量子数 (ストレンジネス) をもつことを提案した.陽子や中性子はストレンジネス $S = 0$ の状態であるのに対し,K 中間子は $S = +1$ や -1 の状態であるとの考えである.

1960 年頃には,ゲルマンらにより,アイソスピンとストレンジネスが独立な概念でなく,数学的には SU(3) という複素 3×3 次元ユニタリ行列のつくる群により記述されることが発見された.当時知られていたハドロンは SU(3) 群の 8 次元表現 (8 重項) と 10 次元表現 (10 重項) で分類することができた.また未発見であった 10 重項のストレンジネス $S = -3$ の粒子 Ω が予言どおりに発見され,この考え方の信憑性を大いに高めた.

1964 年に,ゲルマンとジョージ・ツバイク (G. Zweig) は,このようなハドロンの特徴を説明するには,より基本的な 3 種類の粒子 (3 重項) が存在し,ハドロンはそれらが 2 個または 3 個集まった状態と考えればよいとの提案を行った.ゲルマンはそれらをクォークと名付けた.量子力学によれば,素粒子のもつスピン角運動量の大きさはプランク定数の整数倍か半整数倍のいずれかである.ハドロンには,スピンが整数倍の中間子 (メソン) と,半整数倍の重粒子 (バリオン) があり,前者はクォーク 1 個と反クォーク 1 個,後者はクォーク 3 個から構成されると考えられる.クォークのスピンがたし合わされてハドロンのスピンになるのであるから,クォークのスピンは半整数の最小値で

2.7 量子色力学

表 2.7.2 クォーク

名称	質量	電荷 (単位 e)	I	I_3	S	C	B	T
u	1.5–3.0 MeV	$+2/3$	1/2	$+1/2$	0	0	0	0
d	3–7 MeV	$-1/3$	1/2	$-1/2$	0	0	0	0
s	100 MeV	$-1/3$	0	0	1	0	0	0
c	1.3 GeV	$+2/3$	0	0	0	1	0	0
b	4.7 GeV	$-1/3$	0	0	0	0	1	0
t	174 GeV	$+2/3$	0	0	0	0	0	1

ある 1/2 でなければならない．またスピン統計定理から，スピン 1/2 のクォークはフェルミ粒子でなければならない．

当初，クォークは物理的実在という考えには反対が強く，理論の数学的構造を記述するための手段とする考え方が強かった．実際，クォークの電荷は $+2e/3$ または $-e/3$ という半端な値であり，そのような電荷をもつ粒子は知られていなかった．しかしながら，その後，1970 年には，弱い相互作用の紫外発散の問題を解決するために 4 番目のクォークであるチャームクォークが導入され，1973 年には，CP 非保存の問題を解決するために 5 番目と 6 番目のボトムクォークとトップクォークが小林誠と益川敏英により提案された．実験的にも，チャームクォークペアから構成されると考えられる J/ψ 粒子の発見 (1974 年)，ボトムクォークペアから構成される Y 粒子の発見 (1985 年)，さらには陽子・反陽子衝突実験でのハドロンジェット生成によるトップクォークの発見 (1995 年) により，クォークの実在性を証拠立てる事実が蓄積された．表 2.7.2 に，現在までに存在を確認されている 6 種類のクォークの性質を示す．

c. カラー量子数と漸近自由性
（1） カラー量子数

ハドロンがクォークから構成されると仮定して，クォークどうしを結合する力はどのようなものだろうか．素粒子の間に作用する力として最もよく知られた例は電磁気力である．電荷をもった 2 つの粒子を考える．第一の粒子はその電荷により電磁場を生成する．第二の荷電粒子は，この電磁場により力を受け，その結果 2 つの粒子の間に力が働く．量子力学に従えば電磁場は光子の集団であるから，以上の描像は，荷電粒子間には光子が交換され，その効果により電磁力が生ずると考えてもよい．この考えは，湯川秀樹の中間子仮説の成功により確固たるものとなった．すなわち，核子間には中間子が交換され，それによって核力が生ずるとの考えである．

交換される粒子の質量を m，核子が中間子を放出・吸収する強さ（結合定数）を g，2 つの核子間の距離を r とすると，力のポテンシャル $V(r)$ は，湯川により導かれた表式 $V(r) \propto g^2 \exp(-mcr/\hbar)/r$ で与えられる．したがって，力の到達距離は，交換される粒子の質量 m に逆比例し，$r \approx \hbar/mc$ で与えられる．電磁相互作用の場合は結合定数

は電荷 e であり，光子の質量はゼロであるので $V(r) \propto e^2/r$ となり，よく知られたクーロンポテンシャルとなる．

クォークを結び付ける力の本性は，1960年代半ばから約10年間にわたる実験と理論の研究により明らかにされた．その基礎となったのが1965年に南部陽一郎らにより導入されたカラー量子数の考えである．すなわち，クォークはカラーと呼ばれる電荷に類似の量子数をもち，このカラー電荷と結合する粒子（グルオン）がクォークの間に交換されて，クォーク間の結合力が生じるとする．

カラー量子数について，第一の疑問は可能な状態の数である．これについては，3つの状態をもつと考えられることが以下のように推測された：(i) スピン3/2のバリオン Δ^{++} は u クォーク3つから構成される．それぞれが異なるカラー量子数をもつと考えれば，フェルミ統計で要請される波動関数の反対称性が満たされる．(ii) 中性 π 中間子が2個の光子に崩壊する寿命の理論値は，π 中間子を構成するクォークが3種類のカラー量子数をもつと仮定して初めて実験値と一致する．(iii) 高エネルギー電子・陽電子衝突によりハドロンが生成されるプロセスの全断面積は，クォークの種類がフレーバー量子数の3倍ないと実験値を説明できない．

ハドロンは複数のクォークの結合した状態であるから，クォークが3種類のカラーをもつとすると，ハドロンには多数のカラーの組合せが可能となる．たとえば，クォーク3個からなるバリオンでは $3 \times 3 \times 3 = 27$ 種類，クォーク1個と反クォーク1個からなるメソンでは $3 \times 3 = 9$ 種類である．しかしながら，実験的にはこのように多種類のハドロンは存在しない．さらに，クォーク自身も，長年にわたる探索実験にもかかわらず単独で観測されたことはない．これらを説明するために，物理的に存在しうる状態は，カラーの組合せ下で不変な状態，すなわちカラーの3つの状態を光の三原色（赤・緑・青）に模して考えるならば，"白色"の状態のみであると仮定された．この条件を満たす状態は，クォーク3個のバリオンに対しては，カラーについて完全反対称な状態のみであり，メソンに対しては，クォークと反クォークが，あるカラーとその補色のペアで組み合わされている状態のみとなる．この仮定を"クォークの閉じ込め"あるいは"カラーの閉じ込め"と呼ぶ．

このような性質をもつ力は電磁気力や湯川ポテンシャルでは到底説明できない．実際，これらの力のポテンシャルは無限遠でゼロになるので，クォークが単独で存在できてしまうことは明らかである．この問題を解決する鍵は，閉じ込めの問題とは一見正反対の，高エネルギーでの電子核子散乱実験から得られた．この実験では，高エネルギーの電子を核子に衝突させてハドロンを発生させる．このとき，電子は大きな4元運動量をもつ光子を放出し，この光子が核子に衝突する．量子力学によれば，光子の運動量と波長の間にはプランク定数 $\hbar$ を単位として逆比例の関係があるので，高い運動量をもった光子はハドロンの内部構造を探るミクロのプローブとなるのである．

1960年代に行われた実験によれば，散乱反応の断面積は，光子の4元運動量の大きさ q^2 と衝突エネルギー ν が一定の比 $x = -q^2/2\nu$ を保って増大する極限（ブヨルケン

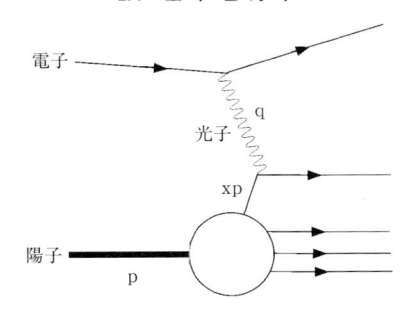

図2.7.1 電子核子散乱

極限）で，衝突エネルギーによらない一定の関数 $F(x)$ に収束するスケーリング現象を示した．電子核子散乱のミクロなプロセスは，図2.7.1に示すように，核子を構成するクォークと光子の散乱プロセスであると考えると，このスケーリングの現象は，ハドロンを構成するクォーク間の相互作用はエネルギーが高くなるほど弱くなり，あたかも自由粒子のように振る舞うとすれば理解することができる．また，そのとき変数 x はクォークがハドロン内部でもつ運動量の全運動量に対する比，$F(x)$ はクォークの運動量変数 x に対する分布関数と解釈することができる．

量子力学ではエネルギーと距離は互いに逆比例の関係 $r \approx c\hbar/E$ にある．したがって，クォーク間に働く力は，近距離（高エネルギー）ではスケーリングの現象に示唆されるごとく弱くなり，遠距離（低エネルギー）ではクォークの閉じ込めを実現するために強くなる性質をもっていることが必要であることが示唆されたわけである．カラーに基づく力がこのような性質をもつことは，カラー量子数を非可換ゲージ理論と呼ばれる場の量子論によって記述することにより明らかにされた．

（2） 非可換ゲージ場の理論と量子色力学

素粒子を支配する自然法則は量子力学と相対性理論である．場の量子論とは，素粒子を時空の各点ごとに定義された場 $\psi(x)$ で表し，$\psi(x)$ を力学変数とする相対論的に不変な力学系を量子力学的に扱うことにより，素粒子を記述する考え方である．素粒子の粒子としての描像は，場 $\psi(x)$ を量子力学的に扱う（量子化する）ことにより自然に導かれ，相対性理論の要請は，場 $\psi(x)$ の相互作用が時空の各点で局所的に生じると考えることで自然に満たされる．

場の量子論として最もよく知られているのは，電子と電磁場の相互作用を記述する量子電気力学（Quantum Electrodynamics，略してQED）である．QEDでは，電子を表すディラック場 $\psi(x)$ と電磁場を表すベクトル場 $A_\mu(x)$ が基本的な力学変数である．量子電気力学は，次のような時空の各点ごとに独立な位相変換のもとで不変であることが知られている：$\psi(x) \to e^{ie\theta(x)}\psi(x)$, $A_\mu(x) \to A_\mu(x) + \partial\theta(x)/\partial x^\mu$，ただし e は電子電荷で

ある.光子の質量がゼロであることはゲージ不変性から直接に導かれる.位相変換の全体 $\{e^{i\theta}|0\leq\theta\leq 2\pi\}$ は可換な U(1) 群を形成するので,この対称性を U(1) ゲージ対称性と呼ぶ.逆に,電子の場の理論が U(1) ゲージ対称性をもつとすれば,ベクトル場 $A_\mu(x)$ が存在すること,ベクトル場の量子は質量ゼロの粒子であること,ベクトル場と電子場の相互作用はゲージ不変性で決まりその強さが電荷 e であること,などを示すことができる.すなわち,U(1) ゲージ対称性は電磁相互作用の基本原理である.

カラー量子数に基づくクォークの場の量子論は,電磁相互作用のもつゲージ不変性の概念を U(1) ゲージ群から,複素3次元ユニタリ群 SU(3) に拡張することにより得ることができる.SU(3) 群は積の順序が交換しない非可換群の一例である.非可換群に基づくゲージ場の量子論を非可換ゲージ理論と呼ぶ.可換なゲージ理論を非可換なゲージ理論に拡張することは1954年にチェン・ニン・ヤン(楊振寧)とロバート・ミルズ(R. Mills)らにより行われた.

クォーク場は,3種類のカラーに対応して,3つの成分をもつディラック場 $q_a(x)$,$a=1,2,3$ で表される.電磁相互作用の場合の U(1) 位相変換 $\psi(x)\to e^{i\theta(x)}\psi(x)$ に対応する変換は,クォーク場のカラーを時空の各点ごとに独立に相互に混ぜ合わせる変換 $q_a(x)\to q'_a(x)=V_{ab}(x)q_b(x)$ で表され,変換行列 $V(x)$ は3行3列の複素ユニタリ行列のつくる SU(3) 群の元である.この変換のもとで不変性が成立するには,SU(3) 群の基底を張る8種類の3×3行列で表されるベクトル場 $A_\mu^\alpha(x)$,$\alpha=1,2,\cdots,8$ が必要となる.電磁場を量子化して現れる粒子である光子が電磁気力を媒介するのと同様に,この場を量子化して現れる粒子はクォークのカラー電荷と相互作用を行い,クォーク間に作用する力を生成する.膠(にかわ)を意味するグルーをとって,$A_\mu^\alpha(x)$ をグルオン場,その量子をグルオンと呼んでいる.

(3) くりこみと量子色力学の漸近自由性

量子色力学は,4次元時空の各点に定義された場の力学系であるので,自由度が無限であることに起因する場の理論の紫外発散の困難をもっている.可換ゲージ理論である量子電気力学においては,この問題は,朝永振一郎,ジュリアン・シュウインガー(J. Schwinger),リチャード・ファインマン(R. Feynman),フリーマン・ダイソン(F. Dyson)らにより,1948年前後にくりこみ理論の建設により解決された.すなわち,理論の相対論的不変性を保ちつつ,電磁相互作用の結合定数である微細構造定数 $\alpha=e^2/4\pi\hbar c\approx 1/137$ に関する摂動展開(べき展開)を定式化した結果,紫外発散は,電子の電荷,電子の質量,電子と光子の波動関数の規格化定数の3つの量に吸収することが可能であることが示され,摂動展開の各次で物理量を有限に求めることができるようになったのである.

非可換ゲージ理論のくりこみの問題は1970年代初めになって解かれた.すなわち,1967年にファデーエフ(L. D. Faddeev)とポポフ(V. N. Popov)が非可換ゲージ対称性を考慮に入れた場の量子化の方法を見出し,1971年にはゲルハールト・トフーフト(G.

'tHooft) がゲージ不変性を保つことによりくりこみが可能なことを示したのである.

このような数学的な証明に並んで, ケネス・ウィルソン (K. Wilson) はくりこみの物理的内容を明らかにする考え方を 1970 年頃に発表した. ウィルソンの考えは次のようにまとめられる. 場の量子論では, 場 ψ はさまざまの波長 λ, あるいはそれと同値な運動量 $p = \hbar/\lambda$ の量子ゆらぎをもつ. ある運動量スケール $p = \mu$ で物理量を測定するプロセスを考えると, 運動量が μ 以上 (すなわち波長が $\hbar/\mu$ 以下) の量子ゆらぎはすべて平均化される. このことは, 言葉を換えれば, 場を運動量空間の関数 $\psi(p)$ と考えたとき, 区間 $\mu \leq p < \infty$ にある自由度をすべて積分することに等しい. くりこみとはこのような積分操作であるが, その基本となるのは微小区間 $\mu \leq p \leq \mu + d\mu$ での積分操作と考えることができる. 実際, この微小区間の量子ゆらぎが, 相互作用の強さを決める結合定数の値 $g(\mu)$ にどのような補正 $dg(\mu) = \beta(g(\mu))d\mu/\mu$ を加えるかがわかれば, 区間 $\mu \leq p < \infty$ 全体からの補正は, これを積分することにより与えられる. このようなくりこみのプロセスは μ に関して群 (正確には半群) を成すので「くりこみ群」と呼ばれる.

このように考えれば, くりこみは粗視化のプロセスを表現したもので, きわめて物理的な内容をもっていることがわかる. 実際, ウィルソンはこの考えによって統計力学系を分析し, くりこみ群の固定点と 2 次相転移を関係づけて, その臨界現象を特徴づける臨界指数の性質を解明した. この考えを素粒子の記述としての場の量子論に適用すると, 結合定数 $g(\mu)$ が運動量スケール μ とともにどのように変化するかを調べることにより, 高エネルギー極限 $\mu \to \infty$ あるいは低エネルギー極限 $\mu \to 0$ において場の量子論がどのような性質を示すかが明らかとなることになる.

くりこみ群の考え方は, すでに 1950 年代の半ばに研究されていたが, 物理的方法というよりは数学的技法としての色彩が濃いものであった.

結合定数 $g(\mu)$ のエネルギー依存性を定める関数 $\beta(g)$ は結合定数が小さな領域では摂動展開により求めることができる. 量子電気力学の場合には, その結果は 1950 年代から知られており, 次の式で与えられる.

$$\mu \frac{d\alpha(\mu)}{d\mu} = \frac{2}{3\pi} \alpha(\mu)^2 + \cdots \tag{2.430}$$

導関数が正の値をもつことから, 電磁相互作用は, エネルギーが増大するとともに強くなり, また, 逆にエネルギースケールが減少するとともに弱くなる. これはクォークに働く力に期待される振舞いとは逆である.

QCD の場合の結果は 1973 年にデビット・グロス (D. Gross), フランク・ウィルチェック (F. Wilczek), デビット・ポリツァー (D. Politzer) により求められ, 次のとおりである.

$$\mu \frac{d\alpha_s(\mu)}{d\mu} = -b_0 \alpha_s^2(\mu) + \cdots, \quad b_0 = \frac{1}{2\pi}\left(11 - \frac{2}{3}N_f\right) \tag{2.431}$$

ただし, $\alpha_s(\mu) = g(\mu)^2/4\pi\hbar c$ は量子色力学の結合定数, N_f は質量が μ 以下のクォークの数である. この式を積分すると, 係数 b_0 が正の値を持つ, クォークのフレーバー数が

17 を超えない範囲では，結合定数がエネルギースケールの増大とともに対数的にゼロになることがわかる：

$$\alpha_s(\mu) = \frac{\alpha_s(\mu_0)}{1+b_0\alpha_s(\mu_0)\log(\mu/\mu_0)} \approx \frac{1}{b_0 \log(\mu/\mu_0)} \to 0, \quad \mu \to \infty$$

これが QCD の漸近自由性である．

(4) 量子電気力学と量子色力学

漸近自由性にみられる電磁相互作用と強い相互作用の差を少し詳しくみてみよう．

まず電磁気力を考え，真空中に外部電荷 Q_0 を導入する思考実験を考える．量子電気力学によれば，真空中では電子と陽電子の対生成・対消滅が不断に起こっている．導入された外部電荷が正であれば，対生成された電子は負の電荷をもつので引き寄せられ，陽電子は逆に遠ざけられる．そこで外部電荷を距離 r で測定した値を $Q(r)$ とすると，対生成による電子の効果だけ外部電荷は打ち消されるので $Q(r)$ は Q_0 より減少して見えると予想される．これを電荷の遮蔽効果と呼ぶ．遮蔽効果は，外部電荷から離れるほど有効になるので，その逆を考えれば，$Q(r)$ は r が減少するとともに増大する関数である．量子力学によれば，距離 r とエネルギー E の間には，$r \approx c\hbar/E$ の関係が成り立つ．したがって，エネルギーの関数としてみれば，遮蔽効果を含めた電荷 $Q(r)$ は，エネルギー E の増加（距離 r の減少）とともに増大する関数ということになる．すなわち，量子電気力学では，エネルギーが高くなればなるほど相互作用は強くなるのである．

以上の状況は，電荷に対するくりこみの摂動計算に具体的にみることができる．図 2.7.2 にこの物理プロセスを摂動論において表現するファインマンダイアグラムを示す．2 番目のダイアグラムが真空中の電子・陽電子対による遮蔽効果を表す．残りのダイアグラムの寄与はゲージ不変性により相殺することが知られている．

可換な U(1) ゲージ場で表される光子と，非可換 SU(3) ゲージ場で表されるグルオンの最大の違いは，光子は自分自身とは直接相互作用しないのに対し，グルオンは自分自身との直接相互作用をもつことにある．したがって，色電荷のくりこみの計算には，QED と同様なダイアグラム（図 2.7.2）に加えて，図 2.7.3 のダイアグラムが付け加わる．QCD においても，クォーク・反クォークの対生成・消滅による部分は QED と同様に遮蔽効果がある．QCD の色電荷のくりこみに対する結果 (2.431) 式の係数 b_0 中の $2N_f/3$ がこの項である．これに対して，-11 がグルオンの自己相互作用による効果

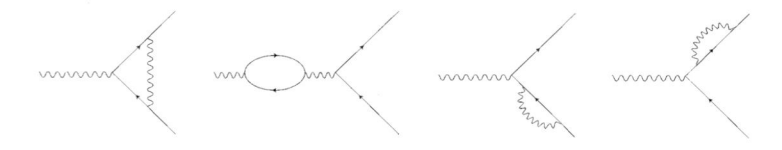

図 2.7.2 QED の結合定数のくりこみを与えるファインマンダイアグラム
実線が電子，波線が光子を表す．

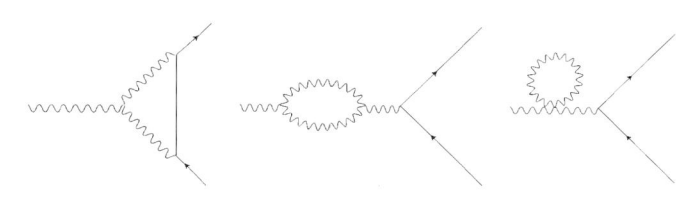

図 2.7.3 QCD の結合定数のくりこみに加わるファインマンダイアグラム
実線がクォーク,波線がグルオンを表す.

を表している.符号が逆であるので,グルオンの自己相互作用は反遮蔽の効果をもつことになる.

d. 強い相互作用におけるカイラル対称性とその自発的破れ

表 2.7.1 に見るように,ハドロンの典型的な質量を核子質量の約 1 GeV と考えると,π 中間子の質量 140 MeV は比較的軽い.この事実は,カイラル対称性と呼ばれる対称性と密接に関係している.カイラル対称性は,カラーのゲージ対称性と並び,強い相互作用全般の特徴を定める重要な要素である.

(1) カイラル対称性

相対論的なスピン 1/2 のフェルミ粒子を記述する方程式はディラック方程式である.フェルミ粒子の質量がゼロでなければ,適当なローレンツ変換により,フェルミ粒子が静止している系を考えることができる.この系では,フェルミ粒子のスピン角運動量状態は,空間の第 3 軸方向の成分 s_3 の値が $+1/2$ または $-1/2$ により分類できる.

では,質量がゼロの場合はどうだろうか.質量ゼロの粒子は光速で運動するので静止系は考えることができない.したがって,スピン角運動量状態の分類には,フェルミ粒子の運動量方向の成分を用いるのが自然であり,この量をヘリシティ λ と呼ぶ.ディラック方程式によれば,質量がゼロの場合に,ヘリシティ $\lambda = +1/2$ の波動関数 $\psi_+(x,y,z,t)$ と,$\lambda = -1/2$ の波動関数 $\psi_-(x,y,z,t)$ は完全に独立になる.このことから,質量がゼロの場合には,2 つのヘリシティ状態の波動関数に独立な U(1)⊗U(1) 位相変換 $\psi_+(x,y,z,t) \to e^{i\alpha}\psi_+(x,y,z,t)$,$\psi_-(x,y,z,t) \to e^{i\beta}\psi_-(x,y,z,t)$ を施しても系は不変であることが導かれる.この事実をカイラル対称性と呼ぶ.この不変性を破るのはフェルミ粒子の質量である.

(2) 対称性の自発的破れと南部-ゴールドストーン粒子

強い相互作用におけるカイラル対称性の重要性を認識し,湯川秀樹の予言したパイ中間子の特別な役割を指摘したのは南部陽一郎である(1961 年).核子はスピン 1/2 のフェルミ粒子であるので,ディラック方程式により記述される.南部らはディラック方程式により記述されるフェルミ粒子の間に 4 体相互作用によって引力が作用する場の理

論を考察した．その分析によれば，フェルミ粒子の質量がゼロの場合に，粒子・反粒子対が束縛状態をつくって運動量ゼロの状態にボース凝縮を起こすことにより，基底状態（エネルギー最低の状態）が縮退を起こして一意的でなくなる．その結果，質量がゼロでスピンがゼロのボース粒子が生成され，これが π 中間子と同定できる．実際の π 中間子は有限の質量をもつが，これはフェルミ粒子がゼロでない質量をもつためにカイラル対称性がその分だけ破られている効果として自然に説明できる．

対称性が存在するにもかかわらず，相互作用の効果によって，基底状態がユニークでなくなる現象を対称性の自発的破れと呼ぶ．対称性が自発的に破れているかどうかは，ボース凝縮を起こす粒子・反粒子対を表す演算子 $\bar{\psi}(x)\psi(x)$ の真空期待値がゼロでなくなっているかどうかで判定できる．このような演算子を一般にオーダーパラメーターと呼ぶ．また，対称性が自発的に破れている際に質量ゼロの粒子が出現することは，連続的対称性に対して一般的に示すことができる．発見者である南部とジェフリー・ゴールドストーン (J. Goldstone) にちなんで，この粒子を南部-ゴールドストーン粒子と呼ぶ．

(3) 量子色力学とカイラル対称性

カイラル対称性は，量子色力学の立場からはクォークの質量が小さいことの直接の反映として自然に理解できる．表 2.7.2 に見るように，u, d, s の 3 種類のクォークの質量は強い相互作用の特徴的なエネルギースケール 1 GeV に比べて軽い．この場合，カイラル対称性は 3 種類のクォークに対応して SU(3)⊗SU(3) 群により記述される．カイラル対称性の自発的破れは，真空が SU(3)⊗SU(3) 群の対角的な SU(3) 部分群以外の方向に縮退することを意味する．このときに生じる南部-ゴールドストーン粒子は u, d, s クォークとその反クォークから構成されるスピンゼロの粒子であり，表 2.7.1 に掲げる π, K, η 中間子からなる 8 重項がそれにあたる．

このように考えれば，QCD ではその第一原理から計算によってカイラル対称性の自発的破れと南部-ゴールドストーン粒子の生成を導き出すことが可能なはずであり，実際このような研究が後述の格子 QCD により行われている．

(4) U(1) カイラル対称性とアノマリー

量子色力学は，古典的には u, d, s クォークに対して共通の位相因子を用いた U(1) カイラル変換のもとでも不変である．もし量子ゆらぎを考慮しても不変性が成り立つならば，カイラル対称性の自発的破れに伴う南部-ゴールドストーン粒子は 9 種類生じることが予想される．実際には，U(1) カイラル不変性はクォーク場の量子ゆらぎの効果により破れており，南部-ゴールドストーン粒子は生じない．この破れをアノマリー（量子異常）と呼ぶ．アノマリーを表す演算子はグルオン場の位相不変量となっていることが知られており，η' 中間子の大きな質量の原因と考えられているほか，強い相互作用自体での CP 対称性の破れの可能性にも関係するなど，場の量子論としての量子色力学の重要な特徴である．

（5） 素粒子標準模型と対称性の自発的破れ

対称性の自発的破れは，強い相互作用にとどまらず，電磁相互作用と弱い相互作用の記述にも重要な役割を果たしている．実際，Weinberg-Salam-Glashow 理論は，SU(2)×U(1) という対称性が自発的に破れることにより，弱い相互作用を媒介する W 粒子，Z 粒子に質量を与え，かつ電磁相互作用との統一的記述が可能となっている．また，この考え方は物性物理学における相転移現象の普遍的基礎づけにもかかわる基本概念である．

e. 高エネルギーハドロン散乱と摂動論的 QCD

量子色力学の漸近自由性を利用すると高エネルギーのハドロン散乱を特徴づける物理量を結合定数 $\alpha_s(\mu) = g(\mu)^2/4\pi\hbar c$ に関する摂動展開やくりこみ群の応用により求め，実験と比較・検証することができる．これを摂動論的 QCD と呼ぶ．その代表例を示す．実験との詳細な比較は「3.3.c. 量子色力学の検証」にゆずる．

（1） 電子・陽電子衝突

電子と陽電子を高エネルギーで対消滅させる実験は，クォーク・反クォークペアを直接つくり出す方法として高エネルギー素粒子実験で基本的な方法になっている．電子と陽電子の全エネルギーを E とすれば，衝突の全断面積 $\sigma(E)$ の $E \to \infty$ での振舞いは摂動展開で求めることができ，その結果は次のとおりである：

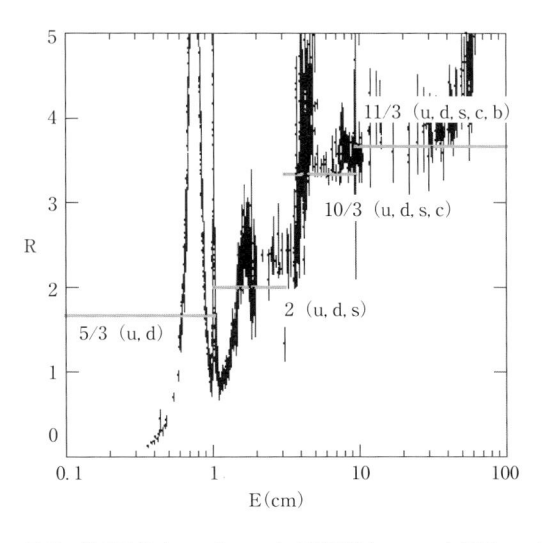

図 2.7.4 電子・陽電子衝突のハドロン生成断面積とミュー中間子ペア生成の比 横線は生成されるクォークのフレーバー数の関数としての漸近自由性の予言．実験データは Particle Data Group の集成による．

$$R(E) = \frac{\sigma_{e^+e^- \to \text{hadron}}(E)}{\sigma_{e^+e^- \to \mu^+\mu^-}(E)} = \frac{4\pi\alpha^2}{3E^2} \cdot N_c \sum_q e_q^2 \cdot (1 + \pi\alpha_s(E) + \cdots)$$

この表式の中で，$N_c=3$ はカラーの自由度を表し，$\sum_q e_q^2$ はエネルギー E で生成可能なクォークの電荷の 2 乗の和である．したがってこの表式は，電子・陽電子消滅反応により，エネルギースケール E までに存在するクォークの種類だけでなく，それぞれのクォークが 3 種類のカラー自由度をもつかどうかも確認することが可能であることを示している．図 2.7.4 に実験データと理論予言の比較を示す．チャームクォークとボトムクォークの生成に対応するエネルギーを境目にして理論予言と見事に一致する値となっている．

(2) 電子・核子散乱

電子・核子散乱では，核子を構成するクォークと電子の放出する光子の間で高いエネルギーで散乱が起こる．一方で，クォークどうしを結びつけて核子を構成するプロセスは低エネルギーのままである．幸いなことに，高エネルギースケールでのプロセスと低エネルギースケールでのプロセスの寄与は，散乱断面積において積の形で表すことができることがわかっている．すなわち，散乱断面積を表す核子の構造関数 $F(x, q^2)$ のモーメントに対して，光子の運動量 $-q^2 \to \infty$ の高エネルギー極限で次の式が成り立つことをくりこみ群により示すことができる：

$$\int_0^1 dx\, x^{n-1} F(x, q^2) \approx \left(\log \frac{q^2}{\mu^2} \right) \gamma_n \quad \langle N | O_n | N \rangle$$

ここで O_n は核子の構造を探る演算子，$|N\rangle$ は核子の状態，$\langle N | O_n | N \rangle$ は核子に対する演算子の期待値で，低エネルギーの物理量である．一方で γ_n はくりこみ群により決まる量で摂動展開により計算することができ，高エネルギースケール q への依存性を定める．

この式から明らかなように，構造関数のモーメントの運動量依存性は漸近自由性により完全に定まり，また摂動展開により計算することができる．一方で，モーメントの大きさは低エネルギーの閉じ込め現象が関係し，$\langle N | O_n | N \rangle$ の値を求めるには，格子 QCD などを用いた計算が必要である．

くりこみ群の方法では構造関数のモーメントに対する表式しか得られないが，$F(x, q^2)$ が核子の中のクォークの分布関数であることに基づいて，$F(x, q^2)$ 自体の運動量 q への依存性を定める発展方程式を摂動展開に基づいて求めることができる．核子はさまざまの運動量スケールのクォークやグルーオンの量子力学的重ね合わせの状態にある．プローブとしての光子の運動量 q を変化させることは，クォーク・グルーオンの分布の変化を探ることに対応し，その変化分は十分高い運動量スケールにおいては，クォーク・グルーオンの基本相互作用を用いて定めることができるのである．

核子構造関数の解析は，DESY の電子・陽子衝突型加速器 HERA などにより詳細な

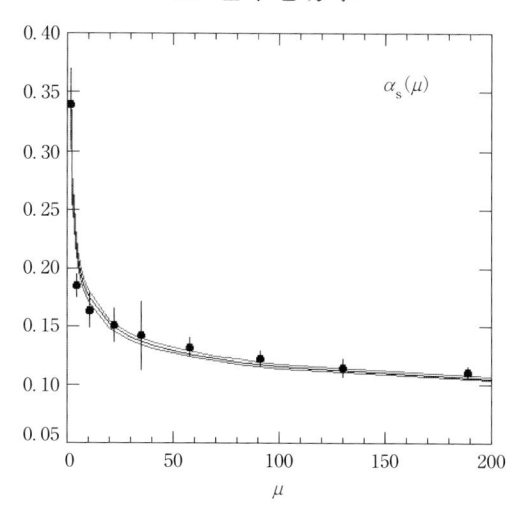

図 2.7.5 量子色力学の結合定数のエネルギースケール依存性
データは Particle Data Group による．実線は同じく Particle Data Group による
くりこみ群の予言に対する最適化フィット結果．

データが蓄積され，これらにくりこみ群によるモーメント関係式や発展方程式を適用して行われている．モーメント関係式にみられるように，スケーリングは完全に成り立つわけでなく，運動量に対数的に依存する破れが存在する．実験データはこのような破れが存在し，かつ QCD の予言と一致することを示しており，高エネルギー領域での QCD の強い検証を提供している．

高エネルギースケールのプロセスと低エネルギースケールのプロセスが積の形で分離できることを因子化が成り立つという．因子化はくりこみ群の方法が直接適用できない場合にも成り立つ場合がある．その代表的な例は陽子・反陽子衝突において，クォーク・反クォーク対が消滅してミュー粒子対が生成される過程（ドレル-ヤンプロセス）である．また最近では，陽子や π 中間子の電磁形状因子や，構造関数の運動量比率 x が極端に小さい領域などにも因子化の考え方を用いて計算を行う試みが行われている．

（3） ジェット生成

摂動展開により分析可能な重要な現象に高エネルギーハドロン散乱でのジェット生成がある．たとえば図 2.7.1 の電子陽子散乱において，光子により散乱されるクォークが大きな横方向運動量をもてば，この運動量方向に多数のハドロンが生成されることが予想される．同様に，高エネルギーの陽子・反陽子衝突では，両者を構成するクォークどうしが高エネルギーで散乱する結果，高い運動量を持つクォークあるいはグルオンを生成する．これらのクォークやグルオンの高い運動量の方向には，もともとのクォーク

あるいはグルオンの特性を反映したハドロン群を放出する．このような現象をジェット生成と呼び，生成の断面積や生成される粒子数の運動量依存性は摂動論的量子色力学により求められることがわかっている．電子・陽子衝突型加速器 HERA や，FNAL における陽子・反陽子衝突型加速器 TEVATRON において，ジェット生成の精密な実験と理論の比較が行われ，クォークやグルオンが実在であることの重要な証拠を提供している．

（4） 量子色力学の結合定数のエネルギー依存性

図 2.7.5 にさまざまの高エネルギー加速器実験データを QCD の予言と比較することにより抽出された量子色力学の結合定数 $\alpha_s(\mu) = g(\mu)^2/4\pi\hbar c$ の値を示す．実線はくりこみ群に基づく理論的予測である．エネルギー依存性は理論予言と整合した変化を示しており，QCD の目覚ましい検証を提供している．

f. 格子上の量子色力学

量子色力学が高エネルギーハドロン散乱を見事に説明することは上にみたとおりである．それでは，"クォークの閉じ込め"を始めとする低エネルギーでの諸現象についてはどうだろうか．量子色力学の漸近自由性は，エネルギーが増大するとともに結合定数がゼロに近づくことを意味するので，逆にエネルギーが減少するならば結合定数は増大することになる．もしエネルギーがゼロの極限で結合定数が無限に増大するならば，クォークがつねにハドロンの内部に閉じ込められ，単独では存在できないことも十分にありえると推測される．

このような可能性を研究するには，結合定数が小さいことを前提とする摂動展開は無力である．格子上の量子色力学（lattice QCD）は，結合定数が任意に大きい場合にも量子色力学のダイナミックスを調べることを可能とする方法として，1974 年にウィルソンにより提案された．

（1） 定 式 化

格子上の量子色力学では，図 2.7.6 に示すように，連続な時空を離散的な格子点の集合で置き換えて，クォーク場とグルオン場を格子点や格子点間を結ぶ線分（リンク）上のみにゲージ不変性を保ちながら定義する．格子間隔を a とすると，クォーク場やグルオン場の運動量のとり得る範囲は $|p| \leq \pi/a$ であるので，紫外発散は完全に有限化（正則化）されている．格子上で計算された物理量は，（くりこまれていない）裸の結合定数 g_0 とクォーク質量 m_0，格子間隔 a の関数となり，連続極限での物理量の予言を抽出するには，格子間隔 $a \to 0$ の極限をとる必要がある．紫外発散はこの過程で生じるので，くりこまれた結合定数 $g(\mu)$ やクォーク質量 $m(\mu)$ を定義し，発散を吸収する必要があることは連続理論と同様である．

格子 QCD の長年の懸案は，カイラル対称性を有する格子上のフェルミオン場の定式

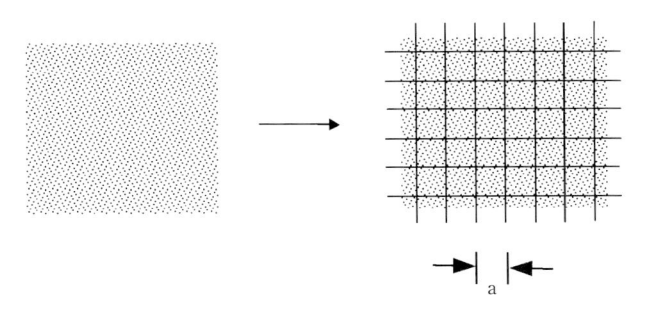

図 2.7.6 時空格子
時空連続体を離散な格子で置き換え，クォーク場は格子点に，グルオン場は格子点を結ぶ線分（リンク）に定義する．

化が難しかったことである．実際，標準的な方法として知られるウィルソンの方法はカイラル対称性を破り，コーガット-サスカイントの方法は U(1) 部分群しかもたない．これには格子の周期性に起因する深い理由（ニールセン-二宮の定理）がある．1990 年頃から，無限個の成分をもつフェルミオン場を導入することにより，ニールセン-二宮の定理を回避して，カイラル対称性をもつ格子上のフェルミオン理論を定式化することが可能であることが認識された．具体的な定式化にはドメインウォール法やオーバーラップ法があり，次第に多く用いられ始めている．

（2） モンテカルロシミュレーション

格子上の量子色力学は，ファインマンにより見出された経路積分の方法により量子化される．この方法では，物理量は，QCD の作用と呼ばれる量を重みとして，すべてのクォーク場とグルオン場に関する積分平均により計算される．格子のサイズを有限にとれば，クォーク場，グルオン場の自由度は膨大ではあるが有限になる．したがって，経路積分をモンテカルロ法などにより数値的に評価することにより物理量を求めることが考えられる．これがモンテカルロシミュレーションの方法である．

格子量子色力学に対する数値シミュレーションの適用は，1979 年から 1980 年にかけてマイケル・クロイツ（M. Creutz）らによりはじめられた．1981 年には，ドナルド・ワインガルテン（D. Weingarten）らとジョルジオ・パリジ（G. Porisi）らによってハドロンの質量を求める最初の計算が報告された．これ以降，スーパーコンピューターの飛躍的な発展に支えられ，数値シミュレーションは格子量子色力学の予言を抽出する最も有力な方法として発展を遂げている．

格子 QCD シミュレーションは膨大な計算を必要とするが，近接相互作用を特徴とする場の理論により記述される系であるので，並列計算に好適な問題である．格子 QCDが重要となった 1980 年代は，ベクトル型スーパーコンピューターが急速に成長した一方で，マイクロプロセッサの進歩と重なって並列計算機が発達した時期でもある．格子

図 2.7.7 格子 QCD 向け超並列クラスタ計算機 PACS-CS(筑波大学計算科学研究センター)
ピーク演算性能 14.3TFLOPS・主記憶容量 5.12Tbyte・分散ディスク 410Tbyte. 2560 ノードが 3 次元ハイパクロスバネットワークで結合されている.

QCD は,ベクトル型スーパーコンピューターの進歩に助けられて進展し,また同時に,格子 QCD を目標とした並列計算機の開発・製作を通じて計算機の進歩にも多大の貢献をした.

格子 QCD を念頭に開発された並列計算機として,わが国では筑波大学における QCDPAX (1989), CP-PACS (1996), PACS-CS (2006) があり,特に CP-PACS は 1996 年 11 月の「世界のスーパーコンピュータートップ 500」リストの第 1 位を獲得した.また米国ではコロンビア大学で一連の計算機が開発され,最近の QCDOC (2005) は世界最高速の BlueGene シリーズへと成長している.図 2.7.7 に PACS-CS の写真を掲げる.

(3) クォークの閉じ込め

図 2.7.8 にモンテカルロシミュレーションにより求められたクォーク・反クォーク間のポテンシャルエネルギー $V(r)$ を示す.横軸はクォーク・反クォークの距離である.この計算ではクォーク・反クォークの対生成・対消滅の効果は無視されている.この結果をみると,遠距離でポテンシャルエネルギーは距離 r に比例して増加する:$V(r) \approx \sigma r$ 単独のクォークを取り出す ($r \to \infty$) ことは,無限大のエネルギーを必要とするので不可能であり,クォークの閉じ込めが確かに成り立っている.

この結果は,グルオンの交換といった描像では理解することができず,時空に拡がったグルオン場の量子ゆらぎの効果としてとらえる必要がある.すなわち,クォークの間に作用する力は,クォークのもつ色電荷とグルオン場の量子ゆらぎが相互作用することにより生じるが,QCD では,漸近自由性により,クォーク間の距離が増大するととも

2.7 量子色力学

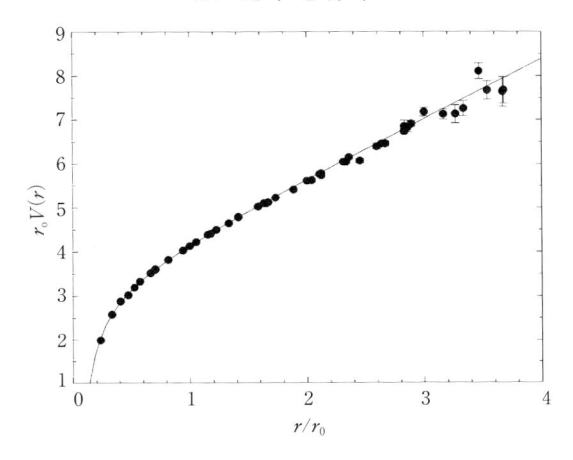

図 2.7.8 格子QCDのモンテカルロシミュレーションにより求められたクォーク・反クォーク間ポテンシャル
r_0 は計算上導入された単位で $r_0 = 0.5\,\mathrm{fm}$ の値をもつ.

に対応する波長のグルオン場の量子ゆらぎも増大する．この結果，クォークの色電荷間の相関が距離とともに指数関数的に減少し，これによって距離に比例するポテンシャルエネルギーが生成されるのである．

電磁気力とグルオン力を比較すると，電磁気力の場合は電荷を源とする電気力線が放射状に拡がることにより距離に逆比例して減少するクーロンポテンシャルが生成される．これに反して，グルオン力の場合は，クォークと反クォークをつなぐ方向に沿ってグルオン力線が絞られる状況が実現している．この場合，色電荷はひも状のグルオン力線のフラックスで結ばれていることになり，ひもの単位断面積あたりのエネルギー密度 σ は一定である．このためにクォーク・反クォーク間のポテンシャルエネルギーは距離に比例して増大する．

図2.7.8をよく見ると，距離 r が小さい領域で，ポテンシャルエネルギーはクーロン則 $V(r) \approx \alpha/r$ の振舞いをしていることがみてとれる．距離とエネルギーの間の不確定性関係 $r \approx c\hbar/E$ を思い起こせば，これは高エネルギーでは相互作用が弱くなるという漸近自由性の結果であることがわかる．図2.7.8は，量子色力学が，エネルギースケールの変化のもとで，漸近自由性とクォークの閉じ込めが連続的につながった力学系であることを明確に証拠立てている．

（4） ハドロンの質量スペクトルとクォークの質量

格子QCDのモンテカルロシミュレーションによれば，ハドロンの質量をはじめとする物理量を計算することができる．このような計算は，QCDの基本的検証を与えるので1980年代初めから多数行われてきたが，十分な精度で計算を行うことは容易でなかっ

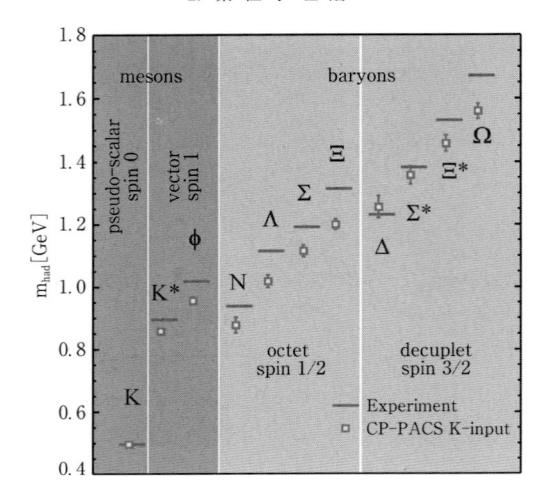

図 2.7.9 格子 QCD のクェンチ近似のもとでの u, d, s クォークからなるメソンとバリオンの基底状態の質量の計算値
横棒が実験値.

た. 1998 年に筑波大学のグループが自己開発の超並列計算機 CP-PACS を用い, 真空のクォーク・反クォーク対生成・対消滅を無視した "クェンチ近似" ($N_f=0$ 計算) で誤差数 % の計算に成功し, 実験で測定されている質量スペクトルと定性的に合致すること, ただし定量的には 5～10 % の系統的なずれがあることを見出している (図 2.7.9). その後, 特に軽いクォークである u, d, s の対生成・対消滅効果をとり入れた計算 ($N_f=2+1$ 計算) が進み, 実験と数 % 精度で一致する結果が得られつつある.

ハドロン質量の計算から定められる重要な物理量にクォークの質量がある. クォークはハドロン内部に閉じ込められているから直接質量を測定することができない. ハドロン質量とクォーク質量の関数関係を格子 QCD により計算し, ハドロン質量から逆算するのが唯一の方法である. 複数の格子間隔 a で計算を行い, 連続時空の極限 $a=0$ への外挿を行って物理的予言が抽出される. 近似を含まない計算 ($N_f=2+1$) では, u, d クォークの平均質量に対して $\bar{m}=(m_u+m_d)/2 \approx 3.5$ MeV, s クォークに対して $m_s \approx 90$ MeV という値が得られている (MS スキームでくりこみ点が 2 GeV での値). これらは現象論的に用いられてきた値の約 2/3 という軽い値である.

これら 3 種類のクォーク質量が軽いことはカイラル対称性がよく成り立っていることを意味する重要な結果である. π 中間子の質量の計算などから, カイラル対称性が自発的に破れていることについても強い証拠が得られている. また, U(1) カイラル対称性とグルオン場の位相, それらと η' 中間子の重い質量との関係についても多くの研究が行われ, 理論的な予想を裏付ける結果が得られている.

（5） ハドロン物理の課題

ハドロン物理には長年にわたる研究があり，その中でさまざまの未解決の課題がある．格子 QCD の立場から特に解決が期待される課題をいくつかあげる：(i) エキゾチックハドロンの予言．グルオン場の励起状態であるグルーボールや4個以上のクォークからなるハドロンなど，QCD 固有のエギゾチックなハドロンの質量などの予言．最近話題になったペンタクォーク状態の存否もこの一例である．(ii) フレーバー1重項に関係する物理量の解明．これには，陽子の中でクォークが担うスピンの大きさの問題や，π中間子と核子に対する σ 項の大きさなどがある．(iii) 核力の導出．ハドロン間に働く力は，ハドロン間に複数のクォークや反クォークが交換されることにより生ずる力と理解される．このような立場から，ハードコアを含む核力の性質を導き，さらには原子核の性質を導き出すシミュレーションを行うことは，QCD に基づくハドロン物理，さらには原子核物理の目標であり，最近，青木慎也，石井理修，初田哲男により大きな進展が得られた．

g. クォーク・グルオン・プラズマ

クォークは，通常の状態ではハドロンの内部に閉じ込められているが，温度や密度の上昇に伴い，クォークやグルオンの自由度が直接観測可能なプラズマ状態へと遷移することが予想されている．これをクォーク・グルオン・プラズマと呼ぶ．クォーク・グルオン・プラズマ相は，ビッグバン直後の高温・高密度の初期宇宙に存在していたと考えられる．このような物質の新たな相を実験的に研究するために，重い原子核どうしを高エネルギーで衝突させ，多数の核子どうしの多重衝突により温度・密度を上昇させてクォーク・グルオン・プラズマ相を人工的につくり出そうとする試みが行われている．米国ブルックヘブン国立研究所の重イオン衝突型加速器 RHIC での実験はその代表であり，最近の報告によれば，クォーク・グルオン・プラズマ相が実際につくり出され，かつその状態が理想流体の特徴をもつとの示唆が得られたとされている．

クォーク・グルオン・プラズマの物理特性の解明は格子 QCD の大きな課題である．理論的には，クォーク・グルオン・プラズマ相は，通常のハドロン相とはまったく異なる以下のような性質を示すと考えられている．

（1） クォークの閉じ込めの消失

通常のハドロン相ではクォークの間のグルオン場力線はひも状に絞られており，このために距離に比例して増大する閉じ込めのポテンシャルエネルギーが作用する．いまこの系を高い温度にさらすと，ひもは熱エネルギーを受けてゆらぎ始め，クォーク間の距離 r に比べて長いひもの状態が存在するようになる．この状態でクォーク間の距離を引き離すと，すでに長いひもが存在しているのであるから，単位距離だけ引き離すのに必要なエネルギーは温度がゼロの場合に比べて減少する．すなわち，熱ゆらぎのために，弦定数が温度効果により減少する．この効果は温度が高いほど大きくなるので，十分高

い温度では弦定数がゼロになり，その時点でクォークの閉じ込めは消失することになる．

以上の直感的な議論は，ひもを仮想的な粒子のランダムウォークととらえることにより数学的に厳密にすることができる．量子色力学のひもはカラー SU(3) 群の性質を反映して，1 本が 2 本に分岐することができる．この事実により，閉じ込めが消失する現象は，有限温度 QCD のもつ Z(3) 対称性という大域的な対称性の自発的破れによって特徴づけられることを示すことができる．このような分析から，グルオン場のみを考えた場合には閉じ込め消失転移は一次相転移であること，クォークにはこの一次相転移をならす効果があることが理論的に予想される．

(2) カイラル対称性の回復

温度が上昇した場合に生じるもうひとつの現象はカイラル対称性の回復である．温度ゼロの状態ではクォーク・反クォークペアが真空に凝縮を起こしてカイラル対称性は自発的に破れており，これに対応する南部-ゴールドストーンボソンが π 中間子を含む 8 重項である．この状況は，強磁性体で，温度ゼロに近い低温ではスピンの向きが揃うことにより自発磁化をもち，回転対称性が自発的に破れている状況と類似している．強磁性体では温度が上昇すると，スピンが熱運動を始めるために自発磁化が減少し，ある臨界温度でゼロとなる．その温度で強磁性体は常磁性状態へと相転移を起こす．カイラル対称性についても同様に，温度の上昇とともに，真空に凝縮したクォーク・反クォークペアは熱運動により減少し，ある温度で凝縮が消失してカイラル対称性が回復することが予想される．

この現象は，カイラル対称性のオーダーパラメーターを表す有効場 $M(x) = q\bar{q}(x)$ を用いて理論的に分析することができる．いま質量がゼロに近い軽いクォークの数を N_f とすると，$M(x)$ は $N_f \times N_f$ 行列となり，カイラル対称性は $\mathrm{SU}(N_f) \otimes \mathrm{SU}(N_f)$ 群により表現される．この有効場の理論にくりこみ群の方法を適用することにより，自然界に対応する $N_f = 2+1$ の場合，すなわち，きわめて軽くほとんど縮退した u, d クォークと，それよりは重い s クォークに対しては，カイラル対称性の回復する相転移は，一次相転移（図 2.7.10 左側参照）であるか，または，物理量は急激に変化するものの数学的には特異点のないクロスオーバー（図 2.7.10 右側参照）であるか，どちらかであること

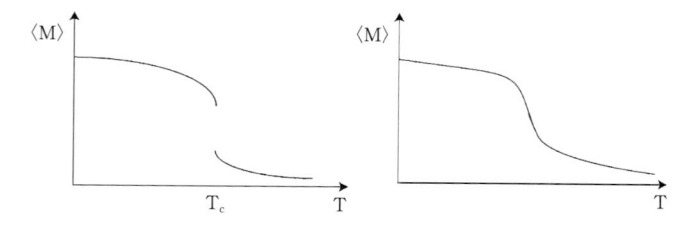

図 2.7.10 質量スペクトルに関する予言と実験値（横棒）の比較
カイラル対称性の 2 つの可能性：一次相転移（左）またはクロスオーバー（右）．

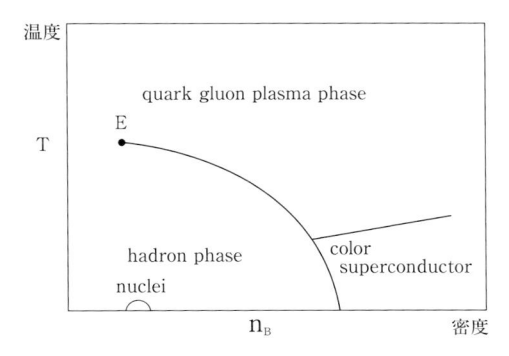

図 2.7.11 強い相互作用の温度・密度相図予想図
実線は一次相転移.

が予想されている.

（3） 高密度でのカラー超伝導状態

バリオン数密度が十分高い場合には，漸近自由性を用いた分析により，クォーク・反クォークペアよりはクォーク・クォークペアの方がエネルギー的に低くなり，したがって基底状態は後者が縮退する可能性が指摘されている．クォーク・クォークペアはカラーをもつ状態であるので，もしこの縮退が実現しているならば，カラー超伝導の状態になっていると予想される．一方で，密度が小さい場合は，有限温度での相図との連続性から，通常のクォーク・グルオン・プラズマ相が実現しているはずである.

（4） QCD 物質の温度・密度相図

以上の考察から，有限温度・有限密度平面でのクォーク・グルオン物質の相図は図 2.7.11 のようになっていると予想されている．バリオン数密度が低い領域では，ハドロン相からクォーク・グルオン・プラズマ相へはクロスオーバーで遷移する．ある密度以上でクロスオーバーは一次相転移に変わる．また，密度が十分高い領域ではカラー超伝導状態が実現している可能性がある.

（5） モンテカルロシミュレーションによる研究

有限温度の場の理論によれば，有限温度での QCD の熱力学分配関数は，時間方向の長さが $1/T$ のトーラスとなっている時空を考えれば求められることがわかっている．したがって，クォーク・グルオン・プラズマ相転移の性質を定量的に決定するには，時間方向の長さを $1/T$ にとった格子 QCD のモンテカルロシミュレーションが有効な方法を与える．モンテカルロシミュレーションにおいては，温度だけでなく，クォークの質量やフレーバー数 N_f をパラメーターとしてさまざまに変更することができ，QCD の相

図を分析するうえでのダイヤルとなる．グルオン場のみを考えた場合のシミュレーションを始めとして，u, d クォークをとり入れた場合，さらには s クォークもとり入れた現実の自然界に対応する場合などについて，多くの研究が行われている．

バリオン数密度は，格子 QCD に化学ポテンシャルを導入することによりとり入れることができる．しかしながら，この場合には分配関数の重みが複素数になり，通常のモンテカルロ法が効力を失う困難があり，有限温度の場合に比べて研究は大幅に遅れている．根本的解決策は見出されていないが，RHIC における重イオン衝突実験に対応する比較的低密度の場合は，密度をコントロールするバリオンの化学ポテンシャルに関するテイラー展開法などにより研究が進みつつある．

モンテカルロシミュレーションによる主要な結果は以下のとおりまとめられる．

(i) 温度の上昇とともにハドロン相はクォーク・グルオン・プラズマ相に転移する．転移は1つの温度で起こる，すなわち，転移温度を境界として，高温側ではクォークの閉じ込めの消失とカイラル対称性の回復が同時に起こっている．

(ii) 自然界に対応するクォーク質量では，この転移は，数学的な特異性は存在しないが，物理量が急激に変化するクロスオーバーの可能性が高い．

(iii) 自然界に対応するクォーク質量での転移温度について，バリオン数密度がゼロの場合の $N_f = 2+1$ シミュレーションは $T_c \approx 150$ MeV 程度を示唆しているが，クロスオーバーであることによる不定性が大きい．

(iv) クォーク・グルオン・プラズマの基本的な熱力学的性質は，エネルギー密度や圧力を温度の関数として与える状態方程式により定まる．転移温度の数倍以上の温度では，シュテファン-ボルツマン則に従う値が得られ，比較的弱く相互作用するクォークとグルオンのガスとの描像を支持している．一方で転移温度の近傍ではシュテファン-ボルツマン則からのずれが大きく，強く相互作用するプラズマの可能性がある．

(v) 図 2.7.11 に予想されている有限密度の低密度側での一次相転移の終端点 E の位置について，$\mu_E \approx 300 \sim 400$ MeV が得られつつあり，RHIC や LHC における衝突実験で直接その影響が測定される可能性が議論されている．

h. 電弱相互作用と量子色力学

量子色力学は，電弱相互作用を記述するワインバーグ-サラム理論とともに，素粒子の標準模型をつくっている．標準模型を超えて，さらにミクロの階層の物理を探求するには，標準模型の精密検証が欠かせない．ここでの中心的課題は，カビボ-小林-益川 (CKM) のクォーク混合行列の決定であり，特に CP 非保存が CKM 行列に許される1個の複素位相により定量的に説明できるかどうかが1つの焦点である．

ハドロンの電弱相互作用には必ず強い相互作用の補正が加わる．したがって，ハドロンの電弱相互作用に関する実験データから CKM 混合行列に関する情報を抜き出すためには，この補正を正確に求める必要があるので，さまざまの方法が開発され用いられて

いる．チャームクォークやボトムクォークなど重いクォークを含むハドロンに対しては，重いクォークの質量の逆べきで展開する非相対論的QCDの方法や，重いクォークの対称性の方法などがある．また，軽いクォークのハドロンに対してはQCDのカラーの$N_c = \infty$のまわりでの展開や，カイラル対称性の有効理論による方法などがある．これらはいずれも近似的な方法であり，最終的には格子QCDの数値シミュレーションによる直接決定に優る方法はない．CP非保存パラメーター制限するうえで必要となる中性K中間子やB中間子の崩壊定数やボックスパラメーター，さらには電弱形状因子などの計算が行われ，その結果はCKM行列の制限にとり入れられている．最新の結果は，http://www.slac.stanford.edu/xorg/ckmfitter/ckm_inputs.html にある．

i. 今後の方向

強い相互作用の研究は，1934年の湯川秀樹の中間子論以来，すでに70年以上の歴史を刻んできた．この間，さまざまの実験的・理論的な進歩を経て，量子色力学という非可換ゲージ場の量子論が強い相互作用の基本法則を記述することが確立したといってよい．量子色力学の成功により，われわれは，自然界には，漸近自由性と閉じ込めを同時に説明する力が存在し，またその背後には非可換ゲージ原理があることを新たに学んだわけである．

量子色力学と強い相互作用の研究は今後どのような方向に向かっていくだろうか．最大の未解決の問題はクォーク・グルオン・プラズマの探索であり，この方向はRHICおよびLHCで引き続き追究されるであろう．J-PARCでの高密度状態の研究も予定され，多くのデータが供給されると考えられる．理論的にも，格子QCDの方法により物理性質の予言の努力が続けられるであろう．さらにRIBFによる不安定核の実験研究なども視野に入れるならば，ひとつの重要な方向は，QCDに基づく原子核の研究であると思われる．格子QCDに基づく核力ポテンシャルの導出や，軽い核の直接計算などは興味ある課題である．

一方で，標準模型の精密検証や，さらにはエネルギーフロンティアであるヒッグス粒子探索や超対称粒子探索においては，強い相互作用はバッググラウンド事象となり，その正確な評価が理論に要求されることになる．最近ゲージ理論と弦理論の関係（AdS/CFT対応）にも注目が集まっている．強い相互作用の物理自体にどのような知見をもたらすかは明らかでないが，ゲージ理論を解析的に解く可能性などの原理的観点とともに，さまざまの物理量の計算可能性など実用的側面からの意味でも興味あるテーマにおいて今後の発展が期待される．

（宇川　彰）

参考文献

量子色力学の成立に重要な役割を果たした論文を挙げる．

1) 中間子論：Hideki Yukawa, "On the interaction of elementary particles I", Proc. Phys.-Math. Soc. Japan, **17**（1935）48-57.

2) QEDのくりこみ理論：Z. Koba and S. Tomonaga, "Application of the "self-consistent" subtraction method to the elastic scattering of an electron", Progress of Theoretical Physics 2, 218(L) (1947); J. Schwinger, "On quantum electrodynamics and the magnetic moment of the electron", Phys. Rev. **73** (1948) 416-417; R. Feynman, "The theory of positrons", Phys. Rev. **76** (1949) 749-759; F. Dyson, "The radiation theory of Tomonaga, Schwinger and Feynman", Phys. Rev. **75** (1949) 486-502.
3) ストレンジネス：T. Nakano and K. Nishijima, "Charge independence for V particles", Prog. Theor. Phys. **10** (1953) 581; M. Gell-Mann, "Isotopic spin and new unstable particles", Phys. Rev. **92** (1953) 833-834; K. Nishijima, "Some remarks on the even odd rule", Prog. Theor. Phys. **12** (1954) 107.
4) 非可換ゲージ理論：C. N. Yang and R. Mills, "Conservation of isotopic spin and isotopic gauge invariance", Phys. Rev. **96** (1954) 191.
5) フレーバーSU(3)対称性：M. Gell-Mann, California Institute of Technology Synchrotron Laboratory Report No. CTSL-20, 1961 (unpublished); "Symmetries of Baryons and Mesons", Phys. Rev. **125** (1962) 1067; Y. Ne'eman, Nuclear Phys. **26** (1961) 222.
6) カイラル対称性の自発的破れ：Y. Nambu and G. Jona-Lasinio, "Dynamical model of elementary particles based on an analogy with superconductivity. I", Phys. Rev. **122** (1961) 345.
7) クォーク模型：M. Gell-Mann, "A Schematic Model of Baryons and Mesons", Phys. Lett. **8** (1964) 214; G. Zweig, "An SU(3) model for strong interaction symmetry and its breaking", CERN report 8419/TH. 412 (1964).
8) スケーリング：J. Bjorken, "Asymptotic sum rules at infinite momentum", Phys. Rev. **179** (1969) 1547.
9) 非可換ゲージ理論のくりこみ：G. 't Hooft, "Renormalization of massless Yang-Mills fields", Nucl. Phys. **B33** (1971) 173.
10) くりこみ群：K. Wilson, "The Renormalization Group and Critical Phenomena I, II", Phys. Rev. **B4** (1971) 3174, 3184.
11) 漸近自由性：D. Gross and F. Wilczek, "Ultraviolet behavior of non-Abelian gauge theories", Phys. Rev. Lett. **30** (1973) 1343; D. Politzer, "Reliable perturbative results for strong interactions?", Phys. Rev. Lett. **30** (1973) 1346.
12) 格子QCD：K. Wilson, "Confinement of Quarks", Phys. Rev. **D10** (1974) 2445.

2.8 電弱統一理論

a. 低エネルギーの弱い相互作用

1894年のベックレルによる放射能の発見の後しばらくして，放射線には数種類のものがあることが明らかになった．このうち電子が放射されるβ崩壊は，弱い相互作用によって引き起こされる過程である．1934年にフェルミが弱い相互作用の理論を提唱してから，さまざまな発展の末，1950年代の終わり頃までに明らかになった弱い相互作用の構造は，フェルミの理論を拡張した有効ラグランジアンによって記述することができる．

その特徴としては，

(1) 2つのカレントの積の形をしている．
(2) 相互作用の強さが粒子の種類によらない（普遍性）．

さらに
- (3) 相互作用はパリティ不変性を破っている．
- (4) 相互作用の到達距離は核子の大きさと比較しても非常に短い．

が挙げられる．

具体的に述べると，弱い相互作用の有効ラグランジアンは，弱いカレント J_μ とそのエルミート共役 $J_\mu^\dagger$ を縮約した形をしている．

$$\mathcal{L} = \frac{G_F}{\sqrt{2}} J^\mu J_\mu^\dagger \tag{2.432}$$

この形は，電磁相互作用により2つの電荷・電流の間に働く力の形と同様であるが，大きく異なるのは電磁相互作用が長距離力であるのと違い，弱い相互作用は到達距離が非常に短く，（1970年代までの実験では）局所的な相互作用と見なせることである．もう1つの大きな違いは，弱いカレントが電荷を1（素電荷 e を単位として）だけ変えることである．このようなカレントを荷電カレントと呼ぶ．

弱いカレントは，レプトンカレントとハドロンカレントの和になっている．

$$J_\mu = J_\mu^{(l)} + J_\mu^{(h)} \tag{2.433}$$

レプトンカレント $J_\lambda^{(l)}$ は（その後発見された第3世代レプトンを加えて），

$$J_\lambda^{(l)} = \bar{\nu}_e \gamma_\lambda (1-\gamma_5) e + \bar{\nu}_\mu \gamma_\lambda (1-\gamma_5) \mu + \bar{\nu}_\tau \gamma_\lambda (1-\gamma_5) \tau \tag{2.434}$$

と書ける．また，ハドロンカレント $J_\lambda^{(h)}$ は，現在の言葉を用いると，クォーク場によって次のように表される．

$$J_\lambda^{(h)} = \bar{u}_i \gamma_\lambda (1-\gamma_5) V_{ij} d_j \tag{2.435}$$

ここで，$u_i (i=1,2,3)$ は電荷 2/3（陽子の電荷を単位とする）の3つのクォーク u, c, t，また $d_i (i=1,2,3)$ は電荷 $-1/3$ のクォーク d, s, b を表し，V_{ij} は Cabibbo-小林-益川行列と呼ばれる 3×3 ユニタリ行列の成分である．

このように，弱いカレントはベクトルと軸ベクトルの両方の和になっており，左巻きのクォーク・レプトン場のみが弱い相互作用に関与する形をなしている．このことは弱い相互作用がパリティ不変性を破ることを意味している．特に，ベクトルひく軸ベクトルという形をしていることから，このカレントを $V-A$（V マイナス A）型と呼ぶ．

また，弱いカレントはそれぞれのレプトンとクォークカレントの和になっているが，その係数がすべて1である（Cabibbo-小林-益川混合を除いて）ことは，各粒子の弱い相互作用の結合の大きさが等しいことを示している．

b. 非可換ゲージ理論と電弱統一

上で述べたフェルミの有効ラグランジアンは，あくまで低エネルギーにおいて有効な近似であるとみなされる．その大きな理由は，くりこみ可能性の欠如である．このラグランジアンは，摂動展開の最低次の振幅を計算する限りにおいては実験をよく再現するが，高次補正を計算しようとすれば一般に無限大の結果を導いてしまう．

このことと密接に関連するのは，振幅の高エネルギーでの振舞いである．たとえば，

ニュートリノ散乱過程に対する摂動の最低次の振幅のエネルギー依存性をみると，不変振幅が重心系エネルギーの2乗に比例して増大し，ひいてはユニタリ性の制限を突破してしまう．これが起こるのはおよそ $G_F E^2 \sim 4\pi$ のエネルギー，すなわち1 TeV前後である．このエネルギースケールがフェルミの有効相互作用の最大可能な適用限界と見なされる．

この問題は，フェルミの有効相互作用が，弱い相互作用を媒介する重いボソン（荷電弱ボソン）Wの交換によって生ずる複合的な相互作用であるとすれば，解決に向かう．Wとカレントとの結合定数を g_W とすると，質量 m_W のWボソンの交換による振幅は

$$\mathcal{M} \propto \frac{g_W^2}{m_W^2 - q^2} \times (フェルミオンのスピノル部分) \tag{2.436}$$

となる．ここで，qは（仮想的な中間状態の）Wボソンのもつエネルギー運動量ベクトルであり，q^2はその過程の典型的エネルギーである．q^2に比べて m_W^2 が十分大きければ，q^2は無視でき，フェルミの有効ラグランジアンから導いた振幅と一致する．しかし，高エネルギーでは q^2 が大きくなるため，ユニタリ性の制限を超えることはない．これを実空間で見ると，W交換による相互作用はWのコンプトン波長 $\hbar/Mc$ 程度の距離以遠ではきわめて弱くなるので，長距離（低エネルギー）の過程では近似的にフェルミの局所相互作用に帰着することとなる．

このように，弱い相互作用はWボソン交換によると考えると都合がよいが，さらに，上で述べた弱い相互作用の特徴(1)および(2)は，弱い相互作用がゲージ理論によって記述されると考えると理解できる．カレント・カレントの形は，相互作用を媒介する粒子がスピン1であることを示唆しており，また，相互作用の大きさの普遍性は，ゲージ場の結合のもつ性質である．

では，弱い相互作用を記述できるのはどのようなゲージ理論であろうか．まず重要な点は，カレント J_μ が電荷を変える性質をもっていることであり，これはWが電荷 ± 1 をもっていることを意味する．つまり，Wは光子 γ と相互作用することとなる．このようなゲージボソンどうしの相互作用は，非可換ゲージ理論において，ゲージボソンどうしが同じゲージ群に属しているときに現れる．このように，$W^\pm$ と γ は同じゲージ群のゲージボソンということになり，これは電磁相互作用と弱い相互作用が共通の起源をもっていることを意味している（電弱統一）．

このような相互作用を含む最も簡単なゲージ群はSU(2)である．SU(2)は3つの独立な生成子 T^a ($a=1,2,3$) をもち，その間には

$$[T^a, T^b] = i\varepsilon^{abc} T^c \tag{2.437}$$

という交換関係式が成立する．それぞれの生成子に対応するゲージ場 A_μ^a の間には ε^{abc} に比例する3点相互作用

$$\mathcal{L} = g\varepsilon^{abc}(\partial_\mu A_\nu^a) A^{\mu b} A^{\nu c} \tag{2.438}$$

が存在する（gはゲージ結合定数）．

$W^{\pm}$ と γ が SU(2) の 3 つの生成子に対応するとすれば，W の電磁相互作用を説明することができる．しかし，クォーク・レプトンを理論に含めようとすると，これではうまくいかないことが次のようにしてわかる．

上の弱い相互作用の特徴（3）から，W が相互作用するのはクォーク・レプトンの左巻き成分のみであることが結論される．たとえば，左巻き電子 e_L は W と相互作用するが，e_R は相互作用しない．したがって e_R は SU(2) の量子数をもたない 1 重項と考えられる．これに対し，電磁相互作用は右巻き・左巻きを区別しない．したがって，e_L, e_R の両方とも SU(2) の量子数をもっているはずである．この 2 つは相容れない．

標準理論では，ゲージ群を必要最小限に拡張することで，この問題を解決する．そのゲージ群は $SU(2) \times U(1)_Y$ であり，全部で 4 種類のゲージ場を含んでいる．ここでは，電磁相互作用を媒介する γ は，SU(2) のゲージ場と，$U(1)_Y$ のゲージ場の線形結合であり，e_R の電磁相互作用は，$U(1)_Y$ の相互作用の部分から生ずることになる．($U(1)_Y$ の Y は，電荷 Q をゲージ量子数とする電磁相互作用の $U(1)_Q$ と区別するためである．）第 4 のゲージ場 Z は電気的に中性であるが，これによる相互作用が存在することは，$SU(2)_L \times U(1)_Y$ が提唱された後の 1973 年に，ニュートリノの起こす反応で電荷をもつレプトンを生じないもの（中性カレントの弱い相互作用）が発見されて明らかになった．中性カレントが荷電カレントと同程度の相互作用の強さをもちながら，はるかに遅い時期まで知られなかった理由は，荷電カレントがクォーク・レプトンの種類（フレーバー）を変えることにより素粒子の崩壊を引き起こすのに対し，中性カレントはフレーバーを変えないためである．このことについては後に詳しく触れる．

$SU(2) \times U(1)_Y$ 群に含まれる SU(2) は数学的には角運動量（スピン）やアイソスピンと同型であるが，物理的には異なる自由度に作用する対称変換群である．これを弱アイソスピンと呼び，以下 $SU(2)_L$ と書くことにする．（L は左巻きの粒子とだけ相互作用することから由来する．）また，$U(1)_Y$ の量子数を弱ハイパーチャージと呼ぶ．

c. $SU(2)_L \times U(1)_Y$ 対称性の自発的破れ

しばらくクォーク・レプトンの物質場を忘れ，$SU(2)_L \times U(1)_Y$ のゲージ対称性に注目し，ゲージ場とゲージ対称性の自発的破れを起こすスカラー場（ヒッグス場）からなる系を考察していく．

$SU(2)_L \times U(1)_Y$ ゲージ対称性をスカラー場の真空期待値によって自発的に破るためには，そのスカラー場は $SU(2)_L$ および $U(1)_Y$ の両方について 0 でない量子数をもっていることが必要である．どのような量子数をもつかは無限の可能性があるが，$SU(2)_L$ の表現として最も簡単なのは 2 次元表現である．標準理論のヒッグス場はまさにこの場合である．このスカラー場の弱ハイパーチャージを $Y = 1/2$ とする．弱ハイパーチャージの量子数は，U(1) 群が可換群であるため規格化が任意で，弱ハイパーチャージと $U(1)_Y$ のゲージ結合定数の積のみが意味をもつ．したがって，ゲージ結合定数をうまく定義すれば，必ず $Y = 1/2$ とできる．

ヒグス場 φ は弱アイソスピン $1/2$, すなわち 2 つの成分をもっているが, 2 次元表現が擬実表現であることから, それぞれが複素場となる.（弱ハイパーチャージの量子数をもっていることからも複素場でなければならない.）実の成分場を用いると, たとえば,

$$\varphi = \frac{1}{\sqrt{2}} \begin{pmatrix} \varphi_1 + i\varphi_2 \\ \varphi_3 + i\varphi_4 \end{pmatrix} \tag{2.439}$$

と表すことができる.

この場に対するラグランジアンはくりこみ可能な範囲内で次のように書ける.

$$\mathcal{L} = D_\mu \varphi^\dagger D^\mu \varphi - V(\varphi) \tag{2.440}$$

運動項中の φ に対する共変微分は, 2 次元表現に対する SU(2) の生成子が $T^a = \tau^a/2$ (τ^a はパウリ行列) であることから,

$$D_\mu = \partial_\mu + ig \frac{\tau^a}{2} A_\mu^a + ig' \frac{1}{2} B_\mu \tag{2.441}$$

と書ける. ここで A_μ^a, B_μ はそれぞれ SU(2)$_L$, U(1)$_Y$ のゲージ場, g, g' はそれぞれ SU(2)$_L$, U(1)$_Y$ のゲージ結合定数である. SU(2)$_L \times$ U(1)$_Y$ で不変かつ, くりこみ可能なポテンシャル V の最も一般的な形は,

$$V(\varphi) = \mu^2 \varphi^\dagger \varphi + \lambda (\varphi^\dagger \varphi)^2 \tag{2.442}$$

で与えられる. エルミート性から μ^2 および λ は実数であるが, 理論の安定性より $\lambda > 0$ を要請する. 質量項 $\mu^2 > 0$ であれば, $\varphi = 0$ が最低エネルギー状態（理論の「真空」）であるが, これは SU(2)$_L \times$ U(1)$_Y$ のもとで対称な状態である. ここでは $\mu^2 < 0$ と仮定すると, $\varphi = 0$ はポテンシャルの極大値を与える配位となっており, 最低エネルギーを実現するのは,

$$\mu^2 + 2\lambda \varphi^\dagger \varphi = 0 \tag{2.443}$$

のときである. これを満たす φ は一意的でなく, 成分場で書くと,

$$\varphi_1^2 + \varphi_2^2 + \varphi_3^2 + \varphi_4^2 = -\mu^2/\lambda \equiv v^2 \tag{2.444}$$

という 3 次元球面上の任意の点となるが, ラグランジアンのもつ SU(2)$_L \times$ U(1)$_Y$ の対称性を用いることにより, 一般性を失うことなく次の形にもっていくことができる.

$$\langle \varphi \rangle = \begin{pmatrix} 0 \\ \frac{v}{\sqrt{2}} \end{pmatrix} \tag{2.445}$$

この真空がもとの対称性を破っている, すなわち対称変換によって不変な状態でないことをみるには, 対称性の生成子 T^a に対し

$$T^a \langle \varphi \rangle \neq 0 \tag{2.446}$$

であることを確かめればよい. SU(2)$_L \times$ U(1)$_Y$ の 4 つの生成子

$$T^a = \frac{\tau^a}{2}, \ \frac{1}{2} \tag{2.447}$$

はどれも真空に作用したとき 0 でない値を与えるので, これらに対応する対称性は 4 つとも破れていることがわかる. しかし, 対称性が完全に破れているわけではない. 実際,

2.8 電弱統一理論

$$Q = T^3 + Y \tag{2.448}$$

と定義すると，φ に対して

$$Q = \begin{pmatrix} 1 & 0 \\ 0 & 0 \end{pmatrix} \tag{2.449}$$

であるため，Q は $Q\langle\varphi\rangle = 0$ を満たし，これにより生成される U(1) 対称性は破れていない．これを U(1)$_Q$ と書くことにする．後ほど，この対称性が電磁相互作用のゲージ対称性であることをみる．4 つの生成子の線形結合でこれ以外の組合せはすべて破れているので，U(1)$_Q$ が残った対称性のすべてである．

以上の考察より，SU(2)$_L$ の 2 次元表現のヒグス場 1 つを含む理論においては，対称性が破れないか U(1)$_Q$ に破れるかの 2 つの可能性しかないことがわかる．どちらになるかはヒグス場の質量項の符号により決定される．

d. ゲージボソンの質量

ヒグス場 φ の真空期待値によりゲージ対称性が自発的に破れると，ヒグス機構のためゲージボソンは質量をもつようになる．これを具体的にみるには，ヒグス場の運動項

$$\mathcal{L} = D_\mu \varphi^\dagger D^\mu \varphi \tag{2.450}$$

に含まれるゲージ場の部分を調べればよい．ヒグス場に対する共変微分を成分表示すると，

$$D_\mu = \partial_\mu + \frac{i}{2} \begin{pmatrix} g A_\mu^3 + g' B_\mu & g(A_\mu^1 - i A_\mu^2) \\ g(A_\mu^1 + i A_\mu^2) & -g A_\mu^3 + g' B_\mu \end{pmatrix} \tag{2.451}$$

となる．ヒグス場の真空期待値の部分のみ残すと，

$$D_\mu \langle\varphi\rangle = \frac{iv}{2\sqrt{2}} \begin{pmatrix} g(A_\mu^1 - i A_\mu^2) \\ -g A_\mu^3 + g' B_\mu \end{pmatrix} \tag{2.452}$$

となるが，これより

$$\mathcal{L} = \frac{1}{8} g^2 v^2 (A_\mu^1 + i A_\mu^2)(A^{\mu 1} - i A^{\mu 2}) + \frac{1}{8} v^2 (g A_\mu^3 - g' B_\mu)^2 + \cdots \tag{2.453}$$

が得られる．

ゲージ場の規格化された質量固有状態として，複素ゲージ場

$$W_\mu = \frac{1}{\sqrt{2}} (A_\mu^1 + i A_\mu^2) \tag{2.454}$$

および実ゲージ場

$$Z_\mu = \frac{1}{\sqrt{g^2 + g'^2}} (g A_\mu^3 - g' B_\mu) \tag{2.455}$$

を定義すると，質量項は

$$\mathcal{L} = \frac{1}{4} g^2 v^2 W_\mu^\dagger W^\mu + \frac{1}{8} (g^2 + g'^2) v^2 Z_\mu Z^\mu \tag{2.456}$$

と書ける．これらと直交する第 4 の状態

$$A_\mu = \frac{1}{\sqrt{g^2+g'^2}}(g'A_\mu^3 + gB_\mu) \tag{2.457}$$

は質量項をもたない．また，ゲージ場の運動項

$$\mathcal{L} = -\frac{1}{4}A_\mu^a A^{\mu a} - \frac{1}{4}B_\mu B^\mu \tag{2.458}$$

をこれらの状態を用いて書き直すと，

$$\mathcal{L} = -\frac{1}{2}W_\mu^\dagger W^\mu - \frac{1}{4}Z_\mu Z^\mu - \frac{1}{4}A_\mu A^\mu \tag{2.459}$$

となり，これと質量項からゲージ場の運動方程式を導くと，W, Z がそれぞれ質量

$$m_W^2 = \frac{1}{4}g^2 v^2, \quad m_Z^2 = \frac{1}{4}(g^2+g'^2)v^2 \tag{2.460}$$

をもつことがみてとれる．

便利な記法として，弱混合角（Weinberg 角）θ_W を

$$\tan\theta_W = \frac{g'}{g} \tag{2.461}$$

によって定義すると，ゲージ固有状態と質量固有状態の関係は

$$\begin{aligned} Z_\mu &= A_\mu^3 \cos\theta_W - B_\mu \sin\theta_W \\ A_\mu &= A_\mu^3 \sin\theta_W + B_\mu \cos\theta_W \end{aligned} \tag{2.462}$$

と書くことができる．

e. ゲージボソンと一般の粒子との結合

ゲージボソンの相互作用は共変微分

$$D_\mu = \partial_\mu + igT^a A_\mu^a + ig'YB_\mu \tag{2.463}$$

から生ずるが，これを質量固有状態 W_μ, Z_μ, A_μ を用いて書き直すと，

$$D_\mu = \partial_\mu + \frac{ig}{\sqrt{2}}(T^+ W_\mu^\dagger + T^- W_\mu) + ig_Z(T^3 - Q\sin^2\theta_W)Z_\mu + ieQA_\mu \tag{2.464}$$

となる．ただしここで，

$$\begin{aligned} T^\pm &= T^1 \pm iT^2 \\ Q &= T^3 + Y \\ g_Z &= \sqrt{g^2+g'^2} \\ e &= \frac{gg'}{\sqrt{g^2+g'^2}} \end{aligned} \tag{2.465}$$

と定義した．これら質量固有状態の結合定数の間には，

$$e = g\sin\theta_W = g'\cos\theta_W, \quad g_Z = \frac{g}{\cos\theta_W} = \frac{g'}{\sin\theta_W} \tag{2.466}$$

という関係がある．

まず，質量 0 のゲージ場 A_μ を電磁場と解釈するには，その結合定数 e を素電荷，Q

を物質場の電荷と見なせばよい．電荷 Q が弱アイソスピンの第3成分 T^3 と弱ハイパーチャージ Y の和で書かれるということから，$SU(2)_L$ の既約表現に属する粒子の組は，電荷が1ずつ異なることがわかる．ゲージ場 W_μ に対応するゲージボソンは，$T^3=\pm 1, Y=0$ の量子数をもつことより，その電荷は ± 1 である．場 A_μ, Z_μ に対応するゲージボソンは，電気的に中性であり，これらを光子 γ および中性弱ボソン Z^0 と呼ぶ．

荷電弱ボソン $W^\pm$ の相互作用は，$SU(2)_L$ の昇降演算子 $T^\pm$ との結合をもち，粒子の電荷を1変えるものとなっている．中性弱ボソン Z は電荷をもたず，その結合は $SU(2)_L$ の第3成分と電荷 Q に比例する項の和からなっている．

f. クォーク・レプトンの表現

スピン $1/2$ のフェルミオンの場で最も基本的なものは Weyl 場（カイラルフェルミオン場）としてよい．Dirac 場は Weyl 場2つに分解でき，Majorana 場は Weyl 場と物理的に同値であるので，Weyl 場のみを考えれば十分である．

上で述べたように，クォーク・レプトンの荷電カレントの構造から，W ボソンは左巻きの成分にのみ作用する．このことは，右巻きのクォーク・レプトン場が $SU(2)_L$ の1次元表現であることを意味する．また，クォーク・レプトンともに，電荷が1だけ異なる2種類が存在するので，左巻きのクォーク・レプトン場は $SU(2)_L$ の2次元表現と考えられる．$SU(2)_L$ の表現が決まれば，各粒子の電荷から弱ハイパーチャージが算出できる．このようにして求めた各クォーク・レプトン場の量子数を表 2.8.1 に示してある．

ニュートリノについては，表には左巻き成分のみを含めてある．右巻きニュートリノが存在するとすれば，ゲージ群に関しては1次元表現で，弱ハイパーチャージは0となり，強弱電磁相互作用のいずれも行わない粒子となる．このような粒子が存在するかどうかは実験的確証がなく，最小の標準理論では左巻きニュートリノのみを含めるのが普通である（ニュートリノ質量の項も参照のこと）．

このように，ゲージ群に関して右巻きと左巻きの場の表現が異なっていることは，クォークやレプトンの質量項がゲージ対称性によって禁止されることを意味している．後でみるように，クォーク・レプトンの質量は，ゲージ対称性の自発的な破れに付随して，ヒグス場との結合から生ずることになる．

g. クォーク・レプトンのゲージ相互作用

一般に，フェルミオン場のゲージ相互作用の具体的な形は，

$$\mathcal{L} = i\bar{\psi}_L \gamma^\mu D_\mu^{(L)} \psi_L + i\bar{\psi}_R \gamma^\mu D_\mu^{(R)} \psi_R \tag{2.467}$$

から求めることができる．ここで $D_\mu^{(L)}(D_\mu^{(R)})$ は左（右）巻きのフェルミオン場についての共変微分である．

$W^\pm$ とフェルミオンとの相互作用は，$SU(2)_L$ の $T^\pm$ の部分に対応しており，一般的には，

表 2.8.1 標準理論に含まれる素粒子（ゲージ固有状態）とその量子数

カラーは SU(3) の表現．B, L はそれぞれバリオン数，レプトン数を表す．クォーク・レプトンは第1世代のみ示しているが，第2・第3世代のクォーク・レプトンもそれぞれの量子数は同じである．

粒子	スピン	カラー	I	I_3	Y	Q	B	L
$q_L = \begin{pmatrix} u_L \\ d_L \end{pmatrix}$		3	$\frac{1}{2}$	$+\frac{1}{2}$ $-\frac{1}{2}$	$+\frac{1}{6}$	$+\frac{2}{3}$ $-\frac{1}{3}$	$+\frac{1}{3}$	0
u_R		3	0	0	$+\frac{2}{3}$	$+\frac{2}{3}$	$+\frac{1}{3}$	0
d_R	1/2	3	0	0	$-\frac{1}{3}$	$-\frac{1}{3}$	$+\frac{1}{3}$	0
$l_L = \begin{pmatrix} \nu_L \\ e_L \end{pmatrix}$		1	$\frac{1}{2}$	$+\frac{1}{2}$ $-\frac{1}{2}$	$-\frac{1}{2}$	0 -1	0	$+1$
e_R		1	0	0	-1	-1	0	$+1$
g		8	0	0	0	0	0	0
$\begin{pmatrix} W^+ \\ W^0 \\ W^- \end{pmatrix}$	1	1	1	$+1$ 0 -1	0	$+1$ 0 -1	0	0
B		1	0	0	0	0	0	0
$\varphi = \begin{pmatrix} \varphi^+ \\ \varphi^0 \end{pmatrix}$	0	1	$\frac{1}{2}$	$+\frac{1}{2}$ $-\frac{1}{2}$	$+\frac{1}{2}$	0 -1	0	0

$$\mathcal{L} = -\frac{g}{2\sqrt{2}} J^\mu W_\mu^\dagger + \text{h.c.}$$
$$J^\mu = 2\bar{f}_L \gamma^\mu T^+ f_L + (L \to R) \tag{2.468}$$

と書けるが，クォーク・レプトンに対しては，J^μ はこの節の冒頭にある表式となる．これとフェルミの有効ラグランジアンとの比較から，フェルミ定数は

$$\frac{G_F}{\sqrt{2}} = \frac{g^2}{8 m_W^2} \tag{2.469}$$

と表される．W ボソンの質量の表式を用いると，これはさらに

$$\frac{G_F}{\sqrt{2}} = \frac{1}{2v^2} \tag{2.470}$$

と書け，これよりヒグス場の真空期待値の値が

$$v \simeq 247 \text{ GeV} \tag{2.471}$$

と求められる．これが弱い相互作用のエネルギースケールを決める量である．実は後で見るように，これは標準理論に含まれるあらゆる素粒子の質量の基となるスケールである．

Z^0 とフェルミオン f の相互作用は，一般に

2.8 電弱統一理論

$$\mathcal{L} = -g_Z \bar{f} \gamma^\mu (v_f - a_f \gamma_5) f Z_\mu \tag{2.472}$$

のようにベクトル・軸ベクトル部分の和に書くことができ，それぞれの係数は

$$\begin{aligned} v_f &= \frac{1}{2}(I_{3L} + I_{3R}) - Q_f \sin^2 \theta_W \\ a_f &= \frac{1}{2}(I_{3L} - I_{3R}) \end{aligned} \tag{2.473}$$

と表せる．具体的にクォーク・レプトンに対しては，$I_{3L} = \pm 1/2$ かつ $I_{3R} = 0$ なので，

$$\begin{aligned} v_f &= \pm \frac{1}{4} - Q_f \sin^2 \theta_W \\ a_f &= \pm \frac{1}{4} \end{aligned} \tag{2.474}$$

(符号はuとνが+で，d, eは-となる) と与えられる．特に，ニュートリノは当然 $V-A$ 型である．一方，荷電レプトンは，$\sin^2 \theta_W$ の実験値

$$\sin^2 \theta_W \simeq 0.231 \tag{2.475}$$

を代入すると，非常に軸ベクトル型に近いことがわかる．

電荷 Q_f は左巻きと右巻きで等しいので，電磁場の相互作用はベクトル部分のみとなり，電磁相互作用はパリティを保存する．このことは，$U(1)_Q$ 対称性が破れておらず，かつフェルミオンが質量をもっていることから自動的に導かれる．

ゲージボソンの質量に戻ると，W, Zの質量は最低次ではフェルミ定数および微細構造定数 $\alpha = e^2/4\pi$ を用いて

$$\begin{aligned} m_W &= \left(\frac{\pi \alpha}{\sqrt{2} G_F}\right)^{1/2} \frac{1}{\sin \theta_W} \\ m_Z &= \frac{m_W}{\cos \theta_W} \end{aligned} \tag{2.476}$$

と表すことができる．

微細構造定数 $\alpha^{-1} = 137.036$ およびフェルミ定数 $G_F = 1.166 \times 10^{-5}$ GeV^2 および上の $\sin^2 \theta_W$ の値を用いると，$m_W = 77.6$ GeV, $m_Z = 88.5$ GeV が得られるが，これは実験値 $m_W = 80.4$ GeV, $m_Z = 91.19$ GeV とは多少の差がある．このことは後で述べる高次補正の効果として理解することができる．

h. $SU(2)_L \times U(1)_Y$ の破れ方に対する実験的情報

Veltman の ρ パラメーターは

$$\rho = \frac{m_W^2}{m_Z^2 \cos^2 \theta_W} \tag{2.477}$$

と定義される．上の質量の表式より，$\rho = 1$ であることがわかる．一般には，ρ の値は $SU(2)_L \times U(1)_Y$ の破れ方に依存し，弱アイソスピン I, 第3成分 I_3 のスカラー場が真空期待値をもつ場合は（$U(1)_Q$ 対称性が残るためには弱ハイパーチャージは $Y = -I_3$ で

あることが必要),

$$\rho = \frac{I(I+1) - I_3^2}{2I_3^2} \tag{2.478}$$

となる.実験的にはよい精度で $\rho=1$ が成り立っており,これはヒグス場が $I=1/2$ をもっていることの現在唯一の証拠である.次にみるようにクォーク・レプトンの質量を生成するためには $I=1/2$ のヒグス場が必要であり,このこととの整合性は非常によい.

i. クォーク・レプトンの質量

クォーク・レプトンは左巻き成分が $SU(2)_L$ の 2 次元表現,右巻き成分が 1 次元表現なので,その質量項は,$SU(2)_L$ の 2 次元表現の変換性をもっている.したがって,質量項はゲージ不変性を破るのでクォーク・レプトンは本来質量をもたない.しかし,$I=1/2$ のヒグス場が存在すれば,クォーク・レプトン場とのゲージ不変な相互作用(湯川相互作用)が存在できる.$SU(2)_L \times U(1)_Y$ が自発的に破れてヒグス場が真空期待値をもてば,これよりクォーク・レプトンの質量が生ずる.

ここではクォーク・レプトンが 1 世代の場合を考える.$SU(2)_L \times U(1)_Y$ 不変なレプトンの湯川相互作用は

$$\mathcal{L} = -f_e \bar{l}_L e_R \varphi + \text{h.c.} \tag{2.479}$$

と書くことができる.湯川結合定数 f_e は一般に複素数である.成分を明示すると,この式は

$$\mathcal{L} = -f_e(\bar{\nu}_L e_R \varphi^+ + \bar{e}_L e_R \varphi^0) \tag{2.480}$$

となるが,φ を真空期待値に置き換えると,これより電子の質量項

$$\mathcal{L} = -\frac{f_e v}{\sqrt{2}} \bar{e}_L e_R + \text{h.c.} \tag{2.481}$$

が得られる.f_e の位相は e_R 場の位相に吸収することができるので,この係数は正にとることができ,

$$\mathcal{L} = -\frac{f_e v}{\sqrt{2}}(\bar{e}_L e_R + \bar{e}_R e_L) = -\frac{f_e v}{\sqrt{2}} \bar{e}e \tag{2.482}$$

となる.これから e の質量は

$$m_e = \frac{f_e v}{\sqrt{2}} \tag{2.483}$$

と与えられる.

電荷 $-1/3$ のクォークの質量も同様に,上式で $l_L \to q_L, e_R \to d_R$ に置き換えた相互作用がゲージ不変であり,その結合定数を f_d とすれば,d の質量は

$$m_d = \frac{f_d v}{\sqrt{2}} \tag{2.484}$$

となる.

電荷 $+2/3$ のクォークの質量を生成する不変な湯川相互作用を書き下すためには,相

互作用

$$\mathcal{L} = -f_u \bar{q}_L u_R \tilde{\varphi} + \text{h.c.} \tag{2.485}$$

において，スカラー場 $\tilde{\varphi}$ が $Y=-1/2$ をもつことが必要である．ヒッグス場 φ の荷電共役場

$$\varphi^c = i\tau^2 \varphi^* = \begin{pmatrix} \varphi^{0*} \\ -\varphi^- \end{pmatrix} \tag{2.486}$$

（τ^2 は純虚・反対称の標準的なパウリ行列）は $\text{SU}(2)_L$ のもとで φ とまったく同じ変換性をもち，Y は逆符号となるので，これを $\tilde{\varphi}$ と同定することができる．これより

$$m_u = \frac{f_u v}{\sqrt{2}} \tag{2.487}$$

と u クォークの質量が得られる．

このように，標準理論では 1 つのヒッグス場を導入することで，W, Z の質量とクォーク・レプトンの質量をすべて生成することが可能である．なお，理論が超対称性をもつ場合は，スカラー場にカイラリティが付随するので，$\tilde{\varphi}$ として φ とは独立な場を用意する必要がある．

j. 世代の構造

クォーク・レプトンには同じゲージ量子数をもつものが複数あり，それを世代と呼ぶ．ゲージ相互作用の普遍性より，クォーク・レプトンのゲージ相互作用は世代によらない．このことは，ゲージ相互作用では各世代のクォーク・レプトンを区別することはできないことを意味する．一方，ヒッグス場との湯川相互作用に対しては，このような対称性のしばりは存在しない．標準理論においては，この湯川相互作用が世代の違いをもたらす唯一の原因である．

まず，クォークの湯川相互作用からみていく．クォークの場 q_L, u_R, d_R はそれぞれ 3 つあり，添字 $i=1,2,3$ で表すことにすると，最も一般的な湯川相互作用は

$$\mathcal{L} = -f_{dij}\bar{q}_{Li}d_{Rj}\varphi - f_{uij}\bar{q}_{Li}u_{Rj}\tilde{\varphi} + \text{h.c.} \tag{2.488}$$

と書かれる．すなわち，湯川結合定数は世代の自由度に対応して 3×3 の自由度をもつ．それぞれの成分は複素数なので，クォークの湯川相互作用のパラメーターの自由度は，全部で $2\times 2\times 3\times 3 = 36$ となる．

この自由度は，すべてが物理的に意味のある自由度ではない．このことをみるために，理論の等価性（同型あるいはリパラメトリゼーション）の概念を導入する．

まず，湯川相互作用がないとすると，3 つの世代の場はまったく区別できない．（理論のレプトンの部分をしばらく考えないことにして）クォーク場 q_{Li}, u_{Ri}, d_{Ri} をそれぞれ世代の自由度に対応する 3 成分のベクトル

$$q_L = \begin{pmatrix} q_{L1} \\ q_{L2} \\ q_{L3} \end{pmatrix}, \quad \text{etc.} \tag{2.489}$$

で書いたとすると，3世代をそれぞれ混ぜる変換

$$q_L \to U_{qL} q_L, \quad u_R \to U_{uR} u_R, \quad d_R \to U_{dR} d_R \tag{2.490}$$

を行っても，ラグランジアンは不変である．ここで，U_{qL}, U_{uR}, U_{dR} はそれぞれ互いに関係のない任意の 3×3 ユニタリ行列である．すなわち，湯川相互作用を0にした理論は，（大域的）対称性 $U(3) \times U(3) \times U(3)$ をもっている．

湯川相互作用のある場合，この対称性は一般には破れている．破れているということの意味は，上の変換を行ったとき，湯川相互作用の形が変わってしまうことである．実際，世代の自由度をベクトルで表したとき，湯川結合定数は 3×3 の行列 f_d, f_u で表され，

$$\mathcal{L} = -\bar{q}_L f_d d_R \varphi - \bar{q}_L f_u u_R \tilde{\varphi} + \text{h.c.} \tag{2.491}$$

と書くことができる．ここで上の変換 (2.490) を行うと，

$$\mathcal{L} = -\bar{q}_L U_{qL}^\dagger f_d U_{dR} d_R \varphi - \bar{q}_L U_{qL}^\dagger f_u U_{uR} u_R \tilde{\varphi} + \text{h.c.} \tag{2.492}$$

という形になる．このように，世代の対称性は湯川相互作用により破られているが，このことを逆にみると，湯川結合定数が

$$f_d, \quad f_u \tag{2.493}$$

で与えられる理論と，

$$U_{qL}^\dagger f_d U_{dR}, \quad U_{qL}^\dagger f_u U_{uR} \tag{2.494}$$

で与えられる理論は，物理的な内容はまったく同じであることがいえる．つまり，上の変換 (2.490) は，等価な理論どうしをつなぐ変換（リパラメトリゼーション）であることがわかる．

したがって，湯川結合定数のつくる36次元空間のうち，上の変換によって互いに行き来できる部分空間は，物理的に等価であり，それに含まれない自由度が物理的に意味のある自由度に対応している．上の変換 (2.490) 全体の次元は，$U(3)$ が9次元の群であることから，27次元であるが，実は，この27次元が等価な理論全体の次元ではない．その理由は，上の変換に含まれる次の変換，

$$q_L \to e^{-i\theta} q_L, \quad u_R \to e^{-i\theta} u_R, \quad d_R \to e^{-i\theta} d_R \tag{2.495}$$

は，湯川相互作用を不変に保つため，湯川結合定数をまったく変えないからである．この $U(1)$ は，理論全体の対称性であり，バリオン数の保存則に対応している変換である．このことから，正味のリパラメトリゼーションの自由度は，$27 - 1 = 26$ となり，物理的に意味のあるパラメーターの数は，$36 - 26 = 10$ となる．

これらのパラメーターの物理的意味をみるため，まずクォークの質量固有状態を考える．湯川相互作用の表式で，ヒグス場をその真空期待値に置き換えると，

$$\mathcal{L} = -\bar{u}_L \mathcal{M}_u d_R - \bar{d}_L \mathcal{M}_u u_R + \text{h.c.} \tag{2.496}$$

ただし，u_L, d_L は，q_L のうちそれぞれ $I_3 = +1/2, -1/2$ の成分を抜き出したもの，また

$$\mathcal{M}_{u,d} = \frac{v}{\sqrt{2}} f_{u,d} \tag{2.497}$$

は，それぞれ電荷 $+2/3, -1/3$ のクォークの質量行列と呼ばれる．一般に湯川結合定数は複素数なので，質量行列も一般の複素行列となる．エルミート行列と異なり，複素行

2.8 電弱統一理論

列は1つのユニタリ行列によって対角化することは一般にできないが，2つのユニタリ行列を用意することにより次のように対角化される（双ユニタリ変換）．

$$\mathcal{M}_d = V_{dL}^\dagger M_d V_{dR}, \quad \mathcal{M}_u = V_{uL}^\dagger M_u V_{uR} \tag{2.498}$$

$M_{u,d}$ は対角な質量行列で，その対角成分は正（または 0）である．

$$M_u = \begin{pmatrix} m_u & & \\ & m_c & \\ & & m_t \end{pmatrix}, \quad M_d = \begin{pmatrix} m_d & & \\ & m_s & \\ & & m_b \end{pmatrix} \tag{2.499}$$

また，クォークの質量固有状態は，左巻き，右巻きそれぞれ

$$V_{uL} u_L = \begin{pmatrix} u_L \\ c_L \\ t_L \end{pmatrix}, \quad V_{dR} d_R = \begin{pmatrix} d_R \\ s_R \\ b_R \end{pmatrix} \tag{2.500}$$

などと定義できる．

これらの質量固有状態に対するゲージ相互作用の形は，元の状態に対する相互作用を書き直すことで得られる．電磁相互作用および中性カレントの弱い相互作用に対しては，相互作用が世代によらず e_Q および $g_Z(I_3 - Q\sin^2\theta_W)$ に比例していることから，質量固有状態に対しても元の状態に対するものと同じ形をしている．たとえば，電荷 2/3 の左巻きクォークと Z の相互作用は，

$$\mathcal{L} = -g_Z\left(\frac{1}{2} - \frac{2}{3}\sin^2\theta_W\right)\bar{u}_L \gamma^\mu u_L Z_\mu \tag{2.501}$$

であるが，質量固有状態で書き直しても，$V_{uL}V_{uL}^\dagger = 1$ に注意すれば，対角形のままであることがわかる．一方，荷電カレント相互作用

$$\mathcal{L} = -\frac{g}{\sqrt{2}}\bar{u}_L \gamma^\mu d_L W_\mu^\dagger \tag{2.502}$$

は，質量固有状態（改めて u_L, d_L と書く）を用いると，

$$\mathcal{L} = -\frac{g}{\sqrt{2}}\bar{u}_L \gamma^\mu V_{uL} V_{dL}^\dagger d_L W_\mu^\dagger \tag{2.503}$$

となり，対角形にならない．ここに現れるユニタリ行列

$$V \equiv V_{uL} V_{dL}^\dagger \tag{2.504}$$

は Cabibbo-小林-益川行列にほかならない．

上のリパラメトリゼーション (2.490) の自由度を用いると，双ユニタリ変換の4つの行列のうち，3つは最初から対角化されているように選ぶことができる．その3つとは，V_{uR}, V_{dR}，および V_{uL} と V_{dL} の片方である．仮に V_{uL} が対角になるようなパラメトリゼーションをとったとすると，u_L と d_L が同じ $SU(2)_L$ の表現に属していることから，V_{dL} は一般に対角にはならない．すなわち，電荷 -1/3 の左巻きクォークは質量固有状態と「ゲージ固有状態」が異なり，2つを関係づける量として Cabibbo-小林-益川行列が現れる．

このように，湯川結合定数のうち，物理的でない自由度は，世代空間におけるクォー

ク場の基底の選び方に対応している．物理的な自由度10のうち，6は各クォークの質量に相当し，残り4は Cabibbo-小林-益川行列 V に含まれている．V は9個の自由度があるが，そのうち実回転 $SO(3) \subset U(3)$ に対応する3個の自由度と，6個の複素位相のうちのひとつが物理的な自由度である．残り5個の位相は，6つのクォーク場の相対位相に吸収することができるため，物理的な意味をもたない．Cabibbo-小林-益川行列中の物理的な複素位相は CP 対称性を破ることが知られている．標準理論における CP 対称性の破れは，（強い CP の問題を別とすれば）この位相が唯一の起源である．

クォークの世代数が n の場合に上の解析を一般化すると，物理的な自由度は，クォークの質量 $2n$，実混合角 $n(n-1)/2$，および複素位相 $(n-1)(n-2)/2$ 個となる．CP を破る位相が存在するのは，3世代以上のときであり，このことが小林・益川が3種類のクォークしか知られていなかったときに6種類のクォークの存在を予想した理由であった．

レプトンについては，ニュートリノが質量をもたないとすれば，湯川結合定数の自由度は18個であり，リパラメトリゼーションの自由度も18であるが，そのうち3つは理論の対称性であり，物理的な自由度は，レプトン e, μ, τ の質量の3つとなる．理論の対称性は，各レプトン数（レプトンフレーバー）の保存に相当する3つの $U(1)$ 対称性である．

k. FCNC

K メソンには電荷をもつものと中性のものが存在する．K^+ の崩壊モード $K^+ \to \mu^+ \nu$ は分岐比が50%を超える主要なモードであるが，K_L^0 のモード $K_L^0 \to \mu^+ \mu^-$ は 10^{-8} 以下というきわめて小さい分岐比しかもたない．前者の崩壊は弱い相互作用の荷電カレントによって起こり，素過程としては $u\bar{s} \to W \to \mu^+ \nu$ という反応である．（中間の W は「仮想的」中間状態，つまり，エネルギー運動量の保存していない状態である．）中性カレントの同様の反応 $d\bar{s} \to Z \to \mu^+ \mu^-$ はナイーブには同程度の大きさで起こると期待されるが，先にみたように，$d\bar{s} \leftrightarrow Z$ という結合は存在しない．このような異なるフレーバーを含む中性カレントを「フレーバーを変える中性カレント」(flavor-changing neutral current, FCNC) と呼ぶ．標準模型でクォークの FCNC が存在しないのは，同じ電荷をもつクォーク（左巻き，右巻きのそれぞれ）がゲージ対称性の同一の表現に属していることの帰結である．仮に電荷 $-1/3$ の左巻きクォークのうち，s_L の弱アイソスピンが $1/2$ でなく0であったとしたら，崩壊 $K_L^0 \to \mu^+ \mu^-$ はおそらく主要モードになっていたことであろう．

標準模型において $d\bar{s} \leftrightarrow Z$ なる結合は存在しないが，フレーバーを変える荷電カレントを介した高次効果によってこれに相当する過程が起こりうる．たとえば，$d \to (u, c, t) + W^- \to s + W^+ + W^- \to s + Z$ という過程がそうである．この中間状態の3つのクォークのうち，仮に u と c の 2 世代のみが存在したとすると，もし u と c の質量が等しければ，Cabibbo-小林-益川行列のユニタリ性より，2つの寄与は逆符号で打ち消してし

まう．これより，この FCNC の振幅は，$G_F^2 m_c^2$ の程度で，通常の弱い相互作用の 2 次に相当する大きさとなる．（t の寄与は質量による抑制はないが，Cabibbo-小林-益川行列要素が非常に小さいため，結局は同程度の大きさとなる．）

このような FCNC の過程としては，s-d 遷移を含むものとしては，それ以外にも K^0-$\bar{K}^0$ 混合，$K \to \pi \nu \bar{\nu}$ などがある．また，第 3 世代のクォークを含む FCNC も同様に抑制される．いままで述べたような FCNC を抑制する仕組みを GIM（Glashow-Iliopoulos-Maiani）機構と呼ぶ．

標準模型では，ヒグス場の相互作用についても FCNC が現れず，理論全体として FCNC が抑制されている．標準模型と異なりヒグス場が複数個ある場合には，ヒグス場の相互作用に一般には FCNC が現れる．自然に（パラメーターの値によらず）FCNC が抑制されるための条件は，同じ電荷をもつフェルミオンが，同一の 1 つのヒグス場とだけ湯川相互作用をもつことである．たとえば，標準模型を超対称化した理論においては，2 つのヒグス場が存在するが，この条件を満たしている．

l. ゲージアノマリーとクォーク・レプトンの関係

アノマリーとは，古典場理論における連続対称性が量子効果（ファインマングラフの言葉ではループ）によって破れてしまうことであり，対称性に対応するカレントは保存しなくなる．特に，ゲージ対称性にアノマリーがある場合には，理論の整合性が破れてくりこみ不可能となってしまう．標準模型のようにフェルミオンがカイラルな（左巻きと右巻きの表現が異なる）場合には，一般にアノマリーが生ずる可能性がある．

具体的には，カイラルアノマリーは，カレントの 3 点関数に対するフェルミオンの 1 ループの寄与から生じ，群論的な因子として

$$\left(\sum_{\text{left}} - \sum_{\text{right}} \right) \mathrm{Tr}\{T^a, T^b\} T^c \tag{2.505}$$

（T^a などは表現行列）に比例している．標準模型では，3 つのカレントのうち 2 つが $SU(2)_L$，1 つが $U(1)_Y$ の場合と，3 つともが $U(1)_Y$ の場合にアノマリーが生じうる．前者の場合は，左巻きクォーク・レプトンのみが寄与するので，$\mathrm{Tr}\, Y|_{\text{left}}$ に比例する．$Y = Q - I_3$ に注意すると，$\mathrm{Tr}\, I_3$ の部分は消えるので，結局 $\mathrm{Tr}\, Q|_{\text{left}}$ に比例することになる．これを具体的に計算すると，1 世代につき

$$\left(\frac{2}{3} + \left(-\frac{1}{3} \right) \right) \times 3 + (-1) = 0 \tag{2.506}$$

となり，ちょうどアノマリーが 0 となっている．また，$(U(1)_Y)^3$ のアノマリーも同じ条件のもとで消えることがわかる．したがって標準模型は量子理論としても整合性のある理論となっている．この結論は，クォーク・レプトンが世代構造をなしていることと，クォークのカラーが 3 種類あることによって成立していることに注意しておく．標準模型では，アノマリーが消えることは単なる偶然に見えるが，大統一理論においてはより深い理由があることがわかる．

m. 大域的対称性：バリオン数とレプトン数・レプトンフレーバー

標準模型の内部対称性には，ゲージ対称性以外に，大域的対称性であるバリオン数，レプトン数，レプトンフレーバーの対称性があることは，湯川結合の項で述べたとおりである．この対称性が成り立っていることは現実との一致からは必要であるが，これは外から課したものではなく，標準模型では自動的に成立している．実際，ゲージ対称性を満たす場の組合せで，バリオン数やレプトン数を破るものをつくろうとしても，くりこみ可能な範囲内ではつくることができない．次元6のくりこみ不可能な相互作用として初めてつくることができるが，このような相互作用は，大統一理論において低エネルギー有効相互作用として生ずる．

標準模型では，このようにバリオン数やレプトン数の保存は摂動展開の全次数で成立しているが，前項で述べたアノマリーのため，非摂動効果によって破れている．実際，バリオン数Bまたはレプトン数Lと2つの$SU(2)_L$カレントを含むグラフにはアノマリーが存在している．これによって原理的には陽子の崩壊が起こりうるが，このアノマリーが物理的過程に影響を及ぼすには，非摂動論的なゲージ場の配位（インスタントンなど）の効果が必要である．その大きさは指数関数的に抑制されるため，大統一理論で予想される陽子崩壊の率よりはるかに小さく観測不可能である．しかし，宇宙のごく初期で温度がフェルミスケール程度以上の環境では，バリオン数やレプトン数を保存しない過程が抑制されずに起こり，物質・反物質非対称性の生成に重要な役割を果たしていたと思われる．その場合も，バリオン数とレプトン数の差$B-L$にはちょうどアノマリーがないため，標準模型では厳密に保存される．

n. ヒグス粒子

ヒグス粒子は，標準模型に含まれる唯一未発見（2010年現在）の粒子である．ヒグス場は，ゲージボソンやクォーク・レプトンの質量の起源の役割を果たしているため，ヒグス粒子の相互作用はそれを反映してきわめて特徴的である．

ヒグス場の含む4つの成分のうち，3つはヒグス機構を介して，ゲージボソン$W^{\pm}, Z$のヘリシティ0部分と化するので，物理的にスカラー粒子として残るのは1つのみである．この成分は，ヒグス場の真空期待値の変動に相当するモードである．したがって，真空と同じ量子数をもっている．

ヒグス粒子の質量は，ヒグス4点相互作用の大きさ（の平方根）に比例しており，その比例係数は真空期待値である．したがって典型的な値はフェルミスケールとなる．1 TeVに近くなると，ヒグス自己相互作用が強結合領域となり，理論の整合性が失われるので，ヒグス粒子の質量はそれ以下にあると期待される．実験的には，直接探索で発見されなかったことから質量は114 GeV以上でなければならない．また，後で述べる電弱精密測定に基づいて高次補正の効果をみることにより，間接的に質量が200 GeV程度より小さいことが示唆されている．（標準模型を超対称性化した理論では，標準模型のヒグス粒子に相当する粒子の質量は130 GeV程度以下であることが理論的に要請さ

2.8 電弱統一理論

れる.)

　ヒグス粒子の他の素粒子との相互作用は, 粒子の質量がすべてヒグス場の真空期待値によっていることにより, ラグランジアンの質量項の質量 m を

$$m\left(1+\frac{H}{v}\right)$$

（H はヒグス粒子の場）で置き換えることによっても得ることができる. これから,

$$\mathcal{L} = -\sum_f \frac{m_f}{v}\bar{f}fH + \frac{2m_W^2}{v}W_\mu^\dagger W^\mu H + \frac{m_Z^2}{v}Z_\mu Z^\mu H + \frac{m_W^2}{v^2}W_\mu^\dagger W^\mu H^2 + \frac{m_Z^2}{2v^2}Z_\mu Z^\mu H^2 \tag{2.507}$$

が得られる. これからもみられるように, ヒグス粒子の相互作用の特徴は, より重い粒子により強く結合することである. 粒子の質量とヒグス粒子との結合定数とは比例関係にあり, その比例係数がヒグス場の真空期待値で与えられる. この関係は, ヒグス場が複数個ある場合には一般に成立しないので, 最小標準模型の特徴の1つといえ, 質量の起源の手がかりとして実験的に重要な関係である.

　ゲージボソンとの相互作用は, 式 (2.507) にあるように, W^+W^- および ZZ との3点結合である. これは通常のゲージ相互作用の形とは異なっており（通常は必ず2つの物質場が関与する), ヒグス場が真空期待値をもっていることの帰結として現れる特異な形である. これ以外のゲージボソンとの結合は最低次では存在しないが, 高次補正より gg, $\gamma\gamma$, $Z\gamma$ との結合が, トップクォークや W のループを通して現れる（W ループは gg には寄与しない).

　ヒグス自身の相互作用である3点, 4点相互作用は, 式 (2.442) より

$$\mathcal{L} = -\frac{m_H^2}{2v}H^3 - \frac{m_H^2}{8v^2}H^4 \tag{2.508}$$

となる. 電弱ゲージ対称性の自発的破れを起こすヒグス場のダイナミクスはこれらの相互作用に反映されているので, これらの自己相互作用の検証は標準模型の最終的な確立を意味する.

　ヒグス粒子の崩壊は, 結合定数の性質より, 可能な限り重い粒子の対へのモードが主要となる. 現在の実験的下限付近では $b\bar{b}$ が主要で, $c\bar{c}$, $\tau^+\tau^-$ が10%程度の分岐比となる. 質量が大きくなると, W^+W^-, ZZ への崩壊が主要モード（分岐比 2:1）である. W^+W^- への崩壊は, しきい値 $2m_W \simeq 160\,\mathrm{GeV}$ 以下の $140\,\mathrm{GeV}$ 程度から, 3体崩壊 $Wf\bar{f}$ がすでに $b\bar{b}$ よりも大きくなる. 一方, $t\bar{t}$ への崩壊は $2m_t \simeq 350\,\mathrm{GeV}$ より現れるが, 次項に述べる理由により主要モードにはならない.

　ヒグス粒子の生成過程も, その特徴的な相互作用により規定される. 陽子, 電子など第1世代の粒子は, ヒグス粒子との相互作用が極端に小さいため, 直接の結合によりヒグス粒子を生成することは無理である. 重い粒子を介した生成過程が有効であり, 電子・陽電子衝突では $e^+e^- \to (Z) \to ZH$ の反応を用いて探索が行われている. TeV に近い高エネルギーでは, WW 融合過程 $e^+e^- \to \nu\bar{\nu}(W^+W^-) \to \nu\bar{\nu}H$ が重要となる（カッコ内は

中間状態).ハドロンコライダーにおいては,これらの反応で電子をクォークに置き換えたもの,およびグルオン融合過程 gg→H(トップクォークのループを介する.断面積はこれが最大)が重要な過程である.

o. 等価定理

ヒグス粒子の崩壊幅は,式(2.507)より求められるが,結合定数の大きさに注目すると,フェルミオン対への崩壊は

$$\Gamma(\mathrm{H}\to f\bar{f})\sim G_F m_f^2 m_H \tag{2.509}$$

となる.W対への崩壊は,同様に考えると $\Gamma\sim G_F m_W^4/m_H$ となるように思われるが,実際に計算すると

$$\Gamma(\mathrm{H}\to W^+W^-)\sim G_F m_H^3 \tag{2.510}$$

である.この理由は,Wの偏極ベクトルのうち,ヘリシティ0のものの大きさがWのエネルギーに比例するからである.実際,Wの運動量を z 軸方向にとる $p_W=(E,0,0,p)$ と,偏極ベクトルのヘリシティ ± 1 のものは,$\varepsilon\propto(0,1,\pm i,0)$ となるのに対し,ヘリシティ0のものは,$\varepsilon=(p/m_W,0,0,E/m_W)$ となる.($p\cdot\varepsilon=0, \varepsilon^2=-1$ に注目すれば容易にわかる.)すなわち,W対のうち,ヘリシティ0の対への崩壊は m_H^3 で増大するのに対し,ヘリシティ ± 1 の対への崩壊は $1/m_H$ で小さくなる.

ゲージボソン対への崩壊幅が質量の3乗に比例するため,ヒグス粒子の全崩壊幅は $m_H>2m_W$ で急激に増大し,$m_H\sim 1\,\mathrm{TeV}$ ではおよそ 500 GeV となる.これはこの領域でヒグス粒子が実質的に強い相互作用を行うことを意味している.この増大はWのヘリシティ0の成分,すなわちヒグス機構によってヒグス場の自由度を借りた成分に起こっており,もとのゲージ場の成分と異なった様相を示している.ヘリシティ0成分が隠れたヒグス場の自由度の性質を受け継いでいることは,幅がヒグス自己相互作用を用いて $\Gamma\sim(\lambda v)^2/m_H$ と書けることからも推測される.

一般に,エネルギーが m_W より十分大きい過程においては,Wのヘリシティ0の成分が関与する過程の振幅は,Wに対応する非物理的な南部-ゴールドストーンボソンに置きかえた振幅に一致することが示されている.これを等価定理と呼ぶ.

p. 高次補正

電弱相互作用によるクォーク・レプトンの2体→2体,あるいは1体→3体の過程(電弱4フェルミオン過程と呼ぶ)は,摂動展開の最低次ではゲージボソンの交換によって記述される.電弱相互作用の γ,W,Zの交換による振幅は3つのパラメーターに依存する.その3つとは,$SU(2)_L$ と $U(1)_Y$ のゲージ結合定数およびヒグス場の真空期待値である.この3つに相当する,実験的に非常によい精度で測定されている量としては,微細構造定数 $\alpha=e^2/4\pi$(2つのゲージ結合定数を組み合わせた量),フェルミ定数 G_F(本質的に真空期待値),およびZボソンの質量 m_Z(3つの量すべてによる)がある.この3つの量は,最低でも 10^{-5} 以上の精度で知られているため,これらに基づいて他の物理量の

高精度の計算が可能となる.

 他の物理量として，Wボソンの質量や，Zボソンの諸量（全崩壊幅，分岐比，前後方非対称性，偏極非対称性など）には10^{-3}以上の精度で測定されているものが数多くある（電弱精密測定）．一方，摂動展開の次の次数は，$\sim \alpha/\pi$の大きさの補正を与える（QCD補正は別）ため，理論と実験の比較には高次補正までを含めることが必須である．1ループ以上では，上の3つのパラメーター以外の標準模型のパラメーターが振幅に関与してくる．このことを用いて，標準模型を仮定することにより，その基本量に対する情報を電弱精密測定より得ることが可能となる．

 特に重要なものとして，トップクォークおよびヒッグス粒子の質量がある．トップクォークは1994年に陽子・反陽子衝突における直接生成で発見され，質量も測定されているが，それ以前から電弱精密測定によってその質量が予測されていた．トップクォークとボトムクォークの質量差はSU(2)対称性を破るため，1ループにおいてWとZの自己エネルギーに差が生じ，Veltmanのρパラメーターの1からのずれを引き起こす．このずれはm_t^2に比例しており，トップクォークが重い場合にも抑制されない．

 ヒッグス粒子の質量は，1ループ補正に質量の対数に比例した効果を及ぼす．標準模型の基礎定数で，現在他からの情報がない量はヒッグス粒子の質量のみである（直接探索からの下限を除く）ため，精密測定は重要な情報となる．現在までのデータによれば，標準模型の範囲内では，上で述べたようにヒッグス粒子の質量はおよそ200 GeVより軽いことが結論される．

 ヒッグス粒子と同様に，標準模型に含まれない新しい粒子が存在したとすれば，電弱精密測定に影響を及ぼしうる．電弱4フェルミオン過程に対し，新しい粒子が初期・終状態のクォーク・レプトンと直接相互作用しない場合には，その主要な効果は2つのパラメーターS, Tによって記述することができる．Tはρパラメーターと係数を除いて同じものであり，Sはγ-Z混合に対する補正のパラメーターである．これらの量に対する電弱精密測定からのデータは新しい物理に対して重要な制約を与えている．

q. 3ボソン結合

 Wボソン対生成 $e^+e^- \to W^+W^-$などの反応においては，電弱4フェルミオン過程と異なり，γWWおよびZWWのゲージボソン3点結合が最低次の振幅に寄与する．この結合は非可換ゲージ理論に現れるものであり，ゲージ対称性によってその形は決まっている．一方，相対論的不変性のみからは，ローレンツ構造の異なる全部で7つの項が許される．そのうち3つは，パリティPおよび荷電共役C対称性をもち，1つはCP対称であるがP不変でない．残りのCPを破る3つの項のうち，2つはPを破り1つはP不変である．一般のスピン1の粒子3つの相互作用に対しては，これらの7つの項の大きさは任意であるので，3点結合の形はゲージ理論の正しさを検証するものとして重要である．W対生成断面積の測定から，この結合は誤差の範囲内でゲージ理論の予想と一致していることが知られている．

新しい物理の効果は，これらの3点結合に対しても補正を及ぼす．その効果は高エネルギーにおいて顕著になるため，リニアコライダーにおける実験は，この補正に対し感度が高い．

r. ニュートリノの質量

ニュートリノ振動の発見により，ニュートリノは他のクォーク・レプトンと比べて微小ではあるが有限の質量をもっていることがわかっている．標準模型ではニュートリノの質量は0であるが，それは理論をそのように構成したためであり，ニュートリノの質量を標準模型に導入することは容易である．他のクォーク・レプトンと異なる点としては，ニュートリノが電荷をもっていないため，ニュートリノは通常のディラックフェルミオンである可能性以外に，マヨラナフェルミオン（粒子と反粒子の区別がないスピン1/2粒子）であってもよい．以下，ニュートリノの質量を導入する方法をいくつかあげる．

（1） ディラック質量

標準模型の粒子構成にさらに右巻きニュートリノ ν_R を（3世代）加える．この粒子は量子数からわかるように標準模型のゲージ相互作用をまったく行わない粒子であり，実験的検出は困難である．ν_R の関与する相互作用としては，左巻きレプトンとの湯川相互作用のみが可能である．ゲージ対称性の破れにより，電荷2/3のクォークとまったく同様にニュートリノの質量が生成される．新しいパラメーターの自由度としては，3つの質量およびCabibbo-小林-益川行列に相当する混合行列（牧-中川-坂田行列）の4つの自由度がある．

この方式では，ニュートリノの質量がなぜ他のフェルミオンよりはるかに小さいかの理解は与えられないが，論理的な不都合は生じない．

（2） 3次元ヒッグス場によるマヨラナ質量

左巻きニュートリノの場しか存在しない場合でも，反ニュートリノは右巻きなので，粒子・反粒子の区別をしなければ両方のヘリシティが揃い，質量をもちうる．これがマヨラナフェルミオンである．ニュートリノのマヨラナ質量項 $\bar{\nu}_L(\nu_L)^c + \text{h.c.}$ の $SU(2)_L \times U(1)_Y$ 変換性は，$I = |Y| = 1$ であり，ゲージ対称性を破る．仮にこれと同じ変換性をもつ新しいヒッグス場が存在すれば，その真空期待値からニュートリノのマヨラナ質量が生成できる．

この場合，ニュートリノの質量が小さいことは，$I = 1$ のヒッグス場の真空期待値が小さいこと，あるいはその湯川結合定数が小さいことの両方に起因しうる．

（3） 高次元相互作用

$I = 1$ のヒッグス場が存在しなければ，マヨラナ質量項に対応する相互作用は書けない

が，くりこみ不可能な相互作用まで許すとそれが可能である．それは，通常のヒグス場は $I=|Y|=1/2$ をもつので，ヒグス場2つを組み合わせて前項の $I=|Y|=1$ の量子数をつくることができることに着目すればよく，次元5の演算子でマヨラナ質量項を生成する相互作用が存在する．この相互作用は，標準模型よりも高いエネルギースケールの物理を反映した有効相互作用と考えることができ，そのエネルギースケールの逆数の大きさをもつ．したがって，ニュートリノの質量が非常に小さいのは，それを生成する物理のエネルギースケールがフェルミスケールよりはるかに大きいためとして理解することができる．これを一般的な意味でシーソー機構と呼ぶ．逆にいえば，微小な物理量を調べることにより高エネルギーの物理に対する情報を得ることができることになる．

（4） 具体的な模型

前項の有効相互作用を導く具体的な模型として，(1) 項で述べた右巻きニュートリノを加えた標準模型を考える．ν_R はゲージ量子数をもたないので，それ自身のマヨラナ質量項はゲージ不変に存在できる．この質量 M は標準模型のエネルギースケール（ヒグスの質量項）と特に関係のない量なので，任意の大きさをもちうる．これが非常に大きいとする．この場合，対称性の破れの後，ν_R のマヨラナ質量項と，ν_R と ν_L を結ぶディラック質量項（m とする）の両方が存在し，質量行列を対角化して質量の固有状態が求められる．軽い方の状態は，ほとんど ν_L の成分をもつマヨラナフェルミオンであり，その質量はおよそ m^2/M となる．m が通常のクォーク・レプトンと同程度であるとして，M が 10^{10} GeV より大きなスケールとすれば，知られたニュートリノの質量が再現できる．

〔日笠 健一〕

2.9　CP 非保存とフレーバー物理[1]

a. CP 非保存とフレーバー物理とは

ビッグバン宇宙論（6.1節）で説明されているように，われわれの住んでいる宇宙は大爆発で誕生した．宇宙が膨張し，温度があるところまで下がると，宇宙構造は素粒子論で理論できるはずである．素粒子論によるとビッグバンのエネルギーからクォークと反クォーク（1.2g項を参照）の対が生成され，宇宙はクォーク，反クォーク，レプトン，反レプトン，ゲージボソンなどのスープとなる．このまま宇宙の温度が下がると，生成された粒子と反粒子は消滅し合い，われわれが住んでいる宇宙は存在しないか，それとも同量の宇宙と反宇宙が存在することになる．ところが反宇宙は観測されていない．もし反銀河が存在すれば，銀河に近づいたとき反銀河を構成する反粒子と銀河を構成する粒子が消滅し合い，そのとき生成される光は夜空を明るくするであろう．ところが銀河と銀河の衝突は観測されているが，銀河と反銀河の衝突は観測されていない．さらに3.8節で説明されているように，宇宙線には原子核が含まれているが，反原子核が含まれている確率はきわめて小さい．

ビッグバン宇宙論の枠内で素粒子論を考えると，われわれがこの宇宙に存在するという実験事実が素粒子論の変更を要求する．素粒子論のなかに素粒子と反素粒子の振舞いの違いをもたらす機構が必要なのである．素粒子論では粒子と反粒子の間の対称性をCP対称性と呼び，粒子と反粒子の振舞いの違いをCP対称性の破れと呼ぶ（CP非保存やCP非対称性と呼ぶこともある）．CPの破れはフレーバー物理（フレーバーを日本語では香りと訳すこともある）の研究によって発見された．

ではまずフレーバー物理学を説明しよう．1.2g項に記されているように，3個の電荷$+\frac{2}{3}e$をもつクォーク（u, c, t）と3個の電荷$-\frac{1}{3}e$をもつクォーク（d, s, b），合計6個のクォークが存在する（ここでは電子の電荷を$-e$と記す）．電荷$+\frac{2}{3}e$と$-\frac{1}{3}e$のクォークを対として（u, d）を第1世代，（c, s）を第2世代，（t, b）を第3世代と呼ぶ．弱い相互作用が存在しない世界では6個のクォークはすべて安定した粒子である．これらの6個のクォークがそれぞれ異なるフレーバー（名前）をもっている．

われわれが住む宇宙には第1世代（u, d）クォークと電子で構成されている物質しか安定な物質として存在していない．他の世代のクォークは高エネルギー反応で生成されるが，すべて不安定で，ほんの一瞬のうちに崩壊する．この崩壊は弱い相互作用によって起こる．電弱統一理論と小林-益川模型（1.2i, j項）で学んだように，（d, s, b）クォークはWボソンを放出して（u, c, t）クォークに遷移し，その相互作用は次のように書ける．

$$L = \frac{g}{\sqrt{2}} (\bar{u}, \bar{c}, \bar{t}) \begin{pmatrix} V_{ud}, V_{us}, V_{ub} \\ V_{cd}, V_{cs}, V_{cb} \\ V_{td}, V_{ts}, V_{tb} \end{pmatrix} \gamma_\mu (1-\gamma_5) \begin{pmatrix} d \\ s \\ b \end{pmatrix} W^\mu \quad (2.511)$$

フレーバーをもつクォークが弱い相互作用を通してさまざまな異なるフレーバーをもつクォークに遷移する現象をフレーバー物理と呼ぶ．フレーバー物理は量子力学的にも素粒子論的にも非常に興味深く，標準模型を記述するにあたり数多くのヒントを与えてくれた．

フレーバー物理学は1.2a〜d項で説明された物理学から始まった．ただし，特に面白くなったのは奇妙な粒子，K中間子が発見されてからである．奇妙さは1.2f項で説明された．sクォークは奇妙さ-1をもち，反sクォーク$\bar{s}$は奇妙さ$+1$をもつ．奇妙さとはsクォークを含む粒子が発見されたとき，当時の常識では考えられないような奇妙な振舞いを説明するために導入された量子数であるが，現代素粒子論の枠内で考えるとsクォークのフレーバーである．$\bar{s}$反クォークとuやdクォークの結合状態から成り立つ$K^+ = (u\bar{s})$と$K^0 = (d\bar{s})$は$+1$の奇妙さをもち，これらの反粒子K^-と$\bar{K}^0$は-1の奇妙さをもつ．

弱い相互作用は，奇妙さを保存しないので式（2.511）からみられるように，標準模型を規律するラグランジアンには相互作用$V_{us}\bar{u}\gamma_\mu(1-\gamma_5)sW^\mu$や$V_{ud}\bar{u}\gamma_\mu(1-\gamma_5)dW^\mu$が含まれており，奇妙さを変化させる遷移$s \to u$と$\bar{d} \to \bar{u}$が可能になる．したがって図2.9.1で示したように，粒子と反粒子が同じ終状態$\bar{K}^0 \to \pi^+\pi^-$, $K^0 \to \pi^+\pi^-$に崩壊する．K^0と

2.9 CP非保存とフレーバー物理

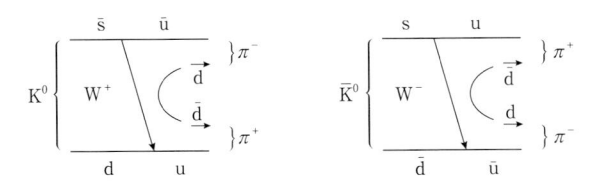

図2.9.1 Kと$\bar{K}$が同じ終状態$\pi^+\pi^-$に崩壊するファインマンダイアグラム

$\bar{K}^0$は同じ崩壊過程をもつので，素粒子物理学で最も興味深いといっても過言でない現象 $K^0 \to \pi^+\pi^- \to \bar{K}^0$ が起こる．つまり，K^0と$\bar{K}^0$は粒子と反粒子の関係でありながら互いに遷移する．

b. K^0-$\bar{K}^0$ 混合

K^0と$\bar{K}^0$の混合状態を $|\psi\rangle = a|K^0\rangle + b|\bar{K}^0\rangle$ と表し，混合行列の非対角要素 $\langle \bar{K}^0|H|K^0\rangle = \Delta$ で表すと，停止しているK中間子のシュレーディンガー方程式は次のようになる．

$$ih\frac{d}{dt}\begin{pmatrix} a \\ b \end{pmatrix} = \begin{pmatrix} M_{K^0} & \Delta \\ \Delta & M_{K^0} \end{pmatrix}\begin{pmatrix} a \\ b \end{pmatrix} \tag{2.512}$$

右辺の行列（ハミルトニアン）を対角化すると固有状態は

$$|K_\pm\rangle = \frac{1}{\sqrt{2}}(|K^0\rangle \pm |\bar{K}^0\rangle) \tag{2.513}$$

である．さらに $CP|K^0\rangle = |\bar{K}^0\rangle$ を用いて $CP|K_\pm\rangle = \pm|K_\pm\rangle$ を示すことができる．さて，$K \to \pi^+\pi^-$ を議論する前に 2π 状態 $(\pi^+\pi^-)$ の CP 量子数を考える．

$$\begin{aligned} P(\pi^+-\pi^-)_L &\to (\pi^- - \pi^+)_L = (-1)^L (\pi^+ - \pi^-)_L, \\ C(\pi^+-\pi^-)_L &\to (\pi^- - \pi^+)_L = (-1)^L (\pi^+ - \pi^-)_L, \end{aligned} \tag{2.514}$$

パリティ演算子Pを $(\pi^+-\pi^-)$ に作用させると（荷電共役演算子Cを $(\pi^+-\pi^-)$ に作用させると同じように），2個のπ中間子が入れ替わる．Lは両粒子の間の角運動量で，ここでは，$((\pi^- - \pi^+) \to (\pi^+ - \pi^-))$ のように2個のπ中間子を入れ替えると $(-1)^L$ がかかる．つまり，$|(\pi^+\pi^-)_L\rangle = (-1)^L|(\pi^-\pi^+)_L\rangle$ である．したがって $CP|\pi^+\pi^-\rangle = (-1)^{2L}|\pi^+\pi^-\rangle = +|\pi^+\pi^-\rangle$ が示される．$|(\pi^+\pi^-)_L\rangle$ の CP 量子数は L によらず CP$= +1$ である．つまり，CPが保存されていれば $K_+ \to 2\pi$ の崩壊は可能だが K_- は $\pi^+\pi^-$ に崩壊できない．したがって K_- は 3π に崩壊する．このことが K_- と K_+ の性質を大きく変える．終状態のエネルギーは $M_K \sim 500$ MeV である．2π に崩壊した場合2個のπ中間子がもてる運動エネルギーは $M_K - 2M_\pi \sim 220$ MeV だが，3π に崩壊した場合は $M_K - 3M_\pi \sim 80$ MeV であり，終状態が 2π か 3π によって各々のπ中間子がもてる運動量の空間のサイズ（位相空間）が大きく違うからである．寿命は位相空間に反比例しているので K_+ と K_- の寿命が大きく違う．数GeVのKが加速器で生成されると K_- は寿命が長いので数メートル飛ぶ．K_+ は一瞬に崩壊してしまう．寿命の長い K_- は K_L(L=long)と呼ばれ，短い K_+ は K_S(S

= short) と呼ばれる.

式 (2.512) の右辺に示されているハミルトニアンの質量固有値を $M_L - \frac{i}{2}\Gamma_L$ と $M_S - \frac{i}{2}\Gamma_S$ と表す. $M_{L,S}$ は K_L と K_S の質量, $\Gamma_{L,S}$ は崩壊幅である. エネルギー E の固有状態の時間依存性は e^{-iEt} である. したがって質量固有状態の時間依存性は $|K_L(t)\rangle = e^{-i(M_L - \frac{i}{2}\Gamma_L)t}|K_L(0)\rangle$, $|K_S(t)\rangle = e^{-i(M_S - \frac{i}{2}\Gamma_S)t}|K_S(0)\rangle$ となる. さて, $t=0$ のとき K^0 である状態の時間発展を計算しよう.

$$|K^0(t)\rangle = \frac{1}{\sqrt{2}}(|K_S(t)\rangle + |K_L(t)\rangle)$$
$$= f_+(t)|K^0\rangle + f_-(t)|\bar{K}^0\rangle,$$
$$f_\pm(t) = \frac{1}{2}[e^{-i(M_S - \frac{i}{2}\Gamma_S)t} \pm e^{-i(M_L - \frac{i}{2}\Gamma_L)t}]. \tag{2.515}$$

この式から読みとれることは, K^0 のビームは時間 t がたつと $\bar{K}^0$ と K^0 が混じったビームになっていて, $\bar{K}^0$ の存在する確率は $|f_-(t)|^2 \sim e^{-\Gamma_L t} + e^{-\Gamma_S t} - 2e^{-\frac{1}{2}(\Gamma_L + \Gamma_S)t}\cos(\Delta M t)$ である. ただし $M_L - M_S$ を ΔM と記した.

ここで量子力学の面白さを示す. π 中間子の質量でさえ (139.57018 ± 0.00035) MeV と 3.5×10^{-4} MeV の誤差でしか測られていない. これに比べて $M_L - M_S = (3.483 \times 10^{-12})$ MeV とすざましく小さな質量の差が測られている. 量子力学的干渉を用いるとこのような測定が可能になる. 粒子の崩壊幅 Γ と寿命 τ の関係は $\Gamma\tau = h$ と定義 (ここでは $h=1$ と定義している) されているので $\cos(\Delta M t) = \cos\left(\frac{\Delta M}{\Gamma_S}\frac{t}{\tau_S}\right)$ と書ける. K 中間子の系で, ある一定の $\frac{t}{\Gamma_S}$ のとき $\frac{\Delta M}{\Gamma_S}\frac{t}{\tau_S}$ が測定されるので, $\Gamma_S = 7.3 \times 10^{-12}$ MeV を用いて ΔM と Γ_S の比を測ることによって, $M_L - M_S = (3.483 \times 10^{-12})$ MeV と, 素粒子実験で測れる最も小さな質量の差が測定できる.

もし現在の素粒子論よりも基本的な新しい物理学が存在したら, 量子効果によって ΔM に影響をもたらすであろう. ただし, このような新しい物理学の影響は小さい. 麦わらの中で針一本を探し出すという表現があるが, 麦わらが少ない方が針を探しやすい. 同じように, 新しい物理学からの影響を探し出すには, 標準理論からの寄与が小さく, かつ精密に測れる物理量から探し出すのが最も効果的なのだ. われわれは ΔM がいずれ新しい物理の存在を証明するのではないかと期待している. (ちなみに, 後から説明するが, B 中間子における ΔM_B を計算することによって t クォークが発見される前に, その質量を予言した).

c. CP の破れ

K 中間子における CP の破れは 1964 年にクローニンとフィッチによって発見された[2] (3.4b 項を参照).

$$\frac{Br(\mathrm{K_L}\to\pi\pi)}{Br(\mathrm{K_S}\to\pi\pi)}=4\times 10^{-6}, \tag{2.516}$$

ここでは分岐比を Br と記した.この測定は通常 CP = −1 の状態 $\mathrm{K_L}$ が CP = +1 の状態 $\pi\pi$ にも崩壊することを表している.つまり自然は CP 量子数にこだわらないのである.

さまざまな粒子の運動を決める一般的ハミルトニアン H を

$$H = ch + c^*h^\dagger \tag{2.517}$$

と記す.h は演算子で c を定数とする.H がエルミートである条件から 2 番目の項を足す必要がある.ここでは証明しないが h は CP によって次のように変換する $\mathrm{CP}h\mathrm{CP}^\dagger = h^\dagger$ ことが示せる.CP 対称性が保存されている場合 $[H, \mathrm{CP}] = 0$ であり(2.3 節を参照),$H\mathrm{CP} = \mathrm{CP}H$,つまり $\mathrm{CP}H\mathrm{CP}^{-1} = H$ である.さて,H が CP 対称性を満たす条件とは何か.式 (2.517) の左から CP を作用し,右から CP^{-1} を作用すると

$$\mathrm{CP}H\mathrm{CP}^{-1} = ch^\dagger + c^*h \tag{2.518}$$

となる.つまり,もし c が実数であれば $[H, \mathrm{CP}] = 0$ が満たされる.したがって CP 対称性の破れは H に含まれている位相と関連していることがわかる.

素粒子実験では粒子のビームを標的に入射させ,測定器に入ってきた粒子の数を数える.このようにして得られるのは粒子の数は 1 個,2 個,3 個…と整数であり,位相の情報をどう測るのか.ヤングの干渉実験を思い出そう.2 つのスリットを通った波が干渉する.光の波の場合,黒と白の縞の干渉パターンが観測できる.多くの光子が集まるところは黒くなる.つまり,光子の数を数えることによって干渉する位相の情報が得られる.

K-$\bar{\mathrm{K}}$ 混合を考慮すると図 2.9.2 に示されているように,この崩壊には $\mathrm{K}^0\to\pi^+\pi^-$ と $\mathrm{K}^0\to\bar{\mathrm{K}}^0\to\pi^+\pi^-$ の 2 つの振幅が存在する.量子力学ではこのような場合 2 つの振幅の和をとり,2 乗する.したがって 2 つの振幅は干渉する.$\bar{\mathrm{K}}^0\to\pi^+\pi^-$ の場合,Δ が Δ^* になる.この違いで $\mathrm{K_L}\to\pi^+\pi^-$ が生じる.

上では Δ が位相をもつ可能性を議論した.もう 1 つの可能性として $\langle\pi^+\pi^-|H|\mathrm{K}^0\rangle$ が位相をもつこともある.この場合

$$\frac{Br(\mathrm{K_L}\to\pi^+\pi^-)}{Br(\mathrm{K_S}\to\pi^+\pi^-)}=|\varepsilon+\varepsilon'|^2 \;;\; \frac{Br(\mathrm{K_L}\to\pi^0\pi^0)}{Br(\mathrm{K_S}\to\pi^0\pi^0)}=|\varepsilon-2\varepsilon'|^2 \tag{2.519}$$

と終状態 $\pi^+\pi^-$ と $\pi^0\pi^0$ によって CP の破れが異なる可能性がある.この違いは ε' の存在

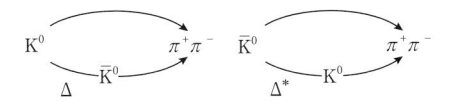

図 2.9.2 K^0 と $\bar{\mathrm{K}}^0$ が同じ終状態 $\pi^+\pi^-$ に崩壊するが,$\mathrm{K}^0\to\pi^+\pi^-$ と $\mathrm{K}^0\to\bar{\mathrm{K}}^0\to\pi^+\pi^-$ と 2 つの遷移振幅が存在する.$\bar{\mathrm{K}}^0$ 崩壊の場合 $\mathrm{K}^0\to\bar{\mathrm{K}}$ の遷移は $\langle\bar{\mathrm{K}}^0|H|\mathrm{K}^0\rangle = \Delta$ で与えられ,$\bar{\mathrm{K}}^0\to K$ の遷移振幅は $\langle\mathrm{K}^0|H|\bar{\mathrm{K}}^0\rangle = \Delta^*$ なので,$Br(\mathrm{K}^0\to\pi^+\pi^-)$ と $Br(\bar{\mathrm{K}}^0\to\pi^+\pi^-)$ の分岐比の間には干渉によってずれが生じる.

を意味する．CP の破れが発見されて 30 年間，$\frac{\varepsilon'}{\varepsilon}$ の測定を多くの実験グループが追求した．1993 年にやっと NA31 実験グループ[3)] によって

$$\mathrm{Re}\left(\frac{\varepsilon'}{\varepsilon}\right) = (23 \pm 6.5) \times 10^{-4} \tag{2.520}$$

と，ε に比べると ε' は微小だが $\varepsilon' \neq 0$ と測定された．

この結果は非常に重要だ．30 年前に提唱された Super Weak Model では，CP の破れを起こす位相が $\langle K^0|H|\bar{K}^0\rangle$ のみに存在する．したがって，このモデルが正しければ $\varepsilon' = 0$ なのである．このモデルがついに否定され，$\varepsilon' \neq 0$ を予言する小林-益川理論が信頼されるようになった．

d．B と K の関係

自然は対称性をどのように破るのであろうか．観測されたパリティの破れはごく微小であった．ただし，ニュートリノが左巻きであることから示されるように，パリティ対称性は 100% 破られている．1965 年に発見された K 中間子における CP の破れはわずか 0.2% である．パリティの破れと同じように，CP 対称性も 100% 近く破られていることが望ましい．もしそうだとしたら，なぜ K 中間子の系で観測された CP の破れは小さいのか．

ここでは小林-益川理論に 100% 近い CP の破れが存在し，かつ K 中間子における CP の破れは微小であること，さらに B 中間子の崩壊における CP の破れはが大きいことを説明する．

B 中間子と K 中間子は密接な関係にあることが下の式からわかる．

$$\begin{pmatrix} K^+ \\ K^0 \end{pmatrix} = \begin{pmatrix} \bar{s}u \\ \bar{s}d \end{pmatrix} \quad \begin{pmatrix} B^+ \\ B^0 \end{pmatrix} = \begin{pmatrix} \bar{b}u \\ \bar{b}d \end{pmatrix} \tag{2.521}$$

ただ s クォークを b クォークに置き換えただけで，K 中間子が B 中間子に変換する．図 2.9.3 に $K^0 \to \bar{K}^0$ 遷移を起こすファインマンダイアグラムを示したが，s クォークを b クォークに置き換えただけで，$B^0 \to \bar{B}^0$ 遷移を起こすファインマンダイアグラムがで

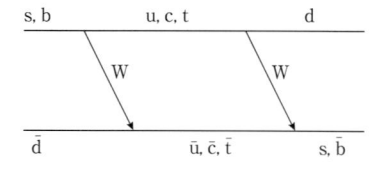

図 2.9.3　$\pi^+\pi^-$ 中間状態が存在するので $K^0 \to \pi^+\pi^- \to \bar{K}^0$ で起こることはすでに説明した．量子力学で学ぶが，摂動論では，実はわれわれが観測しない間にエネルギーが保存されていない遷移が起こる．したがって $K^0 \to t\bar{t} \to \bar{K}^0$ なども量子効果で起こる．前も述べたが，ここで期待されているのは未知の粒子と反粒子がこの遷移に寄与することである．

き上がる．B中間子はK中間子のコピーみたいなものだ．したがって，K中間子で観測されたK^0-$\bar{K}^0$振動やCP対称性の破れなど，おもしろい物理現象がB中間子でも期待される．ただし，B中間子とK中間子の質量は大きく違う．Bの質量は5 GeVで，原理的には40個近いπ中間子に崩壊でき，数多くの崩壊過程がある．したがってCPの固有値が違っても寿命の差がK_LとK_Sのように違うことを期待できない．

理論的に考えるとB中間子崩壊におけるCP対称性の破れはK中間子崩壊におけるCPの破れに比べて大きい可能性が十分ある．小林-益川理論では3世代のクォークの存在が不可欠であった．したがって，すべてのCPの破れの現象に3世代のクォークがかかわってくる必要がある．500 MeVのK中間子の崩壊に5 GeVのbクォークや174 GeVのtクォークがどのようにかかわるのだろうか．可能性として図2.9.3に示されたように量子効果としてtクォークが中間状態として寄与すればs, t, dと3世代がかかわる可能性がある．ただし，第2次摂動論から明らかなように，エネルギーを保存しない中間状態は$\dfrac{\langle \bar{K}^0|H|t\bar{t}\rangle\langle t\bar{t}|H|\bar{K}^0\rangle}{E_{tt}-M_K}$と中間状態のエネルギー非保存が大きければ大きいほどその寄与は小さい．ところが第3世代のbクォークを含むB中間子の場合，量子効果を必要としない．$b \to u + \bar{u} + s$の崩壊は式(2.511)に含まれている相互作用だが，b, s, uと3世代のクォークが関与している．このように3つの世代のクォークが寄与する確率はB中間子のほうがKの崩壊よりも大きい．

e. B中間子崩壊における巨大なCPの破れ

1980年，B中間子が発見される前に，小林-益川理論ではB中間子におけるCPの破れは，次のような物理量に現れることが予言された．

$$a(t) = \frac{Br(\bar{B}(t) \to \psi K_S) - Br(B(t) \to \psi K_S)}{Br(\bar{B}(t) \to \psi K_S) - Br(B(t) \to \psi K_S)} \quad (2.522)$$
$$= \sin(2\phi_1)\sin(|\Delta M_B|t)$$

さらに，この破れは小林-益川行列要素がある条件を満たせば100%近く大きいことが示された[4]．上の式のΔM_Bは2つの質量固有値の差$M_1 - M_2$で，B-$\bar{B}$混合から測られる．当時，小林-益川行列要素やΔM_Bなどは測られておらず，すべて理論的な予言であった．たとえば，このCPの破れが観測可能な必要条件はB^0-$\bar{B}^0$混合であるが，この混合も理論的に計算して予言された．

その7年後，1987年にアーガスグループによってB^0-$\bar{B}^0$混合が発見され[5]，それまで眠っていた理論的提案にやっと実験家が興味を持ち始めた．さて，式(2.522)をどのように確認するか．このCPの破れを測定するには$B^0(t)$と$\bar{B}^0(t)$のビームをつくる必要がある．電子・陽電子衝突で$\Upsilon(4S)$が生成される．この共鳴状態はB^0と$\bar{B}^0$の対に崩壊することが知られている．B^0と$\bar{B}^0$が同時に生成された場合，B^0と$\bar{B}^0$を見分ける手法が必要である．そのためにレプトンを含んだ崩壊を考える．結合状態$\bar{B}^0 = (b\bar{d})$のレプトニック崩壊$\bar{B}^0 \to l^- + \bar{\nu} + \text{anything}$は$b \to l^- + \bar{\nu} + c$の崩壊によって起こる．した

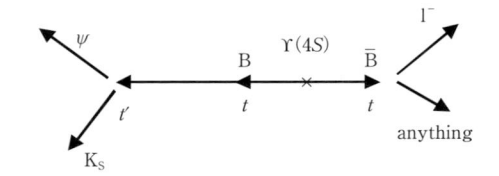

図2.9.4 時間 t で $\bar{B}^0 \to l^- +$ anything を観測した．したがってその瞬間 B^0-$\bar{B}^0$ 対の相棒は B^0 である．この図では $B^0(t'-t) \to \psi K_S$ の崩壊が B^0 ビームの時間 $t'-t$ に測定された．

がって l^- が伴う崩壊を測定したら，それは $\bar{B}^0$ が測定されたことになる．仮に，$\bar{B} \to l^- + \bar{\nu} +$ anything が時間 t に観測されたとしよう．ではこの瞬間，$\bar{B}^0$ の相棒は B^0 か $\bar{B}^0$ か？これは $\Upsilon(4S)$ がスピン1で，B^0-$\bar{B}^0$ の系が角運動量1の状態にあることから，観測された $\bar{B}^0$ の相棒は B^0 であることがわかる．（$L=1$ の $|B^0(t)B^0(t)\rangle$ 状態は2個の粒子を互いに入れ替えてもまったく同じ状態である．$L=1$ の状態はこの入れ替えで反対称でなければいけない．したがってこの状態は $L=1$ で存在できない．）

このように時間 t で $\bar{B}^0$ を測定したら，その瞬間，相棒は B^0 である．その後この B^0 状態がどのように時間発展していくかは $B^0(t'-t)$ で決まる（図2.9.4参照）．

さて時間 t' をどのように測るか．素粒子実験では生成されたときから崩壊するまでの時間はその粒子が遺した飛跡の長さに比例する．B中間子の寿命は約 10^{-12} 秒で，光でさえ3mmしか飛ばないような短時間である．B中間子は20ミクロンぐらいしか飛ばず，現在の技術では到底観測不可能な長さである．

この問題を乗り切ることを可能にしたのは P. Oddone による非対称電子・陽電子加速器を建設するという気違いじみた提案であった．もし $\Upsilon(4S)$ が飛びながら B^0-$\bar{B}^0$ 対に崩壊すれば飛跡が長くなる．たとえば，9 GeV の電子と 3 GeV の陽電子が衝突した場合，B^0-$\bar{B}^0$ 対は平均200ミクロン飛ぶ．200ミクロンは，現在の技術で測定可能な長さである．ルミノシティが 10^{34} cm^{-2} sec^{-1} の非対称加速器を建設する可能性を，わたしは KEK で何人かの加速器専門家に持っていった．だが，そのたびに門前払いをくらった．しかし，現在高エネルギー加速器研究所およびスタンフォード線形加速器研究所で，この非対称加速器が建設され，活発に実験が行われている．

このようにして $B \to \psi K_S$ 崩壊における CP の破れが観測された．最近の結果[6]は

$$\sin(2\phi_1) = 0.725 \pm 0.037 \tag{2.523}$$

である．

この結果を理解するのに便利な手法を説明する．小林-益川行列はユニタリ行列である．したがって

$$V_{tb}V_{td}^* + V_{cb}V_{cd}^* + V_{ub}V_{ud}^* = 0 \tag{2.524}$$

が成り立つ．各々の項を複素平面上でベクトルとして表すと式 (2.524) は図2.9.5で示した三角形になる．三角形は3つの辺と3つの角度があり，それぞれ実験で測れる．た

2.9 CP非保存とフレーバー物理

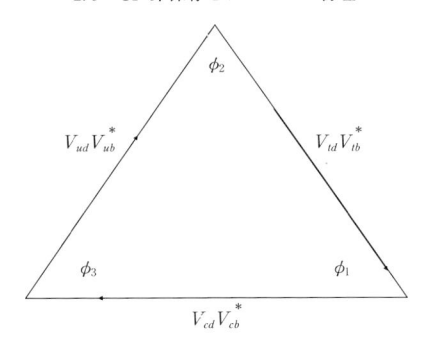

```
            φ₂
           /\
 V_ud V*_ub /  \ V_td V*_tb
         /    \
        /      \
       /_____\
     φ₃          φ₁
         V_cd V*_cb
```

図 2.9.5 式 (2.524) を複素平面の三角形で表せる.

とえば $|V_{tb}V_{td}|$ は B^0-$\bar{B}^0$ 混合から導くことができる. $|V_{ub}V_{ud}|$ は $b\to u+l^-\bar{\nu}$ を測定することによってわかる. $|V_{cb}V_{cd}|$ は $b\to c+l^-\bar{\nu}$ を測定することによってわかる. 3個の位相 ϕ_1, ϕ_2, ϕ_3 は ϕ_1 の測定の手法を説明したようにさまざまな CP 非対称性を測定することで測られる. 三角形は3つの辺, 2辺と1つの角度, 1辺と2つの角度などで定義できる. 理論はこの三角形を構成する3つの辺と3つの角度が関連していることを予言する. したがって, 6つの観測結果がこの三角形を通じて関連していることが確認できる. もし観測量がこれらの関係を満たさなかった場合, 新しい物理の発見となる.

(注) $B\to\psi K_S$ 崩壊における CP の破れが観測され, 小林・益川理論が確証された. 小林誠氏と益川敏英氏は南部陽一郎氏と共に2008年のノーベル物理学賞に輝いた.

f. 今後の展望

過去60年間の歴史をふり返るとフレーバー物理の研究はさまざまな興味深い結果を生み出している. 量子電磁気学は μ 中間子の磁気モーメントの量子補正の計算によって正当性が実験で確認された. 量子電弱理論の正当性は $K\to\pi e^+e^-$ や $K^0\to\mu^+\mu^-$ の崩壊過程の理論的予言と実験とを比べることによって示された. さらに K^0-$\bar{K}^0$ 混合によって生じる干渉実験はさまざまな稀な崩壊をわれわれに示した. このようにフレーバー物理はわれわれが標準模型にたどり着くまでの道しるべとなった.

その標準模型が予言する B 中間子崩壊における大きな CP の破れは見事に実験によって確認された. 今後, ユニタリ三角形を通じて関連している観測量を測り, この関係を確認することによって, 現在われわれが知っている物理以外の物理学が存在するか否か確認できる. さらに, もし LHC などで新粒子が発見されたら, その粒子の性質を詳しく検討することが不可欠となる. それはフレーバー物理を通して追求される.

未知の物理学が起こす標準模型からのずれは微小なものである. この現象を発見するには多くの精密実験が必要であろう. B 中間子のフレーバー物理学は, 新しい物理を探究するにあたり大きなヒントを与えてくれるであろう. 避けては通れない探究である.

(三 田 一 郎)

参考文献

1) この節の議論は I. I. Bigi and A. I. Sanda *CP Violation* Cambridge University Press（2000）に基づいている.
2) J. H. Christensen *et al., Phys. Rev. Lett.* **13**（1964）138.
3) NA31 Collaboration, G. D. Barr *et al., Phys. Lett.* **B17**（1993）233.
4) A. B. Carter and A. I. Sanda, *Phys. Rev.* **D23**（1981）1567；I. I. Bigi and A. I. Sanda, *Nucl. Phys.* **B193**（1981）85.
5) H. Albrecht *et al., Phys. Lett.* **B192**（1987）245.
6) K. Abe International Conference on Lepton-Photon Interactions at High Energies（2005）.

2.10 ニュートリノ質量

ニュートリノは原子核のベータ崩壊におけるエネルギー保存則を説明するために，パウリによって1930年頃に導入された中性粒子である．ベータ崩壊によりニュートリノの質量を直接測定する実験は非常に難しく，ニュートリノに質量が存在することがスーパーカミオカンデなどの実験によって1990年代後半に示されるまで，長い間ニュートリノの質量は0だと考えられてきた．実際，標準模型ではニュートリノの質量は0だと仮定されている．一般に，粒子の質量は何らかの必然的理由がない限り0にはならないと理論的には信じられている．たとえば光子，グルオン，重力子などのゲージ粒子は，ゲージ不変性という理論的整合性のために質量0でなければならないことが結論される．一方，ニュートリノの場合，質量0であることを説明する理論的根拠は存在せず，質量が0でない方が理論的には自然であるといえる．しかし，ニュートリノの質量は，他のクォーク，レプトンに比べて桁違いに小さく，ニュートリノがなぜ，かくも小さい質量をもつのかを説明することが理論において残された重要な問題である．さらに，クォークにおけるフレーバー混合と同様に，レプトンにもフレーバー混合が存在し，かつその混合がクォークに比べて大きいことが，スーパーカミオカンデなどの実験によって明らかにされている．クォークとレプトンのフレーバー混合がなぜそのように異なる大きさをもつのかを説明することが，ニュートリノの理論において残されたもう1つの重要な問題となっている．ここではニュートリノ質量に関する基本的な事項を述べるにとどめる．詳細は参考文献[1]を参照されたい．

a. ディラック質量とマヨラナ質量

ニュートリノの質量項にはディラック質量項とマヨラナ質量項の2種類があり，

$$\mathcal{L}_D = m\bar{\nu}_L \nu_R + m\bar{\nu}_R \nu_L, \quad \mathcal{L}_M = m(\bar{\nu}_L)^c \nu_L + m\bar{\nu}_L (\nu_L)^c$$

で与えられる．ここで $\nu_L(\nu_R)$ は左（右）巻きニュートリノ，$\psi^c \equiv C\bar{\psi}^T$ は荷電共役を表す．ディラック質量項は標準模型には存在しない右巻きニュートリノを導入しないとつくることはできないが，レプトン数（荷電レプトン e^-, μ^-, τ^- とニュートリノ ν_e, ν_μ, ν_τ に $+1$ を，その反粒子 $e^+, \mu^+, \tau^+, \bar{\nu}_e, \bar{\nu}_\mu, \bar{\nu}_\tau$ に -1 を割り当てて，その総和で系のレプトン数が

定義される）を保存している．一方，マヨラナ質量項は右巻きニュートリノが存在しなくてもつくることができるが，標準模型の相互作用ではつねに保存されているレプトン数を破る相互作用となっている．$\mathcal{L}_M$ の存在は無ニュートリノ二重ベータ崩壊などのレプトン数非保存の現象を予言する．$\mathcal{L}_M$ はさらにマヨラナ条件 $(\nu_M)^c = \nu_M$ を満たす $\nu_M \equiv \nu_L + (\nu_L)^c$ を用いて書き直すことができる：

$$\mathcal{L}_M = m \bar{\nu}_M \nu_M$$

このため，ニュートリノはマヨラナ質量をもつとき，マヨラナニュートリノと呼ばれる．

b. ニュートリノの質量固有状態とフレーバー固有状態

ニュートリノには ν_e, ν_μ, ν_τ の3世代が存在するので，実際にはディラック質量項とマヨラナ質量項は以下のように表される（$'$ は後で書き換える便宜のため付けてある）：

$$\mathcal{L}_D = \sum_{j,k} (m^D_{jk} \bar{\nu}'_{jL} \nu'_{kR} + m^{D*}_{kj} \bar{\nu}'_{jR} \nu'_{kL}),$$
$$\mathcal{L}_M = \sum_{j,k} (m^M_{jk} (\bar{\nu}'_{jL})^c \nu'_{kL} + m^{M*}_{kj} \bar{\nu}'_{jL} (\nu'_{kL})^c)$$

一般に行列式が0でない複素行列 M は，S, T をユニタリ行列，m_α を正の実数として $M = S\,\mathrm{diag}(m_\alpha)\,T^\dagger$ と書ける[2]．M がさらに対称行列である場合には $T = S^*$ を満たし，$M = S\,\mathrm{diag}(m_\alpha)\,S^T$ と書ける[2]．そこで V_L^ν, V_R^ν を 3×3 のユニタリ行列として

$$m^D = V_L^{\nu\dagger}\,\mathrm{diag}(m_j^D)\,V_R^\nu \quad m^M = V_L^{\nu\dagger}\,\mathrm{diag}(m_j^M)\,V_L^{\nu*}$$

と表せるので，次の変換をニュートリノに施す：

$$\nu_{jL} = \sum_k (V_L^\nu)_{jk} \nu'_{kL} \quad \nu_{jR} = \sum_k (V_R^\nu)_{jk} \nu'_{kR} \tag{2.525}$$

すると対角成分のみが0でない値 $m_j^D (>0), m_j^M (>0)$ をとり，次のように書ける：

$$\mathcal{L}_D = \sum_j m_j^D (\bar{\nu}_{jL} \nu_{jR} + \bar{\nu}_{jR} \nu_{jL})$$
$$\mathcal{L}_M = \sum_j m_j^M ((\bar{\nu}_{jL})^c \nu_{jL} + \bar{\nu}_{jL} (\nu_{jL})^c) = \sum_j m_j^M \bar{\nu}_{jM} \nu_{jM}$$

ここで $\nu_{jM} \equiv \nu_{jL} + (\nu_{jL})^c$ とおいた．これから ν_{jL} が質量の固有状態であることがわかる．同様に荷電レプトンの質量項も以下のように書き換えられる：

$$\mathcal{L}_{\text{荷電質量}} = \sum_{\alpha,\beta} (m^l_{\alpha\beta} \bar{l}'_{\alpha L} l'_{\beta R} + m^{l*}_{\alpha\beta} \bar{l}'_{\alpha R} l'_{\beta L}) = \sum_\alpha m^l_\alpha (\bar{l}_{\alpha L} l_{\alpha R} + \bar{l}_{\alpha R} l_{\alpha L})$$

ここで荷電レプトンの質量行列に対しても対角化を施した：

$$l_{\alpha L} = \sum_\beta (V_L^l)_{\alpha\beta} l'_{\beta L}, \quad l_{\alpha R} = \sum_\beta (V_R^l)_{\alpha\beta} l'_{\beta R}, \quad m^l = V_L^{l\dagger} \mathrm{diag}(m_\alpha^l) V_R^l \tag{2.526}$$

式 (2.525) と (2.526) の変換を施したとき，標準模型における荷電カレント相互作用項はディラック型，マヨラナ型の場合ともに次の項とそのエルミート共役の和として表される：

$$\frac{g}{\sqrt{2}} W_\mu^\dagger \sum_{j,\alpha} \bar{\nu}'_{\alpha L} \delta_{j\alpha} \gamma^\mu l'_{\alpha L} = \frac{g}{\sqrt{2}} W_\mu^\dagger \sum_{j,\alpha} \bar{\nu}_{jL} (V_L^\nu V_L^{l\dagger})_{j\alpha} \gamma^\mu l_{\alpha L} = \frac{g}{\sqrt{2}} W_\mu^\dagger \sum_\alpha \bar{\nu}_{\alpha L} \gamma^\mu l_{\alpha L} \tag{2.527}$$

ここで W_μ は W ボゾンの場, g は $SU(2)_L$ のゲージ結合定数, $\nu_{\alpha L}$ は以下で定義される:

$$\nu_{\alpha L} \equiv \sum_j \mathcal{U}_{\alpha j} \nu_{jL}, \quad \mathcal{U} \equiv V_L^l V_L^{\nu\dagger} \tag{2.528}$$

式 (2.527) の相互作用では荷電レプトンと $\nu_{\alpha L}$ が対角的に結合しており, $\nu_{\alpha L}$ がフレーバー固有状態であることを示している. したがって式 (2.528) で定義される $\mathcal{U}$ は質量固有状態 ν_{jL} とフレーバー固有状態 $\nu_{\alpha L}$ を関係づける混合行列である. さらに $\mathcal{U}$ は次のように表すことができる:

$$\mathcal{U} = e^{i\alpha} e^{i\beta'\lambda_3} e^{i\gamma'\lambda_8} U e^{i\gamma\lambda_8} e^{i\beta\lambda_3}$$

ここで, $\lambda_3 = \text{diag}(1, -1, 0)/2$, $\lambda_8 = \text{diag}(1, 1, -2)/2\sqrt{3}$ は $SU(3)$ のゲルマン行列, U は

$$U = \begin{pmatrix} c_{12}c_{13} & s_{12}c_{13} & s_{13}e^{-i\delta} \\ -s_{12}c_{23} - c_{12}s_{23}s_{13}e^{i\delta} & c_{12}c_{23} - s_{12}s_{23}s_{13}e^{i\delta} & s_{23}c_{13} \\ s_{12}s_{23} - c_{12}c_{23}s_{13}e^{i\delta} & -c_{12}s_{23} - s_{12}c_{23}s_{13}e^{i\delta} & c_{23}c_{13} \end{pmatrix} \tag{2.529}$$

で定義され, MNS 行列と呼ばれる[3]. ここで $c_{jk} \equiv \cos\theta_{jk}$, $s_{jk} \equiv \sin\theta_{jk}$ である. いま荷電レプトンの場に, $e^{i\alpha} e^{i\beta'\lambda_3} e^{i\gamma'\lambda_8} l_L \to l_L$, $e^{i\alpha} e^{i\beta'\lambda_3} e^{i\gamma'\lambda_8} l_R \to l_R$ と位相を吸収しても運動項 $\bar{l}_L i\gamma^\mu D_\mu l_L$, $\bar{l}_R i\gamma^\mu D_\mu l_R$ は不変であり, 全ラグランジュ密度から α, β', γ' が消え去るので, これら 3 つの位相は物理的自由度とはならない. 同様に, ニュートリノがディラック質量項 $\mathcal{L}_D$ をもつ場合にも, $e^{i\beta\lambda_3} e^{i\gamma\lambda_8} \nu_L \to \nu_L$, $e^{i\beta\lambda_3} e^{i\gamma\lambda_8} \nu_R \to \nu_R$ という位相変換により, $\mathcal{L}_D$ と運動項 $\bar{\nu}_L i\gamma^\mu D_\mu \nu_L$, $\bar{\nu}_R i\gamma^\mu \partial_\mu \nu_R$ は不変であり, β, γ は物理的自由度とはならない. ところが, ニュートリノがマヨラナ質量項 $\mathcal{L}_M$ をもつ場合には, ν_L の位相変換に対して $\mathcal{L}_M$ が不変ではないため, β, γ は物理的自由度として残る. β, γ はマヨラナ位相と呼ばれ, U の中の位相 δ と同様, CP 非保存過程を引き起こす重要な量である.

c. ニュートリノ振動

ニュートリノがディラック質量項をもつ場合, 上述の位相 $\alpha, \beta', \gamma', \beta, \gamma$ をとり除いた後, 質量固有状態とフレーバー固有状態は混合行列 U で関係づけられる:

$$\nu_{\alpha L} = \sum_j U_{\alpha j} \nu_{jL} \quad (\alpha = e, \mu, \tau; j = 1, 2, 3)$$

式 (2.579) における U の中の混合角 θ_{jk} が 0 でない場合, ある距離を走ったニュートリノのフレーバーが別なフレーバーに変換される現象が起こり, ニュートリノ振動と呼ばれる. 真空中では各質量固有状態はディラック方程式の正エネルギー部分に対する次式を満たす:

$$i\frac{d\nu_{jL}}{dt} = E_j \nu_{jL} \tag{2.530}$$

ここで $E_j \equiv \sqrt{|\vec{p}|^2 + m_j^2}$, $|\vec{p}|$ はニュートリノのエネルギーと運動量を表す. 時間 t における ν_{jL} は $\nu_{jL}(t) = e^{-iE_j t} \nu_{jL}(0)$ で与えられるので, 時間 t におけるフレーバー固有状態は

2.10 ニュートリノ質量

$$\nu_{\alpha L}(t) = \sum_j U_{\alpha j} e^{-iE_j t} \nu_{jL}(0) = \sum_j U_{\alpha j} e^{-iE_j t} \sum_\beta (U^\dagger)_{j\beta} \nu_{\beta L}(0) \quad (2.531)$$

と表せる．したがって，ほとんど光速で走っているニュートリノが距離 $L = ct = t$ だけ走ったときに，フレーバーが ν_α から ν_β に変換する確率は次式で与えられる：

$$P(\nu_\beta \to \nu_\alpha) = \left|\sum_j U_{\alpha j} e^{-iE_j L} U^*_{\beta j}\right|^2 = \delta_{\alpha\beta} - 4\sum_{j<k} \text{Re}(U_{\alpha j} U^*_{\beta j} U^*_{\alpha k} U_{\beta k}) \sin^2\left(\frac{\Delta E_{jk} L}{2}\right)$$
$$+ 2\sum_{j<k} \text{Im}(U_{\alpha j} U^*_{\beta j} U^*_{\alpha k} U_{\beta k}) \sin^2(\Delta E_{jk} L) \quad (2.532)$$

ここで $\Delta E_{jk} \equiv E_j - E_k$ であり，さらにニュートリノが超相対論的 $|\vec{p}| \gg m_j$ であることから $E_j \simeq |\vec{p}| + m_j^2/2|\vec{p}|$ を用いると，$\Delta E_{jk} \simeq \Delta m_{jk}^2/2|\vec{p}|$ と近似できる（$\Delta m_{jk}^2 \equiv m_j^2 - m_k^2$）．ニュートリノ振動の確率（2.532）は，$\Delta m_{jk}^2$ とニュートリノのエネルギー E が固定されているとき，発生源から測定器までの距離 L を変えて L に関する依存性をみた場合，振動的な振舞いを示すため「振動」と呼ばれている．また，ベータ崩壊によるニュートリノ質量の直接測定では 1 eV の精度を出すことも非常に難しいが，ニュートリノ振動では距離を長くすることにより微小な量子力学的干渉の効果を増幅することができるため，桁違いに小さなニュートリノの質量を測定することが可能となっている．以上の議論はディラック質量項の場合であった．マヨラナ質量項の場合には $U_{\alpha j} \to (U e^{i\beta\lambda_3} e^{i\gamma\lambda_8})_{\alpha j}$ と変更することになるが，$e^{i\beta\lambda_3} e^{i\gamma\lambda_8} \text{diag}(e^{-iE_j L}) e^{-i\beta\lambda_3} e^{-i\gamma\lambda_8} = \text{diag}(e^{-iE_j L})$ となるために，時間 t での波動関数（2.531）にはまったく β, γ が現れず，振動確率はこれら 2 つのマヨラナ位相によらないことがわかる．したがって，マヨラナ位相はニュートリノ振動実験では測定することができない．ちなみに，無ニュートリノ二重ベータ崩壊では崩壊確率が次の ν_e の有効質量で表される：

$$\langle m_{ee} \rangle \equiv \left|\sum_j (U e^{i\beta\lambda_3 + i\gamma\lambda_8})_{ej} m_j (e^{i\beta\lambda_3 + \gamma\lambda_8} U^T)_{je}\right|$$
$$= |m_1 c_{12}^2 c_{13}^2 e^{i(\beta+\gamma/\sqrt{3})} + m_2 s_{12}^2 c_{13}^2 e^{i(-\beta+\gamma/\sqrt{3})} + m_3 s_{13}^2 e^{-2i(\delta+\gamma/\sqrt{3})}|$$

したがって，無ニュートリノ二重ベータ崩壊の崩壊確率からは β, γ に関する情報を得ることができる．ただし，β, γ, δ の 3 つの位相に対して 1 つの条件式しか出ないため，β, γ を別々に決定することは難しい．

物質中では，物質中の電子・陽子・中性子とニュートリノが相互作用をするため，ニュートリノのディラック方程式は変更を受ける．ニュートリノと物質中の電子・陽子・中性子の有効相互作用ラグランジュ密度はフェルミ結合定数 G_F を用いて以下で与えられる：

$$\mathcal{L}_{int} = \sqrt{2} G_F \sum_{\alpha = e, \mu, \tau} \nu^\dagger_{\alpha L} \nu_{\alpha L} \sum_{\beta = e, p, n} N_\beta [\delta_{\alpha\beta} + (T_3)_\beta - 2\sin^2\theta_W Q_\beta]$$
$$= \sqrt{2} G_F [(N_e - N_n/2) \nu^\dagger_{eL} \nu_{eL} + (-N_n/2) \nu^\dagger_{\mu L} \nu_{\mu L} + (-N_n/2) \nu^\dagger_{\tau L} \nu_{\tau L}]$$

ここで $N_\beta (\beta = e, p, n)$ は物質中の各粒子の密度，$(T_3)_\beta (= -1/2 (\beta = e), +1/2 (\beta = p),$ $-1/2 (\beta = n))$ は弱い相互作用のアイソスピンの第 3 成分の固有値，θ_W はワインバー

グ角，$Q_\beta(=-1(\beta=e),+1(\beta=p),0(\beta=n))$ は電荷であり，ν_e における寄与 N_e は荷電カレント（W ボソンの交換）によるもの，それ以外の寄与（$-N_n/2$）は中性カレント（Z ボソンの交換）によるものである．これらの有効相互作用があるときにはディラック方程式が真空中の場合に比べて複雑になり，正負エネルギーの分離をするために複雑な変換をする必要が出てくる．非相対論的な場合（$|\vec{p}|\ll m$），電場と結合したディラック方程式に出てくる 4×4 行列を対角化するには谷-フォルディ変換と呼ばれる操作が必要であるが，超相対論的なニュートリノの場合（$|\vec{p}|\gg m$）にも同様の変換が存在して正負エネルギーを分離できることが知られている[4]．その変換を施した後，ディラック方程式の正エネルギー部分に対する式は

$$i\frac{d}{dt}\begin{pmatrix}\nu_e\\\nu_\mu\\\nu_\tau\end{pmatrix}=\left[U\,\mathrm{diag}\left(|\vec{p}|+\frac{m_j^2}{2|\vec{p}|}\right)U^\dagger\right.$$

$$\left.+\sqrt{2}\,G_F\,\mathrm{diag}\left(N_e-\frac{N_n}{2},-\frac{N_n}{2},-\frac{N_n}{2}\right)\right]\begin{pmatrix}\nu_e\\\nu_\mu\\\nu_\tau\end{pmatrix} \quad (2.533)$$

で与えられる．式 (2.533) では $m_j/|\vec{p}|$ の 3 次以上は無視している．また，反ニュートリノに対しては，$U\to U^*$, $N_\beta\to -N_\beta(\beta=e,n)$ となる．真空中の式 (2.528) と物質中の式 (2.533) は一見非相対論的なシュレーディンガー方程式のような形をしているが，ディラック方程式の一部（式 (2.533) の場合），または超相対論的な極限でディラック方程式から出てきた式（(2.533) の場合）であることに注意されたい．式 (2.533) の右辺の $\sqrt{2}\,G_F(-N_n/2)\,\mathrm{diag}(1,1,1)$ は一般には物質の位置（今の場合には時間 t）に依存するが，位相変換によって消去することができるため，ニュートリノ振動の確率には寄与せず，結局物質効果としては物質中の電子と ν_e との荷電カレント相互作用の部分だけが寄与することになる．特に，$\nu_\mu\leftrightarrow\nu_\tau$ の振動には実質上物質効果は効かない．物質中では真空中の混合角が小さくても実質的な混合角の値が大きくなりうる可能性をもつため，この物質効果は脚光を浴び，MSW 効果と呼ばれている[5]．実質的な混合角の変更をみるために，簡単のため 2 世代だけの場合（$\nu_e\leftrightarrow\nu_\mu$）を考えると，式 (2.533) は次式となる：

$$i\frac{d}{dt}\begin{pmatrix}\nu_e\\\nu_\mu\end{pmatrix}=\left[\frac{1}{2|\vec{p}|}U\,\mathrm{diag}(m_1^2,m_2^2)U^{-1}+\mathrm{diag}(A,0)\right]\begin{pmatrix}\nu_e\\\nu_\mu\end{pmatrix} \quad (2.534)$$

ここで $A\equiv\sqrt{2}\,G_F N_e$ とし，右辺の単位行列に比例する項は位相変換で消去した．2 世代の混合行列は真空中の混合角 θ による 2×2 の回転行列で与えられる．簡単のため A を一定と仮定し，式 (2.534) の右辺が $\tilde\theta$ による回転行列で対角化できたとすると，実質的な混合角 $\tilde\theta$ は

$$\tan 2\tilde\theta\equiv\Delta m^2\sin 2\theta/(\Delta m^2\cos 2\theta-2|\vec{p}|A) \quad (2.535)$$

となることがわかり，そのときの有効エネルギー固有値差 $\Delta\tilde E$ と振動確率は

$$\Delta\tilde E=[(\Delta m^2\cos 2\theta/2|\vec{p}|-A)^2+(\Delta m^2\sin 2\theta/2|\vec{p}|)^2]^{1/2}$$

2.10 ニュートリノ質量

$$P(\nu_e \to \nu_\mu) = \sin^2 2\tilde{\theta} \ \sin^2(\Delta \tilde{E} L/2)$$

と求まる．ここで $\Delta m^2 \equiv m_2^2 - m_1^2$ である．特に式 (2.535) は真空中の混合角 θ が小さくても $\Delta m^2 \cos 2\theta \simeq 2|\vec{p}|A$ であれば，物質中での有効混合角 $\tilde{\theta}$ が大きくなりうることを示している．また，反ニュートリノに対しては $A \to -A$ と変更されるので，物質効果により $P(\nu_\mu \to \nu_e)$ と $P(\bar{\nu}_\mu \to \bar{\nu}_e)$ のどちらが増幅されるかを観測すれば $\Delta m^2 \cos 2\theta$ の符号を知ることができる．

ニュートリノ振動を示す実験的結果には大気ニュートリノとK2K長基線実験，太陽ニュートリノと KamLAND 原子炉実験がある．前者は真空中でニュートリノのエネルギー $E \sim 1$ GeV，基線の長さ $L \sim 300$ km で振動が顕著になる（$\Delta m^2 L/4E \sim \mathcal{O}(1)$）ことから $\Delta m^2 \sim \mathcal{O}(10^{-3})$ eV^2 を示唆し，後者のうち KamLAND は真空中で $E \sim$ 数 MeV，基線の長さ $L \sim$ 数 10 km で振動が顕著になることから $\Delta m^2 \sim \mathcal{O}(10^{-4})$ eV^2 を示唆する．また，後者のうち太陽ニュートリノは $E \sim$ 数 MeV で $A = 10^{-13} (\rho/2.7 \, g \cdot cm^{-3})(Y_e/0.5)$ eV $\sim 30 \times 10^{-13}$ eV と $\Delta m^2/2E$ が等しくなって真空中の混合角からのずれが顕著になるとするとやはり $\Delta m^2 \sim \mathcal{O}(10^{-4})$ eV^2 を示唆する．3世代の枠組で考察をする場合，$\Delta m_{31}^2 = \Delta m_{32}^2 + \Delta m_{21}^2$ であるため，独立な Δm_{ij}^2 は2個存在し，小さなほうの Δm_{ij}^2（Δm_{21}^2 とするのが慣例となっている）が太陽ニュートリノの質量2乗差 $\Delta m_\odot^2 = 8 \times 10^{-5}$ eV^2，大きな方の Δm_{ij}^2（$\Delta m_{31}^2 \simeq \Delta m_{32}^2$ とするのが慣例となっている）が大気ニュートリノの質量2乗差 $\Delta m_{\text{atm}}^2 = 2 \times 10^{-3}$ eV^2 となる．太陽ニュートリノ振動の質量2乗差 $\Delta m_\odot^2$ に関しては，その物質効果から $\Delta m_\odot^2 > 0$ であることがわかっているが，大気ニュートリノ振動ではおもなチャンネルが $\nu_\mu \to \nu_\tau$ と $\bar{\nu}_\mu \to \bar{\nu}_\tau$ であるために物質効果の寄与が小さいことから，その質量2乗差 Δm_{atm}^2 の符号に関する情報は得られていない．したがって，現在のところ図2.10.1 の (a) と (b) の両方のパターンが可能性として存在している．なお，ニュートリノ振動では質量2乗の差を測定しているため，質量の絶対的な値を決定することはできず，図2.10.1 の質量の値には，ニュートリノ質量の直接測定実験や宇宙論から許容されている範囲内で全体に値をたすことが可能である．クォークや荷電レプトンの質量は，質量（第1世代）≪質量（第2世代）≪質量（第3世代）を満たしており，理論的にはニュートリノに対しても $m_1 \ll m_2 \ll m_3$ が成立する場合が自然なので，図2.10.1 の (a) は正常階層，(b) は逆階層のパターンとそれぞれ呼ばれている．いずれの場合にも階層の条件 $\Delta m_{21}^2 \ll |\Delta m_{32}^2| \simeq |\Delta m_{31}^2|$ が成り立っている．太陽と大気の質量2乗差に大

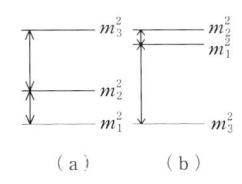

図 2.10.1 2つの質量パターン
(a) $\Delta m_{32}^2 > 0$: 正常階層，(b) $\Delta m_{32}^2 < 0$: 逆階層

きな階層 $|\Delta m_\odot^2| \ll |\Delta m_{atm}^2|$ があることから式 (2.532) は簡単になり，CHOOZ の原子炉実験[6], 大気ニュートリノ実験, 太陽ニュートリノ実験の 3 つから, 混合行列 (2.529) をある程度決定することができる．まず，CHOOZ の原子炉の実験は $E \sim 4$ MeV, $L \sim 1$ km でニュートリノ振動が観測されなかったという否定的結果である．その振動確率は，$|\Delta m_{21}^2 L/4E| \ll 1$ であることと，$U_{\alpha j}$ のユニタリ性を使って次式となる：

$$P(\bar{\nu}_e \to \bar{\nu}_e) = 1 - 4|U_{e3}|^2(1 - |U_{e3}|^2)\sin^2(\Delta m_{32}^2 L/4E)$$

式 (2.529) の表式から $4|U_{e3}|^2(1-|U_{e3}|^2) = \sin^2 2\theta_{13}$ なので，2 世代の枠組による解析結果で $\theta \to \theta_{13}$, $\Delta m^2 \to \Delta m_{32}^2$ と読み替えることにより，θ_{13} に対する制限を得ることができる．CHOOZ の排除領域[6]から，$|\Delta m_{32}^2| \simeq 2.5 \times 10^{-3}$ eV^2 に対して $\sin^2 2\theta_{13} \lesssim 0.15$ であることがわかる．$\theta_{13} \simeq \pi/2$ の解は太陽ニュートリノの欠損を説明することができなくなることがわかるので，$|2\theta_{13}| \lesssim \sqrt{0.15}$ を得る．次に，大気ニュートリノ（典型的には $E \sim 1$ GeV, $L \sim 500$ km）に対しては，おもなチャンネルが $\nu_\mu \to \nu_\tau$ であるため，物質効果を無視できて，同様にして

$$P(\nu_\mu \to \nu_\mu) = 1 - 4|U_{\mu 3}|^2(1 - |U_{\mu 3}|^2)\sin^2(\Delta m_{32}^2 L/4E)$$

となり，この場合にも $4|U_{\mu 3}|^2(1-|U_{\mu 3}|^2)$ を $\sin^2 2\theta$ と読み替えることにより，$U_{\mu 3} = c_{13}s_{23} \simeq s_{23} \simeq 1/\sqrt{2}$ から $\theta_{23} \simeq \pi/4$ が，また $|\Delta m_{32}^2| = \Delta m_{atm}^2 \simeq 2 \times 10^{-3}$ eV^2 がいえる．最後に太陽ニュートリノ（$E \sim$ 数 MeV）に対しては，物質効果のために議論が複雑になるので公式[7]

$$P(\nu_e \to \nu_e)_{N_\nu = 3} \simeq s_{13}^4 + c_{13}^4 P(\nu_e \to \nu_e; \theta_{12}; c_{13}^2 A)_{N_\nu = 2} \qquad (2.536)$$

を使う．CHOOZ の結果 $\theta_{13} \simeq 0$ を式 (2.536) に適用すると，結局 2 世代の振動確率と $\theta \leftrightarrow \theta_{12}$, $\Delta m^2 \leftrightarrow \Delta m_{12}^2$ という対応がつくことがわかり，$\Delta m_{21}^2 = \Delta m_\odot^2 \simeq 8 \times 10^{-5}$ eV^2, $\sin^2 \theta_{12} = \sin^2 \theta_\odot \simeq 0.3$ となる．以上から U は次のようになる（$s_\odot \simeq \sqrt{0.3}$, $c_\odot \simeq \sqrt{0.7}$）：

$$U \simeq \begin{pmatrix} c_\odot & s_\odot & 0 \\ -s_\odot/\sqrt{2} & c_\odot/\sqrt{2} & 1/\sqrt{2} \\ s_\odot/\sqrt{2} & -c_\odot/\sqrt{2} & 1/\sqrt{2} \end{pmatrix}$$

d．ニュートリノ質量の模型

ニュートリノの小さな質量を説明するシナリオとして現時点で知られているものを 3 種類あげる．

（1）シーソー機構[8]

ν_L と ν_R の間のディラック質量が m，ν_R のマヨラナ質量が M，ν_L のマヨラナ質量が 0 となっているとすると，その質量項は以下のように書ける：

$$(\overline{\nu_L}, \overline{(\nu_R)^c})\begin{pmatrix} 0 & m \\ m & M \end{pmatrix}\begin{pmatrix} (\nu_L)^c \\ \nu_R \end{pmatrix} + (\overline{(\nu_L)^c}, \overline{\nu_R})\begin{pmatrix} 0 & m \\ m & M \end{pmatrix}\begin{pmatrix} \nu_L \\ (\nu_R)^c \end{pmatrix}$$

2×2 の行列を対角化すると，$m \ll M$ のとき，固有値はそれぞれ $-m^2/M, M$ となる．$m \sim 1$ GeV, $M \sim 10^{11}$ GeV とすると $|m^2/M| \sim 10^{-2}$ eV となり，ニュートリノ振動から示

唆されているニュートリノ質量の大きさを出す可能性がある．一方，ニュートリノの小さな質量がもしシーソー機構から出るものであるならば，ニュートリノの小さな質量は高いエネルギースケール（$M \sim 10^{11}$ GeV）の間接的な兆候であるといえる．シーソー機構は右巻きニュートリノが存在する模型で機能するが，高いエネルギースケールで$U(1)_{B-L}$を含むような高いゲージ対称性をもつ模型（ゲージ化された$U(1)_{B-L}$をもつ模型，左右対称模型，SO(10) 大統一理論など）では$U(1)_{B-L}$の対称性が破れるために右巻きニュートリノν_Rのマヨラナ質量が生成される（すなわち$U(1)_{B-L}$がν_Rのマヨラナ質量を禁止する）．一方，ν_Rが$U(1)_{B-L}$に関するカイラルアノマリーを相殺するために必要となり，ν_Rの存在は理論的整合性から必然的に予言される．特にSO(10) 大統一理論はν_Rがクォーク・レプトンと同じ1つの表現に入っているという美しさをもつ一方，それがゆえにクォークとレプトンの混合行列に大きな差を与えるのが単純な構成では難しくなるという特徴もある．近年SO(10) 大統一理論の枠組でニュートリノの質量と混合角を出そうというさまざまな試みが精力的に行われているが（「最小」SO (10) 模型[9]，フレーバー対称性を用いるSO(10) 模型[10]，複数個のゼロ成分をもつニュートリノ質量行列を用いる模型[1]など），どれも第一原理から出発して大きな混合角が必然的に出せるという性格のものではなく，今後の理論的発展が期待される．右巻きニュートリノν_Rのマヨラナ質量を禁止する対称性には，大統一理論のゲージ群とは別のゲージ水平対称性（SU(3) など）やグローバル対称性（ペッチアイ-クインのU(1) 対称性や水平対称性など）を使う模型もある[1]．それらの対称性の破れのスケールがν_Rのマヨラナ質量を与えるが，その値は他からの制約で一般に大きなスケールである必要がある．

（2） 量子補正によるマヨラナ質量生成[11]

右巻きニュートリノが存在しない場合でもレプトン数をもつスカラー場があれば，量子補正により有効相互作用として$\overline{\nu}\nu\phi^2$（ϕは標準模型のヒッグス場）のマヨラナ質量項を生成することができる．具体的には以下の相互作用をもつ模型を考える：

$$\mathcal{L} = f^{ab}\varepsilon_{jk}\overline{(l_{jL}^a)^c}l_{kL}^b h + M_{\alpha\beta}\varepsilon_{jk}\phi_\alpha^j\phi_\beta^k h + \text{エルミート共役項}$$

ここでhは$SU(2)_L \times U(1)_Y$に関して$(1, -1)$という表現をもつスカラー場とし，ヒッグス場は2種類あるものと仮定する．すると1ループの補正からマヨラナ質量項$m_{ab}\overline{(\nu_L^a)^c}\nu_L^b$が生成される．ここで$M_{ab}$が荷電ヒッグス場の質量$m_\phi$と同じ程度で，$m_h \gg m_\phi, \langle\phi^1\rangle \sim \langle\phi^2\rangle \sim$ 246 GeV という仮定のもとに $m_{ab} \sim \dfrac{f^{ab}m_\phi}{16\pi^2}\dfrac{m_b^2 - m_a^2}{m_h^2}$ となる（m_a ($a = e, \mu, \tau$)は荷電レプトンの質量）．$m_a^2/m_h^2 \ll 1$ と $f/16\pi^2 \ll 1$ からマヨラナ質量m_{ab}は小さいことがわかる．

（3） 余剰次元による可能性

シーソー機構や量子補正による質量の生成と比べると現実味は低くなるが，ニュートリノと荷電レプトンの質量の階層を余剰次元により出そうという試みもある．弦理論は高次元の時空で定義されるため，4次元以外の余剰次元の効果を考えることは弦理

論に動機付けられている。通常のシナリオでは余剰次元の大きさはプランク長（$\sim 1/(10^{19}\,\text{GeV})$）であるが，プランク長よりずっと大きな大きさ（$\sim 1/\text{TeV}$）を仮定し，その比からプランク質量と標準模型のスケールの階層を出す可能性が提唱されている．そのような場合にはニュートリノの有効湯川結合定数が $f_{eff} \sim \mathcal{O}(1\,\text{TeV})/\mathcal{O}(10^{19}\,\text{GeV}) \sim 10^{-16}$ となり，ディラック質量として 10^{-5} eV 程度の質量を得る可能性がある[12]．また，同じ高次元の理論でも，階層を4次元の計量と余剰次元の計量のスケール因子の比で出す模型では，有効湯川結合定数が $[\mathcal{O}(1\,\text{TeV})/\mathcal{O}(10^{19}\,\text{GeV})]^{\alpha}$（$\alpha$ は実数）となることが知られている[13]．

〈安田　修〉

参考文献

1) M. Fukugita and T. Yanagida, Physics of neutrinos and applications to astrophysics, Springer-Verlag, 2003.
2) B. Zumino, J. Math. Phys. **3** (1962) 1055.
3) Z. Maki, M. Nakagawa and S. Sakata, Prog. Theor. Phys. **28** (1962) 870.
4) W. Grimus and T. Scharnagl, Mod. Phys. Lett. **A8** (1993) 1943.
5) L. Wolfenstein, Phys. Rev. **D17**, 2369 (1978) ; S. P. Mikheyev and A. Yu. Smirnov, Yad. Fiz. 42 (1985) 1441 [Sov. J. Nucl. Phys. **42** (1985) 913] ; Nuovo Cim. **C9** (1986) 17.
6) M. Apollonio et al. [CHOOZ Collaboration], Phys. Lett. **B466** (1999) 415 [arXiv:hep-ex/9907037], Eur. Phys. J. **C27** (2003) 331 [arXiv:hep-ex/0301017].
7) C.-S. Lim, Proc. of the BNL Neutrino Workshop on Opportunities for Neutrino Physics at BNL, Upton, N. Y., February 5-7, 1987, ed. by M. J. Murtagh, p. 111.
8) P. Minkowski, Phys. Lett. **B67** (1977) 421 ; T. Yanagida, *in Proceedings of the Workshop on the Unified Theory and the Baryon Number in the Universe* (O. Sawada and A. Sugamoto, eds.), KEK, Tsukuba, Japan, 1979, p. 95 ; M. Gell-Mann, P. Ramond, and R. Slansky, *Complex spinors and unified theories, in Supergravity* (P. van Nieuwenhuizen and D. Z. Freedman, eds.), North Holland, Amsterdam, 1979, p. 315.
9) R. N. Mohapatra, New J. Phys. **6** (2004) 82 [arXiv:hep-ph/0411131] ; arXiv:hep-ph/0412050 と両者の中の参考文献．
10) M. C. Chen and K. T. Mahanthappa, AIP Conf. Proc. **721** (2004) 269 [arXiv:hep-ph/0311034] とその中の参考文献．
11) A. Zee, Phys. Lett. **B93** (1980) 389 [Erratum-ibid. **B95** (1980) 461].
12) N. Arkani-Hamed, S. Dimopoulos, G. R. Dvali and J. March-Russell, Phys. Rev. **D65** (2002) 024032 [arXiv:hep-ph/9811448].
13) Y. Grossman and M. Neubert, Phys. Lett. **B474** (2000) 361 [arXiv:hep-ph/9912408].

2.11　標準模型を超える統一理論

a.　標準模型の問題点

素粒子の4つの相互作用のうち，重力相互作用だけはアインシュタインの一般相対性理論によって時空の幾何学という形で記述されるが，残りの強い相互作用，電磁相互作用，弱い相互作用の3つの相互作用はいずれも局所ゲージ対称性の帰結として相互作用を媒介するゲージ粒子が生ずるという「ゲージ原理」に基づく理論，すなわち

ゲージ理論（2.5節参照）という枠組で記述される．電磁相互作用と弱い相互作用は物質（matter）であるクォークとレプトンのいずれもがもつ相互作用で，$SU(2)_L \times U(1)_Y$というゲージ対称性のもとに統一的に記述される：電弱統一理論（2.8節参照）．これに対して強い相互作用はクォークのみがもつ相互作用であり，$SU(3)_C$というゲージ対称性をもつゲージ理論である QCD で記述される．$SU(2)_L \times U(1)_Y$ と $SU(3)_C$ は独立な対称性であり，3つの相互作用は，これらのゲージ群の直積をとった $SU(3)_C \times SU(2)_L \times U(1)_Y$ というゲージ対称性をもったゲージ理論で記述される．これに小林-益川によって提唱された3世代のクォーク・レプトンを物質として導入（実際にはさらにヒッグス（Higgs）粒子も必要）したゲージ理論が素粒子の標準模型である（1.1節参照）．

　標準模型は，最近話題のニュートリノ振動から示唆されるゼロでないニュートリノ質量（2.10節参照）の問題を除いて，すべての実験事実が説明可能であり，正に"標準的"な素粒子の理論として確立されている．しかしながら，素粒子理論家の多くは，ニュートリノ振動現象が確認される以前から，標準模型は，より高いエネルギー領域で実現している，より基本的な「標準模型を超える統一理論」（"新しい物理"とも呼ばれる）の低エネルギー実効理論（low energy effective theory）と見なされるべきである，と考えていた．ちょうど相対論的力学の低エネルギー（粒子の速さが遅い）での実効理論がニュートン力学であるように，標準模型を超える理論は標準模型を含んだ形で拡張され，その理論に特有な新しい物理現象の予言を行う．また，理論が拡張されるので，未知の新粒子の存在も同時に予言する．

　では，なぜそうした標準模型を超える統一理論が必要であると理論家は考えるに至ったのであろうか．その動機は，ニュートリノ振動という，いままでの標準模型で説明不能な実験的パズルによるというよりも，標準模型自身の内包する問題点に関する理論的考察による部分が大きい．以下，そうした標準模型の問題点を列挙してみよう．

（1）　真の統一理論になっていない

　確かに標準模型は，"ひとつの" $SU(3)_C \times SU(2)_L \times U(1)_Y$ というゲージ対称性をもったゲージ理論で記述されてはいるが，上述のように強い相互作用を表す $SU(3)_C$ と電弱相互作用を表す $SU(2)_L \times U(1)_Y$ は直積の形で入っている．直積とは，これらの群の変換操作がまったく独立であることを意味していて，真の統一理論とはいえない．また，電弱統一理論においても，$SU(2)_L$ と $U(1)_Y$ の電気的に中性なゲージボソンの間の混合を表すワインバーグ角 θ_W は $\tan\theta = g'/g$（g, g'：$SU(2)_L, U(1)_Y$ の相互作用の強さを表すゲージ結合定数）で決まるが，$SU(2)_L$ と $U(1)_Y$ は直積なので g, g' は互いに独立であり，ワインバーグ角がなぜ実測値の $\sin^2\theta_W \simeq 0.23$（低エネルギーでの値）をとるのかは標準理論からは説明できない．

（2）　電荷の量子化が説明できない

　たとえば水素原子は電気的に中性であるが，これはクォーク・レプトンの電荷が勝

手な値をとらず，絶対値で考えて，$|Q(e)|=3|Q(d)|$，$|Q(u)|=2|Q(d)|$ のように基本的な電荷の整数倍に"量子化"されているからである．しかし，標準模型では中野-西島-ゲルマン（Gell-Mann）の法則 $Q=I_3+Y/2$（Q：e を単位とする電荷，I_3：weak-isospin の第 3 成分，Y：weak-hypercharge）において I_3 部分は SU$(2)_L$ の群の生成子である trace が 0 のエルミート行列で与えられ，その固有値は $\pm 1/2$ となるので SU$(2)_L$ 2 重項（doublet）の上と下の粒子の電気量が e だけ違うことはいえるが，Y の部分は U$(1)_Y$ の生成子であり，その固有値は任意である．こうして電荷の量子化を説明することはできない．要するに，標準模型では電荷の演算子が単一の非可換群の生成子となっていないことが原因となって電荷の量子化が説明できない．

（3）　階層性問題

この問題を解決しようという試みから標準模型を超える統一理論，いわゆる「新しい物理」が考案されてきた歴史があり，重要な問題なので，後で独立に少し詳しく論じる．

（4）　多くの予言できないパラメーター

上記（1），（2）項の問題はあるにせよ，ゲージ原理から決まるゲージ相互作用に関しては，一度ゲージ群と物質の属する群の表現（群の変換に関する変換性）を決めると不定性なく規定され，理論の明確な予言が可能である．たとえばヨーロッパ原子核研究センター（CERN）における標準模型の電弱パラメーターの精密テスト（3.5 節 a 参照）の実験はこうした"ゲージセクター"の検証を行い，標準模型の正しさを証明した．これに対して，自発的対称性の破れを引き起こすために導入されるヒッグス粒子はスピンが 0 のスカラー粒子であって，スピンをもったゲージボソン（あるいは重力子）のように何らかの局所対称性を保つために導入される粒子ではない．そのためヒッグスのかかわるクォーク・レプトンとの湯川相互作用やヒッグス自身の自己相互作用の大きさや位相を規定する原理が存在しない．湯川相互作用によって 3 世代のクォーク・レプトンの質量と世代間混合，さらには CP 対称性を破る位相が決まるが，標準理論としてこれらを予言することができない．また，ヒッグスの自己相互作用（ヒッグス場の 4 次式で表される）の結合定数はヒッグスの質量 2 乗を決めるが，これもヒッグスが未発見（2010 年 2 月の時点）であることもあって未定である．

（5）　ニュートリノ質量とレプトンセクターの大きな世代間混合

標準模型では，右巻きニュートリノが導入されず，また（量子異常の効果を除き）レプトン数も保存されるのでニュートリノ質量は厳密に 0 である．よって，最近の神岡での Super-Kamiokande 実験などが明らかにしたニュートリノ振動現象から強く示唆される有限のニュートリノ質量や大きな世代間混合角（詳しくは 2.10 節参照）を説明できない．

(6) 重力相互作用が取り入れられていない

重力は，他の相互作用とは異なり，量子効果を考えない古典論のレベルでは時空の幾何学である一般相対論で記述されることがわかっている．しかし，これを量子化しようとすると，ゲージ理論の場合とは異なりくりこみ不可能，という深刻な問題が生じるために，標準模型には重力相互作用が取り入れられていない．重力の量子化は超弦理論で自然に実現できると思われている（2.12節参照）．

以下で順次議論するいくつかの代表的な標準模型を超える統一理論は，こうした標準模型の問題点を解決する試みから生まれてきた．しかし，上記のすべての問題が一気に解決するとはいい難い．特に，(4)および(5)項の問題に関する完全に満足できる説明はいまだにないように思われる．2.12節で議論される超弦理論では上記(6)項の問題も含めすべての問題が（原理的には）解決されるものと期待されているが，いまだに低エネルギー（弦理論で典型的なプランクスケール $M_{pl} \sim 10^{19}$ GeV に比べて）実効理論に関する明確な予言が得られておらず，実験的検証という意味ではあまり進展がみられていない．

b. 大統一理論

標準模型を超える統一理論としてまず議論するのは，重力以外の3つの相互作用の真の統一を実現する「大統一理論（Grand Unified Theories）」である．大統一理論は略して GUT と呼ばれることも多い．大統一理論では，真の統一を果たすためにゲージ群としては，いくつかの群の直積では書けない非可換な「単純群」を採用するので，上で述べた標準模型の問題点の内の(1)，(2)項の問題は明らかに解決される．さらに，SO(10) 大統一理論のようにニュートリノ質量の小ささをシーソー機構を通じて自然に説明できる理論もある．

(1) SU(5) 大統一理論

理論を拡張する際には，いままでの理論を含みながら，まずは必要最小限の拡張をした "minimal model" を考えるのがよいであろう．minimal model としての大統一理論は Georgi-Glashow による SU(5) GUT である[1]．この理論は後述のように実はすでに実験データとの比較によって（その最も単純なものは）排除されているが，何といっても大統一理論の雛形であり，かつ GUT の本質を理解するのに最適であるので，ここでとり上げることにしよう．

Georgi-Glashow はどのようにして minimal な GUT としての SU(5) 模型を発見したのであろうか．まず，多少数学的になるが群の階数（rank）というものに着目する．階数とは群の変換の生成子（generator）のうちで最大何個まで互いに可換な集合がとれるか，という数である．互いに可換であれば同時対角化可能なので，群の既約表現である多重項（multiplet）（SU(2) なら2重項（doublet），3重項（triplet）など）の各メンバーは階数の数だけの独立な"量子数"（生成子の固有値）の集合によって特徴づけ

られる．たとえば SU(2) は階数1の群なので，その多重項の各メンバーは1つの量子数で規定されることになるが，SU(2) の3つの生成子は角運動量の成分を成すとも見なせるので，この量子数は磁気量子数に対応する．SU(n)（n：2以上の自然数）の生成子は trace がゼロのエルミート行列であり，trace ゼロの $n \times n$ のエルミートな対角行列は $n-1$ 個の独立な実パラメーターで書けるので，SU(n) の階数は $n-1$ である．また，U(1) の階数は明らかに1である．こうして標準模型のゲージ群 SU(3)$_C \times$ SU(2)$_L \times$ U(1)$_Y$ の階数は $2+1+1=4$ である．よって，標準模型の群をその部分群として含むべき大統一理論の階数は4以上である必要がある．最小の階数4の単純群を探すと SU(5)，O(8)，O(9)，Sp(8)，F$_4$ があるが，このうちで SU(5) 以外の群においては，ある表現とその複素共役の表現が同一であるか，あるいはそれらが対となって存在する．すなわち表現はすべて "実表現" となる．しかしながら，フェルミオンに関する複素共役は（ローレンツ共変性から）荷電共役と解釈すべきであり，一方，確定したカイラリティをもつワイルフェルミオンの荷電共役をとるとカイラリティは逆転する．よって，もし実表現のみだとすると，同じ量子数をもつ右巻きと左巻きのフェルミオンが対となって存在することになるが，これはクォーク・レプトンの量子数が弱い相互作用のために左右非対称的である事実と相容れない．こうして，複素表現をもつ SU(5) だけが選別されることになる．

次に，1世代分のクォーク・レプトンを SU(5) ゲージ群のどのような既約表現に割り振り可能か考えよう（世代間混合はここの議論では重要でない）．ゲージ相互作用ではフェルミオンのカイラリティ（右巻き，左巻き）は変化しないので，既約表現のメンバーはすべて同じカイラリティに統一して考えるのが便利である．右巻きの SU(2)$_L$ 1重項のフェルミオンは荷電共役をとって，すべて左巻きに統一すると，$\alpha = 1, 2, 3$ をカラーの自由度として

$$(u^\alpha, d^\alpha), (u^\alpha)^c, (d^\alpha)^c, (\nu_e, e^-), e^+, \tag{2.537}$$

の15個のワイル・フェルミオンが1世代を成す（$(u^\alpha)^c$ は u^α の荷電共役など）．一方，SU(5) の既約表現の中でいちばん小さな表現は5成分の複素ベクトルで表される5次元表現（基本表現），およびその複素共役の 5^* 表現である．SU(5) のすべての表現はこれらの直積（量子力学での角運動量の合成と似ている）によって生成できる．たとえば $5 \times 5 = 10 + 15$ だが，ここで角運動量の合成と同様に10と15は2つの5次元表現の反対称，および対称の組合せとなっていることに注意する．すると一見この15次元表現の中に上記15個の1世代分のフェルミオンがちょうど入りそうであるが，実際にはこれはうまくいかない．それは SU(5) の基本表現を（SU(3)$_C$, SU(2)$_L$）の表現に分解して書くと (3,1)+(1,2)（たとえば (3,1) はカラーを3つもち SU(2) 1重項，すなわち右巻きクォークに対応）となり，したがって15次元表現は2つの (3,1) の対称な直積，すなわち (6,1) を含むことになるからである．カラー6重項の物質は存在しないので（minimal model の立場では）15次元表現は候補としては捨てざるを得ない．このように考えると1世代のフェルミオンは

2.11 標準模型を超える統一理論

$$5^* + 10 \tag{2.538}$$

のように 2 つの表現に割り振ることができることがわかる．具体的に書くと，5^* 表現は $(3^*, 1) + (1, 2)$（2^* は 2 と同じ）なので，この表現には右巻き d クォークの荷電共役および左巻きレプトンの SU(2)$_L$ 2 重項が入る：

$$\psi = \begin{pmatrix} (d^1)^c \\ (d^2)^c \\ (d^3)^c \\ e^- \\ -\nu_e \end{pmatrix} \tag{2.539}$$

ここで下の 2 成分は，左巻きの SU(2)$_L$ 2 重項 $(\nu_e, e^-)^t$（t：転置）に $i\sigma_2$ を掛けて 2^* と同様に振る舞うようにしてある．こうするとカイラリティを変えずに表現を複素共役と同等にすることができるのである．$(3^*, 1)$ としては一見右巻き u クォークの荷電共役でもよさそうであるが，SU(5) のすべての生成子は trace が 0 なので，各既約表現のメンバーの電荷の総和はつねにゼロとなる必要があり，d クォークのほうが選ばれる．こうして，$|Q(e)| = 3|Q(d)|$ という電荷の量子化も自然に説明可能となるわけである．

もう 1 つの 10 次元表現については，この表現は 2 つの 5 次元表現の反対称な直積なので $(3^*, 1) + (3, 2) + (1, 1)$ と分解される．よって，電荷の総和がゼロということと考え合わせて以下のようにクォーク，レプトンが割り当てられることがわかる（反対称な 5×5 行列で表示する）：

$$\chi = \begin{pmatrix} 0 & (u^3)^c & -(u^2)^c & -u^1 & -d^1 \\ -(u^3)^c & 0 & (u^1)^c & -u^2 & -d^2 \\ (u^2)^c & -(u^1)^c & 0 & -u^3 & -d^3 \\ u^1 & u^2 & u^3 & 0 & -e^+ \\ d^1 & d^2 & d^3 & e^+ & 0 \end{pmatrix} \tag{2.540}$$

このように SU(5) 理論ではクォーク・レプトンを 1 つの既約表現に完全に統一することはできないが，SU(5) より少し大きなゲージ群をもつ SO(10) GUT では 16 次元のスピノール表現と呼ばれる複素表現があり，右巻きのニュートリノも含めて 1 世代分の 16 個のクォーク・レプトンの完全な統一が可能である．

もう 1 種類の物質であるヒッグス粒子について言及する．ヒッグスの役割はゲージ対称性の自発的破れを引き起こし，ゲージボソンとクォーク・レプトンに質量を与えることである．現在実験で到達できている弱い相互作用に特徴的な "weak scale" $M_W \simeq 10^2$ GeV までのエネルギー領域では標準模型が完璧に成り立っていて大統一理論の兆候は見えていない．また，こうしたエネルギー領域では，たとえば強い相互作用は弱い相互作用より（文字どおり）強く，大統一が成立しているとはとても思えない．これは，新しい物理としての大統一理論のゲージ対称性 SU(5) は M_W よりずっと高いエネルギースケールでのみ成り立つ対称性であり，それが M_W よりずっと大きな大統一理論に特有なエネルギースケール M_{GUT} で自発的に破れたために weak scale では SU(3)$_C \times$ SU(2)$_L \times$ U(1)$_Y$ と

いう部分群の対称性のみが残っている,ということを意味している.すなわち $M_W \ll M_{GUT}$ というエネルギースケールの階層性が理論に存在し,これが「階層性問題」の起源となる.後述のように M_{GUT} はゲージ結合定数の解析から $M_{GUT} \simeq 10^{15}$ GeV のオーダーであることがわかる.こうして SU(5) ゲージ対称性は次のように 2 段階で(それぞれ M_{GUT}, M_W のエネルギースケールで)自発的に破れる必要がある:

$$\mathrm{SU}(5) \to \mathrm{SU}(3)_C \times \mathrm{SU}(2)_L \times \mathrm{U}(1)_Y \to \mathrm{SU}(3)_C \times \mathrm{U}(1)_{em} \tag{2.541}$$

ここで,$\mathrm{U}(1)_{em}$ は電磁相互作用のゲージ対称性である.一般論として,基本表現のヒッグス場の真空期待値で自発的にゲージ対称性を破る場合には,標準模型でみられるように群の階数は 1 つ減少する.これに対して随伴表現(adjoint representation)のヒッグス場を用いた場合には,その真空期待値の行列は適当なゲージ変換でつねに対角行列の形にもっていけるので,すべての対角行列の群の生成子と当然可換であり,自発的破れの際に群の階数は減少しない.$\mathrm{SU}(5) \to \mathrm{SU}(3)_C \times \mathrm{SU}(2)_L \times \mathrm{U}(1)_Y$ の破れの際には階数は 4 → 4 で減少しないので,この自発的対称性の破れは SU(5) の随伴表現である 24 次元表現のヒッグス Σ の真空期待値 $\langle \Sigma \rangle = V \cdot \frac{1}{\sqrt{15}} \mathrm{diag}\left(1,1,1,-\frac{3}{2},-\frac{3}{2}\right)$ ($V \sim M_{GUT}$) で実現する.$\mathrm{SU}(3)_C \times \mathrm{SU}(2)_L \times \mathrm{U}(1)_Y \to \mathrm{SU}(3)_C \times \mathrm{U}(1)_{em}$ の破れは標準模型の場合の破れと同じなので,標準模型と同様に群の基本表現である 5 次元表現のヒッグス H の真空期待値 $\langle H \rangle = \left(0,0,0,0,\frac{v}{\sqrt{2}}\right)^t$ ($v \sim M_W$) で実現される.

(2) running coupling と M_{GUT},ワインバーグ角

大統一とはいうが,現在までに到達できているエネルギー領域では,3 つのゲージ相互作用の強さには大きな差があって,とても大統一が実現しているとは思えない.これは一見大統一理論の重大な問題であるように思えるが,この相互作用の差こそが,M_{GUT} が非常に大きいことを意味し,陽子の崩壊を抑制している,と考えられている.すなわち,大統一の帰結である $\mathrm{SU}(3)_C, \mathrm{SU}(2)_L, \mathrm{U}(1)_Y$ のゲージ結合定数の一致 $g_3 = g_2 = g_1$(ただし,これらはすべての生成子の規格化をそろえた時の結合定数であり,標準模型の結合定数 g_s, g, g' とは $g_3 = g_s, g_2 = g, g_1 = \sqrt{5/3}\, g'$ の関係がある)は SU(5) 対称性が有効な M_{GUT} 以上のエネルギー領域でのみ成立し,$M_W \leq E \leq M_{GUT}$ のエネルギー領域では SU(5) 対称性は自発的に破れているために,下で述べるようにエネルギーに依存する結合定数(running coupling, effective coupling とも呼ばれる)の変化の仕方が 3 つの結合定数で異なり,その結果 M_W スケールでの相互作用の強さに違いが生じた,と考えるのである.またワインバーグ角についても SU(5) 対称性から導かれる値と実測値に違いがあるが,これも running coupling によって説明可能である.

こうした事情を理解するために,まずは ψ の荷電共役をとった 5 次元表現のフェルミオン ψ^c に関するゲージ相互作用項を見てみよう.2.5 節で議論されるようにヤン-ミルス (Yang-Mills) 理論ではゲージ相互作用は局所ゲージ変換のもとで共変的に変換

2.11 標準模型を超える統一理論

する"共変微分"を用いて導入される：

$$D_\mu \psi^c = \{\partial_\mu - ig_5 \sum_{a=1-24} V_\mu^a T^a\}\psi^c \tag{2.542}$$

ここで g_5 は単純群 SU(5) のもつ唯一のゲージ結合定数．また V_μ^a は計 24 個のゲージボソンの場であり，また T^a は群の生成子であって，その規格化は

$$\mathrm{Tr}\,(T^a T^b) = \frac{1}{2}\delta_{ab} \tag{2.543}$$

で与えられる．ψ^c に含まれるクォーク・レプトンとゲージボソン V_μ との相互作用は $\sum_{a=1-24} V_\mu^a T^a$ で決まるので，この部分を書き下すと

$$\sum_{a=1-24} V_\mu^a T^a = \begin{vmatrix} \sum_{a=1-8}\frac{\lambda^a}{2}G_\mu^a & 0 \\ 0 & 0 \end{vmatrix} + \begin{vmatrix} 0 & 0 \\ 0 & \sum_{a=1-3}\frac{\tau^a}{2}A_\mu^a \end{vmatrix} + \frac{1}{\sqrt{15}} \times \\ \begin{pmatrix} -1 & 0 & 0 & 0 & 0 \\ 0 & -1 & 0 & 0 & 0 \\ 0 & 0 & -1 & 0 & 0 \\ 0 & 0 & 0 & 3/2 & 0 \\ 0 & 0 & 0 & 0 & 3/2 \end{pmatrix} B_\mu + \frac{1}{\sqrt{2}}\begin{pmatrix} 0 & 0 & 0 & X_\mu^{1*} & Y_\mu^{1*} \\ 0 & 0 & 0 & X_\mu^{2*} & Y_\mu^{2*} \\ 0 & 0 & 0 & X_\mu^{3*} & Y_\mu^{3*} \\ X_\mu^1 & X_\mu^2 & X_\mu^3 & 0 & 0 \\ Y_\mu^1 & Y_\mu^2 & Y_\mu^3 & 0 & 0 \end{pmatrix} \tag{2.544}$$

ここで λ^a は 8 個のゲルマン（Gell-Mann）行列，また τ^a は 3 つのパウリ行列を表し，したがって G_μ^a, A_μ^a, B_μ はそれぞれグルオン，および標準模型の $SU(2)_L, U(1)_Y$ ゲージボソンと同定すべき場である．上式の最後の項にはカラー 3 重項を成す (X_μ^a, Y_μ^a) $(a=1-3)$ ゲージボソンが現れるが（さらに $(X_\mu, Y_\mu)^t$ で $SU(2)_L$ 2 重項を成すと考えられる），これは標準模型にはなかった exotic なゲージボソンであり，これこそが後述のように陽子の崩壊に最も重要な寄与をするゲージボソンである．

ゲージ結合定数が g_5 のみのため，g_3, g_2, g_1 はすべて g_5 と一致する（正確には M_{GUT} 以上のエネルギー領域で）：$g_3 = g_2 = g_1 = g_5$．このために標準模型では予言できなかったワインバーグ角が予言可能となる．ゲージ群が単純群の場合には Z^0 と γ に結合する生成子が"直交する"という条件，$\mathrm{Tr}\,\{(I_3 - \sin^2\theta_W \cdot Q)Q\} = \mathrm{Tr}\,(I_3^2 - \sin^2\theta_W \cdot Q^2) = 0$（ここで $Q = I_3 + Y/2$，$\mathrm{Tr}\,(I_3 Y) = 0$ を用いた）から，$\sin^2\theta_W = \dfrac{\mathrm{Tr}\,I_3^2}{\mathrm{Tr}\,Q^2}$，すなわちすべての既約表現のメンバーについて $\sin^2\theta_W =$（weak-isospin の第 3 成分の 2 乗の和）/((電荷 $/e$) の 2 乗の和）が成り立つので，例として ψ について計算すると

$$\sin^2\theta_W = \frac{\frac{1}{4}\times 2}{\frac{1}{9}\times 3 + 1} = \frac{3}{8} \tag{2.545}$$

が導かれる．

この予言値は低エネルギーでの実験値 $\sin^2\theta_W|_{exp} \simeq 0.23$ と大きく異なり，一見大統一

理論は正しくないことを示しているように思われる．しかしながら，この 3/8 の予言は SU(5) 対称性が成り立つ M_{GUT} 以上のエネルギー領域でのもので，低エネルギーではこの値からずれると考えられている．その根拠は以下のとおり：

- **running coupling**

一般にゲージ結合定数は想定するエネルギーに依存して変化する (running coupling)．これはたとえば物性論における磁性体の模型としてのスピン系で，スピンをいくつかまとめてその平均スピンを新たに力学変数とする (block spin 変換) とスピン間の相互作用のパラメーターがもともと与えられたパラメーターからずれるということと同様の現象である．すなわち理論に最初に与えられた "bare parameter" は最もミクロなレベル (理論のカットオフの逆数の長さ) で与えられたもので，マクロに，したがって不確定性関係から，より低エネルギーで見るとパラメーターはエネルギーに依存して変化することを意味する．これは「くりこみ」という一見便宜的な操作の物理的解釈と見なせ，パラメーター (結合定数，質量) のエネルギー変化を記述する微分方程式は「くりこみ群」の方程式と呼ばれる．ゲージ結合定数は (自然単位では) 無次元量でエネルギーに対数でしかよらないので，上記のワインバーグ角の差を実現するためには M_{GUT} は M_W よりずっと大きい必要がある．

- **自発的対称性の破れと異なるゲージ結合定数**

ゲージ結合定数がエネルギー変化したとしても 3 つのゲージ結合 g_3, g_2, g_1 がみな同じように "run" してしまったら結局ワインバーグ角は低エネルギーでも 3/8 のままである．しかし，$E \ll M_{GUT}$ のエネルギー領域では SU(5) の自発的破れのために直積である $SU(3)_C \times SU(2)_L \times U(1)_Y$ 対称性のみが実現し，3 つの群の直積であるため 3 つの結合定数 g_3, g_2, g_1 はまったく独立に，それぞれの群の性質に従った異なったくりこみ群方程式で変化し，低エネルギーではワインバーグ角がずれてくる．さらに，くりこみ群の解析から SU(3)，SU(2) のような非可換群の結合定数はエネルギーとともに減少し (漸近自由性 (asymptotic freedom))，減少の仕方は群の次元が大きいほど大きく，一方，可換群である U(1) の場合にはエネルギーとともに増大する．よって，逆に低エネルギーでの g_3, g_2, g_1 の実験値を input としてエネルギーを上げていくと M_{GUT} 位のエネルギースケールで 3 つの結合定数は一致する (正確には漸近的に) ことが期待される：ゲージ結合定数の統一 (図 2.11.1 参照)．これは大統一理論では当然そうあるべきことであるが，3 本の線が一点で完全に一致するというのは自明なことではなく，理論の成否を決めるチェックとなりうる．

くりこみ群方程式を解くと関係式

$$\frac{3}{8} \frac{1}{\alpha(\mu^2)} - \frac{1}{\alpha_s(\mu^2)} = -\frac{67}{32\pi} \ln\left(\frac{\mu^2}{M_{GUT}^2}\right),$$

$$\sin^2\theta_W(\mu^2) = \frac{3}{8}\left[1 + \frac{109}{32\pi}\alpha(\mu^2)\ln\left(\frac{\mu^2}{M_{GUT}^2}\right)\right] \quad (2.546)$$

が得られる．ここで α, α_s は電磁相互作用の微細構造定数と強い相互作用における対応

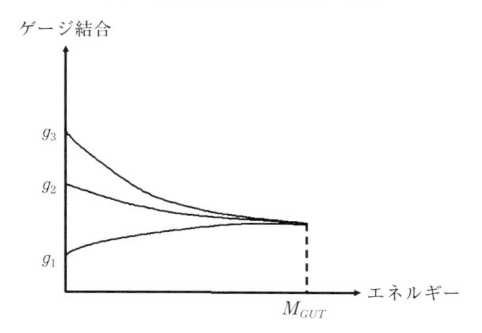

2.11 標準模型を超える統一理論

図 2.11.1 ゲージ結合定数の統一の概念図
エネルギー依存性は正確ではない．

する量であり，エネルギースケール μ の関数である．これから，$\mu = M_W$ での α, α_s のデータを input とすると，

$$M_{GUT} \simeq 2 \times 10^{15} \text{ (GeV)}, \sin^2\theta_W(M_W^2) \simeq 0.21 \tag{2.547}$$

と求まり，低エネルギーでのワインバーグ角をほぼ再現し，また M_{GUT} を決定することができる．

しかしながら，実は，最近の CERN における LEP 実験で行われた電弱相互作用に関わるパラメーターの精密テスト（precision test）から得られる g_3, g_2, g_1 の結果を μ での input として与えると，それまではほぼ一致すると思われていた3つの結合定数が高エネルギーで一致しないことがはっきりした．このため，少なくても minimal な SU(5) GUT は排除される，という重要な結論が得られている．SU(5) 模型は陽子崩壊がその予言する寿命で崩壊しないという神岡実験のデータからも排除されている．注目すべきことは，こうした SU(5) GUT の問題点は，後述のように理論を超対称的にすることでうまく回避できるということである．

（3） バリオン数，レプトン数の保存を破る相互作用と陽子崩壊

大統一理論は相互作用の統一だけでなくクォーク，レプトンをひとつの群の多重項（ψ や χ）の中で統一する．したがって，たとえば標準模型で弱い相互作用のゲージボソン $W^\pm$ が $SU(2)_L$ 2重項の上と下のメンバー間の遷移を引き起こすように，大統一理論のゲージ相互作用の中にはクォークをレプトンに変える，あるいはその逆の作用をもつ相互作用が存在する．すなわち，標準模型では保存量であったバリオン数，レプトン数がいずれも保存されないことになる．こうしたバリオン数，レプトン数の破れは式(2.542)，(2.544) よりわかるように，標準模型にはなかった exotic なゲージボソン (X_μ^a, Y_μ^a)（$a=1-3$）を交換する相互作用によって起きる．こうしたゲージボソンはレプトンとクォークを結ぶのでレプトクォークと呼ばれる．たとえば X は ψ^c の d を e^+ に変える働きをする：$d + X \to e^+$．正確には物理的にバリオン数，レプトン数が破れるのは5次元表現

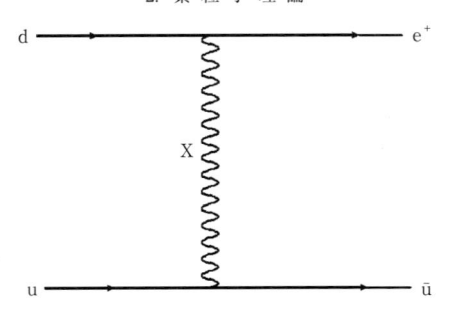

図2.11.2 バリオン数を破る相互作用の例

ψ^c と 10 次元表現 χ の両方に X が同時に結合しうるからである．すなわち，上記の 5 次元表現との相互作用のみだとすると X にバリオン数，レプトン数を $B=-1/3, L=-1$ と付与すれば，この相互作用では B, L は保存されることになる．実際には χ との結合から $u \to u^c + X$ という相互作用も可能であり，この相互作用で B と L の保存を要請すると $B=2/3, L=0$ となってしまい，上の付与の仕方と矛盾するのでバリオン数，レプトン数が物理的に破れるのである．こうして両方の相互作用が関与する図 2.11.2 のようなファインマン図 (Feynman diagram) を考えると確かにバリオン数 (とレプトン数) の保存が破れることがわかる：

このファインマン図にもう1本 u クォークの線を追加すると，正に陽子の崩壊

$$p \to \pi^0 + e^+ \tag{2.548}$$

を表していることがわかる．標準模型では陽子はいちばん軽いバリオンであり，またバリオン数 B が保存するために陽子は絶対的に安定であったが，GUT では後者の性質が失われるのである．

しかし，GUT の予言する陽子崩壊があまり頻繁に起こると，たとえば水素原子は安定でなくなりこの世界は存在しえなくなる．幸い，陽子崩壊を仲介する X, Y ゲージボソンの質量が M_{GUT} のオーダーで非常に大きく，その低エネルギーの効果はその質量の逆べきで抑制される（一般に，重い粒子の効果が，その質量より低いエネルギー領域では質量の逆べきで抑制される，という事実はデカップリング定理として述べられる）ために，陽子崩壊の寿命は宇宙の寿命よりもずっと長くなる（上記崩壊モードの場合，10^{30} (年) のオーダー）．よって，その検証は大変難しいが，神岡における Kamiokande, Super-Kamiokande 実験では大量の水をタンクに収めて陽子崩壊の実験を行い，いまだに崩壊が見つかっていないことから，陽子崩壊の寿命は minimal SU(5) 模型の予言より長い（下限が 10^{33} (年) のオーダー）ことを結論づけた．こうして SU(5) GUT は，この観点からもすでに排除されている．陽子崩壊に関する詳細は 3.7 節 a を参照されたい．

（4）　宇宙におけるバリオン数生成と大統一理論

大統一理論は $M_{GUT} \sim 10^{15}$ GeV といった超高エネルギーで初めて"見えてくる"理論であり，また理論特有の exotic 粒子が非常に重いことから，（デカップリング定理より）陽子崩壊といったきわめて稀少な事象を調べない限り通常の加速器実験での検証は実質的に不可能に思える．しかしながら，現代の宇宙論によれば，宇宙は非常な高温・高密度の状態から Big Bang によって，インフレーションを経ながら"断熱"膨張して現在の3(K) まで冷えたことになり，したがって宇宙初期には M_{GUT} をも超える高エネルギー状態が実現していてデカップリング定理による縛りなしに GUT 相互作用が働いていたと考えられる．こうして大統一理論を宇宙論的に検証することは魅力ある論点であるといえる．

この観点で重要なのが宇宙におけるバリオン数生成である．宇宙初期においては物質と反物質，したがってバリオンと反バリオンは光子などと熱平衡を保ちながら，対生成，対消滅を繰り返しており，したがってバリオンと反バリオンは等量存在していたと考えられる．宇宙が膨張で冷えてくると，対消滅したバリオンと反バリオンはエネルギー的にもはや対生成されることはなくなって，最終的にはバリオンも反バリオンもなくなってしまいそうである．実際には，現在の 3(K) の黒体輻射から計算される光子数密度 N_γ と恒星，銀河などから見積もられるバリオン数密度 N_B の比は $N_B/N_\gamma \sim 10^{-9}$ 程度で，光子に比べて少ないながら，バリオンが完全には消滅せずに残っていることがわかる（さもなければわれわれは存在していない）．なぜ，完全な対消滅が避けられて宇宙にバリオン数が生成されたか，というのは宇宙論の大きな問題であった．大統一理論を用いればこの問題が解決しうることを吉村太彦が指摘[2]して以来，この問題を素粒子論的に解決するという方向づけがなされた．バリオン数生成の詳細に関しては 6.4 節を参照されたい．

c. 階層性問題

最初に述べたように，標準模型を，標準模型を超える統一理論（これを「新しい物理」と呼ぶ場合がある）の低エネルギー実効理論であると見なした場合，標準模型は高エネルギーのあるスケール Λ において新しい物理でとって代わられると考えられる．すなわち，標準模型にはその適用限界であるエネルギー・カットオフ Λ があるということになる．このカットオフは，weak scale M_W までは標準模型がよく現実を記述することを考慮すると，weak scale よりずっと大きいはずである：$M_W \ll \Lambda$．場の理論のくりこみ理論の考え方に従うと，理論で最初に与えられる "bare mass, bare coupling constant" はその理論を適用できる最もミクロのレベル，すなわちエネルギーでいうと Λ のスケールで与えられる物理量を表している，と考えられる．したがって特に理由がない限り，bare mass のオーダーは Λ であると考えるのが自然である．しかしながら，weak scale M_W，およびこのスケールを自発的対称性の破れの帰結として生成するヒッグス粒子の質量 $M_H(\sim M_W)$ は Λ よりずっと小さい必要がある．カットオフは新しい物

理が大統一理論か重力に関係する理論かなどに応じて $\Lambda \sim M_{GUT}, M_{pl}$ ($M_{pl} \sim 10^{19}$ (GeV)：プランク質量) のようにそのオーダーが与えられる．いずれにせよ，M_H と Λ の間には非常に大きな質量（エネルギー）スケールの階層性が存在することになり，これをいかに説明するか，すなわち M_H をいかにして小さく保つか，という階層性問題がもち上がる．標準模型のゲージボソンやクォーク，レプトンの質量も M_W 程度，あるいはそれ以下に保たれる必要があるが，これらの質量は標準模型の局所ゲージ対称性が正確に成り立つと 0 なので，問題は標準模型のヒグスの真空期待値 v を Λ に比べていかに小さく保つか，ということになり，やはりヒグスの質量の問題に帰着する．

この $M_H \ll \Lambda$ という階層性は摂動論の各オーダーで bare mass の微調整 (fine tuning) をすれば一応実現できるので，理論がくりこみできなくなる，といった問題ではないが，真の理論ではそのような"不自然"なパラメーターの微調整が必要になるとは思い難い，ということである．具体的には，階層性問題には2種類の問題がある．

- **古典 (tree) レベルでの階層性問題**

階層性問題は量子効果（量子補正）を考えない古典レベル (tree level) ですでに存在する．上で議論した SU(5) 大統一理論を例にとろう．24次元表現，および5次元表現のヒグス Σ, H に関するスカラーポテンシャルのうちで，標準模型のヒグスは H に含まれる2重項成分に対応するので H にかかわる部分を抜き出すと，

$$V = -\frac{1}{2} v^2 H^\dagger H + \frac{\lambda}{4} (H^\dagger H)^2 + H^\dagger \{\alpha \operatorname{Tr}(\Sigma^2) + \beta \Sigma^2\} H. \tag{2.549}$$

ここで，Σ の真空期待値 V はポテンシャルのうちの Σ のみの多項式の部分からすでに決定されている（上記ポテンシャルは影響しない）ものと考え，Σ をその真空期待値，$\langle\Sigma\rangle = V \cdot \frac{1}{\sqrt{15}} \operatorname{diag}\left(1, 1, 1, -\frac{3}{2}, -\frac{3}{2}\right)$ で置き換えてみる．すると，H の内の標準模型のヒグスに対応する2重項成分に関する質量2乗は

$$m_h^2 = \left(\frac{15}{2}\alpha + \frac{9}{4}\beta\right) V^2 - v^2 \tag{2.550}$$

で与えられる．これを M_W^2 のオーダーに保とうとすると，v^2 も M_{GUT}^2 のオーダーであるべきであり，また bare coupling α, β を

$$\frac{M_W^2}{M_{GUT}^2} \sim 10^{-26} \tag{2.551}$$

という非常な精度で微調整 (fine tuning) する必要がある．これは不自然である，というのが階層性問題である．一方，H の内のカラー3重項成分の方は自然に M_{GUT} のオーダーの質量をもつので（そうでないと，このカラー3重項の湯川相互作用によって陽子崩壊が頻繁に起きてしまう），この階層性問題は doublet-triplet splitting problem とも呼ばれる．

- **量子レベルでの階層性問題**

仮に古典レベルの問題を何らかのメカニズムで解決したとしても，量子補正を考える

と問題が再燃する.しかも問題なのは,仮にパラメータの微調整を行うとしても,それを摂動論のすべてのオーダーで行う必要がある,ということである.できれば何らかの対称性のおかげですべてのオーダーで大きな量子補正を許さないように自動的になっているとよい.実際,一般的にゲージ場やフェルミオンの質量に関しては局所ゲージ対称性,カイラル対称性が成立するとすべてのオーダーでそれらの質量は0であり,仮にそれらの対称性が小さな(Λに比べて)質量を理論に導入することで少し破られたとしても,その補正はその小さな質量に必然的に比例し(これが対称性を破る唯一の原因なので),したがってせいぜい$\ln\Lambda$の量子補正しか生じないので微調整を必要としない.しかしながら,ヒグス質量に関しては,このような質量の量子補正のもとでの安定性を保証する対称性が標準模型や大統一理論では見当たらない.より正確にいうと,一見スケール不変性(共形不変性)を課すとスカラー場の質量2乗項は係数が質量次元をもつため禁止できそうである.しかし,量子レベルではファインマン図のループで表される仮想状態の4元運動量は理論の適用限界であるΛでカットされるべきであって,このΛの存在がスケール不変性を破ってしまうのである.実際,ヒグスの質量2乗への自己相互作用による量子補正を1ループのオーダーで計算すると,Λ^2に比例した補正,くりこみとの類推でいうと"2次発散"が生じてしまう.したがって,観測にかかるヒグスの質量2乗は$m_h^2 = m_0^2 + c\Lambda^2$ (c:定数) となって,m_hをM_Wのオーダーに保とうとすると,bare mass 2乗のパラメーターm_0^2を再び10^{-26}程度の精度で微調整する必要が生じる.この意味で量子レベルでの階層性問題を"2次発散の問題"ということもある.

歴史的には,大統一理論以降の標準模型を超える統一理論の試みは,いずれも,この階層性問題の解法を目指したものといっても過言でなく,「新しい物理」を構築する際の重要な指導理念となっている.ヒグスの複合模型や,超対称性理論,超重力理論,超弦理論,とつながる一連の発展,あるいは最近の4次元時空以外の余剰次元をもった理論の研究がその主たるものである.これらについて以下で順次簡単に解説する.(ただし,超重力理論,超弦理論についてはここでは解説しない.2.6および2.12節を参照.)

d. ヒグスの複合模型

たとえばパイ中間子やシグマ粒子(はっきりとは同定されていない)などのスピン0のハドロンの質量の量子補正に関して2次発散の問題は生じないが,これは実はこれらのハドロンは素粒子ではなくクォークと反クォークが強い相互作用で束縛された複合粒子であるからである.考えるエネルギー・スケールが QCD の典型的なスケール$\Lambda_{QCD} \sim$ 数百 MeV(強い相互作用の結合定数が1のオーダーになる時のスケール)を十分に越えると QCD 相互作用は弱くなり(漸近自由性),もはやハドロンとしての記述は意味がなくなり,クォークと反クォークの世界となる.一方,フェルミオンの質量はカイラル変換

$$\psi \to \psi' = e^{i\alpha\gamma_5}\psi \quad (\alpha:変換のパラメータ) \tag{2.552}$$

のもとでの不変性であるカイラル対称性によって保護されるので,Λ^2(Λ:QCDの適

応限界)といったオーダーの大きな質量補正は受けない.さらに$\langle \bar{u}u \rangle = \langle \bar{d}d \rangle$という真空期待値,凝縮(condensate),はカイラル対称性を自発的に破るので,左右非対称な標準模型の$SU(2)_L$対称性を破ることになり,ヒグスがなくても力学的なゲージ対称性の破れ(dynamical symmetry breaking)を実現している.(実際,ヒグス機構のアイデア自身は物性理論の超伝導現象において,電子対(クーパー対)の凝縮によって電磁相互作用のゲージ対称性が自発的に破れ光子が質量をもつ,という形で最初に示唆されたといわれている.)クォーク対の凝縮$\langle \bar{q}q \rangle$はスカラー粒子であるシグマの真空期待値(あるいはパイ中間子の崩壊定数f_π)に対応し,またパイ中間子はカイラル対称性の自発的破れによる南部-ゴールドストーン粒子であると見なせる.しかしながら,実際にはQCDではΛ_{QCD}程度の真空期待値(凝縮)しか得られないのでM_Wにはほど遠く,力学的な$SU(2)_L$ゲージ対称性の破れを実現するにはQCDよりずっと大きなエネルギースケールをもつ新たな強い相互作用が必要となる.

この考え方に従って構成されたのが「テクニカラー」理論[3]であり,その後もこうした力学的なゲージ対称性の破れの研究の流れは続いている.この理論では新たな強い相互作用である「テクニカラー(technicolor)」(ゲージ群$SU(N_{TC})$($N_{TC}=4, 5$, etc.))相互作用を考え,新たに導入するテクニフェルミオンT_u,T_d(QCDのu,dクォークに対応)とそれらの反粒子の束縛状態で標準模型の$SU(2)_L$2重項であるヒグスの役目を担わせる.ヒグスはいわばQCDのシグマ粒子に対応するテクニフェルミオンの束縛状態である.そのエネルギースケールΛ_{TC}は,力学的なゲージ対称性の破れによってM_Wのオーダーの真空期待値を生成する必要があるため$\Lambda_{TC} \sim 1$(TeV)程度でΛ_{QCD}よりずっと大きいが,それ以外の本質的性質はQCDと同様である.

テクニカラー理論は,CERNのLEP実験における電弱パラメーター,特にカイラル対称性の破れに敏感なPeskin-Takeuchiの"Sパラメーター"の精密測定の結果排除されることがわかっている.すなわち,テクニカラー理論の予言が実験データから課せられるSの上限値を超えているのである.

e. 超対称理論

標準模型を超える統一理論として最もよく議論され,また有望であると思われているのは超対称理論であろう.2009年からスタートしたCERNでの大型加速器LHC実験の主たるターゲットの1つは超対称理論の予言する新粒子("super-partner")である.超対称性とは整数スピンのボソンと半整数スピンのフェルミオンの間の対称性である.超対称理論では,すべての粒子には,それとスピン・統計性の違うsuper-partnerが対を成して存在する.したがってクォーク・レプトンのpartnerであるスクォーク・スレプトン(squarks, sleptons,$\tilde{u}$,$\tilde{e}$などのように表される)と呼ばれるスカラー粒子の存在が予言される.逆にゲージボソンやヒグスはボソンなので,そのpartnerはフェルミオンでありヒグシーノ(higgsino)$\tilde{h}$,ゲージフェルミオン(gauge fermion)と呼ばれる.

超対称性はポアンカレ対称性と内部対称性以外にS行列がもちうる対称性として一

2.11 標準模型を超える統一理論

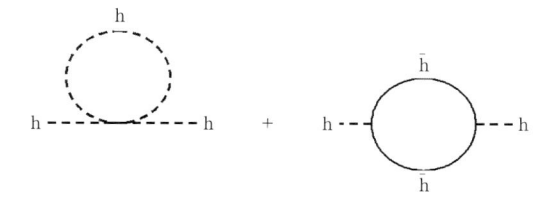

図 2.11.3 ヒグス質量へのヒグス h とヒグシーノ h̃ による量子補正.

意的に決まる対称性であり,理論的可能性としては,かなり前から議論されていた.また,ここで解説する超対称性は大域的（global）なものであるが,超対称性を局所的な対称性に拡張すると必然的に一般座標変換不変性,すなわち重力理論が現れる,という意味でも興味深い（こうした理論を超重力理論という）.

しかし,超対称性をもつ理論が素粒子の模型として盛んに議論されるようになったのは,超対称性のおかげで階層性問題,正確には量子レベルでの階層性問題である 2 次発散の問題が解決する,という認識が生まれてからであった.これは,超対称性には,量子効果を表すファインマン図のループを流れる運動量が大きくなることから生じる「紫外発散」の度合いを弱める働きが一般にあるからである.実際,超対称性が正確に成り立つと,スカラーポテンシャルを超対称的にした「超ポテンシャル（super-potential）」への量子補正が一切ない,という「非くりこみ定理（non-renormalization theorem）」といった著しい性質があることがわかっている.具体的にどのようにヒグス質量への量子補正において 2 次発散が消えるかというと,図 2.11.3 のボソン（ヒグスそのもの）がループを回る寄与とフェルミオン（ヒグシーノ）がループを回る寄与が（超対称性が正確に成り立つと）打ち消しあうからである.

これは超対称性のためにヒグスとヒグシーノの相互作用の強さが本質的に同じであり（一見 2 つのファインマン図は違って見えるが,補助場を入れるとまったく同じになる）,またフェルミオンの閉じたループがある場合には余分に（-1）を付与する（フェルミ統計のため）というファインマン規則のためである.

別の見方をすると,ヒグスとヒグシーノが超対称変換のもとで互いに変換する超対称多重項（$h, \tilde{h}$）を成し,フェルミオンであるヒグシーノの質量はカイラル対称性によって保護されていて,超対称性のおかげで,その多重項のパートナーであるヒグスの質量も同様に量子補正のもとで保護される,と考えることもできる.

（1） SU(5) 超対称大統一理論

超対称理論が素粒子の模型として注目されるようにようになったのは,超対称性を導入すれば上記の機構で 2 次発散の問題が回避できるという指摘がなされてからである.これを具体的に大統一理論に適用したのが,坂井典佑と Dimopoulos-Georgi による超対称 SU(5) 大統一理論の提唱であった[4].すでに SU(5) 大統一理論はゲージ結合定数

の統一と陽子崩壊の寿命のデータの説明に失敗し排除されていることを述べたが，こうした問題が，理論を超対称的にすると以下に述べるように解決することがわかり，間接的ながら超対称性の存在を示唆するものとして大きな関心を集めている：

• ゲージ結合定数の統一

SU(5) 理論の解説の際に議論したようにゲージ結合定数があるエネルギー・スケールで統一されるかどうかはくりこみ群方程式で決まるが，統一の可否に影響を与えるのは標準模型に存在するゲージボソンがループを回る量子補正からの寄与である（クォーク・レプトンは g_3, g_2, g_1 すべてに同様に寄与する）．超対称 SU(5)GUT ではこれらのゲージボソンの super-partner であるゲージフェルミオンによる量子効果も加わり，スピンと統計の違いから，得られるくりこみ群方程式は，超対称性の破れ（後述）の質量スケール $M_{SUSY} \lesssim 1(\text{TeV})$ 以上のエネルギー領域で変更を受ける．このために，超対称 SU(5)GUT では3つのゲージ結合定数が高エネルギー領域で見事に一点で交わることが示され，大きな注目を集めた．また，ゲージフェルミオンはフェルミオンなので，その寄与は SU(3), SU(2) などの漸近自由性を弱めるように作用し，そのため，この理論での大統一スケール M_{GUT} はもとの SU(5) 理論の場合より高くなる： $M_{GUT} \sim 10^{16}$ GeV．

• 陽子崩壊

上述のように M_{GUT} は超対称化によって1桁程度大きくなるが，これは exotic な X, Y ゲージボソンが重くなることを意味し，一方，陽子崩壊の寿命はこれらの質量の4乗に比例するので，X, Y ボソンの交換による陽子崩壊の寿命はもとの SU(5) の予言よりずっと長くなって，実験データと矛盾しなくなる．こうしたゲージボソンの交換による崩壊の確率振幅は M_{GUT}^{-2} で抑制されるが，超対称理論特有の現象として超パートナーのフェルミオンを交換する過程による陽子崩壊も可能である．重いフェルミオンの伝播子（propagator）は M_{GUT}^{-1} でしか抑制されないので（場の理論的には関与する演算子の質量次元が5で，通常の6より低いためである），こちらの過程のほうが一般に重要な寄与を与える．具体的に解析すると，最も重要な寄与はヒッグス Σ のパートナーの higgsino を交換する過程からのものであることがわかる．実際には，この過程では終状態に super-partner が生成されてしまい，陽子崩壊のためには，これらを通常の粒子に置き換える必要があるために，ファインマン図は全体として1ループになり，ナイーブな期待より寿命は長くなる．こうして，ちょうど検証可能で実験データと矛盾しない程度の陽子の寿命を予言し，興味深い．Super-Kamiokande 実験では相当な時間のデータを貯めていて，そろそろこの理論の予言する崩壊モードが見えてきてもよいはずであるが，いまのところまだ確認されていない．なお，崩壊モードに関しては，Σ のパートナーが関与するので湯川結合の積に振幅は比例し，陽子はより高い世代で力学的に可能な粒子に崩壊しようとするため，おもな崩壊モードは

$$p \to K^+ + \bar{\nu} \tag{2.553}$$

のような K を含んだものになり，もとの SU(5) の予言とは大きく異なる．

（2） MSSM

　SU(5) 理論の低エネルギー有効理論が標準模型であるように，超対称 SU(5) GUT の低エネルギー有効理論は標準模型を超対称的にしたものである．これは標準模型を"minimal"に超対称化するものなので，「最小超対称標準模型（Minimal Supersymmetric Standard Model）」，あるいは省略して MSSM と呼ばれる．

　ゲージ対称性は標準模型と同じ $SU(3)_C \times SU(2)_L \times U(1)_Y$ であるが，ゲージボソンの他に，その super-partner である計 12 個（ゲージ群の次元）のゲージフェルミオンが導入される．ゲージボソンとゲージフェルミオンはスピンが 1 と 1/2 のペアーでありベクトル多重項と呼ばれる超対称多重項を成す．物質としては，クォーク，レプトンと，それらの super-partner であるスクォーク，スレプトン（squarks, sleptons, $\tilde{u}, \tilde{e}$ などのように表される）と呼ばれるスカラー粒子が導入される．これらはスピンが 1/2 と 0 の粒子のペアーでありカイラル多重項と呼ばれる超対称多重項を成す．カイラル多重項は複素数の場のペアーであり，カイラリティが右巻き，あるいは左巻きに確定したフェルミオンを含む．たとえば右巻きのカイラル多重項の複素共役（正確には荷電共役）は左巻きのカイラル多重項として振る舞う．また，ヒグスとその super-partner のヒグシーノもやはり複素場で表される必要があるのでカイラル多重項を成す．普通の場の理論ではフェルミオンとスカラー粒子の湯川結合とスカラー粒子の自己相互作用（スカラーポテンシャル）はまったく独立の相互作用であったが，超対称理論ではフェルミオンとスカラー粒子はパートナーであるので，これらの相互作用もカイラル多重項の自己相互作用，すなわち超ポテンシャル（super-potential）という形で統一されることになる．

　超対称性は見方を変えると，われわれの 4 次元時空（座標 x^μ）を，マヨラナフェルミオンの座標 θ（反可換性をもつという意味でグラスマン座標とも呼ばれる）をも含んだ超空間（super-space, 座標 (x^μ, θ) で表される）に拡張し，そこでの拡張されたポアンカレ対称性を考えることと見なすことができる．実際，ここでは議論しないが（2.6 節参照），超対称変換はグラスマン座標 θ の並進と見なすことができ，ちょうどスピン 1/2 を表すスピナーの 2 次式で 4 元ベクトルをつくれるように，超対称変換の生成子の（反）交換関係は x^μ の並進の生成子である 4 元運動量 P^μ を与える．仮に超対称変換を局所的変換とすると必然的に局所的な x^μ の並進の変換，すなわち一般座標変換が得られ，超重力理論となるのである．超空間では場も (x^μ, θ) の関数である超場（superfield）で表され，カイラル多重項を表すカイラル超場を θ でテイラー展開したときの 0 次の項がスカラー場，1 次の項がフェルミオン場を表すことになる（2 次の項は物理的でない補助場を表す）．超場を用いると，超ポテンシャルはカイラル超場の多項式（ちょうど普通のスカラーポテンシャルがスカラー場の多項式であるように）で表される．超対称的な超ポテンシャルをつくる際の重要なルールは，同じカイラリティをもつ超場のみを掛け合わせるべし，というもので，そうでないと超ポテンシャルの相互作用が超対称的にならない．

　MSSM の，標準模型の時にはなかった大きな特徴として，ヒグスの $SU(2)_L$ 2 重項を

2個（標準模型の2倍）入れる必要がある，ということがある．もともとすべての既知の粒子に対してそのパートナーが導入されるのであるが，ヒグスについてはさらに増やす必要があるということである．標準模型の場合にはヒグス2重項 $\phi = (\phi^+, \phi^0)^t$ (t：転置）が d クォークに（湯川結合を通して）質量を与えるとすると，u クォークに質量を与えるための湯川結合は，$\tilde{\phi} \equiv i\sigma_2 \phi^* = (\phi^{0*}, -\phi^-)^t$ を用いて記述できた．しかしながら超対称理論では上述のように，湯川結合は超ポテンシャルで記述されるが，一方で超ポテンシャルは同じカイラリティの超場を掛けないと超対称的にならない．ϕ が仮に右巻き超場に属するものとすると，$\tilde{\phi}$ は左巻き超場に属することとなり，u, d クォークに質量を与える湯川結合を同時に超対称的にすることが不可能となる．そこで必然的に，$\phi, \tilde{\phi}$ と同じ量子数をもつ独立な2つの $SU(2)_L$ 2重項の超場 H_D, H_U を導入する必要が生じる．したがって標準模型ではヒグス機構でゲージボソンに吸収されるものを除き物理的に残るヒグス粒子は1つだけであったが，MSSM では計5個の物理的ヒグス粒子が存在することになる．内訳は，まず電気的に中性のものが計3個で，うち CP 固有値が正のものが2個（1つは標準模型のヒグス粒子に対応）と CP 固有値が負のものが1つ．また電荷をもったヒグスが1つ（実自由度で2個と見なす）である．

MSSM にはヒグス2重項は2重に必要ということのほかに，いくつかの大きな特徴がある．以下，それらにつき順次述べよう：

- **軽いヒグス粒子の存在**

MSSM では "minimal" な構造のためにヒグス2重項のかかわる超ポテンシャルの項は $\mu H_U{}^t (i\sigma_2) H_D$ (μ：パラメーター）のみであるために，物理的ヒグス粒子の質量2乗を決める，スカラーポテンシャルにおけるヒグス4乗の自己相互作用項にはゲージ相互作用の結果として生じる "D" 項の寄与（ゲージボソンのパートナーの補助場 D を交換するファインマン図からの寄与）のみがあり，その係数は g^2 (g：ゲージ結合定数）のオーダーになる．これから，標準模型のヒグスに対応する粒子の質量はせいぜい弱ゲージボソン Z^0 の質量程度になる．残りの4個の物理的ヒグス粒子の質量は粗くいうと超対称性の破れの質量スケール M_{SUSY} 程度の質量になり，これらは一般に重くなる．これは $M_{SUSY} \to \infty$ の極限ではすべての "余分な" 粒子がデカップルして標準模型が回復する，ということを言っている．こうして MSSM の明確な予言として 100 GeV 近辺の質量をもつ1個の比較的軽いヒグスの存在[5]があり，最近始まった LHC 加速器実験の重要なターゲットである（かなり軽いので LEP 実験で見つかる可能性もあったが，発見の報告はなされなかった）．

- **R 対称性と LSP**

標準模型のスカラーポテンシャルはゲージ不変性と矛盾しない最も一般的な形をしているが，MSSM ではゲージ不変性のみを指導原理とすると直ちに実験データと矛盾が起きてしまう．その本質的理由のひとつは，クォーク，レプトン，ヒグスというすべての物質がみな同様にカイラル超場で記述されるために，たとえばヒグス2重項 H_D と左巻きレプトンの2重項 L はまったく同じ量子数のために区別がつかないということに

ある．そのために

$$u^c d^c d^c, \; d^c QL \quad e^c L^2 \quad (Q：左巻きクォークの2重項) \tag{2.554}$$

などのゲージ不変な項が超ポテンシャル中で許されることになる（たとえば最初の項は標準模型ではゲージ不変ではあるがクォークがスピン 1/2 をもつのでローレンツ不変でなく，許されない）．ただし，上式では $Q^t i\sigma_2 L \to QL$ のように略記している．しかしながら，こうした項は明らかにバリオン数 B やレプトン数 L あるいはその両方を破り，また世代間混合も入れることが可能なので，陽子崩壊やたとえば $\mu \to e\gamma$ といったレプトン・フレーバーを破る過程を容易に引き起こしてしまう（この理論では M_{GUT} のような大きな質量の逆べきで抑制するメカニズムはないことに注意），非常に厳しい上限値のあるこれらの過程の実験データと直ちに矛盾してしまう．こうして，これらの望ましくない相互作用項を何らかの対称性を用いて排除する必要がある．これは，対称性が背後にないと仮に古典レベルでこれらの相互作用を導入しなくても量子補正で現れてしまうからである（非くりこみ定理は，超対称性は結局は破られるのでこの困難を解決することはできない）．この対称性としては，H_D と L を区別できる，つまりヒッグススカラーとスレプトン，すなわち既知の粒子とパートナーを区別することのできる対称性が望ましい．この役目をするのが "R" 対称性あるいは R パリティである．すなわち，すべての粒子に

$$R = (-1)^{2J}(-1)^{3B+L} \quad (J：粒子のもつスピン) \tag{2.555}$$

で決まる R パリティ（固有値 ±1）を付与すると，既知の粒子はすべて R パリティが even であり，それらのパートナーは R パリティが odd になることが容易にわかる．これから，上記の陽子崩壊などを引き起こす exotic な相互作用項はみな R パリティ odd の変換性をもち，R パリティ不変性によって禁止されることがわかる．

　この R パリティ不変性の重要な帰結は，絶対的に安定ないちばん軽い超粒子（lightest super particle, LSP）の存在である．すなわち，パートナーは R パリティ odd なので，R パリティ even である既知の粒子のみからなる終状態に崩壊できず，必ず崩壊先にはパートナーが必要である．しかし，LSP の場合にはそれ以上軽いパートナーは存在しないので，崩壊は運動学的に不可能となるのである．普通，電気的に中性で相互作用の弱いパートナーである "neutralino" が LSP となるので，これらは宇宙論，天文物理で未解決の問題である暗黒物質（dark matter）の候補にもなりえて興味深い（6.2 節を参照）．

（3） 超対称性の破れと MSSM の実験的検証

　超対称変換の生成子は 4 元運動量，したがって $P^\mu P_\mu = m^2$ と可換なので，粒子とその超パートナーの質量は超対称性が正確に成り立つ限り縮退する．しかし，実際にはたとえば電子と同じ質量のスカラー粒子 $\tilde{e}$ は見つかっておらず，超対称性は正確な対称性ではありえず，ある質量スケール M_{SUSY} で破れている必要がある．具体的には，この M_{SUSY} はたとえば $\tilde{e}$ の質量 2 乗が e のそれより M_{SUSY}^2 だけ大きいことを意味する（正確には右巻きと左巻きのパートナー間の混合で異なる質量固有値が生じるなど，詳細は理

論による).しかし,仮にM_{SUSY}が理論のカットオフΛと同程度まで大きくなってしまうと実際上超対称性は存在しないのと同等であり「階層性問題」が再燃する.よってM_{SUSY}はせいぜい1 (TeV) 以下程度に抑える必要がある.よって,LHCなどの加速器実験でパートナーを検証することが可能となるのである.この超対称性の破れの機構としてどのようなものを採用するかが理論を決定づけるといっても過言ではない.

では,どのような超対称性の破れの機構が可能であろうか.ゲージ対称性の場合と同様に自発的超対称性の破れを実現できれば2次発散の問題と抵触することもなく理想的であると思われるが,クォーク・レプトンのセクターで超対称性の自発的破れを起こすと問題が生じることが知られている.それは,既知の粒子の質量2乗の平均値と,それらのパートナーの質量2乗の平均値が一致し,そのため既知の粒子より軽いパートナーが必ず出現してしまい実験事実と矛盾する,というものである.そこで主流の考え方は,クォーク・レプトンのセクターである"見えるセクター(visible sector)"のほかに"隠されたセクター(hidden sector)"があって,隠されたセクターで超対称性が(自発的に)破れ,それが何らかの相互作用で見えるセクターに伝播され,見えるセクターではあたかもあからさまで"柔らかな"超対称性の破れ(explicit soft supersymmetry breaking)が生じたように見える,というものである.ここでsoftの意味は超対称性の破れがM_{SUSY}オーダーの質量次元をもったパラメーターで記述され,ハードな紫外発散を引き起こさず2次発散の問題を再燃させない,という意味である.隠されたセクターでの超対称性の破れを見えるセクターに伝える相互作用(機構)として考えられているおもなものには,「超重力の相互作用」,「ゲージ相互作用」,「共形不変性の量子異常」といったシナリオがあるが,現象論的に問題がなくかつ自然な理論の確立までには至っていないように思われる.

ここで述べた超対称性の破れに伴う現象論的問題点として特に重要であると思われるのが,「フレーバーを変える中性カレント(Flavor Changing Neutral Current, FCNC)」の問題であろう.問題はクォーク・レプトンのパートナーのもつM_{SUSY}オーダーの超対称性の破れを表す質量2乗の項が世代間の対称性に関して何の制約も受けないということである.このために,この破れの項を,3×3の(各世代のパートナーを基底とする)行列で書くと勝手な(エルミート)行列になりえる.もちろん標準模型でも湯川結合は本来勝手にとりうるので状況は同じように一見思えるが,標準模型の場合には質量固有状態にユニタリ変換で移ったあとでもZ^0やγといった中性ゲージボソンの相互作用のカレントを表す3×3行列は対角行列のままであり($U^\dagger U=I$(U:ユニタリ行列,I:単位行列)という性質のため)FCNCは少なくともtreeレベルでは生じない.同様に,超パートナーとZ^0やγとの相互作用に関してもパートナーの質量固有状態に移ってもFCNCの問題は生じない.しかしながら,超対称理論の新たな特徴としてZ^0,γのパートナーのゲージフェルミオンであるジーノ,フォッティーノ(zino, photino, $\tilde{Z}, \tilde{\gamma}$)による新たなゲージ相互作用が生じる.この場合にはクォーク・レプトンとそのパートナーで,それぞれの質量固有状態へのユニタリ変換の行列にずれがあると,treeレベルで

FCNC が起きてしまい，たちまち FCNC の実験値と矛盾してしまうのである．面白いのは，標準模型の場合と違い，こうした新しいタイプの FCNC は超対称的 QED でも起きうることで，電子などの荷電レプトンのセクターでユニタリ変換にずれがあると，$\mu \to e + \gamma$ といったレプトンフレーバーを破る過程が容易に起きてしまう．

この問題を避けるためには，M_{SUSY} のオーダーの超対称性の破れの項が世代間の対称性をもつこと，すなわち，破れの項を 3×3 の行列で書いたときに単位行列 I に比例することが必要となる．すると，たとえば荷電レプトンの質量行列 M_l の対角化を U_R と U_L で行うとすると，同じユニタリ行列を用いて以下のようにパートナーの方の質量2乗行列(右巻きパートナーと左巻きパートナーで $M_{R,L}^2$ と区別)も同時対角化可能であり，ユニタリ変換のずれが生じないのである（"super-GIM 機構"）：

$$U_L^\dagger M_l U_R = M_{diag} = \mathrm{diag}\,(m_e, m_\mu, m_\tau)$$
$$U_R^\dagger M_R^2 U_R = U_R^\dagger (M_l^\dagger M_l + M_{SUSY}^2 \cdot I) U_R = M_{diag}^2 + M_{SUSY}^2 \cdot I, \quad (2.556)$$
$$U_L^\dagger M_L^2 U_L = U_L^\dagger (M_l M_l^\dagger + M_{SUSY}^2 \cdot I) U_L = M_{diag}^2 + M_{SUSY}^2 \cdot I.$$

ここで，右巻きと左巻きのセクターでの M_{SUSY} の違いや，これらのセクター間の混合の効果は簡単のために無視した．この「超対称性の破れの項が世代間の対称性をもつ」という条件をいかに実現できるかが現実的な模型構築の成否にとって大変重要となる．

f. 余剰次元

ここまで4次元時空を仮定して階層性問題の解法を議論してきたが，4次元時空以外に余剰次元（extra dimension，普通は空間的）をもつ高次元時空上の場の理論（ゲージ理論）や重力理論を用いると新しいタイプの階層性問題の解法が可能である，という指摘が90年代の後半になされ，1つの重要な流れを形成しているので，そのいくつかのアプローチを極簡単に紹介する．いずれもこれまで述べてきた理論，特に超対称理論などと比べると，まだアイデアの提出という意味合いが強く成熟した素粒子の模型というレベルには達していないようにも思われるが，独断と偏見で選んだアイデアについてそのエッセンスを紹介する．もちろん超弦理論も10次元といった高次元時空の理論であり（2.12 節参照），余剰次元の理論の歴史は古いが，そこでは階層性問題は超対称性によって解決すると考えられていたので，余剰次元の存在に依拠した解法というアイデアは新しい方向性といえる．特に余剰次元のサイズがこれまで一般に思われていたプランク長 (10^{-33} (cm))，すなわち（自然単位で）プランク質量 $M_{pl} \sim 10^{19}$ GeV の逆数，よりずっと大きくなりうるという，大きな余剰次元（large extra dimension）の可能性は新しい指摘であり，LHC のような TeV スケールの加速器での検証の可能性という意味でも，ヒッグスや超対称粒子の発見と並んで注目されている．

(1) 大きな余剰次元の模型[6]

この理論は高次元の重力理論である．こうした理論の雛形はアインシュタインの時代に重力と電磁相互作用の統一場理論として論じられた，円を余剰次元としてもつカル

ツァークライン (Kaluza-Klein, K-K) 理論である．K-K 理論ではすべての場は余剰次元の円周の座標 y に関して周期的（周期 $2\pi R$, R：円の半径）なために y に関するフーリエ級数に展開され，n 番目のフーリエモード（これをカルツァ-クライン（K-K）モードという）のもつ運動量の余剰次元成分，すなわち 4 次元の時空から見たときの粒子の質量は，n/R と"量子化"される．よって，R が小さいと $n=0$ の"ゼロモード"以外の粒子の質量は大きくなって低エネルギー世界からデカップルし，4 次元の実効理論はゼロモードのみの理論となって余剰次元の存在の直接的検証は難しいと思われていた．実際，K-K 理論では粒子のもつ電荷も n/R すなわちその質量に比例することがわかる（$U(1)_{em}$ のゲージ変換は余剰次元の座標 y の並進なので）．電荷は（自然単位では）次元をもたず $e \sim (1/R)/M_{pl}$ となり，電気素量 e を出すためには $R \sim 1/M_{pl} \sim 10^{-33}$ (cm) という非常に小さな余剰次元が必要となり，その（加速器などによる）検証は実際上不可能に思われた．

　しかし，Arkani-Hamed ら[4)]は，超弦理論の最近の発展であるブレーン（brane）という高次元時空に埋め込まれたより低次元の壁状の時空を想定することで，非常に大きな余剰次元でも許される，という驚くべき指摘を行った．つまり，彼らの模型では，相互作用のうちで重力のみが 5, 6 次元といった高次元時空（bulk という）中を伝播でき，その他の電磁相互作用を含む標準模型のゲージ相互作用は bulk 中に置かれた 4 次元の時空であるブレーン上のみを伝播するものとした（弦理論では開放弦の端に電荷等が存在し，その端はブレーン上に固定されることに対応）．こうすることで余剰次元のサイズ R は e とは無関係となって，いわば自由パラメーターとなる．もう 1 つの彼らの仮定は，

「本来，プランク質量と M_W の間に階層性は存在せず，いずれも（粗く言って）1 TeV 程度であった」

というものである．この意味で理論のスケールは M_W のみで階層性問題はそもそも存在しない，というのである．

　しかし，プランク質量が 10^{19} GeV から M_W のオーダーに下がると，重力は猛烈に強くなり，まったくニュートンの万有引力を再現できそうにないように思われる．しかしながら，重力のソースおよびそれを感じる質点がブレーン上に拘束されていても，重力子（graviton）そのものは余剰次元方向に自由に出て行くことが可能である．直感的にはソースから生じた重力の"力線"（電気力線の類推）が余剰次元方向にも広がり，余剰次元の体積が大きくなればなるほどそれに反比例して力線の密度は減少し，重力も弱まると思われる．実際，重力を及ぼし合う 2 質点（質量 $m_{1,2}$）間の距離を r とすれば，$r \gg R$ の場合には余剰次元の存在は感知されずニュートンの万有引力に移行し重力ポテンシャルは $-G_N \dfrac{m_1 m_2}{r}$（G_N：ニュートンの重力定数）で与えられるが，一方 $r \ll R$ では本質的に高次元時空中の重力理論になるので，余剰次元の次元を n（K-K モードと混同しない）とすると，重力ポテンシャルは $1/r^{n+1}$ に比例し $-G_N^{4+n} \dfrac{m_1 m_2}{r^{n+1}}$（$G_N^{4+n}$：$4+n$

次元時空間での重力定数) で与えられる. これらは $r \sim R$ で一致すべきであるので,

$$G_N \simeq G_N^{4+n} \times R^{-n} \tag{2.557}$$

という関係が得られる. こうして $(G_N^{4+n})^{-\frac{1}{n+2}} \sim 1\,\mathrm{TeV}$ と weak scale にとっても, R が十分大きければ4次元での G_N を再現できる. 具体的に余剰次元の数 n を変えて余剰次元のサイズ R を見積もってみると, $n=1 \rightarrow R \sim 10^{13}\,\mathrm{cm}$, $n=2 \rightarrow R \sim 0.1\,\mathrm{mm}$ となる. $n=1$ ではケプラーの法則が成り立たなくなりとても受け入れられない. 興味深いのは $n=2$ のときの予言である. r が mm レベルでニュートンの逆2乗則からずれることを予言するが, 当時実験的には正に mm 程度の精度でしか逆2乗則からのずれは検証されていなかった. よって一見無謀と思えるこのシナリオは, 少なくとも $n \geq 2$ の場合には直ちには排除されず, これを検証する実験も行われている (ただし最近の実験結果によると $n=2$ の場合はほぼ排除されるようである). このシナリオによると重力相互作用は M_{pl} まで行かなくても 1 TeV のオーダーのエネルギー領域ですでに強くなるはずである. 実際 LHC 実験では TeV スケールが実現可能なので, 加速器実験において小さなブラックホールが生成, 蒸発する, といった可能性も指摘されている. しかしながら, このシナリオでは, コンパクト化のサイズに対応するエネルギースケール $M_c = 1/R$ は (large extra dimension ゆえ) とても小さく, 例えば $n=2$ の場合には $2 \times 10^{-3}\,\mathrm{eV}$ となって理論の典型的スケールである M_W より14桁も小さくなり, 新たな階層性問題が生じる, という問題点が指摘されている.

(2) ランドール-サンドラム (Randall-Sundrum) **模型**[7]

上述の新たな階層性は大きな余剰次元のために生じる. Randall-Sundrum は $1/M_{pl} \sim 10^{-33}\,\mathrm{cm}$ といった非常に小さな余剰次元 (small extra dimension) でも時空が曲がっていれば M_W の小ささは M_{pl} に指数関数的な因子 "ワープ因子 (warp factor)" がかかる形で自然に説明可能で階層性問題が解決する, と主張し大きな話題となった. 彼らの模型は余剰次元がコンパクト化する場合とそうでない場合の2つの版があるが, ここではプランク長程度にコンパクト化する場合のみについて述べることにする.

彼らの模型は, bulk としては5次元の負の宇宙項をもつ反ド・ジッター (anti-de Sitter) 空間を想定する. その中に4次元的な2枚のブレーン (見える (visible) ブレーンと隠された (hidden) ブレーン) が適当な張力 (互いに逆符号の4次元的宇宙項) をもって πR だけ離れて存在している, とする. この5次元時空 (の古典解) を決定するアインシュタイン方程式の解として,

$$G_{MN} = \begin{pmatrix} e^{-2\kappa|y|} \cdot \eta_{\mu\nu} & 0 \\ 0 & 1 \end{pmatrix} \tag{2.558}$$

という計量が導かれる. 余剰次元は, 半径 R の円をその離散的対称性 Z_2 で割った S^1/Z_2 というオービフォールド (orbifold) であり, その2つの固定点 $y=0, y=\pi R$ の位置に隠されたブレーンと見えるブレーンがそれぞれ配置されているとする. κ は bulk の宇宙項とブレーンの張力との比で定義され M_{pl} のオーダーの量である. 見えるブレーン

上にクォークやレプトンなどの標準模型の粒子が存在すると考える．この見えるブレーン上に限定すればその4次元時空は本質的に平坦なミンコフスキー空間と考えてよいが，$e^{-2\pi\kappa R}$ というスケール因子（これをワープ因子という）が余分についているので，座標のスケール変換をして4次元部分の計量を $\eta_{\mu\nu}$ にもっていくとする．すると，質量次元のある量はスケール不変性を破るので，ヒグスの真空期待値は

$$v_0 \to v = e^{-\pi\kappa R} v_0 \tag{2.559}$$

のように変換される．よって，bare パラメーター v_0 が M_{pl} のオーダーであっても κR が適当な $\mathcal{O}(10)$ 程度の量であれば，見えるブレーン上で観測される質量スケール v は容易に M_W のオーダーになり，階層性問題は微調整なしで解決しうる，というシナリオである．これは R がプランク長程度の small extra dimension でも階層性が実現できる，という意味で興味深いが，古典レベルでの階層性問題の解法と見なすべきである．

（3） ゲージ-ヒグス統一模型

上記のふたつのシナリオは量子レベルの階層性問題を（直接的には）扱っていないが，量子レベルでの2次発散の問題を余剰次元の存在を用いて（超対称性に頼らずに）解決しうるシナリオとしてゲージ-ヒグス統一（Gauge-Higgs unification）模型がある．階層性問題の解説で述べたように，2次発散の問題を解決するにはヒグス質量を保護する何らかの対称性が必要である．超対称理論においては，4次元時空 x^μ のポアンカレ群は，いわば超空間 (x^μ, θ) の対称性に拡張され，その結果ヒグスとヒグシーノというスピンが 1/2 違う粒子が $(h, \tilde{h})$ という超多重項に統一された．$\tilde{h}$ の質量はカイラル対称性で保護されるので，そのパートナーの h も超対称で保護される．これと同様に，ゲージ-ヒグス統一模型では，4次元時空 x^μ のポアンカレ群は余剰次元を含んだ高次元時空，たとえば5次元時空 (x^μ, y) のポアンカレ対称性に拡張され，その結果ゲージボソンとヒグスというスピンが1違う粒子が (A_μ, h) という多重項をなす，と考える．ゲージボソン A_μ の質量は普通の4次元的局所ゲージ対称性によって保護されるので，そのパートナーの h の質量も5次元ポアンカレ対称性のおかげで保護される．

要するに，このシナリオでは，高次元時空上のゲージ理論を考え，ゲージボソンの場 $A_M = (A_\mu, A_y)$（$\mu = 0-3$）の余剰次元成分 A_y は4次元のローレンツ変換では不変なので4次元的観点からはスカラー場であり，これを（正確にはそのK-K ゼロモードを）Higgs 場と見なそう，ということである：$A_y \to h$．ゲージ対称性という観点からいえば，A_μ が4次元座標に依存した変換パラメーターによる局所ゲージ変換のもとで非斉次変換をし，そのため $A_\mu A^\mu$ というゲージ場の質量2乗項が許されないのと同様に，A_y は y に依存した変換パラメーター $\lambda(y)$ による局所ゲージ変換のもとで非斉次変換

$$A_y \to A_y' = A_y + \frac{d\lambda}{dy} \tag{2.560}$$

をするので A_y^2 という（局所）演算子は許されないとみることができる．つまり，A_y の質量は，この高次元的ゲージ対称性（4次元から見ると，$\lambda(y)$ は任意のK-K モード

をもちうるので，質量の異なる粒子間の遷移も含む新しいタイプの変換）によって保護され，ヒッグスと見なされる A_y の質量 2 乗への量子補正には 2 次発散は現れないと期待される．もう少し正確にいうと，たとえば光子の質量は決して量子補正を受けないが，この場合には実際に A_y の質量 2 乗を 1 ループのファインマン図を用いて計算すると，発散はなく有限ではあるが $1/R$（R：余剰次元の円の半径）程度の質量が現れることがわかる．これは，5 次元的ローレンツ対称性が半径 R の円へのコンパクト化の結果 $1/R$ 程度の質量スケールで "ソフト" に破れたためであるといえる．あるいは少し見方を変えると，円が単連結空間でない（孔がある）ために Aharonov-Bohm 効果と同様にウィルソンループ $e^{ie\oint A_y dy}$（アーベル群の場合）というゲージ不変な大域的（global）演算子が物理的意味をもち，その関数としてのポテンシャルが量子レベルで生成されたためとみることもできる（実際得られる A_y のポテンシャルは，超伝導体における磁束の量子化と同様に，周期 $1/eR$ の周期性をもつ）．

　高次元ゲージ場の余剰次元成分をヒッグスと見なす，という考え方自身は以前からあった[8,9]．特に細谷[9]はこの余剰次元成分 A_y が量子レベルで生成されたポテンシャルの停留点において真空期待値 $\langle A_y \rangle$ をもつことで，（ヤン-ミルス理論において）新しいタイプの自発的対称性の破れの機構（細谷機構と呼ばれる）が可能であることを指摘した．その後 90 年代後半に，階層性問題の解法という観点からのゲージ-ヒッグス統一模型の提案がなされ，特に 2 次発散の問題を回避するためには通常の期待に反して，量子補正の計算においてすべての K-K モードの足し上げが必要なことが示された[10]．その理由は，K-K モード n をある自然数までに限定してしまうことは，運動量の余剰次元成分 $p_y = n/R$ にカットオフを設けるのと同等であるからである．一般に運動量のカットオフは局所ゲージ対称性を壊してしまうことが知られているので，ゼロモードだけに限定すると局所ゲージ対称性が壊れて A_y の質量に 2 次発散が生ずるのである．一方で，通常は重い粒子のデカップリング定理に基づき，K-K ゼロモードのみの重要性が議論されるが，もともとデカップリング定理の議論では，重い粒子はくりこみ定数へは寄与することが述べられていて，矛盾するものではないといえる．

　その後も，このシナリオに基づく現実的な標準模型を超える統一模型構築の試みがなされている．興味深いのはこうした模型では電弱ゲージ対称性 $SU(2)_L \times U(1)_Y$ は必然的に拡張される，ということである．これはゲージ-ヒッグス統一のシナリオではヒッグスはもともとゲージボソンであったために必然的にゲージ群の随伴（adjoint）表現に属してしまうからである．一方ヒッグスは $SU(2)_L$ の基本表現に属する必要がある．この問題は，ゲージ群を少し大きくし，その随伴表現の "非対角成分" という形でヒッグスを同定する，ということで解決できる．（超弦理論でも E_6 の基本表現を E_8 の随伴表現から導くことが行われている．）$SU(2)_L \times U(1)_Y$ を含む最小（minimal）な理論として $SU(3)$ ゲージ理論が議論されている[8]．この随伴表現である 8 次元表現を $SU(2)_L$ の既約表現で分解すると $8 \to 3+2+2+1$ となるが，このうち $2+2$ の部分がヒッグスの（複素）2 重項に同定され，残りの $3+1$ の部分はちょうど $SU(2) \times U(1)$ のゲージ場に同定される．

ただし，こうしたヒグスとゲージ場への割り振りが可能なのは余剰次元を S^1/Z_2 というオービフォールド（orbifold）にして Z_2 の割り算が入るためである[11]．こうしたおもしろい性質はあるが，SU(3) ゲージ理論はクォーク・レプトンの既約表現への割り振りや，$\sin^2\theta_W = 3/4$ という実験値からほど遠い予言，といった問題を含みうまくいかない．同じ階数 2 の群として G_2 を用いる可能性も議論され，この場合には，$\sin^2\theta_W = 1/4$ となりうることが示されている[12]．

このシナリオではヒグスはもともとゲージ粒子であり，その相互作用は基本的にゲージ原理で厳しく規定されるので，最初に述べた標準模型のもつヒグスセクターの不定性，すなわち多くの予言できないパラメーター，という問題は解決されるが，一方でゲージ原理による制約が強いので現実的模型の構築は自明でない．多分，いちばんの難問はクォーク・レプトンのもつ多様な湯川結合をどう再現するかという問題で，いろいろな試みはあるが完全に満足のいく模型の構築までには至っていないと思われる．

（林　青司）

参考文献

1) H. Georgi and S. L. Glashow, Phys. Rev. Lett. **32** (1974) 438.
2) M. Yoshimura, Phys. Rev. Lett. **41** (1978) 281.
3) E. Farhi and L. Susskind, Phys. Rep. **C74** (1981) 277.
4) N. Sakai, Z. Phys. **C11** (1981) 153 ; S. Dimopoulos and H. Georgi, Nucl. Phys. **B193** (1981) 150.
5) Y. Okada, M. Yamaguchi and T. Yanagida, Progr. Theor. Phys. **85** (1991) 1.
6) N. Arkani-Hamed, S. Dimopoulos and G. Dvali, Phys. Lett. **B429** (1998) 263.
7) L. Randall and R. Sundrum, Phys. Rev. Lett. **83** (1999) 8370.
8) M. S. Manton, Nucl. Phys. **B158** (1979) 141 ; D. B. Fiarlie, J. Phys. **G5** (1979) L55 ; S. Randjbar-Daemi, A. Salam and J. Strathdee, Nucl. Phys. **B214** (1983) 491.
9) Y. Hosotani, Phys. Lett. **B126** (1983) 809.
10) H. Hatanaka, T. Inami and C. S. Lim. Mod. Phys. Lett. **A13** (1998) 2601.
11) Y. Kawamura, Progr. Theor. Phys. **105** (2001) 999.
12) C. Csaki, C. Grojean and H. Murayama, Phys. Rev. **D67** (2003) 085012.

2.12 超弦理論

a. 素粒子の相互作用と超弦理論

すでに論じられてきたように，素粒子の相互作用には，新しく発見されたものから順に，強い相互作用，弱い相互作用，電磁相互作用，重力相互作用が働いている．このうち最初の3つの相互作用は，カラーゲージ群 SU(3) に基づく量子色力学と，SU(2)×U(1) ゲージ群に基づく電弱統一理論で記述されることがわかっている．ところが，重力理論はアインシュタインの一般相対性理論で記述されるが，それも一般座標変換に基づいたゲージ理論の一種として理解できるにもかかわらず，くりこみが不可能であり，他のゲージ理論と一線を画している．

2.12 超弦理論

　素粒子は非常に細かい粒子であり，そのため量子力学の不確定性原理から明らかなように，非常に高いエネルギーの現象を扱うことになる．その場合には相対論的効果を無視することはできないので，いろいろな計算をする場合に光の速度 c が出てくる．また，ミクロの現象を取り扱うので，量子力学の基本的な定数であるプランク定数（を 2π で割った） $\hbar$ もしばしば現れる．そのため素粒子の理論を扱う際には，これらの定数をいちいち書くのはわずらわしいので，それらを 1 にした単位系が便利である．これを自然単位系という．物理的な量は決まった次元をもっているので，それらの定数を復活することはいつでもできる．この単位系をとったときは，すべての量が長さの次元を用いて表せる．たとえばエネルギーや質量は長さの逆数であり，時間は長さと同じ次元である．

　重力以外の素粒子の相互作用がくりこみ可能なのは，この自然単位系で結合定数が無次元であることによる．これに対して重力理論の結合定数は，ニュートンの万有引力定数 G_N により

$$\kappa = \sqrt{8\pi G_N} \tag{2.561}$$

と書ける． κ は長さの次元をもつ．重力理論の量子論的摂動論は，計量 $g_{\mu\nu}$ を平坦な時空の計量 $\eta_{\mu\nu} = \mathrm{diag}(-1, +1, +1, +1)$ のまわりに展開することにより実行される．

$$g_{\mu\nu} = \eta_{\mu\nu} + 2\kappa h_{\mu\nu} \tag{2.562}$$

この $h_{\mu\nu}$ が量子論的なゆらぎを表し，質量をもたないスピン 2 の粒子を与える．これはゲージ場と同じように，光の速さで伝わる波または粒子を表し，重力波または重力子（グラビトン）と呼ばれている．重力波が存在することは，パルサーの連星系の回転の減衰が何年にもわたって観測されているが，それが重力波の放出によるエネルギーの減少と一致していることで，間接的に証明されている．この観測は 1993 年度のノーベル物理学賞を与えられている．もちろん直接重力波を検出することも大事なことで，現在世界的な協力体制で重力波を直接検出しようという努力もされている．

　重力の結合定数が，式 (2.561) のように質量の逆数の次元をもつことは，その量子論に対して深刻な問題を生じる．この重力子が関与する過程を考えると，計算している物理量は一定の次元をもっているので，この結合定数がかかればかかるほど，その次元を打ち消すために質量の次元をもったものをかけなければならない．重力子がファインマン図の内線を回っている場合は，その量は重力子のもっているエネルギーになるはずであるが，それはいくらでも大きな値が許されることになる．それをエネルギー Λ で切断しておけば，重力子による量子補正が

$$1 + \kappa^2 \Lambda^2 + \kappa^4 \Lambda^4 + \cdots \tag{2.563}$$

というふうになる．したがって，重力子による補正を考えなければ有限であったどんな量も，重力子による補正を考えたとたんに無限大の量を生じてしまうわけである．くりこみ可能な理論なら，このような無限大は粒子の質量，電荷などの限られたところにしか現れないので，それらでくりこんでしまえば，あとの量に対しては有限の量子補正を計算することができて，予言可能な理論となる．ところが重力理論では，あらゆる物理量に対する重力子による量子補正に無限大の発散が出るのだから，その物理量に無限大

を加えたものを観測値と同じとするしかなく，理論によって物理量がどうなるという予言をすることができなくなるのである．これをくりこみ不可能な理論という．もう一度注意しておくと，くりこみ不可能な理論でも，無限大を処理するように物理量を決めていけば，無限大を処理することはできるのである．問題はそのために理論が予言性をもたなくなり，もはや何のための理論かわからなくなるところにある．

この問題は，よく考えると逆に，基本的な長さを含んだ理論がないというところに原因があるとみることもできる．相対論や量子論は基本的な物理定数をもっているわけであるが，もし基本的な長さをもつ理論があったとしたらどうなるであろうか．エネルギーはその逆数の次元をもつので，基本的な長さをもつ理論では，エネルギーの切断 Λ が実は有限であって，無限大ではない可能性がある．その場合，くりこみという操作は必要なく，予言性をもった理論となると考えられる．(もちろんアインシュタインの重力理論にはプランク質量 ($1/\sqrt{G_N} \sim 10^{19}$ GeV) があるが，重力子による補正 (2.563) を計算したときに現れる Λ が，有限のプランク質量にならない点が問題である．) したがって，重力の量子論の困難は，実は困難ではなく，理論が変更されることを示唆しているのである．

このような期待を担って登場したのが，超弦理論である．弦というのは有限の長さをもっているので，それがある基本的な長さをもっていることが自然である．また，その長さが非常に小さくて，プランク長さ ($\sqrt{G_N} \sim 10^{-35}$ m) 程度であれば，われわれにとっては粒子のように見えることになる．

重力の量子論は，理論物理学の最大の問題の1つであり，ここ25年程度，そのもっとも有力な候補として超弦理論が研究されてきた．この間にいくつかの大きな発展を経て，超弦理論の理解は大きく進展してきたが，その実体については，まだこれといった最終的な定式化はできていない．本章では，この超弦理論の現状について解説する[1]．

b. 摂動論的な超弦理論

超弦理論の振幅を計算する方法として，経路積分を利用するやり方がある[2]．ここではまずそれを点粒子の場合に説明して，超弦理論への一般化を説明しよう．

ミンコフスキー時空で運動する質量が0の粒子を考える．その粒子の軌跡に沿ったパラメーターを τ，時空の座標を $x^\mu(\tau)$ とすれば，それを記述する作用は

$$S = \int d\tau \frac{1}{e(\tau)} \eta_{\mu\nu} \frac{dx^\mu}{d\tau} \frac{dx^\nu}{d\tau} \tag{2.564}$$

で与えられる．粒子が空間を運動するとき，その軌跡は時空の中での線となる．たとえば粒子が静止していると，空間的には1点だが，時間方向に伸びたまっすぐの直線になる．それを世界線という．この世界線に沿った座標が τ であるが，粒子の運動はこの座標の目盛りをどうとるかにはよらないはずである．この作用に現れている $e(\tau)$ は，粒子の世界線の計量であり，粒子の運動がこの目盛りを変更しても変わらないことを保証してくれるものになっている．実際作用 (2.564) は

2.12 超弦理論

$$\tau \to \bar{\tau}(\tau), \quad e \to e\frac{d\tau}{d\bar{\tau}} \tag{2.565}$$

という変換をしても不変になっていることが確かめられる．この自由度を使うことにより，$e=1$ というゲージをとることにしよう．そうすると (2.564) は単に 2 次の作用になり，変分によって得られる場の方程式は

$$\frac{d^2 x^\mu}{d\tau^2} = 0 \tag{2.566}$$

となる．この方程式の解はもちろんミンコフスキー空間における直線である．一方で，e が存在していたことによって，その場の方程式 $\delta S/\delta e = 0$ も課さなければならない．この系の運動量は

$$p_\mu = \frac{\delta S}{\delta(dx^\mu/d\tau)} = \eta_{\mu\nu}\frac{dx^\nu}{d\tau} \tag{2.567}$$

で与えられるので，$\delta S/\delta e = 0$ の条件は

$$p^2 = 0 \tag{2.568}$$

となり，これが質量 0 の粒子を記述していることを表している．

この系を量子化すると，$p_\mu = -i\frac{\partial}{\partial x^\mu}$ となり，状態は時空の座標 x^μ の関数 $\phi(x^\mu)$ で表される．量子論では，条件 (2.568) は，演算子の関係として成り立つのではなく，物理的状態が満たす拘束と理解されるべきなので，Klein-Gordon 方程式

$$\Box \phi = 0 \tag{2.569}$$

が得られることになる．しかしこのままでは，自由粒子を記述しているだけにすぎない．粒子の相互作用を記述するには，この粒子が運動中に他の粒子とぶつかって 1 つになったり，あるいは 2 粒子に分裂したりする過程を考える必要がある．それは，粒子の世界線が合流したり，2 つに分裂したものを考えることによってとり入れることができる．そのような相互作用は，ある大きさで起こるものと考えられるので，分岐点が現れるたびにその起こりやすさを表す「結合定数」をつけておく．この結合定数があまり大きくなければ，それに関する高次の効果をどんどんとり入れていけば，量子論的補正をいくらでもとり入れることができるわけである．これを摂動論という．

ある状態から別の状態へ時間発展する遷移振幅は，その道筋にそって計算した作用 S を用いて書くことができる．それはある状態から別の状態へ行くあらゆる経路について e^{iS} を重みとして加え合わせれば得られることが示せる．これを，いろいろな経路について足しあげるという意味で，経路積分といい，

$$\langle X_F | X_I \rangle = \int [\mathcal{D}e] \int [\mathcal{D}X^\mu] e^{iS} \tag{2.570}$$

と書く．この方法で相互作用をとり入れることは簡単で，枝分かれした世界線について，このような和をとってやればよい．

これを弦の理論に拡張しようとすれば，どのようになるだろうか？ 弦は 1 次元的な

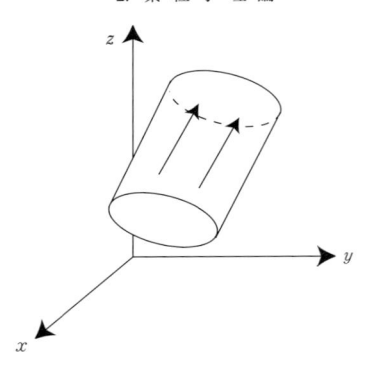

図 2.12.1 閉じた弦の世界面

物体であるが，それには2種類ある．輪ゴムのように閉じた弦と，端が切れている開いた弦である．これらが空間を運動するとき，その軌跡は線ではなく面となる．それを世界面と呼ぶ（図2.12.1を見よ）．この場合にも，その世界面を測る目盛りは，弦自体の運動とは無関係であるべきである．それを保証するには，点粒子の場合と同様に，世界面上の座標変換不変な理論の作用を使うのがよいと思われる．まず世界面の座標として，(τ, σ)，$(-\infty < \tau < \infty$，閉弦では $0 \leq \sigma \leq 2\pi$，開弦では $0 \leq \sigma \leq \pi)$ を考え，世界面の各点が時空のどこにあるかを表す座標を $X^\mu(\tau, \sigma)$ とする．これと2次元世界面の計量 g_{ab} $(a, b = 0, 1)$ とを用いて，一般座標変換不変性をもつように作用を書こう．それは一般相対論の手法によって

$$S_B = -\frac{T}{2}\int d^2\sigma \sqrt{-g}\, g^{ab}\eta_{\mu\nu}\partial_a X^\mu \partial_b X^\nu \tag{2.571}$$

となる[3]．ここで $d^2\sigma = d\tau d\sigma$，$g$ は g_{ab} の行列式であり，g^{ab} は g_{ab} の逆である．

作用（2.571）の X^μ に関する変分から，運動方程式

$$\partial_a(\sqrt{-g}\, g^{ab}\partial_b X_\mu) = 0 \tag{2.572}$$

が得られる．また，g_{ab} の微分が作用に現れていないので，その運動方程式を用いて g_{ab} は消去することができる．それは

$$T_{ab} = h_{ab} - \frac{1}{2}g_{ab}(g^{cd}h_{cd}) = 0; \quad h_{ab} \equiv \eta_{\mu\nu}\partial_a X^\mu \partial_b X^\nu \tag{2.573}$$

である．この式の行列式より，$2\sqrt{-h} = \sqrt{-g}\, g^{ab}h_{ab}$ を得て，作用は

$$S_B = -T\int d^2\sigma \sqrt{-h} \tag{2.574}$$

となる．この $\sqrt{-h}$ は，世界面上の面積要素であり，変分原理は世界面の面積を最小にするという変分原理になっている．T は弦の張力と呼ばれ，弦の単位長さあたりのエネルギーという意味をもつ．作用（2.574）は，南部陽一郎と後藤鉄男によって独立に与えられ[4]，南部-後藤の作用と呼ばれる．

作用（2.571）はワイル変換

$$g_{ab} \to \Lambda(\tau,\sigma) g_{ab} \qquad (2.575)$$

のもとでのワイル不変性（共形不変性ともいう）ももっている．作用（2.571）と（2.574）は，古典的には同等であるが，量子論的には異なった結果を与える可能性がある．ポリヤコフは，作用（2.571）を用いて，弦の遷移振幅が

$$Z = \int [Dg_{ab}] e^{-\lambda \int \sqrt{-g}\, d^2\sigma} \int [DX(\sigma)] e^{-S_B} \qquad (2.576)$$

によって与えられるとした．ここで λ は任意のパラメーター，作用 S の積分範囲は，考えている弦の世界面であり，$[Dg_{ab}]$ は一般相対論のときと同様に，適当なゲージをとった場合のすべての可能な計量についての積分測度である．

点粒子のところで述べたように，この立場では，弦の運動は世界面を指定することにより決まる．図 2.12.2(a) に示したように，開弦の世界面は，幅が $0 \le \sigma \le \pi$ で指定され τ にそって延びた帯のようなもので表されるが，これは写像

$$z = e^{\tau + i\sigma} \qquad (2.577)$$

によって，図 2.12.2(b) のような複素上半平面に写像できる．さらに

$$z = i\frac{1+w}{1-w} \qquad (2.578)$$

とすれば，z の複素上半平面は図 2.12.2(c) に示した $|w|<1$ のディスクに写像される．閉弦の場合も同様にして，世界面は複素平面全体，および球面に写像することができる．

相互作用は，弦の世界面が分岐したり合流したりすることによって記述される．いくつかの開弦が相互作用している振幅は，図 2.12.3(a) のような図で表されるが，世界面のワイル不変性によって，散乱する弦に対応する無限遠方の漸近状態をもつ世界面を，図 2.12.3(b) のようにコンパクトなディスクになるように変形することができる．こ

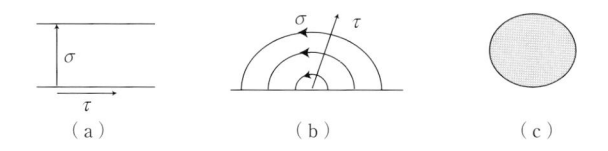

図 2.12.2 開弦の運動

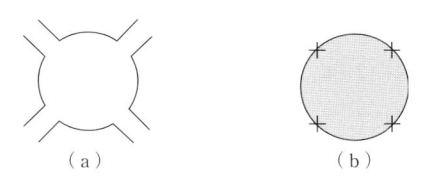

図 2.12.3 開弦の相互作用

の場合，無限遠で幅をもっていた散乱する開弦は，ディスクの端の点で表される．そこで，その点での状態を表すために局所的な頂点演算子

$$V(k) = \int d^2\sigma \sqrt{-g}\, W(\sigma,\tau) e^{ik\cdot X} \tag{2.579}$$

を挿入して散乱振幅を計算することになる．頂点演算子がデスクの円周上にあることは，他の弦との相互作用が弦の端でひっついたり分離したりする場合に限られていることに対応する．閉弦の場合は，球面上に頂点演算子が乗ったものを計算することになる．この場合，頂点はどこにあってもよい．

座標変換の自由度を用いることにより，2次元計量を

$$g_{ab} = \rho(\sigma,\tau)\eta_{ab}; \quad \eta_{ab} = \mathrm{diag}(-1,1) \tag{2.580}$$

という形にすることができる．このとき，式 (2.575) のもとでの不変性のために $\rho(\sigma,\tau)$ は表に現れなくなって，自由場の理論となり非常に簡単になる．ところが，弦理論の共形変換 (2.575) には一般にはアノマリーが存在して $\rho(\sigma,\tau)$ は一般の次元では消えないで残る．詳細な計算の結果[2)]，その寄与は

$$S_a = \frac{26-D}{48\pi} \int d^2\sigma \left[\frac{1}{2}(\partial_\mu \varphi)^2 + \mu^2 e^\varphi\right], \quad \varphi = \log\rho \tag{2.581}$$

となることがわかる．φ をリュービル場といい，臨界次元でなくてもリュービル場の寄与を考慮しておけば，矛盾のない理論になっているのである．しかしこれが残っていると，強く相互作用している場が存在するため理論のスペクトルなどを調べるのが容易でなく，その理論を解くことは非常に難しい．ところが $D=26$ の臨界次元のときには，リュービル場の寄与はなくて，話が簡単になる．この場合には，上の散乱振幅の計算も正しい．それで通常は臨界次元での弦理論を考えるが，以下でも臨界次元に限って話を進めることにする．この D は座標 X^μ のセントラルチャージと呼ばれる．各 X^μ はセントラルチャージに1の寄与をしている．

また，フェルミオン的な弦を入れた場合は，リュービル場とその超対称性の相棒 χ の寄与があって

$$S_b = \frac{10-D}{32\pi} \int d^2\sigma \left[\frac{1}{2}(\partial_\mu \varphi)^2 + \frac{i}{2}\bar{\chi}\partial\chi + \frac{\mu^2}{2}e^\varphi + \frac{\mu}{2}\bar{\chi}\gamma_5\chi e^{\varphi/2}\right], \tag{2.582}$$

となることがわかっている[2)]．したがって，この場合は臨界次元が変わって

$$D = 10 \tag{2.583}$$

になる．フェルミオンがセントラルチャージに 1/2 の寄与をするために係数が変化していることがわかる．

さらに弦のループを考える場合には，閉弦の場合は，図 2.12.4 に示したように，種数 h の高いリーマン面を考えることになり，それを足しあげることにより，弦の摂動論が定義される．このとき，リーマン面の種数が上がるたびに結合定数 g がかかることになる．開弦の場合には，穴の開いたディスクについての和になる．

以上は，経路積分を用いた弦の摂動論の定式化であるが，粒子の場合は場の理論を用

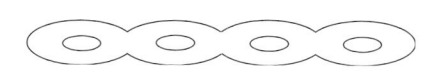

図 2.12.4　閉弦の高次補正

いた定式化もあって大変有効である．弦理論の場合にも，弦の状態を直接生成する弦の演算子を導入して場の理論を構成するアプローチがある．これは最初，カクと吉川によって光錘ゲージの場合に提唱され[5]，共変的な定式化への拡張が模索された．現在のところ，開弦については成功しているが[6]，残念ながら閉弦については完成した形式はない．

c. いろいろな超弦理論

超弦理論の摂動論的な振幅を定義することは，以上のように2次元の作用を用いて，経路積分を使えばできる．しかし，その内容を理解するには，それを量子化して，時空のなかでどのような理論になっているかをみないとわからないこともある．臨界次元における超弦理論には，共形ゲージをとってもリュービル場は現れない．したがって，運動方程式（2.572）は

$$\partial^2 X^\mu = 0 \tag{2.584}$$

となる．これを閉弦の場合には，両端がつながっているという周期境界条件で展開すると

$$X^\mu = x^\mu + \alpha' p^\mu t + i\sqrt{\frac{\alpha'}{2}} \sum_{n \neq 0} \left(\frac{\alpha_n^\mu}{n} e^{-in(t-\sigma)} + \frac{\bar{\alpha}_n^\mu}{n} e^{-in(t+\sigma)} \right) \tag{2.585}$$

というフーリエ展開を得る（$\tau = it$）．閉弦の場合は σ の範囲を $[0, 2\pi]$ にとった．この系を量子化するために，運動量

$$\Pi_\mu = \frac{\partial \mathcal{L}}{\partial \dot{X}^\mu} = \frac{1}{2\pi\alpha'} \dot{X}_\mu \tag{2.586}$$

を定義し，同時刻交換関係

$$[X^\mu(t, \sigma), \Pi^\nu(t, \sigma')] = i\eta^{\mu\nu} \delta(\sigma - \sigma'), \tag{2.587}$$

を課す．その結果

$$[p^\mu, x^\nu] = -i\eta^{\mu\nu}, \quad [\alpha_m^\mu, \alpha_n^\nu] = m\eta^{\mu\nu}\delta_{m+n, 0}, \quad [\bar{\alpha}_m^\mu, \bar{\alpha}_n^\nu] = m\eta^{\mu\nu}\delta_{m+n, 0} \tag{2.588}$$

を得る．すなわち，弦理論では，弦は並進と無限個の振動モードの自由度をもっていることがわかる．ここで，右向きの波（α_n^μ のモード）と左向きの波（$\bar{\alpha}_n^\mu$ のモード）が独立に存在することに注意しよう．

超弦理論の場合は，これにフェルミオンが加わるが，2次元のフェルミオンは簡単である．ガンマ行列を

$$\gamma^0 = i\sigma_2 = \begin{pmatrix} 0 & 1 \\ -1 & 0 \end{pmatrix}, \quad \gamma^1 = \sigma_1 = \begin{pmatrix} 0 & 1 \\ 1 & 0 \end{pmatrix} \tag{2.589}$$

ととれば，フェルミオンの運動項は

$$\bar{\psi}^\mu \partial \psi_\mu = -\psi_1^\mu \partial_- \psi_{1\mu} - \psi_2^\mu \partial_+ \psi_{2\mu} \tag{2.590}$$

となる．ここで2次元のフェルミオンの2成分をψ_1^μ, ψ_2^μと書き，微分$\partial_\pm$は$\tau \pm \sigma$についてのものである．すなわちψ_1^μは左向きモード，ψ_2^μは右向きモードとなっている．これらの1成分フェルミオンは実であり，σについて1周したとき，周期的または反周期的境界条件が許され，

$$\psi^\mu(\sigma+2\pi) = \pm \psi^\mu(\sigma) \tag{2.591}$$

それぞれ，R部分（周期的），NS部分（反周期的）と呼ばれる．それに応じて，フェルミオンのモードは，整数をもつものd_n^μ，半整数のものb_r^μとなる．それらを量子化すると，

$$[\alpha_m^\mu, \alpha_n^\nu] = m\eta^{\mu\nu}\delta_{m+n,0}, \quad \{b_r^\mu, b_s^\nu\} = \eta^{\mu\nu}\delta_{r+s,0}, \quad \{d_m^\mu, d_n^\nu\} = \eta^{\mu\nu}\delta_{m+n,0}, \tag{2.592}$$

を得る．理論に含まれる状態は，これらの振動子で張られるものになる．

　理論の物理的状態は，フェルミオンがNSかRかによって，異なる状態を与える．NSの場合は，運動量をもつ基底状態は，$r \geq 1/2, n \geq 1$に対して$b_r^\mu|k\rangle = 0, \alpha_n^\mu|k\rangle = 0$を満たすものとする．その結果これはスカラー状態になるが，実はタキオンになっている．この状態に，$b_{-1/2}^\mu$をかけると，質量が0の時空のベクトルの状態が得られる．同様にして，さらに質量の高い状態が作られる．ここでb_{-r}^μがフェルミオン的演算子であることを考えると，これらが基底状態に偶数個かかった状態と奇数個かかった状態は統計性が異なる．しかしこれらの状態は，すべてb_{-r}^μとα_{-n}^μからくるテンソルの添え字しかもっておらず，スピンと統計の関係からボソン的な状態と期待される．そこでフェルミオン的な状態は除いた方がよい．タキオンがないようにするため，基底状態のタキオンをフェルミオンとして，それと同じ統計性をもつ状態を捨てることにする．これをGSO射影という．

　Rの場合は，$m \geq 1$については$d_m^\mu|k\rangle = 0$とすればよい．ところがそれ以外にゼロモードd_0^μがあり，それらは$\{d_0^\mu, d_0^\nu\} = \eta^{\mu\nu}$を満たす．これらのゼロモードを基底状態にいくらかけても，質量は変化しない．ということは，この基底状態はゼロモードのつくる代数の表現になっていることになる．これは10次元のガンマ行列と同じ代数であるから，これは基底状態が10次元スピノルになっていることを意味する．すなわち，この基底状態は，10次元時空のフェルミオンになっているのである．強調しておくべきことは，上で導入した2次元のフェルミオンは，時空の性質としてはベクトルの添え字μしかもっておらず，時空の意味ではフェルミオンとは何の関係もないことである．実際，NSの場合にはボソン的な状態を生じていることを見た．NS部分にGSO射影をしたのと同様に，R部分にも同様な射影をする．それは10次元のフェルミオンとしては，カイラルなフェルミオンをとるということに対応している．

　さらに，以上の状態は左向き波と右向き波のそれぞれから生じる状態であって，閉弦理論の状態はそれらでつくられる状態をかけて得られる．(NS, NS)とかけた場合，質量0の2階のテンソルの状態が得られ，対称でトレースがないものはグラビトン$G_{\mu\nu}$，トレース部分はディラトンΦ，反対称なものは反対称テンソル$B_{\mu\nu}$となる．

　(NS, R)または(R, NS)とかけたものは，ベクトルの添え字をもつフェルミオンであり，4次元ならばスピン3/2のグラビティーノを与える．このとき右向きと左向きの

フェルミオンを逆向きのカイラリティにとったものは，ベクトル的な理論を与え，IIA型理論と呼ばれる．これを同じカイラリティにとったものは，カイラルな理論を与え，IIB型理論と呼ばれる．この場合，それぞれのグラビトンへの超対称性変換が定義でき，10次元時空での超対称性をもつ理論となる．これは世界面上にあった超対称性に起因するが，それと同じものではない．とくにGSO射影をしているために自由度も一致して，超対称性が存在することに注意するべきである．すなわち，世界面上の作用を書いただけでは，理論を定義したことにはならず，その中でどのような状態をとり入れるかを指定して理論を定義しなければ，理論が決まったことにはならないのである．

最後に，(R, R) とかけたものは，ボソン的な状態を与え，$\bar{\psi}_{\pm}^T C \gamma_{\mu_1 \cdots \mu_n} \psi_{+} \equiv F_n$ と表せば，反対称テンソル場を与えることがわかる．フェルミオンのカイラリティが決まっているために，残る状態に制限があり，IIA型では $n=2, 4$ が残り，IIB では $n=1, 3, 5$ が残る．この $n=5$ の場は，$\gamma_{\mu_1 \cdots \mu_5} = \frac{1}{5!} \varepsilon_{\mu_1 \cdots \mu_{10}} \gamma_{11} \gamma^{\mu_1} \cdots \gamma^{\mu_{10}}$ の関係により自己双対性の条件 $F = {}^*F$ を満たすべきであることも導かれる．

以上述べた状態は，質量が0の状態だけであるが，理論にはさらにモード演算子のかかった質量の大きい状態が無限に入っている．

ヘテロ型弦理論の場合は，右向きにボソン弦を，左向き部分に超弦を使って10次元の理論をつくればよいことが指摘された[7]．これは右向きと左向きの部分に異なる弦理論を使っているという理由で，ヘテロ型弦理論と呼ばれている．この場合，ボソン弦は26次元の時空に入っているので，実際の時空に比べ16次元だけ余分である．それを内部空間と考え，その座標は格子上にコンパクト化して考える．それによって，ゲージ対称性が生じるようになっている．1ループでの理論の整合性の要求から，許される格子としては偶格子であり，自己双対という条件を満たさなければならないことになる．それは2種類しかなく，SO(32) か $E_8 \times E_8$ のゲージ対称性を出す場合に限られることがわかるのである．質量0の状態としては，グラビトン，ディラトン，2階反対称場，グラビティーノ，フェルミオン，ゲージ場，ゲージーノが入っている．

上のヘテロ型弦理論のつくり方は，ボソン弦理論の余分の16次元部分はスカラー場を使ってつくった．これをボソン的構成という．しかし，理論の整合性を要求するだけなら，ここにセントラルチャージを16もつフェルミオンを使ってもよいはずである．この場合は，フェルミオンが境界条件として，NS と R のどちらをとるかでいろいろな可能性がある．その可能性を調べてみると，やはり整合性のある理論としては，上記2つの理論しかないことがわかる．これをフェルミオン的構成という．

また，ヘテロ型弦理論は閉弦の理論であるが，フェルミオンが入っているのは左向きの部分だけであり，そこからしか時空の超対称性は出てこない．したがってこれは10次元の $N=1$ 超対称性しかもたない理論となる．

閉弦理論としては，矛盾なく定義できるのは，上に述べたものしかない．また臨界次元では，式 (2.573) の拘束条件により，不定計量の状態が物理的状態空間に生じない

表 2.12.1 矛盾のない超弦理論

超弦理論	弦の種類	超対称性	ゲージ対称性	カイラルかどうか
I 型	開弦＋閉弦	$N=1$	$SO(32)$	カイラル
ヘテロ型	閉弦	$N=1$	$SO(32)$	カイラル
ヘテロ型	閉弦	$N=1$	$E_8 \times E_8$	カイラル
IIA 型	閉弦	$N=2$	–	ベクトル
IIB 型	閉弦	$N=2$	–	カイラル

ことが証明されている[8]．より現代的な手法として BRST 形式を使っても証明されている[9]．

　開弦理論は，端に自由端すなわちノイマン境界条件を付けて，モード展開を書くことになる．その場合は，境界条件により左向きと右向きのモードが独立にならず，上で述べた右向きまたは左向き波のどちらかしかない場合と同じになる．その結果，ゲージ理論を含む理論が得られる．さらに，ループの効果で閉弦が生じることから，閉弦の自由度を付け加えた理論となる．また開弦の場合は，弦の端に内部対称性の自由度を付けることができる．これによりいろいろなゲージ対称性をもった理論が可能になるが，あとで述べるアノマリーがない条件から，$SO(32)$ の場合だけがよい理論となる．

　開弦理論には，左向きと右向きのモードが独立でないので，超対称性は $N=1$ しかもたない．それでこの理論を I 型超弦理論と呼ぶ（I は超対称性の数を表している）．

　以上の超弦理論をまとめると，表 2.12.1 のようになる．

d. なぜ紫外発散がないと信じられているか

　素粒子の場の理論でループによる量子効果を考えると発散が出る．これは点粒子が内線を回るループの運動量にいくらでも大きな運動量が可能であるために生じている．閉弦理論でこの問題を考えてみると，閉弦のつくる 1 ループの図は，図 2.12.5(a) に示したようなトーラス図形になる．これを記述するのに，図 2.12.5(b) のようにトーラスを切り開いた図形を使い，その対辺はそれぞれ同一視されているとする．今理論には共形変換不変性があるので，それを用いて底辺の長さは 1 になるようにしてあるとする．このとき，このトーラスを複素平面の座標で表せば，トーラスの形は左上隅の点に対応する複素数

$$\tau = \tau_1 + i\tau_2, \quad \tau_2 > 0 \tag{2.593}$$

によって指定される．ここで τ_1, τ_2 は実数である．このトーラスにおいて

図 2.12.5 閉弦の 1 ループ図

$$\tau \to \tau + 1 \tag{2.594}$$

という変換を考えても，こちら方向には周期性を要求していたから，同じトーラスを表すことになる．また

$$\tau \to -\frac{1}{\tau} \tag{2.595}$$

という変換を考えても，全体の大きさを τ 倍すると，もとのトーラスを裏返したものになっていて，同じ形のトーラスを表すことが確かめられる．このように，トーラスの形を同じに保つ変換をモジュラー変換といい，τ をモジュライという．同じ形のトーラスの寄与をすべてとり入れると，とり入れすぎになるので，これらの変換で移り変わる部分の寄与は一度しかとり入れるべきではない．それは，τ の許される範囲を次のように制限することになる．

$$\begin{aligned}\tau \to \tau + 1 &\Rightarrow -\frac{1}{2} \le \mathrm{Re}\,\tau < \frac{1}{2} \\ \tau \to -\frac{1}{\tau} &\Rightarrow |\tau| > 1\end{aligned} \tag{2.596}$$

前者は明らかであるが，後者の制限を得るには，$\tau \to -1/\tau$ の写像が単位円内の領域を単位円の外に写像することに気が付けばよい．この2つの条件で決まる領域を基本領域といって，図 2.12.6 に示したものになる．このトーラスの場合の真空振幅を，2.12.b 項のルールに従って計算すると

$$A = \int d^{26} X_0^\mu \int \frac{d^2\tau}{\tau_2^{14}} |\eta(\tau)|^{-48}, \quad \eta(\tau) \equiv e^{\pi i \tau/12} \prod_{n=1}^{\infty} (1 - e^{2\pi i n \tau}) \tag{2.597}$$

をえる．ここで X_0^μ は座標 X^μ のゼロモード，η はデデキントのエータ関数である．

まずこの積分が，上に述べたモジュラー変換 (2.594) と (2.595) のもとで不変であることに注意してほしい．(変換 (2.595) については，デデキントのエータ関数の変換性 $\eta(-1/\tau) = (-i\tau)^{1/2}\eta(\tau)$ を使う．) 明らかに振幅 (2.597) の被積分関数は，$\tau_2 \to 0$ のところで無限大になり，これはトーラスがつぶれる極限で，紫外発散に対応していることがわかる．しかし上に述べたように，τ の積分領域は図 2.12.6 の基本領域に制限されているので，この発散は出ないことがわかる．では発散がまったくなくなるかというとそうではなくて，$\tau_2 \to \infty$ のところで発散が生じる．これはトーラスが細長くなる

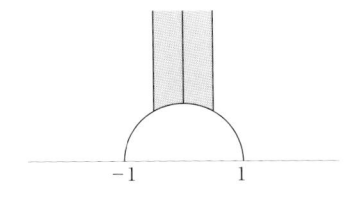

図 2.12.6 基本領域

極限であり，赤外発散に対応している．この振幅を共形変換してみると，タキオンや質量が0のディラトンが真空に消えるタドポール振幅と関係していることがわかる．タキオンはボソン弦特有の粒子で，その寄与は正則化できるが，ディラトンの振幅は残る．それが真空に消えるためには，運動量が0でなければならない，そうすると質量が0のディラトンの伝播関数 $\frac{i}{p^2 - i\varepsilon}$ が無限大を生じてしまうのである．このように，紫外発散と違って，赤外発散は一般に物理的意味をもっている．

そこで超弦理論の場合に，これがどうなっているかをみてみることにしよう．その場合は，フェルミオンの寄与を加えなければならないが，そのため振幅は

$$A = \int d^{26}X_0^\mu \int \frac{d^2\tau}{\tau_2^6} |\eta(\tau)|^{-12} [\Theta_{10}^4(0,\tau) + \Theta_{01}^4(0,\tau) - \Theta_{00}^4(0,\tau)] \tag{2.598}$$

で与えられる．ただし Θ はテータ関数であり

$$\begin{aligned}
\Theta_{11}(z,\tau) &= -2e^{i\pi\tau/4} \sin \pi z \prod_{n=1}^{\infty} (1-e^{2\pi i n\tau})(1-e^{2\pi i(n\tau+z)})(1-e^{2\pi i(n\tau-z)}) \\
\Theta_{10}(z,\tau) &= 2e^{i\pi\tau/4} \cos \pi z \prod_{n=1}^{\infty} (1-e^{2\pi i n\tau})(1+e^{2\pi i(n\tau+z)})(1+e^{2\pi i(n\tau-z)}) \\
\Theta_{01}(z,\tau) &= \prod_{n=1}^{\infty} (1-e^{2\pi i n\tau})(1-e^{2\pi i((n-1/2)\tau+z)})(1-e^{2\pi i((n-1/2)\tau-z)}) \\
\Theta_{00}(z,\tau) &= \prod_{n=1}^{\infty} (1-e^{2\pi i n\tau})(1+e^{2\pi i((n-1/2)\tau+z)})(1+e^{2\pi i((n-1/2)\tau-z)})
\end{aligned} \tag{2.599}$$

で与えられる．この振幅もモジュラー変換のもとで不変であることが確かめられる．さらにテータ関数が満たす恒等式

$$\Theta_{10}^4(0,\tau) + \Theta_{01}^4(0,\tau) - \Theta_{00}^4(0,\tau) = 0 \tag{2.600}$$

のために，赤外発散も打ち消していることがわかる．これは超対称性のおかげである．この打ち消しは，ボソンのときと同様に，$\tau_2 \to \infty$ での振幅の振舞いと関係する．この場合もディラトンが真空へ消えるタドポール振幅として理解できる（超弦理論ではタキオンはない）．それが超弦理論では，超対称性のために消えて有限になっているのである．

弦理論の高次の振幅を調べるには，このように各次数でのモジュライとそのモジュラー不変性，および基本領域についての知識が必要になるので，結構難しい問題となる．ある程度高次のところまで調べられ，発散が出ないことが議論されている．ただし具体的な振幅の計算がされているのは，筆者の知る限り2ループまでである．

また，開弦の場合の1ループの発散は，図2.12.7(a) に示したように，トーラスで

(a)　　　　　(b)

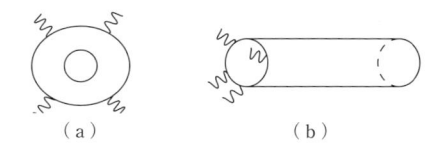

図2.12.7　開弦の1ループ

2.12 超弦理論

はなく穴の開いたディスク,すなわち図2.12.7(b)に示したシリンダーで与えられる.その図を切り開くと,トーラスの図2.12.5(b)で上下の辺だけを同一視したような図で表される.この場合には,ディスクにあいている穴が小さくなる極限が紫外発散を出す極限であり,それをシリンダーに写像してみるとシリンダーが長くなる極限に対応している.それはやはり閉じた弦が真空へ消えるタドポール振幅と解釈できる.いま考えている開弦が向き付けのない弦ならば,図2.12.5(b)の上下の辺を同一視するときに,ひねってから同一視する可能性があり,それはファインマン図としては別の図である.この操作はメビウスの帯を生じる.さらに,真空へ消えるディラトンと解釈できる部分の反対側のところにChan-Paton因子と呼ばれる内部自由度を付け加えた場合を考えることができる.それらを計算してみると,ディラトンのタドポール図は,Chan-Paton因子によって付け加えた内部対称性が,ボソン弦のときにはSO(8192)[10],超弦理論のときには

$$SO(32) \tag{2.601}$$

になっているときに,ちょうどシリンダーとメビウスの帯の振幅が打ち消してあっていることがわかり,有限な理論になっている[11].このディラトンのタドポール図の打ち消しは次の次数,1ループでも超対称性により,成立していることが確かめられており,それは2ループでも超弦理論の振幅が有限であることを強く示唆している[12].なお,これらディラトンの打ち消しが起こるのは,ボソン弦も含めて内部対称性が臨界次元Dを用いて$SO(2^{D/2})$の場合になっているのは興味深い点である.

以上みてきたように,超弦理論には共形対称性,およびそれから派生したループ振幅におけるモジュラー不変性が存在するために,紫外発散がなくなっている.これは基本的に弦に有限の長さがあるために出てきている性質である.しかしそれだけではまったく発散がなくなるわけではなく,超対称性があるために発散が打ち消している.完全な証明とはいえないけれども,これらの機構が高次でも働いて発散がなくなると信じられているし,実際不完全ながらもかなり高次までそうであることが議論されている.

e. パラメーターのない究極理論

超弦理論には,今まで議論した弦の摂動論の結合定数gのほかには,パラメーターとしては張力と関係した定数α'しか含まれていない.これらはニュートン重力定数と

$$16\pi G_N = (2\pi)^7 g^2 \alpha'^2 \tag{2.602}$$

という関係にある.$\sqrt{\alpha'}$は長さの次元をもち,超弦自身の大体の長さを与える.それは,この弦の結合定数があまり大きくないとすれば,ほぼプランク長さ10^{-35}m程度となる.これをエネルギーに換算すると,10^{19}GeVというとても大きなエネルギーである.したがって,われわれの日常経験する低いエネルギーの実験では,このように短い弦の長さを直接見ることはできず,粒子のように見えることになる.逆にいうと,超弦理論を直接検証することは,なかなか難しいということでもある.

現在,超弦理論が素粒子の統一理論として有望であると考えられているおもな理由は,

主として次のような理論的理由による.
(1) 超弦理論は，必ず重力の理論を含み，発散のない量子論を与える．通常の場の理論では，重力相互作用は考えなくてもよいが，超弦理論では弦のループ相互作用を考えると必ず重力を記述する閉弦が入ってくる．
(2) 超弦理論には，後で述べるようにゲージ対称性や重力の一般座標変換にアノマリーがないという条件で，矛盾のない理論が制限され，勝手に理論を考えることはできない．しかもこの範囲内でも，素粒子の標準模型を含みうる $E_8 \times E_8$ などのゲージ群を含んだ有望な理論がある．
(3) 超弦理論には，弦の張力と相互作用定数の2つしかパラメーターがなく，理論を適当に変更する余地はない．

したがって，この理論から物質を構成しているフェルミオンやその相互作用をつかさどるゲージ粒子が出てくれば，重力の量子論を含み，すべての相互作用を量子論的に記述できるパラメーターのほとんどない究極の理論ということになる．

f. ディラトンの真空期待値と非摂動効果

弦の摂動論を考えると，弦のループが加わるごとに重力の結合定数がかかる．したがって一般のループ図は，h を考えているリーマン面の種数として

$$\kappa^{-2(1-h)} \tag{2.603}$$

の因子を含む．((2.602)に示したように，κ は弦の結合定数 g に比例していることを思い出せ．) 一方，2次元での作用 (2.571) は，非自明な背景場があるときには平坦時空の $\eta_{\mu\nu}$ は時空の計量 $G_{\mu\nu}$ に置き換えるべきである．その場合，くりこみ可能な作用として，ディラトン場 Φ と2次元のスカラー曲率の項

$$S_h = \frac{1}{4\pi} \int d^2\sigma \sqrt{-g}\, \Phi R^{(2)} \tag{2.604}$$

を考えることも自然である．考えているリーマン面のオイラー数 χ が

$$\chi = \frac{1}{4\pi} \int d^2\sigma R^{(2)} = 2(1-h) \tag{2.605}$$

で与えられることから，閉弦の結合定数 g をディラトン Φ の真空期待値により，$g = e^{-\Phi}$ で与えられるとすれば，弦の摂動論の結合定数が自動的に生成されることになる．また，この項より

$$\Phi \to \Phi + a \tag{2.606}$$

とずらすことは，重力の結合定数 κ を

$$\kappa \to e^{-a}\kappa \tag{2.607}$$

とずらすことと同じになる．したがって κ の値は，ディラトン Φ の真空期待値をずらすことによって吸収できてしまう．

このことは，低エネルギー有効理論からも確かめることができる．質量0の場に対する有効作用を求めると，IIA型理論では

$$S_{IIA} = \frac{1}{2\kappa_{10}^2} \int d^{10}x \sqrt{-G}\, e^{-2\Phi} \left(R + 4(\partial_\mu \Phi)^2 - \frac{1}{2}|H_3|^2 \right)$$
$$- \frac{1}{4\kappa_{10}^2} \int d^{10}x \sqrt{-G} \left(|F_2|^2 + |F_4|^2 + \frac{1}{\sqrt{-G}} B_2 \wedge F_4 \wedge F_4 \right) \quad (2.608)$$

IIB 型理論では

$$S_{IIB} = \frac{1}{2\kappa_{10}^2} \int d^{10}x \sqrt{-G}\, e^{-2\Phi} \left(R + 4(\partial_\mu \Phi)^2 - \frac{1}{2}|H_3|^2 \right)$$
$$- \frac{1}{4\kappa_{10}^2} \int d^{10}x \sqrt{-G} \left(|F_1|^2 + |F_3|^2 + \frac{1}{2}|F_5|^2 + \frac{1}{\sqrt{-G}} D_4 \wedge H_3 \wedge F_3 \right) \quad (2.609)$$

となっている．これらの第1項には重力場の結合定数が入っているが，それはディラトンの真空期待値に吸収できる．これはディラトンにポテンシャルがないために可能であり，超弦理論の摂動論を考えている限りは成り立つ．このようにディラトンの真空期待値は弦の結合定数を決めるのに重要な量であるが，それを決めるためには非摂動効果を考えなければならない．

g. アノマリー相殺機構と矛盾のない超弦理論

場の理論では，カイラルなゲージ理論にはアノマリーがあることが知られている．これは古典的には存在する対称性が，無限自由度をもつ場の理論では破れるという現象であり，ゲージ対称性にそれが生じると，理論を矛盾なく定義することができなくなる．

ゲージ結合がパリティを破る理論を考える．それはゲージ変換のもとで，左巻きフェルミオンと右巻きフェルミオンの変換の仕方が違う理論である．4次元では，左巻きフェルミオンの反粒子は右巻きであり，逆も正しい．したがって，4次元のCPT定理により，右巻きフェルミオンのゲージ群の表現は，左巻きフェルミオンのゲージ群の表現の複素共役ということになる．ゆえに，それらが異なる表現になっているゲージ理論では，左巻きフェルミオンのゲージ群の表現は複素表現でなければならない．したがって，SO(32) や $E_8 \times E_8$ などの複素表現をもたないゲージ群では，カイラルな理論はできない．

これに対し，高次元では事情が変わる．一般に奇数次元ではワイルフェルミオンはないので，アノマリーはない．一方，偶数次元では，$4k$次元と $4k+2$ 次元で事情が異なる．$4k$ 次元では，4次元と本質的に同じになる．$4k+2$ 次元では，左巻きの粒子の反粒子はやはり左巻きであり，したがって片方のカイラリティのフェルミオンだけを用いて理論をつくることができる．このために，重力相互作用が $4k+2$ 次元ではパリティを破ることができるのである．さらに，ある決まったカイラリティのフェルミオンはゲージ群の実表現に属さなければならない．左巻きと右巻きフェルミオンの表現 R と $\bar{R}$ のゲージ群のもとでの変換が違っていて，ゲージ結合がパリティを破っていると，ゲージアノマリーが現れる可能性がある．

アノマリーはパリティを破るループ振幅から生じる．4次元では図2.12.8(a) に示し

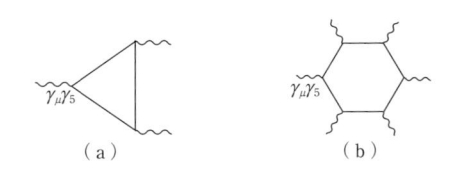

図 2.12.8 アノマリーを生じる 4 次元の図（a）と 10 次元の図（b）

たような γ_5 をもった頂点を含む三角形ファインマン図から生じ，その振幅は ε テンソルを含む．単純な次数を勘定すると，このファインマン図の寄与は線形に発散しているが，それは適当な変形で 2 つの項の差に書くことができる．それらは変数の変換をすると，まったく同じ形になるので，一見その寄与は 0 になるような気がする．しかし，各項が線形発散している積分は，変数変換によって不定の量だけずれるので，変数をずらすことは許されず，適当な正則化をして定義しなければならない．今の場合は，ゲージ不変性を尊重するように正則化するべきである．その結果，図 2.12.8(a) の寄与は 0 でなく，ゲージ対称性にアノマリーが生じる．これは必ず有限になるという著しい特徴をもつ．

上に述べたように，10 次元でカイラルな理論では重力アノマリーが出る可能性がある．これを超弦理論で調べてもよいが，まずその質量 0 の状態だけでできている低エネルギー有効理論である超重力理論で調べる方が簡単である．IIA 型超重力理論はカイラルな理論ではないので，アノマリーはない．ありうるのは，IIB 型超重力理論である．この理論には，カイラリティが同じグラビティーノが 2 つ，自己双対な反対称テンソル場が入っている．この最後のテンソルはフェルミオンではないが，これもアノマリーに寄与する．ところがそれらの寄与を加え合わせたとき，互いに打ち消し合って 0 になっていることがわかった[13]．したがって，そのもとになっている IIB 型超弦理論でもアノマリーは打ち消していると考えられる．

開弦を含む I 型超弦理論でこのようなアノマリーがないかどうかを調べてみると，確かに図 2.12.8(b) の六角形図のファインマン図から，ゲージアノマリーが出ることがわかる．ところが SO(n) 対称性を入れた超弦理論では，図 2.12.8(b) に対応するファインマン図は，シリンダーの場合とメビウスの帯の 2 つの図があることがわかる．それらのアノマリーの和を計算すると，それが $(n-32)$ に比例する．したがって，ゲージ対称性が SO(32) のときにはこれらの寄与がちょうど互いに相殺して，アノマリーがない理論になっていることがわかった[14]．それ以外にも，外線が重力場になっているものや，ゲージ場と重力場が混ざっているものもあるが，すべて相殺することが確かめられている．

内部対称性としては，最も単純には SU(n) も考えられるが，この場合は弦の端につける自由度が基本表現という複素表現になり，向き付けがある理論になる．そのときは，メビウスの輪の寄与はなくなり，アノマリーは相殺しない．したがって，開弦を含む超

弦理論では，このⅠ型 SO(32) 理論しか，無矛盾な理論はない．

　歴史的には，超弦理論でこのように直接アノマリーを計算して，それらが打ち消すことを調べる前に，Ⅰ型理論と同じゲージ場，重力場とそれらの超対称性の相棒であるフェルミオンを含む低エネルギー有効理論で，アノマリーがあるかどうかと，それらが打ち消せるかどうかという解析がなされた．その結果，ゲージ群が SO(32) と $E_8 \times E_8$ の場合だけに，このようなアノマリーの打ち消しが起こることがわかった[15]．そこで早速グリーンとシュワルツが上で述べた計算をやり，確かにアノマリーが消えていることをⅠ型 SO(32) 超弦理論で確かめたのであった．一方，$E_8 \times E_8$ のゲージ対称性は開弦理論ではどのようにしてつくるかは，わかっていなかった．そこで有効理論による解析の結果を受けて，すでに述べたヘテロ型弦理論がつくられたのである．こうして，上の解析から予想されていた矛盾のない理論が得られ，また1ループ振幅が計算され，それが有限であることが示された[7,16]．なお，ここで新たに出てきた SO(32) ヘテロ型弦理論は，内部対称性はⅠ型理論と同じであるが，理論としては異なる．開弦理論では，ゲージの量子数が弦の端にしかないのでランク2を超える表現はないが，ヘテロ型弦理論は閉弦のみの理論であり，そのような表現も許されるのである．

　このように，アノマリー相殺の条件によって，それまで無数に許されると考えられていたⅠ型理論がたった1つだけしか許されないこと，また同時に現象論的に有望な SO(32) や $E_8 \times E_8$ ゲージ対称性をもつ超弦理論があるということがわかった．1984年のこれらの発見により，超弦理論に対する興味と期待が急速に高まった．これが時には超弦理論の第一革命と呼ばれる．

h. Calabi-Yau コンパクト化を例とする「現実的な模型」の可能性

　超弦理論が正しいとすれば，それはどのようにして確かめられるのであろうか．またその予言はどのようなものになるのだろう．まず明らかなことは，超弦理論は10次元の時空で定義されているので，それがわれわれのみている4次元の理論と関係するには，残りの6次元がコンパクトな小さな空間になっていなければならないことである．これをコンパクト化という．超弦理論は重力を含む理論であるから，コンパクト化は本来そのダイナミクスを解析すれば運動方程式の解であるとか，何らかの原理によって決まるはずのものであると考えられる．しかしそれを決めるには，超弦理論の非摂動的な解析が必要になる．なぜなら，摂動的な解析とは，ある時空を仮定してその小さなゆらぎを解析する手法だからである．そのようなやり方では，時空がどのようにコンパクト化するかなどという問題は解析できない．そこで，何らかの機構で超弦理論が6次元のコンパクトな内部空間にコンパクト化したとして，望ましいコンパクト化はどのようなものであるかとか，それからどのような予言が得られるかなどが調べられている．

　では望ましいコンパクト化とは，どんなものであろうか．素粒子の統一理論として考えたとき，標準模型を含む大きなゲージ群を含むことが望ましい．それには，表2.12.1に与えた5つの理論のうち，ゲージ群 SO(32) を含む理論か，$E_8 \times E_8$ ヘテロ型弦理論

がよい．また，このような大統一理論と似た理論を考えるとすれば，ゲージ階層性の問題を解決するためには，$N=1$ 超対称性がコンパクト化の過程で残るべきである．

コンパクト化した空間の大きさは，あまり大きくてはまずいので，だいたいプランクスケール $\sim 10^{-35}$ m 程度であると考えられている．また，超弦理論の質量 0 以外の重い粒子は，だいたいプランク質量 $\sim 10^{19}$ GeV 程度の質量をもち，せいぜい数 GeV のクォークなどと比べると，桁外れに重い．したがって，現実にわれわれが観測している素粒子は，超弦理論の質量 0 の部分に入っていると期待される．そう考えて上記の超弦理論に入っている質量 0 の粒子のゲージ群の表現をみてみると，$E_8 \times E_8$ ヘテロ型弦理論が有望であることがわかった．

そうすると，これを 4 次元へコンパクト化して $N=1$ 超対称性を残すようにするには，どのような 6 次元多様体を考えるべきかが問題になる．ここでは，その試みとして
(1)　カラビ-ヤウ空間[17]
(2)　オービフォールド[18]

についてふれることにする．さらに詳しくは，文献[19]を参照のこと．

超対称性が残るための条件は，理論のフェルミオンの超対称性変換 $\delta\psi$ が 0 になることである．これをヘテロ型弦理論の低エネルギー有効理論で考える．そのためには，グラビティーノ ψ_M などの超対称性変換

$$\delta\psi_M = \frac{1}{\kappa}D_M\eta + \frac{\kappa}{32g^2\Phi}(\Gamma_M^{NPQ} - 9\delta_M^N\Gamma^{PQ})\eta H_{NPQ} + \text{フェルミオン項} \tag{2.610}$$

が必要となる．ここで H_{NPQ} は NS-NS 2 階反対称テンソル場の場の強さである．これはビアンキ恒等式

$$dH = \text{tr}R \wedge R - \text{tr}F \wedge F \tag{2.611}$$

を満たす．F はヤン-ミルズの場の強さである．簡単のため，H は 0 であり，Φ は定数であると仮定する．すると式 (2.610) より，超対称性が残るための条件は

$$D_M\eta = 0 \tag{2.612}$$

となる．すなわち η は共変的に定数のスピノルであり，キリングスピノルと呼ばれる．この可積分条件 $[D_M, D_N]\eta = 0$ より

$$R_{MNPQ}\Gamma^{PQ}\eta = 0 \tag{2.613}$$

が得られる．ここで R_{MNPQ} はリーマンテンソルである．

まず添字が 4 次元時空の場合を考える．ここで求める 10 次元空間は $T^4 \times K$ という直積空間の形で，T^4 は最大対称空間（ドジッター空間，反ドジッター空間またはミンコフスキー空間）であるとする．4 次元を動く添え字を $\mu, \nu, \cdots$ とすれば，4 次元最大対称空間の曲率テンソルは

$$R_{\mu\nu\alpha\beta} = \frac{r}{12}(g_{\mu\alpha}g_{\nu\beta} - g_{\mu\beta}g_{\nu\alpha}) \tag{2.614}$$

で与えられる．r は 4 次元のリッチスカラーである．式 (2.613) に代入すれば直ちに $r=0$ を得る．したがって，4 次元は平坦なミンコフスキー空間でなければならない．

次に式 (2.612) の条件の添字が内部空間の場合を考える．一般に n 次元リーマン多様体 K 上では，スピン接続 ω は SO(n) ゲージ場となっている．つぶすことのできる閉じた曲線 γ のまわりに平行移動すると，フェルミオン場 ψ は

$$\psi \to U\psi, \quad U = P\exp\int_\gamma \omega \cdot dx \tag{2.615}$$

と変換する．ここで P は曲線 γ にそって path-order することを意味する[注]．SO(n) の行列 U がつくる群 H をホロノミーという．一般には H は SO(n) そのものだが，今の $n=6$ の場合，$D_i\eta=0$ となるキリングスピノルが存在する条件を求めたい．つぶすことのできる閉じた曲線に沿って平行移動したとき，共変的に定数のフェルミオン場は，もとの値に戻る．したがって，$U\eta=\eta$ を満たすような共変的に定数のスピノルが許されるような多様体のホロノミーが何かが問題になる．SO(6) は SU(4) と同型であり，SO(6) の正負のカイラリティのスピノルは SU(4) の基本表現と反基本表現であることを思い出せば，そのようなホロノミーは SU(3) であることがわかる．

このようなスピノルが存在すると，それを用いてこの多様体が概複素構造をもつこと，さらにリッチ平坦な ($R_{ij}=0$) ケーラー多様体で第 1 Chern 類が 0 であることを証明できる．逆にカラビとヤウにより，第 1 Chern 類が 0 のケーラー多様体は，いつでも SU(3) ホロノミーをもつことが示されている．これらの多様体をカラビ-ヤウ多様体といい，非常にたくさんあることがわかっている．

10 次元の理論には，ゲージ場の超対称性の相棒として随伴表現のフェルミオンがある．上のようなコンパクト化が起こり，ゲージ場の中のヒグス場が期待値をもったときには，フェルミオンは 4 次元のフェルミオンになり，それは破れていないゲージ群のある表現となる．われわれの現実世界のフェルミオンとして検出されるような粒子は，コンパクト化の過程でも質量 0 の粒子として出現すると期待される．一般に 10 次元で質量のないフェルミオンは 10 次元のカイラルフェルミオンになっている．それは 4 次元のガンマ行列 γ_5 と同じ性質をもつ 10 次元の Γ_{11} の値が $+1$ か -1 に制限された場で記述されるという意味である．ところがこの Γ_{11} は $\Gamma_{11}=\gamma_5\gamma_K$ となるので，4 次元のフェルミオンがどのようなカイラリティをもつかは 6 次元多様体のカイラリティ γ_K で決まる．この多様体の選び方により，4 次元で質量 0 のカイラルフェルミオンがどれだけ存在す

注) path-order とは，以下の操作である．フェルミオンが動いた経路を細かく分割して，フェルミオンがその各部分を動いたときに得る位相を考える．それは ω の線積分 $\int_{\Delta x_i}\omega\cdot dx$ を指数に乗せた因子になるが，これを全体にわたってのものにするには，それらをかけたものになる．非可換ゲージ場の場合は，それは単に全体の線積分を指数に乗せたものにはならず（Baker-Hausdolf の公式 $e^x e^y = e^{x+y+[x,y]/2+\cdots}$ を思い出せ.）

$$\lim_{\substack{\Delta x_i\to 0 \\ i\to\infty}}\prod_i \exp\left[\int_{\Delta x_i}\omega\cdot dx\right]$$

として path-order 積を定義する．もし可換群ならば，これは単に全体の線積分を指数に乗せたものになる．

るかが決まるので,それがどのように決まるかを理解することが重要である．その結果,カイラルなフェルミオンの数,すなわち標準模型に出てくる世代の数が,この6次元多様体のオイラー数で

$$\frac{1}{2}|\chi| \tag{2.616}$$

と決まることになる．いろいろなカラビ-ヤウ多様体を調べて,世代数に対する結果が調べられ,3世代を得ることができる場合もあることがわかっている．

しかし,カラビ-ヤウ多様体は,たいへん難しいので,もっと簡単な6次元トーラスを不連続群で割った空間へコンパクト化することも考えられている．これをオービフォールドといい,超対称性を$N=1$に破り,カイラルフェルミオンを出すことができる．もっとも簡単な例は,複素平面に同一視

$$z \leftrightarrow e^{2\pi i/n}z, \quad n \text{ は整数} \tag{2.617}$$

をするものである．これは複素平面をn個の同等な三角部分に分けたものを考え,不連続対称群Z_nで同一視することにより,その1つだけを考えるものである．これは一般に不動点をもち,そこは特異点になるので多様体とは異なるが,この方法でも現実的に有望な理論がつくれそうである．世代数がオイラー数で決まる点も上と同様である．

また,あとで論じるように,超弦理論にはDブレインという拡がった物体があって,その上にはゲージ理論が実現している．これを交差したブレイン系で考えて,カイラルフェルミオンを含む標準模型を実現しようという試みもされている．ただ現実的なフェルミオンの質量スペクトルや湯川結合を出すことは,なかなか難しい．

i. TデュアリティとDブレイン

1つの空間の方向,たとえば9方向が半径Rの円周にコンパクト化した閉弦理論を考える．すなわち

$$X^9 \simeq X^9 + 2\pi R \tag{2.618}$$

が成り立っているとする．このとき次の2つのことが成り立つ．

(1) 運動量が量子化される．

$$p = \frac{n}{R}, \quad n \in \mathbb{Z}. \tag{2.619}$$

(2) 弦が円周に巻き付くことができる．

$$X^9(\sigma + 2\pi) = X^9(\sigma) + 2\pi R w, \quad w \in \mathbb{Z}. \tag{2.620}$$

このことから,$w \neq 0$の場合,左向き波($z = e^{\tau + i\sigma}$)と右向き波($\bar{z} = e^{\tau - i\sigma}$)に別々のモード展開をしなければならないことになる．実際

$$X_L^9(z) = x_L^9 - i\frac{\alpha'}{2}p_L^9 \ln z + i\sqrt{\frac{\alpha'}{2}} \sum_{n \neq 0} \frac{\alpha_n^9}{n} z^{-n}, \tag{2.621}$$

$$X_R^9(z) = x_R^9 - i\frac{\alpha'}{2}p_R^9 \ln \bar{z} + i\sqrt{\frac{\alpha'}{2}} \sum_{n \neq 0} \frac{\tilde{\alpha}_n^9}{n} \bar{z}^{-n}, \tag{2.622}$$

ただし

$$p_L^9 = \frac{n}{R} + \frac{wR}{\alpha'}, \quad p_R^9 = \frac{n}{R} - \frac{wR}{\alpha'}. \tag{2.623}$$

とすれば，上の2つが満たされる．

この系の拘束条件として，式 (2.573) が0になる条件を書くと

$$\begin{aligned}H &= \frac{1}{4\pi\alpha'}\int d\sigma\left[(\partial_t X^\mu)^2 + (\partial_\sigma X^\mu)^2\right] \\ &= \frac{\alpha'}{2}p^2 + \frac{\alpha'}{4}((p_L^9)^2 + (p_R^9)^2) + N + \bar{N} - 2,\end{aligned} \tag{2.624}$$

$$\begin{aligned}P &= \frac{1}{2\pi\alpha'}\int d\sigma \partial_t X^\mu \partial_\sigma X_\mu \\ &= \frac{\alpha'}{4}((p_L^9)^2 - (p_R^9)^2) + N - \bar{N},\end{aligned} \tag{2.625}$$

が0ということになる．ここで p^2 は9方向以外の9次元の運動量の2乗であり

$$N \equiv \sum_{\mu,\,n=1}^\infty \alpha^\mu_{-n}\alpha_{n\mu}, \quad \bar{N} \equiv \sum_{\mu,\,n=1}^\infty \tilde{\alpha}^\mu_{-n}\tilde{\alpha}_{n\mu}, \tag{2.626}$$

は調和振動子の数演算子の和である．これらは

$$\begin{aligned}m^2 &= -p^2 = \frac{n^2}{R^2} + \frac{w^2 R^2}{\alpha'^2} + \frac{2}{\alpha'}(N + \bar{N} - 2), \\ N - \bar{N} + nw &= 0.\end{aligned} \tag{2.627}$$

を与える．このスペクトルは変換

$$R \leftrightarrow R' \equiv \frac{\alpha'}{R}, \quad n \leftrightarrow w, \tag{2.628}$$

すなわち

$$p_L^9 \to p_L^9, \quad p_R^9 \to -p_R^9. \tag{2.629}$$

としても不変である．これはゼロモードだけの変換であるが，これをゼロモード以外も含めるように，右向きモード全体の符号を変えて

$$X^9(z,\bar{z}) = X_L^9(z) + X_R^9(\bar{z}) \to X^{9\prime}(z,\bar{z}) = X_L^9(z) - X_R^9(\bar{z}), \tag{2.630}$$

と拡張する．すると，これはこの理論の対称性となり，Tデュアリティと呼ばれている[20]．

フェルミオンの入ったII型超弦理論では，この変換のもとで超対称性を保つためには

$$\tilde{\psi}^{9\prime}(\bar{z}) = -\tilde{\psi}^9(\bar{z}). \tag{2.631}$$

としなければならない．これは

$$\tilde{\varGamma} = \tilde{\psi}_0^0 \tilde{\psi}_0^1 \cdots \tilde{\psi}_0^9, \tag{2.632}$$

で定義される（右向き波の）カイラリティを変えなければならないことを意味する．そのとき，IIA型理論ではフェルミオンはすべて同じカイラリティのフェルミオンになるので，IIB型理論になり，逆にIIB型理論はIIA型理論になる．

このTデュアリティを閉弦と開弦の混合したI型超弦理論で考えてみる．すると，

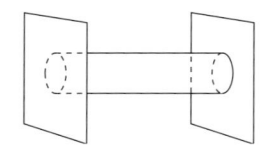

図 2.12.9 Dブレインの相互作用

開弦の端の境界条件が，自由端のノイマン条件から，固定端のディリクレ条件に変わることがわかる．自由端の条件は開弦の作用を変分したときに出る表面項を0にするので，許されるものになる．しかし，固定端というのは弦の端を何か固定するものがあって固定されるので，以前はローレンツ不変性を破るという理由で考えられなかった．しかしそうではなくて，逆にこの境界条件によって開弦を用いて摂動的に記述できる物体があると考えればよいのである[21]．こうして導入された拡がった物体をディリクレブレイン，略してDブレインと呼ぶ．空間的にp次元に拡がっているものを，Dpブレインと呼ぶ．これは，Tデュアリティを考えると必ずなくてはならない物体であることと，何より以下に述べる大事な性質をもつ物体であることがわかった．

(1) BPS物体：

Dブレインは，境界条件のために，開弦とちょうど同じく超対称性を1/2破り，残りの1/2だけもつ．

(2) この残っている超対称性のおかげで，平行な2つのDブレインの間には力が働かない．

(3) DブレインはRR場への結合を与えるRRチャージをもつ物体である．チャージは図2.12.9の2つのブレインの相互作用を，

 • 弦の1ループの図と見て計算する．

 • 閉弦の樹木近似の図と見て，閉弦の質量0のRR場の結合定数を読み取ることによって計算できる．閉弦の図と見たとき，NS-NS場の交換とRR場の交換が打ち消していると見て計算するのである（詳しい計算は文献[1,21]を参照してください）．

(4) DブレインのRRチャージは量子化する．なぜなら，pブレイン，$p' \equiv (6-p)$ブレインは，電荷と磁荷のように互いに双対なので（pブレインはA_{p+1}形式に結合し，それはF_{p+2}をつくり，これは$*F_{8-p} \to *A_{7-p}$形式と双対であり，$(6-p)$ブレインと結合する）．そのことから，これらのチャージに対しDiracの量子化条件

$$\mu_p \mu_{6-p} = 2\pi n, \tag{2.633}$$

が導かれるためである．ここでnは整数である．実際，Dpブレインのチャージは

$$\mu_p = (2\pi)^{(7-2p)/2} (\alpha')^{(3-p)/2}, \tag{2.634}$$

で与えられることがわかるが，これはこの量子化条件を満たしている．

(5) 開弦はDブレインにひっつけることから，Dブレイン上の有効理論はゲージ理

論であることがわかる．

Dブレインは BPS 状態であるから，そのエネルギーとチャージは関係しているはずである．実際それをチャージと同様な方法で計算してみると

$$\frac{1}{(2\pi)^p \alpha'^{(p+1)/2} g} \tag{2.635}$$

となり，やはり量子化している．

この発見と，あとで述べる M 理論の存在は同じ 1995 年になされた．これを超弦理論の第二革命と呼ぶことがある．この発見により，非摂動的物体である D ブレインを摂動的な手法で扱えるというまったく新しい進展があり，また超弦理論を統一する M 理論という新しい視点が得られたからである．

j. Dブレインを用いた弦理論の理解

すでに述べたように，D ブレインは開弦の端がひっつけるという性質で規定されている．このことは，D ブレインのゆらぎの自由度は開弦を使って見ることができる，すなわち D ブレイン上のゆらぎの自由度はゲージ理論になっていることを意味する．D ブレインが 10 次元の時空に拡がっているときは，低エネルギーの有効理論としては，10 次元の超対称ゲージ理論を与えるはずである．しかし Dp ブレインの体積は，$p+1$ 次元しかないので，Dp ブレイン上の理論としては，10 次元の理論を $p+1$ 次元に落とした理論になる．10 次元のゲージ場は A_μ ($\mu = 0, 1, \cdots, p$) のゲージ場と A_i ($i = p+1, \cdots, 9$) のスカラー場になり，それに付随したフェルミオンがある．D ブレインが 1 枚しかないときは，これで U(1) の超対称ゲージ理論になるが，D ブレインが 2 枚あってそれらが重なっていると，各々のブレイン上に実現している U(1) ゲージ理論と，2 つの D ブレインにまたがる開弦の自由度が加わって，U(2) ゲージ理論になる．さらに一般に n 枚の D ブレインが重なっていると，U(n) ゲージ理論ができる．

このときに，ブレインからはみ出す方向の場はスカラー場になっているが，それはどのような自由度だろうか．実は，これらはブレインが離れる方向を規定するゲージ場の成分であり，その真空期待値は各々の D ブレインの位置を表している．すなわち，これらの期待値が 0 のときは，すべての D ブレインが重なっている状況を表し，ゲージ対称性は破れていない．これらが期待値をもつと，ゲージ対称性が破れるが，それはまさに D ブレインが離れたために，その間をつなぐ開弦は重くなり，ゲージ対称性が破れている状況と一致しているわけである．この意味で，この自由度はヒグス場と理解することができる．

以上が，開弦を用いた D ブレインの摂動論的な記述であるが，一方，図 2.12.9 を見れば，D ブレインが閉弦，すなわち重力理論でも記述できるのではないかということが予想される．これを閉弦自身を使ってやることはちょっと面倒なので，低エネルギー有効理論である超重力理論の解として求めることを考える．その結果，その計量が

$$ds_{10}^2 = H^{1/2}[H^{-1}(-dt^2 + dy_1^2 + \cdots + dy_p^2) + dr^2 + r^2 d\Omega_{8-p}^2], \tag{2.636}$$

で与えられることがわかる．ここでDブレインは，tとp個のy座標方向に入っているとし，

$$H = 1 + \frac{Q_p}{r^{7-p}} \tag{2.637}$$

はその空間での調和関数である．実際この計量は，y方向に動いたときは変化せず，r方向に動いたとき漸近的に平坦になっており，y方向に何らかの物体が入っていることを示している．これがDブレインと同一視できることは，それがRRチャージをもっていることと，超対称性を1/2保つBPS状態であることからわかる．

このDブレインの解は，適当な座標をとってみると，Dブレインの世界体積を小さなトーラスにコンパクト化しておけば，ブラックホールの計量とみなせる．したがって，これを用いて，ブラックホールの物理を理解することができる可能性がある．

Dブレインの以上の記述法の違いは何であろうか．開弦による記述法は弦の結合定数が小さいとした摂動的記述法であり，一方，超重力理論は低エネルギー近似を使っている．後者では，弦の結合定数については高次の項まで入っており，弱結合の近似は使っていない．その意味で，この2つの記述法は相補的なものであり，それらが有効な範囲は必ずしも重なっていない．しかしながら，DブレインはBPS状態であるから，少なくともその自由度に関する限りは，超対称性の表現論により，変化しないはずだということが予想される．

1970年頃から，ブラックホールには熱力学とよく似た性質をもっていること，特にその事象の地平線（ホライズン）の表面積Aにより，ベケンシュタイン-ホーキングの公式

$$S = \frac{A}{4G_N} \tag{2.638}$$

で与えられるエントロピーをもつことが議論されてきた．一方，統計力学によれば，エントロピーは系の自由度Nを用いて

$$S = k \log N \tag{2.639}$$

と表されるものである．ここでkはボルツマン定数である．ところが普通のブラックホールは，その質量，電荷，角運動量を与えると一意的に決まってしまい，エントロピーは0になると期待される．これをどう考えたらよいかは，長年の懸案であった．

超弦理論では，Dブレインが開弦を使っても記述できることから，ブラックホールのエントロピーが，Dブレインの開弦による方法で勘定され，それがベケンシュタイン-ホーキングの公式と一致することが示され[22]，この懸案は解決されたのである．

また，以上のことは，超弦理論においては，ゲージ理論と重力理論に基本的な対応があることを示唆している．すなわち，ゲージ理論の非摂動的な性質が，対応する超重力理論の解を用いて調べられる可能性がある．特に超共形対称性をもつ4次元$N=4$超対称理論はD3ブレイン上に実現する理論であるが，D3ブレインの超重力解のホライズン近傍は反ドジッター時空で記述される．それらの間には，種々の対称性などによる対

応がつき，AdS/CFT 対応（CFT は共形場の理論の略）[23]と呼ばれ，D3 ブレイン以外でもかなり広い範囲で成り立つと考えられて，いろいろな系の対応や，非摂動的性質が調べられている．

　D ブレインは時空のある方向に拡がっており，超対称性を 1/2 破る．しかしそのままでは，D ブレイン上に実現している理論は一般に 4 次元のゲージ理論ではない．しかし，それらが交差した配位を考えることができ，その場合は超対称性の数をもっと少なく，4 次元の $N=1$ にすることができる．また D ブレインが拡がっている方向にローレンツ対称性が残るが，交差した配位では，D ブレインの共通世界体積を 4 次元として，4 次元の $N=1$ 理論を構成することもできる．このような方法は，文献[24]において開発され，ブレインの配位を見ることにより非摂動的な性質がかなり容易に理解できることがわかって，その後多くの仕事がなされた．これはブレイン構成と呼ばれることがある．ここでは紙数の都合上，さらに詳しくはそのレビューを見ていただくことにする[25]．

　さらに，D ブレイン上に背景場として NS-NS の反対称場 $B_{\mu\nu}$ が入っていると，D ブレイン上に実現する理論は，非可換時空で定義されたゲージ理論になることがわかっている[26]．それにより，以上のような AdS/CFT 対応の一般化や[27]，ブレイン構成を用いて，非可換時空の場の理論の理解が大きく進んだ．

k. 超弦理論と宇宙論

　超弦理論は重力の量子論を与えると期待されているので，それが宇宙論に対してどのような意味をもつのかを考えることも大切な問題であると同時に，宇宙論から超弦理論に対する制限や検証が得られる可能性もある．現在の標準的な宇宙論では，宇宙はビッグバンと呼ばれる高温高密度の状態から始まって，輻射優勢の時代を経て物質優勢の時期へ膨張，発展してきたと考えられている．その証拠として，2.7 K の宇宙背景輻射と，宇宙初期に作られたヘリウムの存在量がこの模型の予言と一致することがあげられる．さらに現在の宇宙の大きな領域では，非常に一様等方であることがわかっている．これを説明するために，宇宙がビッグバン直前にインフレーションと呼ばれる急激な加速膨張をした時期があると考えられている[28]．さらに最近の観測によれば，宇宙は現在でもゆるやかながらも加速膨張をしていることがわかった．宇宙のこのような振舞いは当然超弦理論でも説明できなければならない問題となるが，

(1)　重力相互作用は高階微分項を含まない．
(2)　ポテンシャルは正定値ではなく，負の値も取りうる．
(3)　理論の質量 0 の場はすべて正の運動項をもっている．
(4)　4 次元のニュートン定数は有限である．

ということを仮定すると，宇宙が加速膨張することはありえないという結論が導かれ，大変困った問題となる．

　ところが 2003 年頃から，これらのいくつかの仮定をはずすことにより，宇宙がインフレーションを起こすような状況を超弦理論の範囲内で実現することができることがわ

かった．そのおもなものは，
(1) 理論に余分の自由度を持ち込むと同時に，負のエネルギー密度をもった物体や高次量子補正を考える（フラックスコンパクト化）．
(2) 内部空間の大きさが時間によるとする（Sブレイン，すなわち時間的には局在し，空間的に広がったブレイン的な時間に依存する解を使う）．
(3) 曲率の2次以上の高次量子補正項を考える．
(4) 境界のある内部空間などを考える（ブレインワールド[29]）．

などである．ただ宇宙論として，内部空間は小さいまま，4次元だけが大きくなってインフレーションを起こし，それが自然に終わるような現実的な模型を与えるには，もう少し工夫が必要そうである．ここでは紙数の都合上，さらに詳しくはレビュー[30]とそこにあげられている参考文献を参照していただくことにする．

l. 双 対 性

すでに2.12.i項で述べたように，IIA型理論とIIB理論はTデュアリティのもとで関係している．Tデュアリティは，摂動論で理解できる対称性なので，比較的容易に理論の間の関係を見ることができる．実際1985年に2つのヘテロ型弦理論が提唱されたのであるが，それらが同様に1次元コンパクト化して考えればTデュアリティで関係していることがすぐに示された[31]．2つのヘテロ型弦理論はSO(32)と$E_8 \times E_8$というふうに，ゲージ対称性が異なるのでどのように関係させられるのかと疑問に思うかもしれない．しかし両者のゲージ対称性の最大コンパクト部分群がいずれもSO(16)×S(16)であるので，1次元円周にコンパクト化したとき，その中にゲージ場のフラックスを入れてゲージ対称性をSO(16)×S(16)に破ることにより，関係をつけることができる．その際，Tデュアリティの特徴として，式（2.628）のように半径が逆数の関係になる．

超弦理論の間にこのような関係があると，では一体残りの超弦理論は関係がつかないのだろうかという疑問が自然にわく．そのいくつかのものは確かに関係がつくのだが，それは摂動論で理解できるものではなく，超弦理論の強結合の挙動を理解しないといけないものである．それで，それらの場合には，たとえば強結合でも大丈夫な低エネルギー有効理論である超重力理論のレベルで関係を示したり，その他の傍証をあげるにとどまっている．しかし，低エネルギー有効理論での関係も決して自明のことではないので，それによるデュアリティの関係はほぼ間違いないものと考えられている．

ここでまず，われわれが超弦理論と言っている理論は，弦の結合定数があまり大きくないときの描像であることに注意しよう．実際われわれはすでに，超弦理論の中にはDブレインという拡がった物体があって，その張力すなわちエネルギーは式（2.635）のように，弦の結合定数の逆数に比例していることを見た．したがって，結合定数が弱いときはこれらの状態は無視してよいが，強いときには無視することができなくなる．

低エネルギー有効理論の間の関係をみることにより，I型SO(32)超弦理論とSO(32)ヘテロ型弦理論は，強結合-弱結合の関係にあることがわかった．すなわち，I型超弦

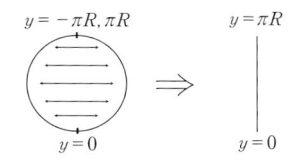

図 2.12.10　円周を同一視して得られる orientifold

理論は，弦の結合定数が弱いときの見方であって，弦の結合定数が強くなったときには，SO(32) ヘテロ型弦理論になっているのである．実際，超重力理論の作用がそのような関係で結ばれていることが確かめられる．両方とも超対称性を $N=1$ しかもっていないこととも一致している．これを S デュアリティという．S は strong-weak の略である．

さらに，IIB 型理論を $S^1/\mathbb{Z}_2$ にコンパクト化した理論が，I 型 SO(32) 理論を S^1 にコンパクト化した理論であると考えられている．この空間は，図 2.12.10 に示したように，円周の座標を，$-\pi R \leq x \leq \pi R$ として，$x \leftrightarrow -x$ という同一視をしたものである．$x=0, \pi R$ に orientifold 固定平面と呼ばれる固定平面があり，その中に D ブレインが 16 枚入っている．この空間に D ブレインが r 個あると，ゲージ場が U(r) の r^2 個と，D ブレインが固定平面近くに来たときその鏡像との間にできるゲージ場とで $_{2r}C_2 = r(2r-1)$ 個のゲージ場ができ，対称性は SO($2r$) になる．こうして SO(32) のゲージ場が生成され，I 型理論ができる．

このようにして，T デュアリティと S デュアリティによって，表 2.12.1 に与えた矛盾のない超弦理論がすべて関係付くことがわかった．

m. 超弦理論の強結合極限と M 理論

2.12.1 項で，すべての超弦理論が間接的ながらデュアリティで関係付くことをみた．その中には，強弱結合の関係にあるものがあった．各超弦理論は弱結合での描像であり，その範囲内で考えている限りでは互いに関係することはない．ところが I 型 SO(32) 超弦理論と SO(32) ヘテロ型弦理論は強弱の関係にあった．そうすると，その他の理論の強結合ではどのような理論になるかが気になる．

そこでまず IIA 型超弦理論を考えてみよう．2.12.i 項でみたように，この理論には超弦の量子化によって見える状態のほかに Dp ブレイン（p は偶数）が入っている．そのエネルギーは，式 (2.635) で与えられたように，弦の結合定数の逆数に比例している．さらに，これらの状態は BPS 状態であって，互いに力を及ぼさないので，これらをひっつけた状態を考えることができ，そのエネルギーは単にそれぞれの和になる．これらが n 個集まった状態を考えると，そのエネルギーは

$$\frac{n}{\alpha'^{(p+1)/2}g}, \quad n=1,2,\cdots \tag{2.640}$$

で与えられる．弦の結合定数 g が小さいときは，これらの状態のエネルギーは大きいの

で，われわれが興味のある低エネルギーの現象を考える限りは，無視してもかまわない．しかし結合定数がずっと大きくなったらどうだろうか．特にそれが無限大になったときには，無限個の質量0の状態が存在することになる．通常はこのとき，エネルギーは量子補正で変化するので，スペクトルがどう変化するかを予言することはできない．ところがDブレインはBPS状態であり，そのエネルギーはチャージに比例している．一方チャージはディラックの量子化条件のために量子化しているので，結合定数を徐々に変化させたとき，連続的に変わることはできない．したがって，このモードのエネルギーも (2.640) のままだと期待される．このようなエネルギーの状態があると，その強結合極限を考えた場合，少なくとも低エネルギー近似といっていたIIA型超重力理論に含まれるスペクトルは，まったく違ったものになる．したがって理論は何かまったく違うものになっている可能性があるわけである．

実は (2.640) のような無限個の等間隔のエネルギー順位は，次のようにして簡単に得られる場合がある．いま $d+1$ 次元の場の理論で，質量0のスカラー場を考える．その満たす場の方程式は

$$\Box_{d+1}\phi = 0 \tag{2.641}$$

である．この空間のうち1次元 y だけ，半径 R の円周にコンパクト化しているとすると，このスカラー場は

$$\phi(x, y) = \sum_{n=-\infty}^{\infty} \phi_n(x) e^{iny/R} \tag{2.642}$$

と展開されることになる．これを (2.641) の場の方程式に入れ，$\Box_{d+1} = \Box_d + \partial_y^2$ であることを使えば

$$\Box_d \phi_n(x) = \left(\frac{n}{R}\right)^2 \phi_n(x) \tag{2.643}$$

となることがわかり，d 次元から見たとき，質量が n/R の無限個の状態があるように見える．ϕ_n をカルーツァ−クラインモードという．これは上に見たIIA型超弦理論の状況とそっくりである．これは粒子に対応する場合であるから，D0ブレインに対応させて $R = \alpha'^{1/2} g$ とすればよさそうである．実際には，運動項の規格化も考えてやると

$$R = \alpha'^{1/2} g^{2/3} \tag{2.644}$$

となる．こうして，IIA型超弦理論の強結合の極限は11次元目が大きくなった11次元の理論であり，D0ブレインはカルーツァ−クラインモードであると理解されることになる[32]．この11次元の理論をM理論と呼ぶ．

これが11次元の理論だとすれば，超弦理論の臨界次元は10であったことと矛盾しないだろうか．式 (2.644) を見ればわかるように，g が小さいとした弦理論の摂動論は，11番目の次元の大きさが小さいとした極限のまわりの展開になっている．したがって，そのような摂動論では11番目の次元は見えないはずであり，矛盾はないのである．D0以外のブレインも11次元に対応物があって，矛盾なく理解できることもわかる．さらに，IIA型の超対称性は，10次元のカイラリティが逆のフェルミオン的なチャージを2

つ持ち，それは11次元の1つのチャージと同じになっている．最後に，超対称性がある理論では，その質量が0の状態と，0でない状態は，超対称性の表現として状態の数がまったく異なるので，それらの状態が連続的に移行することは通常あってはならない．しかしBPS状態だけは，質量があっても，質量が0の状態と同じ数の状態になっているので，上記のように互いに移り変わることがあっても矛盾ではない．このようにすべてのことが11次元の理論の存在を支持しているのである．

ではIIB型理論の強結合極限はどうなるのだろうか．これは上で考えたM理論を半径R_1とR_2のトーラスにコンパクト化した状況を考えるとよい．M理論がR_1にコンパクト化すると，それはIIA型理論である．それを1次元コンパクト化すると，2.12.i項で示したように，TデュアリティによってIIB型理論に移る．このときのIIB型理論の弦の結合定数は，R_1/R_2で与えられることがわかる．ところがR_1とR_2のどちらをR_1としてもう1つをR_2とするかは勝手であるから，IIB型理論には，弦の結合定数gに関して，$g \to 1/g$とする対称性があると期待される．これもSデュアリティという．実際，低エネルギー有効理論であるIIB型超重力理論で調べてみると，この理論にはさらに大きい$SL(2, \mathbb{Z})$対称性

$$ig^{-1} \to \frac{aig^{-1}+b}{cig^{-1}+d} ; \quad ad-bc=1, \quad a,b,c,d \text{ は整数} \tag{2.645}$$

という対称性があることがわかる．$a=d=0, b=1=-c$が上のSデュアリティである．このことはIIB型理論の超対称性の代数が小さな状態数のBPS状態を許さない構造になっていることとも一致している．

最後に残った$E_8 \times E_8$ヘテロ型弦理論の強結合極限は，いままで述べたTデュアリティの関係などを使うとわかる．この弦理論は，M理論を$S^1/\mathbb{Z}_2$にコンパクト化したものであり，強結合極限はIIA型の場合と同じように11次元のM理論になっている[33]．

このようにして，すべての超弦理論は直接，間接に11次元のM理論と関係している．弦の結合定数が小さいとして，その特別な真空のまわりに展開したものが，それぞれの超弦理論なのである．実際には結合定数は有限なのだから，いろいろな超弦理論はM理論の近似的な姿であると解釈するべきものとなる．

残念ながら，現在に至るもM理論の完全な定式化はまだできていない．D0ブレインの有効理論を用いた行列模型などが提唱されているが，一般相対論における等価原理や一般座標変換不変性といった，最終的にM理論の基本原理といえるものがまだわからないのである．これらをいかにしてつかみとり，M理論のあるべき姿をきちんと提示するかは，今後に残された大きな課題である．ほぼ10年ごとに繰り返された超弦理論の革命が再び起こる日が間近いことを期待して筆を擱くことにする． 　　　　（太田信義）

参 考 文 献
1) 超弦理論の教科書としては，以下のものがある．
　　太田信義：超弦理論・ブレイン・M理論（シュプリンガージャパン，2002）．

J. Polchinski : String theory (Cambridge Univ. Press, 1998).
2) A. M. Polyakov, Phys. Lett. **B103** (1981) 207 ; 211.
3) L. Brink, P. Di Vecchia and P. Howe, Phys. Lett. **B65** (1976) 471.
   S. Deser and B. Zumino, Phys. Lett. **B65** (1976) 369.
4) Y. Nambu, Lecture notes at the Copenhagen symposium (unpublished, 1970).
   T. Goto, Prog. Theor. Phys. **46** (1971) 1560.
5) M. Kaku and K. Kikkawa, Phys. Rev. **D10** (1974) 1110 ; 1823.
6) E. Witten, Nucl. Phys. **B268** (1986) 253 ; **B276** (1986) 291.
7) D. J. Gross, J. A. Harvey, E. Martinec and R. Rohm, Nucl. Phys. **B256** (1985) 253 ; Nucl. Phys. **B267** (1986) 75.
8) R. C. Brower, Phys. Rev. **D6** (1972) 1655.
   P. Goddard and C. Thorn, Phys. Lett. **B40** (1972) 235.
9) M. Kato and K. Ogawa, Nucl. Phys. **B212** (1983) 443.
   N. Ohta, Phys. Rev. **D33** (1986) 1681.
   M. Ito, T. Morozumi, S. Nojiri and S. Uehara, Prog. Theor. Phys. **75** (1986) 934.
10) S. Weinberg, Phys. Lett. **B187** (1986) 278.
11) M. Green and J. H. Schwarz, Phys. Lett. **B151** (1985) 21.
12) N. Ohta, Phys. Rev. Lett. **59** (1987) 176.
13) L. Alvarez-Gaumé and E. Witten, Nucl. Phys. **B234** (1983) 269.
14) M. Green and J. H. Schwarz, Nucl. Phys. **B255** (1985) 93.
15) M. Green and J. H. Schwarz, Phys. Lett. **B149** (1984) 117.
16) S. Yahikozawa, Phys. Lett. **B166** (1986) 135.
17) P. Candelas, G. T. Horowitz, A. Strominger and E. Witten, Nucl. Phys. **B258** (1985) 46.
18) L. Dixon, J. Harvey, C. Vafa and E. Witten, Nucl. Phys. **B261** (1985) 678 ; 274 (1985) 286.
19) ミチオ・カク著（太田信義訳）：超弦理論とM理論（シュプリンガージャパン, 2000）.
    M. B. Green, J. H. Schwarz and E. Witten : Superstring theory (Cambridge Univ. Press, 1987).
20) K. Kikkawa and M. Yamasaki, Phys. Lett. **B149** (1984) 357.
    N. Sakai and Senda, Prog. Theor. Phys. **75** (1986) 692.
21) J. Polchinski, Phys. Rev. Lett. **75** (1995) 4724.
22) A. Strominger and C. Vafa, Phys. Lett. **B379** (1996) 99.
23) J. Maldacena, Adv. Theor. Phys. **2** (1998) 231.
24) A. Hanany and E. Witten, Nucl. Phys. **B492** (1997) 152.
25) A. Giveon and D. Kutasov, Rev. Mod. Phys. **71** (1999) 983.
26) M. Douglas and C. Hull, Jour. High Energy Phys. **9802** (1998) 008.
    N. Seiberg and E. Witten, Jour. High Energy Phys. **9909** (1999) 032.
27) A. Hashimoto and N. Itzhaki, Phys. Lett. **B465** (1999) 142.
    J. Maldacena and J. Russo, Jour. High Energy Phys. **9909** (1999) 025.
    R.-G. Cai and N. Ohta, Phys. Rev. **D61** (2000) 124012.
28) K. Sato, Mon. Not. Roy. Astron. Soc. **195** (1981) 467.
    A. H. Guth, Phys. Rev. **D23** (1981) 347.
29) L. Randall and R. Sundrum, Phys. Rev. Lett. **83** (1999) 3370.
30) N. Ohta, Int. J. Mod. Phys. **A20** (2005) 1.
    太田信義,「日本物理学会誌」, 第60巻8号 (2005) 616.
31) P. Ginsparg, Phys. Rev. **D35** (1987) 648.
32) E. Witten, Nucl. Phys. **B433** (1995) 85.
33) P. Hořava and E. Witten, Nucl. Phys. **B460** (1996) 506.

3
素粒子の諸現象

3.1 素粒子の世代

a. 世代とは

1960年代から1970年代初頭にかけて形成された素粒子標準理論は，1935年の湯川中間子論以来展開してきた素粒子現象を，理論的に首尾一貫してほぼ完全に記述することができる．とはいえ標準理論では説明できず，前提条件として受け入れざるをえない現象もいくつか存在する．素粒子の世代の謎問題はその典型的な例である．

現在，これ以上分割できない最小単位の粒子という意味での素粒子には，物質の構成要素でありスピン1/2をもつクォークとレプトン，および素粒子間の相互作用（重力，弱い力，電磁力，強い力）を媒介し，スピン1をもつゲージ粒子がある（重力を司るグラビトンは例外的にスピン2をもつ．また，われわれを取り巻く真空に充満していて，真空の状態を変える（相転移を起こす）媒質粒子のヒッグス粒子も，スピン0の素粒子である可能性が存在するが，現時点で実験的に確認されていない）．標準理論では，クォークには，電荷2/3（陽子の電荷を単位とする．）をもつ up, charm, top と電荷 −1/3 をもつ down, strange, bottom の6種類があり，レプトンにも電気的に中性な3種のニュートリノ（ν_e, ν_μ, ν_τ）と電荷 −1 をもつ電子（e），ミューオン（μ），タウ（τ）の計6種類がある．これを香りの種類と呼ぶ．式 (3.1), (3.2) に示すように2組ずつペア（アイソスピン2重項という）を組んで弱い相互作用を行う．香りの異なる6個のクォークと6個のレプトンは，3つの世代に分けることができる．

$$\begin{array}{cccc} \text{世代} & \text{I} & \text{II} & \text{III} \\ \text{クォーク} & \begin{pmatrix} u \\ d \end{pmatrix} & \begin{pmatrix} c \\ s \end{pmatrix} & \begin{pmatrix} t \\ b \end{pmatrix} \end{array} \qquad (3.1)$$

$$\begin{array}{cccc} \text{レプトン} & \begin{pmatrix} \nu_e \\ e^- \end{pmatrix} & \begin{pmatrix} \nu_\mu \\ \mu^- \end{pmatrix} & \begin{pmatrix} \nu_\tau \\ \tau^- \end{pmatrix} \end{array} \qquad (3.2)$$

各クォークはさらに3色のカラー荷をもち，グルオンを交換することにより強い相互作用を行う．強い相互作用によりクォークのもつカラーは変化するが，香りは変化しない．

表 3.1.1 クォークとレプトンの質量値[1]

クォーク	u	d	s	c	b	t
*	~2.5 MeV	~5 MeV	~104 MeV	~1.27 GeV	~4.2 GeV	171 GeV
レプトン	ν_1	ν_2	ν_3	e	μ	τ
**	?	~0.009 eV	~0.05 eV	0.511 MeV	105.7 MeV	1777 MeV

* いわゆるカレント質量で,散乱など力学反応よりの推定値.
** ニュートリノは質量の 2 乗差 $\Delta m_{ij}^2 = |m_j^2 - m_i^2|$ のみがわかっている.ここでは,$\Delta m_{ij}^2 \approx \max\{m_i^2, m_j^2\}$ として大きさの順に並べた.

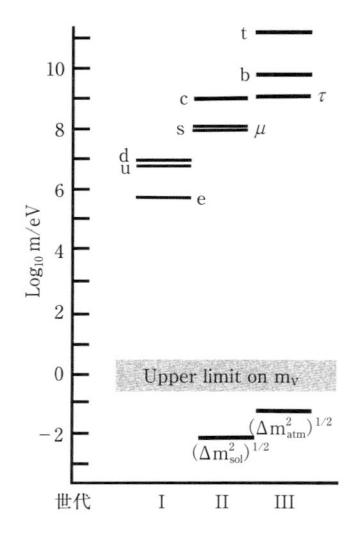

図 3.1.1 素粒子の質量スペクトル
上の表の質量値を世代ごとにグラフで表したものである.ニュートリノ質量の絶対値上限(灰色の帯)は実験値および宇宙論から得られたもの.ある種のパターン[2,3]が見られるが真の理由は不明.

電磁相互作用は荷電粒子がフォトンを交換する反応であり,やはりその際に香りが変化することはない.弱い相互作用のみが香りの転換を引き起こすことができる.弱い相互作用は,($W^\pm, Z^0$)ゲージボソンを交換して行われ,その際にアイソスピン 2 重項の中で香りが入れ替わる.2 重項自身がなくなることはないので,世代を越える香りの変化は本来存在しないはずであるが,世代混合(後述)が存在するので,結局どの香りにも転換可能である.ただし,ここでは,クォーク間もしくはレプトン間にのみ生じる転換を問題にする.クォークとレプトンにまたがる転換は,大統一理論の範疇に属する.

各世代の素粒子は,世代ごとに質量値が大きくなる以外は,第 1 世代のほぼ完全なレプリカでありまったく同じ性質をもつ(表 3.1.1,図 3.1.1).宇宙はほぼ第 1 世代の素

粒子のみで構成されており，第2,3世代の粒子はビッグバンの化石である原始ニュートリノ以外は，高エネルギー現象でわずかに生成されるのみである．すなわち第2，第3世代の粒子はなくても誰も困らないのである．ミューオンが発見されたときのラビ（I.I. Rabi：核磁気共鳴法を使った原子核の磁性の研究による1944年のノーベル賞受賞者）の質問「一体誰が注文したのだ？」[4]は，現在でも生きている．世代の存在する理由はいまだにわかっていない．3世代で閉じるのかも未知である．しかし，歴史的には新しい素粒子現象と新世代粒子の発見は密接に結びついており，その解明の努力を通じて現代の標準理論に到達したといっても過言ではない．新世代粒子が素粒子現象解明にどのような洞察をもたらしたか，われわれは現在「世代」をどのようにとらえているかを整理して，この謎を解く鍵を見つけたい．

b. ミューオン：第2世代レプトン

1912年ヘス（Hess）によって発見された宇宙線の中には，"柔らかい成分"と貫通力の強い"堅い成分"とがあった．柔らかい成分が電子と陽電子からなることはすぐわかったが，堅い成分の吸収に関する性質が研究者を悩ませるパズルとなった．1937年，アンダーソン（C.D. Anderson）とネッダーマイヤー（S.H. Neddermeyer）は，2次電子のスペクトル分析から堅い成分が陽子ではありえないこと，また，制動輻射のないことから電子でもないとし，陽子もしくは電子と同じ大きさの電荷をもち，質量が両者の中間にある粒子であると結論づけ，ギリシャ語で中間を意味する語幹メソをとってメソトロンと名付けた[5]．同様な結論は仁科研究室の実験でも得られた．続く観測で，この粒子は大体200 m_e の質量と 2.3×10^{-6} 秒の寿命をもつことが明らかになった．

時あたかも1935年，湯川は核力の媒介粒子として同程度の質量をもつ粒子の存在を予言しており，メソトロンの発見は素粒子学界に大きなセンセーションを巻き起こしたが，メソトロンの性質は湯川理論と整合性がとれなかった．湯川理論の予言するメソンは，強い相互作用をするので寿命は少なくも100倍短く，貫通力は少なくも100倍小さくなければならない．理論によれば，正電荷のメソンは原子核に吸収されてもクーロン障壁に阻まれて，反応を起こす前に崩壊しなければならないし，他方負電荷メソンは逆に吸収反応が主であるはずであった（朝永・荒木[6]）．この指摘に基づいてイタリアのグループが，決定的な実験[7]を行った．正電荷のメソトロンは確かに崩壊が主であり，負電荷メソトロンは確かに鉛の中で（炭素ではない）吸収される．しかし，負電荷メソトロンの反応率は湯川理論の10桁から12桁も弱いことが示されたのである．

この謎を解くために，メソトロンは湯川メソンではなく，湯川メソンが崩壊してできた粒子であるとする2中間子論が坂田らにより1942年に提案され，1947年には予言どおりに $\pi\rightarrow\mu$ 反応が発見された．π メソン（パイオンともいう）とミューメソンと名付けられたのはこのときである．のちにミューメソンはレプトンであることがわかり名前はミューオンと変えられた．

かくして，π メソンは核力の媒介粒子として素粒子界でしかるべき地位を獲得した

が，ミューオンの役割が謎として残った．先のラビの言葉はこの困惑を端的に表現したものである．

c. ストレンジ粒子：第2世代クォーク
（1） なぜストレンジ粒子は奇妙なのか？

1947年πメソンの発見により中間子論をめぐる混乱が解決したその同じ年に，宇宙線の中から何とも説明のつかない奇妙な飛跡が霧箱の中に発見された[8]．当時における素粒子とは何であったかを振り返ってみると，ストレンジ粒子がなぜ奇妙に思われたかが理解できる．

原子核の中核をなす陽子と中性子，それを取り巻く電子が物質の基本粒子であり，それに加えてフォトンとπメソンは電磁力および強い力の伝達子として明快な存在すべき理由があった．ニュートリノは弱い相互作用を特徴づける粒子として，また弱い相互作用においてスピンやエネルギー運動量保存則を成立させる役割があった．ミューオンだけはその存在理由がわからなかったが，その他の粒子は自然界の構成メンバーとしてそれぞれ立派な役割があった．素粒子研究者はあるべき粒子はすべてあると考え，既存の粒子で十分に満足しており，新しい粒子が必要とは考えなかったのである．

図3.1.2に，ベヴァトロンで生成された
$$\pi^- + p \to K^0 + \Lambda^0, \quad K^0 \to \pi^+ + \pi^-, \quad \Lambda^0 \to \pi^- + p \tag{3.3}$$
反応の泡箱写真を示す．この写真でもわかるように，ストレンジ粒子は生成後崩壊するまでに数センチメートルの飛跡を残す．すなわち光速で飛んだとして寿命がほぼ$10^{-8} \sim 10^{-10}$秒程度であり，この事実は崩壊反応が弱い相互作用を通じて行われることを示す．一方，πメソンを10個くらい泡箱（直径30 cm程度）に入射するとほぼ確実に反応が

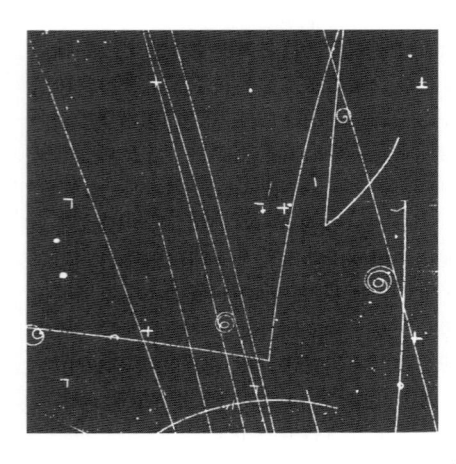

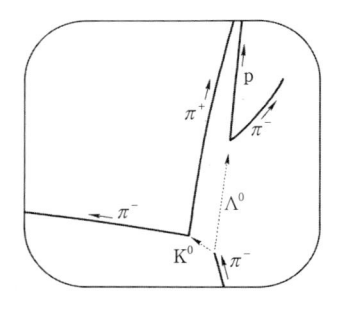

図3.1.2 ストレンジ粒子連携生成（ベヴァトロンの泡箱写真）
$\pi^- + p \to K^0 + \Lambda^0, \quad K^0 \to \pi^+ + \pi^-, \quad \Lambda^0 \to \pi^- + p$（陽子）．

3.1 素粒子の世代

起きる．ということは反応の断面積が $10\ \mathrm{mb} = 10^{-26}\ \mathrm{cm}^2$ 程度であることを示す．これは強い相互作用による反応率である．同じ粒子が，あるときは強い相互作用をし，別のときは弱い相互作用をするという二重性は，当時の研究者の理解を超える性質であった．

（2） 西島-ゲルマンの法則

新粒子の奇妙な性質は，中野・西島とゲルマンがそれぞれ独立に考え出した法則により説明がつけられる（1953）．彼らはこれらの新粒子が生成されるときは，単独にではなく必ず別の新粒子と連携してつくられることに注目し，新粒子は既存の粒子にはない特殊性，ある特別な量子数 S をもつと考え，この量子数（ストレンジネス）は強い相互作用では保存するが，弱い相互作用では保存しなくてもよいとした．たとえば，新粒子の $\mathrm{K}^+, \mathrm{K}^0$ は $S=+1$，Λ^0, Σ^- などは $S=-1$ をもち，従来の π メソンや陽子などは $S=0$ をもつとすれば，反応（3.3）において最初の生成反応ではストレンジネスが保存し，次いで起こる崩壊反応では，ストレンジネスが保存しない（現代の言葉でいえば，ストレンジネス S は s クォークの数に負の符号を付けた量である）．

新粒子には，$(\mathrm{K}^+, \mathrm{K}^0)$，$(\Sigma^+, \Sigma^0, \Sigma^-)$ のように，質量がほとんど等しくて電荷のみ違う組合せが存在することがわかり，陽子 p と中性子 n がアイソスピン 1/2 の 2 重項をつくるように，新粒子もまたアイソスピン多重項をつくることがわかった．そこで，西島-ゲルマンはさらに一歩踏み込んで，ストレンジネスと既知の量子数，バリオン数 B，アイソスピン第 3 成分 I_3，電荷 Q の間には

$$Q = I_3 + \frac{B+S}{2} = I_3 + \frac{Y}{2} \tag{3.4}$$

の関係が成立するとした．これを西島-ゲルマンの法則という．Y をハイパーチャージ（超電荷）といい，香りによる分類ではストレンジネスより本質的な役割を演じることが，のちに明らかになる．

（3） クォークモデルの成立

1950～60 年代に相次いで建設された加速器による新粒子の大量発見の結果，これらの粒子を基本粒子ではなく複合粒子と考え，より基本的な粒子を追求するようになったのは自然な流れである．1956 年に提案された坂田モデルは，$(\mathrm{p, n}, \Lambda^0)$ を基本粒子と考えれば，すべてのハドロンの量子数を再現することができることを示した．次いで，池田・大貫・小川（IOO）は，この 3 種の基本粒子の質量がほぼ（20% の精度で）等しいことに着眼し，3 種の基本粒子の入れ替えで強い相互作用は（近似的に）不変であるという IOO 対称性，今日の SU(3) 対称性を提案した．IOO 対称性を使えば，坂田モデルはメソンが 8 組の多重項（ユニタリ 8 重項）として現れることを示し，未知のメソン η の存在を予言した．その後実際に発見されて SU(3) 対称性は一躍脚光を浴びたが，実験的にはスピン 1/2 のバリオンもまた 8 重項をつくることが示され，8 重項を基本におくゲルマン-ネーマンの 8 道説（8-foldway）が唱えられた．$(\mathrm{p, n}, \Lambda)$ は基本粒子として

3. 素粒子の諸現象

表 3.1.2 クォークのもつ性質

クォーク名	u	d	s
アイソスピン I	1/2	1/2	0
I_3	+1/2	-1/2	0
ストレンジネス S	0	0	-1
バリオン数 B	1/3	1/3	1/3
ハイパーチャージ Y	1/3	1/3	-2/3
電荷 Q	+2/3	-1/3	-1/3

の地位を失ったのである．しかし，SU(3) 対称性をもつ複合モデルが正しいという精神を受け継ぎ，メソン・バリオン双方（まとめてハドロンと呼ぶ）に 8 重項を再現することのできる基本構成粒子クォーク (u, d, s) があるとするならば，その量子数は表 3.1.2 のように表される（ゲルマン・ツバイク，1964）．

クォークモデルを使えば陽子は (uud)，中性子は (udd)，ラムダ粒子は (uds)，π メソンは u もしくは d とその反粒子の $\bar{u}, \bar{d}$ の組合せとして表される．このようにして導入されたクォークは分数のバリオン数，分数電荷をもつ．当時としてはありえない概念であり，すべてのクォーク探索も不毛であったので，ゲルマンは，クォークは実在の粒子ではなく数学的分類手段と見なすべきであると唱えたほどである．分数電荷をもつクォークがハドロンの中に実在することは，電子およびニュートリノによる深非弾性散乱の測定（1969～1980）から明らかになった．クォークが実在粒子であることは確かめられたが，単独のクォークは今日に至るまで観測されていない．観測されるのはクォークの複合体としてのハドロンである．

数百種におよぶ新粒子をわずか 3 種のクォークで整理し，種々の反応間の規則性を理解したときに，今日の標準理論の土台が築かれた．クォークモデルの建立という大革命をもたらした契機は，ストレンジ粒子（第 2 世代クォーク s を含むハドロン）の発見であったのである．

d. 2 種類のニュートリノ：レプトン第 2 世代の確立

ミューオンは別名"重い電子"と呼ばれるように，質量が電子の約 200 倍（105.66 MeV）ある以外は電子とまったく同じ性質をもつ．つまり，電子と同じ強さで電磁相互作用や弱い相互作用に関与する．しかし，ミューオンが本当に重い電子で電子と同じ量子数をもつならば，

$$\mu \to e + \gamma \tag{3.5}$$

という反応が電磁相互作用で起きなければならない．一方，ミューオンのベータ崩壊（$\mu^{\pm} \to e^{\pm} + \nu + \bar{\nu}$）では，生成電子のエネルギースペクトルより，同時に 2 個のニュートリノが放出されることがわかっていた．ミューオンと電子が違う量子数をもつにしても，ミューオンの弱い相互作用による崩壊で放出される 2 個のニュートリノが同じニュートリノであるならば，図 3.1.3 のような弱い相互作用反応が可能であり，やはり

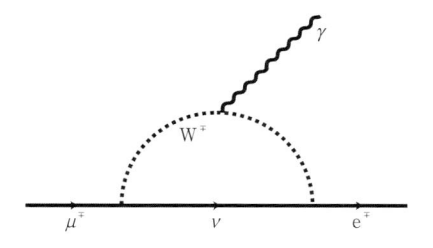

図3.1.3 $\nu_e = \nu_\mu$ ならば, $\mu \to e + \gamma$ 反応が起きる.

電子への崩壊は起きる.しかし,実験的にはこの反応はまったく観測されていない.このことから,ミューオン崩壊で放出されるニュートリノの1つはベータ崩壊で放出されるニュートリノと違うのではないかという推測が生まれた.原子核のベータ崩壊{中性子(n=udd) → 陽子(p=uud)+e^-+ν)}で生成されるニュートリノは電子と結合するニュートリノであるので ν_e と書き(実際は反ニュートリノ $\bar{\nu}_e$),ミューオンと結合するニュートリノを(ν_μ)と書けば,πメソン崩壊($\pi^+ \to \mu^+ + \nu$)で生成されるニュートリノは ν_μ である.このニュートリノを原子核に衝突させてやれば,中性子と反応して,(ν_μ+d→μ^-+u)過程によりミューオンと陽子を生成することができるが,電子は生成できないはずである.この実験は1962年に行われ,電子は生成されないことが確かめられた[9].ミューオン崩壊で生成される2つのニュートリノは異なることが証明されたのである.かくして,弱い相互作用に関与する2重項(ν_e, e^-),(ν_μ, μ^-)が2つあること,両者は荷電レプトンの質量が違うほか,それぞれe数,μ数とも呼ぶべき異なる量子数(香り)をもつことが判明した.レプトンには2世代が存在することが確立したのである.

レプトンにおける第2世代の存在が与えたインパクトには,次のようなものがある.

(1) 当時,弱い相互作用において,(ν, e^-, μ^-)と(p, n, Λ)との類似性が注目され,名古屋学派はさらに踏み込んでレプトン-クォーク対応原理(当時はレプトン-バリオン対応原理であった)を素粒子の本質的な性質と見なした.レプトンに4種類あるならば,ハドロンの根元粒子も4種類あるはずと考え,チャーム粒子存在の予言につながった[10].

(2) 世代混合によるニュートリノ振動の存在が予言された(後述 j 項)[11].

e. 世代混合:弱固有状態と質量固有状態

強い相互作用においては,ストレンジ粒子が陽子や中性子と同等であり,u, d, s 入れ替えのSU(3)対称性(QCDにおける色のSU(3)と区別して香りのSU(3)という)が成り立つが,弱い相互作用反応はsクォークとdクォークの入れ替えで対称ではなかった.弱い相互作用は,レプトン2重項や2つのクォーク2重項(u, d)と(u, s)が左巻きベクトルボソン(W)をやりとりして行われると考えれば理解できるが,反応の強さは(u, d)と(u, s)では大きな差があり,さらにレプトン2重項とも差があった(歴

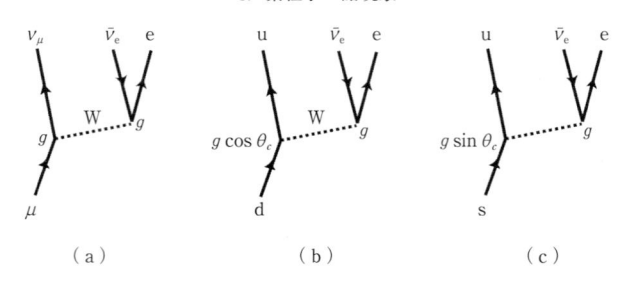

図 3.1.4 各種ベータ崩壊反応の強さ

史的には，レプトンとの結合はカビボ回転が提案されてから精密測定され，カビボ回転の実験的検証となった）．W ボソンがゲージ粒子であるならば結合力は同じでなければならないはずである．そこで，カビボ（N. Cabibbo）は弱い相互作用を行う際の量子状態 d′ は質量固有状態 d とは違うと考え

$$d' = d\cos\theta_c + s\sin\theta_c, \qquad \sin\theta_c \simeq 0.224 \tag{3.6}$$

と置いた．これをカビボ回転という．この場合弱い相互作用は，(u, d′) 2 重項が自分自身もしくはレプトン 2 重項と W ボソンを交換する反応と解釈できる．この提案によりすべての（既知の）弱い相互作用反応を統一的に解釈することが可能となった．たとえば，ミューオン，原子核，Λ 粒子の β 崩壊反応は図 3.1.4 のようなグラフで表され，反応の強さはそれぞれ $g^4, g^4\cos^2\theta_c, g^4\sin^2\theta_c$ に比例するはずであるが，実験データはその事実を支持する．

f. GIM 機構：チャームの予言

Z^0 ボソンをやりとりする反応（図 3.1.5）を中性カレント現象という．歴史的には弱い相互作用における中性カレントの存在は，標準理論形成において重要な役割を果たした．標準理論の予言する中性カレント現象の発見が検証の第一歩となったのである．しかし，大加速器建設によるニュートリノ散乱実験が実現される以前の中性カレント現象観測は，崩壊現象に限られていた．クォークの第 1 世代 2 重項

$$Q_1 = \begin{bmatrix} u \\ d' \end{bmatrix} = \begin{bmatrix} u \\ d\cos\theta_c + s\sin\theta_c \end{bmatrix} \tag{3.7}$$

から中性カレントを作ってみると

$$j_{NC1} \sim \bar{Q}_1 \tau_3 Q_1 \sim \bar{u}u - \bar{d}'d' = \bar{u}u - \cos^2\theta_c \bar{d}d - \sin^2\theta_c \bar{s}s - \cos\theta_c \sin\theta_c (\bar{d}s + \bar{s}d) \tag{3.8}$$

と表される．場の量子論では $u, d \cdots$ は，u, d $\cdots$ クォークの消滅演算子，$\bar{u}, \bar{d} \cdots$ は生成演算子である．簡単のためクォーク種以外の時空の指標などは省略した．ニュートリノ散乱など Z^0 を交換する反応例を図 3.1.5(b) に示した．ここでは式 (3.8) の第 1, 2 項が関与する．最後の項は，d と s を入れ替える演算子であるから，電荷は変わらないがス

3.1 素粒子の世代

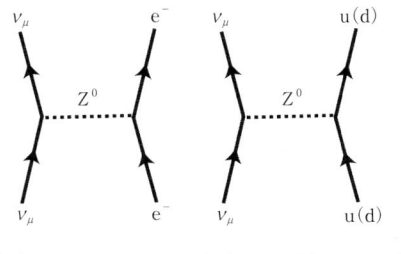

(a) $\nu_\mu + e^- \to \nu_\mu + e^-$ (b) $\nu_\mu + u(d) \to \nu_\mu + u(d)$

図 3.1.5 中性カレント反応例

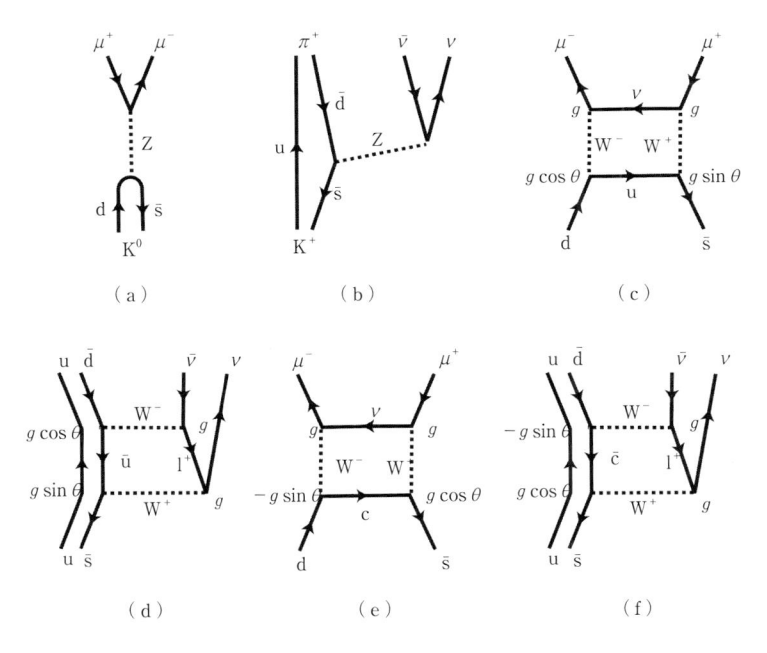

図 3.1.6 GIM 機構
(a) $K^0 \to \mu\bar{\mu}$ および (b) $K^+ \to \pi^+ \nu\bar{\nu}$ は香りの変わる中性カレントに結合する Z を示すが,標準理論には存在しない.同じ反応が荷電カレントの高次反応 (c)(d) により誘起されるが,チャームの寄与 (e)(f) を入れると (c)(d) の寄与と ($m_u = m_c$ ならば正確に)相殺する.

トレンジネスの変わる中性カレントであり,これを一般に香りの変わる中性カレント(FCNC = Flavor Changing Neutral Current)という.この項はたとえば $K^0 \to \mu^- \mu^+$, $K^+ \to \pi^+ \nu\bar{\nu}$ のような反応(図 3.1.6(a)(b))を引き起こすが,これらの崩壊分岐比(Branching Ratio)は実験的には

$$\text{BR}\ (K^0 \to \mu^- \mu^+) = 6.84 \pm 0.11 \times 10^{-9} \tag{3.9}$$

$$\text{BR}\ (K^+ \to \pi^+ \nu \bar{\nu}) = 1.5 \pm 1.3 \times 10^{-10} \tag{3.10}$$

と非常に小さい[1].少なくも第1次近似では,FCNC は存在しないと考えてよい.この事実を説明するために,カビボ回転を2世代間のクォーク混合に対するユニタリ変換と考えて

$$\begin{bmatrix} d' \\ s' \end{bmatrix} = U \begin{bmatrix} d \\ s \end{bmatrix} = \begin{bmatrix} \cos\theta_c & \sin\theta_c \\ -\sin\theta_c & \cos\theta_c \end{bmatrix} \begin{bmatrix} d \\ s \end{bmatrix} \tag{3.11}$$

とし,d′ が d に対応するように s に対応する s′ があり,s′ とペアを組むクォークすなわち c クォークの存在を仮定する.第1世代のクォーク2重項 (u, d′) に対応し,第2世代のクォーク2重項

$$Q_2 = \begin{bmatrix} c \\ s' \end{bmatrix} = \begin{bmatrix} u \\ s\cos\theta_c - d\sin\theta_c \end{bmatrix} \tag{3.12}$$

があると仮定するのである.そうすると,Q_1 による中性カレントの他に,Q_2 による中性カレント

$$j_{\text{NC2}} \sim \bar{Q}_2 \tau_3 Q_2 = \bar{c}c - \bar{s}'s' = \bar{c}c - \cos^2\theta_c\,\bar{s}s - \sin^2\theta_c\,\bar{d}d + \cos\theta_c\sin\theta_c\,(\bar{d}s + \bar{s}d) \tag{3.13}$$

の寄与があることになり,全体では

$$j_{\text{NC}} \sim \bar{Q}_1 \tau_3 Q_1 + \bar{Q}_2 \tau_3 Q_2 = \bar{u}u + \bar{c}c - \bar{d}d - \bar{s}s \tag{3.14}$$

となって,FCNC はなくなって実験事実と矛盾しない.これを GIM 機構 (Glashow-Illiopoulos-Maiani) と呼ぶ.FCNC 反応が小さくはあるが存在する理由は荷電カレント反応の高次効果による(図 3.1.6(c)~(f)).ただし,GIM 機構は高次でも働いていて,もし $m_u = m_c$ であれば,図 (c) と (e),(d) と (f) が完全に相殺するが,質量が違うことによる差が寄与して,わずかながらこの反応が存在しうる.GIM 機構は,u, d, s の3クォークしか知られていない時代に提案されたものであり (1970),未知の c クォークを予言するモデルの中で最も説得力のある根拠を提供した.レプトン-クォーク対応原理による c クォーク予言についてはすでに述べた.

g. チャームの発見:クォーク第2世代の確立

チャームクォークは,$J/\psi\,(=c\bar{c})$ メソン生成と引き続くレプトン対への崩壊という形で,ハドロン反応と電子・陽電子コライダー反応において同時に発見された.

$$p + p \to J/\psi + X,\quad J/\psi \to e^- e^+ \tag{3.15}$$

$$e^- + e^+ \to J/\psi \to e^- e^+,\ \mu^+\mu^-,\ \text{ハドロン} \tag{3.16}$$

チャームの存在は予言されていたとはいえ,確かな説得力があったというわけではなく,たくさんあるモデルの1つとして提案されたのであった.チャームの発見もまた当時の状況では予想外の発見であり,11月革命と呼ばれるほどの興奮を巻き起こしたのである.騒がれた理由は,ストレンジ粒子の場合と似ている.3097 MeV という非常に大きい質量をもち,強い相互作用で生産可能であるにもかかわらず,崩壊幅が実験分解能をはるかに下まわり,電磁相互作用による反応と同程度に小さかった.未知の新しい性質

をもっているのでない限り説明はつかなかったのである．しかし，今回はクォークモデルが十分発達しており，発見後ただちに第4のクォーク$c\bar{c}$の束縛状態であると同定され，J/ψと名付けられた．チャームの発見は，クォークモデルを正当な理論として認知する転機になった．

J/ψに続いて発見された一連の$c\bar{c}$の励起状態（チャーモニウム）のレベル構造から，クォークのもつ力学的性質が明らかになり，チャーモニウムに働く強い力のポテンシャルがゲージ理論に特徴的なクーロン型に加えて，距離とともに増加する成分をもつことが明らかになった．これはハドロンのひもモデルから予想されていた性質である．ポテンシャルが距離とともに増加するならば，クォークを巨視的な距離に分離することはできないであろう（クォークの閉じ込め）．ひもを引き延ばせばバラバラに引きちぎれて，たくさんのハドロンができると予想される．実際，高エネルギークォークの存在すべきところには，つねにジェット（同方向に飛来するたくさんのハドロン）が観測されること，そして単独のクォークは発見されていない事実と合わせて，クォークの閉じ込め説は受け入れられている．

第3世代クォーク

次いで，チャーモニウム発見と同様な経過をたどり，第5のクォークbも発見された（1977）．チャームやボトムクォークを含むハドロンスペクトルの構造は，クォークモデルの予想を裏付けるものであった．この頃には世代構造が明らかになり，次に述べる小林-益川モデルの信用性も高まっていたので，トップの発見（1994）は時間の問題であった．チャームの発見は世代構造を確立したという意味で大きな意味があるが，トップ・ボトムの発見は世代という観点からは繰り返しであり大きな意味はない．しかし，世代数が2と3では，次に述べるCPの破れを理解するうえで本質的な差がある．

h. 小林-益川理論：世代混合とCPの破れ

3世代のクォーク2重項$(u, d), (c, s), (t, b)$が存在すれば，カビボ回転は3×3のユニタリ変換となる．

$$Q_{d'} \equiv \begin{bmatrix} d' \\ s' \\ b' \end{bmatrix} = U_{\text{CKM}} \begin{bmatrix} d \\ s \\ b \end{bmatrix} \tag{3.17}$$

U_{CKM}をCKM(Cabibbo-Kobayashi-Maskawa)行列という．この場合もGIM機構は有効である．なぜならば

$$Q_3 = \begin{bmatrix} t \\ b' \end{bmatrix}, \quad Q_u = \begin{bmatrix} u \\ c \\ t \end{bmatrix} \tag{3.18}$$

と置いて，3世代のクォーク2重項から中性カレントをつくると

$$\bar{Q}_1\tau_3 Q_1 + \bar{Q}_2\tau_3 Q_2 + \bar{Q}_3\tau_3 Q_3 = \bar{Q}_u Q_u - \bar{Q}_{d'} Q_{d'} = \bar{Q}_u Q_u - \bar{Q}_d U^\dagger U Q_d = \bar{Q}_u Q - \bar{Q}_d Q_d$$

$$\tag{3.19}$$

となって，やはり香りは混合しないからである．

なお，カビボ回転や CKM 行列は u, c, t 間の混合として表してもよく，d, s, b 間の混合行列として表すのは単なる慣用である．なぜなら

$$Q'_u \equiv \begin{bmatrix} u' \\ c' \\ t' \end{bmatrix} = V \begin{bmatrix} u \\ c \\ t \end{bmatrix} \tag{3.20}$$

と表したとき，CKM 行列が現れるラグランジアン項は，$\sim \bar{Q}'_u Q'_d = \bar{Q}_u V^\dagger U Q_d$ の形をしており，$V^\dagger U$ を改めて U と置けば，通常の CKM 行列に還元されるからである．

CP の破れ

小林-益川理論の真意は，2世代を単純に3世代に拡張することではなく，CP の破れ現象を説明することにあった．中性の K メソンには短寿命で CP 固有パリティが正で主として2個の π メソンに崩壊する K_S と，長寿命で CP 固有パリティが負の K_L の2種類が存在するが，1964 年フィッチ・クローニンらが，$K_L \to \pi\pi$ 反応がわずかながら存在することを見いだし，CP の破れを発見したのである．

CP の破れの解明は，そもそもわれわれがなぜ存在しうるかという根元的な問題に関わる．ビッグバン宇宙時には，すべての素粒子と反粒子が同じ数だけあり，かつ熱平衡状態にあったが，反粒子が消滅して現在の物質宇宙に発展するためには，次のサハロフの3条件が必要とされる．

(1) クォーク数を破る反応の存在（大統一理論の必要性）
(2) CP の破れ
(3) 宇宙の熱平衡状態からの離脱

理論的には，素粒子を記述するラグランジアンが位相因子をもつと CP の破れ現象が引き起こされる．小林-益川は位相因子を導入する要因として，3世代6種のクォークの存在を予言したのである．提案時（1973）には，u, d, s の3種類のクォークしか存在せず，世代の概念もなかった時代であるから，これは大いなる先見の明であり，2008 年のノーベル賞受賞はそれにふさわしい結果といえよう．

クォークが3世代存在するとなぜ位相因子が導入されるかは，次のようにしていえる．世代間の混合はユニタリ行列として表現でき，$N \times N$ ユニタリ行列は一般に N^2 個の独立な行列要素をもつ．このうち，${}_N C_2 = N(N-1)/2$ 個は実数空間の回転角で表すことができ，残りが位相角となる．しかし，$2N$ 個のクォーク場には位相変換の自由度があり，全体に共通な1個の位相を除いた $(2N-1)$ 個の位相はクォーク場に吸収できる．この結果，残る位相の数は

$$N^2 - \frac{N(N-1)}{2} - (2N-1) = \frac{(N-1)(N-2)}{2} \tag{3.21}$$

となる．したがって，$N \leq 2$ の場合は混合のユニタリ行列はすべて実数で書き直せるので CP 非保存効果は現れない．現実には CP が破れているので，$N \geq 3$ でなければならないというのが，そもそもの提案動機であった．歴史的には，チャーム（1974），ボト

3.1 素粒子の世代

ム（1977），トップ（1994）の 3 世代クォークが予言どおりに発見され，小林-益川モデルは検証される以前に標準理論に組み込まれるようになった．CKM 行列は，3 つの混合角と CP の破れを表す 1 つの位相角で表されるが，混合角は小さく行列はほぼ対角的であるので，現象論的には，次のウォルフェンシュタイン表示が使われることが多い[1]．

$$U_{CKM} = \begin{bmatrix} 1 - \frac{\lambda^2}{2} & \lambda & A\lambda^3(\rho - i\eta) \\ -\lambda & 1 - \frac{\lambda^2}{2} & A\lambda^2 \\ A\lambda^3(1 - \rho - i\eta) & -A\lambda^2 & 1 \end{bmatrix} \quad (3.22)$$

$$\lambda = 0.2257 \pm 0.001, \quad A = 0.814 \pm 0.022 \quad (3.23)$$

$$\bar{\rho} = \left(1 - \frac{\lambda^2}{2}\right)\rho = 0.135 \pm 0.031, \quad \bar{\eta} = \left(1 - \frac{\lambda^2}{2}\right)\eta = 0.349 \pm 0.017 \quad (3.24)$$

i. 世代数は 3 か？

第 3 世代の存在は，タウレプトンの発見（1975）に始まる．タウレプトンは質量が 1777 MeV と非常に大きく，したがって

$$\tau^- \to \nu_\tau + l^- + \bar{\nu}_l, \quad l = e, \mu \quad (3.25)$$

$$\tau^- \to \nu_\tau + \bar{u} + d \quad (\pi^-, \rho^- \text{など，種々のハドロン}) \quad (3.26)$$

など多くの崩壊モードが存在するが，電磁相互作用，弱い相互作用は電子と同じで，ミューオンに次ぐ"第 2 の重い電子"ともいうべき存在である．タウレプトンに付随するニュートリノもまた，ν_e, ν_μ とは違い，2 重項 (ν_τ, τ^-) が第 3 世代のレプトンとして確立された．その後，第 3 世代クォークもまた発見されたことはすでに述べたとおりである．

標準理論では，クォークとレプトンはそれぞれ 3 世代存在することを前提とする．第 4 世代以降の存在可能性が否定されたわけではないが，軽い（数 MeV 以下）ニュートリノ種の数の制限は存在する．

ニュートリノ数の制限は，歴史的に最初宇宙論において議論された．ビッグバンから約 3 分後に水素，重水素，ヘリウム，リシウムなどの軽元素が合成されるが，その比率はその時期の宇宙の膨張率により規制される．膨張率は粒子種の数，とりわけ軽いニュートリノの数に依存するので，宇宙における軽元素の存在比測定から，ニュートリノ種は高々 3〜4 と決められた（1979．図 3.1.7 参照）．

より決定的な証拠は 1989 年に，LEP における

$$e^- + e^+ \to Z^0 \to e\bar{e}, \mu\bar{\mu}, \tau\bar{\tau}, u\bar{u}, c\bar{c}, b\bar{b}, \sum_{\alpha=1}^{N} \nu_\alpha \bar{\nu}_\alpha \quad (3.27)$$

の反応において，各チャンネルへの分岐崩壊率が精密測定され，標準理論の予想と過不足なく一致した事実から得られた．$Z \to \sum_{\alpha=1}^{N} \bar{\nu}_\alpha \nu_\alpha$ の分岐比から，Z ボソンに結合する質量の小さなニュートリノの数 N が 2.9840 ± 0.0082 と確定された[1]．仮に Z に結合す

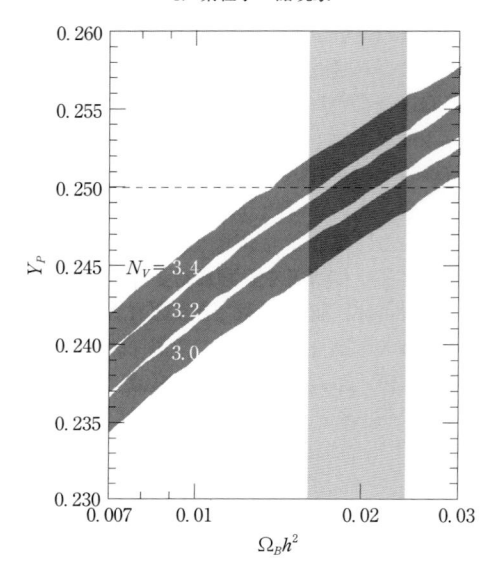

図 3.1.7 ニュートリノ数 3.0, 3.2, 3.4 に対応して宇宙の軽元素比の変化する様子を示す[12]. 横軸は宇宙におけるバリオン密度（$\Omega_B = \rho_B/\rho_c$, ρ_c = 宇宙の臨界密度 = $1.88 \times 10^{-29} h^2 g/cm^3$, $h = 0.73 \pm 0.03$）を表し，縦の帯は宇宙の（重水素/水素）比の観測値 $(2.7 \pm 0.6) \times 10^{-5}$ から決められた許容範囲を示す. 幅は 2σ の理論の不定性. 縦軸はヘリウムの質量比率で水平のダッシュ線は観測値 25% に対応.

る第 4 世代ニュートリノがあるとすれば，質量が $m_z/2 \simeq 45$ GeV 以下ならば，Z の崩壊粒子の中に見つかるはずであるが，そのような生成物は見られないことから，第 4 世代以降のニュートリノは 45 GeV 以上の質量をもつことになり，第 4 世代以降の存在は不自然と考えられている.

j. ニュートリノ振動

レプトンが 3 世代存在することの意味および結果を考察してみよう. ニュートリノはこれまでは質量の固有状態としてではなく，弱い相互作用の反応に伴って，パートナーの荷電レプトンと連携生産される粒子として観測された. したがって観測されるニュートリノは，弱い相互作用の固有状態（ν_α）である. もし，ニュートリノの固有質量がゼロであれば，質量固有状態（ν_i）と弱状態を区別する指標はないが，質量が有限の場合，一般に両者の固有状態は異なるので，クォークの場合と同じく

$$\nu_\alpha = \sum_i U_{\alpha i} \nu_i \tag{3.28}$$

と表すことができる. この混合行列を MNS（牧-中川-坂田）行列[11]という.

ニュートリノ振動

質量が有限で混合があると，弱固有状態間の遷移が生じる．これはニュートリノの香りの時間的変動として観測されるのでニュートリノ振動と呼ばれる．ニュートリノ振動が生じる機構を2世代混合で考えてみよう．2×2ユニタリの行列は1個の混合角θを使って次のように表される．

$$\begin{bmatrix} \nu_e \\ \nu_\mu \end{bmatrix} \equiv \begin{bmatrix} \cos\theta & \sin\theta \\ -\sin\theta & \cos\theta \end{bmatrix} \begin{bmatrix} \nu_1 \\ \nu_2 \end{bmatrix} \tag{3.29}$$

質量固有状態は，エネルギー$E_i \sim p + \dfrac{m_i^2}{2p}$をもつとき，時間とともに

$$|\nu_i(t)\rangle = |\nu_i(0)\rangle e^{-iE_i t} \tag{3.30}$$

のように変化する．したがって時刻$t=0$において，ν_eであったものが，時刻tでν_μに変化する確率は容易に計算できて

$$P(\nu_e \to \nu_\mu) = |\langle \nu_\mu(0)|\nu_e(t)\rangle|^2 = \frac{1}{2}\sin^2 2\theta[1-\cos(E_1-E_2)t]$$
$$\simeq \sin^2 2\theta \sin^2\left(1.27\frac{\Delta m^2}{E}L\right) \tag{3.31}$$
$$\Delta m^2 = m_2^2 - m_1^2 \tag{3.32}$$

ただし，ここで$L=ct$はニュートリノ発生点より測定点までの距離でkm，Δm^2は$(\text{eV})^2$，エネルギーEはGeV単位で表した．ν_eがν_eのままで残る確率は$P(\nu_e \to \nu_e) = 1 - P(\nu_e \to \nu_\mu)$で与えられる．この式からニュートリノ振動は，混合があり，かつ質量差がゼロでないときに発生することがわかる．

3世代間の混合があるときのニュートリノ振動の式はやや複雑となるが，質量差と混合角が有限であるときにのみ振動が生じることは同じである．そこで，見通しをよくするためMNS行列を次のように分解する．

$$U_{MNS} = \begin{pmatrix} 1 & & \\ & c_{23} & s_{23} \\ & -s_{23} & c_{23} \end{pmatrix} \begin{pmatrix} c_{13} & & s_{13}e^{-i\delta} \\ & 1 & \\ -s_{13}e^{i\delta} & & c_{13} \end{pmatrix} \begin{pmatrix} c_{12} & s_{12} & \\ -s_{12} & c_{12} & \\ & & 1 \end{pmatrix} \begin{pmatrix} 1 & & \\ & e^{i\alpha} & \\ & & e^{i\beta} \end{pmatrix} \tag{3.33}$$

$$c_{ij} = \cos\theta_{ij}, \quad s_{ij} = \sin\theta_{ij} \tag{3.34}$$

最初の3つの行列は，クォークにおけるCKM行列とまったく同じ表現式であり，θ_{ij}はi世代とj世代間の混合角を，δがCPの破れを表す位相である．ニュートリノの場合はクォークと違い，粒子と反粒子の差がないマヨラナ粒子である可能性があり，その場合はニュートリノ場の位相により混合行列の位相を吸収できないので，独立な位相因子α, βが加わる．これをマヨラナ位相因子と呼ぶ．ただし，ニュートリノ振動の式にはマヨラナ位相因子は現れない．

太陽ニュートリノ，大気ニュートリノや加速器/原子炉ニュートリノの観測から

$$\Delta m_{12}^2 \simeq 8 \times 10^{-5} \text{eV}^2, \quad \sin^2\theta_{12} \simeq 0.3 \tag{3.35}$$

$$|\Delta m_{23}^2| \simeq 2.5 \times 10^{-3} \text{eV}^2, \quad \sin^2\theta_{23} \simeq 0.5 \tag{3.36}$$

$$\sin^2\theta_{13} < 0.05 \tag{3.37}$$

が得られている[1]. ニュートリノが3世代で閉じているならば,

$$\Delta m_{13}^2 = \Delta m_{23}^2 + \Delta m_{12}^2 \simeq \Delta m_{23}^2 \tag{3.38}$$

である. 標準理論では3種あるニュートリノの質量をすべてゼロとしているから, ニュートリノ振動の発見は, ニュートリノに質量があること, したがってその説明には標準理論を超えた新理論すなわち大統一理論が必要なことを意味する.

ベータ崩壊ニュートリノの質量測定実験や銀河団分布などの大規模構造観測より,

$$\sum m(\nu_i) \leq 1 \text{ eV} \tag{3.39}$$

であることがわかっている. また, ニュートリノ質量が小さいことを説明する有力な理論であるシーソーメカニズムでは, m_{li}を荷電レプトンの質量, M_Rを未発見の右巻きニュートリノ質量としてマヨラナニュートリノ質量を

$$m(\nu_i) \sim \frac{m_{li}^2}{M_R} \tag{3.40}$$

と表す. $m_e^2 \ll m_\mu^2 \ll m_\tau^2$であるから, 各世代のニュートリノ質量比は大きく, ニュートリノ振動で測れる質量差はそのままほぼ質量値を表すものと考えられている.

マヨラナ位相を省略すると, MNS行列は近似的に

$$U_{MNS} = \begin{pmatrix} c_{12} & s_{12} & s_{13}e^{-i\delta} \\ -\dfrac{s_{12}}{\sqrt{2}} & \dfrac{c_{12}}{\sqrt{2}} & \dfrac{1}{\sqrt{2}} \\ \dfrac{s_{12}}{\sqrt{2}} & -\dfrac{c_{12}}{\sqrt{2}} & \dfrac{1}{\sqrt{2}} \end{pmatrix}, \quad c_{12} \sim 0.84, \quad s_{12} \sim 0.55 \tag{3.41}$$

と表される. CKM行列(3.22)との違いに注目しよう. CKM行列がほぼ対角的であるのに反し, MNS行列には大きな混合がある. クォーク-レプトン対応原理の考えからすると, これは意外な結果である.

k. ミューオンの電子転換と超対称性

香りの変わる中性カレント反応の欠如の論理は, レプトン反応においても成り立つ. 実際に, 香りの混合する中性カレント反応は存在しない. 測定された分岐比(Branching Ratio)の上限値で書くと[1],

$$\text{BR}(\mu \to e + \gamma) < 1.2 \times 10^{-11} \tag{3.42}$$

$$\text{BR}(\mu \to e\bar{e}e) < 1.0 \times 10^{-12} \tag{3.43}$$

$$\text{BR}(\mu^- + N \to e^- + N) < 7.0 \times 10^{-13} \tag{3.44}$$

$$\text{BR}(\tau \to l + \gamma; l = e, \mu) < 0.8 - 1.1 \times 10^{-7} \tag{3.45}$$

$$\text{BR}(\tau \to l + l'\bar{l}'; l, l' = e, \mu) < 2 - 3.6 \times 10^{-8} \tag{3.46}$$

$$\text{BR}(\tau \to l + m^0; m = \pi, K_s, \rho, \phi, \cdots) < 1.0 - 9.0 \times 10^{-(6 \sim 7)} \tag{3.47}$$

3.1 素粒子の世代

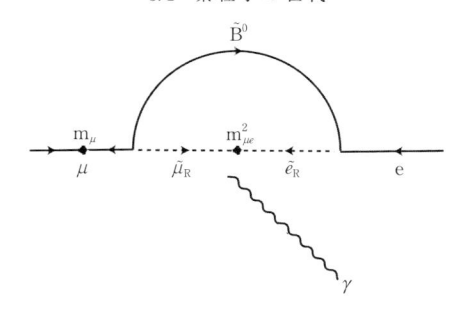

図 3.1.8 SUSY を取り入れると，SUSY 粒子（右巻きの $\tilde{\mu}_R, \tilde{e}_R, \tilde{B}^0$）のループ図の寄与により $\mu \to e + \gamma$ 反応率が大きくなる．

これらの反応が存在しないのは，3個の荷電レプトン（e, μ, τ）とそれに付随する3種のニュートリノ（ν_e, ν_μ, ν_τ）は，e 数，μ 数，τ 数ともいうべきそれぞれ独立の量子数（香り）をもち，これらの香り量子数が弱い相互作用で保存するからである．ニュートリノ混合が存在すると，図 3.1.3 の過程において，中間状態に最初 ν_μ が現れ，混合により ν_e に変わってから，電子に結合することができるので，$\mu \to e + \gamma$ 反応が可能になるが，標準理論を超えるため反応率はモデルに依存する．標準理論の拡張としては，フェルミオンとボソンの入れ替え対称性（超対称性（SUSY = super symmetry））を取り入れた大統一理論が有望視されている．この場合 SUSY 粒子を中間状態として入れることができ，モデルによっては（図 3.1.8 は一例）測定可能な範囲まで反応率が上昇するので，ミューオンが電子に変換する反応の有無を調べ，分岐比を測定することにより，SUSY 粒子の存在が検証できる．MEG 実験（$\mu \to e + \gamma$）や PRISM 計画など[13]，レプトンにおける香りの混合の追求は，新物理を拓く可能性を秘めているのである．

同様な新物理追求はクォーク反応 $b \to s(d) + \gamma, s(d) + g(= \text{gluon})$ でも可能であるので，b クォークを含むハドロンを大量生産できる B ファクトリーなどで活発な研究が行われている．ただし，観測はハドロン反応 $\{B(\bar{b}d) \to K^*(\bar{s}d) + \gamma, K(\bar{s}s) + \eta'(q\bar{q})$ など$\}$ であり，QCD 効果による雑音信号があるので，解析はレプトン反応ほど簡単ではない．

l. レプトン-クォーク対応と量子異常

レプトン-クォーク対応は，当初半ば直観的な原理として提案されたが，すべての世代がクォークとレプトン2重項の組から構成されているように，現象論的には見事な対応関係が成り立っている．これが単なる偶然ではなく自然の深い本質に根ざした現象であることは，量子異常[14]の追求により明らかになった．古典的な場の考察では，対称性があれば，保存量および保存則が存在することはネーターの定理として知られているが，量子論では成立しない場合があるという事実が量子異常である．

ゲージ対称性は位相変換の自由度であるが，ディラック場（フェルミオン）の左巻き

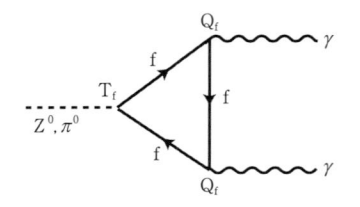

図 3.1.9 $Z^0, \pi^0 \to 2\gamma$ 反応に寄与する三角異常項
f はフェルミオン（クォークとレプトン）を示す．このループの存在により軸性カレントが保存しない．

と右巻きの粒子で，別々の位相変換自由度があるときカイラルゲージ対称性が成り立つという．このとき軸性カレント

$$J_A^\mu = g\bar{\psi}\gamma^\mu\gamma^5\psi \tag{3.48}$$

は保存するカレントである．軸性カレントはフェルミオン質量がゼロであれば，トリーレベル（最低次の摂動計算）では保存するが，高次のいわゆる三角図というループ効果（図3.1.9）の存在により保存しなくなる．三角図は，フェルミオンループに軸性カレントが結合し，さらに2つのベクトルカレントもしくは2つの軸性カレントが結合するときに生じる．軸性カレントはラグランジアンのレベルで保存していても，この三角ループが存在すると保存しない．軸性カレント保存則はカイラルゲージ対称性の結果として生じるが，このゲージ対称性が大局的であれば問題はない．実際，$\pi^0 \to 2\gamma$ 反応にはこの異常項が寄与していることが実験と比較して確かめられている．また，陽子や中性子の質量も大部分は量子異常項の寄与であることが知られている（表3.1.1のクォーク質量と陽子質量を比較せよ）．しかし，局所ゲージ対称性の場合はゲージカレントが保存しないことになり，くりこみ不可能という重大事が発生する．$Z^0 \to 2\gamma$ は異常項が発生しえる典型例である．しかし，各フェルミオンのこの図への寄与は電荷に比例するので，標準理論の場合は，すべてのフェルミオンについて和をとると，

$$3\text{色} \times (Q_u + Q_d) + Q_\nu + Q_e = 3 \times \frac{2}{3} + 3 \times \left(-\frac{1}{3}\right) + 0 + (-1) = 0 \tag{3.49}$$

となって，三角異常項の寄与の総和はゼロとなり，くりこみ可能性が保証されるのである．レプトンとクォークの寄与が相殺して量子異常項が消滅することは，両者の連携が不可欠なことを意味し，同じ家族の一員と見なすのが妥当であることを示す．レプトン－クォーク対応にはこうした重大な意味が隠されていたのであり，レプトンとクォークを同じ多重項に入れる大統一理論の理論的根拠を与える．

　正当な理論には，量子異常が存在してはならないという要請は，新理論を構成するときの重要な条件である．現代の最先端理論である超ひも理論が，10次元時空のみで成立するという帰結も，量子異常項の議論から導かれたものである．

m. 世代の謎

世代の謎はどのように理解されるのであろうか．アイデアはいくつかあるが定説はないので，数例の紹介にとどめる．

- 歴史的につねに有効であった考え方は，クォーク・レプトンを素粒子ではなく，より基本的な粒子・プレオンの複合粒子であると見なすことである[15]．標準理論が実験事実とよく合うことから，クォークやレプトンが複合粒子であるにしても，その束縛エネルギースケールは数 TeV 以上でなければならないとされている．複合モデルは，現実には束縛エネルギーよりはるかに小さい質量（表 3.1.1 参照）を再現し，さらに世代間の質量階層構造 $m_t/m_u \sim 10^8$ や，同じ世代間での質量差 $m_t/m(\nu_\tau) \sim 10^{15}$ を同時に説明しなければならないという困難を抱えている．現代の標準的な考え方では，クォークとレプトンは究極の素粒子であり，相互作用も電弱強重力の 4 つで尽きていると見なすので，複合モデルは主流ではないが，超対称性などを取り入れたヴァリエーションがリバイバルの兆しを見せている[16]．

- 大統一理論では，標準理論を含むより大きな群を考えるので素粒子の数が増え，第 4 世代以降の存在するモデルがいくつか存在する[17]．

- 紙面の都合でクォークやレプトンの質量構造に関する最近の発展[2,3]について述べることはできなかったが，階層構造や世代混合を再現することのできる現象論的な対称性として，世代を横断する群（ファミリー対称性もしくは水平対称性と呼ばれる）がいくつか提案されている[18]．この対称性の起源は，通常超対称性や超ひも理論に求めることが多い．次に述べる方法がトップダウンであるのに対して，ボトムアップのアプローチといえよう．

- 超ひも理論の枠内で 3 世代を導く方法がある．超ひもは 10 次元時空においてのみ存在する．このときわれわれの 4 次元時空以外の 6 次元空間は観測に掛からないくらい小さくなっているとする．この 6 次元時空をわれわれは真空と認識するが，この真空の構造が 4 次元時空の性質をも規制するので，標準理論およびその拡張理論の要請を満たすべしという条件を入れると，この真空は数学的にはカラビ-ヤウ多様体と呼ばれる構造をもつ．しかし，この条件のみでは多様な選択肢があり（真空の縮退），その解決は大きな課題の 1 つである．素粒子の世代数はこの多様体のトポロジー不変量として表現することができる[19]．超ひも理論は，すべての力の統一，時空の次元と構造，宇宙の起源などを解として導ける可能性を秘めており，現在活発な研究分野である．

おわりに

新世代粒子の発見は，つねに当時の理論家の理解を超える新事実を提供してきた．歓迎されないやっかいものを持ち込み理論家を当惑させたのである．新世代粒子にまつわる謎の追求は，つねに当時の最先端のテーマであって，それを理解し終えるたびに新たな世代の謎が現れるのであった．本解説では，世代の謎が素粒子に対する洞察を深め，今日の標準理論を形成するうえにおいて大きな役割を果たしたこと，世代の謎のインパクトの大きさを理解していただこうと試みた．

ミューオンがこの世界に必要なのかという当初の疑問は，世代の謎として今日に持ち越されいまだに解決をみていない．しかし，世代にまつわる謎を追求することが新しい知見を得る近道なのだという経験則もまた生きている．ミューオンの稀な反応の追求，世代混合によるニュートリノ振動を追求して，レプトンの MNS 行列を理解し，レプトンでの CP 非保存を追求することは，高エネルギー加速器（LHC（Large Hadron Collider，欧州原子核研究所 CERN で建設したエネルギー 14 TeV のハドロン衝突型加速器．2009 年稼働開始）や ILC（International Linear Collider，全世界共同の将来計画．1 TeV 電子・陽電子衝突型線形加速器））で直接ヒグス粒子や SUSY 粒子を発見することと並ぶ重要な将来計画としてあげられている．高エネルギー加速器で再び現代の理解を超える新世代の粒子が発見されることもありうる．過去の経験に学んで未来に備えよう．

(長島 順清)

参 考 文 献

1) Review of Particle Physics : Phys. Lett. **B667**（2008）1-1340.
2) H. Fritzsch and Z. Xing : Prog. Part. Nucl. Phys. **45**（2000）1-81, hep-ph/9912358.
3) S. King : Rept. Prog. Phys. **67**（2004）107-158, hep-ph/0310204.
4) I. I. Rabi, 1937. Cited in e.g. R. N. Cahn and G. Goldhaber : The Experimental Foundations of Particle Physics. Cambridge University Press（1989）p. 52.
5) C. D. Anderson and S. H. Neddermeyer : Phys. Rev. **51**（1937）884.
6) G. Araki and S. Tomonaga : Phys. Rev. **58**（1940）90.
7) M. Conversi, E. Pancini, and O. Piccioni : Phys. Rev. **71**（1947）209.
8) G. D. Rochester and C. C. Butler : Nature **160**（1947）855.
9) G. Danby *et al.* : Phys. Rev. Lett. **9**（1962）36.
10) Z. Maki *et al.* : Prog. Theor. Phys. **23**（1960）1174.
11) Z. Maki, M. Nakagawa and S. Sakata : Prog. Theor. Phys. **28**（1962）870.
12) D. N. Schramm and M. S. Turner : Rev. Mod. Phys. **70**（1998）303.
13) MEG : http://meg.icepp.s.u-tokyo.ac.jp/index.html
    PRISM : http://www-prism.kek.jp/
14) S. Adler : Phys. Rev., **177**（1969）2426, J. Bell and R. Jackiew : Nuovo Cimento, **60A**（1969）47.
15) S. Fredriksson ; Proc. of the Fourth Tegernsee Int. Conf. on Particle Physics Beyond the Standard Model, 2004, p. 211, hep-ph/0309213 および引用文献.
16) A. E. Nelson and M. J. Strassler : Phys. Rev. **D56**（1997）4226-4237, hep-ph/9607362 および引用文献.
17) P. H. Frampton, P. Q. Hung and M. Sher : Physics Reports, **330**（2000）263-348, hep-ph/9903387.
18) G. L. Kane, S. F. King, I. N. R. Peddie and L. Velasco-Sevilla : hep-ph/0504038.
19) たとえば E. Witten ; Hertz Lectures, Quest for Unification ; hep-ph/0207124.

3.2　量子電磁力学の検証

量子電磁力学は，荷電粒子と光子からなる系を記述する相対論的量子論である．英語での表記は，Quantum Electrodynamics であり，QED と略される．荷電粒子と光子の

3.2 量子電磁力学の検証

相互作用の強さに係るパラメーターは微細構造定数 α であり，その値が小さい（1/137）ために摂動展開が可能になり，電磁相互作用の枠組での物理量に関して理論値と実験値との高精度の比較を行うことができる．摂動の高次効果の計算に伴う発散の問題は，朝永振一郎，シュウィンガー（J. Schwinger），ダイソン（F. Dyson）らによる「くりこみ理論」で回避され，量子電磁力学は予言能力のある理論として完成している（理論的な側面の詳細は 2.5.a 項を参照）．

この節では，量子電磁力学の実験的検証について述べる．特に，高エネルギー領域における電子・陽電子衝突実験，および電子とミュー粒子の異常磁気能率の精密測定を用いた理論と実験との比較に焦点を絞る．

以下の記述においては，特に断らない限り，素粒子物理学でよく用いられる自然単位系（$\hbar = c = 1$）を使う．

a. 電子・陽電子衝突実験における QED の検証

1960 年代から加速器技術の進展に伴って，高エネルギーの電子とその反粒子である陽電子を同一の加速器リングの中で反対方向に回し，正面衝突させる実験が世界各地で遂行された．基本的な反応のひとつに，電子・陽電子弾性散乱（$e^+e^- \to e^+e^-$）があり，バーバー（Bhabha）散乱と呼ばれている．この弾性散乱のファインマン図形（Feynman Diagram）を図 3.2.1 に示す．

QED による摂動の最低次の微分断面積は，

$$\frac{d\sigma}{d\Omega} = \frac{\alpha^2}{2s} \left(\frac{s^2 + u^2}{t^2} + \frac{2u^2}{ts} + \frac{u^2 + t^2}{s^2} \right)$$

（a） t チャンネル振幅　　（b） s チャンネル振幅

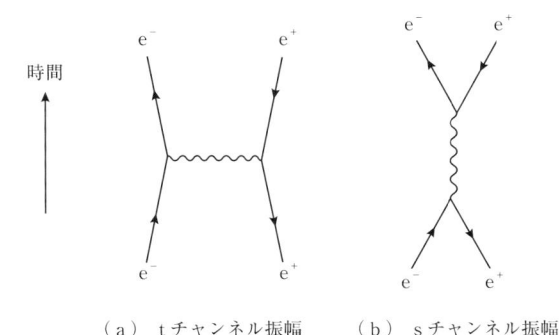

図 3.2.1 バーバー散乱のファインマン図形
慣例として，電子（粒子）は時間軸に沿って矢印を描き，陽電子（反粒子）は時間軸に逆向きに矢印を描く．(a), (b) は，交換される仮想光子の不変質量の 2 乗がマンデルシュタム変数 t, s に対応することから，それぞれ t チャンネル振幅，s チャンネル振幅と呼ばれる．

で与えられる．ここで，$d\Omega = d\cos\theta\,d\phi$ は立体角要素であり，θ, ϕ は入射電子から見た，散乱電子の散乱角，方位角である．α は電磁相互作用の微細構造定数である．s, t, u はマンデルシュタム（Mandelstam）変数と呼ばれ，特殊相対論におけるローレンツ変換に対して不変な量であり，電子・陽電子弾性散乱の場合は以下のように定義される（入射電子・陽電子のエネルギーを E とし，電子・陽電子の静止質量は E に比べて無視できるものとする）．

$$\begin{cases} s = 4E^2 \\ t = -\dfrac{s(1-\cos\theta)}{2} \\ u = -\dfrac{s(1+\cos\theta)}{2} \end{cases}$$

上記の微分断面積の括弧の中の第1項，第3項はそれぞれ，図3.2.1のtチャンネル，sチャンネル振幅からの寄与であり，第2項は両者の干渉項である．

$x = \cos\theta$ とおいて，微分断面積を書き直すと，

$$\frac{d\sigma}{d\Omega} = \frac{\alpha^2}{4s}\left[\frac{10+4x+2x^2}{(1-x)^2} - \frac{2(1+x)^2}{1-x} + (1+x^2)\right]$$

となり，第1項，第2項が前方散乱（$x \approx 1$）でピークをつくることがわかる．

この QED で与えられる微分断面積と，輻射補正を加えた実験データが比較され，非常によい一致が得られている．輻射補正とは，高次のグラフに由来する効果を除いて，最低次の断面積を求めることである．理論と実験の一致を定量的に検証するために，電磁相互作用の媒介粒子である光子の伝播関数に形状因子 $F(q^2)$ を導入する．

$$F(q^2) \equiv 1 \mp \frac{q^2}{q^2 - \Lambda_\pm^2}$$

ここで，q^2 は交換される仮想光子の不変質量の2乗であり，図3.2.1のsチャンネル振幅の場合は $q^2 = s$ であり，tチャンネル振幅の場合は $q^2 = t$ である（$s > 0$, $t < 0$ であることに注意）．また，$\Lambda_\pm$ はカットオフパラメーターと呼ばれ，エネルギーの次元をもち，この値が大きければ大きいほど，QED は正確であることになる．形状因子の導入によって，QED の微分断面積は以下のように変更される．

$$\frac{d\sigma}{d\Omega} = \frac{\alpha^2}{4s}\left[\frac{10+4x+2x^2}{(1-x)^2}F^2(t) - \frac{2(1+x)^2}{1-x}F(s)F(t) + (1+x^2)F^2(s)\right]$$

実験データと形状因子を含む断面積を比較することによって，95%の統計的信頼度で，

$$\Lambda_+ > 267 \text{ GeV}, \quad \Lambda_- > 200 \text{ GeV}$$

の結果が得られている[1]．

同様の手法により，電子・陽電子衝突実験での他の基本的反応である，$e^+e^- \to \mu^+\mu^-$，$e^+e^- \to \tau^+\tau^-$ についても QED のカットオフパラメーターの下限値（信頼度95%）が得られている[1]．（$e^+e^- \to \mu^+\mu^-$, $e^+e^- \to \tau^+\tau^-$ の場合には，tチャンネル振幅は存在しないことに注意）．

3.2 量子電磁力学の検証

$$\mu^+\mu^- : \Lambda_+ > 230\,\text{GeV} \quad \Lambda_- > 245\,\text{GeV}$$
$$\tau^+\tau^- : \Lambda_+ > 285\,\text{GeV} \quad \Lambda_- > 210\,\text{GeV}$$

カットオフパラメーターの下限値が約 200 GeV で与えられていることは，10^{-16} cm 程度の微小距離まで QED が成り立っていることに対応している．

これらのカットオフパラメーターは電子・陽電子衝突エネルギー（重心系エネルギー：$\sqrt{s}$ で表される）が 12 GeV～47 GeV の領域で求められている．形状因子 $F(q^2)$ の形から推察できるように，より高いエネルギー領域で QED の検証を行えば，それだけ大きなカットオフパラメーターの下限値が得られる．しかし，この方法には限界がある．それは，弱い相互作用の中性媒介粒子 Z^0 の存在である．$\sqrt{s}=91$ GeV 付近に Z^0 粒子の巨大共鳴状態があり，$\sqrt{s}=40$ GeV 付近ではすでに，量子力学的干渉項を通じてその影響は無視できなくなる．図 3.2.1 において，仮想光子に加えて Z^0 をつけ加えなければならない（特に，s チャンネル振幅への寄与が大きい）．実際，上記のカットオフパラメーターを求める際にも，当時知られていた Z^0 粒子の情報をもとに，弱い相互作用の効果を差し引くか，その影響が少ない形での断面積を用いて，QED の検証が行われている．

衝突エネルギーが Z^0 粒子の巨大共鳴状態に近づくにつれて，$e^+e^-\to e^+e^-, e^+e^-\to\mu^+\mu^-, e^+e^-\to\tau^+\tau^-$ の反応は，まさに電弱統一理論をもって記述されることになる．これらの反応を調べることは，純粋な QED の検証というよりは，QED をその中に含む電弱統一理論の検証をしていることになる．

高エネルギー領域における，純粋な QED の検証には，$e^+e^-\to\gamma\gamma$ の反応が使われる．このファインマン図形を図 3.2.2 に示す．弱い相互作用の効果は高次でしか現れず，現時点での電子・陽電子衝突反応の世界最高エネルギー（重心系エネルギーで約 200 GeV）でも，ほぼ純粋な QED 反応と見なせる．QED による $e^+e^-\to\gamma\gamma$ 反応の微分断面積は，

$$\frac{d\sigma}{d\Omega}=\frac{\alpha^2}{s}\frac{1+\cos^2\theta}{1-\cos^2\theta}$$

という式で表される．この場合 θ は，入射電子から見た終状態の光子の生成角である．

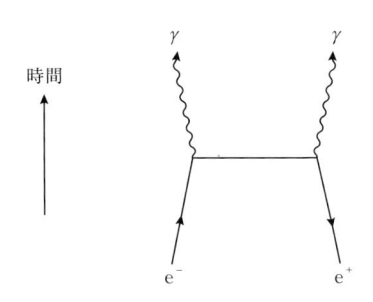

図 3.2.2 $e^+e^-\to\gamma\gamma$ 反応のファインマン図形
高エネルギー領域でも純粋に QED 反応とみなせる．

ただし，終状態の2つの光子は区別できないので，慣習として $\cos\theta \geq 0$ と定義する．

新しい高エネルギー電子・陽電子衝突型加速器が建設されるごとに，あるいは加速器のエネルギーが増強されるごとに，この反応が調べられ，結果的に理論値と実験値はよい一致を示している．QEDの定量的な検証をするために，再びカットオフパラメーターを導入して，以下のように微分断面積を変形する[2]．

$$\frac{d\sigma}{d\Omega} = \frac{\alpha^2}{s}\frac{1+\cos^2\theta}{1-\cos^2\theta}\left(1 \pm \frac{s^2}{2\Lambda_\pm^4}\sin^2\theta\right)$$

ここで，Λ_+ は仮想的な励起電子の質量に関係付けられるが，Λ_- の方は単にQEDからのずれを表すパラメーターであり物理的背景はない．重心系エネルギー $\sqrt{s}$ = 189 GeV で実験が行われており，QEDの理論値からの有意なずれは見つかっていない．95%の統計的信頼度でカットオフパラメーターに以下の制限が付けられている[3]．

$$\Lambda_+ > 304\ \text{GeV},\quad \Lambda_- > 295\ \text{GeV}$$

b. 電子とミュー粒子の $g-2$ の測定

高エネルギー領域でQEDの検証が行われるのと平行して，素粒子のもっている性質を精密に測定し，理論値と比較することもQEDの重要な検証手段である．その典型的なものが，電子とミュー粒子の異常磁気能率である．

まず，磁気能率とは何かを述べる．スピンをもった荷電粒子は磁場と相互作用する．その磁場との相互作用の強さを磁気能率と呼び，以下のように定義される（ベクトル量であることに注意）．

$$\vec{\mu} = g\frac{e}{2m}\vec{s}$$

ここで，e は電荷，m は静止質量，s はスピンである．g は g 因子と呼ばれる．内部構造をもたないと考えられるスピン1/2粒子である電子やミュー粒子は，ディラック(Dirac)の相対論的波動方程式（いわゆるディラック方程式）で記述され，電磁場との相互作用を導入すると，正確に $g=2$ が導かれる．

しかし，現実には電子やミュー粒子の g 因子は2からずれている．その理由は，図3.2.3で示されているように，外部磁場から見たときに，電子やミュー粒子はQEDの高次項のために，単純な点状粒子とは見なされなくなることにある．あたかも内部構造をもった粒子のように見えてしまうことになる．（内部構造をもったスピン1/2粒子の g 因子が2からずれる有名な例として，陽子，中性子のバリオン異常磁気能率があげられる．陽子，中性子はクォークからなる内部構造をもった複合粒子であり，点状粒子であるクォークを組み合わせることにより，陽子，中性子のバリオン異常磁気能率は見事に説明されている．）

電子やミュー粒子において，g 因子の2からのずれをレプトン異常磁気能率と呼び，

$$a = \frac{g-2}{2}$$

3.2 量子電磁力学の検証

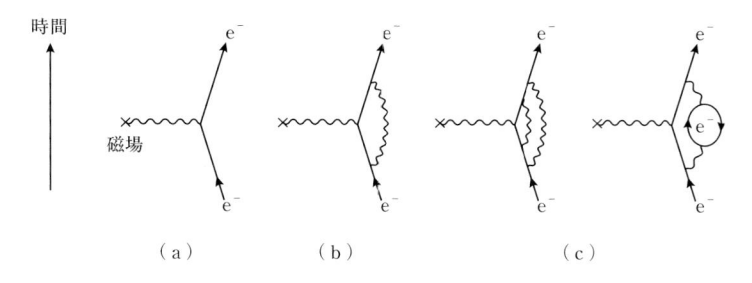

図 3.2.3 外部磁場と相互作用する電子のファインマン図形
×は外部磁場のソースを表す．最低次の (a) だけなら，正確に $g=2$ である．(b)，(c) はそれぞれ，α の 1 次，2 次の補正に寄与する図形である．

で定義される．実験的にも理論的にも，非常に高い精度でレプトン異常磁気能率が求められており，両者が精度を競う形で研究が進展している．QED の精密検証はもとより，新しい素粒子物理学の知見への突破口としての可能性にも注目が集まっている．

(1) 電子の異常磁気能率

実験値は，ペニング・トラップ法 (Penning Trap) を用いた単一イオン捕獲装置で得られている．電場と磁場を組み合わせて荷電粒子（この場合，電子，陽電子）を装置内に閉じ込め，その振動モードを観測することにより，驚異的な精度で電子（陽電子）の異常磁気能率が測定されている[4]．その結果は，

$$a(e^-) = 1,159,652,188.4(4.3) \times 10^{-12}$$
$$a(e^+) = 1,159,652,187.9(4.3) \times 10^{-12}$$

で与えられている．括弧内の数字は，統計誤差や装置からくる系統誤差の合計である．相対誤差として約 3.7 ppb（1 ppb $= 1 \times 10^{-9}$）の精度であり，デーメルト (H. Dehmelt) はこの功績により，1989 年のノーベル物理学賞を受賞している．

電子と陽電子に対して，CPT 対称性（粒子と反粒子の磁気能率が等しいことを要求する）を仮定して，両者の異常磁気能率をまとめると，

$$a(e) = 1,159,652,188.3(4.2) \times 10^{-12}$$

となる[5]．

理論面では，高次の摂動効果を解析的に，あるいは数値的に計算する努力が木下東一郎らを中心に 30 年以上続けられている．上記の実験値に匹敵する精度を出そうとすると，少なくとも α の 4 次までを含んだ摂動計算が必要になる．次数が大きくなると含まれるファインマン図形の数は急激に増加する．たとえば 4 次の項は，891 個ものファインマン図形を含む．これらの困難を克服した最新の理論値は，

$$a(e)_{\text{theory}} = 1,159,652,175.86(0.10)(0.26)(8.48) \times 10^{-12}$$

で与えられている[6]．寄与は小さいが，QED 以外の強い相互作用，弱い相互作用の効

果も含まれている．ここで，入力として用いた微細構造定数の値（摂動展開のパラメーター）は，

$$\alpha^{-1} = 137.036\,000\,3\,(10)$$

であり，約 7.4 ppb の精度で別途実験的に求められている．異常磁気能率の 1 番目と 2 番目の括弧の中の数字は，それぞれ α の 4 次と 5 次の項の理論的不定性であり，3 番目の数字は微細構造定数そのものからくる誤差である．

実験値と理論値は誤差の範囲でよく一致しており，QED の正しさが驚くべき精度で検証されている．注目すべきは，理論値の誤差の大部分が微細構造定数そのものの不定性からきていることである．もし，異常磁気能率の実験値と理論値を等しいとすると，逆に微細構造定数を決めることができて，

$$\alpha^{-1} = 137.035\,998\,834\,(503)$$

という値を得る[6]．誤差のほとんどは異常磁気能率の実験値の誤差からきており，3.7 ppb の精度である．これは，QED の正しさを仮定した場合，最も精度のよい微細構造定数の決め方であるともいえる．

（2） ミュー粒子の異常磁気能率

電子の場合と比べて，測定精度は劣るものの，ミュー粒子の異常磁気能率の測定には素粒子物理学上の大きな利点がある．それは，ミュー粒子の静止質量が電子のそれに比べて大きいこと（約 200 倍）から，摂動の高次効果を通じて異常磁気能率に寄与する仮想的な中間状態のエネルギーが大きくなりうることである．別の言い方をすれば，微小距離での量子効果が現れやすいことになる．高エネルギー，微小距離では現在の素粒子標準模型を越える新しい物理現象の可能性があり，ミュー粒子の異常磁気能率は，それらに敏感な物理量である．

実験としては，米国のブルックヘブン国立研究所（Brookhaven National Laboratory）の加速器を使った最新の測定結果を述べる．

進行方向にスピンの方向がそろったミュー粒子群を円形加速器の中で回す．粒子の軌道を円形に保つために軌道に垂直に双極磁場がかけられている．スピンは磁場の中で歳差運動を行い，その角周波数は

$$\omega_s = \frac{eB}{mc}\left(\frac{1}{\gamma} + \frac{g-2}{2}\right) = \frac{eB}{mc}\left(\frac{1}{\gamma} + a\right)$$

で与えられる．ここで，e はミュー粒子のもつ素電荷，m は静止質量，B は双極磁場の強さ，c は真空中の光速である．γ は相対論的運動学変数であり，粒子の速度を v とすると，

$$\gamma \equiv \frac{1}{\sqrt{1-\left(\dfrac{v}{c}\right)^2}}$$

で定義される．実際の加速器には，ミュー粒子ビームを収束させるために，静電場が印

加されており，運動するミュー粒子の系から見ると，磁場成分が生じる．この磁場成分は特定の γ の値（$\gamma=29.3$）でゼロになることから，それに対応するミュー粒子の運動量 $p=3.09$ GeV で実験が行われている．

一方，円形軌道の角周波数（サイクロトロン角周波数）は

$$\omega_c = \frac{eB}{mc\gamma}$$

なので，円形軌道の外側の定点からミュー粒子のスピンの向きを観測した場合，

$$\omega_a = \omega_s - \omega_c = \frac{aeB}{mc}$$

の角周波数でスピンの方向が回転していく．この定点にミュー粒子の崩壊で生成される高エネルギーの電子（ミュー粒子のスピン方向に強い依存性をもつ）の検出装置を設置して，観測電子数の周期的時間変動をみることにより ω_a が決定され，ひいてはミュー粒子の異常磁気能率 a が決定されている．（余談ではあるが，観測電子数の時間的減衰曲線から，運動しているミュー粒子の崩壊寿命が γ 倍だけ伸びていることが見事にみてとれる）．

正負電荷のミュー粒子の異常磁気能率について，

$$a(\mu^-) = 11,659,214(8)(3) \times 10^{-10}$$
$$a(\mu^+) = 11,659,204(6)(5) \times 10^{-10}$$

の結果が得られている[7]．数値のあとに統計的誤差と系統的誤差が，それぞれ括弧の中に示されている．両結果とも，0.7 ppm（1 ppm $= 1 \times 10^{-6}$）の精度の実験結果である．誤差の範囲で両者は一致しており，CPT 定理の正しさを示している．

正負電荷のミュー粒子の異常磁気能率を平均して，実験値として，

$$a(\mu)_{\mathrm{exp}} = 11,659,208(6) \times 10^{-10}$$

が与えられる．誤差は統計的誤差と系統的誤差をまとめてある．

一方，理論値の方は，QED の高次効果として α の4次まで正確に計算がされている．さらに，弱い相互作用と強い相互作用の効果も組み入れられている．強い相互作用の効果は図 3.2.3(c) の電子・陽電子のループの代わりにクォーク・反クォークのループで置き換えたものであるが，強い相互作用の結合定数が大きいために，QCD（Quantum Chromodynamics：量子色力学）の摂動計算は不可能で不定性が残っている．実際には，強い相互作用の効果を見積もるために，$e^+e^- \to$ hadrons の実験データを使う方法と，$\tau \to \nu_\tau +$ hadrons の実験データを使う方法が試みられているが，以下に示されるようによい一致が得られているとはいいがたい[3]．

$$a(\mu)_{\mathrm{theory}} = 11,659,181(8) \times 10^{-10} \quad (e^+e^- \to \text{hadrons})$$
$$a(\mu)_{\mathrm{theory}} = 11,659,196(7) \times 10^{-10} \quad (\tau \to \nu_\tau + \text{hadrons})$$

さらに，これらの理論値と実験値 $a(\mu)_{\mathrm{exp}}$ との間にも若干のくいちがいが見られる．このくいちがいを説明するために，超対称理論による効果なども提案されているが，まずは理論値間の差を理解することが先決であろう．　　　　　　　　　　　　（武田　廣）

参考文献

1) W. Bartel et al., JADE Collaboration, Z. Phys. C-Particles and Fields, **30** (1986) 371.
2) S. D. Drell, Ann. Phys. **4** (1958) 75.
3) G. Abbiendi et al., OPAL Collaboration, Physics Letters **B465** (1999) 303.
4) R.S. Van Dyck Jr., P.B. Schwinberg, and H. G. Dehmelt, Phys. Rev. Lett. **59** (1987) 26.
5) P. J. Mohr and B. N. Taylor, Rev. of Modern Physics **77** (2005) 1.
6) T. Kinoshita and M. Nio, Physical Review **D73** (2006) 013003.
7) G. W. Bennett et al., Phys. Rev. Lett. **92** (2004) 161802.
8) M. Davier et al., Eur. Phys. J. **C31** (2003) 503.

3.3 ハドロン物理

a. ハドロン反応

ハドロンはクォークと反クォークから構成される中間子と3個のクォークから構成されるバリオンの総称である．したがって，ハドロン反応の性質はすべて内部のクォークとグルオンの量子色力学的記述で決まるはずだと考えられている．しかし実際には，ハドロンが生成されるエネルギー領域での量子色力学的記述はきわめて複雑なうえに，それらの解を求める計算手法もいまだに確立されていない．したがって，ハドロン反応の諸性質の観測結果を定量的に理論の予想と比較することは，現在のところ現実的ではない．ただし，ほとんどのハドロン反応が示す定性的特徴は内部のクォークとグルオンの量子色力学的振舞いから理解することができる．このため，ハドロン反応の研究が量子色力学の構築に果たした歴史的な役割はきわめて大きい．

強い相互作用で起きるハドロン反応は大きく散乱と崩壊に区別される．ハドロンビームをハドロン標的に衝突させて起こすのが散乱で，ビーム粒子と標的粒子が散乱後にそのまま出てくるか別のハドロンが生成されるかによって弾性散乱と非弾性散乱に区別される．崩壊は非弾性散乱やその他の方法で生成された重くて不安定なハドロンが，軽くて安定なハドロンになっていく過程である．崩壊には強い相互作用で起きる場合の他に弱い相互作用で起きる場合があるが，ここでは前者についてだけ述べる．

例として陽子どうしの反応を図3.3.1に示す．ビーム陽子と標的陽子が衝突すると何

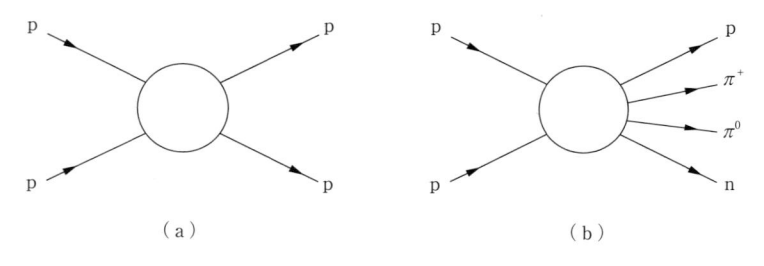

図3.3.1 (a) 陽子・陽子反応の弾性散乱と，(b) たくさんある非弾性散乱のうちのひとつ

3.3 ハドロン物理

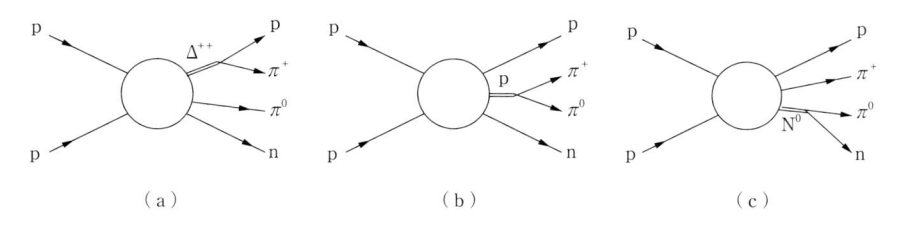

図 3.3.2 陽子・陽子の非弾性散乱後ハドロン崩壊が起きて $pp \to p\pi^+\pi^0 n$ になった場合

らかの反応が起きる．実際にどのような反応が起きているかについては，ここでは問わないで一般的にマルで表しておく．この図の（a）が弾性散乱

$$pp \to pp$$

に相当し，（b）がたくさんある非弾性散乱のうちのひとつ

$$pp \to p\,\pi^+\pi^0\,n$$

に相当する．非弾性散乱で生成された p, π^+, π^0, n を詳しく観測すると，これらの粒子が実は図 3.3.2 のように，Δ^{++}, ρ^+, N^0 が生成された後に

$$\Delta^{++} \to p\,\pi^+ \quad \rho^+ \to \pi^+\pi^0 \quad N^0 \to n\,\pi^0$$

のように崩壊した結果である場合もある．このような崩壊は Δ^{++}, ρ^+, N^0 の寿命がおよそ 10^{-23} 秒ときわめて短いことから強い相互作用による崩壊であることがわかる．

電子シンクロトロンと陽子シンクロトロンしか存在しなかった 1950 年代から 1960 年代には光子ビームとハドロンビームの実験だけでハドロン反応の研究が行われていた．しかし，1970 年代以降，衝突型加速器を使って，より重くて多様なハドロンを効率よく生成することができるようになったため，現在ではこの手法を使って生成された特に重いハドロンの崩壊の精密観測がハドロン反応研究の主流になっている．

（1） 散乱断面積

ハドロンビームは陽子加速器を使ってつくられる．陽子をそのままビームとして使う場合もあるが，加速された陽子を金属などの標的に当てて生成される 2 次粒子から π 中間子，K 中間子，あるいは反陽子を選んでビームとして使う場合が多い．主に荷電粒子のビームが使われるが，中性 K 中間子などのビームも使われる．ビームのエネルギーは加速器のエネルギーと 2 次粒子の選別方法などにより多様な範囲が得られる．

標的粒子として陽子を使いたい場合は液体水素が使われる．液体重水素を使って中性子標的の反応を調べることも可能であるが，この場合は陽子標的の反応もデータに混ざってくるので，その分を差し引く必要がある．このほかに実験の目的に応じて複雑な原子核標的が使われることもある．

散乱の強さは散乱断面積という量で表される．ビームの入射方向に垂直な面 1 cm² あたり 1 個の標的粒子があるところへ，1 秒間に 1 個のビーム粒子が入射したとき 1 秒間

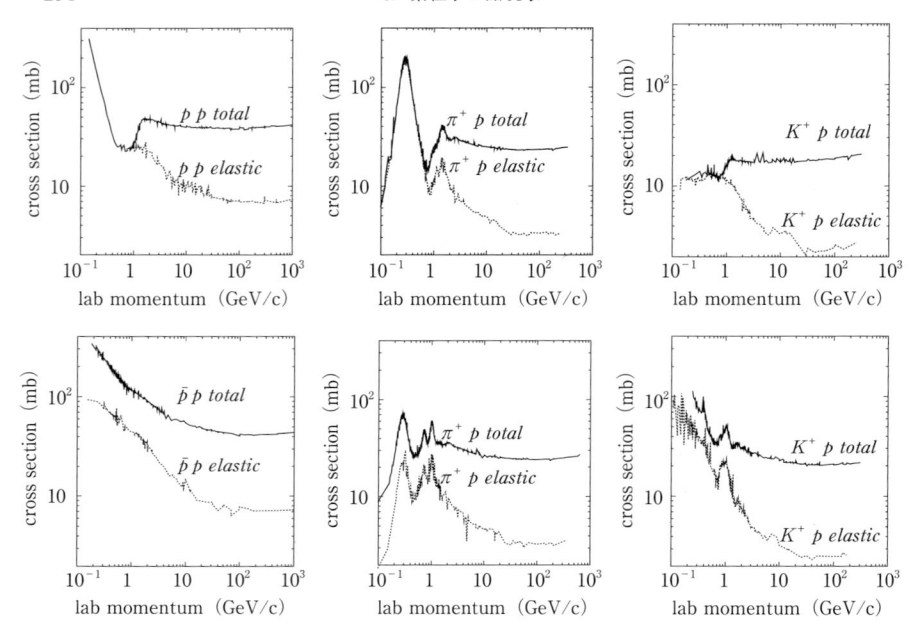

図 3.3.3 ハドロン散乱の全断面積および弾性断面積とビーム運動量の関係

に観測される散乱反応の数が散乱断面積で，σ という記号で表され，cm^2 の単位をもつ．つまりビーム粒子から標的粒子がどの程度の大きさに見えるかを表す．ビーム粒子と標的粒子が必ず出会う場合は断面積が $1\,cm^2$ になる．実際の測定では観測された散乱の数を毎秒 N_S 個，入射粒子の数を毎秒 N_B 個，標的粒子の数を $1\,cm^2$ あたり N_T 個とすると

$$\sigma(cm^2) = \frac{N_S}{N_B \times N_T}$$

で与えられる．N_S として観測された事象が弾性散乱の場合は弾性散乱断面積，非弾性散乱の場合は非弾性散乱断面積になる．両方足した場合は全断面積になる．図 3.3.3 は pp，p̄p，π^+p，π^-p，K^+p，K^-p 散乱の全断面積および弾性断面積と実験室系のビーム粒子運動量との関係をプロットしたものである．断面積には $10^{-27}\,cm^2$ に相当するミリバーン (mb) の単位が使われている．

一般的な傾向として低いビーム運動量領域では断面積は複雑な振舞いを示すが，高くなるにつれてスムーズになる．また，$5\,GeV/c$ を超えたあたりではほぼ一定になり，pp と p̄p が約 40 mb，π^+p と π^-p が約 30 mb，K^+p と K^-p が約 20 mb で粒子と反粒子ビームでほぼ同じになる傾向を示す．断面積は半径 R をもつ標的粒子の面積に相当すると考えられるから，

$$\pi R^2 \simeq 20 \sim 40\,mb$$

3.3 ハドロン物理

とすると $R \simeq 10^{-13}$ cm（1フェルミ）となる．つまり，ハドロンはおよそ1フェルミの空間的大きさをもつと考えることもできるし，ハドロン散乱が1フェルミ程度の空間領域に及ぶ力によって起きると考えることもできる．これは強い相互作用の特徴のひとつである．

全断面積の観測結果とバリオンの内部クォークの振舞いがどのように関係しているかを pp と π^+p の関係でみてみよう．クォーク構造は p が (uud) で π^+ が (u$\bar{\text{d}}$) である．単純に考えると観測された全断面積はクォークどうしの散乱全断面積の和だと考えられるから，次のように表される．

$$\sigma_{\text{pp}} = 4\sigma_{\text{uu}} + 4\sigma_{\text{ud}} + \sigma_{\text{dd}}$$
$$\sigma_{\pi^+\text{p}} = 2\sigma_{\text{uu}} + 2\sigma_{\text{ud}} + \sigma_{\text{u}\bar{\text{d}}} + \sigma_{\text{d}\bar{\text{d}}}$$

ここでクォークどうしの散乱全断面積はすべての組合せで同じだと仮定すると

$$\frac{\sigma_{\pi^+\text{p}}}{\sigma_{\text{pp}}} = \frac{2}{3}$$

となり，観測値の 30 mb/40 mb に近い値になる．強い相互作用の強さがクォークのレベルではその種類によらないのではないかという，この事実はのちに量子色力学の構築に重要な制限を与えた．

さらにビーム運動量を上げていくと σ はわずかながら増加の傾向を示す．これは散乱系のエネルギーとともに R はわずかながら大きくなることを示している．

(2) 共鳴状態

断面積が示す低い運動量領域の複雑な振舞いは主に弾性散乱からの寄与による．しかし，この寄与は運動量の増加とともに急速に減少し，5 GeV/c 以上の領域では非弾性散乱が主になる．弾性散乱の複雑な振舞いは，ビーム粒子と標的粒子が共鳴状態を形成するために起きる．ビーム粒子運動量を上げていくにつれて，ふたつの粒子の重心系エネルギーも大きくなっていく．このエネルギーが共鳴状態の質量に近づくにつれて共鳴状態の形成が始まり，断面積が増大する．エネルギーが質量と一致した点で断面積は最大になり，その後減少する．このように質量が一義的な値をもつのではなく，幅をもつのは共鳴状態の寿命がきわめて短いために起きる，ハイゼンベルグ不確定性原理からの帰結である．典型的な共鳴状態は 10^{-23} 秒程度の寿命をもち，質量に 100 MeV 程度の幅をもつ．しかし極端に短い寿命以外は，固有の量子数（スピンやパリティなど）をもち，通常のハドロンとして振る舞う．

π^+p の場合をみてみよう．大きなピークがあるビーム粒子運動量 0.3 GeV/c は重心系での π^+p エネルギー 1232 MeV に相当する．次に大きいピーク 1.5 GeV/c は 1920 MeV に相当する．つまり，電荷 +2 をもち質量がそれぞれ 1232 MeV と 1920 MeV の粒子の存在を示唆する．一方 π^-p で見られる 0.3, 0.7, 1.0, 2.0 GeV/c のピークは，重心系エネルギーの 1232, 1525, 1688, 2190 MeV に相当する．つまり，電荷 0 でこれらの質量をもつ粒子の存在を示唆する．

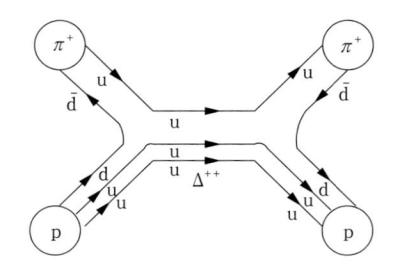

図 3.3.4　クォークレベルで見た $\pi^+ p$ 弾性散乱

弾性散乱 $\pi^+ p \to \pi^+ p$ はクォークレベルでは図 3.3.4 のようにして起こる．この図では省略しているが，ハドロンを構成するクォークどうしはつねにたくさんのグルーオンを交換し合い，これらのグルーオンがカラー場と呼ばれる強い相互作用を引き起こす場をつくっている．グルーオンはこのようにしてクォークどうしを結合させてハドロンをつくっているわけである．

π^+ と p が 1 フェルミ程度の距離にまで接近すると，グルーオンの交換が π^+ を構成するクォークと p を構成するクォークの間でも起こり，周辺には強いカラー場ができる．このため，π^+ を構成するクォークのうち $\bar{d}$ が，p を構成するクォークのうちの d と消し合って中間状態で (uuu) になる．あとで述べるようにこの系の量子数は Δ^{++} に相当するから，重心系エネルギーがうまく合えば，共鳴状態が生成される．しかし強いカラー場のために，すぐに周辺の真空から $\bar{d}d$ のクォーク対が発生する．それらがまわりのクォークといっしょになって π^+ と p がつくられる．このように強い相互作用ではクォークと反クォークが消し合ったり，真空からクォークと反クォークの対が生成されたりする．ただし，これらの対消滅や対生成は同じ種類のクォークの間だけで起きる．

(3) アイソスピン

ハドロンにはスピンやパリティなどの性質が同じで質量もほとんど同じなのに電荷だけいくつかの違った値をもつケースが多くみられる．たとえば陽子と中性子は電荷が違う以外はまったく同じ粒子と考えられる（正確には陽子の質量 938.3 MeV に対して中性子が 939.6 MeV とごくわずかに違う）．この性質はアイソスピン (I) と呼ばれる量子数を導入して表される．通常のスピンの場合と同じように I をもつ粒子は第 3 コンポーネント I_3 をもつパートナーを構成する．I_3 は $I, I-1, \cdots -|I|$ の値をとることができる．陽子と中性子は $I=1/2$ をもつ同一粒子の，$I_3 = +1/2, -1/2$ に対応するパートナーになる．また，π^+, π^0, π^- は $I=1$ をもち，$I_3 = +1, 0, -1$ に対応するパートナーである．ここでも厳密には π^+ と π^- の 139.57 MeV に対して π^0 の質量は 134.98 MeV とわずかに違う．強い相互作用ではアイソスピンは保存されるが，このようにパートナーの質量にわずかな違いがあることから厳密な保存則ではない．

3.3 ハドロン物理

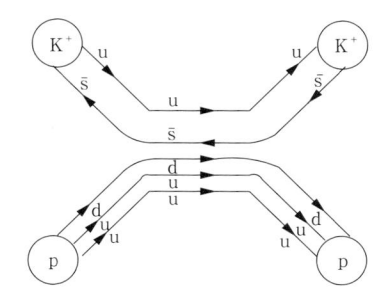

図 3.3.5 K$^+$p 弾性散乱のクォークダイアグラム

$(I, I_3) = (1, +1)$ をもつ π^+ と $(I, I_3) = (1/2, +1/2)$ をもつ p からなる π^+p 系のアイソスピン状態は $(I, I_3) = (3/2, +3/2)$ なので，そこから形成される粒子も $(3/2, +3/2)$ でなければならない．このような核子と π 中間子の共鳴状態として形成される粒子のうち $I = 3/2$ をもつものは Δ と呼ばれ，$I_3 = +3/2, +1/2, -1/2, -3/2$ に対応する Δ^{++}，Δ^+，Δ^0，Δ^- がある．一方，π^-p 系は $I_3 = -1/2$ をもち $I = 3/2$ と $I = 1/2$ が混ざった状態である．共鳴状態として形成される粒子にも $I = 3/2$ をもつ Δ のほかに $I = 1/2$ をもつものがあってもよい．このような粒子は N と呼ばれ，$I_3 = +1/2$ と $-1/2$ に対応する N$^+$ と N^0 ふたつのパートナーがある．

π^+p に現れた 1232 MeV と 1920 MeV 粒子は $\Delta(1232)^{++}$ と $\Delta(1920)^{++}$ に対応する．π^-p に現れた 1232 MeV 粒子は $\Delta(1232)^0$ に対応する．一方，π^-p で観測されたほかのピークは N$(1525)^0$，N$(1688)^0$，N$(2190)^0$ である．

（4） エキゾチックハドロン

K$^+$p と K$^-$p の弾性散乱断面積を比べてみると，K$^-$p が複雑な振舞いを示し共鳴状態の存在を示唆するのに対して，K$^+$p ではスムーズでそのような状態が存在しないように見える．

K$^-$ はストレンジネス量子数 $S = -1$ のほかに $(I, I_3) = (1/2, -1/2)$ をもつ．K$^-$p 散乱で形成される共鳴状態は $(I, I_3) = (1, 0)$ と $(I, I_3) = (0, 0)$ が可能になる．$S = -1$ と $I = 1$ をもつ共鳴状態は Σ と呼ばれる．Σ^+，Σ^0，Σ^- の 3 個の電荷パートナーが存在する．$S = -1$ と $I = 0$ をもつ共鳴状態は Λ と呼ばれ，電荷ゼロだけで存在する．K$^-$p の弾性散乱断面積の 1 GeV 近辺の大きなピークは $\Lambda(1810)$，$\Lambda(1820)$，$\Lambda(1830)$ の寄与による．

K$^+$p 弾性散乱では図 3.3.5 からわかるように消し合うことのできるクォーク反クォーク対がない．したがって，もし共鳴状態ができるとすると 5 個のクォークから構成されるバリオンになり，電荷 +2，$S = +1$ をもたなければならない．このような粒子はクォークモデルではエキゾチックバリオンと呼ばれる．K$^+$p データはこのようなエキゾチックバリオンは存在しないか，存在したとしても観測にかからないほど小さいことを意味

している.

pp弾性散乱の断面積は運動量の増加とともにスムーズに減少するが1〜2 GeV/c近辺に幅の広いピークがあるようにも見える.これが共鳴状態によるものかどうかは重要な問題である.バリオンはバリオン数(B)という量子数をもち,陽子は$B=+1$をもち反陽子は$B=-1$をもつ.バリオン数は強い相互作用で保存されるため,もしここで共鳴状態が形成されるとすると$B=+2$をもつ粒子でなければならない.これもクォークモデルではエキゾチックハドロンである.現在までのところ,このような粒子の存在は確認されていない.低い運動量領域で$\bar{p}p$断面積がppに比べて非常に大きいのは,この系のバリオン数がゼロであるためたくさんの電荷0の中間子が形成あるいは生成されていることを示している.

(5) 中間子の共鳴状態

共鳴状態はπpやKpの系に限らず,いくつかの中間子の系でも起きる.π中間子2個に崩壊する$I=1$の$\rho(770)$(ロー)やπ中間子3個に崩壊する$I=0$の$\omega(782)$(オメガ),さらにストレンジネスをもちK中間子とπ中間子に崩壊する$I=1/2$の$K^*(892)$など多くの存在が確認されている.いずれも強い相互作用に特徴的なきわめて短い寿命(〜10^{-23}秒程度)をもつ.

(6) 非弾性散乱

π^+p散乱でπ^+ビームの運動量を上げていくと,非弾性散乱の領域に移っていく.
$$\pi^+p \to K^+\Sigma^+$$
のように散乱後にふたつの粒子になる場合もあれば
$$\pi^+p \to \pi^+p\pi^0$$
のように粒子の数が増えていく場合もある.図3.3.6(a)のように中間に(uuu)状態を介する場合や,図3.3.6(b)のように$d\bar{s}$状態を交換する場合などがある.中間状態(uuu)はΔ^{++}の量子数をもつが,重心系エネルギーは最低でもK^+とΣ^+の質量の和(約1683 MeV)になる必要があるので,共鳴状態を形成するとしても$\Delta(1232)^{++}$ではなくもっと重いΔ^{++}になる.図3.3.6(b)はあたかも$d\bar{s}$で構成されるK^0中間子の交換によってこの反応が起きるように見える.陽子と中性子の弾性散乱で同様のダイアグラムを描いてみると,交換する粒子がπ^+に相当することがわかる.陽子と中性子の結合を説明するためにπ中間子の存在を予言した湯川理論の量子色力学的解釈といえる.

図3.3.6の$s\bar{s}$を$d\bar{d}$に戻してみよう.終状態で新たにクォーク反クォーク対が生成されなければ$\pi^+p \to \pi^+p$弾性散乱だが,衝突点の周辺にできた強いカラー場によって生成された$u\bar{u}$や$d\bar{d}$のために,図3.3.7のように,π^+のかわりに$\pi^+\pi^0$が生成されたりpの代わりに$p\pi^0$が生成されたりすると
$$\pi^+p \to \pi^+p\pi^0$$
が起きる.2個以上のπ中間子が生成される場合も同様で,$u\bar{u}$や$d\bar{d}$の対が複数発生し

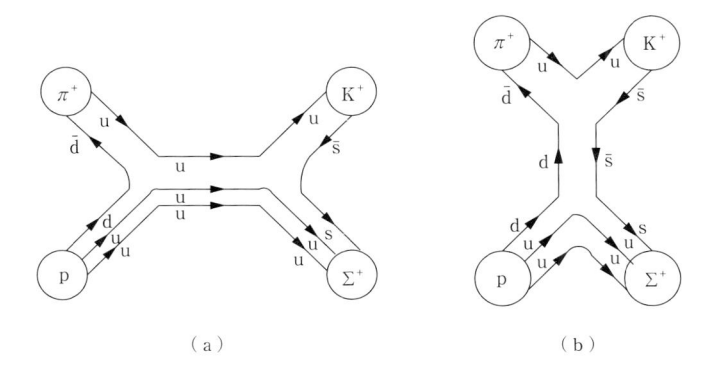

図 3.3.6 クォークレベルで見た $\pi^+ p \to K^+ \Sigma^+$.
(a) では中間状態に (uuu) を介するため重心系エネルギーによって Δ^{++} が生成される．(b) では $d\bar{s}$ 状態が交換される．

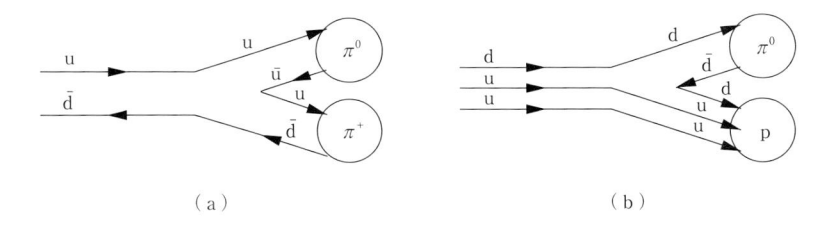

図 3.3.7 $\pi^+ p \to \pi^+ p\,\pi^0$ は (a) π^+ の代わりに $\pi^+\pi^0$ ができたり，(b) p の代わりに $p\pi^0$ ができたりして起きる．

て起きる．

　強い相互作用ではカラー場によって起きるクォーク反クォークの対消滅と対生成は必ず同じ種類のクォークどうしで起きる．このため，反応後の S 和は反応前と変わらない．つまり強い相互作用ではストレンジネスは保存する．先に述べた $\pi^+ p \to K^+ \Sigma^+$ では反応の前と後で $S=0$ である．また，$\pi^- p$ 散乱からストレンジネス粒子が生成される場合も

$$\pi^- p \to \pi^- p\, K^0 \Lambda$$

のように $S=+1$ の K^0 と $S=-1$ の Λ が対で発生して，ストレンジネスは保存される．

　強い相互作用におけるバリオン数の保存も内部クォークの振舞いから理解できる．散乱反応でバリオン 1 個を新たにつくるにはクォーク反クォーク対が 3 個必要になる．この中からバリオンができると反クォーク 3 個が残る．したがって，反バリオン 1 個もつくられなければならなくなり

$$\pi^- p \to \pi^- p\, p\, \bar{p}$$

のようにバリオン反バリオン対が生成される．

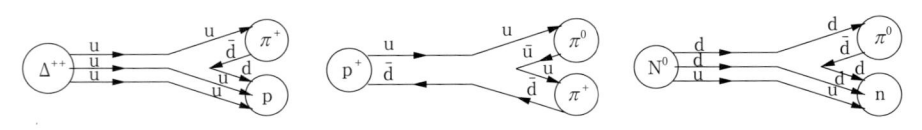

図 3.3.8 ハドロン崩壊のクォークダイアグラム

(7) 崩 壊 反 応

図 3.3.2 で起きたハドロン崩壊

$$\Delta^{++} \to \pi^+ p, \quad \rho^+ \to \pi^+ \pi^0, \quad N^0 \to \pi^0 n$$

のクォークダイアグラムは図 3.3.8 のようになる．強いカラー場によって $u\bar{u}$ や $d\bar{d}$ 対ができて起きる典型的な強い相互作用による崩壊で，10^{-23} 秒程度の寿命をもつ．

図 3.3.6 で生成された Σ^+ はどうだろう．Σ^+ のクォーク構造（suu）の s が u で置き換わると Δ^{++} なので，図 3.3.6(a) に類似させると $\Sigma^+ \to \bar{K}^0 p$ が可能であるが，実際にはこのような崩壊は見つかっていない．これは Σ^+ の質量 1189 MeV が 498 MeV の $\bar{K}^0$ と 938 MeV の p をつくり出すのに十分でないためである．おもに

$$\Sigma^+ \to \pi^+ n, \quad \pi^0 p$$

のように崩壊し，寿命も 0.8×10^{-10} 秒と Δ^{++} に比べて桁違いに長い．しかも S 量子数は保存されていない．これは弱い相互作用による崩壊の特徴である．

b. クォークモデルによるハドロンの分類

(1) クォークの量子数

これまでに見つかっている多数のハドロンはクォークを導入することによってうまく分類できる．表 3.3.1 はクォークに与えられた量子数をまとめたものである．

クォークがもつ電荷（Q）は $+2/3$ か $-1/3$ で，バリオン数はすべて $+1/3$ である．

表 3.3.1 クォークのもつ量子数

クォーク	Q	B	I	I_3	S	C	$\tilde{B}$	T
u	$+\frac{2}{3}$	$+\frac{1}{3}$	$\frac{1}{2}$	$+\frac{1}{2}$	0	0	0	0
d	$-\frac{1}{3}$	$+\frac{1}{3}$	$\frac{1}{2}$	$-\frac{1}{2}$	0	0	0	0
s	$-\frac{1}{3}$	$+\frac{1}{3}$	0	0	-1	0	0	0
c	$+\frac{2}{3}$	$+\frac{1}{3}$	0	0	0	$+1$	0	0
b	$-\frac{1}{3}$	$+\frac{1}{3}$	0	0	0	0	-1	0
t	$+\frac{2}{3}$	$+\frac{1}{3}$	0	0	0	0	0	$+1$

ここで新たに導入された $C, \bar{B}, T$ は s クォークがもつストレンジネス量子数（S）のようにそれぞれ c, b, t クォークだけがもつ量子数でフレーバー（香り）とも呼ばれる（ボトムフレーバーを $\bar{B}$ と書いたのはバリオン数 B と混同しないため）。軽くて似通った質量をもつ u と d クォークはフレーバーをもたないかわりに、重いクォークがもたないアイソスピン量子数をもつ。反クォークでは Q, B、フレーバー量子数、I_3 の符号が反対になる。クォークのもつ電荷はこれらの量子数で次のように表される。

$$Q = I_3 + \frac{B + S + C + \bar{B} + T}{2}$$

クォークモデルでは中間子はクォークと反クォーク、バリオンは 3 個のクォークから構成される。それぞれの反粒子はクォークと反クォークを入れ換えた状態である（カッコ内で与えられる）。

$$q_i \bar{q}_j \quad (\bar{q}_i q_j) \quad q_i q_j q_k \quad (\bar{q}_i \bar{q}_j \bar{q}_k)$$

ここで i, j, k は u, d, s, c, b, t すべてのクォークが可能だが、t クォークは非常に重くて不安定なために、ハドロンになる前に弱い相互作用によって崩壊して b クォークになってしまうと考えられている。b クォークを含むハドロンも多数見つかっているが、他に比べて観測結果が圧倒的に少ない。したがって、ここでは u, d, s, c で構成されるハドロンについて述べる。

（2）　中間子の分類

4 個のクォーク（u, d, s, c）から構成される $q_i \bar{q}_j$ の組合せは 16 個ある。ここでは説明を省くが理論的な要請からクォークは +、反クォークは − のパリティをもつ。また、スピンは両方とも 1/2 である。中間子のパリティは q_i と $\bar{q}_j$ のパリティとこれらの間の角運動量（l）によって次のように与えられる。

$$P_\mathrm{meson} = P_{q_i} P_{\bar{q}_j} (-1)^l$$

したがって $l = 0$ の場合は中間子のパリティは − になる。一方、中間子のスピンは q_i と $\bar{q}_j$ スピンと l の和になる。$l = 0$ の場合は q_i と $\bar{q}_j$ のスピンの方向が同じ場合と反対になる場合があるので 1 か 0 を取りうる。

粒子のスピン（J）とパリティ（P）量子数状態は J^P で表される。クォークモデルでは、c までの 4 個のクォークから構成される中間子は（0^-）と（1^-）にそれぞれ 16 個ずつあるはずである。それぞれ擬スカラー 16 重項、ベクトル 16 重項と呼ばれる。図 3.3.9 は新たにハイパーチャージ量子数

$$Y = S + B - \frac{C}{3}$$

を導入して、これまでに観測された（0^-）と（1^-）中間子を I_3-Y-C 空間の予想された状態にあてはめたものである。予想されたすべての状態に実在する粒子が対応している。表 3.3.2 からわかるように、同じ 16 重項に属する中間子でも、I_3, Y, C の値によって質量は違ってくる。先に述べたように、I_3 の違いによる部分はごくわずかである。π^+

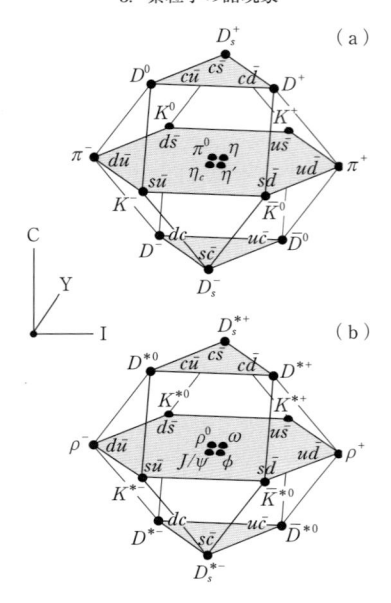

図 3.3.9 (a) 擬スカラーと (b) ベクトル 16 重項に対応する観測された中間子

表 3.3.2 擬スカラーとベクトルの 16 重項に属する中間子の質量（MeV 以下は四捨五入）

C	Y	I_3	(0^-) 16 重項	質量 (MeV)	(1^-) 16 重項	質量 (MeV)
0	+1	+1/2	K^+	494	K^{*+}	892
0	+1	−1/2	K^0	498	K^{*0}	896
0	0	+1	π^+	140	ρ^+	776
0	0	0	π^0	135	ρ^0	776
0	0	−1	π^-	140	ρ^-	776
0	0	0	η	548	ω	783
0	0	0	η'	958	ϕ	1019
0	0	0	η_c	2980	J/ψ	3097
0	−1	+1/2	$\bar{K}^0$	498	$\bar{K}^{*0}$	896
0	−1	−1/2	K^-	494	K^{*-}	892
+1	−1/3	+1/2	D^+	1869	D^{*+}	2010
+1	−1/3	−1/2	D^0	1865	D^{*0}	2007
+1	+2/3	0	D_s^+	1968	D_s^{*+}	2112
−1	+1/3	+1/2	$\bar{D}^0$	1865	$\bar{D}^{*0}$	2007
−1	+1/3	−1/2	D^-	1869	D^{*-}	2010
−1	−2/3	0	D_s^-	1968	D_s^{*-}	2112

と K^+ の違い，あるいは K^+ と D^+ の大きな違いは u, d クォーク，s クォーク，c クォークの質量に大きな違いがあるためである．また，$I_3 = Y = C = 0$ に縮退している 4 個の中間子，$\pi^0, \eta, \eta', \eta_c$ の質量に大きな違いがあるのは，これらの粒子が $u\bar{u}, d\bar{d}, s\bar{s}, c\bar{c}$ が混ざっ

3.3 ハドロン物理

た状態になっていて，それぞれ混ざり具合が違うためである．ベクトル16重項に属する中間子でも同じことがいえる．

(3) バリオンの分類

4個のクォークまで含めると非常に複雑になるので，まずsまでの3個の場合を説明する．この場合 $q_i q_j q_k$ には27個の組合せが可能である．クォーク間の角運動量がすべてゼロの場合，バリオンのパリティは

$$P_\text{baryon} = P_{qi} P_{qj} P_{qj} = +$$

表 3.3.3 スピン (3/2) をもつバリオンのクォーク構成

u↑u↑u↑	Δ^{++}	u↑u↑s↑	Σ^{*+}	u↑s↑s↑	Ξ^{*0}
u↑u↑d↑	Δ^{+}	u↑d↑s↑	Σ^{*0}	d↑s↑s↑	Ξ^{*-}
u↑d↑d↑	Δ^{0}	d↑d↑s↑	Σ^{*-}	s↑s↑s↑	Ω^{-}
d↑d↑d↑	Δ^{-}				

表 3.3.4 スピン (1/2) をもつバリオンのクォーク構成

u↑u↑d↓	p	u↑u↑s↓	Σ^{+}	u↓s↑s↑	Ξ^{0}
u↓d↑d↑	n	u↑d↑s↓	Σ^{0}	s↑s↑d↓	Ξ^{-}
		u↑d↓s↑	Λ^{0}		
		d↑d↑s↓	Σ^{-}		

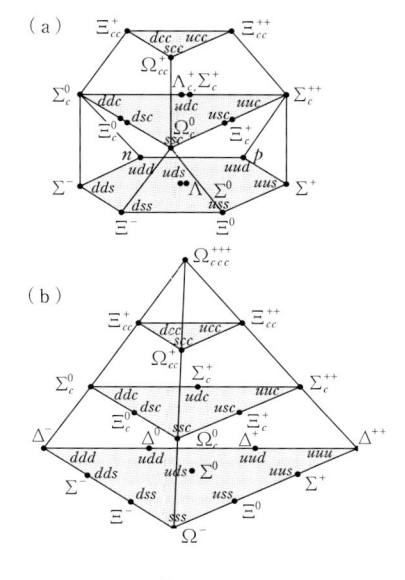

図 3.3.10 (a) バリオンの $J^{p} = (1/2)^{+}$ 20重項と (b) $(3/2)^{+}$ 20重項

表 3.3.5 $(1/2)^+20$ 重項に属するバリオンの質量

C	Y	I_3	$(1/2)^+20$ 重項	質量 (MeV)
0	+1	+1/2	p	938
0	+1	-1/2	n	940
0	0	+1	Σ^+	1189
0	0	0	Σ^0	1193
0	0	0	Λ	1117
0	0	-1	Σ^-	1197
0	-1	+1/2	Ξ^0	1315
0	-1	-1/2	Ξ^-	1321
+1	+2/3	+1	Σ_c^{++}	2453
+1	+2/3	0	Σ_c^+	2451
+1	+2/3	0	Λ_c^+	2285
+1	+2/3	-1	Σ_c^0	2452
+1	-1/3	+1/2	Ξ_c^+	2466
+1	-1/3	+1/2	$\Xi_c'^+$	2574
+1	-1/3	-1/2	Ξ_c^0	2472
+1	-1/3	-1/2	$\Xi_c'^0$	2579
+1	-4/3	0	Ω_c^0	2698
+2	+1/3	+1/2	Ξ_{cc}^{++}	-
+2	+1/3	-1/2	Ξ_{cc}^+	-
+2	-2/3	0	Ω_{cc}^+	-

表 3.3.6 $(3/2)^+20$ 重項に属するバリオンの質量

C	Y	I_3	$(3/2)^+20$ 重項	質量 (MeV)
0	+1	+3/2	Δ^{++}	1232
0	+1	+1/2	Δ^+	1232
0	+1	-1/2	Δ^0	1232
0	+1	-3/2	Δ^-	1232
0	0	+1	Σ^+	1383
0	0	0	Σ^0	1384
0	0	-1	Σ^-	1387
0	-1	+1/2	Ξ^0	1532
0	-1	-1/2	Ξ^-	1535
0	-2	0	Ω^-	1672
+1	+2/3	+1	Σ_c^{++}	2519
+1	+2/3	0	Σ_c^+	2516
+1	+2/3	-1	Σ_c^0	2518
+1	-1/3	+1/2	Ξ_c^+	2647
+1	-1/3	-1/2	Ξ_c^0	2645
+1	-4/3	0	Ω_c^0	-
+2	+1/3	+1/2	Ξ_{cc}^{++}	-
+2	+1/3	-1/2	Ξ_{cc}^+	-
+2	-2/3	0	Ω_{cc}^+	-
+3	0	0	Ω_{ccc}^{++}	-

によって+である.一方,$l=0$なのでバリオンのスピンは3個のクォークのスピンの向きの組合せで決まる.どのような組合せが可能かを調べるには,バリオン波動関数の対称性を考慮しなければならない.しかし,ここでは説明を省いて結論を述べる.

3個のクォークすべてが同じ方向に揃った場合にバリオンがもつスピンは3/2になり,表3.3.3のように10個の組合せが可能である.実際に観測された粒子とうまく対応して,$(3/2)^+$の10重項と呼ばれる.2個のクォークが同じ方向を向き,もうひとつが反対を向くケースは,バリオンのもつスピンは1/2になり,表3.3.4のように8個の組合せが可能である.ここでも観測とよく一致して,$(1/2)^+$の8重項と呼ばれる.

チャームクォークを加えて,4個のクォークの組合せからバリオンをつくるとI_3-Y-C空間に描かれた図3.3.10のような,$(1/2)^+$の8重項を含んだ$(1/2)^+$の20重項と$(3/2)^+$の10重項を含んだ$(3/2)^+$の20重項ができる.

表3.3.5と3.3.6にふたつのバリオン20重項に属する粒子の量子数と質量をまとめた.$C=+2$バリオンと$C=+3$バリオン,それに$(3/2)^+$に属するΩ_c^0がまだ見つかっていない.中間子の場合と同じように,同じ20重項に属するバリオンの質量はCとYの値によって大きな違いを示すが,すべてsクォークとcクォークのもつ質量で説明できる.

(阿部和雄)

c. 量子色力学の検証
(1) 導　入

1911年にラザフォードは,放射性物質からのα線を金箔に照射すると大角度の散乱が起こることから,原子の内部に電荷をもった非常に小さな塊があることを示し,原子核を発見した.その後,原子核は何個かの陽子と中性子が集まってできていることがわかった.原子核内の陽子の個数が原子番号に対応し,陽子と同数の電子が原子核のまわりの準位にあり,電気的に中性となるとともに,原子の化学的性質を決めている.

陽子のもつ電荷による反発力があるのにもかかわらず,多数の陽子や中性子を原子核の中に閉じ込めておくためには,これらの間に強い引力があることが必要で,重力,電磁気力,弱い相互作用に対して,この力を強い相互作用と呼ぶ.

強い相互作用がどのような力なのか理解するのには長い年月がかかった.1935年に湯川は核力を媒介する粒子として質量をもつπ中間子の存在を予言し,実際に1947年にその実在が確認された.しかしその後多くの中間子と,同様にたくさんのΛ粒子などのバリオンが発見され,強い相互作用をする粒子(総称してハドロン)がたくさんあることがわかってきた.そして,これらの間の力を統一的に考える方法が模索された.

一方,加速器の発展により高いエネルギーの電子ビームをつくれるようになり,20世紀の半ばから原子核や陽子の内部構造の研究が発展した.その結果,1956年にホフシュタッターらは陽子は点電荷ではなく大きさをもつことを示した.強い相互作用は拡がりをもつ粒子の間の力ということになり,かつ,強い力のため,量子電磁気学(QED)で発展した基本粒子の間の力を摂動近似で記述する手法が使えないと考えられていた.

ところが，驚くべきことに，1960年代後半に米国スタンフォード大学の付属線形加速器施設で行われた，より高いエネルギーでの電子・陽子衝突実験結果についても，陽子の内部に多くの点電荷（パートン）が存在して，それらと電子が散乱すると考えるとうまく説明できた．さらにニュートリノを使った散乱実験も，同じように点状粒子との散乱の重ね合わせで説明できた．

その頃核子を含むバリオンや中間子がu, d, sの3種類のクォークやそれらの反クォークでできているというクォーク模型ができていた．電子散乱とニュートリノ散乱の比較から，パートンの電荷がクォークのように分数電荷であることがわかり，これらの散乱で見えているパートンは，実はクォークそのものであるとわかった．こうして，ハドロンの内部に点状粒子パートンが分布しており，高エネルギーでのハドロン散乱はパートンの相互作用の重ね合わせと考える，クォーク・パートン模型が確立した．この模型で，ハドロン・ハドロン散乱での電子・陽電子対生成事象（ドレル-ヤン過程）やジェット生成過程などを広く説明できる．

レプトン・陽子散乱は，陽子の内部にパートンがどのように分布しているかを調べる実験手段となった．その後の研究で，核子の内部は単にクォークが3個という単純なものではなく，多数のクォークや反クォークが存在し，また電荷をもたずニュートリノとも反応しない構成要素が陽子のほぼ半分の質量を担っていることも明らかになった．

核子の内部でクォークが自由に振る舞う点状粒子のように見えたことは，強い相互作用も，QEDのように点状の粒子とその間を媒介する粒子との相互作用として説明できる可能性が出てきた．南部，ハンやグリーンバーグらがカラーの自由度を提唱し，SU(3)のゲージ理論が研究された．1973年に，グロス，ウィルチェック，ポリッツァーらによって，その理論が漸近自由性をもつ，つまり，強い相互作用の結合定数は，低エネルギーでは非常に大きくなってしまうが，エネルギーが大きくなるとともに小さくなることが示され，量子色力学（Quantum Chromodynamics, QCD）が確立した．

クォークの間にはカラー力という力が働き，その力を媒介する粒子はグルオンと呼ばれる．QEDでは，媒介する粒子である光子は電荷をもたないが，グルオンはカラー電荷をもち，グルオンどうしで相互作用する．この点がQEDとQCDの大きく違う点で，漸近自由やカラーの閉じ込めの原因になっている．

漸近的自由によって，高エネルギーのパートンの散乱現象を摂動的に計算でき，実験と比較ができるようになった．QCDの効果を加えると，パートンの分布は観測しているエネルギーによって変わってくることが予想される．実際に近年のレプトン・陽子散乱の精密測定によって，この変化がQCDによってうまく説明できることがわかっている．

この項では，おもにハドロンの散乱現象からQCDの検証を紹介する．まず最初に散乱断面積から物質の構造に関わる因子をどうやって情報としてとり出すかを説明する．その因子と核子内のパートンの分布関数との関連づけを行うことで，レプトン・核子散乱でのクォーク・パートン模型を導入する．レプトン・核子散乱で得られた核子の内部

構造の情報は，核子・核子反応など他の反応の断面積の予測に使える．また，逆にこれらの実測値を含めることにより核子の構造がより精密に測定できる．これまでの実験によって，核子内部の構造がどのぐらいわかっているかを説明する．

高エネルギー反応で散乱されたクォークやグルオンは，カラーの閉じ込めによってそのままでは観測できず，多数のハドロンの塊（ジェット）として現れる．まずジェットをどう定義するかを議論したうえで，ジェット生成の実験とQCDとの比較を行い，非可換ゲージ理論としてのQCDがどれだけ実験的に検証できているかを議論する．

（2） 形状因子・構造関数
i） 電磁力による点状粒子の散乱

2粒子衝突での散乱分布から，その粒子間に働く力の構造を研究できる．点状粒子が電磁相互作用で弾性散乱する場合に範囲を限っても，粒子のもつ電荷と磁気能率によって散乱の角分布が変わってくる．入射粒子をA，静止した標的をBとして

$$A(E, p) + B(M_B, 0) \to A(E', p') + B(E'_B, p'_B) \tag{3.50}$$

という弾性散乱を考える．ここで，括弧内はそれぞれの粒子の反応前後のエネルギーと運動量である．

A, B粒子がともに点電荷でスピンをもたず，クーロン相互作用のみで散乱する場合は，実験室系での反応断面積の角分布は，

$$\left(\frac{d\sigma}{d\Omega}\right)_{\text{Rutherford}} = \frac{4\alpha^2}{Q^4} E'^2 \tag{3.51}$$

となり，ラザフォード散乱と呼ばれる．ここでαは微細構造定数で，電子の電荷e，真空の誘電率ε_0とプランク定数$h = 2\pi\hbar$から，$\alpha = e^2/4\pi\varepsilon_0\hbar c = 1/137.036\cdots$となる．$Q^2 = -((E-E')^2 - (p-p')^2) = 2E'E\sin^2(\theta/2)$であり，粒子AからBに移行された4元運動量の2乗の大きさに対応している．

電子散乱など，プローブとする粒子がスピン1/2をもつディラック粒子の場合はスピンによる磁気相互作用による項が加わって，

$$\left(\frac{d\sigma}{d\Omega}\right)_{\text{Mott}} = \frac{4\alpha^2}{Q^4} E'^2 \left(1 - \sin^2\left(\frac{\theta}{2}\right)\right)$$

となり，モット散乱と呼ばれる．

さらに両方の粒子がスピン1/2をもつ場合はディラック散乱と呼ばれ，スピン・スピンの磁気相互作用の効果が加わって，

$$\left(\frac{d\sigma}{d\Omega}\right)_{\text{Dirac}} = \left(\frac{d\sigma}{d\Omega}\right)_{\text{Mott}} \frac{E}{E'} \left[1 + \frac{Q^2}{2M_B^2}\tan^2\left(\frac{\theta}{2}\right)\right] \tag{3.52}$$

となる．

このように粒子間の相互作用によって散乱角分布が変わってくるため，散乱微分断面積の測定は相互作用を実験的に特定するうえで重要になる．

ii) 形状因子

前項は散乱する粒子が点状の粒子の場合であった．ここでは，入射粒子はスピン 1/2 のディラック粒子のままだが，標的粒子が拡がりをもっている場合を考える．すると一般に，

$$\left(\frac{d\sigma}{d\Omega}\right) = \left(\frac{d\sigma}{d\Omega}\right)_{\text{Mott}} \frac{E}{E'} \left[\frac{G_E^2 + \tau G_M^2}{1+\tau} + 2\tau G_M^2 \tan^2\left(\frac{\theta}{2}\right)\right] \quad (3.53)$$

と書ける．ここで $\tau = -Q^2/4M_B^2$ であり，$G_E(Q^2)$ と $G_M(Q^2)$ は Q^2 の関数となる無次元量で，それぞれ電荷および磁気能率の形状因子（form factor）と呼ばれ，電荷および磁気モーメントの空間分布のフーリエ成分となる．つまり $\rho(x)$ を粒子 B の空間電荷分布，$\mu(x)$ を空間磁気モーメント分布として，

$$G_E(Q^2) = \int d^3x \rho(x) e^{iq \cdot x}, \quad G_M(Q^2) = \int d^3x \mu(x) e^{iq \cdot x} \quad (3.54)$$

入射エネルギーを変えて多数の散乱分布をとれば，原理的には G_E，G_M の2つの関数を独立に測定することができる．

式(3.54)より，$G_E(0)$ と $G_M(0)$ はそれぞれ全体の電荷と全体の磁気能率となる．したがって，陽子・中性子の場合は，電子の電荷の絶対値 e を単位として測れば，それぞれ $G_E(0) = 1$，$G_E(0) = 0$ である．式(3.52)と比べればディラック磁気能率をもつ点電荷の場合は，ボーア磁子 $\mu_N = e\hbar/2M_b$ を単位として測れば $G_M(Q^2) = 1$ である．ところが核子の磁気能率は，ここから大きくずれていることが1933年から実験的に知られており，陽子が 2.79，中性子が -1.91 と測定されていた．

電荷の拡がりの2乗平均の根 $\sqrt{\langle r^2 \rangle}$ は，G_E から

$$\sqrt{\langle r^2 \rangle} = -6 \left.\frac{dG_E(Q^2)}{dQ^2}\right|_{Q^2=0}$$

で与えられるので，$Q^2 \sim 0$ 付近での G_E の傾きから標的粒子の半径を測定することができる．

1956年のホフスタッターらの実験によって，Q^2 が高くなるとともに G_E が小さくなっていくことが示され，陽子が $\sqrt{\langle r^2 \rangle} = 0.74 \pm 0.24 \times 10^{-15}$ m 程度の半径をもち，点電荷でないことがわかった．

その後の詳しい実験の結果，陽子の形状因子は，双極子型と呼ばれる以下の形でよく実験を再現できることがわかった．

$$G_E(Q^2) \approx G_M(Q^2)/\mu_p \approx \frac{1}{\left(1+\dfrac{Q^2}{0.84^2}\right)^2}$$

ここで Q^2 は GeV^2 の単位で測る．μ_p は陽子の磁気能率（$=2.79$）である．これはフーリエ変換して位置の情報でみると指数関数的に電荷がなだらかに分布していることを示している．一方，中性子は測定誤差範囲内で $G_E(Q^2) = 0$ であり，中性子内部で電荷の偏りは観測されていない．

iii) 構造関数

ここまでは弾性衝突，つまり衝突の前後で粒子の状態が変わらない場合を考えてきたが，一般に高エネルギーの衝突では別な粒子に変化したり，多数の粒子が生成される非弾性散乱が起こる．入射粒子は散乱後も同じ粒子である場合を考える（図 3.3.11）．つまり，

$$A(E, p) + B(M_B, 0) \to A(E', p') + X(E_X, p_X) \tag{3.55}$$

ここで X は 1 つあるいは複数の粒子の集まりを示す．つまり標的 B に A 粒子をあてて，散乱された A 粒子だけを観測して，あとは気にしないという測定を考える．このような測定を包括的な測定（inclusive measurement）と呼ぶ．

弾性散乱のときは，運動量の保存から A 粒子の角度さえ測れば残りのすべての変数（A 粒子のエネルギーと B 粒子のエネルギーと散乱角度）は一意に決まってしまい，このため 1 変数の微分断面積で記述できた．非弾性散乱になると，同じ角度に散乱されても，X の不変質量の大きさによって散乱粒子のエネルギーが変わってくる．したがって，包括的な測定の散乱断面積を記述するのに 2 つの変数が必要になる．この変数のとり方は前項の単純拡張では $(d^2\sigma)/d\Omega dE'$ などが考えられる．このとき，ローレンツ不変性，ゲージ不変性などを要請し，さらに電磁相互作用ではパリティが保存することも要請すると，

$$\left(\frac{d^2\sigma}{d\Omega dE'}\right) = \left(\frac{d\sigma}{d\Omega}\right)_{\text{Mott}} \left[W_2 + 2W_1 \tan^2\left(\frac{\theta}{2}\right)\right] \tag{3.56}$$

の形に書けることがわかる．W_1, W_2 は，一般には 2 つの変数（この場合は Ω と E'）のスカラー関数になる．式 (3.53) との比較から想像できるように，この関数は標的粒子の内部構造を反映する関数であるため構造関数と呼ばれる．具体的な例は次項で述べる．

ここで，入射粒子，散乱粒子，そして標的粒子の 4 元運動量をそれぞれ $\vec{k}$, $\vec{k'}$, $\vec{p}$, $\vec{q} \equiv \vec{k} - \vec{k'}$ として，散乱を記述するさまざまな力学変数を定義する（図 3.3.11 参照）．

$$s \equiv (\vec{k} + \vec{p})^2$$
$$Q^2 \equiv -\vec{q}^2$$
$$W^2 \equiv -(\vec{q} + \vec{p})^2$$

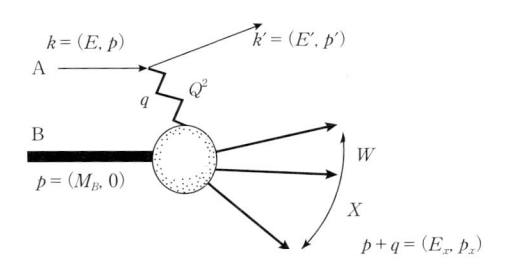

図 3.3.11 非弾性反応の模式図

$$x \equiv \frac{Q^2}{2\vec{q}\cdot\vec{p}}$$

$$y \equiv \frac{\vec{q}\cdot\vec{p}}{\vec{k}\cdot\vec{p}}$$

$$2M_B\nu \equiv W^2 + Q^2 - M_B^2$$

s は系全体の不変質量の 2 乗，Q^2 は既出の 4 元運動量の 2 乗の大きさで散乱事象では正の値をとる．W は系 X 全体の不変質量にあたる．x と y は 0 から 1 までの値をとる無次元変数で，スケーリング変数と呼ばれる．これらの力学変数はローレンツ不変量である．ν は標的の静止系では入射粒子のエネルギー移行 $\nu = E - E'$ になる．この系では $y = \nu/E$ になるので，したがって，y は標的の静止系でみたときに入射エネルギーの内で標的に移行したエネルギーの割合に対応する．x 変数の物理的な意味はパートン模型の項で説明するが，この変数によるスケーリング則を予言したビヨルケンの名をとって，ビヨルケン変数（x_{BJ}）と呼ばれることも多い．

すでに述べたように，このなかで独立な変数は 2 つだけなので，たとえば以下のような関係式が成り立つ．

$$Q^2 = sxy \tag{3.57}$$

$$x = Q^2/2M_B\nu \tag{3.58}$$

$$W^2 = \frac{1}{x}((1-x)Q^2) + M_B^2 \tag{3.59}$$

これらのローレンツ不変関数で式（3.56）を書き直し，さらに現在よく使われている構造関数 $F_1 \equiv M_B W_1, F_2 \equiv \nu W_2$ を使えば，

$$\left(\frac{d^2\sigma}{dxdy}\right) = \frac{4\pi\alpha^2}{Q^4}s\left[\frac{y^2}{2}2xF_1(x, Q^2) + (1-y)F_2(x, Q^2)\right] \tag{3.60}$$

あるいは，

$$\left(\frac{d^2\sigma}{dxdQ^2}\right) = \frac{4\pi\alpha^2}{xQ^4}\left[\frac{y^2}{2}2xF_1(x, Q^2) + (1-y)F_2(x, Q^2)\right] \tag{3.61}$$

などと書ける．

スピン 1/2 の点電荷の場合は，式（3.52）から，

$$\left(\frac{d^2\sigma}{dxdQ^2}\right) = \frac{4\pi\alpha^2}{xQ^4}\left[\frac{y^2}{2} + (1-y)\right] \tag{3.62}$$

となり，つまり，$2xF_1 = F_2 = 1$ となる．一方，標的粒子がスピン 0 の点電荷の場合は $2xF_1 = 0$，$F_2 = 1$ である．

iv) ニュートリノ散乱と構造関数

同様にニュートリノと標的との散乱を考える．ニュートリノは電子と異なって弱い相互作用で標的と反応する．電子のときと異なるのは，パリティが保存しない点と，中性流・荷電流反応の両方がある点である．ミューオン・ニュートリノ（ν_μ）の場合の例をとると，それぞれ次のような反応になる．

$$\nu_\mu + \mathrm{B} \to \nu_\mu + X : 中性流反応 (NC)$$
$$\nu_\mu + \mathrm{B} \to \mu^- + X : 荷電流反応 (CC)$$
(3.63)

弱い相互作用ではパリティが破れているので，新しい構造関数 F_3 が加わり，散乱断面積は

$$\left(\frac{d^2\sigma}{dxdy}\right)^{\nu,\bar{\nu}} = \frac{G_F^2}{2\pi}s\left[\frac{y^2}{2}2xF_1^\nu(x,Q^2) + (1-y)F_2^\nu(x,Q^2) \pm y\left(1-\frac{y}{2}\right)xF_3^\nu(x,Q^2)\right]$$
(3.64)

と書ける．式中の G_F はフェルミ定数で，F_3 の項の前の符号はニュートリノの場合 + で反ニュートリノの場合 - になる．この3つの構造関数は，中性流反応，荷電流反応で異なるし，光子をプローブとした前項の構造関数とも異なる．しかし，あとで見るように核子がクォークとグルオンからなるとするパートン模型では，これらの関数の間に関連をつけることができる．

(3) 深非弾性散乱とパートン模型
i) 深非弾性散乱

図3.3.12は，静止した陽子標的に電子ビームをあて，ある角度に散乱してきた電子のエネルギーを測定した実験結果である．約 9.5 GeV のところにある鋭いピークが弾性散乱に対応したもので，図では4分の1にスケールを縮小してある．そのあと，エネルギーが低いところに数個の幅のあるピークが見える．これらのピークは陽子が Δ 粒子などに変換した2体反応に対応し（e+p→e+Δ^+），このピーク領域を共鳴領域と呼ぶ．式(3.55)の X の不変質量は $W = \sqrt{2M_B(E-E') - Q^2 + M_B^2}$ であるから，散乱電子のエネルギーが低いということはより重い質量の系ができたことになる．図中に W の目盛を書いてある．W が 2 GeV を超えたあたりからピークが見えなくなっており，なだらかな分布となる．この共鳴領域を超えた領域を深非弾性散乱（deep inelastic scattering；DIS）領域と呼ぶ．この領域では多数の π 中間子などが生成される多体反応になっている．

1969年にSLACとMITのグループが，この領域で W を一定にして散乱断面積の分布を調べてみると，非常に興味深いことがわかった．図3.3.13に示すように，モット散乱との比を Q^2 の関数でプロットすると，W が大きくなるとともに平坦になっている．一点鎖線は電子・陽子の弾性散乱の場合で，前項に述べたように双極子型になって急激に落ちているのと対照的である．つまり，深非弾性散乱領域でみると点電荷の散乱に近くなってくることがわかった．また，測定した $F_2(=\nu W_2)$ を x の変数で見てみると，Q^2 にはほとんど依存しなかった．Q^2 が高くなったところで F_1, F_2 が1変数のみの関数となるということは1969年にブヨルケンによって予想されており，ブヨルケンスケーリングと呼ばれている．このスケーリングがすでに $Q^2 \approx$ 数 GeV^2 のところから起こっていることが何を意味するかはファインマンによるパートン模型によって非常に明確に示された．

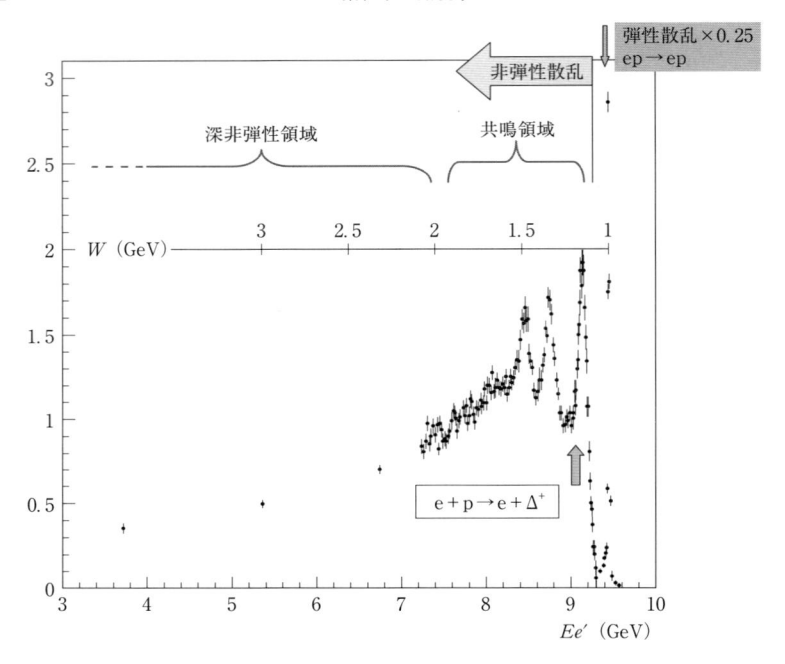

図 3.3.12 電子・陽子非弾性散乱での散乱後の電子のスペクトルの一例
水素標的に 10 GeV の電子を入射して，散乱角 6 度方向で測定した電子のエネルギー分布．右端の細いピークが弾性散乱に対応し，そこからエネルギーが低くなるにしたがって非弾性度が高くなり，W も大きくなる．（データは Physical Review D8 (1973) 63 および Physical Review Letters 23 (1969) 930 から転載）

ii) パートン模型

陽子が点電荷（パートン）の集まりでできていると考えてみる．陽子が無限に高いエネルギーで走っているローレンツ系で考えると，パートンは進行方向の運動量成分のみをもつと考えてよい．ここで，陽子内に i 種類のパートンがたくさんあり，それぞれのパートンの電荷は，電子の電荷の絶対値を単位にして測って e_i であるとする．パートンの運動量分布は陽子の運動量 (p) を単位にして測って $q_i(\xi)$ であるとする．ここで $0<\xi<1$ で，ξ は陽子の運動量のうち個々のパートンがもつ運動量の割合に対応する．パートンはスピン 1/2 粒子のディラック粒子で，個々の深非弾性散乱は電子と陽子内部のどれか 1 つのパートンと入射粒子との弾性散乱と考える．散乱断面積が個々のパートン散乱の和とすると，ディラック粒子の散乱断面積の式 (3.62) から，

$$\left(\frac{d^2\sigma}{dxdQ^2}\right) = \frac{4\pi\alpha^2}{xQ^4}\left[\left(\frac{y^2}{2}+(1-y)\right)\sum_i e_i^2 xq_i(x)\right] \tag{3.65}$$

となる．これと式 (3.61) を比べると，

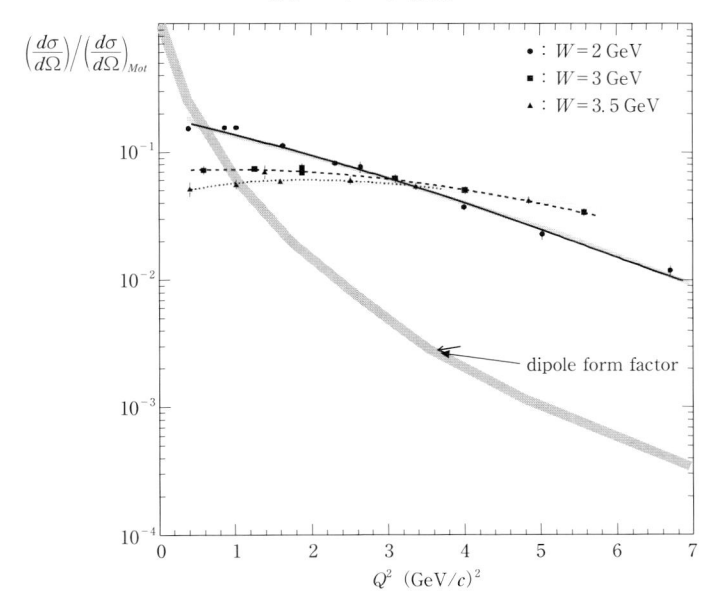

図 3.3.13 W を固定したときの散乱断面積の角度分布をモット散乱の場合と比較した図
(データは Physical Review Letters 23 (1969) 935 から転載)

$$F_2(x, Q^2) = 2xF_1(x, Q^2) = \sum_i e_i^2 x q_i(x) \tag{3.66}$$

となり，構造関数 F_2 はパートンの電荷の2乗で重みをつけたパートンの分布関数そのものと考えられる．スケーリング変数 x は陽子の運動量のうちで，反応に関わったパートンがもっていた比率を表すことになる．

実験で観測されたスケーリング則は，陽子の内部のパートン分布が Q^2 などの変化によらずほぼ一定であることを示している．ここから得られる描像は，陽子内部には自由に動く点電荷がある運動量分布をもって閉じ込められているということになる．しかし，どうしてそれらの点電荷が閉じ込められているのに自由に振舞うように見えるのかは謎であった．これらはパートンがクォークであり，クォーク間の力が量子色力学（QCD）で記述され，QCD には漸近自由性があることで，のちに理解された．あとで述べるように，QCD によればパートンの運動量分布は実は一定ではなく，観測する Q^2 が変わるとゆっくりと変化することが予言される．このスケーリングの破れは，現在高い精度で観測され，そこから QCD の精密検証が行われている．

iii) パートンとクォーク

深非弾性散乱で見えた点電荷パートンと，ハドロンスペクトロスコピーから導入されたクォークとが同一のものであることは，電子散乱とニュートリノ散乱の実験の結果を

加えることで検証された.

まず最初にパートンのスピンを考える. 式 (3.66) に示す F_1 と F_2 の関係は, パートンのスピンが 1/2 であることからの帰結であり, カラン-グロス (Callan-Gross) の関係式と呼ばれている. もしパートンのスピンが 0 であれば $F_1=0$ になる. 実験的にはスピン 1/2 を支持しており, クォークのスピンと一致する.

クォークがパートンであるとすると, クォークの分布関数 $q_i(x)$ と, クォークと入射粒子との相互作用の結合の仕方で, 構造関数が記述できる.

$$F_1 = \frac{1}{2}\sum_i q_i(x)(v_i^2+a_i^2) \tag{3.67}$$

$$F_2 = \sum_i xq_i(x)(v_i^2+a_i^2) \tag{3.68}$$

$$F_3 = 2\sum_i q_i(x)(v_i a_i) \tag{3.69}$$

ここで v_i はクォークのベクトル結合定数で, a_i は軸性ベクトル結合定数である. 電磁相互作用の場合は, $v_i=e_i$, $a_i=0$ であり, 弱い相互作用の荷電流相互作用では, クォークの場合が $v_i=-a_i=1$ で, 反クォークの場合が $v_i=-a_i=-1$ になる. 弱い相互作用のみの中性流相互作用では, $v_i=T_{i3}-2e_i\sin^2\Theta_\mathrm{W}$, $ai=T_{i3}$ となる. ただし, T_{i3} はクォークの弱アイソスピンの第3成分で, Θ_W はワインバーグ角である.

陽子内の u, d, s クォークの分布をそれぞれ $u(x), d(x), s(x)$ とし, それぞれの反クォークの分布を $\bar{u}(x), \bar{d}(x), \bar{s}(x)$ とする. もちろん c, b, t クォークの分布も考えられるが非常に小さく, 通常は無視する.

式 (3.66) によると, クォークの電荷を考えて, 陽子の F_2^{ep} は

$$F_2^{ep} = x\left(\frac{4}{9}[u(x)+\bar{u}(x)] + \frac{1}{9}[d(x)+\bar{d}(x)+s(x)+\bar{s}(x)]\right)$$

となる. 同じようにして中性子を考える. 陽子と中性子のアイソスピンの対称性を認めれば, 中性子内の d クォーク分布 ($d^n(x)$) は陽子内の u クォーク分布 ($u(x)$) に等しいと考えられる. 同様に $u^n(x)=d(x)$, $\bar{u}^n(x)=\bar{d}(x)$, $\bar{d}^n(x)=\bar{u}(x)$, $s^n(x)=s(x)$, $\bar{s}^n(x)=\bar{s}(x)$ として,

$$F_2^{en} = x\left(\frac{4}{9}[d(x)+\bar{d}(x)] + \frac{1}{9}[u(x)+\bar{u}(x)+s(x)+\bar{s}(x)]\right)$$

となる.

ここでさらにニュートリノ散乱を考える. 式 (3.68), (3.69) よりパートン模型では荷電流ニュートリノ散乱の構造関数は

$$F_2 = \sum_{i=u,d,s} 2x[q_i(x)+\bar{q}_i(x)]$$

$$F_3 = \sum_{i=u,d,s} 2[q_i(x)+\bar{q}_i(x)]$$

となる. 荷電流ニュートリノ反応は, クォークの種を区別する. つまり, ニュートリノは d や $\bar{u}$ クォークとは反応するが, u や $\bar{d}$ クォークとは反応しない. したがってニュー

トリノと陽子の散乱では,
$$F_2^{\nu p, CC} = 2x[d(x) + s(x) + \bar{u}(x)]$$
であり,中性子では,
$$F_2^{\nu n, CC} = 2x[u(x) + \bar{s}(x) + \bar{d}(x)]$$
となる.

陽子と中性子が同数入った標的の F_2 を電子散乱,ニュートリノ散乱の両方で測定すると,その間の関係式は

$$\frac{F_2^{ep} + F_2^{en}}{F_2^{\nu p, CC} + F_2^{\nu n, CC}} = \frac{\left(\frac{4}{9} + \frac{1}{9}\right)(u(x) + d(x) + \bar{u}(x) + \bar{d}(x)) + \frac{2}{9}(s(x) + \bar{s}(x))}{2(u(x) + d(x) + \bar{u}(x) + \bar{d}(x)) + 2(s(x) + \bar{s}(x))}$$

となる.もしsクォークの寄与が無視できれば,この値は $(e_u^2 + e_d^2)/2 = 5/18$ になる.実際の測定では10%程度の測定誤差でこの関係が成り立っていることがわかった.これにより,パートンの電荷がクォークモデルでいわれている分数電荷で説明がつくことがわかり,深非弾性散乱で観測したパートンはクォークと同一視できるということになった.

また,
$$(F_2^{\nu p, CC} + F_2^{\nu n, CC}) - (xF_3^{\nu p, CC} + xF_3^{\nu p, CC}) = 4x(\bar{u}(x) + \bar{d}(x))$$
であるから,陽子と中性子の量が等しい原子核とニュートリノの散乱からこの量を測定することにより,陽子内に反クォークが存在することがわかった.

iv) 価クォークと海クォーク

クォーク模型で陽子が uud からできているということから,$u(x)$,$d(x)$ などの分布関数への制限を加えることができる.たとえば,u クォークの数から,ū クォークの数を引けば2になるはずである.$q_v(x) \equiv q(x) - \bar{q}(x)$,$q = u, d$ を価クォーク (valence quark) 分布と呼ぶ.残りのクォークを海クォークとよぶ.$q_{\text{sea}}(x) = 2\bar{u}(x) + 2\bar{d}(x) + s(x) + \bar{s}(x)\cdots$ である.クォーク模型より

$$\int_0^1 u_v(x)dx = 2 \tag{3.70}$$

$$\int_0^1 d_v(x)dx = 1 \tag{3.71}$$

となる.これは Adler の加算則(式(3.72))および Gross-Llewellyn Smith の加算則(式(3.73))

$$\int_0^1 \frac{F_2^{\nu n} - F_2^{\nu p}}{2x} dx = \int_0^1 [u_v(x) - d_v(x)] dx = 1 \tag{3.72}$$

$$\int_0^1 \frac{F_3^{\nu p} + F_3^{\bar{\nu} p} + F_3^{\bar{\nu} n} + F_3^{\bar{\nu} n}}{2} dx = \int_0^1 [u_v(x) + d_v(x) + s_v(x)] dx = 3 \tag{3.73}$$

から実験データで検証できる.

前者についての実験値は $1.08 \pm 0.08 \pm 0.18$ であり,パートン模型の妥当性を示し

ている.ここで,最初の誤差は統計誤差で2番目の誤差は系統誤差を示す.Gross-Llewellyn Smith の加算則のほうは $Q^2=5\,\mathrm{GeV}^2$ で $2.78\pm0.06\pm0.19$ という測定値が出ている.実はこの加算則には QCD の補正があり,観測する Q^2 で値が変化する.その補正が入ったうえでは理論と実験がよい一致を示している.

(4) パートン模型の応用
i) 電子・陽電子散乱
電子と陽電子が消滅して多数のハドロンが出る事象は,クォークの対生成によると考えられる.

$$\mathrm{e}^+ + \mathrm{e}^- \to \mathrm{q}_i + \bar{\mathrm{q}}_i \to 多数のハドロン \tag{3.74}$$

この素過程は,重心系のエネルギーが Z 粒子の質量より小さいところで電磁相互作用だけを考えれば,電荷の大きさの違いを除いては μ 粒子の対生成と反応機構が同じと考えられる. μ 粒子の対生成断面積との比 R をとると,クォークの電荷を e_i として

$$R \equiv \frac{\mathrm{e}^+ + \mathrm{e}^- \to 多数のハドロン}{\mathrm{e}^+ + \mathrm{e}^- \to \mu^+ + \mu^-} = C_f \sum_i e_i^2 \tag{3.75}$$

となる.ここでその重心系で対生成できるすべてのクォークについて和をとる. C_f は単純に考えれば1であるが,それでは実験と大きくずれてしまう.クォークのもつカラーの自由度の分を考慮すれば $C_f=3$ になり,実験と合いがよくなる.これがカラーの自由度が存在する1つの実験的証拠になっている.

実際には,さらに QCD の高次の効果があり,

$$C_f = 3\left[1+\left(\frac{\alpha_s}{\pi}\right)+k(n_f)\left(\frac{\alpha_s}{\pi}\right)^2\cdots\right] \tag{3.76}$$

となる. α_s は強い相互作用の結合定数であり, k は生成されるクォークの種類の数 n_f によって決まる定数である. $b\bar{b}$ の閾値以上 ($n_f=5$) で C_f は約 1.44 になる.

ii) ドレル-ヤン過程
ハドロンとハドロンの衝突でレプトン対を生成する過程をドレル-ヤン(Drell-Yan)過程という.陽子・陽子,陽子・反陽子, π・陽子衝突などの実験で観測されている.たとえば

$$\mathrm{p} + \mathrm{p} \to \mu^+ + \mu^- + \mathrm{X} \tag{3.77}$$

パートン模型なら,この反応は片方の陽子からのクォークともう一方の陽子からの反クォークが対消滅して,その結果ミューオン対が現れたと解釈できる.それぞれのパートンの運動量が x_1, x_2 である場合,ミューオン対の不変質量 $M_{\mu^+\mu^-}$ と pp の重心系でのミューオン対のビーム軸方向運動量を運動学的最大値で規格化したスケール運動量 $x_F \equiv 2|\mathbf{P}_z|/\sqrt{s}$ は,

$$M_{\mu^+\mu^-} = \sqrt{x_1 x_2 s},\quad x_F = x_1 - x_2 \tag{3.78}$$

になる.素過程 $\mathrm{q}+\bar{\mathrm{q}} \to \mu^+ + \mu^-$ の断面積は計算できるので,深非弾性散乱で得られた

クォークの分布関数 $q_i(x)$ から，この過程の断面積が予言できて，

$$\frac{d^2\sigma}{dM_{\mu^+\mu^-}dx_F} = \frac{4\pi\alpha^2}{9m^2s}\sum_i e_i^2 \frac{[q_i(x_1)\bar{q}_i(x_2) + q_i(x_2)\bar{q}_i(x_1)]}{(x_1+x_2)} \quad (3.79)$$

となる．この断面積を変数 $\tau \equiv M_{\mu^+\mu^-}^2 s$ を使って書くと

$$\frac{d^2\sigma}{d\sqrt{\tau}dx_F} = f(\tau) \quad (3.80)$$

とビームのエネルギーによらず τ だけの関数となるスケーリングが現れ，それが実験で確認されている．

ドレル-ヤン過程の断面積はそれぞれの粒子のクォークと反クォークの積で決まるので，陽子のなかの反クォークを探るのに有効である．

π 中間子は $q\bar{q}$ からできているので，πp 衝突でのドレル-ヤン過程は，π の反クォーク分布を決めるのに使え，また，$\pi^+ p$ 反応と $\pi^- p$ 反応での生成比を比較すると，ほぼ $e_d^2/e_u^2 = 1/4$ であることがわかり，ここでもパートンの電荷がクォークのものと矛盾しないことがみえた．

(5) スケーリングの破れと量子色力学 (QCD)

これまで見てきたようにパートン模型は，実験データを非常によく再現でき，陽子の内部に点電荷クォークが存在していることがわかった．

このように陽子の中を自由にパートンが振る舞うというのは，QCD の漸近自由性によるもので，高エネルギーの反応では，強い相互作用の結合定数が小さくなっているためである．しかし，精度のよい測定をすることにより，QCD の効果をみることができる．

深非弾性散乱を QCD を踏まえて解釈すると，クォークがグルオンを放出したり，グルオンがクォーク・反クォークを放出する効果が出てくる．このためパートンの分布関数は厳密には一定でなく，Q^2 とともに緩やかに変化することが予言された．ある Q^2 ではクォークであったものが，さらに高い Q^2 になると（つまりより短距離では）クォークとグルオンに分離して見える．QCD では，パートン分布関数自体を計算することはできないが，その Q^2 とともにどう変化するか，つまり発展が記述できる．その1つが，ドクシッツァー，グリボフ，リパトフ，アルタレリ，パリジによる発展方程式である．5人の名前のイニシャルをとって DGLAP 発展方程式という．

この発展方程式によると，x の高いところのクォークは Q^2 が高くなるとグルオンを放出してしまうので減少し，逆に x の低いところのクォークはグルオンがクォークと反クォークに分かれてくるために増えてくる．1992年から始まったドイツ DESY 研究所での高エネルギーの電子・陽子衝突型加速器 HERA の実験により，非常に広い Q^2 範囲での構造関数の測定ができ，このスケーリングの破れを顕著に観測できるようになった（図 3.3.14）．実線が DGLAP 方程式によるデータのフィットである．広範な x, Q^2 領域全体にわたって QCD の予言が非常にうまくデータを説明している．

パートン分布の変化は $\log(Q^2)$ で起こるゆっくりした変化であるために，初期の実

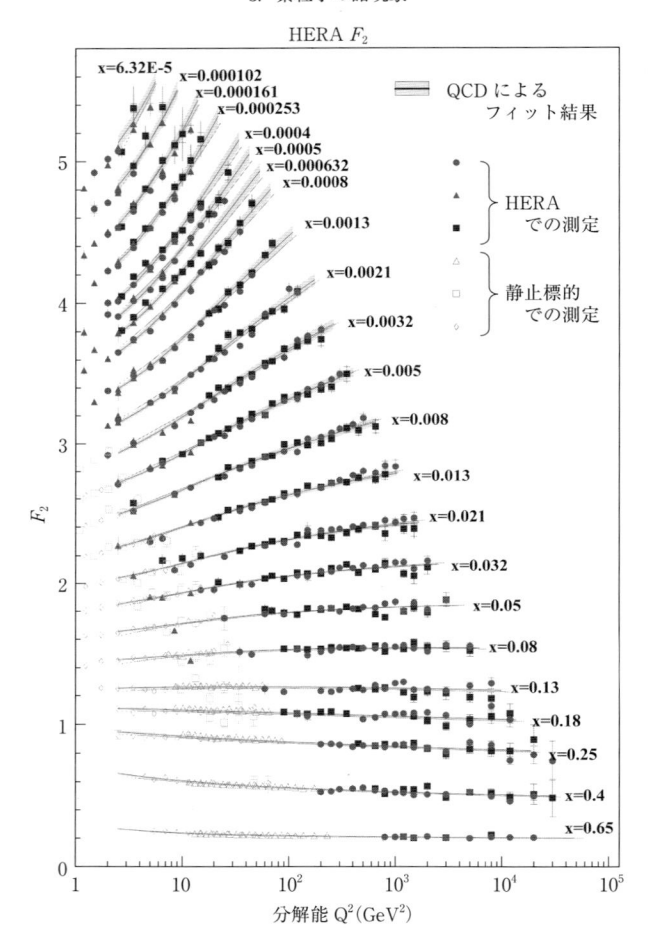

図 3.3.14 陽子構造関数 F_2 を Q^2 の関数として表した図
線は摂動論的な量子色力学でデータ点をフィットしたもの．

験では観測できなかった．また，変化の傾きが前述のように高い x 領域と低い領域では逆になり，$x \sim 0.2$ 付近でゼロになっている．初期のデータはおもにこの領域を見ていたので，スケーリングが発見できたともいえる．

　深非弾性散乱は Q^2 の高い反応であるので，ほぼ自由なクォークのように扱え，摂動的な計算ができる．非摂動の効果は，パートンの分布関数や散乱したクォークがハドロン化するときのハドロン化関数に押し込めることができる．このように摂動部分と非摂動部分を分離できることも QCD から導かれる．

i) 海クォークの振舞い

図3.3.15は同じ点を今度は横軸をxの関数としてプロットしたものである。$F_2 = \sum e_i^2 x [q_i(x, Q^2) + \bar{q}_i(x, Q^2)]$であるから，電荷の2乗と$x$で重みをつけたクォークの分布の和を見ていることになる。$x \sim 0.3$ぐらいに盛り上がりがあるが，これは価クォークの効果による。xが小さくなるに従ってF_2は急激に大きくなっており，小さな運動量をもった海クォークが多数あることを示している。スケーリングの破れで見えたように，この小さなx領域での増加はQ^2が上がるとともに顕著になっている。

一方，$Q^2 < 1\,\text{GeV}^2$になると，小さいxでのF_2の増加は少なくなり，摂動的QCDでのフィットがうまくいかなくなる。このあたりの振舞いを説明するために，複数のパートンの影響を加味した飽和モデルなどが提唱されており，パートン模型から離れたところでの摂動QCDの研究が進んでいる。

ii) 縦波構造関数 (F_L)

構造関数を定義し直して

$$F_L(x, Q^2) \equiv \frac{1}{2x}[F_2(x, Q^2) - 2xF_1(x, Q^2)] \tag{3.81}$$

を導入すると，微分断面積，式（3.61）は，

$$\left(\frac{d^2\sigma}{dxdQ^2}\right) = \frac{2\pi\alpha^2}{xQ^4}\left[(1+(1-y)^2)F_2(x, Q^2) - y^2 F_L(x, Q^2)\right] \tag{3.82}$$

となる。F_Lは縦波構造関数と呼ばれる。深非弾性散乱を電子が放出した仮想光子と陽子の反応と考えると，F_Lは縦波の仮想光子との反応断面積に比例し，F_2は縦波と横波の反応断面積の和に比例する。$F_L < F_2$である。

単純なパートン模型では，カラン-グロスの関係式により$F_2 = 2xF_1$が成り立っているので，$F_L = 0$である。クォークの質量の寄与や，クォークの横方向運動量の影響を考えると，この値は有限値をとる。

摂動的QCDでは，グルオンの効果によりF_Lが有限値をもつ。DGLAP発展方程式を使えばF_Lはα_sの1次の項まで考えると，

$$F_L = \frac{\alpha_s(Q^2)}{\pi}\left[\frac{4}{3}\int_x^1 \frac{dz}{z}\left(\frac{x}{z}\right)^2 F_2(x, Q^2) + 2\sum_{i=1,4} e_i^2 \int_x^1 \frac{dz}{z}\frac{x}{z}\left(1-\frac{x}{z}\right)^2 zg(x, Q^2)\right] \tag{3.83}$$

となり，第2項にあるように陽子内部のグルオンの分布$g(x, Q^2)$と強く関連する。

（6） 核子の構造，陽子のパートン分布関数 (PDF)

ここまで述べたように，QCDを取り入れたパートン模型は，さまざまな実験データを矛盾なく説明できている。逆にこれらの実験データをできるだけ多く使うことによって，陽子内部のパートン分布を求めることができる。このような試みはこれまでに多くのグループによってなされてきたが，最近は，HERAの実験や，英国ダーレム大学のグループと米国のCTEQグループが，新しい測定を随時取り入れてパートン分布関数（PDF：Parton Distribution Function）を改良させている。

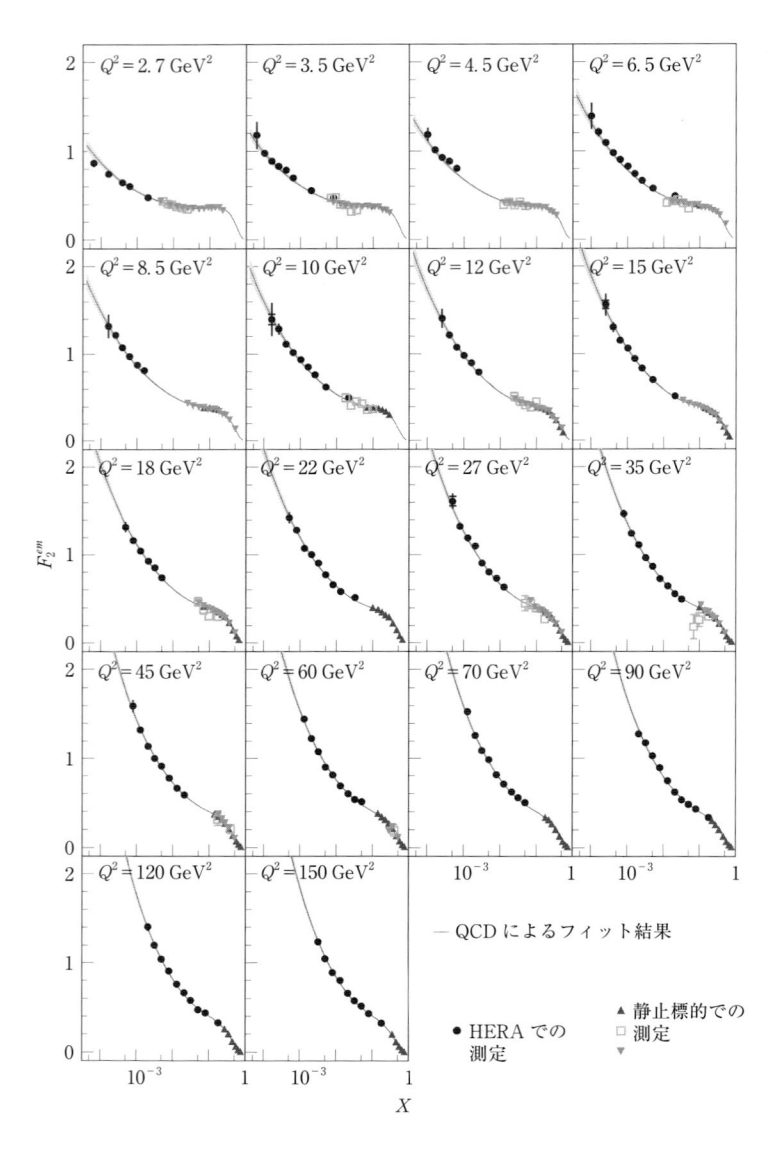

図 3.3.15 陽子構造関数 F_2 を x の関数として表した図
線は摂動論的な量子色力学でデータ点をフィットしたもの．

3.3 ハドロン物理

異なった (Q^2, x) 領域に散らばっている測定点を，DGLAP 方程式を使って全体をフィットする．ある $Q^2 = Q_0^2$ での，それぞれのパートンの分布関数 $q_i(x, Q^2)$, $i = g, u, \bar{u}, d, \bar{d}, s, \bar{s}...$ を，たとえば下のような形にパラメーター化し，定数 $(A_i, B_i, C_i, \delta_i, \eta_i)$ をフィットによって求める．

$$xq_i(x, Q_0^2) = A_i x^{\delta_i}(1-x)^{\eta_i}(1 + B_i x + C_i \sqrt{x}) \tag{3.84}$$

関数形はもちろん他の形もありえるわけであるが，DGLAP 方程式で Q^2 で発展させてしまうのであまり大きな影響は出ない．Q_0^2 の値は摂動的 QCD が成り立つと思われる範囲でできるだけ低くとり，通常数 GeV にしてある．

データ点としては，HERA の ep データ，固定標的の $\nu p, \nu A, \mu p, \mu A, ep, eA$ 散乱などでの構造関数の測定点を使う．パートン模型の項で説明したように，u クォークと d クォークとを分離するには，陽子と中性子の両方のデータがあることが重要である．また，低いエネルギーの実験では DGLAP 発展方程式には含まれない高次の項や，原子核の効果などもあるので，その補正を行う必要がある．さらに，陽子・陽子衝突でのジェット断面積測定や光子生成反応のデータを加えることもある．これらは比較的高い x でのグルオンの分布のよい制限を与える．

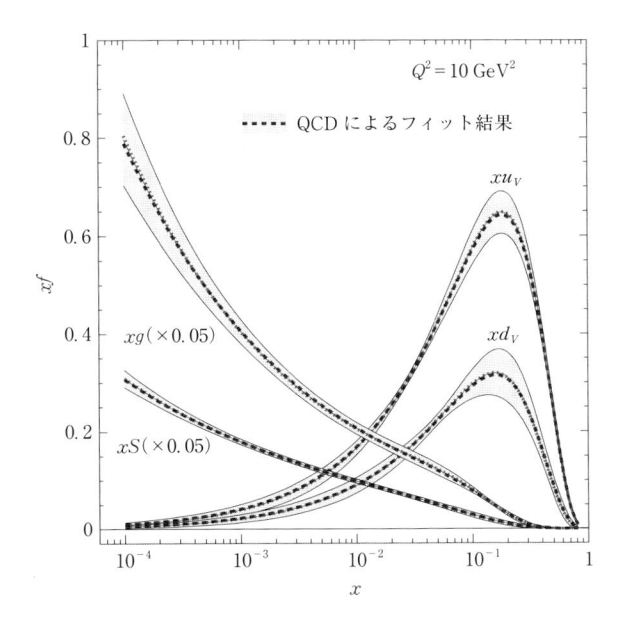

得られた PDF の例を図 3.3.16 に示す．価 u クォーク，価 d クォークと，海クォーク (S = $\bar{u}+\bar{d}+\bar{s}$) そしてグルオン g の分布を示している．海クォークとグルオンはスケール

図 3.3.16 陽子の中のパートン分布
ZEUS 実験のデータをもとに導出した例．

を20分の1にして載せてある．これにより陽子内部には x の小さいクォークとグルオンがたくさんあることがわかる．Q^2 が大きくなるとともにこれらはさらに増加していく．

　QCDの効果は，エネルギーとともにパートンの分布が緩やかに変わっていくことに現れ，核子の構造関数は広い運動学領域でQCDからのDGLAP発展方程式で記述できている．そこから，グルオンの分布や，強い相互作用の結合定数（α_s）をよい精度で求めることができている．

（7） ジェット

　ここまでは，核子とレプトンとの相互作用を通して，核子の内部にあるクォークやグルオンをみてきた．高エネルギーの散乱では，QCDの漸近的自由の性質によって，クォークやグルオンがほぼ自由に振舞うと考えたクォーク・パートン模型で多くの実験結果を説明できることがわかった．ここからは，高エネルギーで散乱されたあとのクォークやグルオンからつくられるジェット現象を説明したうえで，ジェットの測定からの量子色力学の検証をみていく．

　高エネルギーで散乱されたクォークやグルオンはそのままでは観測されず，ハドロン化したあとの多数の粒子が観測される．これらの粒子はそろった方向に発生するので，ジェットと呼ばれている．ジェットはPEP・PETRAの電子・陽電子衝突 $e^+e^- \to q\bar{q}$ によって観測された．ハドロン・ハドロン衝突ではCERNのISRの実験でその兆候は見られるが，きれいに見え出したのはCERNのSp$\bar{p}$S実験からである．電子・陽子衝突ではDESYのHERAでの実験によって初めて観測された．

　高エネルギーの電子と陽電子が対消滅した高いエネルギー状態からの粒子の生成では，初期状態がはっきりしているので反応の基本的な性質の研究に適している．電子・陽電子衝突からのハドロン生成は，おもに，図3.3.17(a)のようなクォーク・反クォーク対の生成から始まる．生成したクォーク対はそのままではなく多数のハドロンになって観測される．このハドロンは生成したクォークの方向に集中して生成されジェットと呼ばれる．クォーク・反クォーク対生成の事象の例を図3.3.18(a)に示しておく．電子・陽電子衝突の重心系のエネルギーが高くなってくると，上記の2ジェット事象に加えて，図3.3.18(b)のような3ジェット事象が見えてくる．これは $e^+e^- \to q\bar{q}g$ 事象と考えられる（図3.3.17(b)）．

　ジェットの運動量はもとのクォークやグルオンの状態を反映していると考えられる．ジェットの生成断面積は，反応の素過程ともいえるパートン間の反応断面積と，その反応に関与するパートンの密度，パートンが多数のハドロンに変わる反応の過程と，3過程の掛け合わせで表せる．

　高エネルギー粒子衝突においてジェットの生成断面積や形状を測定し，QCDの摂動計算との精密な比較をすることで，QCDの検証を進めることができる．具体的に掲げると，

3.3 ハドロン物理

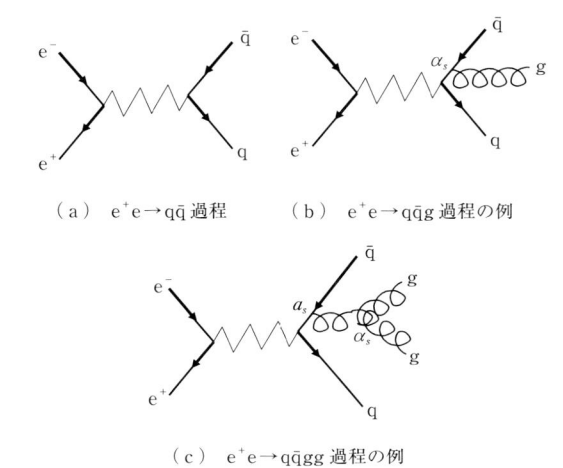

(a) e⁺e⁻→qq̄ 過程 (b) e⁺e⁻→qq̄g 過程の例

(c) e⁺e⁻→qq̄gg 過程の例

図 3.3.17 電子・陽電子衝突のダイアグラムの例
(a) 2 ジェット事象，(b) 3 ジェット事象，(c) 4 ジェット事象でグルオンの自己結合が現れるダイアグラム．

(a)   (b)

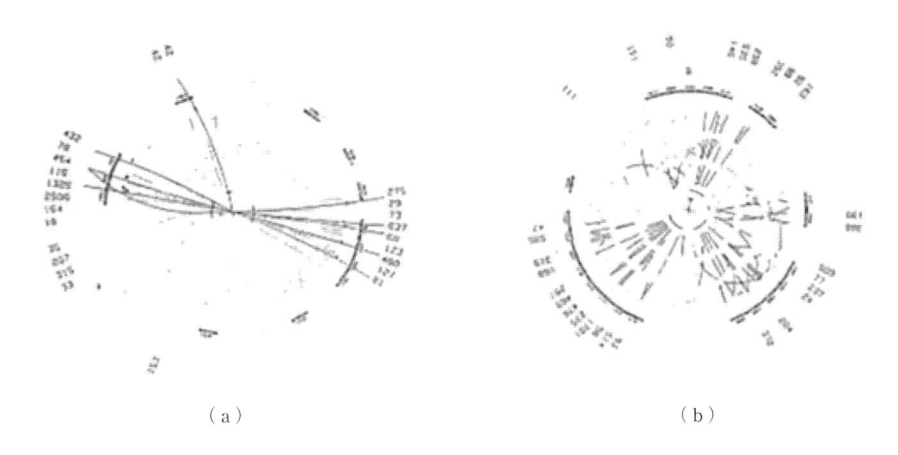

図 3.3.18 電子・陽電子衝突で生成されたジェットの例
(a) 2 ジェット事象，(b) 3 ジェット事象．(JADE 実験)

- QCD の予言するパートン間の反応断面積の検証
- ジェットの内部構造を探ることで，ハドロン化過程の研究
- 反応に関与する粒子（陽子など）の内部のパートン分布の測定　(c-(6) 項を参照)
- 強い相互作用の結合定数（α_s）の測定

などである．

i) パートンからジェットへ

最初のパートンから多数のハドロンが生成する過程は，通常3段階に分けて考えられている．

最初の段階は素過程によってパートンが生成される過程，図 3.3.17 の部分である．QCD の摂動近似の次数が高くなればなるほど，ここでできてくるパートンの個数が増えてくる．

第2段階は最初に生成されたパートンが，QCD の高次の効果によりさらにたくさんのパートンに分岐する過程で，できたパートンがほぼみな同じ方向を向いて放出され，パートンシャワーと呼ばれる．ここでも QCD の摂動近似によってパートンがパートンを生む過程を記述できる．

最後に，これらの多数のパートンから，π中間子などのハドロンができる過程でハドロン化過程と呼ばれる．パートンのエネルギーが低くなるとともに，QCD の結合定数が大きくなってしまうため，ここでは非摂動的なモデルが提唱されている．カラーをもつパートンからカラーをもたないハドロンをつくるときに，パートン間のカラーの相関がきいてくる．パートン間をカラーのひもでつなぎ，それが切れながらハドロンが生まれるというひも模型が提唱された．実験データとの詳細な比較を通して改善が加えられ，終状態のハドロンの分布をよく説明できている．

ii) ジェット・アルゴリズム

図 3.3.18(a) で見た電子・陽電子衝突のジェットでは，2つのジェットが明らかにみてとれる．しかし，どの粒子がどのジェットに含まれるか（あるいはどのジェットにも含まれないか）をうまく定義するアルゴリズムが必要になる．

図 3.3.19 は，電子・陽電子衝突でのジェット生成の事象例とそのダイアグラムである．このように陽子が絡むと，反応したパートンのほかにも，もともと陽子内部にあったパートンがあり，それが最終的にビーム方向にたくさんの粒子になる．これらをレムナントと呼ぶ．ジェットとジェットの間にも粒子生成があるのに加えて，ジェットとレムナントの間にも粒子が生成されるため，アルゴリズムによってどの粒子がどのジェットに含まれるか変わってくる．

一方，摂動的 QCD の理論側のほうでも，パートンが複数個出る高次の効果を考えるとジェットのアルゴリズムが必要となる．クォークやグルオンレベルでは，前項で述べたパートンシャワーで近似するように，パートンの進行方向にたくさんのパートンが現れる．パートンは最終的に観測できないため，たとえば1つの方向にパートンが1つ飛んだのか，2つのパートンが飛んだのかは意味をもたない．ジェットアルゴリズムを通すことによって，このようなパートンをまとめることができ，安定した断面積の計算ができる．

したがって，理論・実験両方で共通で安全なジェットアルゴリズムを開発することが重要になる．これまでに多くの提案がなされているが，ここでは，代表的なコーンアルゴリズムとクラスタアルゴリズムについて説明する．

3.3 ハドロン物理

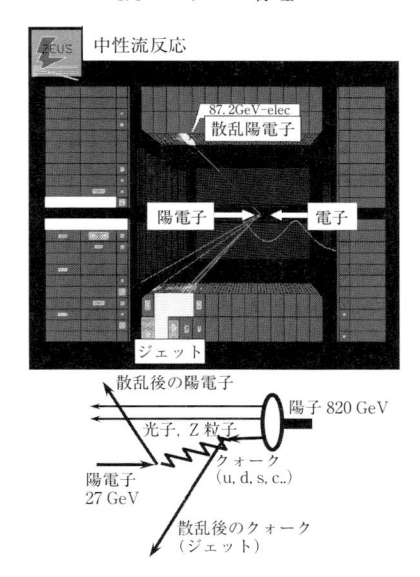

図 3.3.19 ZEUS 測定器で見た電子・陽子深非弾性散乱事象と，その解釈

電子・陽子衝突や，陽子・反陽子衝突のように，レムナントがある事象でも使えるようにするため，ジェットはおもにビームの衝突軸に垂直な方向で探すことが多い．粒子の運動量を表すのに，衝突軸を z 軸とし，z 軸のまわりに極座標 (p, θ, ϕ) をとる．z 軸に垂直な運動量成分を $p_T(\equiv p\sin(\theta))$ とする．また，擬ラピディティ (η) という量を

$$\eta \equiv -\ln(\tan(\theta/2))$$

で定義する．角度に相当した量であるが，光速で走る粒子の場合は，z 軸方向にローレンツ変換しても各粒子の η の差は変わらないという性質をもつ．このため，この変数と ϕ でジェットの形状を見ると，系を z 軸方向にローレンツ変換しても同じに見えるので便利である．

コーンアルゴリズム

コーンアルゴリズムでは，ジェットは運動量方向が η-ϕ 空間での大きさの決まった円錐内に入った粒子の集まりである．

粒子があるジェットに含まれるのは，その粒子の運動量方向 (η^i, ϕ^i) が，ジェットの方向 $(\eta^{\mathrm{jet}}, \phi^{\mathrm{jet}})$ からつくった半径 R の円錐内部に含まれる，つまり，

$$(\eta^i - \eta^{\mathrm{jet}})^2 + (\phi^i - \phi^{\mathrm{jet}})^2 < R^2 \tag{3.85}$$

という関係になっている場合とする．通常 R は 0.7 や 1 が使われる．ここで ϕ はラジアンを単位として測る．逆に，ジェットのエネルギーと運動量方向は，その構成粒子のエネルギーと運動量から，

$$E_T^{\text{jet}} = \sum_{i \in \text{cone}} p_T^i \tag{3.86}$$

$$\eta^{\text{jet}} = \frac{1}{E_T^{\text{jet}}} \sum_{i \in \text{cone}} p_T^i \eta^i \tag{3.87}$$

$$\phi^{\text{jet}} = \frac{1}{E_T^{\text{jet}}} \sum_{i \in \text{cone}} p_T^i \phi^i \tag{3.88}$$

として得られる．ここで E_T^{jet} はジェットの横方向エネルギー，p_T^i は粒子の横方向運動量である．ジェット軸が円錐の中心であるから，実際のジェットを見つける際には軸を動かしながら粒子の出入りを見て安定するまで試行するというアルゴリズムを使う．

このアルゴリズムは比較的単純であり，横方向運動量に重点をおいているので，多数のレムナントがある．陽子・反陽子衝突や，電子・陽子衝突などでよく使われてきた．

しかし，難点が2点ある．1つは，2つのジェットが近づいたときにそれぞれの円錐が (η, ϕ) 空間で重なってしまうが，その場合にどうするかを各実験は異なった取り扱いをしており，実験間の比較が難しくなっている．もう1つはもっと理論的な問題で，たとえば2つのパートンがほぼ $2R$ 離れていて2つのジェットになっている場合に，もしちょうど中間に別のパートンが出たとたんに1つのジェットになってしまう．つまり，非常に低い運動量をもった粒子が放出されるかどうかで不安定になる．

クラスタアルゴリズム

クラスタアルゴリズムは2つの物体（粒子，パートンなど）間の距離関数を定義し，観測したすべての物体間の距離を調べていちばん小さいものどうしを結合して，1つの物体を融合させるというのを順次繰り返して観測物体をクラスタ化していく手法である．

最終的には，決まった数のクラスタになったところで終了したり，クラスタ間の最小距離がある値（通常 y_{cut} と呼ばれる）より大きくなったところで終了したりして，残ったクラスタをジェットとする．

クラスタアルゴリズムは，レムナントが存在しない電子・陽電子衝突からのジェット研究で以前からよく使われていた．近年は上記のようにコーンアルゴリズムの問題点がわかってきたため，アルゴリズムに不定性がないクラスタアルゴリズムの利用が電子・陽子や陽子・陽子衝突でも使われるようになった．特に，k_T アルゴリズムと呼ばれる，距離関数として

$$d^{ij} = \min(p_T^i, p_T^j)^2 \sqrt{(\eta^i - \eta^j)^2 + (\phi^i - \phi^j)^2} \tag{3.89}$$

がよく使われる．

レムナントがある環境では，ビーム軸方向に無限に大きな運動量をもった擬粒子を想定してその擬粒子と各物体の距離，$d^{iB} = (p_T^i)^2$ も定義し，すべての d^{ij} よりある d^{iB} が小さかったら，そのクラスタはその時点でジェットであるとして以後のクラスタリングから除外する．

iii) ハドロン反応でのジェット断面積

陽子・反陽子衝突でのジェットの生成は，陽子・反陽子内部のパートン間の高エネル

3.3 ハドロン物理

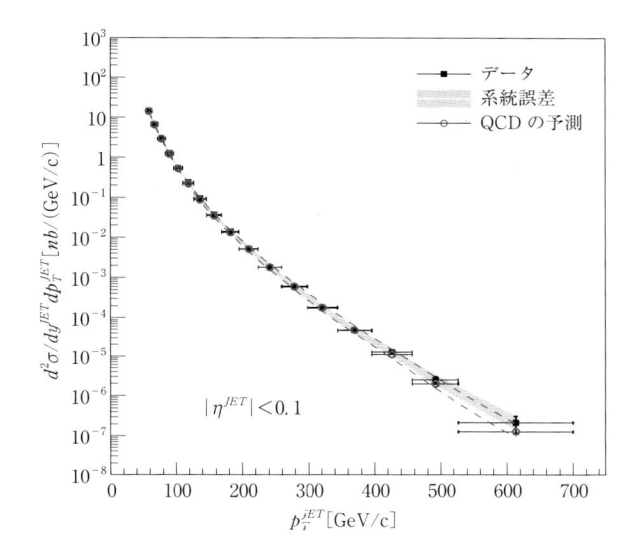

図 3.3.20 陽子・反陽子衝突でのジェット生成断面積の測定結果 黒四角が測定結果，中抜き丸は QCD からの予測．（データは Pysical Review D75, 092006（2007）から転載）

ギー散乱と考えることができる．パートン・パートン散乱は摂動 QCD で計算ができ，パートンの分布は深非弾性散乱のデータから決められるので，ジェットの測定は QCD のよい検証となる．図 3.3.20 は米国国立フェルミ研究所の陽子・反陽子衝突型加速器 Tevatron でのジェット断面積の測定結果と QCD の予想値を示したもので，非常に広範囲でデータと予想が一致していることがわかる．

iv) 電子・陽電子衝突からの多重ジェット生成

PETRA での実験で 3 ジェットの事象でジェット間の角度の相関を見ることにより，グルオンがスピン 1 をもつ粒子であることを検証できた．

さらに高いエネルギーでの e^+e^- 衝突では，4 ジェット事象が観測できる．これらのジェットの間の角分布をとることにより，図 3.3.17(c) に示すようなグルオンの自己結合過程（g→gg）があることを実験的に示すことができる．この過程は，電子相互作用では光子が電荷をもたないのに対し，強い相互作用ではグルオン自体がカラー電荷をもつことによって生じるもので，強い相互作用が非可換ゲージ理論であることを示している．その効果はまず，日本の TRISTAN 加速器での AMY 実験で初めて確認され，CERN の LEP 実験で詳細に決められた．自己結合の有無だけではなく，q→qg と g→gg の強さの違いが現れ，強い相互作用がどのようなゲージ群によるものかを推定できる．LEP での結果によると，強い相互作用が SU(3) ゲージ群による QCD と矛盾しないことを示すことができた．

v) クォークジェットとグルオンジェット

QCD では，クォークと比べてグルオンのほうが大きなカラー電荷をもつ．このため，グルオンに起因したジェットは，ハドロン化する過程でより多くのパートンが放出されて粒子の多重度が増え，さらにそのために角度的により広がった分布になることが予想される．

実験的には，電子・陽電子反応での3ジェット事象でのジェットの内部構造の研究や，クォークジェットが主となる電子・陽電子衝突と，グルオンジェットが主となる陽子・反陽子衝突でのジェットの性質の比較などから確認されている．

vi) 強い相互作用の結合定数の測定

これまでに述べてきた深非弾性散乱でのスケーリングの破れ，ジェット生成断面積，ジェットの多重度，Z の崩壊過程などは，摂動的 QCD からの計算が可能で，実験と理論との比較により，QCD の唯一のパラメーターである強い相互作用の結合定数 α_s を求めることができる．図 3.3.21 は測定結果のエネルギー依存性を示したものである．さまざまなエネルギーでの反応を比較することにより，結合定数がエネルギーとともに変わっていくことが実験的に検証されている．また，このように多種の反応から求めた値がすべて矛盾しないことは，QCD が強い相互作用の理論として成功していることを示している．これらのデータを総合した世界平均として，Z 粒子の質量（M_Z）のスケールでの値で $\alpha_s(M_Z) = 0.12$ が得られている．

より精度の高い測定を行うことにより，さらなる QCD の検証ができるが，それには実験精度を上げるとともに，摂動計算の次数を上げることによって理論予想の改善が必

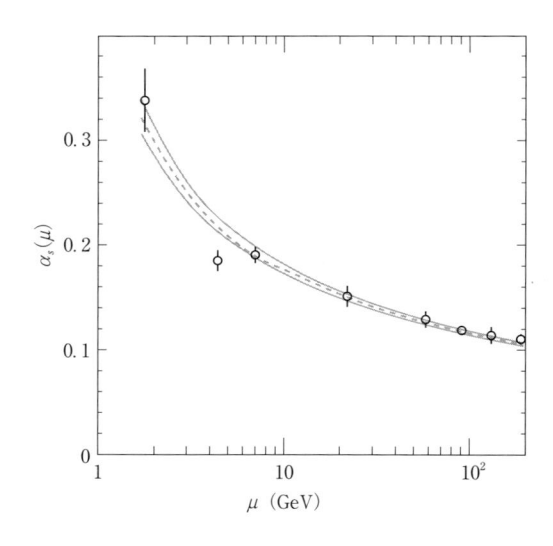

図 3.3.21 さまざまな測定から得られた強い相互作用の結合定数のまとめ

要となる．上記の α_s の測定では，Z の崩壊幅と Z の崩壊非対称度の計算は α_s の 3 次の項まで計算できているが他の測定では 2 次の項までであり，理論予想の不定性が実験精度と同程度の大きさを占めている．

(徳宿克夫)

3.4 弱い相互作用

a. 弱い相互作用とレプトン

弱い相互作用の理論がどのようにして確立され，電弱相互作用として統一されたのかを概観する．その後，いくつかの過程について詳しく解説する．

(1) 概 観

原子核のベータ崩壊は弱い相互作用で引き起こされる．これは，原子核内の陽子 (p) を中性子 (n) に変える反応で，炭素のベータ崩壊

$$^{10}\text{C} \rightarrow {}^{10}\text{B}^* + e^+ + \nu_e, \tag{3.90}$$

などがあるが，原子核内の陽子 1 つが中性子に変わる過程

$$p \rightarrow n + e^+ + \nu_e, \tag{3.91}$$

によって引き起こされる．ここで，e^+ は陽電子，ν_e は電子ニュートリノである．自由な陽子の場合は，崩壊はエネルギー的に不可能で，逆反応の中性子の崩壊

$$n \rightarrow p + e^- + \bar{\nu}_e, \tag{3.92}$$

が許される．ここで，e^- は電子，$\bar{\nu}_e$ は反電子ニュートリノである．中性子はおもにこの反応で寿命約 15 分で崩壊する．寿命が素粒子の時間スケールからするときわめて長いのは，相互作用が弱いこと，中性子と陽子の質量差が小さく崩壊の位相空間がほとんどないことによる．

電気的に中性で質量の大変軽いスピン 1/2 のフェルミ粒子であるニュートリノは，1931 年にパウリによりエネルギーと角運動量の保存を保証するために導入された．

i) フェルミのベータ崩壊の理論

1935 年にフェルミはベータ崩壊の理論を提案した．この理論での弱い相互作用のハミルトニアン（密度）は

$$\mathcal{H} = G(\bar{\psi}_{\nu_e}\gamma_\mu\psi_e)(\bar{\psi}_n\gamma^\mu\psi_p) + \text{h.c.}, \tag{3.93}$$

ここで，ψ_p は陽子を消す（反陽子をつくる）作用をもち，反対に $\bar{\psi}_n$ は中性子をつくる（反中性子を消す）作用をもつ．したがって，この相互作用により，1 点で陽子が消え，中性子，陽電子とニュートリノがつくられる．また，h.c. は第 1 項のエルミート共役で，$G(\bar{\psi}_e\gamma_\mu\psi_{\nu_e})(\bar{\psi}_p\gamma^\mu\psi_n)$ であり，式 (3.91) の反応を引き起こす．$(\bar{\psi}_n\gamma^\mu\psi_p)$ はベクトル (V) 型のカレントで，また電荷を 1 減らす作用をもつことから，弱荷電カレント（以後荷電カレント）と呼ばれている．

相互作用の特徴は，荷電カレントの積からなるカレント・カレント型で，弱い相互作用の強さを表す結合定数 G は次元をもっていることである．素粒子の理論では，$\hbar = c =$

1とする自然単位系が用いられるが，このとき，質量 m の粒子のコンプトン波長 $\hbar/mc$ は長さの次元をもち，粒子の飛行距離の目安となっている．したがって，長さは $[\mathrm{M}]^{-1}$ の次元をもち，またフェルミ場 ψ の次元は $[\mathrm{M}]^{3/2}$，ハミルトニアン密度 $\mathcal{H}$ の次元は $[\mathrm{M}]^4$ である．そこで結合定数 G の次元は $[\mathrm{M}]^{-2}$ となる．結合定数が次元をもつと，理論はくりこみ不可能となり，高次の効果を含めて予言することはできない．このため，カレント・カレント型の相互作用は実効相互作用（基本的な相互作用から導かれるもの）と考えられてきた．

ii) 荷電カレントの型

1956 年にリーとヤンは，弱い相互作用ではパリティは保存しないと主張した[1]．多くの実験結果が積み重ねられた結果，確かにパリティは保存していないことがわかった．また，カレントは上記の V 型を V-A 型に置き直せばよいことがわかった．つまり

$$\mathcal{H}_{CC} = \frac{G}{\sqrt{2}} J_\mu^\dagger J^\mu, \tag{3.94}$$

ここで，

$$J_\mu = \bar{\nu}_e \gamma_\mu (1-\gamma_5) e + \bar{p} \gamma_\mu (g_V - g_A \gamma_5) n \tag{3.95}$$

であり，$J_\mu^\dagger = \bar{e} \gamma_\mu (1-\gamma_5) \nu_e + \cdots$ は，J_μ のエルミート共役である．ここで，粒子の場の表記を ψ_e の代わりに e のように表した．カレントはベクトル(V) γ_μ と軸性ベクトル(A) $\gamma_\mu \gamma_5$ の差になっていることから，V-A 型と呼ばれている．また，$g_V = \cos\theta_C$ は，ストレンジネスをもたないカレント $J_\mu^{\Delta S=0}$ とストレンジネスをもつカレント $J_\mu^{\Delta S=1}$ の間のカビボ混合[2]，$J_\mu = \cos\theta_C J_\mu^{\Delta S=0} + \sin\theta_C J_\mu^{\Delta S=1}$ に起因する．ベクトル電流は保存すると考えられている（CVC 仮説）ので強い相互作用の効果は受けないが，軸性ベクトル電流は保存せず，g_A はくりこみの効果を受ける．このため，$g_A \neq g_V$ である．

ベクトルカレントと軸性ベクトルカレントは反対のパリティをもっている．荷電カレントにこれらが混在して入っていることから，パリティが荷電カレント相互作用で破れていることになる．

iii) 電弱統一理論

電弱相互作用の統一理論は，ワインバーグ (1967)[3] とサラム (1968)[4] によって構築された．この理論はゲージ対称性に基づいて構成されており，レプトンやクォークの相互作用は，ゲージ粒子との結合として表される．

まず，電荷±1 をもつゲージ粒子 $W^\pm$ との荷電カレントによる結合が存在し，

$$\mathcal{L}_{CC} = \frac{g}{2\sqrt{2}} (J^\mu W_\mu^+ + J^{\mu\dagger} W_\mu^-) \tag{3.96}$$

ここで，W_μ^+ は電荷 +1 をもつゲージ粒子 W^+ を消す，または W^- をつくる作用をする．結合するカレントは

$$J_\mu = \bar{\nu} \gamma_\mu (1-\gamma_5) l + \bar{u}_0 \gamma_\mu (1-\gamma_5) U d_0 \tag{3.97}$$

である．ここで，$\nu^T = (\nu_e, \nu_\mu, \nu_\tau)$，$l^T = (e, \mu, \tau)$ であり，$u_0^T = (u, c, t)$，$d_0^T = (d, s, b)$，U はカビボ–小林–益川行列[2,5] と呼ばれている 3 行 3 列のユニタリ行列で，T は転置である．

この相互作用は，荷電カレント相互作用と呼ばれる．前項で現れた，$g_V = \cos\theta_C$ は，クォーク混合の U_{ud} に対応し，d と s クォークの混合 $d' = \cos\theta_C d + \sin\theta_C s$ に現れる混合角である．クォークからなるカレントの混合とハドロンからなるカレントの混合が一致するのは，ベクトル電流が保存するためと考えられている．

標準模型は，中性のZゲージ粒子との結合による中性カレント相互作用も予言する．

$$\mathcal{L}_{NC} = \frac{g}{2\cos\theta_W} J^\mu_{NC} Z_\mu, \tag{3.98}$$

と表される．ここで，J^μ_{NC} 中性カレントと呼ばれるもので，一般に

$$J^\mu_{NC} = \sum_\psi \bar\psi \gamma^\mu [c^\psi_V - c^\psi_A \gamma_5]\psi \tag{3.99}$$

と表される．ここで，ψ は理論に現れるフェルミ粒子全体を表し，

$$c_V = T_3 - 2\sin^2\theta_W Q, \tag{3.100}$$
$$c_A = T_3, \tag{3.101}$$

である．ここで，T_3 と Q は粒子 ψ のもつ弱アイソスピンの z 成分と電荷であり，θ_W はワインバーグ角と呼ばれる実験から決まるパラメーターである．レプトンについて具体的に表すと，

$$c_V = c_A = \frac{1}{2} \quad ; \nu_e, \nu_\mu, \nu_\tau \tag{3.102}$$

$$c_V = -\frac{1}{2} + 2\sin^2\theta_W \quad c_A = -\frac{1}{2} \quad ; e, \mu, \tau \tag{3.103}$$

中性カレントは，同一粒子，例えば電子と電子を結びつける作用をもっている．その結果，電荷を変化させず，このことから中性カレントと呼ばれている．

レプトン数の保存

弱い相互作用ではレプトン数の保存則が成り立つ．電子や電子ニュートリノにレプトン数1を，反粒子に -1 を定義し，

$$L_e = \begin{cases} 1 & e^-, \nu_e \\ -1 & e^+, \bar\nu_e \end{cases} \tag{3.104}$$

また，同様に μ, ν_μ には $L_\mu = 1$ を，τ, ν_τ には $L_\tau = 1$ を定義する．相互作用には，レプトンに関して世代間の混合はないので，世代ごとに定義したレプトン数 L_e, L_μ, L_τ は保存する．

普遍結合

WやZとレプトンの結合は，第1世代，第2世代，第3世代と世代が異なっても同じである．このことは結合定数の普遍性と呼ばれ，理論がゲージ対称性に基づいて構築されていることと深く関わっているが，これに関しては後でふれる．

くりこみ可能性

ゲージ理論に基づいてつくられたこの理論は，1971年にトホーフトにより，くりこ

iv) 有効相互作用とフェルミ結合定数 G

図 3.4.1 に示されている W ボソンの媒介する相互作用で引き起こされる $\nu_e e$ 散乱を考えよう．力（相互作用）を媒介する W 粒子の質量は大変重く，約 80 GeV である．不確定性原理によると，粒子が相互作用を行うために飛ぶ距離は，だいたいコンプトン波長程度である．W の場合，コンプトン波長は，$\hbar/M_W c \simeq 10^{-16}$ cm である．散乱のエネルギーが M_W に比べて小さい場合，解像度は低く（解像度はおよそ hc/E），W が飛んでいるようには見えず，1 点で相互作用をしているように見える（図 3.4.1）．

別の言い方をすると，W の伝幡関数の分母 $k^2 - M_W^2$ において，k^2 を無視する近似となっている．この近似で，式 (3.94) の有効相互作用が導かれ，

$$\frac{G}{\sqrt{2}} = \frac{g^2}{8M_W^2}, \tag{3.105}$$

が得られる．$M_W \sim 80$ GeV を代入すると，$Gm_N^2 \simeq 10^{-5}$ が得られる．ここで，$m_N \simeq 1$ GeV は核子（陽子や中性子）の質量である．ベータ崩壊など，弱い相互作用が引き起こす反応は核子の質量エネルギーが目安となる．Gm_N^2 が小さいことは，相互作用が弱いことを示している．

さて，弱い相互作用は本当に弱いのであろうか．弱い相互作用の結合の強さ $Gm_N^2 \sim 10^{-5}$ を直接質量ゼロの光子を交換して起こる電磁的相互作用の結合定数 e^2/q^2 と比べるのは乱暴である．ここで，q は光子の 4 元運動量である．e と比べるのは，W との結合定数 g と考えるのが適当で，Gm_N^2 は小さくても，これは M_W が大きいためで，g は e と比べてそれほど小さくないのではないかと考えられる．実際，$g^2/4\pi \simeq 3/100$ であり，$e^2/4\pi = 1/137$ と比べて 4 倍も大きく，$e \sim g/2$ である．つまり，電磁的相互作用と弱い相互作用を比べると，結合定数には大きな差はないが，交換する粒子の質量が異なるために，実効相互作用としてみたときの強さに大きな違いが出たことがわかる．2 つの結合定数 g と e がほぼ同じであることは，電磁的相互作用と弱い相互作用の統一理論（標準理論）をつくることを可能にした．

今までは，荷電カレント相互作用をみてきたが，中性カレント相互作用についても実効相互作用が導かれる．

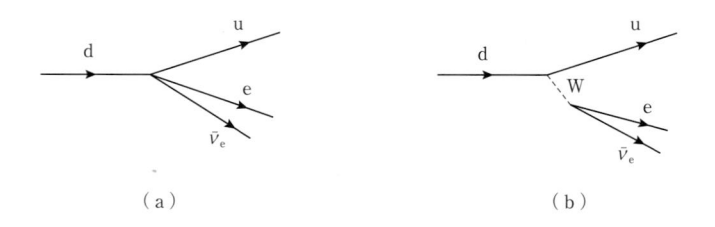

図 3.4.1 4 点型のフェルミ相互作用 (a) は，解像度を上げて見ると，W の交換を通して相互作用は行われている (b)．

3.4 弱い相互作用

$$\mathcal{H}_{NC} = \frac{G_N}{\sqrt{2}} j_\mu^{NC} j^{NC\mu}, \tag{3.106}$$

ここで，

$$G_N = G\rho \tag{3.107}$$

$$\rho = \frac{M_W^2}{\cos^2\theta_W M_Z^2} \tag{3.108}$$

である．また，標準理論のツリー近似（高次の効果を無視する近似）では，$M_W = \cos\theta_W M_Z$ が成り立つので，$\rho = 1$ である．ところで，標準理論には存在しない3重項のヒッグス粒子などが存在すると，ρ は1からずれる．このため，ρ の1からのずれは，標準理論を超えた新しい物理現象を発見する指標として広く使われている．

1973年に，ニュートリノ反応

$$\bar{\nu}_\mu e^- \to \bar{\nu}_\mu e^-, \tag{3.109}$$

$$\nu_\mu N \to \nu_\mu X, \tag{3.110}$$

$$\bar{\nu}_\mu N \to \bar{\nu}_\mu X, \tag{3.111}$$

が検出された[7]．ここで，Nは核子であり，Xは終状態の粒子を特定しないことを示している．これらの反応は，中性カレント相互作用でしか起こらない反応で，素粒子物理学の新しいページを開いた．中性カレント相互作用の反応の発見と，ゲージ理論がくりこみ可能であることの証明は，統一理論が正しい理論であることの確証を与えた．統一理論はゲージ対称性に基づいて構築されるが，中性カレント相互作用はゲージ群によって異なるため，これらの反応は詳細に調べられ，その結果，ワインバーグとサラムによって提案された $SU(2) \times U(1)$ 群に基づく標準理論が確立された．

（2） 弱い相互作用が引き起こすさまざまな反応
i) μ 崩壊

μ 粒子の崩壊は，フェルミ結合定数 G の値を決めるためにも，弱い相互作用の構造を調べるためにも，また，ニュートリノビームを発生させるためにも大変重要な過程である．μ はWの交換によってほぼ100%電子とニュートリノに崩壊する．

$$\mu \to e^- + \bar{\nu}_e + \nu_\mu \tag{3.112}$$

μ 崩壊幅

偏極していない μ の崩壊振幅は，スピンの平均をとると，$\cos\theta$ の項は消える．角度とエネルギー積分（$E_e \leq m_\mu/2$）の後

$$\Gamma = \frac{1}{\tau} = \frac{G^2 m_\mu^5}{192\pi^3} \tag{3.113}$$

が導かれる．μ の寿命 $\tau = 2.2 \times 10^{-6}$ sec と比較すると，$Gm_N^2 \sim 10^{-5}$ が得られる．

μ 崩壊とベータ崩壊での結合定数の比較

μ 崩壊の実験値と比較して決めた結合定数を $G_\mu (G_\mu = G)$ と表そう．また，ベータ崩壊で得られる結合定数は式（3.95）より $G_\beta = G g_V$ である．すべての補正を考慮して実

験データから得られた値は

$$G_\mu = (1.16632 \pm 0.00002) \times 10^{-5} \text{ GeV}^{-2}, \tag{3.114}$$

$$G_\beta = (1.136 \pm 0.003) \times 10^{-5} \text{ GeV}^{-2}. \tag{3.115}$$

で大変近いが,少しずれているのはカビボ混合 $g_V = \cos\theta_C$ のためである.

ii) タウレプトン (τ)

1975 年にタウ (τ) が発見された[8]. τ とタウニュートリノの対 (ν_τ, τ) は,第 1 世代 (ν_e, e),第 2 世代 (ν_μ, μ) に続く,第 3 世代を構成する. τ の崩壊は, μ の崩壊との類似点が多く,相互作用の普遍性を調べるのに適している.

τ は μ と同じく,次の崩壊をする.

$$\tau^- \to e^- + \bar{\nu}_e + \nu_\tau, \tag{3.116}$$

$$\tau^- \to \mu^- + \bar{\nu}_\mu + \nu_\tau. \tag{3.117}$$

式 (3.97) の荷電カレント相互作用をみると,W と τ の結合は,e や μ の場合と同じで,世代によらない普遍な形をしている.

崩壊幅は,e や μ の質量を無視すると,式 (3.113) の m_μ を m_τ に置き換えたものとなる.これらの半減期と, μ 崩壊の半減期を比較すると,相互作用の普遍性がチェックできる.最近の実験結果から

$$\frac{G_\tau}{G_\mu} = 0.999 \pm 0.006 \tag{3.118}$$

が得られ,普遍性は成り立っていることがわかる.

τ は質量が $m_\tau = 177.0 \pm 0.3$ MeV と重く,クォークへも崩壊できる.

$$\tau^- \to \nu_\tau + d + \bar{u}, \tag{3.119}$$

$$\tau^- \to \nu_\tau + s + \bar{u}. \tag{3.120}$$

これらの崩壊は W を媒介として起こり,W とクォークとの結合はカビボ-小林-益川行列で決まる. d と s の混合はカビボ回転で表され, d$\bar{u}$ への確率は $\cos^2\theta_C$ で, s$\bar{u}$ への確率は $\sin^2\theta_C$ となり,クォークの質量を無視すれば,崩壊確率はこれらを合わせてレプトンと同じになる.クォークのカラーの自由度 3 があるので,クォークが 100% ハドロン化するとすれば,電子への崩壊は全体の 1/5 となるが,この値は実験値 17.7% に近い.

iii) νe 散乱

弱い相互作用は,ベータ崩壊, μ, K や π の崩壊などで調べられてきた.最近は,ニュートリノ,特に K や π の崩壊を利用して,ミューニュートリノの強いビームをつくることができるようになってきた.ここでは, ν_e, ν_μ と電子との散乱を用いて弱い相互作用を調べよう.

νe 散乱にかかわる荷電カレントは,

$$\mathcal{H}_{CC} = \frac{G}{\sqrt{2}} \bar{\nu}_\mu \gamma_\mu (1-\gamma_5) e [\bar{e}\gamma^\mu (1-\gamma_5) \nu_e + \bar{\mu}\gamma^\mu (1-\gamma_5) \nu_\mu]. \tag{3.121}$$

中性カレント相互作用は

$$\mathcal{H}_{NC} = \frac{G_N}{\sqrt{2}} [\bar{\nu}_e(1-\gamma_5)\nu_e + \bar{\nu}_\mu(1-\gamma_5)\nu_\mu] \bar{e}\gamma_\mu(c_V - c_A\gamma_5)e. \qquad (3.122)$$

荷電カレントで起こる反応

$\nu_\mu + e^- \to \mu^- + \nu_e$ 反応のファインマン図を図3.4.2に示す.

不変振幅は

$$\mathcal{M} = \frac{G}{\sqrt{2}} \bar{u}(p')\gamma_\mu(1-\gamma_5)u(p)\bar{u}(k')\gamma^\mu(1-\gamma_5)u(k) \qquad (3.123)$$

スピン和の平均は,

$$\overline{|\mathcal{M}|^2} = \frac{1}{2}\sum_{\text{spin}}|\mathcal{M}|^2 = 64G^2(p\cdot k)(p'\cdot k') \qquad (3.124)$$

となる. 重心系で散乱角を図3.4.3のように定義すると, 微分断面積は

$$\frac{d\sigma(\nu_\mu e)}{d\Omega} = \frac{1}{64\pi^2 s}\overline{|\mathcal{M}|^2} = \frac{G^2 s}{4\pi} \qquad (3.125)$$

となり, 等方的な角度分布を示す. ここで, $s = (p+k)^2 = 2p\cdot k$ は全エネルギーの2乗であり, また質量は無視した. 角度積分を行って次の結果を得る.

$$\sigma(\nu_\mu e) = \frac{G^2 s}{\pi} \qquad (3.126)$$

中性カレントで起こる反応

$\nu_\mu + e^- \to \nu_\mu + e^-$ の反応は, 図3.4.4のように, Zを媒介とする相互作用でのみ起こる. 不変振幅は

$$\mathcal{M} = \frac{G_N}{\sqrt{2}}\bar{u}(p')\gamma_\mu(1-\gamma_5)u(p)\bar{u}(k')\gamma^\mu(c_V - c_A\gamma_5)u(k) \qquad (3.127)$$

となり, スピン和の平均は

$$\overline{|\mathcal{M}|^2} = 16G_N^2[c_L^2(p\cdot k)(p'\cdot k') + c_R^2(p\cdot k')(p'\cdot k)]. \qquad (3.128)$$

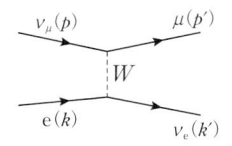

図3.4.2 弾性散乱 $\nu_\mu e^- \to \nu_e \mu^-$ に対する荷電カレントの寄与

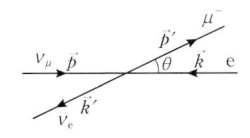

図3.4.3 重心系における散乱角の定義

である．ここで，
$$c_L = c_V + c_A, \quad c_R = c_V - c_A \tag{3.129}$$
とした．微分断面積は，$u = (k'-p)^2 = -2p \cdot k' = -s(1+\cos\theta)$ を考慮して
$$\frac{d\sigma(\nu_\mu e)}{d\Omega} = \frac{G_N^2 s}{16\pi^2}(c_L^2 + (1+\cos\theta)^2 c_R^2), \tag{3.130}$$

ここで，上記のような角度依存性が表れることを直感的に説明しよう．この反応は，① $\nu_\mu e_L \to \nu_\mu e_L$ と ② $\nu_\mu e_R \to \nu_\mu e_R$ の2つの反応からなる．ここで，ν_μ は左巻きであることに注意し，重心系での反応の前後での系のスピンを図3.4.5で考えよう．① では，反応前の ν_μ と e のスピンの和はゼロである．反応後，どの角度に散乱された粒子のスピンの和もゼロとなるので，角運動量は反応の前後で保存し，どの方向への散乱も許される．② では，反応前のスピンの和は -1 であり，前方方向への散乱は許されるが，後方方向の散乱はスピンの和が 1 となり，許されない．式 (3.130) はこのことを示している．c_L の部分は① の反応に対応し等方的，c_R の部分は② の反応に対応し後方への散乱は禁止される形となっている．

微分断面積の角度積分を行って，断面積を得る．
$$\sigma(\nu_\mu e) = \frac{G_N^2 s}{3\pi}(c_V^2 + c_A^2 + c_V c_A) \tag{3.131}$$
$\bar{\nu}_\mu(p) + e^-(k) \to \bar{\nu}_\mu(p') + e^-(k')$ の反応は，式 (3.127) の $\nu_\mu e$ 反応の不変振幅で，pとp'を入れ替えれば得られる．このことは，式 (3.130) で c_L と c_R の入れ替えに対応し，次の結果を得る．

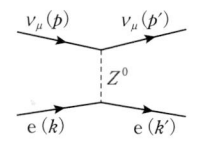

図 3.4.4 $\nu_\mu e^- \to \nu_\mu e^-$ に対する中性カレントの寄与

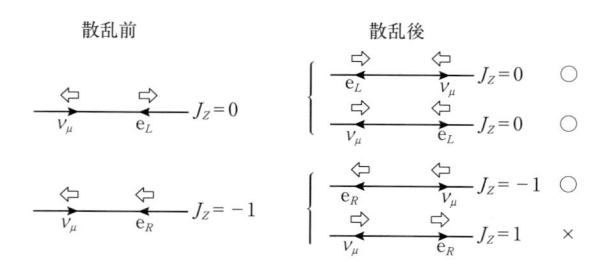

図 3.4.5 $\nu_\mu e_L^- \to \nu_\mu e_L^-$ は前方・後方への散乱は可能であるが，$\nu_\mu e_R^- \to \nu_\mu e_R^-$ では，角運動量保存則より，後方への散乱は禁止される．

$$\sigma(\bar{\nu}_\mu e) = \frac{G_N^2 s}{3\pi}(c_V^2 + c_A^2 + c_V c_A) \tag{3.132}$$

荷電カレントと中性カレントの両方が寄与する反応

$\nu_e + e^- \to \nu_e + e^-$ の反応は，図 3.4.6 に示されるように，W と Z を媒介する 2 種類の寄与がある．

荷電カレントの相互作用にフィルツ変換をほどこすと，$\bar{\nu}_e \gamma_\mu (1-\gamma_5) e \bar{e} \gamma^\mu (1-\gamma_5) \nu_e = \bar{\nu}_e \gamma_\mu (1-\gamma_5) \nu_e \bar{e} \gamma^\mu (1-\gamma_5) e$ となり，中性カレント相互作用で

$$c_V \to c_V + \frac{1}{\rho} \equiv c_V^e, \quad c_A \to c_A + \frac{1}{\rho} \equiv c_A^e \tag{3.133}$$

と置き直すことに，荷電カレントの寄与をとり込むことができる．その結果，$\nu_e e$ 散乱断面積は

$$\sigma(\nu_e e) = \frac{G^2 s}{3\pi}(c_V^{e2} + c_A^{e2} + c_V^e c_A^e) \tag{3.134}$$

となる．また，$\bar{\nu}_e + e^- \to \bar{\nu}_e + e^-$ 反応は

$$\sigma(\bar{\nu}_e e) = \frac{G^2 s}{3\pi}(c_V^{e2} + c_A^{e2} + c_V^e c_A^e) \tag{3.135}$$

となる．

最近では，加速器で生成した π 中間子や K 中間子の崩壊（$\pi^+ \to \mu^+ + \nu_\mu$ など）を用いて，強い ν_μ や $\bar{\nu}_\mu$ ビームをつくることができるようになった．$\sigma(\nu_\mu e)$ と $\sigma(\bar{\nu}_\mu e)$ は $c_V - c_A$ 面で長軸が互いに直交する楕円をなす．c_V, c_A を解くと 4 つの解が得られる．原子炉からの $\bar{\nu}_e$ 散乱の結果を使うと，2 つの解に特定できる．この様子を図 3.4.7 に示す．

1 つの解に特定するには，次に話す $e^- e^+ \to \mu^- \mu^+$ 散乱の結果などを加える必要がある．標準理論が正しいとして $c_A = -1/2$ を与えると，$\sigma(\bar{\nu}_\mu e)/\sigma(\nu_\mu e)$ は $\sin^2 \theta_W$ のみに依存し，より正解な値が求められる．また，断面積より ρ の値も求められる．最近の実験データから，次の値が得られている．

$$\sin^2 \theta_W = 0.2324 \pm 0.0083,$$
$$\rho = 1.002 \pm 0.0012 \pm 0.0013. \tag{3.136}$$

ここで重要なことは，νe の弾性散乱において，$\nu_e e$ では荷電カレントと中性カレントの両方が寄与するが，$\nu_\mu e$ では中性カレントのみしか寄与しないのである．太陽の中心部で発生したニュートリノが太陽のなかを通り抜ける際に電子と散乱を行うが，散乱される割合が ν_e と ν_μ とでは異なる．このことは，ニュートリノ振動における物質効果と

図 3.4.6 $\nu_e e^- \to \nu_e e^-$ 散乱に対する，荷電カレントと中性カレントの寄与

して知られている[9]．またスーパーカミオカンデでは，ニュートリノとタンクのなかの水に含まれる電子との弾性散乱を観測する．$\sin^2\theta_W \sim 1/4$ なので，$c_V = -1/2 + 2\sin^2\theta_W \sim 0$，$\rho = 1$ とすると，$\sigma(\nu_e e) : \sigma(\bar{\nu}_e e) : \sigma(\nu_\mu e) : \sigma(\bar{\nu}_\mu e) \simeq 7 : 3 : 1 : 1$ となる．

iv) 電子・陽電子消滅における電弱相互作用の干渉

$e^- e^+ \to \mu^- \mu^+$ 反応を考えよう．図3.4.8のように，電子・陽電子の消滅は，おもに光子（γ）を媒介として起こるが，Zを媒介しても起こる．

それぞれに対応する実効相互作用は

$$\mathcal{H}_\gamma = e^2 \bar{\mu}\gamma^\mu \mu \frac{-g_{\mu\nu}}{k^2} \bar{e}\gamma_\nu e,$$

$$\mathcal{H}_Z = \frac{g^2}{4\cos^2\theta_W} \bar{\mu}\gamma^\mu(c_V - c_A\gamma_5)\mu \frac{-g_{\mu\nu}}{k^2 - M_Z^2} \bar{e}\gamma^\nu(c_V - c_A\gamma_5)e, \quad (3.137)$$

ここで，k は交換されるゲージ粒子の γ や Z の4元運動量であり，$s \simeq k^2$ である．

いま，これらの相互作用を左巻きと右巻きに分離すると

$$\mathcal{H} = -\frac{e^2}{s}(\bar{e}_L \gamma_\mu e_L)[(1 + rc_L^2)\bar{\mu}_L\gamma^\mu\mu_L + (1 + rc_L c_R)\bar{\mu}_R\gamma^\mu\mu_R]$$
$$+ (L \leftrightarrow R), \quad (3.138)$$

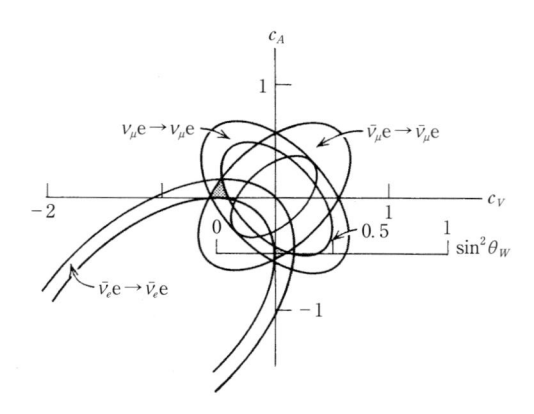

図3.4.7 ニュートリノ・電子散乱による，パラメータ c_V，c_A の決定（Hung Sakurai, 1981）

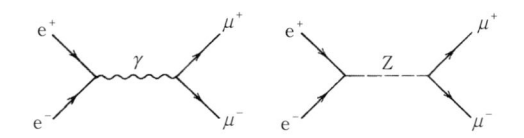

図3.4.8 $e^+ e^- \to \mu^+ \mu^-$ に対する電磁相互作用と弱い相互作用の寄与

3.4 弱い相互作用

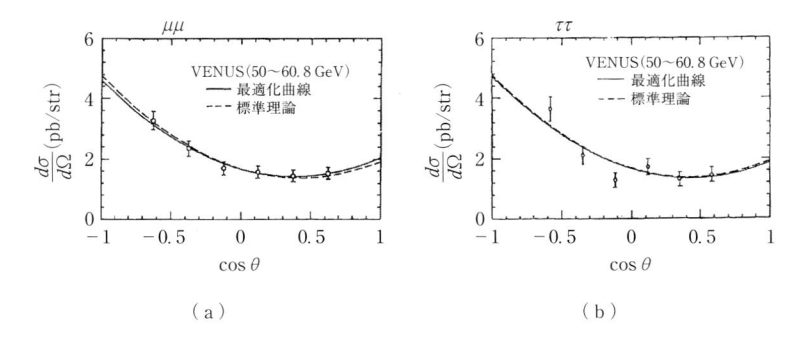

図 3.4.9 (a) $e^+e^- \to \mu^+\mu^-$, (b) $e^+e^- \to \tau^+\tau^-$ の角分布
(トリスタンヴィーナスグループ, 1990)

$$r = \frac{\sqrt{2}\, GM_Z^2}{s - M_Z^2 + iM_Z\Gamma}\left(\frac{s}{e^2}\right). \tag{3.139}$$

Z の共鳴幅 Γ を入れたのは,エネルギー s が M_Z^2 の付近で重要になるからである.また,$\rho=1$ とした.e や μ の質量を無視する近似では,右巻きと左巻きは完全に独立となり,散乱断面積は

$$\frac{\sigma(e_L^- e_R^+ \to \mu_L^- \mu_R^+)}{d\Omega} = \frac{\alpha^2}{4s}(1+\cos\theta)^2 |1+rc_L^2|^2, \tag{3.140}$$

$$\frac{\sigma(e_L^- e_R^+ \to \mu_R^- \mu_L^+)}{d\Omega} = \frac{\alpha^2}{4s}(1+\cos\theta)^2 |1+rc_L c_R|^2. \tag{3.141}$$

$e_R^- e_L^+$ の消滅過程は,式 (3.140), (3.141) で L と R を入れ替えれば求められる.無偏極の $e^-e^+ \to \mu^-\mu^+$ の断面積を求めるには,4つの組合せの平均をとればよい.すなわち

$$\frac{d\sigma}{d\Omega} = \frac{\alpha^2}{4s}[A_0(1+\cos^2\theta) + A_1\cos\theta], \tag{3.142}$$

$$A_0 = 1 + 2\mathrm{Re}(r)c_V^2 + |r|^2(c_V^2 + c_A^2),$$
$$A_1 = 4\mathrm{Re}(r)c_A^2 + 8|r|^2 c_V^2 c_A^2. \tag{3.143}$$

QED の寄与のみの場合 ($A_0=1, A_1=0$) は,前後対称な角度分布 $(1+\cos^2\theta)$ であるが,弱い相互作用のため前後方向に非対称が生ずる.この非対称性は A_1 の項によるもので,$s \ll M_Z^2$ では $A_1 = -4\sqrt{2}\, Gs/e^2$ で,弱い相互作用と電磁的相互作用の強さの比となっている.$e^-e^+ \to \tau^-\tau^+$ に関しても同様である.図 3.4.9 は $e^-e^+ \to \mu^-\mu^+$ と $e^-e^+ \to \tau^-\tau^+$ での角分布と実験データとの比較である.標準理論は実験値をよく再現している.

同様な実験は原子核を使っても行われた.偏極電子と重陽子および偏極 $\mu^\pm$ と炭素核の散乱が行われ,その結果は標準理論の予言と一致した.

v) ニュートリノ・クォーク散乱

ν_μ や $\bar\nu_\mu$ とクォークとの散乱は,高エネルギーのニュートリノを原子核にぶつけるこ

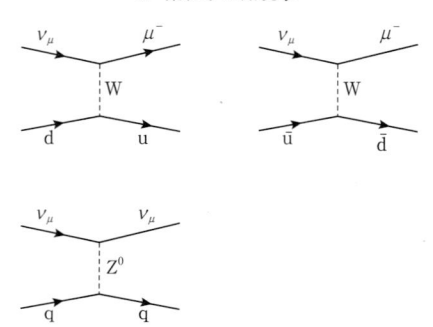

図 3.4.10 ν_μ とクォークの散乱のファインマン図
q は u, ū, d, d̄, s, s̄ クォークを示す．

とによって可能となる．高エネルギーに加速されたニュートリノのエネルギーが大きくて，その波長（hc/E）が原子核を構成する陽子や中性子の大きさである 10^{-13} cm より十分小さければ，核子のなかで自由に運動しているクォークに衝突させることができる．原子核との散乱の起こる頻度は高いので，中性カレント相互作用の構造を調べるために使われた．ここでは，散乱の断面積を導こう．

ν_μ や $\bar{\nu}_\mu$ とクォークの散乱のファインマン図を図 3.4.10 に示す．

散乱角の代わりに

$$1-y \simeq \frac{1}{2}(1+\cos\theta) \tag{3.144}$$

を使って，散乱断面積を表すと，次のようになる．

$$\frac{d\sigma(\nu_\mu d \to \mu^- u)}{dy} = \frac{d\sigma(\bar{\nu}_\mu \bar{d} \to \mu^+ \bar{u})}{dy} = \frac{G_\beta^2 s}{\pi},$$
$$\frac{d\sigma(\nu_\mu \bar{u} \to \mu^- \bar{d})}{dy} = \frac{d\sigma(\bar{\nu}_\mu u \to \mu^+ d)}{dy} = \frac{G_\beta^2 s}{\pi}(1-y)^2, \tag{3.145}$$

中性カレントによる散乱も，同様に次の結果を得る．

$$\frac{d\sigma(\nu_\mu q)}{dy} = \frac{d\sigma(\bar{\nu}_\mu \bar{q})}{dy} = \frac{G_\beta^2 s}{\pi}\left[g_L^{q2} + g_R^{q2}(1-y)^2\right],$$
$$\frac{d\sigma(\bar{\nu}_\mu q)}{dy} = \frac{d\sigma(\nu_\mu \bar{q})}{dy} = \frac{G_\beta^2 s}{\pi}\left[g_L^{q2}(1-y)^2 + g_R^{q2}\right], \tag{3.146}$$

ここで，$g_L^q = (c_V^q + c_A^q)/2$，$g_R^q = (c_V^q - c_A^q)/2$ とした．

陽子の中の u, d クォークの運動量分布を $u(x)$，$d(x)$ とすると，中性子の中の分布はそれぞれ $d(x)$，$u(x)$ となる．同数の陽子と中性子からなる原子核が標的の場合，

$$\frac{d\sigma^{CC}(\nu_\mu N)}{dxdy} = \frac{G_\beta^2 xs}{2\pi}\sum[q(x)+(1-y)^2\bar{q}(x)]. \tag{3.147}$$

ここで，$q(x) = u(x)+d(x)$，$\bar{q}(x) = \bar{u}(x)+\bar{d}(x)$．中性カレント相互作用での散乱は，

3.4 弱い相互作用

$$\frac{d\sigma^{NC}(\nu_\mu N)}{dxdy} = \frac{G_\beta^2 xs}{2\pi}[g_L^2(q(x)+(1-y)^2\bar{q}(x)) \\ + g_R^2(\bar{q}(x)+(1-y)^2 q(x))]. \quad (3.148)$$

ここで，$g_L^2 = g_L^{u2} + g_L^{d2}$, $g_R^2 = g_R^{u2} + g_R^{d2}$ である．また，$\bar{\nu}_\mu$N 散乱の断面積は，式 (3.147), (3.148) で $q(x)$ と $\bar{q}(x)$ を入れ替えることによって得られる．ニュートリノと原子核の散乱データから，ワインバーグ角 $\sin^2\theta_W$ の精密な値を得ることができた．

(3) いくつかの疑問と標準理論による答え

弱い相互作用の荷電カレント相互作用についての最大の疑問は，「なぜ荷電カレントは V-A 型なのか」であろう．これに対し，標準理論の答えは「クォークやレプトンは左巻きと右巻きが独立な粒子として導入されているからだ」ということになる．フェルミ粒子の質量がゼロの場合，左巻きと右巻きは独立である．いま，$L = \frac{1-\gamma_5}{2}$, $R = \frac{1+\gamma_5}{2}$ を定義し，左巻きを $\psi_L = L\psi$, 右巻きを $\psi_R = R\psi$ と表そう．標準理論では，これらをゲージ群の異なった表現に入れることにより，ψ_L のみが W との相互作用をするように仕組んでいる．ゲージ粒子 W との相互作用はベクトル型であるが，その結合に関与するのは ψ_L なので

$$\bar{\nu}_{e_L}\gamma_\mu e_L W^{\mu+} = \frac{1}{2}\bar{\nu}_e \gamma_\mu (1-\gamma_5) e W^{\mu+} \quad (3.149)$$

となり，荷電カレントの V-A の構造が自動的に出てくる．

次に，ゲージ結合の普遍性はどこから出てくるのであろうか．実は，W や Z とのゲージ結合に関して，第 2 世代 (ν_μ, μ) や第 3 世代 (ν_τ, τ) は第 1 世代 ($\nu_e,$ e) の結合とまったく同じ構造を繰り返す（コピーする）ように理論が構築されていることによる．これが普遍性の起こる原因である．

次に，CVC 仮説については標準理論はどう説明するのであろうか．強い相互作用を記述する QCD（量子色力学）理論は，u と d クォークの質量を無視する近似で，$SU(2)_V \times SU(2)_A$ の対称性をもっている．$SU(2)_V$ はベクトル型の対称性で，$SU(2)_A$ は軸性ベクトル型の対称性で，これらの対称性の結果現れるのがベクトル電流と軸性ベクトル電流である．$SU(2)_A$ は真空の性質から自発的に破れており，その際現れる南部-ゴールドストンボソン（質量はゼロ）が π 中間子である．π 中間子が K 中間子などに比べて極端に軽いのはこのためで，質量がゼロでなく小さな値をもつのは，u や d が小さい質量をもっているためである．u と d の質量の差を無視する近似で $SU(2)_V$ は生き残り，これに対応するベクトル電流 $J_\mu^V = \bar{u}\gamma_\mu d$ は保存する．保存電流にはくりこみの影響はないので，強い相互作用の影響はなく，$g_V = \cos\theta_C$ が導かれる．これが，CVC (conserved vector current) 仮説の理論的根拠である．軸性ベクトル電流 $J_\mu^A = \bar{u}\gamma_\mu\gamma_5 d$ は近似的にしか保存しないので，強い相互作用の影響が現れ，g_V とは異なった値 $g_A \simeq 1.24 g_V$ をもつ．

さて，クォーク系ではカビボ-小林-益川混合と呼ばれるクォーク混合があるのに，「レ

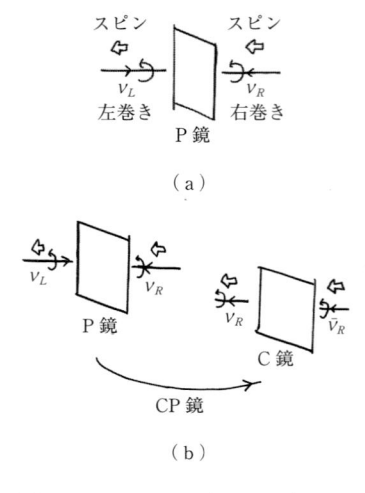

図 3.4.11 左巻きニュートリノをP（パリティ）鏡に映すと，運動方向は逆になるがスピンの方向（回転の方向）は変わらないので，右巻きニュートリノになる．右巻きニュートリノは観測されていないので，P変換した世界は実現されない（図(a)）．P鏡に映した後，粒子を反粒子に変えるC鏡に映すと，右巻きの反ニュートリノになる．反ニュートリノはわれわれの世界に存在する（図(b)）．

プトン混合がない」のはどうしてなのであろうか．答えは，「ニュートリノの質量をゼロとしている」からである．標準理論では，右巻きニュートリノ ν_R が導入されないこと，また，ヒグス場は SU(2) 群の2重項のみであることが原因である．ヒグス場が真空期待値をもち，対称性が自発的に破れ，クォークや荷電レプトンが質量をもっても，ニュートリノは依然として質量ゼロのままである．クォーク混合は，最初に導入した粒子と質量の固有状態との間を関係づける行列が，u型とd型との間でわずかの差があることから生ずる．ニュートリノの質量はゼロであるので，どのような行列で回しても物理的に変化はない．したがって，荷電レプトンの行列と同じ行列をニュートリノに使えば，混合行列は単位行列となり，混合はなくなる．

最後に，レプトン系では CP は保存することを議論しよう．まず，理論には右巻き ν_R は存在しない．存在するのは ν_L とその反粒子 $\bar{\nu}_R$ である．図 3.4.11(a) のように，ν_L を鏡（パリティ鏡）に映すと，運動方向は逆に向くが自転の方向は同じであるので，右巻き ν_R となる．右巻きは実験で見つかっていないので，鏡に映った世界は実現されない．粒子を反粒子に映す荷電共役（C）変換では，ν_L は $\bar{\nu}_L$ に移るが，$\bar{\nu}_L$ は存在しないので C 対称性も破れている．それでは，CP 対称性はどうであろうか．図 3.4.11(b) のように，ν_L は P 変換で ν_R に移り，ついで C 変換で $\bar{\nu}_R$ に移る．$\bar{\nu}_R$ は ν_L の反粒子であるので実

在する.クォーク系では,カビボ-小林-益川行列が存在し,この行列に含まれる複素数の位相がCP対称性の破れを引き起こしている.レプトン系では,対応する行列がないので,CP対称性は破れていないことになる.

(4) その後の進展

標準理論では,ニュートリノの質量は理論の構造からゼロである.しかし,1990年代の後半にニュートリノは質量をもつことが発見された[10].したがって,現在の理論は,標準理論にニュートリノの質量を加えたものである.ニュートリノが質量をもつので,レプトン系でも混合(ニュートリノ混合)は存在し,またCP対称性の破れも起こる.しかし,質量の効果はm/E(ニュートリノの質量と反応のエネルギーの比)程度として現れるので,たいていの場合,質量の効果を無視することができる. (高杉英一)

参考文献
1) T. D. Lee and C. N. Yang, Phys. Rev. **104** (1956) 254.
2) N. Cabibbo, Phys. Rev. Lett. **10** (1963) 531.
3) S. Weinberg, Phys. Rev. Lett. **19** (1967) 1264.
4) A. Salam, Elementary Particle Theor. Proc. 8th Nobel Symposium, N. Svartholm, ed., Wiley-Interscience (1967).
5) M. Kobayashi and T. Maskawa, Prog. Theor. Phys., **49** (1979) 652.
6) G. t'Hooft, Nucl. Phys., **B33** (1971) 173, **B35** (1971) 167.
7) J. Hasert *et. al.*, Phys. Lett., **B46** (1973) 121 ; **B46** (1973) 138.
8) S. Gentile and M. Pohl, Physics of Tau Leptons, Physics Report, **274** (1996) 287.
9) L. Wolfenstein, Phys. Rev. **D17** (1978) 2369.
   S. P. Mikheev and A. Y. Smirnov, Sov. J. Nucl. Phys., **42** (1985) 913.
10) Y. Fukuda *et al.* [Super-Kamiokande Collaboration], Phys. Rev. Lett. **81** (1998) 1562.
    S. Fukuda *et al.* [Super-Kamiokande Collaboration], Phys. Rev. Lett. **86** (2001) 5651.

b. K中間子

はじめに

K中間子は,これまで,ストレンジネスというフレーバーの発見,CPの破れの発見,さまざまな対称性の破れや保存則の検証など,素粒子物理の発展に大きく貢献してきた.ここでは,K中間子のさまざまなトピックを過去から将来にわたって紹介する.

(1) K中間子

K中間子には,K^-(sū),$\bar{K}^0$(sd̄),K^+(s̄u),K^0(s̄d)の4種類がある.始めの2つはsクォークを含むので量子数としてストレンジネス-1をもち,あとの2つはs̄クォークを含むのでストレンジネス+1をもつ.

このうち,中性のK中間子は少し説明が必要である.K^0, $\bar{K}^0$はそれぞれストレンジネスの固有状態であるが,これらはその固有状態のままとどまってはいない.弱い相

互作用では $W^{\pm}$ ボソンの放出によってクォークの種類は変わるので，まず，ストレンジネスは保存されない．そのため，K^0 はストレンジネスが 0 の中間状態を介して，$\bar{K}^0$ に移り変わる．このために，中性 K 中間子は量子力学の教科書に出てくる「二状態系」になっている．そこで，$|K^0\rangle$，$|\bar{K}^0\rangle$ の基底状態の組合せ

$$|K_1\rangle = \frac{1}{\sqrt{2}}(|K^0\rangle + |\bar{K}^0\rangle), \quad |K_2\rangle = \frac{1}{\sqrt{2}}(|K^0\rangle - |\bar{K}^0\rangle)$$

を考えよう．粒子と反粒子の入れ替えとパリティ変換の両方を行う CP 変換によって $CP|K^0\rangle = |\bar{K}^0\rangle$，$CP|\bar{K}^0\rangle = |K^0\rangle$ のように K^0 と $\bar{K}^0$ は入れ替わるので，

$$CP|K_1\rangle = \frac{1}{\sqrt{2}}(|\bar{K}^0\rangle + |K^0\rangle) = +|K_1\rangle,$$

$$CP|K_2\rangle = \frac{1}{\sqrt{2}}(|\bar{K}^0\rangle - |K^0\rangle) = -|K_2\rangle$$

となる．つまり K_1 は CP の固有値が +1（CP even），K_2 は CP の固有値が -1（CP odd）の固有状態である．

したがって，中性 K 中間子の波動関数は一般に，

$$|\psi\rangle = a|K^0\rangle + b|\bar{K}^0\rangle = c|K_1\rangle + d|K_2\rangle \quad (a, b, c, d \text{ は複素数})$$

というように 2 つの基底状態の量子力学的な重ね合わせで表される．

さて，K 中間子は弱い相互作用によって他の粒子に崩壊する．弱い相互作用では，CP の対称性はほぼ保たれているため，CP even である K_1 はほとんど，CP even の $\pi^+\pi^-$ あるいは $\pi^0\pi^0$ に壊れる．それに対し CP odd の K_2 は CP even の $\pi\pi$ に壊れることができず，CP odd の $\pi^+\pi^-\pi^0$，$\pi^0\pi^0\pi^0$ などに壊れる．そのため，K_2 は始状態と終状態の質量差が小さいので壊れにくく，K_2 の寿命は K_1 の約 600 倍の 5.2×10^{-8} s である．したがって，固体の標的に陽子を当てて K^0 をつくっても，同じ割合で含まれている K_1，K_2 のうち K_1 の成分は急速に減少し，やがて CP odd の K_2 の状態だけが残る．このように陽子を標的に当てるだけで特定の CP の固有状態を大量につくれるので，K 中間子は CP の対称性の研究や，クォークの混合などのパラメータの精密測定などに適している．

（2） CP の破れと標準理論
i） CP の破れの発見

長い寿命の中性 K 中間子は CP odd と考えられてきたが，この K 中間子が CP even の $\pi^+\pi^-$ に崩壊する事象が 1964 年に見つかり，CP 対称性が破れていることが発見された[1]．

この CP の破れの原因は，下のように寿命の長い中性 K 中間子 K_L が，純粋に CP odd の状態ではなく，次のようにわずかに CP even の K_1 の状態が混じっているためである．

$$|K_L\rangle \simeq |K_2\rangle + \varepsilon|K_1\rangle$$
$$\propto (1+\varepsilon)|K^0\rangle - (1-\varepsilon)|\bar{K}^0\rangle$$

このεの混じりは，その後他の現象でも確認されている．たとえば，$K_L \to \pi e \nu$ の崩壊は $K^0 \to \pi^- e^+ \nu$ と $\bar{K}^0 \to \pi^+ e^- \bar{\nu}$ の組合せであり，K_L に含まれる K^0 の振幅が $\bar{K}^0$ の振幅よりも 2ε だけ大きいため，$\pi^- e^+ \bar{\nu}$ に壊れる数の方が $\pi^+ e^- \nu$ よりも 0.33% 多い[2]．また，$K_L \to \pi^+ \pi^- e^+ e^-$ 崩壊において $\pi^+ \pi^-$ のなす面と $e^+ e^-$ のなす面の間の角度の分布の非対称性としても，ε の効果は見えている[3]．

このように K_L として K^0 のほうが少し多い状態が平衡状態であるのは，図 3.4.12 に示すように，$\bar{K}^0 \to K^0$ 遷移の振幅が $K^0 \to \bar{K}^0$ 遷移の振幅よりも少し大きいからである．このことは，$\bar{p}p \to K^0 K^- \pi^+, \bar{K}^0 K^+ \pi^-$ で生成時の中性 K 中間子の種類を同定した後に逆の種類の K になっている数を $\pi e \nu$ 崩壊で調べることによっても確かめられている[4]．

ii) K^0-$\bar{K}^0$ の混合における CP の破れの意味

では，$K^0 \to \bar{K}^0$ と $\bar{K}^0 \to K^0$ の遷移の速さがなぜ異なるのか，まず一般的な視点から見てみよう．

質量 m，崩壊幅 Γ をもった1つの静止した粒子の波動関数は，$\psi(t) = a e^{-imt - \Gamma t/2}$ と表される．存在確率は $\psi^*(t)\psi(t) \propto e^{-\Gamma t}$ となり，確かに崩壊幅 Γ で減少する．この波動関数をシュレーディンガー方程式に入れると，

$$H\psi(t) = i\frac{\partial}{\partial t}\psi(t) = \left(m - \frac{i}{2}\Gamma\right)\psi(t)$$

となる．これを K^0 と $\bar{K}^0$ の波動関数の組に対して $\psi(t) = \begin{pmatrix} K^0(t) \\ \bar{K}^0(t) \end{pmatrix}$ と拡張すると，

$$i\frac{\partial}{\partial t}\begin{pmatrix} K^0(t) \\ \bar{K}^0(t) \end{pmatrix} = H\begin{pmatrix} K^0(t) \\ \bar{K}^0(t) \end{pmatrix}$$
$$= \left[\begin{pmatrix} M_{11} & M_{12} \\ M_{21} & M_{22} \end{pmatrix} - \frac{i}{2}\begin{pmatrix} \Gamma_{11} & \Gamma_{12} \\ \Gamma_{21} & \Gamma_{22} \end{pmatrix}\right]\begin{pmatrix} K^0(t) \\ \bar{K}^0(t) \end{pmatrix}$$

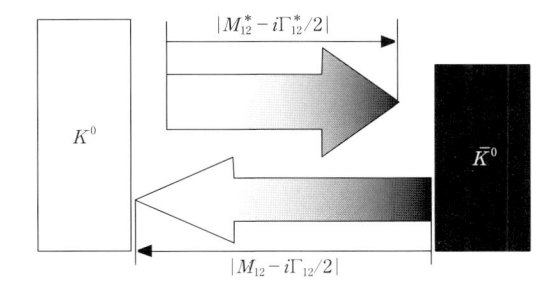

図 3.4.12 　$\bar{K}^0$ から K^0 へ遷移する量（矢印の面積）は，$\bar{K}^0$ の振幅（矢印の幅で示した）と遷移の係数（矢印の長さで示した）で決まる．$\bar{K}^0$ から K^0 への遷移の係数はその逆方向の係数よりも大きいので，遷移する量が両方向で等しい平衡状態（K_L）では，K^0 の振幅の方が $\bar{K}^0$ の振幅よりも大きい．

となる．ここで，CPT 対称性より $M_{11}=M_{22}\equiv M_0$（K^0 の質量），$\Gamma_{11}=\Gamma_{22}\equiv\Gamma_0$（全崩壊幅）である．また，$\Gamma_{12}$ は $\bar{K}^0$ が $\pi^+\pi^-$ などの終状態 F を通して K^0 に移り変わる振幅を足し合わせたもの：

$$\Gamma_{12}=2\pi\sum_F\langle K^0|H_W|F\rangle\langle F|H_W|\bar{K}^0\rangle$$

であり，M_{12} は $\bar{K}^0$ が弱い相互作用でいったんクォークと反クォークの対の中間状態 n を通して K^0 に移り変わる寄与を足し合わせたもの：

$$M_{12}=\sum_n\frac{\langle K^0|H_W|n\rangle\langle n|H_W|\bar{K}^0\rangle}{E_n-M_K}$$

である．

さて，M と Γ の入った行列がそれぞれエルミートであるので $M_{21}=M_{12}^*$, $\Gamma_{21}=\Gamma_{12}^*$ を用いると，

$$i\frac{\partial}{\partial t}\begin{pmatrix}K^0(t)\\\bar{K}^0(t)\end{pmatrix}=\begin{pmatrix}M_0-i\Gamma_0/2 & M_{12}-i\Gamma_{12}/2\\M_{12}^*-i\Gamma_{12}^*/2 & M_0-i\Gamma_0/2\end{pmatrix}\begin{pmatrix}K^0(t)\\\bar{K}^0(t)\end{pmatrix}$$

となる．行列の右上の $M_{12}-i\Gamma_{12}/2$ は，K^0 の振幅の変化の速さが $\bar{K}^0$ の振幅にどれだけ依存するか，つまり $\bar{K}^0\to K^0$ の移り変わりの速さを示している．また，左下の $M_{12}^*-i\Gamma_{12}^*/2$ は $K^0\to\bar{K}^0$ の速さを表す．複素平面内で，M_{12} と Γ_{12} が平行でない場合は，図3.4.13 に示すように，$|M_{12}-i\Gamma_{12}/2|$ と $|M_{12}^*-i\Gamma_{12}^*/2|$ の大きさが異なる．すなわち，$K^0\to\bar{K}^0$ 混合の CP の破れは，M_{12} と Γ_{12} の間に複素位相差があるために起きる．

iii) 誰が複素位相を持ち込むのか

では，誰が M_{12} や Γ_{12} に複素位相を持ち込むのか．Wolfenstein は，ストレンジネスを 2 変える非常に弱い（Super Weak）相互作用があり，その振幅 $\langle K^0|H_{SW}|\bar{K}^0\rangle$ が M_{12} に複素位相を持ち込むと提唱した[5]．

それに対し小林-益川は，クォークが 3 世代あり，弱い相互作用によるそれらの間の混合が 3 つの実数と 1 つの複素位相で表されるので，M_{12} にその複素位相を持ち込むと主張した[6]．このクォーク間の混合はよく

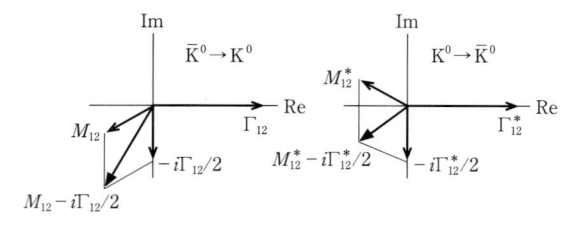

図 3.4.13 複素平面で M_{12} と Γ_{12} が平行でない場合は，$K^0\to\bar{K}^0$ と $\bar{K}^0\to K^0$ の遷移振幅の大きさに差ができる．

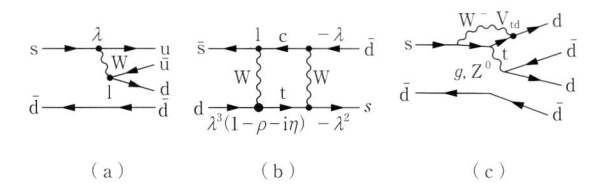

図 3.4.14 (a) $\bar{K}^0 \to \pi\pi$ のツリーダイアグラム，(b) K^0-$\bar{K}^0$ 混合で CP を破るボックスダイアグラム，(c) $\bar{K}^0 \to \pi\pi$ のペンギンダイアグラム．

$$\begin{pmatrix} V_{ud} & V_{us} & V_{ub} \\ V_{cd} & V_{cs} & V_{cb} \\ V_{td} & V_{ts} & V_{tb} \end{pmatrix} = \begin{pmatrix} 1-\lambda^2/2 & \lambda & A\lambda^3(\rho-i\eta) \\ -\lambda & 1-\lambda^2/2 & A\lambda^2 \\ A\lambda^3(1-\rho-i\eta) & -A\lambda^2 & 1 \end{pmatrix} \quad (3.150)$$

($\lambda \sim 0.22$, $A \sim 1$) とパラメーター化されて表される．

Γ_{12} を決める K^0 と $\bar{K}^0$ に共通な崩壊は，図 3.4.14(a) に示すようなツリーダイアグラムによって起きる $K \to \pi\pi$ などであり，振幅への寄与は λ なので Γ_{12} はほとんど実である．M_{12} を決める K^0-$\bar{K}^0$ の混合は，標準理論では図 3.4.14(b) に示す形のボックスダイアグラムによって起きる．この振幅は，間に c クォークが 2 つ飛ぶ場合が主であり $-\lambda^2$ がかかるが，間に t クォークが飛ぶ場合には振幅に $-\lambda^6(1-\rho-i\eta)$ がかかり，複素成分が入る．そのため M_{12} は $\lambda^6 \eta / \lambda^2 \sim O(\lambda^4) \sim 2 \times 10^{-3}$ の複素位相をもつ．したがって，M_{12} と Γ_{12} は複素平面上で一直線にならず，$|M_{12} - i\Gamma_{12}/2| \neq |M_{12}^* - i\Gamma_{12}^*/2|$ となる．

SuperWeak モデルと標準理論のどちらが正しいかは，CP の固有値が -1 の K_2 が CP の固有値が $+1$ の $\pi\pi$ に崩壊するかどうかを調べればわかる．この崩壊振幅は，大まかには

$$\langle \pi\pi | H | K_2 \rangle \propto \langle \pi\pi | H | K^0 \rangle - \langle \pi\pi | H | \bar{K}^0 \rangle$$
$$= 2i \, \mathrm{Im}(\langle \pi\pi | H | K^0 \rangle)$$

である．標準理論ならば，図 3.4.14(c) に示すペンギンダイアグラムによって，$K^0 \to \pi\pi$ の崩壊にも複素位相を持ち込める．それに対し，ストレンジネスを 2 変える SuperWeak モデルは，ストレンジネスが 1 しか変わらない K の崩壊にはそもそも寄与しないので，複素位相を持ち込めない．

K の崩壊の過程において CP が破れているかどうかは，4 つの崩壊モードの分岐比の二重比

$$R = \frac{BR(K_L \to \pi^+\pi^-)/BR(K_S \to \pi^+\pi^-)}{BR(K_L \to \pi^0\pi^0)/BR(K_S \to \pi^0\pi^0)}$$
$$= 1 + 6\mathrm{Re}(\varepsilon'/\varepsilon)$$

の精密測定によって調べられた．$\pi^+\pi^-$ への崩壊と $\pi^0\pi^0$ への崩壊では，アイソスピン $I=0$ と $I=2$ の場合の振幅の位相が異なるために，$K_2 \to \pi\pi$ が存在すれば，R が 1 から

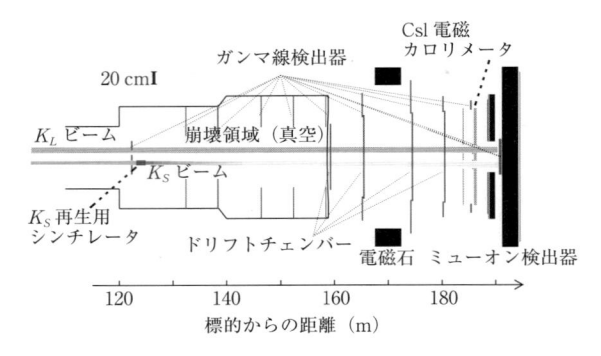

図 3.4.15 KTeV 実験の平面図
左側から 2 本の K_L ビームが入り，片方のビームを物質に当てることにより，K_S ビームをつくる．荷電粒子の運動量は，磁場で曲げられる角度を 4 枚のドリフトチェンバーで測って求め，ガンマ線のエネルギーは CsI 結晶でできた電磁カロリメータで求める．

わずかにずれる．この $Re(\varepsilon'/\varepsilon)$ の値はアメリカの Fermilab とヨーロッパの CERN の両研究所で精力的に調べられた．

図 3.4.15 に，Fermilab の KTeV 実験の装置を示す．陽子を標的に当ててできるさまざまな粒子のうち，荷電粒子は磁場を用いて曲げて取り除き，鉄の塊にあけた穴を直進して通り抜ける粒子を選ぶことによって，中性粒子のビームを 2 本つくる．標的の約 120 m 下流では，ほぼ純粋な K_2 のみが残っているが，ビームを物質（プラスチックの塊）に当てると，強い相互作用で反応する K^0 と $\bar{K}^0$ の散乱振幅 f と $\bar{f}$ が異なるため，反応後の振幅が

$$|\psi_{\text{after}}\rangle = f|K^0\rangle - \bar{f}|\bar{K}^0\rangle$$
$$\propto (f-\bar{f})|K_1\rangle - (f+\bar{f})|K_2\rangle$$

となる．そのため下流には $f-\bar{f}$ に比例する $K_1 \simeq K_S$ の成分が生まれる．この現象を用い，片方のビームに物質を置くことにより，K_L と K_S のビームを 1 本ずつつくる．

ヨーロッパの CERN 研究所の NA48 実験は，K_L をつくる標的を通り抜けた陽子ビームの一部を下流に導き，K_S をつくるための別の標的に当てる．2 つの標的で作られた 2 本のビームは，測定器でほぼ重なるようになっており，どちらのビームから来た K 中間子の崩壊かは，K_S 用の標的の上流に置かれたシンチレーションカウンターが鳴ったかどうかで判別する．

いずれの実験も，K_S と K_L から壊れる 4 種類の崩壊を同時に観測することによって，ビームや測定器からくる系統誤差を小さくした．

その結果，$Re(\varepsilon'/\varepsilon) = (2.07 \pm 0.148 (\text{stat.}) \pm 0.239 (\text{syst.})) \times 10^{-3}$ (Fermilab KTeV)[7]，$(1.47 \pm 0.22) \times 10^{-3}$ (CERN NA48)[8] が得られ，$R \neq 1$，つまり崩壊の過程で CP が破れていることが明らかとなった．これによって，SuperWeak による説明は完全に排除され，

3.4 弱い相互作用

標準理論による CP の破れの説明が，ますます確からしいものとなった．

（3） 小林-益川行列の精密測定と，標準理論を超えた物理

$Re(\varepsilon'/\varepsilon)$ の測定によって標準理論は確からしくなったが，この値から小林-益川行列の値を決めることは依然難しい．崩壊での CP の破れに寄与するペンギンダイアグラムの中で，グルオンが飛ぶ場合と Z^0 が飛ぶ場合の2つの大きな寄与が相殺し合い，$Re(\varepsilon'/\varepsilon)$ の値と η の間を結びつける係数の理論的な誤差が大きいためである．

そこで，ρ と η を正確に測るために有力な方法として提唱されたのが，$K_L \to \pi^0 \nu \bar{\nu}$ と $K^+ \to \pi^+ \nu \bar{\nu}$ の崩壊である．これらは，図 3.4.16(a) に示すペンギンダイアグラムを介して起きるが，$\nu \bar{\nu}$ をつくれるのが Z^0 のみであるので，理論的な誤差が小さい[9]．$K^+ \to \pi^+ \nu \bar{\nu}$ の分岐比を測定すると，これはほぼ $|V_{td}|$ を測ることになり，理論的誤差は約 7%（ループのなかの c クォークの寄与による）である．また，$K_L \to \pi^0 \nu \bar{\nu}$ の崩壊振幅は

$$\langle \pi^0 \nu \bar{\nu} | H | K_L \rangle \simeq \langle \pi^0 \nu \bar{\nu} | H | K_2 \rangle$$
$$\propto \langle \pi^0 \nu \bar{\nu} | H | K^0 \rangle - \langle \pi^0 \nu \bar{\nu} | H | \bar{K}^0 \rangle$$
$$\propto V_{td} - V_{td}^* \propto i\,\mathrm{Im}(V_{td}) = i\lambda^3 \eta$$

であるので，$K_L \to \pi^0 \nu \bar{\nu}$ の分岐比からは，直接，小林-益川行列の複素成分である η を求めることができ，その理論的誤差は約 2% である．図 3.4.17 に示す ρ, η の平面で，(ρ, η)，原点，$(1,0)$ で囲まれる三角形はユニタリ三角形と呼ばれている．CP の破れ

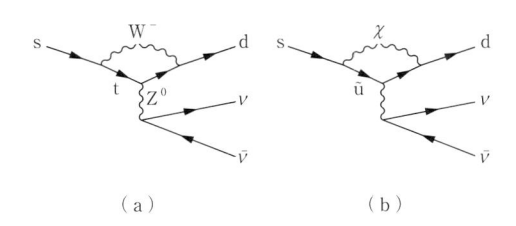

図 3.4.16 (a) 標準理論，および (b) 新しい物理による，$K_L \to \pi^0 \nu \bar{\nu}$ のファインマンダイアグラム

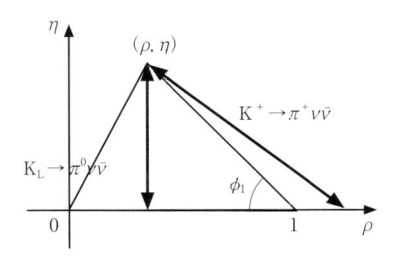

図 3.4.17 ユニタリ三角形

の大きさは，この三角形の面積に比例することが理論的に知られており[10]，$K_L \to \pi^0 \nu \bar{\nu}$ は CP の破れの大きさを直接測ることになる．

この ρ, η は，ほかの方法でも測定することができる．特に，$B^0 \to J/\psi K_S$ と $\bar{B}^0 \to J/\psi K_S$ の崩壊時間分布の非対称性から求まる，ユニタリ三角形の1つの角度 $\phi_1 = \beta$ は理論的誤差が小さく測定精度も高い．CP の破れが標準理論が説明するように，クォーク間の混合の複素位相だけで起きているならば，K 中間子を用いて測定しても，B 中間子を用いて測定しても，η は同じはずである．しかし，われわれの住む宇宙に物質と反物質の不均衡をつくった CP の破れは，標準理論の効果だけではできないと考えられており，標準理論を超えた物理による CP の破れがあるはずである．そうした新たな物理にかかわる粒子は，$B^0 \to J/\psi K_S$ のツリーダイアグラムには入らないが，図 3.4.16(b) のように $K \to \pi \nu \bar{\nu}$ のペンギンダイアグラムのループの中に入る可能性がある．したがって，$K \to \pi \nu \bar{\nu}$ の崩壊分岐比から求めた η が，B 中間子などを用いて測定した η と異なっていれば，これは新たな物理による CP の破れの発見となる．SUSY や余次元などさまざまな新たな物理による $K \to \pi \nu \bar{\nu}$ の崩壊分岐比の予測も立てられており[11]，LHC で SUSY 粒子が見つかったとしても，SUSY のさまざまなモデルを選別し，SUSY 粒子のフレーバーを研究するためには，これらの $K \to \pi \nu \bar{\nu}$ の分岐比や，種々の B 中間子崩壊の非対称性の測定が必要である．

i) $K^+ \to \pi^+ \nu \bar{\nu}$

$K^+ \to \pi^+ \nu \bar{\nu}$ の崩壊は，今まで，アメリカの BNL 研究所の E787/E949 実験が測定した．図 3.4.18 に E787 の実験装置を示す．K^+ をシンチレーションファイバーで作られた標的のなかに止め，そこから1つだけ出る π^+ を観測する．標的のまわりはガンマ線検出

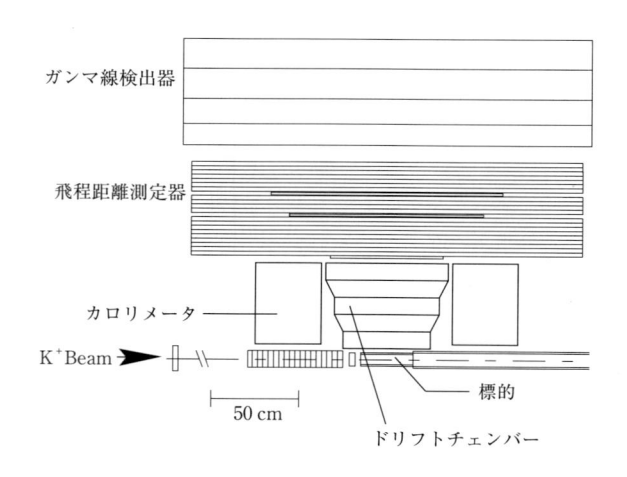

図 3.4.18 BNL E787 の実験装置の断面図
ビーム軸を中心に回転対称の形をしている．

3.4 弱い相互作用

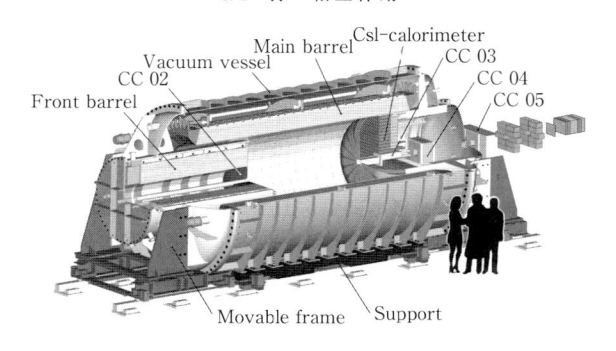

図 3.4.19 E391a 実験

器で覆い，$K^+ \to \pi^+\pi^0$ 崩壊において π^0 を見失うことによるバックグラウンドを抑制する．また，π^+ の運動量と物質中での飛程の関係からバックグラウンドの μ^+ を排除し，さらに $\pi^+ \to \mu^+ \to e^+$ の崩壊を追跡して π^+ であることを確認する．この結果，合計 7 事象発見し，それにより，$\left(1.73 {}^{+1.15}_{-1.05}\right) \times 10^{-10}$ の崩壊分岐比を求めた[12]．この中心値は，他の実験から求めた $|V_{td}|$ などから予測される分岐比よりも約 2 倍大きい．

$K^+ \to \pi^+ \nu \bar{\nu}$ の崩壊分岐比をさらに精度よく測るために，約 100 事象集める実験が CERN で計画されている．この実験は飛んでいる K^+ からの崩壊を観測するため，K^+ ビーム標的に当たって起こす散乱などの反応がなく，高いビーム強度でも実験できるという利点がある．

ii) $K_L \to \pi^0 \nu \bar{\nu}$

$K_L \to \pi^0 \nu \bar{\nu}$ の崩壊分岐比に対しては，KTeV 実験が $\pi^0 \to e^+e^-\gamma$ の崩壊を用いて，$< 5.9 \times 10^{-7}$ (90% CL)[13] を与えたが，100 事象以上集めるためには，分岐比が 100% 近い $\pi^0 \to \gamma\gamma$ の崩壊を用いる必要がある．この場合おもなバックグラウンドは，$K_L \to \pi^0\pi^0$ でできる 4 つのガンマ線のうち，2 つを見失ってしまう場合である．そのため，$K_L \to \pi^0\pi^0$ の崩壊から出る余分なガンマ線を確実に検出することが，バックグラウンドを落とすために重要である．2004 年から日本の KEK で走った E391a 実験は，この手法に徹した初めての実験であり，図 3.4.19 に示すように，崩壊分岐比領域全体をガンマ線検出器で覆っている．データを解析した結果，崩壊分岐比に対し $< 2.6 \times 10^{-8}$ (90% CL) の上限値を与えた[14]．さらに東海村の J-PARC 大強度陽子加速器施設に実験装置を移設し，段階を踏んで感度を上げ，100 事象以上 $K_L \to \pi^0 \nu \bar{\nu}$ を観測してその崩壊分岐比を測定する予定である．

(4) 小林-益川行列のユニタリティ

小林-益川行列式 (3.150) はユニタリ行列であるので，$|V_{ud}|^2 + |V_{us}|^2 + |V_{ub}|^2 = 1$ となるべきである．このうち，$|V_{us}|$ は $K^+ \to \pi^0 e^+ \nu$，$K_L \to \pi^+ e^- \bar{\nu}$ の崩壊分岐比などから

決められる．2004年のPDG[15]では，このユニタリティは2.2σだけ破れていたが，BNLのE865が，$K^+ \to \pi^0 e^+ \nu$の分岐比が過去の値とくいちがうという結果を発表した[16]．また，KTeVはK_Lの6種類の主な崩壊の分岐比を測定し直した結果，$K_L \to \pi^+ e^- \bar{\nu}$の分岐比がそれまでの1970年代の結果と約5％ずれており，新たな分岐比を用いればユニタリティが破れていないことを示した[17]．新たな分岐比の値は，その後のCERNやイタリアのINFN研究所での実験などで確認されている．これらの変化は，最新の測定器と解析方法，放射補正の成果によるものである．

（5） T，CPTの対称性の破れ，レプトン数の非保存，ほか

K中間子は，ほかにもさまざまな対称性や保存則の破れを探るために使われている．

i） T反転対称性の破れ

時間反転の対称性の破れを探る実験としては，$K^+ \to \pi^0 \mu^+ \nu_\mu$の$\mu^+$の偏極を調べる実験がある．$\pi^0, \mu^+$の運動量をそれぞれ$\boldsymbol{p}_\pi, \boldsymbol{p}_\mu$，$\mu^+$のスピンを$\boldsymbol{S}_\mu$とすると，$\pi^0$と$\mu^+$の飛ぶ平面に垂直な$\mu^+$の偏極の成分は，$P_T = \boldsymbol{S}_\mu \cdot (\boldsymbol{p}_\pi \times \boldsymbol{p}_\mu)/|\boldsymbol{p}_\pi \times \boldsymbol{p}_\mu|$である．これを時間反転すると，$(-\boldsymbol{S}_\mu) \cdot ((-\boldsymbol{p}_\pi) \times (-\boldsymbol{p}_\mu))/|\boldsymbol{p}_\pi \times \boldsymbol{p}_\mu| = -P_T$となり符号が変わるので，$P_T$は時間反転に対して反対称な量である．したがって，$\mu^+$が崩壊平面に対して垂直な偏極をもてば，これは時間反転対称性を破る．このような破れは，マルチヒッグス，SUSYなどの新たな理論で予測されている．

μ^+の横偏極はKEK E246実験によって測定された．図3.4.20に示す実験装置の中央

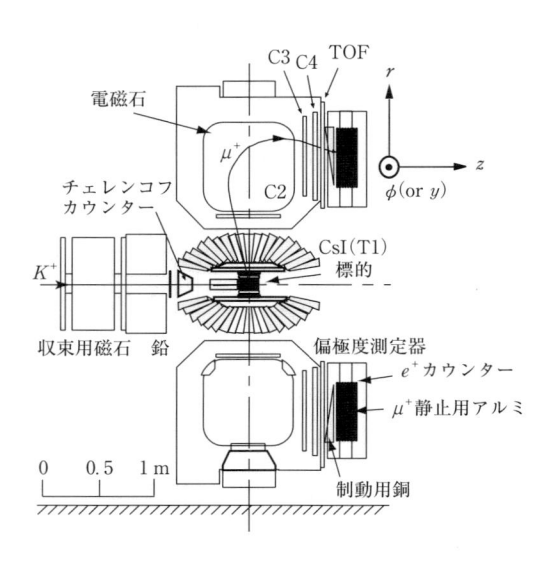

図3.4.20 時間反転対称性を調べたKEK E246実験装置の断面図

にある標的に K^+ を止める．標的は 12 カ所の開口部のある CsI のカロリメーターで覆われており，これによって π^0 から壊れた γ をつかまえて π^0 の運動量を測る．また，穴を通り抜けた μ^+ は運動量を測るために外側のトロイダル磁場で曲げられ，アルミの板に止められる．μ^+ の横偏極は漏れ磁場によって保持され，e^+ が偏極の方向に出やすいことを利用して偏極度を測る．その結果，μ^+ の横偏極度は $P_T = (-1.7 \pm 2.3 (\text{stat.}) \pm 1.1 (\text{syst.})) \times 10^{-3}$ であった[18]．将来 J-PARC でさらに強度の高い K^+ ビームと改良した測定器を用い，$O(10^{-4})$ の精度で P_T を測定する実験が計画されている．

ii) CPT 対称性の破れ

CPT の対称性の破れを探る実験も行われている．1つは，崩壊振幅の比 $\eta_\pm = A(K_L \to \pi^+\pi^-)/A(K_S \to \pi^+\pi^-)$ と $\eta_{00} = A(K_L \to \pi^0\pi^0)/A(K_S \to \pi^0\pi^0)$ の位相差 $\Delta\phi$ の測定である．KTeV 実験は，K_L を物質に通してつくられた K_S と，そのまま通過した K_L の干渉パターンを $\pi^+\pi^-$ と $\pi^0\pi^0$ で比較し，$\Delta\phi = (0.39 \pm 0.22 \pm 0.45)°$ という結果を得，CPT の破れに制限を加えた[5]．

iii) レプトン数の非保存

レプトン数の破れる $K_L \to \mu e$, $K^+ \to \pi^+ \mu e$ を探索する実験は過去に米国ブルックヘブン研究所や KEK などで精力的に行われ，$BR(K_L \to \mu e) < 4.7 \times 10^{-12}$ (90% CL)[19], $BR(K^+ \to \pi^+\mu^-e^+) < 2.8 \times 10^{-11}$ (90% CL)[20] などの制限を与えた．

(6) まとめ

K 中間子は，CP の破れの発見，クォークのフレーバー混合，レプトン数の保存の研究など，素粒子研究の発展に貢献してきた．これからの実験の舞台は J-PARC と CERN に移り，大強度の加速器と現代の実験技術を生かして，より高感度な実験が可能となる．そして，実験のテーマも $K \to \pi\nu\bar{\nu}$ を中心に標準理論の精密な検証と新しい物理のフレーバー物理へと焦点が移り，新たな役割と発展が期待されている．

（山中　卓）

参考文献

1) J. H. Christenson, J. W. Cronin, V. L. Fitch and R. Turlay, Phys. Rev. Lett. **13** (1964) 138.
2) A. Alavi-Harati *et al.*, Phys. Rev. Lett. **88** (2002) 181601.
3) E. Abouzaid *et al.*, Phys. Rev. Lett. **96** (2006) 101801.
4) A. Angelopoulos *et al.*, Phys. Lett. **B444** (1998) 43.
5) L. Wolfenstein, Phys. Rev. Lett. **13** (1964) 562.
6) M. Kobayashi and T. Maskawa, Prog. Theor. Phys. **49** (1973) 652.
7) A. Alavi-Harati *et al.*, Phys. Rev. **D67** (2003) 012005.
8) J. R. Batley *et al.*, Phys. Lett. **B544** (2002) 97.
9) G. Buchalla and A. J. Buras, Nucl. Phys. **B548** (1999) 309.
10) C. Jarlskog, in *CP Violation*, World Scientific, Singapore (1988).
11) D. Bryman, A. J. Buras, G. Isidori, L. Littenberg, Int. J. Mod. Phys. **A21** (2006) 487, hep-ph/0505171.

12) A. V. Artamonov *et al.*, Phys. Rev. **D79** (2009) 092004.
13) A. Alavi-Harati *et al.*, Phys. Rev. **D61** (2000) 072006.
14) J. K. Ahn *et al.*, Phys. Rev. **D81** (2010) 072004.
15) S. Eidelman *et al.*, PDG2004, Phys. Lett. **B592** (2004) 1.
16) A. Sher *et al.*, Phys. Rev. Lett. **91** (2003) 261802.
17) T. Alexopoulos *et al.*, Phys. Rev. Lett. **93** (2004) 181802.
18) M. Abe *et al.*, Phys. Rev. Lett. **93** (2004) 131601.
19) D. Ambrose *et al.*, Phys. Rev. Lett. **81** (1998) 5734.
20) R. Appel *et al.*, Phys. Rev. Lett. **85** (2000) 2877.

c. 重い中間子
(1) 重い中間子とは

強い相互作用をする素粒子であるクォークは，6種類ある．そのうち，tクォークは最も重いクォークで，その質量約 $175\,\mathrm{GeV}/c^2$ ($1\,\mathrm{GeV}/c^2 = 10^9\,\mathrm{eV}/c^2 = 1.78 \times 10^{-24}\,\mathrm{g}$) は金原子1個分に相当する．2番目に重いbクォークと3番目に重いcクォークの質量は，それぞれ $4.25\,\mathrm{GeV}/c^2$ と $1.5\,\mathrm{GeV}/c^2$ である．これら3つのクォークは，残りのu ($0.005\,\mathrm{GeV}/c^2$)，d ($0.008\,\mathrm{GeV}/c^2$)，s ($0.16\,\mathrm{GeV}/c^2$) クォークに比べてきわめて重いため，重いクォークと呼ばれる．一般に，クォークと反クォークが強い相互作用によって束縛され，ある決まった質量の状態を成しているとき，その状態を中間子と呼ぶが，特に重いクォークを含む中間子を重い中間子と呼ぶ．bクォークの反粒子，反bクォーク $\bar{\mathrm{b}}$ と軽いクォーク (u, d, s, c) からなる中間子をB中間子，cクォークと $\bar{\mathrm{u}}, \bar{\mathrm{d}}, \bar{\mathrm{s}}$ からなる中間子をD中間子と呼ぶ．ここで，一般に粒子qの反粒子を $\bar{\mathrm{q}}$ で表し，qバーと呼ぶ．歴史的理由から，bクォークを含むのはB中間子ではなく，反B中間子 $\bar{\mathrm{B}}$ である．一方，cクォークを含むのはD中間子と呼ぶことになっている．tクォークはその質量が重いため弱い相互作用による崩壊の寿命が非常に短く（約 10^{-24} 秒），他のクォークと束縛状態をつくる前に $\mathrm{t} \to \mathrm{b}\mathrm{W}^+$ の過程で崩壊してしまう．そのため，tクォークを含む中間子は存在しない．同様に $\bar{\mathrm{t}}$ を含む中間子も存在しない．したがって，一般に重い中間子とはB中間子とD中間子，およびそれらの反粒子のことをいう．

$\bar{\mathrm{b}}$ クォークとuクォーク，dクォーク，sクォーク，cクォークとの束縛状態をそれぞれ，B_u（または B^+），B_d（または B^0），B_s，B_c 中間子と記す．また，cクォークと $\bar{\mathrm{u}}$ クォーク，$\bar{\mathrm{d}}$ クォーク，$\bar{\mathrm{s}}$ クォークとの束縛状態をそれぞれ，D^0，D^+，D_s 中間子と記す．表3.4.1に，これら7種類の重い中間子の性質をまとめた．反中間子は中間子と同一の質量，寿命をもつ．B中間子，D中間子，およびそれらの反粒子は，スピン0，パリティ負という量子数をもつ擬スカラー中間子の仲間である．スピン1，パリティ負の中間子は，ベクトル中間子と呼ばれ，重い中間子のベクトル中間子は B^*（Bスター），D^*（Dスター）と記す．

3.4 弱い相互作用

表 3.4.1　重い擬スカラー（スピン0，パリティ負）中間子の性質

名　称	クォーク組成	質　量 (MeV/c^2 = 10^6 eV/c^2)	寿　命 ($\times 10^{-12}$ 秒)
$B_u(B^+)$	$\bar{b}u$	5279.0 ± 0.5	1.638 ± 0.011
$B_d(B^0)$	$\bar{b}d$	5279.4 ± 0.5	1.530 ± 0.009
B_s	$\bar{b}s$	5367.5 ± 1.8	1.466 ± 0.059
B_c	$\bar{b}c$	6286 ± 5	$0.46^{+0.18}_{-0.16}$
D^0	$c\bar{u}$	1864.5 ± 0.4	0.4101 ± 0.0015
D^+	$c\bar{d}$	1869.3 ± 0.4	1.040 ± 0.007
D_s	$c\bar{s}$	1968.2 ± 0.5	0.500 ± 0.007

（2）　重い中間子の崩壊とカビボ-小林-益川行列

標準理論において，クォークとレプトンはそれぞれ3世代の階層構造を成しているため，それぞれ6種類ある．クォークもレプトンも弱い相互作用の結果，他の種類のクォークとレプトンに変わることができる．電荷＋2/3のクォークは，W^+ボソンを放出して電荷－1/3のクォークに変化する．逆に，電荷－1/3のクォークはW^-ボソンを放出して電荷＋2/3のクォークに変わる．このとき，これらの反応の起こる頻度（確率）は，カビボ-小林-益川行列（CKM行列）と呼ばれる3行3列の複素ユニタリ行列 V_CKM の行列要素の絶対値の2乗に比例する．

$$V_\mathrm{CKM} = \begin{pmatrix} V_{ud} & V_{us} & V_{ub} \\ V_{cd} & V_{cs} & V_{cb} \\ V_{td} & V_{ts} & V_{tb} \end{pmatrix} \tag{3.151}$$

たとえば，bクォークがcクォークに崩壊する反応b→cの起こる確率は $|V_{cb}|^2$ に比例し，反応c→sの確率は $|V_{cs}|^2$ に比例する．cクォークの崩壊，すなわちD中間子の崩壊だけを考える場合には，CKM行列は2行2列の実回転行列で近似することができる．

$$\begin{pmatrix} V_{ud} & V_{us} \\ V_{cd} & V_{cs} \end{pmatrix} = \begin{pmatrix} \cos\theta_C & \sin\theta_C \\ -\sin\theta_C & \cos\theta_C \end{pmatrix} \tag{3.152}$$

この回転角 θ_C はカビボ角と呼ばれ，その値は約12.7°である．したがって，反応c→sの確率は $|V_{cs}|^2 = \cos^2\theta_C \approx 0.94$ に比例し，反応c→dは $|V_{cd}|^2 = \sin^2\theta_C \approx 0.06$ に比例する．

図3.4.21は重い中間子の崩壊に寄与する6種類のファインマンダイアグラムである．図3.4.21(a)(b)は，傍観者（spectator）ダイアグラムと呼ばれ，重い中間子の崩壊は主としてこのダイアグラムによって起こる．ここでは重いクォーク（Q = b, c）だけがWボソンを放出して崩壊し，軽い反クォーク（$\bar{q}$）は反応に直接関与しないで傍観している．ミューオン崩壊（$\mu^- \to e^- \bar{\nu}_e \nu_\mu$）の崩壊幅が m_μ^5 に比例するのと同様，傍観者ダイアグラムによる崩壊の幅は m_Q^5 に比例する．レプトンと異なりカラー量子数をもつクォークは単独では存在できないので，終状態のクォーク（q'）と$\bar{q}$のカラー量子数は打ち消し合わなければならない．図3.4.21(a)（外部傍観者ダイアグラム）では，この打ち消し合いは自動的であるが，図3.4.21(b)（内部傍観者ダイアグラム）ではWボ

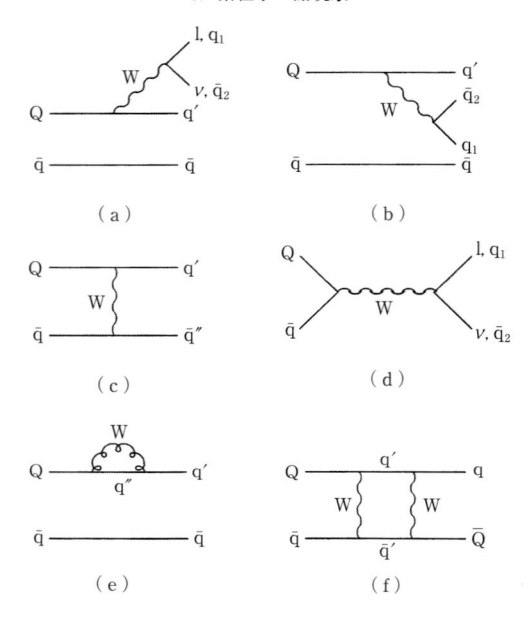

図3.4.21 重い中間子の崩壊に寄与する6種のファインマンダイアグラム
(a) 外部傍観者ダイアグラム, (b) 内部傍観者ダイアグラム, (c) W 交換ダイアグラム, (d) W 消滅ダイアグラム, (e) ペンギンダイアグラム, (f) 箱形ダイアグラム. ここで, Qは重いクォークbまたはc, qは軽いクォークu, d, sのいずれか, lは荷電レプトンe, μ, τ のいずれかを表す.

ソンからのクォーク (q_1) のカラーと $\bar{q}$ のカラーが打ち消し合うときにのみ反応が起こるので, 外部傍観者ダイアグラムによる崩壊に比べて $(1/3)^2 = 1/9$ 程度の確率でしか起こらない.

重い中間子の崩壊に寄与するダイアグラムには, 傍観者ダイアグラム以外に, Wボソンを交換するダイアグラム (図3.4.21(c)) とWボソンに消滅するダイアグラム (図3.4.21(d)) がある. さらに, 崩壊幅への寄与は非常に小さいものの重要なダイアグラムとして, ペンギンダイアグラム (図3.4.21(e)) と箱形ダイアグラム (図3.4.21(f)) がある. 後者は中間子混合と呼ばれる量子力学現象を引き起こす.

(3) 重い中間子の寿命

傍観者モデルでは, B中間子の崩壊は外部傍観者ダイアグラム (図3.4.21(a)) のみによって起こり, B中間子を構成している軽い方のクォークは崩壊に関与しない. このため, 中間子の崩壊幅 (よって寿命も) bクォークのそれに等しい. bクォークはより軽いクォークである c あるいは u と (仮想)W^-ボソンに崩壊する. bクォークがcクォー

クと W⁻ ボソンに崩壊し，引き続き，その W⁻ が e⁻ と $\bar{\nu}_e$ に崩壊する反応 b→cW⁻ →ce⁻$\bar{\nu}_e$ の崩壊幅 Γ(b→ce⁻$\bar{\nu}_e$) は，ミューオン崩壊と同様に計算でき，

$$\Gamma(\mathrm{b}\to\mathrm{ce}^-\bar{\nu}_e) = \frac{G_F^2(m_b c)^5}{192\pi^3(\hbar c)^6}|V_{cb}|^2 \tag{3.153}$$

で与えられる．ここで G_F はフェルミ定数で，$G_F/(\hbar c)^3 = 1.16639\times 10^{-5}\,\mathrm{GeV}^{-2}$ である．この W⁻ ボソンは，このほかに $\mu^-\bar{\nu}_\mu$, $\tau^-\bar{\nu}_\tau$, およびそれぞれ3つのカラー自由度をもつ，$\mathrm{u}\bar{\mathrm{d}}$, $\mathrm{c}\bar{\mathrm{s}}$ に崩壊できる．すなわち，b クォークの崩壊において W⁻ ボソンは9通りの反応で崩壊する．b→uW⁻ も b→cW⁻ と同様なので，b クォークの全崩壊幅 Γ_b は，

$$\begin{aligned}\Gamma_b &= \Gamma(\mathrm{b}\to\mathrm{cW}^-) + \Gamma(\mathrm{b}\to\mathrm{uW}^-) \\ &= \frac{G_F^2(m_b c)^5}{192\pi^3(\hbar c)^6}(|V_{cb}|^2 + |V_{ub}|^2)\times 9 \end{aligned} \tag{3.154}$$

で与えられる．ここに $m_b c^2 = 4.25\,\mathrm{GeV}$ を代入すると，$\Gamma_b \approx 2.85\times 10^{-10}(|V_{cb}|^2+|V_{ub}|^2)$ GeV となり，b クォークの寿命は

$$\begin{aligned}\tau_b = \frac{\hbar}{\Gamma} &= \frac{6.582\times 10^{-25}\,\mathrm{GeV\cdot s}}{2.85\times 10^{-10}\,\mathrm{GeV}}(|V_{cb}|^2+|V_{ub}|^2)^{-1} \\ &= 2.3\times 10^{-15}(|V_{cb}|^2+|V_{ub}|^2)^{-1}\,\mathrm{s}\end{aligned} \tag{3.155}$$

と計算できる．もし $|V_{cb}|^2+|V_{ub}|^2 \approx 1$ であればB中間子の寿命は 10^{-15} s 程度のはずである．しかし，表3.4.1からわかるように，B中間子の寿命はこれより3桁も長く 10^{-12} s 程度である．これは $|V_{cb}|^2+|V_{ub}|^2$ が 10^{-3} 程度であり，b→uW⁻，b→cW⁻ といったクォークの世代が代わる反応が起きにくいことを意味している．V_{cb} と V_{ub} は B 中間子の電子やミューオンへの崩壊の分岐比から求まり，$|V_{cb}| \approx 4.2\times 10^{-2}$, $|V_{ub}| \approx 4.5\times 10^{-3}$ である．これらの値を代入すると，$\tau_b \approx 1.4\times 10^{-12}$ s となり，表3.4.1の B_u, B_d, B_s 中間子の寿命とほぼ一致していることがわかる．

傍観者モデルでは，すべてのB中間子の寿命が等しいはずであるが，測定値には差がある．これは，外部傍観者ダイアグラム以外のダイアグラムからの寄与が無視できないからで，詳細な理論計算によると $\tau(\mathrm{B}_u) \geq \tau(\mathrm{B}_d) \approx \tau(\mathrm{B}_s) \gg \tau(\mathrm{B}_c)$ となることが予言され，測定値とよく一致している．B_c はその構成要素である $\bar{\mathrm{b}}$ と c の両方が弱い相互作用で崩壊するので他のB中間子よりも寿命が短い．

D中間子の寿命をB中間子と同様に傍観者モデルによって計算すると，c の崩壊には c→sW⁺, c→dW⁺ との2つがあり，この W⁺ は（エネルギー保存則から），$\mathrm{e}^+\nu_e$, $\mu^+\nu_\mu$ およびカラーの自由度3をもった $\mathrm{u}\bar{\mathrm{d}}$ に崩壊する．よって，

$$\Gamma_c = \frac{G_F^2(m_c c)^5}{192\pi^3(\hbar c)^6}(|V_{cs}|^2+|V_{cd}|^2)\times 5, \tag{3.156}$$

$$\tau_c = \frac{\hbar}{\Gamma_c} \approx 7.59\times 10^{-15}(|V_{cs}|^2+|V_{cd}|^2)^{-1}\,\mathrm{s} \tag{3.157}$$

である．$|V_{cs}| \approx |\cos\theta_C| = 0.97$, $|V_{cd}| \approx |\sin\theta_C| = 0.22$ だから，$\tau_c \approx 770\times 10^{-15}\,\mathrm{s} = 0.77\times 10^{-12}$ s となり，測定値とほぼ一致しているが，B中間子の場合と比べるとその一致は悪

い. これは, クォークの質量が小さくなるほど外部傍観者ダイアグラム以外のダイアグラムからの寄与が ($1/m_Q^2$ に比例して) 大きくなるからである. これらの寄与を考慮した D 中間子の寿命の理論予想 $\tau(D^+) > \tau(D_s) > \tau(D^0)$ は, 測定結果を再現している.

(4) B 中間子の混合

中性 K 中間子同様, 中性 B 中間子も中間子・反中間子混合を起こす. 中性 B 中間子の系には, B_d^0-$\bar{B}_d^0$ と B_s^0-$\bar{B}_s^0$ があるので, 以下では B_q^0-$\bar{B}_q^0$ と表すことにする. 電荷の異なる粒子間では, 電荷の保存則によって混合は禁止されるが, 中性粒子にその制限はない. また, B_q^0-$\bar{B}_q^0$ 混合では, クォークの種類 (フレーバー) が $\bar{b}$ から b に変わるので, フレーバーを保存する強い相互作用や電磁相互作用では起きず, フレーバーを変換する弱い相互作用によって起こる. 中間子・反中間子混合は, 量子力学の2準位系の問題と同様にして, シュレーディンガー方程式によって記述できる:

$$i\hbar \frac{\partial}{\partial t} \begin{pmatrix} B_q^0(t) \\ \bar{B}_q^0(t) \end{pmatrix} = H \begin{pmatrix} B_q^0(t) \\ \bar{B}_q^0(t) \end{pmatrix} \tag{3.158}$$

H は2行2列のハミルトニアンである. ただし, 中間子は崩壊するので, H はエルミートではなく, それぞれ2行2列のエルミート行列である M と Γ ($M_{21} = M_{12}^*$, $\Gamma_{21} = \Gamma_{12}^*$) を用いて,

$$H = M - \frac{i}{2}\Gamma \tag{3.159}$$

と表される. さらに, 弱い相互作用が CPT 不変であることを仮定すると, $M_{11} = M_{22}$ ($\equiv M$) と $\Gamma_{11} = \Gamma_{22}$ ($\equiv \Gamma$) が成り立つ. ハミルトニアン H の固有状態 $|B_1\rangle$ と $|B_2\rangle$ は, それぞれ固有値 λ_1 と λ_2 をもつ:

$$\begin{aligned} \lambda_1 &= \left(M - \frac{i}{2}\Gamma\right) + \frac{q}{p}\left(M_{12} - \frac{i}{2}\Gamma_{12}\right) \\ \lambda_2 &= \left(M - \frac{i}{2}\Gamma\right) - \frac{q}{p}\left(M_{12} - \frac{i}{2}\Gamma_{12}\right) \end{aligned} \tag{3.160}$$

ここで,

$$\left|\frac{q}{p}\right|^2 = \frac{M_{12}^* - \frac{i}{2}\Gamma_{12}^*}{M_{12} - \frac{i}{2}\Gamma_{12}} \tag{3.161}$$

かつ $|p|^2 + |q|^2 = 1$ である. ハミルトニアンの固有状態 $|B_1\rangle$, $|B_2\rangle$ は, それぞれ, $\exp(-i\lambda_1 t/\hbar)|B_1\rangle$, $\exp(-i\lambda_2/\hbar)|B_2\rangle$ と時間発展する. また, B_1 と B_2 の質量と崩壊幅は, それぞれ

$$\begin{aligned} m_{1,2} &= \mathrm{Re}(\lambda_{1,2}) \\ \Gamma_{1,2} &= -2\,\mathrm{Im}(\lambda_{1,2}) \end{aligned} \tag{3.162}$$

で与えられる (すなわち, $\lambda_{1,2} = m_{1,2} - \frac{i}{2}\Gamma_{1,2}$ である). 固有状態 $|B_1\rangle$ と $|B_2\rangle$ は, p と

q を使って,

$$|B_1\rangle = p|B_q^0\rangle + q|\bar{B}_q^0\rangle$$
$$|B_2\rangle = p|B_q^0\rangle - q|\bar{B}_q^0\rangle \tag{3.163}$$

と表すことができる．したがって，$t=0$ において B_q^0 として生成された B 中間子の時刻 t における状態は，$|B_q^0\rangle$ を $|B_1\rangle$ と $|B_2\rangle$ の線形結合として表し，それらの時間発展を代入し，その結果を再び $|B_q^0\rangle$ と $|\bar{B}_q^0\rangle$ で書くことによって得られる．$t=0$ で $\bar{B}_q^0$ として生成された場合も同様である．その結果，それぞれ,

$$|B_q^0(t)\rangle = g+(t)|B_q^0\rangle + \frac{p}{q}g-(t)|\bar{B}_q^0\rangle$$
$$|\bar{B}_q^0(t)\rangle = g+(t)|\bar{B}_q^0\rangle + \frac{p}{q}g-(t)|B_q^0\rangle \tag{3.164}$$

となる．ここで，$\Gamma_q = (\Gamma_1+\Gamma_2)/2$，$\Delta\Gamma_q = \Gamma_1-\Gamma_2$，$\Delta m_q = m_1-m_2$ を用いると，$g\pm(t)$ の絶対値の 2 乗は

$$|g\pm(t)|^2 = \frac{\exp(-\Gamma_q t/\hbar)}{2}\left[\cosh\left(\frac{\Delta\Gamma_q}{2\hbar}t\right) \pm \cos\left(\frac{\Delta m_q c^2}{\hbar}t\right)\right] \tag{3.165}$$

と書ける．

これは，$t=0$ において生成された B_q^0 中間子は，時間とともに状態が変化し，時刻 t において B_q^0 と観測される確率は $|g+(t)|^2$ に比例し，反粒子 $\bar{B}_q^0$ と観測される確率は $|g-(t)|^2$ に比例することを意味する．$|g+(t)|^2$，$|g-(t)|^2$ は，その値が $\cos\left(\frac{\Delta m_q c^2}{\hbar}t\right)$ で振動する．$t=0$ で生成された $\bar{B}_q^0$ 中間子も同様に変化する．このように粒子状態が時間とともにある確率で反粒子状態に変化していく現象を粒子・反粒子混合，あるいは粒子・反粒子振動と呼ぶ．混合の角振動数は $\Delta m_q c^2/\hbar$，すなわちハミルトニアン H の固有状態の質量差（$\times c^2/\hbar$）に等しい．

標準理論によると B_q^0–$\bar{B}_q^0$ 混合は，図 3.4.21 (f) において q′ が t クォークである箱形ダイアグラムによって起こり，その振動数は,

$$\frac{\Delta m_q c^2}{\hbar} = \left(\frac{G_F^2}{6\pi^2}\right)\eta_B m_{B_q} B_{B_q} f_{B_q}^2 m_W^2 (V_{tq}^* V_{tb})^2 \times S_0(m_t^2/m_W^2) \tag{3.166}$$

で与えられる．ここで η_B は強い相互作用による補正，m_{B_q} は B_q 中間子の質量，B_{B_q} と f_{B_q} はそれぞれ B_q 中間子のバッグ（bag）パラメーターと崩壊定数と呼ばれる定数，V_{tq}，V_{tb} は CKM 行列 V_{CKM} の行列要素である．さらに，関数 $S_0(m_t^2/m_W^2)$ は $0.78(m_t^2/m_W^2)^{0.76}$ と近似できる関数である．その結果，$\Delta m_d c^2/\hbar$ と $\Delta m_s c^2/\hbar$ はそれぞれ次のように予想される．

$$\frac{\Delta m_d c^2}{\hbar} = (0.50\text{ ps}^{-1})\left(\frac{\sqrt{B_{B_d}}f_{B_d}}{230\text{ MeV}}\right)^2 \left(\frac{m_t}{167\text{ GeV}}\right)^{1.52}\left(\frac{|V_{td}|}{7.8\times10^{-3}}\right)^2\left(\frac{\eta_B}{0.55}\right) \tag{3.167}$$

$$\frac{\Delta m_s c^2}{\hbar} = (17.2\text{ ps}^{-1})\left(\frac{\sqrt{B_{B_s}}f_{B_s}}{260\text{ MeV}}\right)^2 \left(\frac{m_t}{167\text{ GeV}}\right)^{1.52}\left(\frac{|V_{ts}|}{0.040}\right)^2\left(\frac{\eta_B}{0.55}\right) \tag{3.168}$$

(1 ps $= 10^{-12}$ s である). ここで, 各項の分母は現在わかっている数値のほぼ中心の値であり, したがって, 標準理論から期待される $\Delta m_d c^2/\hbar$, $\Delta m_s c^2/\hbar$ の値はそれぞれ, 0.50 ps^{-1}, 17.2 ps^{-1} である.

B_d^0-$\bar{B}_d^0$ 混合の測定は, 電子・陽電子衝突実験および陽子・反陽子衝突実験で生成された $B_d^0 \bar{B}_d^0$ 対を用いて行われてきたが, 特に B ファクトリー加速器による精密測定によって格段に精度が向上した. その結果, 現在 B_d^0-$\bar{B}_d^0$ 混合の振動数が,

$$\frac{\Delta m_d c^2}{\hbar} = 0.507 \pm 0.004 \text{ ps}^{-1} \tag{3.169}$$

と高い精度で求まっている. また, 標準理論の予想値とよく一致しているのがわかる.

B_s^0-$\bar{B}_s^0$ 混合は B ファクトリー実験では測定することができず, より高エネルギーの電子・陽電子衝突型加速器である LEP や陽子・反陽子衝突型加速器 TEVATRON で研究が進んできたが, 検出される $B_s^0 \bar{B}_s^0$ 対の数が十分でなかったために振動数の測定は困難であった. しかし, TEVATRON で実験をしていた CDF グループが初めて, その測定に成功し,

$$\frac{\Delta m_s c^2}{\hbar} = 17.77 \pm 0.10 \pm 0.07 \text{ ps}^{-1} \tag{3.170}$$

という結果を得た (ここで, 最初の誤差は統計誤差, 2 番目は系統誤差である. 以下同様). この結果もまた, 標準理論の予想とよく一致している.

(5) D 中間子の混合

D^0-$\bar{D}^0$ 中間子混合も B^0-$\bar{B}^0$ 同様, 箱形ダイアグラム図 3.4.21(f) によって起こりうる. ただし, このとき q' は, d, s, あるいは b クォークである. d クォークと s クォークの質量が小さいこと, および, b クォークと u クォークの結合 $|V_{ub}|$ が小さいことから, 標準理論では D^0-$\bar{D}^0$ 混合は, きわめて小さいと予想されている.

$$|x| \equiv \frac{2\Delta m}{\Gamma} \leq 0.01$$
$$|y| \equiv \frac{\Delta \Gamma}{\Gamma} \leq 0.01 \tag{3.171}$$

ここで, $\Delta m = m_1 - m_2$, $\Delta \Gamma = \Gamma_1 - \Gamma_2$, $\Gamma = (\Gamma_1 + \Gamma_2)/2$ で, m_1 と Γ_1 はハミルトニアンの固有状態 D_1 の質量と崩壊幅, m_2, Γ_2 も同様である. 一方, もし標準理論に含まれていない新しい粒子が存在し, それらの粒子が箱形ダイアグラムへ寄与するのであれば, x, y の値は標準理論の予想値よりも十分大きくなりうる. すなわち, D^0-$\bar{D}^0$ 混合の測定は, 標準理論を超える新しい物理の存在を探るすぐれたプローブとなる.

D^0-$\bar{D}^0$ 混合の測定も B_d^0-$\bar{B}_d^0$ 混合同様, B ファクトリー加速器を使った実験によって測定精度が格段に進歩した. KEK の Belle 実験グループは,

$$y_{\text{CP}} \equiv \frac{\tau(K^-\pi^+)}{\tau_{\text{CP}}} - 1 = (1.31 \pm 0.32 \pm 0.25) \times 10^{-2} \tag{3.172}$$

を測定した．ここで τ_{CP} は，D^0 中間子が CP の固有状態 K^+K^- あるいは $\pi^+\pi^-$ に崩壊するときの平均寿命，$\tau(K^-\pi^+)$ は D^0 が $K^-\pi^+$ に崩壊するときの平均寿命である．終状態 $K^-\pi^+$ は CP の固有状態ではない．y_{CP} と x, y は次のような関係にある．

$$y_{CP} = y\cos\phi - \frac{1}{2}A_M x \sin\phi \tag{3.173}$$

ここで，A_M と ϕ は D^0-$\overline{D}^0$ 混合の CP 非保存に関係した量で $A_M \equiv |q/p|^2 - 1$，ϕ は M_{12}^* の弱い相互作用に関係する位相である（p, q, M_{12} の定義は，式（3.160）と同様）．CP が保存されていれば，$A_M = 0$, $\phi = 0$, $y = y_{CP}$ である．D^0-$\overline{D}^0$ 混合において CP が保存しているかどうかは，$D^0 \to K^-K^+$ と $\overline{D}^0 \to K^-K^+$ の寿命の差を測ればわかるが，これまでのところ CP 保存が破れている証拠はない．したがって，$y_{CP} = y$ としてよく，Belle グループの得た結果は，D^0-$\overline{D}^0$ 混合が起こっていることを示している．

一方，スタンフォード線形加速器センター（SLAC）の BaBar グループは $D^0 \to K^-\pi^+$ と $D^0 \to K^+\pi^-$ 崩壊の時間発展を比べることによって D^0-$\overline{D}^0$ 混合を測定した．$D^0 \to K^+\pi^-$ 崩壊は，$D^0 \to K^-\pi^+$ と比べて，$|\tan\theta_C|^4 \sim 2.5\times 10^{-3}$（$\theta_C \approx 12.7°$ はカビボ角）の崩壊幅しかない反応と D^0-$\overline{D}^0$ 混合反応 $D^0 \to \overline{D}^0 \to K^+\pi^-$ によって起こる．その結果，BaBar グループは

$$y' \equiv y\cos\delta - x\sin\delta = (9.7 \pm 4.4 \pm 3.1)\times 10^{-3} \tag{3.174}$$

を得た．ここで δ は，この反応に関する強い相互作用の位相である．この結果は，$x = 0$, $y = 0$ からのずれ，すなわち，D^0-$\overline{D}^0$ 混合の存在を示している．BaBar と Belle の結果を組み合わせると，

$$\begin{aligned} x &= \left(0.87^{+0.30}_{-0.34}\right)\times 10^{-2} \\ y &= \left(0.66^{+0.21}_{-0.20}\right)\times 10^{-2} \end{aligned} \tag{3.175}$$

が得られる．これらは，D^0-$\overline{D}^0$ 混合が標準理論で期待される程度の大きさで起こっていることを示している．また，x から D^0-$\overline{D}^0$ の振動数は，

$$13.2 < \frac{\Delta mc^2}{\hbar} < 28.9 \text{ ps}^{-1} \tag{3.176}$$

と制限される．

(6) B 中間子と CP 非保存

標準理論においては，弱い相互作用の CP 非保存の起源はカビボ-小林-益川行列 V_{CKM}（式（3.151）参照）に含まれる複素位相である．クォークと $W^\pm$ ボソンの相互作用を記述するラグランジアン密度

$$\mathcal{L} = -\frac{g}{\sqrt{2}}\left[(\bar{u}\,\bar{c}\,\bar{t})\gamma^\mu V_{CKM}(1-\gamma_5)\begin{pmatrix} d \\ s \\ b \end{pmatrix}W_\mu^+ + (\bar{d}\,\bar{s}\,\bar{b})\gamma^\mu V_{CKM}^*(1-\gamma_5)\begin{pmatrix} u \\ c \\ t \end{pmatrix}W_\mu^-\right]$$

(3.177)

に CP 変換をほどこすと

$$\mathcal{L}^{CP} = -\frac{g}{\sqrt{2}}\left[(\bar{u}\,\bar{c}\,\bar{t})\gamma_\mu V^*_{\mathrm{CKM}}(1-\gamma_5)\begin{pmatrix}d\\s\\b\end{pmatrix}W^{+\mu} + (\bar{d}\,\bar{s}\,\bar{b})\gamma_\mu V_{\mathrm{CKM}}(1-\gamma_5)\begin{pmatrix}u\\c\\t\end{pmatrix}W^{-\mu}\right]$$

(3.178)

と変換される.両者を比較すると,$V^*_{\mathrm{CKM}} = V_{\mathrm{CKM}}$ であれば,ラグランジアン(ラグランジアン密度の空間積分)は不変であり,CP は保存される.一般に V_{CKM} が N 行 N 列のユニタリ行列であるとき,V_{CKM} は,クォーク場の再定義によっても取り除くことができない複素位相を $(N-1)(N-2)/2$ 個含むことが示される.すなわち,クォークが 3 世代($N=3$)あって初めて複素位相が出現し,その結果,弱い相互作用の CP 対称性が破れることになる.これを小林-益川理論という.

B ファクトリー加速器を使うと,この小林-益川理論を明確に検証することができる.B^0_d 中間子の CP 固有状態への崩壊 $B^0_d \to J/\psi K^0_S$ を考える.ここで,$CP|J/\psi K^0_S\rangle = (-1)|J/\psi K^0_S\rangle$ である.$\bar{B}^0_d$ 中間子もまた同一の終状態 $J/\psi K^0_S$ へ崩壊することができるので,$B^0_d \to J/\psi K^0_S$ 崩壊には,B^0_d が J/ψ へ直接崩壊する振幅と B^0_d 中間子が,$B^0_d - \bar{B}^0_d$ 混合によって,いったん $\bar{B}^0_d$ 中間子に変わって $J/\psi K^0_S$ へ崩壊する $B^0_d \to \bar{B}^0_d \to J/\psi K^0_S$ という振幅があることになり,これら 2 つの振幅が干渉を起こす.CKM 行列に含まれる位相の効果は,この干渉に出現し,その結果,$B^0_d \to J/\psi K^0_S$ と $\bar{B}^0_d \to J/\psi K^0_S$ の崩壊幅の時間に依存した非対称として観測にかかる:

$$A(t) \equiv \frac{\Gamma(\bar{B}^0_d \to J/\psi K^0_S) - \Gamma(B^0_d \to J/\psi K^0_S)}{\Gamma(\bar{B}^0_d \to J/\psi K^0_S) + \Gamma(B^0_d \to J/\psi K^0_S)} = \sin 2\phi_1 \sin \Delta m_d t \qquad (3.179)$$

ここで,$\Gamma(\bar{B}^0_d(B^0_d) \to J/\psi K^0_S)$ は $\bar{B}^0_d(B^0_d)$ の生成後,固有時間 t だけ経過したときの崩壊幅である.ϕ_1 は CP 非保存の大きさを示すパラメーターで,CKM 行列の行列要素を使って

$$\phi_1 \equiv \arg\left(-\frac{V_{cd}V^*_{cb}}{V_{td}V^*_{tb}}\right) \qquad (3.180)$$

と定義される.$\sin 2\phi_1 = 0$ は CP 保存を意味し,$|\sin 2\phi_1| = 1$ は CP の最大限の破れを意味している.(なお,ϕ_1 を β と表記することもある.)

B ファクトリー加速器においては,$B^0_d \bar{B}^0_d$ 対が $\Upsilon(4S)$ の崩壊として生成されるため,対はどちらかの中間子が崩壊するまで,コヒーレントな状態(軌道角運動量 $L=1$)にある.対の一方が CP の固有状態である $J/\psi K^0_S$ に崩壊した時刻を t_{CP},もう一方が自身が B^0_d あるいは $\bar{B}^0_d$ のどちらかであったかわかる終状態に崩壊した時刻を t_{tag} とすると,CP 非保存は,$\Delta t \equiv t_{\mathrm{CP}} - t_{\mathrm{tag}}$ の関数,$A(\Delta t)$ と観測される.図 3.4.22 は,Belle グループが,KEK の B ファクトリーで得られた 535×10^6 個の $B^0_d\bar{B}^0_d$ ペアから選び出した 7484 個の $B^0_d \to J/\psi K^0_S$ 崩壊(CP 固有値 -1)と 6512 個の $B^0_d \to J/\psi K^0_L$ 崩壊(CP 固有値 $+1$)を使って測定した B^0_d 中間子の CP 非対称 $A(\Delta t)$ である.Belle グループは,これから,

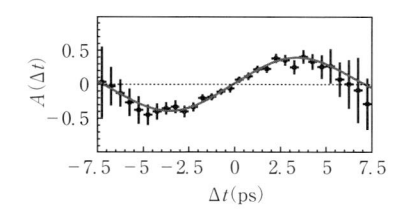

図 3.4.22 Belle グループが，KEK の B ファクトリーで得られた 535×10^6 個の $B_d^0 \bar{B}_d^0$ 対から選び出した 7484 個の $B_d^0 \to J/\psi K_S^0$ 崩壊と 6512 個の $B_d^0 \to J/\psi K_L^0$ 崩壊を使って測定した B_d^0 中間子の CP 非対称．横軸は，$\Delta t \equiv t_{CP} - t_{\mathrm{tag}}$ (ps) で，誤差棒のついた点がデータである．実線は $A(\Delta t) = \sin 2\phi_1 \sin(\Delta m_d \Delta t)$．

$\sin 2\phi_1 = 0.642 \pm 0.031 \pm 0.017$ と決定した．BaBar グループの結果も合わせると，2006 年までに得られたデータから，

$$\sin 2\phi_1 = 0.675 \pm 0.026 \tag{3.181}$$

すなわち，

$$\phi_1 = (21.2 \pm 1.0)^\circ \tag{3.182}$$

が求まっている．この $\sin 2\phi_1$ の直接測定の結果は，小林-益川理論を使って他の間接測定から導いた予言値とよく一致しており，ここに小林-益川理論の正しさが確立した．

（7） 小林-益川ユニタリ三角形

カビボ-小林-益川行列 V_{CKM} は重い中間子に関する物理を記述するために重要な量であるだけでなく，標準理論の基礎的なパラメーターである．したがって，その行列要素の精密測定は標準理論検証を目的とする重要な実験的課題である．特に，CKM 行列のユニタリ性に起因する

$$V_{ud} V_{ub}^* + V_{cd} V_{cb}^* + V_{td} V_{tb}^* = 0 \tag{3.183}$$

の各項を最も精度よく測られている $V_{cd} V_{cb}^*$ で割って，複素平面上に表現したユニタリ三角形（図 3.4.23 参照）は，B 中間子の測定から得られる物理量を表現するのに非常に便利である．

B 中間子の寿命，B^0-$\bar{B}^0$ 混合，B 中間子崩壊の分岐比（部分崩壊幅），そして CP 非保存の測定から，ユニタリ三角形の 3 辺の長さと 3 つの角度を決めることができる．これらすべての測定結果が，1 つの三角形を成すかどうかが，小林-益川理論を含む標準理論の検証となり，三角形からのずれが発見されれば，標準理論を超える新しい物理の手がかりとなる．

式（3.184）は，CKM 行列要素の絶対値の測定値をまとめたものである．これらからユニタリ三角形の辺の長さを決めることができる．

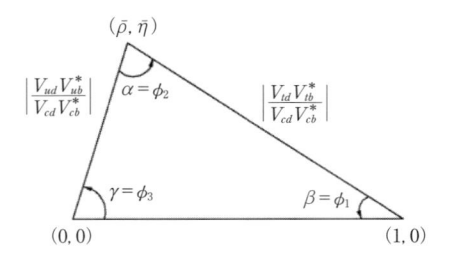

図 3.4.23 小林-益川ユニタリ三角形

$$\begin{pmatrix} |V_{ud}| & |V_{us}| & |V_{ub}| \\ |V_{cd}| & |V_{cs}| & |V_{cb}| \\ |V_{td}| & |V_{ts}| & |V_{tb}| \end{pmatrix} = \begin{pmatrix} 0.97383 & 0.2272 & 3.96 \times 10^{-3} \\ 0.2271 & 0.97296 & 42.21 \times 10^{-3} \\ 8.14 \times 10^{-3} & 41.61 \times 10^{-3} & 0.9991 \end{pmatrix} \quad (3.184)$$

CKM 行列は,対角要素が大きく,同世代内のクォーク間結合が強く,世代を超えた遷移確率は小さいことがわかる.ユニタリ三角形の3つの角度のうちの1つは,$\phi_1(=\beta)$であり,$B^0 \to J/\psi K_S^0$ の CP 非保存の測定などから $(21.2 \pm 1.0)°$ と精度よく決まっている.ほかの2つの角度は,

$$\phi_2(=\alpha) = \arg\left(-\frac{V_{td}V_{tb}^*}{V_{ud}V_{ub}^*}\right) \quad (3.185)$$

$$\phi_3(=\gamma) = \arg\left(-\frac{V_{ud}V_{ub}^*}{V_{cd}V_{cb}^*}\right) \quad (3.186)$$

と定義される.角度 ϕ_2 は,$B \to \pi\pi, \rho\pi, \rho\rho$ の CP 非保存の測定から,

$$\phi_2(=\alpha) = \left(99^{+13}_{-8}\right)° \quad (3.187)$$

と求まっている.

角度 ϕ_3 は,t クォークに関係した CKM の行列要素に依存しないため,B^0-$\overline{B}^0$ 混合からの寄与はなく(中間状態に新粒子の入る余地がないため),ϕ_1, ϕ_2 と異なり標準理論を超える物理の影響を受けない.ϕ_3 は $B^\pm \to DK^\pm$ 崩壊を調べることによって決めることができるが,測定精度は,ϕ_1, ϕ_2 と比べると不十分である.

$$\phi_3(=\gamma) = \left(63^{+15}_{-12}\right)° \quad (3.188)$$

3つの角度の和は $\phi_1 + \phi_2 + \phi_3 = \left(184^{+20}_{-15}\right)°$ であり,標準理論の値 180°からのずれはいまだ見つかっていない.

さらに,すべての実験データを用いて小林-益川ユニタリ三角形の辺の長さと角度を決めて,標準理論の制限を与えることができる.その一例として,CKMFitter グループの結果を図 3.4.24 に示す.図中のユニタリ三角形の頂点に示した領域が,すべての測定結果と一致している領域であり,現在までのところ,標準理論からのずれを示すよ

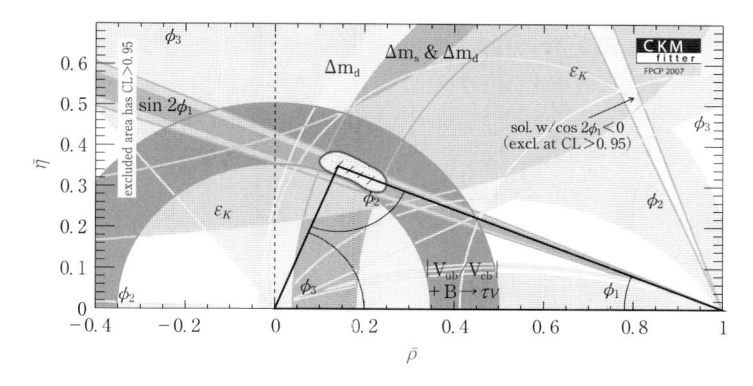

図 3.4.24 CKMFitter グループによるグローバル解析
すべてのデータを使ってユニタリ三角形の辺と角度を決めた．三角形の頂点（ϕ_2の頂点）の近傍の閉じた領域がすべてのデータと一致している．

うな結果は見つかっていない． (相原博昭)

3.5 標準模型の検証

a. Z, W 粒子と標準模型の精密検証

素粒子物理学の「標準模型」と呼ばれる電弱統一理論と量子色力学はゲージ理論であり，素粒子間に働く基本的な力である電磁相互作用・弱い相互作用・強い相互作用を U(1)×SU(2)×SU(3) ゲージ対称性に基づいて説明する．強い相互作用を媒介するゲージ粒子であるグルオンが1979年に発見され，さらに1983年には弱い相互作用のゲージ粒子である Z^0 と $W^\pm$ 粒子が発見されて，標準模型の考え方が基本的に正しいことが確認された．その後1990年代にLEP, SLC, Tevatronという大型のコライダー（衝突型加速器）によって Z^0 粒子や $W^\pm$ 粒子が大量に生成されて精密な検証が行われ，標準模型は精緻な物理学理論として確立したのである．

ここでは，これらのコライダーによって行われた標準模型の精密検証実験について簡単にまとめる．

（1） Z, W 粒子を作り出すコライダー

図3.5.1は，電子と陽電子が衝突して消滅反応を起こす確率（反応断面積）を衝突エネルギーに対して示したものである．エネルギーが低い場合には電子と陽電子は消滅して仮想光子となり，新たな荷電粒子が粒子と反粒子の対として生成される．この場合，反応断面積は衝突エネルギーの2乗に反比例して落ちていく．エネルギーが高くなると，電子と陽電子は消滅後仮想的な Z^0 粒子になることも可能となって断面積は急激に大きくなり，仮想 Z^0 粒子を通して弱い相互作用をする粒子が粒子・反粒子対として生成さ

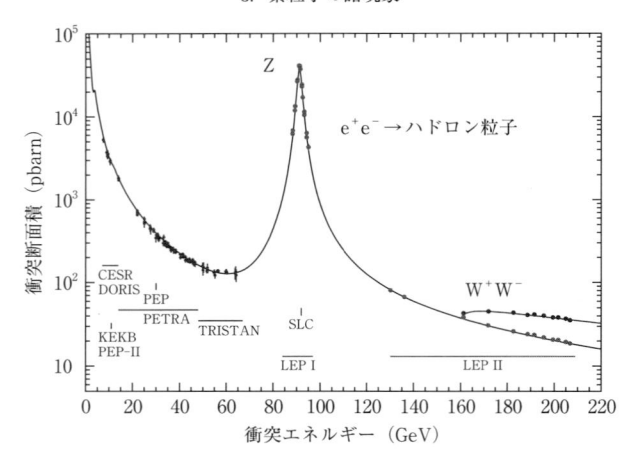

図 3.5.1 電子・陽電子が衝突して消滅反応を起こす確率（反応断面積）を衝突エネルギーに対して示した．
Z^0 共鳴ピークと W^+W^- 生成による隆起が特徴的である．データ点はさまざまな実験の測定結果であり，電弱統一理論の予想線とよく一致している．図には実験が行われた加速器の名称が示してある．TRISTAN（1986〜1995年運転）とKEKB（1999年より稼働）はつくば市にある高エネルギー加速器研究機構（KEK）に建設された加速器である．

れる．ここで衝突エネルギーが Z^0 粒子の質量に等しくなると，実際に Z^0 粒子を作り出すことが可能となり，断面積は最大となる．この Z^0 粒子の共鳴ピークで実験を行えば，弱い相互作用のゲージ粒子である Z^0 粒子を大量に生成してその性質を詳しく調べ，電弱統一理論を精密に検証することができる．さらに衝突エネルギーを上げていくと反応断面積はまた落ちていくが，$W^\pm$ 粒子の質量の2倍を超えると W^+W^- 対を生成できるようになって反応断面積は大きくなる．ここでは $W^\pm$ 粒子の性質の詳細研究に加えて，非アーベル・ゲージ理論の特徴であるゲージ粒子どうしの相互作用についての実験的検証も可能となる．

　LEP（Large Electron Positron Collider）[1)]は，欧州合同原子核研究機構（CERN）によってスイスのジュネーブ郊外，ジュラ山脈の麓地下およそ 100 m，円周 27 km の地下トンネル内に建設された電子・陽電子コライダーである．1989年の夏から2000年暮れまで11年以上にわたって運転され，4カ所に置かれた実験装置（ALEPH, DELPHI, L3, OPAL）が電子と陽電子の高エネルギー衝突反応を測定した．このうち OPAL 国際共同実験は，日本の研究者が中核グループの1つとして提案・建設して実施したものである．最初は衝突エネルギーを Z^0 粒子の質量にほぼ等しく設定して，1995年の終わりまでに4つの実験がそれぞれ約450万の Z^0 粒子を測定した．図 3.5.2 に実際にLEP で測定された Z^0 生成事象のひとつを示す．1996年からは超伝導加速空洞を導入す

3.5 標準模型の検証   367

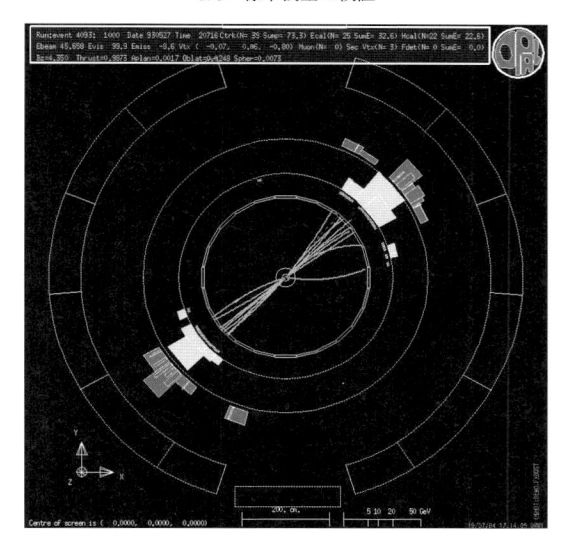

図 3.5.2 Z^0 粒子がクォークと反クォークに崩壊した事象
図の中心で電子と陽電子が衝突・消滅して Z^0 粒子が生成された. クォークと反クォークは強い相互作用によってパイ中間子などのハドロン粒子の束（ジェット）となって中心の衝突点から反対方向に飛び出した. 円の外側に並んだヒストグラムは，そこで測定されたハドロン粒子のエネルギーを示す.

ることによって衝突エネルギーを最終的に約 2.3 倍まで増強して，W 粒子を対で生成する実験を行った．Z^0 共鳴ピークでの実験，W 粒子対生成の実験はそれぞれ，LEP-I，LEP-II と呼ばれた．LEP ではヒッグス粒子を始めとする新粒子の探索も重要な課題であった．

SLC（SLAC Linear Collider）[2] は，米国スタンフォード線形加速器センター（SLAC，現在は SLAC 国立加速器研究所と呼ばれる）が 1960 年代に建設した長さ約 3.2 km の電子線形加速器をコライダーに改造したものである．LEP より 2 カ月早く 1989 年 6 月に電子・陽電子コライダーとして初めて Z^0 粒子を作り出し，1998 年まで Z^0 共鳴ピーク上で運転を続けた．LEP に比べてビーム強度が低く約 60 万個の Z^0 粒子しか測定できなかったが，70% 以上もスピンが偏極した電子ビームや小さな衝突点を活かした精度の高い測定を行った．

一方 Tevatron は，1983 年に米国フェルミ国立加速器研究所に建設された円周 6.3 km の陽子・反陽子コライダーである．ここでは CDF，D0 と呼ばれる 2 つの実験が行われてきた．衝突エネルギーは LEP-II のほぼ 10 倍であるが，陽子は 3 つのクォークからなる複合粒子であるため，クォークやクォークから放出されたグルオンがさまざまな衝

突エネルギーで反応を起こし，その反応の同定や解析は電子・陽電子コライダーに比べ容易ではない．ただし，衝突頻度を上げて特徴のある反応だけを選び出すことによりLEP-II では届かない高エネルギー反応をとらえることが可能で，1995 年には最も重いクォークであるトップクォークを発見した．また，特徴的な崩壊をする $W^{\pm}$ 粒子を大量にとらえることができて，LEP-II に迫る精度でその質量を測定している．

(2) Z^0 共鳴と素粒子の世代数

LEP ではまず，衝突エネルギーを変えて，Z^0 共鳴の形を精密に測定した[3]（図 3.5.3）．Z^0 共鳴の形は，衝突エネルギーを E として以下の変形されたブライト−ウィグナー共鳴の式で表される：

$$\sigma(E) = \sigma^0 \frac{E^2 \Gamma_Z^2}{(E^2 - M_Z^2)^2 + \frac{E^4 \Gamma_Z^2}{M_Z^2}} + \sigma_\gamma + \sigma_{\gamma Z} \tag{3.189}$$

σ_γ は仮想光子による反応断面積，$\sigma_{\gamma Z}$ は仮想光子と Z^0 粒子の干渉項であり，どちらも Z^0 による反応断面積 σ^0 に比べて非常に小さい．Γ_Z は全崩壊幅と呼ばれ，Z^0 共鳴のエネルギーの拡がりを表す．実際の Z^0 共鳴の形は，衝突電子が光子を放出する初期状態放射による効果があるため上記の式からずれて，図 3.5.3 のように高エネルギー側に裾野が伸びて共鳴の高さが低くなり，左右非対称となる．

式 (3.189) を測定した Z^0 共鳴の形に合わせることにより，Z^0 の質量 M_Z が決まる．質量を精度よく求めるためには，加速器のエネルギーをきわめて正確に知る必要がある．このために加速器の中を走る電子のスピンが使われた[4]．電子のスピンは，軸が少し傾いたコマのように，加速器の磁場中でゆっくりと首振り運動（歳差運動）を行う．この歳差運動の周期を測定すると，加速器の周回積分磁場が正確に求められ，別途測定した電子ビームの軌道から電子のエネルギーが精度よく求められる．ただし，測定を開始する前には想像できなかったさまざまな効果があって，それらを1つひとつ慎重に補正する必要があった．さまざまな補正のうち代表的なものをあげると：①月の潮汐力．潮汐力によって地球はわずかながらゆがみ，加速器の周長 27 km がおよそ 1 mm 変わる．このため，月の満ち欠けに従って加速器のエネルギーが変わっていく．この影響は，ビームの軌道を約 10 μm の精度で測定することによって補正された．②地下水．降水量と加速器のエネルギーとの間に明らかな相関が見られた．これは，降水量の変化によって加速器近辺の地下水量が変わり，それによって加速器が変形するせいである．これもビーム軌道の測定により補正された．③仏新幹線．加速器の近くをフランスの新幹線 TGV が走っており，列車が走ると地面に電流が流れるため，その影響で加速器エネルギーを較正するための磁場測定がずれた．④RF 加速空洞の位置．実験データが増えて測定精度が上がってくると，4つの実験からそれぞれ求めた Z^0 質量が微妙にずれていることがわかった．綿密に検討した結果，電子を加速する RF 加速空洞が実験装置に対して少しずれて対称でない位置に置かれているためであることが判明した．これらさまざまな

3.5 標準模型の検証

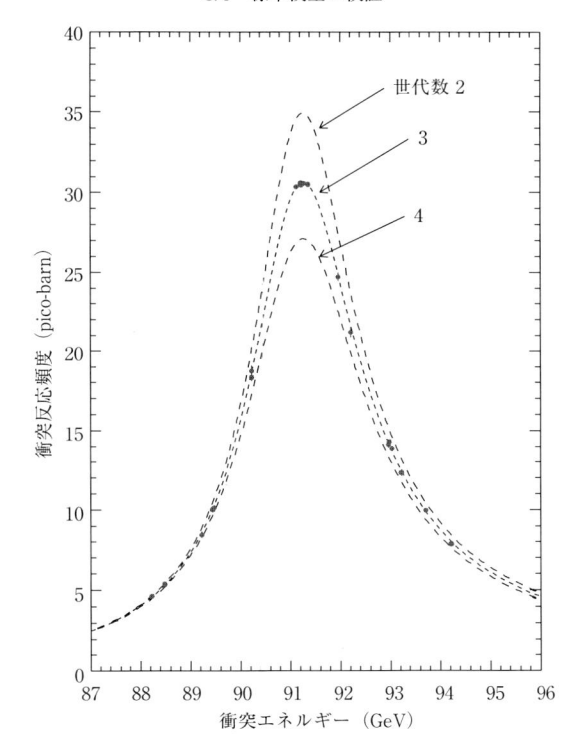

図 3.5.3 Z^0 共鳴の測定値（黒丸）と理論計算との比較
素粒子の世代数が 3 だとすると見事に一致する．

効果を補正することにより，最終的に，衝突エネルギーを約 10^{-5} の精度で決めることができた[4]．

一方，ピークの高さである衝突断面積 σ^0 は，Z^0 生成事象の数を長期間にわたり間違いなく数えることにより，約 0.1% の精度で求められた．このうち電子と陽電子の衝突頻度（ルミノシティ）を求める際の理論計算の不定性が 0.06% ある．これらの結果，Z^0 質量は，91.1875 ± 0.0021 GeV（陽子質量の約 97 倍）とそれまでの 1000 倍以上の精度で求められた．また，全崩壊幅 Γ_Z も 2.4952 ± 0.0023 GeV と求められた[3.5]．

さて，クォークやレプトンには，質量の異なる 3 世代の素粒子が存在していることがわかっている．もし 4 世代めの素粒子が存在して，その質量が Z^0 の質量の半分より軽ければ，Z^0 の崩壊から見つけることができる．残念ながらそのような事象は見つからなかった．ただし，もしそれがニュートリノならば，測定器をすり抜けてしまうので見つからないのは当たり前である．ニュートリノは 4 世代めでも十分軽いと考えられるので，もし存在すれば Z^0 の崩壊で作られている可能性は高い．4 世代め以降のニュート

リノが Z^0 の崩壊で作られているかどうかは，実は全崩壊幅 Γ_Z の値からわかる．全崩壊幅は Z^0 から崩壊できる粒子の数が多ければ多いほど大きくなるからである．こうしてニュートリノの世代数を測ったのが図3.5.3である．ニュートリノの世代数が多いと Z^0 共鳴の幅が広くなり，高さが低くなる．こうして求められたニュートリノの世代数は，2.9840 ± 0.0082 となり，正確に3であることがわかった．これは，素粒子は知られている3世代で終わりであり，まだ知らない新しい世代の素粒子は存在しないであろうことを意味する．さらにこのことから，Z^0 と相互作用すると考えられるさまざまな新しい未知の粒子（たとえば宇宙の暗黒物質の候補の1つである軽いスカラーニュートリノ）も存在しないことが示された．また，ニュートリノが3種類しかないということは，宇宙初期における元素合成にも大きな制限を与えることになる．

(3) 電弱相互作用の普遍性

電弱統一理論では，ゲージ相互作用に関して自由なパラメーターは3つしかない．2つのゲージ相互作用 $U(1)\times SU(2)$ の結合定数と，対称性の自発的破れの程度を表すヒッグス粒子の真空期待値である．したがって何か3つ独立な物理量を正確に測定してやれば，これら3つのパラメーターが定まり他の測定量はすべて理論から計算できることになる．こうして計算して求めた値を実験と比較することにより，電弱統一理論が本当に正しいのかどうか，詳しく検証することができる．電磁相互作用の結合定数である微細構造定数 α と，ミューオンの崩壊から求められた弱い相互作用の強さを表すフェルミ結合定数 G_F は，低エネルギーでの数々の実験により大変精度よく決まっている．これに LEP での実験で精度よく求められた Z^0 質量 M_Z を加えれば3つ揃うので，これで他の測定量が理論計算と合うかどうか調べることができる．

ただし，Z^0 粒子の測定量を正確に計算するには，図3.5.4に示したような量子的な高次補正（量子補正）の効果を考慮しなくてはいけない．さまざまな量子補正の中でトップクォークによる効果が最も大きく寄与する．その理由は，トップクォークの質量が非常に重く，$SU(2)$ ゲージ対称性を大きく破っているせいである．

ある粒子とゲージ粒子との相互作用には，ベクトル結合 g_V と軸性ベクトル結合 g_A がある．ベクトル結合は電磁相互作用でおなじみのものであるが，弱い相互作用ではパリティが破れているため，スピンの左巻き・右巻きによる違いに対応する軸性ベクトル結合が出てくる．粒子の $SU(2)$ 弱アイソスピン成分を T_3 とすると，$SU(2)$ のゲージ粒子である $W^\pm$ 粒子との相互作用は単純に $g_V=g_A=T_3=\pm1/2$ となる．一方，Z^0 はもともと $U(1)$ のゲージ粒子と $SU(2)$ の中性のゲージ粒子とがある角度 θ_W（ワインバーグ角）で混ざった粒子であるため，そのベクトル結合には電磁相互作用の電荷 Q が入り，$g_V=T_3-2Q\sin^2\theta_W$ となる．

LEP での実験では，反応断面積 σ^0 に加えて，Z^0 の崩壊から出てくるレプトンやクォークの飛行方向（崩壊反応の角分布）が測定された．角度分布から前後方非対称度 A_{FB} が求められる．これは，衝突電子の方向に対して，反応で作られた粒子が前方か後方かど

3.5 標準模型の検証

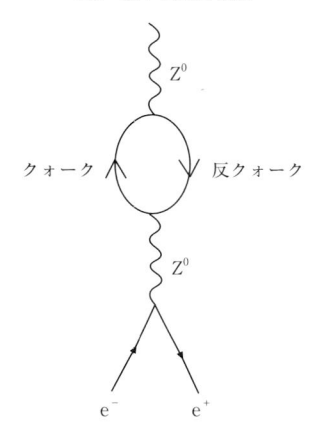

図 3.5.4 Z^0 生成での量子補正
Z^0 粒子が仮想的なクォーク・反クォークの対に化ける効果が実験で間接的にとらえられる.

ちらの方向に飛びやすいかを表す量である.

Z^0 がある粒子に崩壊する反応は, g_V と g_A の両方を通して起こるので, 断面積 σ^0 は, $(g_V)^2 + (g_A)^2$ に比例する. 一方, 前後方非対称度 A_{FB} は軸性ベクトル結合 g_A に比例し, $A_{FB} \propto g_V g_A$ となる. したがって実験の測定値からこれらの式を使って, それぞれの粒子についてベクトル結合 g_V と軸ベクトル結合 g_A を求めることができる.

クォークの場合には, 終状態がすべてハドロンジェットとなってしまうので, クォークの種類や粒子・反粒子を区別することは難しい. しかし, 重いクォークであるボトムとチャームは, その崩壊の仕方から, 他のクォークと区別して測定することができる. たとえばボトムクォークを含むメソンやバリオンは, Z^0 共鳴のエネルギーでは, 生成後約 2 mm ほど飛んでから崩壊するので, その崩壊をとらえることによりボトムクォークであることがわかる.

他にも, 第3世代の荷電レプトンであるタウ粒子に崩壊する事象では, その崩壊を使ってタウ粒子の偏極度を測定し, その前後方非対称度も測定された. この測定からは, タウ粒子および電子のベクトル結合・軸ベクトル結合が求められる. SLC では, 偏極した電子を衝突させ, 偏極の方向による Z^0 粒子の生成量の違い (左右非対称度) から電子のベクトル結合・軸ベクトル結合が求められた.

実験では, 大量の Z^0 の生成崩壊を測定して, これらのさまざまな物理量をほぼ 0.1% から 0.2% の誤差で決定することができた.

このようにして 3 世代の荷電レプトン (電子, ミュー粒子, タウ粒子) に対して求められた g_V と g_A の値が図 3.5.5 に示してある. 図からわかるように, 3 つの荷電レプトンの g_V と g_A の値はよく一致している. これは, Z^0 との相互作用がどのレプトンでも同

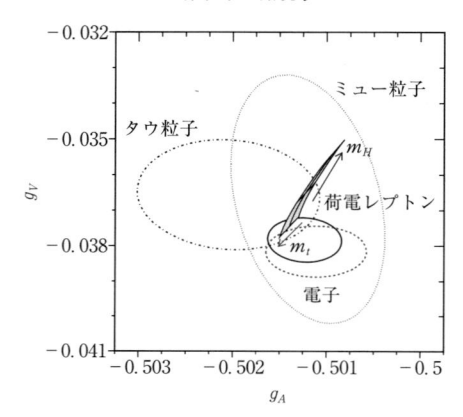

図 3.5.5 それぞれの荷電レプトンに対して求められた g_A と g_V の値．信頼度 68% の領域を示している．黒い線で示された領域は，すべての荷電レプトンの結果を合わせたもの．斜めの細い帯は電弱統一理論による予想値（矢印で示されているように帯の左下へ行くほど重いトップクォーク・軽いヒグス粒子に対応する）．

じであり，電弱相互作用の普遍性を示している．また電弱統一理論による予想とも見事に合っている．図で荷電レプトンの軸性ベクトル結合が，単純な予想値 $g_A = T_3 = -1/2$ から明らかにずれていることがわかるが，これは前述の量子補正の効果によるものである．

次に，レプトンだけでなくクォークも含めて電弱相互作用の普遍性が成り立っているか確かめよう．上記のように電弱統一理論では，さまざまな粒子のベクトル結合の値は，ワインバーグ角 θ_W という 1 つのパラメーターによって（粒子の種類による小さな量子補正の違いを除いて）普遍的に表される．Z^0 崩壊での測定によると，レプトンとクォークのベクトル結合の値は，すべて $\sin^2\theta_W = 0.23153 \pm 0.00016$ という 1 つの値で矛盾なく表されることがわかった．（ただし実験で得られるワインバーグ角の値は量子補正を含んだ実効的な値であることに注意．）つまり，レプトンとクォーク両者を通して Z^0 との相互作用はきわめてよい精度で普遍的であり，Z^0 はゲージ粒子として正しく振る舞っていることが実験によって示された．このワインバーグ角の測定により，現在もっとも精度よく弱い力の結合定数が決められている．

（4） 量子補正とトップクォーク，ヒグス粒子

これまで述べたように Z^0 共鳴ピークでの高精度測定の結果は，電弱統一理論によって見事に説明できる．この成功には量子補正の存在が重要であった．量子補正には当時まだ見つかっていなかったトップクォークが大きく寄与しており，その結果，補正の大きさはトップクォークの質量に依存している．そこで電弱統一理論が正しいと考えると，

3.5 標準模型の検証

量子補正の大きさからトップクォークの質量を求めることができる．LEPにおけるさまざまな測定から算出したトップクォーク質量を図3.5.6に示した（トップクォークが発見される前の測定値）．どの測定からもおおよそ互いに矛盾しない質量値が得られているのがわかる．すべての測定を合わせると，結局トップクォークの質量としておおよそ173 GeVと求められた．

その後1995年にTevatronにおいてトップクォークが発見され，その質量がLEPの予想値と見事に一致することがわかった（図3.5.6）．このことはまさしく，あらゆるデータが矛盾なく量子補正まで含めて正しく電弱統一理論で記述できたことを意味する．この成功により，自発的に破れたゲージ理論である電弱統一理論がくりこみ可能であることを1971年に証明して，量子論としての基礎を与えたG. ト・フーフトとM. J. G. ベルトマンが1999年にノーベル物理学賞を受賞した．

LEPは1996年夏より衝突エネルギーを$W^\pm$粒子質量の2倍まで増強し（LEP-II），W^+W^-生成が可能となった（図3.5.7）．W^+W^-生成において第一に重要なのは，電磁相互作用にはない非アーベルゲージ理論の特徴であるゲージ粒子どうしの相互作用を検証することである．ゲージ粒子間の相互作用により，$W^\pm$粒子は仮想光子だけでなく仮想Z^0粒子を通しても生成されると考えられる．図3.5.8に，LEP-IIでの実験で測定されたW^+W^-生成の断面積を，ゲージ粒子間の相互作用がある場合とない場合の理論予

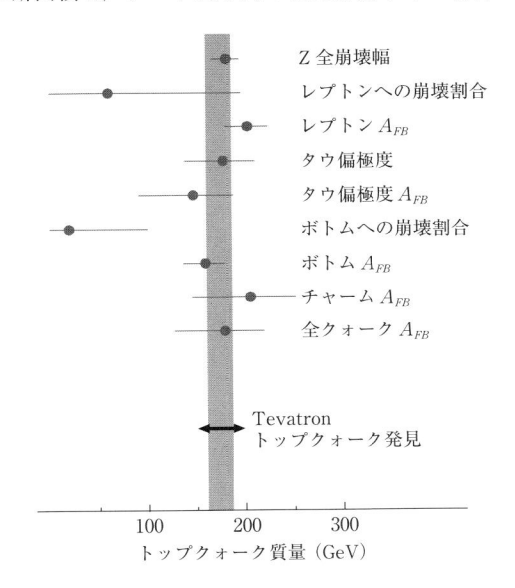

図3.5.6 LEPのさまざまな測定によって得られたトップクォーク質量の概算値 LEPの測定の平均値が帯で示されている．測定値はすべてトップクォークが発見される前のものである．Tevatronで発見されたトップクォークの質量の実測値がいちばん下に示してある．

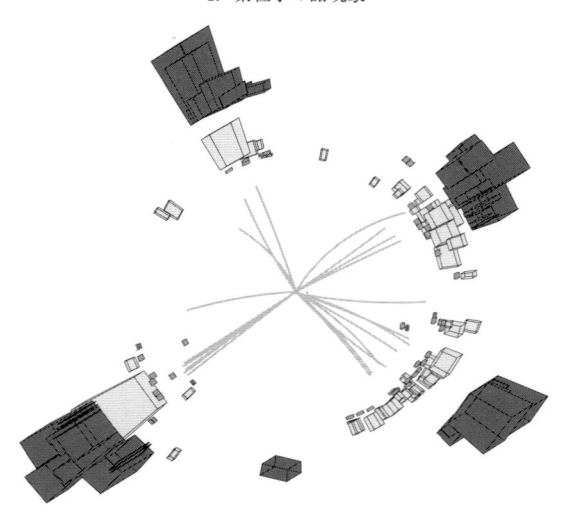

図 3.5.7 W^+W^- 生成反応事象の例
$W^{\pm}$ それぞれがクォーク・反クォーク対に崩壊した．ほぼ反対方向に出ているジェットが 1 つの W から出た 2 つのジェットに対応している．

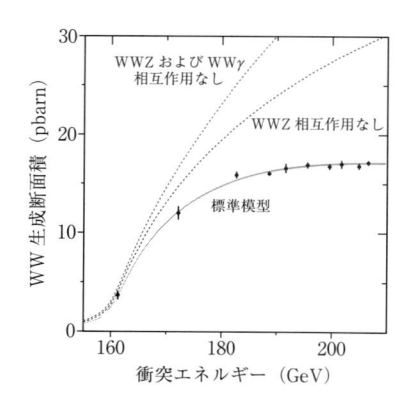

図 3.5.8 電子・陽電子衝突による W^+W^- 生成反応の断面積を衝突エネルギーに対して示した．
測定値は標準模型の予想値とよく合っており，ゲージ粒子どうしの相互作用がない場合（上の 2 つの線）とは大きくずれている．

想値と比べた．これによりゲージ粒子間の相互作用が存在することが証明された．さらに W^+W^- 生成と崩壊の角分布も詳しく調べられ，電弱統一理論の計算どおりであることが確認された．

3.5 標準模型の検証

さらに LEP-II では，W^+W^- 生成・崩壊反応を運動学的に再構成することにより，$W^{\pm}$ の質量を精度よく求めた．Tevatron においても $W^{\pm}$ 粒子生成事象を選び出して，LEP-II に迫る精度で質量を測っている．両方の測定を合わせると，さすがに Z^0 の精度には 1 桁以上及ばないが，$W^{\pm}$ 粒子の質量として 80.399 ± 0.025 GeV と求められた[6]．LEP-I と SLC による Z^0 共鳴ピークでの測定から電弱統一理論を使って $W^{\pm}$ 粒子の質量を算出すると，80.363 ± 0.032 GeV となって非常によく一致しており，電弱統一理論の正しさがここでも確かめられた．

さて，1995 年にトップクォークを発見して以来，Tevatron では数多くのトップクォークをとらえて，2009 年春までにはおおよそ 1.3 GeV の精度でその質量を測定することができた．そこで，Z^0 共鳴ピークのデータに加え，$W^{\pm}$ 粒子の質量とトップクォークの質量も使うと，電弱統一理論の予言能力がさらに上がり，量子補正を通して標準模型で唯一の未発見粒子であるヒッグス粒子の質量を予言できるようになった（図 3.5.9）．この結果を信じると，ヒッグス粒子は Z^0 粒子の 2 倍よりも軽くなくてはいけない．ヒッグス粒子は LEP-I および LEP-II での直接探索で発見されず，114.4 GeV より重いことがわかっている（3.5b 項参照）．また，Tevatron でも探索が行われており，図 3.5.9 に示されているように，ヒッグス粒子は少しずつ狭い領域に追い込まれつつある．

ところで，標準模型を超える新しい理論を考えると，その理論に含まれる新しい粒子や新しい相互作用は一般に，トップクォークのように量子補正に効いてくる．実際には，Z^0 共鳴ピークでのさまざまな測定量から，量子補正は電弱統一理論による予想値と非常によく一致しているので，新しい理論としては量子補正をあまり変えないようなもの

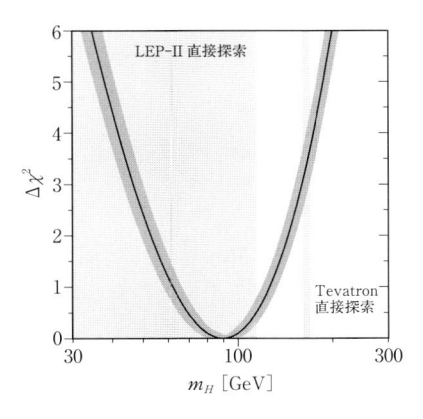

図 3.5.9 量子補正から求めたヒッグス粒子の質量 m_H の範囲
$\Delta\chi^2$ が小さいほどもっともらしい値であることを示す．濃い灰色の帯の幅は理論の不定性を表している．これによると，標準模型が正しければ 95% の確率（$\Delta\chi^2 < 2.7$）でヒッグス粒子はおおよそ 165 GeV 以下にあることになる．LEP-II および Tevatron でのヒッグス粒子直接探索により排除された領域が薄い灰色で示されている．

しか許されないことになる.たとえば,テクニカラー模型と呼ばれる理論のうち単純なものは量子補正を大きく変えてしまうため,間違った模型ということになった.このように,Z^0 共鳴ピークでの精密測定は,今後現れるあらゆる新理論の厳しい試金石となっている.ちなみに,この試金石をパスした理論としては,超対称理論などがある.

(5) 強い相互作用の結合定数と大統一理論

Z^0 共鳴ピークでの実験では,電弱統一理論の検証だけでなく,標準模型のもう1つの柱である量子色力学の検証も行われた.これには,Z^0 粒子がクォークに崩壊してハドロンジェットとなったハドロン事象が使われた.Z^0 共鳴ピークでは,ハドロン事象のほとんど100%をバイアスなく選ぶことができ,しかもバックグラウンドとなる事象数も無視できるほど少ないため,精度のよい測定が可能である.

量子色力学には自由なパラメーターは1つしかなく,それは強い相互作用の結合定数 α_S である.量子色力学には漸近的自由と呼ばれる性質があり,エネルギーが高くなるほど相互作用の強さが弱くなる.したがって結合定数はエネルギー E の関数 $\alpha_S(E)$ となり,エネルギーが高くなるほど小さな値になるはずである.

量子色力学によると,Z^0 粒子の崩壊から出てきたクォークは,強い相互作用によりグルオンを放出することがある.放出する確率は $\alpha_S(E)$ に比例し,それによってハドロン事象の数がおおよそ $(1+\alpha_S(E)/\pi)$ 倍に増える.したがって,ハドロン事象の断面積 σ^0 を精度よく測定すれば,Z^0 共鳴エネルギーにおける結合定数 $\alpha_S(M_Z)$ の値を求めることができる.また,グルオンが放出された事象では,グルオンもハドロンジェットとなるため,ジェットの数が3本となる.そこでジェットが3本ある事象の割合を調べることによっても,α_S の値を求めることができる.ただし,この方法では上記の方法に比べ理論計算の不定性が大きい.

さらに,Z^0 が崩壊してできたタウ粒子のハドロン崩壊を測定することからも結合定数を求めることができる.これは個々のタウ粒子が分離してきれいな環境で測定できる Z^0 共鳴で可能となったものである.この場合,タウ粒子の質量エネルギーでの結合定数が求められることになる.

これらの測定に加えて,低エネルギーの電子・陽電子コライダーなどで同様にして得られた結合定数の値をすべて比べてみると,確かに漸近的自由の予言に従って結合定数はエネルギーが上がるにつれて小さくなっていくことが明らかになった.さまざまなエネルギーにおける強い相互作用の強さは,Z^0 共鳴での結合定数の値 $\alpha_S(M_Z) = 0.1176 \pm 0.0020$ と漸近的自由によってうまく説明できる.これによって1973年に漸近的自由を提唱した D. J. グロス,H. D. ポリッツァー,F. ウィルチェックが2004年にノーベル賞を受賞した.

実は量子色力学の結合定数に限らず,電弱統一理論の2つの結合定数もエネルギーによって値が変化していくことがわかっている.Z^0 共鳴ピークにおいて精度よく求められたこれら3つの結合定数を理論に従ってずっと高いエネルギーまで外挿していったの

3.5 標準模型の検証

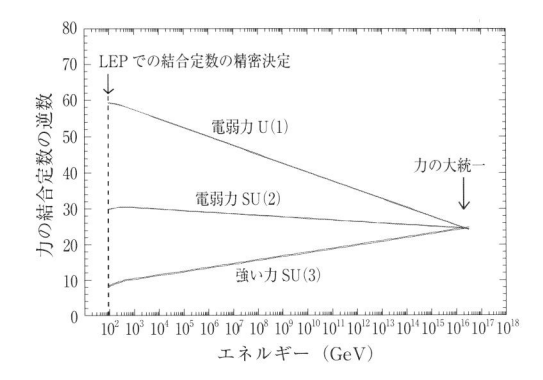

図 3.5.10 LEP で精度よく測定された 3 つのゲージ相互作用の強さをくりこみ群方程式によって高いエネルギーへ外挿すると，10^{16} GeV という超高エネルギーで 3 つの相互作用の強さが同じになることがわかった．ただし $10^2 \sim 10^3$ GeV 付近で超対称性粒子が現れると仮定している．

が図 3.5.10 である．驚くべきことに，10^{16} GeV という超高エネルギーにおいて 3 つの結合定数の大きさがまったく同じになる．これは，3 つの相互作用が宇宙のきわめて初期の頃には統一されていたとする大統一理論を強く支持するデータである．ただし，超対称性を仮定しなくてはいけない．このように超対称大統一理論の可能性を示唆したことも，Z^0 共鳴ピークでの高精度測定による重要な成果の 1 つである．　　　**（森　俊則）**

参考文献

1) LEP Design Report, CERN-LEP/84-01, CERN, 1984；
 S. Myers and E. Picasso, Contemp. Phys. **31** (1990) 387；
 D. Brandt, H. Burkhardt, M. Lamont, S. Myers and J. Wenninger, Rep. Prog. Phys. **63** (2000) 939.
2) SLAC Linear Collider Conceptual Design Report, SLAC-R-229, SLAC, 1980.
3) The LEP Collaborations：ALEPH, DELPHI, L3 and OPAL, Phys. Lett. **B276** (1992) 247.
4) Working Group on LEP Energy and the LEP Collaborations ALEPH, DELPHI, L3 and OPAL, Phys. Lett. **B307** (1993) 187.
5) The ALEPH, DELPHI, L3, OPAL, SLD Collaborations, the LEP Electroweak Working Group, and the SLD Electroweak and Heavy Flavour Groups, Phys. Rep. **427** (2006) 257.
6) The ALEPH, CDF, D0, DELPHI, L3, OPAL, SLD Collaborations, the LEP Electroweak Working Group, the Tevatron Electroweak Working Group, and the SLD Electroweak and Heavy Flavour Groups, CERN-PH-EP/2008-020 and arXiv:0811.4682. LEP-II の最終結果は 2009 年春の時点でまだ発表されていない．Tevatron は実験を継続中である．これらの実験の電弱統一理論の精密検証に関する最新の結果については以下を参照せよ：http://lepewwg.web.cern.ch/LEPEWWG/

b. ヒグス粒子の探索と将来

はじめに

ヒグス粒子はもしそれが存在するとしたらこれまでにない非常に特別な粒子である．

スピン 0 の粒子であり，真空と同じ量子数をもつというだけでない．W ボソンなどに質量を与える世代を区別しないゲージ結合だけでなく，たとえばクォークに対しては同じアップタイプのクォークである up クォークと top クォークでまったく違う大きさの結合をする，つまりは素粒子の世代を区別する粒子ということになる．しかもその結合の強さは量子化されたパターンがなく粒子ごとにまさにバラバラな強さ（すなわちその強さが質量として発現する）で結合する．標準理論で唯一の未発見粒子であるが，2 章にあるように標準理論を超えるさまざまなモデルがあり，特に超対称性においては少なくとも 5 つの物理的なヒッグス粒子が存在することになる．（最も単純な場合の MSSM では CP が + である 2 つの中性ヒッグス h^0 と H^0，CP が − である中性ヒッグス A^0，そして荷電ヒッグス $H^{\pm}$ である．）ヒッグスどうしの結合力のおかげでヒッグスポテンシャルが形成され，ヒッグス場が凝縮した真空が物理的な現在の真空となる．この真空に満ちるヒッグスと素粒子の間の結合力が真空との摩擦のように働き，これが質量として現れる，というシナリオである．

　ヒッグス粒子を発見しようという試みは新しい加速器により新しいエネルギー領域に到達できるごとに繰り返されてきたが，いまだ発見に至っていない．しかし，これまでの実験結果を総合することで，非常に狭い質量領域に制限されている．現在最も強い制限を与えている実験結果は，電子・陽電子コライダー，LEP での結果である．LEP では重心系のエネルギーで最高約 210 GeV を達成している．大量の Z^0 ボソンの生成・測定から得られた精密測定の結果とヒッグス粒子の直接探索の結果から，標準理論のヒッグス粒子に関しては 114 GeV 以上，約 144 GeV 以下（95% CL）であるという結果となっている．

　さらに，現在稼働中の陽子・反陽子コライダー TEVATRON では重心エネルギーで約 2 TeV のエネルギーでヒッグス粒子の探索を続けている．ここで探索できるヒッグス粒子の質量範囲は加速器のルミノシティがどこまで上がるかにかかっている．2009 年から本格稼働を開始した陽子・陽子コライダー LHC はこれまでのエネルギー領域を一気に引き上げることで，予想されるヒッグス粒子の質量領域を完全にカバーしている．TEVATRON あるいは LHC でヒッグス粒子による新しい現象が発見されることは間違いない状況である．そこからヒッグス粒子の研究は始まることになる．LHC では発見に引き続き，データをためると徐々にその性質が明らかになっていくだろう．そしてその後は LHC の改良，さらに，電子・陽電子コライダーで LEP の上のエネルギー 200 GeV 〜 1 TeV の領域を網羅するリニアコライダー（ILC）計画が俟たれる．はじめの目標は，ヒッグス粒子の性質を調べつくし，長年の最重要課題であった電弱相互作用の対称性の破れの機構，真空の新しい性質と素粒子の質量の発現の仕組みを決めることにある．さらに，標準理論を超える物理ごとに結合力に違うパターンが現れる．この違いを見ることから新しい物理を研究することができる．以下に説明していくことにする．

（1）　ヒッグスと素粒子の結合，生成方法と崩壊モード

　ヒッグス粒子の探索の方法を議論するためには，この特殊な粒子がいかに他の粒子と結

3.5 標準模型の検証

合するか，どう生成されどう崩壊するか，をまず考える．標準理論で予言されるヒグス粒子の結合は，結合する相手の質量によって一意的に決まる．この場合，電子やクォークのようなフェルミオンとはそのそれぞれの持つ質量に比例した結合力を持つはずであり，この結合の力と崩壊における運動学的な位相空間により崩壊幅も一意的に決まってしまう．つまり，標準理論においては，いったんヒグス粒子の質量を仮定すれば生成断面積および崩壊比のすべては一意的に決まるのである．

標準理論におけるヒグス粒子の生成の方法は大きく分けて3つある．
(1) ZまたはWとの結合を用いて生成するモード
(2) フェルミオンとの結合を用いて生成するモード
(3) グルオン対の衝突からクォークなどのループを介して生成するモード

図 3.5.11 に電子・陽電子コライダーと陽子・(反) 陽子コライダーで主に用いられる代表的な生成モードを示す．(A1) は LEP や ILC など電子・陽電子コライダーで重要なモードである．これは Z ボソンを経由して Z とヒグス粒子が同時に生成される過程 (Higgs-strahlung process) である．これは上記の (1) の結合を用いて生成する代表的な例である．図 3.5.11 の (A2) は WW-fusion process と呼ばれ，電子・陽電子がそれぞれニュートリノ（電子ニュートリノと反電子ニュートリノ）と W ボソンになり，その W 対が融合することでヒグス粒子を生成するものであり，これも W とヒグスとの結合を用いたものである．(A1) のモードは Z とヒグス粒子が同時に生成されるため，反応が起こる重心エネルギーでの閾値は（Z 粒子の自然幅を無視すれば）ヒグス粒子の質量+Z ボソンの質量（約 91 GeV）であり，その断面積はその閾値の数十 GeV 上のエネルギーで最も高くなり，その後は s-channel 過程の特徴で徐々に下がっていく．一方，(A2) の過程は最終状態がヒグスと2つのニュートリノ（電子ニュートリノと反電子ニュートリノ）であるため反応の閾値はヒグス粒子の質量にあるが，t-channel 過程で

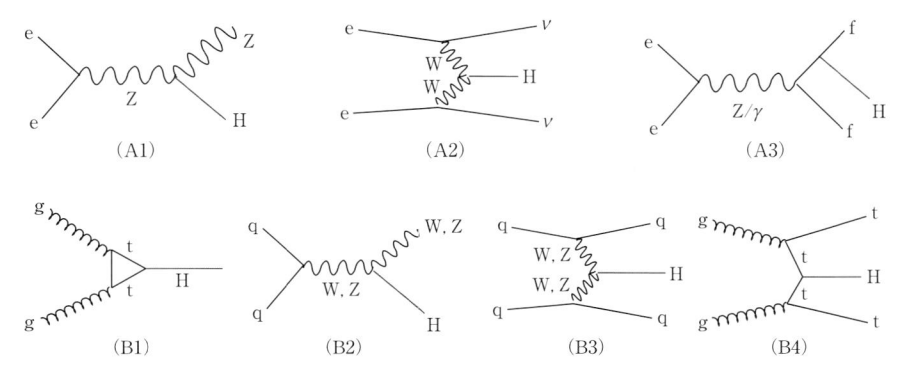

図 3.5.11 ヒグス粒子の生成で用いられる主なダイアグラム
(A-1, 2, 3) は電子・陽電子衝突の場合，(B-1, 2, 3, 4) は陽子・(反) 陽子衝突の場合．

あるためエネルギーとともに徐々に上がっていき，高いエネルギーでは（A2）の過程が（A1）の過程よりも大きくなる．さらに，（A3）に見られるフェルミオンからのヒグス粒子の放射が考えられるが，LEP のエネルギーではヒグスを生み出すだけの強い結合をもつトップクォークは生成されず，b クォークからのヒグスの生成は断面積は非常に小さいため，標準理論のヒグス粒子の探索では用いることはできない．ただし，超対称理論など複数のヒグスが存在する場合は，この結合が大きくなることもありえるので，これまでにも標準理論を超えるモデルに制限を与えている．ILC のエネルギーになると，トップクォーク対の生成過程からヒグス粒子が生成される過程が可能となり，これによりトップクォークとヒグス粒子の結合の強さが測定されることになる．

一方，ハドロンコライダーでは，(B1)～(B4) に見られる過程が主に重要になる．(B1) はグルオン対が主にトップクォークなどのループを介してヒグス粒子となる gluon-fusion 過程と呼ばれるものである．これは高エネルギーにおけるハドロン反応で支配的なグルオンどうしの反応であり，さらに強い相互作用でクォーク対を作るため大きな断面積をもつこと，そして似たようなバックグラウンド事象も非常に多いことが特徴である．後述するようにヒグス粒子がクォークやグルオンに崩壊する過程はバックグラウンドに隠れてしまうため探索することはできないが，ヒグス粒子の質量を正確に再構成することができるような特別な崩壊様式に注目することで，ヒグス粒子の探索のメインモードのひとつになると考えられている．(B2) は電弱相互作用により陽子あるいは反陽子内のクォーク・反クォーク対から off-shell の W または Z 粒子が生成され，そこからヒグス粒子が生み出される反応過程であり，電子・陽電子コライダーにおける (A1) の過程と同じような生成機構である．この過程は (B1) に比べて断面積は小さいが，S/N 比はよくなる．TEVATRON ではこのモードが最も有力な探索チャンネルとなっている．(B3) は電子・陽電子衝突の場合の (A2) に対応するもので反挑したクォークからのジェットをとらえることでやはり S/N 比を上げることができる．(B4) はトップクォーク対の生成とともにヒグスが生じる過程である．このモードはトップクォークとヒグス粒子の結合を測定することが可能となるため非常に重要なチャンネルとなると考えられている．トップクォーク対を捕まえることでバックグラウンドを抑制し，トップクォーク以外の粒子の中でヒグス粒子崩壊のシグナルを探すことになる．

ヒグス粒子の探索は，上記の生成モードに当てはまるさまざまな事象の中で，特異な崩壊様式をもつヒグス粒子の特徴を生かして探索する．標準理論におけるヒグス粒子の崩壊比を図に示す（図 3.5.12）．特徴的なことは，ヒグス粒子の質量が 140 GeV 程度までであれば，運動学的に許される最も重い粒子である b クォークに崩壊するものが大部分を占め，そこを超えると W 対への崩壊が支配的になってくることである．W 対への崩壊は約 160 GeV が閾値であるが，ヒグス粒子との強い結合と W ボソンの質量幅により 160 GeV 以下でもここへの崩壊が多くなっていく．グルオン対や光子対への崩壊は図 3.5.13 に示すようなダイアグラムで現れる．トップクォークや W ボソンのループなどからそれぞれ放射されることになるため崩壊幅は小さいが，光子対への崩壊などは非

3.5 標準模型の検証

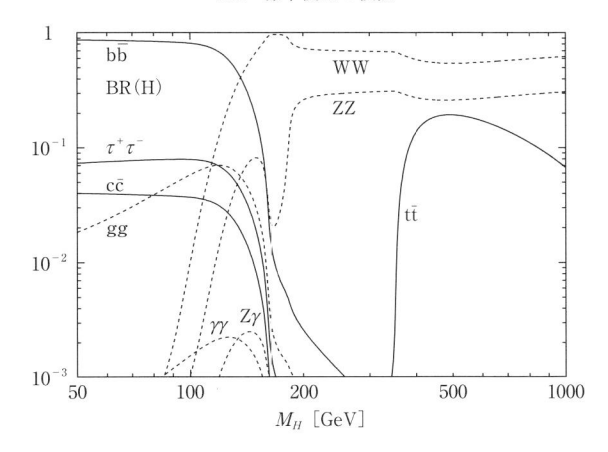

図 3.5.12 標準理論で計算されるヒグス粒子の崩壊分岐比（HDECAY program による）

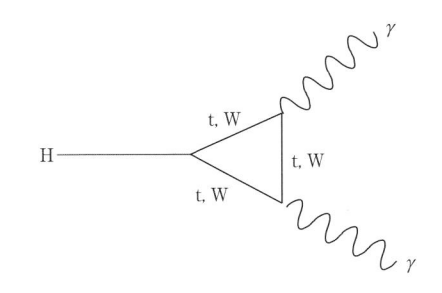

図 3.5.13 ヒグス粒子が光子対に崩壊するダイアグラム

常に特徴的な事象であり，エネルギーも精密に測定できるため，後述するように LHC などでは重要なシグナルとなる．

2.6 節にあるように，MSSM など超対称理論においてはもともとのヒグス場が複数必要となるが，このため粒子との結合力は複数のヒグス粒子によりシェアされることになる．さらに，粒子の質量はヒグス粒子を媒介として真空自体と粒子の間の「摩擦力」であるため，粒子との結合力だけでなく真空へのそれぞれのヒグス場の凝縮力にもよる．このため標準理論を超えるモデルにおけるヒグス粒子の崩壊幅や生成率はモデルにより大きく異なることになる．

実際のヒグス粒子の探索は，他の新粒子探索同様，多くのバックグラウンド事象に混ざったヒグス粒子の生成と崩壊に当てはまる事象のタイプの選別から始め，粒子の同定，エネルギー測定，そして通常は最後にその事象ごとにヒグス粒子の崩壊で生じたと思われる粒子群のエネルギーと運動量からヒグス粒子の質量を再構成し，バックグラウンド

の山の上に特定の質量に現れるピークを見つける，という流れをたどることになる．その解析の過程では，測定器の性能を最大限引き出すためのさまざまな創意工夫が必要となり，物理現象の理解だけでなく多くの技術的な課題を解決しなければならない．生成モードも崩壊モードもさまざまでありすべての探索モードを網羅するのは無理であるが，イメージをもっていただくために以下に LEP で行われた解析，LHC で研究されている解析，ILC で検討されている解析からいくつか具体的な例をあげて説明する．

（2） LEP での探索方法の例と結果

まず現在のヒグス粒子の探索において最も高い質量領域まで探索してきた LEP（ALEPH, DELPHI, L3, OPLA の4つの実験）で用いられた方法を紹介する．

LEP 実験では前述の図 3.5.11 の（A1）の過程が探索の主モードであった．この終状態は Z 粒子とヒグス粒子である．ヒグス粒子の質量を LEP で到達可能な質量範囲に限ると図 3.5.12 からその主な崩壊モードは b クォーク対（b クォークと反 b クォーク）となる．次に重要なモードは τ レプトンへの崩壊である．たとえば 100～115 GeV の範囲の標準理論におけるヒグス粒子の場合，70% 程度が b クォーク対に，5% 程度が τ レプトン対に崩壊する．一方，Z 粒子はその 70% がクォーク対に，20% がニュートリノに，そして残り 10% の 1/3 ずつが電子対（電子・陽電子），ミューオン対，τ 対となる．ヒグス粒子あるいは Z 粒子から生じた高いエネルギーのクォーク対からは多数の粒子が生じジェットを形成する．このため，崩壊後の終状態の事象様式は，図 3.5.14 にあるような4つの事象にまとめることができる．ひとつはヒグスが b クォーク対に，Z がクォーク対に崩壊する場合で，この場合，最も多い事象様式は4つのジェットが生じて

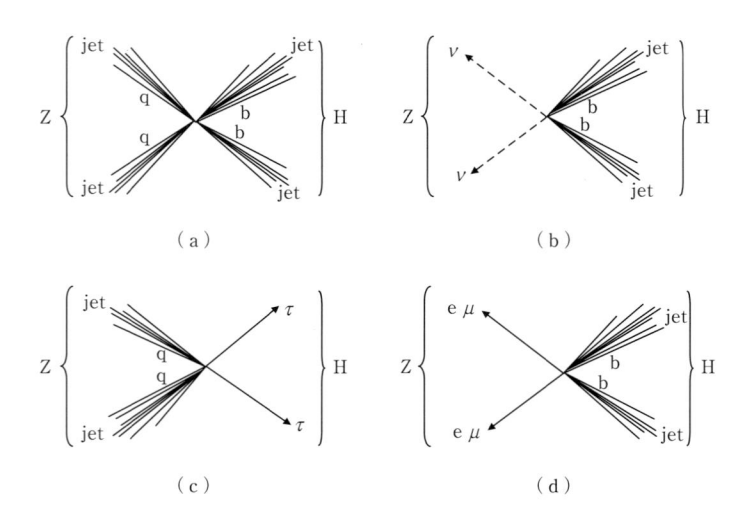

図 3.5.14　LEP 実験で代表的なヒグス粒子探索の4つのモード（本文参照）

3.5 標準模型の検証

いるようなものである（4ジェット事象）(a)．これが全体の5割近くを占めることになる．次に多いのが，Zからはニュートリノに崩壊し，ヒグスがbクォークに崩壊するものである（ニュートリノ事象）(b)．さらにZあるいはヒグスがτに，そしてもう一方がクォーク対に崩壊する場合（τモード）(c) があり，最後はZが電子・陽電子，あるいはミューオン対に崩壊するモードである（レプトン事象）(d)．

　解析はまずこの4つのタイプに対応する事象を選別することから始まる．4ジェット事象はニュートリノによるエネルギー欠損が少ないため，第一の特徴は測定器でとらえたエネルギーの総和がビームの電子・陽電子の重心系エネルギーと同程度であることを要求し，4つ程度の高いエネルギーをもつジェットが存在し，そのうちの2つのジェットから構成される不変質量がZ粒子の質量に近いような事象をまず選べばよい．ニュートリノ事象を選ぶためには逆にニュートリノによって測定器から持ち出される大きなエネルギーをシグナルとし，さらにその測定できなかったエネルギーと運動量から見えない部分の質量を計算し，これがZ粒子の質量に近いことで選ぶ．τおよびレプトン事象は高いエネルギーをもつレプトン対があること，そこから再構成される質量がZ粒子に近いことなどを用いて選別を行う．ここまできてもまだバックグラウンドは非常に高いレベルであり，このままでは探索はできない．主なバックグラウンドはW対の生成事象およびZ対の生成事象である．4つのジェットはこれらから容易に生成され，またニュートリノ事象はZ対生成事象では頻繁に起こる．図3.5.15に実際にOPAL検出器でとらえられた4ジェット事象を示す．

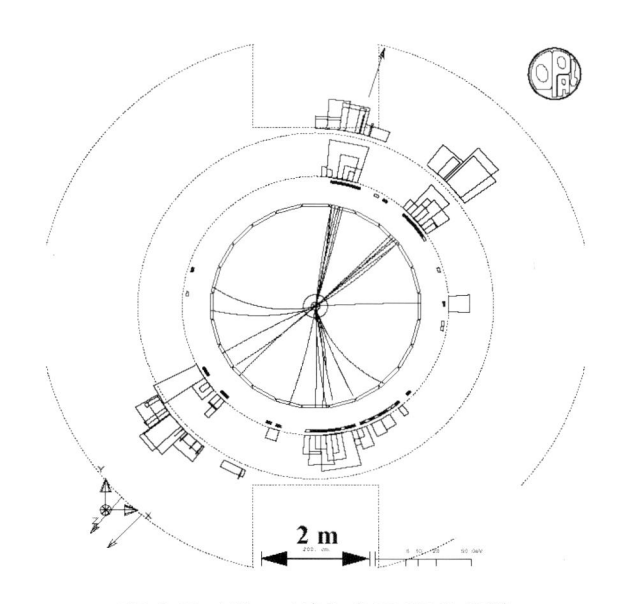

図 3.5.15　4ジェット事象（LEP/OPAL実験）

この段階から重要になるのが，以下の2つの解析手法である．ひとつはヒグス粒子の質量を計算するための特殊なエネルギー再構成法である．これはジェットのエネルギーなどを正確に測定するための測定器情報を最大限に用いるための技術（エネルギー流測定法，あるいは粒子流測定法）とビームエネルギーおよびZの質量などをあらかじめ拘束条件として運動学的にフィットすることでジェットなどのエネルギー・運動量の測定精度を飛躍的に高める kinematic-fit と呼ばれる技法である．たとえば4つのジェットを持つ事象は，エネルギーの総和が重心系エネルギーであること，運動量の総和はすべての方向で0であること，4つのうちの2つのジェットから構成される不変質量はZ粒子の質量であること，以上の拘束条件を設けたうえで，ジェットのエネルギー・運動量・方向の測定に関して測定精度の誤差を含めてフィットするわけである．もう1つの重要な情報はヒグスの主要崩壊先であるbクォークを同定する b-tagging の技法である．bクォークを含むハドロンの寿命が比較的長いため，その崩壊点が衝突点とは異なることを観測して同定する．このため衝突点の最近傍にシリコン測定器を用いる．実際はこのシリコン測定器の情報だけではなく，bハドロンからのセミレプトン崩壊事象や多くの粒子が生成されることなど，さまざまな情報をニューラルネットワークや likelihood の技法を用いて判定する（このようなヒグス粒子の探索のために築かれたさまざまな新しい技法は他の多くの解析に応用されることとなった）．解析の最終段階では，Z粒子に対応するジェットあるいはレプトン対が存在し，bクォークが同定された事象について，Z粒子に対応する部分を除いた他の粒子の不変質量を計算し，得られた質量分布をバックグラウンドで予想される分布と比較して，ヒグス粒子の存在を探索する．LEP の4つの実験を合わせた質量分布を図 3.5.16 に示す．高い質量領域でバックグラウンドの平均的な予想からわずかな超過が見られるが，このような状況がバックグラウンドだけから起こる確率を計算すると，10% 程度の確率で起こる現象であることがわかっている（バックグラウンドの予想と比較して最もずれが大きかったのは 98 GeV 付近であり，この場合の確率は 2% 程度であるが，98 GeV に標準理論で予想されるヒグス粒子が存在するとするとその生成率は大きく，一方，実験で見られた超過は小さすぎる）．この実験結果から 114 GeV 以下の質量領域の標準理論のヒグス粒子の存在は棄却（95% の信頼度）された．

LEP の実験結果および電弱相互作用の研究結果の分析（電弱フィット）から，標準理論のヒグス粒子の質量領域は，95% の信頼度で 114 GeV 以上，144 GeV 以下であり，ヒグス粒子の質量は軽く，現在の下限値である 114 GeV のすぐ上，120 GeV 付近にあるのではないかと期待されている．この質量領域は，超対称性理論が予言する質量範囲にあることも特筆すべきことである．この 115 GeV 付近（および 98 GeV 付近）のわずかな超過が実際のヒグス粒子のシグナルであったか否かの答えは LEP 以降の実験に引き継がれることになった．

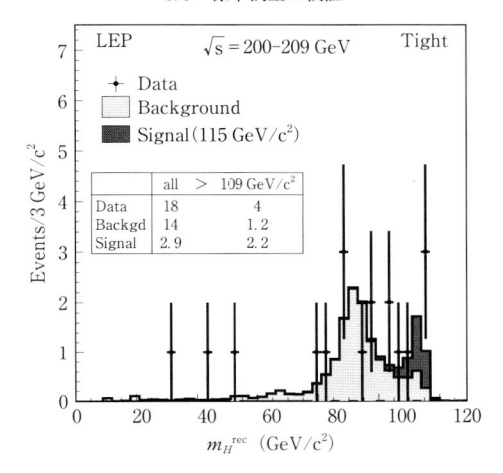

図 3.5.16 LEP の 4 実験を合わせたヒグス粒子生成事象の候補の質量分布．薄い灰色ヒストグラムはバックグラウンドから予想される分布．濃い灰色は 115 GeV の質量をもつ標準理論でのヒグス粒子が存在すると仮定した場合の質量分布．点は実際に観測された実験データ．縦線は統計に起因する誤差を記す．

（3） SUSY ヒグス

標準理論を超えるモデルにおけるヒグス粒子に関してもさまざまなモードで探索が行われた．これにより，理論に強い制限が与えられている．特に最も単純な超対称性 MSSM でのヒグス粒子での例を紹介する．MSSM では上記のように 5 つの物理的なヒグス粒子が存在することになる．特に，CP が + の中性のヒグス粒子 h^0 は tree-level ではその質量は Z^0 の質量以下であるという制限が付く．この強い制限は輻射補正により緩和されるが，それでも最大で 140 GeV を超えることはない．このため，LEP でのヒグス探索に大いに期待がかかった．中性のヒグス粒子に関しては，標準理論の場合と同様，Higgs-strahlung 過程が主な探索モードであるが，さらに，CP が + と − の 2 つの中性ヒグスが同時に生成されるモード（h^0 と A^0）と 2 つの荷電ヒグス（H^+ と H^-）が同時に生成されるモードが存在する．中性ヒグス粒子は標準理論のヒグス探索と同様に崩壊で生じる b クォークあるいは τ レプトンの同定と質量の再構成から探索し，荷電ヒグスは 2 つのジェットあるいは τ レプトンとニュートリノに崩壊するモードが探索された．この探索では発見することはできていないが，上記のように MSSM で許される軽い中性ヒグス粒子の質量範囲を広く探索することができたため，そこから超対称理論に関して多くのことがわかった．特に，中性ヒグス粒子の探索の結果から，MSSM のモデルで可能な主要パラメーターである 2 つのヒグス場の真空期待値の比 $\tan\beta$ が 3 以下の領域はすべて棄却され，許される領域が大幅に制限されている．最も軽いと期待される中性のヒグス粒子 h^0 は，存在するとすればその性質は標準理論で期待されるヒグス

とよく似た性質をもち，重い方のヒグスはそれとは大きく異なるものとなるはずであることもわかっている．これらの結果は，MSSMに対する現在最も強い制限を与えていることになる．

(4) ハドロンコライダーでの探索方法の例

ハドロンコライダーではシグナルを隠す大量のバックグラウンドが強い相互作用で生成される中で，この強い相互作用では直接生成されないレプトンあるいは光子にヒグスが崩壊するもの，あるいはヒグスとともに生成されるWやトップクォークがレプトンなどに崩壊するものを選択的に取り出すことでヒグス粒子生成のシグナルを取り出す．ターゲットとされるヒグス粒子の質量領域に応じて，対応するバックグラウンドの状況だけでなくヒグス粒子の予想される主要崩壊モードが変わるため，さまざまな解析モードで全体を網羅している．まもなく始まる実験に備えさまざまなモードでの研究が進められており，またその研究手法およびモードは狙うヒグス粒子の質量により変わるためすべてを説明することはできないが，ここでは3つの例だけ紹介することにする．

最初の例は，ヒグス粒子が120 GeV付近と比較的軽いときに特に重要となるヒグス粒子が衝突する陽子内のグルオンの融合により生成される反応である．この場合，ヒグス粒子の主要崩壊モードであるbクォークへの崩壊はジェットを生成する通常のバックグラウンドに埋もれてしまうため見ることは困難である．ヒグス粒子を探索する最もよいモードとして考えられているのが，ヒグス粒子が2つの光子（γ線）に崩壊する場合である．この場合，ヒグス粒子は2つの光子のエネルギーと方向から再構成される不変質量分布のピークとして現れる．ここで重要なことは，光子のエネルギーの測定精度と方向の精度である．エネルギーの測定のためには電磁カロリメーターがよいエネルギー分解能をもつことだけでなく，カロリメーターまでに光子が通過してくる物質の量が少ないことも必要になる．LHCでは，物質量の少ないATLASとカロリメーターの高い分解能を目指すCMSと，ほぼ同様の性能をもつと考えられている．

光子の方向は，衝突点と光子が測定されたカウンターの位置から決められる．その事象の衝突点の位置は，ヒグスの生成には直接関与しなかった陽子内のパートンから生成される粒子の軌跡から決める．これらの多くの粒子はジェットを構成し，主にビームの方向に強くブーストされることになるが，これらの情報も用いることで，さらにバックグラウンドを押さえることも検討されている．

次の例はヒグス粒子がトップクォークとともに生成される反応である．トップクォークの対は強い相互作用で生じるためLHCでは大量に生成される．トップクォークはそのほぼ100％がWボソンとbクォークに崩壊する．よって，トップクォーク対だけからでも2つのWボソンと2つのbクォークが生成されることになる．さらにヒグス粒子が生成され，ここからbクォーク対に崩壊すると，2つのW，4つのbクォーク（反クォーク）が生じる．多くのbクォークがひとつのサインとなる．さらに一方あるいは両方のWが電子やミューオンなどの荷電レプトンとニュートリノに崩壊する場合は

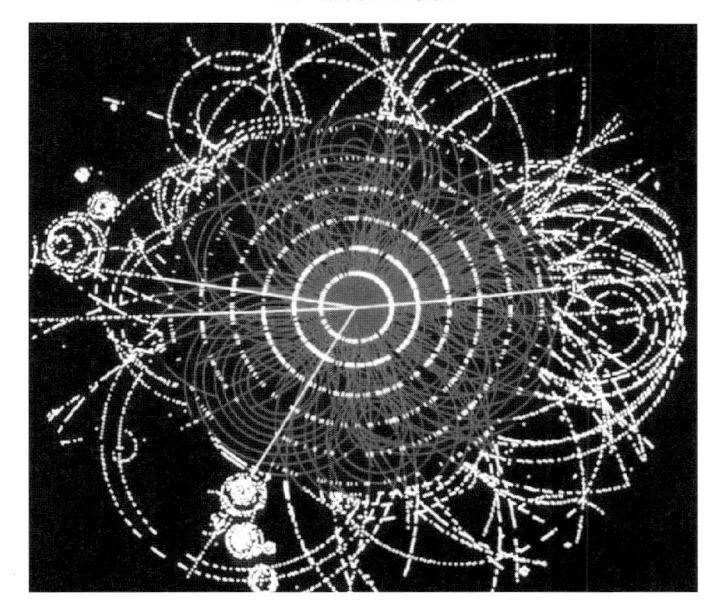

図 3.5.17 LHC でのヒグス粒子生成事象の予想図（ATLAS 検出器）
ヒグス粒子が2つの Z に崩壊しそれぞれがミューオン対に崩壊した場合．測定器は陽子・陽子衝突で生成された多くの粒子の中から高い運動量をもつ4つのミューオンを明確に精度よくとらえることができるように設計されている．

さらにバックグラウンドを減らすことができる．このモードでのヒグス粒子の生成頻度はトップクォークとヒグス粒子の結合力に依存するため，ここからこの結合力を実際に測る可能性がある重要なモードである．

最後の例としてヒグス粒子の質量が 180 GeV を超える場合を考える．この場合はヒグス粒子が2つの Z ボソンに崩壊するモードが探索での最もクリーンなチャンネルとなる．図 3.5.17 にこの場合の事象が測定器でとらえられた予想図を示す．高い運動量をもつ4つのミューオンがきれいにとらえられている．2つの Z ボソンが電子・陽電子，あるいはミューオン対に崩壊する場合は，最終状態が4つの高いエネルギーをもつレプトンとなり，これらのエネルギーおよび運動量は精度よく測定することができる．この崩壊比は 1/1000 程度となり小さいが，上記のヒグス粒子が γ 対に崩壊する場合同様，再構成された質量に鋭いピークをもつため加速器が所期の性能を発揮すれば発見は容易である．

ヒグス粒子が存在し，その正体が標準理論あるいは MSSM などで予言されるヒグス粒子と似たものである場合は，現在稼働中の Tevatron あるいはもうすぐ稼働する LHC で確実に発見されるだろう．

（5） ILCでのヒグス粒子研究

上記のように，ここ数年のうちにハドロン衝突（TevatronあるいはLHC）で少なくとも1つのヒグス粒子が発見されると考えられている．ここからヒグス粒子の研究は始まる．電子・陽電子コライダーであるILCではLEPで実際に用いられた手法を拡張し，ヒグス粒子や質量の発現機構に関してさまざまな研究を行うことができる．

ILCでのヒグス粒子の研究は，その正体を徹底的に突き止めることにある．図3.5.18に示すようにヒグス粒子の生成崩壊で生じる粒子の1つひとつまで精密にとらえることができることが最大の利点である．標準理論であれMSSMであれ，もっと一般の超対称性理論であれ，素粒子としてヒグス粒子が存在すれば，500 GeV以下のエネルギーで必ずヒグス粒子（またはその粒子群の一部）を十分な生成頻度で生成でき，モデル理論の仮定に依存することなくその詳細な性質を明らかにできる．まず，スピンおよびその他の量子数を同定し，真空と同じ量子数をもつか調べる．ILCではエネルギーを変える，角度分布を測る，ビームの偏極率を変えるなどによりこれらを決定することは容易である．また，衝突エネルギーを連続的に変えて行う実験によりヒグス粒子におけるCPの破れなども詳しく測定することができる．逆にもしヒグスがILCでも生成されないときは，根本的に新しい物理が電弱対称性の破れ，質量の起源を担っていることがはっきりする．この場合，一般的に新たな粒子（Z'やテクニカラー粒子など）が存在することになる．

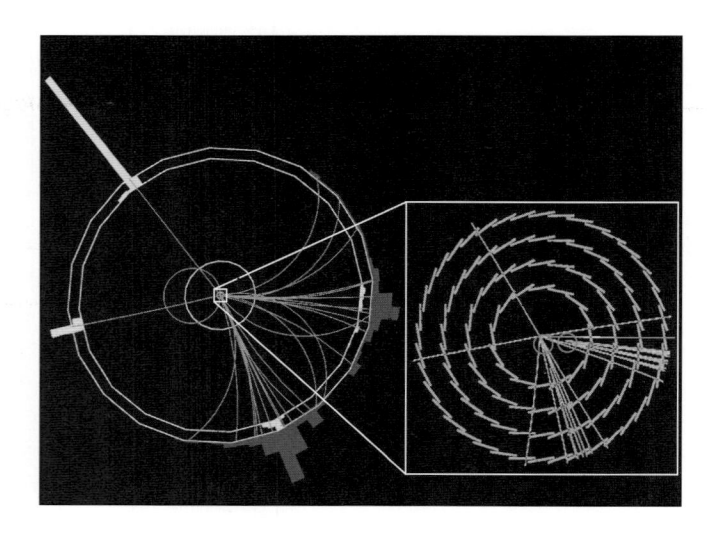

図3.5.18 ILCでのヒグス粒子生成事象の予想図
ヒグス粒子がZボソンを伴って生成されZボソンが電子・陽電子に，ヒグス粒子がbクォークに崩壊した場合を示す．右は生成点付近の拡大図．bクォークの生成・崩壊を精度よくとらえることができる．

3.5 標準模型の検証

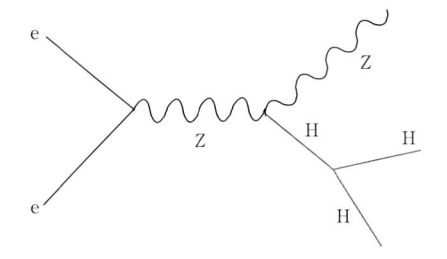

図 3.5.19 ヒグス粒子どうしの自己結合力を研究するための主要なダイアグラム

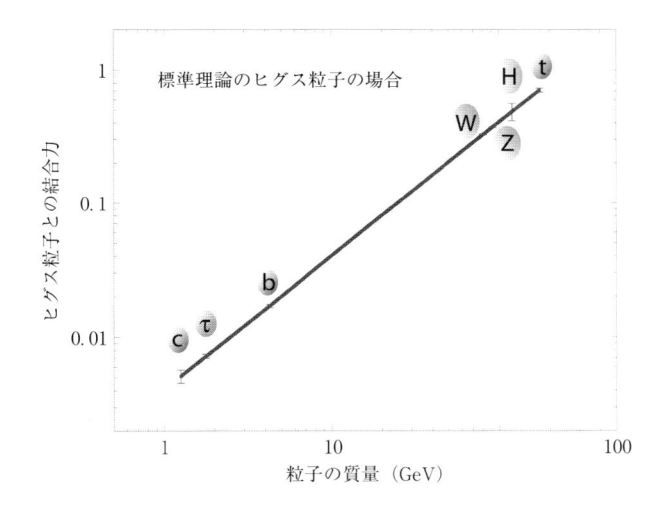

図 3.5.20 ヒグス粒子と各粒子の間の結合力の測定値と測定精度（ILC 実験で期待される実験精度）
縦軸に結合力とその測定誤差，横軸に各粒子の質量を示す．標準理論のヒグス粒子での予想図．標準理論の場合は質量と結合力は比例するため，この図のように直線上にすべての粒子が整列する．一方，超対称性理論などの場合はこれとは違うパターンを示す．

　その後いよいよ未知の力である湯川結合，さらに最も謎の大きい真空へ凝縮させる力（自己結合力）を研究することになる．ILC では真空の構造と質量の関係を解明するうえで最も本質的な「自己結合」を 20% 程度の精度で測定することを目指している．自己結合力は図 3.5.19 にあるようなヒグス粒子が複数同時に生成される現象を観測することで調べることができる．この決定は本当に真空にヒグスが凝縮されているのか，その源はヒグス自身か否かを決定する質量の起源の解明の最重要課題である．

　W ボソン，Z ボソンとの結合は生成断面積から直接に 1〜2% 以下の精度で決まる．

このとき，LEP の例で紹介したモードの他に，図 3.5.11 の (A2) のモードも高いエネルギーにより生成断面積が大きくなるため重要になる．クォークとヒグス粒子の間の結合の力（湯川結合）も，自然幅と崩壊比，および生成断面積の測定により測定できる．測定の精度は質量範囲で異なるが，150 GeV 程度までのヒグスであれば，c, b, τ およびトップクォークとの結合も数％〜20％程度で測定できる．ただし，160 GeV を超える質量では，W などに崩壊する率が大きくなるため分岐比の小さい c クォークおよび τ への結合の測定は困難となる．

　図 3.5.20 に ILC 実験で期待されるヒグス粒子の結合力の測定値と粒子の質量の関係を示す．このように，標準理論のヒグス粒子の場合は質量と結合力の間に明確な比例関係が表れることになる．逆にそこからずれる場合，標準理論を超える物理が存在することになり，ヒグス粒子の結合定数の詳細な決定から正しい理論を決定し，さらにその理論における基本物理定数を決めることもできると期待されている．

　これらの研究により，1 つの場が原因かそれとも複数か，世代と関係があるのか，他の粒子との混合状態か，CP 対称性はどうか，そして本当に自己結合によって真空に凝縮しているのかどうか，これらすべての根源的な疑問に答えることができる．

（山下　了）

3.6　ニュートリノ質量

a.　ニュートリノ振動と直接測定

　ニュートリノは，1930 年頃，パウリ（Pauli）によって予言された素粒子である．ベータ崩壊の際に電子が放出されることは当時知られていたが，その電子のエネルギースペクトルは単色のスペクトルではなく広がりをもったスペクトルであった．崩壊前，崩壊後の原子核はそれぞれ固有のエネルギー状態であるはずであり，エネルギー保存則が成り立っているとすると，電気的に中性な軽い粒子を仮定する必要があった．その粒子は後にフェルミによって「ニュートリノ」（以下，ν という記号で記す）と名付けられた．ニュートリノが実験的に初めて発見されたのは，1953 年，ライネス（Reines）とコーワン（Cowan）によってであった[1]．彼らは原子炉の近くにカドミウムを加えた液体シンチレーターの検出器を置き，原子炉で生まれた反電子ニュートリノ（$\bar{\nu}_e$）をとらえた．1957 年にゴールドハーバー（Goldhaber）らは，ユーロピウムの電子捕獲反応（$e^- + {}^{152}\mathrm{Eu}^m \to {}^{152}\mathrm{Sm}^* + \nu$）における ${}^{152}\mathrm{Sm}^*$ のヘリシティを測定することによって，ニュートリノは左巻き状態（進行方法とスピンの方向が逆）であることを発見した[2]．この事実やベータ崩壊のスペクトルの測定から，ニュートリノは質量をもっているとしてもきわめて小さいであろうと考えられ，標準的な理論では質量がゼロであるとして扱われてきた．1960 年代以降，加速器によってニュートリノが作られるようになり，ニュートリノの研究が盛んに行われた．1962 年にレーダーマン（Lederman），シュワルツ（Schwartz），シュタインバーガー（Steinberger）らは，荷電パイ中間子（$\pi^\pm$）の崩壊

によって作られるニュートリノ ($\pi^{\pm} \to \mu^{\pm} + \nu$) は，反応した場合にミュー粒子 ($\mu$) は放出するが電子を放出しないことから，原子炉やベータ崩壊で生まれるニュートリノとは別の種類のニュートリノであることを発見した[3]．そこで，ニュートリノには少なくとも2種類あることになり，それぞれ電子ニュートリノ (ν_e)，ミューニュートリノ (ν_μ) と名付けられた．電子やミュー粒子は荷電レプトンと呼ばれる素粒子であり，これらの素粒子には電磁相互作用，弱い相互作用は働くが，強い相互作用は働かない．同様の性質をもつ素粒子が1970年代にアメリカのスタンフォード研究所の電子・陽電子衝突実験においてパール (Perl) らが発見し，タウ粒子 (τ) と名付けられた[4]．当然，タウ粒子に対応してタウニュートリノ (ν_τ) が存在すると考えられ，ニュートリノには，ν_e，ν_μ，ν_τ の3種類とそれらの反粒子が存在すると考えられるようになった．タウニュートリノ自身は，1997年からアメリカのフェルミ国立研究所において行われたDONUT実験によって見つかっている[5]．

ニュートリノの質量を測定しようとする試みがパウリによる理論的予言以降数々と行われてきたが，有限な値をもつという決定的な実験結果はなかった．1998年にスーパーカミオカンデグループは，大気ニュートリノのデータを解析することによって，「ニュートリノの種類が飛行中に変わってしまう」（「ニュートリノ振動」と呼ばれる）現象を発見した[6]．後述するように，ニュートリノ振動は，ニュートリノが質量をもち，かつニュートリノの「相互作用の固有状態」と「質量の固有状態」に混合がある場合に起こる現象である．したがって，ニュートリノ振動の発見によって，「ニュートリノが質量をもつ」ということが証明されたのである．その後，2001年に太陽ニュートリノの振動[7,8]，2002年には長基線ニュートリノの振動[9]，原子炉ニュートリノの振動[10]が発見された．

(1) ニュートリノ振動とは

ニュートリノが反応によって作られるときや実験装置で観測されるときには，弱い相互作用の固有状態 (ν_e, ν_μ, ν_τ) として振る舞う．これに対して，空間を伝搬するときには質量の固有状態 (ν_1, ν_2, ν_3) として振る舞う．弱い相互作用の固有状態と質量の固有状態とは，以下のようなユニタリ行列 U によってその関係を表す（3.1 i 項参照）．

$$\begin{pmatrix} \nu_e \\ \nu_\mu \\ \nu_\tau \end{pmatrix} = \begin{pmatrix} U_{e1} & U_{e2} & U_{e3} \\ U_{\mu 1} & U_{\mu 2} & U_{\mu 3} \\ U_{\tau 1} & U_{\tau 2} & U_{\tau 3} \end{pmatrix} \begin{pmatrix} \nu_1 \\ \nu_2 \\ \nu_3 \end{pmatrix} \quad (3.190)$$

行列 U は，牧-中川-坂田-ポンテコルボ（MNSP）行列とよばれる．MNSP行列は，独立な3つの角度と1つの位相（CP位相と呼ばれる）を使って以下のように書かれる．

$$U = \begin{pmatrix} 1 & 0 & 0 \\ 0 & c_{23} & s_{23} \\ 0 & -s_{23} & c_{23} \end{pmatrix} \begin{pmatrix} c_{13} & 0 & s_{13}e^{i\delta} \\ 0 & 1 & 0 \\ -s_{13}e^{-i\delta} & 0 & c_{13} \end{pmatrix} \begin{pmatrix} c_{21} & s_{12} & 0 \\ -s_{12} & c_{12} & 0 \\ 0 & 0 & 1 \end{pmatrix}$$

$$= \begin{pmatrix} c_{12}c_{13} & s_{12}c_{13} & s_{13}e^{-i\delta} \\ -s_{12}c_{23}-c_{12}s_{23}s_{13}e^{i\delta} & c_{12}c_{23}-s_{12}s_{23}s_{13}e^{i\delta} & s_{23}c_{13} \\ s_{12}s_{23}-c_{12}c_{23}s_{13}e^{i\delta} & -c_{12}s_{23}-s_{12}c_{23}s_{13}e^{i\delta} & c_{23}c_{13} \end{pmatrix} \quad (3.191)$$

ここで，$c_{ij} \equiv \cos\theta_{ij}$, $s_{ij} \equiv \sin\theta_{ij}$ である．

以下，ニュートリノ振動の確率を導出するが，話を簡単にするために2種類のニュートリノについて考えることにする．ν_α, ν_β を弱い相互作用の固有状態とし，ν_1, ν_2 が質量の固有状態とすると，両者の関係を表す2行2列のユニタリ行列は，回転行列を使って以下のように書ける．

$$\begin{pmatrix} \nu_\alpha \\ \nu_\beta \end{pmatrix} = \begin{pmatrix} \cos\theta & \sin\theta \\ -\sin\theta & \cos\theta \end{pmatrix} \begin{pmatrix} \nu_1 \\ \nu_2 \end{pmatrix} \quad (3.192)$$

ここで θ は「混合角」と呼ばれるパラメーターである．時刻 $t=0$ に，ν_α タイプのニュートリノが生まれたとする．

$$|\nu\rangle(t=0) = \nu_\alpha = \cos\theta|\nu_1\rangle + \sin\theta|\nu_2\rangle \quad (3.193)$$

$|\nu_1\rangle$ および $|\nu_2\rangle$ は質量の固有状態として時間発展する波動関数であるため，

$$|\nu_1\rangle(t) = e^{-iE_1 t}|\nu_1\rangle, \quad |\nu_2\rangle(t) = e^{-iE_2 t}|\nu_2\rangle \quad (3.194)$$

となる．ここで E_1, E_2 は，それぞれの状態のエネルギーを表す．

これらの式を解くと，ある時刻 t にニュートリノを観測したときにそれが ν_β である確率 $P(\nu_\alpha \to \nu_\beta)$ は，

$$P(\nu_\alpha \to \nu_\beta) = \sin^2 2\theta \times \sin^2\left(\frac{E_2-E_1}{2}\right)t \quad (3.195)$$

となる．ニュートリノの質量は運動量 p と比べると十分小さいと考えられるので，

$$E_1 = \sqrt{m_1^2 + p^2} \simeq p + \frac{1}{2}\frac{m_1^2}{p} \quad (3.196)$$

$$E_2 = \sqrt{m_2^2 + p^2} \simeq p + \frac{1}{2}\frac{m_2^2}{p} \quad (3.197)$$

と近似できる．ここで，m_1, m_2 は質量の固有値である．したがって，

$$P(\nu_\alpha \to \nu_\beta) = \sin^2 2\theta \times \sin^2\left(\frac{m_2^2-m_1^2}{4p}t\right) \quad (3.198)$$

となる．このようにニュートリノ振動には質量の2乗の差が関係するため，それを Δm^2 と定義する．

$$\Delta m^2 = m_2^2 - m_1^2 \quad (3.199)$$

実験との比較のために，振動確率の式をもう少し見やすい形に書き直しておく．ニュートリノはほとんど光速度で運動しているため，ニュートリノの飛行距離 L は $L=ct$ と書け，運動量 p とエネルギー $E \simeq E_1 \simeq E_2$ とはほとんど同じとしてよい．また，以上の計算は自然単位系を用いて計算を行ってきたので，通常の単位系に戻して式を整理すると，

$$P(\nu_\alpha \to \nu_\beta) = \sin^2 2\theta \times \sin^2\left(1.27 \times \Delta m^2 \frac{L}{E}\right) \quad (3.200)$$

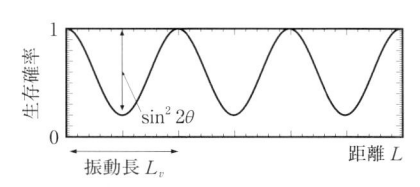

図 3.6.1 距離の関数としてプロットしたニュートリノの生存確率 $P(\nu_\alpha \to \nu_\alpha)$

となる．ここで，Δm^2 の単位は電子ボルトの 2 乗（eV^2），L の単位はメートル（m），E の単位はメガ電子ボルト（MeV）である．また，ν_α として生まれたニュートリノが，ある距離走ったところで観測したときに ν_α のまま観測される確率（生存確率と呼ばれる）は，確率の保存則から

$$P(\nu_\alpha \to \nu_\alpha) = 1 - \sin^2 2\theta \times \sin^2\left(1.27 \times \Delta m^2 \frac{L}{E}\right) \quad (3.201)$$

となる．$P(\nu_\alpha \to \nu_\alpha)$ を飛行距離 L の関数として，図示すると図 3.6.1 のようになる．このように生存確率は，ある周期 L_v で正弦振動し，その振幅は $\sin^2 2\theta$ である．L_v はニュートリノのエネルギー，Δm^2 の関数であり，具体的には，

$$L_v = \frac{2.48 \times E[\text{MeV}]}{\Delta m^2[\text{eV}^2]}[\text{m}] \quad (3.202)$$

である．たとえば，後述する大気ニュートリノ振動においては Δm^2 が $(2\sim 3)\times 10^{-3}\text{eV}^2$ であり，ニュートリノエネルギーを 1 ギガ電子ボルト（GeV = 1000 MeV）とすると，振動長は約 1000 km となる．

（2） 物質中でのニュートリノ振動

(1) で導出したニュートリノ振動の式は，ニュートリノが真空中を伝搬する場合にのみ適用できる．ニュートリノが太陽内部のような密度の高い物質の中を伝搬する場合には，ニュートリノ振動に「物質の効果」を考慮しなければならない．この効果はミケイエフ（Mikheyev），スミルノフ（Smirnov），ボルフェンシュタイン（Wolfenstein）が 1980 年代に定式化を行ったことから，「MSW 効果」と呼ばれる[11]．

物質効果を考える準備として，真空中でのニュートリノの伝搬を記述するシュレーディンガー方程式を見やすい形に書き直す．質量の固有関数 ν_1, ν_2 は，それぞれ以下のシュレーディンガー方程式を満たす．

$$i\frac{d}{dt}|\nu_1\rangle = E_1|\nu_1\rangle, \quad i\frac{d}{dt}|\nu_2\rangle = E_2|\nu_2\rangle \quad (3.203)$$

式 (3.192)，(3.203) を用いて，ν_α, ν_β が満たす式を導くと，

$$i\frac{d}{dt}\begin{pmatrix}\nu_\alpha \\ \nu_\beta\end{pmatrix} = \begin{pmatrix} E_1\cos^2\theta + E_2\sin^2\theta & \sin\theta\cos\theta(E_2 - E_1) \\ \sin\theta\cos\theta(E_2 - E_1) & E_1\sin^2\theta + E_2\cos^2\theta \end{pmatrix}\begin{pmatrix}\nu_\alpha \\ \nu_\beta\end{pmatrix} \quad (3.204)$$

となる．右辺の行列から単位行列の倍数を差し引いても，2つのニュートリノ間の位相の違いは変わらないので，そのような操作をして行列の対角成分の和（トレース）をゼロにする．また，式（3.196），（3.197）を用いて整理して，

$$i\frac{d}{dt}\begin{pmatrix}\nu_\alpha\\ \nu_\beta\end{pmatrix}=\begin{pmatrix}-\dfrac{\Delta m^2}{4E}\cos 2\theta & \dfrac{\Delta m^2}{4E}\sin 2\theta\\ \dfrac{\Delta m^2}{4E}\sin 2\theta & \dfrac{\Delta m^2}{4E}\cos 2\theta\end{pmatrix}\begin{pmatrix}\nu_\alpha\\ \nu_\beta\end{pmatrix} \quad (3.205)$$

のように書くことができる．

物質中では，ν_e と $\nu_{\mu/\tau}$ とではニュートリノが感じる物質中でのポテンシャルが異なる．これは ν_e と電子とは中性カレントおよび荷電カレントの両方の相互作用が働くのに対して，$\nu_{\mu/\tau}$ と電子とは中性カレントのみしか働かないからである．この物質による効果を考慮してシュレーディンガー方程式を書き直すと以下のようになる．

$$i\frac{d}{dt}\begin{pmatrix}\nu_\alpha\\ \nu_\beta\end{pmatrix}=\begin{pmatrix}-\dfrac{\Delta m^2}{4E}\cos 2\theta+\sqrt{2}\,G_F n_e & \dfrac{\Delta m^2}{4E}\sin 2\theta\\ \dfrac{\Delta m^2}{4E}\sin 2\theta & \dfrac{\Delta m^2}{4E}\cos 2\theta\end{pmatrix}\begin{pmatrix}\nu_\alpha\\ \nu_\beta\end{pmatrix} \quad (3.206)$$

ここで，G_F はフェルミ結合定数，n_e は電子の密度を表す．ν_α は ν_e, ν_β は $\nu_{\mu/\tau}$ としている．式（3.206）において行列のトレースをゼロにする操作を行い，式（3.205）と比較してみると，一様な電子密度をもつ物質中でのニュートリノ振動は，次のような混合角 θ_m（「有効混合角」と呼ばれる）を定義すれば，真空中での振動と同様の式が使えることがわかる．

$$\sin^2 2\theta_m=\frac{\sin^2 2\theta}{\sin^2 2\theta+\left(\dfrac{L_v}{L_0}-\cos 2\theta\right)^2} \quad (3.207)$$

ここで L_0 は，

$$L_0=\frac{\sqrt{2}\,\pi}{G_F n_e} \quad (3.208)$$

である．

式（3.207）より電子の密度によって振動の振幅（$\sin^2 2\theta_m$）が真空中の場合と比べて大きくなる場合や小さくなる場合があることがわかる．たとえば，$L_v/L_0=\cos 2\theta$ となるような場合には，$\sin^2 2\theta$ の値によらずに振幅が最大（$\sin^2 2\theta_m=1$）になる．

太陽ニュートリノの振動を考える場合には，電子密度が変化する環境中でのニュートリノ振動を考える必要がある．図3.6.2は，電子密度の関数としてニュートリノ質量の固有値を示した．太陽中心では，物質がニュートリノに与えるポテンシャルによって，電子ニュートリノ成分を多く含む質量固有状態は重い方の状態（図3.6.2の右端で上の状態）に対応する．太陽中心からニュートリノが伝搬する際に，密度の変化がニュートリノ振動によるニュートリノの状態変化に比べて緩やかである場合には（これは「断熱

3.6 ニュートリノ質量　　　　　　　　　　　　　　　　395

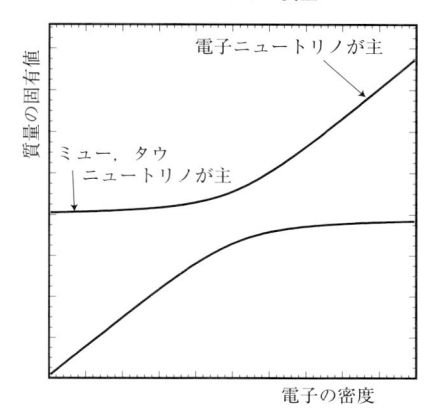

図 3.6.2 電子密度の関数として，ニュートリノ質量の固有値を示す．密度の大きい状態では電子ニュートリノが主であったとしても，密度の低い状態ではミューニュートリノ，タウニュートリノが主となる状態に変化してしまうことがある．

的」と呼ばれる），図 3.6.2 において質量の大きい方の状態で密度の低い状態までニュートリノは移行する．そして太陽表面に達したときには，ミューニュートリノやタウニュートリノを主とする状態になってしまう（詳しくは（4）項参照）．

（3）　大気ニュートリノ振動

宇宙からは「1 次宇宙線」と呼ばれる高エネルギーの陽子やヘリウム，炭素，窒素，酸素などの原子核が地球に降り注いでいる．こうした宇宙線は大気中の物質と衝突し，2 次粒子として π 中間子や K 中間子を生成する．これらの中間子は，主として以下のように崩壊してニュートリノを生成する．

$$\pi^+(K^+) \to \mu^+ + \nu_\mu$$
$$\mu^+ \to e^+ + \nu_e + \bar{\nu}_\mu \quad (3.209)$$
$$\pi^-(K^-) \to \mu^- + \bar{\nu}_\mu$$
$$\mu^- \to e^- + \bar{\nu}_e + \nu_\mu \quad (3.210)$$

1 次宇宙線のエネルギースペクトルやその組成は，気球に搭載した検出器などによって近年精度よく測定されるようになっており，大気中での反応，崩壊過程のシミュレーションによって予想される大気ニュートリノのエネルギースペクトルは図 3.6.3 のように計算されている．また，数十 GeV 以上の高エネルギー 1 次宇宙線は地球に対してあらゆる方向からほぼ一様に降り注いでおり，それから生成される数 GeV 以上のエネルギーをもつニュートリノは上方からの強度と下方からの強度が同じであることが簡単な考察によって予想される（図 3.6.4）．

上記の π 中間子，K 中間子の崩壊過程をみると，生成されるミューニュートリノと電

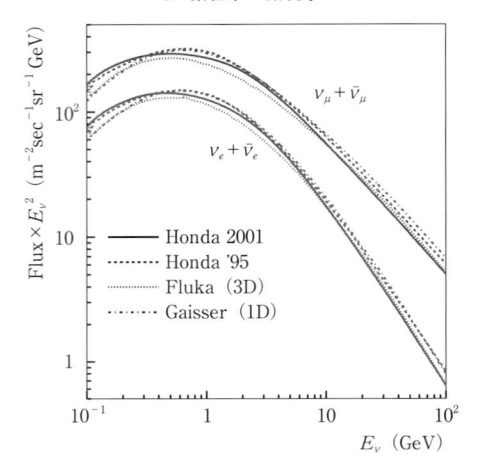

図 3.6.3 予想される大気ニュートリノスペクトル
異なる線の種類はいくつかの計算コードによる違いを表す．

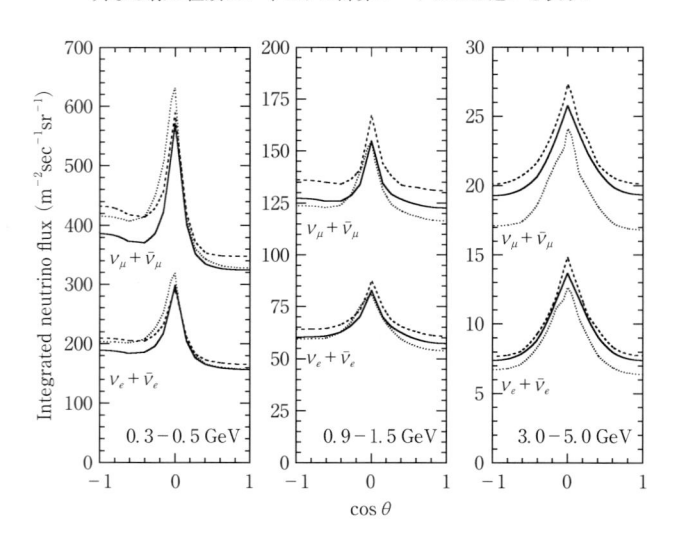

図 3.6.4 予想される大気ニュートリノの天頂角分布
$\cos\theta = 1(-1)$ は垂直下向き（上向き）を表す．数 GeV 以上のエネルギーをもつニュートリノは強度が上下対称である．異なる線の種類はいくつかの計算コードによる違いを表す．

子ニュートリノの比（$R \equiv (\nu_\mu + \bar{\nu}_\mu)/(\nu_e + \bar{\nu}_e)$）がほぼ 2 になることが予想される．1983 年からデータ取得を行っていた 3,000 トンの実験装置「カミオカンデ」は，1988 年に

3.6 ニュートリノ質量

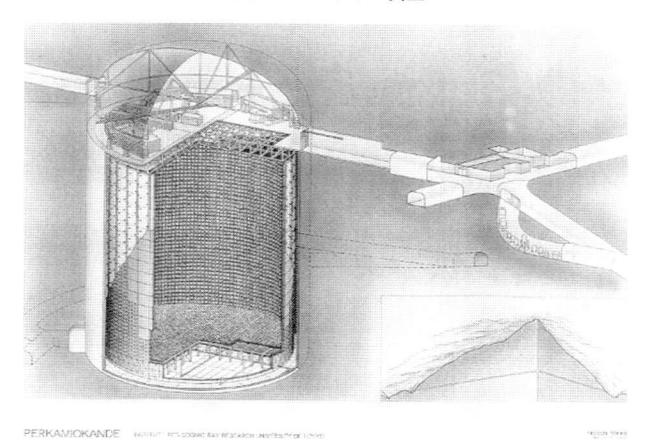

図 3.6.5 スーパーカミオカンデ実験装置

観測された R の値が予想される R の値の約 60% しかないという結果(「大気ニュートリノ異常」)を発表した[12]. 1996 年からデータを取り始めた 50,000 トンの実験装置「スーパーカミオカンデ」は 1998 年に R の値および天頂角度分布の観測によって,大気ニュートリノ異常の原因はニュートリノ振動であることを解明した[6].

スーパーカミオカンデは,岐阜県飛騨市の神岡鉱山の地下 1,000 m に建設された実験装置である.装置は高さ 42 m,直径 40 m の巨大な水タンクに 50,000 トンの超純水を蓄え,タンクの内面には 11,146 本の直径 50 cm 光電子増倍管が取り付けられている(図 3.6.5).

ニュートリノは,水中の原子核(陽子,酸素原子核)や電子と反応した際にミュー粒子や電子などの電荷をもった粒子を発生する.これらの粒子の速度が水中の光の速度よりも速く運動する場合にチェレンコフ光と呼ばれる光を発生する.この光は粒子の進行方向に対して円錐状に発せられるため,光のパターンをタンク内面に取り付けられた光電子増倍管によってとらえることにより,反応した場所,粒子の方向をとらえることができる.大気ニュートリノは次のような反応によって,ミュー粒子や電子,π 中間子を発生する.

- ミューニュートリノ荷電カレント相互作用($\nu_\mu + N \rightarrow \mu + X$)
- 電子ニュートリノ荷電カレント相互作用($\nu_e + N \rightarrow e + X$)
- 中性カレント相互作用($\nu + N \rightarrow \nu + X \ (\pi^\pm \pi^0 \cdots)$)

N は相互作用の標的となる酸素原子核中の核子や水素原子核(自由陽子)を表し,X は反応後の核子や π 中間子の発生を伴う核子の励起状態を表す.大気ニュートリノは 1 ギガ電子ボルト(GeV)程度のエネルギーをもつため,最も主要な反応は π 中間子の発生を伴わない荷電カレント相互作用(準弾性散乱と呼ばれる:$\nu + N \rightarrow \text{lepton} + N'$;N, N'

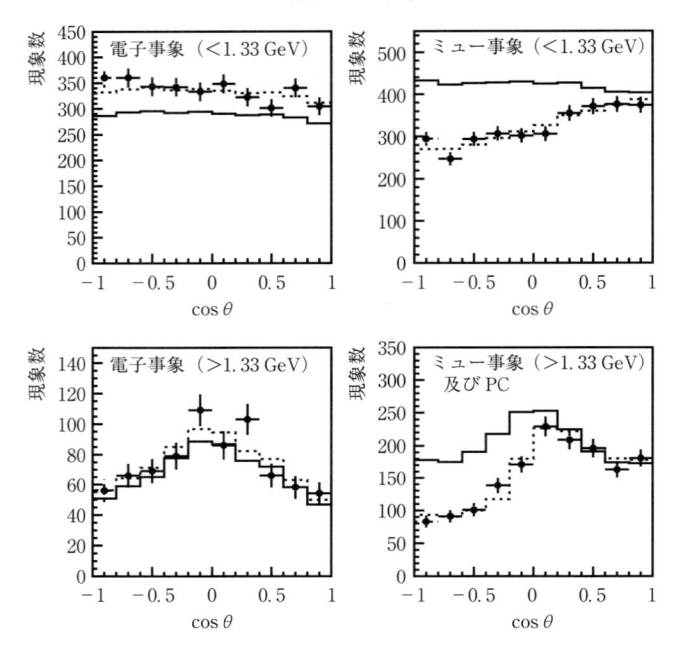

図 3.6.6 スーパーカミオカンデがとらえた大気ニュートリノ事象の天頂角分布
それぞれの図の横軸は観測された事象の天頂角の余弦を表し，$\cos\theta=1$ は垂直下向き，$\cos\theta=-1$ は垂直上向きを表す．誤差棒付きが観測されたデータを示し，実線，点線はそれぞれ「ニュートリノ振動なしでの予測」，「ニュートリノ振動ありでの予測」を表す．図はそれぞれ（左上）1.33 GeV 以下の電子事象，（左下）1.33 GeV 以上の電子事象，（右上）1.33 GeV 以下の FC ミュー事象，（右下）1.33 GeV 以上の FC ミュー事象および PC を表す．

は陽子あるいは中性子）である．準弾性散乱では，発生するレプトンがミュー粒子か電子かを識別することによって元のニュートリノがミューニュートリノであるか電子ニュートリノであるかを決定することができる．電子は水中でクーロン多重散乱，制動輻射，そして制動輻射によって生まれたガンマ線からの電子・陽電子生成，コンプトン散乱などの反応を伴うためチェレンコフ光の光パターンがぼやけた形状を示す．それに対して，ミュー粒子は通常，他の粒子の生成もなく方向も大きく変えることなく水中を走るために輪郭がはっきりとした光パターンを作る．こうした特徴を使って，スーパーカミオカンデでは粒子の識別を行うことができる．スーパーカミオカンデがとらえる大気ニュートリノには，以下のようなイベントパターンがある．

- 反応で生成した粒子がすべて装置でとらえられた現象（Fully Contained（FC））
- 装置内で反応したが，一部の粒子が装置から飛び出した現象（Partially Contained（PC））

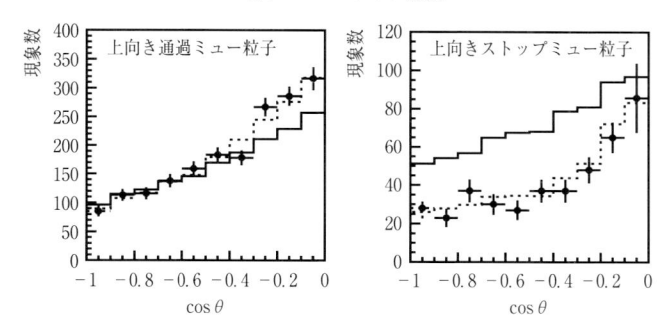

図 3.6.7 スーパーカミオカンデがとらえた大気ニュートリノによる上向きミュー事象の天頂角分布

それぞれの図の横軸は観測された事象の天頂角の余弦を表し，$\cos\theta = 0$ は真横向き，$\cos\theta = -1$ は垂直上向きを表す．誤差棒付きが観測されたデータを示し，実線，点線はそれぞれ「ニュートリノ振動なしでの予測」，「ニュートリノ振動ありでの予測」を表す．図はそれぞれ（左）上向きミュー粒子がタンク内を通過する現象，（右）上向きミュー粒子がタンク内でストップする現象を表す．

- 岩盤中でミューニュートリノが荷電カレント反応を起こし，生成されたミュー粒子がタンクを上向きに通過する現象（upward-through-going muon (UPMU)），あるいは上向きに装置に入りタンク内でストップする現象（upward-stopping muon (UPSTOP)）

それぞれの現象に関与するニュートリノのエネルギー領域は異なっており，FC は主として 1 GeV 近傍，PC と UPSTOP は 10 GeV 近傍，UPMU は平均エネルギー約 100 GeV のニュートリノ起源である．

スーパーカミオカンデは 1996 年 4 月から 2001 年 7 月までの観測期間に FC を 12,180 現象，PC を 911 現象，UPMU を 1,856 現象，UPSTOP を 458 現象とらえた．FC のうちの 1 リング現象，および他の現象の天頂角分布を図 3.6.6，3.6.7 に示す．図中の実線は 1 次宇宙線の強度から計算されたニュートリノ強度を用いてニュートリノ振動がないとした場合に予想される分布を示す．この計算において強度の絶対値は 20〜30% の誤差をもつために天頂角度分布の形に着目してデータの分布と予想される分布とを比較してみると，電子タイプ事象に対しては観測データと予想とがよく合っているが，ミュー事象に対しては予想される分布が上下対称（図の上では左右対称）であるにもかかわらず実際のデータでは非対称になっていることがわかる．図中の点線は，ミューニュートリノとタウニュートリノ間の振動を仮定した場合に予想される分布であり，実験データを非常によく再現する．図 3.6.8 に混合角と質量 2 乗差の許容される範囲を示した．図が示すように $\sin^2 2\theta$ は 1 に近く，混合角が大きい．

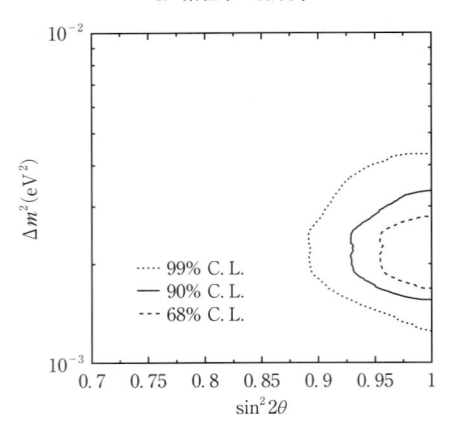

図 3.6.8 スーパーカミオカンデの大気ニュートリノ観測によって得られたミューニュートリノとタウニュートリノ間の振動のパラメーター

横軸は混合角を θ として，振動振幅（$\sin^2 2\theta$）を表し，縦軸は質量の2乗の差（Δm^2）を表す．

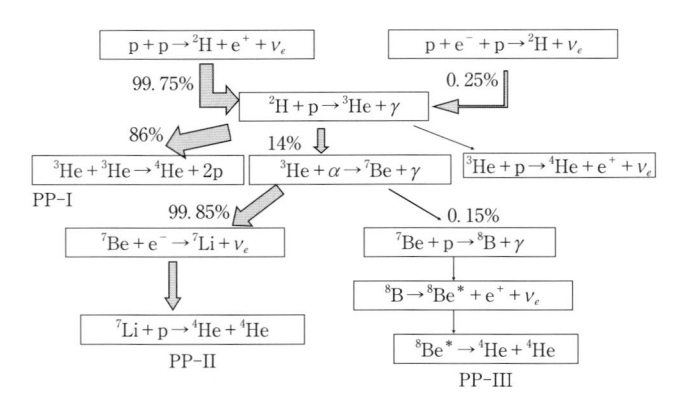

図 3.6.9 pp 連鎖反応

（4） 太陽ニュートリノ振動

太陽のエネルギーの源は中心核で起きている核融合反応である．図 3.6.9 に示す pp 連鎖と呼ばれる一連の核融合反応が起きている（これ以外に炭素，窒素，酸素原子核が順に反応していく CNO サイクルもあるが，その寄与は pp 連鎖の 1% 程度である）．これらの反応のうちで，弱い相互作用によって起こる反応では電子ニュートリノが生まれる．反応の種類によりそれぞれ，pp ニュートリノ，pep ニュートリノ，^{7}Be ニュートリノ，^{8}B ニュートリノ，hep ニュートリノと呼ばれている．各ニュートリノの強度は，標準

3.6 ニュートリノ質量

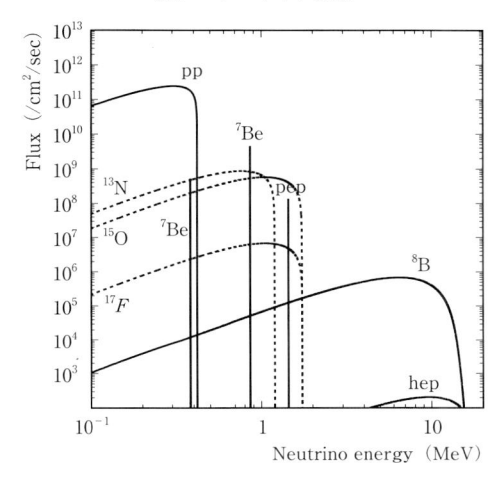

図 3.6.10 標準太陽モデルから予想される太陽ニュートリノスペクトル
実線は pp 連鎖反応からのニュートリノ，点線は CNO サイクルからのニュートリノを表す．

太陽モデル (SSM) によって予想することができる[13]．標準太陽モデルでは，重力と圧力とのバランス，エネルギー保存則，対流・輻射による熱伝達，物質の状態方程式といった基本法則を使い，太陽の明るさ，大きさ，質量，年齢を境界条件として，太陽が生まれたときからの時間発展を解く．SSM によって予想される強度は，pp ニュートリノが 5.94×10^{10} ($\pm 1\%$)/cm^2/sec, ^{7}Be ニュートリノが 4.86×10^9 ($\pm 12\%$)/cm^2/sec, pep ニュートリノが 1.40×10^8 ($\pm 2\%$)/cm^2/sec, ^{8}B ニュートリノが 5.79×10^6 ($\pm 23\%$)/cm^2/sec, hep ニュートリノが 7.88×10^3 ($\pm 16\%$)/cm^2/sec と予想される（括弧内は誤差の割合を示す）．標準太陽モデルから予想される太陽ニュートリノスペクトルを図 3.6.10 に示す．

太陽ニュートリノ実験の始まりはデービス (Davis) らがアメリカのホームステイク (Homestake) 鉱において 1968 年頃に開始した実験である[14]．この実験では，615 トンの四塩化炭素 (C_2Cl_4) を用い，ニュートリノと塩素の反応により生まれたアルゴン原子を数カ月に一度回収し，アルゴンの崩壊数を低バックグラウンド比例計数管によって計測した．こうした実験の手法は放射化学法と呼ばれ，あるエネルギー閾値以上のニュートリノの積分量を測定する．ホームステイク実験は，観測されたニュートリノ強度が標準太陽モデルの予想値に比べて 1/3 から 1/4 しかないという「太陽ニュートリノ問題」を提起した．ニュートリノと ^{37}Cl との反応のエネルギー閾値は 0.814 MeV であり，アルゴンの生成率に寄与するのは主として ^{8}B ニュートリノである．1983 年から始まったカミオカンデ実験は 1987 年までに装置の改良を行い，1989 年には世界で初めてのリアルタイム検出器による太陽ニュートリノ観測に成功した[15]．カミオカンデ実験で

はニュートリノの方向をとらえたため，ニュートリノ信号とバックグラウンドとを区別することができた．カミオカンデが電子散乱によって観測した ^{8}B ニュートリノの強度は標準太陽モデルの予想値の約半分であり，太陽ニュートリノ問題を確認した．太陽ニュートリノの主成分である pp，^{7}Be ニュートリノに感度がある放射化学法による実験がロシア（SAGE 実験[16]）とイタリア（GALLEX 実験[17]）で 1990 年代から行われたが，これらの実験でも標準太陽モデルに比べて少ない強度が観測された．1996 年から観測が始まったスーパーカミオカンデは 1 日あたりの太陽ニュートリノイベント数が約 15 個もあり，それまでの実験に比べて何十倍も高い統計量の観測が行われた[7]．1999 年からは重水を使ったカナダの SNO 実験が始まり，2001 年にスーパーカミオカンデと SNO 実験の結果とを比較することによって，太陽ニュートリノ問題の答えはニュートリノ振動であることが解明された[7,8]．その後，SNO 実験の中性カレント反応の測定によってニュートリノ振動の信頼性が高まり[19]，また，スーパーカミオカンデにおけるエネルギースペクトルの精密測定などを使って，ニュートリノ振動パラメータも決定された[18]．以下，スーパーカミオカンデ，SNO での観測について詳しく述べる．今までに行われた太陽ニュートリノ実験が測った太陽ニュートリノ強度を図 3.6.11 に示す．

スーパーカミオカンデ（SK）では，ニュートリノと電子との散乱を用いて ^{8}B 太陽ニュートリノをとらえる．ニュートリノと電子との散乱では ν_e のみならず，ν_μ，ν_τ も寄与する．中性カレントのみが作用する ν_μ あるいは ν_τ と電子との散乱断面積は，荷電カレントおよび中性カレントの両方が寄与する ν_e と電子との散乱断面積の約 $1/(6\sim$

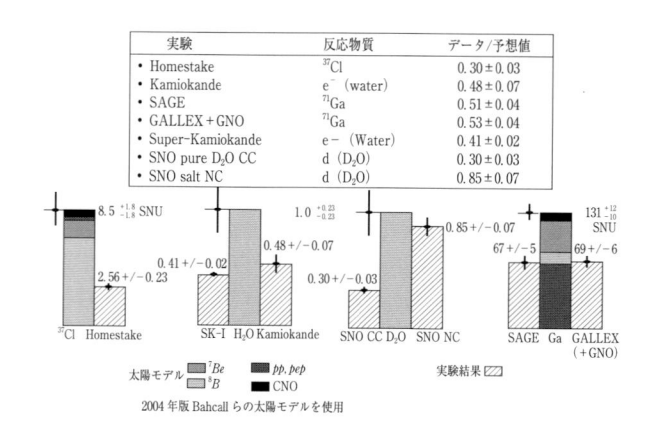

実験	反応物質	データ／予想値
・Homestake	^{37}Cl	0.30 ± 0.03
・Kamiokande	e^-（water）	0.48 ± 0.07
・SAGE	^{71}Ga	0.51 ± 0.04
・GALLEX + GNO	^{71}Ga	0.53 ± 0.04
・Super-Kamiokande	e^-（Water）	0.41 ± 0.02
・SNO pure D$_2$O CC	d（D$_2$O）	0.30 ± 0.03
・SNO salt NC	d（D$_2$O）	0.85 ± 0.07

図 3.6.11 測定された太陽ニュートリノの強度と標準太陽モデルからの予想の比較 ^{37}Cl，H$_2$O，D$_2$O，Ga と書いた帯は太陽モデルからの予想値を表し，それぞれの色は太陽での各ニュートリノ生成反応からの寄与を表す．実験の名前を付した帯は，その実験が観測した強度を表す．放射化学法による実験では強度を原子核による捕獲率の単位（SNU（Solar Neutrino Unit：10^{-36} 捕獲／秒／原子））で表してある．SNO 実験の CC（荷電カレント），NC（中性カレント）については後述する．

3.6 ニュートリノ質量

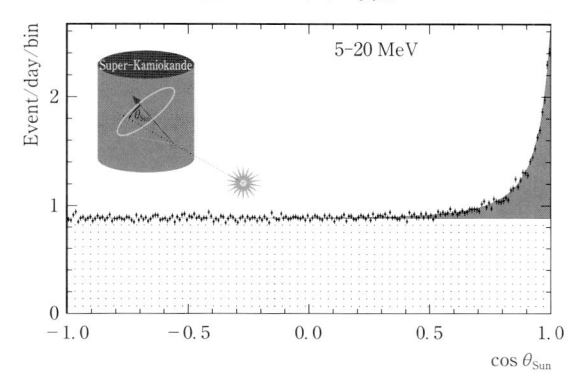

図3.6.12 スーパーカミオカンデが1996年5月から2001年7月までにとらえた低エネルギー事象（5から20 MeV）の太陽との方向分布

$\cos\theta_{sun} = 1$ 方向の盛り上がりが太陽ニュートリノの信号であり，総数約22,400現象が観測された．

7)（以下，Rと書く）である．太陽の中心で生まれたν_eのうち，P_{osc}の割合がν_μあるいはν_τになったとすると，SKで観測されるニュートリノ強度は，予想値の$((1-P_{osc})+P_{osc}\times R)$となる．ニュートリノにより散乱された電子は，ほとんど太陽と反対方向にはじきとばされるために，その方向性から信号を選び出すことができる．SKは1996年5月から2001年7月までの間に約22,400の太陽ニュートリノ現象を観測した．観測された現象の太陽との方向分布を図3.6.12に示す．この太陽ニュートリノ現象の数をニュートリノ強度に換算すると

$$SK（電子散乱） = (2.35 \pm 0.02（統計誤差） \pm 0.08（系統誤差）) \times 10^6/\text{cm}^2/\text{sec} \tag{3.211}$$

となる．

SNO (Sudbury Neutrino Observatory) 実験装置は，カナダのサドバリー Creighton 鉱の地下2,092メートルに建設された重水（D_2O）1,000トンを使用した水チェレンコフタイプの実験装置である（図3.6.13参照）．SNOでは，以下の反応によって太陽ニュートリノをとらえた．

(1) 荷電カレント（CC）反応：$\nu_e + D \rightarrow e^- + p + p$
(2) 中性カレント（NC）反応：$\nu + D \rightarrow \nu + n + p$
(3) 電子散乱：$\nu + e \rightarrow \nu + e$

NC反応をとらえるためには反応で生成された中性子をとらえることになるが，それには［方法1］重水素と中性子との反応で生まれる約6 MeVのガンマ線を使う，［方法2］重水中に塩を入れ，塩素と中性子との反応で生まれる総エネルギー約8 MeVのガンマ線（$Cl(n,\gamma)Cl$反応）を使う，［方法3］^{3}He中性子カウンター（${}^3He + n \rightarrow T + p$を比例

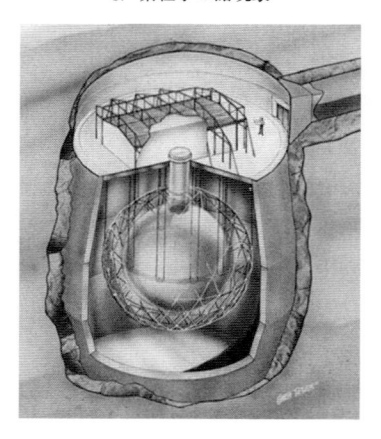

図 3.6.13 SNO 実験装置
中央部にあるアクリル製の容器に 1,000 トンの重水（D_2O）が蓄えられており，その中で発生するチェレンコフ光を容器のまわりに置かれた 9,456 本の直径 20 cm 光電子増倍管によってとらえる．

計数管でとらえる装置）を重水中に入れて観測する，の 3 つの方法が行われてきた．方法 1 による観測が 1999 年 11 月から 2001 年 5 月まで，方法 2 による観測が 2001 年 6 月から 2003 年 10 月まで行われ，それ以降は方法 3 による観測が行われた．方法 1 と方法 2 を比べると方法 2 の方が中性子の捕獲効率が 2 倍以上良いため，以下では方法 2 による結果を紹介する[19]．CC 反応によって生じる電子は太陽との角度分布が $\left(1-\frac{1}{3}\cos\theta\right)$ の関数に従う．電子散乱は SK の説明で述べたように太陽と反対方向に強いピークをもつ．NC 反応では塩素から放出されるガンマ線が複数本になるため，チェレンコフ光のパターンが他の反応と比較して一様に近くなる．これらの特徴を使って現象の振り分けを行うことができる．その結果，観測された現象の数は，CC 反応が 2176 ± 78 個，電子散乱が 279 ± 26 個，NC 反応が 2010 ± 85 個得られた．太陽ニュートリノの強度に直すとそれぞれ，

$$\text{SNO (CC)} = (1.68\pm0.06\,(\text{統計誤差})^{+0.08}_{-0.09}(\text{系統誤差}))\times10^6/\text{cm}^2/\text{sec}$$
$$\text{SNO (電子散乱)} = (2.35\pm0.22\,(\text{統計誤差})\pm0.15\,(\text{系統誤差}))\times10^6/\text{cm}^2/\text{sec}$$
$$\text{SNO (NC)} = (4.94\pm0.21\,(\text{統計誤差})^{+0.38}_{-0.34}(\text{系統誤差}))\times10^6/\text{cm}^2/\text{sec}$$

SK と SNO によって得られた結果を使って，電子ニュートリノの強度とミューニュートリノとタウニュートリノの強度の 2 次元プロット上で許される範囲を示すと図 3.6.14 のようになる．このように太陽での反応でニュートリノが生まれたときには純粋な電子ニュートリノの状態であるが，太陽の核から表面に至り地球まで届く間にミューあるいはタウニュートリノに変わってしまっていることがわかる．また，図 3.6.14 を見ると電子ニュートリノは元の約 1/3 まで減っており，これは (2) 項で説明した物質の効果

3.6 ニュートリノ質量

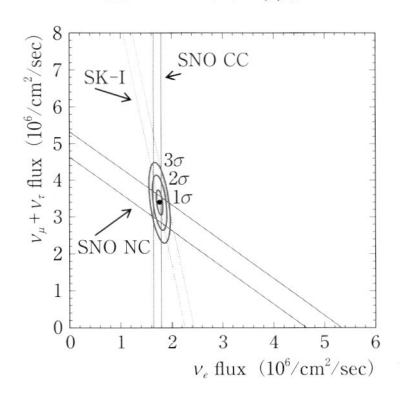

図 3.6.14 SK と SNO の太陽ニュートリノ観測から得られた電子ニュートリノの強度とミュー・タウニュートリノの強度 帯はそれぞれの実験の±1 標準偏差の広がりを示し，3 重の楕円は SK と SNO の結果を統合して許される範囲で内側から 68%，95%，99.73% の信頼度の範囲を示す．

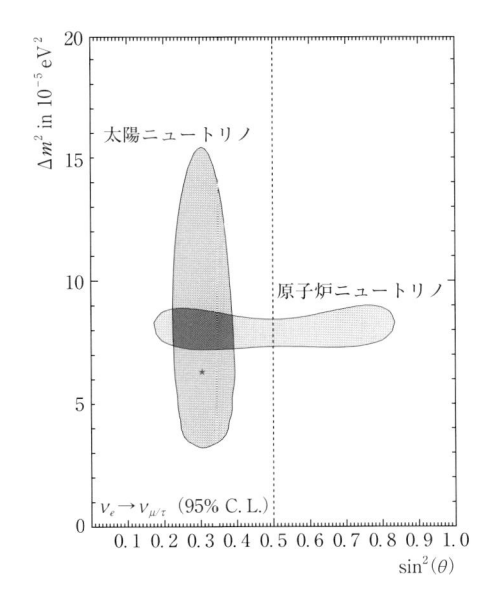

図 3.6.15 太陽ニュートリノ振動で許される振動パラメーターの領域 横軸は電子ニュートリノと他のニュートリノとの間の混合を表し（ここでは混合角を θ として $\sin^2\theta$ をとっている），縦軸は質量の 2 乗の差．縦長の領域は太陽ニュートリノ実験から得られた範囲を示し，横長の領域は原子炉ニュートリノを使ってカムランドによって得られた領域（後述）．

が働いているためである．太陽ニュートリノ振動におけるニュートリノ振動パラメーターをすべての太陽ニュートリノ実験の結果を基にして求めてみると図 3.6.15 のようになる．

（5） 長基線ニュートリノ振動実験

人工的に作ったニュートリノを用いてミューニュートリノの振動を検証しようとする実験が 1999 年から 2004 年まで日本で行われた[9]．つくば市の高エネルギー加速器研究機構（KEK）にある 12 GeV 陽子シンクロトロンでミューニュートリノを作り，250 km 飛ばしてスーパーカミオカンデでとらえるという実験である．KEK から神岡へ（to Kamioka）飛ばす実験という意味で，実験の名前は K2K と付けられた．大気ニュートリノ観測によって得られた Δm^2 は数 $\times 10^{-3} \text{eV}^2$ であった．式（3.203）を使えば，250 km 飛んでいく間にニュートリノが振動し始めるためには，ニュートリノのエネルギーが 1 GeV 程度である必要があることがわかる．これはたまたま 12 GeV 陽子シンクロトロンで最も作りやすいエネルギーであった．

K2K 実験の構成図を図 3.6.16 に示す．12 GeV 陽子シンクロトロンでは，2.2 秒を 1 サイクルとして約 6×10^{12} 個の陽子が 12 GeV まで加速される．加速された陽子を 1.1 マイクロ秒の間にシンクロトロンから取り出し，神岡方向に向けるために約 90 度方向を曲げた後，アルミニウムの標的に衝突させた．標的中で陽子との反応によって生まれた π^+ 中間子は 200 m の崩壊トンネルを走る間に $\pi^+ \to \mu^+ + \nu_\mu$ のように崩壊して ν_μ を作る．π^+ を効率よく集めニュートリノの強度を上げるために，「ホーン」と呼ばれるトロイダル状の強磁場を作る装置が標的のすぐ後に置かれている．K2K 実験では作られたミューニュートリノの強度およびそのエネルギースペクトルを KEK に置かれた前置検出器で測定し，SK で観測される数およびスペクトルを予測した．それらを実際に SK で観測された数，スペクトルと比較することによってニュートリノ振動を調べた．前置検出器は 1,000 トンの水チェレンコフ型実験装置，シンチレーターやシンチレーションファイバーを用いた飛跡検出装置，ミュー粒子のエネルギーを測るチェンバーからなる装置である．KEK でビームを発射した時刻は GPS 時計を用いて正確に記録され，スーパーカミオカンデでは観測されるニュートリノ現象 1 つひとつに GPS 時計による時刻が測られており，ビームが神岡に訪れる時刻と一致する現象を選ぶことによって K2K ビームによる現象を選び出した．K2K 実験は 1999 年 3 月から 2004 年 11 月まで行われ，

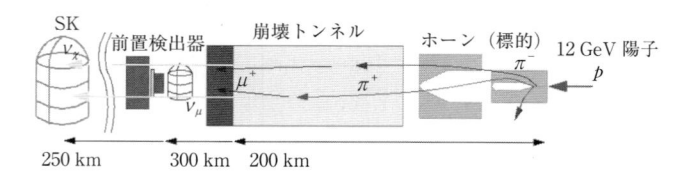

図 3.6.16　長基線ニュートリノ振動実験（K2K 実験）の構成図

3.6 ニュートリノ質量　　　　　　　　　　　　　　　　407

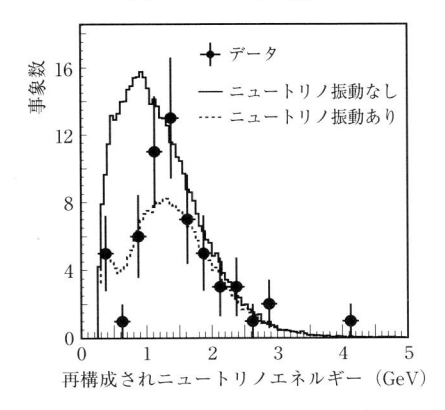

図 3.6.17 K2K 実験において 1 リングミュー粒子現象として観測された現象から求めたニュートリノエネルギー分布（誤差棒付き）
ニュートリノ振動がないとした場合とニュートリノ振動があるとした場合をそれぞれ実線・点線で示した.

その間に総数約 10^{20} 個の 12 GeV 陽子を標的に衝突させた. 前置検出器における測定から予測される SK での現象の数は 155.9 (± 0.3 (統計誤差)$^{+13.6}_{-15.6}$ (系統誤差)) 現象であったが, スーパーカミオカンデで実際観測された現象は 112 個しかなかった. この観測された現象のうち 1 リングのミュー粒子現象は 58 現象であった. これらは主として準弾性散乱による現象として考えられ, その場合には観測されたミュー粒子の方向とエネルギーからニュートリノのエネルギーを見積もることができる. こうして求められたニュートリノのエネルギー分布と前置検出器から予想される分布との比較を図 3.6.17 に示した. 実験データはニュートリノ振動があるとした場合とよく合っている. SK で観測された数とこのニュートリノエネルギー分布から得られた振動パラメーターを図 3.6.18 に示す. K2K 実験によって得られた領域は大気ニュートリノによって得られた領域（図 3.6.8）とよく一致する.

（6）　**原子炉ニュートリノ実験**

原子炉では ^{235}U, ^{239}Pu, ^{238}U, ^{241}Pu などの核分裂反応によって, 反電子ニュートリノ ($\bar{\nu}_e$) が生まれている. 世界の原子炉による発電量は約 1.1 テラワット (10^{12} W) といわれており, そのうちの 152 ギガワット (10^9 W) は日本の原子炉によるものである. 神岡の地下 1,000 m に建設されたカムランド（KamLAND）実験装置は, 原子炉からのニュートリノを使ってニュートリノ振動をとらえることに成功した[10]. 神岡から 130 km から 220 km の範囲には柏崎, 大飯, 高浜, 敦賀, 美浜など世界でも有数の強力な原子力発電所が存在する（図 3.6.19）. この範囲にある原子力発電所の総発電量は 70 ギガワットに上り, 世界の発電量の約 7% に相当する. 素粒子の CPT 対称性から電子ニュート

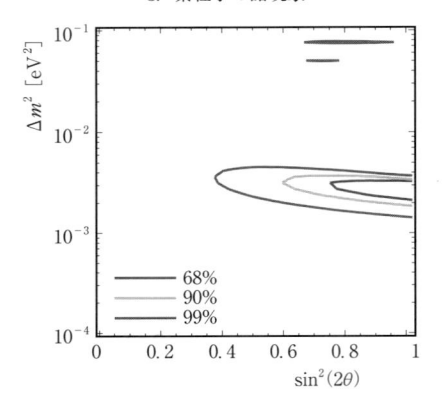

図 3.6.18 K2K 実験によって得られたニュートリノ振動パラメーター
横軸は振動振幅,縦軸は質量の 2 乗の差を示す.

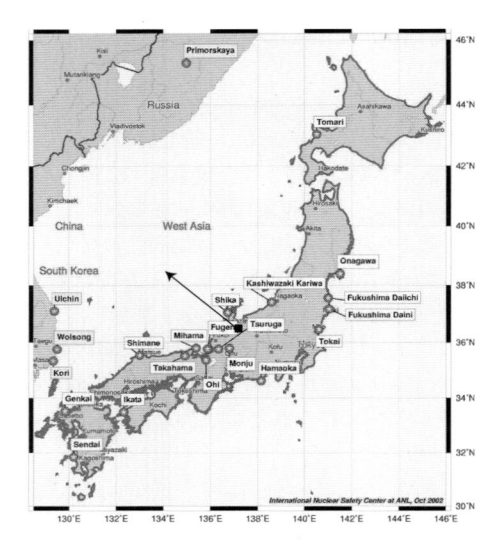

図 3.6.19 日本の原子力発電所
神岡のまわりにはニュートリノ振動に適した距離に
多くの原子力発電所が存在する.

リノの振動 ($\nu_e \to \nu_e$) と反電子ニュートリノの振動 ($\bar{\nu}_e \to \bar{\nu}_e$) とは同等である.太陽ニュートリノによって示唆された Δm^2 と原子炉ニュートリノのエネルギー(数 MeV)とから,原子炉ニュートリノの振動波長は式 (3.203) より 200 km 弱であり,神岡は原子炉ニュートリノ振動実験を行ううえで非常に適した場所であることがわかる.カムランド実験装

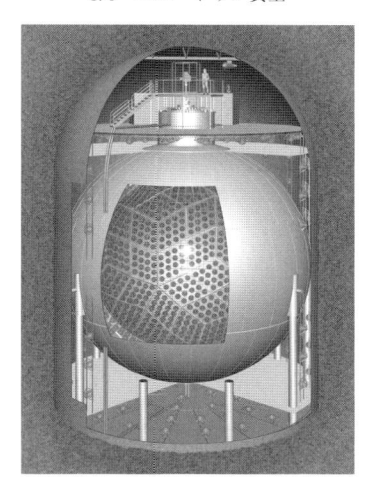

図 3.6.20 カムランド実験装置

置（図 3.6.20）の最も主要な部分はタンクの中心部のバルーンに蓄えられた 1,000 トンの液体シンチレーター（パラフィンオイルのドデカン（$C_{12}H_{26}$）80% とベンゼンの仲間である 1,2,4-トリメチルベンゼン（C_9H_{12}）20% を混ぜた液体に PPO と呼ばれる発光剤を 0.15% 溶かしたもの）である．シンチレーターからの光はまわりに並べられた 1,879 本の直径 50 cm の光電子増倍管（そのうち 1,325 本は有効径が 43 cm の高時間分解能増倍管）によってとらえる．原子炉からの $\bar{\nu}_e$ は液体シンチレーター中で

$$\bar{\nu}_e + p \to e^+ + n \tag{3.212}$$

のように反応し，e^+ がシンチレーション光を発する．中性子は平均的に約 200μ sec の後に陽子に捕獲され，$n + p \to D + \gamma$ 反応によって 2.2 MeV のガンマ線を発生し，それがまたシンチレーション光を発する．このような同期信号をとらえることによって，バックグラウンドと信号とを分離することができる．カムランドは 2002 年 3 月からデータ取得をはじめ，2004 年 1 月までに 258 事象の $\bar{\nu}_e$ 現象を観測した[20]．ニュートリノ振動がないとして仮定した場合に期待される数は 365.2±23.7 事象（うち 7.5 事象はバックグラウンド）であり，観測された数は予想値の 69% しかないことから，ニュートリノ振動によって現象が減っていることから，また，観測された陽電子のエネルギースペクトルを見ると（図 3.6.21），予想されるスペクトルを 69% に減らしたものでは再現することができず，エネルギーによって振動確率が変わるニュートリノ振動による効果を考慮することによって説明できる．このカムランドのデータからニュートリノ振動パラメーターの許される領域を求めると図 3.6.15 のようになり，太陽ニュートリノからの結果とよく一致する．

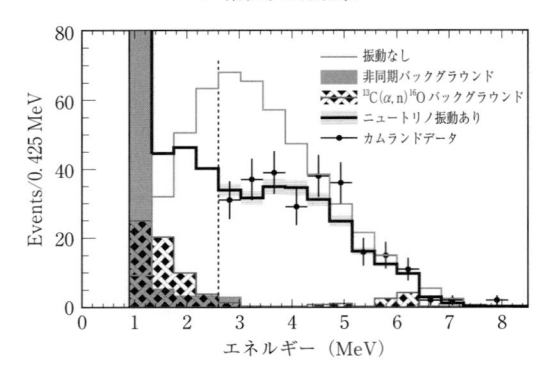

図 3.6.21 カムランドがとらえた原子炉ニュートリノ現象についての陽電子のエネルギースペクトル

観測されたデータはニュートリノ振動を考慮したスペクトルとよく一致する．

（7） ニュートリノ振動のまとめと将来

大気ニュートリノ観測によって，ミューニュートリノからタウニュートリノへの振動が発見され，長基線ニュートリノ実験によってそれが確認された．また，太陽ニュートリノ観測によって電子ニュートリノが他のニュートリノに振動していることがわかり，それは反電子ニュートリノを用いてカムランド実験によって確認された．また，短距離（約1km）で行われた原子炉ニュートリノ実験 CHOOZ では特に有意なニュートリノ振動の結果は得られなかった．こうした実験結果を統合して，MNSP 行列に対する制限（3σ の統計範囲）を示すと

$$|U| = \begin{pmatrix} 0.79-0.88 & 0.47-0.61 & <0.20 \\ 0.19-0.52 & 0.42-0.73 & 0.58-0.82 \\ 0.20-0.53 & 0.44-0.74 & 0.56-0.81 \end{pmatrix} \quad (3.213)$$

となる[21]．質量の2乗の差に関しては，

$$m_{21}^2 = m_2^2 - m_1^2 \quad (3.214)$$
$$m_{32}^2 = m_3^2 - m_2^2 \quad (3.215)$$

が独立な2つの自由度となるが，m_{21}^2 は太陽ニュートリノ，カムランド実験の結果から $\sim 8 \times 10^{-5}\,\mathrm{eV}^2$ であり，m_{32}^2 は大気ニュートリノ，K2K 実験の結果から絶対値が $(2\sim3) \times 10^{-3}\,\mathrm{eV}^2$ であることがわかっている．混合・質量の関係を図示すると図 3.6.22 のようになる．今までの観測では m_{32}^2 の符号が正か負かわかっていないので，図の左に示した「正の階層性」と右に示した「逆転した階層性」のどちらが正しいかは現時点ではわかっていない．

式（3.191）に MNSP 行列を3つの角度と1つの位相を用いて表現したが，その角度に対するデータをまとめる．大気ニュートリノ振動および K2K 実験では θ_{23} が関与し，

3.6 ニュートリノ質量

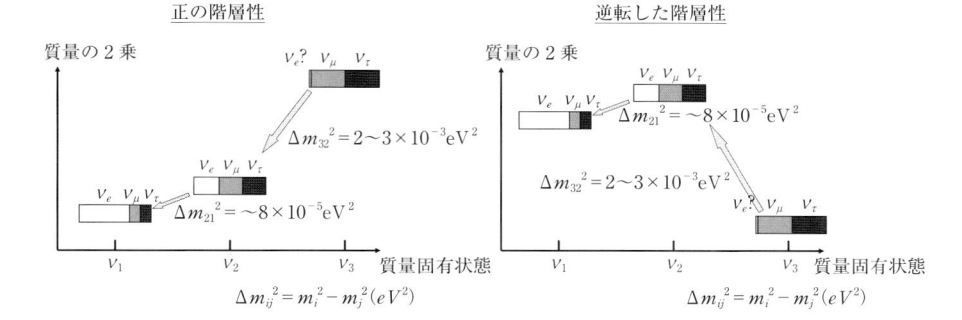

図 3.6.22 大気ニュートリノ観測，太陽ニュートリノ観測，K2K 実験，カムランド実験によって得られたニュートリノ混合と質量に関する情報
左は「正の階層性」の場合を示し，右は「逆転した階層性」の場合を示す．

太陽ニュートリノ振動およびカムランド実験では θ_{12} が関与する．MNSP 行列の 1-3 成分（U_{13}）は上限値しか与えられていないことからわかるように θ_{13} はまだ測定されていない．これらの角度についての測定結果をまとめると

$$\theta_{12}: \sin^2\theta_{12} = 0.30 \pm 0.03$$
$$\theta_{23}: \sin^2(2\theta_{23}) > 0.93 \text{（90\% 信頼度）}$$
$$\theta_{13}: \sin^2\theta_{13} < 0.022 \text{（90\% 信頼度）}$$

東海村に建設されに大強度陽子加速器施設（J-PARC）からスーパーカミオカンデへニュートリノを飛ばす実験（T2K 実験）では θ_{13} の測定を目指している．また，短距離（～km）の原子炉ニュートリノ実験による θ_{13} 実験も建設中である．さらに将来大規模な加速器ニュートリノ実験によって，$\nu_\mu \to \nu_e$ 振動と $\bar{\nu}_\mu \to \bar{\nu}_e$ 振動とを比較することにより，CP 位相 δ を測定することも計画されている．

(8) ニュートリノ質量直接測定実験

ニュートリノ振動の発見によってニュートリノが質量をもつということはわかったが，(1) で述べたようにニュートリノ振動では「質量の 2 乗の差」のみしか観測量に現れないため，質量の絶対値はわからない．この項ではニュートリノの絶対質量を測定しようとする実験について説明するが，まだ実験の感度が十分ではなく測定に成功した実験は存在しない．

i) ミューニュートリノの質量

ν_μ の質量を調べる実験は静止した π^+ の崩壊（$\pi^+ \to \mu^+ + \nu_\mu$）における μ^+ の運動量を精密に測定することで行われている．他の実験によって π^+ の質量は 139.570180 (350) MeV，μ^+ の質量は 105.6583568 (52) MeV とわかっており（括弧内は誤差），ν_μ の質量を調べる実験によって得られた μ^+ の運動量の測定値（29.791998 (110) MeV）から ν_μ の質量の上限値として，

$$m(\nu_\mu) < 1.9 \times 10^5 \, \text{eV}/c^2 \quad (90\% \text{ 信頼度})$$

が得られている[22].

ii) タウニュートリノの質量

ν_τ の質量を調べるには，タウ粒子（質量は 1777 MeV/c^2）の崩壊（$\tau \to \nu_\tau \pi \pi ...$）を利用する．崩壊によって生じる π 中間子の運動量を測定し，エネルギー・運動量保存則から ν_τ の質量を導き出す．ν_τ 質量の感度を上げるためには，なるべく多くの π 中間子へ崩壊するモードを使用する方が有利であり，π が 5 個か 6 個発生する現象を使用する．しかし，その場合，崩壊分岐比が小さいため多量のタウ粒子を使用する必要があり，LEP 電子・陽電子衝突実験のデータが使用された．得られた ν_τ の質量の上限値は，

$$m(\nu_\tau) < 1.82 \times 10^7 \, \text{eV}/c^2 \quad (95\% \text{ 信頼度})$$

である[23].

iii) 電子ニュートリノの質量

ν_e の質量測定には原子核のベータ崩壊が使用される．ベータ崩壊では崩壊前と崩壊後の原子核のエネルギーが決まっているために，崩壊に伴って放出される電子とニュートリノのエネルギーの総和がわかる．したがって，電子のエネルギー分布を測ることによって ν_e の質量を求めることができる．ν_e 質量測定の感度を上げるためには崩壊前後の原子核のエネルギーの差（Q 値）が小さいほど有利であり，また，原子核の質量数は小さい方が理論的な不確定性が少ないことがあり，通常 ν_e の質量測定にはトリチウム（T, ^{3}H; Q 値は 18.2 keV）が使用される．トリチウムは，T $\to$ ^{3}He + e$^-$ + $\bar{\nu}_e$ のように崩壊するが，電子のスペクトルはニュートリノの質量（m_ν）を仮定した場合，以下のように書ける．

$$\frac{dN}{dE} = A \cdot F(E, Z+1) \cdot p \cdot (E + m_e) \cdot (E_0 - E) \cdot \sqrt{(E_0 - E)^2 - m_\nu^2} \quad (3.216)$$

ここで，E_0 は上記の Q 値にあたりエンドポイントエネルギーと呼ばれる値，E, p, m_e は電子の運動エネルギー，運動量，質量，$F(E, Z+1)$ はフェルミ関数と呼ばれる電磁気力によるスペクトルの歪みを表す関数，A は定数である．(1)項で述べたようにニュートリノに混合がある場合には，電子ニュートリノは質量の固有状態の重ね合わせになる．したがって，電子ニュートリノの質量は固有の値をもたないので，トリチウムの崩壊スペクトルを求めるには式 (3.216) をそれぞれの質量の固有状態について計算し，混合行列要素の 2 乗の重みをかけて足しあげることになる．しかし，実験装置のエネルギー分解能がニュートリノの質量の差に比べて十分悪い場合には（実際にはそうである），式 (3.216) の m_ν^2 の部分に以下の値を用いてよい．

$$m_\nu^2 = \sum_i |U_{ei}|^2 m_i^2 \quad (3.217)$$

崩壊電子のスペクトルをエンドポイント近傍に拡大して表示すると図 3.6.23 のようになる．図の縦軸は $\sqrt{\dfrac{N}{F \cdot p \cdot (E + m_e)}}$ を表示しており（このような表記をカリー（Kurie）

3.6 ニュートリノ質量

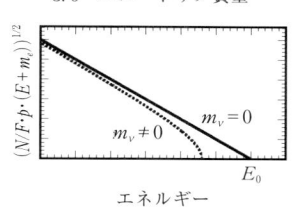

図 3.6.23 トリチウム崩壊の電子のエネルギー分布
縦軸は $\sqrt{\dfrac{N}{F \cdot p \cdot (E+m_e)}}$ にとってあり，ニュートリノの質量がゼロだと直線になるが，質量があると手前で折れ曲がる．

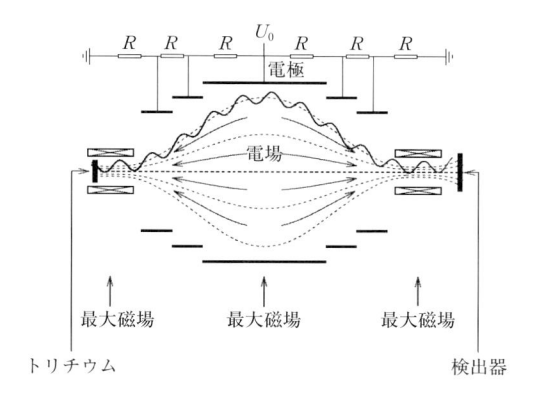

図 3.6.24 MAC-E-Filter タイプ高精度検出器

プロットと呼ぶ)．ニュートリノの質量がゼロだと直線になるが，質量があるとエンドポイントの手前で折れ曲がる．

　トリチウム崩壊実験は，高分解能スペクトロメータなどを用いて日本を含む世界各地で行われてきたが，近年は MAC-E-Filter タイプと呼ばれる高精度検出器が数電子ボルト程度のニュートリノ質量の上限値を与えている．MAC-E-Filter とは Magnetic Adiabatic Collimation followed by an Electrostatic Filter の略であり，図 3.6.24 に装置の仕組みを示した．装置の両サイド（トリチウム線源側，検出器側）にはコイルにより強い磁場が作られており，両サイドでは磁力線は絞り込まれ真ん中では広がっている．また，装置のまわりには何段階かの電極が付けられており，装置の中央部分に向かって電子は減速され，もし電子のエネルギーが中央の電極の電位（U_0）よりも大きい場合には中央部以降は加速されて検出器に向かう．電子のエネルギーが U_0 よりも小さい場合にはトリチウム線源側に戻されてしまい検出器には届かない．磁場によって，電子は磁力線に巻き付くように運動するため，線源の近傍で磁力線に対して横方向の運動量成分があっても中央部分では縦方向の運動量に移行してしまう．そのため崩壊電子をより

多く集めることができるとともに,エネルギーの分解能をよくすることもできる.この装置では閾値となるエネルギー U_0 以上の積分カウント数を数えることになるので,U_0 を変えながら計測し,エンドポイント近傍のスペクトルを測定する.MAC-E-Filter タイプの実験装置は,ロシアの Troitsk 実験[24],ドイツの Mainz 実験[25]があり,どちらの実験とも電子ニュートリノ質量の上限値として,

$$m(\nu_e) < 2.2 \,\mathrm{eV}/c^2 \quad (95\%\,信頼度)$$

という結果を得ている.ドイツのカールスルーエには $0.2\,\mathrm{eV}/c^2$ の感度をもつ MAC-E-Filter タイプの実験装置(KATRIN 実験)が建設中である. (中畑雅行)

参考文献

1) F. Reines and C. L. Cowan, Phys. Rev. **92** (1953) 830.
2) M. Goldhaber, L. Grodzins and A. W. Sunyar, Phys. Rev. **109** (1958) 1015.
3) G. Danby et al., Phys. Rev. Lett. **9** (1962) 36.
4) M. L. Perl et al., Phys. Rev. Lett. **35** (1975) 1489.
5) DONUT Collaboration (K. Kodama et al.), Phys. Lett. **B504** (2001) 218.
6) Super-Kamiokande Collaboration (Y. Fukuda et al.), Phys. Rev. Lett. **81** (1998) 1562.
7) Super-Kamiokande Collaboration (S. Fukuda et al.), Phys. Rev. Lett. **86** (2001) 5651.
8) SNO Collaboration (Q. R. Ahmad et al.), Phys. Rev. Lett. **87** (2001) 071301.
9) K2K Collaboration (M. H. Ahn et al.), Phys. Rev. Lett. **90** (2003) 041801.
10) KamLAND Collaboration (K. Eguchi et al.), Phys. Rev. Lett. **90** (2003) 021802.
11) S. P. Mikheyev and A. Y. Smirnov, Sov. Jour. Nucl. Phys. **42** (1985) 913 ; L. Wolfenstein, Phys. Rev. **D17** (1978) 2369.
12) KAMIOKANDE-II Collaboration (K. S. Hirata et al.), Phys. Lett. **B205** (1988) 416.
13) J. N. Bahcall and M. H. Pinsonneault, Phys. Rev. Lett. **92** (2003) 121301.
14) R. Davis, Jr. et al., Phys. Rev. Lett. **20** (1968) 1205.
15) KAMIOKANDE-II Collaboration (K. S. Hirata et al.), Phys. Rev. Lett. **63** (1989) 16.
16) V. Gavrin, Nucl. Phys. **B** (Proc. Suppl.) **91** (2001) 36 ; J. N. Abdurashitov et al., Phys. Lett. **B328** (1994) 234.
17) E. Bellotti, Nucl. Phys. **B** (Proc. Suppl.) **91** (2001) 44 ; W. Hampel et al., Phys. Lett. **B388** (1996) 364 ; P. Anselmann et al., Phys. Lett. **B342** (1995) 440.
18) Super-Kamiokande Collaboration (S. Fukuda et al.), Phys. Lett. **B539** (2002) 179.
19) SNO Collaboration (Q. R. Ahmad et al.), Phys. Rev. Lett. **89** (2002) 011301 ; SNO Collaboration (S. N. Ahmed et al.), Phys. Rev. Lett. **92** (2004) 181301 ; nucl-ex/0502021.
20) KamLAND Collaboration (T. Araki et al.), Phys. Rev. Lett. **94** (2005) 081801.
21) M. C. Gonzalez-Garcia, Phys. Scripta T121, 72-77 (2005).
22) K. Assamagan et al., Phys. Rev. **D53** (1996) 6065.
23) R. Barate et al., Eur. Phys. J. **C2** (1998) 3.
24) V. M. Lobashev, Nucl. Inst. and Meth., **A240** (1985) 305.
25) C. Weinheimer, Nucl. Phys. **B** (Proc. Suppl.) **118** (2003) 279.

b. 二重ベータ崩壊

原子核が電子を2つ同時に放出して2個の中性子を同時に陽子に変換する過程を指す.終状態のレプトン数によって2つのタイプに分類される.初状態と終状態の原子核

3.6 ニュートリノ質量

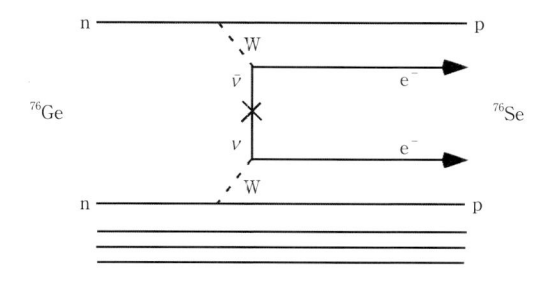

図 3.6.25 0ν 二重ベータ崩壊のファインマングラフ
放出された反ニュートリノがニュートリノに×の点でマヨラナ質量により転換することで吸収され，結果的にニュートリノが放出されない．

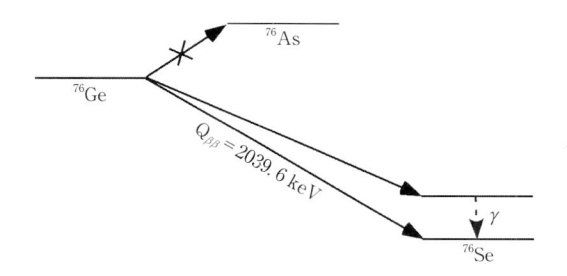

図 3.6.26 ^{76}Ge の二重ベータ崩壊時のエネルギーの関係

を N_i と N_f で表すと，1つは

$$^A_Z N_i \to ^A_{Z+2} N_f + 2e^- + 2\bar{\nu}_e \tag{3.218}$$

と表されるニュートリノを2つ放出する過程で，2ν 二重ベータ崩壊と呼ばれる．ベータ崩壊が2回同時に起こる標準理論（電弱相互作用を記述する基礎理論）の2次の摂動の過程である．もう一方は

$$^A_Z N_i \to ^A_{Z+2} N_f + 2e^- \tag{3.219}$$

と表されるニュートリノを放出しない 0ν 二重ベータ崩壊である．0ν 二重ベータ崩壊は終状態に電子を2個放出するが，ニュートリノは放出しないためにレプトン数が2増えており，レプトン数非保存の過程である．この過程は標準理論では許されていない．この過程をファインマングラフで表すと図 3.6.25 のようになる．

二重ベータ崩壊は，非常に崩壊率の小さな過程であるので，ベータ崩壊などの他の崩壊がエネルギー的にあるいは実質的に禁止されている場合に観測可能になる．^{76}Ge のエネルギー準位の関係を図 3.6.26 に示す．中間の ^{76}As はエネルギー的に ^{76}Ge より高いので，ベータ崩壊は禁止されている．ベータ崩壊は質量数（陽子数と中性子数の和）が同じ原子核間の遷移である．陽子と中性子の数がほぼ同程度の原子核が安定で，かつそ

れぞれが偶数の場合がより安定であるので，こういったエネルギー関係は陽子数と中性子数がともに偶数の一部の原子核に実現される．さらに実験で観測可能な崩壊率をもつものは，解放されるエネルギーである Q 値の大きな原子核に限られるので，研究が進められている二重ベータ崩壊核は ^{48}Ca, ^{76}Ge, ^{82}Se, ^{100}Mo, ^{116}Cd, ^{130}Te, ^{136}Xe, ^{150}Nd などで，10 程度である．なお，陽電子を放出して陽子を中性子に変える過程も同様にある．しかし，一般的に崩壊率が小さく，研究例が少ないことと，本質的に同じ議論になるのでここでは割愛する．

標準理論はニュートリノに関連する部分に矛盾が生じてきており，その枠組を超える 0ν 二重ベータ崩壊は実験的研究で発見の可能性が高まっていると考えられる．標準理論ではニュートリノは質量をもたず，左巻きのニュートリノのみが存在し（右巻きは反ニュートリノ），その結果パリティ（P）と荷電共役（C）が破れるという弱い相互作用の特徴が生じる．しかし，最近の振動実験でニュートリノは質量をもつことが示された．

ニュートリノが質量をもつと2つ可能性が考えられる．素粒子で物質を構成する粒子はクォークとレプトンであるが，ニュートリノを除く粒子はすべて電荷をもち，ディラック方程式で記述されるディラック粒子である．ψ をニュートリノの消滅演算子として，ディラック質量項は $m_D \bar{\psi}_R \psi_L$ と右巻き粒子と左巻き粒子の積で与えられる．左巻き，右巻きはカイラリティと呼ばれ，粒子の進行方向に対するスピンの向きで決まる．進行方向へのスピンの成分は保存するが，粒子が質量をもつ場合，より速く走る座標系が存在する．そこから見ると進行方向は逆転するが，スピンは変化しないので，カイラリティが逆転する．つまりディラック質量はスピン 1/2 の粒子が特殊相対論の座標変換でどう見えるかで決まっている．

一方，ニュートリノがマヨラナ粒子の場合は左巻きの粒子が右巻きに逆転する特殊相対論の条件は同じだが，右巻きを左巻きの反粒子とすることが決定的に異なる．つまり，$m_L \bar{\psi}_L^c \psi_L$ と左巻きの粒子とその反粒子を結ぶ形で左巻き粒子の質量項が構成できる．これをマヨラナ質量と呼ぶ．この結果，マヨラナ粒子は左巻き粒子と右巻き粒子に別々の質量を与えることが可能になる．

粒子と反粒子を結ぶ質量項は当然ながら粒子数の保存則を破る．他の素粒子である荷電レプトンとクォークの場合は電荷をもっているので，粒子と反粒子を結ぶ項が電荷の保存則で禁止される．よってマヨラナ質量をもつ可能性はニュートリノだけに許される．

ニュートリノがマヨラナ粒子であれば，現実の世界に左巻きのニュートリノしか知られていない事実を右巻きのニュートリノが極端に重いためと考えることができる．この質量を M_R とおく．ディラック質量 m_D はニュートリノも他のクォークやレプトンと同程度と考えることが自然とすると，左巻きのニュートリノの質量 m_L を $m_L \sim \dfrac{m_D^2}{M_R}$ と表すことができる．右巻きニュートリノ質量は統一理論のエネルギー領域（10^{15} GeV）にあると考えるのが自然なので，左巻きニュートリノが他の荷電レプトンやクォークに比較して極端に軽いことを自然に説明できる．これがシーソー機構と呼ばれている理論で，

柳田と Gell-Mann らによって提案された．振動実験が示唆するニュートリノの小さな質量が統一理論で説明されることになる．

　ニュートリノがマヨラナ粒子で，レプトン数の保存則が破れていると，それに CP の破れを組み合わせると，宇宙が物質優勢になったことをレプトン数生成から説明できる．宇宙が統一理論のエネルギースケールを通過するとき，マヨラナ粒子である右巻きニュートリノがレプトン数を保存せず，また，CP の破れが反レプトンを少しだけ（〜10^{-10}）優勢にする．この宇宙初期にできたレプトン数の微小な差がその後の高温宇宙での弱い相互作用でバリオン数の差に転化され，現在のような物質優勢の宇宙が誕生する．このシナリオはレプトジェネシスと呼ばれている．

　弱い相互作用が $\bar{l} \leftrightarrow qqq$ という反レプトンをバリオンに転換する過程はインスタントン効果で引き起こされることが知られている．これはト・フーフトによって示された．この結果レプトン数（L）とバリオン数（B）が独立な保存量ではなく，$B-L$ が保存量となる．ただしインスタントン効果による転換率は現実には無視してよいほど小さいので，陽子は弱い相互作用では崩壊しないことが知られていた．しかし，宇宙初期の高温の世界ではこの過程は自由に起こり，過剰な反レプトンがバリオン（物質）に転換する．よってレプトン数非保存の過程とレプトン側での CP の破れが証明されればレプトジェネシスのシナリオが完成する．0ν 二重ベータ崩壊の検証ができればニュートリノがマヨラナ粒子でレプトン数の保存則が破れていることを確認できる．

　0ν 二重ベータ崩壊の崩壊率（寿命の逆数）は

$$[T^{0\nu}]^{-1} \propto PV M_{NM}^2 \langle m_{\beta\beta} \rangle^2 \tag{3.220}$$

と表すことができ，ニュートリノの有効質量（$\langle m_{\beta\beta} \rangle$）と核列要素（$M_{NM}$）と位相空間の体積（$PV$）で決まる．ニュートリノは種の間に混合があるので有効質量は混合のマトリックス（U_{ei}）と固有のマヨラナ位相（α）を用いて

$$\langle m_{\beta\beta} \rangle = \sum_i |U_{ei}|^2 m_{\nu_i} e^{i\alpha_i} \tag{3.221}$$

で与えられる．この 2 乗が崩壊率を決めるので，ニュートリノのマヨラナ質量を 1 桁小さい領域まで探索しようとすると寿命の感度を 2 桁上げなければならない．

　二重ベータ崩壊の観測は最初ベータ崩壊でパリティの破れを発見したウーらによって ^{48}Ca に対して行われた．そこでは濃縮された約 10 g の ^{48}Ca が用いられた．2ν 二重ベータ崩壊は観測されたが，0ν 二重ベータ崩壊は観測されなかった．一方，地質学的な方法も使われた．二重ベータ崩壊核の ^{130}Te は ^{130}Xe に崩壊する．鉱石中の ^{130}Xe を調べると大気中の Xe の同位体比から大きくずれていることがある．これは ^{130}Te が長時間かけて ^{130}Xe になり，鉱石中に閉じ込められたためと考えられる．生成年代のわかっている鉱石中の ^{130}Xe を質量分析器で調べ，寿命が求められた．この方法では 2ν と 0ν を分けることはできないので，特に 0ν 二重ベータ崩壊に興味の中心がある最近の研究では電子のエネルギースペクトルを観測する方法が主流である．2ν 二重ベータ崩壊では，開放されるエネルギー（Q 値）がニュートリノにも配分されるが，0ν 二重ベータ崩壊では電子にのみ配分される．2 電子のエネルギー和を測定して，Q 値にピークが観測で

きれば，0ν 二重ベータ崩壊が検証できたことになる．

　二重ベータ崩壊の観測には二重ベータ崩壊核の線源と電子を測定する検出器を必要とする．検出器が線源を兼ねるタイプと検出器と線源が独立なタイプがある．前者のタイプの実験として ^{76}Ge の研究がある．自然存在比 8% の ^{76}Ge を 80% 程度にまで濃縮した Ge で半導体検出器を作り，電子の全エネルギーを観測するハイデルベルグ・モスクワ (HDM) 実験が 2005 年の段階で約 10 kg の ^{76}Ge を用いた世界で最もよい感度を達成しており，ニュートリノ質量にして 0.3 eV より小さい値が得られている．一方で同じデータを解析することで 0ν 二重ベータ崩壊を観測し，ニュートリノが 0.4 eV 程度の質量をもつことを示したとの報告もあり，混沌としている．

　より小さなニュートリノの質量領域を探索するために世界中で HDM 実験を超える実験が進行中ないし，計画中である．実験の鍵は 3 点にまとめられる．(1) 大量の二重ベータ崩壊核を用意し，(2) Q 値領域の放射線のバックグラウンドを減少させ，(3) エネルギー分解能を向上させて 2ν 二重ベータ崩壊からの寄与をなくす．ニュートリノの質量として 0.1 eV 程度まで探れれば 3 種のニュートリノがほぼ同じ質量をもつ縮退した可能性を検証できる．また 0.03 eV 程度まで研究できれば，逆転階層性（電子ニュートリノがいちばん重い）の可能性まで検証できる．世界の大型将来計画はこのあたりを目標においている．0.001 eV 程度まで探れれば順の階層性（電子ニュートリノがいちばん軽い）の場合を含めて探索が可能と考えられるが，そこまでの実験計画はまだ提案されていない．

　現在進行中の実験で HDM 実験に迫り，超える可能性のあるのは，^{100}Mo を研究するフランスを中心とする NEMO III 実験と，^{128}Te を研究するイタリアを中心とする CUORECINO 実験である．NEMO III 実験は線源と検出が異なるタイプでドリフトチェンバーで磁場中の電子の飛跡を追う装置である．CUORECINO 実験はボロメーターで，微小な温度変化でエネルギーを測定する．

　HDM を大きく超える多くの次世代計画も提案されている．^{76}Ge を用いるものとして，欧州を中心とする GERDA 計画と米国を中心とする MAJORANA 計画がある．どちらも濃縮した ^{76}Ge をトンのオーダー用意し，放射線検出器として最もよいエネルギー分解能をもつ Ge 検出器を製作するものである．日本では最大の Q 値をもつことで最もバックグラウンドに強い特徴をもつ ^{48}Ca を研究する CANDLES 計画が進行中である．CANDLES 計画では CaF_2 結晶の光学特性を利用して数トンに達する大型検出器を製作する．その他 ^{100}Mo の MOON 計画，^{150}Nd の DCBA 計画，^{136}Xe の EXO 計画・Kamland 計画・XMASS 計画などの実験が将来の研究に向けて技術開発にしのぎを削っている．

　なお，ニュートリノの研究に関して米国物理学会が研究の現状と今後のまとめを作っており，以下の URL で見ることができる．

http://www.aps.org/policy/reports/multidivisional/neutrino/

二重ベータ崩壊とニュートリノの質量の研究の現状と参考文献が網羅されている．

(岸本忠史)

3.7 標準模型を超える物理現象

a. 陽子崩壊

　素粒子の標準理論は，1970〜80年代に数々の実験によって検証されていった．それとともに，理論的な不完全さも認識され，素粒子の標準理論を超える物理を探索する動きが活発になった．1970年代の中頃，電磁相互作用，弱い相互作用，強い相互作用を統一するいわゆる「大統一理論」[1]が提唱された．われわれが直接加速器実験などで測定している力の強さを，理論的に予言されている力の強さのエネルギー依存性を考慮して外挿していくと，力の統一は現在の加速器で到達できるエネルギーより10桁以上も高い超高エネルギーで起こっているであろうと計算できる．また，力の統一が起こるエネルギーではクォークとレプトンの変換が他の反応と同様の頻度で起こる．では，大統一のエネルギーよりはるかにエネルギーの低いわれわれの住む世界ではこのような反応は決して起こらないのかというと，そうではない．量子効果によって，超高エネルギーの世界の現象もごくまれには起こりうる．このごくまれに起こると予想されている現象が陽子崩壊である．陽子の内部は，ごく大雑把に言えば，アップクォーク2個とダウンクォーク1個からできている．これらの3個のクォークのうち2個が相互作用してまれに反レプトンと反クォークになりうるのである．そして反レプトンは陽子の内部から飛び出し，また反クォークは残ったクォークと結合して中間子を形成する．すなわち，陽子が崩壊して陽電子とπ^0中間子になりうるのである．これをファインマン図で書けば，図3.7.1のようになる．中間状態で交換されているのが大統一理論で予言される非常に重いゲージ粒子で，その質量は大統一のエネルギーと同程度である．

　さて，大統一のエネルギーとそのときの力の強さがわかれば図3.7.1のような陽子崩壊が起こる頻度は計算可能である．実際SU(5)という最も単純な大統一理論[1]を仮定して，1980年当時，大統一のエネルギーと陽子の寿命を計算してみると，それぞれ約$10^{14〜15}$ GeV，約$10^{30±2}$年であった[2]．また，主にどのような粒子に崩壊するはずかも計算でき，それによれば陽子は主に図3.7.1に書いたように陽電子とπ^0中間子に崩壊すると予言された．同様の理由で原子核内部に存在する中性子も同程度の寿命で崩壊する

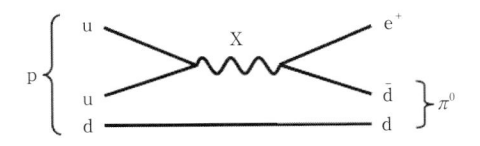

図3.7.1　ゲージ粒子によって媒介される陽子崩壊

はずである.

　もし，1,000 トンの物質を観測すれば，その中には 6×10^{32} 個の核子（あるいは典型的な物質なら約 3×10^{32} 個の陽子）が存在する．したがって，もし，核子（陽子）の寿命が 1×10^{30} 年なら 1,000 トンの物質中で，1 年間に 600（300）の核子（陽子）崩壊が起こるはずである．これは観測可能である．このような背景で 1980 年頃から陽子の崩壊を探索する実験が始まった．もちろん，このような頻度で起こる陽子の崩壊を発見するのには 1,000 トンの物質は必要ないかもしれない．一方，上記理論計算の誤差を考えるならば 1,000 トンはぎりぎりである可能性もある．そこで，各実験グループの方針により，100 トン程度から 3,000 トン程度までの実験が 1980 年代前半に始まった．ここでは 1 つひとつの実験についての説明は省くが，大まかにいって 2 種類の実験のタイプが存在した．1 つは鉄を陽子源とし，鉄板と粒子検出器をサンドイッチ状に何重にも重ねたタイプの測定器で，陽子崩壊で生成された粒子の飛跡が直接観測できる[3～6]．ただし，粒子検出器の数は装置の体積に比例して増えるので非常に大きい測定器を製作するにはコストの問題が出てくる．実際このタイプの陽子崩壊実験装置は最大でも約 1,000 トンであった．もう 1 つのタイプの測定器は水を陽子源とし，水中で陽子崩壊が発生し，その結果発生した高速の粒子が発生するチェレンコフ光を装置の表面に 2 次元的に設置した光電子増倍管でとらえるタイプである[7～9]．粒子の飛跡の 3 次元情報を 2 次元面上の測定器で記録するため，必要になる光電子増倍管の数は体積に比例して増えるわけではなく，大きな測定器が限られたコスト内で建設可能である．実際今まででいちばん大きい陽子崩壊実験装置（スーパーカミオカンデ）[9]は総重量 5 万トンである．

　具体的にはどのような方法で陽子崩壊を探すのだろうか．陽子崩壊の特徴をあげてみると，まず，陽子崩壊は観測している陽子のどれかがある時自発的に崩壊するので，一様な物質であれば，その発生点は体積内で一様に分布しているはずである．また，崩壊する陽子は止まっているのでその崩壊生成粒子の運動量の和は 0，不変質量は陽子の質量と同じになるはずである．ただ細かいことを言えば，陽子は原子核内で 200 MeV/c 程度のフェルミ運動によって動いており，解放されるエネルギーも原子核の効果で数十 MeV 程度違ってくることが予想される．また，原子核内の陽子崩壊で生成された中間子は原子核外に到達する前に原子核内の核子と相互作用をする可能性がある．陽子の崩壊を探す際にはこれらのことを考慮する必要がある．

　次にバックグラウンドについて考えてみる．ここで，陽子崩壊信号の全エネルギーを陽子の静止質量と同じ約 940 MeV としよう．すると，このようなエネルギーを放出する可能性のあるバックグラウンドは宇宙線である．いま，陽子崩壊の測定器を地上に設置したとしよう．もし，立方体の形をした測定器の上面の面積が 100 m^2 ならこの面に入射する宇宙線の頻度は毎秒 18,000 ほどであり，非常にまれな現象を探す実験にとってはひどく煩わしいものとなる．この宇宙線の影響を少なくするため，陽子崩壊実験は地下で行われることになる．たとえば地下 1,000 m では宇宙線は非常に高エネルギーのミューオンを除いて途中で止まり，約 5 桁その強度が減少する．この程度の頻度にな

れば，宇宙線と陽子崩壊を区別することは容易になる．特に陽子崩壊が測定器内部の物質中で発生するのに対し，宇宙線ミューオンは外部から入射するので陽子崩壊の発生点を測定器内部に限ることにより，明確な区別が可能である．

しかし，バックグラウンドはこれだけではない．宇宙線は大気に入射した際に大気の原子核と相互作用をし，これらの相互作用で生成されたπ中間子やK中間子が大気中で崩壊してニュートリノを生成する．これらは大気中で生成されるため大気ニュートリノと呼ばれる．この大気ニュートリノが岩盤，あるいは地球を貫いて測定器まで飛来し，測定器内で相互作用をすることがある．宇宙線ミューオンの場合は粒子が外部から入射したことさえ測定できれば，陽子崩壊との区別は明確であった．しかし，ニュートリノは相互作用するまで測定が不可能である．したがって，粒子の発生点を測定することでは陽子崩壊との区別は不可能である．唯一の区別の方法は，相互作用で生成された粒子の運動量，エネルギー，粒子の種類を測定して陽子崩壊と区別することである．先ほども述べたが，陽子崩壊は原則として全生成粒子の運動量の合計は0であり，一方，ニュートリノ相互作用の生成粒子の全運動量は，ニュートリノの運動量と等しくなり，0ではないはずである．いずれにしても，陽子崩壊と大気ニュートリノを区別して陽子崩壊を探し出すためには事象中の各粒子について精密な運動学的情報を測定できる必要がある．

1980年代の実験からは，これは陽子崩壊の候補かもしれないという結果事象がいくつか報告されたものの，すべての実験結果が一致して陽子崩壊の存在を示すような結果は得られず，最終的な結果としては，陽子の寿命の下限値が得られただけであった．その値は陽子が陽電子とπ^0中間子に崩壊するとした場合，全実験を合わせればほぼ10^{33}年以上であった．これは先に紹介した理論の予言と矛盾していた．

一方，加速器実験で力の結合定数の測定の精度が上がっていった．その結果，単純に力の結合定数を標準理論の枠組で高エネルギーまで外挿していくと，3力の結合定数が1点で交わらない，つまり3力の統一が1点で起こらないことが判明してきた．また，大統一理論の理論的研究が進むとともに，電磁力と弱い力の統一のエネルギースケールと大統一のエネルギースケールという10桁以上違うエネルギースケールが単純な大統一理論の枠組の中で安定に存在することは，非常に難しいこともわかってきた．これらの困難はフェルミオンとボソンの間の対称性を記述する超対称理論を大統一理論の枠組に入れることで解決された[10]．このように超対称大統一理論は非常に魅力的であるが，力の統一が起こるエネルギーが，10^{16} GeV程度と超対称性を入れていなかった昔の大統一理論と比べて1桁以上も上昇した．ところで，陽子崩壊が図3.7.1のような過程でゲージ粒子を介して起こるとすると，陽子の寿命はゲージ粒子の質量の4乗に比例する．つまり，大統一のエネルギーが1桁以上も上がるということは陽子の寿命の予言が4桁以上も上がることを意味する．実際，超対称大統一理論で計算した現在の陽子の寿命の予言値は10^{35}年程度である．この予言値は上記の実験値と矛盾しない．

それとともに，超対称性を取り入れた大統一理論では図3.7.2に示したようなプロセ

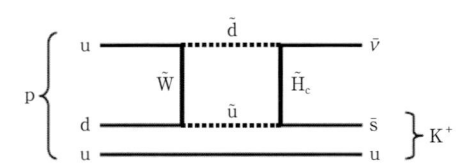

図 3.7.2 超対称大統一理論で起こりうる陽子崩壊
図中 "~" を付けた粒子は超対称粒子.

スによって陽子の崩壊が起こる. 陽子中の2個のクォークが中間状態で2個の超対称性粒子になり, さらにそれらの粒子が反レプトンと反クォークになり陽子が崩壊するのである. これらの理論に特徴的なことは, 陽子の主な崩壊形式が反ニュートリノとK中間子となることである. この場合, 陽子の寿命は大統一のエネルギーの2乗に比例し, 超対称性を入れたSU(5)理論の理論計算による寿命は約 10^{32} 年以下である. 陽子が陽電子と π^0 中間子に崩壊する場合と比べて計算された寿命は短い. つまりこの理論によれば陽子が崩壊するなら陽子は主に反ニュートリノとK中間子に崩壊する.

以上述べてきたように, 陽子崩壊は力の大統一の証拠となり, 陽子の寿命は大統一理論のエネルギースケールを決定するうえで重要である. また陽子の崩壊モードを同定することは陽子崩壊を引き起こすメカニズムを教えてくれる. このような理由で陽子崩壊実験は重要であり, その探索は現在でも続けられている. ここでは現在最も陽子崩壊に対する感度が高いスーパーカミオカンデ実験を例にとって陽子崩壊の探索の現状をまとめたい.

まず, 陽子が陽電子と π^0 中間子に崩壊する場合を考えてみる. π^0 中間子は 10^{-16} 秒の寿命で2個のガンマ線に崩壊する. 陽電子, ガンマ線はすべて物質中で電磁シャワーを起こす. したがって探索は, 3個の電磁シャワーがあり (ただし, 1本のガンマ線のエネルギーが低く観測できない場合があるので実際には2または3個の電磁シャワーの検出を要求する), それらの運動量, エネルギーから全運動量が0と矛盾しないこと (具体的には, $250\,\mathrm{MeV}/c$ 以下), また, 全不変質量が陽子と矛盾しないこと (具体的には 800 から $1050\,\mathrm{MeV}/c^2$) を要求する. また, もし3個の電磁シャワーが観測されている場合には, そのうちの2個の電磁シャワーから求めた不変質量が π 中間子のものと矛盾しないことも要求する. 図 3.7.3 にデータの全質量と全運動量の2次元プロットを示す. 図下方やや右よりに書かれている線が陽子崩壊の信号の領域である. 信号領域にはデータ点はまったくなく, これより今までのスーパーカミオカンデ約5年分に相当するデータ中には陽子が陽電子と π^0 中間子に崩壊した証拠はないことは明らかである.

一方, この期間に予想される大気ニュートリノのバックグラウンドは 0.2 事象, また, 陽子崩壊のモンテカルロ事象より検出効率は 40% と評価される. 以上より, 陽子の寿命の下限が求められ, 現在までのところ陽子が陽電子と π^0 中間子に崩壊するとした場合の陽子の寿命の下限は 5.4×10^{33} 年である[9,11].

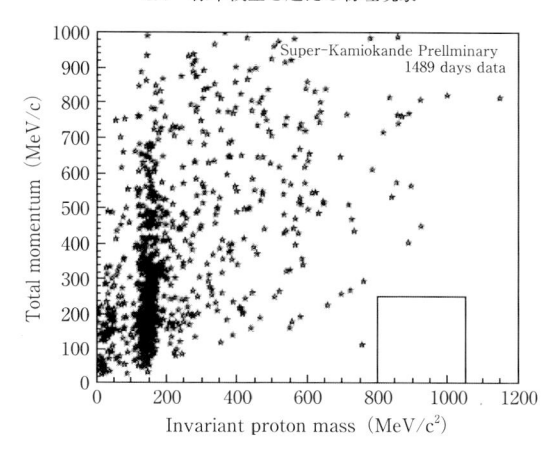

3.7 標準模型を超える物理現象　　　　　　　　　　　　　423

[図: Super-Kamiokande Preliminary 1489 days data. 横軸 Invariant proton mass (MeV/c²), 縦軸 Total momentum (MeV/c)]

図 3.7.3　スーパーカミオカンデにおける陽子の陽電子とπ^0への崩壊の探索．右下の陽子崩壊の領域にはデータは存在しない．

次に陽子が反ニュートリノとK^+中間子に崩壊する場合を考える．この場合には終状態にニュートリノを含むため，陽子の運動量と不変質量を再構成することはできない．さらに水チェレンコフ測定器の場合，陽子崩壊で生成されたK^+中間子も粒子の速度がチェレンコフ光を放出する閾値以下であり，直接測定できない．結局，今考えている崩壊様式の場合，陽子崩壊の探索は陽子崩壊で予想されるような低エネルギーのK^+中間子が生成されたことをK^+中間子の崩壊生成物を探索することで調べることになる．K^+中間子は63%が$\nu+\mu^+$への崩壊なので，例としてこの崩壊様式を調べる．陽子崩壊で生成されたK^+は物質中を走るとすぐにエネルギーを失って止まる．その後νとμ^+に2体崩壊するのでμ^+の運動エネルギーは一定である．したがって陽子崩壊の探索は236 MeV/cの単色運動量をもったミューオンを探すことになる．ただし，大気ニュートリノ相互作用で生成されるミューオンのエネルギーは連続分布をしているものの，数が多いので陽子崩壊の事象が少ない場合には大きな問題になる．そこでスーパーカミオカンデでは，陽子崩壊と大気ニュートリノ相互作用の結果生成されたミューオン事象の区別を行っている．酸素原子核中で陽子崩壊が起こったとすると，陽子が崩壊した後の原子核は窒素15の励起状態にある．多くの場合励起状態にある原子核はガンマ線（あるいは中性子なども）を放出してすぐに基底状態に遷移する．ところでこのガンマ線は典型的には6 MeVのエネルギーをもち水チェレンコフ検出器で測定可能であり，また，ガンマ線とK^+中間子が崩壊して生成されたミューオンの時間差はK^+中間子の寿命に相当する．一方，ニュートリノ相互作用でもニュートリノ相互作用後の原子核は励起状態にあるが，ミューオンがニュートリノ相互作用で直接生成されるためガンマ線とミューオンは同時刻に観測される．したがって，まずガンマ線が観測され，そのあと

ミューオンが観測されるべしという条件を課すことにより,ほとんどのニュートリノ相互作用事象は陽子崩壊と区別される.実際スーパーカミオカンデでは検出効率8.6%,予想される大気ニュートリノのバックグラウンド0.7事象,データ中の陽子崩壊の候補事象0で,陽子崩壊の証拠を得ることはできなかった.さらに,K^+中間子が$\pi^+\pi^0$に崩壊した場合の解析結果を加え,陽子がνK^+に崩壊するとした場合,90%信頼度での寿命の下限として,2.3×10^{33}年を得た[12].この寿命は,超対称性を取り入れた最も単純なSU(5)大統一理論の予言値より長く,すでにこの理論を否定している[13].これ以外の崩壊様式についても陽子崩壊の探索は行われているが,現在までのところ陽子崩壊の証拠は得られていない.

最後に今後の陽子崩壊実験の可能性を少し考えたい.素粒子の力の大統一理論が発表されてからすでに30年以上経過するが,陽子崩壊は現在でも大統一を実験的に確認する最も直接的な手段である.また大統一理論は現在でも非常に魅力的な理論である.したがって,大統一を確認するため陽子崩壊の実験的観測が強く望まれる.最も単純な超対称SU(5)大統一理論は否定されたものの,一般に大統一理論で現れるゲージ粒子が媒介する陽子崩壊は$e^+\pi^0$への崩壊を示唆し,また多くの超対称大統一理論でνK^+への崩壊が考えられる.よってここではこの2崩壊様式に限って議論する.まだ大気ニュートリノのバックグラウンドで観測が非常に難しいという段階ではないので,より大きな測定器があればさらに長い陽子の寿命まで探索可能である.たとえば現在のスーパーカミオカンデは総重量5万トンであるが,100万トンの水チェレンコフ測定器があったとしよう[14].この測定器で陽子崩壊を観測すれば,陽子が$e^+\pi^0$またνK^+に崩壊するとした場合,それぞれ1×10^{35}年,2×10^{34}年程度までは探索可能と考えられている.特に陽子が$e^+\pi^0$に崩壊する場合に探索可能な寿命は現在考えられている大統一理論から示唆されている値であり,観測が期待される.研究者の間では2005年現在100万トン規模の陽子崩壊探索とニュートリノ研究を行う装置の検討が世界的に行われている.この装置はハイパーカミオカンデなどといわれているが,このような装置の実現により陽子崩壊が観測され,長年の夢であった素粒子の力の大統一が実験的に確認されることが望まれる.

(梶田隆章)

参考文献

1) H. Georgi and S. L. Glashow, Phys. Rev. Lett. **32** (1974) 438.
2) 当時の大統一理論のレビューとして,P. Langacker, Phys. Rep. **72** (1981) 185.
3) M. R. Krishnaswamy *et al.*, Phys. Lett. **B115** (1982) 349.
4) G. Battistoni *et al.*, Phys. Lett. **B133** (1983) 454.
5) Ch. Berger *et al.*, Z. Phys. **C50** (1991) 385.
6) D. Wall *et al.*, Phys. Rev. **D62** (2000) 092003.
7) C. McGrew *et al.*, Phys. Rev. **D59** (1999) 052004.
8) K. S. Hirata *et al.*, Phys. Lett. **B220** (1989) 308.
9) M. Shiozawa *et al.*, Phys. Rev. Lett. **81** (1999) 3319.
10) N. Sakai and T. Yanagida Nucl. Phys. **B197** (1982) 533;S. Weinberg, Phys. Rev. **D26** (1982)

533；J. Ellis *et al.*, Nucl. Phys. **B202**（1982）43.
11) M. Shiozawa, for the Super-Kamiokande collaboration, in the Proceedings of the 28th International Cosmic Ray Conference, Tsukuba, Japan, July-Aug., 2003, p.1633.
12) K. Kobayashi *et al.*, Phys. Rev. **D72**（2005）052007.
13) H. Murayama and A. Pierce, Phys. Rev. **D55**（2002）055009.
14) Y. Itow *et al.*, hep-ex/0106019, "The JHF-Kamioka Neutrino Project".

b. 荷電レプトンのフレーバーの破れ

　素粒子の一種であるレプトンには，第1世代の電子（e），第2世代のミューオン（μ），第3世代のタウ（τ）という3種類の電荷のある荷電レプトンと，それらの各々と対となる3種類の電荷のないニュートリノ（ν_e, ν_μ, ν_τ）が存在する．この荷電レプトンとニュートリノは，組として固有の量子数を持つ．これらの量子数は，（e^-, ν_e）の組では電子数 L_e，（μ^-, ν_μ）の組ではミューオン数 L_μ，（τ^-, ν_τ）の組ではタウ数 L_τ と呼ばれ，総称して「レプトンフレーバー」という．これらの粒子には，それぞれのレプトンフレーバーの量子数として+1を，その反粒子には-1を，他の粒子には0を指定する．以前は，レプトンフレーバーは入り交じることがなく，すべての相互作用でそれぞれのレプトンフレーバーの量子数の個別の総和は反応の前後で保存すると経験的に思われていた．これを，「レプトンフレーバー保存」という．また，標準理論ではニュートリノの質量がゼロであればレプトンフレーバー保存は正確に成立することが知られていた．しかし，近年，ニュートリノが他種のニュートリノに変換するニュートリノ振動現象が発見され，ニュートリノの質量はゼロではなく，かつ異種のニュートリノが混合していることがわかった．これにより，弱い相互作用においてレプトンフレーバー保存という経験則は成立しないことが確定した．このニュートリノ混合は，標準理論では，ニュートリノの質量の固有状態と弱い相互作用の固有状態がずれていて一致していないから生じると説明される．したがって，ニュートリノの弱い相互作用の固有状態は，3種類の質量の固有状態が混合した組み合わせとして表現される．このニュートリノの混合の大きさは，3行3列の混合行列（牧-中川-坂田ニュートリノ混合行列）の行列要素で表される．これは，クォークでの混合と似た状況となっている．

　しかし，荷電レプトンの混合現象はいまだ発見されていない（図3.7.4）．すなわち，ニュートリノを伴わずに，ミューオンが電子に，タウがミューオンまたは電子に変換するような現象は観測されていない．さて，ニュートリノ混合を考慮した場合，標準理論で荷電レプトンの混合現象は一体どの程度の反応確率で起きると期待されるであろうか？　たとえば，ミューオンが電子に転換する過程については，ミューオンが仮想的にWボソンを放出して ν_μ となる．そして，ニュートリノ混合を通して，その ν_μ が ν_e に変換し，それが先のWボソンを再び吸収すれば，電子に変換する．この過程の反応確率は，$\left(\dfrac{\Delta m^2_{\nu_{ij}}}{m^2_W}\right)^2$ に比例する[1)]．ここで，ニュートリノ i と j の質量の2乗の差（$\Delta m^2_{\nu_{ij}}$）は，Wボソンの質量の2乗（m^2_W）と比較して非常に小さいため，この過程の崩壊分岐比は，

426　　　　　　　　　　3. 素粒子の諸現象

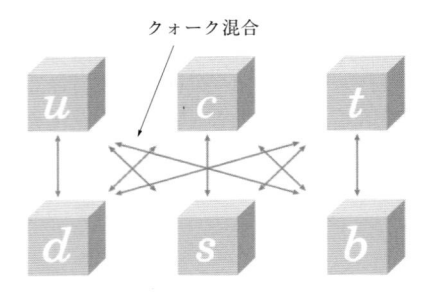

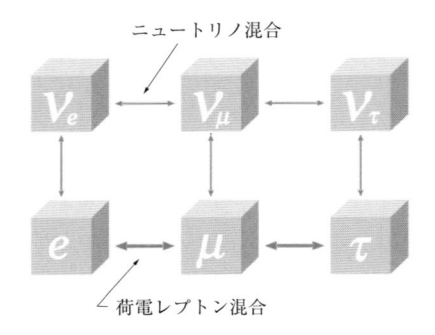

図 3.7.4　クォークとレプトンの混合
粒子が互いに変換するためには混合している必要がある．これまでクォーク混合とニュートリノ混合については発見されているが，荷電レプトン混合については未発見．

10^{-54} 以下と予測される．この発生確率は観測できないほど小さい．したがって，ニュートリノ混合を考慮した場合でも，標準理論では荷電レプトン混合現象は観測されないと結論できる．したがって，もし荷電レプトン混合現象が実験的に発見されるようなことがあれば，疑いの余地なく，（ニュートリノ混合を含めた）標準理論を超える新しい物理現象の発見であると断定できる．さらに興味深いことに，標準理論を超える多くの新しい理論モデルは，荷電レプトン混合現象の起きる発生確率が将来の実験で観測できるほどに大きいと予言している．

　荷電レプトン混合現象を予測する新しい理論モデルには，どのようなものがあるのであろうか？　それらは，たとえば超対称理論，余剰次元理論，新しい Z' ボソンを含む理論，レプトクォーク (leptoquark) 理論，などである．しかし，以下では特に標準理論を超える理論モデルとして最も期待されている超対称理論の場合について説明する．超対称理論においては，すべての素粒子に対して，スピンが 1/2 だけ違う超対称粒子が導入される．たとえば，レプトンの超対称粒子は，スカラーレプトン (slepton) という．

3.7 標準模型を超える物理現象

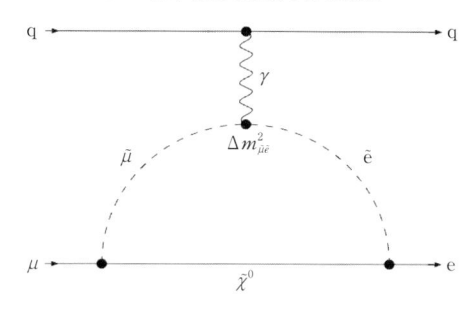

図 3.7.5 超対称粒子によるミューオン電子転換過程の模式図

　超対称性が厳密な対称性であれば，超対称理論には新たなフレーバー混合は現れない．しかし，超対称性は厳密でなく破れているので，素粒子の質量の固有状態と超対称粒子の質量の固有状態がずれて一致しない可能性がある．そのため，たとえばスカラーレプトンにフレーバー混合が生じる．そして，荷電レプトンの混合は，スカラーレプトンのフレーバー混合の結果として起きる．例としてミューオンが電子に変換する過程（たとえば後述のミューオン電子転換過程）のダイアグラムを図3.7.5に示す．まず，ミューオンがその超対称粒子であるスカラーミューオン（smuon）$\tilde{\mu}$に変わり，それがスカラーレプトンのフレーバー混合を通して，電子の超対称粒子であるスカラーエレクトロン（selectron）$\tilde{e}$に変換し，さらに，それが電子になることによって起きる．

　それでは，一体どのようなメカニズムで，「スカラーレプトンのフレーバー混合」が起きるのであろうか？　たとえば，超対称標準理論（minimum supersymmetric standard model，MSSMともいわれる）では，非常に高いエネルギー（たとえばプランク（Planck）エネルギーの10^{19} GeV など）では，スカラーレプトンの質量行列は対角であり，異種間のスカラーレプトンのフレーバー混合の大きさを示す非対角項はゼロであると仮定されている．しかし，そのような場合であっても，プランクエネルギーと，約10^2 GeV での弱い相互作用のエネルギーのスケールの間に新しい物理メカニズムがあるとすると，量子補正を通じて混合行列の非対角項はゼロでなくなり，スカラーレプトンのフレーバー混合が生じる．この物理メカニズムの候補のひとつとして，基本的な力（強い力，弱い力，電磁力）を統一する大統一理論（grand unified theory，GUTともいわれる）があり，もうひとつとして，ニュートリノの質量を説明するシーソー機構（seesaw mechanism）がある．前者を超対称大統一理論，後者を超対称シーソー理論と呼ぶことにする．これらのメカニズムは共存しうる．

　まず，超対称大統一理論の場合は，荷電レプトン混合現象の反応確率は，量子補正の結果，大統一理論のエネルギー（約10^{15} GeV）でのクォーク混合行列（小林-益川行列）の行列要素の積に依存する[2]．特に，トップクォーク（第3世代）の湯川相互作用の結

合定数が大きいので，たとえば，ミューオン（第 2 世代）が電子（第 1 世代）に転換する過程では，クォーク混合行列要素である V_{ts} と V_{td} の積に依存する．また，超対称シーソー理論の場合は，左巻きスカラーレプトンに大きなフレイバー混合が生じ，その大きさは左巻きニュートリノ混合行列（牧-中川-坂田行列）の行列要素の積と，さらにシーソー機構で左巻きニュートリノの相手となる重い右巻きニュートリノの質量による[3]．たとえばミューオン（第 2 世代）が電子（第 1 世代）に転換する過程は，タウの湯川相互作用の結合係数が大きいとした場合，ニュートリノ混合行列要素である $U_{\mu 3}$ と U_{e3} の積に依存する．ここで $U_{\mu 3}$ は，大気ニュートリノで観測されたニュートリノ混合行列要素であり，U_{e3} はまだ未確定である．また，反応確率は左巻きニュートリノの質量値を決めたとすると，右巻きニュートリノの質量とともに増加することになる．つまり荷電レプトン混合現象から右巻きニュートリノの質量についての知見が得られ，ニュートリノの質量の起源に迫る（ことができる）可能性がある．実際に，これらの理論模型が予言する荷電レプトン混合現象の反応分岐比は，現在の実験上限値の 1 桁から 3 桁下にあり，将来，実験感度を向上させることにより，荷電レプトン混合現象を発見できる可能性が非常に高い．

さらに，もし荷電レプトン混合現象が発見された場合にも，十分な量の事象を蓄積することができれば，その現象の空間パリティの破れや時間反転不変性の破れなどを調べることができる．前者については，スピン偏極した荷電レプトンでの崩壊粒子の空間角度分布を測定する．それにより左巻きスカラーレプトンに混合があるのか，右巻きスカラーレプトンに混合があるのかを決定することができ，スカラーレプトンのフレーバー混合の発生機構を解明することができる．また，後者については，スピン偏極した荷電レプトンの崩壊現象において時間反転に対して奇となるベクトル相関量を測定し，それにより物質・反物質対称性の破れ（CP 対称性の破れ）について研究することができる．超対称性シーソー理論の場合には，レプトジェネシスという宇宙の物質創成に必要な物質・反物質非対称性についての示唆が得られるかもしれない．

以上，荷電レプトン混合現象の研究は，単に超対称理論の間接的検証というだけでなく，大統一理論のメカニズムやシーソー機構などの非常に高いエネルギースケール（10^{14}～10^{16} GeV）での物理現象についての示唆を得ることができるという点が重要である．

荷電レプトン混合現象の探索実験では，ニュートリノの発生を伴わないレプトン間の変換反応やレプトンの崩壊の過程を探索する．これらの過程は大別して，レプトンフレーバーが反応前後で 1 だけ変化する過程（$|\Delta L_i|=1$）と，2 だけ変化する過程（$|\Delta L_i|=2$）がある．後者の $|\Delta L_i|=2$ の例として，ミューオニウム反ミューオニウム変換（$\mu^+ e^- \to \mu^- e^+$）などがある．しかし，前者の $|\Delta L_i|=1$ の場合には，超対称性理論などで大きな崩壊分岐比が予測されているので，以下この場合について説明する．

これまで荷電レプトン混合現象の探索は，ミューオン，タウなどのレプトンや，K 中間子やパイ中間子などの中間子，Z ボソンなどを使って行われてきた．これらの探索実験のうち，現在最も精度の良い結果は，ミューオンを使ったものである[4]．その理由は，

他の素粒子に比べて圧倒的に多くのミューオンを生成することができるからである．たとえば，タウの生成量は，たとえばBファクトリーなどの電子・陽電子衝突型加速器において約10^8個/年であるが，陽子サイクロトロンなどを使った中間子工場（メソン・ファクトリー）などでは，ミューオンの生成量は約10^{14}〜10^{15}個/年である．ミューオンを使った探索の対象として，3つの代表的な過程がある．1番目の過程は正電荷ミューオンが陽電子と光子に崩壊する過程（$\mu^+ \to e^+\gamma$崩壊）であり，2番目は正電荷ミューオンが2つの陽電子と1つの電子に崩壊する過程（$\mu^+ \to e^+e^-e^+$崩壊）である．そして3番目は，負電荷ミューオンが原子核（N）に吸収されて電子を放出するミューオン電子転換過程（$\mu^- + N \to e^- + N$）である．ミューオン電子転換過程や$\mu^+ \to e^+e^-e^+$崩壊の分岐比の予言値は，光子を媒介とする超対称理論では，$\mu^+ \to e^+\gamma$崩壊の分岐比の約100分の1程度である（図3.7.5のダイアグラム）．しかし，ミューオン電子転換過程などや$\mu^+ \to e^+e^-e^+$崩壊では，光子を媒介とする過程に加えて，ヒッグス粒子を仮想的に媒介する過程などが寄与する．このために一般的に，ミューオン電子転換過程などの方がより多くの理論モデルの可能性を調べることができるといえる．

　$\mu^+ \to e^+\gamma$崩壊を探索する実験では，正電荷ミューオンを標的に静止させて，その崩壊から発生する各々52.8 MeVのエネルギーをもつ陽電子と光子を測定する．この陽電子と光子が互いに逆向きの運動量をもつこと，それらが同時刻に同じ場所から発生するなどの条件を使って擬事象から正事象を識別する．擬事象となるバックグラウンドとしては，ミューオンの輻射崩壊$\mu^+ \to e^+\nu\bar{\nu}\gamma$や，2つ以上のミューオンが同時に崩壊した偶然事象などが考えられる．過去の$\mu^+ \to e^+\gamma$崩壊としては，これまで米国のMEGA実験によって1.2×10^{-11}の分岐比の上限値が得られている[5]．現在，スイスのポール・シェラー（PSI）研究所で10^{-13}を目指すMEG実験が準備中である．一方，ミューオン電子転換過程を探索する実験では，負電荷ミューオンを標的に静止させる．すると負電荷ミューオンは原子に捕獲されてミューオン原子を形成する．ミューオン電子転換過程を通じて，ミューオン原子の基底状態にあるミューオンは，ミューオンの静止質量とその基底状態の束縛エネルギーの差に相当する運動エネルギーをもった電子が1個だけ放出される．擬事象のバックグラウンド源としては，ミューオン原子の基底状態にいるミューオンの崩壊からの電子，輻射を伴うパイオンやミューオンの原子核吸収，宇宙線などがある．現在の実験の上限値としては，スイスのPSI研究所でのSINDRUM-II実験によって，金原子核の標的に対して，7×10^{-13}の分岐比の上限値が得られている．一般的に，ミューオン電子転換過程探索では，実験に適したミューオンビームを準備することが重要であり，日本の大強度陽子加速器施設（J-PARC）などで約10^{-18}の分岐比の実験精度で探求を行う将来の実験計画もある．

　一方，タウを使った荷電レプトン混合現象の探索実験の対象としては，$\tau \to \mu\gamma$，$\tau \to e\gamma$，$\tau \to \mu\eta$，$\tau \to \mu\pi\pi$などの多くの稀崩壊がある．これら多くの探索は，電子・陽電子衝突型加速器実験において，$e^+e^- \to \tau^+\tau^-$反応で生成されたタウを使って行われている．実験感度はタウの生成量または実験のバックグラウンドで制限されている．日

本の高エネルギー加速器研究機構（KEK）や米国スタンフォード線形加速器センター（SLAC）でのBファクトリー実験では，最高約10^8個/年のタウを生成することができるので，現在のタウの崩壊分岐比の実験上限値は，約10^{-7}である．ビーム強度を増加しようというスーパーBファクトリー加速器将来計画がある．もしこれが実現すれば，タウの実験上限値は1桁以上向上することが期待される．また，ハドロン衝突型加速器実験ではより多くのタウが生成されるが，ハドロン衝突の環境ではタウの実験的識別に困難があり，まだより良い実験結果は得られていないのが現状である．実験的には，タウを使ったこれらの実験探索の上限値は，ミューオンの場合と比較して良いとはいえないが，理論の予測値はモデルにより様々であり，互いに相補的であるといえる．さらに，ミューオンでの探索とタウでの探索では，違う理論パラメータに依存しているので，双方の探索を同時に推進することが肝要である．また，将来において高エネルギーフロンティアである電子・陽電子線形加速器（リニアコライダー）においてスカラーレプトンなどの超対称粒子を直接生成することができるようになれば，そのフレーバー混合を直接観測することも考えられる．さらに，ヒグス粒子の稀崩壊（たとえば$H \to \tau\mu$崩壊）を使って，荷電レプトン混合現象を探索することも検討されている．

　以上，荷電レプトン混合現象は強度フロンティアを使った精密実験であり，加速器では直接到達できない高いエネルギーにある物理現象（たとえば，超対称大統一理論や超対称シーソー機構など）を探ることができる重要な素粒子物理学の課題のひとつである．

〔久 野 良 孝〕

参 考 文 献

1) S. N. Bilenky, S. T. Petcov and B. Pontecorvo, Phys. Lett. **B67**（1977）309.
2) R. Barbieri and L. J. Hall, Phys. Lett. **B338**（1994）212；R. Barbieri, L. J. Hall and A. Strumia, Nucl. Phys. **B445**（1995）219.
3) J. Hisano, T. Moroi, K. Tobe, M. Yamaguchi and T. Yanagida, Phys. Lett. **B357**（1995）579；J. Hisano, T. Moroi, K. Tobe and M. Yamaguchi, Phys. Rev. **D53**（1996）2442.
4) ミューオンを使った荷電レプトン混合現象のまとまったレビューとして，Y. Kuno and Y. Okada, Reviews of Modern Physics, **73**（2001）151.
5) M. L. Brooks, *et al.*（MEGA collaboration）, Phys. Rev. Lett. **83**（1999）1521.

c. 電気双極子能率
（1） 量子論と永久電気双極子能率

　電気双極子能率（EDM）は，ラポルテの規則が示すように定常状態において，通常は存在しえない．それは，EDMが空間反転（P）で符号を変える奇の演算子で記述でき，定常状態で期待値を求めるとき，被積分関数は奇関数となり，全空間で積分すると0となるからである．しかし，量子状態に縮退が存在し，縮退した量子状態が偶そして奇の波動関数の和で表せる場合，積分は有限値をもつ．また，パリティ非保存相互作用がある場合にも，量子状態は偶関数と奇関数の線形結合で表せ，EDMの期待値は有限値を

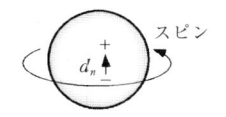

図 3.7.6 中性子の EDM

もつ．

　素粒子である中性子の基底状態は，スピンで記述でき縮退がない．よって，中性子にEDM があるならば，パリティ非保存相互作用の存在を意味する．1950 年，パーセルとラムゼーは，核力のパリティ非保存の検証のため中性子 EDM の測定を始め，1951 年，EDM の上限値は非常に小さいことを発表した．1956 年，リーとヤンは，τ-θ パズルを解くためパリティ非保存を提唱し，それまで測定されたことがないパリティ保存効果である β 崩壊の角分布の測定を提唱した．そして 1957 年，呉らは ^{60}Co の β 線角分布からパリティの破れを発見した．1957 年，ランダウは，P 対称が破れているならば同時に荷電共役 C に対する対称性も破れ，それらの積である CP に対する対称性は保存されていると指摘した．その後の実験で CP 対称は保存されていることが示された．また，ランダウは中性子 EDM の存在は時間反転（T）対称の破れを意味すると指摘した．物理量が座標系の取り方，例えば座標回転で不変であるという要求から，EDM とスピンの内積が物理的な意味をもつ．よって，図 3.7.6 に示されているように EDM はスピンの方向に存在しなければならない．この内積は，時間反転で符号を変え T 対称を破る．1958 年のラムゼーの言葉を借りれば，T 対称の破れはいまだ解決していない問題であり，実験によってのみ答えを知ることができる問題である．

　中性子が EDM を持つならば，外部電場（E）をかけたときエネルギー変化が現れる．さらに外部磁場（H_0）による磁気エネルギーを加えると，ハミルトニアンは，$H = -\mu_n \cdot H_0 - d_n \cdot E$ となる．μ_n は中性子の磁気能率，d_n は EDM である．外部電場のもとでは，中性子スピンの運動は，時間反転で不変である．縮退は，量子状態の対称性に起因する．スピン 1/2 をもつ中性子の量子状態は，T 対称性からクラマースの定理により，2 重縮退を持つことになる．しかし，中性子スピンの外部磁場での運動は，時間反転で変化するため，クラマース 2 重縮退は解ける．このとき，注意すべきは，中性子を孤立系とみなし，時間反転は，中性子に対してのみ作用し，外部電場と外部磁場には作用していないことである．電磁相互作用の T 対称を論ずるときは，磁場に対しても時間反転をする必要がある．この場合，スピンと同様に磁場も反転するので，磁気相互作用は T 対称性をもつ．これに対して，電場は時間反転しても変わらないので，EDM との内積は T 対称を破ることになる．

（2）　**EDM の測定法：ラムゼー共鳴**

　EDM によるエネルギー変化は，磁気共鳴法（NMR）で測定できる．現在，最も精度

の高い磁気共鳴法は,図3.7.7に示されているラムゼー共鳴法である.磁気共鳴では,静磁場の方向に揃った中性子スピンに,静磁場に対して垂直な高周波磁場（周波数 ω）がかけられる.このとき高周波磁場は,2つの回転磁場（1つは静磁場の周りを時計回りに,もう1つは反時計回りに回転する磁場）の線形結合で表せる.周波数 ω で時計回りに回転する座標系では,中性子スピンに働く静磁場,つまり有効磁場の大きさは,$H_0 - \omega/\gamma$ となり,時計回りの回転磁場は,静磁場 H_1 として働く.γ は磁気回転比である.ω がラーマー周波数 $\omega_0 = \gamma H_0$ に一致すると有効磁場の大きさは0になり,中性子スピンは H_1 の周りに回転する.これがいわゆる磁気共鳴である.回転角は $\gamma H_1 t_{\rm rf}$ で表せる.$t_{\rm rf}$ は高周波磁場がかけられている時間である.$H_1 \ll H_0$ のとき,反時計回りの回転磁場の寄与は無視できる.ラムゼー共鳴では,H_1 と $t_{\rm rf}$ を調整し,中性子スピンを $\pi/2$ 回転させる.（高周波磁場で変化する中性子スピンは,一般には ω の関数となり,$P(\omega)$ と表せ,$P(\omega)$ は通常のNMRと同様の関数である.）その後,高周波磁場を切り,中性子スピンを H_0 の周りにラーマー回転させる.t 秒後の回転角は,$\omega_0 t$ となる.再び高周波をかけるが,この2番目の高周波の位相は,1番目の高周波に同期させると,磁場回転に対するラーマー回転の位相差は $(\omega_0 - \omega)t$ となる.このため2番目の高周波磁場による $\pi/2$ 回転の後では,中性子スピンの $\cos((\omega_0 - \omega)t)$ 成分が静磁場で保持されることになり,その後,中性子スピンの偏極解析が行われる.よってラムゼー共鳴では,$P(\omega)$ に静磁場中でのスピン回転と磁場回転の位相差に起因する振動項がかかったもの,$P(\omega) \cos((\omega_0 - \omega)t)$ が観測される.その結果,通常のNMRと比べて共鳴がより鋭くなり,ラーマー周波数測定の精度が飛躍的に向上する.

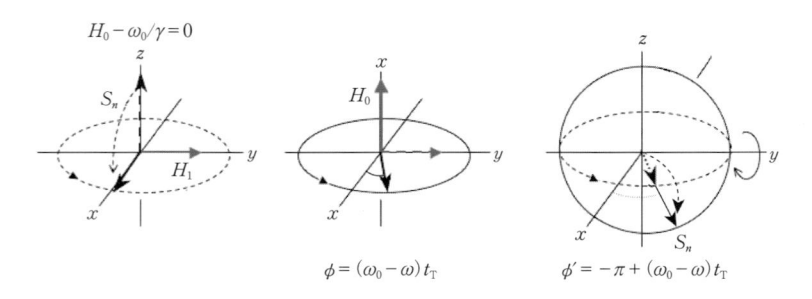

図 3.7.7 ラムゼー共鳴

左図は,磁場による中性子スピンの運動を回転磁場の周波数 ω で回転する座標系で見ている.ω が ω_0 に一致すると,z 軸方向の磁場は0になり,中性子スピンは H_1 の周りに回転する（回転角は $\pi/2$ にされる）.真ん中の図では回転磁場はなく,静止座標系で見ている.中性子スピンは,H_0 の周りを回転する.t 秒後に,最初の回転磁場に位相が同期した第二の回転磁場をかける.このとき,スピン回転と回転磁場の位相差は,$\phi = -\pi/2 + (\omega_0 - \omega)t$ となる.x 軸からは $(\omega_0 - \omega)t$ だけずれている.右の図のように中性子スピンが H_1 の周りに $\pi/2$ 回転すると,中性子スピンの z 軸に対する角度は $\phi' = -\pi + (\omega_0 - \omega)t$ となる.このあと H_0 で中性子スピンの $\cos(\omega_0 - \omega)t$ 成分が保持され,偏極解析が行われる.

中性子が EDM を持つ場合，ω_0 に EDM と電場の結合による周波数変化 $2d_nE/\hbar$ が加わる．よって，ラムゼー共鳴による EDM の測定精度は，中性子偏極率 P，電場の大きさ E，そして歳差時間 t に依存する．つまり，統計誤差は $h/(2PEt\sqrt{N})$ で表せる．N は中性子計数．中性子偏極は，100% に近い値が実現できるので，電場の大きさと歳差時間が特に重要である．超冷中性子は，速度（v）が〜7 m/s 以下と非常に小さく，電場がかけられている物質容器内に閉じ込めることができるので，EDM 測定に好都合である．歳差時間は，容器内の貯蔵時間で決まり，100 s 以上にすることも可能である．

EDM 測定では，磁場の効果は電場の逆転によって消去される．中性子が電場中を運動するとき相対論によって誘起される磁場 $E \times v/c^2$ は，電場逆転に伴って逆転するので，系統誤差が生じる．電場が磁場と完全に平行ならば，中性子運動によって誘起される磁場は元の場に直交するので系統誤差は発生しない．しかし，実際にはわずかにずれてしまう．超冷中性子では，容器内でのガス運動により v の平均を 0 にすることができ，系統誤差の削減に極めて有効である．現在，EDM の測定は超冷中性子を用いて行われており，実験で求められた EDM の上限値は 0.3×10^{-25} cm である．

EDM の測定精度の限界を決めているのは，超冷中性子数で決まる統計誤差と磁場の安定性と一様性で決まる系統誤差である．系統誤差を下げるには，磁場変化を精度よく測定する必要がある．このため磁束計の開発そして改良が行われている．統計誤差を下げるには超冷中性子強度の増大が重要である．超冷中性子はこれまで，原子炉内の冷中性子源から取り出されていた．近年，スパレーション中性子源内の冷中性子源からの中性子を，超流動ヘリウムや固体重水素中のフォノンを用いて超冷中性子にまで冷却する新しい方法が開発されている．それらの方法を使えば，超冷中性子強度を革新的に増大できると期待されている．

（3） **中性子 EDM と素粒子物理**

量子状態は，基底系の線形結合で表現されるが，T 対称のとき，線形結合の各係数は，共通の係数を除いて実数となる．T 対称を破るとき，複素数のパラメータが現れる．CPT 定理によれば，T 対称の破れは CP 対称の破れである．小林-益川理論では，K^0 崩壊で CP 対称の破れを説明するため小林-益川行列に位相因子 $\exp(i\delta)$ が導入されている．この位相因子で EDM の値を予言できる．中性子は，u クォーク 1 つ，d クォーク 2 つで構成されている．クォークは点であるが，様々な相互作用のもと，ボソンやフェルミオンの生成と消滅を繰り返し，そのためクォークはボソンやフェルミオンの"衣"をまとっていると考えられている．例えば，図 3.7.8 のようにウィーク・アイソスピン 2 重項の上成分から，W ボソンを放出して下成分に変わり，そして下成分が W ボソンを吸収して上成分に戻るというクォークの消滅と生成を繰り返す場合がある．このとき，T 対称を破る位相因子が現れ，EDM を発生する．しかし，生成と消滅での 2 つの位相因子は，互いに複素共役になるので，掛け合わせると相殺される．より高い次数の寄与が残るが，EDM の値は極めて小さくなり，〜10^{-32} cm と予想されている．

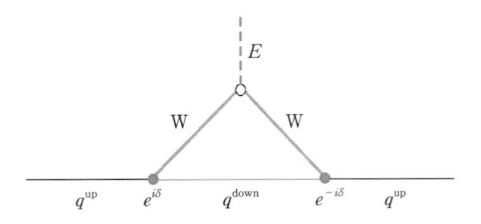

図 3.7.8 中性子に EDM を発生するファインマンダイアグラムの例
標準理論では，ウィーク・アイソスピン 2 重項の上成分 $q^{\rm up}$ が CP を破る相互作用で W ボソンを放出し，下成分のクォーク $q^{\rm down}$ に変わり，下成分が W ボソンを吸収して上成分に戻る場合がある．このとき，クォークの消滅と生成の 2 つの過程で，位相因子は複素共役になるので，掛け合わせると CP を破る寄与は相殺される．超対称理論では，消滅と生成で，クォークのヘリシティが変わることがある．このとき，位相因子は，一般にヘリシティで異なるので，相殺されない．

ビッグバンにおける物質創成では，CP の破れが関与しているが，小林-益川理論を用いるとバリオン非対称を計算すると，宇宙で観測されている値よりも極端に小さくなってしまう．このため小林-益川理論を超える理論を必要としている．

クォーク間の強い相互作用を記述する QCD にも CP を破る複素パラメーターが存在しうる．このパラメーターは，$\theta_{\rm QCD}$ と呼ばれ，EDM 測定から決められるパラメーターの値は非常に小さく，$\theta_{\rm QCD} < 10^{-10}$ である．なぜそのように小さいのか，その理由は今のところよく説明されていない．

標準理論を超える理論に，ボソンとフェルミオンを関係づける超対称理論がある．標準理論では，クォークが，スピン 1 の W ボソンを放出そして吸収のとき，T 対称を破る複素パラメーターが現れる．このとき，クォークのヘリシティは，左巻き状態のままである．しかし，超対称理論では，超対称パートナーとしてスピン 0 のボソンが関与し，この場合，クォークのヘリシティが左巻きから右巻きに変わり得る．そして，複素パラメーターは，左巻きと右巻きで同じである必要はなく，クォークの消滅と生成での複素パラメーターの相殺はなく，$10^{-26} \sim 10^{-27}$ cm という比較的大きな EDM を生じる可能性がある．また，超対称理論はバリオン非対称を説明できると期待されている．

超対称理論では，電子にも超対称パートナーがあるので，クォークの場合と同様に EDM を生じさせる．自由電子では，電場をかけると電子は電極に引き寄せられるので，ラムゼー共鳴を適用できない．実験では原子を使っている．原子では，原子核からの寄与があり得る．原子核が点電荷であれば，電子の遮蔽効果により原子核には電場が働かないが，原子核の大きさは有限であるので，遮蔽効果は完全ではなく，原子核の EDM は観測にかかることになる．一方，電子は点であるので，遮蔽効果は完全になるが，相対論的効果により遮蔽効果は効かなくなり，逆に，重い原子では大きくなる．近年，超対称理論の検証のため，いくつかの原子を用いて EDM の探索が行われている．

(増田 康博)

d. 超対称粒子
(1) 超対称理論と大統一理論

物理学においては対称性は重要な概念である．対称性には，並進対称性や回転対称性，ローレンツ対称性，ゲージ対称性，CP対称性などさまざまなものが存在する(2.3節参照)．素粒子には，2つのタイプが存在する．1つは，半整数のスピンを持つレプトンやクォークといったフェルミオンである．もう1つのタイプは，整数のスピンを持つゲージ粒子やヒッグス粒子といったボソンである．これらフェルミオンとボソンを交換する対称性を，超対称性（supersymmetry, SUSY）と呼ぶ．超対称変換は，相対論的不変性（ポアンカレ対称性）を拡張した一種の時空対称性であり，これに基づく理論を超対称理論(2.6, 2.11節参照)という[1,2]．

自然界の4つの基本的相互作用のうち，電磁相互作用，弱い相互作用，強い相互作用は，ゲージ理論 $SU(3)_C \times SU(2)_L \times U(1)_Y$ で記述される．ゲージ対称性が自発的に破れる場合は，通常は質量を持たないゲージ場が質量を獲得するというヒッグス機構が知られている(2.5節参照)．標準模型では，電弱対称性を破るためにヒッグスと呼ばれるスカラー粒子を導入する．ヒッグス粒子は，電弱対称性が破れるスケール（100 GeV程度）の質量を持つ必要がある．標準模型での問題は，ヒッグス粒子の質量に対する輻射補正が2次発散しているため不安定になることである．標準模型が大統一スケール（10^{16} GeV）まで適用できると仮定すると，そこから電弱対称性を実現しなければならないという微調整（ファインチューニング）が必要となる．超対称性を導入すれば，2次発散はきれいにキャンセルされて対数発散となりゲージ階層性の問題はなくなる．また，超対称理論は，ヒッグス粒子が比較的軽く130 GeV以下であることを予言している．この軽いヒッグス粒子が発見されれば，質量の起源が自発的対称性の破れにあることを証明することのみならず，超対称理論が標準模型を超える有力な理論となる．

電磁気力と弱い力の統一理論である電弱理論と強い力の理論である量子色力学（QCD）を統一するのが，大統一理論GUT（grand unified theory）である（2.11節参照）．現在の実験で到達できるエネルギー領域はたかだかTeVであり，3つの相互作用の強さは大きく異なっている．しかし，量子効果により十分に高いエネルギーでは3つのゲージ相互作用が1つの結合定数を持つゲージ理論に統一できる可能性がある．実際に，加速器におけるゲージ理論の精密検証の結果，図3.7.9に示すように超対称性による力の大統一の可能性が示唆された[3]．このようなゲージ理論の統一を達成しようとする試みは，素粒子物理学の究極の課題である．超対称粒子を直接発見することが，力の大統一の鍵となる．

自然界の4つの基本的相互作用のうち，標準模型や大統一理論が対象とするのは，電磁相互作用，弱い相互作用，強い相互作用の3つである．残りの重力相互作用の量子化が，素粒子物理学における重要な未解決問題の1つである．超対称性は時空の対称性でもあ

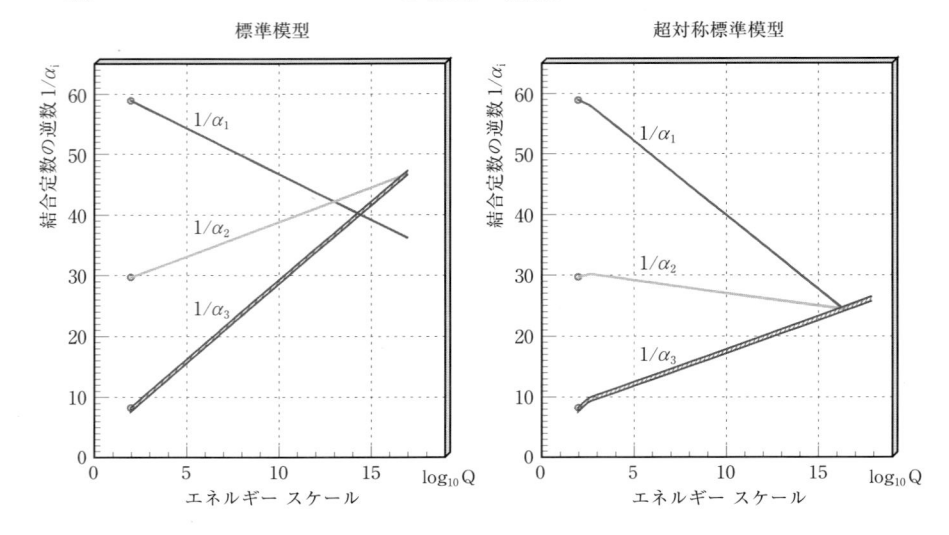

図 3.7.9 ゲージ結合定数のエネルギースケール依存性
横軸はエネルギースケールの対数．縦軸は力の強さ(結合定数)の逆数．標準模型(左図)では一致しないが，超対称標準模型(右図)では，約 2×10^{16} GeV で結合定数が一致する．

るため，重力をも統一する理論へと導くものと考えられている．超弦理論（2.12 節参照）が，一般相対性理論と量子力学を統合する量子重力理論の有力な候補となっている．重力理論に超対称性を考慮したものは，超重力理論（2.6 節参照）と呼ばれている．

このように，超対称理論は素粒子物理学の多くの問題をエレガントに解決するが，まだ直接的な存在の証明は得られていない．しかしながら，超対称性はヒグス粒子の質量発散問題を解決するのみならず，宇宙の暗黒物質（3.7.e 項，6.2 節参照）問題を解決する可能性を秘めている．実際，最も軽い超対称粒子であるニュートラリーノは，宇宙の暗黒物質の最もよい候補の 1 つである．さらに，K・B 中間子の稀崩壊（3.4 節参照），ニュートリノ物理（3.6 節参照），陽子崩壊（3.7.a 項参照），μ の崩壊などのフレーバー物理（3.7.b 項参照），中性子の電気双極子能率（3.7.c 項参照）といった物理にも大きな影響を与えるものである．

（2） 超対称理論の現象論

超対称理論は，すべてのフェルミオン（ボソン）には，超対称粒子のボソン（フェルミオン）の相棒がいることを予言し，これらはスピンが 1/2 だけ異なる．もし超対称性が完全な場合は，通常の粒子と超対称粒子の質量は同じになる．しかし，通常の粒子と同じ質量を持つ超対称粒子は存在しないので，超対称性は自発的に破れている．この破れのメカニズムは知られていない．破れのスケールがあまりに高すぎると，超対称性に

3.7 標準模型を超える物理現象

よる階層性問題の解決などさまざまな理論のよい点がなくなる．したがって，電弱対称性の破れのスケールは，数百 GeV から TeV 領域の間にあることが自然であると期待されている．この場合，超対称粒子の質量も電弱対称性の破れのスケールから TeV 領域の間であることになり，コライダー実験で直接発見が可能である[4,5]．

最小超対称標準模型 MSSM（minimal sypersymmetric standard model）では，標準模型での粒子に対応する超対称粒子が1つずつ存在し，ヒグス場は2つの複素2重項からなる．標準模型ではヒグス粒子は1つだけであるが，MSSM 模型ではヒグス粒子は5つ存在し，最も軽い中性ヒグス粒子は 130 GeV 以下に存在する．レプトンやクォークの超対称パートナーの粒子は，スピン0のスカラーレプトンやスカラークォークである．ゲージ粒子の超対称パートナーをゲージーノと呼ぶ．ヒグス粒子の超対称パートナーは，ヒグシーノである．フォトン，W/Z ゲージボソンおよびヒグスボソンのスピン 1/2 の超対称パートナーは，混合してチャージーノとニュートラリーノと呼ばれる質量固有状態を与える．湯川相互作用のため，$(\tilde{B}^0, \tilde{W}^0, \tilde{H}_1^0, \tilde{H}_2^0)$ の4つの状態は混合して，ニュートラリーノ $(\tilde{\chi}_1^0, \tilde{\chi}_2^0, \tilde{\chi}_3^0, \tilde{\chi}_4^0)$ となる．同様に $(\tilde{W}^\pm, \tilde{H}^\pm)$ は，チャージーノ $(\tilde{\chi}_1^\pm, \tilde{\chi}_2^\pm)$ となる．超対称標準模型における粒子を，表 3.7.1 にまとめる．

ここで R パリティと呼ばれる量子数を考え，標準模型での粒子は +1，それらの超対称パートナーについては -1 とする．R パリティが保存する場合には，超対称粒子は対生成され，直接またはカスケードにより最も軽い超対称粒子 LSP（lightest supersymmetric particle）に崩壊する．LSP は安定粒子である．多くのモデルでは，最も軽いニュートラリーノが LSP である．ニュートラリーノは中性でカラーを持たない．このため検出器にミッシングエネルギーという痕跡を残す．ニュートラリーノは宇宙の暗黒物質（ダークマター）のよい候補である．

超対称性の破れを観測される粒子に伝える機構として，3つのモデルがよく取り上げられる．超対称性の破れは隠れたセクターで起こり，メッセンジャーと呼ばれる粒子を介して通常の粒子とコミュニケートすると考えられている．メッセンジャーとして，超重力理論 SUGRA（supergravity）では重力，ゲージ媒介による SUSY の破れのモデル GMSB（gauge-mediated supersymmetry breaking）では通常のゲージ粒子に結合す

表 3.7.1 標準模型と超対称標準模型の粒子

	通常の粒子		超対称粒子
スピン 1/2	荷電レプトン：e, μ, τ ニュートリノ：ν_e, ν_μ, ν_τ クォーク：u, d, c, s, t, b	スピン 0	荷電スカラーレプトン：$\tilde{e}, \tilde{\mu}, \tilde{\tau}$ スカラーニュートリノ：$\tilde{\nu}_e, \tilde{\nu}_\mu, \tilde{\nu}_\tau$ スカラークォーク：$\tilde{u}, \tilde{d}, \tilde{c}, \tilde{s}, \tilde{t}, \tilde{b}$
スピン 1	フォトン：γ 電弱ボソン：$W^\pm, Z^0$ グルオン：g	スピン 1/2	ビーノ：$\tilde{B}^0$ ウィーノ：$\tilde{W}^\pm, \tilde{W}^0$ グルイーノ：$\tilde{g}$
スピン 0	ヒグス：$h, H, A, H^\pm$	スピン 1/2	ヒグシーノ：$\tilde{H}_1^0, \tilde{H}_2^0, \tilde{H}^\pm$
スピン 2	グラビトン：G	スピン 3/2	グラビティーノ：$\tilde{G}$

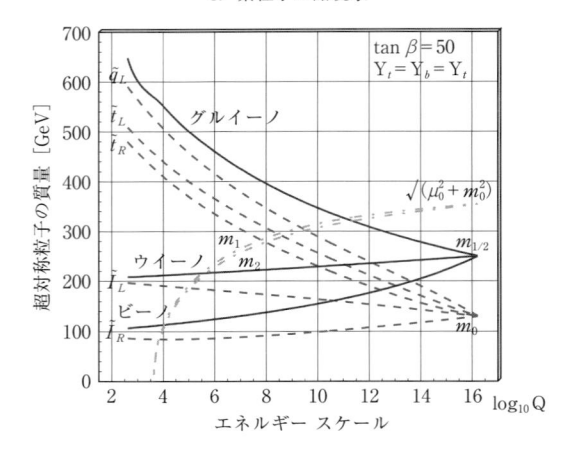

図 3.7.10 繰り込み群方程式による超対称粒子の質量スペクトラム GUT スケールで，共通のスカラー質量 m_0，共通のゲージーノ質量 $m_{1/2}$ となる．

る粒子がメッセンジャーである．最後にアノーマリー媒介による SUSY の破れ AMSB (anomaly-mediated supersymmetry breaking) は SUGRA のバリエーションである．ミニマルな超対称模型では，CP の位相も入れて自由なパラメーターが 100 個以上存在する．ここで GUT スケール ($M_X \simeq 10^{16}$ GeV) での関係するパラメーターが等しくなることを要求すれば，パラメーターの数を大幅に減らすことができる．

たとえば最もポピュラーな mSUGRA (minimal supergravity) モデルでは，図 3.7.10 に示すような GUT スケールでの共通のスカラー質量 m_0，共通のゲージーノ質量 $m_{1/2}$，2つの複素場の真空期待値の比 $\tan\beta$，スカラー3点結合 A_0，およびヒグシーノ質量のサイン $\mathrm{sign}(\mu)$ の5つを考える．mSUGRA モデルでは，すべてのスカラー質量パラメーター m_0 は等しく，3つのゲージーノ質量パラメーター $M_{1,2,3}$ は $m_{1/2}$ に比例する．電子・陽電子衝突型加速器でのチャージーノ，ニュートラリーノおよびスカラーレプトンの探索により，M_2 と共通のスカラー質量 m_0 への制限が得られる．一方，陽子・(反) 陽子衝突型加速器では，グルイーノとスカラークォークの探索により，主に M_3 と共通のスカラー質量 m_0 への制限を得る．さらに，ヒグス粒子探索の結果から，$\tan\beta$ の関数として，$m_{1/2}$ と m_0 への制限を得ることができる．

GMSB シナリオでは，LSP は重力子グラビトンの超対称パートナーであるグラビティーノである．グラビティーノは，その質量は非常に軽く keV 以下であり，きわめて弱い相互作用しかしないフェルミオンである．したがって，GMSB での現象論は LSP の次に軽い粒子 NLSP (next-to-LSP) の性質によって決まる．NLSP の候補としては最も軽いニュートラリーノ（光子とグラビティーノに崩壊する）や，右巻きのスカラータウといったスカラーレプトンがある．コライダーにおいては，長寿命の NLSP

によって事象が特徴づけられ，衝突地点を向いていない光子，オフセットのある飛跡，キンクや2次バーテックス，イオン化ロスが大きな荷電粒子が探索される．

(3) 電子・陽電子衝突型加速器（LEP, ILC）における直接探索

電子・陽電子衝突型加速器では，チャージーノやニュートラリーノといったゲージ・フェルミオン対生成断面積は十分に大きい．スカラーレプトンやスカラークォークは，閾値近くでは運動学的に抑制されるが，対生成される．これらの超対称粒子は，一般に直接標準模型の素粒子とLSPに崩壊する．電子・陽電子衝突型加速器では，反応が素過程であるので，ハドロンコライダーに比べて事象を理解しやすく，またバックグラウンドも小さい．Rパリティが保存している場合，LSPによるミッシングエネルギー（加速器の重心系のエネルギーから検出器で観測したエネルギーを引いたもの）の存在が，超対称粒子探索の重要なシグナルとなる．このため，2つのアコプラナーなレプトンやジェットといったトポロジーが探索される．主なバックグラウンドは，ニュートリノへの崩壊を伴うWW, ZZ, Wevといった4フェルミオン生成過程，2フェルミオン生成過程および2光子過程である．

欧州原子核研究機関（CERN）において，2000年までLEP（large electron-positron collider）加速器が稼働した．重心系の最高エネルギーは，209 GeVであった．図3.7.11に示すように，右巻きのスカラーフェルミオンは，第1，第2世代についてはほぼLEPのビームエネルギー（約100 GeV）以下には存在しないことが確認された[6,7]．第3世

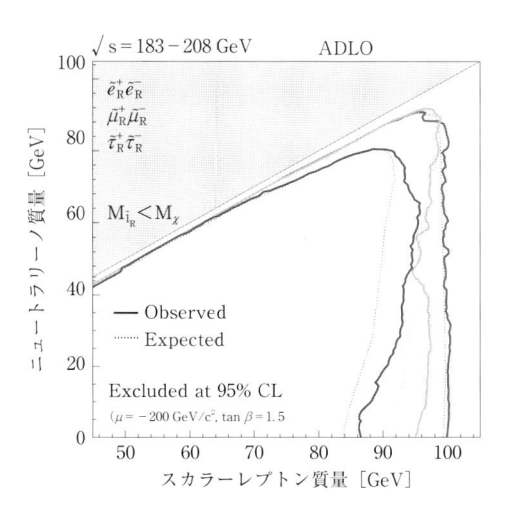

図 3.7.11 LEPでのスカラーレプトン探索結果
横軸はスカラーレプトン質量，縦軸はニュートラリーノ質量．

代の超対称パートナーは，強い混合の可能性からスカラートップの固有状態は非常に軽い可能性があり，スカラーボトムとともに LEP で探索されたが質量が約 100 GeV 以下にはなかった．チャージーノは，$\tilde{\chi}^{\pm} \to W + \mathrm{LSP}$ モードで探索された．LEP でのニュートラリーノの探索は，より重い質量のニュートラリーノおよびチャージーノ生成からの制限による．モデル依存性があるが，mSUGRA モデルでは LSP ニュートラリーノの質量の下限値は 50 GeV である．LEP での探索により，MSSM モデルでは $\tan\beta$ が小さい領域は棄却されている．

将来計画として，重心系のエネルギーが 500 GeV～1 TeV 以上の次世代の直線型加速器 ILC（international linear collider）が検討されている[8,9]．スカラーレプトンなどの超対称粒子が ILC で発見されれば，超対称粒子の質量と混合の精密測定，スピンなどの量子数の測定，高いエネルギースケールでの超対称性の破れの研究が可能である．また，偏極電子ビームを用いることができれば，バックグラウンドを抑制しシグナルを増幅することが可能となり，超対称粒子の質量の精密測定などが研究されている．スカラークォークはスカラー粒子か，ゲージーノはフェルミ粒子か，ニュートラリーノやゲージーノはマヨラナ粒子かなどのチェックが ILC で可能であり，これらの研究が超対称理論を確立するうえで重要となる．

(4) 陽子・(反) 陽子衝突型加速器（Tevatron, LHC）における直接探索

陽子と（反）陽子を衝突させるハドロンコライダーにおいては，超対称粒子の生成過程は，強い相互作用のカラーファクターと結合定数のために大きな断面積を持つ．陽子はクォークとグルオンで構成されているから，ハドロンコライダーでの超対称性の主要なシグナルは，それぞれクォークとグルオンの超対称パートナーであるスカラークォーク（$\tilde{q}$）とグルイーノ（$\tilde{g}$）である．図 3.7.12 に示すように，$\tilde{g}\tilde{g}$・$\tilde{q}\tilde{q}$ 対生成，$\tilde{q}\tilde{g}$ 随伴生成されたスカラークォークやグルイーノは直接またはカスケード崩壊する．その崩壊

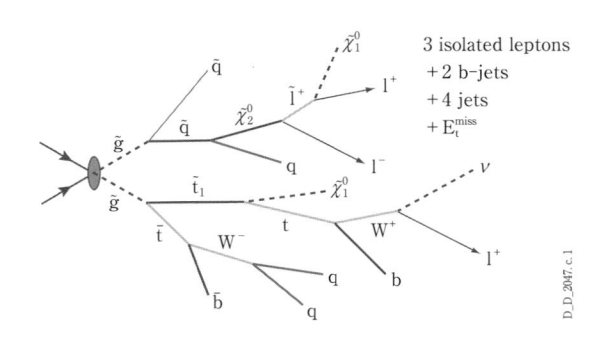

図 3.7.12 ハドロンコライダーにおけるグルイーノ対生成とカスケード崩壊の例
多数のジェット，レプトンおよびミッシング E_T が観測される．

過程で生成されたチャージーノやニュートラリーノもすぐに崩壊して，最終的には少なくとも2つの最も軽いニュートラリーノ（$\tilde{\chi}_1^0$）が存在する．事象としては，高い横方向の運動量 p_T を持つ複数のジェット，レプトンや b/τ ジェット，および（R パリティが保存する場合）ミッシング E_T というシグナルとなる．陽子・(反)陽子衝突型加速器では，事象ごとのパートンの持つエネルギーと縦(ビーム軸)方向の運動量はわからない．このため横方向のエネルギー・運動量の保存のみを考える．このときゼロでない横方向の運動量の和から，ミッシング E_T が計算される．ハドロンコライダーでは，QCD バックグラウンドが非常に大きく，トップ対生成，マルチジェット QCD イベント，Z＋ジェット，W＋ジェットを考えなければならない．特にミッシング E_T がシグナルの鍵となるので，検出器の較正が非常に重要である．

米国のフェルミ加速器研究所（FNAL）で陽子・反陽子衝突型加速器 Tevatron が重心系のエネルギー 2 TeV で稼働し，CDF 実験と D0 実験グループが超対称粒子を探索している．図 3.7.13 に LEP と Tevatron のグルイーノとスカラークォーク探索の結果を示す[10]．GUT スケールでの共通のスカラー質量 m_0，共通のゲージーノ質量 $m_{1/2}$ パラメータが，スカラークォーク，グルイーノやゲージーノの質量と容易に関係づけられるため，多くの場合 mSUGRA モデルで研究されている．スカラークォークの質量は約 380 GeV 以上，グルイーノの質量は約 280 GeV 以上の制限が得られている．このほかにも，GMSB モデルでの $ee\gamma\gamma$＋ミッシング E_T イベントなどが探索されている．

GERN において，2009 年より陽子・陽子衝突型加速器 LHC（Large Hadron

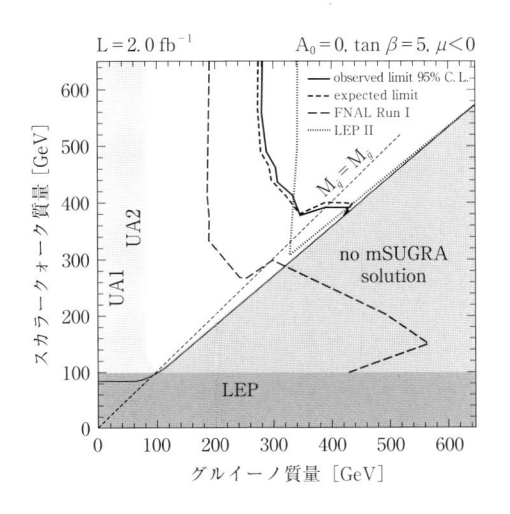

図 3.7.13 LEP と Tevatron によるグルイーノとスカラークォーク質量の制限
横軸はグルイーノの質量，縦軸はスカラークォークの質量．

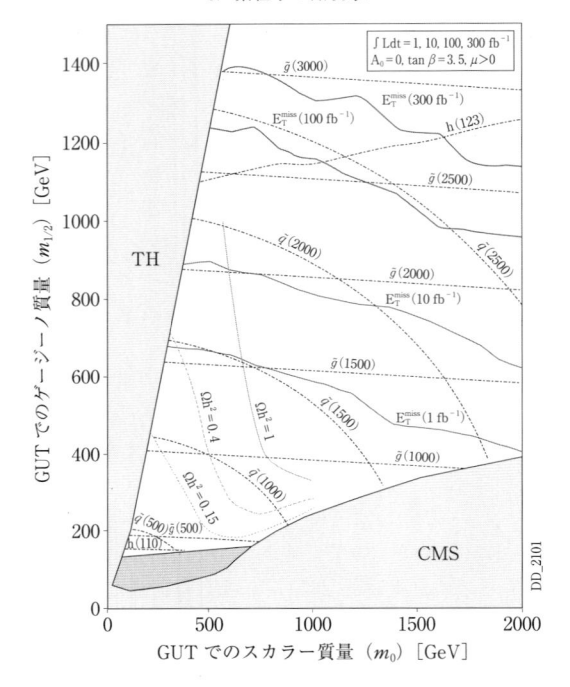

図 3.7.14 LHC における mSUGRA モデルでの探索可能なパラメーター領域 横軸と縦軸は，それぞれ GUT スケールでの共通のスカラー質量 m_0 および共通のゲージーノ質量 $m_{1/2}$．対応するグルイーノとスカラークォークの質量が等高線で示してある．

Collider) が稼働を開始した[11]．LHC の重心系エネルギーは 14 TeV である．$\tilde{g}\tilde{g}$・$\tilde{q}\tilde{q}$ 対生成，$\tilde{q}\tilde{g}$ 随伴生成断面積は，たとえばスカラークォークとグルイーノの質量が 1 TeV とすると 3 pb と非常に大きい．図 3.7.14 に mSUGRA モデルで探索可能なパラメーター領域を示す．LCH で発見が可能な超対称粒子の質量は，データの積分ルミノシティ（散乱断面積とルミノシティの積が事象が起こる頻度になる）が最初の数年で蓄積されるであろう 10 fb^{-1} で，グルイーノ 2 TeV，チャージーノ 500 GeV，ニュートラリーノ 250 GeV，スカラークォーク 2 TeV，スカラーレプトン 500 GeV である．最終的（積分ルミノシティ 300 fb^{-1}）には，グルイーノ，スカラークォークを 3 TeV 付近まで探索可能である．これらは，超対称モデルのパラメーターに依存するのでだいたいの値であるが，既存の LEP や Tevatron での制限値より約 5 倍以上も質量が重い超対称粒子が発見可能である[12~14]．

　残念ながら現在までに超対称粒子が存在するという確実な証拠は得られていないが，近い将来 LHC などでの探索によって直接見つかる可能性が大きい．また，間接的

な実験も実験精度を飛躍的に向上させることによって，精密な検証が可能となるだろう．

(田中礼三郎)

参 考 文 献
1) J. Wess and J. Bagger, *Supersymmetry and Supergravity*, Princeton University Press, 1992.
2) S. Weinberg, *The Quantam Theory of Fields, Volume III : Supersymmetry*, Cambridge University Press, 2000.
3) U. Amaldi, W. de Boer and H. Fürstenau, Phys. Lett. **B260**（1991）447-455（図の最新版は W. de Boer 氏のご好意による）．
4) S. P. Martin, *A Supersymmetry Primer*, arXiv：hep-ph/9709356.
5) H. Baer and X. Tata, *Weak Scale Supersymmetry*, Cambridge University Press, 2006.
6) LEP SUSY Working Group：http://lepsusy.web.cern.ch/lepsusy/
7) L. Pape and D. Treille, *Supersymmetry facing experiment : much ado（already）about nothing（yet）*, Rep. Prog. Phys. **69**（2006）2843-3067.
8) K. Abe *et al.*, *Particle Physics Experiments at JLC*, KEK Report 2001-2011.
9) K. Fujii, D. J. Miller and A. Soni（Editors）, *Linear Collider Physics in the New Millennium*, World Scientific, 2005.
10) C. Amsler *et al.*（Particle Data Group）, Phys. Lett. **B667**（2008）1-1340.
11) L. Evans and P. Bryant（Editors）, *LHC Machine*, JINST **3**（2008）S08001.
12) The ATLAS Collaboration, G. Aad *et al.*, *The ATLAS Experiment at the CERN Large Hadron Collider*, JINST **3**（2008）S08003.
13) The CMS Collaboration, S. Chatrchyan *et al.*, *The CMS experiment at the CERN LHC*, JINST **3**（2008）S08004.
14) G. Kane and A. Pierce（Editors）, *Perspectives of LHC Physics*, World Scientific, 2008.

e. アクシオンと暗黒物質
（1） アクシオンの理論的背景

アクシオン（axion）は，クォークを結びつける強い力を記述する量子色力学理論に関連してその存在が期待されている素粒子であり，現在未発見の粒子である．量子色力学を記述する一般的なラグランジアン密度は，荷電共役変換 C とパリティ変換 P の積である CP 変換を施した場合，CP 対称性を持たないことがわかっている．言い換えれば量子色力学の真空は位相 θ（$0 \leq \theta < 2\pi$）を持っており，それが 0 でなければ CP 対称性を破ることを意味する．一方，実験的には中性子の電気双極子モーメントを測定することにより θ を観測することができるのだが，実験の結果，高い精度で CP 対称性が保たれていることもわかっている（$\theta < 10^{-10}$）．実は量子色力学に起因する θ だけでなく，強い力と物理的起源が異なるクォークの質量行列に含まれる位相 ϕ を足しあげた後で上記条件（$\theta + \phi < 10^{-10}$）を満たすことが要求されるため，このような打ち消し合いは大変不自然である．これを強い力の CP 問題と呼ぶ．この問題は CP 対称性を回復させる何らかの機構の存在を示唆する．

アクシオンが存在すればこれらを自然に説明することができる．クォークやレプトンに質量を与えるヒグス場を増やすことにより，上記位相をアクシオンの場にすり替える

ことができるのである.さらにはすり替えられたアクシオン場が強い力のゲージ場と相互作用することにより,アクシオン場が0である場合が最も安定であることがPecciとQuinnらによって示された.アクシオンは擬スカラーの粒子で質量を持つ.このようにアクシオンが存在すれば強い力のCP問題を解決できることになる.

このアイディアに基づく最初の模型は,アクシオンを弱い相互作用の自発的対称性の破れに伴う追加のヒッグス場の一部と考えたものだった.弱い相互作用と関係するために相互作用が比較的強く,すぐに観測できると期待された.しかし,アクシオンに相当する素粒子は発見されなかった.そこで次にアクシオンを含むヒッグス場が自発的対称性の破れを起こすエネルギースケールを大きくする工夫が行われた.一般に自発的対称性の破れを起こすエネルギースケールが大きいと,通常の物質との相互作用が弱くなることが期待され,実験的に発見しづらい事実を説明できるからである.これらはいわゆる見えないアクシオン模型としてDFSZ模型やKSVZ模型(後者はレプトンと直接結合しないのでハドロニックアクシオンとも呼ばれる)が提唱された.おもしろいことに見えないアクシオンは後述の暗黒物質となりうるため現在世界各地で探索が行われているがいまだ発見されていない.アクシオンの理論の一般的記述はKim[1]や日本語の教科書[2]などを参照されたい.

(2) アクシオンの探索

見えないアクシオン模型には自発的対称性の破れのエネルギースケールf_aがパラメーターとして残っている.質量や物質や光子などとの相互作用はf_aに反比例する.図3.7.15にさまざまな実験や,天文物理学的な制限,宇宙論的な制限などをまとめた.アクシオンは光子との相互作用を利用して実験が行われることが多いため,アクシオンの質量と光子との相互作用の強さの2次元平面上に表現している.詳細に関しては文献[3,4]を参照頂きたい.

天文物理学的,宇宙論的な制限について述べる.HBと書かれた線は,Horizontal Branch starsと呼ばれる恒星の進化の速度から与えられる制限である.アクシオンが光子と結合するため,恒星中の光子がアクシオンに変換されて逃げ出し,余計なエネルギー散逸を行う結果,進化が加速されて観測と矛盾することからくる制限である.Telescopeと書かれた領域は,宇宙初期に熱的に生成された宇宙にあるアクシオンが2つの単色な光子に崩壊することを考え,観測を行った結果得られた制限である.SN1987Aと書かれた制限は,IMBとカミオカンデによる超新星からのニュートリノ観測と矛盾しないように得られた.アクシオンがあると放出されるニュートリノの数が減ったり,冷却にかかる時間が短くなるためである.太陽の表面の振動と理論的な振動モデルを比較することによってアクシオンに対する制限も得られている.宇宙論からも制限が与えられる.自発的対称性の破れの際に生成されたアクシオンが現在まで残っている場合,f_aが大きすぎると宇宙の臨界密度を超えるためである.これは言い方を変えればf_aが適当な範囲にあれば後述する暗黒物質の候補になることを意味する.図3.7.15

3.7 標準模型を超える物理現象

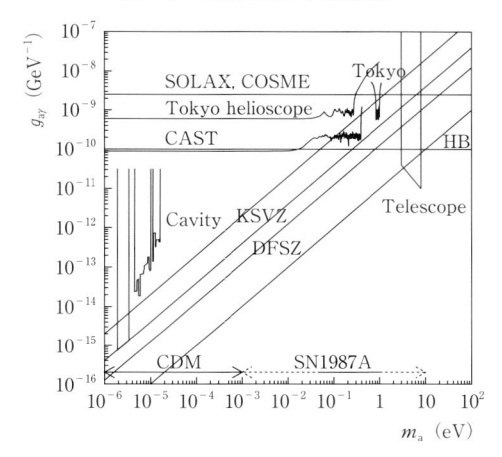

図 3.7.15 アクシオン探索実験のまとめ
縦軸はアクシオンと光子との結合定数，横軸はアクシオンの質量を表す．KSVZ と DFSZ はアクシオン模型で予言される結合定数と質量の関係を示す．また，その上下の斜めの線はアクシオンのモデルによって変わりうる範囲を示す．CDM で示された質量領域は冷たい暗黒物質となりうる質量領域．SN1987A と示された領域は超新星爆発の観測と矛盾する質量領域を示す．点線は模型の詳細に依存する領域である．それ以外は対応する線より上の領域を排除したことを示す．

で CDM（cold dark matter）と書いた範囲だとちょうど良い．

最近行われている実験について述べる．暗黒物質となっているアクシオンに強磁場を印加すると電磁波に変換されると考えられる．アメリカのグループはアクシオンの質量に相当する電磁波に共鳴するキャビティーを用意し，高感度のラジオ波受信機でその信号を測定する．Cavity と書かれた領域が排除された領域である．キャビティーに差し込む棒を調整することにより共鳴周波数を変化させ，探すことのできるアクシオンの質量を変えることが可能である．京都大学のグループは独自のアイディアで実験を進めている．検出器として電磁波の光子1つでも検出できるリドベルグ原子を用いた検出器を構築中である．

数 eV の質量を持つアクシオンも精力的に探索されつつある．東京大学のグループは太陽の中で発生して地上に飛来するアクシオンに超電導電磁石の強磁場を印加して X 線に変換して検出する実験を進めている[5]．変換する領域にヘリウムガスを導入することによって探索できるアクシオンの質量領域を調整し，アクシオン模型の本格的な調査が始まった（図中に Tokyo helioscope で示す）．欧州原子核研究機構（CERN）では，LHC 加速器の試作マグネットを利用し，さらに強い磁場を用いて探索を進めている（図中に CAST で示す）[6]．他にも太陽中心部に存在する鉄の同位体 ^{57}Fe の原子核が熱的に

励起され,その崩壊の際に放出されるアクシオンを実験室の ^{57}Fe によって共鳴吸収させるアイディアに基づいた実験も行われている[7]. この質量領域は熱い暗黒物質になりうるために興味ある領域である.

アクシオン探索実験は実験方法のアイディアの勝負である側面が強い. ゲルマニウム検出器の結晶構造によってアクシオンを光子に変換される方法(図 3.7.15 に SOLAX, COSME で示す)もある. アクシオンの存在が確認されることによる強い CP 問題の解決が俟たれている.

(3) 暗黒物質

これまでに行われたさまざまな天文学上の観測結果から,宇宙には光で観測できる物質だけでなく,それを凌ぐ量の,光では観測できない物質が存在することがわかってきた. 光で観測できなくとも重力の効果を観測することにより物質の量がわかるのだが,その量が光で観測できる物質よりも多かったのである. この,光では観測できないが重力の効果だけで観測される物質を暗黒物質(ダークマター)と呼ぶ. 暗黒物質の正体はいまだ解明されていない. 暗黒物質の一般的な議論は 6.2 節にゆずり,ここでは未知の素粒子としての暗黒物質の特性と,その探索方法について述べる. 解説記事[8]も参考にされたい.

素粒子物理学では,説明が困難な現象を理解するために未発見の素粒子を導入することがあるが,その素粒子が暗黒物質の候補となればなおさら興味深い. たとえば(1)や(2)項で述べたアクシオンもその1つである. ここでは暗黒物質が未知の素粒子 WIMP (weakly interacting massive particle) である場合に的を絞り,それらを見る方法について述べる.

WIMP は未知の素粒子であり,その名のとおり相互作用の弱い質量の大きな粒子である. 一般にそのような特性を持つと,宇宙初期に発生した粒子が現在まで残存し,暗黒物質となる可能性が高い. 特に超対称理論で予言される中性の LSP (lightest supersymmetric particle) であるニュートラリーノは WIMP の良い候補である. この粒子は大きく分けて2つの方法によって検出が可能であると考えられている. ①実験室の原子核が反跳される現象をとらえる方法(直接検出). ②遠方でニュートラリーノが対消滅などを起こす際に放出されるガンマ線やニュートリノなどの2次粒子をとらえる方法(間接検出). いまだどちらの方法でも暗黒物質が存在する誰もが認める確実な証拠はない.

直接検出においては,われわれの周りを飛び交っているニュートラリーノを直接捕らえる. 暗黒物質が WIMP, さらにはニュートラリーノであるかどうかの正体の解明を行うのに最も適切な方法である. この検出率の計算のためには速度分布,密度分布,反応断面積などを仮定する必要がある. 以下に一般的に用いられる仮定を述べる. ①銀河系の重力場によって閉じ込められたニュートラリーノは球対称な空間分布を持つ. 太陽系付近では重力場の深さからビリアル定理を用いて計算して2乗平均速度 260 km/s

のマックスウェル分布をなす．質量を仮に 100 GeV とすると運動エネルギーは 40 keV ほどとなる．②銀河回転曲線を説明するために太陽系付近の密度は $0.3\,\mathrm{GeV/cm^3}$ 程度であること．速度分布は仮定されているので，これにより流束が求まる．再び質量を 100 GeV とすると，流束は 10^5 個$/\mathrm{cm^2}/$秒程度となる．③反応断面積は超対称理論のパラメーターに依存する．原子核との相互作用は，原子核のスピンに依存しない（spin independent, SI）相互作用と，スピンに依存する（spin dependent, SD）相互作用がある．前者の核子に対する断面積は大きく見積もっても $10^{-42}\,\mathrm{cm^2}$ 程度であるが，原子核の核子とはコヒーレントに相互作用を行うため全断面積は核子数の2乗に比例すると期待される．したがって原子番号の大きな原子核を用いるのが有効である．後者はスピンを持った原子核としか相互作用しないため，そのような相互作用を調べる場合には核スピンの寄与の大きな原子核を用いる．以上の仮定から期待される観測量が実際の観測量と比較され，暗黒物質の特性の解明に結びつけられる．正確な計算などについては文献[9]を参照されたい．

　実験によって得られる物理量は事象の頻度，エネルギースペクトル，時間変動，反跳方向分布などがある．事象の頻度は大雑把に標的の質量 1 kg あたり，1 日あたり 0.1 事象程度以下である．事象の頻度が求まれば，ニュートラリーノと原子核の反応断面積がわかる．エネルギースペクトルは標的原子核の質量とニュートラリーノの質量との関係により決まる．双方の質量が同じ場合に最も効率よくエネルギーが付与されることが期待される．図 3.7.16 に示すように指数関数的なエネルギー分布が期待され，典型的には数十 keV のエネルギー付与が期待される．反跳のエネルギースペクトルが求まれば，ニュートラリーノの質量がわかる．時間変動に関しては，太陽系が銀河の静止系に対して 220 km/s 程度で運動しているうえに，地球がその周りを 30 km/s の速度で公転しているため，検出器から見たニュートラリーノの速度分布に変化が現れ，その結果，検出率の季節的な変動が期待できる．また反跳方向に関しては，それがニュートラリーノの到来方向をある程度保持するため，検出器が地上に固定されていれば，日々反跳方向の偏りに変化が見られることが期待される．ニュートラリーノの信号はきわめてまれであるために，検出器のバックグラウンド（信号と間違える可能性のあるノイズ）と区別することが重要であるが，これらの特徴的な振舞いが期待どおりに観測できれば信憑性の高い検出実験となる．

　間接検出においては，重力場により銀河，太陽，地球の中心などに集まってきたニュートラリーノが対消滅した際に発生する 2 次粒子を観測する．対消滅の発生率は密度の 2 乗に比例するため，高密度の部分を観測することが有利である．ニュートラリーノが物質により減速される速度や，2 次粒子の構成は超対称理論のパラメーターによって決まる．近年 PAMELA による宇宙線の観測で電子・陽電子の比に異常があることや，ATIC, H. E. S. S., PPB-BETS による高エネルギー電子ガンマ線フラックスに盛り上がりが見られたと報告されている．Fermi 衛星の結果[10]も併せて様々な議論が行われているが，これらを暗黒物質の信号であると期待する研究者も多く，目が離せない状況であ

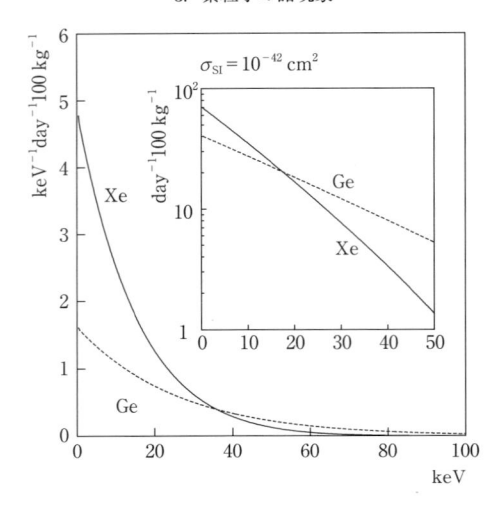

図 3.7.16 ニュートラリーノが原子核を反跳した場合の典型的なエネルギースペクトル

指数関数的な形状を持ち，傾きはニュートラリーノと標的原子核の相対的な質量によって決まる．実線はキセノンの場合で，点線はゲルマニウムの場合を示す．挿入図は，横軸で示されたエネルギー以上の事象の検出頻度を示す．

る．

ところで，これらの素粒子が加速器などで発見される可能性もあるが，暗黒物質の正体を特定するのはその発見とは独立で重要である．暗黒物質が WIMP であったとしても，超対称理論のニュートラリーノとは限らず，まったく新しい素粒子の発見につながる可能性もある．

（4） 暗黒物質探索実験

暗黒物質をとらえる方法についてここでは具体例をあげて紹介する．

直接検出の方法を用いて，現在世界中で 20 ほどのグループが実験を行っている．実験室の原子核がニュートラリーノによって反跳される現象を検出する際，観測可能な信号がいくつかある．①シンチレーション光，②イオン化された電荷，③温度上昇や熱化する前のフォノンなどである．

これまで行われた実験の中で，イタリアの DAMA グループだけが肯定的な結果を得ている．彼らは 100 kg ほどの NaI（Tl）シンチレーション検出器を用いている．バックグラウンドレベルは 1 日あたり，1 kg あたり，1 keV あたり 1 事象程度である．7 年にわたるデータを取得し，暗黒物質の信号があると思われる低エネルギー事象に季節変動があることを見つけた．これは（3）項で議論した暗黒物質に特徴的な変動であり，世界中を驚かせた[11]．NaI（Tl）を 250 kg ほどに増加させた DAMA/LIBRA でも同様

の信号が見られるという．ただし NaI（Tl）を用いた他の実験グループ（ANAIS など）は感度がたりず追認できていない．

　一方，アメリカの CDMS グループは，低温に冷却したゲルマニウム結晶に付与されるエネルギーを，フォノンの信号およびイオン化による電荷信号によって測定する．絶縁体を低温に冷却すると比熱がきわめて小さくなり，keV 程度のエネルギー付与によっても温度上昇やフォノンを測定できる．このような検出器をボロメーター（熱量型検出器）と呼ぶ．フォノンの数は付与されたエネルギーに比例するが，イオン化される電荷の量は原子核反跳の際には相対的に小さく，それ以外の放射線に対しては大きい．このようにフォノンの信号とイオン化の信号を比較し原子核の反跳のみを選び出すことができ，バックグラウンドを低減できた．しかし，彼らは暗黒物質の信号を観測できていない[12]．

　他にも XENON グループは，キセノンガスを液化した状態でシンチレーターとして動作させ，かつ電場を印加して電離電荷を信号としてとらえる方法を用いる．これにより原子核の反跳を選択することができ，高い感度の探索を行っている[13]．残念ながらやはり暗黒物質の信号は観測できておらず，今後の感度向上が期待される．

　このように DAMA グループは暗黒物質の信号に対して肯定的な結果を与えている一方，他のグループは否定的な結果を与えている．この状況を説明するために，いくつかの暗黒物質のモデルが考えられている．代表的なものは，(1) 軽い暗黒物質，(2) 電子とだけ相互作用する暗黒物質，(3) 内部励起を伴う暗黒物質などである．もっともよく引用される (1) のケースについて述べる[14]．詳細は文献に譲るが，クエンチングやチャンネリングと呼ばれる現象を考慮した解析が行われている．その比較の結果を図 3.7.17 に示す．DAMA と描かれた領域は DAMA グループのデータと 3 シグマの有意度で矛盾しない領域である．左の図は SI について他の実験からの制限を含めて示したものである．図に示したように 10 GeV 付近の領域で説明できる可能性がわずかに残されている．SD については，中性子のみと相互作用する場合は XENON グループや CDMS グループにより否定されている．右の図は SD で，かつ陽子のみと相互作用する場合を示し，COUPP グループ，PICASSO グループ，そして KIMS グループ[15] が否定的な結果を得たもののまだ許されている領域がわずかにある．一番下に描かれているのはスーパーカミオカンデによる間接検出実験で，このエネルギーしきい値を下げたサンプルを用いれば許容領域を排除できる可能性が示唆されている．ただしこれらはいずれも暗黒物質の分布などについて仮定をおいて計算した結果であり，それらにもモデル依存性がある．結果的に DAMA の肯定的な結果は他の実験による否定的結果と矛盾する，と断定できない状況である．多くの研究者が納得できる結果を得るのはまだまだ時間がかかると思われるが，世界の趨勢はより大型でバックグラウンドの低い検出器による測定へと向かっている．

　次に間接検出について述べる．この場合ほとんどが別の目的で観測を行った副産物である．代表的な例としてスーパーカミオカンデ（SK）のニュートリノ観測による探索

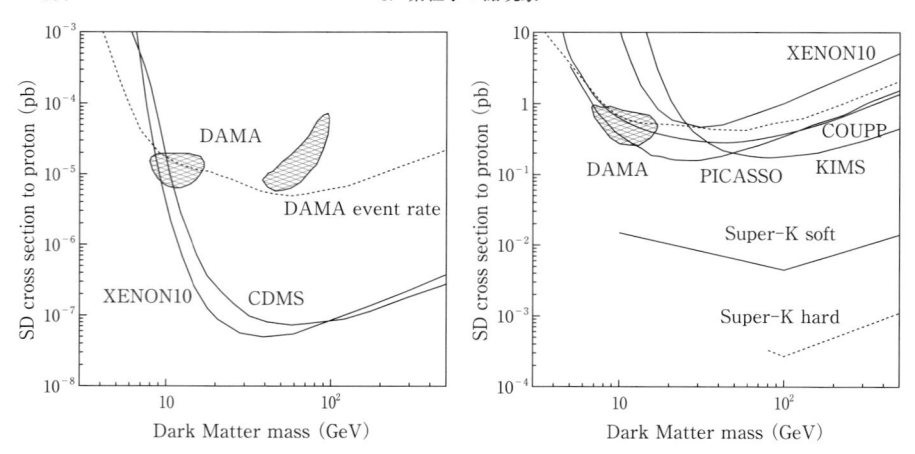

図 3.7.17 これまでに行われてきに暗黒物質探索の結果のまとめ[14]

縦軸は核子との反応断面積，横軸は暗黒物質の質量を表す．DAMA と描かれた領域は DAMA/NaI，DAMA/LIBRA による暗黒物質の検出に肯定的な実験結果のうち季節変動と 3 シグマで矛盾しない領域を示し，点線より上だと観測された事象数より期待される信号が多く 90% の信頼度で矛盾する領域となる．実線は他の実験から与えられる制限曲線で，90% の信頼度でその上の領域が排除されていることを示す．左の図は SI の場合であり，8 GeV，10^{-5} GeV 付近にわずかに許されている可能性がある．右の図は SD の場合を表していて，ここでも 10 GeV 付近に可能性が残されている．一番下に描かれているのはスーパーカミオカンデによる間接検出実験の結果（本文参照）．

がある．ニュートラリーノが太陽や地球と相互作用を行い，減速された結果，集積され対消滅する．2 次粒子のニュートリノが SK の周りの岩石でミューオンを発生し SK に入射する．上向きミューオンの到来方向と，太陽中心や地球中心との相関をとり探索を行った結果，有意な信号は見つからなかった．この場合，SD 相互作用に対する感度が高い．それは太陽がスピンを持つ陽子から成るため，SD 相互作用があるとニュートラリーノの集積度が高まるためである．仮定をおいて直接検出の感度と比較すると，図 3.7.17 に示すように SD に対する制限では現在最高感度を持つ[16]．ここで実験は対消滅した後に 100% の確率でソフトなニュートリノが出る $b\bar{b}$ 対に崩壊した場合で，点線はハードなニュートリノが出る W^+W^- に崩壊した際の制限を示す．実際にはこの間に制限がくると考えられている．今後エネルギーしきい値を下げたサンプルを用いれば DAMA の SD に対する許容領域を排除できる可能性が示唆されている．

（5） 将来の暗黒物質探索実験

将来の直接検出実験においては，CDMS 実験のように 2 種類以上の信号をとらえる方法，標的を大型化して有効体積を設定する方法，そして暗黒物質の到来方向を観測する方法が主に考えられている．また，これらの技術を利用することが可能な物質もほぼ絞り込まれており，ゲルマニウムもしくはキセノンが有利であると考えられている．ゲ

3.7 標準模型を超える物理現象

ルマニウムを用いた低温検出器の場合，技術は確立している．もし大型化に成功した場合，バックグラウンドが増加しなければ有効な方法である．一方，標的を大型化して有効体積を設定するアプローチは東京大学のXMASSグループが進めている[17]．この場合，シンチレーターである液体キセノンを用いる．液体キセノンはバックグラウンドになりやすい外部から飛来するガンマ線などを外殻部で吸収できる．多数の光電子増倍管でシンチレーション光をとらえることにより，事象の発生位置を同定してそれらを除去する．一方，ニュートラリーノの事象は検出器全体で発生するため，中心部の事象のみを選べばよい．この方法の優れた点は標的を比較的容易に大型化でき，かつバックグラウンドも低減できる見通しがあることである．この方法により，これまでより約2桁小さい核子との相互作用断面積まで探索ができると期待されている．2010年には1トンのキセノンを用いた観測が開始される予定である．他方，前出のXENONグループは検出器を大型化し高感度化を進めている．また，キセノンと同様に2種類の信号を利用できるアルゴンの場合，シンチレーション波形を用いて原子核反跳を選び出すことができる利点がある一方，放射性同位体が大量に含まれるという欠点も持つ．

到来方向を観測する検出器は，ガス標的に残される反跳原子核の飛跡などを観測する．ガスの体積が非常に大きくなるので検出器の研究開発が課題であるが，信憑性が高い暗黒物質の信号を得るためには将来的に必要性の高い技術である．

間接検出実験においては，南極の氷を利用したIceCube実験は暗黒物質の質量が大きい場合スーパーカミオカンデを超える感度を持つことが期待されているおもしろい実験で，精力的に建設が進められている．

これまで20年近く続けられてきた暗黒物質探索はゆっくりではあるが着実に感度を上げてきた．一方21世紀に入り，宇宙論的観測により暗黒物質の存在がきわめて確からしくなった．暗黒物質探索の感度を飛躍的に上昇させて，暗黒物質を検出することが急務となっている．

（森山茂栄）

参考文献

1) Jihn E. Kim, Phys. Reports, **150** (1987) 1.
2) 戸塚洋二, 「素粒子物理学」(岩波書店, 1992), p. 167.
3) G.G. Raffelt, Phys. Reports, **198** (1990) 1; hep-ph/0504152, in the proceedings of XI International Workshop on "Neutrino Telescopes" 22-25, Feb. 2005, Venice, Italy.
4) L. J. Rosenberg and K. A. van Bibber, Phys. Reports, **325** (2000) 1; J. E. Kim and G. Carosi, arXiv : 0807. 3125; PDG, http://ccwww.kek.jp/pdg/2009/reviews/rpp2009-rev-axious.pdf.
5) S. Moriyama *et al.*, Phys. Lett. **B434** (1998) 147; Y. Inoue *et al.*, Phys. Lett. **B536** (2002) 18.
6) E. Arik *et al.* (CAST collaboration) J. Cosmol. Astropart. Phys. D2 (2009) 008.
7) S. Moriyama, Phys. Rev. Lett. **75** (1995) 3222; Krcmar *et al.*, Phys. Lett. **B442** (1998) 38; T. Namba, Phys. Lett. **B645** (2007) 398.
8) 蓑輪眞, 日本物理学会誌 60 (2005) 8月号, 609.
9) J. D. Lewin and P. F. Smith, Astropart. Phys. **6** (1996) 87; G. Jungman *et al.*, Phys. Reports, **267** (1996) 195; P. F. Smith and J. D. Lewin, Phys. Report, **187** (1990) 203.
10) A. A. Abdo *et al.*, Phys. Rev. Lett. 102, 181101 (2009).

11) R. Bernabei et al., Int. J. Mod. Phys. **D13** (2004) 2127 : R. Bernabei et al., Eur. Phys. J. C (2008) 56, 333.
12) Z. Ahmed et al., Phys. Rev. Lett. 102, 011301 (2009) ; Z. Ahmed et al., arXiv : 0912.3592
13) J. Angle, et al. (XENON collaboration) Phys. Rev. Lett. 100, 021303 (2008).
14) M. Fairbairn and T. Schwetz, arXiv : 0808.0704 ; C. Savage, G. Gelmini, P. Gondolo and K. Freese, arXiv : 0808.3607
15) E. Behnke et al., Science 319, 933 (2008) ; S. Archambault et al., arXiv : 0907.0307 ; H. S. Lee et al., Phys. Rev. Lett. 99, 091301 (2007).
16) Super-Kamiokande collaboration, Phys. Rev. **D70** (2004) 083523 ; hep-ex/0404025, T. Tanaka for the SuperKamiokande collaboration, In Proceedings of CCAPP Symposium 2009, Columbus, Ohaio, Oct 12-14, 2009.
17) Y. Suzuki, hep-ph/0008296.

3.8 宇宙からの素粒子

素粒子相互作用の特徴が直接的に顕れている現象では，自由粒子の状態の素粒子が存在しているはずである．そのためには，(i) 現象を引き起こす系の少なくとも一部の素粒子が非熱的な過程で加速されているか，あるいは，(ii) 系全体が高温の平衡状態にあって，素粒子が原子や原子核の束縛エネルギーを超える高いエネルギーをもっていることが必要である．また，系が (iii) われわれの知る物質を構成するものとは異なる種類の素粒子から成る可能性もありえる．現在の宇宙に存在する高エネルギー粒子，宇宙線が (i) に相当し，(ii) の場合が宇宙初期に関係した現象である．宇宙の暗黒物質は (iii) だと考えられている．

a. 素粒子像を必要とする天体現象
(1) 宇宙と素粒子

人工の粒子加速器の限界を越える高いエネルギーの素粒子が宇宙空間を飛びまわっていて，いわば「宇宙からの素粒子」となっている．ビッグバンから始まった宇宙では，素粒子相互作用の特徴が直接的に現れる高温高密度の状態を経て現在の宇宙が形成された．暗黒物質の存在や，反粒子を含まないバリオン生成のメカニズムが示すように，宇宙の時間的発展には素粒子相互作用が関わっている[1]．宇宙初期およびその派生する現象も広い意味での「宇宙からの素粒子」とみなすことができる．

宇宙には図 3.8.1 に示されるように素粒子から銀河団に至る多様な構成要素がある．それらの大きさ L と質量 M は数十桁に及ぶ広大な範囲にわたっている．図の直線 (1)，(2) はそれぞれブラックホールのシュワルツシルト半径とコンプトン波長についての L と M の関係式，(1) $L = GM/c^2$ および (2) $L = h/Mc$ (ただし，G, c, h は重力定数，光速度，プランク定数．シュワルツシルト半径の式にかかる数因子の 2 は省略) を表す．(1), (2) の交点 P の値は ($L_{\text{Planck}} = \sqrt{Gh/c^3}$, $M_{\text{Planck}} = \sqrt{hc/G}$) であり，それぞれプランクの長さとプランク質量である．

3.8 宇宙からの素粒子

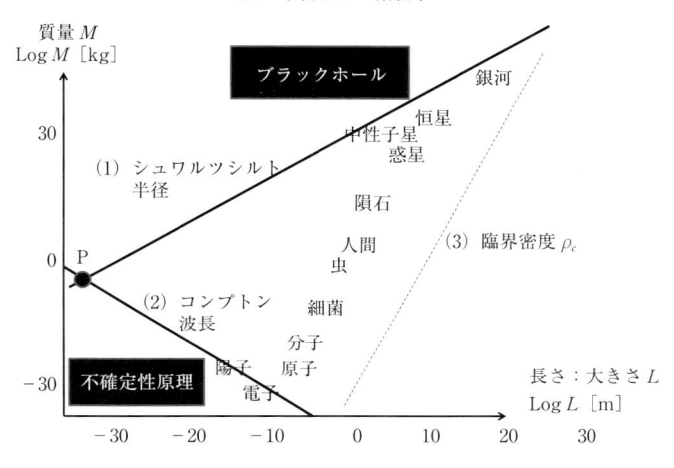

図 3.8.1 宇宙に存在するものの質量と大きさの分布

大きさ L と質量 M の観測量として許される値には制限がある．ブラックホールの地平線を与える直線（1）の左上に広がる領域と，量子力学の不確定性原理の不確かさの大きさを示す直線（2）の左下の領域をわれわれは見ることができない．点線（3）は，宇宙がこれからも膨張し続けるのか収縮に転ずるかの目安となるエネルギー密度，臨界密度 $\rho_c = 3H_0^2/(8\pi G) = 2 \times 10^{-26}$ [kg m^{-3}] 程度（H_0, G はそれぞれ現在のハッブル定数の値と重力定数）に相当する L と M である．直線（1），（2）と点線（3）を包みこむ数十桁にわたる L, M の広い範囲の中にわれわれの知っているあらゆるものが存在している．共通の素材・素粒子からできているから，微生物から星に至る非常に多様な状態を反映しているにもかかわらず，ほぼ一定の密度すなわち $M \approx L^3$ の関係式に沿って分布しているようにみえる．(1)，(2) の交点 P が，宇宙の成り立ちを探ることと素粒子の法則性を探ることとの接点を示唆しているようにみえる．

宇宙空間を飛び回る高エネルギー素粒子，宇宙線は陽子およびさまざまな原子核から成る．電子は 1% 程度であり，宇宙線粒子のエネルギーが増大するにつれ陽子に対する存在比が急速に小さくなる．放射によるエネルギー損失が大きいためである．宇宙線の化学組成，すなわち宇宙線中のさまざまな原子核の存在量の相対比は，大半を占める陽子と約 10% のヘリウムなど，おおざっぱには太陽系の元素組成と一致する．しかし，B，Li, Be の軽元素など著しく異なっている場合がある．その違いは元素合成の過程と宇宙線を加速する非熱的過程の起きている場所，宇宙線の伝播過程などに依存するものと考えられる．

宇宙線粒子の強度は，エネルギー E のベキ乗 $E^{-\alpha}$ に比例する非熱的なエネルギースペクトルで近似でき，粒子のエネルギーが高くなるにつれ単調に一定の割合で減少する．

熱的平衡状態の温度から与えられるような，系に付随する特徴的なエネルギーをもたない．

星が超新星爆発を引き起こしたあとには超新星残骸，中性子星やブラックホールなどが残され，周囲の温度を超えた高いエネルギーまで素粒子を加速する非熱的過程が起きている．

(2) 元素合成

陽子と中性子から重陽子が，そして重陽子からヘリウム，さらに大きな原子番号の元素が合成されるためには，十分な数の中性子が存在し，陽子や原子核間のクーロン力による斥力に打ち克って反応が進行しなければならない．高温高密度の状態が必要となる．

相対論的なエネルギーを持つ粒子からなる初期宇宙の温度 T は，ビッグバン後の時間を t とすると膨張につれて $t^{-0.5}$ に比例して冷えていく．温度が $T \sim 10^{13}$ K，熱平衡の温度に相当するエネルギー $kT \approx 1$ GeV となるころには（k はボルツマン定数），自由状態のクォークから陽子や中性子が形成される．さらに温度が降下して，kT が中性子と陽子の質量差 2.3 MeV と同程度，すなわち温度が $10^9 \sim 10^{10}$ K 程度になると，中性子と陽子の反応の平衡状態

$$n \rightleftharpoons p + e^- + \bar{\nu}_e$$
$$n + p \rightleftharpoons d + \gamma$$

が実現される．重陽子 d が生成され，さらに重陽子 d と陽子からヘリウム，リシウムやベリリウムの軽元素が作られる．これらの反応，元素合成が進行するためには，たとえば中性子の寿命の長さ 890 秒が，ビッグバン後に 2.3 MeV 程度の温度が実現される時期を特徴づける時間スケール，およそ 100〜1,000 秒とほぼ同程度であることなどが必要である．素粒子の性質・物理法則と宇宙の発展のしかたとは互いに深く結びついていて，このころに合成される軽元素の存在量から，宇宙のバリオン数 n_B と光子の数の比 $\eta = n_B / n_\gamma$ などの量が推定される．初期宇宙の情報もまた「宇宙からの素粒子」の役割を果たしている．

ヘリウムなどの軽元素が合成されたあと，宇宙の温度が 3,000〜4,000 K に降下したころ，陽子と電子が結合して水素原子が形成された．このころのわずかな密度のゆらぎ，相対比 10^{-5} 程度の密度の非一様性が成長して銀河や星が誕生した．太陽程度の質量の星の中心部では約 10^7 K の高温状態が実現される．陽子・陽子鎖反応とよばれる一連の反応の結果，ヘリウムが

$$4p \rightarrow {}^4\mathrm{He} + 2e^+ + 2\nu_e$$

と合成され，「宇宙からの素粒子」のひとつであるニュートリノが生成・放出される．元素合成・核融合反応によって解放されたエネルギーによって星は光り輝き，炭素や酸素などベリリウムより重い元素の原子核も太陽より大きな質量の星の中心部で合成される．大質量の星の進化の果てに超新星爆発が起き，中性子星の形成に伴ってニュートリノが放出される．爆発の後に超新星残骸，中性子星やブラックホールが残される．

太陽からのニュートリノの検出は星の内部で元素合成・素粒子原子核反応が起きていることの直接的な証拠を与える．1987年に爆発した大マゼラン雲での超新星1987Aから伝播したニュートリノの検出はニュートリノ質量の上限を与えた．

（3） 宇宙背景放射の光子

中性の水素原子が形成されると，電磁波の平均散乱距離が急激に増大して物質と電磁放射とが切り離された．満ち溢れる放射光子に対して宇宙は透明となり「宇宙が晴れ上がった」．そのころに起きた「最後の散乱」の後の電磁波が，現在では赤方偏移を受けて2.7 Kの宇宙背景放射となって，われわれに赤方偏移$z \approx 1000$の過去の宇宙の情報を与えている．

星での元素合成から放出される$T \approx 10^4$ Kの熱平衡状態から放出される光は，宇宙塵などによる吸収そして赤外線の波長帯への再放射の過程を経て，宇宙赤外線背景放射となっている．さらに，活動銀河の形成などによるX線領域の放射が宇宙のあらゆる方向から到来している．図3.8.2に示すように，可視光より短かい波長でもX線からガンマ線[2]に至るあらゆる方向からの一様な放射，宇宙背景放射が観測されている．

宇宙背景放射は宇宙線粒子と衝突し散乱，吸収やエネルギー散逸などの素粒子相互作

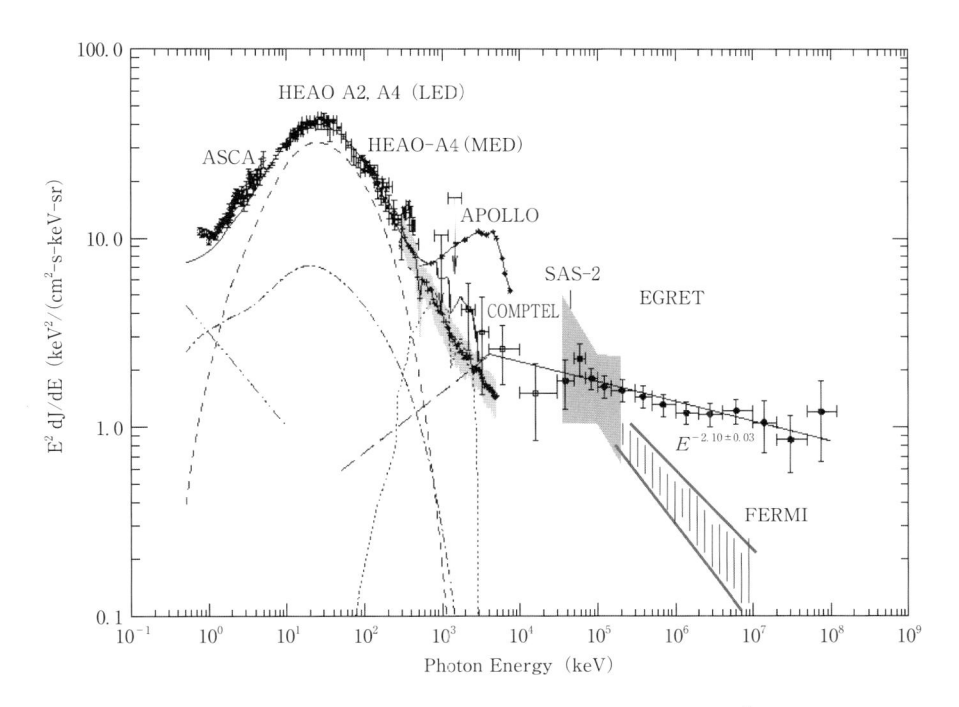

図3.8.2 X線からガンマ線の波長帯での宇宙背景放射の強度[2]

用を引き起こす.高エネルギー素粒子に対して光子としてふるまい,「宇宙からの素粒子」の構成メンバーとなる.

（4） 現在の宇宙での粒子加速

宇宙線の存在は,陽子,原子核のイオンや電子が,熱平衡のエネルギー kT よりもはるかに高いエネルギーまで加速される現象のあること,非熱平衡的過程が宇宙で起きていることを示している.宇宙空間における粒子の加速は一般的には磁場 $\vec{B}$ による誘電電場によってなされるとして記述できる.パルサーでは中性子星の速い回転が強い電場を誘起して,電子や陽電子が加速されている.中性子星の回転エネルギーが粒子の加速エネルギーや放射電磁波のエネルギーに変換されるように,集団運動のエネルギーを個々の粒子の運動エネルギーに変換する過程が非熱的な加速の起きる原因であるということができる.集団運動すなわち巨視的な系との衝突・散乱によって,確率的に個々の粒子のエネルギーが増大していく過程,フェルミの統計加速が知られている.

超新星残骸の爆風と星間物質との衝突によって生成される衝撃波によりフェルミ加速が効率よく進行する.その結果,加速された粒子のエネルギー E の分布が $\propto E^{-\alpha}$; $\alpha \approx 2$ となると考えられている.

さまざまな天体での高エネルギー素粒子の加速・放射現象が高エネルギーガンマ線の観測などから明らかになりつつある.活動銀河の中心部にあるブラックホールや突発的にガンマ線を放出するガンマ線バーストでは光速度に近い速さで噴き出すプラズマの流れ,ジェット現象が起きている.流れの速さはローレンツ因子 10～100 に達し,ジェットを構成する物質どうしの衝突による内部衝撃波,あるいはジェットが星間空間に突入して星間物質との間に起きる外部衝撃波によって粒子加速が起きていると考えられている.

b. 宇　宙　線

地球大気外から到来する放射能のあることが 1910 年代に気球観測により確かめられ,宇宙線の発見となった.大気中で引き起こされる宇宙線現象の中に,それまで知られていなかった新しい素粒子である陽電子,パイオン,ミューオン,さらには,ストレンジネスを持った粒子が発見された.

「宇宙からの素粒子」としての宇宙線は素粒子物理学という分野の誕生に寄与したが,その後の素粒子実験の主流は加速器を使用した実験にゆだねられることとなった.最近の宇宙線研究の主題は,加速器の限界を超えるエネルギーの素粒子が宇宙のどこで,どのような加速機構によって作られるのか,そして,それらが宇宙空間をどのような過程で伝播し,宇宙の構造などにどのように関係しているのかの課題,「宇宙線の起源」の解明に向けられている.

(1) 宇宙線のエネルギー収支勘定

あらゆる方向から到来する宇宙線強度に宇宙線粒子1個のエネルギーをかけて積分することによって,天の川銀河内の宇宙線のエネルギー密度を推定できる.ほぼ 10^{-13} J m^{-3} ≈1 eV cm^{-3} であり,銀河磁場や星の光のエネルギー密度と同程度の大きさである.銀河内に閉じ込められた宇宙線が銀河磁場の生成など銀河構造の形成・維持と関わりをもっているらしいことを示唆している.

地球で観測される宇宙線強度から推定したエネルギー密度を天の川銀河の円盤の体積 $10^{60} \sim 10^{61}$ m^3 にわたって積分し,宇宙線の円盤内への閉じ込めのおおよその平均時間 $\tau \approx 10^7$ 年で割ると,宇宙線の加速に必要なエネルギー生成率は $\approx 10^{33}$ J s^{-1} となる.一方,超新星爆発によって解放される $M_\odot c^2 \approx 10^{45}$ J の重力エネルギー($M_\odot$ は太陽質量)の1%すなわち 10^{43} J が爆発の爆風に与えられ,さらにその約10%程度 10^{42} J が宇宙線の運動エネルギーに変換されると考えることができる.約30年程度に1回の割合で起きる超新星爆発による宇宙線へのエネルギー供給率は $\approx 10^{33}$ J s^{-1} となって,銀河内の宇宙線エネルギーを説明できる.このようなエネルギー収支勘定や衝撃波加速の考え方に基づいて,宇宙線の加速が行われているところ,宇宙線の起源となっている天体は超新星残骸であろうと想像されてきた.

(2) 宇宙線のエネルギースペクトラム

太陽系外から飛来する宇宙線粒子の個数 N はベキ関数

$$\frac{dN}{dE} \propto E^{-\alpha},$$

で近似でき,ベキの指数の観測値は $\alpha \approx 2.6$ である.宇宙線強度の大きさは,エネルギー $E = 10$ GeV で ≈ 20 m^{-2}sr^{-1}GeV^{-1} である.

電荷をもつ宇宙線の運動方向は銀河系内の磁場 $B \approx 3\mu G$ によって曲げられるから天の川銀河の中を直進できない.磁場に沿ってらせんを描くジャイロ運動にしたがい磁場の乱れによる散乱を受けつつ銀河円盤内に閉じ込められている.陽子のらせん運動の半径,ジャイロ半径は $R = 3 \times 10^{11}$ [m]・$(E/10$ [GeV]$)$ $(10^{-6}$ [G]/B$)$ であるから,銀河円盤の厚さ $\sim 10^{18}$ m や半径 $\sim 10^{20}$ m に比べて十分小さい.このため宇宙線は,星の光の場合のような直線運動の場合に比べて桁違いに長い間,銀河円盤内に滞在している.宇宙線中の不安定同位元素の量や星間空間を伝播中に二次的に生成する原子核の存在比などから,宇宙線の銀河円盤内閉じ込め時間は $\tau \sim 10^7$ 年と推定される.衝撃波加速から期待されるスペクトルのベキ指数 $\alpha \approx 2.0 \sim 2.2$ からのずれの大きさが $\Delta \alpha \approx 0.5$ となることは,閉じ込め時間が $\tau \propto E^{-\Delta\alpha}$ のようなエネルギー依存性をもつためと解釈されている.この閉じ込め時間は,宇宙線陽子が星間物質と相互作用をしてパイオン生成によりエネルギーを損失する時間より1桁以上短い.

宇宙線のエネルギースペクトルのベキ指数 α の大きさは約 10^{15} eV 近辺のエネルギーで変化する.人間の脚が膝(knee)でわずかに曲げられている形にたとえて,このス

ペクトルの曲がりを knee と呼ぶ．宇宙線のエネルギーが高くなるとスペクトルの傾きがきつくなるのは，銀河系内の宇宙線の加速源での加速の限界，あるいは銀河円盤内に宇宙線が閉じ込められなくなるためなどと解釈されている．

ベキ指数 α の変化が起きるエネルギー $E_{\text{knee}} \approx 10^{15}$ eV 以上では，宇宙線強度は
$$dN/dE = 2\times 10^7 \; (E/1\text{ GeV})^{-3.1}\text{ m}^{-2}\text{s}^{-1}\text{sr}^{-1}\text{GeV}^{-1}$$
の程度である．エネルギー E 以上の強度を積分した値，すなわち積分強度は，
$$N(E>10^{15}\text{ eV}) \approx 3\times 10^{-6}\text{ m}^{-2}\text{s}^{-1}\text{sr}^{-1}$$
$$N(E>10^{20}\text{ eV}) \approx 10^{-16}\text{m}^{-2}\text{s}^{-1}\text{sr}^{-1} = 0.3\text{ km}^{-2}\;(100\text{ 年})^{-1}\text{sr}^{-1}$$
などの程度である．10^{19} eV 程度以上の宇宙線のジャイロ半径は銀河の大きさと同程度となり，銀河内をほぼ直進できるようになる．宇宙線の到来方向は特別なある方向に集中することなくほぼ一様であると観測されている．加速源は十分遠方の銀河系外であると考えてよい．

c. 宇宙線の検出と観測

宇宙線の組成と強度のエネルギー分布は，地上に設置した検出器や気球や大気圏外の衛星に搭載した検出器などさまざまな方法を用いて観測されている．

磁場で曲げられる宇宙線の到来方向の観測値は直接的に宇宙線の加速源を与えないから，加速源の推定は，宇宙線の伝播過程を仮定し組成やエネルギースペクトルの情報からの間接的なものにならざるを得ない．加速源を確定するためには，宇宙線が放射するガンマ線などの電磁波を観測する必要がある．

（1） 宇宙線の組成と伝播

宇宙線の化学組成すなわち宇宙線中の各原子核の存在量の比は，太陽系の元素組成 (solar abundance) に大体一致しているが，著しく異なっている点がある．たとえば，リシウムやベリリウムの軽元素など，ある特定の原子核の宇宙線は太陽系の元素組成に比べて多く，炭素，窒素，酸素などの原子核の宇宙線が星間物質（主に水素原子や分子，あるいは電離した水素原子である陽子など）と衝突し破砕されて形成されたのだと解釈できる．組成からは，加速源から地球への伝播過程を探り星間空間についての情報を得ることができる．宇宙線中には，鉛や鉄，金などの重金属の原子核が含まれている．これらの重い元素の合成のためには太陽より大きな質量の星が必要であるから，大質量星が宇宙線生成に寄与していること，宇宙線と銀河系内での星の形成と死滅による物質循環の流れに関わっていることが示唆される．

宇宙線中にはまた，反陽子や陽電子などの反粒子がわずかながら含まれている．粒子だけからなる現在の宇宙において，反粒子は宇宙線と星間物質の相互作用によって作ることができる．反陽子は，宇宙線の星間空間中の伝播中に起きる
$$p\;(\text{宇宙線}) + p\;(\text{星間物質}) \to p + p + p + \bar{p}$$
によって生成されると考えられている．しかし，宇宙線の相互作用以外の方法によって

3.8 宇宙からの素粒子

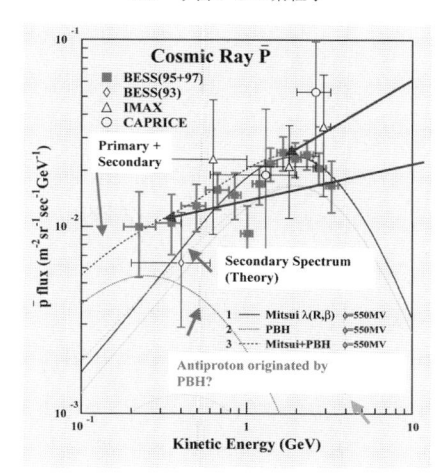

図 3.8.3 宇宙線中の反陽子の強度
観測値は超伝導磁石を気球に搭載した BESS 実験によるものを示す[3]．

作られている可能性もある．たとえば，宇宙の初期に作られた原初ブラックホールの蒸発，未知の粒子の崩壊，あるいは暗黒物質の対消滅などから生成される反陽子や陽電子を検証する試みがなされてきた．

これまでの宇宙線中の反陽子の観測強度は，図 3.8.3 の宇宙線中の反陽子の強度が示すように，星間空間での宇宙線の相互作用によって作られると考えられる量とつじつまが合っている[3]．

気球や衛星観測の検出器の面積はせいぜい 1 m^2 程度であり，宇宙線強度はエネルギーが高くなるとともに減少する．このため，飛翔体を用いた観測によって十分な統計精度のデータが得られているのはこれまでのところ 10^{15} eV 程度までのエネルギー領域までである．エネルギーが 10^{15} eV 程度以上の超高エネルギー領域の宇宙線に対しては，地上設置の大有効面積の測定器が必要である．

陽子や電子，原子核などの宇宙線やガンマ線が地球大気に突入すると，空気の原子核との相互作用により電子，陽電子やパイオンなどの粒子が生成される．これらの 2 次宇宙線と呼ばれる粒子が大気と衝突して，粒子がさらに増殖される．その結果，1 次宇宙線のエネルギーに比例した数の電子や陽電子などがほとんど光速度で同時に地上に降り注ぐ現象が引き起こされ空気シャワーと呼ばれる．空気シャワーを構成する 2 次宇宙線粒子すなわちシャワー粒子は，進行方向に垂直な横方向について数十メートル以上の，エネルギーが高くなればなるほど広い範囲にわたって分布するので，一定の間隔，たとえば〜1 km おきに粒子検出器を敷き詰めること，あるいは空気シャワー中の電子・陽電子が放射するチェレンコフ光や蛍光の測定などによって，広い検出面積を得ることが

できる．100 km^2 以上の大検出面積を実現しつつ，到来頻度の低い 10^{20} eV 程度の「最高エネルギー宇宙線」を観測する実験が米国，イギリス，ロシア，日本などの各国で行われてきた．現在では，広汎な国際協力による世界最大の装置オージェ・プロジェクト[4]が，南米アルゼンチンで稼働中である．より高いエネルギーでの強度，陽子あるいは鉄などの原子核であるかなどの宇宙線の組成を知ること，到来方向と活動銀河などの相関[5]などを確かめるためデータを蓄積しつつある．

重力定数，プランク定数，光速度の3つの基本的な自然定数，$G, \hbar, c$ からエネルギーの単位を持つ量を作ると，プランクエネルギー $E_{\text{Planck}} = \sqrt{\hbar c^5/G} \approx 10^{28}$ eV を得る．4つの相互作用の大統一が実現されると考えられるエネルギースケール E_{Planck} にはいまだ8桁程度及ばないが，最高エネルギーあるいは極高エネルギー領域とよばれる 10^{20} eV 近辺の宇宙線は現在の最高エネルギー領域の実験・観測を提供するものとなっている．極高エネルギー領域の宇宙線は2.7 K マイクロ波背景放射の光子と衝突して，

$$p + 2.7\text{ K 光子} \rightarrow p + \pi^0, \text{ または } n + \pi^+$$

などの反応を起こす．2.7 K マイクロ波背景放射の光子エネルギーは 10^{-4} から 10^{-3} eV であるから，このパイオン光生成が起きるための陽子エネルギーのしきい値は約 10^{20} から 10^{21} eV であり，平均自由行程は ~50 Mpc である．そのため，宇宙線のエネルギースペクトルは 10^{20} eV 程度付近に切断が生じるものと考えられ，GZK（Greisen-Zatsepin-Kuzmin）切断とよばれる[6]．宇宙線が鉄などの重い原子核であっても，2.7 K マイクロ波背景放射と衝突して巨大共鳴などの原子核反応を起こしてスペクトルの切断が起きるが，切断エネルギーは高い方向にシフトする．エネルギースペクトルの 10^{20} eV 近辺の形状は，宇宙線の組成および天の川銀河から加速源までの距離の分布などに依存している．GZK 切断の有無に関連して，宇宙初期に生成されたと想像される未知の大質量の粒子の崩壊から 10^{20} eV の陽子が作られている可能性いわゆるトップダウンの機構，あるいはまた，量子重力効果によるローレンツ変換の破れなどが議論されている[7]．GZK 切断を起こすような 2.7 K 背景放射との衝突によるパイオン生成が実際に起きていれば，荷電パイオンの崩壊からニュートリノが生成されているはずである．その検出は，南極の氷や深海の水により超高エネルギーニュートリノを観測する計画[8]の目的の1つとなっている．

（2） 電波および X 線放射の観測

電子が原子核のクーロン場で加速度を受けて起きる制動放射は，荷電粒子のエネルギーに近いエネルギーの電磁波光子の放射を得るためには他の放射機構に比べて最も効率的である．しかし，制動放射の起きやすい物質密度の高い状態においては，荷電粒子や放射された電磁波の相互作用が頻繁に起き，非熱的なエネルギースペクトルを維持することが困難であろう．むしろ，宇宙線の加速源での物質密度は比較的小さいはずであり，宇宙線の加速源では，制動放射よりも磁場中でのシンクロトロン放射や長波長光子を荷電粒子が短波長に跳ね飛ばす逆コンプトン散乱の放射が起きている公算が高い．

電波天文学の誕生とともに，ベキ法則に従うスペクトルの電波を放射する天体，電波銀河が発見された．高エネルギー電子のシンクロトロン放射による電波であると解釈され，非熱的なエネルギースペクトルをもつ高エネルギー電子が宇宙に存在していることの最初の証拠を提供した．

（3） ガンマ線放射

高エネルギーガンマ線の強度は，宇宙線のエネルギースペクトルと同様にベキ分布に従ってエネルギーとともに単調に減少する．かに星雲などの天体では，$\sim 10^{14}$ eV に達する超高エネルギー電子が，シンクロトロン放射により電波から X 線にいたる電磁波を放射している．その一方で，超高エネルギー電子は電波から赤外線の長波長光子を逆コンプトン散乱で跳ね飛ばし $10^9 \sim 10^{12}$ eV 領域の超高エネルギーガンマ線光子として放出する．

電磁的な放射過程の断面積は，電子の場合の古典電子半径 $r_0 = e^2/m_e c^2$ の 2 乗に比例する例に示されるように，親粒子の質量の 2 乗に反比例する．したがって，電子の 2,000 倍の質量を持つ陽子からは電子と同様な機構による X 線や電波などの電磁放射は無視できるほど小さくなる．陽子から期待される放射は星間物質などの陽子との相互作用で生成された中性パイ中間子の崩壊 $\pi^0 \rightarrow \gamma + \gamma$ からのガンマ線である．

ガンマ線衛星 OSOIII (1967-1968)，SASII (1972-1978)，COSB (1975-1982) に続いて，1989 年に打ち上げられたコンプトン・ガンマ線衛星の EGRET 検出器は，100 MeV 以上のエネルギー領域において 272 個のガンマ線源を発見した[9]．そのうち 83 個の活動銀河，銀河内のパルサー 6 個が 100 MeV から GeV 領域のガンマ線を放出する天体として同定されたが，銀河系内にあると考えられるその他のほとんどのガンマ線源は未同定であった．2008 年に打ち上げられ FERMI 衛星[10] と名付けられた NASA のガンマ線衛星が，1 年間の観測ですでに EGRET 検出器を上回り 1,000 個程度のガンマ線源を検出している．観測データの蓄積と解析の進展につれて，天体の高エネルギー現象についての知識・理解が深められ拡大しつつある．

これまでの理解に修正が加えられる点もある．FERMI ガンマ線衛星によって EGRET 検出器で報告された銀河系外背景放射強度の約 15% がガンマ線源として分解された[11]．予備的な解析からは，EGRET 検出器で観測された強度よりも明らかに低い高エネルギーガンマ線背景放射強度が報告されている．図 3.8.2 に帯状の縦線で示したように，べきの値が -2.41 ± 0.05 となって EGRET 検出器の場合の -2.1 より急なエネルギースペクトルが観測されている．

宇宙線のエネルギーに匹敵する 10^{12} eV 程度の超高エネルギーガンマ線の観測は，ガンマ線により引き起こされる空気シャワー中の電子や陽電子が放出するチェレンコフ光を検出する装置，空気チェレンコフガンマ線望遠鏡によって，1990 年代に入って観測が急速に発展した[12,13]．

いくつかの超新星残骸 RXJ1713.7-3946，J0852.0-4622 などからのガンマ線が約 0.1°

の角度精度で検出され，その他の天体パルサー星雲や活動銀河など，総計100個に迫る数の超高エネルギーガンマ線源がこれまでに発見されて[14]，宇宙線の起源解明など超高エネルギーガンマ線の系統的な観測が一段と進展した[15]．

電波，可視光，X線から超高エネルギーガンマ線に至る広汎な波長領域の観測データを比較する多波長観測によって，放射が陽子と電子のどちらによるのか，電子であれば超高エネルギー電子のエネルギー分布や寿命，磁場の強さなど，陽子の場合には物質密度などの加速現場の環境条件が明らかにされつつある．陽子によるパイオン生成からは高エネルギーニュートリノが生成される．高エネルギーガンマ線源からのニュートリノの観測・検出も試みられている．

コンプトンガンマ線衛星のEGRET検出器で観測された100 MeV～1 GeVガンマ線の天の川に沿って広がった分布[16]と，空気チェレンコフ望遠鏡によって検出されたTeV領域の超高エネルギーガンマ線源の分布をそれぞれ図3.8.4a, bに示す．高エネルギー素粒子が超新星残骸や中性子星，活動銀河中心核にある巨大ブラックホールの近傍などで加速され宇宙線の加速源となっているらしいこと，銀河内空間を満たす宇宙線の分布などがガンマ線観測から明らかにされつつある．超高エネルギー素粒子がわれわれの天の川銀河，あるいは天の川銀河以外の銀河，銀河団，あるいは銀河系外空間をどの程度の強度で満たしているかは，銀河や銀河団の構造形成過程などにも関係しているはずである．暗黒物質によって10^{12} eV領域のガンマ線が放射される可能性の検証は今後のガンマ線観測の重要な課題の1つである．

超高エネルギーガンマ線は宇宙背景放射の長波長光子と衝突して

(a) 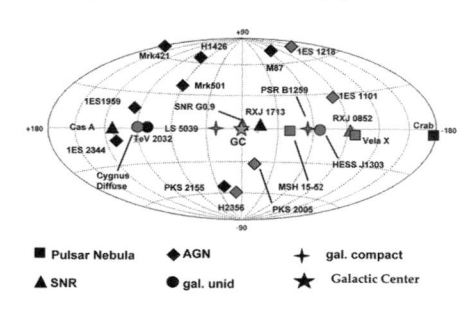   (b)

図3.8.4 銀河座標系で示された，EGRET検出器による全天からのガンマ線強度（>100 MeV）の分布[16] (a)，および超高エネルギーガンマ線源の分布 (b)
楕円形の長径が銀河円盤すなわち天の川に沿った方向である．

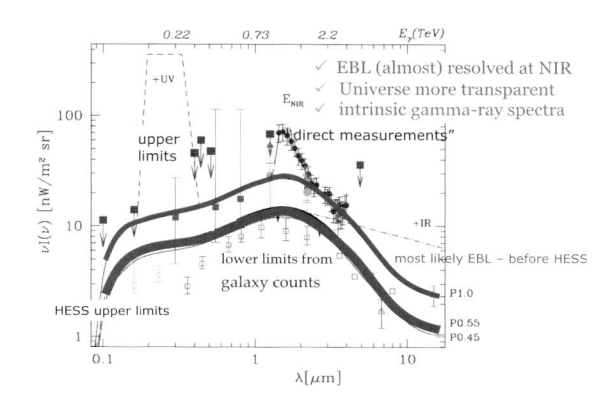

図 3.8.5 赤外線背景放射の強度[17]
2つの太い曲線の上の線はこれまで考えられていた強度を示すが，下の線は $z \approx 0.18$ の活動銀河からの超高エネルギーガンマ線の観測結果から推定される上限値を示す．

$$\Upsilon + 背景放射の光子 \rightarrow e^- + e^-$$

の電子・陽電子対生成を起こして吸収される．ガンマ線のエネルギーが 10^{14} eV 程度以上のときは，2.7 K のマイクロ波背景放射の光子によって反応が起こり，ガンマ線吸収が起きる平均自由行程，吸収長は約 10 kpc である．10^{12} eV 領域のガンマ線に対しては赤外線の背景放射が寄与して，ガンマ線の吸収長は約 100 Mpc となり，$z = 0.05$ 程度の赤方偏移の距離に相当する．ガンマ線の吸収長は，背景放射の光子の密度とガンマ線のエネルギーに依存する．その結果，10^{12} eV 程度以下の領域では観測されたガンマ線のエネルギースペクトル $E^{-\alpha}$ のベキの値 α が遠方のガンマ線源ほど大きくなる効果が生じる．

赤外線背景放射の強度は星形成が活発に行われていた時期についての情報をもたらす貴重な量であるが，さまざまな雑音の影響の精確な評価・除去が困難で，観測値には不確かさがある．この赤外線背景放射の強度に対して，超高エネルギーガンマ線データを使って制限を与えることができる．すなわち，背景赤外線によるガンマ線吸収の補正を観測データに施したとき，推定される発生源でのガンマ線のエネルギースペクトル $E^{-\alpha}$ に対してベキ $\alpha \geq 2$ となっていなければならないとの条件を課すことにする．このように，吸収補正の大きさに対する制限を与えることにより，赤外線強度についての上限を設定できる．赤外線背景放射の強度を示す図 3.8.5 において，2つの太線の曲線は背景赤外線のこれまでの推定値の平均（上の線）と，$z \approx 0.18$ の活動銀河からの超高エネルギーガンマ線観測結果[17]から推定される赤外線強度の上限値（下の線）を示す．超高エネルギーガンマ線の吸収からは図の上限値が示すように，これまでの推定値に比べて小さな値が得られている．想像されていたよりも弱い赤外線放射強度を説明するために，量子

重力の効果，電子・陽電子生成過程を抑圧する効果[18]や，$\sim 10^{12}$ eV のガンマ線光子が銀河系外空間の磁場との相互作用によりアクシオンに変換される過程が起きている[19]などの可能性も議論されている．遠方にある多数のガンマ線源の今後のデータの蓄積と推定の精度をさらに上げることが必要である一方で，「宇宙からの素粒子」についての興味深い話題を提供している．

(木舟　正)

参考文献

1) たとえばS. Weinberg, Cosmology (Oxford University Press, 2008), G. G. Raffelt, Stars as Laboratories for Fundamental Physics (The University of Chicago Press, 1996) などを参照されたい．
2) P. Sreekumar, F. W. Stecker and Kappadath, *American Institute of Physics Conf. Proc.* **410** (1997) 344；P. Sreekumar *et al.*, Astrophys. J. **494** (1998) 523.
3) Y. Asaoka *et al.*, Phys. Rev. Lett. **88** (2002) 51101, S. Orito *et al.*, Phys. Rev. Lett. **84** (2000) 1078.
4) J. Abraham *et al.*, Phys. Rev. Lett. **101** (2008) 061101.
5) Pierre Auger Collaboration, Science **318** (2008) 5852.
6) K. Greisen, Phys. Rev. Lett. **16** (1966) 748；G. T. Zatsepin and V. A. Kusmin, Soviet Phys. JETP Lett. **4** (1966) 78.
7) F. W. Stecker and S. L. Glashow, Astroparticle Phys. **16** (2001) 97.
8) たとえば，Ice Cube 計画：http://www.icecube.wisc.edu/links.php
9) R. C. Hartman *et al.*, Astrophys. J. Supp. **123** (1999) 79.
10) http://www.fermi.gsfc.nasa.gov/
11) M. Ackermann *et al.*, presented at the 31st International Cosmic Ray Conference (Poland, 2008) and Fermi Symposium (Washington DC, 2009).
12) T. C. Weekes *et al.*, Astrophys. J. **342** (1989) 379.
13) T. C. Weekes, *Very High Energy Gamma-Ray Asrotronomy* (Institute of Physics Publishing, Bristol and Philadelphia, Series in Astronomy and Astrophysics, IOP publishing Ltd 2003)；F. A. Aharonian, *Very High Energy Cosmic Gamma Radiation* (World Scientific Publishing Co. Ltd. 2004)；木舟正，「宇宙高エネルギー粒子の物理学」(培風館, 2004).
14) J. Hinton, *Proceedings of 30th Int. Cosmic Ray Conf.* (*Merida, Mexico*, Rapporteur Talk (2007).
15) F. Aharonian, J. Buckley, T. Kifune and G. Sinnis, Reports on Progress in Physics **71** (2008) 096901.
16) S. D. Hunter *et al.*, Astrophys. J. **481** (1997) 205.
17) F. A. Aharonian *et al.*, Nature **440** (2006) 1018.
18) G. Amelino-Camelia *et al.*, Nature **393** (1998) 763；T. Kifune, Ap. J. Lett. 518 (1999) L21；R. J. Protheroe and H. Meyer, Phys. Lett. **B493** (2000) 1.
19) A. Mirizzi, G. G. Raffet and P. Serpico, Phys. Rev. **D76** (2007) 023001；A. DeAngelis *et al.*, Mon. Not. R. Astron. Soc. **394** (2009) L21；M. A. Sanchez *et al.*, Phys. Rev. D79 (2009) 123511；S. Hannestad *et al.*, arXiv 0910.5706 (astro-ph) (2009).

4
粒子検出器

4.1 シンチレーター

　シンチレーターは「荷電粒子が通過するときに発光する」物質で，発生する光をシンチレーション光（蛍光）と呼ぶ．シンチレーター検出器はシンチレーターとシンチレーション光を検出する光検出器の組合せで構成される．シンチレーター検出器は素粒子実験を含め放射線計測に広く利用されている．シンチレーターは荷電粒子に対して優れた検出感度をもっている．また電荷をもたない中性粒子，たとえば光子などに対しても，中性粒子がシンチレーター中で荷電粒子と反応することで，ある程度の検出感度をもっている．実験ではシンチレーター検出器を使って，粒子の到達時間，入射位置，シンチレーター中に落としたエネルギーを測定する．シンチレーターは化学組成により，有機シンチレーターと無機シンチレーターに大別される．

a. 有機シンチレーター

　有機シンチレーターは有機物質でシンチレーション光を発生するアントラセン，スチルベン，PPO（発光剤ダイフェルオキサゾール）などの物質である．有機シンチレーターの発光過程は単一分子のエネルギー準位間の遷移によって生じる．最初に荷電粒子がイオン化により運動エネルギーを有機シンチレーター分子に与え励起させる．次にこの励起された分子が基底状態に戻るときにシンチレーション光を放出する．発光の減衰時間は一般に10ナノ秒程度であり，速い時間応答性が有機シンチレーターの特徴である．有機シンチレーターでは2種類以上の分子を含む2元有機シンチレーターや，第3成分として，発光波長を光検出器の感度に適応するようシンチレーター光を吸収・再発光させる波長変換剤を加えたシンチレーターが一般に使用されている．

　有機シンチレーターは，純粋有機シンチレーター結晶，有機シンチレーターを有機溶媒に溶かした液体シンチレーター，有機シンチレーターを有機溶媒に溶かしたのち高分子化し固溶体としたプラスチックシンチレーターなどに成形される．有機シンチレーターは液体シンチレーターとして任意の形状の容器に入れたり，プラスチックシン

チレーターとして自由な型に成型したりできるので，応用範囲はきわめて広い．プラスチックシンチレーターは光ファイバーとして整形することも可能で，直径1 mm 以下の極細のファイバーシンチレーターも製品化されている．有機シンチレーターは安価なので，大容量のシンチレーター検出器の製作に適している．例としては，カムランド実験でニュートリノ検出器として使用されている 1000 トン大型液体シンチレーター検出器が有名である[1]．有機シンチレーターはおもに荷電粒子の検出に広く利用される．特にその速い応答性から，高計数率環境下での実験に適している．ただし，主成分が平均原子番号の小さい炭素と水素なので，小型のものはγ線の検出には向いていない．また液体シンチレーターは，中性子捕獲用のガドリニウム（Gd）などの元素を液中に混入させ，中性子検出器として利用する場合もある．

b. 無機シンチレーター

　無機シンチレーターは，無機材質の結晶でシンチレーション光を発生する NaI(Tl)，BGO, CsI(Tl) などの無機結晶シンチレーターと，アルゴン（Ar）やゼノン（Ze）などのガスや液体などの無機非結晶シンチレーターがある．

　無機結晶シンチレーターの発光過程は結晶格子で決まるエネルギー準位間の遷移によって生じる．最初に荷電粒子がイオン化により，電子を価電子帯から伝導帯へと励起させる．次に電子が励起状態の伝導帯から基底状態の価電子帯へと戻るときに発光する．ただし，純結晶中で電子が光子を放出して価電子帯へ戻る効率は低いので，活性化物質と呼ばれる不純物を混ぜることでエネルギー準位の構造を少し変形させ発光効率を高める場合が多い．たとえば NaI(Tl) シンチレーターの場合は NaI 結晶中にタリウム（Tl）を不純物として混入させている．無機非結晶シンチレーターの発光過程はより単純で，有機シンチレーターと同じく分子のエネルギー準位間の遷移によって生じる．

　一般に無機シンチレーターは，原子番号の大きい元素で製作することが可能で，放射長が短くγ線検出に適している．また，有機シンチレーターより発光量が大きいものがあり，電子，γ線に対するエネルギー分解能が優れている．特に NaI(Tl) は低エネルギーγ線検出の代表的な無機結晶シンチレーターである．代表的なシンチレーターの特徴を表 4.1.1 にまとめておく．無機結晶シンチレーターは一般に，発光の減衰時間が有機シンチレーターよりも長いものが多く，時間応答性が悪い．しかし，最近速い応答性をもつ無機結晶シンチレーターの開発が進んでいる．また，無機非結晶シンチレーターである液体 Ar シンチレーターや液体 Xe シンチレーターは時間応答性が速く，注目されている．無機結晶シンチレーターのなかには，NaI(Tl) や CsI(Tl) などの潮解性のある物質があり，使用に際しては注意を要する場合がある．通常，潮解性のある結晶はアルミなどの反射体容器に密閉されていて，ガラス面を通してシンチレーション光を観測する．無機シンチレーターは単体で，γ線検出に広く用いられる．また多数の無機結晶シンチレーターを組み合わせることで，素粒子実験では大型電磁カロリメーターとして使用する（4.5節参照）．

4.1 シンチレーター

表 4.1.1 代表的なシンチレーター

物　質	発光波長〔nm〕	蛍光減衰時間〔ns〕	相対光量[*]	屈折率	密度〔g/cm³〕
NAI(Tl)	410	230	100	1.85	3.67
CsI(Tl)	540	1050	～50	1.80	4.51
CsI(Na)	420	630	110	1.84	4.51
CsI	310, 420	6, 35	2.3, 5.6	1.85	4.51
BGO	480	300	7～10	2.15	7.13
BaF_2	220, 310	0.6, 620	5, 16	1.50	4.89
CaF_2(Eu)	435	940	50	1.48	3.19
GSO	430	30～60, 600	18, 2	1.85	6.71
LSO	420	40	～70	1.82	7.4
$PbWO_4$	560	50	0.1	2.2	8.3
YAP(Ce)	370	28	40	1.94	5.37
液本 Xe	178	45	70	～1.6	2.95
アントラセン	440	30	43	1.62	1.25
プラスチックシンチレーター NE102	423	2.4	28	1.58	1.03
KamLAND シンチレーター	～400	6	～30	1.44	0.778

[*] 相対光量は NaI の値を 100 として，通常よく使われる光電子増倍管で測定した相対値．
[**] 各欄で 2 つ以上ある数値は，それぞれ異なる成分に対応する．

c. 光検出器

シンチレーション光は微弱であり，その検出には高感度光検出器が必要とされる．光検出器は光信号を電気信号に変換する装置で，代表例は光電子増倍管である．そのほかにも以下に示すさまざまな光検出器がシンチレーション光測定に利用される．

(1) 光電子増倍管

典型的な光電子増倍管の構造を図 4.1.1 に示す．光電子増倍管は受光感度のある光電陰極と，信号を増幅する電子増幅器からなる．光電陰極では光電効果を利用し，光を電子に変換する．電子増幅器は 2 次電子放出を起こすダイノード電極から構成され，通常十分な増幅率を得るために多段（10 段程度）構造になっている．最後に電気信号は陽極（アノード）から出力される．光電子増倍管は 1,000 ボルト程度の高電圧を印加して使用し，典型的な増幅率は 10^5 から 10^7 倍である．光電陰極での光電子への変換効率は量子効率と呼ばれ，高感度領域で通常 20～30% 程度である．光電子増倍管は波長 300 から 550 ナノメートルの光に対して感度が高く，1 光子の観測が可能である．特殊な光電面を使った光電子増倍管は波長 100 ナノメートルや 1 マイクロメートルの光に感度があるものもある．また時間応答性も速く，0.1 ナノ秒以下の時間測定にも使用される．ただ磁気の影響を受けやすいので，磁場中で使う際には注意が必要である．磁気の影響を消すために，外側を透磁性の高いミューメタルなどの金属筒で覆って使用する場合もある．

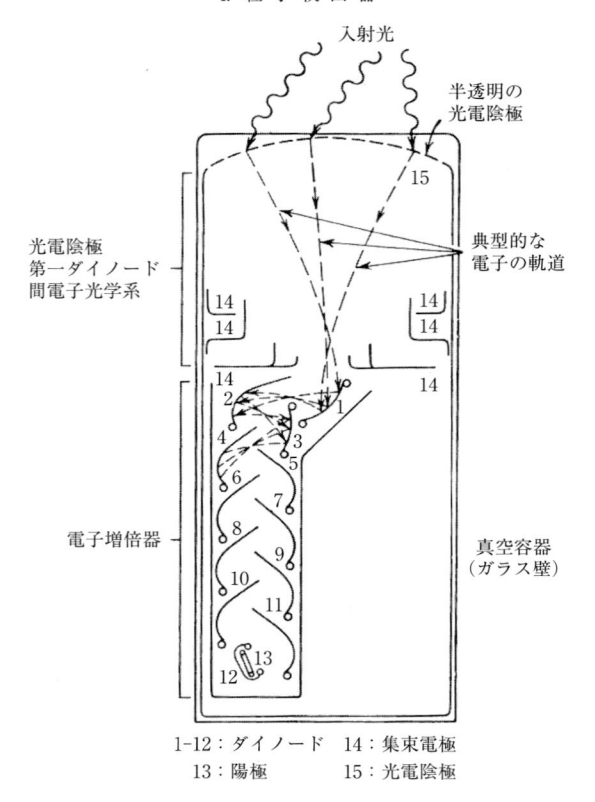

図 4.1.1 光電子増倍管の模式図（文献[2]より）

光電子増倍管にはさまざまな種類のものがあり，神岡実験（カミオカンデとスーパーカミオカンデ）で有名な直径50 cmの巨大光電子増倍管から，小さいものは直径1 cm程度のものまである[3]．また，光電面が多数（多いものでは256チャンネル）に分割されている多ピクセル型光電子増倍管もある．

(2) 光ダイオード

光ダイオードは光に感度のある半導体検出器である．増幅過程がない（増幅率1）ので，非常に光量の多いシンチレーターで高エネルギー粒子のエネルギー測定に用いられる．光ダイオードの特徴は，量子効率が高い，安定である，高電圧を必要とせず電力消費量が少ない，小型である，時間応答性がよいなどである．特に光電子増倍管に比べて，長波長側（500ナノメートル以上）の光子に対して感度が高く，CsI(Tl) など発光波長の長いシンチレーターの光測定に適している．また，磁場の影響を受けないので磁場が

存在するため,光電子増倍管が使用できない実験で使用される.大型化は難しく,通常数 cm² 程度の面積の光検出器として用いられる.

(3) なだれ型光ダイオード(APD:Avalanche Photo Diode)

光ダイオードの一種で,高い電圧を印加し内部でなだれ過程を起こし 100 倍程度の増幅率をもつ検出器である.光ダイオード同様波長の長い光の検出効率が高く,増幅機能があるので光量の少ない結晶の光測定に使用できる.光ダイオード同様大型化は難しい.

(4) ハイブリッド型光検出器(HPD:Hybrid Photo Detector)

光電子増倍管の光電面をもち,増幅部を APD で置き換えた光検出器である.大型化が可能で将来の光検出器として研究開発途上にある.

(5) 多ピクセル・ガイガーモード APD

近年開発が盛んな光検出器で,SiPM(Silicon Photo-Multiplier)や MPPC(Multi Pixel Photon Counter)と呼ばれている.検出器は多ピクセルの APD からなり,各 APD はガイガーモードで使用し,ヒットのあったピクセル数を数えることで光計測を行う.APD よりも高い増幅率(10^5 から 10^7 倍)を有し,磁場中でも使用できる利点がある.ただし,現状では 1 MHz 程度とノイズレベルが高く,大型化が難しいことが開発項目である.

d. 光収集方法

シンチレーション光をいかに効率よくシンチレーターから光検出器に導くかは重要な実験技術である.光検出器が装着されていないシンチレーターの面には,光を反射させ最終的に光検出器に光が集光されるよう,反射材を装着する.反射材の種類はさまざまであるが,アルミ箔,二酸化チタン(TiO_2)コーティング,テフロンテープなどが使われる.また,シンチレーターと光検出器の接続には,プラスチックシンチレーターの場合,ライトガイドと呼ばれる透明なアクリルでつなぐ方法が一般的である.また,無機シンチレーターの場合は,無機シンチレーター結晶に直接光検出器を装着したり,間に透明なシリコンパッドを入れたりする.

最近では,波長変換ファイバーを使った集光方法が広く利用されている.シンチレーターに溝を掘ったり穴を開けたりして,そこにファイバーを装着する.シンチレーターからの光は波長変換ファイバーの蛍光剤を励起し,その後再発光で光が放出される.光はファイバー中に閉じ込められ,ファイバー端に設置された光検出器へと導かれる.この方法により,大容量のシンチレーターをファイバーごとに細分割して小型光検出器で読み出すことが可能となった.利用例としては,世界初の長基線ニュートリノ振動実験 K2K で使用された SciBar 検出器がある[4].

e. シンチレーター活用法

シンチレーターを利用したいくつかの検出器の詳細は他の章でも紹介されているが，ここでは簡潔にシンチレーター検出器の利用・応用方法を紹介する．

（1） トリガーカウンター

粒子の入射時に信号を出力し，データ収集のタイミングを知らせる測定器がトリガーカウンターである．一般に時間応答が速く高計測環境下で動くプラスチックシンチレーターが使用される．また多数のプラスチックシンチレーターを面上に配置し，粒子の入射位置を特定できるように組み合わせた装置をホドスコープと呼ぶ．

（2） TOF（Time of Flight：飛行時間計測法）

TOF検出器はプラスチックシンチレーターの速い時間応答性を利用し，2枚以上のシンチレーターで粒子の飛行時間を測定する装置である．TOFに使用するプラスチックシンチレーターの時間分解能は0.1ナノ秒（100ピコ秒）以下である．

（3） 粒子識別

荷電粒子の物質中でのエネルギー損失が粒子の電荷と運動量に依存することを使い，粒子の識別をシンチレーターのエネルギー測定から行う．

（4） γ線検出とエネルギースペクトラム測定

無機結晶シンチレーターの広範囲な応用はX線やγ線のエネルギー測定である．γ線はシンチレーター結晶中で光電効果，コンプトン散乱，電子陽電子対生成を起こし，反応で出た電子および陽電子のエネルギーを測定する．また，1 GeVを超えるような高エネルギーγ線の測定にも，多数の無機シンチレーターを組み立てた電磁カロリメーターが高分解能測定器として使用される．

（5） 中性子検出

中性子の検出には，液体シンチレーターを用いることが多い．有機シンチレーター中の陽子と中性子の弾性散乱を利用し，散乱陽子を検出する．また，中性子を吸収しγ線を再発生するガドリニウム（Gd）などを液体シンチレーター中に加えて，低エネルギー中性子を検出する方法がある．液体シンチレーターを用いる利点は形状を自由に設計でき，かつ検出器の大型化が容易なことである．

（6） PET（Positron Emission Tomography）

PETはシンチレーター検出器の代表的な医学応用であり癌診断に使用されている．PETでは，陽電子消滅からの2本の511 keV γ線を無機シンチレーターでそれぞれ同時計測法によって捕らえる．検出効率を上げるため，PETには重い無機結晶シンチレー

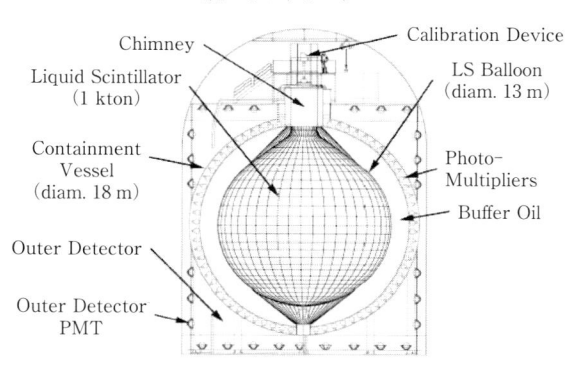

図 4.1.2 KamLAND 液体シンチレーター検出器

ター（BGO など）が一般に用いられている．

（7） 大型ニュートリノ検出器

反応断面積が極端に小さいニュートリノを捕らえるためには，大容量の物質が必要である．大容量化のために，安価な液体シンチレーターを1,000トン使用したニュートリノ検出器がカムランドである．カムランド検出器の液体シンチレーターはドデカン（80%）+プソイドクメン（20%）+PPO（0.2%）からなる．カムランド検出器の略図を図4.1.2に示す．カムランド検出器では42.5 cm径の光電子増倍管を1,325本使用することで，1 MeVあたりのエネルギーに対して300光電子が観測されている．カムランドは2003年，原子炉からの反ニュートリノが振動していることを発見し，太陽ニュートリノ問題（観測された太陽ニュートリノのフラックスが予想値より少ないという問題）がニュートリノ振動によることをつきとめた[5]．また，2005年に世界で初めて，地球からの反ニュートリノを捕らえた[6]．

（中家　剛）

参 考 文 献

1) F. Suekane *et al.*, *An Overview of the KamLAND 1-kiloton Liquid Scintillator*, Proceedings of the KEK-RCNP Internation School and Mini-workshop for Scintillating Crystals and their Applications in Particle and Nuclear Physics, KEK Proceedings 2004-4, July 2004, H (2004).
2) *Test Procedure for Photomultipliers for Scintillation Counting and Glossary for Scintillation Counting Field*, IEEE Standard 398-1972 (1972).
3) 「浜松フォトニクスホームページ」http://jp.hamamatsu.com/
4) K. Nitta *et al.*, Nucl. Instrum. Methods, **A535** (2004) 147.
5) T. Araki *et al.*, Phys. Rev. Lett. **94** (2005) 081801.
6) T. Araki *et al.*, Nature, **Vol. 436** (2005) 499.

4.2 チェレンコフ検出器

a. チェレンコフ検出器

電荷をもった粒子（荷電粒子）が透明な物質（輻射体）を通過するとき，その速さがその輻射体中での光の速さを超える場合に，微弱な光が放射される．この現象は1934年にチェレンコフ（P. A. Cherenkov）により発見され[1]，チェレンコフ放射と名付けられた．真空中での光の速さをc(299792458 m/秒)とすると，屈折率nの輻射体中では光の速さはc/nとなり，十分なエネルギーをもった荷電粒子はその速さを超えることができる．そのとき，図4.2.1に示されるように音源が音速を超えて運動するときに衝撃波が発生するのと同様，荷電粒子からチェレンコフ光が放射される．これはミクロスコピックには荷電粒子の通過に伴い近傍の誘電体が分極し，それがもとに戻る際に光が放出される現象であると理解される．荷電粒子の進行方向に対してチェレンコフ光が放射される角度（チェレンコフ角）θ_cは，荷電粒子の速さ（v）と輻射体の屈折率（n）で決まり，$\beta(=v/c)$を使って，以下の式で表される．

$$\cos\theta_c = \frac{1}{n\beta} \tag{4.1}$$

この式からわかるように，荷電粒子の速さが速いほど大きな角度でチェレンコフ光が放射される．また，発生するチェレンコフ光の量はフランク（I. M. Frank）とタム（I. Y. Tamm）により計算され，輻射体の単位長さあたりに放射される光子のうち，その波長がλと$\lambda+d\lambda$の間にあるものの個数は，以下の式で表される[2]．

$$\frac{dN}{d\lambda} = \frac{2\pi\alpha \cdot z^2}{\lambda^2}\left(1 - \frac{1}{n^2\beta^2}\right) = \frac{2\pi\alpha \cdot z^2}{\lambda^2}\sin^2\theta_c \tag{4.2}$$

ここでdNはλと$\lambda+d\lambda$の間の波長をもつ光子の個数，αは微細構造定数，zは粒子の

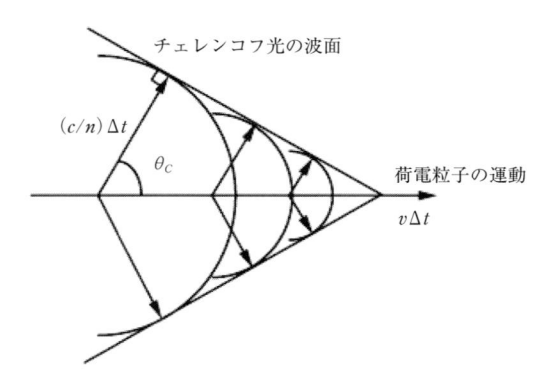

図4.2.1 透明な物質中を荷電粒子がその物質中での光の速さより速く運動すると，チェレンコフ光が放射される．

電荷量を表す．一般に屈折率 n は光の波長に依存するので，正確には $n(\lambda)$ として計算しなければならない．

このように荷電粒子はその速さによってチェレンコフ光を放射する場合とそうでない場合があり，また，放射する場合にもそのチェレンコフ角は速さに依存する．この性質を使えばチェレンコフ光を検出することで，以下に説明するように荷電粒子の識別が可能となる．

粒子はそれぞれ固有の質量をもっているので，質量を測定すれば粒子が識別される．荷電粒子の運動量 $p(\mathrm{GeV}/c)$ は磁場 $B(\mathrm{Tesla})$ 中での飛跡の曲率半径 $\rho(\mathrm{m})$ から $p=0.3\rho\cdot B$ で精度よく測定できる．したがって，チェレンコフ光を観測して粒子の速さに関する情報を得ることができれば，既知の運動量を使ってその粒子の質量を求めることができ，粒子識別が行われる．このチェレンコフ光を利用した粒子識別装置として，閾値型チェレンコフカウンターとリングイメージ型チェレンコフカウンターの2種類があげられる．それぞれの原理と特徴および製作上の注意点などについて以下に記述する．

（1）　閾値型チェレンコフカウンター

荷電粒子が屈折率 n の輻射体を通過するとき，その運動量がある閾値以上であればチェレンコフ光を放射する．その閾値運動量 p_{th} は屈折率 n と粒子の質量 m で決まり，以下の式で表される（自然単位系を用いている）．

$$p_{th}=\frac{m}{\sqrt{n^2-1}} \tag{4.3}$$

式 (4.3) からわかることは，同じ屈折率の輻射体を使って π 中間子と陽子を比べた場合，その閾値運動量は大きく異なり，陽子が π 中間子の7倍程度となる．図4.2.2に π 中間子，K中間子，陽子に対しての屈折率と閾値運動量の関係を示す．たとえば，$n=1.02$ の屈折率をもつ輻射体を選んだ場合，π 中間子は $0.7\,\mathrm{GeV}/c$ 以上でチェレンコフ光を放射するが，K中間子では $2.5\,\mathrm{GeV}/c$ 以上，陽子では $4.7\,\mathrm{GeV}/c$ 以上でしか放射しない．このことから，屈折率 1.02 の輻射体中でのチェレンコフ光発生の有無で，$0.7\,\mathrm{GeV}/c\sim 2.5\,\mathrm{GeV}/c$ の運動量領域で π 中間子とK中間子が，$0.7\,\mathrm{GeV}/c\sim 4.7\,\mathrm{GeV}/c$ の運動量領域で π 中間子と陽子が，$2.5\,\mathrm{GeV}/c\sim 4.7\,\mathrm{GeV}/c$ の運動量領域でK中間子と陽子が識別される．式 (4.3) からわかるように閾値運動量は輻射体の屈折率に依存するので，低運動量領域では液体や固体など高屈折率の輻射体，高運動量領域では気体などの低屈折率の輻射体を使用する必要がある．表4.2.1にさまざまな物質の屈折率を掲載する．シリカエアロゲルは常温で固体でありながら，液体と気体との中間の屈折率を有するという特殊な物質であることから，数 GeV/c の運動量領域での粒子識別に有効である．

このような閾値型チェレンコフ検出器で問題となるのが検出される光子数である．特に気体などの低屈折率の輻射体を使用した場合，発生するチェレンコフ光も少なく最終的に検出される光子数が少なければ粒子識別の性能が悪くなる．検出器の性能を表すのによく使われる量として，N_0 と呼ばれる量があり，

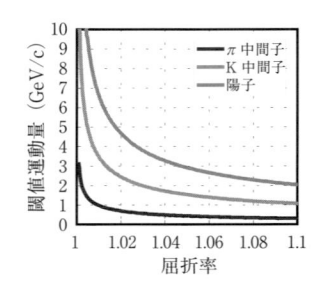

図 4.2.2 屈折率と閾値運動量の関係

表 4.2.1 さまざまな物質の屈折率

	物質名	屈折率
固体	ガラス	1.47
	シリカエアロゲル	1.006〜1.26*
液体	水	1.33
	液体水素	1.112
気体	二酸化炭素	1.00045
	空気	1.000292

＊最近新しい製法が開発され 1.26 でも透明なサンプルが得られている.

$$N_0 = \frac{\alpha}{\hbar c}\int \varepsilon(E)\,dE = 370(\text{eV}^{-1}\text{cm}^{-1})\int \varepsilon(E)\,dE \tag{4.4}$$

で与えられる. ここで $\varepsilon(E)$ は検出器の量子効率, 窓材の透過率, 鏡の反射率などを考慮した光子のエネルギーに依存する検出効率を表す. これを使うとその検出器で検出される全光電子数 $N_{p.e.}$ は,

$$N_{p.e.} = N_0 z^2 L \sin^2\theta_c \tag{4.5}$$

で与えられることになり, 検出器として光電子増倍管を使った場合, 通常 N_0 は 60 程度である. ここで L は輻射体の長さである. たとえば 10 GeV/c の π 中間子が屈折率 1.0005 の気体を通過した場合には $\sin^2\theta_c = 8.0 \times 10^{-4}$ となり, $L = 100$ cm でもせいぜい $N_{p.e.} = 4.8$ 個となる. したがって, 閾値型チェレンコフ検出器では, できるだけ集光効率を上げる必要がある. また, 閾値運動量以下の粒子でも, まれに輻射体や容器を構成する原子中の電子と相互作用しそれをたたき出すことがある. そのような電子はノックオン電子, あるいは δ 線と呼ばれ光速に近い速さで運動し, 輻射体中でチェレンコフ光を放射する. このような場合には粒子識別が困難になる.

（2） リングイメージ型チェレンコフカウンター

　透明な輻射体内で発生したチェレンコフ光を高い位置分解能をもつ光検出器でとらえて, その放射角を測定することで粒子識別を行うものを, リングイメージ型チェレンコフ検出器（RICH）と呼ぶ. RICH 検出器の概念を図 4.2.3 に示す. 測定された光子1個1個からチェレンコフ角が求められ, 式（4.1）より β が決まる. 磁場中での飛跡から求められた運動量と β により粒子の質量が決まり, 粒子が識別されることになる.

　RICH の開発は, 1960 年, ロバートがガスを輻射体とし, 鏡とレンズを用いイメージインテンシファイヤー上にチェレンコフ光の像を集束させたことに始まる[3]. しかし, 検出器の有効面積が限られていることと量子効率の低さから, この種の RICH が実用的なものへ発展していくことはなかった. しかし, 1977 年, セギノ（J. Seguinot）とイプシランティス（T. Ypsilantis）が多線式比例計数箱（MWPC）に光電離を起こしやすいガスを混ぜて紫外光を検出する方法を提案し, その有効性を実証して以来, 実用的な

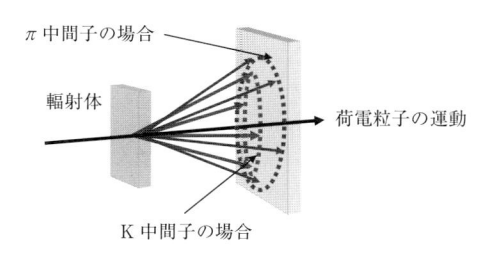

図 4.2.3 荷電粒子が輻射体中で放射するチェレンコフ光は粒子の速さが速いほど大きな角度で放射される．同じ運動量の場合，π中間子はK中間子より質量が小さいため速く運動し，大きなチェレンコフ角をもつ．

RICHへの道が開かれた[4]．最初のリングイメージは1979年，シャルパック（G. Charpack）たちによりマルチステップ・アヴァランシェ・チェンバーを用い，紫外光検出用のガスとしてトリメチルアミン（TEA）を使用して検出された[5]．その後，フェルミ研究所のE-605[6]を始めとし，CERN の Ω[7]，DELPHI[8]，そして SLAC[9] の SLD などの高エネルギー実験に使用されることとなった．しかし，光検出に使用される光電離ガスの量子効率が紫外光領域に限られており，主体となるキャリヤーガス（メタンやエタン）の透過率が紫外領域で小さくなることや，微量（数 ppm）の酸素や水蒸気の混入によっても紫外光が容易に吸収されてしまうことから，検出されるチェレンコフ光の数は一般に多くはない．また，1光電子を電子なだれによってガス増幅してもその信号は微弱であることから，高ゲイン，低ノイズの増幅器が必要になり，光電子の検出自身も容易ではない．MWPC へ紫外光を導入する窓として利用される NaF, CaF_2 などの結晶は非常に高価であり，大面積を覆うものは建設しにくい．テトラキス・ジメチルアミン・エチレン（TMAE）などの光電離ガスは浸食性が強く有毒であり，取り扱いが困難である．

これらの理由により大型の RICH の建設は容易ではなく，その有効性は理解されつつもこれまで実際の実験で物理解析に使用されているものは少数であった．ところが近年は位置分解能をもったマルチアノード型の光電子増倍管が手軽に入手できるようになり，可視光でRICHが製作されるようになった．HERMES実験などではガスとシリカエアロゲルの2種類の輻射体を用いた RICH が使われ，高性能の粒子識別が実現されている[10]．

それでは一般に RICH で粒子を識別するとき，どの程度の粒子識別性能が期待されるのかを考えてみる．たとえば，π中間子とK中間子を区別する場合，輻射体でのそれぞれのチェレンコフ角を θ_π と θ_K とし，光検出による放射角の測定誤差を σ_θ とすると，次式で与えられる標準偏差で2つの粒子が識別されることが期待される．

$$N_{SD} = \frac{|\theta_\pi - \theta_K|}{\sigma_\theta} \cdot \sqrt{N_{p.e.}} \qquad (4.6)$$

ここで，光子それぞれの測定は独立事象であるので $\sqrt{N_{p.e.}}$ の統計的ファクターについて

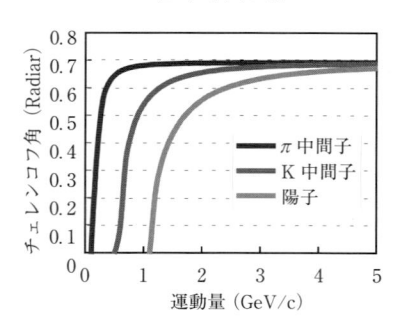

図 4.2.4 屈折率1.3の輻射体に対するチェレンコフ角と運動量の関係

いる．図4.2.4に屈折率1.3の輻射体に対するπ中間子とK中間子のチェレンコフ角と運動量の関係を示す．3 GeV/cのπ中間子とK中間子では$\theta_\pi - \theta_K = 15$ mradとなるので，σ_θが15 mradの分解能をもつ光検出器を製作し9個の光電子を観測すれば3σの分離が可能となる．このようにRICHの性能はいかにしてσ_θを小さくし，$N_{p.e.}$を多くするかに依存している．

次に，σ_θがどのような誤差に由来し，何がその限界を与えているかを考えてみる．

σ_θに寄与する主な誤差として次の3点をあげることができる．

(i) 幾何学的誤差，(ii) 色収差による誤差，(iii) 検出器の位置分解能による誤差．その他，磁場の影響，物質中での多重散乱によるものなどの誤差が考えられるが，これらは上記の3点と比較して一般には無視できるほど小さい．

(i) 幾何学的誤差

これはチェレンコフ光が輻射体中のどの場所で発生したのかわからないことに起因するものである．通常は輻射体の厚さ方向の中心で光が発生したと仮定してチェレンコフ角を求めるため，輻射体から光検出器までの距離を長くすることによりその誤差は小さくすることができる．

(ii) 色収差による誤差

これは輻射体の屈折率が発生したチェレンコフ光のエネルギーに依存することによるものであり，一般にはLorenz-Lorentzの式

$$\frac{n^2-1}{n^2+2} = c(\text{定数}) \cdot f(E) \tag{4.7}$$

で表されるエネルギー依存性をもつ．紫外光を透過するNaFなどの結晶は大きな色収差を示す．これに起因する誤差は，チェレンコフ光のエネルギーを個々に測定しない限り取り除くことができず，それは事実上不可能であることから，この誤差がRICHの性能に限界を与えるものと考えられる．したがって，できうる限り色収差の小さい輻射体を使用することが重要である．

(iii) 位置分解能による誤差

これはチェレンコフ光の検出器がもっている位置分解能に起因する誤差である．たとえばマルチアノード型の光電子増倍管を検出器として用いた場合には各アノードの大きさから決まる．一般には，この誤差が色収差による誤差よりも小さくなるようにアノードの大きさを決める．通常は σ_θ は 5～15 mrad 程度となっている．

$N_{p.e.}$ を多くするには，高い量子効率をもった検出器を使用し，鏡などの反射率を高くし，輻射体，窓材などの透過率を高くすることなどが考えられる．輻射体の厚さを厚くすると $N_{p.e.}$ は増えるが，上記の幾何学的誤差も増えるため，輻射体の厚さに関しては最適化が必要となる．

RICH に使用される光検出器には，光電子増倍管のほかに MWPC（多線式比例係数箱），MSAC（マルチステップ・アヴァランシェ・チェンバー），そして TPC（タイムプロジェクション・チェンバー）などがある．これらのワイヤーチェンバー類を使用する場合，キャリヤーガス中（おもにメタンやエタン）に光電離を起こしやすいガスを混合し，チェレンコフ光を検出することになる．これらの中では TEA と TMAE がそのイオン化ポテンシャルの低さから最も多く使用されている．TEA や TMAE が高い量子効率をもつエネルギー（波長）領域で輻射体が十分な透過率をもつ必要があることから，使用するガスによって輻射体に大きな制限が付くことになる．TMAE は 5.3 eV と最も低いエネルギー閾値をもち，広いエネルギー領域で 40% までの高い量子効率をもつ．そのため輻射体として石英や色収差の小さい C_6F_{14} のような液体を使用できる．一方 TEA を使用した場合，感度が 150 nm 付近にしかないことから，輻射体には CaF_2, MgF_2, LiF などの高価な結晶しか使えないことになる．しかし，常温での吸収長が 0.6 cm と短いことや，空気中でも安定であることなどの長所ももっている．また，シリカエアロゲルを輻射体とした場合は，紫外光は Rayleigh 散乱により輻射体内で方向性を失うためにチェレンコフ光の検出は可視光で行う必要がある．そのために光電子増倍管が光検出器として使用される．

DIRC 検出器

RICH と似た検出器に DIRC と呼ばれるものがある．屈折率の大きい NaF などの結晶を輻射体として用いた場合，荷電粒子が輻射体に垂直に入射するとそのチェレンコフ角は結晶の臨界角を超えてしまい，全反射によってチェレンコフ光が輻射体から出てこなくなる．そのため結晶を輻射体とした RICH では，荷電粒子が輻射体に垂直に入射しないように輻射体を傾けて設置するなどの方法をとっている．その場合でも発生したチェレンコフ光の半分は全反射で失われてしまい，チェレンコフ光のイメージもリングではなく放物線状となる．

一方，DIRC は図 4.2.5 に示すように，全反射で結晶内を伝播したチェレンコフ光をその端面から取り出し，それを光検出器でとらえてその検出位置からチェレンコフ角を求めたもので，SLAC の Babar 測定器では石英を輻射体とした DIRC を使用している[11]．RICH に比べて光検出器は端面だけに存在するため，検出器の厚さは石英の厚さ

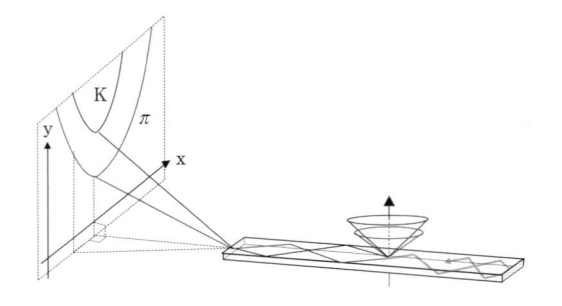

図 4.2.5 DIRC 検出器の概念図

だけですみコンパクトな粒子識別装置が実現できる．ただし，石英の表面研磨は光の波長以下の高い精度が要求される．

なお，最近 DIRC を発展させたものとして Time of Propagation (TOP) 検出器と呼ばれるものが提案されている[12]．これは石英の結晶の端面から出てきた光子の位置とその伝播時間情報からチェレンコフ角を再構成するものである． (住吉孝行)

参考文献

1) P. A. Cherenkov, Doklady AN SSSR 3 (1936) 413, 14 (1937) 99, 14 (1937) 103, 20 (1938) 653, 21 (1938) 117, 21 (1938) 323 および Trudy Fizicheskogo Instituta AN SSSR 2 (1944) 4. チェレンコフの初期の仕事に関して，英語に翻訳された論文が Phys. Rev. 52 (1937) 378 にまとめられている．
2) I. E. Tamm and I. M. Frank Doklady AN SSSR 14 (1937) 378.
3) A. Roberts, Nucl. Instrum. Methods 9 (1960) 55.
4) J. Seguinot and T. Ypsilantis Nucl. Instrum. Methods 142 (1977) 377.
5) G. Charpak *et al.* Nucl. Instrum. Methods 164 (1979) 419.
6) Ph. Mangeot *et al.* Nucl. Instrum. Methods 216 (1983) 79.
7) R. J. Apsimon *et al.* Nucl. Instrum. Methods 164 (1979) 419.
8) R. Arnold *et al.* Nucl. Instrum. Methods A270 (1988) 255, A270 (1988) 289.
9) D. Aston *et al.* Nucl. Instrum. Methods A283 (1989) 582.
10) N. Akopov et al. Nucl. Instrum. Methods A479 (2002) 511.
11) By BABAR-DIRC Collaboration (I. Adam *et al.*) Nucl. Instrum. Methods A538 (2005) 281.
12) M. Akatsu *et al.* Nucl. Instrum. Methods A440 (2000) 124.

b. 水チェレンコフ・ニュートリノ検出器

水チェレンコフ検出器はチェレンコフ検出器の1つで，荷電粒子が水中の光速よりも速い速度で走るときに放射されるチェレンコフ光を測定する検出器である．容易に大型化できるため，ニュートリノ反応や核子崩壊のようにごくまれに起こる事象の測定，探索に使われる．大型水チェレンコフ検出器は宇宙線バックグラウンドを減らすために地下や深海で使われることが多い．

水チェレンコフ・ニュートリノ検出器は，水槽中に水をため，その水槽の表面に多数

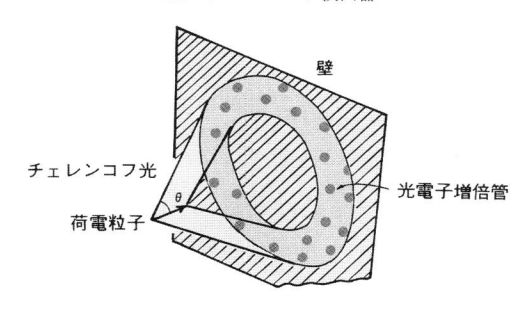

図 4.2.6 水チェレンコフ検出器における粒子測定の原理

の光電子増倍管を設置した検出器と，海中や南極の氷に光電子増倍管を設置した，より巨大な検出器の 2 種類がある．前者は 5 MeV〜100 GeV 程度の比較的エネルギーの低いニュートリノの検出や核子崩壊の探索に使われ，後者は数百 GeV 以上の超高エネルギーニュートリノの検出に使われる．ニュートリノは電荷をもっていないので直接観測できない．しかし，ニュートリノが水中の電子，陽子，中性子と相互作用すると電荷をもった粒子が生成される．それらの荷電粒子が放出するチェレンコフ光を光電子増倍管で測定することにより，間接的にニュートリノを観測することができる（図 4.2.6）．また，γ 線も電磁シャワーを起こすので検出することができる．

　一般に水チェレンコフ検出器は電子，ミュー粒子，π^0 の崩壊から作られる γ 線の検出に適している．しかし，水中で容易に水と反応を起こす荷電パイ粒子などは，簡単に粒子の進行方向が変わったり，吸収されたりするため，運動量や方向の決定精度があまりよくない．また，質量の大きい粒子はチェレンコフ光を放出する閾値以下の運動量では観測できない．粒子数が多いとそれぞれの粒子が放出したチェレンコフ光がたがいに重なり合うため，粒子数の判定精度が悪くなる．そのため，水チェレンコフ検出器は，核子崩壊，数 GeV 以下のニュートリノの相互作用，超高エネルギーニュートリノが作るミュー粒子の測定に適している．水の屈折率は約 1.34 であるので，光速の粒子に対するチェレンコフ光の開き角は約 42 度になる．また，電子，ミュー粒子，荷電パイ粒子に対するチェレンコフ光放出の運動量閾値は，それぞれ約 0.6, 120, 160 MeV/c である．粒子が水中でエネルギーを失っていくと，閾値付近で急速にチェレンコフ光の開き角が小さくなり，チェレンコフ光の光量も減少するため，検出器中で粒子が止まった場合，リング状のチェレンコフ光のパターンが観測される．

　荷電粒子が放出するチェレンコフ光は微弱であるため，少しでも多くの光を測定することが水チェレンコフ・ニュートリノ検出器では重要である．たとえば，波長が 300 nm から 600 nm の領域（水の減衰長が長く，水チェレンコフ検出器で利用できる波長領域）では，電荷 1 の光速の粒子からチェレンコフ光子は 1 cm あたり約 340 個しか放出されない．そのため，たとえばカミオカンデ（Kamioka nucleon decay

図 4.2.7 直径 50 cm 光電子増倍管と小柴先生

experiment) ではより多くの光を検出するために，直径 50 cm の光電子増倍管が開発され使用された（図 4.2.7）．また，スーパーカミオカンデでは同口径の光電子増倍管を 2 倍の密度で設置し，水槽表面の 40% を光電子増倍管で覆っている．大口径の光電子増倍管を多数使用した水チェレンコフ・ニュートリノ検出器は，チェレンコフリングのイメージを測定することにより複数の粒子の粒子数識別，カロリメーターとしての各粒子のエネルギー測定，各粒子の種類の識別などについてすぐれた能力を持っている．

スーパーカミオカンデにおける大気ニュートリノ事象の再構成を例にとり，ニュートリノ事象の再構成を説明する．まず，チェレンコフ光が検出器表面に 2 次元的に設置された各光電子増倍管に到達した時間と光量を使って，検出器中で粒子が発生した位置を 3 次元的に決定する．次にパターン認識の手法（Hough 変換）を用いて，リング数の判定を行い粒子数を決定する．水中で電子は電子シャワーを起こすため，チェレンコフ光のパターンは広がり複雑になる．それに対してミュー粒子はシャワーを起こさず直進するため，チェレンコフ光のパターンは単純である．この違いを利用して，電子とミュー粒子の粒子識別を行うことができる．また，ミュー粒子は電子に比べると質量が大きいため，チェレンコフ光の開き角が 200 MeV/c 程度で 42 度より小さくなる．これらのチェレンコフ光のパターンとチェレンコフ光の開き角を使って電子とミュー粒子の識別を 98% 以上の精度で行うことができる（図 4.2.8）．最後に各リングごとのチェレンコフ光の光量の和から，各粒子の運動量を求める．反応点の決定精度は 1 GeV/c の電子，ミュー粒子に対して約 30 cm，方向の決定精度は約 3 度，運動量の決定精度は電子に対して約 4%，ミュー粒子に対して約 3% である．

水チェレンコフ・ニュートリノ検出器では，水中の不純物を取り除き，水の散乱，吸収を減らすことは重要である．特に太陽ニュートリノ観測のように低エネルギーニュー

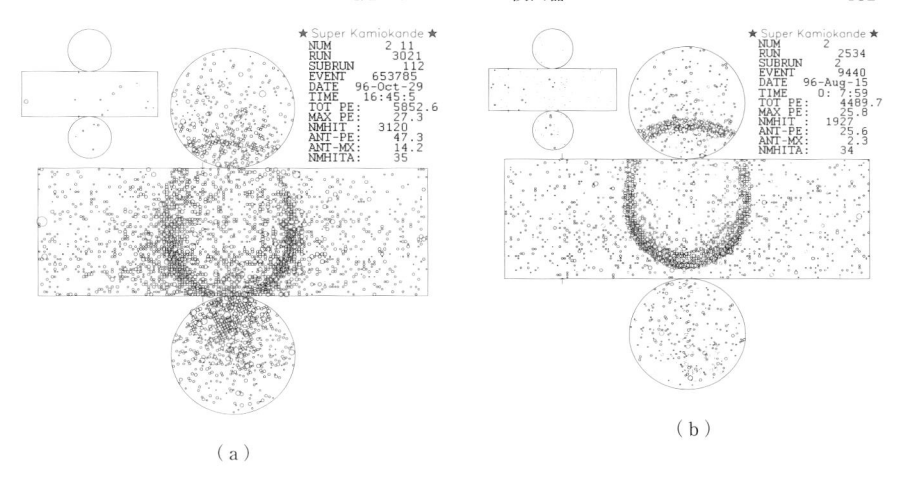

図 4.2.8 水チェレンコフ・ニュートリノ検出器における電子事象 (a) とミュー粒子事象 (b)

表 4.2.2 代表的な水チェレンコフ・ニュートリノ検出器

実験	IMB	カミオカンデ	スーパーカミオカンデ	SNO	IceCube
場所	米国オハイオ州	岐阜県神岡	岐阜県神岡	カナダ	南極
全体積	23 m×17 m×18 m	19 mϕ×16 m	42 mϕ×39 m		1辺600 mの6角形×1000 m
全質量	8000 t	4500 t	50000 t	8000 t	10^9 t
有効質量	3000 t	680 – 1040 t	22000 t	700 t (D_2O)	約 10^9 t
PMT	12 cm(20 cm)ϕ×2048	50 cmϕ×948	50 cmϕ×11150	20 cmϕ×9456	25 cmϕ×4800
エネルギー閾値		7 MeV/c	5 MeV/c	5 MeV	約 100 GeV

トリノの観測では,水中に溶け込んでいる^{222}Rnおよびその娘核である^{214}Biが最大のバックグラウンドになるため,これらの除去は重要である.そのため,フィルター,イオン交換装置,脱気装置などを使い水の純化を行っており,スーパーカミオカンデの水の減衰長は約100 mである.

水チェレンコフ・ニュートリノ検出器として代表的なものとしては,カミオカンデ,IMB,スーパーカミオカンデ,SNOおよびIceCube実験などの検出器があげられる(表4.2.2).

1980年代に大統一理論が予言する核子崩壊の探索実験が複数行われた.核子崩壊実験の検出器は,鉄とガス検出器を組み合わせたものと水チェレンコフ検出器の2種類に分類され,水チェレンコフ検出器のほうがより大型であった.水チェレンコフ検出器であるIMBは1982年から米国オハイオ州のモートン塩鉱の地下600 mで,カミオカンデは1984年から岐阜県神岡鉱山の地下1000 mで実験を開始した(図4.2.9, 4.2.10).

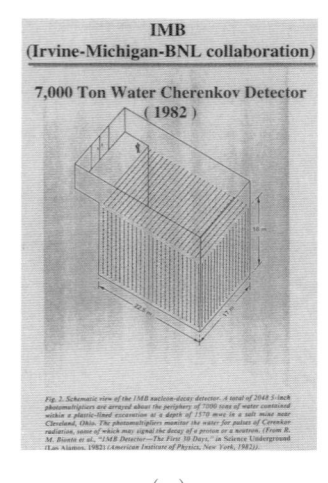

(a)　　　　　　　　　　　　　　　(b)

図 4.2.9　IMB 検出器

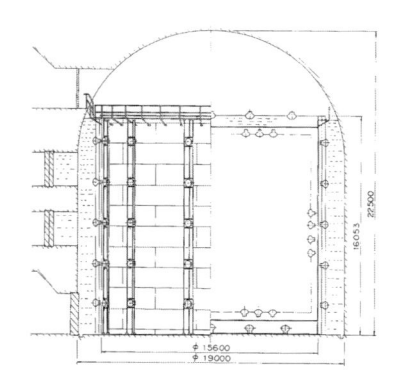

図 4.2.10　カミオカンデ検出器

　カミオカンデ検出器は，IMB 検出器と比べると実際核子崩壊の探索に利用できる有効質量は 1/3 であった．しかし，より大口径の光電子増倍管を使い，より多くのチェレンコフ光を検出できたので，粒子の数，種類の識別などの性能では IMB より改善されていた．残念ながら IMB，カミオカンデなどで核子崩壊事象は見つからなかった．
　その後，カミオカンデは検出器の改良を行い観測エネルギーの閾値を下げ，太陽ニュートリノの検出を開始した．その直後，1987 年 2 月 23 日に超新星 1987A からのニュートリノシグナルの検出に世界で初めて成功した．このとき，大マゼラン星雲での超新星 1987A の爆発が光学的に観測され，それと同期してカミオカンデで 11 個のニュート

4.2 チェレンコフ検出器

(a)

(b)

(c)

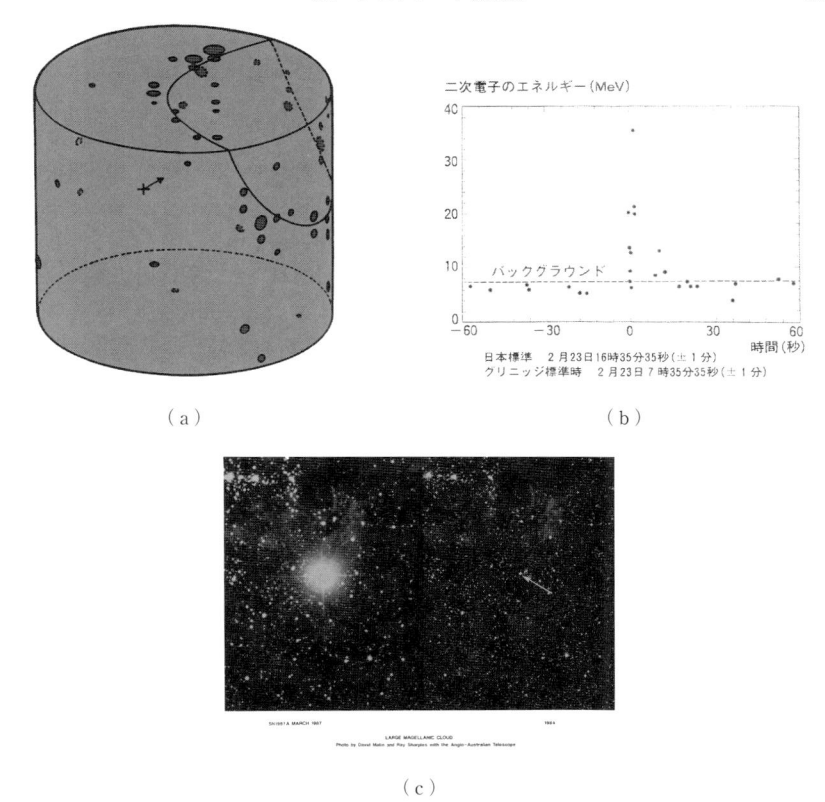

図 4.2.11 カミオカンデ検出器で検出された超新星事象 (a), 事象の時間分布 (中心のピークが超新星事象) (b), 超新星 1987A (c)

リノ事象が検出された.その 11 個のニュートリノ事象のエネルギー,時間分布などから,現在の恒星の進化,超新星爆発のモデルが基本的に正しかったことがわかった(図 4.2.11).超新星 1987A からのニュートリノの観測は,太陽ニュートリノの観測とともに,ニュートリノ天文学の幕開けを意味し非常に重要である.この超新星ニュートリノ,太陽ニュートリノの観測により,2002 年に小柴昌俊名誉教授は「天体物理学とくに宇宙ニュートリノの検出に対するパイオニア的貢献」を果たしたとしてノーベル物理学賞を受賞した.

その後,カミオカンデは太陽ニュートリノの欠損の確認,大気ニュートリノ比の異常という結果を得,1996 年まで観測を続けた.スーパーカミオカンデは,有効体積でカミオカンデの約 22 倍の検出器で,より高性能の光電子増倍管をカミオカンデの 2 倍の密度で設置した,高統計,高性能の検出器である(図 4.2.12).おもな研究目的は,核

図 4.2.12　スーパーカミオカンデ検出器

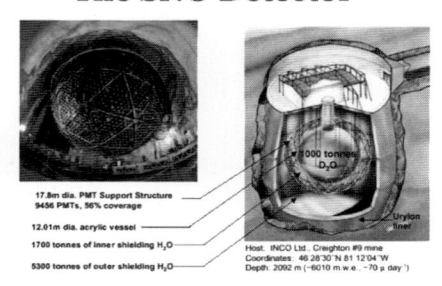

図 4.2.13　SNO 検出器

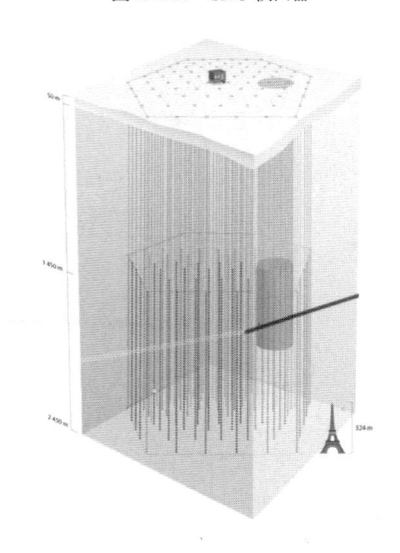

図 4.2.14　Ice Cube 検出器

子崩壊の探索，太陽ニュートリノ，大気ニュートリノ，超新星ニュートリノ，天体ニュートリノなどの観測およびそれらを使ったニュートリノの性質の研究などである．1998年に大気ニュートリノの上下非対称性によりニュートリノ振動が発見された．また，2000 年に SNO とデータを組み合わせることにより，太陽ニュートリノ問題もニュートリノ振動によることがわかった．また，長基線ニュートリノ振動実験の遠置検出器としてニュートリノ振動の研究にも使われている（参照：核子崩壊，ニュートリノ振動，長基線ニュートリノ振動実験）．SN1987A ではカミオカンデで 11 個のニュートリノが観測された．スーパーカミオカンデでは，銀河の中心で超新星が爆発すると約 4,000 個のニュートリノを検出することができる．これにより，超新星爆発の詳細な情報が得られ

ることが期待されている．

　カナダで行われた SNO 実験は，純水の代わりに重水を使った水チェレンコフ・ニュートリノ検出器を使った実験で，太陽ニュートリノでニュートリノ振動の研究をするうえで重要な役割を果たした（図 4.2.13）．SNO 実験では重水を利用しているため，

$$\nu_e + d \rightarrow p + p + e^-　（荷電反応）$$
$$\nu_x + d \rightarrow p + n + \nu_x　（中性反応）$$
$$\nu_x + e^- \rightarrow \nu_x + e^-　（弾性散乱）$$

の3種類の反応が別々に測定できるため，荷電反応から ν_e の量，中性反応から $\nu_e + \nu_\mu + \nu_\tau$ の量，弾性散乱から ν_e の量と $(\nu_\mu + \nu_\tau)$ の量の約 1/6 の和を求めることができる．

　IceCube は超高エネルギーニュートリノ観測のための水チェレンコフ・ニュートリノ検出器であり，同様の実験として，南極の AMANDA，バイカル湖の BAIKAL，地中海の ANTARES，NESTOR などがある（図 4.2.14）．これらの実験では宇宙起源の超高エネルギーニュートリノの観測をめざしているが，ニュートリノの強度が少ないため，スーパーカミオカンデなどより数千〜数万倍以上の体積が必要となる．そのため光電子増倍管をストリング状に配置し，多数のストリングを氷中または海中に設置している．このため光電子増倍管の密度は少なくなり，低エネルギーのニュートリノの観測は難しくなる．

〔金行健治〕

4.3　飛跡検出器

はじめに

　ここでは，荷電粒子の軌道をとびとびの飛跡の列として高い精度で記録するための装置を飛跡検出器と呼ぶ．何枚も重ねるように置いて使う平面状の位置検出器と，1台で使う大容積飛跡検出器とに大別できる．

　粒子は通過する物質中でわずかなエネルギーを使って電離反応を起こしながら，道すがら自由電子と負イオンのペア（半導体では電子-正孔ペア）を作っていく．こうして点列状に残されたペア群が粒子軌道の情報を担う飛跡となる．その密度は通過粒子の電離エネルギー損失の割合（dE/dx）に比例する．多数の飛跡の測定は，素粒子反応での各粒子の発生角度，運動量，粒子種を知ることにつながる（4.7節参照）．

　驚くことに，歴史的にはそれ自身で素粒子反応をイメージ化できる検出器が先行した．それは原子核乾板，霧箱，そして一世を風靡した泡箱である．どれも機動性に問題があったが，泡箱のイメージ化能力は抜群で，その後の検出器開発の目標となり続けてきた．

　荷電粒子の軌道は原子核相手の弾性散乱の繰り返しによって揺らぐので，ガスという密度の低い物質が飛跡検出媒体に適している．ガスを用いた検出器は，ガス容積内に適当な電場配位を用意し，粒子軌跡に沿ってできた電離電子群を誘導したうえで信号化する．ガス中でも単位長さあたりに有意な飛跡量があり，比較的大きな高速信号と高い位置分解能を得ることができる．こういう利点を生かし電気的泡箱の時代を実現したのが

大容積ドリフトチェンバーである．本節では，歴史を簡単にたどったうえでガスを使った飛跡検出器の基本事項を解説し，現状を紹介する．

a. 発展の歴史[1]
(1) 細部をみる原子核乾板

写真乾板は，ゼラチンと臭化銀（AgBr）微結晶を混ぜた乳剤を基板に薄く塗ったもので，電離反応で数個以上のイオンができた微結晶は，現像によって直径1 μm弱の銀粒子となる．光学顕微鏡を使えば，こういう銀粒子がとびとびの黒点として並んで見える．40年代には微結晶を増やしもっと厚くする努力が実り，最小電離粒子（電離エネルギー損失の割合が最も低くなる $\beta \sim 3$ 領域の単電荷粒子）にも十分な感度をもつようになった．

現像されたイメージは，銀粒子の大きさからわかるように空間的には1 μm級の分解能をもつ．したがって原子核乾板は，粒子反応の発生点付近を，特に短寿命粒子の崩壊を非常に細かく観察するのに適している．ただし，乾板の厚さは一様に現像する難しさから数百 μm以下に制限され，高エネルギー実験では自立できる薄いシートを何枚も重ねて使うことが多い．

現像という化学プロセスを経ること，顕微鏡が必要なことなどのため，乾板は加速器実験の進展とともにしばらく影を潜めていたが，固定標的実験でのタウレプトンやチャーム/ボトム粒子といった短寿命粒子の検出・同定に特化して再登場した．その背後には，高速・自動飛跡読み取り技術の開発，臭化銀微結晶の微細化と増量と均一化などといった乳剤の改良がある[2]．

(2) 反応全体をみる泡箱

容器に水やアルコールの飽和蒸気を詰めておき，急膨張させて過飽和状態作り出すと，電離で生じたイオンを核として凝縮が始まり，液滴ができて飛跡として見えるようになる．1910年代に誕生したこの霧箱は，宇宙線に混じる新粒子の探索に活躍した．しかし高エネルギー加速器が出現する頃から，まったく別の，概念的には似た検出器にとって代わられた．それが泡箱である．

泡箱は50年代初期に発明され，霧箱とは逆のプロセスともいうべき，液体中での気泡発生現象を利用する．容器に入れた液体を沸点より少し低い温度に保っておき，ピストンを使って液体を急膨張させ，準安定な過熱状態に変える．すると粒子が残した飛跡を核として泡ができ始める．数msして約100 μmの大きさの泡となったらピストンを元に戻して圧力を取り戻し，泡の成長を止めて写真に記録する．

泡の発生を促すのは，液体中に局所的に発生する熱的なスパイクである．これを可能にする発端は100 eVオーダーの電離電子で，2次電離，2次励起によって作られた励起原子や励起分子が衝突を繰り返すことにより，エネルギーが局所的に瞬時に消費されて熱になると考えられる．

4.3 飛跡検出器

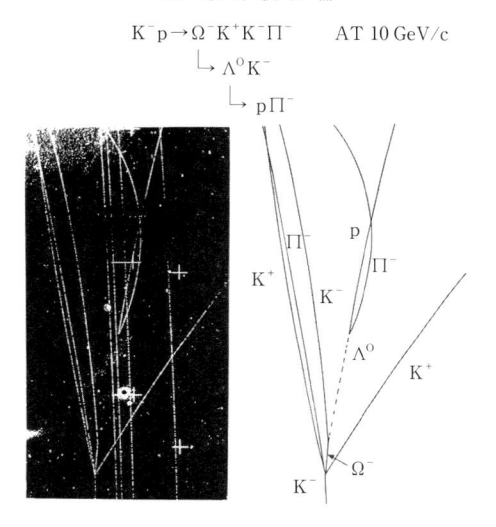

$$K^-p \to \Omega^-K^+K^-\Pi^- \quad \text{AT } 10\,\text{GeV/c}$$
$$\hookrightarrow \Lambda^0 K^-$$
$$\hookrightarrow p\Pi^-$$

図 4.3.1 CERN の 3 m 水素泡箱で記録された Kp 反応の例
左が写真，右は説明図（著作権 CERN）[3].

　液体が検出媒体（＝反応標的物質）となる泡箱では，霧箱より密度がはるかに高く，しかも巨大化が可能なため，高エネルギー素粒子反応の全体像が見やすくなった．特に水素泡箱の実用化により，陽子を標的とした反応の詳細を容易に観測できるようになった．大きさ 100 μm 程度の泡の列が粒子軌跡を表すので，泡箱写真は図 4.3.1 の例[3]のようにみごとなもので，たった 1 枚の写真から，複雑に崩壊する新粒子の発見を納得させることさえあった．泡箱は遅い動作，選択的記録の難しさ，写真解析の面倒さなどのため，70 年代以降は主役を完全に降りることになったが，それまでに大小合わせて 100 を超す泡箱が世界中で作られ，最大のものは容積が 38 m^3 にも達した．

（3） ガスを使った高速イメージング

　粒子の通過に素早く応答できる薄い箱状の位置検出器を何枚も並べると，調べたいタイプの事象だけを選び，泡箱より粗いが粒子軌跡をとびとびの測定点の列として記録できる．こういう機能をもって登場した放電箱（スパークチェンバー）[4]は，2 枚の平行電極間の薄い間隙に希ガスを流しておき，荷電粒子の通過直後に電極に高電圧パルスを加える．すると，ガス中で電離電子が強く加速されて，電子なだれから両極板をつなぐ 1 本の放電に発展し，飛跡を光点として写真に記録できる．複数の粒子が通過しても，場所が違えばそれぞれの位置に放電が起きうる．放電箱は実験の自由度を大幅に増すことに貢献した．

　放電まで発展させずに飛跡を泡箱のように記録するための最初の試みは，ストリー

マーチェンバーだった[4]．放電箱をずっと厚くし，幅が 10～20 ns と非常に短く，数十～数百 kV の高電圧パルスを印加するもので，個々の電子なだれの成長をストリーマーの段階で止めて，並んだ輝点を高速フィルムに記録することができた．しかし，技術的には難しく，しかも写真記録という点は旧態依然だった．

電子なだれの段階で電気信号を得れば，はるかに高速に動作し，すべてをエレクトロニクスで処理できるはずだ．放電箱に代わる多線プロポーショナルチェンバー（MWPC）[5]の登場は，粒子検出技術の飛躍的な展開だったが，もうひとつの大きな進展の可能性を秘めていた．それが多線ドリフトチェンバーであり，位置分解能を MWPC の 1 mm から 0.1 mm レベルへと大幅に進歩させ，その後の飛跡検出器の主役となった．

特に，コライダー実験用の大型飛跡検出器として生まれた多線の大容積ドリフトチェンバーは，電気的泡箱の時代を開いた．80 年代には，これと並んでタイム・プロジェクション・チェンバーも活躍し始めた．全ガス容積を電子ドリフト領域として飛跡を 3 次元記録するもので，その能力はすでに電子・陽電子コライダー実験で十分に発揮され，非常に発生粒子密度が高い重イオンコライダー実験でも使われている．

なお，固体を使う飛跡検出器としては，ミニチュア化したイオンチェンバーとでもいうべき半導体検出器（4.4 節参照）や，数百 μm 径のシンチレーション・ファイバーを積み重ねたものがある．

b． ガスカウンターの基礎[6,7]

ガスを使う飛跡検出器の基本はいまだに比例計数管にある．静電場下のガス中で荷電粒子が作った電離電子群は，細いワイヤーが作る局所的な高電場領域まで導かれ，なだれ現象を起こして増幅される．ワイヤーに増幅器をつないでおくと，なだれで生じた多数の電子と負イオンの運動を誘起電流として感知できる．なだれ発生領域が非常に狭いため，立ち上がりの速い電気信号を得るのが可能になる（負イオンは電子の数千倍の質量をもつために移動速度が 3 桁も遅く，高速信号を得るためにもっぱら電離電子が利用される）．

このように，ガス中での電離，電場に沿った電子の移動，局所的高電場での電子なだれという 3 つの現象の理解は，素粒子実験のために今でも欠かせない基本事項である．

（1） 電離現象

検出媒体としては，電子を付着する成分のない希ガスを主体とし，多原子分子ガスを混ぜて使う．1 次電離反応の回数，つまり飛跡の種の数はポアソン分布に従う．たとえば標準状態の Ar ガス中では平均 23/cm くらいであり（表 4.3.1），厚さが 1 mm だと高エネルギー粒子が電離を起こさずに通過する確率が 10% にもなり，厚さ 2 mm では 1% になる．現実的な条件化で 100% 近い検出効率を得るためには，個々の検出層を 3 mm またはそれ以上にする必要がある．

電離の大部分は原子内電子とのソフトな反応によるもので，束縛の弱い殻から電離さ

4.3 飛跡検出器

表 4.3.1 電離に関するガスの特性

ガス	W [eV/イオン対]	最小 dE/dx [keV/cm]	1次電離 [個/cm]	全電離 [個/cm]
He	41	0.32	4.2	8
Ar	26	2.4	23	94
Xe	22	6.8	44	307
CF_4	54	7	51	100
DME	24	3.9	55	160
CO_2	33	3.0	36	91
CH_4	28	1.5	25	53
C_2H_6	27	1.2	41	111
i-C_4H_{10}	23	5.9	84	195

れやすい．電子に渡すエネルギー（T）が 1 keV を超えた領域では，自由電子との散乱を記述するラザフォード散乱がよい近似になり始め，発生確率は $1/T^2$ に比例する（この領域の電子はデルタ線と呼ばれる）．よく使われる Ar ガスの場合，電離電子の 90% 近くは M 殻からの電子で，ほとんどは数十 eV 領域のエネルギーをもち，ガス中での飛程は短いので点状飛跡と見なせる．もっと高いエネルギーの電離電子は，その生成確率は急速に低くなるが，2次電離を繰り返して2次電子を生み，点状ではない電子群という飛跡となる．ただし，散乱効果のために電子の見かけの飛程は短くなるので，数 % オーダーのデルタ線を除けば，ほとんどの電離電子は1次電離地点から数十 μm の範囲内におさまっていると予想される．

1個の電離電子を生むのに必要な平均エネルギー損失量 W は，粒子のエネルギーにほとんどよらず，2次電離後の電子の総数 N_e は損失エネルギー量 ΔE に比例し，$N_e = \Delta E/W$ という関係が成り立つ．これはガスに限らない現象であり，エネルギーを失ういろいろな過程の相対的な頻度があまり変わらないためと考えられる．また，W が原子のイオン化エネルギーのおよそ2倍になっているのは，粒子は電離に至らない励起過程にもエネルギーを費やすためである．電子の総数 N_e は，2次電離によって1次電離数の3倍くらいに増えており，Ar ガスでの平均値は約 100/cm である．ガス中での電離エネルギー損失とか電離電子数といった量は，ごく少数のデルタ線の寄与に強く左右され，大きなゆらぎを伴う．

（2） 電子ドリフト[8]

電離電子が衝突などで瞬時に熱エネルギー化すると，外部電場にガイドされて移動を始める．このとき，電子のミクロな運動は非常に複雑になる．電子は電場によって簡単に加速されるが，原子・分子との衝突によって頻繁に中断される．原子との弾性散乱は電子の方向を大きく変えるが，分子の振動や回転運動を励起する非弾性散乱は非常に効率よく電子エネルギーを消費させる．そして，あらためて電場加速が有効に働き，また所定の方向に走り始める．これを繰り返す結果，電場方向に向いた平均の速度成分が生

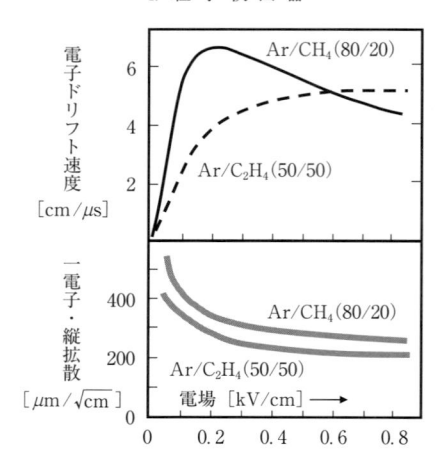

図 4.3.2 電子ドリフト速度と単電子拡散量の代表例[9]
曲線はデータの傾向を示す．

まれ，これが電子ドリフト速度となる．ドリフト速度は熱速度より著しく小さく，通常の検出器ガスでは 1 mm/20 ns が典型的な値である．

希ガスに適当な分子ガスを混ぜると，希ガスだけのときより速度は増し，しかも電場を強めていったときに速度がほぼ飽和する領域がある（図 4.3.2（上））．これは，分子特有の低い励起レベルが電子の乱雑な運動を有効に静める現象に由来し，混合ガスの選択は，検出器の動作条件を与え，性能を左右する要因である．

電場による直線的誘導にミクロの乱雑な運動が加わる結果，ドリフト距離が増すとともに，電場方向およびその直角方向での個々の電子の到達点はゆらぎ，電子群は広がる．多くの場合，進行方向のいわゆる縦拡散の方が小さい．拡散の大きさは距離の平方根に比例して増大し，長距離ドリフトさせる場合の位置分解能を制限する．混合ガスによって違うが，1気圧での1個の電子の拡散は荒っぽくいって $300\,\mu m/(cm)^{1/2}$ くらいである（図 4.3.2（下））[9]．電子の集団がドリフトすると，その重心の拡散は電子数に応じて小さくなる．

（3）電子増幅

高速エレクトロニクスのノイズがおよそ 1,000 電子相当なのに対し，電離電子数はせいぜい 100/cm くらいなので，検出前の増幅メカニズムが必要となる．それを簡単に実現したのが比例計数管である．ガスを入れた管の中心軸上に数十 μm の細いワイヤーを張り，管壁に相対的にプラスの電位を与えておく．ワイヤーからの距離に反比例した強さの電場ができ，電離電子はワイヤーに向かって引き寄せられる．電子は，ワイヤーの表面近く（太さの数倍の範囲）の高電場領域に到達すると，急加速されて電子なだれ（ア

バランシェ）を起こし容易に 10^3 倍以上に増幅される．これをガス増幅という．

電子なだれは，動きの遅いイオンが発生地点近くに残され，電子が素早く移動して前方に集中し，重力場での液滴のような形状となろう．こういう2成分の電荷の運動で誘起される電流が信号となる．なだれの先端部に集中した電子群は即座にワイヤーに到達し，信号のナノ秒の高速成分となるが，走る距離が短いので数％の寄与となる．イオンはワイヤー近くでは速く走り去り，信号の立ち上がりの主成分をつくるが，離れるにしたがってゆっくりとドリフトし，カソード到着までのマイクロ秒のゆっくりとした成分を残す．したがって前置増幅器においては，必要な検出器性能に応じたパルス波形整型が重要となる．

ところで，同じ比例計数管という構造であっても電場の強さ，つまり信号ワイヤーにかける電圧によって信号を生ずるモードが違ってくる．発生したイオン対の再結合を避けるだけの低い電場領域では，電子はワイヤー，イオンはカソードへとドリフトし，増幅なしに電圧によらない信号が得られる．いわゆる電離箱（イオンチェンバー）モードである．

ワイヤー近傍で電子が電離能力をもち始める電場になると電子なだれが起き始め，比例増幅モードに入る．電圧を増すとなだれのスタート地点とワイヤー表面との距離が広がり，増幅度は指数関数的に増していく．さらに高くすると，なだれ自身のイオン群による空間電荷効果がさらなる成長を妨げ，増幅度の鈍った限定的比例増幅モードとなる．この2つのモードは高速計数に向き，また電離損失量の情報も生きるので，最もよく使われている．

さらに電圧を上げると，混合ガスの種類やワイヤーの太さやカソード物質などによって，ガイガー放電または抑制ストリーマーのどちらかが起きる．電子なだれの尾の部分の電場は空間電荷効果によって強まり，2次フォトンがその辺りで電子を叩き出すと2次なだれを起こしやすい．したがって，なだれが重なってカソード方向に細く伸びていく．これをストリーマーというが，その放電への成長を抑制する条件を意図的に実現できる．あとで簡単に触れる高抵抗電極チェンバー（RPC）がこれを利用している．そして，ガイガー放電でもストリーマーでも，その先はカソードにつながる放電である．

c. 平面ワイヤーチェンバー

（1）　多線プロポーショナルチェンバー（MWPC）

MWPC[5]は，2枚の電極板（カソード）で挟んだ10 mm程度の薄いガス層の真ん中に，20 μm程度の細いワイヤーを2 mmくらいの一定間隔で張りつめたワイヤー面を置き，放電の心配のない比例，または限定比例モードに対応する電位差を与えておく．アノードの役目をする各ワイヤーは前置増幅器につながれ，信号を個別に記録する．MWPCのポイントは電気的な細分割にあり，この例でいえば断面が $2 \times 10 \text{ mm}^2$ の長い比例計数管を隙間なく敷きつめたものと等価になる（図4.3.3(上)）．

位置分解能はワイヤー間隔で決まり，1 mm程度となる．応答は非常に速く高い計数

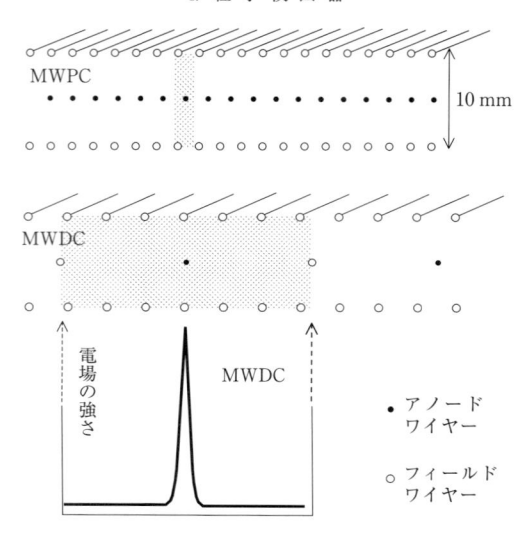

図 4.3.3 多線チェンバーのワイヤー配列（上）と MWDC の電場分布（下）
斜線部は基本単位となる検出領域；MWDC ではドリフトセルと呼ぶ．

率に対応できる．しかし，いったん電子なだれができると，ゆっくり移動するイオン群の電荷がワイヤー近傍の電場を弱める時間があり，ごく短時間に近接して通る粒子に対して十分な電子なだれが育ちにくくなる．こういう局所的な空間電荷効果のため，計数率が $10^4/\mathrm{sec}/\mathrm{mm}^2$ を超えるとガス増幅度が有意に低下する．MWPC のミニチュア化に向けた研究が活発になったのは，位置分解能のさらなる向上と高計数率対応のためである．

アノードに信号が誘起されると同時にカソード上にも同量が誘起される．それをワイヤーと直角な狭いストリップカソードで波高記録すると，その分布の重心がワイヤー上のなだれの位置を与える．直角入射に対しては $100\ \mu\mathrm{m}$ 程度の位置分解能が得られ，MWPC は 2 次元位置測定の機能を提供する．

（2） 多線ドリフトチェンバー（MWDC）

MWPC 信号発生のタイミングは，粒子の通過地点によって違っていた．明らかにワイヤーまでの電子ドリフトの効果であり，距離と信号発生までの時間とが一対一に対応しているはずである．MWPC ではワイヤー番号だけで位置を決めていたが，この時間測定により，そこからの相対的な距離が求まることになる．典型的なドリフト速度（$1\ \mathrm{mm}/20\ \mathrm{ns}$）のもとでは，数 ns の時間測定精度が $0.1\ \mathrm{mm}$ くらいの高い位置分解能に相当し，MWPC を大幅に上回る．しかもドリフト領域をずっと長くした方が効率的なので，信号ワイヤーがはるかに少なくてすみ，製作も楽になる．この考え方は早くも

4.3 飛跡検出器

70年代初めに実証され，MWDCとして広く使われることになった[10]．

平面状のMWDCは，図4.3.3（下）のような構造と電場配置をもつ．正電位にある信号ワイヤーの両側にほぼ一定電場のドリフト領域をもち，その終端で電場整形用の太めのフィールドワイヤーが隣の領域との電気的な境界となる（単位構造をドリフトセルと呼ぶ）．左右対称な構造なので粒子が左右どちらを通過したかは決まらないが，複数のチェンバーをセルのサイズの半分だけずらして重ねるとか，異なったワイヤー角度のものを併用するとかで判定できる．

MWDCにとって，ドリフト速度が電場とともに飽和する混合ガスが望ましい．しかし，現実には飽和といっても不完全だし，セル内の電場は隅々まで一様とはいかず，位置とドリフト時間が単純な比例関係になるとは限らない．また磁場があるときには，電子は電場方向からローレンツ角と呼ばれる角度だけずれてドリフトし，その大きさは使うガスと電場および磁場の強さで異なる．これらの現象に対する較正は，ドリフトチェンバーにとって最も大切な作業である．

較正が完全であっても，得られる位置分解能は，図4.3.4のように複数の要因によって制限される．まず時間測定が0.5 nsの精度だと，使うガスにもよるが30 μmくらいの系統的な不定性となる．次に信号発生のタイミングは，最短距離を経てきた先頭の電子群で決まる．しかし，電離は確率現象なので，対応する1次電離電子が粒子軌道上のどこで発生するかは変動し，その影響は軌道が信号ワイヤーのごく近くだったときに顕著となる．さらに，電子ドリフトには拡散が伴い，長く走るにつれて到達点あるいは所要時間がゆらぐ．この効果は一般に$1/(電場)^{1/2}$という依存性をもつが，$(距離)^{1/2}$に比例して大きくなるため，距離が1 cmあたりから性能を支配する．

MWPCでもMWDCでも，高い計数率のもとで長期に使っていると次第に増幅度が低下し，放電が起きやすくなるので，「寿命がある」と考えるべきである．高電場下で

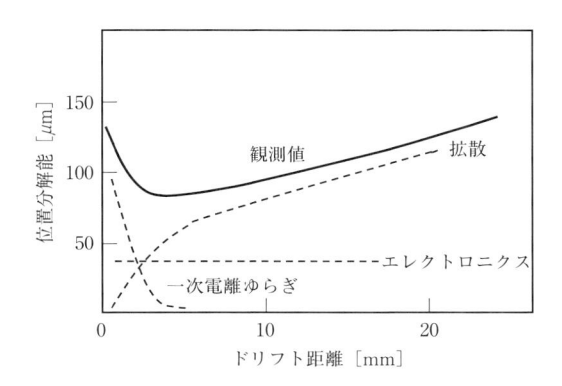

図4.3.4　ドリフトチェンバーの典型的な位置分解能と制約要因

の重合化現象によるのか,ワイヤー表面にフィルム状または突起状の異物が観測される.これはワイヤーの放射線損傷というべきもので,ガス成分,ガス純度,ワイヤー表面の電場などによって程度が変わる.

(3) 大平面チェンバー

ミューオン検出器は,実験装置の最外部で非常に広い面積を覆うことが要求され,これを多線チェンバーで作ることは困難になる.そこでよく使われているのが,c.(2)項で述べた1つの単位ドリフトセルだけをもつ,円筒または角型アルミ管の単線ドリフト管である.これを横に敷きつめれば,各セルが物理的に分離された大面積の多線ドリフトチェンバーと同等になる.

使われ始めて間もない高抵抗電極チェンバー(RPC)[11]は,ガラスのような高抵抗の電極板で2mm程度の薄いガス層を挟み,ストリーマーモードで動作させる.電極は高抵抗のため周囲からの電荷の補給が遅く,約 $1\,cm^2$ の領域で一時的な電圧低下を起こして放電への成長を妨げる.位置信号は電極板の外側のストリップで読み出すが,前置増幅器がいらないほど大きく,しかもガス層が薄いので高速である.高計数率の環境には向かないが,ワイヤーを使わないので大面積化が可能だし,信号ストリップの形状とサイズは要求性能に応じて自由に選べる.高い検出効率を確保するには,2ないし3層を重ねてOR信号を使えばよい.

(4) MWPCのミニチュア化

非常に高い計数率のもとで高精度の飛跡検出を可能にするためには,MWPCのミニチュア化がひとつの道である(同目的のシリコン検出器については4.4節で述べる).マイクロエレクトロニクス技術を使い,薄い高抵抗基板上に信号電極として $10\,\mu m$ くらいの細いアノードと, $100\,\mu m$ 程度のカソードストリップを交互に印刷する.その上部の数mmのガス層を電離および電子ドリフト領域とする.この基本的な構造は数十 μm 精度の位置検出器として機能するが,ガス増幅度の時間変化や放電などの問題が起きがちだった.そこで動作条件を緩和するため,電子を前段増幅するための補助構造がいろいろと考案された.

前段増幅の導入により動作の安定性は増し,また基板の反対側の電極ストリップも併用した2次元位置記録能力も実証された.しかし成熟度は十分でなく,精力的な研究が進んでいる.信号電極はピクセル型でもよく,実にさまざまな試みがなされており,こういう検出器はマイクロパターン・ガス検出器(MPGD)[12]と総称されている.

d. 大容積ドリフトチェンバー

(1) 多セル型チェンバー

多セル型チェンバーはガス容器内で軸方向に一定のパターンでワイヤーを密に張り,小さなドリフトセル,すなわちワイヤーで形成した単線ドリフト管を上下左右に並べて

4.3 飛跡検出器

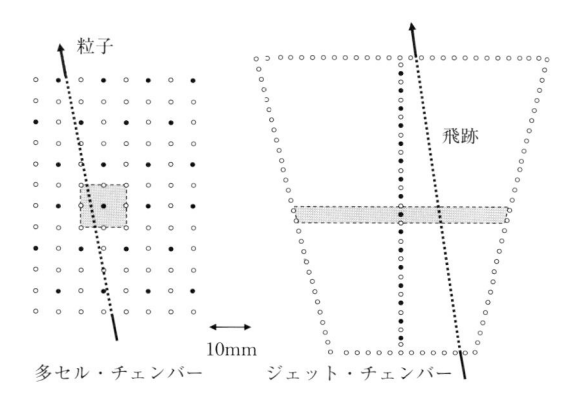

図 4.3.5 大容積・多セル・ドリフトチェンバーの代表的ワイヤー配列と単位セル（斜線部）
（左）小セル型[13]，（右）ジェットチェンバー[14].

大容積を埋めつくすものである．信号ワイヤーを何本かのフィールドワイヤーで囲み，ドリフト領域が片側 1 cm くらいの四角あるいは六角セルを作る（図 4.3.5（左））[13]．最大ドリフト時間が約 200 ns と短いので計数率の高い環境にも向く．多くの場合，各セルで最初の信号だけを記録し，同じセル内に近接粒子があっても無視するが，およそ 1 万個ものセルが積み重なっているので，別のところで分離して記録される確率が高い．セルが小さいので，少数のワイヤーで形成される境界近傍での電場の乱れは無視できず，位置とドリフト時間の非比例性の較正が特に大切になる．製作上のポイントは，ワイヤーを 10 μm といった高精度で所定の位置に固定し，数トンにおよぶワイヤーの総張力を支えるべき端板にある．

　もうひとつのタイプはジェットチェンバーと呼ばれ，単位セルをもっと横長にして，10〜数十本といった多くの信号ワイヤーからなる面を，10 cm くらい離れた多くのフィールドワイヤーが作る境界で囲む（図 4.3.5（右））[14]．信号ワイヤーは数 mm 間隔でカソードワイヤーと交互に張る．すると単位セルは，厚さ数 mm で幅 10 cm くらいの断面をもつ多数の仮想的なサブセルで構成される．こういうセルを並べて大容積を構成すると，飛跡をサンプルする数が上の小セル型より多くなり，粒子軌跡の再構成能力と，電離量に基づいた粒子識別能力が向上する．ドリフト距離が長いので，読み出し系には複数粒子に対処できる波形ディジタイザーが必要になる．また，小セル型と同様に磁場は電場に直角方向となるので，ローレンツ角の較正は特に重要になる．

（2） タイム・プロジェクション・チェンバー（TPC）

　TPC は，ガス容積全体に一様な電場をかけておき，粒子軌跡を体現する電離電子群の空間分布をそのまま端部までドリフトさせる．端面にある位置検出器の各部に発生す

る信号は一断片の粒子飛跡に対応し，これらを時間を追って記録すると発生時の3次元分布を知ることになる．単純な距離-時間対応をフルに活用した，究極のドリフトチェンバーといえる[15]．

すでに述べたように，長距離ドリフトした電子群は拡散効果のため，特に横方向には到着位置が大きくゆらいでしまう．しかし，ソレノイド磁場を使ったコライダー実験を考えてみればわかるように，多セル型と違って電場と磁場の向きを平行にできる．この場合，ドリフト速度や（一般に横方向より小さい）縦方向の拡散は変わらない．一方，横拡散による位置の不定さは磁場がないときの$1/(1+\omega^2\tau^2)^{1/2}$倍に減少することがわかっている．$\omega\tau \gg 1$という条件下では大幅に小さくなるはずである．これは電子が磁力線に巻きつくように進むからである．ここで$\omega=(e/m)B$は電子のサイクロトロン周波数，τは電子・ガス分子衝突の平均時間間隔で$1/(気圧)^{1/2}$に比例する量である．したがって，磁場の強さ，混合ガス，ガス圧などの選択が重要となる．磁場が1.5 T，ガスが1気圧のAr/CH$_4$(90/10)のとき$\omega\tau=9$を得て，2 mドリフトさせても$\sigma=1.3$ mmだったという例がある[16]．

端面で使う位置検出器の典型はMWPCで，（信号ワイヤー面をはさんでドリフト領域と反対側の）カソード面を信号ワイヤーに沿って並んだパッド（角辺）状に分割して使う．そして，すべてのワイヤーとパッドで得られる信号を，時間を克明に追って波形記録していく．たとえば50 nsecの時間幅で波高サンプリングする場合は，2 mという奥行きを800分割した測定と等しい．MWPCに代わる端部検出器の候補はc.(4)項で触れたMPGDであり，精力的に研究されている．

波形情報は，信号パルスの重心として電子群のタイミングを精度よく決めることを可能にする．また，多重粒子発生反応では検出器各部に電子群が次々と来るので，2個が近接して信号が重なり合うことも多い．そんなときにも個々のパルスの重心を正しく算出するには，この波形記録が不可欠である．

端部にはもうひとつの機能が要求される．端部MWPCで電子なだれが起きると，負イオンの一部は遠く離れた中央カソード面に向かってゆっくりドリフトしていく．バックグラウンドが高い環境では，こういうイオンがガス容積中に不均一に溜まっていき，ドリフト電場を歪めてしまうし，しかもその程度は時間とともに変化する．通常の対策は，MWPCとドリフト容積との境に1枚のワイヤー面を加え，電圧のかけ方でデータ収集時だけドリフト電子を通してやり，それ以外では外へのイオンもなだれの種となる電子も通さない方法である．こういう役目のワイヤー面は開閉グリッドと呼ばれる．

典型的なTPCは図4.3.6のような基本構造をしている．中央に張った金属メッシュが円筒を左右2つのドリフト容積に分割し，両端面には電子検出器がある．粒子に感度をもつ大領域に何もないのが大きな特徴である．カソードとなるメッシュには負の高電圧をかけ，大容積内に均一な電場を生じるよう，内外円筒表面に電場整形のための細工を施してある．混合比によるが，上に述べた磁場効果が大きいAr/CH$_4$ガスで，100〜300 V/cm/atm近辺の電場が使われてきた[16,17]．

4.3 飛跡検出器

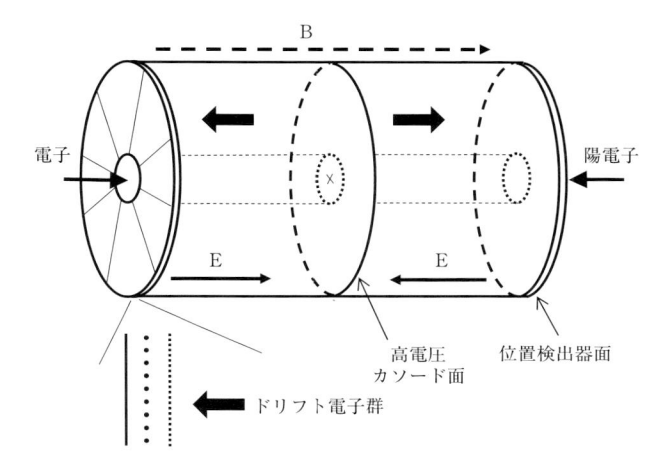

図 4.3.6 コライダー実験用 TPC の典型的な構造
E は電場，B は磁場．

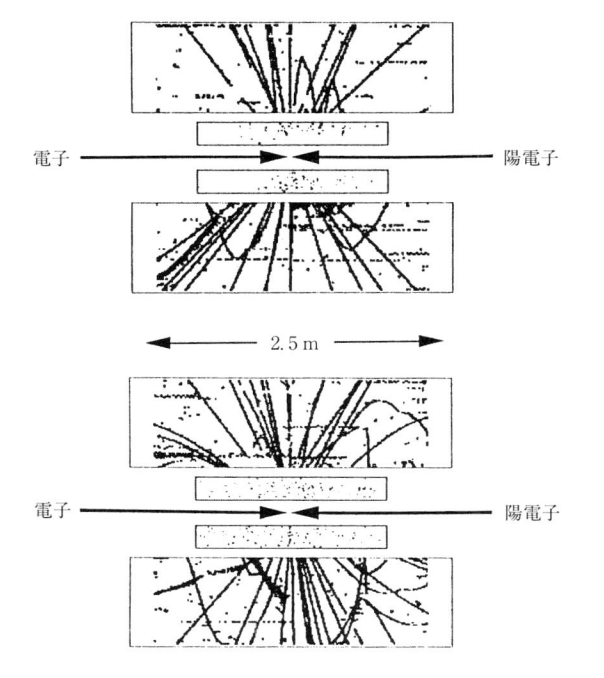

図 4.3.7 TPC で記録された多粒子発生事象の 2 例（KEK の 60 GeV 電子・陽電子コライダーでの実験）[17]

大容積内の飛跡群を図 4.3.7 のような視線で円筒軸を含む面に投影したもの．

TPCでは大容積全体にドリフトの速度と方向の一様性が必要なので，電場と磁場を高度に平行にして，しかも隅々まで一様にする整形が要求される．またガスの温度（すなわち密度），混合比および純度を監視しなければならない．さらに，非常に多くのアナログ電子回路がある．較正を通じて補正すべき事項が多いが，レーザービームを導入すると較正しやすくなる．TPCは，構造と動作原理はシンプルだが，製作とデータ解析面で技術的に難しい飛跡検出器である．しかし図4.3.7にみるように，すばらしい性能をもっている．

（岩田正義）

参 考 文 献

1) K. クラインクネヒト，「粒子線検出器」，高橋嘉右，吉城肇共訳（培風館，1987），岩田正義，科学 **63**（1993）478.
2) 丹羽公雄，日本物理学会誌 **59**（2004）871.
3) http://info.web.cern.ch/Press/PhotoDatabase/welcome.html
4) P. Rice-Evans, *Spark, Streamer, Proportional and Drift Chambers*（The Richelieu Press, 1974）.
5) G. Charpak *et al.*, Nucl. Instrum. Meth. **62**（1968）235.
6) F. Sauli, CERN Yellow Report, CERN 77-09（May 1977）.
7) A. Sharma, Lectures given at the NATO Advanced Study Institute, St. Croix, 2002, http://doc.cern.ch/archive/electronic/cern/preprints/open/open-2002-073.doc
8) V. Palladino and B. Sadoulet, Nucl. Instrum. Meth. **128**（1975）323.
9) F. Piuz, Nucl. Instrum. Meth. **205**（1983）425.
10) W. Blum and L. Rolandi, *Particle Detection with Drift Chambers*（Springer-Verlag, Berlin 1993）.
11) Proceedings of the 7th International Workshop on Resistive Plate Chambers, Nucl. Instrum. Meth. **533**（2004）1.
12) M. Hoch, Nucl. Instrum. Meth. **A535**（2004）1.
13) R. Arai *et al.*, Nucl. Instrum. Meth. 217（1983）181, H. Hirano *et al.*, Nucl. Instrum. Meth. **A455**（2000）294.
14) O. Biebel *et al.*, Nucl. Instrum. Meth. **A323**（1992）169.
15) D. Nygren and J. Marx, Physics Today **31**（1978）46.
16) W. B. Atwood *et al.*, Nucl. Instrum. Meth. **A306**（1991）446.
17) T. Kamae *et al.*, Nucl. Instrum. Meth. **A252**（1986）423.

4.4 シリコン半導体検出器

半導体検出器とは，主に逆バイアスを印加したp-n接合ダイオードのことであり，その本質を一口で言えば，「固体の電離箱」である．シリコンは地球上に豊富に存在し，熱酸化により容易に絶縁体（二酸化珪素）をつくることができるなど数々の利点があり，産業界におけるシリコン半導体の微細加工技術の発展はめざましい．したがって，放射線検出の分野においても，さまざまの半導体材料のうち，シリコンが現在最もよく利用されている．特に素粒子物理実験においては，トップクォークの発見，B中間子系におけるCP非保存の発見など，近年の重要な成果は，シリコン半導体検出器を抜きにしては語れない．表4.4.1にシリコンと二酸化珪素の重要な性質をまとめた[1]．

4.4 シリコン半導体検出器

表 4.4.1 シリコンと二酸化珪素の性質（温度 300 K の場合）

	真性シリコン (Si)	二酸化珪素 (SiO_2)
密度 [$g\,cm^{-3}$]	2.33	2.27
比誘電率	11.7	3.9
バンドギャップ [eV]	1.115	～8
電子正孔対当りのエネルギー [eV]	3.62	—
真性キャリア密度 [cm^{-3}]	1.5×10^{10}	—
真性比抵抗 [$\Omega\cdot cm$]	2.3×10^{5}	—
電子移動度 [$cm^2/(V\cdot s)$]	1350	—
正孔移動度 [$cm^2/(V\cdot s)$]	480	—
熱伝導率 [$W/(m\cdot K)$]	156	—
線膨張率 [/K]	2.56×10^{-6}	—

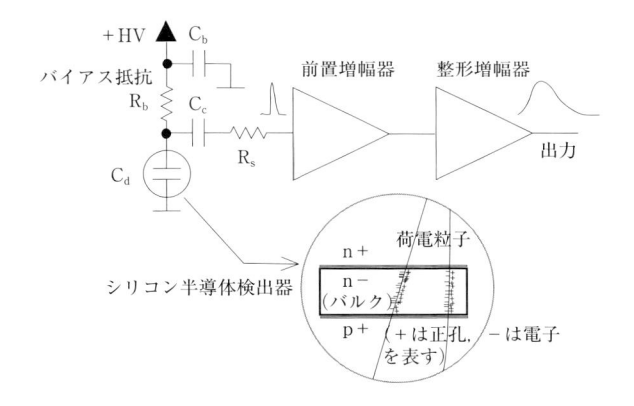

図 4.4.1 シリコン半導体検出器と読み出し用電子回路の概念図

図 4.4.1 にシリコン半導体検出器と付随する電子回路の概念図を示す[2]．p-n 接合に逆バイアス電圧（n 側の電圧が p 側より高い）を印加すると，接合部を中心として，自由なキャリアのない領域（空乏層）ができる．放射線が空乏層に入射すると，電子と正孔の対が生成される．電子と正孔を総称してキャリアと呼ぶ．キャリアは逆バイアス電圧による電場により，素早く電極へ運ばれる．このキャリアの動きにより誘起された電流パルスを外部に接続した高感度電子回路によって信号として捕らえることにより，荷電粒子の通過時刻，通過位置，検出器内でのエネルギー損失を記録することができる．

空乏層の中で電子正孔対を生成するために必要な平均エネルギーは，放射線の種類が高エネルギー光子や荷電粒子の場合，3.6 eV である．この値は，ドリフトチェンバーでよく使用されるアルゴンガスの場合（約 26 eV）と比べて約 7 分の 1 である．したがって，薄いシリコンでも比較的大きな信号を得ることが可能である．たとえば最小電離粒子が 300 ミクロン厚のシリコン検出器を垂直に通り抜けた場合，エネルギー損失は最頻

値で約 80 keV であり，これは約 22,000 電子正孔対の生成に相当する（生成される電子の量を用いて，22,000 e^- と表すことが多い）．これは電気量に換算して約 3.5 fC となる．後に述べるとおり，素粒子物理実験で用いられる大規模なシリコン半導体検出器システムの雑音レベルは，それと等価な電荷量で表すと $1,000\,e^-$ より小さくすることが可能であり，S/N 比が 20 程度という十分に高い値を達成することができる．可視光や赤外線についても，バンドギャップ（1.1 eV）より光子のエネルギーが大きければシリコン半導体検出器によって検出できる．現代の最もすぐれたフォトダイオードの量子効率は波長 400 nm ないし 1 μm の光子に対して 80% を超える．

空乏層の厚さ d は印加する電圧 V_0（ボルト），シリコンの抵抗率 ρ（Ω cm），キャリアの種類によって決まり，n 型で $d \sim 0.5\sqrt{\rho V_0}$ μm，p 型で $d \sim 0.3\sqrt{\rho V_0}$ μm 程度である[3]．通常は，多量に不純物を注入したごく薄い p 型半導体（p^+ と記す）と少量の不純物を注入した厚い n 型半導体（n^- と記す），あるいは反対にごく薄い n^+ と厚い p^- というような非対称な構造をもつことが多い．厚いシリコンの方をバルクと呼ぶ．典型的な測定器として n^- バルクの厚さが 300 μm，抵抗率が 5 kΩ cm のものを考えると，バルクを全空乏化させて検出効率の高い測定器にするためには $V_0 \sim 70$ V が必要となる．

シリコン半導体検出器はガス検出器などと比べて高密度であるため，δ 電子の飛程も非常に短く，生成されたキャリアの空間的広がりが小さい．電荷収集中の横方向への電荷の広がりは 300 μm 厚に対して 5 μm 程度である．したがって原理的に非常にすぐれた位置分解能を提供でき，高い多重粒子識別能力をもつ．すでに数ミクロンの位置分解能が達成されている．

電荷収集時間は，典型的な検出器として厚さ 300 μm で完全に空乏化したものを考えると，電子について約 10 ns，正孔は約 25 ns 程度である．このように応答時間が非常に短いため，事象頻度の高い固定標的実験や，テバトロン（Tevatron）や LHC といったハドロン衝突実験においては，シリコン半導体検出器の高い時間弁別能力は不可欠である．電荷収集時間はバイアス電圧をより高くすればより短くなる．ただし，非常に高い電場ではキャリアの速度が頭打ちになるため（$E > 10^4$ V/cm で 10^7 cm/s に近づく）電荷収集時間の短縮には限界がある．

シリコン半導体検出器において，低雑音電子回路は，エネルギー分解能の向上や検出閾値を下げるといった目的のために決定的に重要な役割を果たす．したがって検出器部分と電子回路とを一体のシステムとして考える必要がある．図 4.4.1 において，シリコン検出器は電気容量 C_d で表される．バイアス電圧は抵抗 R_b を通して与えられ，信号はコンデンサー C_c を通して前置増幅器に伝えられる．直列抵抗 R_s は電極の抵抗，入力保護抵抗，入力トランジスタの浮遊抵抗など，入力信号経路に依存するすべての抵抗の総体を表す．前置増幅器は信号を増幅し整形増幅器へ送る．整形増幅器は波形を整形し（すなわち各周波数に対する応答を決め）S/N 比を最適化し，さらにパルス幅を制限して高い頻度の信号に対応できるようにする．図 4.4.1 の等価回路は種々の半導体検出器に幅広く適用できるものである．したがって，一見複雑に見える実際のシステムにおい

ても，この等価回路をもとに調整や問題解決を行うことが基本である．

半導体検出器を使用する場合，雑音の理解と対策が実験成功の鍵となる．電気雑音は①検出器内，②直列抵抗，③バイアス抵抗，④増幅器内，の4カ所で発生する[2]．①は雑音電流 I_d を生じ，そのスペクトル強度は $dP_N/df \propto i_n^2 = 2eI_d$ となり，ショット雑音とも呼ばれる．②は雑音電圧を生成し，そのスペクトル強度は $e_n^2 = 4kTR_s$ と表される．③は雑音電流を生成し，$i_{nb}^2 = 4kT/R_b$ で表される．ここで e は電荷，k はボルツマン定数，T は温度である．④の増幅器雑音は，電圧雑音密度 e_{na} と電流雑音密度 i_{na} の両方をもつ．さらにいわゆる1/f雑音も考慮する必要があり，そのスペクトル強度は $e_{nf}^2 = A_f/f$ と表される．

放射線検出器は通常，放射線によって検出器内に生じたエネルギーを電荷に変えるため，検出器システムの雑音レベルはそれに等価な電荷として表すことが便利である．この等価雑音電荷（Equivalent Noise Charge）Q は，これまでに説明した雑音の総和として

$$Q^2 = (2eI_d + 4kT/R_b + i_{na}^2)F_i\tau + (4kTR_s + e_{na}^2)F_vC^2/\tau + F_{vf}A_fC^2 \qquad (4.8)$$

と表される．ここで C は入力電気容量の総和，F_i, F_v, F_{vf} は整形増幅器によって決まる係数，τ は特性時間（ピーキング時間やサンプリング間隔など）である．シリコン検出器の大きさ（大きいほど C が大きくなり雑音も大きくなる）や特性時間 τ などは，個々の実験の基本デザインから決定される．その制約のなかで，最適なパラメーターを選び Q を十分小さく保つことが非常に重要となる．また，Q を小さくするという観点からは，シリコン半導体検出器の動作温度を下げることが望ましい．特にバイアス電流は温度に大きく依存するため，検出器を少し冷却することで，電流を効率的に減らすことができる．たとえば室温から0℃に冷却することにより，電流は約1/6になる．

FET増幅器（i_{na} は無視できるほど小さい）と時定数 τ（ピーキング時間に等しい）をもつ単純な CR-RC 整形増幅器の組合せを室温（$T = 300$ K）で使用する場合，雑音の量を概算する式としては

$$\begin{aligned}
Q^2 &= Q_I^2 + Q_R^2 + Q_C^2, \\
Q_I &= 100\sqrt{\tau I_d}[\mu\mathrm{s}^{-1}\cdot\mathrm{nA}^{-1}], \\
Q_R &= 800\sqrt{\tau/R_b}[\mu\mathrm{s}^{-1}\cdot\mathrm{M}\Omega], \\
Q_C &= a + bC_d[\mathrm{pF}^{-1}]/\sqrt{\tau[\mu\mathrm{s}^{-1}]},
\end{aligned} \qquad (4.9)$$

が便利である．実際の増幅器においては，F_i, F_v, F_{vf} ではなく a と b が性能値として与えられることがほとんどだからである．典型的なシリコンストリップ検出器と低雑音増幅器の例として，$I_d = 2$ nA, $\tau = 1$ μs, $R_b = 20$ MΩ, $a = 180$, $b = 7.5$, $C_d = 20$ pF の場合，$Q_I = 140$ e^-, $Q_R = 180$ e^-, $Q_C = 330$ e^-, $Q = 400$ e^- となり，厚さ300 μmのシリコンなら，最小荷電粒子に対して，S/N比50を達成できる．

シリコン半導体検出器システムの運用に際しては放射線損傷による性能の劣化がしばしば問題となる．読み出し電子回路では放射線損傷によるトランジスタ閾値の変動などが問題となり，限度を超えた放射線量を浴びた場合には正しく動作しなくなる．幸い，

近年の半導体サブミクロンプロセスの著しい発展により,高い耐放射線性をもつ VLSI を比較的安価に入手できるようになったため,10 Mrad を超えるような線量を浴びた後でも問題なく動作する読み出し回路が得られるようになった.シリコン検出器バルクの放射線損傷は,バイアス電流の増加を引き起こし,それは雑音の増加につながる.したがって,実験中に浴びる線量を予測し,雑音の増加が許容範囲であることをあらかじめ調べておくことが望ましい.バルクの損傷がはなはだしく大きい場合は,不純物半導体の n 型から p 型への型変換が起こりうる.この対策として型変換後も測定を継続できるようなデザインが考え出されている.

以上に述べたとおり,シリコン半導体検出器は,位置,時間,エネルギーのすべてにおいて高い分解能をもち,放射線損傷に対する耐性も大きいため,今日の素粒子物理実験では広く用いられている.特に,半導体検出器を微細なセグメントに分けることにより位置分解能のよい検出器をつくる技術の進展は著しい.この種の検出器の代表的なものとして,シリコンストリップ検出器 (SSD) があげられる[4].n^- バルクに対し p^+ の細線(または p^- バルクに n^+ の細線)をインプラントすることにより,シリコン板上の 1 次元の位置情報を得ることができる.このような片面型の SSD を発展させ,反対面に逆タイプの細線を張ることにより 2 次元の位置情報を得られるようにしたものを両面シリコンストリップ検出器(Double-sided Silicon Strip Detector, DSSD)と呼ぶ.図 4.4.2 に DSSD の概念図を示す.ストリップ間の距離は 50 ないし 200 μm 程度,1 枚の DSSD 上のストリップ本数は 500 ないし 1,000 本程度のものがよく使用されている.電極はワイヤーボンディングによって信号読み出し用の ASIC に接合されることが多い.図 4.4.2 の場合 n^- バルク上の n^+ の細線は電気的に絶縁する必要があるため,p ストップと呼ばれる p^+ の細線が n^+ 間にインプラントされている.DSSD は 1 枚のシリコン半導体検出器で 2 次元の位置情報を得ることができるため,多重散乱の影響を小さくおさえることが可能になる.また,2 次元の実効的な画素数に対し,読み出しチャンネル数を比較的少なく保てるため,データ読み出しにかかる時間は短いという利点がある.一方,入射

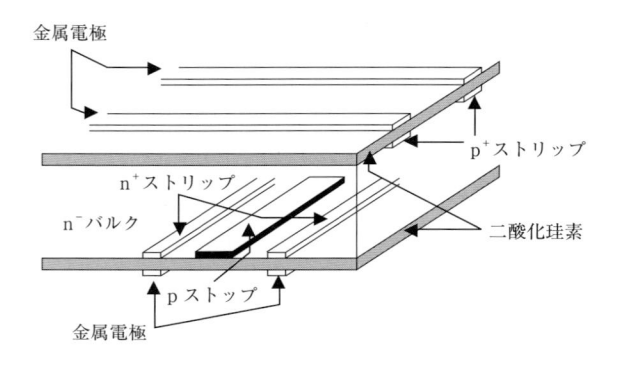

図 4.4.2 シリコンストリップ検出器の概念図

する粒子の流量が大きくなると，複数のストリップから同時に信号が検出される確率が高くなり，2次元の位置情報を一意的に決めることができなくなっていく．これを克服するものとして，ピクセル検出器がある．ピクセル型の検出器で最も早くから実用に供されてきたものは電荷結合素子（Charge coupled device, CCD）を用いた検出器である．CCDピクセル検出器は非常に高い位置分解能を実現し，素粒子物理に限らず宇宙物理，天文学においても重要な役割を果たしている．ただし放射線耐性がさほど大きくないこと，信号の読み出しに時間がかかることなどの問題があるため，さらなる改良の努力が続けられている．また，これらの問題の解決のために，新しいシリコンピクセル検出器の開発も盛んになっており，LHCのATLAS測定器とCMS測定器の最内層ですでに用いられている．シリコンピクセル検出器と読み出し用の電子回路の両方が2次元的に配置されるので，バンプボンディングなどの異種間接合の技術が大切になっている．また，2次元の情報を高速で読み出す電子回路の開発も重要課題となっている．さらに，センサー部と電子回路部を1つのシリコン基盤上につくりこむモノリシックピクセル検出器の研究開発も行われており，将来の素粒子物理実験において重要な役割を果たすと期待されている．

（羽澄昌史）

参考文献
1) G. F. Knoll 著，木村逸郎，阪井英次訳，「放射線計測ハンドブック（第2版）」（日刊工業新聞社，1997）p. 364.
2) S. Eidelman *et al.*, Phys. Lett. **B592**（2004）p. 262.
3) W. R. Leo, "Techniques for Nuclear and Particle Physics Experiments", (Springer-Verlag, 1987) p. 218.
4) A. S. Schwarz, Phys. Rep. **238**（1994）p. 33.

4.5 カロリメーター

カロリメーターとは，カロリー計，すなわち一般には熱量計のことをいう．高エネルギー実験では，入射粒子のエネルギーを測定する粒子検出器のことを指す[1]．

カロリメーターに入射した高エネルギー粒子は物質中の原子核と衝突を繰り返し，多数の粒子を生成して，その（ほぼ）全エネルギーをカロリメーター内部に落とす（シャワー現象）．カロリメーターでは，その落とされたエネルギーを何らかの方法で測定する．すなわち，エネルギー測定は「破壊的」になされる．したがって高エネルギー実験では，カロリメーターは他の物理量（運動量など）を測定した後の下流に置かれる．

カロリメーターはその測定原理から相当な重量物となり，実験装置の重量の大半を占める．大きさはコストに反映するので，可能な限りコンパクトになるように設計される．よりよい性能の追求は安全性と矛盾する場合も多く，最適化が図られる．

カロリメーターは，測定しようとする粒子の種類により，電磁カロリメーターとハドロンカロリメーターとに分けられる．前者は，電子（陽電子）や光子を，後者はハドロ

ン（$\pi^{\pm}$中間子，K中間子，陽子，中性子など）を測定する．

4.5a項では，まずカロリメーターの役割，期待される性能について概観する．続いて4.5b項では，カロリメーターの基本原理であるシャワー過程について概説する．4.5c項ではエネルギー測定手段について，4.5d項ではカロリメーターの構造，達成されている性能などについて述べる．最後に4.5e項では将来を展望してまとめる．

a. カロリメーターの役割，期待される性能

カロリメーターの役割，期待される性能は用途によって異なる．ここでは代表的なものについてまとめる．

（1） エネルギー分解能

カロリメーターでは粒子のエネルギーを可能な限り正確に精度よく測りたい．正確とは測定バイアスが小さいこと，高精度とはエネルギー分解能がよいことを意味する．カロリメーターのエネルギー分解能は粒子の入射エネルギーとともによくなり，やがてほぼ一定となる（式（4.19）など参照）．これは中央飛跡検出器による運動量測定の分解能がエネルギーが高いほど悪くなること（4.3節参照）と対照的であり，カロリメーターの特長の1つとなっている．

応答関数の対称性

カロリメーターにおいて「応答関数」とは，ある一定のエネルギーの粒子が入射したときのカロリメーターからの信号（波高値など）の分布関数をいう．応答関数はできるだけ幅が狭く（エネルギー分解能がよく），また，平均値のまわりに対称であってほしい．さらに，長い尾を引かないようにする必要がある．そうでないと，エネルギーの関数として急激に変化する物理量の測定値などにバイアスを与え，間違った実験結果を与える原因になる．

重要なパラメーター「応答値」（response）は，次のように定義される．

$$応答値 = \frac{カロリメーターからの信号の平均値}{入射エネルギー} \tag{4.10}$$

個々の粒子のエネルギーは次式によって得られる．

$$粒子のエネルギー = \frac{カロリメーターからの信号}{応答値} \tag{4.11}$$

直線性

信号の平均値はエネルギーに比例してほしい（直線性：すなわち，応答値が一定）．これは，単に補正の容易さのためだけではない．複数の粒子がカロリメーターの狭い領域にいろいろなエネルギーで入射した場合（クォークやグルオンに起因するジェットなど（小さい立体角内に多数生成される粒子群））でも，その全エネルギーを正しく測定するために必要な条件である．

（2） 位置（角度）分解能

粒子の入射位置（反応点からの角度）の情報は，カロリメーターの横方向（粒子の入射方向に垂直な方向）の読み出しを細分化し（現在では測定器をモジュール化することにほぼ対応する），それぞれ独立に読み出すことにより得ることができる．入射位置（$\bar{x}$, $\bar{y}$）は通常，各モジュール（位置（x_i, y_i））で測定されたエネルギー（E_i）を用いて，荷重平均により求められる．

$$\bar{x} = \frac{\sum_i x_i E_i}{\sum_i E_i}, \quad \bar{y} = \frac{\sum_i y_i E_i}{\sum_i E_i} \tag{4.12}$$

どの程度細分化するかは，総チャンネル数（コスト）と位置分解能の要求精度などとのバランスを考えて最適化して決められる．さらに縦方向を分割することにより，その精度を上げたり，カロリメーターの情報のみから入射粒子の角度を測定することも可能になる．縦方向の分割は，粒子識別や，エネルギーの補正などにも有用である．

別の要求として，2つ以上の粒子が近接して入射した場合，できるだけこれらの粒子を分離したい．それは，カロリメーターの細分化によりある程度実現できるが，もちろん限界がある．

（3） 時間分解能

高エネルギー実験では，まれな現象の探索などのために，事象の起こる頻度も格段に高い場合が多い．カロリメーターからの信号が遅い（カロリメーターからのパルス幅が広い）と，測定したエネルギーが高頻度で起こる複数の事象のうちの，どの事象に起因するのかの区別がつかなくなる．さらに，パイルアップ（前の事象の信号に次の信号が重なる効果）も小さいほどよい．すなわち，時間分解能への要請は実験の環境によって決まる．

（4） トリガー信号の生成

カロリメーターの重要な役割の1つは，トリガー信号を提供することである．すなわち，個々の事象（衝突反応）がデータとして取り込むに値するか否かの判断をするためのオンライン信号を与える．エネルギーが設定閾値以上かどうかなどの情報を素早く（数百ナノ秒以内に）与えるのである．このためにもカロリメーターの信号に速さが要求される．

（5） 密閉性

ビーム衝突型加速器（コライダー）実験などで用いられる測定器では，弱い力（と重力）しか感じない粒子（ニュートリノなど）のエネルギーは測定できない．しかし，ほぼ全立体角をカロリメーターでカバーすることによって，これらの「見えないエネルギー」を測ることができる．すなわち，エネルギー・運動量保存則から，どの方向にどれだけの見えないエネルギーがあるかがわかる．このためカロリメーターは，できるだけ死感

領域が少なく全立体角をカバーして,「密閉性」(hermeticity)をよくする必要がある.

(6) 耐放射線性

近年の高エネルギー実験では,可能な限り高ルミノシティ(輝度)の加速器が必要である.そのため粒子検出器には大量の粒子が入射し,放射線損傷の原因となる.とくに,LHCなどハドロンコライダー実験での放射線レベルは高く,たとえば衝突点付近では,年間1 Mradを超える放射線にさらされる.このような過酷な環境で働くカロリメーターが必要となる.

(7) 粒子識別

カロリメーターからの信号は,他の測定量(運動量,飛行時間など)と組み合わせて,粒子の識別にも用いられる.電磁カロリメーターにほぼ全エネルギーを落とした粒子は,電子,陽電子(以下,とくに必要でない限り,陽電子と電子の区別をしない)か光子のどちらかである確率が高い.飛跡検出器からの飛跡と接続すれば電子,しなければ光子と同定できる.シャワーを起こさずにハドロンカロリメーターを通過する粒子はミューオン(mip: minimum ionizing particleと近似できる)と同定できる.

(8) 耐強磁場性

カロリメーターの前に物質があると一部そこでエネルギーが失われてしまい,うまく較正してもエネルギー分解能の劣化は避けられない.コライダー実験では運動量測定のために超伝導電磁石を用いるが,できれば電磁カロリメーターだけでも電磁石の中に置きたい.するとカロリメーターには,強磁場(約5Tまで)中で問題なく働くことが要求される.このように,カロリメーターの前に不感物質がある場合,プレシャワーカウンター(簡便にエネルギーを測る装置)をカロリメーターの前に置くと,補正や入射位置の測定ができる.

b. シャワー過程

カロリメーターによるエネルギーなどの測定の基本原理であるシャワー過程について述べる.粒子が物質中で起こすシャワー過程は,入射粒子の種類により,電磁シャワーとハドロンシャワーとに分けられる.

(1) 電磁シャワー

高エネルギー(数十MeV以上)の電子が物質に入射すると,物質中の原子核と衝突して制動放射を起こし,高エネルギーのガンマ線を放出する.生成されたガンマ線は原子核と衝突して,電子・陽電子対を生成する.これを繰り返して電磁シャワーとなる.高エネルギーガンマ線が入射した場合には電子・陽電子対生成がまず起こり,あとは同様のシャワーとなる.

4.5 カロリメーター

表 4.5.1 カロリメーターによく用いられる物質の性質[1,3]

物 質	Z	A	密度 (g/cm^3)	E_c (MeV)	X_0 (mm)	ρ_M (mm)	λ_I (mm)	$(dE/dx)_{mip}$ (MeV/cm)
炭　素	6	12.01	2.27	83	188	48	381	3.95
アルミニウム	13	26.98	2.70	43	89	44	390	4.36
鉄	26	55.85	7.87	22	17.6	16.9	168	11.4
銅	29	63.55	8.96	20	14.3	15.2	151	12.6
錫	50	118.7	7.31	12	12.1	21.6	223	9.24
タングステン	74	18.39	19.3	8.0	3.5	9.3	96	22.1
鉛	82	207.2	11.3	7.4	5.6	16.0	170	12.7
劣化ウラン	92	238	19.0	6.8	3.2	10.0	105	20.5
シリコン	14	28.09	2.33	41	93.6	48	455	3.88
液体アルゴン	18	39.95	1.40	37	140	80	837	2.13
ポリエチレン	2.7	4.7	1.03	94	424	96	765	2.00
水	3.3	6.0	1.00	83	361	92	849	1.99

臨界エネルギー

制動放射が起こる「閾値」として臨界エネルギー E_c が定義される．E_c は，単位長さあたり制動放射で失うエネルギーと電離損失エネルギー (dE/dx) とが等しくなるときの入射電子のエネルギーとして定義され，次式がよい近似を与える．

$$E_c = \frac{610}{Z+1.2} \; [\text{MeV}] \tag{4.13}$$

Z は物質の原子番号である．また，ガンマ線による対生成は，そのエネルギーが閾値（電子質量の2倍）以下では起こらない．おもな物質についてのより正確な値，および以下で定義する量の値を表 4.5.1 にまとめる．

放射長

放射長 X_0 は電磁シャワーの発達を表すうえで有用な長さの単位で，次のように定義される．

$$X_0 = \frac{716.4 A}{Z(Z+1) \ln (287/\sqrt{Z})} \; [\text{g/cm}^2] \tag{4.14}$$

A と Z は物質の質量数と原子番号である．g/cm^2 という単位は，物質の長さに密度を乗じたもので，物質の状態（気体，液体，固体）によらない長さの単位である．表 4.5.1 には，密度で割った実際の長さを掲げている．X_0 を用いると物質の種類にほぼ無関係に電磁シャワーを記述することができる．X_0 の小さい（Z が大きい）物質ほど必要な深さは短くてすみ，カロリメーターをよりコンパクトにできる．

シャワーの発達

電磁シャワー過程を単純化すると，電子は $1X_0$ 進むごとにガンマ線を放出し，ガンマ線は $1X_0$（より正確には $\frac{9}{7}X_0$）ごとに対生成する，ということを繰り返す．nX_0 の厚さの物質通過後には，2^n 個の粒子が生成されることになる．エネルギーが細分化されて，

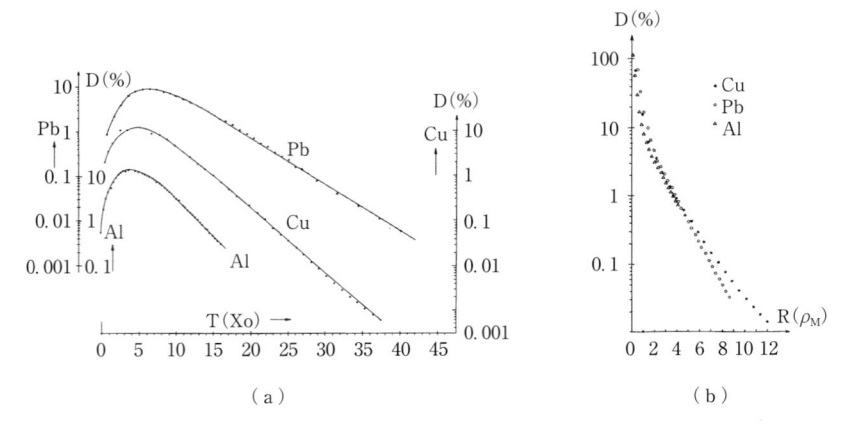

図 4.5.1 シャワーの発達（入射粒子：6 GeV 電子）
物質：アルミニウム，銅，鉛．(a) 縦方向発達，(b) 横方向積分分布[4]．

やがてシャワーの発達は止まる．実際のシャワーは確率過程であり，シャワーごとのゆらぎが大きい．

深さ方向のシャワーの発達を縦方向発達という．多くのシャワーを平均した縦方向発達の例を図 4.5.1(a) に示す．X_0 の単位でプロットしても物質により違いがあることがわかる（ただし，図を見やすくするために Al のスケールを 1/10 倍，Pb のスケールを 10 倍上下にずらしていることに注意）．

カロリメーターに必要な深さはエネルギーの対数でしか増加しない．たとえば物質が銅の場合，平均 99% のエネルギーをカロリメーター内で落とすに必要な深さは，1 GeV 電子では $11X_0$，1 TeV では $22X_0$ である．

シャワー発達の近似式

平均シャワー発達曲線（単位深さあたりに落とすエネルギーの分布）は近似的に次式で表される[2]．

$$\frac{dE}{dt} = Eb\frac{(bt)^{a-1}e^{-bt}}{\Gamma(a)} \tag{4.15}$$

t は X_0 で計った深さ，E は入射エネルギー，Γ はガンマ関数である．通常 $b \simeq 0.5$ と置かれるが，物質とエネルギーにより多少異なる[3]．シャワーの最大発達深さ $t_{\max}$ は $(a-1)/b$ と求まり，a は次式から求まる．

$$t_{\max} = \frac{a-1}{b} = \ln\left(\frac{E}{E_c}\right) \pm 0.5 \tag{4.16}$$

E_c は臨界エネルギー（式 (4.13))，$+(-)$ は入射粒子が光子（電子）の場合である．ここで右辺はシャワープロファイルをフィットして得られた近似式である．

モリエール半径

モリエール（Molière）半径は横方向の広がりを表す長さの単位で，次のように定義される（表 4.5.1 に実際の値をまとめた）．

$$\rho_M = X_C \cdot \frac{21\text{MeV}}{E_c[\text{MeV}]} \qquad (4.17)$$

図 4.5.1(b) は，入射粒子の方向を軸とする円筒の外に漏れ出すエネルギーの割合の実測値を，半径の関数として示したものである．半径 ρ_M の円筒内に 90% のエネルギーが含まれることがわかる．横方向の分布はほとんどエネルギーに依らず，物質依存性も小さい．

シミュレーションプログラム

電磁シャワー現象を精密にシミュレートするプログラムが存在し，カロリメーターの設計や振舞いの理解，イベントシミュレーションなどに活躍している[5]．ただし，電磁シャワー現象を正確にシミュレートするためには，その用途にもよるが，カットオフエネルギー（それ以下のエネルギーの粒子はそこで止め，それ以上その粒子を追わない）を十分（0.1 MeV 付近にまで）下げ，その依存性がないことを確かめる必要がある．

（2） ハドロンシャワー

高エネルギーハドロンは，強い相互作用により物質中で多数の粒子を発生する（多重発生）．このうち π^0 中間子はすぐに 2 つのガンマ線に崩壊し，電磁シャワーとなる（他にガンマ線放射崩壊モードをもつ短寿命ハドロンなどもこれに寄与する）．残りの粒子はさらに多重発生を繰り返して粒子数は増大し，やがて減少して止まる．ハドロンが起こすシャワーをハドロンシャワーという．

相互作用長さ

電磁シャワーでの放射長に対応する長さは「相互作用長さ」λ_I であり，近似的に次式で与えられる（表 4.5.1 に実際の値をまとめた）．

$$\lambda_I = 35 A^{1/3} \,[\text{g/cm}^2] \qquad (4.18)$$

λ_I は入射粒子が数百 GeV の中性子（や陽子）が 1 回相互作用を起こすまでの平均の距離として定義されるので，実際の値は粒子によって異なる．たとえば $\pi^\pm$ 中間子の場合は約 1.5 倍長くなる．電磁シャワーのときと同様に，必要な深さはエネルギーの対数で増加する．たとえば鉄の中で平均 95% のエネルギーを落とさせるに必要な深さは，10 GeV$\pi^\pm$ では $3\lambda_I$，100 GeV$\pi^\pm$ では $6\lambda_I$ である．

統計的ゆらぎ

ハドロンシャワーは電磁シャワーに比べてゆらぎの効果はずっと大きい．ゆらぎは，最初の相互作用が起こる距離，電磁シャワーへの割合，そして「測れないエネルギー」への割合などの変動によって起こる．シャワーの初期にほとんどのエネルギーが電磁シャワーに使われた場合には，シャワーはずっと細くて短い．電磁シャワーエネルギーに行く平均の割合は入射エネルギーの関数で，エネルギーとともにゆるやかに増加し，

100 GeV 付近では約 50% である．測れないエネルギーとは，原子核破砕反応などに費やされたエネルギーで，純ハドロンエネルギー（落とされた全エネルギーのうち電磁シャワーへのエネルギーを引いたもの）の 30～40% に達する．

シミュレーションプログラム

ハドロンシャワーについては，電磁シャワーの場合と異なり，正確なシミュレーションに成功した計算機コードはこれまで存在しない．この事実はハドロンシャワーの起こる現象の複雑さを物語っている．

c. エネルギー測定手段

カロリメーターに落とされたエネルギーは，最終的にディジタル化されてデータ収集計算機に読み込まれる．エネルギーの測定手段として，光を利用するものと電離電子を測るものとの2つに大別される（4.1～4.4 節参照）．測定された光子や電離電子の数は落とされたエネルギーに近似的に比例するので，入射エネルギーの測定ができる．

(1) 光の利用

光はさらにシンチレーション光とチェレンコフ光とに分けられる．シンチレーターやチェレンコフ光発光体の形状として，ブロック，板，ファイバーの3種類の形状のどれもがよく用いられる．光（可視光および近紫外領域）を透過する必要性から，透明度と減衰長が重要なパラメーターである．

シンチレーション光

荷電粒子がシンチレーター中の原子・分子を励起することにより，光が発生する．シンチレーターの種類により光量や信号の速さが異なるので，使用目的に最適なものを選択することになる．

チェレンコフ光

チェレンコフ光は，荷電粒子が物質中の光速を超えて走るときに発生する．チェレンコフ光による読み出しは，電磁シャワー成分に感度が高い．なぜなら重い荷電粒子に比べて電子が大変効率的に光を発生するからである．また，チェレンコフ光は発光の速さも 1 ps のオーダーであり，非常に速いのが特徴である．

光の読み出し

カロリメーターは通常個々のモジュールからなる．個々のモジュールからの光は，直接，またはライトガイドや波長変換板（wavelength shifter bar）などを介して光電子増倍管（PMT）やフォトダイオード（PD）などに伝えられ，電気信号に変換される．

(2) 電離電子などの測定

電離電子などを測定するための物質として主に，ガス，液化希ガス，半導体（電子・ホール対を測定）の3種類がある．

ガス

ドリフトチェンバーなどでは，アノード線付近でのガス増幅により，電子回路への負担を減らすことができる．しかし，とくにハドロンカロリメーターでは，「テキサスタワー現象」（とんでもない場所に大きなエネルギーが観測されること；低エネルギー中性子が遠くまで行って反応することなどが原因）が起こるので注意が必要である．

液化ガス

液化ガスとしては液体アルゴン（LAr）がよく使われる．原子番号の大きいクリプトンやキセノンは価格面などで大型化が難しい（しかし，最近開発が進んでいる）．ここでは，議論を液体アルゴンに限る．

液体なので密度が大きく，電離により生成された電子数も多い（$\simeq 70,000\ e^-/\mathrm{cm}$）．しかし，増幅作用がないため，低ノイズ・高ゲインのアンプが必要である．極板間に電圧がかけられていて，生成電子が陽極に向かってドリフトすることによって誘起電流が生じ，それを測定する．したがって，途中で電子が不純物原子・分子に捕獲されたりすると信号は小さくなってしまう．すなわち，液体を高純度に保つ必要がある．

液体ということで極低温（沸点は-186℃）に保つためにクライオスタットが必要で，そのための物質やスペースが死感領域の原因になる．このことが液化ガスカロリメーターの最大の欠点である．しかしその反面，放射線耐性に優れているなどよい点も多いので，たとえばLHCのATLAS実験でも採用された．

かつて，クライオスタットを用いない「室温液体カロリメーター」の開発が盛んに行われた．しかしながら，純度に対するさらに厳しい要求などの理由により，これまで加速器実験に使われた例はない．

半導体

半導体は，その優れた位置分解能により，大変魅力的な測定手段である．まだ高価で大規模化には不向きである．しかしながら，次世代の加速器，リニアコライダー（重心系$0.5\sim 1$ TeVの電子・陽電子衝突型加速器）用電磁カロリメーターとして，タングステンと組み合わせての設計がなされている．

d. カロリメーターの実際例

コライダー実験では，衝突点を囲むようにカロリメーターが置かれる．ビーム軸を囲むように置かれるカロリメーターをバレルカロリメーター，ビームの前方または後方に置かれるカロリメーターを端部(エンドキャップ(かぶせる場合)またはエンドプラグ(はめ込む場合))カロリメーターという．近年のカロリメーターはモジュール化され，数千から数万個のモジュールからなり，それらが独立に読み出される（タワー構造）．さらに，各モジュールを衝突点を向くように置いて，粒子が各モジュールの奥行き方向にほぼ平行に入射するようにすることも行われる（射影構造）．これは2つ以上の粒子が入射したときの分離をよくするためである．

表4.5.2 電磁カロリメーターの例（中央部）

実験グループ	加速器（国）	粒子（エネルギー）	物質	モジュールの大きさ (mm)	$\sigma_E/E(\%)$ (E は GeV 単位)	位置分解能	文献
Belle	KEKB（日本）	電子・陽電子 ($8\times3.5\text{GeV}^2$)	CsI (Tl) シンチレーター	$55\times55\times300$ ($16.2X_0$)	$6.7/\sqrt{E}\oplus1.8$	$5/\sqrt{E}$ mm	7)
CMS	LHC（欧州）	陽子・陽子 ($7\times7\text{TeV}^2$)	Pb_2WO_4 シンチレーター	$22\times22\times230$ ($26X_0$)	$4.5/\sqrt{E}\oplus0.3$	$(1.3/\sqrt{E}\oplus0.3)$ mm	8)
ATLAS	LHC（欧州）	陽子・陽子 ($7\times7\text{TeV}^2$)	1.5 mm 鉛 +4.2 mm LAr	$\Delta\eta\times\Delta\phi$ 0.025×0.025	$10/\sqrt{E}\oplus0.5/E$ $\oplus0.3$	0.32 mm	9)

（1） カロリメーターの構造

カロリメーターは，検出器全体が感度を有するか否かで2種類に分けられる．全体が感度を有するタイプを均質型（全有感型），落とされたエネルギーの一部を測定するタイプをサンプリング型という．

均質型

エネルギーを精度よく測定したいときなどに用いる．できるだけ検出器をコンパクトにするため X_0 や λ_I が小さい物質ほどよい．均質型は，コライダー実験用の電磁カロリメーターとして用いられることが多い（表4.5.2）．スーパー神岡実験用水チェレンコフ検出器もこのタイプである（4.2節）．

サンプリング型

サンプリング型は，おもにシャワーを効率的に起こす役割の吸収体（absorber）と，落とされたエネルギーをサンプルする「有感体」（検出部）とからなる．エネルギー分解能を劣化させないためには，できるだけ均質型に近づける必要がある．すなわち，有感体を均一に分布させ，シャワーの発達を高頻度でサンプリングするのがよい．吸収体としては，できるだけコンパクトにするためには，X_0 や λ_I の小さい物質がよい．

以前は吸収体と有感体を入射粒子の方向に垂直に交互に配置する「サンドイッチ型」構造が「常識」であった．最近はその「迷信」から解かれ，いろいろな構造のカロリメーターが製作されるようになった．たとえばSPACAL（スパゲッティカロリメーター）は，鉛の吸収体に直径1 mmのシンチレーションファイバーを入射粒子に平行に等間隔に分布させたカロリメーターである．この構造では，読み出しは簡単になるが，測定エネルギーの入射位置依存性が心配される．確かに ±2% 程度の位置依存性が見られた．しかし入射角度を3°くらい傾けると位置依存性はほぼ消失した[6]．

（2） 電磁カロリメーター

電子，陽電子，光子のエネルギーなどを測定する粒子検出器，電磁カロリメーターについて述べる．表4.5.2に，実験で用いられている電磁カロリメーターの例とその性能を掲げる（$\Delta\eta\times\Delta\phi$は，擬ラピディティと方位角（ラジアン）のビンサイズ）．

均質型のエネルギー分解能

用いる物質として,シンチレーターとチェレンコフ発光体とがよく用いられる.測定される光量(光電子数)N は,電子やガンマ線のエネルギーに比例する($N \propto E$).それでエネルギーが測定できる.その測定誤差は $\sqrt{N}$ なので,エネルギー分解能 σ_E/E は次式で与えられる($\oplus$ は2乗和の平方根の意味).

$$\sigma_E/E = \frac{a}{\sqrt{E(\text{GeV})}} \oplus b \tag{4.19}$$

電磁カロリメーターでは,$a \approx 3 \sim 5\%$ が得られている(ただし,NaI(Tl)シンチレーターなどでは $E^{-1/4}$ という依存性をもつことが知られている).b はシャワーの漏れや個々のモジュールのゲインのばらつきなどで決まる定数項で,$b \approx 0.5\%$ 程度まで実現されている.このように,エネルギー分解能がエネルギーとともによくなることがカロリメーターの特長の1つである.表4.5.2 の Belle 実験と CMS 実験のカロリメーターがこのタイプの例である.

サンプリング型のエネルギー分解能

サンプリング電磁カロリメーターのエネルギー分解能はおよそ次式で与えられる.

$$\sigma_E/E \simeq \frac{2.7\% \sqrt{d[\text{mm}]/f_{\text{samp}}}}{\sqrt{E(\text{GeV})}} \oplus b' \tag{4.20}$$

d は有感部の厚さ(ファイバーの場合は直径),f_{samp} はサンプリング比,b' は定数項である.サンプリング比とは,mip が有感部に落とすエネルギーの割合をいう.

$$f_{\text{samp}} = \frac{mip \text{ が有感部に落とすエネルギー}}{mip \text{ がカロリメーター全体に落とすエネルギー}} \tag{4.21}$$

表4.5.2 の ATLAS 実験のカロリメーターがこのタイプの例である.

(3) ハドロンカロリメーター

数 GeV 以上の陽子,中性子,$\pi^{\pm}$ 中間子,K 中間子をはじめとするハドロンのエネルギーをおもに測定する粒子検出器,ハドロンカロリメーターの性能について述べる.ハドロンカロリメーターは,重心系エネルギー数十(数百)GeV 以上のレプトン(ハドロン)コライダー実験用の粒子検出器に装備されることが多い.表4.5.3 に,実験で用いられ

表4.5.3 ハドロンカロリメーターの例(中央部)

実験グループ	加速器(国)	粒子(エネルギー)	物質	モジュールの大きさなど (mm)	$\sigma_E/E(\%)$ (E は GeV 単位)	位置(角度)分解能	文献
ZEUS	HERA (ドイツ)	(陽)電子・陽子 ($30 \times 920 \,\text{GeV}^2$)	3 mm ^{238}U + 3.2 mm シンチ	200×200	$35/\sqrt{E} \oplus 2$	10 mrad	10)
CDF	TEVATRON (米合衆国)	反陽子・陽子 ($1 \times 1 \,\text{TeV}^2$)	25 mm 鉄 + 10 mm シンチ	576 チャンネル	$33/\sqrt{E} \oplus 4$	30〜70 mm (0.6〜1.4°)	11)
ATLAS	LHC (欧州)	陽子・陽子 ($7 \times 7 \,\text{TeV}^2$)	14 mm 鉄 + 3 mm シンチ	$\Delta\eta \times \Delta\phi$ 0.1×0.1	$47/\sqrt{E} \oplus 3.2$ $/E \oplus 1.2$	$243/\sqrt{E} \oplus 12$ mrad	12)

ているハドロンカロリメーターの例とその性能を掲げる．

e/h 比

コライダー実験用のハドロンカロリメーターはすべてサンプリング型である．このときの重要なパラメーターの1つがサンプリング比である．サンプリング比を調節することにより電磁シャワーへの応答値と純ハドロンへの応答値の比（*e/h*）を1に近づけることができる．*e/h* が1から大きくずれていると，電磁シャワーへの割合のゆらぎにより，直線性やエネルギー分解能が悪くなってしまうほか，応答値や応答関数の入射粒子依存性が大きくなる（陽子・中性子，$\pi^{\pm}$中間子などにより応答が異なる）．

補償

e/h = 1 にすることを「補償する」という．たとえば ZEUS カロリメーターでは，ウランの核分裂を利用して補償を実現し，エネルギー分解能 σ_E/E として次式を得ている[10]．

$$\sigma_E/E = \frac{\sim 35\%}{\sqrt{E(\text{GeV})}} \oplus 2\% \qquad (4.22)$$

補償を実現するために，サンプリング比は小さくする必要があり（たとえば鉛とシンチレーターでは，サンプリング比は 2.3%），必然的に分解能が悪くなる．最近，これを克服する方法として二重読み出し法が提案され，その有用性が実証された[13]．すなわち，シンチレーションファイバーとクリアファイバーを有感体として埋め込んで別々に読み出し，事象ごとに補正を行って実効的に *e/h* = 1 にする方法である．クリアファイバーはチェレンコフ光を検出し，シャワーのうち電磁成分に高い感度がある．その測定によって電磁成分のゆらぎの分を補正できる．

（4） 較正とモニターシステム

較正

応答値（式（4.10））を決めることを較正するという．カロリメーターが多くのモジュールからなる場合，個々のモジュールごとに較正定数を決める必要がある．較正定数は個々のモジュールの個性を補正する値であり，通常，テストビームを用いて較正定数を求める．一定のエネルギーの粒子ビームを入射して，まず個々のモジュールの較正定数を求め，較正したうえでカロリメーター全体の応答値を求める．測定器への組込み後は，実際のデータを用いて応答値の較正を行う．

モニターシステム

較正定数は放射線損傷やその他の原因で一般に経年変化する．較正定数のずれはエネルギーのずれを表し，そのばらつきはエネルギーの分解能の悪化を意味する．モニターシステムは較正定数の経年変化を追い，カロリメーターの性能を維持するためのものである．個々の技術によりいろいろな方法がある．たとえば，光を用いるタイプのカロリメーターでは，レーザーなどの光を光ファイバーなどで個々のモジュールに送り，定期的に光らせてデータを取り，較正定数の変動を調べる．電子回路のゲイン変化などは，一定のパルス（テストパルス）を各チャンネルに送って調べることができる．

e. 今後の進展

カロリメーターはまだまだ進化の余地がある．次世代のカロリメーターとして盛んに議論されているのは「ディジタルカロリメーター」である．それは，リニアコライダー用のカロリメーターの有力候補である．そこでは，クォーク・グルオンジェットのエネルギーを $\sim 30\%/\sqrt{E}$（GeV）の精度で測定できることが重要である[14]．

荷電粒子の運動量（エネルギー）は中央飛跡検出器で精度よく測定される．中性粒子のうち光子は電磁カロリメーターで高精度で測定できる．残りの中性ハドロンのエネルギーは全体の約11%である．ハドロンカロリメーターによりそのエネルギー部分を $\sim 50\%/\sqrt{E}$（GeV）の精度で測定できれば目標の分解能を達成できる．そのためには荷電粒子の寄与を差し引かなければならない．個々のシャワー発達（エネルギー流）を細かく追うことによってそれを実現する方法を「エネルギー流法」という．すなわち，カロリメーターを縦横両方向に細かく細分化する．当然読み出しチャンネル数は膨大になる．そこで「ディジタル」というアイデアが登場する．すなわち，非常に細かく細分化された各チャンネルでは，ヒットしたか否か（オン／オフ）の情報だけを読み出す．大面積をカバーするディジタル式検出器として，RPC（resisitive plate chamber）の使用も真剣に検討されている．現在のところ，エネルギー流法のアイデアには楽観論と悲観論の両方があるが大変興味深いアイデアであり，プロトタイプのテストも始まっている．

（渡邊靖志）

参考文献

1) R. Wigmans, Calorimetry, Oxford Science Publishing (2000). 高エネルギー実験で用いられるカロリメーター全般にわたってよくまとめられた大変な力作である．この節を書くにあたって全般的に参照させていただいた．R. Wigmans 氏には快く図版の使用などを許可いただき，図 4.5.1 の eps ファイルをお送りいただいたほか，最近の進展に関する文献を教えていただいた．深く感謝したい．
2) E. Longo and I. Sestili, Nucl. Instrum. Meth. A **128** (1975) 283.
3) Particle Data group, Phys. Lett. B **667** (2008) 1 および http://pdg.lbl.gov/.
4) G. Bathow *et al.*, Nucl. Phys. B **20** (1970) 592.
5) W. L. Nelson, H. Hirayama and D. W. O. Rogers, EGS4, SLAC Report **165** (1978) Stanford.
6) D. Acosta *et al.*, Nucl. Instrum. Meth. A **320** (1992) 128.
7) Y. Ohsima *et al.*, Nucl. Instrum. Meth. A **380** (1996) 517.
8) E. Auffray *et al.*, Nucl. Instrum. Meth. A **412** (1998) 223.
9) B. Aubert *et al.*, Nucl. Instrum. Meth. A **325** (1993) 116.
10) M. Derrick *et al.*, Nucl. Instrum. Meth. A **309** (1991) 77.
11) S. Bertolucci *et al.*, Nucl. Instrum. Meth. A **267** (1988) 301.
12) Z. Ajatouni *et al.*, Nucl. Instrum. Meth. A **387** (1997) 333.
13) N. Akchurin *et al.*, Nucl. Instrum. Meth. A **537** (2005) 537.
14) "TESLA Technical Design Report", DESY, Mar. 2001.

4.6 粒子検出器用超伝導磁石

はじめに

素粒子物理学実験では，荷電粒子の運動量の分析に，大規模磁場空間が不可欠である．通常の水冷銅導体を用いた常伝導コイルの場合，電流密度は，発熱と冷却とのバランスからおおよそ 5 A/mm^2 以下に制限され，大型ソレノイド磁石では，磁束密度 ～0.5 テスラ（Tesla）が現実的な限界である．超伝導技術を用いることによって抵抗による発熱がなく，電流密度を 1 桁以上上げることができ，磁束密度 1 テスラ以上の大型超伝導磁石が実現可能となる．大型粒子検出器用超伝導磁石は，NbTi アルミ安定化超伝導線技術の進展によって，飛躍的に発展し，粒子透過性能にも優れた薄肉超伝導磁石が進展した[1-3]．

ここでは，素粒子物理実験，特に衝突型粒子検出器に求められる磁場への要求，超伝導磁石開発の進展を述べ，その特色を紹介する．また最新の技術として，CERN-LHC における粒子検出器用超伝導磁石の開発などを紹介する．

a. 粒子検出器における磁場

素粒子物理学では，荷電粒子の運動量測定のために磁場を利用する．基本的な関係は，

$$p = mv = q\rho B$$

で表され，実用的には，

$$p[\text{GeV/c}] = 0.3\rho B[\text{m. T}]$$

がよく用いられる．ここで，p は運動量，m は質量，v は速度，q は電荷，ρ は曲率半径，B は磁束密度である．磁場分布が一定のとき，荷電粒子が磁場中の経路長 L を通過後の偏向角度 θ，運動量分解能は

$$\theta = L/\rho = qBL/p$$
$$dp/p \propto p/BL$$

で与えられる．一方，衝突型実験では，磁場中での円軌道を精密に測定することが多い．その場合，円軌道による直線からのずれに相当するサジッタ s は

$$s = \rho(1 - \cos\theta/2) = \sim \rho\,\theta^2/8 = \sim qBL^2/8p$$
$$= 0.3\,BL^2/8p \quad [\text{T m}^2/\text{GeV/c}]$$

で近似的に表される（図 4.6.1）．また運動量測定分解能は，

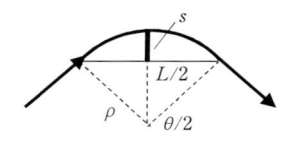

図 4.6.1 磁場中での荷電粒子の偏向

$$dp/p \propto p/BL^2$$

となり，サジッタおよび運動量分解能は L^2 に比例することから，より大きな磁場空間が有効であることがわかる．利用される磁場には，ソレノイド型，トロイド型，ダイポール型に大別されるが，衝突型ビーム実験では，多くの場合ソレノイド型が用いられる．

ソレノイド磁場は，加速器ビーム軸と平行な磁場であり，衝突生成された2次粒子の直角運動量成分を分析する．また基本的に平行な磁場であるため，ビームとの相互作用は小さく，ソレノイド磁石前後に配置する補正磁石によって軌道を補正できる．

コイル設計の観点からは，電磁力を，安定化材を含む超伝導線自身と支持円筒の強度によって保持する．超伝導線内とソレノイド磁場利用空間の磁束密度（磁場強度）はほぼ等しく，効率よく，均質な磁場空間を作ることができる．

一方，コイルの外側に配置される測定器で観測される粒子は，超伝導コイルの壁を通り抜けなければならず，その際にエネルギー損失，コイル物質との相互作用を引き起こす．物質量の低減が，超伝導コイル製作の大きな技術課題であり，性能の一部ともなる．コイルの前後方，外側には磁気回路を閉回路とするための鉄ポールティップおよびリターンヨークが置かれ，ハドロンカロリメーターにおけるアブゾーバーを兼ねることが多い．

理想的なソレノイドコイルにおける磁場は以下の関係で示される．

$$\text{rot } B = \mu_0 J$$
$$B = \mu_0 n I \quad [B: \text{Tesla}, n: \text{turns/m}, J: \text{A/mm}^2]$$

また，必要なコイル厚さ (t) は，平均的に一様な物質と仮定して，

$$t = (R/\sigma_h)p = (R/\sigma_h)B^2/2\mu_0 = (1/2\mu_0 \sigma_h)RB^2$$
$$X = X_0 t$$

で表される．ここで μ_0 は真空透磁率，R はコイル半径，X は輻射長である．大型ソレノイドの場合，コイルの厚さは，クエンチ保護のための安定化材必要断面積，超伝導体安定化材のフープ応力の許容値で決まる．粒子透過性を高める要請から，安定化材には銅よりも軽く，輻射長が長いアルミニウムを用いることが多い．近年，このアルミ安定化材の電気抵抗を低く抑えつつ高強度化する技術が開発され，コイルの薄肉化，コンパクト化が進展した[2]．

マグネットの壁としての物質量は，超伝導材（NbTi），安定化材などのコイル本体の厚さに加え，クライオスタット真空容器，輻射シールドなどが加わる．その比率は，コイル厚さの半分程度である．コイル輻射長は，これらコイル厚さおよびシェルの厚さを主たる材質であるアルミ換算で，評価して求めることができる．

トロイダルコイルは，複数のディスク状コイルで構成され，ループ状の閉回路磁場を形成する．加速器ビーム衝突点における磁場がなく磁場空間が自己閉回路となるため，鉄リターンヨークが不要となることが特徴である．特に，前後方を広くカバーしたコイルとした場合，荷電粒子はビーム軸方向に偏向されるため，前方ほど磁場に沿った粒子軌道が長くなり分析分解能が上がることを特徴とする．偏向力（BL：磁場経路積分）は，

$$BL \approx \int B_i R_i (R \cdot \sin\theta)^{-1} dr$$
$$= B_i \cdot (R_i/\sin\theta) \cdot \ln(R_o/R_i)$$

で与えられる[4]．R_i, R_oはトロイダルコイルの内径，外径，θは2次粒子軌道と加速器ビーム軸との間の角度である．前方に向くほど，偏向力を大きくとれ，運動量測定分解能が上がることがわかる．一方，超伝導磁石技術の立場からは，有限個のディスク状のコイル（6～12）の組合せとなるため，コイル内ピーク磁場と有効磁場中心での磁場の比率が大きくなり，各コイル電磁力の支持，クエンチ保護などに多くのエンジニアリングを必要とする．

b. 粒子検出器用超伝導磁石技術の進展

高エネルギー物理実験，粒子検出器における超伝導磁石の歴史は古く，1960年代には，水素泡箱を取り囲む磁場発生装置として，大型超伝導磁石が開発され，銅安定化NbTi超伝導体を用いたGJ級の磁石が実用化されている[5]．泡箱からカウンター実験へ，そして衝突ビーム実験に実験技術が変遷するとともに，衝突型粒子検出器超伝導磁石では，コイルの物理的な薄肉化，物質的な透明化が大きな課題となり，アルミニウム安定化超伝導磁石の開発，二相流ヘリウムによる間接冷却が大きく進展した．表4.6.1にこれまでに建設されたおもな粒子検出器用超伝導磁石のパラメーターを示す．これらのほとんどが，アルミ安定化超伝導磁石である．その技術進展を図4.6.2に示す．

c. CERN-LHC計画における超伝導磁石

現在，開発が進んでいる最新の粒子検出器用超伝導磁石として，CERN-LHC実験計画における超伝導磁石ATLASおよびCMSについて技術的な特色を以下に紹介する[6~9]．

ATLAS

中央にソレノイドを配置し，衝突点近傍での2次粒子運動量の精密分析を行い，外側のトロイドコイルでミューオンの精密分析を行う機能分けした複合システムである（図4.6.3）．衝突点近傍は均質なソレノイド磁場により衝突反応による2次荷電粒子の精密な運動量（Pt）分析を行う．コイルの半径方向外側には液体アルゴン（電磁）カロリメーターおよび鉄を用いたハドロンカロリメーターがあるが，磁気回路的には鉄が十分に遠く，実質的には空芯ソレノイドである．

ATLASソレノイドは，物質的に薄肉，透明化の追求として，①アルミ安定化超伝導線の高強度化，②純アルミストリップ法によるクエンチ保護，③液体アルゴンカロリメーターとクライオスタットの共通化を計っている[6]．コイル本体を図4.6.4に示し，超伝導コイルの断面を図4.6.5に示す．中央部の黒い部分はNbTi/Cuによる超伝導ケーブル．その周囲に高強度アルミ安定化材が配置されている．安定化材として，高純度アルミニウムにNiを微量添加し，機械加工硬化を加えることによって，良好な電気伝導度を保ちつつ，高強度化する技術を開発し[2]，超伝導コイルの薄肉化を達成した．

4.6 粒子検出器用超伝導磁石

表 4.6.1 粒子検出器用超伝導磁石の進展

Experiment	Lab.	B [T]	R [m]	Length [m]	Current [kA]	Energy [MJ]	X [Xo]	E/M [kJ/kg]
CELLO		1.5	0.85	3.4	3.4	7	0.6	—
PEP4/TPC		1.5	1.1		2.2	10.9	0.83	—
CDF	Tsukuba/Fermi	1.5	1.5	5.07	5	30	0.84	5.4
TOPAZ*	KEK	1.2	1.45	5.4	3.65	20	0.70	4.3
VENUS*	KEK	0.75	1.75	5.64	3.98	12	0.52	2.8
AMY*	KEK	3	1.29	3	5	40	#	—
CLEO-II	Cornell	1.5	1.55	3.8		25	2.5	3.7
ALEPH*	Saclay/CERN	1.5	2.75	7.0	5	130	2.0	5.5
DELPHI*	RAL/CERN	1.2	2.8	7.4	5	109	1.7	4.2
ZEUS	INFN/DESY	1.8	1.5	2.85	5	11	0.9	5.5
H1*	RAL/DESY	1.2	2.8	5.75	5.5	120	1.8	4.8
CMD2		1.2	0.36					—
BABAR	INFN/SLAC	1.5	1.5	3.46		27	#	—
D0	Fermi	2.0	0.6	2.73	5	5.6	0.9	3.7
BELLE	KEK	1.5	1.8	4	4.5	42	#	5.3
BES-III		1.0	1.45	3.5	3.15	9.5	1.9	
ATLAS-CS	ATLAS/CERN	2.0	1.25	5.3	7.6	38	0.66	7
ATLAS-BT	ATLAS/CERN	1	4.7-9.75	26	20	1080	(Toroid)	—
ATLAS-ET	ATLAS/CERN	1	0.825-5.35	5	20	2×250	(Toroid)	—
CMS	CMS/CERN	4	6	12.5	20	2600	#	12

＊使用終了，＋建設中，＃電磁カロリメーターはコイルの外側に位置．薄肉化は求められない．

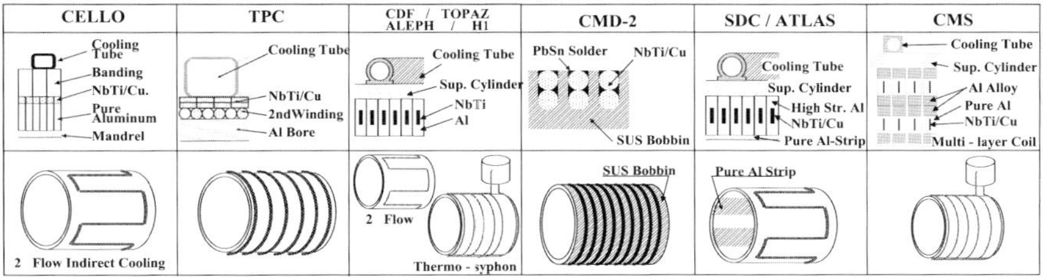

図 4.6.2 粒子検出器用超伝導ソレノイド技術の進展

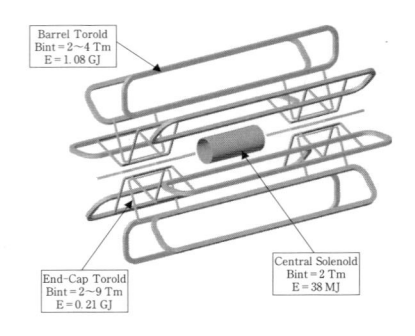

図 4.6.3 アトラス磁石システム構成

図 4.6.4 ATLAS ソレノイド
コイル内側には純アルミストリップが見える.

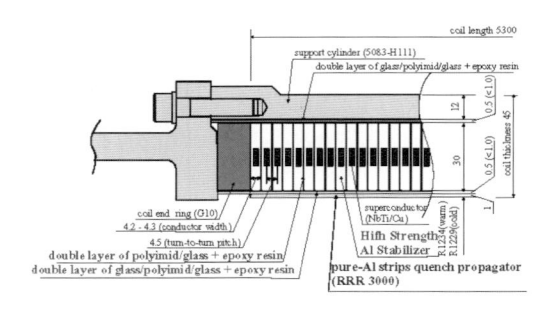

図 4.6.5 ATLAS CS コイル断面
NbTI/Cu 超伝導ケーブルのまわりにアルミ安定化材が配置されている.

外側では空芯トロイド磁場によりミューオンの精密測定を行う．前に述べたように，特に前後方での荷電粒子の磁場経路積分が大きく，運動量測定分解能を高めることができることが特徴である[7]．一方，8 コイルに分割され（図 4.6.3），実際に用いられる磁場に対して，コイル内のピーク磁場は 5 倍程度となる．この結果，実用磁場の絶対値としては ～1T 程度である．またコイル構造，電磁力支持構造，システムインテグレーションには，多くのエンジニアリングを必要とする．

CMS

CMS 実験では，単純なソレノイド磁場を用いて磁場を高める選択をしている（図 4.6.6）．これまでの衝突型実験のなかでは最高の 4 テスラの磁場を目標とし，磁場蓄積エネルギーは 2 GJ に達する[8]．このため，電磁力をアルミ安定化超伝導体自身が担えるよう，高アルミ合金をアルミ安定化超伝導線について，新たな試みがなされた．高純度アルミニウム安定化材の両側に，高強度アルミ合金構造支持材を電子ビームによって接合することでこれまでにない高強度化を達成し（図 4.6.7），コイルの厚さを最小限に保ちながら，4 T の磁場を達成する設計となっている．ソレノイドであるため前後方の

4.6 粒子検出器用超伝導磁石

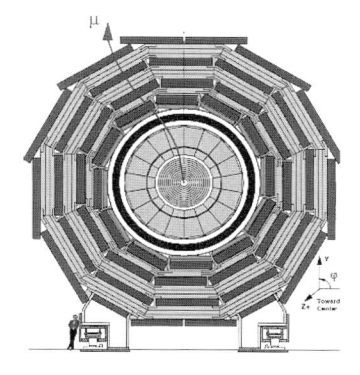

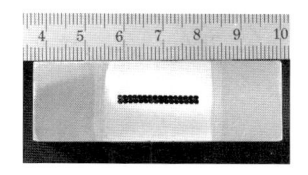

図 4.6.6 CMS ソレノイドおよび粒子検出

図 4.6.7 CMS アルミ安定化超伝導体

磁場積分が低くなるが，全体の磁束密度を高め，必要な磁場積分量（BL）を達成している．

d. 物質的に薄肉な磁石

物理実験においては，磁石を構成する物質をできる限り少ない条件で有効磁場空間をできる限り大きく創成することが基本的な要請である．その性能の目安となるパラメーターとして蓄積エネルギー/コイル質量（E/M）がスケーリングパラメーターとなり，以下のように記述される[2]．

$$E = 1/2\mu_0 \int B^2 dv$$

$$M = V_{\text{coil}} \gamma$$

理想ソレノイドコイルの場合，

$$E/M = (B^2/2\mu_0)R/2\gamma = \sigma_h/2\gamma$$

と単純化される．ここで，V はコイル物質の体積，γ は有効比重，σ はソレノイドコイルのフープ応力である．E/M 比が大きいほど，軽量，コンパクトなコイルといえる．E/M 比は，熱力学的エンタルピー（H[kJ/kg]）にも相当し，

$$E/M = H(T_2) - H(T_1) \approx H(T_2)$$

と表される．ここに T_1，T_2 はクエンチ前後の平均コイル温度である．超伝導コイルがクエンチして電磁蓄積エネルギーがコイルに吸収されたとき，コイル温度が何度まで上昇するかの目安ともなる．$E/M = 5, 10, 20$ kJ/kg において，100% のエネルギーがコイル内に等しく分布した場合に，～65 K，～80 K，～100 Kelvin のコイルの平均温度上昇に対応する．コイルクエンチ時の熱的な安全性からは 5～10 kJ/kg の範囲に設計値が収まっていれば，コイル最大温度は，物質の熱歪みがほぼ無視できる 80 K 以下に抑制され，熱的安全性は確保される．図 4.6.8 にこれまでの E/M 比からみた磁石の実績および建

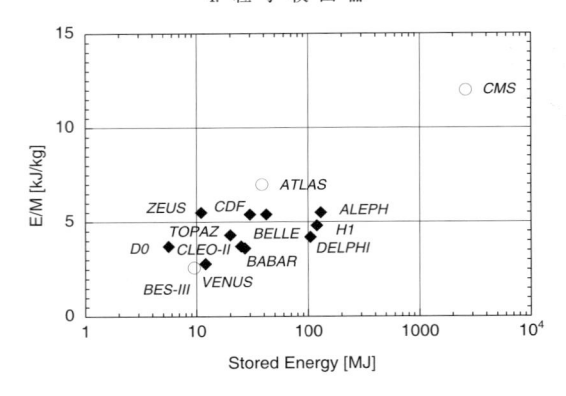

図 4.6.8 粒子検出器超伝導磁石の E/M 比

設中のコイルを示す．この比が高いほど透明性が優れたコイルであるが，粒子検出器用超伝導磁石の物理的なコンパクトネスを示す一般的なパラメーターともなる．LHC-CMS 超伝導磁石は，電磁カロリメーターをコイル内側に配置した磁石であるが，磁場が高く，少しでもコイルの厚さを物理的に薄くし，測定器としてのコンパクトネスを追求した結果 12 kJ/kg が設計値として達成された．これまでにない大きな値であり，新たな挑戦であるが，コイルクエンチ時に蓄積エネルギーを約 50％ 取り出し，コイルへの入熱を実質的に 6 kJ/kg に抑制する保護システムの信頼性を高めることによって，この性能を実現しようとしている．20 年以上にわたる粒子検出器超伝導磁石の安定な運転実績，保護機能の信頼性の向上が，このような設計を可能にしたといえる．

コイルの透明性は，上で述べたように輻射長で表されることが多い．コイルの輻射長は B^2R に比例して定める必要がある．これは，電磁力の大きさに比例してコイル支持構造が必要となるためである．図 4.6.9 にこれまでの実績比較を示す．薄肉化に最も効果的であるのがアルミ安定化超伝導線の高強度化である．ATLAS 中央ソレノイドでは，高強度化によるコイルの薄肉化を追求し，さらに液体アルゴンカロリメーターとのクライオスタットの共用によりソレノイド独自の真空容器をなくすことで，$B=2$ T，半径 2.5 m において，0.66 輻射長を実現している．

e. これからの展望

素粒子実験における超伝導磁石技術は，今後さらに，高磁場，大口径磁石に向けての開発が進むと予想される．リニアコライダー計画では，2 T，10 m 級，または 5 T，～6 m 級などの超伝導ソレノイド磁石開発が進むと予想される．磁石技術の観点からは，さらに高強度アルミ安定化超伝導線の開発が期待されており，その一方策として，ATLAS で開発された，Ni 添加による高強度アルミ安定化超伝導線を CMS の電子ビーム法による高強度アルミ合金材の接合法と組み合わせることで，これまでにない高強度

4.6 粒子検出器用超伝導磁石

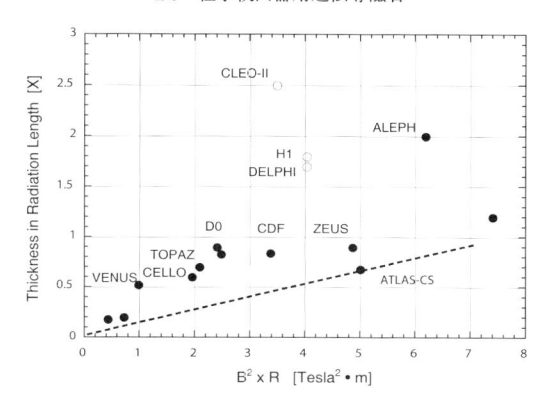

図 4.6.9 B2R の関数としての輻射長

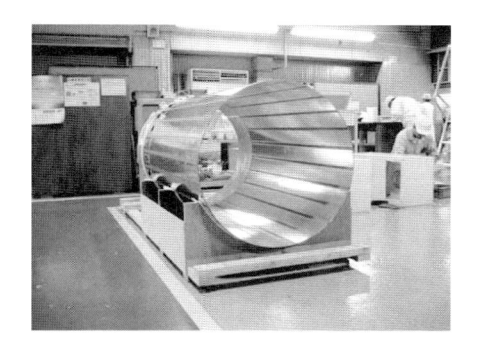

図 4.6.10 BESS-Polar 薄肉超伝導コイル

化が図れると期待されており，そのための基礎開発が進んでいる[9]．

また，加速器実験に限らず飛翔体による宇宙素粒子観測においても，超伝導磁石技術が応用されている．気球による宇宙線観測超伝導スペクトロメーター (BESS) では，これまでに述べた技術を応用し，1 Tesla，直径 0.9 m のコイルを厚さ 3 mm，輻射長 0.06 で実現している (図 4.6.10)[10]．また，国際宇宙ステーションが設置される予定の AMS スペクトロメーターの超伝導磁石においても，アルミ安定化超伝導線による，超伝導磁石システムが建設されており，宇宙素粒子実験分野においても超伝導磁石応用が進展している[11]．

ま と め

衝突型粒子検出器における応用を中心として，超伝導磁石技術を紹介した．運動量分析分解能は磁場経路長の2乗に比例するため，磁場空間をできる限り大きくとることが

有効であり，エネルギーフロンティアを目指す実験においては，磁石の大型化，高磁場化が不可欠な条件となっている．その一方で，磁場空間をできる限り有効に利用するため，磁束密度が大きいことはもとより，コンパクトで粒子透過性のよい超伝導コイルが求められる．このため，アルミ安定化超伝導線の高強度化によるコイル物質量の節約，コイルの薄肉化に伴い，純アルミストリップによる高速クエンチ伝播，クエンチ後のエネルギーを取り出し，二相流ヘリウム間接法によるコイル冷却などが，標準的な技術となりつつある．LHC-CMS 実験では，4T 級の超伝導コイルの開発が可能となった．今後，リニアコライダーにおける実験では，直径 10m 級のソレノイドコイル，5T 級のコンパクト高磁場超伝導磁石の開発が推進されていくと予想される．　　　（山本　明）

参考文献

1) A. Yamamoto, "Superconducting magnets advanced in particle physics", Nuclear Inst. & Methods, **A453** (2000) pp. 445-454.
2) A. Yamamoto, "Advances in superconducting magnets for particle physics", Nuclear Instrument and Methods, Phys. Res. Vol. **A494** (2003) pp. 255, 265.
3) A. Yamamoto et al., "Development towards ultra thin superconducting solenoid magnet for highe energy particle detectors", Nuclear Phys., **B** (Proceeding suppl.), 8 (1999) pp. 55-570.
4) T. Taylor, Phys. Scr. **23** (1980) 459.
5) 喜田勲, 日本物理学会誌, **22**, **No. 7** (1964) p. 408.
6) A. Yamamoto et al., "Design and development of the ATLAS central solenoid magnet", IEEE Trans. Appl. Supercond., **Vol. 9**, **No. 2** (1999) pp. 852-855.
7) H. ten Kate, "ATLAS superconducting Toroid and Solenoid", IEEE Trans. Appl. Superconductivity, **Vol. 15**, **No. 2** (2005) pp. 1267-1274.
8) A. Herve, et al., "Status of the CMS magnet", IEEE Trans. Applied Superconductivity, **Vol. 12**, **No. 1** (2002) pp. 385-390.
9) S. Sgobba, et al., "Towards improved high strength, high RRR CMS superconductor", to be published in IEEE Trans. Appl. Supercond. **Vol. 16** (2006).
10) A. Yamamoto et al., "A thin superconducting solenoid magnet for particle astrophysics", IEEE Trans. Applied Superconductivity, **Vol. 12**, **No. 1** (2002) pp. 438-441.
11) S. Harrison, et al., "Status of the superconducting magnet for the Alpha magnetic spectrometer", IEEE Trans. "Applied Superconductivity", **Vol. 15**, **No. 2** (2005) pp. 1244-1247.

4.7　ビーム衝突型加速器用大型汎用測定器

a. 大型汎用測定器の概観

ビーム衝突型加速器が誕生する以前には，固定標的にビームを衝突させてその反応をみる方法がとられていた．このような固定標的実験の場合にはビームのエネルギーが高くなればなるほど生成される粒子は前方にブーストされるために，測定器を前方に集中して配置する必要がある．一方，ビーム衝突型加速器では衝突反応で生成される粒子をビームの重心系で捕らえるために，衝突点を覆うように測定器を配置する必要がある．（場合によっては電子・陽子衝突型加速器や，ビームエネルギーの異なる電子・陽電子

衝突型加速器もあるが，固定標的と比べれば圧倒的にビームの重心系に近い系で反応を観測していることになる.）ビーム衝突型加速器用測定器でも電磁カロリメーター中心であったり，ハドロンカロリメーターに重きをおくものもあったが，今日ではほとんどが汎用である．また汎用ではあっても粒子識別に重点をおく都合上ビーム衝突軸のまわりの回転対称になっていない測定器もあった．今日ではビーム衝突型加速器用の大型汎用測定器は，完全ではないがビーム軸に対して回転対称性をもち全立体角を覆うものが主流である．

（1） 大型汎用測定器の構成と配置

ビーム衝突型加速器用大型汎用測定器は数多く作られ，稼動し，製作されている．その大きさや構成する検出器のタイプは異なっても大部分の測定器は共通の構成要素から成り立っている．図 4.7.1 にビーム軸方向から見た大型汎用測定器の概念図（大きさはスケールしていない）を示す．測定器全体は円柱状の形で，その胴部分はビーム軸を囲い測定器の構成要素が円筒状に，前後方は円盤状に配置されている．

胴部分は内側から，
- ビーム衝突点や粒子の崩壊点の位置を決めるバーテックス検出器
- 荷電粒子の運動量を決める中央飛跡検出器
- ビーム軸方向の一様な磁場を作るソレノイド電磁石
- 電子や光子のエネルギーを測定する電磁カロリメーター
- ハドロンのエネルギーを測定するハドロンカロリメーター
- ミューオンを識別したり運動量を測定するためのミューオン検出器

前後方にも同じように，

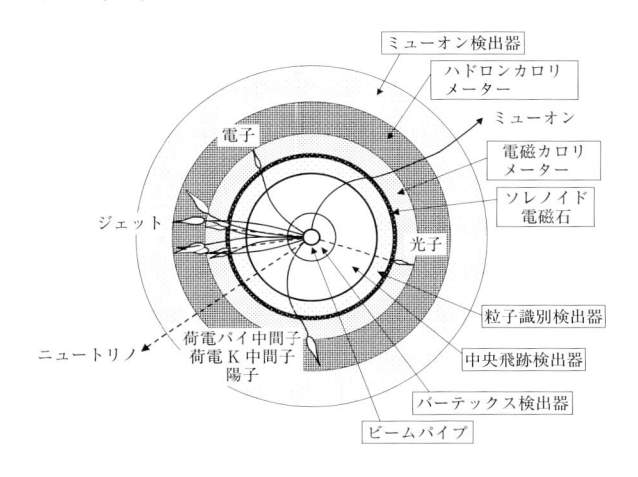

図 4.7.1 大型汎用測定器と粒子識別の概念図（大きさはスケールしていない）

- 飛跡検出器
- 電磁カロリメーター
- ハドロンカロリメーター
- ミューオン検出器

が配置される．さらに比較的低エネルギーの電子・陽電子型加速器用大型汎用測定器の場合には内部飛跡検出器の外側や後方に粒子識別検出器（後述）を配置することが多々ある．ソレノイド電磁石はつねにこの位置に設置されるというわけではなく，測定器ごとにいろいろ異なる（次項参照）．また電磁カロリメーターとハドロンカロリメーターは測定器によっては同じ吸収体を使い一体の構造になっている場合もある（例としてはHERAのZEUS測定器[1]やTEVATRONのD0測定器[2]がある）．表4.7.1に代表的なビー

表 4.7.1 衝突型加速器と大型汎用測定器

衝突型加速器名	所在地・国名	実験開始年	最高ビームエネルギー	大型汎用測定器名
電子・陽電子衝突型加速器				
CESR	コーネル大学・米国	1979年	6 GeV	CLEO
TRISTAN	高エネルギー加速器研究機構（KEK）・日本	1987年	32 GeV	AMY TOPAZ VENUS
SLC	スタンフォード線形加速器センター（SLAC）・米国	1989年	50 GeV	MARK-II SLD
LEP	欧州合同原子核研究機関（CERN）・スイス連邦	1989年	105 GeV	ALEPH DELPHI L3 OPAL
KEKB	高エネルギー加速器研究機構（KEK）・日本	1999年	電子：8 GeV 陽電子：3.5 GeV	BELLE
PEP-II	スタンフォード線形加速器センター（SLAC）・米国	1999年	電子：9 GeV 陽電子：3.1 GeV	BABAR
電子・陽子衝突型加速器				
HERA	ドイツ電子シンクロトロン研究所（DESY）・ドイツ連邦	1992年	電子：30 GeV 陽電子：920 GeV	H1 ZEUS
陽子・反陽子衝突型加速器				
$Sp\bar{p}S$	欧州合同原子核研究機関（CERN）・スイス連邦	1981年	450 GeV	UA1
TEVATRON	フェルミ国立研究所（Fermilab）・米国	1987年	1.0 TeV (1000 GeV)	CDF D0
陽子・陽子衝突型加速器				
LHC	欧州合同原子核研究機関（CERN）・スイス連邦	2009年	7.0 TeV (7000 GeV)	ATLAS CMS

ム衝突型加速器用大型汎用測定器をまとめておく．

（2） ソレノイド電磁石の位置

中央飛跡検出器による荷電粒子の運動量測定のための磁場は，通常ソレノイド電磁石によるビーム軸方向の一様な磁場が使われる．（ウィークボソンを発見したSppSのUA1測定器では磁場の方向がビーム軸に垂直である．ただしこれは大型汎用測定器のうちでソレノイド電磁石を採用しなかった唯一の例外である．）ソレノイド電磁石を使う利点は方位角方向に対称であり，測定器の各構成要素を円筒状に配置させ全立体角を覆うことができることである．

ソレノイド電磁石の位置は内部飛跡検出器の外側であることは確かであるが，必ずしも電磁カロリメーターの前に設置するというわけではない．半径が小さくてすむので電磁石を薄く作れる利点はあるが，電磁カロリメーター手前の物質量が増えるためにエネルギー分解能が悪くなる．エネルギー測定精度をできるだけよくしたい場合には，ソレノイド電磁石を電磁カロリメーターの外側に配置する場合もある．その場合にはハドロンシャワーの途中に不感物質が増えることになりハドロンカロリメーターの測定精度が悪くなる．それを避けるためにソレノイド電磁石は巨大になるが，ハドロンカロリメーターの外側に配置する場合もある（LHCのCMS測定器）．さらにはミューオン検出器の外側に配置する例さえある(LEPのL3測定器)．（「e.ミューオン識別」を参照のこと．）

（3） 具体例

具体的な例として，図4.7.2に高エネルギー加速器研究機構の電子・陽電子衝突型加速器KEKBの実験に用いられているBELLE測定器[3]を示す．全体は八角柱の形をして

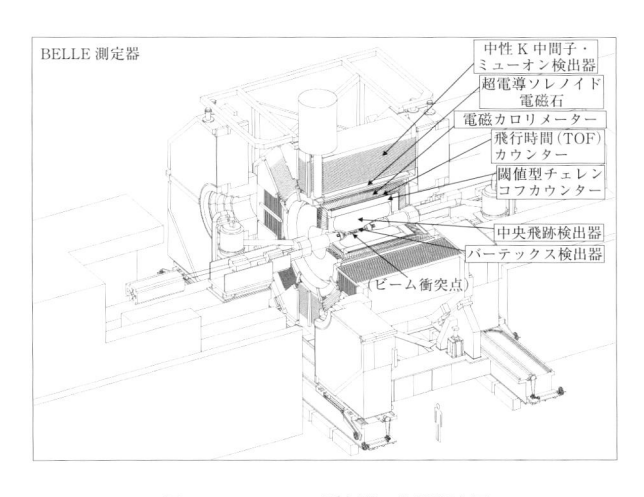

図4.7.2 BELLE測定器の俯瞰概念図

おり，高さ約 7 m，長さ約 7 m の大きさである．胴部分は内側から，ベリリウム製のビームパイプ，粒子の崩壊点を決めるシリコン・バーテックス検出器，荷電粒子のエネルギー損失量と運動量を測定する中央飛跡検出器，粒子識別用の閾値型エアロジェル・チェレンコフ検出器，飛行時間測定用のシンチレーション・カウンター，ヨウ化セシウム結晶製の電磁カロリメーター，ビーム軸方向の磁場をつくる超伝導ソレノイド電磁石，中性 K 中間子識別を兼ね備えたミューオン検出器が配置されている．前後方には中央飛跡検出器の後に閾値型エアロジェル・チェレンコフ検出器，ヨウ化セシウム結晶製の電磁カロリメーター，中性 K 中間子識別を兼ね備えたミューオン検出器が配置されている．

これは典型的なビーム衝突型加速器用大型汎用測定器の例である．測定器全体は多角柱状の形で，その胴部分はビーム衝突点を囲い測定器の構成要素が順次円筒状に配置されている．前後方には構成要素が順次円盤状に配置され，円筒の蓋のようになっている．KEKB の物理では不安定粒子を再構成するためにパイ中間子や K 中間子の識別が重要で，その識別のための検出器が取り入れられている．一方，ハドロンカロリメーターが重要な役割をすることはなく，組み込まれていない．

b. 運動量測定
（1） 運動量測定誤差

中央飛跡検出器により荷電粒子の運動量を測定するが，その際の磁場はソレノイド電磁石によるビーム軸方向の一様磁場である．一様な磁束密度 B（テスラ）の中を走る素電荷 $e(1.60 \times 10^{-19}$ クーロン）をもった運動量 p(GeV/c) の荷電粒子の飛跡は螺旋を描く．磁束密度の方向と垂直な面にこの螺旋を射影したときの円の半径を ρ(m)，この垂直面と飛跡のなす角度を λ とすれば

$$p_T = p \cos \lambda = 0.3 B \rho$$

となる．磁束密度は 1～4 テスラなので，高い運動量をもった荷電粒子の ρ は飛跡検出器の半径よりもずっと大きな値になる．$1/p_T$ は近似的にガウス分布になり，飛跡に沿っての位置の測定点の数を N とすると，N が 10 以上で等間隔に並んでいる場合

$$\sigma(1/p_T) = \frac{\sigma_x}{0.3 B L^2} \sqrt{\frac{720}{N+4}}$$

となる[4]．ここに σ_x は各点の位置測定誤差，L は最も内径側の測定点から最も外径側の測定点との半径の差（レバーアーム）である．$\sigma(p_T)/p_T$ が小さい場合には近似的に

$$\sigma(p_T)/p_T \simeq p_T \sigma(1/p_T) \propto p_T$$

と書けるので，運動量の測定誤差が p_T に比例して大きくなっていくことがわかる．（$\sigma(p_T)/p_T$ が大きい場合には $\sigma(1/p_T)$ で誤差を評価しなければいけない．）

（2） 測定誤差の要因

運動量が大きい場合には各点の位置測定誤差 σ_x が決定要因となる．一方，運動量が比較的小さい場合には，クーロン多重散乱による位置と方向のふらつきが大きくなり，

運動量測定精度が悪くなる．運動量の測定精度を上げるためにはできるだけ衝突点から飛跡検出器を出るまでの物質量を減らす必要がある．クーロン多重散乱による $\sigma(p_T)/p_T$ への寄与は一定である．

ソレノイド電磁石を使う利点としては方位角方向に対称で，測定器の各構成要素を円筒状に配置させ全立体角を覆うことができることを述べたが，欠点もある．それはビーム軸に近い方向に出てくる荷電粒子に対して運動量が著しく悪くなることである．運動量の測定精度は

$$\sigma(1/p_T) \propto 1/(L^2\sqrt{N+4})$$

であるので，測定点Nが減るとともに，それ以上に深刻なのはレーバーアームの2乗に反比例して悪くなっていくことである．この欠点を克服するためにSp$\bar{\mathrm{p}}$SのUA1測定器[5]では磁場方向をビーム軸に垂直にし，ビーム軸方向に出る粒子に対しても運動量の測定精度を上げようとした．

c. 粒子識別

ビーム衝突の際，多数の粒子が生成される．その反応の重要な特徴を担っている粒子もあれば，不安定な粒子が崩壊を繰り返した結果現れる粒子もある．ジェット（後述）と呼ばれる密集した粒子の束から離れた方向に出る比較的高エネルギーの電子，ミューオン，ニュートリノなどのレプトンは反応の重要な特徴を担っており，その識別と運動量（あるいはエネルギー）の精度のよい測定は大型汎用測定器ではつねに重要である．荷電パイ中間子（$\pi^{\pm}$），荷電K中間子（$K^{\pm}$），陽子などの粒子（ハドロン）は反応を特徴づける不安定粒子を再構成しようとする場合に，その識別能力が重要になってくる．しかし，陽子・(反) 陽子衝突型加速器実験の場合にはこれらの粒子はジェット中に生成されるので識別はきわめて困難である．効果対費用を考慮するとハドロン識別能力を要求しない場合が多い．電子・陽電子衝突型加速器実験の場合には逆に何らかのハドロン粒子の識別能力をもった検出器を組み込むのが普通である．ここではハドロン粒子の識別について述べる．

（1） 識別の原理

運動量とその速度（$v=c\beta$）がわかれば

$$p = mc\beta\gamma, \quad (\gamma = 1/\sqrt{1-\beta^2})$$

の関係からその粒子の質量がわかり，粒子を識別することができる．速度を求めるには，エネルギー損失（Energy loss, dE/dx）の測定，チェレンコフ放射（Cherenkov radiation）の測定，飛行時間測定（Time Of Flight, TOF）の測定の方法がある．（これらの方法は電子についても有効であるが，電子識別専用として組み込むことは通常しない．）これらの方法は識別能力が運動量に依存するために，いくつか併用して広い運動量領域で識別能力を確保するのが普通である．

(2) dE/dx

荷電粒子が物質中を通過する際に電離と原子を励起することによるエネルギー損失が起こる．エネルギー損失の平均値はベーテ-ブロッホ（Bethe-Bloch）の式で与えられる．この式からエネルギー損失は速度（$\beta=v/c$）だけの関数であることがわかる．$\beta\gamma$が非常に小さい（0.1 以下）場合や放射損失が重要になってくる非常に大きな値（1,000以上）の場合を除いて，汎用測定器での実験では実用上この式で十分である[6]．しかしながらエネルギー損失は確率的に起こるので，損失の分布は高いエネルギーのほうに長い裾を引いたランダウ分布（Landau distribution）と呼ばれる分布となっている[7]．最も起こりやすいエネルギー損失の値は平均値よりも小さくなり，そのまわりの分布も幅の狭いものになる．とはいえ粒子識別を行うには数多くのサンプルが必要であり，小さいほうから70%までの平均をとるといった方法を用いる必要がある．この方法は通常，中央飛跡検出器に応用される．100以上のサンプルをとるタイムプロジェクションチェンバー（Time Projection Chamber）は，この方法の代表的なものとして最もよく知られている[8]．

(3) チェレンコフ検出器

閾値型とリングイメージ型があるが，閾値の方が通常奥行きをとらないので，設置場所が厳しく制限されている場合には閾値型チェレンコフ検出器が用いられる．例としてはKEKBのBELLE測定器ではエアロジェルを用いた閾値型チェレンコフ検出器を用いている．しかし，PEP-IIのBABAR測定器に使われているDIRC（Detection of Internally Reflected Cherenkov Light）という検出器[9]では，水晶を発光体として使うとともにチェレンコフ光の伝播用にも使い，奥行きをとらずに測定器外部まで光を取り出しそこでチェレンコフリングのイメージを読み出すという方法をとっている．

(4) 飛行時間測定 (TOF)

飛行時間測定（Time Of Flight）はその名のとおり，飛行時間を測定するものである．運動量 p をもった質量 m の粒子が飛行距離 L を飛ぶときの飛行時間は

$$t=\frac{L}{c}\sqrt{1+\left(\frac{mc}{p}\right)^2}$$

となり，この時間差から粒子の識別を行う．通常の衝突型加速器ではビームの衝突時刻，つまりは反応の起こった時刻が正確にわかるので，これを飛行時間の基準にとることができる．検出器としては厚さ4～5 cmのプラスチック・シンチレーションカウンターがよく利用され，長さ2.5 mで約100 psの時間分解能が達成されている[10]．

d. 電子・光子の識別

(1) 遷移放射検出器[11]

荷電粒子が誘電率の異なる物質の境界を通過する際に電磁放射が起こる．真空中に誘

電体があり荷電粒子が真空中から誘電体に入る場合を考えると,荷電粒子により誘電体にはそのイメージ電荷が誘起される.荷電粒子が誘電体に入った瞬間にはこの双極子が消え急激な電場の変化が引き起こされるが,その際に電磁放射が起こる.誘電体から出てくるときも同様に放射が起こる.放射の強度は γ ($\gamma = E/mc^2$) に比例するので通常,電子の識別に使われる.広がりは $1/\gamma$ に比例し超前方に鋭い分布となる.また放射される電磁波はエックス線まで伸びている.実際に検出器として応用する場合には気体と放射体の組み合わせが用いられるが,放射体としてはエックス線に対して透過性のある原子番号の小さい放射体を用いる必要がある.リチウム薄膜,ポリプロピレンの薄膜やファイバーがよく使われる.一度の遷移放射で放出される光子の数は微細構造定数 ($\alpha = 1/137$) のオーダーであり十分な検出効率が得られないために,多数の薄膜(たとえば500枚)を用いたり,10枚程度の薄膜と検出器の組みを30組以上使うという方法がとられる.検出器にはエックス線に高感度となるように原子番号の大きいキセノン(Xe, Z=54)を主にしたガス検出器が用いられる.

(2) 電磁カロリメーターによるエネルギー測定値と運動量を比較する方法 (E/p)

電子に対しては内部飛跡検出器と電磁カロリメーターで独立に,その運動量 (p) とエネルギー (E) を測定することができる.電子の場合,この2つの量の比 (E/p) はそれぞれの測定に測定誤差があるので広がりをもつが,1に近い値になるはずである.それに対しハドロンの場合には電磁カロリメーターにはその一部しかエネルギーを落とさないので,その値は1よりもずっと小さな値になる.

(3) 電磁シャワーとハドロンシャワーを比較する方法 (EM/HAD)

大型汎用測定器のカロリメーターは通常,電子や光子のエネルギー測定に重きをおいた電磁カロリメーターと,パイ中間子,K中間子,陽子などのハドロンのエネルギー測定に重きをおいたハドロンカロリメーターで構成される.電磁シャワーは輻射長 (X_0, Radiation Length),ハドロンシャワーは反応長 (λ_I, Interaction Length) が特徴的な長さであるが,吸収体(Absorber)として用いられる鉄,銅,鉛,ウランなどでは λ_I は X_0 よりもずっと長い(約10倍から30倍).このためハドロンシャワーは電磁シャワーに比べて奥行き,横方向の広がりともに大きくなる.電磁カロリメーターを内側に,ハドロンカロリメーターを外側に配置するのはこのためである.電磁シャワーとハドロンシャワーの奥行きと横方向の広がりの違いを利用して入射粒子が電子や光子なのかハドロンなのかを区別することができる.

(4) 微細電磁シャワー検出器による光子識別

高エネルギーの光子も反応の重要な特徴を担っており,その識別も重要である.光子は電子と異なり中央飛跡検出器に観測されず,電磁カロリメーターにエネルギーを放出する(図4.7.1参照).中性パイ中間子 (π^0) は生成されるとすぐに2個の光子に崩壊

するが,この中性パイ中間子も同じように中央飛跡検出器に観測されず,電磁カロリーターにエネルギーを放出する.しかし,中性パイ中間子は質量をもっているので2個の光子は横方向に離れる.低いエネルギーの電子・陽電子衝突型加速器の実験では,崩壊してできた2個の光子を再構成して中性パイ中間子と同定することが可能である.しかし,中性パイ中間子の質量は $135\,\mathrm{MeV}/c^2$ と軽いので,中性パイ中間子のエネルギーが高くなるとそれだけ識別は困難となる.特に最高エネルギーのハドロン衝突型加速器実験では2個の光子を再構成してパイ中間子と同定することは非常に難しい.このような実験の測定器では,電磁シャワーが発達する位置に横方向に微細なシャワー検出器を置き,電磁シャワーの横方向の広がりの違いから中性パイ中間子と光子の識別をする.

e. ミューオン識別

ミューオンはパイ中間子とほぼ同じ質量をもつが強い相互作用をせず,ハドロンシャワーを起こさない.また,電磁相互作用はするが,電子のように軽くないので電磁シャワーも起こさない.このため電磁カロリメーターやハドロンカロリメーター,あるいは厚い鉄板などを容易に通過することができる(図4.7.1参照).ミューオンはこのような遮蔽物を通過してくる荷電粒子として識別される.ただし,ハドロンシャワーの裾が洩れ出ることも皆無ではないので,それだけでは識別は完璧でない.ミューオンの運動量は通常,中央飛跡検出器で精度よく求められる.遮蔽物を通過した荷電粒子の運動量を独立に測り,内部飛跡検出器で求めた運動量の値と整合性をチェックすることによりミューオン識別を完璧にすることができる.このようにミューオンの識別能力を高めるために,ハドロンカロリメーターの外側でミューオンの運動量を積極的に測ることがある.いくつかの方法があるが,どれもカロリメーターの外側であるため検出器の体積は膨大なものになる.

(1) ソレノイド電磁石

CERNの大型電子・陽電子衝突型加速器実験(LEP)のひとつのL3測定器[12]ではハドロンカロリメーター(直径約4m)の外側に約3m分のミューオン運動量測定器部分があり,それら全体をソレノイド磁場中に置くというものである.磁石は常伝導電磁石であり,磁束密度の大きさは0.51テスラと比較的低い.大型汎用測定器ではあるがミューオン検出に非常に重きをおいた測定器であり,このような測定器は特異な部類に入る.ハドロンカロリメーターの外側に出てくるミューオンの運動量を大型ソレノイド磁場を使って測定するという例は,このL3以外にはみられない.

(2) 空芯トロイド電磁石

CERNの大型ハドロン衝突型加速器(LHC)実験のひとつのATLAS測定器[13]ではハドロンカロリメーター(外形約8.5m)の外側に約5m分のミューオン運動量測定器部分がある.磁石としては8台の空芯トロイド(Air-core toroid)型超伝導電磁石が使わ

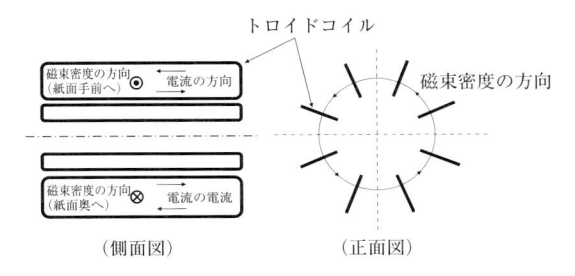

図 4.7.3 空芯トロイド電磁石の概念図

れている．1つひとつの電磁石のコイルは長方形をしており，コイルに囲まれた部分は空になっている．8台のトロイドによって作られる磁場は近似的に円形になる（図 4.7.3 参照）．ミューオンは空気中を通るためクーロン多重散乱を起こさず，ミューオン検出器単独でも，300 GeV/c のミューオンに対して運動量測定精度 $\sigma(p_T)/p_T$ は 3% を達成することができる．磁束密度はコイルの近くか中間かで大きく変わるが，コイル近くでは 3.9 テスラである．このような空芯トロイドを用いる大型汎用測定器も ATLAS 以外では例がない．

（3） 鉄芯トロイド電磁石

鉄芯トロイド（Iron-core toroid）電磁石の場合には空芯トロイドと異なり，コイルの中に鉄が入っている．鉄芯トロイドが測定器の胴体部分に用いられる場合には多角筒（たとえば D0 の場合には四角筒）状になっており，前後方に置かれる場合には円盤状になっている．この鉄はハドロン吸収体も兼ねている．鉄芯トロイドの利点は鉄が高透磁率物質であるために，強力な磁場を少ない電流（常伝導）で得ることができる点にある．しかし，ミューオンは鉄のなかでクーロン多重散乱を起こすために運動量の測定精度を約 10% 以下に下げることはできない．

（4） ソレノイド電磁石の戻り磁束密度を利用する方法

ソレノイド電磁石により中央飛跡検出器部分にビーム軸方向の磁束が作られるが，この磁束は外側の鉄材を通って戻ってくる．この磁束密度を使って鉄芯トロイド電磁石と同様にミューオンの運動量を測定することができる．LHC 実験のひとつの CMS 測定器[14]では直径約 6 m，長さ約 13 m，中心磁束密度 4.0 テスラという超大型かつ高磁場の超伝導ソレノイド電磁石を使い，この方法でミューオンの運動量を測定する．

f. ジェットとニュートリノ識別
（1） ジェット

電子・陽電子の衝突や陽子どうしの衝突の際にクォークやグルオンなどのパートンが

生成されるが，それらは裸の粒子としては観測されず多数のハドロンとして観測される．特に高エネルギーのパートンでは生成された方向にハドロンのエネルギーが集中したジェットと呼ばれる粒子の束になる（図4.7.1参照）．カロリメーターで全粒子のエネルギーを測定することにより，もともとのパートンのエネルギーを求めることができる．特に生成されたパートンがbクォークであるかどうか識別する際には，崩壊点を測定するバーテックス検出器の性能が重要となる．

（2） ニュートリノ識別

ニュートリノはハドロンカロリメーターなどの多量の物質があっても反応することもなくすり抜けてしまう（図4.7.1参照）ので直接に検出することはできない．しかし，測定器から逃げ出したエネルギー（欠損エネルギー，Missing Energy）がないかを調べることによってニュートリノが事象の中にあるかどうかがわかり，そのエネルギーを測定することが可能である．ただし，そのためには全立体角をカロリメーターで覆う必要がある．しかし，ビームの通るところ（ビームパイプ）は覆うことができない．電子・陽電子衝突型加速器のように，ほぼ全エネルギーが使われるような反応ではビームパイプから逃げ出すエネルギーは比較的に無視できる．この場合には欠損エネルギーと方向が測定できる．一方，陽子・(反)陽子の場合には，反応の素過程は(反)陽子を構成しているクォークやグルオンなどであり，反応には陽子・(反)陽子の一部のエネルギーしか使われず大部分はビーム方向に持ち去られる．このためビーム軸方向の欠損エネルギーは測定できず，ビーム軸と垂直な面に射影したエネルギー（横方向欠損エネルギー，Transverse Missing Energy）と方向のみが測定可能である．

今までに知られている粒子では，物質と強い相互作用も電磁相互作用もしない粒子はニュートリノだけであるが，同じように物質と相互作用しない新粒子が生成されればニュートリノと同じように大きな横方向欠損エネルギーが現れる．このような新粒子の発見のためには，ハドロンカロリメーターでビーム軸近くまで覆い，横方向欠損エネルギー測定精度を上げることが非常に重要である．

g. 電子・陽電子衝突型加速器実験と陽子・陽子衝突型加速器実験における大型汎用測定器の比較

大型汎用測定器を比べると，電子・陽電子衝突型加速器実験における測定器と最高エネルギーの陽子・陽子衝突型加速器実験における測定器とではいくつかの違いがある．詳細においてはいろいろ設計思想も異なるのでひとくくりには扱えないが，表4.7.2に違いを強調して比較してみる．ただし，これは現在までの大型汎用測定器についての比較であり，電子・陽電子衝突型加速器では反応のエネルギーが比較的低いことによるところもあることに注意する必要がある．最高エネルギーを目指す，電子・陽電子線形衝突型加速器実験用に設計されている汎用測定器の特徴は，表4.7.2の陽子・陽子衝突型加速器実験用汎用測定器に近いものである．また，電子・陽電子衝突型加速器実験に使わ

表 4.7.2 電子・陽電子衝突型加速器実験と陽子・陽子衝突型加速器実験における大型汎用測定器の比較

	電子・陽電子衝突型加速器実験	陽子・陽子衝突型加速器実験
反応事象系の測定器に対する相対運動	電子・陽電子反応の重心系は測定器に対してほぼ静止している	陽子・陽子の重心系は静止しているが，陽子を構成しているパートンどうしの反応はビーム軸方向に大きくブーストされる
主となるカロリメーターの覆う範囲	衝突点から見てビーム軸に対して約 10°くらいまで覆う	横方向欠損エネルギーの測定のため，衝突点から見てビーム軸近く（約 0.8°）まで覆う
放射線耐性	ビーム軸に近いバーテック検出器以外では大きな問題にならない	ビーム軸に近いところはもちろんのこと，測定器全体にわたって放射線耐性が求められる
検出器チャンネルの緻密度	検出器チャンネルの緻密度は比較的低い	ジェットの形で多数の粒子が発生するので，検出器チャンネルの緻密度を高くする必要がある
バーテック検出器	B 中間子，D 中間子，タウ粒子などの崩壊点を特定するのに必須．シリコンストリップ検出器や CCD 検出器が用いられる	b クォーク起源のジェット識別のために必須．反応時に生成される粒子数が多いためピクセル検出器が用いられる
中央飛跡検出器	荷電粒子の運動量測定，電子・光子の識別や反応の形状認識に必須．検出器としてはワイヤチェンバーを用い，dE/dx 測定を兼ねる場合が多い	荷電粒子の運動量測定，電子・光子の識別や反応の形状認識に必須．反応時に生成される粒子数が多いため，ストローチェンバーやシリコンストリップ検出器が用いられる
荷電パイ中間子，荷電 K 中間子，陽子の識別用の検出器	TOF カウンター，チェレンコフ・カウンターなどが実装される	特に実装されることはない
電子識別用検出器	遷移放射検出器を実装する場合がある	飛跡検出を兼ねた遷移放射検出器を実装する場合がある
電磁カロリメーター	電子，中性パイ中間子，光子のエネルギー測定・識別に必須．検出器のタイプは鉛ガラス，結晶，鉛板を吸収体にしたサンプリングカロリメーターを使う例が多い	電子，光子のエネルギー測定・識別に必須．検出器のタイプは結晶，鉛板を吸収体にしたサンプリングカロリメーターを使う例が多い．光子・中性パイ中間子識別に微細電磁カロリメーターを挿入する場合もある
ハドロンカロリメーター	低エネルギーでは使われないが，LEP 実験などエネルギーが高くなると実装する	ジェットのエネルギー測定および横方向欠損エネルギーの測定（ニュートリノ識別）に必須
ミューオン検出器	ミューオン識別に必須．通常ミューオンの運動量測定に特化した電磁石を実装しない	ミューオン識別および運動量測定に必須．ミューオンの運動量測定に特化した電磁石を実装するのが普通

れている汎用測定器も陽子・陽子衝突型加速器実験用汎用測定器に近い．

(岩崎博行)

参考文献

1) M. Derrick et al., Nuclear Instruments and Methods in Physics Research **A309** (1991) 77.
2) M. ABOLINS et al. (D0 Calorimeter Group), Nuclear Instruments and Methods in Physics Research **A280** (1989) 36.
3) A. Abashian et al. (BELLE Collaboration), Nuclear Instruments and Methods in Physics Research **A479** (2002) 117.
4) R. L. Gluckstern, Nuclear Instruments and Methods to Physics Research **24** (1963) 381.
5) S. P. Beingessneri, T. Meyer, V. Vuillemin, and M. Yvert, EINGESSNER'l, Nuclear Instruments and Methods to Physics Research **A257** (1987) 552.
6) Particle Data Group, *Review of Particle Physics*, Physics Letters **B667** (2008) 667.
7) Particle Data Group, *Review of Particle Physics*, Physics Letters **B667** (2008) 270.
8) Particle Data Group, *Review of Particle Physics*, Physics Letters **B667** (2008) 297.
9) D. Leith (BABAR-DIRC Collaboration), Nuclear Instruments and Methods in Physics Research **A494** (2002) 389.
10) H. Kichimi et al., Nuclear Instruments and Methods in Physics Research **A453** (2000) 315.
11) B. Dolgoshein, Nuclear Instruments and Methods in Physics Research **A326** (1993) 434.
12) B. Adeva et al. (L3 Collaboration), Nuclear Instruments and Methods in Physics Research **A289** (1990) 35.
13) ATLAS Collaboration, *ATLAS Technical Proposal*, CERN/LHCC/94-43 (1994).
14) CMS Collaboration, *The Compact Muon Solenoid Technical Proposal*, CERN/LHCC 94-38 (1994).

4.8 データ収集システム

　検出器から得られた信号は，後のデータ解析のためにイベントごとに分けてディジタル化して記録する必要がある．このための電子回路群をデータ収集システムと呼ぶ．最近の高エネルギー実験においては数百 Hz から数十 kHz という高い頻度でイベントが生成されるため，大量のデータをできるだけとりこぼしなく高速に処理し記録することが要求される．また，検出器でとらえられたイベントのうち，実際に物理解析に必要となるイベントはごく一部であることが多いので，イベントを記録する前に可能な限り不必要なイベントを省くことも重要となる．

　図 4.8.1 に標準的なデータ収集システムの構成を示す．システムは大きく分けて，
 (1) データ収集を開始する信号を作るトリガーシステム
 (2) 検出器からの信号をディジタル化するディジタイザー
 (3) ディジタイザーからのデータ読み出しを行う読み出し制御システム
 (4) 複数の検出器から並列に送られてくるデータをイベント単位にまとめるイベントビルダー
 (5) イベント全体の情報を処理して不必要なイベントを捨てる高次トリガー

4.8 データ収集システム　　537

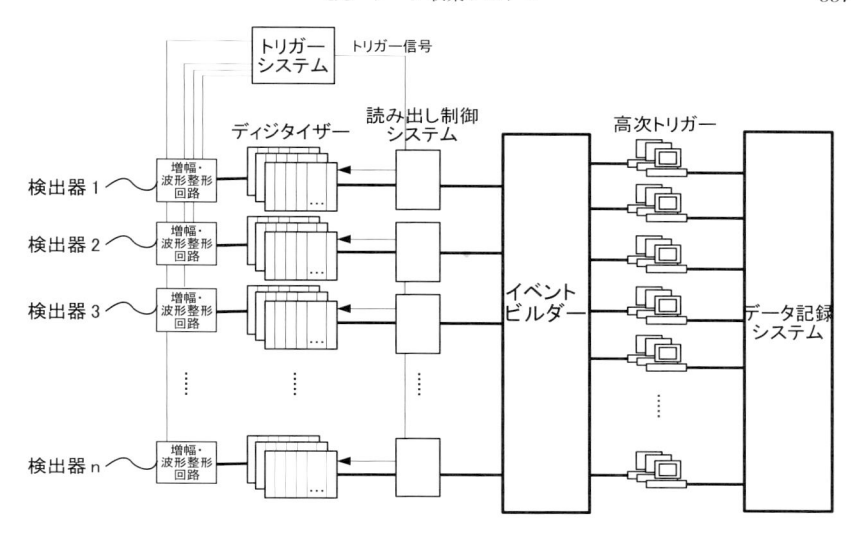

図 4.8.1　標準的なデータ収集システムの構成

(6) 残ったイベントを後にオフライン解析するために，記録媒体に書き込むデータ記録システム

からなる．以下にそれぞれの部分について詳述する．

a. トリガーシステム

トリガーシステムは検出器からの信号を受けてデータ収集システム全体をスタートさせるトリガー信号を作る．物理解析に使われるイベントだけを効率よく収集するためには，不要なトリガー信号をできるだけ出さないようにする必要がある．しかし，信号の送出はデータ収集を開始する前に決定する必要があるので，非常な高速性を要求される．このため検出器からトリガーシステムのために特別に高速な信号を取り出し，ハードウェアで論理処理を行ってトリガー信号送出の決定を行う．

トリガーシステムは，それぞれの検出器からの個別のトリガー信号を生成するサブトリガーシステムと，複数のサブトリガー信号をまとめて最終的なトリガー信号を作るグローバルデシジョンロジック（GDL）からなる．サブトリガーシステムは実験によって大きく異なるが，大型の複数の検出器を使用するコライダー実験では，主としてトラックトリガーとカロリメータートリガーが使用される．前者は荷電粒子の飛跡検出器から高速に取り出される信号を使用して，そのイベントに含まれる飛跡を探し出し，物理解析に必要なイベントの飛跡パターンが存在した場合にトリガー信号を出す．飛跡検出の高速化のために複数のワイヤーの信号を OR してトリガーセルを作り，そのヒットパターンをあらかじめ設定したパターンとメモリールックアップなどの技法によりハー

ドウェアで比較して，飛跡パターンの探索を行う．

これに対してカロリメータートリガーは，カロリメーターからの信号を調べ，主としてイベントにあらかじめ設定したエネルギー以上が含まれている場合に信号を出す．カロリメーターのそれぞれのセグメントからの信号はアナログ電子回路により総和が計算され，ディスクリミネーターを通すことによりトリガー信号を発生する．また，カロリメーターのヒットパターンを調べて，特定の種類のイベントに対するトリガー信号を発生する論理回路をもつ場合もある．

最近の実験，特にハドロンコライダー実験ではこれらのトリガーだけでは不要なバックグラウンドイベントを十分に落とすことができないため，さらに高度なサブトリガーを加える場合がある．たとえば粒子の種類を識別する検出器（ミューオン検出器など）からの信号を高速で処理してトリガー信号を作り出すこともある．

これらのサブトリガー信号はグローバルデシジョンロジック（GDL）に導かれ，データ収集を開始するトリガー信号の送出を最終的に決定する．GDL にはサブトリガーの情報を取捨選択して，データ収集を行いたいイベントに対しては効率が最大になり，バックグラウンドイベントに対しては最小となるようにトリガー信号を発するロジックが組み込まれる．最適なロジックは加速器の運転状況などにより変化することが多いので，GDL は FPGA（Field Programmable Gate Array）などを用いたプログラマブルな論理回路で構成されていることが多い．また最近ではより高度な処理を行うために，高速な DSP（Digital Signal Processor）やマイクロプロセッサーを使用して，複雑なアルゴリズムによりトリガー信号送出の決定を行うケースもある．

トリガー信号送出の決定のためにかかる時間は非常に短い必要がある．なぜならその間はデータ収集を行うことができないので，不感時間となってしまうためである．そのため数マイクロ秒程度に抑えられるのが普通である．しかし，トリガーレートが高くなるとこの程度の時間も無視できなくなってくる．そこで最近の実験では，データ収集を間断なく続けて結果をメモリーに記録しておき，トリガー信号が来たときに時間を遡って記録されたデータを改めて収集する，パイプライン機構を用いることが多い．トリガー決定の時間に対する制限を緩めることができるので，さらに複雑なトリガー処理を行うことが可能にもなる．

b. ディジタイザー

検出器からの信号をオフライン解析で使えるようにするためには，アナログの信号をディジタル化して，コンピューターで扱えるようにして記録する必要がある．このための装置がディジタイザーである．検出器からの信号には2つの情報が含まれている．1つはその信号が来た時間であり，他方は信号の大きさである．前者は TDC（Time-to-Digital Converter），後者は ADC（Analog-to-Digital Converter）を用いてディジタル化する．

TDC の典型的なものは，高速のクロックとその数を数えるカウンターからなる．す

べての入力チャンネルに共通なスタート信号で計数が始まり，検出器からの信号を受けとった時間で各々のチャンネルの計数を止めるコモンスタートでの使用と，逆に検出器からの信号を受けとった時点で各々の入力チャンネルで別々に計数を始め，共通のストップ信号を受けとって計数を止めるコモンストップの使用がある．計数されたクロックの数が信号の時間情報となる．現在実験で使用されているTDCの時間分解能は500ピコ秒程度である．

　ADCには種々のタイプが存在するが，近年ではフラッシュADCが多用されている．これは内部に多数のアナログ比較演算器（コンパレーター）をもち，それぞれ異なった基準電圧が設定されている．入力信号をこれらのコンパレーターで同時に比較し，同じ電圧と判断されたコンパレーターからの信号をエンコードしてディジタル値として出力する．すべての場合を同時に比較するので非常に高速な変換が可能であり，変換速度500 MHz 程度のものが使われ始めている．

　しかし，測定器のすべての信号ごとにTDCとADCを設置するのは，チャンネル数が膨大になってしまうので，扱いが難しくなるしコストも無視できない．一部の検出器についてはどちらかだけでよい場合も多いが，たとえば飛跡検出器にドリフトチェンバーを使用する場合は，信号の時間と振幅の情報の両方が必要である．また，データ収集システムを設計する観点からは，検出器ことに別々のディジタイザーを使用することは複雑化を招くので，可能ならば同じディジタイザーをすべての検出器に使用できるようにすることが望ましい．このために有効な手法としてBelle実験などで採用されているQ-to-T変換がある．図4.8.2に示すように入力信号を一度コンデンサーに蓄え，それを一定の速度で放電させる．信号の立ち上がりの時間と放電を終えた時間を，複数の信号が記録できるマルチヒットTDCを使って記録する．放電にかかる時間は入力の振幅に比例しているので，信号の時間情報と振幅の2つの情報をTDCのみで測定することができる．そのため実験で用いる複数の異なった検出器に同じTDCを使用することができる．TDCのみですむのでディジタイザーの数を半分に減らすことが可能となり，データ収集システムを簡単化することができる．

　また，最近では波形サンプリングの技法が使われるようになりつつある．図4.8.3に示すように，高速のADCを用いて測定器からの信号の波形自身を細かくディジタル化

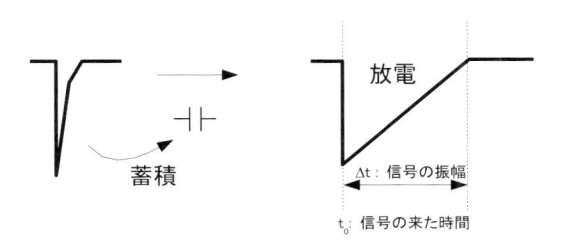

図 4.8.2　Q-to-T 変換

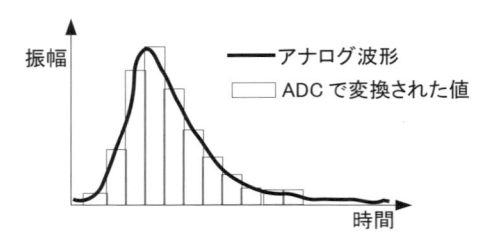

図 4.8.3 波形サンプリング

図 4.8.4 Belle 実験の FASTBUS と VME クレート

する．1つの ADC でディジタル化が行われた時間と振幅の値を同時に記録する．この方法は ADC のみで構成でき，信号波形自身をあとで調べることができるので，より精度のよい測定が可能となる．しかし，ディジタル化した後の1チャンネルあたりのデータ量が従来の方法の数倍になるので，読み出したあとで効率よく減少させる処理が必要となる．

ディジタイザーは通常 CAMAC, FASTBUS, VME バスなどの標準のバスシステムの筐体（クレートと呼ぶ）に収容されるモジュールとして作られている．1台のモジュールには最大 100 チャンネル程度の ADC や TDC が実装されている．1つのクレートには 20 台程度のモジュールが収納され（図 4.8.4），ディジタル化されたデータはバスシステムを通して読み出し制御システムに転送される．最近ではディジタイザーごとにマイクロプロセッサーとネットワークインターフェイスが装着され，バスシステムを使わずネットワークに直接データを送り出すものもある．

信号のディジタル化が行われている間に到着した信号はディジタル化を行うことができない．そのためこの時間はデータ収集の不感時間となりうる．ディジタル化にかかる時間は通常 1 マイクロ秒以下で非常に短いが，無視できない場合には，ディジタイザーの前段に検出器の信号を時間順に高速で記録するアナログパイプラインをもたせることがある．また，ディジタル化されたデータを後段に転送している間に来た信号は，従来のディジタイザーではディジタル化することができなかった．この時間は通常数十マイクロ秒であり，トリガーレートが数キロヘルツに達する場合には 10% を超える不感時間となりうる．そこで前述のようにディジタイザーの直後にメモリーを設置し，転送中にも信号のディジタル化が可能なパイプライン機構をもったモジュールが主流になりつつある．トリガー信号を受けとると，メモリーに蓄えられたデータの転送が行われる．

c. 読み出し制御システム

読み出し制御システムはタイミング発生ロジック，データ転送インターフェイス，イベントビルダーインターフェイス，そして制御プロセッサーなどから構成される．タイミング発生ロジックはトリガーシステムからトリガー信号を受けとり，読み出し開始信号を生成してディジタイザーに送る．制御プロセッサーはデータ転送インターフェイスを通して，接続された多くのディジタイザーからのデータを順に読み出し，メモリー上でイベントビルダーに送るためのデータに整形する．整形されたデータはイベントビルダーインターフェイスを通してイベントビルダーに送られる．これらの動作は不感時間が生じないようにパイプライン処理により行われる．

読み出し制御システムは，従来は VME バスの上に組まれることが多く，ディジタイザーから読み出されたデータは VME バスを通して転送された．しかし，近年では VME バスの速度では大量のデータ転送に対応できなくなってきたため，PC サーバーを用いて組まれる場合が増えた．PC の場合はデータ転送バスとして PCI を用いることができるので，大容量のデータ転送が可能である．また，ネットワークインターフェイスが装備されているのでイベントビルダーに直接接続できるという長所もある．

d. イベントビルダー

高速なデータ収集システムを実現するためには，多数の読み出し制御システムからのデータを可能な限り並列に読み出す必要がある．しかし，データを解析に使用するためには，それぞれのシステムからのデータを同じイベント単位にまとめて記録する必要がある．これを行うのがイベントビルダーである．図 4.8.5 にイベントビルダーの概念を示す．イベントビルダーは巨大なスイッチであり，スイッチを操作して別々に送られた同じイベントのデータを 1 カ所の出口に順に送出する．

ネットワーク機器がまだ容易に手に入らなかった時代には，イベントビルダーはそれぞれの実験で独自に開発されることが多かった．このために専用の高速なスイッチデバイスの開発などが行われた例もある．しかし，現在では汎用の大型のギガビットイーサ

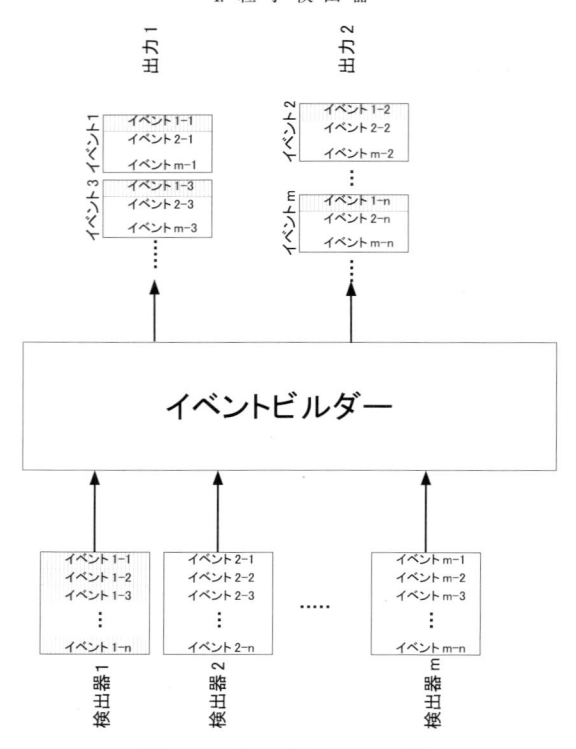

図 4.8.5 イベントビルダーの動作

ネットなどのネットワークスイッチを使用するのが一般的である．読み出し制御システムからのデータパケットは，ファストイーサネットやギガビットイーサネットによりスイッチに送られ，通常のネットワークスイッチングにより，イベントごとに決まった送り先に振り分けられる．しかしこの方法そのままでは，送り先においてデータパケットの衝突が起こりやすくなり，転送性能の低下を招く．そこで読み出し制御システムからデータを送り出すタイミングを制御して，データの衝突を起こりにくくする機構を別に付けることもある．

また別のアプローチとして，大型コンピューターをイベントビルダーとして使用する例もある．これはコンピューターに多数のネットワークインターフェイスを装備し，個々の読み出し制御システムを直接接続し，ソフトウェアによりイベントビルディングを行うものである．機構が単純であり，ソフトウェアの変更で簡単に動作を変えることもできるので，可用性に富む．またこれを発展させ，複数のコンピューターを point-to-point でネットワーク接続し，高速なイベントビルダーとして使用することもある．図 4.8.6 は Belle 実験における例を示す．8 台の PC サーバーが 3 層に接続されていて，段

4.8 データ収集システム

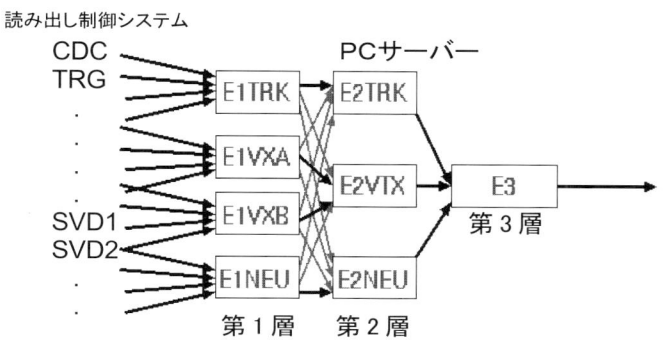

図 4.8.6 Belle 実験のイベントビルダー

階的にイベントビルディングが行われる．27個の読み出し制御システムからのデータは4つのグループに分けられ，最初の層の PC サーバーでそれぞれ集められる．PC サーバーではデータを集めると同時に解析処理が行われ，そのデータが必要かどうかを判断する．

不必要と判断された場合には，禁止パケットを2層目の PC サーバーに送出する．2層目では禁止パケットを受けとらなかったデータのみを3層目に送る．3層目の PC サーバーではすべてのデータを集めてイベントをまとめる．最終的なイベントビルディングを行う前に不要なイベントを落とすことができるので，大型スイッチを使う場合に比べてネットワーク性能に対する要件を緩和することができ，コストパフォーマンスに優れる．

e. 高次トリガー（ソフトウェアトリガー）

イベントとしてまとめられたデータをそのまま記録することもあるが，この段階ではまだ多くの不要なイベントを含んでおり，無駄が多い．特にデータの流れが毎秒数ギガバイトに達する大規模な実験では，膨大な記憶媒体が必要になり，その扱いやコストが問題になる．そこで最近の実験では，イベントビルダーの直後に多数の計算機を接続し，リアルタイムでオフライン解析と等価な複雑な解析を行い，必要なイベントのみを記録システムに送る機構を設けることが多い．これを高次トリガー（HLT），もしくはソフトウェアトリガーと呼ぶ．

高次トリガーの構成はイベントビルダーとデータ記録システムの設計により異なるが，高速な処理を行うためにイベントビルダーの直後に多数の PC サーバーを接続し，送られた別々のイベントを並列に処理する，PC ファームを形成するものが多い．処理の結果，必要なイベントのみがデータ記録システムに送られる．Belle 実験に用いられている高次トリガーシステムを例として図 4.8.7 に示す．イベントビルダーからのイベントデータは分配ノードにより多くの PC サーバーにイベントごとに分配され，別々に

544　　　　　　　　　　　　　　4. 粒子検出器

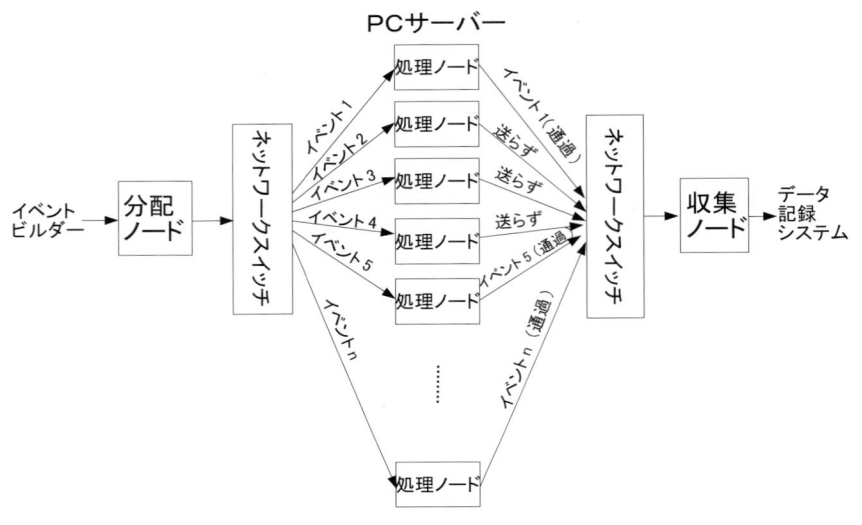

図 4.8.7　高次トリガーの構成

処理される．高度な解析処理により必要であると判断されたイベントのみが集積ノードに集められ記録装置に送られる．それぞれの PC サーバーでは処理結果の情報が蓄積され定期的にネットワーク経由で集められ，リアルタイムのデータの監視に使用される．

f. データ記録システム

収集されたデータはデータ記録システムにより記録媒体に書き込まれ，後にオフライン解析に使用される．従来はデータ記録媒体として磁気テープを用いることがほとんどであった．大規模実験では毎秒数十メガバイトを超える高速なデータを記録する必要があるため，特殊な磁気テープ装置が使われた．たとえば Belle 実験では放送局などで使われる業務用ディジタルビデオテープを記録媒体として用いている．大量の磁気テープを扱う必要があるため，テープはロボット機構をもったテープ倉庫により管理され，必要に応じて自動的に記録装置に運ばれる（図 4.8.8）．

しかし，最近では磁気ディスクの書き込み速度が向上し，また，大きくコストダウンしたため，直接磁気ディスクに書き込むこともある．この場合は階層型記憶管理機構（HSM）により，ディスクのデータが磁気テープに自動的にバックアップされるようにしたものを採用することが多い．また，さらに進んだデータ記録装置として，オブジェクトオリエンティッドデータベース（OODB）を使用する試みが行われている．これはイベントそれぞれを 1 つのオブジェクトとしてデータベースに直接登録することにより記録する．オフライン解析からは個々のイベントデータをランダムアクセスで扱うことができ，また，オフライン処理の結果をイベントごとに付け加えていくことができるの

図 4.8.8 磁気テープのロボット倉庫

で非常に便利である．しかし，膨大な数のイベントをデータベースの個々のオブジェクトとして管理する必要があるので，性能面などでの問題が多く，現在はまだ発展途上である．

(伊藤領介)

5
粒子加速器

5.1 線形加速器

概　　観

　線形加速器（リニアック，linac）は，一対のレッヘル線に沿って交互に接続された電極の間に生成される高周波電場で荷電粒子を加速するというイジング（スエーデン，1925年）の着想に基づき，カリウムイオンの加速に成功したヴィデレー（ドイツ，1928年）の装置から始まる．しかしその本格的な進展は，レーダー用として急速に成長した大電力超短波技術が応用されるようになった第2次世界大戦以降のことである[1]．とくにヴィデレーが使ったレッヘル線にかわって空洞共振器が導入されたことで，高電場が効率的に作り出せるようになった．

　線形加速器では直線軌道のほとんどを加速空洞が占め，粒子を一気に高エネルギーへ加速する．これは1周軌道上に占める加速部分の割合が小さいリング加速器と対照的である．ビーム軌道がリング加速器に比べ単純であるので，医療や産業分野の低エネルギー電子加速器のほとんどは線形加速器である．しかし，高エネルギー加速器となると敷地の制約上，圧倒的にリング加速器が使われる．その点で米国スタンフォード線形加速器研究所（SLAC）の長さ2マイル，56 GeV電子・陽電子線形加速器は異例の存在といえる．

　しかし，電子や陽電子のリング加速器ではエネルギーが上がってくると，粒子全エネルギーの静止質量エネルギーに対する比 $\gamma(=1/\sqrt{1-(v/c)^2})$ の4乗で増加するシンクロトロン放射損失に加速が実際上追いつかなくなる．最高記録はセルン（CERN）のLEPコライダーで到達した粒子あたりエネルギー約100 GeVである．そこで，より高いエネルギーを目標とする次世代の電子・陽電子衝突型加速器は，放射損失が無視できる線形加速器を対向配置するリニアコライダー方式とし，その研究開発が鋭意進められている[2]．

　線形加速器では，粒子と加速電磁波との長距離にわたる同期が大きい課題となる．粒子速度 v_b が自由空間の光速 c に比べ比較的遅いか，ほぼ等しいかにより加速空洞の形が大きく異なる．おおむね $v_b/c \approx 0.87 (\gamma=2)$ までの加速か，それ以上かがその境目で

あろう.電子や陽電子の場合,それは 511 keV まで加速することであって比較的容易である.しかしイオンの場合,最も軽い陽子や負水素イオンでも,それは 938 MeV という巨大な加速量である.したがってイオン線形加速器の構成はやや複雑なものとなる.以下では電子および陽子の線形加速器をそれぞれの代表例としてとりあげ,解説を行う.

a. 加速器の構成
(1) 電子線形加速器

電子線形加速器は電子銃,集群部(バンチャー,buncher),定常加速部(regular section)で構成される.室温型の線形加速器では純銅の加速管が使われ,通常,幅が数 μs,繰返しが数十 Hz の高周波パルスで運転される.

電子銃にはバリウム含浸タングステンカソードが広く使われる.100〜200 kV の負電圧パルスを印加し,数 A/cm^2 の熱電子ビームを引き出す.陽電源としては,重金属標的にうち込まれた高エネルギー電子ビームによる対発生の陽電子を利用する.

集群部は電子をほぼ光速まで加速するとともに,次段の定常加速部でできるだけ多くの電子が加速高周波の安定位相領域に収まるように,予備的な集群(バンチ)を行うところである.それには定常加速部と同じ周波数の高周波を使うが,その整数分の1の周波数も併用し集群効率を上げることもある.なお,高周波空洞のなかに置かれた光電子カソードを短パルスレーザーで照射し,直接バンチした高エネルギービームを取り出す方式も実用化され始めている[3].

定常加速部では光速の電子を前提とした進行波型加速管が使われる.加速管は円板装荷型構造(disk loaded structure)と呼ばれる一種の円筒導波管であるが,ビームと高周波が通るための穴(アイリス)がもうけられた円板が周期的に置かれている.高周波の管内位相速度は,ビームと同期するために光速に設定される.加速周波数はほとんどの場合 S バンド(2〜4 GHz)の 2,856 MHz(波長 10.5 cm)である.高周波源としては,大出力が得られ,位相制御も容易なクライストロン[4]が使われるが,出力や位相への要求が厳しくない小型加速器ではマグネトロンも広く使われる.

(2) 陽子線形加速器

陽子源を出るビームの速度 v_b は光速の 1% 程度である.そこでそれに続く加速器群は v_b の増加に応じて最適化された型の加速管を順次使う構成をとる[6].すなわち RFQ 加速管,アルバレ(Alvarez)型加速管,定在波型の周期構造加速管の順である.

陽子源は直径,長さとも 20 cm 程度の金属円筒で,内部に水素プラズマが生成されている.直径 1 cm ほどの引出し口に数十 keV の負(あるいは正)電圧を印加し,陽子(あるいは負水素イオン)ビームを引き出す.

RFQ 加速管[5]は高周波四重極電場によって,ビームの加速と集群を同時に行うものである.陽子ビームの場合,数十 keV から約 3 MeV(光速の 8%)までの加速を受けもつ.アルバレ型加速管はドリフトチューブ型(DTL)[1]とも呼ばれ,300 MHz 前後の高周波

で陽子を 200 MeV 程度（光速の約 6 割）まで加速する．これより高いエネルギー領域に使われる周期構造加速管は，周波数は 1 GHz 前後と低く，定在波モードが使われる点で電子の場合と異なる．

b. 進行波型加速管

電子線形加速器で広く使われるこの型の加速管は，図 5.1.1 のような周期構造をもち，ビーム速度に等しい位相速度の進行波で加速する．外部導波管と接続する加速管両端のセルはカップラーと呼ばれる．高周波電力はビーム上流側が入力され，余った電力は下流側で取り出される．この構造の基本単位（セル）は，隣り合う 2 枚の円板ではさまれた円筒空間である．その半径を b，長さを g としよう．ここでまず，円板の厚さ t や，円板中央にある半径 a の円孔を無視し，完全に金属壁で囲まれた半径 b，長さ g の円筒空洞の電磁場の性質を明らかにし，次いでセル間の電磁場結合の解析を行う．このような円筒空洞のセルはピルボックス（pillbox）とも呼ばれ，様々な加速空洞の基本型となるものである．

（1） 円筒セルの電磁場

セル中心軸を z とする円柱座標系 (ρ, θ, z) を用いて電磁場を取り扱う．壁面で電場は垂直，磁場は平行とする境界条件のもとにマクスウェル方程式を解いて，固有振動モードを求める．そのうち，中心軸に平行で一様な電場 E_z をもつ，最低次の共振周波数をもつモードが加速に使われる．

このモードの電磁場は円筒対称で，z には依存しない E_z と H_θ の 2 成分だけからなる．E_z は 0 次のベッセル関数 J_0 で与えられ，$\rho=b$ では 0 である．一方 H_θ は 1 次のベッセル関数 J_1 で表される．すなわち，中心軸上での E_z の振幅を E_0 とすれば，

$$E_z = E_0 J_0(\chi_{01}\rho/b)\cos(\omega_0 t)$$
$$\zeta_0 H_\theta = -E_0 J_1(\chi_{01}\rho/b)\sin(\omega_0 t) \qquad (5.1)$$

である．ここで，χ_{01} は $J_0(x)$ の最初の零点 2.4048，ζ_0 は真空の固有インピーダンス $\sqrt{\mu_0/\varepsilon_0}=376.73\,\Omega$ である．また，共振角周波数 ω_0 は $\chi_{01}c/b$ に等しい．なお，円筒セルの固有モード群は $H_z=0$ のものと $E_z=0$ のものに大別され，前者を TM（transverse magnetic）モード，後者を TE（transverse electric）モードという．式 (5.1) の基本

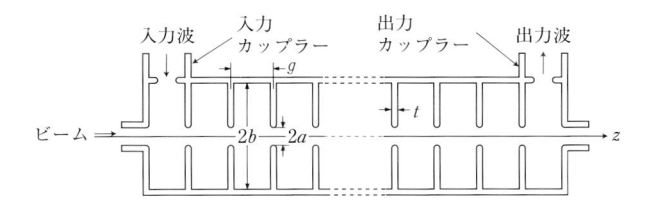

図 5.1.1 電子線形加速器の加速管

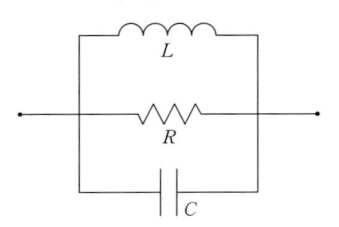

図 5.1.2 並列共振回路

解はこの分類に従い TM_{01} モードと呼ばれる．ここで第1番目の添字は θ 方向，2番目のは ρ 方向についての E_z の節の数を示す．

共振角周波数 ω_0 とともに，空洞の基本量である Q 値も上の電磁場解から求まる．それは共振時の電磁場エネルギーを W，金属壁でのジュール損を P_{wall} として $Q = \omega_0 W / P_{\text{wall}}$ で与えられる．金属の電気伝導度 σ および透磁率 μ（通常は $\simeq \mu_0$）を用いて $\zeta_m = \sqrt{\omega\mu/2\sigma}$ と表される高周波表皮抵抗を使えば

$$Q = \frac{\chi_{01}}{2} \frac{\zeta_0}{\zeta_m} \frac{g}{g+b} \tag{5.2}$$

である．

一般に空洞の大局的性質を表すために等価回路が使われる．ここでは図 5.1.2 のような L, C, R の並列共振回路で議論をすすめる．式 (5.1), (5.2) により

$$LC = \omega_0^{-2}, \quad R/L = \omega_0 Q \tag{5.3}$$

となるが，L, C, R を一意的に決めるにはもうひとつの関係式が必要である．そのためには加速電圧と密接につながるシャントインピーダンス R を定義する必要がある．一般の並列共振回路であれば，それは共振点での電圧を与えるものである．しかし，電場が広がりをもつ空洞での電圧の定義は一義的には決まらない．そこで，電荷 e の粒子が空洞内の所定の軌道を速度 v で通過するときに，正弦振動している電場から得る最大の加速電圧 V_a を電圧と定義しよう．そうすれば式 (5.1) の電場をもつ円筒セルの中心軸を走る粒子にとっては

$$V_a = TE_0 g \quad \text{ただし} \quad T = \sin(\omega_0 g/2v)/(\omega_0 g/2v) \tag{5.4}$$

である．ここで T は走行時間係数（transit time factor）と呼ばれる1を超えない量で，電場の時間変化に伴う加速電圧の低減を表す．交流回路理論では実効電圧振幅の2乗を損失（この場合は P_{wall}）で除したものがシャントインピーダンスであり

$$R = V_a^2/2P_{\text{wall}} \tag{5.5}$$

と与えられる．（なお，加速器ではしばしば $R_a \equiv 2R$ が加速器シャントインピーダンスとして使われるので注意が必要である．）

このように3つの基本量 ω_0, Q, R が与えられると，L, C も $L^{-1} \equiv \omega_0 Q/R$，$C^{-1} \equiv L\omega_0^2$ と一義的に決まる．

図 5.1.2 の等価回路に並列接続される回路として，導波管を介しての外部高周波源と，

加速されるビーム電流がある．それぞれは空洞回路にフェーザ (phasor) 電圧を誘起し，それらの線形和が空洞電圧としてビームに作用する．

ところで外部高周波源の動作特性は個々の導波管回路構成に依存し，複雑である．ここでは空洞と直接相互作用するビーム電流の振舞いに限定し，等価回路表現の妥当性を検証しよう．

加速器のビームは一般的に相対論的エネルギーをもつので，空洞を通過する瞬間に速度と電荷量が不変としてよい．そうするとマクスウェル方程式

$$\text{rot}\,\boldsymbol{H} = \frac{\partial \boldsymbol{D}}{\partial t} + \boldsymbol{J} \tag{5.6}$$

において，ビーム電流 $\boldsymbol{J}$ が外部強制振動項とみなせて $\boldsymbol{H}, \boldsymbol{D}$ は $\boldsymbol{J}$ に比例することになる．ここで空洞内の電磁場エネルギー密度

$$U = \frac{1}{2}(\boldsymbol{E}\cdot\boldsymbol{D} + \boldsymbol{B}\cdot\boldsymbol{H}) \tag{5.7}$$

についてはエネルギー流密度である Poynting ベクトル $\boldsymbol{E}\times\boldsymbol{H}$ とともに

$$-\int_V \boldsymbol{J}\cdot\boldsymbol{E}\,dV = \int_V \frac{\partial U}{\partial t}dV + \int_S (\boldsymbol{E}\times\boldsymbol{H})\cdot\boldsymbol{n}\,dS \tag{5.8}$$

というエネルギー保存式が成立する．ただし V は空洞体積，S は空洞表面，$\boldsymbol{n}$ は S 面外向きの法線ベクトルである．ここで，式 (5.5) を導く過程で前提としたビームと加速電場 $\boldsymbol{E}$ との関係を思い返すと，それはまさに式 (5.8) 左辺の電力を与えるものである．すなわち式 (5.5) で定義したシャントインピーダンスは式 (5.8) で表すエネルギー保存則に合致したものであり，この定義はきわめて一般性をもつものであるといえる[7]．

（2） 偏向モード

加速モードとともにビーム軌道に重大な影響を及ぼすものが偏向モードである[8]．これはベッセル関数 $J_n(x)$ の2番目に小さいゼロ点 $\chi_{11} = 3.8312$ をもつ $J_1(x)$ に対応するもので，TM_{11} モードと呼ばれる．単セルでのその電磁場は

$$\begin{aligned}
E_z &= E_1 J_1(\chi_{11}\rho/b)\cos(\theta)\cos(\omega_1 t) \\
\zeta_0 H_\rho &= E_1 [J_1(\chi_{11}\rho/b)/(\chi_{11}\rho/b)]\sin(\theta)\sin(\omega_1 t) \\
\zeta_0 H_\theta &= E_1 J_1'(\chi_{11}\rho/b)\cos(\theta)\sin(\omega_1 t)
\end{aligned} \tag{5.9}$$

の3成分のみで，他は0である．また z に依存しない．ここで E_1 は比例定数，$\omega_1 = c\chi_{11}/b \approx 1.6\omega_0$ である．なお $\theta \to \theta + \pi/2$ にすると，縮退するもう1つの独立解が得られる．さて，E_z は原点付近で ρ に比例する．もしバンチがわずかに偏心して通過すれば，式 (5.6) にしたがって偏心量に比例した振幅で，このモードが誘起される．磁場は原点付近で0ではないので，後続バンチに偏向力を及ぼす．長い線形加速器ではこれによってビームが失われる (beam break up) ことがあるので[9]，このモードの減衰とともにビーム集束法に注意が必要である．

(3) 周期構造

単位セルが連なった周期構造の電磁場は連成振動子モデルで記述できる．隣り合うセルは円板中心の円孔からしみ出す電場 E_z で相互作用する．ここで波は z の正方向へ進み，あるセルから右（z の正方向）隣へ移ると，電磁場位相が $-\phi$ だけ変わるとしよう．そうすると右セルとの結合度は $1-e^{-j\phi}$，左セルとの結合度は $1-e^{+j\phi}$ にそれぞれ比例する．このような結合の効果を考慮すると

$$\omega = \omega_0[1+k(1-\cos\phi)]^{1/2} \simeq \omega_0[1+k(1-\cos\phi)/2] \tag{5.10}$$

という帯域幅 $k\omega_0$ をもつ分散式を得る．ここで k は結合度を表すが，1 に比べて十分小さいとする．

ここで TM$_{01}$ モードについて考えよう．$\phi=\pi$ では円孔面左右で電場の z 成分の向きが反転するので，面上で $E_z=0$ となり，E_ρ 成分が円孔の縁に集中する．これは円孔の面積分の容量 C が減少することに相当し，共振周波数は高くなる．すなわちこのモードでは $k>0$ となる．k の大きさは円孔半径 a のみならず，円板の厚さや円孔縁の丸みに敏感に左右され，正確には数値計算で求めなければならない．しかし大まかには，円孔付近の電場を静電場近似し，$\phi=0$ と $\phi=\pi$ の場合の電場エネルギーの差として説明できる．その場合 $k\propto a^3$ となるが，実用されている多くの加速管でもそれに近い $\propto a^{3.6}$ となっている．

この分散曲線上の点 (ϕ,ω) と原点 $(0,0)$ を結ぶ直線の勾配にセル長 g をかけた $g\omega/\phi$ が，その周波数の波の位相速度 v_ω である．また群速度は $v_g = g\dfrac{\partial\omega}{\partial\phi}$ で与えられる．加速管として使うには v_ω をビーム速度 v_b に等しくしなければならない．この進行波の電磁場は単一空洞のものと違って E_ρ も現れ，フロケ（Floquet）の定理に従った無数の空間高調波成分を伴う．ある空洞の中央を $z=0$ としたとき，E_z は一般に

$$E_z(z)/E_0 = \sum_{n=-\infty}^{\infty} a_n \exp j[\omega t - (\phi+2n\pi)z/g] \tag{5.11}$$

と表され，a_0 が加速に寄与する基本波成分である．

なお入力パルスは群速度 v_g で伝わる．また，管内を流れる高周波電力 P_wave を v_group で除したものが単位長さあたりの電磁場エネルギーである．

この進行波は壁損によって徐々に減衰してゆく．等価回路を用いた 1 セルごとの減衰は，$\phi=0$ や $\phi=\pm\pi$ 付近を除き，$\exp(-\omega_0 L/kR\sin\phi)$ と近似される．この指数を g で除した平均値 $\omega_0 L/kgR\sin\phi$ を単位長さあたりの減衰定数 α という．そうすると，セルの周期構造を無視した平均の加速電場 E_acc は

$$E_\text{acc}(z) \simeq a_0 E_0 \exp[j(\omega t - \phi z/g) - \alpha z] \tag{5.12}$$

で与えられる．なお高周波電力 P_wave は電場の 2 乗に比例するので，その減衰定数は 2α である．

セル長 g が小さい加速管ほど E_z が滑らかになって基本波成分が増し，また T も 1 に近づくという長所をもつ．しかし単位長さ当りの円板数が増え，壁損が大きくなるので，

単位長さあたりのシャントインピーダンス r (Ω/m) が低下する．等価回路計算によれば，円板の数が管内波長あたりほぼ3枚のところ，すなわちセルごとの移相量が $2\pi/3$ あたりに r の極大がある．したがって多くの場合，管内波長あたり3枚の円板を装荷した $2\pi/3$ 型と呼ばれる加速管が採用される． r の正確な値は電磁場の数値計算と実測の ζ_m から求めなければならないが，大まかには $r \approx R/g$ である．

さて，$z=0$ における高周波入力を P_{in} としよう．また，E_{acc} のピーク値を $\hat{E}_{acc}$ とする．このとき，区間 dz でのピーク加速電圧 $\hat{E}_{acc}dz$，壁損 $dP_{wall}=2\alpha P_{wave}dz$，シャントインピーダンス rdz の間には，これまでの議論から

$$\hat{E}_{acc}(z) = \sqrt{2r \cdot 2\alpha P_{in}} \exp(-\alpha z) \tag{5.13}$$

という関係が成り立つことが示される．

最後に，加速管構造が周波数とともに相似形で変わる場合のスケーリングを行ってみる．加速管断面積は波長の2乗，すなわち $\propto \omega_0^{-2}$ で減少する．しかし群速度は不変である．これはある E_z 値を得るために必要な P_{wave} が同様に変化し，高い周波数ほど効率がよいことになる．しかし，表皮抵抗は $\zeta_m \propto \omega^{1/2}$ であるので，減衰定数も同様に増大する．結局，加速管長と加速電圧を同じにとったときの入力 P_{in} は $\omega_0^{-3/2}$ に比例することになる．

(4) ビームローディング

加速管内の電磁波は b.(1) 項で述べたように外部高周波源からの入力 P_{in} が作るものと，管内を通過するビームが作るものの合成である．ここで荷電粒子の速度変化が無視できる加速管の場合，この合成は単純な線形の重ね合わせになる．単セル空洞で調べたビームローディングの理論を進行波型加速管の場合に応用し，合成された電場の形を求めてみる．

ここでビームとして，時間間隔 $2\pi/\omega_0$ で並んだ点電荷列を考え，その平均電流を i_0 としよう．そうすると，区間 dz でビームが作る加速電場 $d\hat{E}_b$ は $-2\alpha r i_0 dz$ に等しくなる．したがって，電場は，上流で発生した電場 $\hat{E}_b$ も含めて，$d\hat{E}_b/dz = -2\alpha r i_0 - \alpha \hat{E}_b$ という方程式に従う．とくに初期条件を $z=0$ で $\hat{E}_b=0$ とすれば

$$\hat{E}_b(z) = -2ri_0[1 - \exp(-\alpha z)] \tag{5.14}$$

という解が得られる．ここで点電荷は，外部入力高周波のピーク位相から ϕ_b だけずれているとする．そうすると，ビームが受ける総合の加速電場は，(5.13)，(5.14) 式の電場の和

$$\hat{E}_{acc}(z) = \sqrt{2r \cdot 2\alpha P_{in}} \cos\phi_b \exp(-\alpha z) - 2ri_0[1 - \exp(-\alpha z)] \tag{5.15}$$

で与えられる．これを0から z まで積分したものがビームローディング効果も含めた加速電圧 $V_{acc}(z)$ である．

(5) ビームの集束

電子銃から出たビームは自身の空間電荷力，また z 軸に対する偏心や非平行により次第に発散する．この集束には磁場が使われる．数十 MeV までのビームパイプや加速管

の領域では,ヘルムホルツの磁場条件[10]を満たすコイル列が作るほぼ一様な B_z 磁場中を使う.しかし,ベータトロン波長が十分長くなる高エネルギー領域では,加速管と加速管の間に四極磁石を置いて集束をはかる.

(6) 具体例

最もよく使われる加速管は $\omega/2\pi = 2856.0$ MHz(波長 $\lambda = 105$ mm)で動作する $2\pi/3$ 型,すなわち $g = 35.0$ mm のものである.円板の厚さを $t = 5.0$ mm,孔径 $2a = 22.0$ mm,孔縁の丸みの曲率半径 2.5 mm としたとき,$2b = 82.16$ mm,$k = 1.30\%$,$v_{group}/c = 1.13\%$ である.良質な無酸素銅で作った場合,無負荷 Q 値 $Q_0 \approx 13000$ が得られ,また $\alpha \approx 0.145$ m^{-1},$r \approx 9.0$ MΩ/m となる.加速管長 L は通常 3 m 程度である.

減衰による加速電場の低下は $2a$(したがって v_{group})を順次小さくしてゆくことにより補償できる.単位長さあたりの電場エネルギーが z によらず一定になるように,v_{group} を調節するわけである.このような加速管を定加速電場(constant gradient)型という.これに対し,通常の周期構造は定インピーダンス(constant impedance)型という.定加速電場型のもう1つの利点は,各空洞が異なる $2a$,$2b$ をもつので,偏向モードの共振周波数が分散し,その結果,ビームへの悪影響が激減することである.

KEK にある ATF の線形加速器で使われている 3 m 加速管では,最上流で $2a = 25.27$ mm,最下流で $2a = 18.41$ mm,群速度から決まるマイクロ波パルスの管内伝搬時間は 0.83 μs,r の平均は 10 MΩ/m となっている.通常は約 30 MV/m の加速電圧で運転される.

c. 定在波型加速管

(1) 一般的な性質

低速($v_b \leq 0.6c$)陽子の加速には波長の長い UHF 帯(0.2~1 GHz)か L バンド(1~2 GHz)の高周波が選ばれる.ビーム径が電子の場合に比べ大きいことや g の小さすぎる空洞を避けるのがその理由である.高エネルギー電子リングでも,ビーム入射時には水平方向軌道変動が数 cm に達するため,孔径 $2a$ が十分に大きい長波長の空洞でなければならない.また,超伝導空洞では L バンドを超えると急速に Q 値が劣化するので,同じ周波数領域が選ばれる.

長波長では単位セル自身の寸法が大きいので,加速管セル数は ≤10 と小さい.数十ものセルからなる電子用進行波型加速管と異なり,セル間の高周波結合は単純である.したがって1カ所のみの高周波入力部で全セルを同時に定在波で励振する方式が採用される.図 5.1.3 には定在波型加速管の典型例である超伝導空洞の模式図を示す.

定在波モードは互いに逆行する進行波の重ね合わせと見ることができる.セルごとの位相差 ϕ が 0 か π 以外では電磁場が励起されないセルがあり,シャントインピーダンスが下がる.ところで $\phi = 0$ は走行時間係数が 0 に近づくので除外される.結局,加速周波数を分散曲線上で $\phi = \pi$ に合わせた π モード型加速管となる.このモードでは両

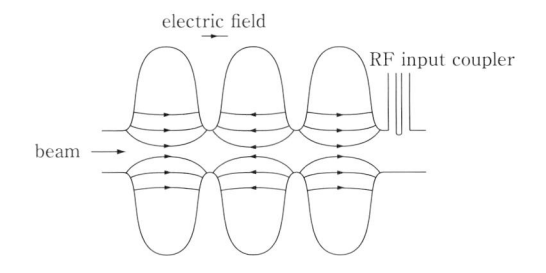

図 5.1.3 定在波構造の典型例である超伝導加速管の模式図 リニアコライダー用には 9 セル構造の開発が進められている.

進行波が空間的に縮退しており，平等に加速に貢献する．したがって電子・陽電子衝突リングでは対向するビームをともに加速することができる．

速度 v_b のビームと高周波がつねに同期する条件は $\omega = \pi v_b/g$ である．固有周波数 ω_0 のセルが N 個からなる連結構造の共振特性は，進行波加速管の場合と同様な手法で求められる．$\phi = \pi$ とし，かつ各セルでの振幅が等しいとすれば，$\omega_\pi = \sqrt{1+2k}$ が π モード周波数である．ただし，両端のセルでは結合孔が 1 カ所であるため，固有周波数を $\sqrt{1+k}\omega_0$ としなければならない．π モード以外に $N-1$ 個の共振モードが存在するが，π モードに最も近い

$$\omega_{N-1}/\omega_\pi \simeq 1 - k \cos^2[(N-1)\pi/2N] \tag{5.16}$$

の共振モードに注意する必要がある．式 (5.16) によれば，N が大きくなるにつれて π モードとの周波数差が急速に縮まることがわかる．これはセルの寸法誤差や，励振高周波の変調などでこのモードが容易に誘起され，加速モードに重畳して加速特性の劣化をもたらすことを意味する．この性質は π モードでは $v_g = 0$ となることに対応している．

(2) 2 重周期構造

隣り合う加速セルの間に加速に寄与しない小空洞（結合セル）を介在させ，π モードでも 0 ではない群速度をもたせるようにしたものが 2 重周期構造[11]であって，陪周期構造（APS：alternating periodic structure）や側結合構造（SCS：side coupled structure）がその代表例である．一般にこのような構造の π モードには，電磁場エネルギーが加速セルに集中するものと，結合セルに集中するものの 2 つがある．セル寸法を調整すれば，両 π モード周波数が一致し，$\phi = \pi$ で $v_{\text{group}} \neq 0$ となる分散曲線が得られる[11]．その結果 π モードと隣接モードの周波数差が大きくなり，通常の定在波型加速管の欠点が克服される．

APS の例としては，KEK トリスタン電子・陽電子衝突リングで用いられた 508 MHz ($\lambda = 0.589$ m) 加速管がある[12]．これは 244.7 mm 長の加速セル 9 個からなり，そこ

に 50 mm 長の結合セル 8 個が介在する．シャントインピーダンスは 29 MΩ であり，1.2 MV/m の平均加速電場で連続運転された．

SCS としては，米国ロスアラモス研究所陽子線形加速器の 805 MHz 加速管がある[13]．これは陽子を平均加速電場 1.1 MV/m で 100 MeV から 800 MeV まで加速する．

(3) アルバレ型加速管

この型は低，中エネルギーの陽子加速用として長い歴史をもつ．これは図 5.1.4 に示すように長円筒の空洞であって，その中心軸上を走る粒子の走行時間は高周波のいく周期にもわたる．したがって電場の向きが逆転している間，粒子を遮蔽しなければならないが，そのためにはドリフト管と呼ばれる小さい中空の金属円筒が中心軸上に多数配列される．隣り合うドリフト管の間隔は $\lambda v_b/c$ であって，下流に向かって開いてゆく．加速電場の一様性や走行時間係数の観点から，ドリフト管先端の加速間隙は放電しない範囲で出きるだけ狭くされる．ドリフト管の挿入は等価回路上 C の増大になり，同じ共振周波数の単純円筒空洞に比べ半径 b は小さくなる．磁場 H_θ は単純円筒空洞のそれとほぼ似た姿態をもつ．加速間隙に発生する電場 E_z はすべての間隙について同位相であり，z 軸に沿っての線積分の総和は，H_θ から計算される空洞全磁束量の時間微分に等しい．

例として，J-PARC 入射用陽子線形加速器を構成する 3 つの加速管のうち，3 MeV ($v_b/c = 0.08$) から 19.7 MeV ($v_b/c = 0.20$) まで加速する第 1 番目のもののパラメーターをあげておく．加速周波数は 324 MHz ($\lambda = 0.925$ m)，加速管の長さと直径はそれぞれ 9.9 m，0.561 m，ドリフト管直径は 0.140 m，加速間隙数は 76 である．間隙の長さの総和は空洞長の 30% 強を占める．1.9 MW の高周波電力で 2.5 MV/m の平均加速電場を得る．ビームの集束は各ドリフト管に仕込まれた四極磁石で行う．

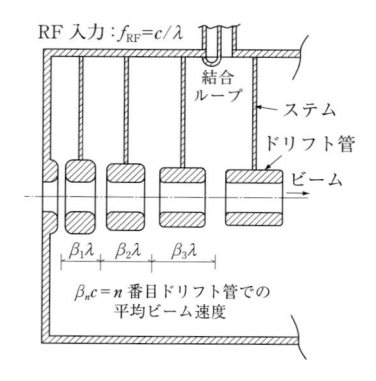

図 5.1.4 アルバレ型加速管の模式図

5.1 線形加速器

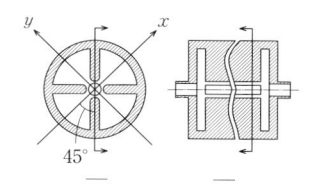

図 5.1.5 RFQ 空洞の断面   **図 5.1.6** 翼先端の凸凹の様子

（4） RFQ

陽子源のビームは数十 keV（$\beta \sim 0.01$）という低エネルギーであり，アルバレ型加速管にとっては β が小さすぎる．そのため 1～3 MeV 程度の加速が要求される．かつてはコッククロフト・ウォルトン加速器がこの役目を担ったが，今は RFQ と呼ばれる定在波型加速管に代わった．これも基本は円筒空洞であって，本来 $E_z = 0$ となる TE モードグループの TE_{21} モードを応用したものである．このモードは中心軸に沿って四極電場をもち，遅い荷電粒子の横方向集束に有効である．

さて，半径 b の円筒が $z = \pm L/2$ において端板で閉じられているとする．するとこのモードの電磁場は

$$H_z = H_2 J_2(\chi'_{21} r/b) \cos(2\theta) \cos(\pi z/L) \cos(\omega_2 t) \tag{5.17}$$

をもとに，0 ではない他の 4 つの成分が導かれる．ここで H_2 は振幅を表す任意の定数，χ'_{21} は 2 次のベッセル関数の微分 $J'_2(x)$ の第 1 番目の零点（= 3.0542），共振角周波数は $\omega_2 = c\sqrt{(\chi'_{21}/b)^2 - (\pi/L)^2}$ である．

ここで幅が b より小さい金属板（翼（vane）と呼ばれる）を $\theta = 45°$ から 90° おきに筒壁に貼り付ける．なお，それらの端と円筒端板の間には隙間を作り，その付近でのおもな磁場成分である H_θ を遮らないようにする（図 5.1.5）．この構造で電場は翼先端に集中し，強い四極電場となる．さらに翼の先端に滑らかな凹凸を施し，翼どうしの間隙を周期的に変化させる．その場合，45° と 225° の翼の間隙は z 方向に cos 的に，他方 135° と 315° では sin 的に変化させる（図 5.1.6）．そうすると本来 0 であった E_z 成分が現れ，粒子の収束をはかりつつ，加速も行えるようになる．なお凹凸周期の長さはアルバレ型加速管と同じく $\lambda v_b/c$ で，下流ほど増大する．

J-PARC の 324 MHz RFQ は約 3 m 長で 294 周期の凸凹をもつ．翼先端の平均間隙は 7.4 mm である．ピーク値 500 kW の高周波入力で H$^-$ イオンを 50 keV（$\beta = 0.01$）から 3 MeV（$\beta = 0.08$）まで加速する．

d. 加速器要素技術
（1） 大電力高周波技術

大電力高周波源としては自励発振管のマグネトロンや増幅管のクライストロン[4]が使われる．特に周波数や位相の安定度が要求される場合は入力信号による制御が可能な後

者がもっぱら使われる．カソードからの直流電子ビームに入力信号で励振されている入力空洞で速度変調を起こさせ，それが密度変調に変わるところに置かれた出力空洞でのビームローディングにより高周波出力を得るのがクライストロンの原理である．こうしてクライストロンでは高周波信号入力による出力の振幅や位相の正確な制御が可能となる．

～3 GHz から ～10 GHz までの電子線形加速器には，数十 Hz，数 μs の短パルス，数十 MW の高出力で動作するクライストロンが使われる．1 GHz 以下の領域には，1～10 MW の連続波または準連続波のクライストロンも開発されている．

電圧 V_b をかけたときのカソード電流 I_b は $I_b = PV_b^{3/2}$ というチャイルド・ラングミュアー則に従うが，その比例係数 P をパービアンスと呼ぶ．小さい P では高周波電力への変換効率が大きいが，電圧も高くしなければならない．その兼ね合いでほとんどの場合，P は 1×10^{-6}（$AV^{-3/2}$）前後に設計される．標準的な効率は 45% 程度である．

さてパルス電圧 V の実用的な上限は～500 kV である．上のパービアンスと効率を仮定すれば，これは高周波出力が周波数によらず～80 MW となることに相当する．ところで短パルスであれば加速管はその数倍の電力でも受容可能である．そこでパルス幅を圧縮し，その分だけピーク値を高める導波管システムが実用化されている．これはクライストロン出力位相に適当な変調をかけ，特別な導波管素子でパルス幅の圧縮をはかるものである．その代表的な例が SLAC で発明された SLED[14] と呼ばれるパルス圧縮システムで，2 倍以上の電力増幅が得られ，SLAC はもとより KEK など大型電子線形加速器での加速電場増大に役立っている．常伝導線形加速器方式のリニアコライダーにもいくつかのパルス圧縮システムが新たに開発されている[2]．

(2) 加工技術
材　質
1 GHz 以上では，加速管は高純度無酸素銅ブロックから削り出される．UHF 帯用の大型加速管では，強度と価格の点で鉄を使い，内表面に緻密かつ平滑な銅メッキを施す[12]．超伝導空洞には残留抵抗比が 100 以上の高純度ニオブ材を使う．

切削整形
原材料，とくに銅ブロックの場合は加工前に焼鈍処理が施され，残留応力ならびに残留不純物をできるだけ除去する．高精度が要求されるマイクロ波領域の加速管の場合，加速セルはダイアモンド刃を用いた旋盤で寸法誤差が数 μm 以下，表面粗度が数十 nm 以下に加工される．UHF 帯空洞の場合でも，共振周波数のばらつきが 5×10^{-5} 以内の精度で加工される．ニオブ空洞では，平板を椀状に圧力整形し，電子ビーム溶接で縫い合わせて 1 つのセルにする．

接合・溶接
銅加速管では各セル間に金，銀の鑞材を挟み，高温で接合する．融点の異なる鑞材を組み合わせ，何段階かに分けた接合をすることも多い．10 GHz 前後の小さい加速管に

なると，鑞材を使わず，銅切削面間を拡散接合で直接一体化する方法も実用化されている[15]．銅メッキを施した鉄セルやニオブセルでは，電子ビーム溶接でつないでゆくが，溶接時の収縮を 10 μm 程度の精度であらかじめ見込んでおく．

表面処理

大電力運転での高真空度維持には，加工時にセル表面に巻き込まれた不純物を極力除いておかなければならない．また高加速電場運転には，電界放出の原因となる微視的な突起を極力減らし，耐電圧を上げなければならない．そのため，化学研磨，電解研磨，純水洗浄，真空炉中でのベーキングなどを組み合わせて実施する．

（3） 高電界と放電

空洞内の放電は電界放出電子が種となって 2 次的荷電粒子がねずみ算的に増殖する結果であり，パルスが長くなるほど耐圧が下がる．また電場強度を一定としたとき，1 次電子の走行距離は周波数が高いほど小さいので，周波数が高いほど高加速電場が得られる[18]．いかなる加速管でも，高加速電場を実現するには放電を繰り返しつつ電場を徐々に上げていく，いわゆる慣らし運転（コンディショニング）過程が必須である．

加速電場の上限を与える経験則としては Kilpatrick の式[16]があり，比較的長いパルスで運転される加速管の設計の目安になっている．短パルスではあるが高電場の限界に挑むリニアコライダー用加速管の場合，S バンド加速管で $\sim 40\,\mathrm{MV/m}$[17]，X バンド加速管で $\sim 70\,\mathrm{MV/m}$[2] の平均加速電場が達成されている．

コンディショニングは電界放出電流（暗電流）と密接に関係する．これは Fowler-Nordheim 式に従って表面電界の指数関数で増大する[18]．ただし実測値と合わせるには，表面電界としてマクロな構造から決まるものにある係数 β を乗じたものを使わなければならない．初期の加速管では $\beta \lesssim 1\times 10^3$ であるが，コンディショニングが進めば $\sim 10^1$ まで下がる．これは表面の微視的突起が放電で滑らかにされたものとして説明される．しかし，過度の放電の繰り返しは壁面に多数のあばたを作り空洞劣化につながる．

（4） 超伝導と高周波

超伝導空洞は，高周波モードの振舞いに関しては，一般的な定在波型加速管と特に異ならない．特有の問題はすべて超伝導状態と関係するものである．ニオブは臨界温度 $T_c = 9.5\,\mathrm{K}$，臨界磁場 $H_c = 1980$ ガウスの第 2 種超伝導体であり，空洞としては 2 K の液体ヘリウムに浸して運転されることが多い．高周波磁場は壁面で H_c を超えられないので，加速電場の上限はセル形状にもよるが，50 MV/m 前後になる．表面磁場は London の侵入深さ $\lambda_L \sim 50\,\mathrm{nm}$ 程度内部に浸透する．その磁場の時間変化に伴う電場は常伝導電子成分も加速し，オーム損失が発生する．したがって Q 値は 10^9 程度と大きいが有限である．

Q 値は加速電場が $\sim 20\,\mathrm{MV/m}$ から急に低下し始めることが多い．原因としては，結晶粒界での段差や電界放出電子による超伝導状態の局所的な劣化などが考えられる．こ

れへの対策としては電解研磨による表面の平滑化や不純物の除去が有効である[19].

　良好な熱伝導を確保するために，ニオブ壁は2～3mmと薄くされる．したがって，高周波磁場が壁電流へ及ぼすローレンツ応力でセルが変形し，共振周波数のずれることが問題となる．特に高周波パルス立ち上がり時における壁面の過渡的振動に注意すべきで，高速の機械的フィードバックが要求される[20].

(5) 超高真空技術

　加速セル壁面への異分子吸着を避けるため，油を使わない排気系としなければならない．粗排気にはターボ分子ポンプ，定常的な高真空度維持にはイオンポンプが使われる．真空度としては10^{-6}Paで十分であるが，放電時のガスバーストを速やかに排気できることが望ましい．イオンポンプへの排気口には高周波の侵入を防ぐための格子が必要である．大型の加速管では，加速セル自身に排気口が設けられるが，マイクロ波領域の加速管では，両端のビームパイプか，入出力導波管の一部に設けられる．これは排気口による共振周波数の離調を嫌うためである．

　　　　　　　　　　　　　　　　　　　　　　　　　　　　　　　　　（髙田耕治）

参考文献

1) M. S. Livingston and J. P. Blewett, *Particle Accelerators* (MacGraw-Hill, 1962).
2) International Linear Collider Technical Review Committee, *ILC/TRC Second Report* 2003, **SLAC-R-606** (SLAC, 2003).
3) R. Kuroda et al., *Proc. EPAC* 2004 (Lucerne, 2004) 2685.
4) 髙田耕治,「加速器の基本概念」**KEK Report 2003-10** (KEK, 2004, http://research.kek.jp/people/takata/home.html).
5) K. R. Crandall et al., *Proc.* 1979 *Linear Accelerator Conference* (Montauk, N. Y., 1979) 205.
6) JAERI/KEK Joint Project Team, *Accelerator Technical Design Reporrt for High-Intensity Proton Accerlerator Facility Project* (JAERI/KEK, 2002).
7) 髙田耕治,「高周波加速の基礎」**KEK Report 2003-11** (KEK, 2004, http://research.kek.jp/people/takata/home.html).
8) P. B. Wilson, **HEPL-297** (HEPL, Stanford Univ., 1963).
9) A. W. Chao and M. Tigner (eds.), *Handbook of Accelerator Physics and Engineering* (World Scientific, 1998) p. 103.
10) J. A. Stratton, *Electromagnetic Theory* (MacGraw-Hill, 1941) p. 263.
11) T. Nishikawa et al., *Rev. Sci. Instr.* **37** (1966) 652.
12) K. Akai et al., *Proc. 13th Int. Conf. High Energy Acc.* **2** (1986) 303.
13) E. A. Knapp et al., *Rev. Sci. Instr.* **39** (1968) 979.
14) Z. D. Farkas et al., *Proc. 9th Int. Conf. High Energy Acc.* (1976) 576.
15) 小泉晋, 日本加速器学会誌 **2-2** (2005) 176.
16) W. D. Kilpatrick, *Rev. Sci. Instr.* **28** (1957) 824.
17) F. Hinode et al. (eds.), *ATF Design and Study Report* (KEK, 1995) ch. 3.
18) J. W. Wang and G. A. Loew, **SLAC-PUB-7684** (1997).
19) K. Saito et al., *Proc. 4th Workshop on RF Superconductivity*, **KEK Report 89-21**, (1990) vol. 2, p. 635.
20) H. Padamsee et al., *RF Superconductivity for Accelerators* (John Wiley and Sons, 1998) p. 428.

5.2 シンクロトロン

a. 円形加速器の誕生

磁場を利用すると，円形の軌道に沿って粒子を加速することができる．

円形加速器で最初に実用化されたものは，1930年代初頭にE. O. Lawrenceによって発明されたサイクロトロンである．

電荷q，運動量pの荷電粒子は磁場Bの中では$p=qrB$で与えられる半径rの円軌道を描く．円運動の回転周波数は，古典論の範囲内では，$f=qB/2\pi m$で与えられ（mは粒子の質量），Bが一定であれば回転周波数はエネルギーによらず一定である．この性質を利用して，一様磁場の直流電磁石と一定周波数の高周波空洞を用いて実現した加速器がサイクロトロンである．中心のイオン源から出た粒子は加速ギャップを通過するたびに加速され，エネルギーを増しながららせん状の軌道を描く．

サイクロトロンは回転周波数と高周波の周波数との同期を基本にしているが，実際のサイクロトロンには同期条件を崩す要因があり，そのためエネルギーには限界がある．

粒子を設計軌道に沿って安定に加速するにはビームの発散（特に上下方向の）を防ぐ必要があり，実際のサイクロトロンでは磁束密度を半径とともに下げることによってビームの集束を図っている．また，相対論的効果を考慮すると，回転周波数の式においてmを$m\gamma$（γは相対論的因子）で置き換える必要があり，エネルギーが高くなるとγの効果が効いてくる．この2つの要因はともに回転周波数がエネルギーとともに低下する方向に働くので，高周波の周波数が一定の古典的なサイクロトロンでは10 MeV程度に実際上の限界がある．その後発明されたAVFサイクロトロンでは，粒子の回転周波数がエネルギーによらず一定になるような磁場（等時性磁場という）を用いているので，原理的にエネルギーの限界はない．現在，エネルギーの低いものを除き，ある程度エネルギーの高いサイクロトロンはすべてこのタイプである．この場合，ビームの集束は，磁場の分布にAVF（Alternating Varying Field）という新しい方式を導入することによって実現している．

サイクロトロンは当然，陽子など重い粒子の加速に適している．

他方，電子の加速器として初めて実用になったものにベータトロンがある．ベータトロンは加速に誘導起電力を利用するという独創的な発想に基づいているが，ここではそのことには立ち入らない．ここでは，ベータトロンにおいては，サイクロトロンと違って，軌道の半径が一定であるという点が重要である．これを実現するために，磁場の強さは時間とともに変化する．この考え方は，本節の主題であるシンクロトロンに受け継がれている．

シンクロトロンが登場する1945年以前における加速器の状況は，コッククロフト-ウォルトン型加速器やバン・デ・グラーフ型加速器によって代表される高電圧を利用した低エネルギー加速器と，少しエネルギーの高いところではサイクロトロンとベータト

ロンであった．

b. 位相安定性の原理の発見とシンクロトロンの誕生

サイクロトロンにおいて粒子の回転と高周波とをつねに同期させるためには，高周波の周波数を粒子の回転に合わせて時間的に変えればよい．これを同期加速という．しかし，ビーム中の粒子には必ずエネルギーにばらつきがあり，同期条件を満たさない粒子が高周波によって安定に加速できるかどうかは自明ではない．

1945 年，V. Veksler と E. M. McMillan は互いに独立に，高周波加速における「位相安定性の原理」を明らかにし，同期加速が可能なことを示した．その結果，周波数可変の高周波を取り入れたエネルギーの高いサイクロトロンが生まれた．これはシンクロサイクロトロンと呼ばれる．しかし，加速器の歴史上，位相安定性の原理の発見がもつ最大の意義は，シンクロトロンを生み出したことである．これによって，GeV エネルギー領域の加速器が可能になり，高エネルギー物理学が飛躍的に発展した．

シンクロトロンでは，粒子は一定の軌道に沿って運動し，加速は高周波によって行われる．したがって，磁場も高周波の周波数も時間的に変化する．図 5.2.1 はシンクロトロンの構造を模式的に描いたものである．シンクロトロンではエネルギーの低い加速器（リニアックが一般的）を入射器として用い，ビームは入射装置によってシンクロトロンの軌道に向かって打ち込まれる．加速後，所定のエネルギーに達した時点でビーム取り出し装置によって外に取り出される．入射装置，取り出し装置，高周波加速装置（RF）などを設置するため，電磁石をいくつかに分割して直線部を設ける．

シンクロトロンをサイクロトロンと比較すると，半径一定の軌道の部分にだけ磁場があればよいので，電磁石が軽くなる．これがシンクロトロンによって加速器の高エネルギー化が進んだ最大の理由である．ただし，ビーム強度が低くなるのはやむを得ない．

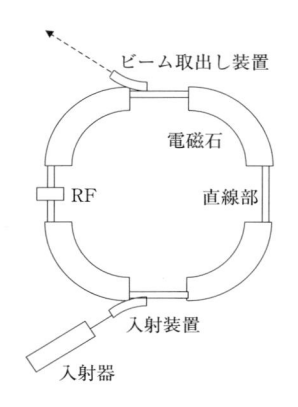

図 5.2.1　シンクロトロンの基本構成

c. 位相安定性の原理

ここでは，位相安定性の基本的な考え方を説明する．

図 5.2.2 は高周波電圧の波形を示したものである．加速電圧の設計値を V_s とする．そのような点は 2 カ所あるが，まず黒丸で示した方（電圧が時間とともに減少する側）について考える．

いま，同期条件からはずれた粒子として，エネルギーは正規の値（平衡エネルギーと呼んでおく）に等しく，位相のみが矢印 A のようにずれているものを考える．このように早めに加速空洞に到達した粒子は V_s よりも高い電圧で加速されるから，エネルギーはその分だけ平衡エネルギーよりも高くなる．このようにしてエネルギーのずれた粒子がつぎの 1 周をどのような時間をかけて回るかを考える．これには 2 つの点を考慮する必要がある．第一の点は，エネルギーが高い方にずれている粒子は（普通の設計では）中心軌道よりも外側を通り周長が長くなるということである．第二の点は，エネルギーの高い粒子は速度が速いということである．1 番目の効果は 1 周に要する時間を長くするが，2 番目の方は逆に短くするように働く．どちらの効果の方が勝るかというと，エネルギーが低いときは 2 番目の効果が優勢であり，エネルギーが上がると 1 番目の効果が優勢となる．

ここで，速度が光速度に近い場合を考えると（電子シンクロトロンでは大体このような状況にある），エネルギーが高い方にずれている粒子はリングを 1 周するのに同期粒子より長い時間を要するので，次に加速装置に達するときの位相は，最初の点 A よりも平衡位相 θ_s に近い点に移動する．このことは，位相のずれを θ_s の方に引き戻すように粒子に復元力が働いていることを示している．その結果，ずれの程度がある範囲内にあるときには，高周波に対する粒子の位相は，時間とともに変化するものの，θ_s（これを平衡位相と呼ぶ）から大きく外れることなく，平衡位相を中心に振動することになる．これに伴い，エネルギーも平衡エネルギーを中心に振動する．このような振動のことを位相振動（またはシンクロトロン振動）という．

上と同じ考察を，逆に白丸で示した側に平衡位相があると仮定して矢印 B について行ってみると，位相はかえって平衡位相から離れるので，こちら側は不安定な点であることがわかる．

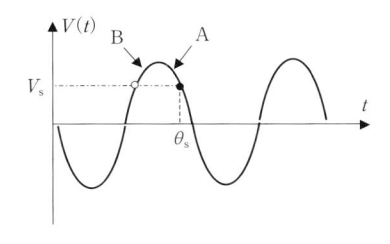

図 5.2.2 位相安定性の説明

このように，同期加速においては，高周波電圧の上昇側か下降側かのどちらかに安定な平衡位相が存在し，そのまわりに一定範囲の安定領域が存在する．エネルギーや位相が平衡値から大きくずれた粒子は安定に回ることはできない．

d. ビームの集束とベータトロン振動

シンクロトロンの電磁石は，図 5.2.3 に示すように鉄心とコイルからなる．コイルに電流を流すと，磁極間隙（ギャップ）に磁場が発生する．ギャップの中央に設計軌道があり，ここを中心に有限の太さのビームが回る．ビームが上下左右に飛び散ることなく安定に回り続けるかどうかは，どのような加速器にも共通した基本的な問題である．

加速器のビームに横方向の広がりが生じるのは，もともと粒子源（イオン源や電子銃）から粒子が飛び出すときに，その位置と角度に広がりがあるためである．この広がりの程度を与える指標をエミッタンスという．（エミッタンスはビームが加速されると減少するという性質があるので，エネルギーの低いときにビームの広がりが最も大きい．）

位置や角度にばらつきのあるビームが中心軌道に沿って安定に回り続けるためには，中心からはずれた粒子を軌道に引き戻す力（集束力）が必要である．加速器ではほとんどの場合，集束は磁場によって行われる．

磁場中の粒子の運動は基本的に垂直方向と水平方向とに分けて取り扱うことができる．

（1） 垂直方向の集束

図 5.2.4 に示すように，ギャップの間隔が右側に向かって広がっている電磁石を考える．磁場の一般的な性質により，磁力線は図に示したようにギャップ間隔の広い方（磁場の弱い方）にふくらむ．磁場の方向は下向きとし，正電荷の粒子が紙面の手前から向こう側に向かって進むものとする．ローレンツ力の方向から，リングの中心は左方向にある．

対称面（ここに中心軌道がある）からずれた点 P を進む粒子に働くローレンツ力は図に F と記した方向を向く．この場合，力の垂直成分は下向きであり，粒子を対称面に引き戻す力が働くことがわかる．このような磁場には粒子を垂直方向に集束する作用

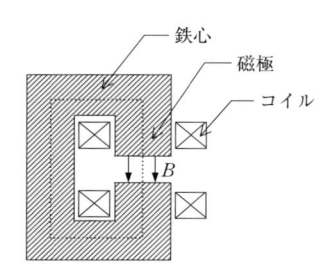

図 5.2.3 シンクロトロン電磁石

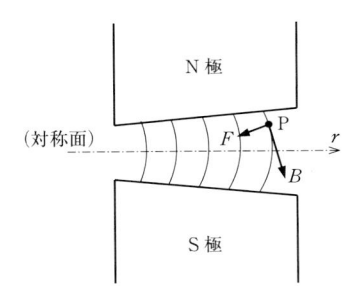

図 5.2.4 垂直方向の集束作用の仕組み

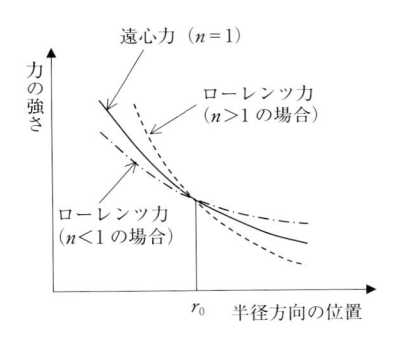

図 5.2.5 半径方向の安定条件の説明

がある．磁極面の傾きが逆のときには，磁場の垂直方向の作用は発散力となる．磁場には分布次第で荷電粒子に対して集束または発散の作用があることがわかる．

（2） 水平方向の集束

中心軌道（円軌道の曲率半径）は遠心力とローレンツ力の釣り合いで決まっている．中心軌道から水平方向にずれたところを通っている粒子に対して集束，発散のいずれの作用が働くかは，遠心力とローレンツ力が半径 r とともにどのように変化するかで決まる．これを考えるためには磁場の分布についての情報が必要である．ここでは，次のような形の磁場分布を仮定する．

$$B_z(r) = B_0 \left(\frac{r_0}{r}\right)^n \tag{5.18}$$

ここで，r_0 は中心軌道の位置，B_0 は中心軌道上の磁束密度である．（もちろん r としては r_0 のごく近傍のみを考える．）図 5.2.5 に遠心力とローレンツ力の大きさの r 依存性を示す．遠心力は $1/r$ に比例する．ローレンツ力については，$n>1$ の場合と $n<1$ の場合とを描いてある．

中心軌道からはずれた粒子が集束力を受ける条件は，$r>r_0$ では内向きの力が働き（ローレンツ力が遠心力より大），$r<r_0$ では外向きの力（ローレンツ力が遠心力より小）が働くことである．それは $n<1$ の場合に対応する．

（3） ビームの運動が安定な条件

垂直方向に対する集束条件は磁場が r とともに弱くなることであったから，これを n を使って表せば $n>0$ である．したがって，垂直，水平両方向でともにビームの運動が安定となる条件は

$$0<n<1 \tag{5.19}$$

である．これを満たす磁極の形状は，ギャップが外側に向かって n が 1 を超えない程度に広くなっているというようなものである．

式 (5.18) を r で微分して少し書き変えると，

$$n = -\frac{r_0}{B_0}\left(\frac{\partial B_z}{\partial r}\right)_0 \tag{5.20}$$

が得られる．このように，n は磁場の勾配に関係し，n 値と呼ばれる．

（4） ベータトロン振動

式 (5.19) の安定条件を満たすとき，粒子には，垂直，水平両方向に対して，中心軌道からのずれに比例した強さの復元力が働く．詳しい計算によれば，復元力の大きさは，垂直方向では n に比例し，水平方向では $1-n$ に比例する．これはバネの振動におけるフックの法則と同じであって，粒子は中心軌道のまわりを横方向に振動しながら安定に運動し続けることを示している．加速器における粒子の横方向の振動のことをベータトロン振動と呼ぶ．（歴史的に，ベータトロン中での粒子の運動の安定性の研究からこの問題が明らかにされたので，この名称がついている．）

バネの問題でバネ定数が大きいと振動数が高くなるのと同じく，ベータトロン振動数は，垂直方向には $\sqrt{n}$，水平方向には $\sqrt{1-n}$ に比例して変わる．ベータトロンや初期のシンクロトロンにおいては，垂直，水平両方向に同程度の集束力を得るために，n としては 0.5 近くの値が一般的である．

e. 強集束の原理

位相安定性の発見以降，GeV エネルギー領域のシンクロトロンがつぎつぎと出現したが（代表的なものに米国に建設されたコスモトロン (3 GeV) とベヴァトロン (6.2 GeV) がある），電磁石の磁束密度は鉄の特性から 2 T 以下とするのが普通であるから，エネルギーを高くしようとすると周長が大きくなり，シンクロトロンといえども電磁石システムは相当な規模になる．（ベヴァトロンでは電磁石の総重量は 1 万トンであった．）

1952 年，E. D. Courant, M. S. Livingston, H. S. Snyder はそれまでの方式に比べて，はるかに効果的なビーム集束方法を発見した．これが強集束（strong focus）の原理で

ある．これによってビームをより細く絞れるようになり，それに伴い電磁石の断面積が小さくなって重量が大幅に減少した．この原理を応用したものが強集束シンクロトロンである．これに対し，それまでの集束方式を用いたコスモトロンやベヴァトロンなどは弱集束（weak focus）シンクロトロンと呼ばれる．

弱集束シンクロトロンの場合，d.項で述べたように，リング1周にわたり，一様に $0<n<1$ の条件を満たす磁場が用いられる．この場合，電磁石のギャップは外向きに広くなっているが，広がりの程度はあまり大きくない（$n<1$ の条件があるから）．

これに対して，強集束の場合には，絶対値が1に比べてはるかに大きい $n>0$ と $n<0$ の2種類の電磁石を用いるのが特徴である．図5.2.6に示すように，磁極がリングの中心に対して，内向きに開いているもの（$n<0$）をF電磁石，外向きに開いているもの（$n>0$）をD電磁石と呼ぶことにする．F電磁石では水平方向に対して集束，垂直方向に対して発散となり，D電磁石ではその逆となる．

このようなF電磁石とD電磁石を図5.2.7に示すように交互に並べると，垂直と水平の両方向に対して，弱集束方式に比べて格段に強い集束が得られる．これが強集束の原理である．この方式は，磁場勾配の異なる2種類の電磁石を交互に並べることから，alternating gradient 方式とも呼ばれる．

強集束の原理が発見されると，CERN（欧）とBNL（米）でほぼ同時期に 30 GeV クラスの陽子シンクロトロンが建設された（1959～1960）．これらの電磁石の総重量は約4,000トン程度であったから，強集束の効果は驚異的である．

図5.2.6に示した型の電磁石はビームの偏向と集束の作用を同時に行っている．このような型の電磁石を用いたシンクロトロンを combined function（機能混合）型という．

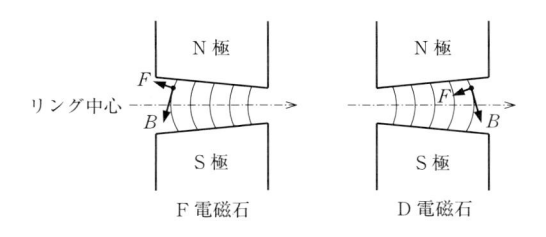

図 5.2.6 強集束方式におけるFおよびD電磁石

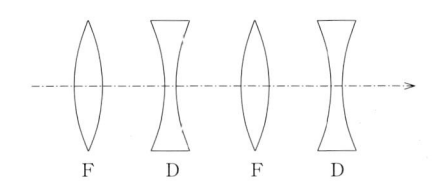

図 5.2.7 強集束の原理

CERN と BNL で建設されたものはこの方式を採用している．わが国においては，東京大学に強集束試験用のシンクロトロンが建設され，1961 年には東大原子核研究所に 1.3 GeV 電子シンクロトロンが日本初の高エネルギー加速器として実現した．

これに対して，偏向と集束の作用を分離して，それぞれを偏向電磁石（B）と四極電磁石（F および D）に分担させるやり方もある．このようなものを separated function（機能分離）型という．四極電磁石は図 5.2.8 に示すように 4 つの磁極を持ち，N 極と S 極が 1 つおきに交代する電磁石である．中心では磁束密度はゼロ，距離に比例して磁束密度が直線的に増える．F 電磁石と D 電磁石では N 極と S 極が入れ替わる（この図では，煩雑になるのでコイルは描いていないが，各磁極に巻く）．中心軌道は原点 O の位置に選ぶ．偏向電磁石（$n=0$）と四極電磁石を用いて作られる磁石配列の例が図 5.2.9 である．ビーム力学の観点からみると，図 5.2.7 も図 5.2.9 も FDFD の配列となっており，働きは同等である．

1970 年代になると，CERN と Fermilab（米）に 500 GeV クラスの陽子シンクロトロンが建設された．それ以後，高エネルギー物理の分野はコライダーの時代となったが，

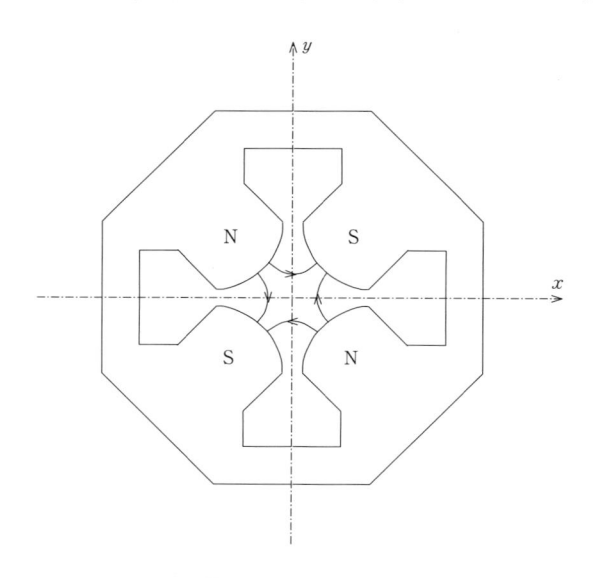

図 5.2.8 四極電磁石

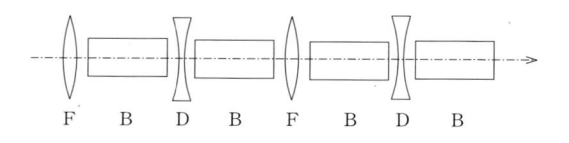

図 5.2.9 機能分離型シンクロトロンの電磁石配列

このような高エネルギー加速器には機能分離型が用いられることが多い．また，高エネルギー物理学研究所（現高エネルギー加速器研究機構）に建設された 12 GeV 陽子シンクロトロンでは機能分離型が採用された．

以上みてきたように，位相安定性の発見とシンクロトロンの実現，ならびに強集束の原理の発見は，加速器の歴史における二大発見といって差し支えない．

f. 高周波加速空洞

高周波加速には空洞共振器が用いられる．空洞共振器は金属で囲まれた円筒状の缶で，形状，寸法によって決まる固有の共振周波数をもつ．

加速空洞は，図 5.2.10 に示すように，基本的には左右のビームパイプとそれを取り囲む外側の円筒部分からなり，ギャップの部分に電場が発生し，中心軸を取り囲むように磁力線が走る．高周波電流はビームパイプ，円形の端板，円筒部分，反対側の端板およびビームパイプを通って流れる．ギャップ部に発生する高周波電界によってビームを加速する．

図 5.2.11 に示したものは，内壁の形状が最適化された現実に近い空洞である．空洞に電圧を発生させるために，円筒部の壁に穴をあけて入力結合器を取り付け，外部の高周波電源から電力を供給する．必要な高周波電力は，空洞内での高周波損失とビーム電力（ビームに与えるエネルギーの総和）の和である．図 5.2.10 または図 5.2.11 に示す加速空洞では，共振周波数は固定である（入力結合器と同じように円筒部にチューナーを取り付け，わずかに共振周波数を変えることはできるが）．電子シンクロトロンのように，粒子の速度が入射のときから光の速度に近い場合には加速周波数は一定でよいので，このような加速空洞が利用できる．図 5.2.11 はセルが 1 つの単セル空洞であるが，これらをいくつか連結した多連空洞もある．

これに対して陽子シンクロトロンでは，粒子の速度が大幅に変わるので，それに合わせて空洞の共振周波数を時間的に変える必要がある．電子回路で一般的な LC 共振回路の場合，L または C を変えることによって共振周波数を変えることができる．空洞共振器を LC 共振回路と比較すると，電界が集中している部分が C，磁界のある部分が L に対応する．したがって，加速空洞の場合でも共振周波数を変えるには 2 通りの方法が可能である．C を変える方式では，ギャップに可変コンデンサーを接続し，これを時間

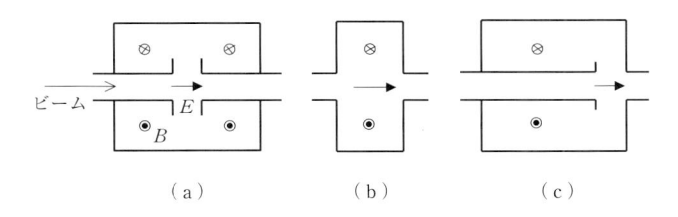

図 5.2.10　高周波加速空洞の基本形状

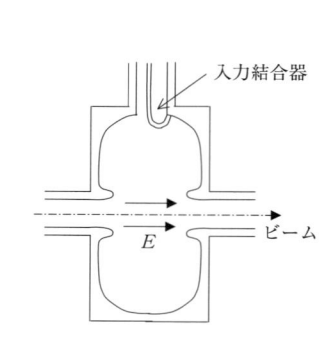

図 5.2.11 実際の加速空洞の形状例 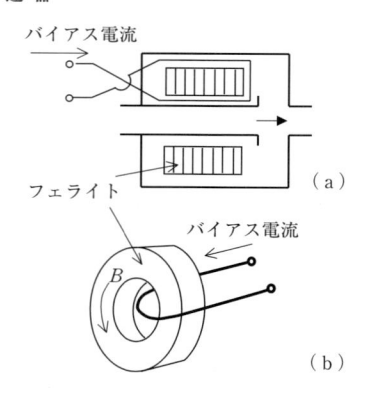   **図 5.2.12** 周波数加変型加速空洞

的に変化させる．しかし，この方法は現在ではあまり一般的でない．

現在では，L を変える方式が主流である．コイルの中に磁性体を差し込むとインダクタンスが変わることはよく知られているが，加速空洞の L を変えるのもこれと同じやり方で行うことができる．図 5.2.12(a) に示すように，空洞のインダクタンスを担っている部分にフェライトのリング（図の (b) に示すような形状）を装着する．フェライトは電気抵抗が高く，高周波領域で使用できる磁性体である．このような磁性体のリングに図の (b) に示すように電流（バイアス電流と呼ぶ）を流すと，B で示したようにリング内に磁場が発生する．磁性体の透磁率 μ は磁束密度によって変化するので（普通は，B が高くなると μ が下がる），それによって空洞の L を変えることができるというわけである．

近年，フェライトの代わりに金属磁性体のフィルムを巻いたものを用いることがある．重粒子用シンクロトロンのように周波数の変化範囲が広いときに，金属磁性体を用いた無同調の空洞が有利な場合がある．

〔木 原 元 央〕

参 考 文 献
亀井亨，木原元央，「加速器科学」（丸善，1997）．

5.3 衝 突 型 加 速 器

a. 重心系でのエネルギーと衝突型加速器

衝突型加速器（collider）はビームどうしを向かい合わせに衝突させ，衝突点において素粒子反応を引き起こすための加速器である．素粒子実験はますます高いエネルギー領域の探索に進んできたが，それを可能にしたのが衝突型加速器である．歴史的には加速器による素粒子実験は，加速されたビームを加速器内であるいは取り出した後に，物

質に衝突させ反応を起こさせる固定標的実験から始まった．しかし，反応に寄与するエネルギーは運動するビーム粒子と標的内の粒子の重心系での全エネルギーである．ビームのエネルギーが高くても，標的が静止している場合はその重心はビーム方向に急激に運動するので，重心系でのエネルギーはあまり高くならない．特殊相対論では重心系のエネルギーは

$$E/c^2 = \sqrt{m_1^2 + m_2^2 + 2m_1 m_2 \gamma_1 \gamma_2 (1-\beta_1 \beta_2)} \tag{5.21}$$

と表される．ここで $m_{1,2}$ は各粒子の静止質量，$\beta_{1,2} = v_{1,2}/c$ は実験室系での各速度の光速に対する比，$\gamma_{1,2} = (1-\beta_{1,2}^2)^{-1/2}$ は各ローレンツ因子である．以下，簡単のため質量が同じ粒子どうしの衝突を考える．もし粒子2が静止していると（固定標的），上式は $\beta_2 = 0, \gamma_2 = 1$ であるから，

$$E = \sqrt{2m^2c^4(1-\gamma_1)} = \sqrt{2mc^2(mc^2+E_1)} \tag{5.22}$$

となり，衝突のエネルギー E はビームのエネルギー $E_1 = \gamma_1 mc^2$ に対してその平方根でしか増加しない．これに対しエネルギーが同じビームどうしを反対向きに衝突させると，式（5.21）で $\beta_1 = -\beta_2$ とすると

$$E = 2\gamma_1 mc^2 = 2E_1 \tag{5.23}$$

となり，ビームのエネルギーがすべて反応に使われる．つまり，衝突型加速器は固定標的に比べ高いエネルギー領域により容易に到達できる．これが今日，衝突型加速器実験が素粒子実験の主流をなすに至った理由である．

b. ルミノシティ

一方，素粒子実験では単位時間にどれだけの反応が起こるかが重要である．単位時間の反応の数 N は一般に以下の式で表される．

$$N = \sigma(E)\mathcal{L} \tag{5.24}$$

ここで $\sigma(E)$ は反応断面積と呼ばれる量で，「標的の大きさ（面積）」を表す．この反応断面積はそれぞれの反応に対して物理法則で決定される量であり，衝突エネルギーの関数である．一方，量 $\mathcal{L}$ は「ルミノシティ」と呼ばれ，単位時間・単位面積での粒子どうしの出会い（交差）の回数

$$\mathcal{L} = \frac{N_1 N_2 f}{A} \tag{5.25}$$

である．N_1 は標的を通過するビーム内の粒子数，N_2 は標的内の粒子数，A は反応が起こる領域でのビームの進行方向に垂直な断面積，f は単位時間にビームが標的を通過する回数である．もちろん衝突型加速器ではどちらのビームを標的と考えてもかまわない．

衝突実験ではある反応を起こすためには，まずある衝突エネルギーに到達しなければ反応断面積が多くの場合ゼロであり，とにかく目標エネルギーを達成しなければ話が始まらない．これこそが固定標的に対して衝突型加速器が選ばれる理由であった．ひとたびエネルギーが決まれば各反応の反応断面積は物理法則で決まり，人間が左右できるものではないが，ルミノシティは加速器の性能＝人間の努力によって大きく異なる．ビー

ム内の粒子の密度は固定標的に比べ一般に10桁程度低い．したがって衝突型加速器のルミノシティは固定標的と比べるとはるかに低いので，そのルミノシティをいかに高めるかが衝突型加速器にとって最大の課題となる．

c. 衝突型加速器の諸形態

表5.3.1は現在まで世界各地で建設された各種の衝突型加速器である（建設中のものを含む）．それらの形態は，1つのリングの中に両方向のビームを蓄積・加速し，いく

表5.3.1 世界の主な衝突型加速器

加速器	所在地	粒子	型[a]	ビームエネルギー（GeV）	ルミノシティ (10^{30} cm^{-2}s^{-1})	年（衝突実験）
AdA	Frascati（伊）	e^+/e^-	S	0.25	$\sim 10^{-5}$	1962
VEP-I	Novosibirsk（露）	e^-/e^-	D	0.13	~ 0.001	1963-1965
CBX	SLAC（米）	e^-/e^-	D	0.5		1963-1968
ACO	Orsay（仏）	e^+/e^-	S	0.5	0.1	1966
Adone	Frascati（伊）	e^+/e^-	S	1.5	0.6	1969-1993
ISR	CERN（スイス）	p/p	D	3.2	130	1971-1983
SPEAR	SLAC（米）	e^+/e^-	S	4	12	1972-1990
VEPP-2/2M	Novosibirsk（露）	e^+/e^-	S	0.7	13	1974-
DORIS	DESY（独）	e^+/e^-	D	5.6	33	1974-1993
DCI	Orsay（仏）	e^+/e^-	D	1.8	2	1976-2003
PETRA	DESY（独）	e^+/e^-	S	19	30	1978-1986
VEPP-4M	Novosibirsk（露）	e^+/e^-	S	7	50	1979-
CESR	Cornell（米）	e^+/e^-	S	6	1,300	1979-2002
PEP	SLAC（米）	e^+/e^-	S	15	60	1980-1990
SppS	CERN（スイス）	p/p̄	S	315	6	1981-1990
TRISTAN	KEK（日）	e^+/e^-	S	32	37	1986-1994
Tevatron	Fermilab（米）	p/p̄	S	980	350	1987-
BEPC	IHEP（中）	e^+/e^-	S	2.2	13	1989-2005
LEP	CERN（スイス）	e^+/e^-	S	46	24	1989-1994
SLC	SLAC（米）	e^+/e^-	L	46	3	1989-1998
HERA	DESY（独）	$e^\pm/p$	D	30/920	75	1992-
DAΦNE	Frascati（伊）	e^+/e^-	D	0.7	150	1997-
LEP2	CERN（スイス）	e^+/e^-	S	105	100	1995-2000
PEP-II	SLAC（米）	e^+/e^-	D	3.1/9	12,000	1999-2008
KEKB	KEK（日）	e^+/e^-	D	3.5/8	21,100	1999-
RHIC	BNL（米）	重イオン	D	100/電荷	0.003[b]	2000-
CESR-c	Cornell（米）	e^+/e^-	S	1.9	60	2002-2008
VEPP-2000	Novosibirsk（露）	e^+/e^-	S	1	100	2006-
BEPC-II	IHEP（中）	e^+/e^-	D	2.1	300	2007-
LHC	CERN（スイス）	p/p	D	7,000	10,000[c]	2008-

[a] S：単リング，D：複リング，L：線形
[b] 金・金衝突時
[c] 目標値．

5.3 衝突型加速器

つかの衝突点で衝突させる単リング型，各ビームが別のリングで蓄積・加速される複リング型，線形加速器で加速されたビームを一度だけ衝突させる線形衝突型（リニアコライダー）に分類される．この他に一方のリングに蓄積したビームと線形加速器から出力されるビームを衝突させることは可能であるが，利点が少なく，計画には至っていない．

単リング型は，各ビームを磁場により偏向させ1つのリング内を逆向きに通過させるため，同一の運動量で反対向きの電荷の場合にのみ可能であり，実際には粒子・反粒子の組み合わせでしか行われていない．異粒子の場合やエネルギーの異なる場合は単リング型は使えない．普通加速器内のビームはバンチと呼ばれる塊に分かれて蓄積・加速されるが，単リング型ではこれらのバンチが本来の衝突点以外で衝突することを避けられない．そのような余分な衝突は後述のビーム・ビーム相互作用を増大させ，ルミノシティの低下を招く．このため，余分な衝突を避けるには各ビームのバンチの数を素粒子実験の検出器の数の半分にしなければならない．検出器の数は1～6台であり，初期の単リング型は実際そのような少ないバンチ数で運転された．

しかしのちに，単一リング内で各ビームを別々の軌道をとるようにし，バンチ数を大幅に増大させる方法が CESR で実証された．これは本来の衝突点付近の両側に静電場を印可する装置（セパレータ）を置いて軌道を分離し，衝突点以外のリングの大部分の場所では両ビームは近距離では衝突しないようにする方法である．このような軌道はプレッツェル（pretzel）と呼ばれ，ビームは水平・垂直両方向に分けられる．衝突点に交差角を設けるとさらに分離が楽になる．プレッツェルの場合，バンチ数は大幅に増加したが，遠距離での両ビームの相互作用は近距離よりも緩和されたとはいえ残るので，いずれ限界に達する．

複リング型は本来の衝突点近傍以外では，ビームは別々のビームパイプを通るため相互作用はない．このためバンチ数の大幅な増大が可能であり，バンチ間隔は最短で高周波加速の波長まで縮められる．極端な場合は ISR のようにバンチしない，連続ビームどうしの衝突も可能である（電子・陽電子の場合はシンクロトロン放射ロスを補うため高周波加速が必須であるので連続ビームは不可能）．実際，表 5.3.1 にあるように，複リング型のルミノシティは単リング型よりも高い．しかし，複リング型でも衝突点の近傍では両ビームが接近し，本来の衝突点以外でもビーム・ビーム相互作用が起こる．これを寄生衝突（parasitic collision）と呼ぶ．寄生衝突を避ける最も簡単な方法は本来の衝突点で比較的大きな交差角をとり，両ビームを速やかに分離することである（KEKB，DAΦNE）．

衝突点で交差角がある場合，ビーム・ビーム相互作用に各種の非対称項が発生し，一般には性能の劣化を招く．ビーム・ビーム相互作用が一定の範囲内であれば正面衝突との大きな違いは避けることができることは KEKB や DAΦNE で実証された．しかし，さらに強いビーム・ビーム相互作用に耐えられるためにはやはり正面衝突にしなければならない．衝突点でビームの交差角を保ちながら，バンチどうしを実質正面衝突させる方法として「クラブ交差」（crab crossing）という方式が提案され，KEKB で最初に試

された．これはバンチを進行方向から交差角の半分だけ相手のビームの側に傾けるもので，「クラブ空洞」(crab cavity) という横方向の高周波偏向装置により実現される．

荷電粒子はリングを周回する際に横向きの加速度を受け，シンクロトロン放射を行い，エネルギーを失う．その1周あたりのエネルギー損失 U はローレンツ因子 γ と軌道の曲率半径 ρ により

$$U \propto \frac{\gamma^4}{\rho} \tag{5.26}$$

と書かれる．電子・陽電子は，同一エネルギーに対して γ が陽子の1,800倍であり，この式によれば約 10^{13} 倍の放射を行う．具体的な放射量は電子・陽電子の場合，

$$U = 88.5 \mathrm{[keV]} \times \frac{E\mathrm{[GeV]}^4}{\rho\mathrm{[m]}} \tag{5.27}$$

であり，電子・陽電子のリング型加速器の最高エネルギーは LEP 2（曲率半径 3,000 m）の 105 GeV が事実上の限界である．したがって，LEP 2 を上回るエネルギーで電子・陽電子衝突を実現するには線形加速器で加速されたビームどうしを衝突させるリニアコライダーしか方法がない．SLC は唯一の建設されたリニアコライダーであるが，SLC の場合は電子・陽電子を共通の線形加速器で加速し，加速後に両者の軌道を分離して向きを変えた後に衝突させていた．将来，より高いエネルギー領域では電子・陽電子専用の線形加速器が必要になる．

d. ルミノシティの限界

ルミノシティを表す式（5.25）を見ると，単位時間にできるだけ多くの粒子を小さな領域（ビームサイズ）に集めて衝突させることが必要である．しかし，ビームサイズは際限なく小さくできるものではない．そこで問題となるのはビーム・ビーム相互作用である．ビームどうしが衝突すると，相手のビームから及ぼされる電磁気力によりビーム内の各粒子の軌道が変形される．ビーム・ビーム力は個々の粒子どうしの散乱ではなく，ビーム全体が作るマクロな電磁場による力である．リング加速器の場合，ビーム・ビーム相互作用の大きさはビーム・ビーム・パラメーター

$$\xi_{x,y} = \frac{r_e}{2\pi\gamma} \frac{N\beta^*_{x,y}}{\sigma^*_{x,y}(\sigma^*_x + \sigma^*_y)} \tag{5.28}$$

により表される．ここで $\sigma^*_{x,y}$ は衝突点での水平 (x)・垂直 (y) 方向のビームサイズ，$\beta^*_{x,y}$ は各方向の衝突点でのベータ関数（ビームの焦点の深さ），r_e は粒子の古典半径である．また，ビームの横方向の分布をガウス分布とした．このパラメーターはビーム・ビーム相互作用による）各方向の粒子のベータトロン振動数の最大変化量を表している．問題なのはベータトロン振動数の変化自体ではなく，ビーム・ビーム相互作用はビームサイズ程度の領域に局在し，粒子の振幅によって影響が大きく変化する強い非線形相互作用であることである．ビーム・ビーム・パラメーターはこの非線形性の尺度である．

ルミノシティ（5.25）はビームが横方向にガウス分布している場合は

$$\mathcal{L} = \frac{N_1 N_2}{4\pi \sigma_x^* \sigma_y^*} f \tag{5.29}$$

と書かれる．以下簡単のため $N_1 = N_2 = N$ とする．これをビーム・ビーム・パラメーター (5.28) と蓄積電流

$$I = Nef \tag{5.30}$$

を使って書き直すと，

$$\mathcal{L} = \frac{\gamma}{2er_e}\left(1 + \frac{\sigma_y^*}{\sigma_x^*}\right)\frac{I\xi_y}{\beta_y^*} \tag{5.31}$$

となり，ルミノシティは主として蓄積電流 I，垂直方向ビーム・ビーム・パラメーター ξ_y，衝突点垂直ベータ関数 β_y^* によって決定される．このように考えると，ビームサイズのルミノシティへの影響は限定的であり，$\sigma_y^* \leq \sigma_x^*$ である限り，たかだか2倍しか変わらない．ちなみに $\sigma_y^* > \sigma_x^*$ の場合は水平方向のパラメーターを考えれば同じことである．ビーム・ビーム・パラメーターは粒子の軌道がどれだけの非線形性に耐えられるかを表し，これまでの電子・陽電子リングでは 0.1 以下，陽子リングでは 0.01 以下である．一般に電子・陽電子リングではシンクロトロン放射に伴う，振動の放射減衰があるのでより大きな非線形性に耐えられる．

衝突点のベータ関数 β_y^* が小さいほどルミノシティは高いが，β_y^* はバンチの長さ σ_z よりは長くなければならない．β_y^* は焦点の深さであるが，焦点の前後 $\pm\beta_y^*$ では y 方向のビームサイズが $\sqrt{2}$ 倍に広がる．このため $\sigma_z > \beta_y^*$ ではかえってルミノシティを損してしまう．現在までのところリング最小の β_y^* は KEKB の約 6 mm である．ただし，後述のように，最近の SuperB や SuperKEKB 計画ではこの限界を超えて β_y^* を絞り込む可能性が追究されている．

これに対しリニアコライダーでもリングと同様のルミノシティの制限がある．衝突時に粒子は相手のビームの電磁場によりシンクロトロン放射を行うが，その放射量は粒子の曲げ角

$$\theta \sim \frac{2Nr_e}{\gamma(\sigma_x^* + \sigma_y^*)} \tag{5.32}$$

と曲率半径 $\rho \sim \sigma_z/\theta$ で決定される．たとえば放射するフォトン数の期待値は曲げ角に比例する．いま，曲げ角に制限 $\theta_{\max}$ があるとすると，ルミノシティは

$$\mathcal{L} = \frac{\gamma}{8\pi er_e}\left(\frac{1}{\sigma_x^*} + \frac{1}{\sigma_y^*}\right) I\theta_{\max} \tag{5.33}$$

となり，面積が一定ならば水平・垂直のビームサイズの片方をより小さくする，すなわち扁平ビームのほうがルミノシティを大きくするうえで効果的である．ちなみに最小ビームサイズはビーム集束時のシンクロトロン放射により，集束の方法によらず，線形加速器への入射時の不変エミッタンスで決まることが知られている．また，電流と投入電力 W，加速エネルギー効率 η には関係

$$(E/e)I = \eta W \tag{5.34}$$

があるので，ルミノシティは

$$\mathcal{L} = \frac{1}{8\pi r_e mc^2}\left(\frac{1}{\sigma_x^*}+\frac{1}{\sigma_y^*}\right)\eta W\theta_{\max} \tag{5.35}$$

となり，投入電力と加速効率に比例する．あるいは衝突時の放射エネルギーに制限がある場合も同様な式が得られるが，やはり投入電力と加速効率に比例することは変わらない．このことは，単に加速勾配の高い加速方式があったとしても，投入電力からビームエネルギーへの変換効率が高くなければ，コライダーとしては使い物にならないことを示している．

e. 将来の衝突型加速器

表 5.3.2 には構想中のいくつかの衝突型加速器計画を示している．SuperKEKB は稼働中の KEKB 加速器のルミノシティを約 40 倍にするもので，ルミノシティの式 (5.31) で電流を約 2 倍，ビーム・ビーム・パラメーターは同じ，β_y^* を約 1/20 にしてそれを達成する．SuperB でもパラメーターは同様である．いずれもバンチ長が長いままでも，ビームサイズを極端に小さくし有限の交差角をとることで実質衝突領域は短くできるので，そのような小さな β_y^* も可能であると考えている．LHC Upgrade はまもなく稼働する LHC を衝突点集束電磁石の強化やクラブ交差の導入で寄生衝突を緩和し，10 倍以上のルミノシティ増強を図る．また，偏向電磁石を交換すればエネルギーの増強も考えられる．以上の 3 計画は多かれ少なかれ既存の加速器の延長線上にある．

式 (5.35) にあるように，リニアコライダーのルミノシティを高めるにはより小さな垂直ビームサイズと加速エネルギー効率が求められる．現在設計開発中の国際リニアコライダー International Linear Collider (ILC) は 1.3 GHz の超伝導高周波加速空洞を用いることで発生した高周波電力の大部分をビームエネルギーに変換する．また，Compact LInear Collider (CLIC) は 2 ビーム加速器であり，高周波電力 (12 GHz) を大電流 1 次ビームが供給することにより，多数の高周波発生装置が不要であり，効率も高めている．ちなみに加速勾配は ILC が 31 MV/m，CLIC が 150 MV/m である．ILC も CLIC も衝突点の垂直ビームサイズは数 nm である．小さなビームサイズは線形加速器に入射するビームのエミッタンスを小さくしなければならないが，そのためには減衰

表 5.3.2　将来の衝突型加速器

加速器	所在地	粒子	型	ビームエネルギー (GeV)	目標ルミノシティ ($10^{30}\,\mathrm{cm}^{-2}\mathrm{s}^{-1}$)
SuperKEKB	KEK (日)	e^+/e^-	D	4/7	800,000
SuperB	Frascati (伊)	e^+/e^-	D	4/7	≥1,000,000
LHC Upgrade	CERN (スイス)	p/p	D	≥7,000	≥100,000
ILC		e^+/e^-	L	500–1,000	20,000
CLIC		e^+/e^-	L	500–3,000	≥10,000
Muon Collider		μ^+/μ^-	S	2,200	≥10,000

リング（damping ring）と呼ばれる，エミッタンスをシンクロトロン放射で冷却するリングが必要である．特に陽電子ビームは物質中での対生成により発生させるため，初期エミッタンスが大きく，減衰リングは必須である．

もしミューオンどうしの衝突ができれば，電子・陽電子と同等あるいはそれ以上の素粒子反応が期待できる．ミューオンは静止質量が電子の220倍あるので，リング型加速器でもシンクロトロン放射は同じエネルギーの電子・陽電子の約 5×10^{-10} であり，十分高いエネルギーに到達できる．問題は大強度陽子ビームの崩壊などで得られるミューオンをいかに集め，冷却するかである．また，リング周回中にミューオンが電子とニュートリノに崩壊するため，加速器および周囲への放射エネルギーの問題がある．

〔生出勝宣〕

5.4　世界のビーム衝突型加速器一覧

表 5.4.1　電子・陽電子衝突型加速器

加速器名	VEPP-2000	BEPCII	DAΦNE	CESR	KEKB	PEP-II	LEP
研究所名	Novosibirsk	高能研	Frascati	Cornell	KEK	SLAC	CERN
運用開始	2006	2007	1999	1979	1999	1999	1989
運用終了	−	−	2008	2002	−	2008	2000
最高ビームエネルギー (GeV)	1.0	1.89	0.700	6	$8(e^-)$ $3.5(e^+)$	$9(e^-)$ $3.1(e^+)$	104.6
ルミノシティ (10^{30} cm^{-2}s^{-1})	100	1000	150	1280	17118	12069	24-100
衝突間隔 (μs)	0.04	0.008	0.0027	0.014-0.22	0.00590	0.0042	22
交差角 (mrad)	0	11	25-32	±2	±11	0	0
バンチ長 (cm)	4	1.3	1-3	1.8	0.65	1.0	1.0
水平方向ビーム半幅 (μm)	125	380	800	460	110	157	200
垂直方向ビーム半幅 (μm)	125	5.7	4.8	4	2.4	4.7	2.5
垂直方向エミッタンス ($10^{-9}\pi$ rad·m)	250	2.2	1	1	0.7	1.5	0.25-1
衝突点での垂直 β 関数 (m)	0.10	0.015	0.0017	0.018	0.006	0.012	0.05
入射に要する時間	連続入射	26分	48秒	5分	連続入射	連続入射	20分
RF 周波数 (MHz)	172	499.8	356	500	508.877	476	352.2
バンチ当たりの粒子数 ($\times 10^{10}$)	16	4.8	$3.3(e^-)$ $2.4(e^+)$	1.15	$6.0(e^-)$ $8.0(e^+)$	$4.6(e^-)$ $7.8(e^+)$	45
ビーム当たりのバンチ数	1	93	120	45	1584	1722	4-8
ビーム当たりの電流 (mA)	150	910	$1800(e^-)$ $1300(e^+)$	340	$1350(e^-)$ $1720(e^+)$	$1875(e^-)$ $2900(e^+)$	4-6
リング周長 (km)	0.024	0.23753	0.098	0.768	3.016	2.2	26.659

表 5.4.2 その他のビーム衝突型加速器

加速器名	HERA	TEVATRON	RHIC	LHC
研究所名	DESY	Fermilab	Brookhaven	CERN
運用開始	1992	1987	2000	2008
運用終了	2007	2010	—	—
衝突粒子の種類	e, p	$p, \bar{p}$	$p+p$, Au+Au, etc.	p, p
最高ビームエネルギー (GeV)	$30(e)$ $920(p)$	980	核子当たり 100	7000
ルミノシティ (10^{30} cm^{-2}s^{-1})	75	171	0.0015–10	10000
衝突間隔 (μs)	0.096	0.396	0.107–0.213	0.02495
交差角 (mrad)	0	0	0	300
バンチ長 (cm)	$0.83(e), 8.5(p)$	$50(p), 45(\bar{p})$	$40(p), 20$(Au)	7.55
水平方向ビーム半幅 (μm)	$280(e), 265(p)$	$29(p), 21(\bar{p})$	150–215	16.6
垂直方向ビーム半幅 (μm)	$50(e), 50(p)$	$29(p), 21(\bar{p})$	150–215	16.6
垂直方向エミッタンス ($10^{-9}\pi$ rad·m)	$3.5(e), 5(p)$	$3(p), 1.5(\bar{p})$	23–31	0.5
衝突点での垂直 β 関数 (m)	$0.26(e), 0.18(p)$	0.28	1–10	0.55
入射に要する時間	60 分(e), 120 分(p)	30 分	15–30 分	8.6 分
RF 周波数 (MHz)	$499.7(e), 208.2(p)$	53	28 または, 197	400.8
バンチ当たりの粒子数 ($\times 10^{10}$)	$3(e)$ $7(p)$	$24(p)$ $6(\bar{p})$	$9(p)$ 0.11(Au)	11.5
ビーム当たりのバンチ数	$189(e), 180(p)$	36	45–106	2808
ビーム当たりの電流 (mA)	$40(e)$ $90(p)$	$66(p)$ $16(\bar{p})$	$119(p)$ 49(Au)	584
リング周長 (km)	6.336	6.28	3.834	26.659

(相原博昭)

6
素粒子と宇宙

6.1 ビッグバン宇宙

　極大の世界を扱う宇宙論と極微の世界を扱う素粒子物理学の結びつきは意外にも非常に密接である．宇宙を構成する物質は，結局のところ素粒子だからである．また，宇宙初期には高温高密度状態が実現していた．そこでは各種の素粒子の反応が進行していたのである．天然の素粒子物理学の実験場であったのだ．

　素粒子物理学を用いて宇宙を理解していく研究分野を，素粒子的宇宙論（particle cosmology）と呼ぶ．1970 年代におけるニュートリノと宇宙論の関係に端を発し，CP 非保存とバリオン数生成，1980 年代のインフレーション理論や超対称性理論に基づく暗黒物質（ダークマター）候補の提唱など，1990 年代はじめまで，素粒子的宇宙論は理論研究がリードする形で活発に進められた．1990 年代になると，COBE 衛星による宇宙マイクロ波背景放射の温度ゆらぎの発見や，大規模な銀河探査による宇宙の大規模構造の確定，さらには，Ia 型超新星探査による暗黒エネルギー（ダークエネルギー）の発見など，宇宙論の研究は完全に観測が主導するようになる．それとともに，素粒子物理学に対して，宇宙論の側から有用な情報が与えられるようになってきた．たとえばニュートリノの質量の上限は，現時点では宇宙論による制限のほうが，地上での実験の制限よりも厳しい値を与えている．さらに，暗黒物質の宇宙における存在量から，暗黒物質が未知の素粒子であったとした場合，その質量や相互作用の強さに対する情報も得ることができるようになっている．暗黒物質の兆候を，銀河系から飛来するガンマ線に見つけようとする試みも進められている．暗黒物質を発見することは，新たな加速器の建設のための強力な動機ともなっているのだ．

　21 世紀になって，素粒子物理学と宇宙論の間の垣根はますます低いものとなってきている．たとえば，2007 年東京大学に設置された数物連携宇宙研究機構では，素粒子と数学を武器に宇宙の理解を進めることが設置の目的である．宇宙の研究，特に初期宇宙については，もはや素粒子と宇宙の区別をつけることさえ意味がなくなってきているのだ．

実験・観測の分野でも,素粒子実験で培われた技術をもって,宇宙論的観測に参入する動きが急だ.高エネルギー粒子である宇宙ガンマ線やX線はもとより,可視光による暗黒エネルギーの探査や宇宙マイクロ波背景放射の観測にも,素粒子実験から多くの研究者が参入してきている.

本節では,標準宇宙論の概説と,素粒子物理学との関係に重点を置いた最新の発展についてまとめる.6.1.a では一般相対性理論に基づく標準的な宇宙論について,6.1.b では膨張宇宙について,6.1.c ではビッグバンについて解説をする.6.1.d では暗黒物質,暗黒エネルギーなどの宇宙の構成要素について,そして,6.1.e ではそれらの量の詳細な観測的測定を実現する精密宇宙論について述べる.

a. 相対論的宇宙論

現代宇宙論の誕生は,1915年のアルベルト・アインシュタイン (1879-1955) による一般相対性理論の完成を契機としている.宇宙全体の発展を扱う宇宙論研究のためには,時間・空間を絶対的なものとする旧来のニュートン力学では不十分であったからである.一般相対性理論に基づく宇宙論を相対論的宇宙論と呼ぶ.

1917年には早くも,アインシュタイン自身が,一般相対性理論の宇宙への適用を試みた.そこで得た宇宙は,空間曲率が正で,かつ静的なものであった.すなわち,宇宙に存在している銀河の運動は平均すれば消えて定常的であり,宇宙の物質密度は時間変化せず,空間は有限だが中心や端もない,といったものであった.重力によって宇宙の空間が収縮してしまうことを防ぐため,ここでアインシュタインは宇宙項(宇宙定数)と呼ばれる量を導入した.これは反重力としての斥力を及ぼす場である.この宇宙項の斥力と物質の作り出す重力が釣り合うことで,静的な宇宙を実現したのである.

1922年に,ロシアの数理物理学者,アレクサンドル・フリードマン (1888-1925) が,一様等方空間の仮定のもと,一般相対性理論の新たな解を見つけ出した.これこそが空間が膨張・収縮する動的な宇宙モデルであり,現在ではフリードマンモデルと呼ばれている.

フリードマンモデルの空間部分には,空間の曲がり具合を表す空間曲率と,空間の伸び縮みを表すスケール因子という2つの量が存在している.この一様等方空間を表すメトリックは,フリードマン-ロバートソン-ウォーカーメトリックと呼ばれ,その世界間隔は

$$ds^2 = -(cdt)^2 + a(t)^2 \left(\frac{dr^2}{1-Kr^2} \right) + d\Omega^2 \qquad (6.1)$$

と表される.ここで c は光速度,a はスケール因子,K が曲率である.スケール因子 a が時間のみの関数で座標にはよらないのは,空間の一様等方性からである.

一般相対性理論の基礎方程式であるアインシュタイン方程式は,その左辺が時間・空間の曲率テンソル,右辺が重力を担うエネルギー・運動量テンソルで表される.左辺は式(6.1)のメトリックの微分によって求められる.右辺については流体を考え,密度を ρ,

6.1 ビッグバン宇宙

圧力を p とする.結果として得られる方程式は,スケール因子の時間発展,すなわち宇宙の空間膨張,ないし収縮を表すものであり,

$$\left(\frac{\dot{a}}{a}\right)^2 + \frac{Kc^2}{a^2} = \frac{8\pi G\rho}{3} + \frac{\Lambda c^2}{3} \tag{6.2}$$

$$\frac{\ddot{a}}{a} = \frac{-4\pi G(\rho c^2 + 3p)}{3c^2} + \frac{\Lambda c^2}{3} \tag{6.3}$$

と書かれる.ここで˙は時間微分であり,またアインシュタインに従って宇宙項 Λ も付け加えた.フリードマンのもとの方程式にも宇宙項は含まれている.宇宙項 Λ がない場合には,式 (6.3) から明らかなように,密度や圧力の値が正である通常の物質の場合には $\ddot{a}$ が負となり,静的な宇宙は実現しない.重力の働きにより,つねに宇宙はつぶれる方向に力を受けるのである.宇宙項を加えた形の式をフリードマンとは独立に求めたのがベルギーの物理学者で神父のジョルジュ・ルメートル(1894-1966)である.1925 年のことであった.

フリードマンの 2 つの式はアインシュタインの静的な宇宙も含んでいる.$\dot{a}, \ddot{a}$ いずれも 0 になる Λ と K の値は,式 (6.2) から $\Lambda c^2/3 = 4\pi G(\rho c^2 + 3p)/3c^2$, 式 (6.3) から $Kc^2/a^2 = 4\pi G(\rho c^2 + p)/c^2$ であることがわかる.アインシュタインの静的な宇宙は必然的に正曲率になるのである.宇宙項 Λ を含む宇宙モデルを特にルメートルモデルと呼ぶことがある.

流体の密度 ρ と圧力 p が空間の伸縮とともにどのように変化するのかは,その状態方程式によって異なったものとなる.個々の粒子の運動速度が光速に比べて十分に小さい場合には,ρc^2 に対して圧力が無視できる.この場合には,状態方程式は $p=0$ となる.物質や塵(ダスト)などと呼ばれる.一方,質量が 0 か非常に小さく,粒子の速さが光速とみなせる場合には,$p=\rho c^2/3$ となる.放射と呼ばれる.宇宙項についても,式 (6.2) から $\rho_\Lambda \equiv \Lambda c^2/8\pi G$ と定義すれば,式 (6.3) の右辺は $-4\pi G(\rho c^2 + 3p - 2\rho_\Lambda c^2)$ となることから,$\rho_\Lambda c^2 + 3p_\Lambda = -2\rho_\Lambda c^2$, すなわち $p_\Lambda = -\rho_\Lambda c^2$ が状態方程式であることがわかる.宇宙項の圧力は負になるのである.

以上をまとめると,一般に $p = w\rho c^2$ と状態方程式を表したときに,物質の場合には,$w=0$, 放射ならば $w=1/3$, 宇宙項では $w=-1$ である.

さて,ρ や p のスケール因子依存性は,熱力学の第一法則,すなわちエネルギー保存則によって決定される.宇宙では外部から熱の供給 dQ がない.そのため,第一法則は,$dQ = dE + pdV = 0$ と表される.ここで,内部エネルギーの増分が $dE = d(\rho c^2 V)$ である.体積 V が a^3 に比例することを用いれば,状態方程式 $p = w\rho c^2$ を代入することでこの微分方程式は解くことができる.その結果は,$\rho \propto a^{-(1+w)3}$ である.物質,放射,宇宙項の場合,各々 $w=0, 1/3, -1$ であるので,a^{-3}, a^{-4}, a^0 に従って密度が進化することになる.

宇宙に,どのような物質がどれだけの量存在しているのかがわかり,空間の曲率の大きさもわかれば,それらの値を代入して,式 (6.2) と (6.3) を時間の関数として解くことができる.実際には,$\rho \propto a^{-(1+w)3}$ の関係と,式 (6.2), (6.3) は独立ではない.

そのため，状態方程式さえ得られれば，式 (6.2) を解くだけで，宇宙の発展，すなわちスケール因子の時間進化を得ることができるのである．これをフリードマン方程式と呼ぶ．

b. 膨張宇宙
(1) 宇宙膨張の発見

アインシュタインの静止宇宙ではなく，フリードマンの動的な宇宙モデルが現実の宇宙をより正しく記述していることは，1929 年のエドウィン・ハッブル (1989-1953) による観測で明らかにされた．ハッブルはこのときまでに明らかにされていた銀河の赤方偏移と，ケフェウス型変光星による宇宙での距離の測定方法を用いて，宇宙の膨張を証明したのである．

当時は星雲として知られていた広がった天体の中に，特徴的な輝線が大きく長い波長，すなわち赤い方向にずれているものがあるのを最初に発見したのは，ヴァスト・スライファー(1875-1969)であった．1910 年代のことである．スライファーは分光観測により，渦巻星雲（渦巻銀河）の大部分が大きな赤方偏移を示すことを明らかにしたが，このことと宇宙の膨張を結びつけることはできなかった．

一方，われわれの銀河系を超えた距離の測定を史上初めて可能にしたのが，スザンナ・リーヴィット（1868-1921）によるケフェウス（セファイド）型変光星の明るさと変光周期の間の相関の発見である．彼女は小マゼラン星雲にあるケフェウス型変光星をしらみつぶしに調べ，変光周期の長いものほど明るく，短いものは暗いことを見つけ出した．天体の見かけの明るさが距離の 2 乗に反比例することから，距離のわからない銀河にケフェウス型変光星を見つけ，その変光の周期と見かけの明るさを測定すれば，観測者からその銀河までの距離と小マゼラン星雲までの距離の比が求まることになる．変光の周期からその銀河が小マゼラン星雲の距離にあるときのケフェウス型変光星の明るさが推定でき，見かけの明るさと比べることで，距離の比が得られるのである．小マゼラン星雲までの距離を別な方法で決定すれば，ケフェウス型変光星の周期と見かけの明るさからそこまでの距離を求められるのだ．

この発見は天文学に革命をもたらした．いち早く銀河系の大きさをこの方法によって決定したのがハーロー・シャプレー（1885-1972）であり，アンドロメダ星雲（銀河）までの距離を決定したのはハッブルであった．その結果，銀河系の大きさよりもアンドロメダ星雲までの距離の方が長いということが明らかになり，少なくともアンドロメダ星雲は銀河系に属しておらず，銀河系と同様に非常に多くの星の集団である「銀河」であることが明らかになったのである．1920 年代初頭のことであった．

次に宇宙の膨張である．銀河などの遠方の天体は，膨張宇宙ではわれわれ観測者から距離 d に比例した速度 V で遠ざかっている．これをハッブルの法則と呼ぶ．理論的には，ハッブルの法則は次のように証明することができる．宇宙の空間はスケール因子 a に従ってどこでも同じ割合で膨張する．さて，スケール因子が Δt の間に Δa だけ大きくなっ

たとする．もとが a なので膨張の割合は $1+\Delta a/a$ 倍である．もとの距離が d であれば，膨張後は $(1+\Delta a/a)d$ になる．そのため，距離の増加分は $\Delta d=(\Delta a/a)d$ である．結局，その距離にある天体の遠ざかる速度は $V=\Delta d/\Delta t=[(\Delta a/\Delta t)/a]d$ と得られる．ここで，$(\Delta a/\Delta t)/a$ は距離によらない．そのため，速度は距離に比例することになる．ハッブルの法則である．

ここで，1つ注意しなければならないことがある．非常に遠方の天体を測定すると，光が到達するのに時間がかかるため，過去の姿を見ていることになる．であれば，それだけ過去の姿を見ていることになるので $(\Delta a/\Delta t)/a$ の値も時間に従って変化する．先の $(\Delta a/\Delta t)/a$ は，場所にはよらないが，時間には依存する．100億光年の距離にあるような非常に遠方の天体については，ハッブルの法則は厳密には成り立たなくなるのである．しかし，10億光年程度の距離までは，ハッブルの法則はよく成り立っている．そこで，現在の時刻での $(\Delta a/\Delta t)/a$ の値をハッブル定数と呼び，H_0 で表すと，われわれの近傍では，$V=H_0 d$ の関係が成立することになる．

ハッブルは，距離をリーヴィットのケフェウス型変光星の方法によって決定し，スライファーの赤方偏移から速度を求めることで，ハッブルの法則 $V=H_0 d$ を観測的に証明したのである．当初は，距離がわずか 2 Mpc（1 Mpc $=3.09\times 10^{22}$ m $=326$ 万光年）までのデータであり，ケフェウス型以外の変光星も混じっていたこともあり，後になってハッブル定数の値も大きく訂正されることになった．しかし，現在ではケフェウス型変光星によって，20 Mpc までの距離が決定できるようになっている．この最も信頼性の高い方法に，Ia 型超新星の明るさとその減光の速さの間の相関を用いた距離決定方法や（6.1.d(3) 参照），渦巻銀河の回転速度と明るさの間の相関を用いた方法などを組み合わせることで，今や 400 Mpc 程度までの距離まで決定できるようになっている．1990年に打ち上げられたハッブル宇宙望遠鏡では，ケフェウス型変光星の観測などによって宇宙での距離を精密に決定し，ハッブル定数を求めるというキープロジェクトが実施された．その結果得られた値が，$H_0=72\pm 8$ [km/s/Mpc] である（図6.1.1）．

ここで，ハッブル定数の単位について注意をしておく．ハッブル定数の次元は時間の逆数である．ここで [km/s/Mpc] という奇妙な単位を取る理由は，観測的に，距離 d を Mpc で測定し，後退速度 V を km/s で測定するからである．逆に，後退速度 7200 km/s を持つ銀河は，$d=V/H_0=100$ Mpc の距離にあるということがわかる．なお，慣用として無次元のハッブル定数 h を 1 に近い量になるように，$h\equiv H_0/100$ [km/s/Mpc] と定義する．先の測定値を代入すれば，$h=0.72\pm 0.08$ である．

さて，フリードマンの宇宙モデルでは，$(\Delta a/\Delta t)/a=\dot{a}/a$ は式 (6.1) の左辺第1項の平方にほかならない．つまり，ハッブル定数，すなわち現在の宇宙の膨張の速度は，現在の宇宙の物質密度，曲率，そして宇宙項の値によって決定されることになる．

逆に，宇宙項や曲率が存在しないと仮定した場合にハッブル定数によって決まる密度，$\rho_c\equiv 3H_0^2/8\pi G$ を臨界密度と呼ぶ．先の無次元ハッブル定数を用いれば，$\rho_c=1.98\times 10^{-26}$ h^2 [kg/m^3] と表される．これが現在の宇宙での典型的な密度の値である．

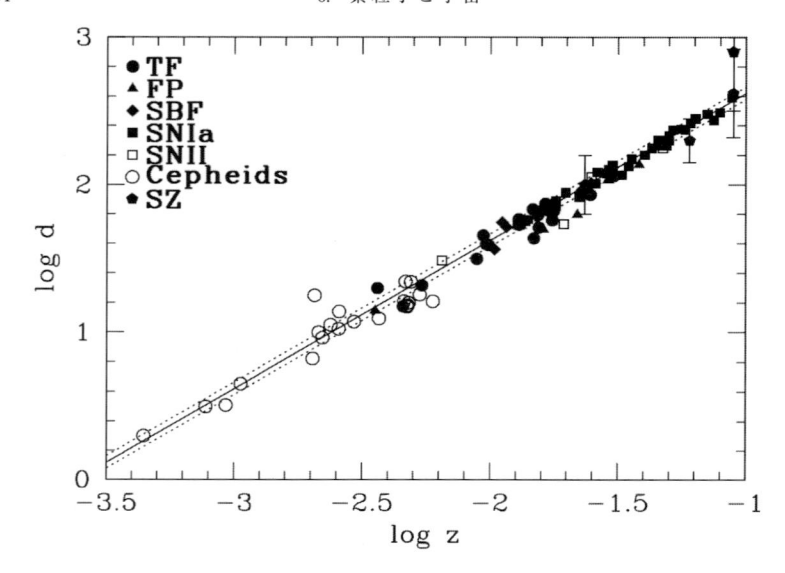

図 6.1.1 ハッブル宇宙望遠鏡のキープロジェクトによるハッブル定数の決定
横軸は速度の代わりとなる赤方偏移パラメーター z の指数，縦軸は距離の指数．距離の決定方法は，TF はタリー–フィッシャー関係という渦巻銀河の回転速度と明るさの相関を用いたもの，FP は楕円銀河の速度分散と大きさ・明るさの間に成り立つ関係を用いたもの，SBF は銀河の明るさのゆらぎを標準光源として用いる方法，SNIa は Ia 型超新星を用いたもの，SNII は II 型超新星の光球の広がり方と明るさの時間進化の間の関係を用いたもの，Cepheids はケフェウス型変光星，SZ は銀河団が引き起こす宇宙マイクロ波背景放射の温度スペクトルの変形を用いて銀河団の奥行きの長さを測定する方法である．実線が H_0 = 72 km/s/Mpc，点線は±10% のずれに対応している．(W. L. Freedman *et al.*, Astrophysical Journal, **553**, 47-72, 2001 より転載)

（2）赤方偏移

膨張宇宙では，遠方の天体までの距離に対応する観測量として，赤方偏移パラメーター z を用いる．ここで z は，波長の伸びの割合として，$z \equiv (\lambda' - \lambda)/\lambda$ と定義される．λ は天体から放射されたときの波長，λ' は観測される波長である．この z は分光観測を行うことで直接得られる観測量である．

さて，波長の伸びは，光が伝播する間に空間が膨張によって伸びたために生じたと考えられる．天体でのスケール因子を $a(t)$，現在のスケール因子を a_0 とすれば，$a_0/a(t) = \lambda'/\lambda$ である．そこで $a_0/a(t) = z+1$ を得る．

一方，この波長の伸びを，遠方の天体が遠ざかるドップラー効果によるものと解釈することも可能である．近傍の宇宙を考えよう．そこでは，後退速度 V が光速度 c よりも十分に遅い．このとき，ドップラー効果，つまり光の波長の伸びは $\lambda'/\lambda = 1 + V/c$ で表される．すなわち，$z = V/c$ を得る．直接の観測量 z と，後退速度 V の関係が得られたのである．ここで，近傍の宇宙であるからハッブルの法則 $V = H_0 d$ が成り立っている．

結局,距離 d を z とハッブル定数 H_0 を用いて,$d = cz/H_0$ と表すことができる.つまり,いったんハッブル定数が得られれば,赤方偏移を求めることで,天体までの距離を決定できるのである(図 6.1.1).

(3) 宇宙論パラメーター

宇宙の発展を司る基本的なパラメーターを宇宙論パラメーターと呼ぶ.その多くはフリードマン方程式に現れるパラメーターである.

まず,膨張速度を決定するのがハッブルパラメーターである.スケール因子 a の時間微分 $\dot{a}$ を用いて,$H \equiv \dot{a}/a$ と定義される.現在のハッブルパラメーターの値をハッブル定数と呼び,H_0 で表すこと,その観測的な値が 72 ± 8[km/s/Mpc]であることは,6.1.b(1)に述べたとおりである.特に,慣用的には,無次元のハッブル定数 $h \equiv H_0/100$[km/s/Mpc]が使われることが多いこともすでに述べた.

密度パラメーターは,物質や放射の密度を表すのに用いるパラメーターで,現在の密度の値を,現在の臨界密度(宇宙をちょうど平坦にする密度)$\rho_c = 1.98 \times 10^{-26} h^2$ [kg/m^3] で規格化したものである.物質,放射の現在の密度の値が $\rho_M(t_0)$,$\rho_R(t_0)$ であれば,密度パラメーターは,各々 $\Omega_M \equiv \rho_M(t_0)/\rho_c$,$\Omega_R \equiv \rho_R(t_0)/\rho_c$ と表される.ここで,物質には,通常の元素であるバリオンと,暗黒物質が含まれる.各々,Ω_B,Ω_{DM} と表す.放射の中には,宇宙マイクロ波背景放射(光子)とニュートリノが含まれる.Ω_γ,Ω_ν である.なお,ニュートリノは質量を持っているであろうため,厳密には現在の宇宙では物質として振る舞っている可能性が高い.しかし,十分に軽いことが予想されるために,宇宙の歴史のほとんどの期間,光速で動き回る放射成分であったと考えられる.そこで以下では放射として扱う.

宇宙項も適当に規格化することで,その大きさを上記の密度パラメーターと直接比較できる.そこで,宇宙項の密度パラメーターとして,$\Omega_\Lambda \equiv \Lambda c^2/3H_0^2$ を定義する.曲率項についても同様に,$\Omega_K \equiv -Kc^2/a_0^2 H_0^2$ という密度パラメーターを定義する.

これらの密度パラメーターを用いて,現在のフリードマン方程式は,$1 = \Omega_M + \Omega_R + \Omega_K + \Omega_\Lambda$ と書かれる.

宇宙の進化は,これらの宇宙論パラメーターの値によって異なったものになる.曲率正,宇宙項なしの宇宙,すなわち,$\Omega_M + \Omega_R > 1$,$\Omega_K < 0$,$\Omega_\Lambda = 0$ であれば,膨張からやがて収縮に転じ,つぶれてしまう.曲率,宇宙項がない場合,すなわち,$\Omega_M + \Omega_R = 1$,$\Omega_K = 0$,$\Omega_\Lambda = 0$ であれば永遠に膨張を続けるが,その速度は次第に遅くなっていき,無限の未来に静止する.曲率が負,宇宙項なし,$\Omega_M + \Omega_R < 1$,$\Omega_K > 0$,$\Omega_\Lambda = 0$ であれば永遠に膨張するが,一定の速度へと漸近的に近づく.正の宇宙項が支配する宇宙であれば,膨張が加速していき,スケール因子の時間進化が指数関数的になる.インフレーションである.以上の振舞いを図 6.1.2 にまとめた.

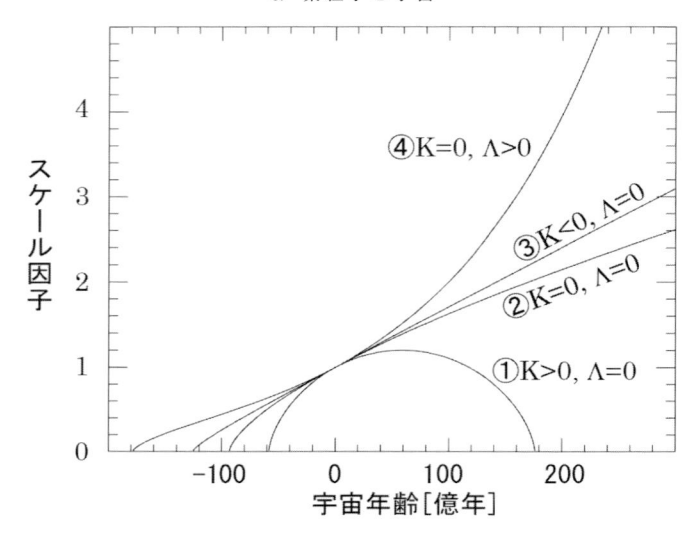

図 6.1.2 宇宙の進化

横軸は時間，縦軸はスケール因子．現在で揃えてある．すなわち，現在のスケール因子の値を1，時間 $t=0$ を現在とした．① 正曲率・宇宙項なし（$K>0, \Lambda=0$），② 平坦・宇宙項なし（$K=0, \Lambda=0$），③ 負曲率・宇宙項なし（$K<0$），④ 平坦だが正の宇宙項がある場合（$K=0, \Lambda=0$）について各々描いた．ハッブル定数は同じ値，$H_0=70$ km/s/Mpc に取ったため，現在での接線がどのモデルでも等しくなっている．ビッグバン（スケール因子 0）から現在までの宇宙年齢は，①，②，③，④ の順に長くなる．① は将来つぶれる．②，③ は減速をしながら永遠に膨張する．無限の未来で ② は膨張が静止する場合になる．④ は途中から膨張が加速に転じている．

c. ビッグバン

膨張宇宙の当然の帰結として，宇宙の始まりは非常に高密度であったことが想像できる．ジョルジュ・ルメートルによって最初に考えられた高密度な宇宙の始まりは，宇宙全体が一つの原子であるというもので，彼自身は原初アトムないしは宇宙卵などと呼んでいた．

宇宙の始まりが高密度なだけでなく，高温でもあっただろうと最初に考えたのはジョージ・ガモフ（1904-1968）とその共同研究者であった．もともと，宇宙が高温，高密度で始まったとすると，現在の宇宙の元素の大部分を占める水素とヘリウムの起源をうまく説明できることから提案されたのである．元素合成については 6.1.c(3) を参照されたい．さて，十分高温であれば宇宙は熱平衡状態に達していたと考えられ，そこにはプランク分布に従う熱放射，すなわち黒体放射の存在が期待される．

外部から熱の出入りがなければ，膨張とともに宇宙全体の温度は低下していく．ここで膨張宇宙での温度とスケール因子の関係を求めておこう．光子，すなわち放射成分は，6.1.a で見たように，エネルギー密度をスケール因子の 4 乗に反比例して減じていく．

一方で、光のエネルギー密度は、ステファン-ボルツマンの法則からは温度の4乗に比例する。このことから直ちに

$$T \propto \frac{1}{a}$$

を得るのである。

なお、素粒子の質量や、原子核の束縛エネルギー、原子の乖離エネルギーなどと比較するために、温度 T を [eV] の単位系に換算しておくと便利である。ボルツマン定数 k を用いると、kT によって温度をエネルギーに換算することができる。k と光速度 c を1とする単位系では、$1\,\mathrm{K} = 8.62 \times 10^{-5}\,\mathrm{eV}$ という関係が得られるのである。

次に、ビッグバンの熱史のまとめと、特に宇宙の晴れ上がりと元素合成について詳しく解説する。

（1） ビッグバンの熱史
宇宙の温度が低下する過程で何が起こったのか、まず簡単にまとめる。

プランク時間
時刻 10^{-43} s、温度 10^{19} GeV。量子重力の時代。4つの基本的な力がすべて統一されていた。この時刻までは、宇宙全体も量子的に取り扱う必要がある。時間空間の次元も4次元ではなく、もっと高い次元だった可能性が考えられている。超ひも理論によって明らかにされるかもしれない。

インフレーション
時刻 10^{-36} s、温度 10^{16} GeV。この頃、真空のエネルギーを用いて、宇宙全体が莫大に膨張した。最低でも 10^{25} 倍以上スケール因子が増加する膨張であった。空間が光速度をはるかに超えて膨張したために、この時期までに因果的に結びついていた領域をいったん因果的ではない領域、すなわち地平線の外へと押し出した。現在に至るまで、われわれが目にする宇宙はこの時期に押し出された、かつて因果的だった領域である。インフレーション以前に因果的であったこの領域内であれば、熱浴の温度を揃えることが可能であった。そのため、現在の宇宙において、宇宙全体どこの方向からも、同じ温度の宇宙マイクロ波背景放射が到来してきていることの説明がつけられる。天球上で十分離れた2点は、一見、過去の宇宙では因果的ではなかった領域に思われるが、インフレーション以前は因果的であったのである。

空間の曲がりもインフレーションによってほとんど消し去られ、空間は平坦となった。そのため、その後の膨張によっても宇宙が空っぽになることもつぶれることもなく、現在に至ることができた。

さらに、宇宙初期に存在した可能性のある磁気単極子や、重く安定な超対称粒子などもインフレーションによって消し去ることができた。

インフレーションが終了する際に、真空のエネルギーは熱に変換され、粒子生成も同時に起こり、熱く高密度な宇宙、すなわちわれわれの知っているビッグバンが始まった。

インフレーションがビッグバンを引き起こしたのである.

また，インフレーション中に，真空のエネルギーの量子的なゆらぎによって，密度分布のゆらぎが生成された．インフレーションの膨張は，特別な時間・空間スケールを持たないために，この密度分布のゆらぎはどのサイズでも同じ2乗平均値を持つ，スケールフリーと呼ばれるパターンになるのである．この密度ゆらぎこそが，現在の宇宙の構造を形成する種となったと考えられている．

電弱統一の破れ
時刻 10^{-10} s．温度 100 GeV．この頃，弱い力が電磁気力と分岐した．

QCD 相転移
時刻 10^{-5} s．温度 100 MeV．クォーク・グルオン相から，陽子，中性子，π中間子のハドロン相へと相転移が起こった．反陽子や反中性子は生成されると同時にすぐさま陽子や中性子と対消滅を起こし，消え去った．

ニュートリノの熱浴からの離脱
時刻 1 s．温度 1 MeV．この頃，弱い相互作用が宇宙年齢よりも長くなり，ニュートリノが電子や光子，陽子などで構成される熱浴から離脱することとなる．

陽電子消滅
時刻 4 s．温度 500 keV．温度が電子の静止質量エネルギーよりも低下すると，陽電子が電子と対消滅する過程が進行し，陽電子がすべて消滅する．この際に，光子の数が増加するために熱浴の温度が上昇した．すでに離脱しているニュートリノの温度に比べ 1.4 倍になった．

元素合成
時刻 3 分．温度 100 keV．陽子と中性子が核反応を起こし，ヘリウムを生成する．重水素やリチウムなどもわずかに作られる．

熱平衡が切れる
時刻 300 年．温度 12 eV (140,000 K)．光子と電子の間に働くコンプトン散乱の時間スケールが宇宙年齢と等しくなる．これ以降は，散乱のタイムスケールの方が長くなるため熱平衡が成り立たなくなる．

放射と物質の密度が等しくなる
時刻 6 万年．温度 9,000 K．これ以前は，宇宙は放射が支配していた放射優勢期，これ以後は物質が支配する物質優勢期となる．

晴れ上がり
時刻 38 万年．温度 3,000 K．陽子が電子を捕獲し，水素原子となる．自由電子がほとんど存在しなくなるために，以後，宇宙が光子に対して透明となった．

宇宙最初期の星形成
時刻 1 億年．温度 80 K．この頃，最初の星が宇宙で誕生した．

暗黒エネルギー優勢
時刻 94 億年．温度 3.8 K．この時期に，暗黒エネルギーの密度が物質と等しくなり，

以後，暗黒エネルギーが宇宙を支配した．

現在
時刻 137 億年，温度 2.725 K．

時期はわからないが，ビッグバンの熱史のどこかで，粒子の数を反粒子の数よりほんの少し，10 億個に 1 個程度増加させる反応が進んだはずと考えられている．バリオン数生成と呼ばれている．この過程が存在せず，粒子と反粒子の数が同数であれば，対消滅によりどちらも消え去ってしまい，粒子だけが残っている現在の宇宙は実現されない．バリオン数が生成されるためには，サハロフの 3 条件が満たされる必要があることがわかっている．すなわち，① バリオン数非保存相互作用の存在，② C および CP 対称性の破れ，③ 熱平衡状態の破れ，である．素粒子の標準理論の枠組みでは宇宙のバリオン数を説明できない．バリオン数を生み出すさまざまな機構が提案されているが，どれもまだ確定的とはいえない．

（2） 宇宙マイクロ波背景放射と宇宙の晴れ上がり

絶対温度 3 K という非常に低い温度に対応する電波が発見されたのは，1964 年（論文は 1965 年）のことであった．熱い宇宙の証拠となる熱放射を測定するべく観測装置の建設を進めていたロバート・ディッケ（1916-1997）率いるプリンストン大学の研究グループのところに，検出器が捉える謎の雑音に悩まされていたベル研究所のアルノ・ペンジャス（1933-）とロバート・ウイルソン（1936-）の話が伝わり，この雑音こそ宇宙初期の熱平衡状態，すなわちビッグバンを今に伝える証拠であることが明らかになったのである．宇宙マイクロ波背景放射である．この発見により，ビッグバン理論に対抗するものとして，かつては有力視されていた定常宇宙論が完全に否定された．この業績により，ペンジャスとウイルソンは 1978 年のノーベル物理学賞を受賞している．

当初はたった 1 つの周波数を用いて検出された宇宙マイクロ波背景放射ではあるが，1989 年，COBE 衛星によって広い周波数領域で見事なまでにプランク分布と一致していることが明らかにされた．地上からの観測では不可能であった高周波数（短波長）側，すなわちウイーン領域までの測定を行ったのである．その結果得られた温度は 2.725 ± 0.001 K であった（図 6.1.3）．

プランク分布であることは，宇宙がかつて熱平衡状態にあったことを意味する．電子と光子が絶えず衝突を繰り返すことで，エネルギーの再分配が行われていたのである．もちろん現在の宇宙は熱平衡状態にはない．熱平衡は，電子と光子の衝突の時間スケールが宇宙の膨張と等しくなった時期，宇宙誕生後 300 年，温度が 14 万 K の頃に切れた．

プランク分布であることから，宇宙マイクロ波背景放射のエネルギー密度は容易に求めることができる．ステファン-ボルツマン定数が $\sigma = 5.670 \times 10^{-8}$ W/m^2/K^4 であるから，$c^2 \rho_\gamma = 4\sigma T^4/c = 4.17 \times 10^{-14}$ J/m^3 となる．

宇宙マイクロ波背景放射が放たれたのは，宇宙が誕生後 38 万年のことである．このときまでは，宇宙には大量の自由電子が存在していて，光は電子と繰り返し散乱を行っ

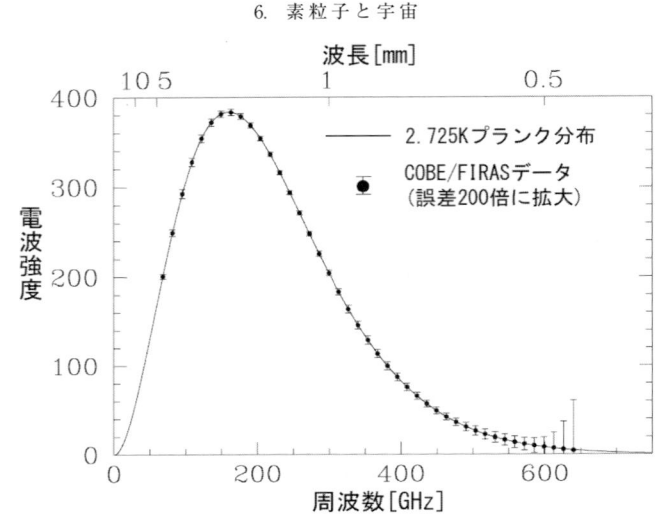

図 6.1.3 COBE衛星のFIRAS検出器が測定した宇宙マイクロ波背景放射のスペクトル
通常の1σの誤差を200倍に拡大してある．実線は2.725 Kのプランク分布．

ていて，平均自由行程は非常に短かった．宇宙は不透明だったのである．38万年の時代，膨張によって宇宙の温度が3,000 Kまで下がったときに，自由電子は陽子に捕らえられ水素原子を形成した．このときまでに，膨張によって宇宙に大量に存在していた光子はエネルギーを低下させていき，水素原子の乖離エネルギー，13.6 eVを持つものがほとんど存在しなくなった．もはや陽子が電子を捕獲しても，再びたたき出されることがなくなったのである．このとき以降，自由電子がほとんど存在しなくなった空間を，宇宙マイクロ波背景放射となる光が散乱されることなく伝播し，われわれ観測者に到達する．そこで，この時期を宇宙の晴れ上がりと呼ぶ．また，この水素原子形成の過程を，再結合（recombination）と呼ぶ．英語では，通常は，この時期のことを単に再結合期（recombination epoch）と呼んでいる．

（3） ビッグバン元素合成

ビッグバンのもう1つの重要な観測的証拠は，水素やヘリウムなど軽元素の宇宙での存在量である．そもそもガモフらが熱い宇宙の始まりを考えたのも元素の起源を求めてのことであった．軽元素が宇宙の元素の大部分を占めている事実を説明するためには，熱い宇宙の始まりで，陽子と中性子がばらばらに存在していて，核反応が重い元素まで及んでいないと考えるのが自然というわけである．

宇宙での元素の合成は，以下のように進んでいく．熱い宇宙の始まりには，陽子と中性子が等量存在していた．しかし，宇宙の膨張とともに温度が低下していくと，陽子の

質量が中性子の質量に比べてわずかに軽いために，中性子から陽子への変換が進んでいくこととなる．化学平衡を保ちながら反応が進んでいくためである．陽子と中性子の質量エネルギーの差，1.3 MeV より温度が下がると，急激に中性子から陽子への変換が進む．しかし，すぐにこの変換の相互作用の時間スケール（弱い相互作用）が宇宙年齢より長くなり，中性子の数と陽子の数の比は凍結される．中性子はベータ崩壊でさらに若干その数を減らし，やがて数の比が 1:7 程度になったとき，陽子と中性子が結合し重水素が合成される．温度が 0.1 MeV，時刻が 3 分程度の頃である．重水素は互いに結合し，^{3}He ないしは三重水素を形成する．^{3}He と重水素，三重水素と重水素が結合することで，^{4}He が作られる．重水素から先の反応は一気に進み，ほとんどすべての中性子は，^{4}He に取り込まれ姿を消す．中性子と陽子の数比から，すぐに ^{4}He の宇宙全体の陽子と中性子に対する質量比は，0.25 であることがわかる．

実際には，原子核反応のネットワークを解くことで元素合成の過程を詳細に計算することができる．まず，質量数 5 と 8 の安定な原子が存在しないことから，大部分は水素と ^{4}He になる．^{4}He になる過程で生成された重水素と ^{3}He は，陽子・中性子に対する質量比で 1 万分の 1 程度残される．また，ごくわずかに ^{7}Li が生成されるが，その質量比は 10 億分の 1 以下である．ホウ素以上に重い元素はほとんど作られることはない．現在の宇宙に存在する重い元素はすべて，後になって星の中や超新星爆発の際に，水素やヘリウムが核融合反応によって変換されてできたものなのである．

さて，結果として形成される ^{4}He や重水素，^{7}Li などの量は，原料となる陽子や中性子の量，すなわちバリオンの量とこの時期の宇宙の膨張速度，つまり，ハッブルパラメーターによって決定されることとなる．

バリオンの量は，バリオンの数密度 n_B と光子の数密度 n_γ の比，$\eta \equiv n_B/n_\gamma$ によって定量化することができる．どちらの数密度も宇宙膨張とともにスケール因子の 3 乗に反比例して減少していくために，この比はバリオンや光子が新たに生成されたり消滅したりしない限り，宇宙の歴史を通じて一定である．なお，η はバリオン密度パラメーター Ω_B と現在の光子の量を，宇宙マイクロ波背景放射から見積もることで，$\eta = 2.68 \times 10^{-8} \Omega_B h^2$ と関係づけられる．バリオンの量が多ければ，すなわち η が大きければ，核反応は速く進み，重水素が効率よくヘリウムに変換される．そのため重水素や ^{3}He はわずかしか残らないことになる．これらの元素の生成量は η の値に非常に敏感に依存する．一方，^{4}He の生成量も η に弱く依存する．η が大きければ，元素合成の反応が少し早い時期に起きる．中性子が多めに残っているために，結果として生成される ^{4}He も多くなるのである．核反応のネットワークを解き，^{4}He と重水素，^{7}Li の質量比を η の関数として表したのが図 6.1.4 である．

観測される ^{4}He や重水素の量から，η または $\Omega_B h^2$ の値を決定することが可能である．とくに近年では，遠方の銀河間ガスに存在する重水素の量が，その背後にあるクエーサーの出す放射スペクトルに見られる吸収線を用いて精密に測定できるようになった．クエーサーの光がガスを通過する間に，重水素にどれだけ吸収されたかを評価するのであ

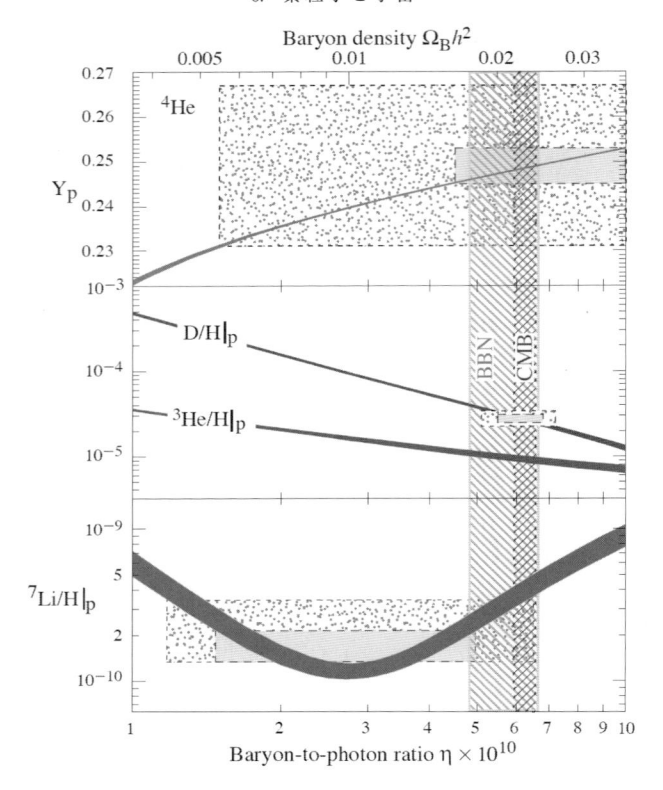

図 6.1.4 ビッグバン元素合成の理論計算結果と観測値

横軸は，バリオン光子数密度比 η であり，バリオン密度 $\Omega_B h^2$ と等価（上の横軸）．縦軸は，上のボックスは ^{4}He（上のボックス）の全陽子・中性子に対する質量比．中のボックスは，重水素 D および ^{3}He，そして下のボックスは ^{7}Li の水素に対する数比．観測値が，各々の元素について箱の形でプロットしてある．統計誤差だけを入れたものが塗りつぶした箱，系統誤差を入れたものが点で表した箱．たとえば，^{4}He では系統誤差が非常に大きい．上から下のボックスまで貫いた箱は，BBN と書いてあるものが，観測値と理論値を比較した元素合成からの η に対する制限，ハッチをかけた CMB と書いてある制限が，WMAP 衛星が求めた宇宙マイクロ波背景放射のゆらぎから得た制限．元素合成のほうが制限がゆるいが，両者は一致する．(Particle Data Group 2009 年版から転載)

る．その結果得られた $\Omega_B h^2$ の値は 0.022 ほどである．ハッブル定数に 0.72 を代入すれば，Ω_B はわずか 0.04 程度ということになる．宇宙全体を平坦にするための密度の 4% しか通常の元素，すなわちバリオンは存在しないのである．また，この値は，$\eta = 5.9 \times 10^{-10}$ に対応する．宇宙では，バリオン 1 個に対して光子が 20 億個も存在しているのである．これは，粒子・反粒子消滅により，バリオンが対称性の破れによるごくわずかな量しか残らなかったことと関係している．

次に，元素の生成量と膨張速度の関係であるが，膨張速度が大きいと，同じ温度に対して宇宙の年齢が短い．そのため，化学平衡からの離脱がより早い時刻に起きる．結果としてより多くの中性子を残すこととなり，^{4}He の量が多くなる．このとき，重水素や ^{3}He は，^{4}He に転換できなかった燃え残りなので，^{4}He の量が増加すると逆に減少することになる．膨張速度，すなわちハッブルパラメーターは，フリードマン方程式 (6.2) から明らかなように，その時期にどれだけの物質が存在していたかによって決定される．この時期の宇宙は放射優勢であり，光子やニュートリノが宇宙の密度の大部分を占めていた．ニュートリノの種類が標準模型の 3 よりも多かったり，未知の放射成分，すなわち質量が無視できる粒子が大量に存在していれば，H の値，すなわち膨張速度が大きくなる．結果として，形成される ^{4}He の量が多くなり，重水素などは減少する．このことによってニュートリノの種類 N に対する制限を課すことが可能である．現在のところ得られている制限は，$1.6 < N < 3.6$ であり，4 以上を否定しているのは興味深い．

d. 宇宙の構成要素

現在の宇宙に多量に存在する成分として知られているものには，物質成分として暗黒物質と通常の元素（バリオン），放射成分として宇宙マイクロ波背景放射と宇宙背景ニュートリノがある．6.1.a で述べたように，物質成分は状態方程式が $p=0$ であり，密度 ρ が a^{-3} に比例するものを指し，放射成分は $p = \rho c^2/3$ で，密度 ρ が a^{-4} に比例するものを指す．また，その他に最近その存在が明らかになった成分として，暗黒エネルギーがあげられる．以下では，各々の成分について詳しく見ていくこととする．

（1） バリオン

通常の元素であるバリオンは，ビッグバン元素合成，また宇宙マイクロ波背景放射の温度ゆらぎから，臨界密度の 4～5% でしかないことが明らかになっている．この成分が宇宙を照らす星の材料になっている．星として輝いているのはバリオンの 5% 程度でしかない．また，銀河団には，大量の高温のガスが存在することが X 線観測によって明らかになっている．そこでは星として輝いている銀河の質量の 10 倍ほどもガスが存在しているのである．しかし，そこに存在するのもバリオン全体のわずか 4% 程度である．宇宙全体のバリオンの 9 割は，いまだ発見されていない．銀河間のガスとして存在していると考えられているのである．銀河群などの銀河団よりも重力集中が弱い場所に存在しているために，X 線を出すほどには高温にはなっていないが，ある程度は暖められているだろう．これらのまだ見えていないバリオン成分を暗黒バリオンと呼ぶ．暗黒バリオンの観測的探査は今後の課題である．

（2） 暗 黒 物 質

宇宙では恒星やガスなど見えている物質だけが重力を担っているわけではないことは，1930 年代にフリッツ・ツヴィッキー（F. Zwicky, 1898-1974）によって最初に指摘

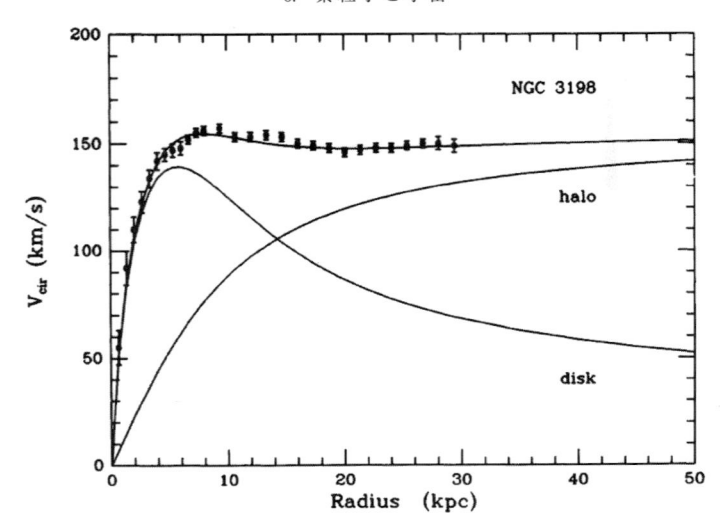

図 6.1.5 渦巻銀河 NGC 3198 の回転曲線

横軸が銀河中心からの距離，縦軸が回転速度．disk とあるのが，銀河の外縁が見えている円盤構造だけで構成されていると考えた場合．halo とあるのが，見えないけれども，観測を説明するために必要なハロー成分を入れた場合．ハローと円盤を合わせて初めて観測を説明できる．(Van Albada *et al.*, Astrophysical Journal, 295, 395-313, 1985 より転載)

された．ツヴィッキーはかみのけ座銀河団に属する銀河の運動を調べた．ビリアル定理から，銀河の速度分散の大きさは，銀河団の重力ポテンシャルの深さと関係している．そこで，速度分散を測定し，銀河団の質量を求めてみると，見えている銀河の質量の総量よりもはるかに大きいことに気づいたのである．同じく 1930 年代には，ホラス・バブコック（H. W. Babcock, 1912-2003）がアンドロメダ銀河の渦巻の回転速度の測定を行い，外縁部の回転速度が，予想外に大きいことを見出した．バブコックは，このような回転速度は，見えている質量だけでは実現できないことに気がついた．

渦巻銀河の回転の測定は，1970 年代になって，ヴェラ・ルービン（1928- ）を中心に進められた．その結果，多くの渦巻銀河で，回転速度の中心からの距離依存性（回転曲線と呼ぶ）を測定してみると，外縁部ではほとんど距離によらずに一定の速度になることが明らかになった（図 6.1.5）．外縁部では星の分布がまばらになり，銀河全体の重力に対して大きな寄与はしていない．もしそこでの重力が見えている物質のみによって担われているのならば，外縁部での天体の運動は，それより内側の物質のつくる重力によってのみ担われる．ケプラー運動である．ケプラーの第 3 法則に従えば，回転の速度は距離の平方根に反比例して遅くなる．測定結果が，速度が距離によらないということは，外縁部に見えていないけれども重力を生み出す物質が大量に存在していることを意味している．暗黒物質である．恒星やガスとは異なり，暗黒物質は銀河全体にほぼ球

6.1 ビッグバン宇宙

図 6.1.6 ハッブル宇宙望遠鏡によって捉えられた銀河団 Abell 2218 による重力レンズ効果．背景の銀河の像が，銀河団の重力により歪められ，引き伸ばされた結果，アーク状になって写っている．（ハッブル宇宙望遠鏡 /NASA 提供）

状に分布しているようである．銀河の目に見えない暈ということで，ハローと呼ぶ．その量は少なくとも見えている物質の 5 倍以上と見積もられている．

銀河に存在する暗黒物質は，ツヴィッキーが示したように，銀河の大集団である銀河団にも大量に存在している．現在では，銀河団の巨大な重力によって背景の銀河が多重像となったり，アーク状になったりするという強い重力レンズ効果によって銀河団の質量を直接測定することが可能になっている（図 6.1.6）．その結果，見えている物質の大部分を占めている熱いガスのさらに 10 倍程度の質量の暗黒物質の存在が明らかにされている．この質量は，銀河団のガスが X 線放射をするのに必要なだけのエネルギーを供給することが可能である．

暗黒物質は重力を担っているために，構造の形成に重要な役割を果たす．その役割を調べる目的で，一辺が 10 億光年以上にもなるサイズのシミュレーション・ボックスの中に，1 個が小型の銀河ほどの重さを持つ暗黒物質の固まりを 10 億個以上も配置し，重力によって構造が形成される過程を調べるコンピューターシミュレーションが実行されている．

一方で，1990 年に入って大規模な銀河の探査計画が相次いで実行に移された．莫大な数の銀河の分光観測を行い，宇宙の地図を作成するという計画である．その 1 つが，2dF 計画というイギリスとオーストラリアを中心とした銀河探査計画であり，もう 1 つがアメリカ，日本，ヨーロッパの共同観測であるスローン・デジタル・スカイ・サーベ

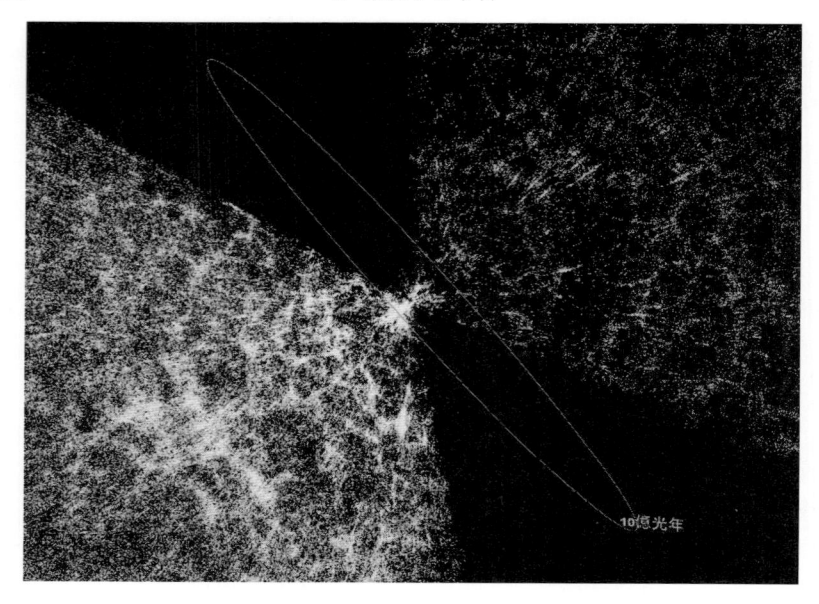

図 6.1.7 スローン・デジタル・スカイ・サーベイ（SDSS）による宇宙の地図
1つ1つの点が銀河で，われわれ観測者は中心にいる．暗い部分はまだ観測をしていない領域．銀河が連なってネットワーク状の構造をしていることが見て取れる．（SDSS プロジェクト／国立天文台 4D2U プロジェクト提供）

イ計画である．前者は 20 万個ほどの銀河をカタログに基づいて分光観測を行い，後者は，新たなカタログ作成とともに，およそ 100 万個の銀河の分光観測を行った．その結果，得られた後者の宇宙地図が例えば図 6.1.7 である．

さて，シミュレーション結果とこれらの観測とを比較することによって，明らかになってきたのが次の事実である．

まず，暗黒物質が大きな運動エネルギーを持つ粒子であったとすると，その運動によって小さな構造を消去する．たとえば，ニュートリノの場合には，銀河以下の構造を形成することができない．そのためこのような熱い（ホット）暗黒物質は否定される．運動エネルギーの小さな冷たい（コールド）暗黒物質を観測は支持するのである．また，最初に与える密度分布としては，インフレーションの予想するスケールフリーなものが望ましい．さらに，暗黒物質の密度は，平坦にするための臨界密度の 2～3 割程度，すなわち $\Omega_{DM}=0.2\sim0.3$ である．

暗黒物質の正体が何であるのかは，いまだわかっていない．しかし，ビッグバン元素合成の制限からバリオンの量は臨界密度の 4～5% なので，通常の元素ではない未知の粒子である可能性が最も高いと考えられている．6.2 節で詳しく解説してある．

（3） 暗黒エネルギー

1990年代後半，Ia型超新星の探査を行った米欧の2つのグループが独立に，宇宙の膨張が加速していることを見出した．通常の物質であれば，重力，すなわち引力のみを及ぼし合う．その結果，宇宙の膨張は必ず減速する．加速しているということは，何らかの斥力成分が宇宙の膨張を支配している，ということを意味している．そこで，アインシュタインの宇宙項を一般化したものとして，暗黒エネルギーが考えられるようになったのである．

Ia型超新星は，連星系をなしている白色矮星に相手の通常の恒星からガスが流入し，やがて重力を支えきれなくなると収縮が進み，内部で炭素の核融合が急激に進行し大爆発を起こすものと考えられている．この型の超新星は，かつてはほとんどみな同じ明るさで輝くものと思われていた．そうであれば，宇宙での標準光源として用いることができ，距離の測定に使える．見かけの明るさは距離の2乗に反比例して暗くなっていくことから，見かけの明るさを測定し，真の明るさと比較すれば，距離が決定できるのである．また，Ia型超新星は非常に明るく，遠方まで観測することが可能である．そのため，宇宙論的な距離の測定に非常に有効な天体であると考えられてきた．

さらに，1990年代前半に大きな進展があった．よく調べてみると，Ia型超新星が最大光度に達してから減光していく速さによって，その明るさが異なることがわかったのである．すぐに暗くなっていくものほど爆発の本当の明るさは暗く，ゆっくり暗くなっていくものは本当の明るさが明るいことが明らかになったのだ．そこで，減光の速さを測定することで，真の明るさを推定できるようになった．この発見によって，Ia型超新星による距離決定は，高い信頼精度を獲得したのである．

さて，距離が非常に遠方になると，6.1.b(1)項で述べたように，ハッブルの法則がもはや厳密には成り立たなくなる．ハッブルパラメーターの値が異なるからである．すなわち，過去の宇宙でのハッブルパラメーターの値によって，Ia型超新星の真の明るさと見かけの明るさの関係が決定されることになる．遠方の宇宙でのIa型超新星を測定することで，ハッブルパラメーターの時間進化を得ることが可能になるのだ．

ハッブルパラメーターの時間進化を求めることを目的として，大規模なIa型超新星探査が米欧で実行された．その結果，超新星の見かけの明るさが，赤方偏移1の近くで等速膨張の場合に予想される明るさに比べて，より暗くなっていることがわかったのである（図6.1.8）．このことは宇宙の膨張が加速していることを意味している．なぜならば，現在の膨張速度よりも過去の方が遅ければ，時間を逆回しして過去に遡って考えたときに，宇宙がなかなか縮んでいかないことになる．つまり，等速膨張の場合に比べて，同じ大きさ（赤方偏移）の宇宙がより遠方に対応する．超新星までの「距離」が大きくなるわけだから，暗くなる．宇宙の膨張速度は，赤方偏移1の近くでは現在の値よりも小さいことがわかった．宇宙は加速していたのだ．

観測された加速を説明するためには，暗黒エネルギー成分が臨界密度の7割程度は存在していなければならない．つまり $\Omega_{\mathrm{DE}} \approx 0.7$ であることも明らかになった．

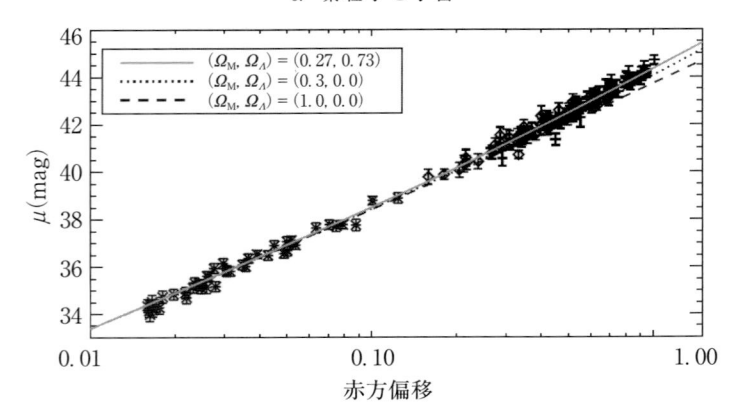

図 6.1.8 SN レガシー・サーベイ計画と ESSENCE 超新星サーベイ計画による，超新星光度の赤方偏移依存性

横軸が赤方偏移，縦軸は距離指標と呼ばれる量で，見かけの等級から絶対等級を引いたもの．距離指標で 5 等級の違いが 10 倍の距離に対応する．破線が宇宙項なしの平坦な宇宙（$\Omega_M=1$，$\Omega_\Lambda=0$），点線が宇宙項なしの負曲率宇宙（$\Omega_M=0.3$，$\Omega_\Lambda=0$），実線が宇宙項ありの平坦な宇宙（$\Omega_M=0.27$，$\Omega_\Lambda=0.73$）．宇宙項があると超新星の見かけの明るさが暗くなるので，実線は破線よりも赤方偏移の大きいところで大きな距離指標の値を与える．観測は，宇宙項のある場合を示唆する．（W. M. Wood-Vaswey, et al., Astrophysical Journal, 666, 694-715, 2007 より転載）

次に，暗黒エネルギーが宇宙を加速させるために必要となる条件について見ていこう．暗黒エネルギー成分を流体だと考えたとき，その状態方程式について考えてみる．フリードマンの式（6.3）から加速させるためには，$\rho c^2 + 3p < 0$ でなければならないことがすぐにわかる．すなわち $p \equiv wc^2\rho$ としたときに，$w < -1/3$ が条件である．一般に，この条件を満たすものを暗黒エネルギーと呼んでいるのだ．観測的には，$w \sim -1$ すなわち宇宙項か，それに近い性質であることが明らかになってきているが（6.1.e(1) 参照），精密な w の測定や，さらに w の時間進化に関する可能性などは，まだこれからの観測的課題である．

なお，宇宙の加速を暗黒エネルギーではなく，一般相対性理論の適用限界が見えてきたためではないかと考えている研究者もいる．現在の宇宙全体という莫大な大きさまで，一般相対性理論がそのまま適応できるかどうかは確かによくわからない．真の重力理論は，ひょっとしたら宇宙の地平線サイズになると一般相対性理論とはずれ始め，それが見かけの加速膨張を生み出しているのかもしれないという説である．改変された重力理論がいくつか提案されており，観測的に検定が進められている状況である．

（4）放射成分

現在の宇宙には，宇宙マイクロ波背景放射が存在している．温度が 2.725 K のプランク分布であることから，エネルギー密度を計算することができ，臨界密度で規格化する

と,密度パラメーターとして $\Omega_\gamma = 2.47\,h^{-2} \times 10^{-5}$ を得る.

ニュートリノについても,質量を無視しフェルミ分布に従うこと,光子より温度が 1.4 倍高いこと(6.1.c(1) ビッグバンの熱史,陽電子消滅の項参照)から,エネルギー密度を計算することができ,$\Omega_\nu = 1.78\,h^{-2} \times 10^{-5}$ を得る.結局放射成分全体としては,$\Omega_R = \Omega_\gamma + \Omega_\nu = 4.15\,h^{-2} \times 10^{-5}$ である.

現在では,このように放射成分の密度は,暗黒エネルギーや物質に比べ無視できるくらい小さい.しかし,過去に遡ると状況は異なる.暗黒エネルギーはその正体が宇宙項であれば,その密度は時間進化しない.一方,放射はスケール因子の 4 乗に逆比例し,物質成分は 3 乗に逆比例する.スケール因子がきわめて小さかった宇宙初期では,放射が卓越している放射優勢期であった.やがて物質の密度が放射の密度をしのぎ物質優勢期になった.そして,比較的最近になって暗黒エネルギーが優勢になったのである.

e. 精密宇宙論

1990 年代以降,10 m クラスの望遠鏡が稼働を始め,ハッブル宇宙望遠鏡など,宇宙空間からの観測も活発に行われるようになってきた.それによって,これまで見ることさえできなかった遠方の天体を詳細に観測することが可能になったのである.また,中規模クラスの口径の望遠鏡を専用化して使用し,銀河の分布を求めるなどの研究も盛んに推進されるようになった.その結果,観測的宇宙論は長足の進展を遂げている.とりわけ,宇宙論パラメーターが非常に精密に決定されるようになってきた.

(1) 宇宙マイクロ波背景放射の温度ゆらぎ

COBE 衛星による温度ゆらぎの発見を契機として,米欧で相次いで宇宙マイクロ波背景放射の温度ゆらぎを測定するための新たな衛星計画が立案,推進された.先行したのはアメリカである.WMAP 衛星をいち速く 2001 年には打ち上げ,2003 年には COBE よりも 30〜40 倍の細かさで描かれた全天の温度分布を発表したのである(図 6.1.9).ヨーロッパは,WMAP よりも規模が大きく,より多くのチャンネルで,より細かい構造まで分解できる PLANCK 衛星を 2009 年に打ち上げた.

このように,衛星が競って打ち上げられたのは,宇宙マイクロ波背景放射の温度ゆらぎを調べることで,宇宙論にとって非常に多くの有用な情報が得られることが理論的に明らかにされたからである.とくに,宇宙論パラメーターを非常に精密に決定できるのだ.

晴れ上がりの時期の温度ゆらぎの物理的な大きさやその強度は,バリオンの量や暗黒物質を含む物質量,さらには宇宙の膨張速度などによって決められる.この温度ゆらぎの空間パターンを,われわれは現在の宇宙年齢に対応する距離だけ隔てて観測しているわけである.そのため,途中の空間の幾何学的構造,すなわち曲率によって温度ゆらぎの像の大きさはさらに拡大(曲率正),ないし縮小(曲率負)される.空間全体がレンズとして働くからである.

以上のことから,温度ゆらぎのサイズ,さらに強度を測定することで,バリオンや物

図 6.1.9 WMAP 衛星が 5 年間かけて測定した宇宙マイクロ波背景放射の全天温度分布. 明るい部分は高温, 暗い部分が低温で, 最大でおよそ 0.0002 K ほど平均からずれている. (NASA/WMAP チーム提供)

質の密度パラメーター, 空間の曲率などを得ることが可能となるのである.

もう少しだけ詳しく解説する. 宇宙の晴れ上がりまで, 宇宙に満ちていたのは光子・電子・陽子の混合流体であり, また暗黒物質である. 混合流体は圧縮性の流体であり, そこに存在する密度の粗密は音波として伝播する. 密度ゆらぎ, そして温度ゆらぎは, その時期の音なのである. この音の音程, すなわち典型的な波長は, 混合流体の音速や宇宙の膨張速度で決定される. 音速は, 光子とバリオンの密度比で決定される. また宇宙の膨張速度は, 暗黒物質を含む物質の密度やハッブル定数によって決定される. すなわち典型的な波長は, バリオンの密度や物質密度, そしてハッブル定数などに依存して決定されるのである.

実際には, 膨張宇宙でのゆらぎの発展を数値的に解き, それを観測される温度ゆらぎと統計的に比較することで, 宇宙論パラメーターの制限を得る. WMAP 衛星の 5 年間の観測によって, 決定された宇宙論パラメーターの値は次のとおりである:

$$\Omega_B = 0.0441 \pm 0.0030,\ \Omega_{DM} = 0.214 \pm 0.027,\ \Omega_\Lambda = 0.742 \pm 0.030,$$
$$-0.063 < \Omega_K < 0.017,\ h = 0.719^{+0.026}_{-0.0027}$$

すなわち, 宇宙の曲率はほぼ平坦であり, 暗黒物質が 21.4%, バリオンは 4.4%, 残りの暗黒エネルギーが宇宙の支配的成分で, 74.2% 存在する, という結論である (図 6.1.10). また, これらの値を代入してフリードマン方程式 (6.2) を解くことで得られる宇宙の年齢は, 136.9 億年となる.

以上の結果は, 解析に WMAP 衛星以外の宇宙大規模構造の観測結果や, Ia 型超新星の観測を加えたりすると, 若干その値を変えるが大きく結論が変わることはない. しかしパラメーターによっては, より強い制限を課すことが可能となる. たとえば, 6.1.e(2) に解説するバリオン音響振動と Ia 型超新星の結果を加えると, ニュートリノの質量と

6.1 ビッグバン宇宙

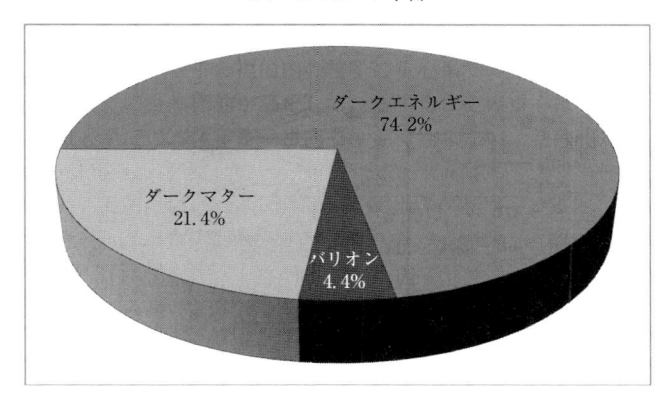

図 6.1.10 宇宙のエネルギー・物質存在比
WMAP衛星の5年間の観測による．

種類，さらに暗黒エネルギーに対して厳しい制限が得られる．まず，すべてのニュートリノの質量を合計して，0.67 eV以下でなければならないこと，種類については$4.4±1.5$という制限が得られる．また，暗黒エネルギーについては，状態方程式を決めるパラメーターwについて，$-1.14<w<-0.88$という制限が得られる．宇宙項の場合の値である-1に近いことが興味深い．

(2) バリオン音響振動

暗黒エネルギーについて有力な観測手段であると期待されているのがバリオン音響振動である．温度ゆらぎは，晴れ上がりの時期の音波モードを観測していた．その時期に水素原子が形成され，光子と陽子・電子の結びつきが切れ，光子は遮られることなくわれわれまで到達するからである．一方，陽子・電子のほうも，音波モードの振動をその密度ゆらぎに含んでいる．暗黒物質の作る重力ポテンシャルに引き寄せられ，構造を形成していくわけだが，かすかな音波モードの名残が陽子・電子，すなわちバリオン成分に見られるのである．この音波モードのことをバリオン音響振動と呼ぶ．さらに，暗黒物質の密度分布にも，現在では，音波モードを見ることができる．バリオンの作る重力ポテンシャルから，音波モードの名残が刻印されるのである．

この音波モードは温度ゆらぎと同様，その物理的スケールが完全に理論的に予測できる．とくにWMAPの観測結果を用いれば，ほぼ完全に決定される．宇宙での標準物差しとして使えるのである．

一方で，その観測される見かけの大きさは，宇宙の空間曲率や暗黒エネルギーの量によって拡大，縮小される．空間曲率は，温度ゆらぎの場合と同様に空間がレンズとして働くからである．暗黒エネルギーについては，その存在によって空間を大きくする効果（Ia型超新星が暗くなったことを思い出されたい）がある．見かけの大きさを小さくす

るのである.WMAPによって空間曲率はほぼ0であることがわかったので,バリオン音響振動の見かけの大きさ(波長)は,暗黒エネルギーによって(のみ)変化する.

観測的には,バリオン音響振動は,宇宙の大規模構造から得られる密度分布に見つけることができる.晴れ上がりよりははるかに後の時期,ちょうど暗黒エネルギーが宇宙で優勢になる頃,すなわち宇宙誕生後90〜100億年の頃を,大規模構造の音響振動を通じて見ることができれば,暗黒エネルギーについて重要な情報を得られるのである.さらに,音響振動を時間の関数として得ることができれば,暗黒エネルギーの時間発展さえも求めることができる.

現在すでに,スローン・デジタル・スカイ・サーベイ(SDSS)によって,バリオン音響振動が測定されたという報告がある.前項で,WMAPとバリオン音響振動によるwの制限を紹介したが,それはこの報告の結果を用いたものである.しかし,かすかな揺らぎであり,SDSSの観測結果もまだ確定的とはいえない.より大規模な銀河探査によって,統計精度を上げる努力が急がれている.

(3) 重力レンズ

暗黒物質の項で,重量レンズ効果を用いて,銀河団の暗黒物質の量を測定する試みについて紹介した.これは背後の銀河の像が,複数になったりアーク状になったりするという強い重力レンズ効果によるものだった.

近年の大きな進展は,宇宙の大規模構造が背景の銀河の像を歪ませるという弱い重力レンズ効果を解析することによって,暗黒物質の大域的な分布が明らかにされるように

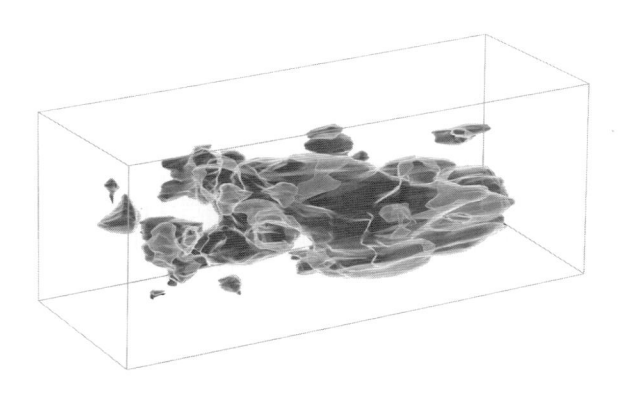

図6.1.11 ハッブル宇宙望遠鏡やすばる望遠鏡などの共同プロジェクト,COSMOSによる重力レンズ効果で描いた暗黒物質の3次元質量分布
縦・横は赤経(149.5時〜150.8時)・赤緯(1.6°〜2.9°)で表されている.奥行きは赤方偏移$z=1$まで.実際はコーン状の領域を便宜上ボックスで表してある.縦・横のサイズは,$z=0.3$では,6000万光年,$z=0.5$では8000万光年,$z=0.7$では1億光年に相当する.(NASA/ESO/R. Massey(カリフォルニア工科大学)提供)

なってきたことである．この場合の重力レンズ効果は多重像といったものではない．たとえばもともと円形の像であったものが，弱い重力レンズ効果によって少し楕円形に歪められるという効果である．ここで問題になるのは，銀河は一般にはもともと歪んだ形状をしているということである．しかし，近くにある銀河どうしの像の相関を取ることで，重力レンズ効果による歪みをもともとの形状から分離することが可能となる．多数の銀河の像を用いることで，統計的に銀河自身の持っている形状の効果を落とし，重力レンズ効果だけを取り出すのである．ハッブル宇宙望遠鏡やすばる望遠鏡などが共同して，この手法によって得た暗黒物質の3次元分布が図 6.1.11 である．

この手法を用いれば，宇宙の大規模構造，すなわち密度ゆらぎの時間進化を詳細に求めることができる．この時間進化は，暗黒エネルギーの量に依存している．暗黒エネルギーが膨張を支配し始めると膨張が加速するために，物質が重力によって集められることが困難になっていく．集められる前に空間の膨張で遠くに引き離されるからである．重力レンズ効果によって，暗黒エネルギーの検証がバリオン音響振動と同様に行うことができるのである．こちらも，今後の大規模な銀河探査が期待される．　　　（杉山　直）

6.2　暗　黒　物　質

a. 暗黒物質候補の一般的性質

前節にあるように，暗黒物質は宇宙全体のエネルギー密度の 21.4% 程度，物質密度の 80% を占め，宇宙の構造形成において重要な役割を担っている．われわれの銀河内にある物質もそのほとんどが光らない暗黒物質であると考えられている．銀河の回転曲線の観測から地球周辺の物質密度はおおむね $0.3\,\text{GeV/cm}^3$，平均的な速度は銀河の安定性から，230 km/s 程度であると考えられる．たとえば 100 GeV 程度の質量を持つ素粒子からなる暗黒物質であればわれわれの周囲を，$1\,\text{cm}^2$ あたり1秒間に 10^5 個以上通過していると考えられる．

このような多数の粒子が通常の電弱相互作用をすれば，その存在は実験的に確認できるはずである．宇宙線中の粒子の探索，原子核などにトラップされている粒子の探索から，暗黒物質は電磁相互作用や，強い相互作用をしないことが明らかになっている．また，宇宙線の届かない地下に測定器を置くことによって，地球を突き抜けてくるきわめて弱い相互作用をする暗黒物質の存在をつかまえようとする試みもなされている．このような測定からは暗黒物質と原子核の相互作用の上限は $10^{-7}\,\text{pb}$ 以下であることがわかっている．たとえば 100 GeV 程度の質量を持ったディラックニュートリノが，核子とZボソンの交換で相互作用する散乱断面積は $10^{-3}\,\text{pb}$ 程度であることを考えると，これはきわめて小さい値であると考えなければならない．またこの粒子は，安定か宇宙の年齢よりはるかに長い寿命をもつ物質でなければならない．暗黒物質を構成する素粒子の崩壊が頻繁に銀河の中で起これば，その崩壊によって生まれる粒子が，光や荷電粒子の形で観測されてしまうからである．

b. 模　　型

　暗黒物質となる素粒子の1つの候補として，ニュートリノのように荷電中性できわめて軽いため崩壊先のない粒子があげられる．しかし，後述するように小さい質量をもつニュートリノは暗黒物質の良い候補ではない．他の可能性として，内部パリティ対称性によって，暗黒物質の崩壊が禁止されている模型が研究されている．すなわちこのような拡張された素粒子模型においては，すべての粒子が $+1$ あるいは -1 のパリティをもち，始状態の粒子のパリティ積と終状態の粒子のパリティ積が同じになるよう，相互作用が制限されている．パリティ -1 の粒子の崩壊には1つ以上のパリティ -1 の粒子が現れる．最も軽いパリティ -1 をもつ粒子が運動学的に許される崩壊先がないため安定になるのである．

　このような模型の典型が R パリティをもつ超対称標準模型（MSSM）である．MSSMでは，すべての標準模型の粒子に対して，スピンが1/2 異なり，ゲージ変換性は変わらないパートナー粒子（超対称粒子）が存在する．標準模型の粒子は $R=1$，その超対称粒子は $R=-1$ であり，いちばん軽い超対称粒子（LSP = Lightest Supersymmetric Particle）は安定である．LSP が暗黒物質であるとすると，荷電0の弱い相互作用をする粒子でなければならない．このような性質を持つ超対称粒子として，ニュートリノの超対称粒子であるスカラーニュートリノ（$\tilde{\nu}$），あるいはニュートラリーノ（$\tilde{\chi}$）と呼ばれる，ヒグシーノ（$\tilde{H}$, ヒッグス粒子の超対称粒子）と中性ゲージーノ（$\tilde{B}, \tilde{W}_3$ ゲージ粒子の超対称粒子）の混合状態が考えられる．また，MSSM は重力を含む形で拡張される必要があり，重力の超対称粒子であるグラビティーノ（$\tilde{\psi}^\mu$）も荷電中性である．

　超対称模型は，パリティを課すことができる模型の一例であるが，同様の性質を持つ他の模型も提案されている．例えば，空間が $3+n$ 次元であるような余剰次元模型のカルツァ-クラインモードに対してもパリティを定義することが可能である（2.11f 項参照）．特殊な境界条件では余剰次元方向のノードの偶奇がパリティの役割を果たすのである．この模型については近年盛んに検討されているが，現象論的には，超対称模型と近いので，本稿では省略する．

　まったく違う暗黒物質候補としてアクシオン a がある．アクシオンは強い相互作用のCP問題を解決するために提唱された Peccei Quinn 対称性に伴う質量のきわめて軽い素粒子である．物質に対して，$L = (c/f_{PQ}) a G^{\mu\nu} G_{\mu\nu}$ という結合をし，相互作用の強さは結合に関わる次元をもつ定数 f_{PQ} の逆数に比例する．アクシオンの質量も f_{PQ} の逆数に比例する．天文学的な制限から，アクシオンの質量は 10^{-6} eV から 10^{-3} eV に制限されている．アクシオンは2つの光子に崩壊する不安定な粒子であるが，寿命が宇宙年齢に比べてきわめて長いので，暗黒物質の候補となる．アクシオンについては 3.7e 項で解説されている．

c. 暗黒物質の直接探索

　暗黒物質は，原子核と暗黒物質の散乱によって直接的に観測できる可能性がある．

原子核を構成する核子と暗黒物質の有効相互作用は，低エネルギーでは，$\bar{N}\gamma_\mu N \bar{\psi}_X \gamma_\mu \psi_X$（ベクトル交換），$\bar{N}\gamma_\mu\gamma_5 N \bar{\psi}_X \gamma_\mu\gamma_5 \psi_X$（軸性ベクトル交換），$\bar{N}N\bar{\psi}_X\psi_X$（スカラー交換）などの項からなる．暗黒物質の速度は光速の約 1/1000 で，質量 100 GeV の暗黒物質が原子核と散乱するときに原子核に与えられるエネルギーは 100 keV 程度と小さい．これは原子核の典型的な束縛エネルギーより小さいため，暗黒物質は「原子核全体」と散乱する．原子核と暗黒物質の散乱においてベクトル交換とスカラー交換の散乱振幅は低エネルギーで核子数に比例する．このため原子核と X との散乱断面積は核子数の 2 乗に比例する．これに対して，軸性ベクトル交換相互作用は核子のスピンに比例する．スピンは核子の中で互いに打ち消し合う方向に並んでいることが多いため，この相互作用は互いに打ち消し合い小さくなる．

b 項で述べた暗黒物質候補のうち，スカラーニュートリノの核子との散乱断面積は現在の観測の上限を超えているため，暗黒物質であることが実験的に否定されている．ニュートラリーノと原子核の相互作用は，ニュートラリーノがマヨラナ粒子であるため，ベクトル交換相互作用がないことが特徴である．またスカラー交換相互作用はヒッグス粒子の交換相互作用に基づくものしかなく，この相互作用が重要であるためには，ニュートラリーノがヒグシーノ成分とゲージーノ成分の十分な混合状態である必要がある．さらに核子とヒッグス粒子の結合は小さいために散乱断面積がきわめて小さくなる．一般的な超対称模型では核子とニュートラリーノの散乱断面積は 10^{-7} pb から，10^{-11} pb に分布している．これはスカラーニュートリノで期待される散乱断面積より 4 桁以上小さい．

近年探索技術の進歩によって，ニュートラリーノについても模型を部分的に制限することが可能になっている．現在 20 GeV から 500 GeV の間で，核子と暗黒物質の散乱断面積が，10^{-7} pb 以下（100 GeV 近辺では 4×10^{-8} pb 以下）であることが明らかになっている．将来的には，暗黒物質の散乱断面積が，10^{-10} pb 程度までは探索が可能であると考えられている．

d. 暗黒物質と初期宇宙

ビッグバン宇宙模型においては宇宙初期には宇宙は高温の熱平衡状態になっていると考えられる．ここではある安定な粒子 X が宇宙初期に熱平衡状態にあれば，宇宙に一定の密度で残り，その相互作用が適切な大きさなら，暗黒物質となりうることを示そう．

宇宙はほとんど平坦かつ等方で，その計量は

$$ds^2 = dt^2 - a^2(t)\{dr^2 + r^2 d\theta^2 + r^2 \sin^2\theta d\varphi^2\} \tag{6.4}$$

で表される．a の満たすべきアインシュタイン方程式は $H^2 = (\dot{a}/a)^2 = (8\pi G/3)\rho$ である．ρ はエネルギー密度で，初期の宇宙においては，熱平衡状態で相対論的な振舞いをする粒子の有効自由度 g_* に比例して，$\rho = \dfrac{\pi^2}{30} g_* T^4$ ($g_* = \sum_{\text{boson}} g_i + (7/8)\sum_{\text{fermion}} g_i$) と表される．したがって $H \propto T^2$ であり，また $a \propto T^{-1}$ である．

粒子数密度 n_X はボルツマン方程式によって記述される．X とその反粒子 $\bar{X}$ が，熱平

衡状態にある軽い粒子 f_i と $X\bar{X} \leftrightarrow f_i\bar{f}_i$ という反応をし，$n_X = n_{\bar{X}}$ である場合，この方程式は，

$$\frac{dn_X}{dt} + 3Hn_X = -\sum_i \langle \sigma v(X\bar{X} \to f\bar{f}) \rangle (n_X^2 - (n_X^{eq})^2) \tag{6.5}$$

と表される．左辺第2項は宇宙の膨張に伴う自明な粒子数変化を表し，右辺の $\langle \sigma v \rangle$ は熱的に平均化された，X の対消滅断面積 σ と相対速度 v の積で，n_X^{eq} は熱平衡状態にあるときの X の密度である．$H \ll \langle \sigma v \rangle n_X$ であれば右辺の対消滅・対生成のプロセスが十分有効で X は熱平衡状態にとどまる，すなわち $n_X \sim n_X^{eq}$ であることを示している．

X が熱平衡状態にとどまったまま宇宙の温度が低くなると密度は $T \gg m_X$ では T^3，$T \ll m_X$ では $\exp(-m/T)$ で小さくなる．式 (6.7) の左辺の H に比例する項の温度依存性は T^5 であり，右辺の温度依存性が T^6 以下である．温度が下がると $X\bar{X}$ の衝突確率 $n_{EQ}\langle \sigma v \rangle$ は宇宙が膨張速度の増加 H に比べて十分小さくなるので，$a^3 n$ は一定に保たれる．つまり，宇宙に粒子 X が残ることになる．

式 (6.5) を解くことによって，熱的に生成される暗黒物質の密度が得られるが，これをさらにエントロピー密度 s で割って，$Y = n/s$ で表すのが便利である．宇宙のエントロピー S は断熱的な宇宙発展に対して一定であり $s \equiv S/a^3$ である．また $s = (2\pi^2/45) g_S^*(T)T^3$ で表される．ここで $g_S^*(T)$ は温度 T でエントロピーに寄与する粒子の有効自由度である．X が熱平衡状態から切れた後，宇宙の時間発展が断熱的であれば，Y_X は一定となるので，これを Y_∞ と呼ぼう．粒子 $X(+\bar{X})$ の質量密度と宇宙の臨界密度 ρ_c（宇宙が平坦であるときの密度）との比 Ω_X は，

$$\Omega_X h^2 \equiv \frac{m_X n_X}{\rho_{\text{crit}}/h^2} = \frac{Y_\infty s_0 m_X}{\rho_{\text{crit}}/h^2} = 2.82 \times 10^{-8} Y_\infty (m_X/\text{GeV}) \tag{6.6}$$

と表される．ここで s_0 は現在の宇宙のエントロピー密度である．

$H \sim \sigma v$ となる温度 (decoupling temperature: T_c) と暗黒物質との質量との関係が $m_X < T_c$ の場合，熱い暗黒物質 (HDM = hot dark matter) $m_X > T_c$ である暗黒物質を冷たい暗黒物質 (CDM = cold dark matter) という．HDM の Y_X は

$$Y_X = 0.278 g_{\text{eff}}/g_{*s}(T_c) \tag{6.7}$$

である．ここで $g_{\text{eff}} \equiv g$(boson の場合)，$g \equiv (3/4)g$(fermion の場合) は対称となる粒子の有効自由度で，粒子のスピン自由度 g で表される．十分軽いディラック型のニュートリノの場合 $T_c = O(1)$ MeV であり，このとき $g_{*s}(T_c) = 10.75$ である．ここから，ニュートリノの質量密度は $\Omega_{\nu n u} = m_\nu/91.5$ GeV という制限が得られるが，これは実験で得られる ν の質量の上限より小さい．

HDM は宇宙の構造形成に不都合であることが知られている．熱平衡状態から離れる際に X は光速であり，また，相互作用が小さいので，他の粒子と衝突せずに自由に運動する．このため，短距離での宇宙の密度ゆらぎが消し去られて，宇宙の構造形成が阻害されるからである．このため軽いニュートリノからなる暗黒物質は構造形成上の議論から否定されている．

CDM の場合 $T < m_X$ では，X の熱平衡状態での密度 n_X^{eq} は $\exp(-m_X/T)$ で減少する．

対消滅確率 $\langle\sigma v\rangle$ は X の相対速度 v の関数で $\sigma v=a+bv^2\cdots$ と展開される．$H=\langle\sigma v\rangle n_X^{eq}$ となる温度 T_c を解くと，

$$x_f=(m_X/T_c)=\ln\frac{0.0764m_{Pl}(a+6b/x_f)c(2+c)m_X}{\sqrt{(g_*x_f)}} \tag{6.8}$$

という形に近似され，対消滅確率に対して $\log\langle\sigma v\rangle$ という依存性をもつ．ここで，c は数値計算と合うように決められた数で，$c\sim 0.5$ である．また，密度は $n\sim H/\langle\sigma v\rangle|_{T=T_f}$ であるから対消滅確率にほぼ逆比例して

$$(Y_X^\infty)^{-1}=0.264g_*^{1/2}m_{Pl}m_X\left[\frac{a}{x_f}+\frac{3\left(b-\frac{1}{4}a\right)}{x_f^2}\right] \tag{6.9}$$

となる．

　ビッグバン模型による初期宇宙シナリオでは，宇宙の暗黒物質密度は暗黒物質を予言する模型に対して制限を与える．暗黒物質の密度は観測から精度よく決まっている．つまり，式（6.9）を使えば暗黒物質となる未知の素粒子の対消滅確率が高い精度で決まっているということである．たとえばニュートラリーノが暗黒物質であると仮定すると，超対称模型のパラメーターに厳しい制限が入ることが指摘されている．

e. 暗黒物質の非熱的生成

　d 項で示した暗黒物質の密度は宇宙の熱史を仮定した予言であるので，熱的密度（Ω^{th}）といわれている暗黒物質密度がこの方程式で説明されない場合も知られており，この節ではそれについて解説する．

　素粒子の数密度はインフレーション中にいったん 0 となる．その後宇宙は再加熱温度 T_R まで急速に熱せられるが，相互作用がきわめて小さい粒子では熱的平衡に達することは困難である．この場合，宇宙における暗黒物質の数は，T_R において $n=0$ となる境界条件のもとでボルツマン方程式を解くことで求めることができ，その密度は T_R に比例する．たとえば重力の超対称粒子グラビティーノが LSP の場合，相互作用が極めて小さく，このような仮定が適している．

　グラビティーノは相互作用がきわめて小さい粒子であるため，たとえ LSP でなくても寿命が長いと考えられる．このような寿命が長い粒子が宇宙の初期に多量にあって，安定粒子 X が熱平衡状態から離れる温度 T_c よりあとに X に崩壊すると，Ω_X が熱的な密度 Ω_X^{th} より大きくなる可能性がある．また，逆に寿命の長い粒子の崩壊が，宇宙のエントロピーを増大させるために，Ω_X が Ω_X^{th} より薄められる可能性も考えられる．このように，熱的に生成されうる暗黒物質候補であっても，その密度は粒子 X が熱平衡状態から離れた後の宇宙の熱的歴史によっているのである．

　アクシオンも非熱的生成が重要になる暗黒物質候補である．アクシオンは QCD の相転移によって質量を得るきわめて軽い粒子である．アクシオンの質量密度は，相転移が起こるときのアクシオンの場の期待値が，ポテンシャルの極小となる場所からどの程度

ずれているかで決まる．このような生成機構では，暗黒物質の質量密度は初期宇宙の場の配位といった，観測不可能な量に大きくよっており，理論的に精密な予言を行うことは不可能であろう．

f. 暗黒物質の間接的な探索

現在のわれわれの銀河には多数の暗黒物質が存在しており，それらは対消滅して，ニュートリノ，電子，陽電子，光子やその反粒子を生成していると期待される．宇宙線は天体活動によって銀河内に常在するが，反粒子の数はきわめて少ない．一方，暗黒物質を作る粒子は，粒子と反粒子に同等の確率で対消滅するので，反粒子探索は宇宙線による暗黒物質観測の対象になる．（これについては3.7e項で解説されている．）

（野尻美保子）

参 考 文 献
1) E. Kolb and M. Turner, *The Early Universe*, Westview Press.

6.3 インフレーション宇宙

標準ビッグバン模型の地平線問題・平坦性問題を解決するために，宇宙初期に急激な加速膨張を仮定するというアイデアは，1981年にA. H. Guthによって初めて提唱された[1]．また，それとは独立に佐藤勝彦も，宇宙初期の1次相転移に伴って，宇宙が急激な膨張を起こす可能性を指摘した[2]．このような宇宙の急激な加速膨張は，現在インフレーションと呼ばれている．

地平線問題の解決に宇宙の加速膨張が有用であることは，宇宙膨張とともに変化する物理的な距離（$\propto a$）と，宇宙の地平線までの距離（$\sim H^{-1}$）を比べると理解できる．両者の比は$\sim \dot{a}$であり，宇宙が加速膨張をする場合，すなわち$\ddot{a}>0$の場合には物理的な距離の増加率は宇宙の地平線スケールの増加率よりも大きくなる．このため，宇宙が加速膨張を行うと，因果的につながった領域が地平線のスケールよりも大きくなることができるわけである．現在の地平線スケールに含まれる領域が，インフレーション中には因果的につながっていたとすれば，現在の地平線スケールを超えたスケールでの宇宙の一様性を実現することができ，地平線問題を解決することができる．また，宇宙の加速膨張に伴い，アインシュタイン方程式の中の曲率項は急激に小さくなる．このため，宇宙の加速膨張が十分長く持続すれば，平坦性問題も解決されることになる．

宇宙が，エネルギー密度ρ，圧力pの流体で満たされている場合，宇宙のスケール因子は

$$H^2 \equiv \left(\frac{\dot{a}}{a}\right) = \frac{\rho}{3M_{Pl}^2} - \frac{K}{a^2}, \quad \frac{\ddot{a}}{a} = -\frac{1}{6M_{Pl}^2}(\rho+3p),$$

という方程式に従う．このため，宇宙の加速膨張を実現するには，$\rho+3p<0$となる必

6.3 インフレーション宇宙

要がある．宇宙の加速膨張を実現するとともに，ある時点で加速膨張を終了してビッグバン模型で記述される熱い宇宙を実現するため，通常はスカラー場を導入して $\rho+3p<0$ という状況を実現する．（このようなスカラー場は，インフラトンと呼ばれている．）インフラトン場を φ と表記すると，そのエネルギー密度と圧力は

$$\rho_\varphi = \frac{1}{2}\dot\varphi^2 + V_\text{inf}(\varphi), \quad p_\varphi = \frac{1}{2}\dot\varphi^2 - V_\text{inf}(\varphi),$$

となる．ここで $V_\text{inf}(\varphi)$ はインフラトンのポテンシャルである．このスカラー場が宇宙のエネルギー密度を支配しているとすると，スカラー場の時間変化が十分遅い場合には $\rho \simeq -p$ となり，宇宙の加速膨張が実現される．すなわち，十分長い時間スカラー場の運動エネルギーがポテンシャルエネルギーに比べて小さな値を取るとすると，インフレーションが引き起こされるわけである．

宇宙の加速膨張のためには，インフラトンの振幅の時間変化は十分小さくなる必要がある．あとで述べるオールドインフレーションやスローロールインフレーションといった模型では，このような状況が確かに実現されている．すると，宇宙のエネルギー密度はほぼ一定であると近似できる．このとき，先にあげたスケール因子の時間変化を決める方程式を解くと，

$$a(t) \propto e^{H_\text{inf} t}$$

という振舞いが得られる．ただし

$$H_\text{inf} \simeq \frac{V_\text{inf}^{1/2}}{3M_\text{Pl}}$$

である．したがって，スケール因子は指数関数的に増加し，急激に加速膨張する宇宙が実現されることになる．（時空の指数関数的な膨張は，de Sitter 膨張とも呼ばれる．）

初め A. H. Guth と佐藤勝彦によって提唱されたインフレーション模型は，1次相転移を伴うポテンシャル（図 6.3.1 参照）を用いたものであった．このような模型（オールドインフレーションと呼ばれる）では，宇宙はインフラトンが擬真空にある状態から出発したと仮定し，そこでのポテンシャルエネルギーを用いてインフレーションを実現する．そして，擬真空から真の真空への相転移によってインフレーションが終了する．このとき，1次相転移で生成された真の真空を核とする泡が衝突することで，宇宙が再加熱されるわけである．しかし，この模型には致命的な欠点がある．すなわち，地平線問題を解くだけの長い時間宇宙が加速膨張をするためには，1次相転移の起こる確率はきわめて小さくなる必要がある．その結果，相転移よりも宇宙膨張が速く進行し，宇宙の大部分では1次相転移が起こることなく，インフレーションが永遠に続いてしまうことになる．

この困難を回避し，インフレーション後の宇宙の再加熱をスムーズに行うため，スローロールインフレーションという考えが A. Albrecht と P. J. Steinhardt[3]，および A. D. Linde[4] によって提唱された．この模型では，インフラトンのポテンシャルは，真の真空のみで極小となると同時に，ある領域できわめて平らになるという性質をもつ（図

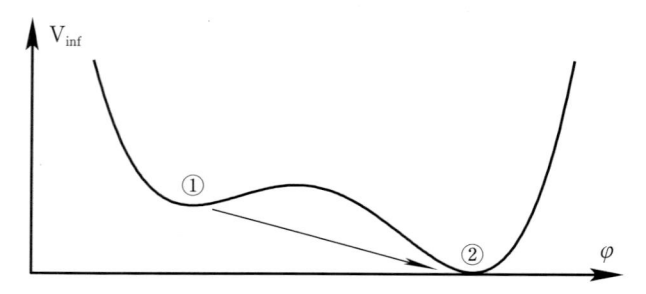

図 6.3.1 オールドインフレーション模型におけるスカラーポテンシャルの概形

インフラトンの振幅が擬真空 ① における値をとると，その点でのポテンシャルエネルギーにより，インフレーションが起こる．インフレーションを終わらせるには，擬真空 ① から真の真空 ② への相転移が必要である．

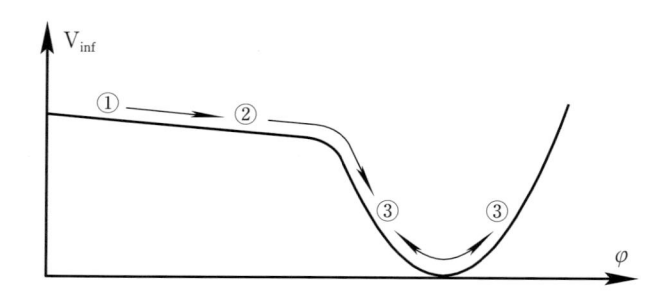

図 6.3.2 スローロールインフレーション模型におけるスカラーポテンシャルの概形

インフラトンの振幅が，ポテンシャルの傾きが小さい領域 ① から ② を動く間，インフレーションが起こる．その後，インフラトンは真の真空に向かって転がっていき，③ の領域で振動を繰り返した後崩壊して宇宙を再加熱する．

6.3.2 参照)．すると，インフラトンがポテンシャルの平坦な領域に値を持つとき，インフラトンはきわめてゆっくりとした運動（スローロール）をする．このときインフラトンの運動エネルギーはポテンシャルエネルギーに比べて小さな値を取ることになり，宇宙の加速膨張を引き起こすことができる．膨張宇宙におけるインフラトンの振舞いを定量的に理解するには，その運動方程式を調べる必要がある．インフレーション中の急激な宇宙膨張によって，（古典的には）振幅は空間依存性を失うため，インフラトンの振幅が時間のみに依存する場合を考えればよい．このときインフラトンの従う運動方程式は（近似的に）

$$\ddot{\varphi} + 3H\dot{\varphi} + V'_{\inf} = -\Gamma_\varphi \dot{\varphi}$$

となる．ここで $V'_{\inf} = \partial V_{\inf}/\partial \varphi$ である．また，右辺はインフラトンの崩壊からの寄与であり，インフレーション中には無視してよい．宇宙が加速膨張をするかどうかを見るために，以下のふたつのパラメーター（スローロールパラメーターと呼ばれる）を用いるのが標準的である：

$$\varepsilon = \frac{1}{2} M_{\mathrm{Pl}}^2 \left(\frac{V'_{\inf}}{V_{\inf}}\right)^2, \quad \eta = M_{\mathrm{Pl}}^2 \frac{V''_{\inf}}{V_{\inf}}.$$

宇宙の加速膨張を実現するには，上記の2つのパラメーターがそれぞれ1よりも十分小さくなる必要がある．まず，$\varepsilon \ll 1$ は，インフラトンの運動エネルギーがポテンシャルエネルギーよりも十分小さいという条件に対応する．実際，スローロール条件 $|\ddot{\varphi}| \ll 3H|\dot{\varphi}|$ が成り立つとき，運動方程式から $3H\dot{\varphi} \simeq -V'_{\inf}$ という関係が得られる．これを用いると，$\dot{\varphi}^2 \ll V_{\inf}$ から $\varepsilon \ll 1$ が導かれる．また，スローロール条件および $\varepsilon \ll 1$ から，$|\eta| \ll 1$ が得られる．

スローロールインフレーション模型では，インフラトンはインフレーション中，きわめてゆっくりとながらもポテンシャルの最小点（真空）に向かって移動してゆき，その後真空のまわりを振動する．そして，インフラトンが標準模型に含まれる何らかの粒子に崩壊することで，宇宙が再加熱されて熱い宇宙につながる．

インフレーション後のインフラトンの定性的な振舞いを理解するには，そのポテンシャルを真空のまわりで展開するとよい．真空では，ポテンシャルの定数項はきわめて小さく，また，1階微分はゼロとなることを用いると，

$$V_{\inf} = \frac{1}{2} m_\varphi^2 \varphi^2 + \cdots$$

となる．ここで m_φ^2 は，真空まわりでのポテンシャルの2階微分である．ここでの議論にはポテンシャルの高次の項はあまり重要ではないので無視すると，振動を始めた後にインフラトンが従う方程式は

$$\ddot{\varphi} + 3H\dot{\varphi} + m_\varphi^2 \varphi = -\Gamma_{\inf} \dot{\varphi}$$

となる．振動の時間スケール $\sim m_\varphi^{-1}$ が宇宙膨張の時間スケール $\sim H^{-1}$ や崩壊の時間スケール $\sim \Gamma_{\inf}^{-1}$ に比べて十分小さいとき，インフラトンの運動エネルギーとポテンシャルエネルギーの振動平均は等しくなることを用いると，運動方程式から

$$\dot{\rho}_\varphi = -(3H + \Gamma_{\inf}) \rho_\varphi$$

という関係式が得られる．この式は，宇宙膨張やインフラトンの崩壊によって，インフラトンのエネルギー密度 ρ_φ は時間とともに減少することを表している．

ρ_φ の時間変化の仕方は，2つの時間スケール H^{-1} と $\Gamma_{\inf}^{-1}$ の大小関係によって異なる．宇宙膨張の時間スケールが崩壊の時間スケールと比べて十分小さいとき（すなわち宇宙年齢がインフラトンの寿命よりも十分小さいとき），崩壊の効果は無視できる．このとき，ρ_φ はスケール因子 a の -3 乗に比例して減少する．すなわち，ρ_φ は非相対論的粒子のエネルギー密度と同様に振る舞う．一方，宇宙年齢がインフラトンの寿命と同程度にな

ると，崩壊によりインフラトンの持っていたエネルギーはすべて輻射のエネルギーに転換される．これを宇宙の再加熱と呼び，このときの輻射の温度は宇宙の再加熱温度と呼ばれる．宇宙の再加熱温度 T_R は，宇宙の再加熱が宇宙年齢が $\Gamma_{\inf}^{-1}$ 程度のときに起こることから

$$T_R \sim g_{*S}^{-1/4} \Gamma_{\inf}^{1/2} M_{\rm Pl}^{1/2}$$

と見積もられる．ここで，g_{*S} は熱浴中に存在しうる自由度の数である．

インフレーションによって宇宙の地平線問題を解決し，一様等方な宇宙を実現するには，インフレーションの期間が十分長く続く必要がある．インフレーション中の時期を指定するのによく用いられるパラメーターとして e-フォールディング N_e がある．これは，インフレーション中のある時刻 t から，インフレーションが終わる時刻 $t_{\rm end}$ までにどの程度スケール因子が増加するかを表す量であり，

$$N_e(t) = \ln \frac{a(t_{\rm end})}{a(t)}$$

と定義される．ここで $a(t)$ は時刻 t におけるスケール因子である．この量を用いて，インフレーション中のどの時期に現在の地平線スケールが因果的領域を飛び出す時刻 $t_{\rm horizon\ out}$ を議論できる．インフレーション中の因果的領域の大きさは $\sim H_{\inf}^{-1}$ であり，それが宇宙膨張の後に現在の地平線スケールになったとすると，

$$H_0^{-1} \sim H_{\inf}^{-1} e^{N_e(t_{\rm horizon\ out})} \frac{a_0}{a(t_{\rm end})}$$

という関係式が成り立つ．この関係式から

$$N_e(t_{\rm horizon\ out}) \sim 61 + \frac{1}{3} \ln \frac{H_{\inf}}{10^{13} {\rm GeV}} + \frac{1}{3} \ln \frac{T_R}{10^{16} {\rm GeV}}$$

を得る．すなわち，インフレーション中の宇宙の膨張率やインフレーション後の宇宙の再加熱温度にもよるが，地平線問題を解くためにはインフレーション中に宇宙は数十桁倍の膨張をする必要がある．

インフレーション中の急激な膨張とそれによる赤方偏移により，インフレーション前に存在した局所的な構造は，古典的にはすべて消え去ってしまうことになる．このことは，宇宙が現在（ほとんど）一様等方であることの説明としてはきわめて魅力的である．しかし一方で，現在の宇宙には星や銀河・銀河団といった構造が存在するため，それらの起源については何らかの説明が必要となる．スローロールインフレーション模型の興味深い点の1つとして，インフラトンの量子ゆらぎから現在の密度ゆらぎを作ることができることがあげられる．インフラトンのゆらぎから作られる密度ゆらぎは，曲率ゆらぎと呼ばれる量で決まる．インフラトンのポテンシャルを用いると，曲率ゆらぎは

$$\mathcal{R}(k) = \left[\frac{1}{2\pi} \frac{3 H_{\rm int}^3}{V'_{\rm int}} \right]_{\rm horizon\ out}$$

となる[5]．

インフラトンのゆらぎから作られる密度ゆらぎには，いくつかの特徴がある．まず，

6.3 インフレーション宇宙

このような密度ゆらぎは,ほとんどスケール不変となることが知られている.曲率ゆらぎは一般にはスケール k^{-1} に対する依存性を持つが,それをスペクトル指数と呼ばれる量 n_S を用いて

$$\mathcal{R}(k) = \mathcal{R}_0 \left(\frac{k}{k_0}\right)^{n_S - 1}$$

と表すのが標準的である.ここで $\mathcal{R}_0$ は,スケール k_0^{-1} に対する曲率ゆらぎである.特に $n_S=1$ のとき $\mathcal{R}(k)$ はスケール依存性を持たず,そのようなゆらぎをスケール不変なゆらぎと呼ぶ.スローロールインフレーションから作られる曲率ゆらぎについては,よい近似で

$$n_S = [1 - 6\varepsilon + 2\eta]_{\text{horizon out}}$$

という関係が成り立つ.前に述べたように,ε と η は,インフレーション中にはきわめて 1 よりも小さくなる.このため,スローロールインフレーションにおいては,スペクトル指数は 1 に近い値をとるということがわかる.また,(単純な)スローロールインフレーションにおいては,現在宇宙に存在するすべての物質(輻射,バリオン,暗黒物質など)はインフラトンの崩壊生成物から作られたと考えられる.この場合,任意の 2 成分の数密度の比のゆらぎはゼロとなる.すなわち,バリオン・暗黒物質・輻射の数密度をそれぞれ $n_b \cdot n_c \cdot n_r$ と,それらのゆらぎを $\delta n_b \cdot \delta n_c \cdot \delta n_r$ とすると

$$\frac{\delta n_b}{n_b} = \frac{\delta n_c}{n_c} = \frac{\delta n_r}{n_r}$$

という関係が成り立つ.このような性質を持つゆらぎは,断熱的なゆらぎと呼ばれる.

現在の精密宇宙観測は,宇宙初期に作られたゆらぎが(ほとんど)スケール不変かつ断熱的であることを強く示唆している.これは,現在の宇宙がほとんど一様等方であることと合わせて,宇宙初期にインフレーション時期があったことを強く示唆するものである.また,インフレーションは宇宙物理のみならず,素粒子物理にとっても重要な概念となっている.たとえば,大統一理論における磁気単極子(モノポール)や,超重力理論に現れる超重力子(グラビティーノ)は,宇宙初期に多量に生成されると,現在の宇宙観測と矛盾する結果を与えることが知られている.多くの場合,これらの粒子を薄めるためインフレーションが必要となる.したがって,大統一理論や超重力理論に基づく宇宙進化のシナリオを描く場合,インフレーションは重要な役割を果たすといってよい.一方,インフレーションを引き起こすにはインフラトンというスカラー場の存在が必要不可欠であるが,このスカラー場の起源・性質については現在のところほとんど理解されていない.特に,素粒子の標準模型の壊準ではインフラトンとなりえるスカラー場は存在しないため,インフレーション宇宙を実現するためには,素粒子標準模型の拡張は不可避である.また,インフレーション以前に存在したすべての物質は,(古典的には)薄められてなくなってしまう.このため,特にバリオン非対称性や宇宙の暗黒物質については,インフレーション後にそれらを生成する機構が必要となる.現実的かつ自然なインフレーション模型やそれに基づく宇宙進化のシナリオの構築とその実験・観

測的検証は，素粒子物理学における未解決の問題のひとつであり，今後の研究のさらなる発展が望まれる．
(諸井健夫)

参考文献
1) A. H. Guth, Phys. Rev. **D23** (1981) 347.
2) K. Sato, Mon. Not. Roy. Astron. Soc. **195** (1981) 467.
3) A. Albrecht and P. J. Steinhardt, Phys. Rev. Lett. **48** (1982) 1220.
4) A. D. Linde, Phys. Lett. **B108** (1982) 389.
5) J. M. Bardeen, P. J. Steinhardt and M. S. Turner, Phys. Rev. **D28** (1983) 679.

6.4 バリオン数生成

a. 宇宙のバリオン数

場の量子論はすべての粒子について質量が同じで電荷が逆符号の反粒子が存在することを予言するが，宇宙には人工的に作られたものや宇宙線の2次粒子に見られる反粒子以外には粒子しか存在していない[1]．この粒子と反粒子の非対称性の尺度としてバリオン数密度 n_B とエントロピー密度 s の比 n_B/s が用いられる．これはバリオン数の変化が起こらない限り宇宙が断熱膨張しても一定の値をとり，宇宙の水素，ヘリウム，リチウムなどの軽元素合成の理論と観測から $(0.67-0.92)\times 10^{-10}$ であることが知られており，近年の宇宙背景放射のゆらぎの観測から得られた値もこの範囲内にある[2]．元素合成が起こる前の宇宙の温度が数 GeV 以上の時期には，光子やグルオン，質量が無視できるクォークやレプトンとそれらの反粒子で満たされており，100億個の反クォークに対してわずか数個だけクォークが多いという状況にあった．その後，宇宙が冷える過程で核子・反核子が形成され，それらが対消滅して元素合成に必要なだけの核子が残されて現在の宇宙の軽元素が合成された．このわずかなバリオン数非対称性が初めはゼロであったが，宇宙の発展とともに生成されたと考えるのがバリオン数生成である．

b. バリオン数生成の条件

バリオン数生成が実現されるためには次の3つの条件を満たす必要がある[3]．
① バリオン数が変化する過程の存在
② C と CP 対称性の破れ
③ 非平衡状態

バリオン数が保存されていればその生成は不可能なので条件①が必要である．C対称性があれば，クォークを作る過程と反クォークを作る過程が同じ確率で起こることになりバリオン数は生成されない．また，ヘリシティが左右で異なるクォークも同じバリオン数 (1/3) を持つので，CP対称性があっても同じくバリオン数は生成されない．したがってC対称性とCP対称性の両方が破れていなければならない．①と②が満たされたとしても，平衡状態にあればクォークを作る過程とその逆過程が同じ頻度で

起こるのでバリオン数を生成できない．条件①を満たす素粒子の理論としては次のものがある．大統一理論では，クォークとレプトンを同じ多重項に含むので，弱い相互作用でWボソンを媒介としてuクォークとdクォークが変化したように，Xボソンを媒介としてクォークとレプトンが互いに変化する．また，超対称理論ではクォークの超対称パートナーであるスカラー・クォークが有限の期待値を持つことでバリオン数保存を破る．電弱理論では，バリオン数とレプトン数の和 $(B+L)$ のカレントのアノマリーによりバリオン数保存が成り立っていない．ただし，それぞれの過程は現在，陽子崩壊が未発見であることと矛盾しないように抑制されなければならない．条件②については，C対称性は電弱理論やそれを含む大統一理論ではカイラル・ゲージ相互作用のために破られている．CP対称性の破れとしては，小林-益川行列に含まれる位相，標準模型を拡張した場合に現れるスカラー自己相互作用，マヨラナ・フェルミオンの複素質量，QCDの θ 項などがある．CP対称性の破れは，中性子やレプトンの電気双極子能率の測定や，重い中間子などの崩壊分岐比の実験からの制限を満たさなければならない．条件③の非平衡状態は条件①と②を満たす過程が化学平衡から逸脱することを要求する．宇宙初期において宇宙の膨張がこれらの素粒子の反応より同程度以上に速い場合には，条件③を満たすことができる．宇宙の膨張の他に，時間に依存する背景場があるときやインフレーション直後の再加熱過程などがある．前者が実現されるのはスカラー場の凝縮が時間に依存する場合で，超対称理論のスカラー場の運動や電弱理論のゲージ対称性が自発的に破れる相転移が1次転移である場合に形成される境界面の運動がある．

　これら3つの条件を満たすバリオン数生成が実現された時期には制限がある．当然元素合成までにバリオン数が必要であるが，バリオン数が変化する過程が起こる温度（エネルギー）スケールが決まっているのでそれ以降では不可能である．また，インフレーションが起こるとそれまでにあった粒子数密度はほとんど消えてしまい，その後の再加熱によるエントロピーの大量生成によりバリオン数非対称性は非常に小さくなる．したがってバリオン数生成は再加熱以降に起こらなければならないが，超対称模型ではグラビティーノ問題があるために再加熱温度には上限がある．以下，バリオン数生成の4つのシナリオを紹介する．

c. 大統一理論によるバリオン数生成

　上記3条件を満たす素粒子理論としてはじめに研究されたのは大統一理論である[4]．X 粒子崩壊の際にCとCP対称性が破れていればバリオン数を残すことができる．たとえば最小SU(5)模型のように大統一ゲージ場 X がクォーク対（qq）と反クォーク・反レプトン対（$\bar{q}\bar{l}$）に崩壊できるとする．この2つのチャンネルしかないとして，X粒子とその反粒子 $\bar{X}$ の崩壊の分岐比を

$$B(X \to qq) = r, \quad B(X \to \bar{q}\bar{l}) = 1 - r, \quad B(\bar{X} \to \bar{q}\bar{q}) = \bar{r}, \quad B(\bar{X} \to ql) = 1 - \bar{r}$$

とする．熱浴から生成された $X\bar{X}$ 対が崩壊するときのバリオン数変化の期待値は，

$$\langle \Delta B \rangle = \frac{2}{3}r + \left(-\frac{1}{3}\right)(1-r) + \left(-\frac{2}{3}\right)\bar{r} + \frac{1}{3}(1-\bar{r}) = r - \bar{r}$$

と表される．CまたはCP対称性があると，$r=\bar{r}$ となりバリオン数は変化しない．このX粒子の崩壊過程が逆過程と化学平衡になっていなければ崩壊過程が進みバリオン数が生成される．その時期は崩壊率 $\Gamma_D \simeq \alpha m_X$ (α は結合定数の2乗，m_X はX粒子の質量)が，宇宙の膨張率であるハッブルパラメーター $H(T)$ と等しくなる時期で，それは温度 T が m_X 程度の時期である．定量的にバリオン数を評価するには，膨張する空間内でのボルツマン方程式を解く必要がある[5]．

大統一理論が含むバリオン数を変える過程は現在でもわずかながら起こる確率があり，陽子崩壊の問題に直面している．また，インフレーション後に起こるためには再加熱温度が 10^{16} GeV 以上とかなり高くなければならない．

d. アフレック-ダイン機構

一般に超対称理論はそのスカラー・ポテンシャルに平坦な方向が多数存在する．そのため超対称標準模型に含まれるスカラー・クォークが，その方向に沿って大きな値を持つことでバリオン数保存を破ることができる．アフレック-ダイン機構は，空間的に一様なスカラー・クォーク場が運動することによりバリオン数を生成するというアイデアである[6]．スカラー・ポテンシャルの平坦方向は超対称性の破れにより一部が持ち上げられる．インフレーション後に超対称性の破れが起こりスカラー・クォーク場の初期値を決定し，スカラー場の相互作用項にCP対称性の破れが生じて，スカラー・クォーク場が現在の真空に向かって運動する際にバリオン数を生成する．

現在の真空ではバリオン数は保存されており陽子崩壊の問題はない．また，再加熱温度は大統一理論のように高い必要はなく，グラビティーノ問題を避けることができる．超対称模型に基づいているので暗黒物質の候補も自然に含んでおり，さまざまな超対称模型でアフレック-ダイン機構によるバリオン数生成の可能性が検討されている．

e. スファレロン過程

電弱理論は古典論的にはバリオン数を保存するが，アノマリーによりバリオン数とレプトン数の和 $B+L$ が保存しない．一方，バリオン数とレプトン数の差 $B-L$ は量子論的にも保存される．これらの事実から時刻 t_i から t_f までの間のバリオン数 B の変化は

$$B(t_f) - B(t_i) = \frac{N_f}{32\pi^2}\int_{t_i}^{t_f} d^4x \left[g_2^2 F^a_{\mu\nu}\tilde{F}^{a\mu\nu} - g_1^2 B_{\mu\nu}\tilde{B}^{\mu\nu}\right] = N_f[N_{CS}(t_f) - N_{CS}(t_i)]$$

と表される．ここで N_f は世代数，g_2 と g_1 はそれぞれ SU(2) と U(1) ゲージ結合定数，$F_{\mu\nu}$ と $B_{\mu\nu}$ はそれぞれの電磁場テンソル，$\tilde{F}_{\mu\nu}$ と $\tilde{B}_{\mu\nu}$ は $\tilde{F}_{\mu\nu} = \frac{1}{2}\varepsilon_{\mu\nu\rho\sigma}F^{\rho\sigma}$ などで定義される双対場である．N_{CS} はゲージ場 A^a_μ と B_μ から作られるチャーン・サイモン数である．この数は古典的真空のゲージ場について整数値になる．古典的真空はゲージ場のエネル

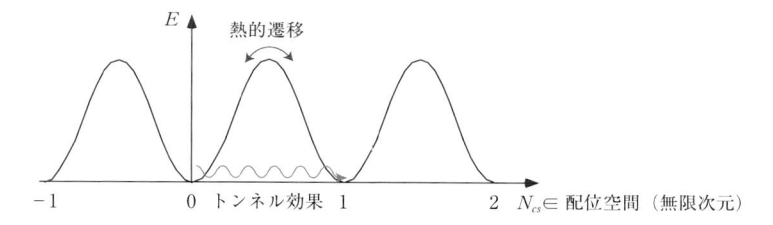

図 6.4.1 チャーン・サイモン数 N_{CS} の関数としてのゲージ場のエネルギー E の概念図 古典的真空で N_{CS} は整数値をとる.

ギー密度がゼロであるから $F_{\mu\nu}=B_{\mu\nu}=0$ であるが,必ずしもゲージ場そのものがゼロである必要はない.特に SU(2) のゲージ場 A_μ は,ユニタリ場 $U(x)$ により $A_i(x) = iU^{-1}(x)\partial_i U(x)$ と書かれるとき真空配位となる.このユニタリ場は空間の無限遠を同一視した多様体 S^3 から SU(2) への写像を表しており,位相幾何的に整数で分類されることが知られている. N_{CS} はゲージ場がこのようにユニタリ場で表されるときにはこの写像の巻数となる.このことは理論の古典的真空が整数 N_{CS} でラベルされる構造をしていることを意味している(図 6.4.1).

N_{CS} が変化する過程として,トンネル効果によるものは確率がインスタントンの作用 S_{inst} によりおおよそ $e^{-2S_{\text{inst}}}$ となることが知られており,電弱理論ではその値はほとんど 0 である.そのために陽子崩壊の問題はない.一方, 2 つの古典的真空の間にある山の頂点に相当するスファレロンという古典解が発見され[7],高温では熱的遷移により $e^{-E_{\text{sph}}/T}$ に比例した確率で N_{CS} が変化することが指摘された.ここで E_{sph} はスファレロン解のエネルギーで図 6.4.1 の山の高さに相当する.電弱理論のゲージ対称性が回復した相(対称相)ではスファレロン解は存在しないが,一般に高温で N_{CS} が変化する過程をスファレロン過程と呼ぶ.

ある温度でスファレロン過程の反応率がハッブル・パラメーターより大きいとき,スファレロン過程は化学平衡となり, $B+L$ がゼロとなる.このことは,最小 SU(5) 模型のように $B-L$ を保存する大統一模型で作られたバリオン数が消し去られることを意味する.バリオン数を残すには,スファレロン過程が平衡になるまでに有限の $B-L$ を生成して,それに比例するバリオン数を残すか,電弱理論のゲージ対称性が破れる相転移(電弱相転移)が 1 次相転移で,それを利用して $B+L$ を生成し,その後直ちにスファレロン過程を抑制するかが考えられる.前者は $B-L$ 保存を破る大統一理論,アフレック–ダイン機構,レプトン数生成で実現可能であり,後者は電弱バリオン数生成の考え方である.

f. レプトン数生成

ニュートリノは電荷を持つフェルミオンとは異なりマヨラナ質量を持つことができ,

それがレプトン数保存を破る．ニュートリノのシーソー模型で重いマヨラナ・ニュートリノがヒッグス粒子と軽いレプトンに崩壊するとき，それと逆過程である生成過程が宇宙の膨張により平衡でなくなるとレプトン数が生成される．その後，スファレロン過程が平衡である時期を経ることでバリオン数を残すことができる[8]．レプトン数生成が可能であるためには，重いニュートリノが多量に生成される必要があるので再加熱温度がそれより高いことと，その崩壊過程での十分なCP対称性の破れが必要である．

g. 電弱バリオン数生成

電弱相転移が起こる温度（100 GeV 程度）では宇宙の膨張速度は大変小さく標準模型のゲージ相互作用は化学平衡になっているため，非平衡状態実現のためには相境界の生成と運動を伴う1次相転移が必要である．相境界と粒子の相互作用がCP対称性を破るとき，粒子と反粒子の反射率が異なるために，対称相にハイパーチャージなどの左右のフェルミオンで異なる量子数が流入する．それによりスファレロン過程にバイアスが生じバリオン数が生成され，非対称相に変わった後に凍結される[9]．電弱相転移が1次転移となるにはヒッグス粒子の質量は小さくなければならないが，現在の質量の下限と矛盾するために標準模型では実現不可能である．また，小林‐益川位相によるCP対称性の破れも十分ではない．そのために標準模型の拡張が必要であり，ヒッグス場を複数含む模型や超対称模型などが考えられている．再加熱温度は電弱相転移温度より高ければよく，近い将来実験で検証可能な理論だけに基づいているという点で興味深い．

（船久保公一）

参考文献

1) G. Steigman, Ann. Rev. Astron. Astrophys. **14**（1976）339.
   A. G. Cohen, A. De Rújula and S. L. Grashow, Astrophys. J. **495**（1998）539.
2) C. Amsler, *et al.*, "The Review of Particle Physics", Phys. Lett., **B667**（2008）1.
3) A. D. Sakharov, JETP Lett., **6**（1967）24.
4) M. Yoshimura, Phys. Rev. Lett., **41**（1978）281；**42**（1979）476（E）.
   S. Dimopoulos and L. Susskind, Phys. Rev. **D18**（1978）4500.
   S. Weinberg, Phys. Rev. Lett., **42**（1979）850.
5) J. Harvey, E. W. Kolb, D. B. Reiss and S. Wolfram, Nucl. Phys. **B201**（1982）16.
6) I. Affleck and M. Dine, Nucl. Phys. **B249**（1985）361.
   M. Dine, L. Randall and S. Thomas, Nucl. Phys. **B458**（1996）291.
7) N. S. Manton, Phys. Rev. **D28**（1983）2019.
   F. R. Klinkhammer and N. S. Manton, Phys. Rev. **D30**（1984）2212.
8) M. Fukugita and T. Yanagida, Phys. Lett. **B174**（1986）45.
   W. Büchmuller, P. Di Bari and M. Plümacher, Ann. Phys. **315**（2005）305.
9) K. Funakubo, Prog. Theor. Phys. **96**（1996）475.
   V. A. Rubakov and M. E. Shaposhnikov, Phys. Usp. **39**（1996）461.
   A. Riotto and M. Trodden, Ann. Rev. Nucl. Part. Sci. **49**（1999）35.

6.5 暗黒エネルギー

20世紀終末への年月を費やした宇宙論最大の話題は，何といっても宇宙定数存在の確認だったのではないだろうか．Ia型の超新星に関する測定から得られた「加速膨張宇宙」の発見が最終的なだめ押しとなったが，宇宙の全体像に関して以前から続けられていた研究や，また宇宙背景放射の詳細な解析に負うところも多い．しかし，80年前のEinsteinの悪夢とは違って，宇宙と重力理論への挑戦に新しい段階をもたらしたのかもしれない．純粋の定数ではなく，暗黒エネルギーというこれまでとは違った形態の物質が重要な役割を果たしていて，さらにはそれが未知のスカラー場の存在を示唆しているという考えもある．それにいたる動機の説明から始めよう．

特に問題となるのは，観測された宇宙定数 Λ の大きさである．そのことを理解するためには，$c = \hbar = M_P (=\sqrt{c\hbar/8\pi G})$ と選ぶ，いわゆるプランク単位系（(reduced) Planckian system of units）を採用すると便利である．プランク質量 M_P の定義に，8π を含まない選び方もあるが，今の議論の大勢には関係しない．長さ，時間，エネルギーの単位を，ふつうの単位で表すと，

$$8.07 \times 10^{-33} \text{ cm}, \quad 2.71 \times 10^{-43} \text{ sec}, \quad 2.44 \times 10^{18} \text{ GeV} \tag{6.10}$$

となる．宇宙の現在の年齢 $t_0 = 1.37 \times 10^{10} y$ をこのプランク時間で表すと $1.59 \times 10^{60} = 10^{60.20}$ となることに留意しておこう．

宇宙の加速膨張から求められた宇宙定数 Λ の観測値は正で，

$$\Omega_\Lambda \equiv \frac{\Lambda}{\rho_{cr}} \approx 0.71 \tag{6.11}$$

と表現されている．ここで「臨界密度」ρ_{cr} は，一般相対論（GR）におけるFriedmann-Robertson-Walker（FRW）時空で3次元空間が平坦な場合のEinstein方程式

$$3H^2 = \rho_{cr} \tag{6.12}$$

によって定義される．Hubbleパラメーター H の現在値は大体 $(2/3)t_0^{-1} \sim t_0^{-1}$ である．t_0 に関して上に述べた値を使うと，ρ_{cr} の現在値は $\sim 10^{-120}$ となる．さらに式 (6.11) を使うと，

$$\Lambda \approx 10^{-120} \tag{6.13}$$

となる．一方，最近の統一理論の模型によると，$\Lambda \sim M_p^4 \sim 1$ と考えるのが自然である．それに比べて観測から期待される値 (6.13) 式はだいたい120桁も小さいということになる．これが現代的な「宇宙定数問題」の第一の顔である．そもそも，定数を120桁もの精度で調節する「能力」を持つ理論を予想することはいかにも不自然である．その意味で，「微調整問題」（fine-tuning problem）とも呼ばれて議論されたこともあったが，いずれも十分な説得性を持ちえたかどうか，疑問も残る．しかも，仮に式 (6.13) を与えることができたとしても，ρ_{cr} がこれに近い値を持ち，われわれが宇宙の加速膨張を目撃できるのは宇宙の長い歴史の中で，ただ一度の出来事である．われわれがそのよう

な「僥倖」に恵まれているとは考えがたく,「偶然性問題」(coincidence problem) とも呼ばれている. このような観点から, Λ が本当に定数と考えるのには大きな抵抗感がある. そこで Λ は真の定数ではなく, 何らかの物質から生ずる実効宇宙定数 $\Lambda_{\rm eff}$ で, 一般的には時空の関数であると予測したくなる. そのような物質を「暗黒エネルギー」(dark energy) と呼ぶ. これまでしばしば議論された「暗黒物質」(dark matter) との違いを列挙すると以下のようになるだろう.

- 重力的相互作用以外の結合を持たない.
- 空間的にどこかに局在することはない.
- 理想流体とみなした場合, 圧力はマイナスともなりうる.

特に最後の点について説明を加えよう.

真に定数の Λ に相当するエネルギー・運動量テンソルは $T^{\Lambda}_{\mu\nu} = -\Lambda g_{\mu\nu}$ である. エネルギー密度 ρ^{Λ} と圧力 p^{Λ} はそれぞれ $\rho^{\Lambda} = -p^{\Lambda} = \Lambda > 0$ となり, 状態方程式は

$$w \equiv p^{\Lambda}/\rho^{\Lambda} = -1 \tag{6.14}$$

となる. 暗黒エネルギーという名の物質は, これに近い性質を引き継ぐものと考える.

このような物質が存在するとして, それを「クインテッセンス」(quintessence (Q)) と呼ぶこともある[1]. これは相対論的, 非相対論的, 電磁的およびニュートリノという, これまで宇宙を満たすと考えられてきた物質の4形態に対する第5の候補という意味であろうが, この語には物事の神髄, といった意味もあり, 何か思わせぶりでもある. 特に上に列挙した性質の中の最後のものは, やや異質的とも考えられる. しかし, 意外に簡単な模型を考えることが可能である. たとえばスカラー場 $\phi(x)$ である. 自己相互作用のポテンシャル $V(\phi)$ 以外に何も (非重力的) 相互作用を持たない「重力的スカラー場」ならば,

$$T^{\phi}_{\mu\nu} = \partial_{\mu}\phi\partial_{\nu}\phi + g_{\mu\nu}\left(-\frac{1}{2}g^{\rho\sigma}\partial_{\rho}\phi\partial_{\sigma}\phi - V(\phi)\right) \tag{6.15}$$

で, これから FRW 時空で空間的に一様な $\phi(t)$ については, エネルギー密度と圧力がそれぞれ $\rho = K + V, p = K - V$ となる. さらに $V > 0$ と仮定すれば, $-1 \leq w \leq +1$ が導かれる. 式 (6.14) のように $w = -1$ となるのは $K = 0$ の場合に限られるが, それからのずれもありうるのが, 動的自由度の存在を表すともみなされる. こうした事情のため, Q といっても, 実際にはスカラー場を考える場合が多いようである.

文献1) では, スカラー場の理論を一般化した現象論的な研究によって, 多くの観測結果が説明できると主張されているが, なぜ現在の Λ が式 (6.13) で示されるように小さいかについての明確な説明は試みられていない. それはまた, 式 (6.11) に示されているように, 宇宙のエネルギーの70%という大部分を占めるスカラー場の起源は何か, という根本的な問題にも関係する. さらに具体的には, スカラー場のポテンシャルとしてどんなものを考えたらよいか, という問題がある. これについてはきわめて現象論的な立場から, 指数関数型, あるいは逆べき乗型などが検討されている. その他の選択も含めて, 超重力理論など, 統一理論の模型からの示唆もあるが, 加速膨張の観測結

果と矛盾のない結果を得ることが目標であり，理論的な理由からの一意的な選択とはほど遠いというべきだろう．これらの点について，スカラー・テンソル (ST) 理論が意味するところを手短に説明しよう．詳細については筆者らの著作[2]を参照されたい．

1955年のJordan, 1961年のBrans-Dickeに始まるこの理論は，計量テンソル場の他にスカラー場 $\phi(x)$ を基本構成要素として含むという意味でST理論と呼ばれる．最も特徴的なのは，GRで基本的なEinstein-Hilbert(EH) 項 $\sqrt{-g}\,(16\pi G)^{-1}R$ の代わりとして導入される「非最小結合項」$\sqrt{-g}\,(1/2)\xi\phi^2 R$ である．ここで ξ は定数，R はスカラー曲率である．先のEH項と比べると，$\xi\phi^2=(8\pi G_{\mathrm{eff}})^{-1}$ によって定義される「実効重力定数」G_{eff} は，一般に時空座標の関数となる．これは，1937年にDiracが提唱した，時間的に変化する $G(t)$ という考えを具体化するもので，これこそJordanらの動機であった．しかし，今考えてみると，この理論はまさに暗黒エネルギーを具体化する模型だったのではないかとさえ思われる．

まず，たとえばひも理論で，多次元時空の計量テンソルに付随して現れるディラトン (dilaton) というスカラー場の結合は，まさに非最小結合項の形をしている．次に定数の Λ を導入し，さらに適当な「共型変換」によって非最小結合項をEH項に変換した場合 (Einstein(E) 系と呼ぶ)，Λ 項は指数関数ポテンシャル $V(\sigma)=\Lambda e^{-4\zeta\sigma}$ を生み出す．ここで σ は ϕ をE系に変換したものであり，ζ は σ と他の物質との結合を表す係数である．この V は，運動エネルギーともみなし得る $\dot\sigma^2/2$ と合わされて実効宇宙定数 Λ_{eff} と解釈され，σ の時間発展とともに $V\sim t^{-2}$ のように減少し，現在ではまさに式 (6.13) を再現する．これは「減衰する宇宙定数」とも呼ばれ，指数関数型のポテンシャルがほとんど自動的に導かれる点を含めて，ST理論の成功面とみなしてよいだろう．ただ $\sim t^{-2}$ のままでは，他の物質の減少の仕方と同じ (scaling) で，宇宙膨張を加速させることにはならない．それよりも，少なくとも弱い減少の仕方 (tracking) を生じさせるには，少し別のメカニズムが必要だが，偶然性問題を解決する第1段階として「減少する宇宙定数」のシナリオは欠かせないことを強調したい．

これ以上の詳細には触れないが，上の議論で共型変換の占める役割はきわめて重要である．現象論的 Q の解析はもっぱらE系での考察に限られ，素朴に過ぎるとも考えられる．この変換は，あまりにも理論的なST理論に固有の贅沢品との見方もあるが，スカラー場を導入する限り避けることのできない問題であり，それなしに「時間に依存する定数」の議論は成り立たない．なお，ひも理論との関連では，弱い等価原理 (WEP) の破れが必然的であることも付記しておく．

(藤 井 保 憲)

参 考 文 献

1) R. R. Caldwell, R. Dave and P. J. Steinhardt, Phys. Rev. Lett. **80** (1998) 1582.
2) Y. Fujii and K. Maeda, *The scalar-tensor theory of gravitation*, Cambridge University Press, 2003；Y. Fujii, Proc. IAU 2009 JD9, 03-14 Aug. 2009, Mem. S. A. It. Vol. 75, 282, arXiv：0910.5090.

7

素粒子物理の周辺

7.1 他分野への応用

a. 自由電子レーザー

図 7.1.1 に示すように，短い周期で交番磁場を発生しているアンジュレーター（またはウィグラーとも呼ばれる）の磁場中を，相対論的エネルギーで運動している電子ビームを通過させることで電磁波を発生する装置を，自由電子レーザー（free electron laser, FEL）という．ビームの進行方向に高周波電場をかけて電子ビームを密度変調し，進行方向の電場成分と相互作用させることで電磁場を増幅するクライストロンや進行波管に対して，1950 年代に R. M. Phillips は，電子ビームを横方向に蛇行させることで，横波で進行する電磁波と直接相互作用させる Übitron と名付けた波長 5 mm のマイクロ波増幅管を考案したのが，FEL の原型である．FEL では共振空胴のような構造的な制限がないため，容易に短波長の電磁波を発生することができる．1970 年代 Stanford 大学の J. Madey らのグループが炭酸ガスレーザー（波長 $10.6\,\mu\mathrm{m}$）の増幅に成功し，ついで波長 $3.4\,\mu\mathrm{m}$ の赤外線の発振に成功した．現在では，光共振器を用いる方式の FEL により，反射鏡の限界である波長 200 nm 程度の紫外線を発生することは日常的に行われている．200 nm 以下の波長領域に対しては，光共振器を使用しないシングルパス型の FEL がいくつか建設されつつあり，すでに波長 6.5 nm の軟 X 線（DESY-FLASH,

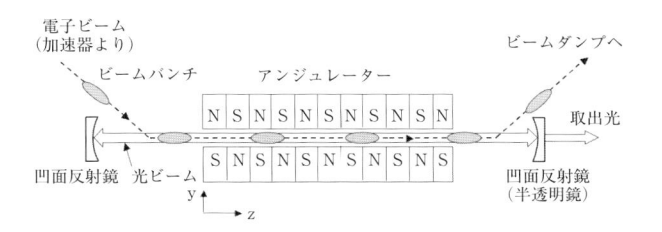

図 7.1.1 自由電子レーザーの原理（光共振器を用いた FEL）

2007年), 0.15 nm の X 線（SLAC-LCLS, 2009年）の発生に成功している.

アンジュレーターの軸方向を z 軸として, 電子ビームは電磁波とともに z 方向に進行しているものとする. y 方向に交番磁場を有する直線偏光アンジュレーターを考え, その周期長を $\lambda_u = 2\pi/k_u$, 電磁波の波長を $\lambda = 2\pi/k$ とする. アンジュレーターの磁場を $\boldsymbol{B}_u = B_u \cos(k_u z) \cdot \boldsymbol{e}_y$ とすると, 電子は x 方向に $\boldsymbol{v}_\perp = (cK/\gamma) \sin(k_u z) \cdot \boldsymbol{e}_x$ なる速度で振動しながら進行するので, 電磁波の電場 $\boldsymbol{E}(z) = E(z) \cos(kz - \omega t + \phi) \cdot \boldsymbol{e}_x$ と電子との相互作用 $-e\boldsymbol{v}_\perp \cdot \boldsymbol{E}$ は $v_z = \omega/(k+k_u)$ のときに定常的となり, 電子ビームと電磁波の間で定常的なエネルギーの授受が行われる. $-e$ は電子電荷である. これを FEL の共鳴条件という. $-e\boldsymbol{v}_\perp \cdot \boldsymbol{E} < 0$ であれば電子のエネルギーは減少し, 電磁波のエネルギーは増大, すなわち電磁波が増幅されることになる. この共鳴条件は, 電子がウィグラー1周期 λ_u を進む間に電磁波は $c\lambda_u/v_z = \lambda_u + \lambda$ だけ進む条件になっている. 電子ビームのエネルギー $mc^2\gamma$ が十分大きい場合（$\gamma \gg 1$）には, 共鳴条件は

$$\lambda = \frac{\lambda_u}{2\gamma^2}\left(1 + \frac{K^2}{2}\right) \tag{7.1}$$

と近似される. ここで $K = eB_u/mc^2k_u$ である. λ_u は cm のオーダーであり, 電子ビームのエネルギーを適当に選ぶことで, nm から cm に至る広い波長領域から望みの波長を選んで電磁波を増幅することができる. 以上のような干渉的相互作用を維持するには, 電子速度のばらつき, すなわち電子ビームのエネルギー広がりが十分小さいことが要求される.

FEL の基本となる1次元モデルでは基本波に対する FEL の動作は以下の式で記述される.

$$\begin{aligned}\frac{d\gamma}{dz} &= -\frac{\omega}{2c\gamma}KA_{JJ}\,\mathrm{Im}\,\{\tilde{a}e^{i\theta}\} \\ \frac{d\theta}{dz} &= k_u + \frac{\omega}{c}\left(1 - \frac{1}{\beta_z}\right) \\ \frac{d\tilde{a}}{dz} &= i\,\frac{2\pi e}{mc^2\omega}j_0 KA_{JJ}\left\langle\frac{e^{-i\theta}}{\gamma}\right\rangle\end{aligned} \tag{7.2}$$

式 (7.2) の第1式は個々の電子のエネルギー変化, 第2式は電子の蛇行運動の位相と電磁波の位相の相対的変化, 第3式は電場振幅の成長に対する式である. $\tilde{a}(z) = E(z)e^{i\phi(z)}/(mc^2k/e)$ は規格化した複素電場振幅, j_0 は電子ビームの電流密度, $A_{JJ} = J_0(\xi) - J_1(\xi)$, $\xi = kK^2/8k_u\gamma^2$, $\langle\cdots\rangle$ は (γ, θ) 位相空間での電子についての平均を表す. 直線偏光アンジュレーターでは奇数次高調波が発生するので, n 次の奇数次高調波に対しては A_{JJ} を, $A_{JJ}^{(n)} = J_{(n-1)/2}(n\xi) - J_{(n+1)/2}(n\xi)$ と置き換えればよい. FEL 増幅器を考え, アンジュレーター入口 ($z=0$) で $\tilde{E}(0) \neq 0, d\tilde{E}(0)/dz = 0, d^2\tilde{E}(0)/dz^2 = 0$ とすると, 式 (7.2) を線形化することで電場振幅 $\tilde{E}(z) = E(z)e^{i\phi(z)}$ の成長を記述する次式を得る.

$$\frac{d\tilde{E}(z)}{dz} = (2k_u\rho)^3\int_0^z dz'\tilde{E}(z')\int_{-\infty}^\infty d\kappa\,\frac{df(\kappa)}{d\kappa}e^{-i\kappa(z-z')} \tag{7.3}$$

ここで

$$\kappa = k_u - \frac{\omega/c}{2\gamma^2}\left(1+\frac{K^2}{2}\right) = \begin{cases} 2k_u \Delta\gamma/\gamma & \text{or} \\ -k_u(\omega-\omega_0)/\omega_0 \end{cases} \quad (7.4)$$

共鳴エネルギーからのずれ $\Delta\gamma/\gamma$, または共鳴周波数からのずれ $\omega-\omega_0$ を表すデチューニングパラメーター, $\omega_0 = 2\gamma^2 ck_u/(1+K^2)$ は FEL 共鳴条件を満たす電磁波の周波数である. $f(\kappa)$ は, 電子ビームのエネルギー広がりおよびエミッタンスによって生ずる κ の分布関数である. また

$$\rho = \frac{1}{\gamma}\left(\frac{\pi e A_{JJ}^2 K^2 j_0}{8mc^3 k_u^2}\right)^{1/3} \quad (7.5)$$

は FEL ゲインパラメーターまたは FEL ピアスパラメーターと呼ばれ, FEL の動作を支配する基本的なパラメーターである. なお, 式 (7.2) においては

$$\rho \ll A_{JJ}^2 K^2/8(1+K^2/2) \quad (7.6)$$

であるものとして, 空間電荷効果を無視している. このような FEL をコンプトン FEL といい, 可視光以下の波長の FEL は通常コンプトン FEL である.

式 (7.3) の解は, 次の3次の分散関係式

$$K\{(K+\kappa)^2 - \sigma_\kappa^2\} = -(2k_u\rho)^3 \quad (7.7)$$

の根 (K_1, K_2, K_3) により次のように与えられる.

$$\tilde{E}(z) = H(\omega, z)\tilde{E}(0) \quad (7.8)$$

$$H(\omega, z) = \left[\frac{K_2 K_3 e^{iK_1 z}}{(K_1-K_2)(K_1-K_3)} + \frac{K_3 K_1 e^{iK_2 z}}{(K_2-K_3)(K_2-K_1)}\right.$$
$$\left. + \frac{K_1 K_2 e^{iK_3 z}}{(K_3-K_1)(K_3-K_2)}\right] \quad (7.9)$$

σ_κ はエネルギー広がり σ_E およびエミッタンス ε_n による κ の広がりである. したがって,

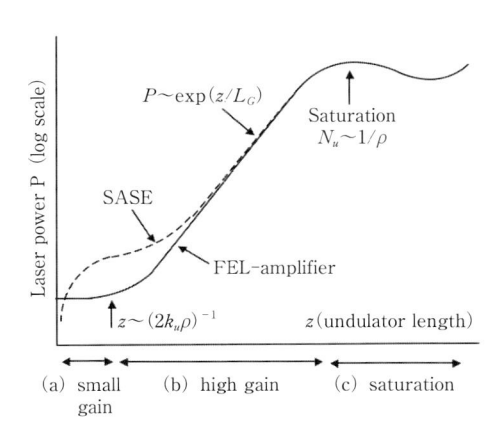

図 7.1.2 電磁波パワーの成長

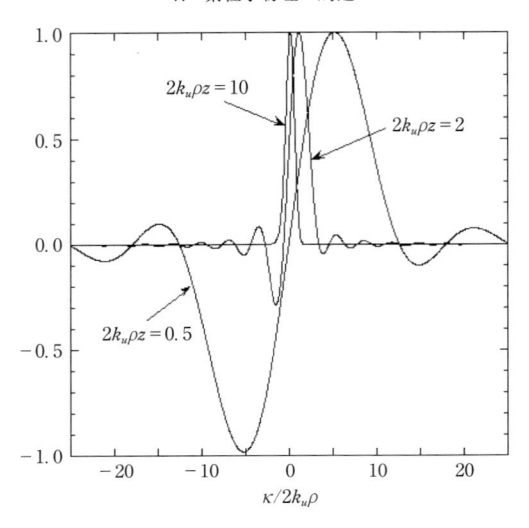

図 7.1.3 ゲインカーブ（最大値を 1 に規格化）

アンジュレーターへの入力電磁波パワーを P_0 とすると，z における電磁波のパワーは

$$P(z) = |H(\omega, z)|^2 P_0 \tag{7.10}$$

で与えられる．$\omega = \omega_0$ および $\sigma_\kappa = 0$ の場合に成長率（ゲイン）が最も大きく，分散関係式は $K^3 = -(2k_u\rho)^3$ の根 $(K_1, K_2, K_3) = (-1, e^{i\pi/3}, e^{-i\pi/3}) \times 2k_u\rho$ により，パワー成長は

$$P(z) = \frac{1}{9}\{3 + 4\cos(3k_u\rho z)\cosh(\sqrt{3}k_u\rho z) + 2\cosh(2\sqrt{3}k_u\rho z)\}P_0 \tag{7.11}$$

と表される．$P(z)$ を図示すると図 7.1.2 の実線のようになる．図 7.1.3 は，指数関数的成長領域に入る前，指数関数的成長領域にさしかかった領域，指数関数的成長領域における κ の関数で表したゲインカーブ（1 に規格化した相対値）である．

FEL の動作領域はアンジュレーターの長さによって図 7.1.2 に示すように 3 つの領域に分類される．(a) および (b) は上述の線形理論が成立する線形領域である．非線形領域である (c) の領域を考察するには，式 (7.2) に基づいた数値計算（シミュレーション）が必要である．

(1) スモールゲイン領域

$z < (2k_u\rho)^{-1}$ では電磁波の増幅率は小さく，この領域をスモールゲイン領域という．ビームが周期数 $N_u = z/\lambda_u$ のアンジュレーターを 1 回通過したときの増幅率 $G = (P - P_0)/P_0$ は，$\theta = \kappa z/2$ として

$$G = -32(\pi\rho N_u)^3 d(\sin\theta/\theta)^2/d\theta \tag{7.12}$$

で与えられ，図 7.1.3 の $2k_u\rho z = 0.5$ と記したグラフのようになる．$\sin\theta/\theta$ はアンジュレー

ターにおける自発放射パワースペクトルに比例する因子であり，式（7.12）はMadeyの定理と呼ばれる．共鳴点（$\kappa=0$）では増幅率はゼロであり，共鳴エネルギーγより$\Delta\gamma=\gamma/4.8N_u$だけ高いエネルギーのときに増幅度が最大となる．ゲイン劣化を抑えるためには，アンジュレーター全長$L_u=N_u\lambda_u$にわたって電子と電磁波との干渉的相互作用を維持することが必要であり，電子ビームのエネルギー広がりおよび規格化エミッタンスは

$$\sigma_E/E \ll 1/2N_u, \quad \varepsilon_n < \gamma\lambda/4\pi \tag{7.13}$$

であることが望まれる．2番めの式は蓄積リングやアンジュレーター放射での回折限界条件としてよく知られている．

スモールゲイン領域で動作するFELでは，ゲインは$G\sim 10^{-3}-10^{-2}$程度であるので，図7.1.1に示すようにアンジュレーターの前後に反射鏡を設置して光共振器を構成し，電子ビームとともに光を何回もアンジュレーターに通して繰り返し増幅する．光取り出しのための反射鏡の透過率を含めた光共振器の損失率より式（7.12）のゲインが大きければ，電子ビームのショットノイズを種にしてFEL発振する．取り出しうる最大パワーは$P_{max}<0.29P_b/N_u$である．電子蓄積リングなどにおいて現在稼働している，赤外光から紫外光の発振を行うFEL発振器はこのタイプである．

（2）　ハイゲイン領域

$z>(2k_u\rho)^{-1}$ではFELの共鳴点$\omega=\omega_0$で電磁波パワーの成長率が最大となり，電磁波パワーは指数関数的に成長する．この領域をハイゲイン領域という．指数関数的成長領域では最も大きな$-\text{Im}(K_i)$に対応する項のみが支配的となり，$\sigma_E=0$，$\varepsilon_n=0$では

$$P=(P_0/9)\exp(z/L_G) \tag{7.14}$$

と近似される．ここで$L_G=(2\sqrt{3}k_u\rho)^{-1}$はゲイン長と呼ばれる．この領域から次の（3）項で述べる飽和領域にかけて動作するFELでは，電磁波がアンジュレーターを1回だけ通過することで十分な増幅が行われ，そのようなFELをシングルパス型FELまたはFEL増幅器と呼び，アンジュレーター中の電磁波パワーの成長は図7.1.1の実線で示したカーブのようになる．

デチューニングパラメータの広がりは$\sigma_\kappa=2\sqrt{3}k_u\{(\sigma_E/E)^2+(\gamma_z\varepsilon_n/\gamma r_b)^4\}^{1/2}$で与えられ，$\sigma_E$および$\varepsilon_n$による電磁波の成長率の減少を避けるためには，$\sigma_\kappa \ll 2\sqrt{3}k_u\rho$すなわち

$$\sigma_E/E \ll \rho, \quad \varepsilon_n < (r_b\gamma/\gamma_z)\sqrt{\rho} \tag{7.15}$$

であることが望まれる．r_bは電子ビームの断面を円形とした場合のビーム半径，$\gamma_z=\gamma/(1+K^2/2)^{1/2}$である．スモールゲイン領域ではアンジュレーター長をレイリーレンジの2倍程度とすると，式（7.15）は式（7.13）の条件と同等になる．

VUV以下の波長では反射率の高い反射鏡が存在しないので，スモールゲイン領域で動作するFELではVUVより短い波長の光を発生することが不可能であり，光共振器を必要としないシングルパス型FELによる干渉性X線の発生が期待されている．この領域で発振を行うFELとしてはSASE（self-amplified spontaneous emission）がよく知られている．

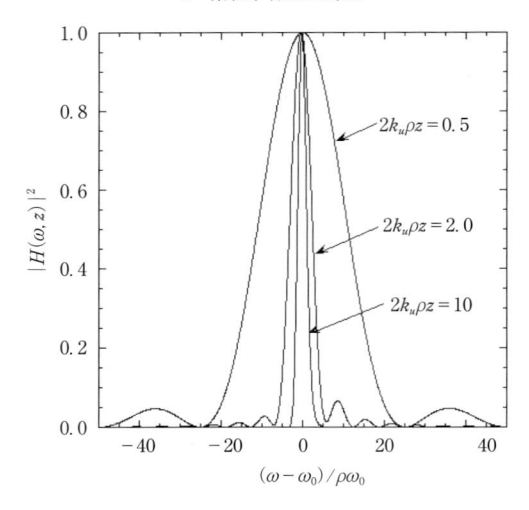

図 7.1.4　SASE のバンド幅（ピークを 1 に規格化）

SASE

電子ビームのショットノイズを種としてハイゲイン・シングルパス型 FEL で発振するものを SASE という．電子ビーム電流のショットノイズ $I(\omega)$ の期待値 $\langle |I(\omega)|^2 \rangle = 2e^2 N$ より，パワースペクトル密度 $P(\omega, z)$ の期待値は

$$\langle P(\omega, z) \rangle = |H(\omega, z)|^2 \langle P_0(\omega) \rangle \tag{7.16}$$

$$H(\omega, z) = 2k_u \rho \left[\frac{(K_1 + i\kappa)e^{iK_1 z}}{(K_1 - K_2)(K_1 - K_3)} + \frac{(K_2 + i\kappa)e^{iK_2 z}}{(K_2 - K_3)(K_2 - K_1)} + \frac{(K_3 + i\kappa)e^{iK_3 z}}{(K_3 - K_1)(K_3 - K_2)} \right] \tag{7.17}$$

と書くことができる．N はビームバンチの電子数，$\langle P_0(\omega) \rangle = 2\pi mc^2 \gamma \rho$ はショットノイズによる等価入力パワースペクトル密度の期待値である．これより SASE のパワー期待値は

$$\langle P(z) \rangle = 2\pi mc^2 \gamma \rho \int_0^\infty |H(\omega, z)|^2 d\omega \tag{7.18}$$

で与えられ，$\langle P(z) \rangle$ の成長は図 7.1.2 の破線のようになる．

$|H(\omega, z)|^2$ は $\omega = \omega_0$ にピークを持ち，アンジュレーター長 z とともに，バンド幅が狭くなる帯域通過型フィルター特性を有する（図 7.1.4）．$\omega = \omega_0$ 近傍をガウシアン

$$|H(\omega, z)|^2 \cong |H(\omega_0, z)|^2 \exp\{-(\omega - \omega_0)^2 / 2\sigma_\omega^2\} \tag{7.19}$$

で近似するとバンド幅は近似的に $\sigma_\omega = 3(\rho \omega_0^2 / \sqrt{3} k_u z)^{1/2}$ で与えられる．SASE は基本的に雑音であり，白色雑音を図 7.1.4 のようなフィルターでフィルタリングしたときと同様の性質となる．したがって，線形領域における電磁波パワーの変動幅（rms）はパワーの期待値に等しい．

（3） 飽和領域

磁場および周期が一定なコンスタントアンジュレーターでは，$z_{sat} = L_G \ln(9P_{sat}/P_0)$ に達すると電磁波パワーは飽和 $P_{sat} = 1.37 \rho P_b$ に達し，その後，減少・増加を周期的に繰り返す．この領域を飽和領域という．P_b は電子ビームのパワーであり，P_{sat} が FEL の最大出力，1.37ρ（SASE では $\cong \rho$）が最大効率となる．これは電子ビームの蛇行運動と電磁波との相互作用で発生するポンデロモーティブポテンシャルに，電子が拘束されてシンクロトロン振動をするため，電子ビームが減速・加速を繰り返すからである．SASE の場合は $P_{sat} \cong \rho P_b$ であり，飽和するのに必要なアンジュレーターの周期数は $N_u \sim 1/\rho$，飽和におけるバンド幅は $\sigma_\omega \cong \rho \omega_0$ であることが導かれ，飽和における SASE 光のコヒーレンス長は λ/ρ 程度となる．

一方，電子ビームのエネルギー減少に合わせて，飽和点以降の領域でも FEL の共鳴条件を保つように，z とともにアンジュレーターの磁場を弱くしていく，または周期長を長くしていくようなテーパードアンジュレーターでは，飽和を超えて P_{sat} の 10 倍程度までの電磁波の増幅が可能である．1980 年代後半に，LLNL の 17 GHz のマイクロ波を増幅する FEL では，テーパードアンジュレーターにより飽和パワー 180 MW を超えて 1.8 GW 以上の出力を得ることに成功している．ただし，導波管でガイドされるマイクロ波のように，回折効果による電磁波の発散が問題にならない場合には有効であるが，通常のシングルパス型の FEL では，飽和領域ではゲイン集束効果が期待できず，回折によって電磁波が発散してしまうので，テーパードアンジュレーターはあまり有効ではない．

回折効果

アンジュレーター中を伝搬する電磁波ビームは回折効果により広がってしまうので，光共振器を用いるスモールゲイン FEL では，電磁波ビームのウエストがアンジュレーターの中央部付近となるように共振器を構成し，アンジュレーターの長さがレイリーレンジ $L_R = 4\pi r_b^2/\lambda$ の 2 倍程度となるように設計される．一方，シングルパス型のハイゲイン FEL では，FEL 相互作用により電磁波ビームは電子ビームによって集束され，集束と回折による発散が釣り合う平衡サイズを保って伝搬するため，集束のための光学素子を必要としない．指数関数的成長領域では $H(\omega, z) \approx (1/3)e^{\sqrt{3}k_u\rho z}e^{ik_u\rho z}$ より，電磁波の位相速度 v_{ph} は $v_{ph} = c - (c/\omega)k_u\rho$ となり，光速度 c より遅れる．電子密度が高く ρ が大きい電子ビームの中心部では，周辺部に比べて電磁波の位相速度が遅れるため，電磁波ビームは電子ビームによって集束され，電子ビームは屈折率が 1 より大きい媒質として作用する．これをゲイン集束またはオプティカルガイディングという．1 次元モデルでは取り扱うことはできず，3 次元的取り扱いが必要である．

電子ビームを断面半径 r_b で密度一定の軸平行流で近似すると，定常的に伝搬する電磁波ビームの断面形状は変形ベッセル関数で表され，アンジュレーター単位長さ当りのゲインは $L_G^{-1} = 2k_u\rho B^{1/3} \text{Re}(\Lambda)$ で与えられる．$B = (2k_u\rho k r_b^2)^{2/3}$ は回折パラメーターと呼ばれ，B が大きいほど回折効果が小さいことを表し，$B \to \infty$ の極限が 1 次元モデルに

対応する．Λ は 3 次元 FEL 分散関係式

$$\mu J_{n+1}(\mu) K_n(g) = g J_n(\mu) K_{n+1}(g) \tag{7.20}$$

から求まる．n はビーム軸回りのモード番号である．ここで $\sigma_\kappa = 0$ の場合は，$g^2 = -2iB\Lambda$，$\mu^2 = 2(\Lambda + i\kappa/2k_u\rho B^{1/3})^{-2} + 2iB\Lambda$ である．また，$F = (2/\sqrt{3})^3 B \{\mathrm{Re}(\Lambda)\}^3$ は電磁波ビーム断面積に対する電子ビーム断面積の比，すなわちオーバーラップ因子を表す．$F<1$ であり，1 次元モデルにおける実効的なゲインパラメーターは $F^{1/3}\rho$ となる．可視光以上の波長では回折によるゲイン劣化が顕著であるが，VUV 以下の波長では影響は大きくない．

〔平 松 成 範〕

7.2 医 学 利 用

a. ポジトロン CT（PET）
（1） PET の原理と特長

ポジトロン CT（PET：Positron Emission Tomography）は，生体機能を 3 次元画像として測定する技術で，^{11}C，^{13}N，^{15}O，^{18}F などのポジトロン放出核種で標識された放射性薬剤を生体へ投与することにより，代謝や血流，神経伝達系の働きなどを知ることができる．臨床医療分野では，ブドウ糖の類似化合物である ^{18}F 標識フルオロ・デオキシ・グルコース（FDG）を用いたがん診断が普及してきた．基礎研究分野においてもアミノ酸やタンパク質，核酸などの挙動や機能を生体内で観察する手法として PET が注目され，これらの研究を通して新しい治療方法や医薬品の開発が期待されている．

ポジトロン放出核種は，サイクロトロンを用いて陽子や重陽子を 10〜20 MeV に加速してターゲットに衝突させ，核反応を起こすことにより生成される．^{15}O は半減期が約 2 分と短いため，合成が簡単で体内動態が速い C^{15}O，C^{15}O$_2$，^{15}O$_2$ や H$_2$^{15}O として用いられる．糖やアミノ酸，神経活性物質などの標識には，比較的半減期が長い ^{11}C（半減期 20 分）や ^{18}F（半減期 110 分）が用いられる．PET 臨床診断で用いられる代表的な放射性薬剤を表 7.2.1 に示す．これらは製造直後の放射能強度が非常に高いので，鉛などで遮蔽されたチャンバー内で自動的に合成される．

表 7.2.1 PET に用いられるポジトロン放出核種と代表的な放射性薬剤

核 種	半減期	トレーサー	検査目的
^{11}C	20 分	^{11}C メチオニン	脳腫瘍など
		^{11}C コリン	脳腫瘍，膀胱がん
		^{11}C ベータ CFT	パーキンソン病
^{13}N	10 分	^{13}NH$_3$	心機能
^{15}O	2 分	H$_2$^{15}O	脳血流量
		^{15}O$_2$	脳酸素代謝
^{18}F	110 分	^{18}F-FDG	がん，脳ブドウ糖代謝
		^{18}F-FLT	がん治療効果
		^{18}F-ドーパ	パーキンソン病

7.2 医学利用

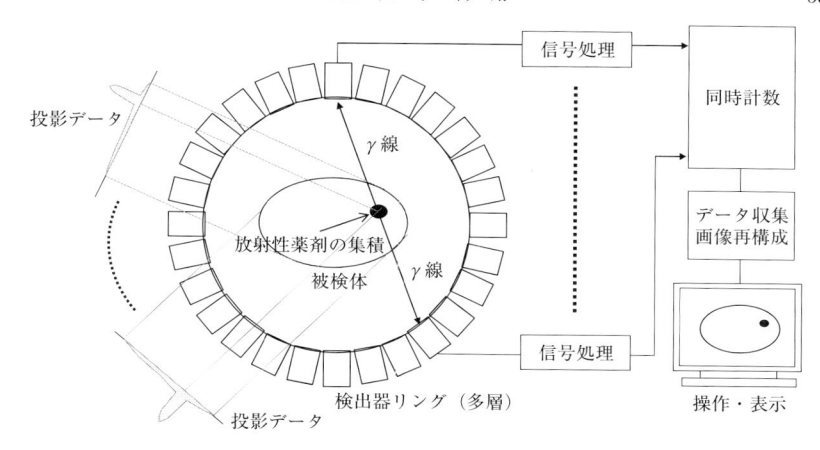

図7.2.1 PET装置の原理と構成

　生理活性のある放射性薬剤を体内に投与すると体の特定部位に集積してポジトロンを放出するが，ポジトロンはすぐ周りにある電子と結合して消滅し，ほぼ180°反対方向に511 keVのガンマ線対を放出する．PET装置では多数のガンマ線検出器が被検者を囲むように円筒状に配置され，同時に複数の断層画像を得られるように多重の検出器リングから構成されている．図7.2.1に示すように，体外に放出されるガンマ線対を，体の周囲に配置した多数の検出器で同時計数すると，ポジトロン消滅点を通る直線情報（同時計数ライン）を測定することができる．これらの同時計数ラインを方向ごとに分類するとX線CTと同様な投影データが得られるので，これを用いて画像再構成することにより放射性薬剤の断層分布を画像化することができる．

　PET装置では同時計数法を用いて反対方向に飛ぶγ線を検出しているため，従来から核医学で用いられてきたガンマカメラやSPECT（単一光子断層撮像法）に比べて優れた特長がある．すなわち，体内から放出されるγ線を広い立体角で検出するために感度が高いこと，解像力および感度が同時計数検出器間の場所によらずほぼ一定であること，γ線の体内吸収を正確に補正できることなどである．

（2） PET検出器

　PETの検出器には，511 keVガンマ線に対して高い検出効率を有するシンチレーター結晶と，シンチレーターからの微弱光パルスを高速かつ高感度に検出する光電子増倍管（PMT）が用いられる．個々のシンチレーターを小型にするほどPETの解像力は向上するため，多数の小型シンチレーターと少数のPMTを結合してPMTへの光分配比からガンマ線が入射したシンチレーターを弁別するコーディング方式が用いられている．これまでに，図7.2.2に示すような各種のコーディング方式が提案され，実際にPET

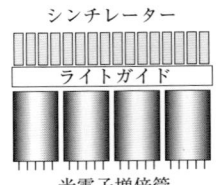

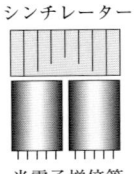

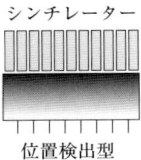

図 7.2.2　各種の PET 検出器構成

表 7.2.2　PET に用いられる各種シンチレーターの特性

	NaI (Tl)	BGO	GSO	LSO	LaBr$_3$
密度（g/ml）	3.67	7.13	6.71	7.35	5.3
減衰長 1/e (cm)	3.07	1.13	1.50	1.23	2.13
蛍光減衰時間 (ns)	230	300	60	40	35
発光ピーク波長 (nm)	410	480	430	420	360
発光強度（相対値）	100	22	40	72	150
潮解性	あり	なし	なし	なし	あり

装置に用いられてきた.

シンチレーター材料として，ガンマ線の阻止能の高い BGO（Bi$_4$Ge$_3$O$_{12}$）が用いられてきたが，最近になって GSO（Gd$_2$SiO$_5$:Ce），LSO（Lu$_2$SiO$_5$:Ce），LaBr$_3$ などの発光量が大きく蛍光減衰時間の短いシンチレーターも用いられるようになった[1~4]．表 7.2.2 に各種の PET 用シンチレーターの特性比較を示す.

PMT に替えてアバランシェ・フォトダイオード（APD）を PET 検出器に用いる試みは以前から行われていたが，BGO シンチレーターからの微弱光を検出するためには比較的大きなゲインが必要で，このため高印加電圧で動作する特殊構造の APD が用いられた[5,6]．しかし，発光量の多い LSO シンチレーターなどの出現により，ゲイン 100 以下で安定動作する APD を利用することができるようになった[7]．また，高ゲインかつ高速応答特性を有する多チャンネルのガイガーモード APD も開発されており[8]，PET への応用が始まっている.

（3）　**PET の性能**

検出器や信号処理回路の改良などにより PET の解像力は年々向上し，市販の全身用 PET 装置では 4.0~5.0 mm，研究用装置で 3 mm 以下が得られている．PET の解像力限界を与える物理的要因として，放出されたポジトロンが電子と結合して消滅するまでに生体中を移動すること（ポジトロン飛程），消滅ガンマ線の放出方向が 180° からずれる現象（角度揺動）がある．PET 計測で多用される核種の ^{11}C や ^{18}F では，放出されるポジトロンのエネルギーが低いので，ポジトロンの飛程よりも放出ガンマ線の角度揺動が限界解像力を決めている．この影響は，リング径の大きな全身用 PET 装置では

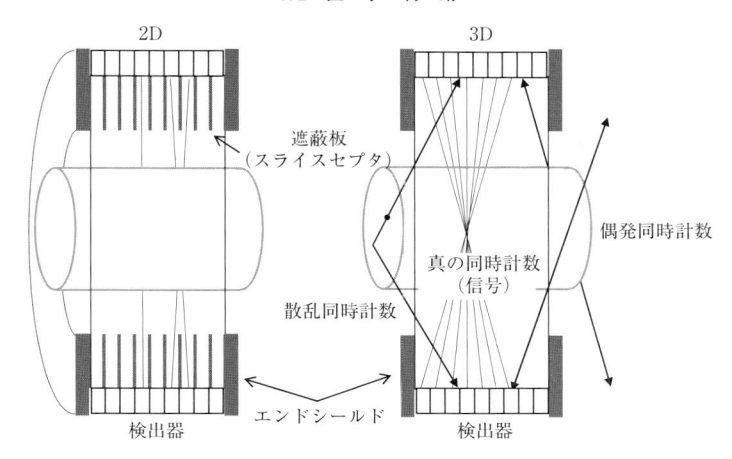

図 7.2.3 PET における 2D データ収集と 3D データ収集

2 mm 程度と大きいが，リング径の小さな小動物用 PET 装置では 1 mm 以下となる[9]．しかし，臨床用 PET の実用上の解像度は，再構成画像中の統計雑音を低減するために行われる平滑化処理により決定されている．これを改善するためには，PET の実効感度を向上する必要がある．また，呼吸や心拍を含む被検者の体動も，実用上の解像度に影響を与えている．

FDG を用いたがん診断が盛んになるにつれて，短時間に多くの患者を診断するために計測スループットの向上が望まれるようになってきた．これに対応して，軸方向視野の拡大（検出器リング数の増大）と 3 次元データ収集方式（3 次元 PET）による検出感度の増大が図られてきた．3 次元 PET では，図 7.2.3 に示すように検出器リング間に設置されていた遮蔽板（スライスセプタ）を取り除き，被検者から放出されるガンマ線を広い立体角で検出する．現行の 3 次元 PET では，信号に対する感度は約 10 倍ほど向上するが，一方で被検者からの散乱や偶発同時計数などの背景雑音も増加するため，実効的な感度上昇は頭部計測で約 3 倍，胸部や腹部の計測で 2 倍程度にとどまっている[10]．背景雑音を抑制して実行感度を向上することは，臨床用 PET における大きな技術的課題である．

（4） PET の開発動向

PET と X 線 CT を合体して，機能画像と形態画像を 1 台の装置で測定できるように設計された PET/CT が臨床に用いられるようになってきた．同様に，PET と MRI (Magnetic Resonance Imaging) を合体した PET を実現する試みもなされている．臨床用 PET 装置としては診断スループットのさらなる向上が望まれている．このために，ポジトロン消滅で発生する 2 個のガンマ線が検出器に到達するまでの飛行時間（TOF：

Time of Flight) 差を計測して，この情報を画像再構成に利用して信号対雑音比を向上する試みがなされている．この方法は，1980年代にTOF-PETとして開発された技術であるが[11,12]，当時はシンチレーターの性能に限界があったため一般には普及しなかった．最近，LSOやTlBr$_3$などの新しい高速シンチレーターが出現してきたため，この技術が見直され，TOF-PET装置が実用化された[13,14]．

ポストゲノム時代に入り，ライフサイエンス研究の主題が遺伝情報解読から生体分子機能探索に移りつつあるが，PETはマウスなどの小動物を対象とした研究からヒトを対象とした研究まで一貫した手法を用いることができるため，有力な研究手段として注目されている．特に遺伝子転換して作成された疾病モデルマウスなどを対象としたPETイメージングに関心が集まり，このために解像力1mm以下を目指して各種の小型PET装置が研究開発されている[15〜19]．

PETの画像再構成法としてフィルター逆投影法が一般に用いられてきたが，良好な画像を得るために測定データの統計的性質を考慮した逐次近似型画像再構成が開発された．これは特に，PET画像の低放射能濃度領域の信号対雑音比を向上するのに有効である．当初の逐次近似型画像再構成は収束が遅く計算時間がかかったが，高速化アルゴリズムが提案されたこと[20〜22]，コンピューターの計算速度が桁違いに向上したことにより実用化されるようになった．

(山下貴司)

参考文献

1) K. Takagi and T. Fukazawa, *Appl. Phys. Lett.*, **42** (1983) 43.
2) C. Melcher and J. Schweizer, *IEEE Trans. Nucl. Sci.*, **39** (1992) 502.
3) D. Cooke, K. MaClellan, B. Bennett et al., *J. Appl. Phys.*, **88** (2000) 7360.
4) E. van Loef, P. Dorenbos, C. van Eijik et al., *Appl. Phys. Lett.*, **70** (2001) 1573.
5) R. Lecomte, J. Cadrette, S. Rodrigue et al., *IEEE Trans. Nucl. Sci.*, **43** (1996) 1952.
6) E. Gramsh, *IEEE Trans. Nucl. Sci.*, **45** (1998) 1587.
7) B. Pichler, G. Boning, E. Lorenz et al., *IEEE Trans. Nucl. Sci.*, **45** (1998) 1298.
8) V. Golovin and V. Saveliev, *Nucl. Instr. Meth.*, **A518** (2004) 560.
9) 野原功全：*RADIOISOTOPES*, **34** (1985) 185.
10) C. Lartizien, C. Comtat, P. Kinahan et al., *J. Nucl. Med.*, **43** (**9**) (2002) 1268.
11) R. Allemand, P. Gresset and J. Bacher, *J. Nucl. Med.*, **21** (1980) 153.
12) M. Ter-Pogossian, N. Mullani and D. Ficke, *J. Comput. Assist. Tomogr.*, **5** (1981) 227.
13) S. Surti, J. Karp, G. Muehllehner et al., *IEEE Trans. Nucl. Sci.*, **50** (**3**) (2003) 348.
14) W. Moses and S. Derenzo, *IEEE Trans. Nucl. Sci.*, **46** (**3**) (1999) 474.
15) S. Cherry, Y. Shao, R. Silverman et al., *IEEE Trans. Nucl. Sci.*, **44** (1997) 1161.
16) G. Domenico, A. Motta, G. Zavattini et al., *Nucl. Instr. Meth.*, **A477** (2002) 505.
17) S. Surti, J. Karp, A. Perkins et al., *IEEE Trans. Nucl. Sci.*, **50** (2003) 1357.
18) Y. Shao, S. Cherry and A. Chatziioannou, *Nucl. Instr. Meth.*, **A477** (2002) 486.
19) Y. Yang, Y. Tai, S. Siegel et al., *Phys. Med. Biol.*, **49** (2004) 2527.
20) M. Defrise, *Inverse Problems*, **11** (1995) 983.
21) J. Browne and A. DePierro, *IEEE Trans. Med. Imag.*, **15** (1996) 687.
22) E. Tanaka and H. Kudo, *Phys. Med. Biol.*, **48** (2003) 1405.

b. 加速器によるがん治療

　がん（悪性腫瘍）は日本人の死因の第1位で全体の約30%を占める．がんとは細胞が制御されない状態で増殖を繰り返すことが原因で起こる病気である．放射線治療は，放射線の電離作用によりがん細胞のDNAに回復不可能な損傷を与えてその増殖能を奪うことで治療する方法であり，外科手術とともに局所療法の柱となっている．放射線治療は内部照射と外部照射に大別される．前者は放射性核種を体内に導入して内部から放射線を照射するもので，外部照射は体外から放射線を照射するものである．加速器によるがん治療は外部照射法であるので，以下ではこれを取り上げる．加速器によるがん治療に使われるのは，高エネルギー光子線（X線やガンマ線），電子線，陽子線，炭素線，負電荷パイ中間子線（現在は治療は行われていない），速中性子線である．放射線はがん組織だけでなく周辺の正常組織にも当たるので，その障害を許容レベル以下に抑えることが重要である．細胞には放射線が当たっても致死量以下であれば，放射線による損傷を修復し回復する能力がある．放射線に対する正常細胞とがん細胞の感受性と修復力の差がある場合は，これを利用して線量を多数回分割して照射することで正常組織の損傷を少なくすることができるので通常の放射線治療が機能する．

　放射線は線量分布と線質で特徴づけられる．線量分布は放射線が体内に付与する線量の空間分布であり，線量の集中性を特徴づける重要な因子である．一方，マクロなエネルギー付与が同じでも放射線の種類による電離密度の違いによりミクロなエネルギー付与パターンが違うと，異なる生物学効果を生ずることが線質の違いを生む．電離密度が大きい炭素線，負電荷パイ中間子線，速中性子線などは高い生物学効果を持つ高LET放射線（LETは線エネルギー付与と呼ばれ，細胞器官のようなミクロな領域への単位長さあたりのエネルギー付与を表す）に分類され，低LET放射線である高エネルギーX線，電子線，陽子線とは線質が異なるものとして区別される．高LET放射線はがん細胞の塊内によく見られる放射線抵抗性の低酸素細胞にもよく効き，また放射線の効果が細胞周期にあまり依存しないなど低LET放射線にはない性質を持ち，放射線抵抗性のがんに対する有効な治療法となることを期待されている．

　放射線治療の精度を向上させるためには照射対象を正確に把握することが重要である．1970年代にはCT装置が，1980年代にはMRI装置が開発され，身体の内部を正確に診断できるようになった．その画像診断データに基づいてコンピューターを使った治療計画が行われるようになり，照射技術の向上と相俟って放射線治療の精度は格段に向上した．

　加速器によるがん治療で最もよく使われているのは，1m長程度の電子線形加速器（LINAC）を搭載した回転照射装置で，患者の周囲を回転して任意の方向から高エネルギーX線（数MV～数十MV）や電子線の照射を可能にする．普通，外照射の放射線治療といえばこれを指す．高エネルギーX線は，加速した電子を金や白金，タングステンなどでできたターゲットに当てたときに発生する制動輻射なので連続X線である．X線のエネルギーは電子線のエネルギーで決まり調整することが可能で，高エネルギーにな

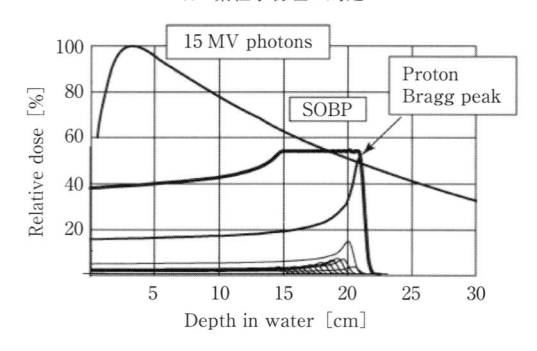

図 7.2.4 陽子線と光子線の深部線量分布比較

るほど透過力が増加し，皮膚線量の低下に重要なビルドアップ領域（表面から線量ピークまでの領域）も増加する．電子線は表在性の腫瘍の治療に使われることが多い．最近は照射方法が進歩し，マルチリーフコリメーター（照射野形状を任意に制御できるコリメーター）を使った強度変調放射線治療法（IMRT）が開発され，線量の集中性が改善された．また，照射中に照射部位をX線透視装置でリアルタイムにモニターしながら確実に照射する装置が開発されるなど，日々その照射法は進化している．しかしX線の深部線量分布は，表面で大きく深部で小さい指数関数で表されるため，深部臓器がんの治療には原理的に不利な面がある．

一方，陽子線や炭素線のような重荷電粒子線は電離損失により物質を構成する電子にエネルギーを付与し，すべてのエネルギーを物質に与えると止まるため，エネルギーに応じた定まった飛程を持ち，表面線量が小さくその飛程付近で大きな線量ピーク（Bragg peak）を形成し，飛程より先にはほとんど線量を与えない特徴を持つため，深部臓器がんの治療に適している（図 7.2.4 参照）．また，重荷電粒子は若干の多重クーロン散乱による経路の乱れがあるものの，直進性がよいため線量分布の辺縁の切れもよく，がんの領域に放射線の効果をより集中できる利点がある．この線量分布優位性を生かせば，放射線に弱い周辺の正常組織の放射線障害がネックになり十分な線量を投入できなかった部位も治療が可能になるとともに，周辺正常組織の線量の低下により放射線障害を減らせるので患者への負担が小さくなる．これらの治療法は世界の 30 施設以上で 6 万人を超えるがん患者に適用され，優れた結果が報告されている（眼の悪性黒色腫，頭蓋内腫瘍，頭頸部がん，前立腺がん，肝臓がん，肺がん，骨軟部腫瘍など）．

治療に必要な最大エネルギーは陽子線で 230〜250 MeV，炭素線で 400〜430 MeV/u で，最近では治療に特化されたサイクロトロンやシンクロトロン加速器（図 7.2.5 を参照）が開発されている．陽子線では任意の方向から照射可能な回転照射装置が開発されているが，炭素線では固定方向からの照射が可能な装置が主に使われている．加速器から出力される重荷電粒子ビームはエネルギーがほぼ揃っておりサイズも小さいので，各

図 7.2.5 陽子線治療用の 250 MeV 陽子シンクロトロン
（筑波大学）

　患者の標的のサイズ・深さ・形状に合わせて最適な照射野を形成する必要がある．それを行うのが照射野形成装置である．照射野形成の目的は，腫瘍体積内に一様な線量を与え，その周辺の正常組織への線量を最小化することである．この目的を達するために 2 つの方法，broad beam 法と pencil beam 走査法が使われている．broad beam 法では，二重散乱体法や Wobbler 法により，側方 (lateral) に大きく一様な粒子数分布を形成する．そして，深部方向には異なる深さに飛程を持ついくつかのブラッグ曲線を適切な割合で重ね合わせて，腫瘍を覆うようにレンジモジュレーターを使って拡大ブラッグピーク（SOBP：Spread-Out Bragg Peak）を形成する（図 7.2.4 参照）．そして，腫瘍の深部方向の末端部に等線量曲線を一致させるために，飛程補償器をビームライン上に挿入して lateral の場所ごとに拡大ブラッグピークの末端部を調節する．この方法は，簡単でビーム強度の時間変動によらず大きく一様な分布が常時形成されるので，呼吸性移動の大きな臓器を照射する場合にも安定な照射野が得られるという大きな利点があり最も多く使われている．もう 1 つの方法は，pencil beam 走査法と呼ばれ，照射標的を多数の小体積要素に分割し，各体積要素にブラッグピークが一致するように細束ビームの lateral 位置とエネルギーを調節し，各 pencil beam の重みを制御し，照射標的体積内の線量が一様になるようにする．この方法は，broad beam 法より原理的には線量分布が改善されるはずであり，脳や頭頚部などのしっかり固定することのできる部位の治療には理想的で有効であるが，胸腹部の臓器のように呼吸性移動が大きい部位では，意図しない線量分布の不均一を招く恐れがあるので適用には慎重さが求められる．また，安全な照射を実現するために制御系が複雑になる．しかし，この方法では，broad beam 法では必要な患者コリメーターやボーラスのような照射条件ごとに照射器具が要らないという実用面での魅力もあるので，これを動く臓器にどのように適応を拡大するかが技術的な課題になっている．
　重荷電粒子線治療は，最近その有用性が認知され専用の照射施設が続々と建設される

ようになったが（わが国には，2009年現在，陽子線治療施設が6カ所，炭素線治療施設が2カ所ある.），導入および維持コストの低減と装置の小型化が普及への課題となっている．

（高田義久）

c. 高感度放射線検出器

ガンマ線画像技術はがん診断，脳内活動の可視化など医療分野でのキーテクノロジーとして認識されるようになった．ガンマ線画像技術はX線やMRIと異なり，体内代謝活動を能動的に観測できる唯一の手法である．しかし，ガンマ線はその検出，画像化が大変困難である．これまでに医療で用いられた良質なガンマ線画像化手法は，電子・陽電子対消滅核種を利用したPETのみである．PET以外ではコリメーターを用いた単ガンマ線放射核種の画像化手法（SPECT）があり，核医学診断に広く用いられている．しかし，その画質はPETに比べ見劣りがする．さらに，コリメーターを用いるため300 keV以下の低エネルギーガンマ線に対してのみ有効である．SPECTは雑音ガンマ線をエネルギー情報によって除去する．一方，PETでは対消滅現象で放射される2つのガンマ線の同時計測およびガンマ線のエネルギー情報を用いて雑音ガンマ線の除去を行う．しかし，PETやSPECTのような大型装置ではエネルギー分解能向上にも限界があり，相当の雑音ガンマ線が残り画質を劣化させる．そのため画質向上の手段として統計精度改善が有効であり，体内に投与する線量を増やす必要がある[1,2]．

本来，ガンマ線画像を得るには検出装置に入るガンマ線の方向を知る必要がある．到来方向から測定対象以外の雑音ガンマ線を除去でき，またあらゆるエネルギーの単ガンマ線放射核種において画像化が可能とする．しかし，ガンマ線の方向を得るには，ガンマ線が物質中の電子と散乱するコンプトン散乱過程（図7.2.6）の散乱電子および反跳

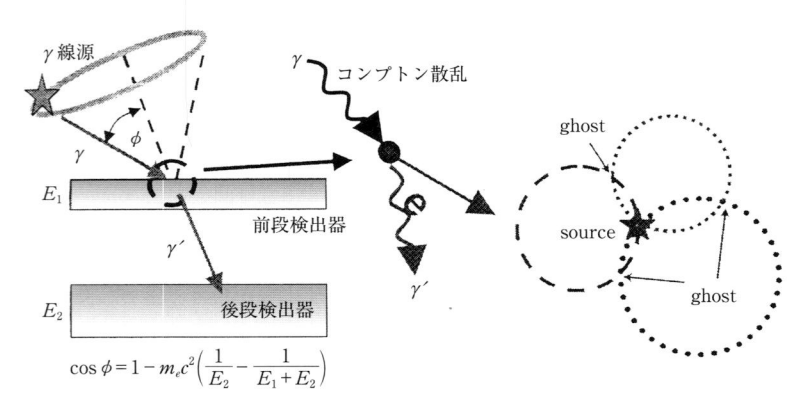

図7.2.6 コンプトン法およびコンプトン検出器の概念図[12]
E_1, E_2 は前段，後段検出器が検出したエネルギー．右図はガンマ線の方向を求める手法．実際のガンマ線源以外にも交点ができ，雑音の原因になる．

$$\cos\phi = 1 - m_e c^2 \left(\frac{1}{E_2} - \frac{1}{E_1 + E_2} \right)$$

ガンマ線の方向とエネルギーを測定し，再構成する必要がある．このような手法をコンプトン法という．コンプトンカメラは図 7.2.6 に示すように，前置検出器中でガンマ線が電子とコンプトン散乱し，その散乱電子を前置検出器で捕らえる．しかし，散乱電子のエネルギーは数十〜数百 keV と非常に低いので，散乱点とエネルギーは測定できるが，散乱方向の測定が困難となる．

一方，反跳ガンマ線は後段のガンマ線検出器でエネルギーと位置を測定する．このように前段，後段検出器の情報から散乱電子の散乱点とエネルギー，反跳ガンマ線のエネルギーと方向が得られ，図 7.2.6 の式を用いて，反跳ガンマ線方向に対して入射ガンマ線の仰角 (θ) が得られる．入射ガンマ線の方向を決めるには反跳ガンマ線方向に対する方位角も決める必要があるが，これは散乱電子の方向から求める物理量であり，散乱電子の方向がわからない従来のコンプトンカメラでは図 7.2.6 のように円錐の範囲でしか入射方向を決定できない．しかし，コンプトン法はガンマ線の方向を一部ではあるがガンマ線ごとに決定できる唯一の手法であり，医療，宇宙など核ガンマ線の画像化が要望されている分野で開発が行われてきた．今まで唯一実用化されたコンプトンカメラは宇宙ガンマ線観測用衛星 Compton Gamma-Ray Observatory に搭載された COMPTEL 検出器である[3]．図 7.2.7 に示すように上段の液体シンチレーターで入射ガンマ線をコンプトン散乱させ，後段の NaI (Tl) シンチレーターで反跳ガンマ線を測定し，入射ガンマ線の仰角を求めた．しかし，コンプトン法ではガンマ線再構成が不完全なため，宇宙線による雑音ガンマ線の除去が大変困難であった．上下の検出器の間隔による信号発生の時間差からガンマ線到来の上下方向を判断し，下方からの雑音ガンマ線除去を可能にしたが，それでも図 7.2.7 にあるように 10 倍以上の雑音ガンマ線から宇宙ガンマ線をさらに分離しなければならなかった[4]．しかし，初めて宇宙全天の核ガンマ線源探査を行い，約 60 天体の観測に成功，核ガンマ線天文学を大きく進歩させた．

現在，宇宙分野ではコンプトン法を発展させた手法が開発されている．その手法の核医学への導入も試みられている[5,6]．開発のひとつの方向はエネルギー分解能の向上による仰角の分解能の改善である．散乱電子の位置およびエネルギー分解能を向上させるため Si や CdTl などの半導体ストリップまたはピクセル検出器をガンマ線散乱体に用いた装置が研究されている[7〜9]．

一方，散乱電子の方向を決定しイメージング能力の向上を目指す開発も進んでいる (Electron Tracking Compton Camera：ETCC)[10]．散乱電子はガス中といえども数 cm 程度しか飛ばず，角度情報を得るためにはサブミリ間隔で電子飛跡を測定する必要があり，従来のガス比例計数装置では不可能であった．

最近，微細加工技術を用いて基板上に微細な比例計数管を形成する技術が進歩し，サブミリ間隔で荷電粒子の飛跡測定が可能になった．京大グループでは図 7.2.8(a) のような 400 μm 間隔で基板上に微小ピクセル型ガス増幅器を形成する Micro PIxel Gas Counter (μPIC) を開発し，これを用いて放射線の 3 次元位置情報が測定できる Micro Time Projection Chamber (μTPC) を開発した．図 7.2.8(b) にあるようにガス中で

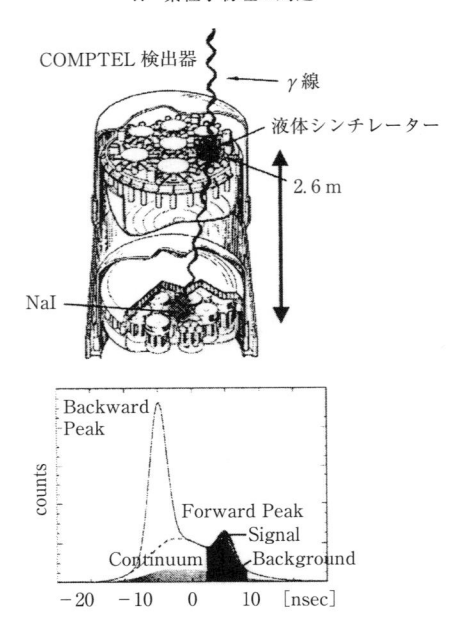

図 7.2.7 COMPTEL 検出器の概念図[4,12)]
下は液体シンチレーターおよび NaI 検出器のヒットした時間差の分布．左の大きなピークは検出器底面からの雑音であり，宇宙からの信号は右のピークのさらに 10 分 1 程度であることがわかる．

コンプトン散乱電子の 3 次元飛跡を捕らえられる．さらに μTPC の周囲を反跳ガンマ線測定用シンチレーターで囲むことでコンプトンカメラとなる．散乱電子の方向から新たに入射ガンマ線の方位角も得られ，ガンマ線到来方向を一意に決定できる．さらに散乱電子と反跳ガンマ線のなす角 α も求まる．α の実測値と予想値との比較から再構成の信頼度を評価でき，従来のコンプトン法では困難な雑音ガンマ線の除去が可能となる．

図 7.2.9 に京大グループの初期 ETCC（平成 15 年）でとらえたガンマ線源（^{127}Cs, 662 keV）の画像を示す．散乱角 α を用いることにより雑音ガンマ線を大幅に減少している．さらに 2 個の同じエネルギーのガンマ線源の画像を従来のコンプトン法（方位角を用いない）および方位角を用いた場合の再構成を図 7.2.10 に示す．方位角情報により従来のコンプトン法の 10 分の 1 のガンマ線で，より鮮明な画像が得られる．このように散乱電子を測定することで，従来のコンプトン法に比べ大幅な低雑音，高画質化が可能であることがわかった．

医療の場合，体内に投入された同位体（RI）からのガンマ線の体内および体外散乱による多量の雑音ガンマ線の中に埋もれている病巣から直接到来するわずかなガンマ線を

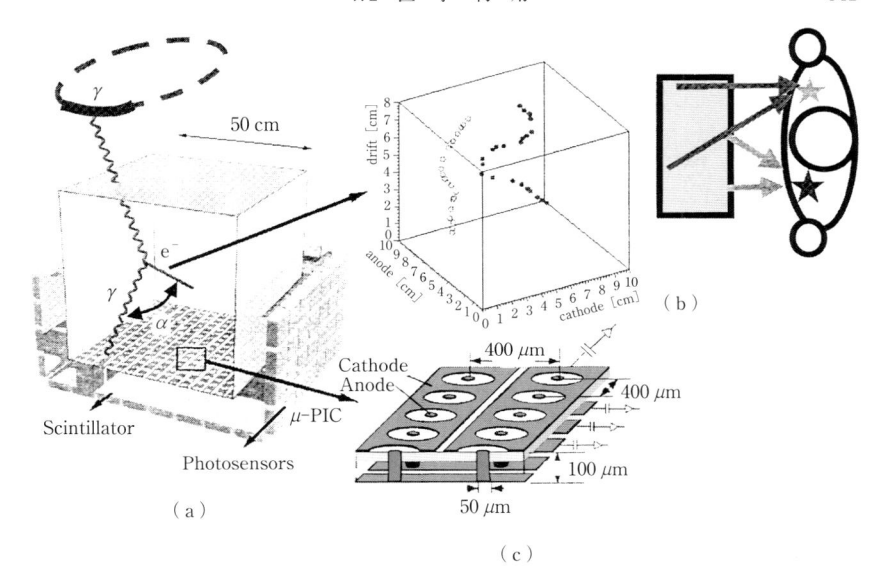

図 7.2.8 京都大学で開発中の ETCC[12]
(a) は概念図．(b) はテスト用 μTPC で実際に捉えられた散乱電子の 3 次元画像．(c) は京大で開発された微細加工技術によるピクセル型ガス増幅装置 μPIC．右図のようにガンマ線到来方向測定から体内のガンマ線源の位置を求める．

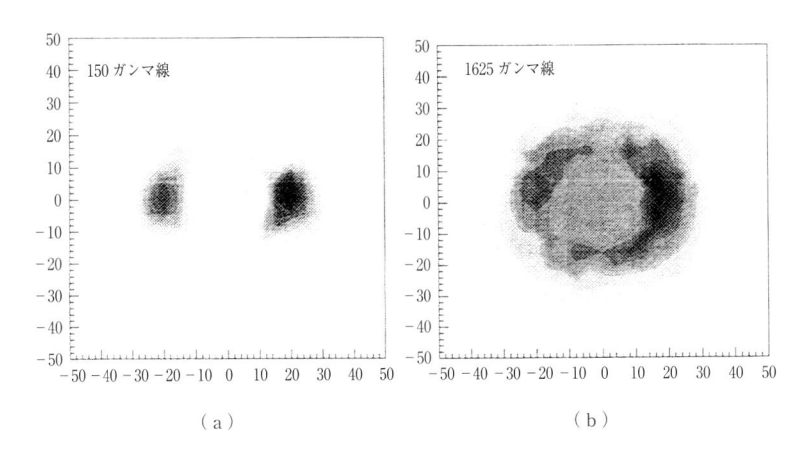

図 7.2.9 2 つの 662 keV ガンマ線源の画像
(a) 電子飛跡の情報を用いた画像，(b) 電子飛跡除法を用いない従来の方法での画像．

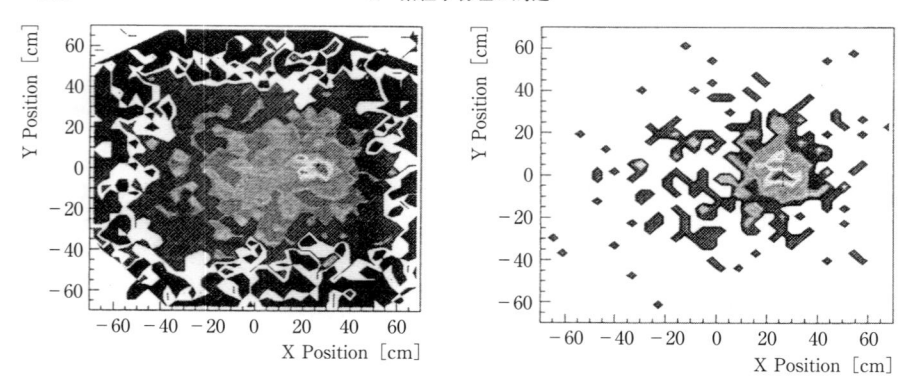

図 7.2.10 662 keV ガンマ線の再構成画像[12]
α 角による雑音除去前（左）と除去後（右）．

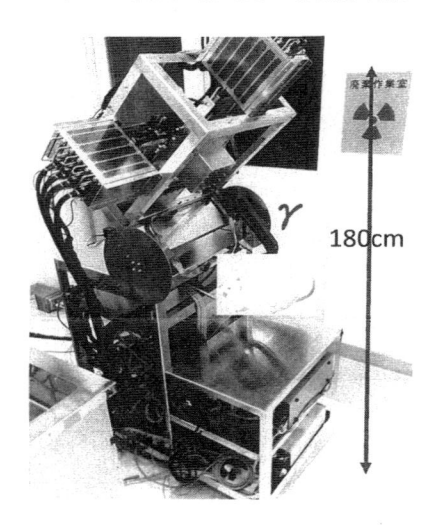

図 7.2.11 動物実験用 10 cm 角 ETCC

検出する必要がある．上記の新しい2つの雑音除去を加えることにより，体内外散乱雑音ガンマ線を大きく減少させ，ガンマ線投与線量の減少を可能にする．また，核ガンマ線のエネルギーを選ばない画像化が可能となり，使用可能な RI の種類を増やすことで新しい診断法が可能となる．これらは分子レベルでの物質代謝の視覚化をより多様化し，今後の生命医学分野で期待されている生体における無侵襲的「分子イメージング」の可能性を広げる．平成 16 年から医療用 ETCC 開発を開始した[11]．平成 18 年には図 7.2.11 に示すような動物用 ETCC を試作，エネルギー分解能に優れた $LaBr_3$ 結晶をシンチレー

7.2 医学利用

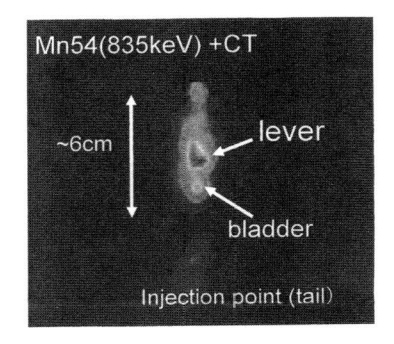

図 7.2.12 ^{54}Mn (835 keV) イオンを投与したマウスの ETCC によるガンマ線イメージ，X線 CT イメージを重ねてある．
Mn は肝臓に集積し，さらに広く筋肉に行き渡るが，このガンマ線イメージでそれが確認できる．

ターを採用することで，662 keV ガンマ線で半値幅 4 度の角度分解能を達成した．さらに 200 keV から 1.2 MeV の広いエネルギー範囲で，^{131}I (364 keV)，^{198}Au (410 keV)，^{18}F (511 keV)，^{54}Mn (835 keV)，^{65}Zn (1116 keV) など多くの RI のイメージングや 2 つの異なるエネルギーの RI を用いた同時撮像に成功した．例として図 7.2.12 に ^{54}Mn イオンを投与したマウスのガンマ線イメージング画像を示す．今これらの RI を用いた新しい分子マーカーを作成し，動物試験を行っている．このように，新しい分子イメージングの手法となりつつある[12,13]．

次世代コンプトンカメラの開発は近年開始されたばかりであるが，進歩著しい半導体回路技術，微細加工技術などを取り入れ急速な発展が期待できる．近い将来「分子イメージング」を推進する有力な検出器になるものと期待される．　　　　　　　　　　　（谷森　達）

参考文献
1) 西村恒彦，「核医学」(南山堂，2001).
2) 長谷川智之，「次世代の PET 装置」.
3) V. Schönfeler, et al., Astrophys. Suppl. Ser. **143** (2000) 145.
4) G. Weidenspointner et al., Astron. & Astrophys. **368** (2001) 347.
5) R. W. Todd et al., Nature **251** (1974) 132.
6) M. Singh, Med. Phys. **10** (1983) 421.
7) T. Kamae, R. Enomoto, R. Hanada, Nucl. Instrum. Methods **A260** (1987) 254.
8) J. D. Kurfess et al., Proceedings of The Fifth Compton Symposium (1999) 789.
9) G. Kanbach et al., New Astronomy Reviews, **48** (2004) 275.
10) T. Tanimori et al., New Astronomy Reviews **48** (2004) 263.
11) S. Kabuki et al., Nucl. Instru. and Meth. A **580** (2007) 1031.
12) 谷森達，「ナノイメージング」第 5 編 第 5 章 体内代射を見る高感度ガンマ線 3D カメラ，エヌ・ティー・エス刊 (2008).

13) 谷森達, 先端計測分析技術・機器開発事業成果集 2009, http://www.jst.go.jp/sentan/seika/seika 2009.pdf 2 (2009) 54.

7.3 産 業 応 用

はじめに

　ここでは厳密な定義の素粒子ではなく，一般的に荷電粒子の産業応用を述べることとする．たとえばイオンは素粒子ではないが，ここではイオン（陽子を含む）の応用についても触れる．したがって，素粒子研究とは一体不可分である加速器の応用という面から産業応用を述べるといってもよい．ただし，イオンビームあるいはX線によるがん治療などの医療応用および放射性医薬品については別章に譲るものとする．

　さて，一口に荷電粒子の産業応用といっても，その分野は工業（微量分析から半導体生産，化学工業など）から農業，生物産業に至るまでその間口は広い[1,2]ので，表7.3.1に産業応用の全体像をまとめておく．この表でもわかるように，電子線とX線・γ線の応用が最も多いが，X線の発生源としては電子線が用いられることが多いので，全体としては電子線の応用が圧倒的に多いといえるかもしれない．これらについで陽子・イオンがあり，中性子の応用は比較的範囲が限られている．

　このような広範囲な産業応用のすべてを述べるのは不可能である．したがって，この節では産業応用の中でも，

① 環境問題などの世界的に重要な分野として —— 電子線による排煙からの脱硫・脱硝，揮発性有機化合物の除去，ダイオキシン分解
② ナノテクノロジーなどの先端分野として —— イオンビーム応用によるナノテクノロジー
③ 非常に（市場の）幅広い分野として —— 高分子化学応用（放射線重合・架橋）
④ 農業への応用分野として —— 食品照射と食品保存，生物の品種改良

を取り上げて紹介することとする．しかし，紙数の関係もあり深く立ち入った技術的議論は避け，なるべく多くの参考文献を掲げることとする．

　上に掲げた産業応用以外にも，

① 原子炉制御（未臨界原子炉への中性子入射）
② 郵便物滅菌（炭疽菌対策）
③ コンテナなどの大型貨物の非破壊検査装置としての産業用CT（爆発物・薬物探知）
④ 金属の表面処理（機能性材料の開発）
⑤ PIXE（Particle-Induced X-ray Emission：荷電粒子励起X線放出）
⑥ 電子ビーム溶接
⑦ 電子線滅菌・消毒

など，興味深い分野があるが割愛せざるをえない．

7.3 産業応用

表 7.3.1 放射線・粒子線の産業応用（医療応用および放射性医薬品は除く）

分野	項目	内容	電子・陽電子	陽子・イオン	中性子	X線・γ線
工業	材料加工	高分子材料の放射線分解, 重合, 架橋, 硬化など	○			○
		複合材料, 磁性薄膜など		○		
		溶接	○			
	機能材料	分離機能材料, 多孔性吸着材など				○
		生分解性ポリマー				○
		電子機能材料, 導電性ポリマー	○	○		○
	処理・加工	リソグラフィー	○			○
		表面加工, 塗装, コーティング	○	○		
		微細加工		○		
環境	環境保全	排ガス処理, 廃水処理, 汚泥処理など	○			
		難分解物質分解	○			○
	滅菌・殺菌	包装材料, 医薬・化粧品類, 医療用具などの滅菌	○			○
		食品, 動物飼料の滅菌	○			○
農業	育種	農作物・林木の突然変異, 品種改良			○	○
	害虫駆除	不妊化				○
		検疫処理	○			
	資源利用	生物資源の有効利用, バイオマス	○			○
		環境評価, トレーサー			○	
	食品照射	殺虫, 殺菌, 発芽防止など				○
計測	微量分析	放出X線, 放出粒子, 放出電子など	○	○		○
		放射化分析, 質量分析		○	○	○
	撮像・透視	X線透視, CT				○
	物性・構造解析	表面構造, 界面構造, 深部構造など	○			
		照射損傷	○	○		

a. 電子線照射の環境汚染対策への応用

緒 論

硫黄酸化物や窒素酸化物による大気汚染, 環境ホルモンや揮発性有機化合物（VOC）による水質および土壌汚染などの環境問題に対し, その解決策の1つとして電子線照射が活用されている. 汚染された物質に電子線を照射すると, 窒素, 酸素および水蒸気から OH, N, O, HO_2 などの反応性の高いラジカルが生成される. これらが汚染物質中の SO_x や NO_x, VOC と反応して酸化分解を起こし, 炭酸ガスなどの無害な物質に変換す

るという分解プロセスを利用したものである．この基本的なプロセスは，大気汚染，水質汚染あるいは土壌汚染などの酸化分解に共通である．

(1) 排煙処理への応用

現代のエネルギー源として不可欠な化石燃料の燃焼によって，硫黄酸化物や窒素酸化物が発生し，これらが大気汚染や酸性雨の原因となる．この対策として，火力発電所には脱硫・脱硝システムが設置されている．

脱硫・脱硝技術としては，従来は湿式，半乾式あるいは乾式の化学触媒法が採用されてきたが，それとはまったく異なる電子線照射法が脚光を浴びている．石炭燃焼排煙中にアンモニアを吹き込みつつ電子線照射する方法である．この方法による排煙中の硫黄酸化物および窒素酸化物の除去の有効性は1970年代前半に確認され，現在は実用化の段階に入った[3~6]．電子線照射による脱硫・脱硝は，システム構成が簡単なため運転が容易であり，排水処理が不要な点が特徴である．排煙中の窒素酸化物（NO_x）と硫黄酸化物（SO_x）を，肥料としての有効利用が図れる硫酸アンモニウム，あるいは硝酸アンモニウムとして除去できるという利点がある．また，排煙の脱硫・脱硝のほかに，排気中の揮発性有機化合物の除去，下水処理水や汚泥の殺菌，地下水の浄化などが可能であるという利点も有する．

日本では，1972年に原子力研究所（現 原子力研究開発機構）と荏原製作所が共同研究を開始した．1990年から中部電力が新名古屋火力発電所内のパイロット試験（3.5 MW）にて実用化のための信頼性評価および経済性評価データ取得を進め，その後に西名古屋火力発電所で実証試験（800 kV×500 mA×6基）を実施した[3,4]．

ポーランドとブルガリアは1990年代初頭からIAEAの援助のもとで，それぞれポモジャーニ発電所とマリッツァイースト発電所に排煙処理パイロットプラント（数十MW）を建設し，すでに運転に入った所もある[7,8]．

中国では成都の石炭火力発電所に排煙処理モデルプラント（800 kV×400 mA×2基）を建設し，1997年から運転を開始した[6]．

実用化に向けての取り組みはアジア諸国の関心も高く，2005年に韓国で開催されたアジア原子力フォーラム（FNCA）主催の電子加速器利用ワークショップでは，電子線照射による排煙処理がメインテーマの1つとなっている[9]．

(2) 揮発性有機化合物を含む排ガス処理への応用

ベンゼンやトルエンなどの揮発性有機化合物（VOC）は塗装や洗浄プロセスなどで広く用いられ，その一部には発がん性のあるものや，オゾン層破壊などの深刻な環境汚染を引き起こすものがある．日本原子力研究所（現 原子力研究開発機構）では，VOCへの低エネルギー電子線照射による分解処理試験でよい結果が得られている[9~12]．また，ダイオキシンなどの除去も可能との結果も得られている[13]．電子線照射により排煙中の空気は活性酸素など反応性の高い物質に変わり，ダイオキシンを構成するベンゼン環を

破壊するためである．この方法はダイオキシンを直接分解するので毒性を有する廃棄物が発生しないことや，処理時の温度管理が不要であり，フィルターでは除去できないきわめて低い濃度でも分解が可能という特徴を有する．

(3) 下水処理水の殺菌と廃水および地下水の浄化

一般に下水処理水は殺菌のため塩素が用いられ，トリハロメタンなどの有機塩素化合物の生成の原因となる．トリクロロエチレンなどによる地下水汚染や，有害な有機物による水質汚染を電子線照射により除去することが検討されている．ただし，水中の電子の飛程は短いので，水流を薄膜にするかエアロゾル（噴霧）にするなどの工夫が必要である．

廃水を半導体である二酸化チタンに接触させ，そこにγ線あるいは電子線を照射して水酸化物ラジカルや過酸化物ラジカルを発生させ，その酸化力で廃水中の有機物を分解する[14]方法も興味深い．

韓国の染色技術研究所はサムスン重工業と共同で，1998年から数年にわたり，化学処理および生物処理と併用して電子線照射（40 kW）を染色排水処理に利用し[5,9]，排水の脱色処理および有機不純物の酸化分解に有効であることがわかった．現在は実規模プラントの計画段階である．

ブラジルでは有機化学物質を含んだ工業排水を，バッチ式で電子線照射（37 kW）する実験が進行中である[5]．

b. ナノテクノロジーにおけるイオンビーム応用[15]

緒　論

ナノテクノロジーとは，物質の特性を決定する構造がナノメートルで定義できる大きさを持った物質を創生すること，あるいはそれらの物質を組み合わせて，コンピューターや通信装置，微小機械などを創生する技術である．ナノスケールで組成制御された材料，ナノ粒子から集積された機能性超薄膜材料，ナノスケールでの微細加工ならびにナノ領域での分析評価などの研究が，世界各国で進められている．

ナノテクノロジーが発展したきっかけは1980年代の走査トンネル顕微鏡の発明で，その後10年余りの間で，原子・分子の物理・化学的な研究，または原子レベルで構造を制御した物質・材料の研究が多く行われてきた．ナノメートルの単位で物質の構造を制御するためには，走査型トンネル顕微鏡を用いて原子を1個ずつ操作するばかりではなく，電子線やX線を用いて材料の表面をナノメートル単位で加工することが必要になる．

このナノテクノロジーの共通基盤技術は，物質を原子・分子のレベルに分解したうえで制御する技術であり，プラズマ・イオンビーム技術がそのプロセス技術の中心である．電子銃から，あるいは放電プラズマなどにより発生された荷電粒子は，電界・磁場によりエネルギーや位置を操作できる．電子ビームは高密度エネルギーの運搬手段として熱

化学反応への応用が，また，イオンビームは物質とエネルギーの運搬手段として半導体のイオン注入として工業的に利用され発展してきた．現在では，半導体・電子部品などに代表される最先端の超微細加工，あるいは超薄膜などの分野で不可欠の材料プロセス技術となっている．

（1） イオン注入技術の半導体製造への応用

イオン注入技術はナノテクノロジー分野の中心技術の1つである．イオン注入技術はもともと半導体への不純物添加法として発展してきたが，それと同時に半導体以外の材料の表面改質技術としても研究が進められている．これは原子あるいは分子をイオン化した後に数kV～数MVで加速し，試料表面に打ち込み加工するもので，加速されて試料へ入射したイオンは，試料の原子と衝突を繰り返しながらエネルギーを失い，やがて入射エネルギーに依存するある特定の深さで静止する（ブラッグピーク）．イオン注入された基板の表面には，イオン化された粒子による不純物の添加と，エネルギーによる照射損傷の2つの効果が生じる．

液体金属イオン源を用いることによって微細なイオンビームを発生させることができる．特に，ガリウムイオン源は理想的な円錐状のイオンビームを形成して，10ナノメートル程度の安定した点光源となる[15]．ガリウムイオンビームによるナノ構造作成においては，イオンエネルギーが高いために1個のイオンで多くの分子を分解することができ，作成された構造体にはほとんどガリウムが含まれず，希望する元素のみでナノ構造が実現できるとされている[15]．

指向性のあるイオンビームによる直接加工は，表面の損傷域を小さくすることが可能であり，特定の箇所のナノ構造作成に威力を発揮する．また，イオン電流をピコアンペアまで下げて走査することで，加工と同時に表面の形状を観察することができる．直接加工の例としては，きちんと配列した量子ドットや超電導材料のジョセフソン接合構造の作成などがある[15]．

このほか，ガスによっては特定の反応だけを起こさせることも可能であり，有機膜にイオンを照射して高分子を配置制御する方法も提案されている[15]．

半導体デバイス作成においては，イオン注入法は不純物添加の用途においてのみ使われ，イオン注入の際に生じる照射損傷は厄介な現象として扱われている．そのため，イオン注入後にアニールなどにより結晶を回復させている．しかし，表層改質においては照射損傷を非晶質化によるストレス緩和などに積極的に利用することもできる[16]．

（2） 材料の表面改質への応用[17～19]

イオン注入法による表層改質の特徴としては，イオン種を自由に選択でき，イオン種と基板を自由に組み合わせることができることである．そして注入量（注入されたイオンの個数）は，基板へのイオン電流によって制御可能である．また，注入する粒子の到達深さは，添加するイオンと試料基板の組成および加速電圧によって正確に制御できる

（ただし，およそ1μm程度（ブラッグピーク位置）が限界である）．照射の際にビームの直進性を利用すれば，照射部をきわめて正確に限定可能であることも特徴の1つである．

イオン注入技術は金属，セラミックスその他の工業材料の摩擦・摩耗・腐食性あるいは濡れ性の制御，高分子材料の生体内適合性，光学材料の屈折率や光学的性質の制御など多岐にわたり研究されている．しかし，処理コストが高いことなどから，現在のところ用途は医療分野や工具などに限られ，一般に普及しているわけではない．実用化の研究がなされている例としては，医用材料の摩耗特性の改善[19]や人工硬膜の生体適合性の改善がある[20]．

（3） カーボンナノチューブ

ナノテクノロジーの典型的な例として，カーボンナノチューブについて触れる．炭素によって作られる六員環ネットワーク（グラフェンシート）が単層あるいは多層の同軸管状になった物質をカーボンナノチューブという．黒鉛電極をアーク放電で蒸発させた際に陰極堆積物の中に発見されたのが最初であるが[21,22]，現在ではレーザー蒸発法や化学的気層成長法（CVD）などでも製造できるようになった．

単層カーボンナノチューブの多様性から，電子・情報，化学，材料，エネルギー，環境，バイオテクノロジー，医療・医薬品などの産業分野へのインパクトは計り知れないものがある．たとえば，次世代エネルギーガスとしての水素を利用した燃料電池の開発ニーズと相俟って，実験および分子シミュレーションによるカーボンナノチューブへの水素貯蔵に関する研究が盛んに行われている[23]．

c. 電子線の高分子化学工業への応用[24]

緒　論

高分子の分子鎖の間に化学結合をつくり，網目の分子構造を形成させることを架橋という．架橋の方法として，硫黄を添加して加熱する方法と過酸化物を添加して加熱する方法がある．硫黄添加は，天然ゴムなど二重結合を有する高分子鎖に適用され，加硫と称されている．過酸化物添加は，ポリエチレンなどのポリオレフィンに適用され，化学架橋と呼ばれている．加硫や化学架橋は熱化学反応であり，通常は成形加工と同時に行われる．化学架橋では，加熱により過酸化物が熱分解して高分子から水素を引き抜きフリーラジカルが生成され架橋が起こるが，この場合には過酸化物が分解する温度（100℃～200℃）まで，架橋させる高分子を加熱する必要がある．

従来の架橋に対し，放射線架橋は高分子への放射線照射で分子鎖に反応活性種を誘起させ，分子間で新たな結合を形成させる方法である．この反応活性種は高分子の炭素-水素の結合が切断されて生じた炭素原子のフリーラジカルであり，室温あるいは低温においても十分に生成される．

（1） 放射線架橋の特徴[25]

フリーラジカルは分子運動によって互いに近接すると反応し，分子間の結合が形成される．ゴムの分子運動は室温よりも低い温度で起こるので，室温での放射線照射で架橋が進行することになる．プラスチックにおいても，非晶部の分子運動が室温より低い高分子では，室温での照射で非晶部に架橋が進行する．そのため，ゴムやプラスチックを熱で成形加工した後で放射線が照射される．架橋により高分子の流動性が抑制されるので，耐熱性の向上などに応用される．

高分子の分子構造（1次構造）によっては放射線照射で分子鎖が切断するものがあり，架橋による網目構造は形成されない．また，高分子の生成されたフリーラジカルと反応性のある酸素などの分子が供給されると，分子鎖切断が起こり架橋は阻害される．

放射線架橋の特徴は，高分子にほぼ均一な分布で架橋が起こること，架橋の密度を容易に調整できること，高分子の形状にかかわらず架橋できること，高分子の純度が保存されることである．高分子は架橋によって高温での流動性が失われるので，温度を上げても材料としての形状が保持されることになり，実用的には耐熱性が向上することになる．また，高分子のガラス転移温度を上回る温度域では弾性率が増大し，破断時の伸びは低下する．プラスチックでは，降伏点強度が上昇するが破断時の強度は減少する場合が多い．

（2） 放射線架橋の応用例

放射線架橋の応用は，高分子を成形加工した後に室温で架橋できるという特徴が発揮される分野である．高分子で絶縁した電線に放射線照射して架橋すると，高分子の被覆加工時の温度をはるかに超えても被覆が保持されるので，家庭電化製品や自動車用電線の耐熱化へ応用されている[24]．室温で放射線架橋したチューブを高温で伸張した状態で室温に冷却して形状を固定させ，これを加熱によって架橋時の形状に復元する性質（形状記憶効果）を利用した熱収縮チューブ製造への応用，放射線架橋で高温での流動性を調整した発泡ポリエチレン製造への応用，ケイ素系高分子の極細繊維を放射線架橋により不融化処理する高純度セラミック繊維の製造への応用など，数多くの放射線架橋が実用化されている[25]．

特徴的な例として，ポリテトラフルオロエチレン（PTFE）の放射線架橋の例を述べる．PTFEは耐熱性，耐薬品性，耐候性，電気絶縁性に優れた素材であるが，耐放射線性が他の高分子材料に比べてきわめて低く，原子力施設や電子線滅菌施設などでの使用は困難であった．しかし，このPTFEをある温度条件の下で，酸素を極力排除して電子線照射すると架橋反応が起こり，耐放射線性が格段に改善される．対放射線性は架橋密度に依存するが，未架橋のものに比べ数百倍から数千倍に達する[25]．

d. 電子線，γ線およびイオン照射の生物・農業への応用
緒　論

放射線と農業のかかわりは古くから研究されており，動物細胞や植物細胞への粒子線の生物効果に関する基礎的な研究を踏まえて，害虫駆除や突然変異を利用した品種改良，発芽抑制，殺菌・滅菌などに応用されている．たとえばイネや観賞用花卉の品種改良，ソバやタバコの突然変異体の利用，などがなされている[28]．

わが国では（独）農業生物資源研究所により，自然界には存在しない新形質の創出，その品種の純粋さを損なわずに目的形質のみの改良，また，栄養繁殖性作物のなかでも交配の難しい作物の改良ができるという研究を進めている．その対象は，種子繁殖・栄養繁殖作物から木本作物におよび，新品種の育成に貢献する一方，突然変異誘発機構の解明・突然変異誘発技術の開発などの基礎的な研究を行っている[29]．

（1）食品照射と食品保存

生物細胞（病原性細菌や腐敗菌，害虫など）に放射線を照射すると，発生するフリーラジカルが DNA に作用して細胞死が起こる．この現象を利用して，食品の殺菌や殺虫，発芽・発根防止を図るものが食品照射である．いくつかの適用例を示す．発芽および発根の抑制の例としては，馬鈴薯，タマネギ，ニンニク，甘藷への照射がある．殺虫，不妊化および寄生虫殺滅の例としては穀類，豆類，果実，カカオ豆，豚肉がある．成熟遅延の例としては生鮮果実や野菜がある．品質改善の例としては乾燥野菜やコーヒー豆などがある．病原菌の殺菌（胞子非形成型病原性細菌）の例としては冷凍エビや冷凍カエル脚，食鳥肉，畜肉，飼料原料などがある．腐敗菌の殺菌（貯蔵性向上）の例としては果実や水産加工品，畜産加工品，魚などがある．殺菌（衛生化）の例としては香辛料，乾燥野菜，アラビアガムなどがある．滅菌（完全な殺菌）の例としては宇宙食や病人食などへ適用されている[30]．

放射線を食品に照射することは，国ごとに法律により対象品目，目的，線量などが規制されている．2003年4月時点で，食品照射は世界52の国と地域で230品目が許可され，そのうち31の国と地域で40品目の食品照射が実用化されている[31]．たとえば，米国食品医薬品局(FDA)は1985年以降に次のような食品照射を許可している．すなわち，豚肉（生）の寄生虫抑制，青果物の成熟抑制，全食品の殺虫，酸素製剤の殺菌，乾燥香辛料・調味料の殺菌，食鳥肉の病原菌制御，冷凍肉（NASA宇宙食）の滅菌，赤身肉（冷蔵および冷凍）の病原菌制御，卵（殻つき）の病原菌制御およびもやし用種子の病原菌制御などである[32]．このような照射は，病院においては免疫系が弱っている癌患者などの食品を殺滅する目的で長年用いられている．しかし，一般消費者に販売することを目的として，冷凍，冷蔵生肉や鶏肉を放射線照射する場合に，FDAなどが認めている吸収線量範囲（4.5～7 kGy）で照射を行っても，すべての病原性の菌が殺滅するわけではなく，単にその菌が減少するだけである．すべての菌を殺滅するにはもっと高線量（40～50 kGy）の照射が必要である．なお，米国において病原性大腸菌O-157，サルモネ

ラ菌による食中毒の多発から，生野菜への放射線照射が最近認可された[33]．

わが国では食品への放射線照射は原則禁止されているが，例外的に 1972 年から馬鈴薯の発芽抑制に 0.15 kGy 以下のガンマ線照射が認められ，1974 年 1 月から北海道の士幌で馬鈴薯の照射が実施されている[30]．馬鈴薯やタマネギは収穫してしばらくの間は発芽しないが，休眠期が過ぎると発芽や発根を始める．発芽や発根は低温に貯蔵しても完全に抑えることができず，このような発芽や発根が始まると腐敗しやすくなり，馬鈴薯では芽の部分にソラニンという毒が生じるなど，商品価値が著しく損なわれる．馬鈴薯やタマネギの発芽組織は放射線の影響を受けやすく，一方，他の組織はほとんど放射線の影響を受けないので，商品価値を落とさずに発芽抑制が可能である．すなわち，低線量の放射線を照射すると，馬鈴薯，タマネギ，ニンニク，栗などの発芽や発根が抑制される．適正線量は，対象となる農産物の種類によるが，0.03～0.15 kGy である．

なお，わが国では 2006 年に原子力委員会が食品照射専門部会の答申を受けて，放射線の食品照射への利用を促進すべく関係省庁と協議を進めることを決定している[31]．

（2）品種改良

ガンマ線照射によって，日本ナシや白桃の黒斑病に対する耐性を高める品種改良がなされた[34,35]．ただし，完全に耐性が得られたわけではなく，薬品散布による黒斑病対策も必要とされている．

（尾﨑典彦）

参考文献

1) 町末男：「放射線利用の国際的動向と日本の現状」, 第 2 回原子力委員会放射線専門部会報告 (2003)．
2) （財）放射線利用振興協会：「放射線利用技術データベース」，
   http://www.rada.or.jp/database/home4/normal/ht-docs/index.html は全分野にわたってデータが網羅されており，有用である．
3) 徳永興公：「環境保全と放射線」, 放射線と産業, **82** (1999) 4-8.
4) 北村孝幸：「中部電力（株）電子ビーム重油燃焼排煙処理装置建設の現状」, 放射線と産業, **82** (1999) 14-17.
5) 水澤健一：「環境問題のソリューション」, 放射線と産業, **91** (2001) 18-22.
6) 青木慎治：「中国で成果を上げる電子ビーム石炭燃焼排煙処理」, 放射線と産業, 82 (1999) 9-13.
7) 日本原子力研究所：「原研の研究活動と成果 (1997)」．
8) （財）日本原子力文化振興財団科学文化部教育支援センター：「あとみん（原子力・エネルギー教育支援情報提供サイト）」
   http://219.109.2.236/atomin/high_sch/reference/radiation/riyou_all/index_05.html.
9) アジア原子力フォーラム：「2005 年度 FNCA 電子加速器利用ワークショップの結果概要」,
   http://www.fnca.mext.go.jp-eb/ws_2005_s.html.
10) 橋本昭司：「有害揮発性有機物の電子ビーム処理」, 放射線と産業, **82** (1999) 18-21.
11) 新井英彦：「新たな期待高まる放射線による水処理」, 放射線と産業, **82** (1999) 22-25.
12) T. Hakoda et al.: "Decomposition of Volatile Organic Compounds in Air by Electron Beam and Gamma Ray Irradiation", Journal of Advanced Oxidation Technology, **Vol. 3, 1** (1998) 79-86.
13) 広田耕一他：「電子線照射による排煙・排ガス中のダイオキシン類の分解法」, 特開 2004-98035 (P2004-98035A)．

14) 千歳範壽他,「廃水処理方法」, 特開 2002-18430（P2002-18430A）.
15) 独立行政法人 物質・材料研究機構；「文部科学省ナノテクネットワークセンター」, http://www.nanonet.go.jp/japanese/ は，ナノテクノロジーの全分野を俯瞰するのには有用である．
16) アリオス株式会社；「資料館」, http://www.arios.co.jp/library/p11.html.
17) 大石朗；「国際イオンビーム会議参加報告」, NEDO 海外レポート, **988**（2006）.
18) 阿部弘亨；「イオン照射による表面改質と新材料開発」, 第 1 回環境調和型材料開発研究会（2004）.
19) 日比野豊；「イオンビームによる医用材料の表面改質技術」,（財）放射線利用振興協会放射線利用技術データベース, データ番号 10267.
20) 理化学研究所および東京女子医科大学,「イオンビーム照射で人工硬膜の生体適合性が大幅に向上」, プレスリリース（2004）.
21) S. Iijima；"Helical microtubules of graphitic carbon", Nature **354**（November 1991）56-58 .
22) S. Iijima and T. Ichihashi；"Single-shell carbon nanotubes of 1-nm diameter", Nature, **363**（1993）603-605.
23) 田中秀樹, 金子克；「水素エネルギーと材料技術」（秋葉悦男（編集）），シーエムシー出版（2005）.
24) 瀬口忠男；「高分子材料の改質」, 放射線と産業, **94**,（2002）28-30.
25) 瀬口忠男；「架橋反応について」,「低エネルギー電子線照射の応用技術」（鷲尾方一（監修），佐々木隆，木下忍（編集）），（シーエムシー出版，2000）.
26) 幕内恵三；「放射線架橋」,（財）放射線利用振興協会放射線利用技術データベース, データ番号 010011.
27) 大島明博；「架橋技術への応用」,「低エネルギー電子線照射の応用技術」（鷲尾方一（監修），佐々木隆，木下忍（編集）），（シーエムシー出版，2000）.
28) 田野茂光；「放射線の農業利用」, 保健物理, 第 37 巻 2 号（2002）87-91.
29) 中川仁；「放射線育種家のこれまでの成果と研究の展開」, 第 20 回原子力委員会長計についてご意見を聴く会, 資料 No.3（2005）.
30) 原子力委員会食品照射専門部会；「食品への放射線照射について」, 原子力委員会への報告書（2006）.
31) 原子力委員会；「食品照射専門部会報告書「食品への放射線照射について」」, 原子力委員会決定（2006）.
32) 等々力節子；「食品照射の海外の動向」, 食品照射, 第 40 巻第 1・2 号（2005）40-58.
33) 朝日新聞；「米国 FDA が生のレタスとほうれん草への放射線照射を認可」(2008 年 8 月 23 日夕刊).
34) 農林水産研究情報；「ニホンナシ新品種 "寿新水"」, http://www.affrc.go.jp/ja/research/seika/data_niar/h07/abr95015.
35) 農林水産研究情報；「ガンマ線照射によって得られた黒斑病耐病性 "清水白桃"」, http://www.affrc.go.jp/ja/research/seika/data_cgk/h11/kankyo/cgk99077.

7.4　情報化社会への波及（ネットワーク・グリッドを含む）

a. 素粒子実験と計算機技術

　素粒子実験では 1 つひとつの素粒子反応の事象で得られる物理量を統計的に処理して解析を行う．統計精度を上げるために大量の事象を処理することから，この分野では最先端の情報処理技術を電子計算機の黎明期から活用してきた．特に 1960 年代以降，測定器からの電気信号を計算機で直接扱うことが可能になり，データ収集システムは粒子検出器の一部として扱われるようになった（4.8 節）．多線式比例計数管（MWPC）の発明により粒子の飛跡データを電子的に扱う能力が飛躍的に向上したことから，ジョー

ジ・シャルパックは1992年のノーベル物理学賞を受賞している.

素粒子実験のように大量のデータを解析し統計的に現象を理解する手法が他の分野に影響を与えた例としては,微小天体のマイクロ重力レンズ効果を発見したEROSやMACHOなどのグループがある.これらのグループは1993年,大マゼラン星雲の恒星の明るさの変化をCCDカメラを用いて大量に測定し,データを処理することにより,地球と恒星の間を微小天体が偶然横切った際のマイクロ重力レンズ効果による増光をとらえることに成功した[1].

素粒子の実験が高エネルギー領域で行われるようになると,粒子検出器がそれに伴って大型化し,多チャンネル化する.それに伴ってデータ収集システムやその後のデータ解析も複雑化・高度化してきた.実験グループも大人数になり,1994年にトップクォークの証拠の事象を発見したCDFグループの場合,34の研究機関から398人が論文に名前を連ねている[2].

このように大規模な実験グループでは,データを解析するソフトウェアを検出器の各要素に応じてコンポーネント化し,プログラム開発をそれぞれのコンポーネントに応じて分担して行うためのソフトウェア工学の各種技術が欠かせない.また,国際的に分散した実験グループのメンバーの間で作業が協調して行われなければならないため,計算機ネットワークや電子メールなどが早くから普及してきた.

b. 専用ネットワーク網の歴史

素粒子実験の分野では,インターネットが社会に普及し始める以前の1980年代から各国の研究所にある大型電子計算機(メインフレーム)を専用のネットワークで相互に接続し,研究活動に積極的に利用していた.当時使われていたのはBITNETやDECnetと呼ばれる,それぞれの計算機メーカーが独自に開発したプロトコルであった.当時のネットワークを利用するアプリケーションソフトウェアは,現在とは比べものにならないほど原始的で,使用には熟練を要するものであったが,研究所を結ぶ専用線を相互に乗り入れすることによって,高エネルギー物理学分野のネットワーク(HEPnet)が構築され,メンバー間の電子メールによる通信や,データ解析プログラムの開発と流通などに活用されていた.日本国内における専用ネットワーク網の構築の歴史を表7.4.1に示す.

1980年代後半から電子計算機が小型化,低価格化(ダウンサイジング)するにつれて,この分野でもUNIXワークステーションの利用が促進され,インターネットで標準的なTCP/IPプロトコルが利用されるようになった.同時期にパソコンの導入も進んだが,オペレーティングシステムの違いからファイルを共有できない,あるいはネットワーク上に分散した情報を異なるメーカーの計算機にまたがって統一的に共有する手段がない,などの技術的障壁が浮上してくるようになった.

7.4 情報化社会への波及（ネットワーク・グリッドを含む）

表 7.4.1 日本における HEPnet* の歴史

1984 年	KEK，筑波大，東京大，農工大，京都大，広島大，名古屋大，中央大が NTT パケット網（9600 bps）で接続
1985 年	VENUS-P 国際パケット網 9600 bps
1986 年	日本-米国専用回線 9600 bps
1990 年	日本-米国専用回線 56 Kbps
1992 年	国内主幹線 64 Kbps
	日本-米国専用回線 192 Kbps
1993 年	国内主幹線 128 Kbps
1994 年	日本-米国専用回線 512 Kbps
	日本-中国専用回線 64 Kbps
1995 年	国内主幹線 0.5〜10 Mbps

* HEPnet = High Energy Physics Network
（高エネルギー物理学ネットワーク）

c. WWW の発明とインターネットの普及

W/Z 粒子の精密測定を行ったスイス・ジュネーブ郊外の CERN 研究所の電子・陽電子衝突型加速器 LEP は 1989 年から運転を開始したが，この加速器の 4 つの実験グループ，ALEPH, DELPHI, L3, OPAL はいずれも数百人からなる大きな国際チームであり，データ処理のシステムとして UNIX が本格的に採用された実験としては最も大規模なものであった．

高エネルギー物理学分野のネットワークは，それまでの計算機メーカーの仕様に依存した専用線から，より一般的な TCP/IP プロトコルを利用したものへと移行しつつあったが，大規模な国際共同実験を支えるための統一的な情報共有システムが求められるようになった．

当時，CERN 研究所のデータ処理部門にいたティム・バーナーズリーは，1989 年，オペレーティングシステムや計算機メーカーの違いを超えて，透過的に情報をネットワーク上で共有し，大量情報を相互にリンクすることのできる WWW（World Wide Web）を提唱し，同研究所のロバート・カイユーなどとともにソフトウェアの開発に着手した．1991 年には世界最初の WWW サーバー，info.cern.ch が誕生し，USENET という分散型ニュースシステム alt.hypertext などを通じて WWW のアイデアとプロジェクトが公開された[3]．

当初，WWW を閲覧するためのブラウザは NeXT という特定の機種のオペレーティングシステムに限られ，その他のシステムではラインモードブラウザという，テキスト情報のみをたどることができる原始的なものしかなかったため，あまり普及しなかったが，徐々に各種のブラウザが開発され，WWW サーバーの数も増えていった．日本では 1992 年に高エネルギー物理学研究所（当時）の kekux.kek.jp が CERN 研究所からリンクされたが，当時の WWW サーバーは世界に十数台しかなく，リンク集も高エネルギー物理学に関連する研究所のみであった．

WWWの普及を決定的にしたのは，1993 年に米国のイリノイ大学国立スーパーコンピューター応用研究所（NCSA）にいたマーク・アンドリーセンが開発したブラウザ「Mosaic」の登場である．その後，米国の「情報スーパーハイウェイ」などの構想とともに進展したネットワークの社会基盤整備や，「ムーアの法則」に代表される情報通信機器の指数関数的な性能対価格比の向上によって職場や家庭などへのパソコンの普及が浸透するにつれて，インターネットによる情報の共有が社会に定着した．WWW は人類の歴史の中で何回か起きた情報流通革命の一翼を担ったと捉えることができる．

d. プレプリントと電子論文

学術研究の成果は論文としてまとめられ，専門誌に投稿される．投稿された論文は同じ分野の研究者から選ばれたレフェリーによる査読の後，採択か不採択かが決定され，採択された論文のみが出版されて，研究の成果が広く世に問われる．ピアレビューと呼ばれるこのような審査の枠組は，研究の質を研究者が相互にチェックし合ううえで不可欠の要素であるが，一方で論文投稿から査読，出版までにそれなりの日数を要する．このため素粒子理論や実験などの純粋な基礎科学の分野では，研究成果の優先権を主張するために，出版前や査読前の論文をプレプリントとして世界中の研究所や同じ分野の研究者に送付する慣行が古くから広まっていた．

米国スタンフォード線形加速器研究所（SLAC）*〔* 2008 年．SLAC 国立加速器研究所（SLAC National Accelerator Laboratory）に変更された．〕では，プレプリントのタイトルや著者，引用元，引用先などの情報を格納したデータベース SPIRES を 1974 年から運営し，ネットワーク上の検索に対応している．

インターネットの普及とともにプレプリントそのものをネットワーク上で流通させる試みが開始された．米国ロスアラモス国立研究所のポール・ギンスパーグは 1991 年，プレプリントを FTP サーバー上で公開する試みを個人的に始め，後に WWW サーバー xxx.lanl.gov を立ち上げた．物理学の分野のプレプリントの流通から始まったこの試みはその後，数学や情報科学，非線形科学，生物科学などの分野に波及し，独立したサイト arXiv.org（アーカイブ・オルグ）へと移行した．2005 年 3 月の時点で約 31 万件のプレプリントが格納され，毎月 3,000 件から 4,000 件が新たに投稿されている．

著者が学術論文を無償で出版することが原則となっている分野では，論文の内容をネットワーク上で自由に確認することができる「オープンアクセス」の動きが加速しつつある．高エネルギー物理学の分野と直接のかかわりはないが，Google などのウェブ検索ロボットが収集してきた無数のウェブページの中から検索ワードに応じてページの有用度の順番に出力を行う「ページランク」と呼ばれる技術では，学術論文の被引用数などの概念が積極的に取り入れられている．

また，ネットワーク上で自らの業績を公開し，緩やかなピアレビューによって研究成果を逐次改良していくという方法論は，Linux や Apache などの「オープンソースソフトウェア」の開発スタイルなど，いわゆる「インターネット文化」の醸成にも密接な影

7.4 情報化社会への波及（ネットワーク・グリッドを含む）

響を与えたと考えられる．

e. ソフトウェア技術

a項で述べたように，大規模な実験グループでは，データを解析するためのプログラム開発をそれぞれのコンポーネントに応じて分担して行う．このためこの分野では，ソフトウェア工学の技術も積極的に取り入れてきた．1990年代になってオブジェクト指向方法論によるソフトウェア開発が行われるようになり，C++言語やJava言語がこの分野でも普及した．

なかでも代表的なものがGeant4という粒子輸送と検出器の幾何学情報を扱うモンテカルロシミュレーションのツールキットであり，LHC加速器のATLASやCMSなどの実験グループで用いられるようなきわめて複雑で大規模な形状の検出器の内部で起きる素粒子反応の様子を統計的に再現することができる．

Geant4と同様に普及している粒子反応のモンテカルロシミュレーションにEGSがあり，原子力や宇宙科学，生命科学などの分野の放射線シミュレーションに幅広く用いられている．

f. グリッドと分散処理技術

情報通信機器の指数関数的な性能対価格比の向上は，ネットワークに接続される機器数の飛躍的な増加をもたらした．従来の計算処理システムでは中央に利用者の利用資格を管理するための計算機があり，その計算機にログインすることによって利用者は与えられた計算資源を使うことができる．ところが計算機そのものが小型化され，ネットワーク上に分散して存在するようになると，いくつかの計算機群やストレージ群を束ねて計算資源として利用する必要が生じ，また，海外の研究所とも実験データや解析プログラムを共有することが求められる．

計算機のオペレーティングシステムでは従来，そのシステムが動作している中央演算処理装置（CPU）の処理が及ぶ範囲で利用者の利用資格を管理している．ネットワーク上に分散された機器では，それぞれ異なるシステムが異なる同期信号のもとで動作しているため，ネットワークを介した分散型の利用資格（ログイン）管理システムが必要となる．この目的を達成するためにAFSやDCE/DFSなどの分散型ファイルシステムが開発されてきたが，計算機メーカーやソフトウェア開発会社の独自の仕様に基づくシステムでは拡張性や相互運用性，柔軟性などに欠ける．

そこで分散処理技術を統合し，業界標準のソフトウェア中間層（ミドルウェア）の開発を推進する枠組として「グリッド」がイアン・フォスター，カール・ケスルマンなどにより提唱された[4]．

グリッド・フォーラムという標準化団体では，インターネット上での通信規約（プロトコル）の制定に実績のあるオープンな制度を踏襲し，ミドルウェアの各種規格を定めている．その一方で，GlobusやCondor-Gなどの各種パッケージが開発され，普及し

ている．

　グリッド自体はミドルウェアであるため，実際に利用されるアプリケーションに組み込まれることで初めて利用することができる．このため各種のグリッド用ミドルウェアを開発しているグループが，グリッド技術を応用するグループと共同で統合的な開発にあたる例が多い．高エネルギー物理学の分野で代表的な例としては，2008 年から運転を開始した LHC 加速器の ATLAS, CMS, ALICE, LHCb の 4 つの実験グループの世界的な分散型データ処理環境を構築するための LCG（LHC Computing Grid）がある．

　LCG ではそれぞれの実験グループから生成される年間数十ペタバイトのデータを世界各地の共同実験者が所属する研究機関などで協調して解析する地域解析センターの構築を進めている．

（森田洋平）

参 考 文 献
1) E. Aubourg *et al.*, Nature **365**（1993）623, C. Alcock *et al.*, Nature **365**（1993）621.
2) F. Abe, *et al.*, Phys. Rev. **D50**（1994）2966.
3) T. B.-Lee, 'Weaving the Web'（International Thomson Publishing, 2000）.
4) I. Foster and C. Kesselman, 'The Grid：Blueprint for a New Computing Infrastructure'（Morgan Kaufmann Pub., 1998）.

7.5　素粒子研究における国際協力

概　略

　素粒子研究では研究が始まった当初から国際交流，国際協力が行われていた．近年の実験の大型化に伴って国際化はさらに拡大し，実験研究はそのほとんどが国際共同チームによって行われている．加速器の建設でも全世界的な国際協力が行われている．国際協力は，今日の素粒子物理学の成功には欠かせない要因であり，その推進のための枠組もいちはやく設けられている．

　いろいろな形の国際協力を大きく 3 つに区分できる．第 1 は，研究者の交流，情報交換である．これはあらゆる研究分野で進んでいるが，大きな国際会議のほかに，さまざまな国際ワークショップ，シンポジウム，スクールの類が頻繁に世界のどこかで開かれている．特に若手を中心に人材の世界的な流動も大きい．第 2 は，国際共同研究である．実験には多額の予算を要し，また測定器の建設や実験遂行にはさまざまの知識，技術を総合する必要があり，世界中から専門家が結集して実施する．第 3 は加速器建設における国際協力である．CERN のようにヨーロッパ諸国を中心とする条約に基づいた国際機関の研究所もある．CERN が建設した大型陽子・陽子衝突装置 LHC には，ヨーロッパの範囲を越えて全世界的な協力がなされ，次世代の大型加速器とされる電子・陽電子リニアーコライダーでは基礎開発・設計段階から全世界的な協力が行われ，共同建設に向けた努力が続いている．

　さまざまな国際協力を推進するため，国際純粋および応用物理学会連合（IUPAP）

の第11委員会を基礎とする活動がある．その中でも国際将来加速器小委員会ICFAの果たした役割が大きい．

以下の項でこの枠組，国際共同実験，加速器建設における国際協力を述べる．

a. 国際協力推進の枠組

物理学の国際交流・協力を推進するNGOとして国際純粋および応用物理学連合（International Union of Pure and Applied Physics, 略してIUPAP）があり，国際会議の主催（共催），情報交換，研究者交流の促進，単位や用語の標準化などの世界的な協議の場となっている．IUPAPはさらに大きなInternational Council for Science（ICSU）の分野を越えた科学全体の国際交流や研究分野間の交流にも参加している．IUPAPの国内の窓口は日本学術会議の物理学研究連絡会議である．関連する日本物理学会，日本応用物理学会と連携を保ちながら活動している．

IUPAPには物理学の諸分野に対応して19の委員会が設けられ，素粒子物理学は第11委員会の「場と粒子」委員会（C 11）が受け持つ．委員会は13名の委員で構成され，その地域配分は世界の研究者分布を考慮して決められている．3年ごとにIUPAPの総会で改選されるが，近年は日本から1名が出ている．会議を年1回開くが，その際，関連の深い原子核（C 12），宇宙線（C 4），宇宙物理（C 19）の委員会の議長も加わり，相互の意志疎通を図っている．議題のひとつは隔年に交互に開かれる2つの大きな素粒子物理学関連の国際会議の開催地決定と支援，その企画，運営状況のチェックおよびガイダンスである．C 11は，従来西暦偶数年の「高エネルギー物理学国際会議」（International Conference of High Energy Physics, 略してICHEP, あるいは初期の開催地に因んでロチェスター会議とも呼ばれる）と，奇数年の「高エネルギーにおけるレプトン・光子相互作用の国際シンポジウム」（International Symposium of Lepton Photon Interactions at High Energies, 略してLepton-Photonシンポジウム）を支援してきたが，最近測定器や加速器の国際会議も加えるようになった．プログラムの内容は開催者に任せるものの，講演者の地域配分，男女比率，開発国からの参加者への支援などについては，準備段階から報告を求めガイドする．

C 11は，国際交流に関連した課題があれば小委員会で適宜検討を行う．中でも際だった小委員会はInternational Committee for Future Accelerator（ICFA）である．名前のとおり将来の大型加速器の国際協力による建設を図る小委員会として1976年に設置され，変遷を経て現在も活発に活動している．発足当初はまだ東西冷戦中であり，その中で東西陣営が加速器建設で交流・協力する道を探るのが目的だったが，1980年前後の大型陽子加速器建設に際して，合意を断念した時点で所期の目標から後退し，加速器科学に関する情報交換，人的交流，開発や利用における協力のための協議の場となった．冷戦の終結もあって，ICFAは最近また新しい役割とより具体的な推進力を持つようになった．現在の構成は，世界の主要な加速器研究所の所長と利用者代表の16名で，両者のバランス，地域的バランスを勘案して配分され，C 11議長も含まれる．わが国

からのメンバーは2名である．会議を年に2回ないし3回開き，素粒子研究の国際協力にかかわるさまざまな問題を議論し，必要に応じて詳細を検討するためのワーキンググループを立ち上げる．たとえば，加速器の技術開発，ネットワークの調査など時宜に応じた問題を調査，検討する．また，3年に一度，分野の将来展望をテーマにワークショップを開催している．研究成果の発表が中心の国際会議と違い，世界の諸研究所の首脳陣，場合によっては政府関係者，若手を交えた各国の指導的研究者の会議で，研究の現状と各研究所の将来計画，宇宙などの非加速器分野の関連研究を集約し，素粒子物理学の進め方を議論する．国際協力についても，より具体的な観点から検討される．

ICFAの重要な成果の1つに，1981年の「加速器利用に関するICFAガイドライン」の合意がある．「実験提案の採択は，物理学的な意義や提案者（グループ）の実力，実現性によって判断され，国籍，性別等で区別されない．」また「実験グループは加速器の運転経費を請求されない．」などのガイドラインは，以来世界のすべての高エネルギー加速器の研究所で尊重されており，素粒子実験の全世界的な協力を支えるバックボーンとなっている．その基本にあるのは，研究成果が人類共有の知的財産として公表されるものであり，実験施設が世界の先進工業地域のそれぞれに存在し，相互利用がおおむねバランスしていることである．このガイドラインに沿って，IUPAPでもより広い分野の大型研究施設の利用に関するガイドラインが採用されている．

2004年にICFAは，電子・陽電子リニアーコライダーの技術に関して，世界的な意思統一に到達した．長年にわたって世界三極で並行して開発が進められていた複数の方式を専門家のワーキンググループで精力的に調査し，超伝導空洞方式に絞った．そのうえで，今後全世界的に協力して開発を進め，建設提案に向けた詳細設計を行う組織を作った．創設後40年近くを経て，ICFA当初の目標に世界の研究者が再度結集し，初めて目的に沿った実動を始めたともいえる．

b. 国際共同実験

現代の素粒子実験は大半が国際共同チームによる実験である．理由には，実験が大型化し測定器に組み込まれる検出装置が多岐にわたるようになったこと，さらにデータ取得系，解析に要する計算機システムも同じように大規模になっていることがあげられる．当然予算規模は大きくなり，実験装置の建設，運転，データ解析には異なった専門家が多数必要になるため，一国の研究者ですべてをカバーすることは難しい．実験場所となる加速器も大型化し，数が限られていることも要因である．陽子加速器，電子加速器，固定標的用か衝突装置か，衝突装置の場合にはどんな粒子を衝突させるかなどにより，いろいろなタイプの加速器があって，それぞれ主な研究対象が違っている．特定の種類の加速器は世界に1台あるいはたかだか2台に限られる（世界の加速器一覧表参照）．自ずとそれぞれの目的に沿って，世界中から研究者が集まり，実験は国際共同チームによって行われる．その際にICFAの定めたガイドラインが尊重されている．複数のチームによる実験提案が競合する場合，実験審査委員会が実験の目的，計画の確かさ，測定

器の性能，到達できる精度，実験遂行の可能性などを基準に選別する．委員会は加速器を運転する研究所が召集するが，メンバーは当該研究所のスタッフに限らず，広く国際的に経験豊富な研究者が選ばれる．審査会は採択した実験について，準備途上，実施中，データ解析状況に関して継続的に評価することが多い．大型実験では，グループの財政状況も定期的に点検される．

現行の多くの国際実験チームの運営形態は多種多様である．雛形も規則もない．ホストの研究所が実験グループの運営方式にまで口を挟まないので，それぞれのグループが，いわば自然発生的に運営方式を設計し作り上げる．大まかに言って，大きなグループの形態は民主的な運営となっている．過去には強力なリーダーがすべてを組織したケースもあるが，最近の大型実験では，正副代表者も任期ごとに選挙で選ばれ，重要事項を議論するためには，参加機関の代表者会議とか，場合によっては各参加国の研究者代表の会議が設けられる．検出器や解析分野グループごとの代表者の会議もある．前者は主として予算や新しい参加希望グループの可否の検討，次期代表者の選出などの運営に関わることを議論し，後者は実験遂行上の実務的な問題を議論，調整する．全参加者の出席する全体会議も開かれ，大きな国際会議の様相である．いろいろな摩擦が生じてもそれぞれのシステムで解決しているし，その中で，研究者同志の交流も深まっている．

大型国際協力実験は，主にビーム衝突型の加速器で顕著に見られる．典型的な超大型共同研究の例は CERN の大型陽子・陽子衝突装置 LHC における2つの巨大実験，ATLAS と CMS である．ともに参加者は2000名を超え，大学などの参加機関の数が150以上，参加国はそれぞれ30を超す．こうした状況に関して目下 IUPAP の C 11 でも検討している問題に，巨大化する論文の著者リストがある．参加者数が1000名を超えるような場合，各著者の貢献度を論文から知ることは不可能に近い．それをいかに反映するか実験グループごとの工夫に加えて，分野全体での検討が始まったところである．

大きな国際協力実験では，世界に散らばった共同研究者が情報交換を迅速かつ簡便に行う必要がある．それぞれの研究者は異なった計算機システムを使っているので，どんなシステムの間でも情報のやりとりができるように CERN で開発されたのが，ワールド・ワイド・ウェブ（www）である．その便利さゆえに，今では素粒子実験グループの範囲を超えて，インターネット上の情報交換に欠かせない手段として商業利用や情報検索の手段として広く利用されている．

c. 加速器建設における国際協力

加速器建設の国際協力の様相は歴史とともに変化している．大型加速器に戦略的な意味があると考えられていた時代には，一国あるいは同盟国の間での国際協力で建設されていたが，今では素粒子研究用の大型衝突装置の建設で全世界的な国際協力も行われている．これまでに国際協力で建設された加速器があるのはヨーロッパに限られ，協力形態はいくつかある．

（1） CERN

第2次大戦後間もなく，ヨーロッパの原子核・素粒子の研究を蘇らせるために，ユネスコの主導で欧州原子核研究機構がジュネーブに作られた．西ヨーロッパの参加国が協力して陽子シンクロトロンに始まる加速器群を次々と建設し，今日のCERNに到っている．条約に基づいた国際機関なので，建設される加速器はすべて国際協力に依っている．研究所の運営経費は，参加国のGDPに比例して（20％の上限がある）拠出される．予算が恒常的であるため，加速器建設経費のピーク時期には，短期的な不足分を銀行からの借金で補うような計画も可能である．東西の冷戦が終結した後，かつての東欧諸国からも加盟国が加わり，現在の参加国数は20カ国に近い．スタッフは主に参加国から採用されるが，利用は参加国の研究者に限らず，ICFAガイドラインに沿って，広く世界に開かれている．

陽子シンクロトロン（PS）に続いて，陽子・陽子衝突装置（ISR），大型陽子シンクロトロン（SPS），大型陽子・反陽子衝突装置（S$\bar{\text{P}}$PS），大型電子・陽電子衝突装置（LEP）と続く最先端の装置を次々と建設した．当初はアメリカとの競争もあったが，2008年に完成した大型陽子・陽子衝突装置（LHC）は，加盟国の枠を越えて，日本，アメリカ，イスラエル，インド，ロシア，中国などからの広い参加を得て，汎世界的な協力で建設された．

（2） Dubna

西ヨーロッパのCERNに対応する東ヨーロッパの国際協力研究所としてモスクワ郊外に作られた．現在も存続しているが，加速器建設に関しては，低いエネルギーの陽子シンクロトロンがあるだけで，世界の趨勢からは大きく遅れている．

（3） HERA方式

ドイツ電子シンクロトロン研究所（DESY）に建設された電子・陽子衝突装置HERAは，いわゆるHERA方式と呼ばれる国際協力によって作られた．提案国はドイツで，DESYが西欧3カ国（イタリア，オランダ，フランス）とアメリカ，カナダ，イスラエルの加速器関連研究所と連携して建設した．参加外国機関はin kindの加速器要素を分担し，最終的な調整，運転はDESYが責任を持った．ドイツは参加国の政府とは直接協定を結ばず，各国の参加機関がそれぞれ財源を確保して貢献している．

（4） ILC

次世代の高エネルギー加速器として，1,000 GeVに到達できるような電子・陽電子線形加速器衝突装置（リニアーコライダー）が長年検討されて，複数の技術開発が，主に日・米・欧の3極で進められていた．世界の高エネルギー研究者は，ICFAを基盤に話し合いと技術の検討を続け，2004年にその建設を汎世界的な国際協力で行うと合意し，開発技術を絞り込んだ．さらに，International Linear Collider（ILC）建設提案に向け

た加速器の設計を国際協力で進めるための組織 Global Design Effort（GDE）を設置した．GDE を軸に汎世界的な協力体制が作られ，2012年完了を目途に要素開発と詳細設計が進んでいる．実際にどんな形で建設されるのか，今後の検討と努力にかかっている．

リニアーコライダーに関しては，研究者レベルの ICFA に止まらず，政府の関与した OECD や G8 といった組織でも検討が行われたことがある． 　　　　　（山田作衛）

7.6　マスメディア・文化の中の素粒子と現代社会

この節はタイトルからも想像されるとおり，特殊なパートであり個人的見解に基づく点も多い．以下，素粒子が日本のマスメディアや書籍で扱われた事例を取り上げ，文化としての素粒子の科学が現代社会の中で持つ役割を考えてみたい．

a. 世界物理年と素粒子

2005年は国際連合総会で世界物理年と指定された．この年はアインシュタインが現代物理学を飛躍的に発展させた3つの論文を発表し，「奇跡の年」と呼ばれる1905年からちょうど100年目に当たる．その関係で，2005年は年明けから多くのマスメディアが多彩な特集を組み，アインシュタインの業績とそれが現代科学技術に及ぼした影響，さらに彼が日本へ来た際の熱狂的歓迎行事などを紹介した．それだけではない．これに因む科学研究者たちが日本全国の大学や研究機関，科学博物館などで1年を通じて一般社会，特に若者たちを意識して記念行事を行ったが，マスメディアは例年になく丁寧に，こうした催しについても紹介した．

これらの記念行事は，いずれも科学研究者たちが物理学を中心とする科学への理解を社会の幅広い層に深めてもらい，基礎科学の研究が現代社会の発展に果たす役割を社会全体で共有できる状況を生み出そうとした試みだった．世界物理年は，現代文明が根底では科学技術によって支えられているにもかかわらず，ともすれば一般社会から隔絶してきた基礎科学の研究現場を，それを取り巻く社会からも見通しのよいものにしようとして，世界中の科学研究者たちが活動を行った年といえる．そして，こうした活動の中で特に素粒子の研究者たちが果たした役割は大変注目されるものとなった．

世界物理年日本委員会が主催した，2005年4月23日，東京で開かれた世界物理年記念行事では，ノーベル物理学賞受賞者の楊振寧博士とジェローム・フリードマン博士が講演を行った．彼らは素粒子研究の中で生かされたアインシュタインのアイディアと基礎科学の中での素粒子研究の重要性とその役割を指摘した．また，年間を通じて行われた行事では，世界中から選ばれた高エネルギー物理学研究者たちが，インターネットにある国際的ニュースサイトで，日常の研究生活を「Quantum Diary」という日記サイト，いわゆるブログで公開した．これには日本からも研究者がひとり名前を連ねた．季節ごとに行われた記念行事では，宇宙からのニュートリノ観測でノーベル物理学賞を受賞した小柴昌俊博士が，いくつもの行事参加者として何度も登場している．これ以外にも素

粒子の研究現場に属するかなりの数の科学者たちが一般社会へ向けた活動に取り組んだことはいうまでもない．これだけを見ても世界物理年の記念行事に取り上げられ，一般社会の人々に提供された素粒子の話題は近年にない広がりを見せた．

20世紀は物理学によって特徴づけられた世紀といわれる．アインシュタインが雑誌「タイム」の世紀の人物に選ばれたことはその象徴といえるが，奇跡の年に彼が蒔いた科学のアイディアは量子論と相対性理論という現代物理学の実り豊かな森を形成する2本の大樹に成長した．この2つの大樹の間で素粒子の研究が数々の豊かな果実を生み出してきたことを考えると，アインシュタインを記念する年に，科学技術の中でも，素粒子の話題が大きなウエイトを占めたことは当然かもしれない．

b. マスメディアと素粒子

1949年11月3日，ノーベル科学財団は日本人として初めて湯川秀樹博士がノーベル物理学賞受賞者として選ばれたことを公表した．当時の新聞各紙は号外を出して報じた．小学生だった筆者にも，新聞の第一面を飾る「全世界的に最大の名誉」「万歳！」と報じたニュースに接し，大人たちが大変喜んでいたことを覚えている．そして，湯川博士がノーベル物理学賞を受賞した中間子理論について先生に訊ね，一生懸命に新聞紙面の特集記事を図解と照らし合わせ理解しようと努めたことも忘れられない．当時，それがどれだけ理解できたかは不明だが，1945年8月の終戦以来，経済的にも文化的にも暗く悲しい出来事が目立っていた時代環境の中で，このニュースが日本社会に漂っていたある種の脱力感を吹き飛ばすような朗報だったことは子供心にも理解できた．

新聞紙面に登場した中間子理論は，やがて，その後に出た解説記事により，そうした科学研究分野が素粒子物理学と呼ばれること，それは原子核の中に存在する陽子と中性子の間に働く核力の理論であることなどを知った．以来，子供ながらにマスメディアに取り上げられる素粒子に関係したニュースは紙面の扱いがどんなに小さくとも必ず見つけ出すようになった．科学の中でも物理学に興味をもち，それを勉強したいと願うようになった始まりが，湯川博士のノーベル物理学賞受賞にいろいろな形で触発された時にある人々も多いのではないだろうか．

湯川博士の業績が世界的に評価されたこともあって，日本のマスメディアでは基礎科学の話題でも，素粒子に関したものはその後も比較的多く報じられる分野となった．その結果，宇宙線や加速器の実験成果も，扱いはともかく国際的な話題となるものは比較的多く取り上げられたと思う．ある全国紙の夕刊コラムに「素粒子」という欄があるのも考えてみるとおもしろい．

日本のマスメディアに素粒子の話題が集中して登場した次なる機会は，1965年に朝永振一郎博士がノーベル物理学賞を受賞した時である．受賞したのは量子電気力学の基礎的研究であったが，素粒子物理学の理論的研究者として二人目の日本人科学者の受賞は，素粒子物理学の理論研究で，日本に対する国際的評価がいかに高いものであるかを一般国民に大変印象づけるものになった．

7.6 マスメディア・文化の中の素粒子と現代社会

こうした背景の中で，素粒子研究に対する国の支援計画も急ピッチで進み，1971年には，つくば市に高エネルギー物理学研究所が創設され，1976年に陽子シンクロトロン加速器が完成し，日本でも素粒子の本格的研究が始まった．その後，電子・陽電子加速器トリスタンが建設され1986年秋に完成した．これによって日本の素粒子研究がようやく実験でも世界水準に達したことはご承知のとおりである．トリスタンの完成は，当時の新聞やテレビなど多くのマスメディアで紹介され，素粒子の日本における実験研究にも社会から大きな期待が集まった．その後，高エネルギー物理学研究所は高エネルギー加速器研究機構と名称を変えるが，以後現在まで，日本のマスメディアが取り上げる素粒子の話題に関しては重要な情報源の1つになっている．

日本のマスメディアで素粒子の話題が増えるのは，この分野からノーベル物理学賞受賞者が出現したときだけとは限らない．しかし，一般社会の広い層から素粒子研究に最も注目が集まるのは科学的内容の理解はともかく，その分野で日本人が国際的に認められノーベル賞受賞者に選ばれたときと重なるのは当然の成り行きである．それが次に実現したのは，2002年，小柴昌俊博士が宇宙からのニュートリノ観測でノーベル物理学賞を受賞したときだった．今回の受賞が素粒子の理論研究ではなく，実験施設や観測での業績であり，日本の素粒子科学が理論だけでなく実験でも世界的評価を受けたことが広く社会に知られることになった．小柴昌俊博士のノーベル物理学賞受賞は，日本の素粒子研究者の実験成果にも社会的注目を集める結果をもたらした．それは，素粒子研究者にとって，一般社会への接点を広げるうえで追い風となる状況を生み出し，世界物理年の記念行事にまでその流れが続いていることはすでに述べたとおりである．

c. 文化の中の素粒子

都会にある大きな書店では，理工系書籍のコーナーがあり，研究者やこれから研究者になる学生たち向けに分野別の専門書が置かれている．その片隅に一般科学書と呼ばれる棚があることも多い．そこに置かれた本を眺めると宇宙や気象，動物や植物など一般の人々が趣味の拡大や好奇心を満たすために役立ついろいろなタイプの本が置かれている．そんな中で素粒子科学の一般啓蒙書が宇宙論の書と並んでかなりのスペースを占めている．本屋に行くたびにそこを覗いているが，少しずつとはいえ新しい本が絶えず入荷し，中には結構売れている本が多いこともわかり，素粒子科学の本が一般書籍としてどう受け入れられているのか，素粒子が広く文化の中にどう入っていくのかを考えながら興味深く眺めている．

翻訳書では，スティーブン・ワインバーグやシェルダン・リー・グラショウなどのノーベル物理学賞を受賞した有名な科学者が書いた素粒子科学の解説本やエッセイ集など実に多彩な書籍が存在している．この分野では有名な欧米のサイエンスライターの作品も多い．もちろん，著名な日本人研究者やサイエンスライターの本も数多い．そんな本を読まれた方の中には，マスメディアが知らせるニュースで登場する素粒子の解説に飽き足らない人々に，素粒子の研究者たちが大変優れた解説書をいくつも書いていることに

驚かれた人も多いと思う．筆者も，こうした書籍を忙しい研究活動の時間を割き情熱を注いで書いた著名な科学者の本にたびたび出会い，その試みに敬意を抱いたことも多い．

素粒子科学の本と宇宙論の本が一般科学の書棚に並んで置かれるようになった理由はどちらもが高エネルギーの世界に迫る研究対象を持ち，新しい理論を生み出すには互いの研究成果が必要になってきていることによる．そうした科学の事情がある一方で，宇宙の起源も，物質の起源も，ギリシャ時代から人類が自然に問いかけてきた基本的謎の延長に位置する共通の話題であることも興味深い．

現在，科学が世界にもたらした変革としては，現代文明を支える技術的変革と同時に科学と呼ばれる新しい知の獲得様式がもたらした知的変革が評価されている．この新しい知の獲得様式は，自然の営みを理解するにあたり，手に入れた知識をもとに理論を組み立て，それを何らかの形の観測や実験に基づいて偏見のない合理的な理解を深めていく作業が基本となっている．文化として科学の役割の1つは，こうした新しい知の獲得様式を一般社会の人々と共有できる状況を生み出すことにもあると思われる．

有名な数学者で哲学者のアーノルド・ノース・ホワイトヘッドは，文化の核心に新しい思考様式が浸透するのに1,000年は必要だと見積もっている．新しい知の獲得様式がガリレオやニュートン以来のものだとしたら科学はまだまだ若い存在であろう．しかし，素粒子の科学の中には古代の人々が物質の起源や宇宙の始まりに好奇心を持ったときにまで遡るものがある．単純に若いとはいえない．一般科学の書棚に並ぶ素粒子や宇宙論の解説書を眺めながら素粒子の科学がもつ文化との歴史的な関わりを考えると，素粒子科学と一般社会の関わりを深めるうえで，そのことが重要な視点を与えてくれるようにも思われる．

d. 素粒子の科学と現代社会

20世紀を特徴づけた物理学の中でも，素粒子物理学はいちばん基本的な分野を占めてきた．それだけに世界のトップレベルの物理学者たちを今も惹きつける最も刺激的な研究領域になっている．そこでは既存の理論を確かめ，理論をさらに発展させていくには，より高いエネルギーでの粒子加速器施設がますます必要になってきている．そのためには膨大な資金がかかり，すでに一人の科学者ができる範囲を越えてしまっている．その結果，何百人という科学者，技術者，コンピューターの専門家が参加した巨大プロジェクトの中で実験が進められている．現代の先端的素粒子実験は，ほとんどすべてが国際共同利用の研究施設で遂行されている．巨大な粒子加速器を人間精神の偉大な記念碑，神を祀らない聖堂とまで呼ぶ科学者がいるのも頷ける．

こうした流れの中で，素粒子の研究は資金面に関する経済環境，国際協力に伴う政治環境など社会の広範囲な動向と深く関わる存在となった．それが露呈された大きな事件としては，1993年に中止になったアメリカが中心となって進めていたSSC計画がある．それ以後も，いくつもの国際的巨大加速器の計画が進められているが，その際に国内あるいは国際社会からの支援をいかに確固としたものにするかが，新たな計画を確立する

7.6 マスメディア・文化の中の素粒子と現代社会

うえで重要な課題になってきている．現代社会における素粒子科学は，人類が誰しも持っている知的好奇心を満たす知の獲得を進める基礎科学研究が文化にもたらす意義と同時に，巨大プロジェクトが社会の技術的豊かさ，経済的活性にも繋がる意義まで求められている．

このハンドブックにこの節が入れられたことは，そんな視点を持つ人々が研究者にも必要になってきていることを示しているのかもしれない．

補　遺

前項までは世界物理年の終わりにまとめたものである．この文が上梓されるにあたり，世界物理年以降に日本のマスメディア・文化の中で取り上げられた素粒子科学に関わる話題を補っておきたい．

「マスメディアと素粒子」の項目で，日本のマスメディアで素粒子の話題が増える背景には，この分野の日本人ノーベル物理学賞受賞者の出現が大きく関わることを述べた．その意味では2008年，ノーベル物理学賞の受賞者として「素粒子の標準理論」の確立に大きく貢献した小林誠博士と益川敏英博士が選ばれ，また同時に，「対称性の自発的破れ」を提唱し，素粒子物理学の理論的発展に大きく寄与した南部陽一郎博士が受賞したことは日本のマスメディアに素粒子研究最前線の話題をこれまで以上に大きく取り上げる機会をもたらした．素粒子が日本のマスメディアで大きく扱われたのは湯川秀樹博士の業績に始まるが，2008年のノーベル物理学賞は，その後の日本人研究者のたゆまぬ研究活動が国際的に評価されていることを広く一般社会にも認めさせることなった．特に受賞対象となった小林–益川理論の検証実験で果たした高エネルギー加速器研究機構のKEKB加速器の実験成果はマスメディアで大きく取り上げられ，素粒子研究の実験分野で日本が国際的にも貢献できることを一般社会に印象付ける機会となった．「素粒子の科学と現代社会」の項目でふれたが，素粒子研究の加速器実験施設はますます巨大化し，現在では財政的にも国際的研究施設によってのみ実現可能になっている．それだけに，国際リニアコライダー計画（ILC）など，これからの素粒子研究を進める上で必要不可欠となる加速器実験施設の新たな建設で日本が国際的役割をどう果たして行くのかについても社会的コンセンサスを形成することがこれまで以上に重要になって来ている．

（高柳雄一）

索　　引

A

absorber　512
ADC　538
AdS/CFT 対応　259
APD　469, 632
arXiv. org　656
ATLAS　518, 532
AVF サイクロトロン　561

B

B 中間子　354
B ファクトリー加速器　360
BaBar グループ　361, 363
BABAR 測定器　530
Belle グループ　360, 362
BELLE 測定器　527
BGO　466, 632
$Bi_4Ge_3O_{12}$　632
BITNET　654
BNL 研究所の E787/E949 実験　350
BPS 状態　258
BPS 物体　256
broad beam 法　637
BRST 対称性　120

C

C 非保存　21
C 変換　21
CAMAC　540
CERN　26, 366, 547, 662
CERN 研究所の NA48 実験　348
CERN-LHC 計画　518
Chan-Paton 因子　247
CKM 行列　275, 277
CMS　520
CMS 測定器　533
COBE 衛星　579
COMPTEL 検出器　639
Condor-G　657

CP 対称性　443
　——の破れ　192, 614
CP の破れ　194, 276, 344
CP 非保存　21, 24, 27
CP 変換　21, 79
CPT 定理　79
CsI(Tl)　466

D

D 中間子　354
D ブレイン　254, 256
D0 測定器　526
DAMA　448
DECnet　654
DGLAP 発展方程式　317, 321
DIRC 検出器　477
Dp ブレイン　256
Dubna　662

E

e/h　514
EGS　657
ETCC　639

F

FASTBUS　540
FCNC　184, 273
FEL　623
FEL ゲインパラメーター　625
FEL 増幅器　627
FEL ピアスパラメーター　625
Fermilab の KTeV 実験　348

G

γ 線検出　470
$Gd_2SiO_5:Ce$　632
Geant 4　657
GIM (Glashow-Iliopoulos-Maiani) 機構　185, 272, 273, 274
Globus　657
GSO　632

GSO 射影　242

H

HEPnet　654
HERA　317
HERA 方式　662
hermeticity　506
HPD　469
HSM　544

I

ICFA　659
ICFA ガイドライン　660
ILC　379, 440, 662
IMB　480
info. cern. ch　655
International Committee for Future Accelerator　659
International Union of Pure and Applied Physics　659
IOO 対称性　269
irrelevant　107
IUPAP　659

K

K 中間子　192, 343
K2K　406
K2K 実験　406
KamLAND　407
KEK　28
KEK E246 実験　352
KEK E391a 実験　351
KEKB　28

L

L3 測定器　532
$LaBr_3$　632
lattice QCD　160
LCG　658
LEP　365, 366, 378, 439
LHC　381, 441
LINAC　635

Lorenz-Lorentz の式　476
LSO　632
LSP　31, 437, 446
Lu$_2$SiO$_5$:Ce　632

M

μ 崩壊　333
$\mu^+ \to e^+e^-e^+$ 崩壊　429
$\mu^+ \to e^+\gamma$ 崩壊　429
M 理論　262
Madey の定理　627
marginal　108
MEG 実験　281
Micro PIxel Gas Counter　639
mip　506
MNS 行列　202, 278
MNSP 行列　391
MSSM　225, 378
MSW 効果　204
MWPC　653

N

νe 散乱　334
$1/N$ 展開　134
NaI(Tl)　466
NS 部分　242

O

OODB　544
OPAL　366

P

p 表示　42
P 変換　19
PDF　319
pencil beam 走査法　637
PET　470, 630, 638
PLANCK 衛星　599
PMT　631
Positron Emission Tomography　470
PRISM 計画　281

Q

Q-to-T 変換　539
QCD　146, 306
QCD 相転移　588
QED　17, 151, 284
Quantum Chromo Dynamics　146

Quantum Electrodynamics　151

R

R 部分　242
R_ξ ゲージ　120
relevant　107
response　504
RFQ　557
RFQ 加速管　548
RR チャージ　256, 258
running coupling　216

S

S デュアリティ　261
S ブレイン　260
SASE（self-amplified spontaneous emission）　627
SLAC　547
SLAC 国立加速器研究所　367
SLC　365, 367
SNO 実験　485
SNO 実験装置　403
SPACAL　512
SPECT　638
SPIRES　656
SU(3) 対称性　269
SU(5) 大統一理論　211
SU(5) 超対称大統一理論　223
Super Weak　346
SUSY　350

T

T デュアリティ　255, 260
TCP/IP　654
TDC　538
Tevatron　327, 365, 367, 378, 441
TE モード　549
Time of Flight　470, 634
TM モード　549
TOF　470, 633
TRISTAN　327

U

U(1) ゲージ変換　110, 111
U(1) 問題　88
UA1 測定器　527
Übitron　623

V

VME　540, 541

W

W ボソン　27, 378
W$^\pm$ 粒子　365
WIMP　446
WMAP 衛星　599
W$^+$W$^-$ 生成　373
WWW　655

X

x 表示　41
XMASS グループ　451
xxx.lanl.gov　656

Z

Z ボソン　27
Z^0 粒子　365
ZEUS 測定器　526

ア

アイソスピン　84, 147, 296
アイソスピン空間　84
アインシュタイン　6, 11, 580
あからさまな破れ　121
アクシオン　443, 604
アストン　7
熱い暗黒物質　596, 606
アナログパイプライン　541
アノマリー　131, 156, 185, 249, 250, 615
アノマリーマッチング　133
アバランシェ・フォトダイオード　632
アフレック-ダイン機構　616
アボガドロ　2
アルバレ型加速管　548, 556
泡箱　486
暗黒エネルギー　579, 619, 620
暗黒物質　31, 370, 436, 437, 446, 579, 603, 620
アンジュレーター　623
アンダーソン　11, 16
鞍点法　127

イ

イオン注入技術　648
閾値型チェレンコフカウンター

671

473
異常磁気能率　288, 289, 290
イジング　547
位相安定性の原理　563
位相振動　563
位相速度　548
位相的場の理論　137
I 型超弦理論　244
Ia 型超新星　579
1 次電離　488
位置分解能　505
一様　50
1 粒子状態　73
一般座標変換　135
伊藤　19
イベントビルダー　536, 541
イリオプーロス　24
色　87
インスタントン　88, 127
インフラトン　609
インフレーション　259, 579, 587, 608

ウ

呉（ウー）　20
ウィグナーの定理　67
ウィークボソン　26
ウィグラー　623
ウィッテン指数　143
ヴィデレー　547
ウィルソン　8, 589
ウィルチェック　25, 376
ウェス-ズミノ有効作用　133
ウォルトン　8
内山理論　136
宇宙項　31, 580
宇宙線　456
宇宙定数　619
宇宙定数問題　619
宇宙のバリオン数　31
宇宙背景ニュートリノ　593
宇宙背景放射（輻射）　259, 455
宇宙マイクロ波背景放射の温度ゆらぎ　579
宇宙論パラメーター　585
ウプシロン粒子　25
海クォーク　315, 319
運動反転　75
運動量表示　42

エ

栄養繁殖性作物　651
エキゾチック　165
エキゾチックハドロン　297
液体アルゴン　511
液体 Ar シンチレーター　466
液体 Xe シンチレーター　466
液体金属イオン源　648
液体シンチレーター　465
エータ関数　245
エネルギー・運動量ベクトル　55
エネルギースペクトラム　457
エネルギーの測定手段　510
エネルギー分解能　504, 513
エネルギー保存式　551
エネルギー流法　515
エネルギー量子　46
エミッタンス　564
エルステッド　25
エルミート演算子　35
エルミートの多項式　45
エントロピー　258
円板装荷型構造　548

オ

オイラー数　254
欧州合同原子核研究機構　366
応答関数　504
応答値　504
大型ニュートリノ検出器　471
大きな対数　106
オービフォールド　252, 254
オブジェクトオリエンティッドデータベース　544
オブジェクト指向方法論　657
オプティカルガイディング　629
オープンアクセス　656
重いクォーク　24
重い中間子　354

カ

ガイガー　5, 8
ガイガーモード APD　632
開弦　238
階層型記憶管理機構　544
階層性問題　219
概複素構造　253

カイユー　655
カイラリティ　249
カイラル　249
カイラルアノマリー　86, 131
カイラルゲージ理論　89
カイラル対称性　86, 155
カイラル変換　86
ガウス型固定点　107
香り　265, 271
——の転換　266
核医学診断　638
角運動量　47
角運動量型交換関係　47
価クォーク　315
核子　8, 146
確率振幅　42
核力　15, 146
——の中間子論　15
核力ポテンシャル　15
重ね合わせの原理　33
カシミール　116
画像再構成法　634
加速器シャント・インピーダンス　550
加速器によるがん治療　635
加速空洞　547
加速膨張　619
加速膨張宇宙　619
カットオフエネルギー　509
カットオフパラメーター　286
荷電カレント　171, 335
——の型　330
荷電共役行列　60
荷電共役変換　60, 77
荷電独立性　84
荷電パリティ　78
荷電レプトンの混合現象　425
カビボ回転　272
カビボ角　355
カビボ-小林-益川行列　355
カーボンナノチューブ　649
ガーマー　10
カミオカンデ　479
カムランド　407
ガモフ　586
カラー　23, 145
——の閉じ込め　150
カラー超伝導状態　167
カラビ-ヤウ空間　252
カラビ-ヤウ多様体　253

カラン-グロスの関係式 314
ガリウムイオンビーム 648
ガリレイ変換 52
カルーツァ-クラインモード 262
カルーツァ-クライン理論 136
カレント 118
カレント質量 266
カロリメーター 503
カロリメータートリガー 537
慣性系 50
観測可能量の完全系 39
観測公理 38
観測量 68
観測量既約系 69
完備 35
ガンマ行列 58
ガンマ線放射 461

キ

規格化 34
規格完全直交系 34, 37
擬スカラー 72
擬スカラー中間子 354
期待値 38
軌道角運動量 46
　——の大きさ 47
機能混合型 567
機能性超薄膜材料 647
機能分離型 568
揮発性有機化合物 644, 645, 646
擬ベクトル 72
基本表現 116
奇妙さ 22, 192
奇妙な粒子 21
逆階層 205
吸収体 512
共形不変性 239
共型変換 621
強集束シンクロトロン 567
強集束の原理 566
強度変調放射線治療法 636
共変性 111
共変微分 111, 116
共変ベクトル 54
共鳴状態 295
共役演算子 35
共立観測量完全系 70
行列表示 39

局所因果律 80
局所対称性 83
局所超対称性 144
局所的 91
局所変換 109
曲率 117, 580
距離 34
擬ラピディティ 325
霧箱 486
均質型 512
ギンスパーグ 656

ク

クインテッセンス 620
空間曲率 580
空間反転 19, 54, 72
偶奇性 72
偶格子 243
空孔理論 61
偶然性問題 620
空洞共振器 547
クェンチ近似 164
クォーク 23, 145
　——の閉じ込め 25, 150
　——の量子数 300
クォーク・グルオン・プラズマ 147
クォーク・パートン模型 306
クォーク模型 22, 23
クォークモデル 269
クォーク・レプトン 177
クライストロン 548, 557
クライン-ゴルドン場 63
クライン-ゴルドン方程式 57
クライン-仁科の公式 19
グラショウ 24
クラスタアルゴリズム 326
クラスター分割性 82
グラビティーノ 242, 604
グラビティーノ問題 615
グラビトン 235, 242
クラブ空洞 574
クラブ交差 573
クラマース縮退 77
くりこまれた軌道 108
くりこみ 102, 136, 152, 234
くりこみ可能 104, 118, 235
くりこみ可能性 19, 89, 104
くりこみ群 146
くりこみ群方程式 105

くりこみ条件 103
くりこみ不可能 104, 236
くりこみ理論 18, 152, 285
グリッド 657
グルイーノ 438
グルオン 23, 145, 365, 376
グルーボール 165
グロス 25, 376
クローニン 21
グローバルデシジョンロジック 537
クーロンゲージ 119

ケ

計算物理学 25
形状因子 286, 307, 308
計量テンソル 135
経路積分 237
ゲイン集束 629
ゲージアノマリー 185
ゲージ階層性問題 30
ゲージ荷電 111, 117
ゲージカレント 112
ゲージ結合 378
ゲージ結合定数 216, 224
ゲージ固定 119
ゲージ条件 119
ゲージ相互作用 177, 370
ゲージ対称性 89, 109
ゲージーノ 604
ゲージ場 111
　——の強さ 111, 117
ゲージ-ヒッグス統一模型 232
ゲージ不変 111
ゲージ不変性 152
ゲージ変換 56, 109, 116
ゲージボソン 112, 175
ゲージポテンシャル 56
ゲージ粒子 26, 365
ゲージ理論 26, 109, 365
ケスルマン 657
結合定数 111, 214, 237, 376
欠損エネルギー 534
ケットベクトル 34
ケフェウス型変光星 582
ケーラー多様体 253
ゲルマン 22, 23
ゲルマン-西島の式 84
原子核 6, 146
原子核乾板 486

索引　　*673*

原始ニュートリノ　267
原子番号　7
減少する宇宙定数　621
原子炉ニュートリノ実験　407
原子論　1
減衰する宇宙定数　621
減衰リング　576
元素合成（→ビックバン元素合成）　370, 454, 588
元素組成　458
弦の張力　238
弦理論　134

コ

高エネルギー加速器研究機構　28
高エネルギー電子核子散乱　146
格子QCD　146
高次元相互作用　190
格子上の量子色力学　160
高次トリガー　536, 543
格子場の理論　102
高周波加速空洞　569
高純度セラミック繊維　650
格子量子色力学　25
較正　514
構造関数　158, 307, 309
構造定数　68
光速不変の原理　11
高抵抗電極チェンバー　494
光電子カソード　548
光電子増倍管　467, 631
高分子材料の生体内適合性　649
国際純粋および応用物理学連合　659
黒体放射（→プランク分布）　586
小柴　665
個数演算子　46
ゴースト　120
コッククロフト　8
固定点　107
木庭　19
小林　24, 27, 667
小林-益川　346
小林-益川行列のユニタリティ　351
小林-益川模型　27

小林-益川ユニタリ三角形　363
小林-益川理論　197, 275, 276, 362, 433
固有関数　44
固有状態　36
固有値　36, 37
固有値方程式　36
固有パリティ　72
固有ベクトル　36, 37
コライダー　365
ゴールドストーンの定理　122
コーワン　14
コーンアルゴリズム　325
混合角　27
混合状態　71
コンパクト化　251, 262
コンプトンFEL　625
コンプトンカメラ　639
コンプトン散乱　638

サ

再加熱　610, 615
再加熱温度　612
サイクロトロン　561, 630
最小超対称標準模型　30, 225
最小標準模型　29
坂田　9, 16
坂田模型　23
坂田モデル　269
サハロフの3条件　276, 589
サブトリガーシステム　537
サラム　19, 27
三角図　282
3次元回転　50
サンドイッチ型　512
サンプリング型　512
サンプリング比　513
3ボソン結合　189
散乱断面積　293

シ

ジェイプサイ粒子　24
ジェット　24, 159, 275, 306, 322, 376
時間に依存する定数　621
時間反転　54
時間反転変換　75
時間分解能　505
磁気単極子　115, 130
軸性カレント　282

軸性ベクトル結合　370
自己共役　68, 128
自己共役演算子　36
自己双対　243
自然単位系　90, 235, 285
自然の階層構造　9
シーソー機構　191, 206
シーソーメカニズム　280
実在波　62
質量固有状態　271, 278
質量数　7
質量スペクトル　266
磁場　112
自発的対称性の破れ　88, 216, 444
自発的な破れ　121
射影構造　511
射影表現　68
弱アイソスピン　173
弱固有状態　271
弱集束シンクロトロン　567
弱ハイパーチャージ　173
シャプレー　582
遮蔽効果　114
シャルパック　475, 654
シャワー過程　506
シャワーの最大発達深さ　508
シャワー発達の近似式　508
シャント・インピーダンス　550
シュウィンガー　18, 19
シュウォーツ　17
周期境界条件　241
周期構造　549, 552
周期構造加速管　548
集群　548
集群部　548
自由電子レーザー　623
自由場　62
重粒子　85, 148
重力　135
　——の量子論　236
重力アノマリー　136, 250
重力子　235
重力的スカラー場　620
重力波　235
重力レンズ効果　595
縮退　36
種数　240
シュレーディンガー　10

シュレーディンガー描像 43
シュレーディンガー方程式 43, 70
純粋状態 67
詳細釣合の原理 77
状態ベクトル 34
状態ベクトル空間 34
状態方程式 581
衝突型加速器 570, 572
消滅演算子 46
食品照射 651
食品保存 651
ジョセフソン接合構造 648
シリカエアロゲル 473
シリコンストリップ検出器 502
シリコン半導体検出器 498
真空のエネルギー 31, 587
真空の分極化 114
シングルパス型 FEL 627
シンクロサイクロトロン 562
シンクロトロン 562
シンクロトロン振動 563
シンクロトロン放射損失 547
進行波型加速管 548, 549
シンチレーション光 465, 510
シンチレーター 465, 631
深非弾性散乱 311

ス

推進 52
水素原子の乖離エネルギー 590
水素貯蔵 649
随伴表現 116
水平対称性 283
数値シミュレーション 146
スカラークォーク 437
スカラー・テンソル理論 620
スカラーニュートリノ 604
スカラー場 619, 620
スカラーポテンシャル 56, 112
スカラーレプトン 437
——のフレーバー混合 427
スケーリング 146
——の破れ 313, 317
スケール因子 580
スケール不変なゆらぎ 613
スケールフリー 588

スタインバーガー 17
スタンフォード線形加速器研究所 547
スティート 16
スティーブンソン 16
ストリーマーチェンバー 487
ストレンジネス 84, 148, 269
ストレンジ粒子 268
スーパーカミオカンデ 397, 420, 449, 480
スパゲッティカロリメーター 512
スーパーコンピューター 146
スピノル表現 58
スピン 40, 47
——と統計の関係 13, 49
——と統計の定理 82, 149
スピン演算子 47
スピン角運動量 47
スファレロン 617
スライファー 582
スローン・デジタル・スカイ・サーベイ計画 595

セ

静止エネルギー 55
正準交換関係 72, 97
正準量子化 96
正常階層 205
正振動 62
生成演算子 46
生成子 68
生成・消滅演算子 97
正則化 86, 102
世界線 236
世界面 238
赤外線背景放射 463
赤方偏移 584
世代 27, 85, 181, 265
——の謎 265, 283
世代構造 275
世代混合 266, 271, 275
世代数 277
絶対時間 52
切断 102
摂動論 237
セルン 547
ゼロ点エネルギー 45
ゼロ点振動のエネルギー 97
漸近(的)自由 25, 106, 126,

146, 317, 376
線形加速器 547
前後方非対称度 370
セントラルチャージ 240
全有感型 512

ソ

走行時間係数 550
相互作用長さ 509
相殺項 102
走査型トンネル顕微鏡 647
相対性原理 11
相対論的波動方程式 62
相対論的場の量子論 12, 17
双対(性) 34, 115, 130
相反定理 77
側結合構造 555
粗視化 108
ソディ 5
素電荷 111
ソフトウェアトリガー 543
素粒子の世代数 368
素粒子標準模型 157
素粒子物理学 12

タ

大域的対称性 83
第 1 Chern 類 253
第一革命 251
ダイオン 130
大気ニュートリノ振動 395
大規模構造 579
耐強磁場性 506
大局的な対称性 109
大局的な変換 109
対称演算子 36
対称群 81
対称性仮説 49
対称性の自発的破れ 27, 157, 173
対称性の破れ 352
対称変換 67
ダイソン 19
大統一理論 29, 211, 219, 376, 419, 435, 615
大統一理論 GUT 435
第二革命 257
耐放射線性 506
タイム・プロジェクション・チェンバー 495

太陽ニュートリノ実験　401
太陽ニュートリノ振動　400
タウニュートリノ　391
——の質量　412
タウレプトン　277, 334
タキオン　242
ダークエネルギー　579
ダークマター　437, 579
武谷　10
多重発生　509
多セル型チェンバー　494
多線式比例計数管　653
多線プロポーショナルチェンバー　491
脱硫・脱硝　644
縦波構造関数　319
縦方向発達　508
タドポール振幅　246
谷川　16
多ピクセル・ガイガーモードAPD　469
タワー構造　511
単位射線　67
断熱的なゆらぎ　613
単連結　69

チ

チェレンコフ光　510
チェレンコフ放射　472
力を媒介する粒子　93
置換　81
逐次近似型画像再構成　634
チャイルド・ラングミュアー則　558
チャージーノ　437
チャドウィック　8
チャーム　24, 274
——の予言　272
チャームクォーク　149
チャーモニウム　275
チャーン-サイモンズ形式　137
チャーン-ポントリャーギン密度　88
中間子　148
——の分類　301
中間子混合　356
中間子場　62
中心　68
中性カレント　273, 335
中性カレント反応　273

索　引

中性子　8, 146
中性子検出　470
中性のK中間子　343
稠密　35
長基線ニュートリノ振動実験　406
超くりこみ可能　103
超弦理論　436
超高エネルギーガンマ線　462
超高真空技術　560
超重力理論　144, 250, 436
超選択観測量　71
超選択セクター　71
超選択則　71
超対称ゲージ理論　257
超対称性　30, 138, 280, 378, 435
——の自発的破れ　142
——の破れ　227
超対称大統一理論　377
超対称標準模型　604
超対称粒子　435, 604
超対称理論　222, 376, 421, 434, 435
超多時間理論　18
超多重項　22, 138
超短波技術　547
頂点演算子　240
超電荷　138
超伝導磁石技術　522
超場　140
超ヒッグス機構　143
超ひも理論　587
超ポアンカレ代数　138
超ポテンシャル　141
調和振動子　45
直線性　504
直交群　116

ツ

対消滅　78
対生成・対消滅　92
ツヴィッキー　593
ツバイク　23
冷たい暗黒物質　596, 606
強い相互作用　17, 145, 305
——の結合定数　328
強い力のCP問題　444
ツリーダイアグラム　101

テ

丁（ティング）　24
定インピーダンス型　554
低エネルギー有効理論　250
定加速電場型　554
定義域　35
定在波型加速管　554
ディジタイザー　536, 538
ディジタルカロリメーター　515
定常加速部　548
ディッケ　589
ディラック　11
——の量子化条件　115, 130
ディラック質量　190, 200
ディラックスピノル　59
ディラック場　62
ディラック表示　58
ディラック方程式　57
ディラトン　242
ディリクレブレイン　256
テキサスタワー現象　511
テクニカラー模型　30, 376
テータ関数　246
データ記録システム　537, 544
デービー　2
デビッソン　10
デモクリトス　1
デルタ線　489
電荷　111
——の量子化　29
電荷結合素子　503
電荷密度　112
電気双極子能率　430
電磁カロリメーター　466, 512
電磁シャワー　506
電子銃　548
電子線形加速器　548, 635
電子線照射による脱硫・脱硝　646
電磁相互作用　145
電子ドリフト　489
電子ドリフト速度　490
電子なだれ　490
電子ニュートリノ　14, 391
——の質量　412
電子の異常磁気能率　19
電子の拡散　490
電子の二重性　10

電子の発見 4
電磁場エネルギー密度 551
電弱相互作用 26, 370
電弱統一 171
電弱統一理論 25, 170, 330, 365
電弱バリオン数生成 618
電・陽電子散乱 316
電・陽電子衝突型加速器 24, 28, 577
電・陽電子衝突実験 285
電場 112
テンポラルゲージ 119
電離電子 488
電流密度 112

ト

同位体 7
統一理論 619
等価回路 550
等価定理 188
統計公式 38
同時刻交換関係 241
同種粒子 48, 81
等方 50
特殊相対性理論 11
特殊ユニタリ群 116
閉じ込め 126, 275
突然変異 651
トップクォーク 24, 149, 372
——の質量 373
ト・フーフト 27, 373, 417
ト・フーフト-ポリヤコフ単極子 130
ド・ブロイ 10
ド・ブロイ場 63
トムソン 4, 5, 7, 10
朝永 18, 19, 664
トラックトリガー 537
トリヴィアリティー 115
トリガーカウンター 470
トリガーシステム 536, 537
トリガー信号 505
トリチウム 412
ドリフトセル 493
ドリフトチューブ型 548
ドルトン 2
ドレル-ヤン過程 316
トンネル効果 127

ナ

長岡 5
中野 22
なだれ型光ダイオード 469
ナノテクノロジー 644, 647
慣らし運転 559
南部 23, 27, 667
南部-後藤の作用 238
南部-ゴールドストーンフェルミオン 143
南部-ゴールドストーンボソン 88
南部-ゴールドストーン粒子 122, 155

ニ

IIA 型超重力理論 250
IIA 型理論 243
IIB 型超重力理論 250
IIB 型理論 243
2dF 計画 595
西島 22
西島-ゲルマンの法則 269
2次電離 489
仁科 16
2重周期構造 555
二重ベータ崩壊 414
二重読み出し法 514
二中間子論 16, 267
ニュートラリーノ 437, 446, 450, 604
ニュートリノ 13, 390, 579
——の質量 190
ニュートリノ・クォーク散乱 339
ニュートリノ散乱 310
ニュートリノ質量 200
ニュートリノ振動 29, 202, 278, 390, 391
ニュートン 1, 25
ニールセン-二宮の定理 161

ネ

ネーターカレント 83
ネーターの定理 83
ネッダーマイヤー 16
熱電子ビーム 548
熱力学 258

ノ

ノルム 34

ハ

場 62
パイオン 15
陪周期構造 555
ハイゼンベルク 8, 10
ハイゼンベルクの方程式 44
ハイゼンベルク-パウリの理論 17
ハイゼンベルク描像 43
排他原理 49
ハイパーチャージ 84, 269
パイプライン機構 538, 541
ハイブリッド型光検出器 469
パウエル 16
パウリ 14
パウリ行列 47
測れないエネルギー 509
波形サンプリング 539
箱形ダイアグラム 356
走る結合定数 106
裸の結合定数 104
裸の質量 104
裸の場 104
8重項 269
8道説 269
波長変換板 510
発芽抑制 651
バッグパラメーター 359
ハッブル 582
——の法則 582
ハッブル定数 583
ハッブルパラメーター 585
波動関数 41
波動方程式 44
バトラー 21
ハドロン 17, 146, 165, 292
——のひもモデル 275
ハドロンカロリメーター 513
ハドロンシャワー 509
ハドロン崩壊 300
パートン 306
パートン分布関数 319
パートン模型 312
バーナーズリー 655
場の演算子 97
場の量子論 63, 91

バービアンス 558
バブコック 594
ハミルトニアン 43
原 24
パラ統計 81
バリウム含浸タングステンカソード 548
バリオン 17, 85, 148, 593
　――の分類 303
バリオン音響振動 601
バリオン数 12, 85
バリオン数生成 579, 614
パリティ 72, 249
パリティ対称性 604
パリティ非保存 19
パリティ変換 72
晴れ上がり 588
反交換関係 99
反線形 67
半単純 68
反中性子 12
バン・デ・グラーフ 8
反変ベクトル 54
反ユニタリ変換 67
反陽子 12
反粒子 12, 80, 91

ヒ

非アーベルゲージ理論 373
ピエール・キュリー 5
非可換ゲージ場 151
非可換ゲージ理論 115, 171
非可換時空の場の理論 259
光ダイオード 468
ヒグシーノ 437, 604
ヒグス機構 27, 123
ヒグスの複合模型 221
ヒグス場 257
ヒグスボソン 123
ヒグス粒子 27, 186, 377, 435, 437
　――の質量 375
非くりこみ定理 142
飛行時間 633
飛行時間計測法 470
微細構造定数 106, 370
非最小結合項 621
非自明な固定点 107
飛跡検出器 485
非摂動(的)効果 127, 249

左向きの波 241
非弾性散乱 298
微調整問題 619
ビッグバン 259, 586
ビッグバン元素合成 590
ビーム衝突型加速器 578
ビーム・ビーム・パラメーター 574
ビームローディング 553
ひも理論 621
表現 39, 68
病原菌制御 651
表示 39
標準太陽モデル 400
標準模型 28, 79, 208, 365
標準理論 378
表層改質 648
表面改質 648
表面改質技術 648
ビヨルケン変数 310
ヒルベルト空間 34
ピルボックス 549
品種改良 644, 651

フ

ファインマン 10, 19
ファインマングラフ 19
ファインマンゲージ 120
ファインマン図形 285
ファインマンダイアグラム 93
ファミリー対称性 283
ファラデー 3, 25
ファリーの定理 114
フィッチ 21
フィルター逆投影法 634
フェルミ 14
　――のベータ崩壊の理論 329
フェルミオン 10, 49, 435
フェルミオン的構成 243
フェルミ結合定数 332, 370
フェルミ国立加速器研究所 367
フェルミ-ディラック統計 81
フェルミ統計 49
フェルミ粒子 49, 81, 149
フォスター 657
フォーラム 657
フォルディ変換 62
フォン・ノイマンの定理 41

不確定性関係 42
複合ヒグス模型 30
負振動 62
ブースト 52
物質波 10
物理の状態 242
不動点 254
普遍性 108
普遍性クラス 109
ブヨルケンスケーリング 311
ブラウト 3
プラスチックシンチレーター 465
フラックスコンパクト化 260
ブラッグピーク 648, 649
ブラックホール 258
フラッシュADC 539
ブラベクトル 34
プランク 6
プランク時間 587
プランク質量 236
プランクスケール 136
プランク定数 41
プランク長さ 236
プランク分布 586
フリードマン 580
フリードマン方程式 582
フリードマンモデル 580
フリードマン-ロバートソン-ウォーカーメトリック 580
ブレインワールド 260
フレーバー 23, 147, 358
　――を変える中性カレント 184
フレーバー物理 192
プレプリント 656
ブレーン・ワールド模型 30
分散 38
分散処理技術 657
分子イメージング 642
分子鎖切断 650

ヘ

閉 35
平均シャワー発達曲線 508
閉弦 238
平行移動 50
ベヴァトロン 268
ベクトルポテンシャル 112

ベクトル結合　370
ベクトル中間子　354
ベクトルポテンシャル　56
ベクレル　4
ベケンシュタイン-ホーキング
　　の公式　258
ベータトロン　561
ベータトロン振動　564, 566
ベータ崩壊　13, 271
ベッセル関数　549
ヘテロ型弦理論　243
ヘリシティ　155
ベルトマン　27, 373
ペンギンダイアグラム　347,
　　356
偏光　113
偏向モード　551
ペンジャス　589

ホ

ボーア　6
　——の原子模型　6
ポアンカレ群　54
ボイル　1
崩壊定数　359
包括的な測定　309
傍観者ダイアグラム　355
傍観者モデル　356
放射線架橋　649
放射線重合・架橋　644
放射線損傷　506
放射線治療　635
放射長　507
放射能の発見　4
放電　559
放電箱　487
ポジトロン　631
ポジトロンCT　630
補償　514
ボース-アインシュタイン統計
　　81
ボース凝縮　156
ボース統計　49
ボース粒子　49, 81
ボソン　11, 435
保存カレント　60
ボソン的構成　243
保存量　70
ホドスコープ　470
ボトムクォーク　24, 149

ホモトピー群　128
ポリッツァー　25, 376
ポリテトラフルオロエチレン
　　650
ボルン　10
ホロノミー　253
本義ローレンツ変換　54
ポントリャーギン指数　128

マ

マイアニ　24
マイクロパターン・ガス検出器
　　494
牧　24
マクスウェル　3, 25
マクスウェル方程式　55, 113,
　　551
マグネトロン　548, 557
益川　24, 27, 667
マースデン　5
マヨラナ位相　202
マヨラナ位相因子　279
マヨラナ質量　190, 200
マヨラナニュートリノ　201,
　　280
マヨラナ粒子　279
マリー・キュリー　5

ミ

右巻きニュートリノ　200
水チェレンコフ・ニュートリノ
　　検出器　478
密度パラメーター　585
密閉性　506
ミューオン　16
ミューオン電子転換過程　429
ミューニュートリノ　17, 391
　——の質量　411
ミュラー　8
ミリカン　4

ム

無機シンチレーター　465
結び目理論　137

メ

メソトロン　267
メソン　17, 148
メビウスの帯　247
メンデレーエフ　3

モ

モジュライ　245
モジュラー変換　245
モーズレー　7
最も軽い粒子　31
モニターシステム　514
モリエール半径　509
モンテカルロシミュレーション
　　161

ヤ

山内　25
楊（ヤング）　20

ユ

有感体　512
有機シンチレーター　465
有効結合定数　106, 113, 125
有効相互作用　332
有効場理論　107
湯川　15, 664
湯川結合定数　182
湯川相互作用　117, 180
湯川ポテンシャル　95
湯川理論　267
ユニタリ演算子　40
ユニタリゲージ　123
ユニタリ性　89
ユニタリ同値　40
ユニタリ変換　40, 67
ゆらぎの効果　509

ヨ

陽子　7, 146
陽子線形加速器　548
陽子・反陽子衝突型加速器
　　25, 27
陽子崩壊　224, 419, 615
陽電子　11, 61
4次元運動量　55
4次元速度　55
4次元ベクトル　54
余剰次元　229
余剰次元模型　30
読み出し制御システム　536,
　　541
ヨーロッパ原子核研究機関　26
弱い重力レンズ効果　602
弱い相互作用　17, 145, 170,

329, 333
弱い等価原理　621
弱い2重項　26
四極電磁石　568

ラ

ライネス　14
ラウエ　4
ラザフォード　5, 8
　——の原子模型　5
ラザフォード散乱　307
ラビ　19
ラポルテの規則　73
ラム　19
ラムシフト　19
ラムゼー共鳴法　432
ランダウゲージ　120
ランダウポール　114
ランドール-サンドラム模型
　　231

リ

李（リー）　20
リーヴィット　582
リー群　116
離散スペクトル　36
リー代数　68
リッチ平坦　253
リドベルグ原子　445
リニアコライダー　547, 576
リニアック　547
リヒタ　24
リーマン面　240
粒子検出器用超伝導磁石　516

粒子識別　470, 506
粒子・反粒子混合　359
粒子・反粒子振動　359
粒子・反粒子変換　21
リュービル場　240
量子異常　86, 281
量子色力学　23, 25, 106, 145,
　　305, 306, 317, 365, 376
量子電気力学　104, 151
量子電磁気学　17
量子電磁力学　284
量子ドット　648
量子補正　372
量子力学　10
両面シリコンストリップ検出器
　　502
臨界エネルギー　507
臨界次元　240
臨界密度　583
臨界面　108
リングイメージ型チェレンコフ
　　カウンター　474
リング加速器　547

ル

ルクレチウス　1
ルービン　594
ループ（閉線）　101
ルミノシティ　369, 571
ルメートル　581

レ

レウキッポス　1
レザフォード　19

レーダーマン　17, 25
レプトン　17, 145
レプトン-クォーク対応　281,
　　282
レプトン-クォーク対応原理
　　271
レプトン数　85, 200
　——の非保存　352
　——の保存　331
レプトン数生成　617
レプトンフレーバー　425
レプトンフレーバー保存　425
連結リー群　68
連続固有値　36
連続スペクトル　36
レントゲン　4

ロ

ロシュミット　2
ロチェスター　21
ローレンス　8
ローレンツゲージ　119
ローレンツ収縮　53
ローレンツ条件　56
ローレンツ不変性　54

ワ

ワイトマン関数　80
ワイル場　86
ワイル不変性　239
ワイル変換　239
ワインバーグ　27
ワインバーグ角　214, 370

素粒子物理学ハンドブック　　　　　定価はカバーに表示

2010年10月 5日　初版第1刷
2011年10月30日　　　第2刷

編集者	山　田　作　衛
	相　原　博　昭
	岡　田　安　弘
	坂　井　典　佑
	西　川　公　一　郎
発行者	朝　倉　邦　造
発行所	株式会社 朝　倉　書　店

東京都新宿区新小川町6-29
郵便番号　162-8707
電　話　03(3260)0141
ＦＡＸ　03(3260)0180
http://www.asakura.co.jp

〈検印省略〉

© 2010 〈無断複写・転載を禁ず〉　　　　印刷・製本 東国文化

ISBN 978-4-254-13100-0　C 3042　　　　Printed in Korea

◆ 朝倉物理学大系〈全22巻〉◆

荒船次郎・江沢 洋・中村孔一・米沢富美子 編集

駿台予備学校 山本義隆・前明大 中村孔一著
朝倉物理学大系 1
解 析 力 学 Ⅰ
13671-5 C3342　　A5判 328頁 本体5600円

満を持して登場する本格的教科書。豊富な例題を通してリズミカルに説き明かす。本巻では数学的準備から正準変換までを収める。〔内容〕序章—数学的準備／ラグランジュ形式の力学／変分原理／ハミルトン形式の力学／正準変換

駿台予備学校 山本義隆・前明大 中村孔一著
朝倉物理学大系 2
解 析 力 学 Ⅱ
13672-2 C3342　　A5判 296頁 本体5800円

満を持して登場する本格的教科書。豊富な例題を通してリズミカルに説き明かす。本巻にはポアソン力学から相対論力学までを収める。〔内容〕ポアソン括弧／ハミルトン-ヤコビの理論／可積分系／摂動論／拘束系の正準力学／相対論的力学

前阪大 長島順清著
朝倉物理学大系 3
素 粒 子 物 理 学 の 基 礎 Ⅰ
13673-9 C3342　　A5判 288頁 本体5400円

実験物理学者が懇切丁寧に書き下ろした本格的教科書。本書は基礎部分を詳述。とくに第7章は著者の面目が躍如。〔内容〕イントロダクション／粒子と場／ディラック方程式／場の量子化／量子電磁力学／対称性と保存則／加速器と測定器

前阪大 長島順清著
朝倉物理学大系 4
素 粒 子 物 理 学 の 基 礎 Ⅱ
13674-6 C3342　　A5判 280頁 本体5300円

実験物理学者が懇切丁寧に書き下ろした本格的教科書。本巻はⅠを引き継ぎ，クォークとレプトンについて詳述。〔内容〕ハドロン・スペクトロスコピィ／クォークモデル／弱い相互作用／中性K中間子とCPの破れ／核子の内部構造／統一理論

前阪大 長島順清著
朝倉物理学大系 5
素粒子標準理論と実験的基礎
13675-3 C3342　　A5判 416頁 本体7200円

実験物理学者が懇切丁寧に書き下ろした本格的教科書。本巻は高エネルギー物理学の標準理論を扱う。〔内容〕ゲージ理論／中性カレント／QCD／Wボソン／Zボソン／ジェットの性質／高エネルギーハドロン反応

前阪大 長島順清著
朝倉物理学大系 6
高エネルギー物理学の発展
13676-0 C3342　　A5判 376頁 本体6800円

実験物理学者が懇切丁寧に書き下ろした本格的教科書。本巻は高エネルギー物理学最前線を扱う。〔内容〕小林-益川行列／ヒッグス／ニュートリノ／大統一と超対称性／アクシオン／モノポール／宇宙論

北大 新井朝雄・前学習院大 江沢 洋著
朝倉物理学大系 7
量 子 力 学 の 数 学 的 構 造 Ⅰ
13677-7 C3342　　A5判 328頁 本体6000円

量子力学のデリケートな部分に数学として光を当てた待望の解説書。本巻は数学的準備として，抽象ヒルベルト空間と線形演算子の理論の基礎を展開。〔内容〕ヒルベルト空間と線形演算子／スペクトル理論／付：測度と積分，フーリエ変換他

北大 新井朝雄・前学習院大 江沢 洋著
朝倉物理学大系 8
量 子 力 学 の 数 学 的 構 造 Ⅱ
13678-4 C3342　　A5判 320頁 本体5800円

本巻はⅠを引き継ぎ，量子力学の公理論的基礎を詳述。これは，基本的には，ヒルベルト空間に関わる諸々の数学的対象に物理的概念あるいは解釈を付与する手続きである。〔内容〕量子力学の一般原理／多粒子系／付：超関数論要項，等

東大 高田康民著
朝倉物理学大系 9
多　　体　　問　　題
13679-1 C3342　　A5判 392頁 本体7400円

グリーン関数法に基づいた固体内多電子系の意欲的・体系的解説の書。〔内容〕序／第一原理からの物性理論の出発点／理論手法の基礎／電子ガス／フェルミ流体理論／不均一密度の電子ガス：多体効果とバンド効果の競合／参考文献と注釈

前広島大 西川恭治・首都大 森 弘之著
朝倉物理学大系10
統 計 物 理 学
13680-7　C3342　　　　　Ａ５判　376頁　本体6800円

量子力学と統計力学の基礎を学んで，よりグレードアップした世界をめざす人がチャレンジするに好個な教科書・解説書。〔内容〕熱平衡の統計力学：準備編／熱平衡の統計力学：応用編／非平衡の統計力学／相転移の統計力学／乱れの統計力学

前東大 高柳和夫著
朝倉物理学大系11
原 子 分 子 物 理 学
13681-4　C3342　　　　　Ａ５判　440頁　本体7800円

原子分子を包括的に叙述した初の成書。〔内容〕水素様原子／ヘリウム様原子／電磁場中の原子／一般の原子／光電離と放射再結合／二原子分子の電子状態／二原子分子の振動・回転／多原子分子／電磁場と分子の相互作用／原子間力，分子間力

北大 新井朝雄著
朝倉物理学大系12
量 子 現 象 の 数 理
13682-1　C3342　　　　　Ａ５判　548頁　本体9000円

本大系第７，８巻の続編。〔内容〕物理量の共立性／正準交換関係の表現／量子力学における対称性／物理量の自己共役性／物理量の摂動と固有値の安定性／物理量のスペクトル／散乱理論／虚数時間と汎関数積分の方法／超対称的量子力学

前筑波大 亀淵 迪・慶大 表 実著
朝倉物理学大系13
量 子 力 学 特 論
13683-8　C3342　　　　　Ａ５判　276頁　本体5000円

物質の二重性(波動性と粒子性)を主題として，場の量子論から出発して粒子の量子論を導出する。〔内容〕場の一元論／場の方程式／場の相互作用／量子化／量子場の性質／波動関数と演算子／作用変数・角変数・位相／相対論的波動と粒子体

前東大 高柳和夫著
朝倉物理学大系14
原 子 衝 突
13684-5　C3342　　　　　Ａ５判　472頁　本体8800円

本大系第11巻の続編。基本的な考え方を網羅。〔内容〕ポテンシャル散乱／内部自由度をもつ粒子の衝突／高速荷電粒子と原子の衝突／電子-原子衝突／電子と分子の衝突／原子-原子，イオン-原子衝突／分子の関与する衝突／粒子線の偏極

東大 高田康民著
朝倉物理学大系15
多 体 問 題 特 論
―第１原理からの多電子問題―
13685-2　C3342　　　　　Ａ５判　416頁　本体7400円

本大系第9巻の続編。2章構成。まず不均一密度電子ガス系の問題に対する強力な理論手段であるDFTを解説。そして次章でハバート模型を取り扱い，模型の妥当性を吟味。〔内容〕密度汎関数理論／１電子グリーン関数と動的構造因子

前京大 伊勢典夫・京産大 曽我見郁夫著
朝倉物理学大系16
高 分 子 物 理 学
―巨大イオン系の構造形成―
13686-9　C3342　　　　　Ａ５判　400頁　本体7200円

イオン性高分子の新しい教科書。〔内容〕屈曲性イオン性高分子の希薄溶液／コロイド分散系／巨大イオンの有効相互作用／イオン性高分子およびコロイド希薄分散系の粘性／計算機シミュレーションによる相転移／粒子間力についての諸問題

前東大 村田好正著
朝倉物理学大系17
表 面 物 理 学
13687-6　C3342　　　　　Ａ５判　320頁　本体6200円

量子力学やエレクトロニクス技術の発展と関連して進歩してきた表面の原子・電子の構造や各種現象の解明を物理としての面白さを意識して解説。〔内容〕表面の構造／表面の電子構造／表面の振動現象／表面の相転移／表面の動的現象／他

前九大 高田健次郎・前新潟大 池田清美著
朝倉物理学大系18
原 子 核 構 造 論
13688-3　C3342　　　　　Ａ５判　416頁　本体7200円

原子核構造の最も重要な３つの模型(殻模型，集団模型，クラスター模型)の考察から核構造の統一的理解をめざす。〔内容〕原子核構造論への導入／殻模型／核力から有効相互作用へ／集団運動／クラスター模型／付：回転体の理論，他

前九大 河合光路・元東北大 吉田思郎著
朝倉物理学大系19
原 子 核 反 応 論
13689-0　C3342　　　　　Ａ５判　400頁　本体7400円

核反応理論を基礎から学ぶために，その起源，骨組み，論理構成，導出の説明に重点を置き，応用よりも確立した主要部分を解説。〔内容〕序論／核反応の記述／光学模型／多重散乱理論／直接過程／複合核過程―共鳴理論・統計理論／非平衡過程

大系編集委員会編
朝倉物理学大系20
現代物理学の歴史 Ⅰ
――素粒子・原子核・宇宙――
13690-6 C3342　　　Ａ5判 464頁 本体8800円

湯川秀樹・朝永振一郎・江崎玲於奈・小柴昌俊といったノーベル賞研究者を輩出した日本の物理学の底力と努力，現代物理学への貢献度を，各分野の第一人者が丁寧かつ臨場感をもって俯瞰した大著。本巻は素粒子・原子核・宇宙関連33編を収載

大系編集委員会編
朝倉物理学大系21
現代物理学の歴史 Ⅱ
――物性・生物・数理物理――
13691-3 C3342　　　Ａ5判 552頁 本体9500円

湯川秀樹・朝永振一郎・江崎玲於奈・小柴昌俊といったノーベル賞研究者を輩出した日本の物理学の底力と努力，現代物理学への貢献度を，各分野の第一人者が丁寧かつ臨場感をもって俯瞰した大著。本巻は物性・生物・数理物理関連40編を収載

日本物理学会編

物 理 デ ー タ 事 典

13088-1 C3542　　　Ｂ5判 600頁 本体25000円

物理の全領域を網羅したコンパクトで使いやすいデータ集。応用も重視し実験・測定には必携の書。〔内容〕単位・定数・標準／素粒子・宇宙線・宇宙論／原子核・原子・放射線／分子／古典物性（力学量，熱物性量，電磁気・光，燃焼，水，低温の窒素・酸素，高分子，液晶）／量子物性（結晶・格子，電荷と電子，超伝導，磁性，光，ヘリウム）／生物物理／地球物理・天文・プラズマ（地球と太陽系，元素組成，恒星，銀河と銀河団，プラズマ）／デバイス・機器（加速器，測定器，実験技術，光源）他

C.P.プール著
理科大 鈴木増雄・理科大 鈴木　公・理科大 鈴木　彰訳

現代物理学ハンドブック

13092-8 C3042　　　Ａ5判 448頁 本体14000円

必要な基本公式を簡潔に解説したJohn Wiley社の"The Physics Handbook"の邦訳。〔内容〕ラグランジアン形式およびハミルトニアン形式／中心力／剛体／振動／正準変換／非線型力学とカオス／相対性理論／熱力学／統計力学と分布関数／静電場と静磁場／多重極子／相対論的電気力学／波の伝播／光学／放射／衝突／角運動量／量子力学／シュレディンガー方程式／1次元量子系／原子／摂動論／流体と固体／固体の電気伝導／原子核／素粒子／物理数学／訳者補章：計算物理の基礎

北大 新井朝雄著

現代物理数学ハンドブック

13093-5 C3042　　　Ａ5判 736頁 本体18000円

辞書的に引いて役立つだけでなく，読み通しても面白いハンドブック。全21章が有機的連関を保ち，数理物理学の具体例を豊富に取り上げたモダンな書物。〔内容〕集合と代数的構造／行列論／複素解析／ベクトル空間／テンソル代数／計量ベクトル空間／ベクトル解析／距離空間／測度と積分／群と環／ヒルベルト空間／バナッハ空間／線形作用素の理論／位相空間／多様体／群の表現／リー群とリー代数／ファイバー束／超関数／確率論と汎関数積分／物理理論の数学的枠組みと基礎原理

M.ル・ベラ他著
理科大 鈴木増雄・東海大 豊田　正・中央大 香取眞理・理化研 飯高敏晃・東大 羽田野直道訳

統計物理学ハンドブック
――熱平衡から非平衡まで――
13098-0 C3042　　　Ａ5判 608頁 本体18000円

定評のCambridge Univ. Pressの"Equilibrium and Non-equilibrium Statistical Thermodynamics"の邦訳。統計物理学の全分野（カオス，複雑系を除く）をカバーし，数理的にわかりやすく論理的に解説。〔内容〕熱統計／統計的エントロピーとボルツマン分布／カノニカル集団とグランドカノニカル集団：応用例／臨界現象／量子統計／不可逆過程：巨視的理論／数値シミュレーション／不可逆過程：運動論／非平衡統計力学のトピックス／付録／訳者補章（相転移の統計力学と数理）

上記価格（税別）は2011年9月現在